Geschichte der Eisenbahn

Ralf Roman Rossberg

Geschichte der Eisenbahn

SIGLOCH EDITION

Bild auf der vorhergehenden Seite: Ein Güterzug mit einer Dampflokomotive der Reihe 5 der Britischen Eisenbahnen durchfährt im Dezember 1965 die kleine Station Norton bei Warrington.

Aktualisierte Neuauflage 1984

Druck: Union-Druckerei und Verlagsanstalt GmbH,
Frankfurt am Main
Einbandgestaltung: Ruedi Becker, Farbfoto Erhard Hehl
Einbandarbeiten: Großbuchbinderei Sigloch, Künzelsau
Auslieferung an den deutschen Buchhandel: Stürtz Verlag, Würzburg
ISBN 3 8003 0217 9

40 Jahre Gewerkschafter

Der ärmste Sohn des Volkes ist auch sein getreuester. Väter, Söhne – Ernährer sind gefallen, vermißt, gefangen; sie fehlen!

Unter großer Aufopferung beginnen Frauen und Männer – zunächst notdürftig –, die Eisenbahn wieder aufzubauen. Es fehlen Schutz- und Arbeitskleidung, der Mangel an Lebensmitteln ist groß.

In einem Protokoll einer Betriebsratssitzung eines Reichsbahnausbesserungswerkes lesen wir:

„Wie wir bei einer Umfrage unter unseren Eisenbahnerinnen und Eisenbahnern feststellen, kommen 62% unserer Belegschaft ohne eine Scheibe Brot zum Dienst. Als Mittagsmahl erhalten unsere Kollegen einen Teller dünne Suppe. Die uns zur Verfügung gestellte Spende der Alliierten ergibt für jeden Beschäftigten 15 Gramm Fett."

Hier beginnt die Geschichte unserer Gewerkschaft, der Gewerkschaft der Eisenbahner Deutschlands. Betriebsräte und Gewerkschafter haben alle Hände voll zu tun, um für ihre Eisenbahner die schlimmste Not zu lindern. Aus der Not der Gemeinschaft, im Vermächtnis der Väter und aus der Verpflichtung zu einer einheitlichen Interessenvertretung aller Eisenbahner gründen Eisenbahnerinnen und Eisenbahner am 24. März 1948 in Bergen-Enkheim bei Frankfurt unsere Gewerkschaft der Eisenbahner Deutschlands.

Unsere gewerkschaftlichen Erfolge, die wir verhandelt, erstritten und erkämpft haben, bestätigen den richtigen Weg.

Wir haben die Löhne und Gehälter deutlich erhöht, den Lebensstandard mehr und mehr verbessert, die Arbeitszeit verkürzt und gleichzeitig den Urlaub verlängert, wir haben die Sozialleistungen ausgebaut. Was wir erstritten haben, soll, ja muß bleiben.

40 Jahre gemeinsam mit einer Organisation zu gehen sind ein langer Weg. Resignation und Enttäuschung sind menschlich, die Kraft weiterzumachen zeigt aber Stärke. Solidarität belohnt alle.

Die Zukunft wird uns alle noch mehr herausfordern. Schutz und Sicherheit für alle Eisenbahner sind auch weiterhin Auftrag und Verpflichtung. Stärken wir unsere Organisation!

Wir kämpfen gemeinsam mit unserer Gewerkschaft, der Gewerkschaft der Eisenbahner Deutschlands, für eine bessere Zukunft.

Rudi Schäfer
Vorsitzender der Gewerkschaft
der Eisenbahner Deutschlands

Inhalt

Von den Anfängen

Eisenbahnnetze werden geknüpft

Die Entwicklung in Österreich und in der Schweiz

Das Eisenbahnnetz überzieht Europa

Durch die weite Welt

Dampf als treibende Kraft

Elektrische Traktion

Von den Anfängen

Am 27. September 1825 fuhr der erste Eisenbahnzug der Welt mit Personenbeförderung von Stockton nach Darlington. Gezogen wurde er von der legendären »Locomotion«, einer Konstruktion von George Stephenson.

Schienen aus der Steinzeit

Am 27. September 1975 feierte England das 150jährige Jubiläum der Eisenbahn. Die »Stunde Null« war dabei ziemlich willkürlich festgelegt worden: auf die Fahrt eines Zuges zwischen Stockton und Darlington, der an jenem Herbsttag im Jahre 1825 zum ersten Mal nicht nur Kohle oder Erz, sondern auch Personen mit der Kraft der Dampflokomotive »Locomotion« beförderte.
Freilich ist diesem Ereignis eine lange, an Umwegen und Irrwegen reiche Vorgeschichte vorausgegangen. Als Eisen für die Bahn in solchem Umfang Verwendung fand, daß sich der Begriff »Eisenbahn« prägte, hatten Menschen das Prinzip der Fortbewegung von Fahrzeugen in bewußt angelegten Spuren bereits einige Jahrtausende hindurch genützt, allerdings ohne dabei eine nennenswerte Entwicklung zu erreichen.
Die ersten Schienen mögen einfach dadurch entstanden sein, daß die Räder der Wagen im feuchten Boden Spuren hinterließen, die sich bei längerer Trockenheit verhärteten und damit folgenden Wagen eine gewisse Spurführung boten. Die damit verbundene Erleichterung war deutlich spürbar, so daß geradezu zwangsläufig irgendwann die künstliche Anlage solcher Wagenspuren folgen mußte. Die Wissenschaft glaubt heute, erste Aktivitäten dieser Art bereits in der Jungsteinzeit, mehr als zweitausend Jahre vor Christus, nachweisen zu können. Im Mittelmeerraum sind Überreste in den Fels gehauener Rillen mit Abzweigungen und Nebenspuren erhalten, die dem Neolithikum zugeordnet werden.
Vor den Römern, die von der Anlage solcher Spurbahnen auf ihren gepflasterten Straßen in erheblichem Umfang Gebrauch machten, benutzten sie die Griechen, als deren Lehrmeister wahrscheinlich die Ägypter fungiert hatten. Die mit Götterbildern und Blätterwerk hoch aufgetürmten Opferwagen bewegten sich auf den griechischen Tempelstraßen, so auf der »Heiligen Straße« zwischen Athen und Eleusis, in sorgfältig aus dem Stein herausgehauenen Rillen. Auch dort waren Ausweichstellen üblich, wenn nicht sogar doppelspurige Abschnitte einen reibungslosen Gegenverkehr ermöglichten. Reste von Spurbahnen finden sich in ähnlicher Art bereits in altägyptischen Steinbrüchen, wo sie offenbar dazu benutzt wurden, die gewaltigen Quader für den Bau von Tempeln und anderen Monumenten leichter zu bewegen.
Im Zuge der zweiten großen griechischen

Kolonisation zwischen 800 und 600 vor Christus dürfte die Technik der künstlichen Spurstraßen von griechischen Kolonialisten nach Sizilien gebracht und dort später von den Römern übernommen worden sein. Bedeutende Reste solcher Fahrrillen finden sich bei Syrakus auf Sizilien. In Pompeji, das nach einem Erdbeben und dem Ausbruch des Vesuvs im Jahre 79 vor Christus verschüttet wurde, traten bei den im 18. Jahrhundert begonnenen Ausgrabungen bemerkenswert gut erhaltene Pflasterstraßen mit Spurrillen zutage. Auch an zahlreichen anderen Orten im Einflußbereich der Römer, unter anderem in England, sind ähnliche Anlagen gefunden worden.
Die Technik der Herstellung solcher »Kunststraßen« muß hoch entwickelt gewesen sein. Auf den für Lastentransporte bestimmten Hauptverkehrswegen bauten die Römer aus fest ineinander greifenden, völlig eben behauenen sechs- oder siebeneckigen Quadern gewissermaßen gemauerte Fahrbahnen mit sorgfältig eingearbeiteten Räderspuren.

Fortschritt unter Tage

Trotz der zu einem gewissen Standard entwickelten Technik bei der Herstellung von Fahrbahnen mit Spurrillen blieb doch ein entscheidender Fortschritt über rund viertausend Jahre hin aus. Erst gegen Ende des Mittelalters, zur Zeit der großen Entdeckungsreisen, kam es zu einem epochemachenden Ereignis, das den Spurverkehr auf die nächsthöhere Stufe hob: Aus Baumstämmen, später aus behauenen Balken und schließlich vorwiegend aus den Bohlen abgewrackter Schiffe wurden besondere »Gleise« angelegt, die nicht mehr an die allgemeinen Landstraßen gebunden waren, sondern überall im Gelände verlegt werden konnten, wo größere Lasten zu transportieren waren. Wahrscheinlich hat sich dieser Fortschritt unter Tage vollzogen, in den Bergwerken, um die Förderwagen – Hunde oder Hunte genannt – leichter bewegen zu können. Erhalten sind Teile eines solchen Gleises aus Baumstämmen, auf dem sogar Räder mit gewölbter Lauffläche und einer Art Spurkranz liefen, aus dem Goldbergbau in Siebenbürgen, besonders aus der Apostelgrube bei Brad, wo sie bereits im frühen 16. Jahrhundert benützt wurden. Bald gab

Römische Steinstraße in Paestum, südlich von Neapel. Die Spurrillen sind hier durch Benützung der Straße entstanden.

es vielerorts, vor allem im Bergland, Holzbahnen zum Abtransport von Bodenschätzen, meist freilich nur über kurze Entfernungen, um das abgebaute Erz zu den »Pochwerken«, wo es zerkleinert wurde, und zu den Schmelzöfen zu bringen, die geförderte Kohle zur Abfuhr an die Chaussee oder an den nächsten Wasserweg zur Verschiffung. Das natürliche Gefälle ersetzte die besondere Antriebskraft, die damals nur von Pferden oder vom Menschen selbst aufgebracht werden konnte.

Mitte des 16. Jahrhunderts finden sich in der zeitgenössischen Literatur erste Beschreibungen und Illustrationen der hölzernen Bahnen. So berichtete Georgius Agricola - Georg Bauer - aus Glauchau, Arzt, Stadtphysikus und Bürgermeister in Chemnitz, der außerdem als erster wissenschaftlich arbeitender Mineraloge Deutschlands gilt, von den Schienenwegen und Förderwagen in seinem 1530 zunächst lateinisch erschienenen Werk »De re metallica«, das später ins Deutsche übersetzt und 1557 in Basel als »Bergwerksbuch« neu verlegt wurde. Dabei entstand für die Schienenanlage der Begriff »Gleis der Trömen«, der heute als Ursprung für das englische »Tramway« gedeutet wird, wovon sich auch »Trambahn« als noch jetzt vielfach gebräuchliche Bezeichnung für Straßenbahn ableitet. Eine Holzbahn, wie sie in einer Silbermine im elsässischen Leberthal benützt wurde, beschreibt auch Sebastian Münster, ein später der Reformation beigetretener Franziskaner, in seinem 1541 ebenfalls in Basel erstmals veröffentlichten Hauptwerk »Cosmographia universalis«. Das Gleis bestand damals aus zwei parallelen Brettern als Lauffläche für die scheibenförmigen Räder; in den schmalen Zwischenraum zwischen den beiden Brettern griff ein an den Förderwagen angebrachter Spurnagel aus Holz ein und hielt sie auf der Fahrbahn.

Neben unbearbeiteten Rundhölzern und gerillten Rädern gab es auch Balkenbahnen, aus denen Gleise ähnlich wie bei hölzernen Dachrinnen herausgearbeitet waren und in denen die Räder liefen. Allerdings wies diese Konstruktion einen

Links oben: Aus dem »Bergwerksbuch« von Georgius Agricola. Der mit Muskelkraft bewegte Wagen läuft auf hölzernen Schienen.
Links unten: Der Bergbau, Holzschnitt aus Sebastian Münsters »Cosmographia universalis«, 16. Jahrhundert
Rechte Seite: Förderwagen mit Holzrädern aus dem Siebenbürgener Goldbergbau

schwerwiegenden Mangel auf: Häufig setzten sich Fremdkörper, vor allem Steine und Lehm, in den Rillen fest und brachten die Wagen zum Entgleisen. Verschiedentlich wurden schon in früher Zeit zusätzliche Elemente an Schienen oder Rädern angebracht, um die Sicherheit der Spurführung zu erhöhen, doch hat sich daraus keine einheitliche Praxis entwickelt. Meist wirkten sich die hinzugefügten Teile im Betrieb mehr hinderlich aus, so daß sie rasch wieder verschwanden.
Als Erfinder des Rades mit einseitigem Spurkranz gilt der Engländer Ralph Allen, der in den dreißiger Jahren des 18. Jahrhunderts derartige Räder auf einer Bahn zur Verbindung seiner Steinbrüche mit dem Fluß Avon bei Bath in der englischen Grafschaft Somerset erstmals anwandte.
Ein anderes Problem bildete die nur kurze Lebensdauer der ungeschützt oft auf feuchtem Boden verlegten Holzschienen, deren Fahrrillen stark beansprucht wurden und in denen sich ständig Regenwasser und Schmutz vermischten. So wurden als eine der ersten Anwendungen von Eisen bei der Anlage von Gleisen die Spurrillen mit Eisenstangen ausgelegt. Die Lebensdauer soll damit auf den dreifachen Wert gesteigert worden sein. Um 1740 wurden im Harz, aber auch bereits in England, gegossene Eisenschienen in die Bahnrinnen der Holzstämme eingefügt und mit Nägeln befestigt.
Für die weitere Entwicklung übernahm England die führende Rolle, obwohl ursprünglich deutsche Bergleute Ende des 16. Jahrhunderts die hölzernen Spurbahnen auf der Insel eingeführt hatten. In England vollzog sich dann ein langsamer, aber doch andauernder Fortschritt. Um 1770 wurden bereits statt der hölzernen Unterlagen aus Stein gemauerte verwendet und die vertieften Gleise durch hervorstehende ersetzt, auf denen Wagen mit gefalzten oder gerieften Radkränzen liefen. Mit diesen »Tram-Roads“ oder »Rail-Roads« war die eiserne Bahn, die Eisenbahn, entstanden. Später wurde der Begriff »Railroad« für Eisenbahn im engeren Sinn, »Tramroad« für Bahn mit lokaler Bedeutung und Pferdebetrieb benützt. Während der Begriff »rail-road« im Englischen bereits um 1734 erscheint, wurde das deutsche Wort »Eisenbahn« 1801 zum ersten Mal in einem Artikel »Über den Gebrauch der Eisenbahn oder eisernen Wege zur Fortschaffung der Mineralien und Kohlen« nachgewiesen.
Daß die Erfolge nicht allein durch konsequente Weiterentwicklung und durch Auswertung gewonnener Erfahrungen erreicht wurden, sondern oft genug durch Zufall oder jedenfalls durch äußere Einflüsse, lassen besonders deutlich die Umstände erkennen, die den Ausschlag für die Einführung eiserner anstelle der hölzernen Spurführung gaben. In den sechziger Jahren des 18. Jahrhunderts sanken die Eisenpreise auf einen Tiefpunkt, auf dem kein gewinnbringender Absatz mehr möglich erschien. Um die Hochöfen dennoch in Gang zu halten, wurde Eisen auf Vorrat gegossen. Richard Reynolds, einer der Besitzer der Colebrook-Dale-Eisenwerke, kam 1767 auf die Idee, den anfallenden Metallblöcken eine geeignete Form zu geben, um sie zunächst anstelle der unablässig beschädigten und zerstörten hölzernen Schienen auf dem Fabrikgelände zu verlegen. Nachdem sich die großen Gütermassen des Werkes auf den neuen Gleisen äußerst vorteilhaft verfahren ließen und die Abnutzung ver-

Links: Spurnagelhund aus dem alpinen Bergbau, verwendet bis in die zweite Hälfte des 19. Jahrhunderts. Daneben ein moderner Förderwagen
Rechts oben: Als Erfinder des Rades mit einseitigem Spurkranz gilt der Engländer Ralph Allen, der in den dreißiger Jahren des 18. Jahrhunderts derartige Räder auf einer aus Balken bestehenden Bahn bei Bath in der Grafschaft Somerset verwendete.
Rechts unten: Gußeiserne Winkelschienen von 1776, wie sie auch auf der um 1800 angelegten Hüttenwerksbahn von Merthyr Tydfil Verwendung fanden

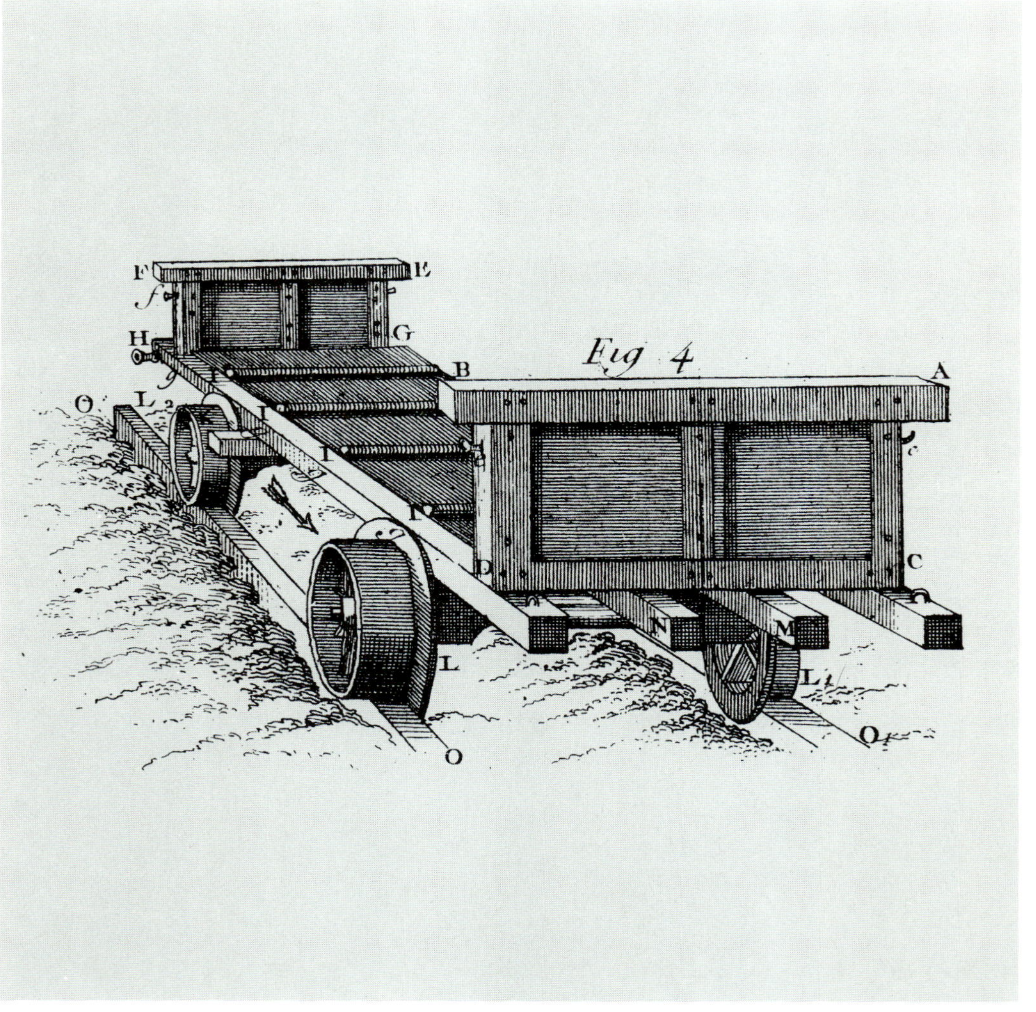

schwindend gering schien, blieben die Eisenplatten mit ihrer konkaven Wölbung an der Oberseite in Gebrauch, auch als die Preise längst wieder angezogen hatten. Von der weiteren Entwicklung der Schienen und ihrer Befestigung auf Schwellen, von der Entstehung leistungsfähigerer Gleise und vom Oberbau, der schon um 1840 so bezeichnet wurde, wird später noch die Rede sein.

Mit einer Pferdestärke fing es an

Die Zugkraft für Fuhrwerke lieferte seit eh und je vor allem das Pferd, soweit nicht Menschen selbst mit ihrer eigenen Muskelkraft zogen oder schoben. So liegt in der Tatsache, daß die ersten Eisenbahnen von Pferden gezogen wurden, durchaus nichts sonderlich Kurioses, wenngleich es aus heutiger Perspektive so scheinen mag. Auch hier spielten die Bergwerke, vor allem die Kohlengruben Englands und Belgiens, die Hauptrolle. Unzählige Pferde haben unter Tage ihr Leben beendet, und manche Pferderasse wäre auf diese Weise

beinahe ausgerottet worden. Ein Pferd konnte einen, manchmal auch zwei Wagen ziehen und beförderte dabei bis zu zwei Tonnen Last auf ebener Strecke, etwa doppelt soviel, wie es auf einer Landstraße mit meist holpriger Fahrbahn zu bewegen vermochte. Auf Gefällstrecken rollten die Wagen vielfach durch ihre eigene Schwerkraft mit angezogener Bremse bergab, die Pferde folgten dann nach, um die leeren Wagen anschließend wieder hinaufzuziehen. Vor allem in Nordengland hatte diese Technik besondere Verbreitung gefunden, so daß sie geradezu als Sehenswürdigkeit dieses Distriktes betrachtet wurde.

Schon als von der späteren Eisenbahn nur primitive Anfänge bekannt waren, hatten sich die Gelehrten über die Zugkraftverhältnisse eingehend Gedanken gemacht: »Auf jede Hervorragung des Wegs, welche ein Rad zu überlaufen hat, muß die Last, welche auf dem Rade ruht, von der Zugkraft (den Pferden etc.) gehoben werden. Der Theil der Kraft, welcher dazu verwendet wird, geht für die Fortbewegung verloren...« Später wurde versucht herauszufinden, in welchem Verhältnis die Zugkraft eines Pferdes zu seinem eigenen Körpergewicht und dessen Fortbewegung steht: »Seine Anstrengung kann ... in zwei Theile zerlegt werden, nämlich in die Wirkung auf die Ladung und in die, welche dazu erforderlich ist, seinen eigenen Körper vorwärts zu bewegen.« Noch Mitte des 19. Jahrhunderts gab es hierüber keine gesicherten Angaben. James Watt ging davon aus, daß ein Pferd ständig eine Zugkraft von 150 Pfund bei 2½ Meilen pro Stunde Geschwindigkeit (4 km/h) ausüben könne. Solche Berechnungen waren von Bedeutung vor allem für die Trassierung von Strecken und die bei vorgegebener Anhängelast zulässige Maximalsteigung. Angenommen wurde, daß schon bei einer Neigung von 1 : 7 die in der Ebene verfügbare Zugkraft ganz für die Fortbewegung des eigenen Gewichts eines Pferdes verbraucht wird, so daß stärkere Steigungen weitgehend vermieden werden mußten, wenn auf einer Bahn Lasten in Bergrichtung transportiert werden sollten.

Für den öffentlichen Verkehr auch von Personen konzessionierte das britische

Oben: Kohlenwagen auf einer Grubenbahn in Newcastle, 1737. Das Pferd folgt dem bergab rollenden Wagen am Zügel.
Mitte: Das Pferd als Antriebskraft im Bergbau, um 1900
Unten: Die Pferdeeisenbahn zwischen Budweis und Linz, um 1830

Parlament 1801 die erste Bahn zwischen Wandsworth und Croydon bei London; die Benutzer hatten nicht nur ihren Wagen, sondern auch die Pferde selbst mitzubringen. Drei Jahre, nachdem in England bereits die Stockton-Darlington-Eisenbahn mit Dampfbetrieb eröffnet worden war, erhielt auch der Kontinent seine erste Eisenbahn: Es war die 64,5 Kilometer lange Verbindung Budweis-Kerschbaum in Österreich, die Ende September 1828 fertiggestellt und bis 1832 auf die gesamte, 127 Kilometer lange Strecke Budweis-Linz ausgedehnt wurde. Zwei weitere Pferdebahnen entstanden damals in der österreichisch-ungarischen Monarchie zwischen Prag und Lana sowie Preßburg und Tyrnau. Beide wurden nach einigen Jahren wieder stillgelegt. Auch die am 1. Oktober 1828. eröffnete erste Bahn Frankreichs, die von St. Etienne nach Andrézieux führte, begann ihren Betrieb mit Pferdekraft.
In Deutschland war der Bergrat Josef Baader schon 1807 mit dem Vorschlag »zu einer neuen kommerziellen Verbindung des Rheins mit der Donau durch eine Straße mit Eisenbahnen« an die Öffentlichkeit getreten. Den Plan einer Pferdeeisenbahn von Nürnberg nach Fürth legte er 1814 vor. Obwohl diese Bahn als erste in Deutschland erst mehr als zwanzig Jahre später und mit einer Dampflokomotive eröffnet wurde, sind tatsächlich bis 1862 dort auch Pferde verwendet worden.

Dampf entfesselt die industrielle Revolution

Das Wissen um die Kraft, die dem Dampf innewohnt, geht bis ins Altertum zurück. Über die Anwendung von Wasserdampf zur Erzeugung von Bewegung berichtet erstmals der griechische Mathematiker Heron von Alexandrien, der um 100 vor Christus lebte. In Rom veröffentlichte 1629 der Italiener Giovanni Branca ein Sammelwerk, in dem er eine Art Dampfmaschine beschreibt.
Die wesentlichsten und entscheidenden Arbeiten gehen indessen auf James Watt zurück, der die Dampfmaschine so weit verbesserte, daß sie für die meisten Anwendungen brauchbar wurde. Doch auch die erste Dampfmaschine von Watt wies noch erhebliche Mängel auf. So bewegte sich ihr Kolben nur in einer Richtung durch Dampfkraft, während ihn Gewichte in seine Ausgangslage zurückbringen mußten. Watt selbst beseitigte diese Schwäche und baute ab 1781 doppelt wirkende Dampfmaschinen, deren Kolben auf und ab vom Dampf getrieben wurden.
Die Dampfmaschine, an der sich noch zahlreiche bedeutende Erfinder versucht haben, eröffnete der industriellen Produktion unbegrenzte Möglichkeiten. Sie entfesselte damit jene industrielle Revolution, die später zu einer völligen Umwandlung der Wirtschafts- und Gesellschaftsordnung führte. Mit Dampfkraft ließen sich zahlreiche Arbeitsmaschinen vorteilhaft antreiben, wobei im Gegensatz zur Nutzung natürlicher Wasserkräfte in der Standortwahl weitgehende Freizügigkeit bestand. Von England griff diese Entwicklung, die etwa 1785 begann, auf Frankreich und die übrigen Länder Mitteleuropas, dann auch auf Nordamerika über.
Zuerst und verhältnismäßig schnell vollzog sich der Übergang von der Handarbeit und der »Manufaktur« zur maschinellen Produktion in der Textilindustrie. Bald folgten Betriebe der Eisenverarbeitung und andere Industriezweige. Der notwendige Übergang von stationären zu beweglichen Kraftmaschinen und hierfür erforderliche konstruktive Verbesserungen ließen das Verkehrswesen - zunächst Schiffahrt und Eisenbahn - erst Mitte des 19. Jahrhunderts voll unter den Einfluß der industriellen Revolution gelangen. Als erstes leistungsfähiges und schnelles Verkehrsmittel der Neuzeit hat dann jedoch die Eisenbahn auf diesen Prozeß entscheidenden Einfluß ausgeübt und die Entwicklung der späteren Industriestaaten maßgeblich beeinflußt.

Für und Wider

Die Anwendung der Dampfkraft in der Schiffahrt, die wesentlich früher eingesetzt hatte als zu Lande, war durch Unwissenheit und Vorurteile zunächst heftig in Mißkredit geraten: Als der Mathematiker und Physiker Denis Papin, der an der Wende zum 18. Jahrhundert als Professor in Marburg lehrte, 1707 auf der Fulda mit einem Dampfboot fahren wollte, wurde seine Erfindung das Opfer wütender Flußschiffer. Ähnlich erging es auch dem Amerikaner Robert Fulton, dessen Entwürfe in England noch mehr als hundert Jahre später als »Ausgeburten eines verbrannten Gehirns« verhöhnt wurden.
Unmittelbar übertrug sich diese Ablehnung auch auf die Dampfeisenbahn: Wer sich für sie einzusetzen bereit war, lief Gefahr, für verrückt erklärt und nur noch bemitleidet zu werden.
Als der Bau der ersten Eisenbahn in Deutschland zur Diskussion stand, soll das Bayerische Obermedizinal-Kollegium ein Gutachten erstellt haben, in dem es unter anderem hieß: »Die schnelle Bewegung muß bei den Reisenden unfehlbar eine Gehirnkrankheit, eine besondere Art des Delirium furiosum, erzeugen. Wollen aber dennoch Reisende dieser gräßlichen Gefahr trotzen, so muß der Staat wenigstens die Zuschauer schützen, denn sonst verfallen diese beim Anblicke des schnell dahinfahrenden Dampfwagens genau derselben Gehirnkrankheit. Es ist daher notwendig, die Bahnstrecke auf beiden Seiten mit einem hohen, dichten Bretterzaun einzufassen."
Zwar ist die Authentizität dieses Berichtes umstritten - das Gutachten konnte später in keinem Archiv aufgefunden werden -, und schon das Standardwerk der früheren deutschen Eisenbahngeschichte aus den dreißiger Jahren, von der damaligen Deutschen Reichsbahn zum hundertjährigen Bestehen der deutschen Eisenbahnen herausgegeben, weist in einer Anmerkung darauf hin, langjährige und gründliche Nachforschungen in München hätten für die Echtheit dieses häufig zitierten Gutachtens keinen Anhalt ergeben. Offen bleibt freilich, ob es tatsächlich nie existiert hat oder später aus verständlichen Gründen »verschwunden« ist. Fest steht jedenfalls, daß der Eisenbahn wie früher in England auch andernorts unzählige Widerstände entgegengetreten sind, die aus der damaligen Zeit heraus nicht unverständlich erscheinen.

»Der Teufel hol' die Eisenbahn... !«

Die Mehrzahl der Menschen mußte dem Neuen argwöhnisch, wenn nicht offen ablehnend gegenüberstehen. In England, wo die technische Entwicklung Vorsprung von Generationen besaß, hatte die von der Dampfmaschine angetriebene industrielle Revolution keineswegs zu Wohlstand, sondern im Gegenteil zu unbeschreiblichem Elend der Massen geführt. Zehntausende verließen ihre Scholle und folgten dem Zug der Industrie in die Städte, um dort entwurzelt für Hungerlohn zu arbeiten, in Armut und Not zu leben. Reichtum und Macht schien die Technik nur dem Adel, den Grundbesitzern, den Fabrikanten zu verschaffen. Ihren Interessen und Manipulationen unterlag auch die politische Macht.
Diese Auswüchse waren alles andere als

dazu angetan, Fortschritt erkennen zu lassen. Kaum jemand vermochte einzusehen, warum seit Menschengedenken Bewährtes plötzlich zu verschwinden habe, warum liebe Gewohnheiten aufgegeben werden sollten, warum der Weg in eine ungewisse Zukunft führen müsse. Diese Grundhaltung wurde verstärkt durch zahlreiche andere Motive und Überlegungen.

So bekämpften aus naheliegenden Beweggründen all jene auch eine fortschrittliche Art des Verkehrs, die in ihren Interessen getroffen wurden: Fuhrleute, Kanalbesitzer, Grundeigentümer. Sogar die Post engagierte sich offen oder im Hintergrund gegen die Eisenbahn. Nicht unbegründet schien angesichts der ersten, feuerspeienden Lokomotivkonstruktionen die Befürchtung, Wälder und Felder entlang der Bahn würden in Brand gesteckt und abbrennen. Andere gaben zu bedenken, der Lärm der Züge werde benachbarte Schlösser und Güter unbewohnbar werden, das Vieh davonlaufen und die Pferde scheuen lassen. Waren die von James Watt in Gang gesetzten Dampfmühlen in England bereits planmäßig von der konservativen Konkurrenz angezündet worden, so verjagte das Volk nun – aufgestachelt von Fuhrleuten und Landbesitzern – die Feldmesser von vorgesehenen Eisenbahntrassen.

Neben den vordergründig-kommerziellen gab es auch machtpolitische Überlegungen: »Wer 30 bis 50 Meilen reisen kann, der will auch immer hin und her fahren und nicht zu Hause bleiben, vielmehr treibt ihn die Reiselust in die Ferne; so etwas muß den Menschen nicht allzu leicht gemacht werden.« Darin stimmten die religiösen mit den weltlichen Machthabern überein. Landwirtschaft und Handwerk erschienen als Garanten des Konservativen, Technik dagegen hieß Revolution. Selbst Friedrich der Große, als energischer Förderer der Industrie in die Geschichte eingegangen, ging bei der Zulassung von Maschinen äußerst behutsam zu Werke. Auch ihn mußte das englische Beispiel abgeschreckt haben, und er wollte nicht, daß Menschen, die sich zuvor mit ihrer Hände Arbeit ernährt hatten, durch die Industrie um ihr Brot gebracht würden.

So fand sich der fromme Wunsch, wonach der Teufel die Eisenbahn holen solle, nicht nur als Schluß und Quintessenz in einem zeitgenössischen Spottgedicht, sondern als Ausdruck tief empfundener Abneigung gegen das noch unfaßbare Neue im Bewußtsein der Menschen verwurzelt.

Oben: Der Dampfwagen von Richard Trevithick, mit dem er im Jahre 1802 über die Landstraße von Redruth nach Plymouth dampfte
Rechts: Eine Nachbildung von Trevithicks Lokomotive, die 1804 auf der Merthyr Tydfil-Bahn fuhr

Aller Anfang ist schwer

Unter ungünstigen äußeren Umständen drehte sich die Entwicklung der Eisenbahn und der Dampflokomotive als erstes leistungsfähiges Fortbewegungsmittel lange Zeit im Kreise. Im Februar 1804 fuhr der erste mit Dampfkraft bewegte Eisenbahnzug der Welt auf der Hüttenwerksbahn von Merthyr Tydfil in Süd-Wales. Die Lokomotive hatte Richard Trevithick gebaut, der schon zwei Jahre zuvor Aufsehen erregte, als er mit einem Dampfwagen über die Landstraße von Redruth nach Plymouth kutschierte. Bis George Stephenson zehn Jahre später mit seinem Erstlingswerk, »Mylord« genannt, in den Lokomotivbau eintrat, entstanden zwar zahlreiche Dampfwagen, doch ihre Konstruktion ging keineswegs den Weg geradlinigen Fortschritts.

Trevithicks Lokomotive wies bereits allerhand Merkmale einer wesentlich späteren Entwicklungsstufe auf. So verwendete er für seine Dampfmaschine erstmals »Hochdruck« von rund fünf Atmosphären, was James Watt zu der Äußerung veranlaßt haben soll, seinem neuen Konkurrenten gehöre eigentlich ein Strick um den Hals. Doch die Dampfmaschine erreichte damit bei verhältnismäßig kompakter Bauweise günstigere Leistungen und konnte so erstmals mit einem Fahrwerk versehen werden. Außerdem handelte es sich um eine doppelt wirkende Maschine, in deren Zylinder der Kolben von der Dampfkraft nach beiden Seiten bewegt wurde. Besonders bemerkenswert erscheint jedoch, daß die Lokomotive mit ihren eisernen Rädern ohne weiteres auf eisernen Schienen fuhr. Trevithick berichtet in einem Brief von der ersten Fahrt dieser ersten Dampflok am 13. Februar 1804: Die Maschine zog auf fünf Wagen zehn Tonnen Fracht und zusätzlich siebzig Mann in vier Stunden und fünf Minuten über die neun Meilen lange Strecke, das sind knapp 15 Kilometer. Obwohl das Experiment als voll geglückt gelten mußte, wurde das Fahrwerk wenig später wieder entfernt und die Dampfmaschine – wie ursprünglich auch vorgesehen – als Walzwerkantrieb verwendet.

Nachdem Trevithick noch einige weitere Lokomotiven gebaut und 1808 auf einem Rundkurs nach Zirkusmanier Fahrten für das Publikum von London mit seiner Lokomotive »Catch me who can« (Fange mich, wer kann) für einen Schilling pro Kopf veranstaltet hatte, ging er nach Südamerika,

ohne auf die weitere Entwicklung noch einmal Einfluß zu gewinnen.
Die ständig steigenden Transportbedürfnisse drängten auf einen Ersatz der Pferde durch leistungsfähigere Antriebe, so daß Trevithicks Versuche gewissermaßen die Initialzündung für die weitere Entwicklung bildeten, obwohl diese zunächst einen zeitraubenden Irrweg einschlug. Das geringe Gewicht der ersten Lokomotiven genügte nicht zur Überwindung spürbarer Steigungen und gestattete nur geringe Anhängelast. So entstand die irrige Annahme, der Reibungsfaktor zwischen Rad und Schiene sei grundsätzlich zu gering, um schwerere Züge auf Eisenbahnen ohne zusätzliche Hilfsmittel vorwärtszubewegen. John Blenkinsop konstruierte daraufhin eine Zahnradlokomotive und Schienen dazu, an die auf einer Außenseite als festes Gegenstück zum Antriebsrad der Lokomotive eine Zahnstange angegossen war. Damit konnte die volle Maschinenkraft ausgenützt werden. Auf der Middleton-Kohlengrube in der Nähe von Leeds in Yorkshire wurde am 12. August 1812 die erste Lokomotive nach diesem System in Betrieb gesetzt; sie trug den Namen »Prince Regent«. Drei weitere folgten 1813. Sie hießen »Salamanca« und »Marquis Wellington«, während der vierte Name nicht sicher überliefert ist: »Lord Wellington« oder »Marquis Wellesley«. Der Zahnradbetrieb auf dieser Zechenbahn blieb bis 1835 bestehen. Immerhin sind dort zum ersten Mal Dampflokomotiven nicht nur für einen kurzen Versuch, sondern für den regulären Betrieb eingesetzt worden. Für damalige Verhältnisse haben sie sich sogar bewährt. Die Middleton-Railway bei Leeds gilt heute als älteste Eisenbahn der Welt. Am 9. Juni 1758 war sie mit der ersten königlichen »Bahnkonzession« der Welt als »Waggon-way«, Wagenweg, auf dem Gelände der Middleton-Gruben ins Leben gerufen worden. Anfangs fuhren die Pferdebahnzüge noch auf hölzernen Schienen. Als die historische Bahn von Stillegung bedroht war, konstituierte sich im Januar 1960 die Middleton Railway Preservation Society, und am 18. Juni 1960 fuhr unter ihrer Regie der erste Zug auf der inzwischen unter Denkmalschutz gestellten Bahn. Traditionsgemäß war es ein Güterzug; denn Personen sind auf der Middleton-Railway regulär nie befördert worden. Das vermeintliche Reibungsproblem führte noch zu einer Reihe weiterer, zum Teil kurioser Konstruktionen, etwa einer völlig räderlosen Lokomotive, die William Brunton entwickelte und die auf Beinen und Füßen, einem Elefanten ähnlich, voranschritt. In Deutschland baute 1816 Preußens Kgl. Eisengießerei in Berlin unter Heinrich Friedrich Krigar die erste Dampflokomotive, die der von Blenkinsop entwickelten weitgehend ähnelte und ebenfalls für Zahnradbetrieb vorgesehen war. Nach Probefahrten auf einem Versuchsgleis in Berlin wurde sie nach Oberschlesien gebracht, wo sie Kohlen von der Königsgrube zur Königshütte transportieren sollte. Wegen konstruktiver Mängel, vor allem zu geringer Zylinderdurchmesser, scheiterte das Vorhaben. Offenbar bestanden auch Schwierigkeiten mit der vorhandenen Gleisanlage, doch ist nicht erwiesen, daß die Spurweite nicht stimmte. Immerhin diente die Maschine noch in einer stationären Anlage auf der Zinkhütte Lydonia. Gleichermaßen als untauglich erwies sich eine zweite Dampflokomotive der Berliner Eisengießerei, die 1818 für 3176 Taler, 11 Silbergroschen, 9 Pfennig ins Saarland geliefert wurde. Sie sollte die Kohlenbeförderung auf dem 1,7 Kilometer langen, 1821 fertiggestellten Friederiken-Schienenweg von den Gruben Bauernwald und Großwald zur Verladestelle in Luisenthal an der Saar übernehmen. Seit 1819 bemühten sich mehrere namhafte Mechaniker, die Maschine auf einem rund vierzig Meter langen Gleis in Geislautern bei Völklingen

Oben links: Der Engländer John Blenkinsop konstruierte die erste Zahnradbahn der Welt, weil er die Möglichkeit der Kraftübertragung zwischen Rad und Schiene unterschätzte.
Oben: Nachbildung von Zahnrad und Zahnschiene der Konstruktion von Blenkinsop
Links: William Hedleys »Puffing Billy«, die auf der Grube von Wylam fast fünfzig Jahre im Einsatz war
Rechts: Der Causey-Tanfield-Viadukt, eines der ersten Brückenbauwerke der Eisenbahngeschichte

in Gang zu setzen, doch scheiterten alle Versuche, obwohl sie über mehrere Jahre ausgedehnt wurden. Schließlich konnten 1835 mit der zweiten deutschen Lokomotive nur noch 334 Taler, 6 Silbergroschen und 7 Pfennig für »altes Eisen« erlöst werden.
Indessen unternahm auf der Bahn der Wylam-Kohlengrube bei Newcastle-upon-Tyne der skeptische William Hedley, der an der Notwendigkeit der Kraftübertragung mit Zahnrädern zu zweifeln begonnen hatte, erste beinahe wissenschaftliche Untersuchungen über die Reibungsverhältnisse zwischen eisernen Rädern und eisernen Schienen. Zahlenmäßige Ergebnisse sind zwar nicht bekannt, jedenfalls führten diese Versuche aber dazu, daß die weitere Entwicklung der Lokomotiven wieder auf den ursprünglichen glatten Rädern aufbaute. Unmittelbares Ergebnis dieser Bestrebungen war der Bau der »Puffing Billy« durch William Hedley im Sommer 1813. Sie ist im Original erhalten geblieben, allerdings mit Änderungen, die während ihrer Betriebszeit bis zur Stilllegung der Grube 1862 vorgenommen wurden. Die kurz nach der »Puffing Billy« in Betrieb gesetzte »Wylam Dilly« blieb ebenfalls erhalten. Die im Deutschen Museum in München aufgestellte »Puffing Billy« wurde 1906 durch die Bayerischen Staatseisenbahnen in München nachgebaut.

Ein neuer Zweig des Bauwesens

Seit der Römerzeit sind keine so monumentalen Verkehrsbauwerke mehr errichtet worden wie zu Beginn des Eisenbahnzeitalters. Noch heute sind Brücken aus dem frühen 18. Jahrhundert erhalten, die sich mit den römischen Aquädukten ebenso vergleichen lassen wie mit neuzeitlichen Eisenbahnviadukten. Als bekanntester gilt der 1727 errichtete Causey-Tanfield-Arch bei Consett in der

englischen Grafschaft Durham; die Spannweite seines steinernen Bogens mißt mehr als dreißig Meter. Die darüber hinwegführende Kohlenbahn ist zwar bereits um 1800 stillgelegt worden, der Viadukt steht jedoch heute noch.
Trotz der hier und da notwendigen kostspieligen Kunstbauten entwickelten sich bis zum Beginn des 19. Jahrhunderts überall in England Bahnen, die gegenüber Kanälen im Hügelland billiger zu bauen und zu betreiben waren. Freilich handelte es sich bei den einzelnen Strecken lediglich um kurze Verbindungen von den Gruben zur Verarbeitungsstätte oder zur nächsten schiffbaren Wasserstraße. Trotzdem ergaben sich zahlreiche Berührungs- und Kreuzungspunkte, so daß bereits von einem Netz gesprochen werden kann.
Damit begann der Bahnbau schon sehr früh, eine eigene Disziplin zu bilden, wenngleich die »Mechaniker« damals auf dem technischen Sektor noch universell bewandert sein konnten. So schwenkte George Stephenson, der noch heute als einer der größten Wegbereiter der Eisenbahn gilt, von der Maschinenkonstruktion zum Eisenbahnbau um und legte zunächst jene Strecke an, deren Eröffnung den Beginn des Eisenbahnzeitalters markiert: die Stockton - Darlington-Eisenbahn.

Stockton – Darlington

Die Kohlenvorkommen im südlichen Durham um das Städtchen Bishop Auckland warfen trotz ihrer Ergiebigkeit längst nicht den Gewinn ab wie andere, die in leichter zugänglichem Gebiet und näher am schiffbaren Tyne lagen. Um diesen Standortnachteil auszugleichen, schien bereits um 1820 eine Schienenverbindung das geeignete Mittel. Es hätte sich um eine von vielen solchen Bahnen gehandelt, wäre nicht George Stephenson 1821 mit ihrem Bau beauftragt worden und hätte er nicht sogleich darauf bestanden, wenigstens geeignete Teilabschnitte der zwischen Shildon und dem 35 Kilometer entfernten Stockton über Darlington geplanten Strecke für Dampflokomotivbetrieb vorzusehen.
Die schwierigen Geländeverhältnisse ließen es Stephenson, der sich in der Killingworth-Zeche aus kleinen Verhältnissen zum Betriebsleiter hochgearbeitet hatte, doch geraten erscheinen, auf der stärksten Steigung statt Lokomotiven oder Pferden ortsfeste Maschinen vorzusehen und im Gefälle Schwerkraftbetrieb mit Seilen. Was die Bahn indessen vor den zahlreichen anderen auszeichnete, war die von vornherein beabsichtigte Beförderung auch von Personen. Im Herbst 1825 war es soweit: Am 27. September stand der erste Zug abfahrbereit.
Hinter der von Stephenson gebauten Lokomotive mit dem Namen »Locomotion« liefen der Tender, sechs mit Kohle beladene Güterwagen, der erste und einzige Personenwagen für die Ehrengäste, einundzwanzig extra für die Eröffnungsfahrt mit Sitzbänken ausgestattete Wagen und schließlich abermals sechs Kohlenwagen. Mit nahezu 70 Tonnen Anhängelast wurde die nagelneue »Locomotion« auf eine harte Probe gestellt. Sie bestand sie, wobei ihr zugute kam, daß der Zug wegen der Menschenmenge an und auf der Strecke mehrmals anhalten mußte, so daß immer wieder Gelegenheit bestand, Dampf zu sammeln. Freilich offenbarte die »Locomotion« bald nicht nur allerhand Mängel, sie litt auch unter mangelhafter Bedienung. So soll am 1. Juli 1828 gar ihr Kessel explodiert sein, wobei jedoch niemand ernsten Schaden nahm. Nach der Instandsetzung und einigen umfangreicheren Umbauten blieb sie bis 1841 im Dienst, wurde später noch sieben Jahre lang als stationäre Maschine verwendet und 1857 am North-Road-Bahnhof in Darlington als Denkmal aufgestellt. Im Laufe der Jahrzehnte war sie mehrfach auf großen Ausstellungen zu sehen. Zuletzt hatte sie auf dem Querbahnsteig der Station Bank Top in Darlington einen Ehrenplatz erhalten, von dem sie anläßlich des 150jährigen Bestehens der Bahn im Herbst 1975 wieder zum North-Road-Bahnhof zurückkehrte, in den ältesten noch immer betriebenen Bahnhof der Welt, der eben aus Anlaß des Eisenbahnjubiläums renoviert und teilweise in ein Museum umgewandelt worden ist.
In der Anfangszeit fuhren zwischen Stockton und Darlington keineswegs nur Züge mit Dampfkraft. Die Bahn diente ähnlich einer Straße als Fahrweg für jedermann, natürlich gegen Gebühren. So wechselten einander Güterzüge mit Dampflokomotiven, teilweise temperamentvoll geführte Pferdekutschen und sogar Postkutschen eines anderen Unternehmens auf der eingleisigen Strecke ab. Pferdewagen mußten Lokomotivzügen grundsätzlich auf Nebengleisen ausweichen, und wer gegebenenfalls zurücksetzen mußte, ließ sich an Markierungssteinen feststellen, die exakt auf halbem Weg zwischen den Ausweichstellen gesetzt waren. Ein genaues Reglement

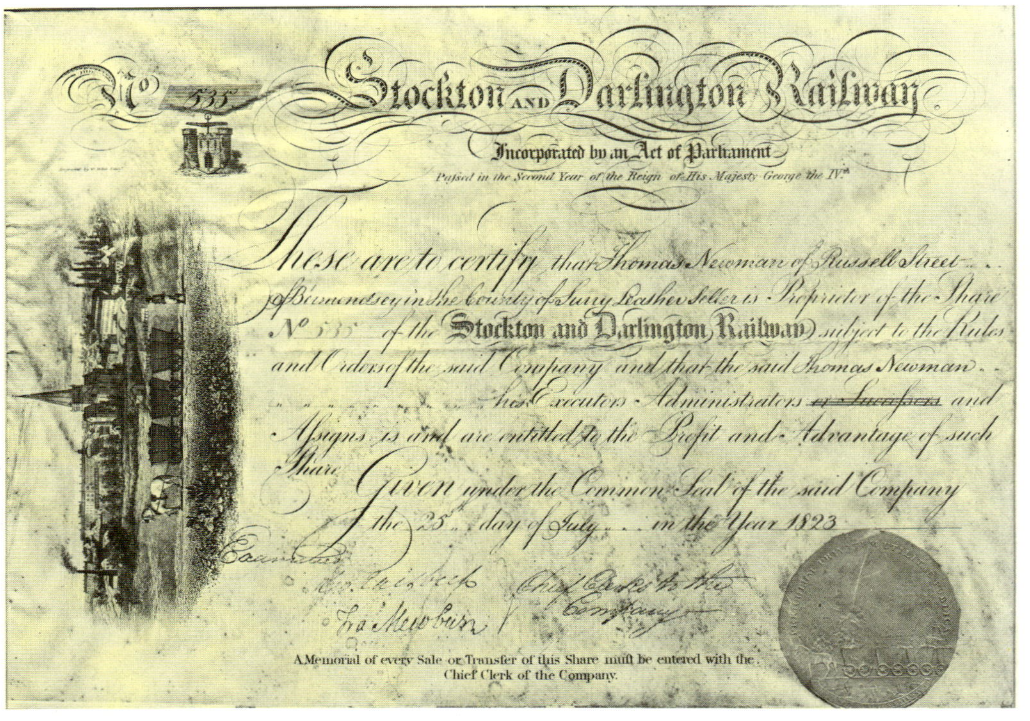

No 535 Stockton and Darlington Railway

Incorporated by an Act of Parliament

Passed in the Second Year of the Reign of His Majesty George the IVth

These are to certify that Thomas Newman of Russell Street Bermondsey in the County of Surry Leather Seller is Proprietor of the Share No 535 of the Stockton and Darlington Railway subject to the Rules and Orders of the said Company and that the said Thomas Newman his Executors Administrators ~~or Successors~~ and Assigns is and are entitled to the Profit and Advantage of such Share. Given under the Common Seal of the said Company the 25 day of July in the Year 1823.

A Memorial of every Sale or Transfer of this Share must be entered with the Chief Clerk of the Company.

Oben: Aktie Nr. 535 der Stockton – Darlington-Eisenbahn aus dem Jahre 1823
Rechts: Emblem der Stockton – Darlington-Linie, der ersten Eisenbahn mit Personenbeförderung in der Welt
Rechte Seite: Zur Hundertjahrfeier der Eisenbahn wurde 1925 auf der Strecke von Stockton nach Darlington eine originalgetreue Fahrt der ersten Eisenbahn veranstaltet.

bestimmte die Vorfahrt, Polizisten auf der Strecke hatten die Einhaltung der Bestimmungen zu überwachen – und von Fall zu Fall das Feuer zu löschen, das die Dampflokomotiven durch Funkenflug immer wieder entfachten.
Kein Wunder, daß es auch hier Proteste hagelte, daß Prozesse angestrengt wurden. Doch zwischen Stockton und Darlington kam die Dampflokomotive endgültig »über den Berg«. Unaufhaltsam rollte sie nun in die Zukunft.

England vorn

Im Jahre 1804 hatte Trevithick die erste Dampflokomotive der Welt in Gang gesetzt, 1812 nahm die Middleton-Grube den ersten regulären Dampfbetrieb auf, 1825 fuhr von Stockton nach Darlington der erste Dampfzug, der auch für Personenbeförderung eingerichtet war. Wenn es um Maschinen ging, und dazu zählten auch die neuen Dampflokomotiven, blickte die Welt nach England.
Kein Wunder, daß dort der Bahnbau weiterhin die größten Fortschritte machte. Freilich blieben Rückschläge nirgends aus, und so verzögerte sich die Inangriffnahme der ersten Eisenbahn, die von vornherein für Reise- und Güterverkehr ausschließlich mit Dampflokomotiven konzipiert war: die Liverpool – Manchester-Eisenbahn. In der gleichen Relation bestand bereits ein Kanal, der von einer Aktiengesellschaft betrieben wurde. Wen wundert es, daß die Aktionäre das durchgeplante und finanziell gesicherte Vorhaben zum Scheitern zu bringen versuchten.
Es gelang verhältnismäßig einfach: In einer Denkschrift wurde das Unternehmen als lächerlicher Schwindel verleumdet, die Lobby im Parlament sorgte für Verbreitung, und das Gesuch um Erteilung der Konzession wurde prompt abgewiesen.
Für die Stockton – Darlington-Bahn hatte es weniger Widerstand gegeben, so daß sie eher gebaut und 1825 in Betrieb genommen werden konnte. Ihr Erfolg versprach bei einem neuen Anlauf im Parlament Aussicht, das ältere Projekt der Liverpool – Manchester-Bahn nun ebenfalls durchzusetzen. Am 15. Mai 1826 konnte die Bahngesellschaft gegründet werden, nachdem die Konzession erteilt worden war.
Die Liverpool – Manchester-Eisenbahn unterstrich erneut die führende Stellung Englands auch beim Bahnbau: Als erste Strecke wies sie sämtliche Merkmale einer »modernen« Eisenbahn auf: Lokomotivbetrieb, alle Verkehrsarten, eine zweigleisige Strecke, Bahnhöfe mit Ausweich- und Rangiergleisen, einen Tunnel, kunstvolle Viadukte, zahlreiche Fahrzeuge und einen Fahrplan. Der Bahnbau hatte in der Hand von George Stephenson gelegen, der vom Lokomotivbau zum Streckenbau übergewechselt war und hier ebenfalls Pionierarbeit leistete. Beinahe wörtlich gilt das für die Trassenführung mitten durch das berüchtigte Katzenmoor, das seit Menschengedenken als grundlos galt, das in dem Ruf stand, Pferd und Reiter

zu verschlingen. Stephenson bezwang das Moor mit weniger als fünfzehn Prozent der ursprünglich veranschlagten Baukosten.
Bald wurde die Liverpool-Manchester-Eisenbahn Ziel neugieriger Gäste aus vielen Teilen des festländischen Europa, wo die Kunde von den vorteilhaften Eisenbahnen aus England das Interesse der Fortschrittlichen weckte. Die kühne Bahn zwischen den beiden Industriemetropolen Liverpool und Manchester sorgte schließlich durch ein geradezu spektakuläres Ereignis für Schlagzeilen in allen Blättern der Weltpresse: Mit einem Wettrennen klärte die Gesellschaft die schwierige Frage, welche der angebotenen Lokomotivtypen die besten Leistungen zu erbringen vermochte und damit anzuschaffen war.
Wegen der Bedeutung der Liverpool-Manchester-Eisenbahn als Meilenstein in der Geschichte des Schienenverkehrs lohnt sich der Blick in eine alte Beschreibung der Bahn.

Liverpool – Manchester 11 Stunden

»Bei der Wichtigkeit dieser Bahn für die Eisenweggeschichte möchte eine kurze Beschreibung derselben auch in einem dem Raume nach so knapp bemessenen Artikel, wie dieser, doch mit Recht erwartet werden dürfen«, meint die erste Ausgabe des »Großen Meyer«, »Das große Conversations-Lexikon für die gebildeten Stände«, herausgegeben von Joseph Meyer im Bibliographischen Institut zu Hildburghausen zwischen 1839 und 1852:
»(Beschreibung der Liverpool=Manchester=Bahn). Liverpool und Manchester liegen 26 englische Meilen oder 11 Stunden auseinander. Das sie trennende Terrain ist ein wellenförmiges und bot für die Führung eines horizontal. Wegs die größten Schwierigkeiten dar. – Die Bahn ist doppelt, also vierspurig. Zu ihrem Bau wurden Schienen von Schmiedeeisen und die T-Form gewählt. Sie bestehen aus Stäben von 15 Fuß Länge, deren Bahnfläche $2\frac{1}{6}$ Zoll Breite hat. Das Gewicht eines Stabes bestimmte man auf 180 Pf. Jeder Stab (Schiene) der Bahn sollte auf 5 Stühlen und ebenso viel Tragsteinen ruhen, welche folglich 3 Fuß von einander abzustehen hatten. Die Masse jedes Tragsteins ist 4 Kubikfuß. Die 4 Geleise sollten gleichweit 4 F. 8 Z. von einander entfernt seyn, und die Bahn selbst nur einen Zoll über den mit feinem, fest gestampften Kies überschütteten Boden hervorragen. Als Maximum der Steigung bestimmte man zwei Procent voraus. – Auf diese Bedingungen übernahm der Architekt Stephenson, einer der geschicktesten Männer seines Fachs in England, die Leitung des Baues.
Die Bahn beginnt zu Liverpool am Hafen. Vor diesem breitet sich auf einem ansteigenden Terrain die Stadt von Abend nach Morgen in der Richtung aus, die der Weg zu nehmen hatte. Man mußte diesen also unter der ganzen Stadt wegführen. Es geschah durch einen Tunnel, der $\frac{5}{4}$ eng-

lische Meilen lang ist, und mit einer Steigung von 123 Fuß auf dieser Strecke von etwa 6000 Fuß (also von fast zwei Procent) bei Edgehill zu Tage ausläuft . . . Vom Ausgange des Tunnels bis Olivemount ist eine Meile, und die Bahn hat auf dieser Strecke eine geringe Neigung von etwa 1/1000. Bei Olivemount war eine steile, felsige Anhöhe von fast zwei Meilen Länge zu durchschneiden, ein ungeheures Werk, so schwierig, als der Tunnel; denn der Einschnitt beträgt an vielen Stellen 70 Fuß senkrechte Höhe. Um ihn zu bewerkstelligen, wurden an 1½ Millionen Kubikfuß Steine ausgebrochen. Auch mußte man, wegen des Querzugs mehrer Straßen, an verschiedenen Stellen Brücken über die Schlucht führen, auf deren Sohle die Bahn hinläuft. Jenseits des Einschnitts galt es, durch ein stundenlanges tiefes Thal (Roby and Broadgreen) einen Damm zu führen, 15 bis 45 Fuß hoch und 60 bis 135 Fuß auf seiner Basis breit. Von da ab läuft die Bahn in sanfter Neigung nach Whiston, drei Stunden von Liverpool, nachdem sie vorher die tiefer liegende Liverpooler Chaussee auf einen Viadukt überschritten hat. Hinter Whiston hat der Eisenweg auf halbstündiger Strecke eine Steigung von mehr als 2%. Am Fuße dieses Hügels stehen, in einem Gebäude, geheizte Vorspannmaschinen bereit, welche die Auffahrt der Wagenzüge bis zur Höhe unterstützen. Dann folgt eine durch streckenweise Ausgrabungen vollkommen wagerecht gemachte Strecke über Reinhill-Plain, und von da geht die Bahn mit einer Neig. von 1% zum Parr=Moor hinab, durch welches sie auf einem 25 F. tiefen viertelstünd. Steindamm geführt werden mußte. Nicht weit davon, bei Sankey, halben Wegs nach Manchester, zieht sie auf einem prächtigen Viadukt von 1000 Fuß Länge, und auf neunzehn, 60 bis 70 Fuß hohen Steinbögen über das Sankeythal, dann mittels eines langen Dammes durch den Flecken Newton und hinter demselben abermals auf hohen

Dämmen u. einer Brücke v. 4 Bögen, über einen Grund, in dessen Tiefe ein schiffbarer Fluß strömt und die Landstraße sich hinzieht. Die Brücke ist so hoch, daß die Fahrzeuge mit vollen Segeln darunter wegfahren können. – Ein abermaliger Hügel=Durchschnitt folgt, der länger und tiefer, als alle übrigen ist. Man mußte drittehalb Mill. Kubikfuß Thon u. Sand ausgraben. Weiterhin begegnete man einer noch größern Schwierigkeit in einem ungeheuren Sumpfe, dem Katzenmoor, das man in seiner geringsten Breite von ½ Stunde passiren mußte. Viele Sachverständige hatten die Ausführung der Bahn durch denselben für unmöglich gehalten; der Voranschlag der Kosten dieses Sumpfbaus war allein 1½ Mill. Thaler. Stephenson vollführte ihn durch einen theils auf Hürden und Pfahlwerk ruhenden Erddamm von 10 bis 20 Fuß Tiefe mit dem geringen Aufwande von 200.000 Thaler . . . Hat man den Sumpf verlassen, so zieht die Bahn, immer fast wagerecht, auf schöner Brücke über den Bridgewater-Kanal. In der Nähe ihres Zieles, zw. Manchester und Eccles, mußten abermals Höhen durchschnitten und Thäler überdämmt werden, um eine horizontale Fortsetzung des Wegs zu ermöglichen, und nachdem er kurz vor Manchester noch einen prächtigen Viadukt von

Links oben: Szene von der Eröffnung der Liverpool – Manchester-Bahn am 15. September 1830
Links unten: Die von George Stephenson erbaute Linie von Liverpool nach Manchester wies die Spurweite von 4 Fuß 8½ Zoll auf, aus der sich die Normalspur von 1435 Millimeter entwickelte.
Oben: Gemälde des Engländers A. B. Clayton von einer Fahrt auf der Strecke Liverpool – Manchester, unter der Brücke der Bridgewater-Kanal mit einem von Pferden gezogenen Lastkahn

22 Bögen gebildet hat, endigt er auf dem Bahnhof. Das ganze Werk hat, mit Einschluß der Gebäude (Wohnungen, Magazine ec.), Maschinen ec. etwa 6 Millionen Thaler gekostet. Es wurde im Sommer 1830 vollendet, und am 1. September [richtig: 15. September] desselben Jahres dem öffentlichen Gebrauche übergeben.« Das Werk verfolgte »die ganze gesittete Welt mit Spannung und Theilnahme«, zumal die Prognosen über den Erfolg meilenweit differierten: »Man machte zwar Wahrscheinlichkeitsberechnungen in Menge; aber sie standen alle auf hypothetischen Prämissen, folglich in der Luft, und konnten schon deshalb kein Vertrauen gewinnen, weil sie in ihren Resultaten himmelweit von einander abwichen. Die einen weissagten den Ruin des Unternehmens und den Totalverlust des Kapitals, die günstigsten sagten einen mäßigen Gewinn voraus. Die Erfahrung warf sie alle über den Haufen. –«

Das Lexikon für die gebildeten Stände bringt auch Zahlen über den wirtschaftlichen Erfolg der Liverpool – Manchester-Eisenbahn. Sie gehören jedoch zur Geschichte des Reise- und Güterverkehrs.

Von der Postkutsche zur Normalspur

Die Spurweite der Eisenbahnen, der Abstand zwischen den beiden Schienen eines Gleises, ist in der gesamten Eisenbahngeschichte Gegenstand eine der brennendsten Streitfragen gewesen, die bis in die Gegenwart hinein immer wieder aufgegriffen wurde. Heute gilt weltweit als Normalspur das Maß von 1435 Millimetern oder im englischen Maßsystem von 4 Fuß 8½ Zoll. Wie dieser gebrochene Wert entstanden ist, hat bis jetzt niemand eindeutig zu klären vermocht. Um so zahlreicher sind die Hypothesen, die hierüber aufgestellt wurden. Fast immer findet sich dabei ein Zusammenhang mit der Postkutschenspur; sie habe in England fünf Fuß betragen, und weil auf den ersten öffentlichen Spurbahnen Eisenbahn- und Straßenfahrzeuge verkehrten, habe sich bei der Verlegung von Winkelschienen als lichtes Maß 4 Fuß 8 Zoll ergeben.

Aus Aufzeichnungen Stephensons geht hervor, daß die ersten von ihm gebauten Bahnen im Bereich der Killingworth-Grube sowie die Strecke Stockton – Darlington tatsächlich dieses Maß aufwiesen, während die späteren, mit Liverpool – Manchester angefangen, um einen halben Zoll breiter angelegt wurden. Diese Verbreiterung um rund 13 Millimeter dürfte einfach damit zu begründen sein, daß ursprünglich die Spurkränze der Räder mit sehr geringen Toleranzen zwischen den Schienen liefen und sich dadurch beim Durchfahren von Kurven Schwierigkeiten ergaben, abgesehen von der verhältnismäßig starken Beanspruchung und Abnützung der Räder und Schienen infolge der strengen Passung. Durch geringfügige Erweiterung der Spur ließen sich diese Schwierigkeiten am leichtesten beheben.

Doch auch das ursprüngliche Maß von 4 Fuß 8 Zoll erscheint noch ungewöhnlich »krumm«. Die Straßenfuhrwerke haben zur damaligen Zeit, als der Wagenbau im wesentlichen handwerklich betrieben wurde, sicher keinen strengen Normen hinsichtlich ihrer Spurweite unterlegen, zumal dafür auf Pflasterstraßen auch keine Notwendigkeit bestand. Die Entstehung eines so ungewöhnlichen und doch millimetergenauen Maßes läßt sich also kaum von der mit fünf Fuß angegebenen Post-

Links: Aquarell von Personen- und Frachttransporten auf der Liverpool – Manchester-Bahn
Rechts oben: Bau eines Bahndammes in England um 1840
Rechts unten: George Stephenson beim Bau der Eisenbahnlinie Liverpool – Manchester, 1830

kutschenspur herleiten, zumal von zahlreichen Fuhrwerken auch eine erheblich schmalere Spur von nur 4 Fuß 3 Zoll bekannt ist. Andererseits weicht die Spurbreite der antiken Rillenbahnen, die sich mit 1,6 Meter nachweisen läßt, auch nur verhältnismäßig wenig von der späteren »Normalspur« der Eisenbahnen ab. Bei den zahlreichen Bergwerksbahnen in England, die vor der Erfindung der Dampflokomotive bereits bestanden haben, gab es viele verschiedene und doch nicht übermäßig stark voneinander abweichende Spurbreiten.
Ein um die heutige Normalspur schwankendes Maß hat sich also offensichtlich für die praktische Anwendung immer und überall als besonders günstig erwiesen. Daß schließlich, als der Eisenbahnverkehr internationale Dimensionen anzunehmen begann und eine Normung zweckmäßig erschien, gerade 1435 Millimeter als Normalspur festgelegt worden sind, geht auf Robert Stephensons Lokomotivfabrik zurück. Sie belieferte die ersten Bahnen auf dem europäischen Kontinent, aber auch in den Vereinigten Staaten mit den erforderlichen Lokomotiven, und weil

deren Spurweite 4 Fuß 8½ Zoll maß, mußten die Gleise dementsprechend gebaut werden. Die spätere Verbindung der einzelnen Strecken untereinander ließ in den meisten Fällen gar keine andere Wahl, als eben diese Spurweite zu benützen. Das Maß selbst dürfte jedoch auch von Stephenson kaum aufgrund konkreter Überlegungen, sondern eher zufällig auf den ungeraden Wert festgelegt worden sein.

Dafür spricht auch, daß in England und seinem weltweiten Einflußbereich keineswegs nur Normalspur angewandt wurde. Zahlreiche Eisenbahnen entschieden sich für abweichende, zunächst meist breitere Spurweiten. Die extremsten Vorstellungen in dieser Hinsicht setzte Isambard Kingdom Brunel durch, als er mit dem Bau der Great Western Railway von London nach Bristol beauftragt worden war: Er verlegte die Gleise mit einer Spurweite von sieben Fuß, das sind 2134 Millimeter. Das Netz mit dieser Breitspur dehnte sich bis Birmingham und Weymouth, nach South Wales und Cornwall aus, wobei auch zahlreiche Nebenstrecken einbezogen wurden. Nach heftigen Auseinander-

setzungen über die günstigere Spurweite entschied 1846 eine Royal Commission, daß bei aller Anerkennung einer Reihe von Vorzügen der Breitspur doch Wirtschaftlichkeit und Einheitlichkeit höher zu bewerten seien. Daraufhin wurde der Umbau der Breitspurstrecken auf Normalspur angeordnet. Der letzte Breitspurzug fuhr jedoch erst am 20. Mai 1892. Bis in die sechziger Jahre hatte zwischen London und dem Norden Englands keine durchgehende Eisenbahnverbindung bestanden. In Deutschland führten nur die Badischen Staatseisenbahnen eine von der Normalspur abweichende Spurweite von 1600 Millimetern ein. Als erste wurde damit am 12. September 1840 die Strecke Mannheim - Heidelberg eröffnet und anschließend zügig bis Basel weitergebaut. Die gleiche Spurweite lag auch dem Projekt einer Strecke von Basel nach Zürich der Schweizer Nordbahn zugrunde. Nachdem sich Baden vergeblich bemüht hatte, die deutschen Nachbarländer für die Einführung dieses Maßes beim Bau ihrer Strecken zu gewinnen, und 1853 auch die Schweiz für ihre Strecke Basel - Liestal Normalspur projektiert hatte, sahen sich die Badischen Staatseisenbahnen gezwungen, ihrerseits die Spurweite zu wechseln und auf Normalspur überzugehen. Der Umbau begann am 9. November 1854 und war am 15. April 1855 ohne Betriebsunterbrechung abgeschlossen. Insgesamt hatte das badische Breitspurnetz eine Ausdehnung von 282 Kilometern erreicht. In Irland sind 1600 Millimeter noch heute Regelspurweite.
Um 1860 begann die Entwicklung ins Gegenteil umzuschlagen, nachdem die englische Festiniog Railway in North Wales mit nur zwei Fuß, das sind 609 Millimeter Spurweite, gute Erfolge erzielte. Daraufhin begann bald in aller Welt der Bau von Schmalspurbahnen überall dort, wo die Baukosten möglichst gering bleiben mußten. In Deutschland entwickelten sich, zum Teil durch Empfehlungen und Normen, 750 und 1000 Millimeter, in Österreich und Ungarn 760 Millimeter zur Regelschmalspur. Im übrigen besteht weltweit eine unglaubliche Vielfalt von schmaleren wie breiteren Spurweiten.

Linke Seite oben: Bahnhof Kings Cross der Metropolitan-Eisenbahn in London. Die Gleise sind sowohl auf Normalspur als auch auf Breitspur mit 7 Fuß ausgelegt.
Linke Seite unten: Emblem der Great-Western-Eisenbahn-Gesellschaft, die als erste der vier großen britischen Gesellschaften im Jahre 1838 gegründet wurde
Oben: Gemälde vom Bau der Great-Western-Linie London – Bristol, die mit 7 Fuß Spurweite angelegt wurde
Unten: Umbau der Breitspur von 7 Fuß auf Normalspur. Die Umspurung der englischen Breitspurstrecken dauerte bis 1892.

Eisenbahnnetze werden geknüpft

Weitblick und Spekulation

Streit und Widerstände gehörten keineswegs von Anfang an zur Eisenbahngeschichte. An der Dampflokomotive begannen sich zum ersten Mal die Geister zu scheiden. Die Ablösung der Pferde- durch die Dampfkraft entfesselte den ersten Kampf zwischen Befürwortern und Gegnern einer neuen Technologie, während zuvor längst »Spurbahnen« entstanden waren, ohne den Argwohn politischer oder wirtschaftlicher Gruppen oder gar der breiten Öffentlichkeit zu erregen. Noch weitaus härtere Auseinandersetzungen als um den Dampfwagen entbrannten später, als die mittlerweile zu brauchbarer Leistungsfähigkeit entwickelte Eisenbahn nach ferneren Zielen drängte und auf die Verkehrsverhältnisse entscheidenden Einfluß zu nehmen in der Lage war. Die Möglichkeiten wurden zwar vereinzelt mit Weitblick erkannt und beschrieben, oft jedoch erst Jahre oder Jahrzehnte später in die Tat umgesetzt.

Als erster Vorkämpfer der Eisenbahn auf dem europäischen Kontinent gilt Franz Josef Gerstner, der schon 1807 eine Eisenbahn zur Verbindung von Moldau und Donau vorgeschlagen hatte. Als Gründer der Technischen Hochschule in Prag trat er auch mit anderen wissenschaftlichen Veröffentlichungen über Eisenbahnen hervor. Erst sein Sohn, Franz Anton Ritter von Gerstner, erhielt 1824 – also fast anderthalb Jahrzehnte später – die Konzession zum Bau der von seinem Vater konzipierten Bahnverbindung zwischen Moldau und Donau; als Pferdebahn Budweis–Linz nimmt sie in der Eisenbahngeschichte eine der vordersten Stellen ein.

Ebenfalls schon 1807 entwickelte Josef Baader in München seine Gedanken »zu einer neuen kommerziellen Verbindung des Rheins mit der Donau durch eine Straße mit Eisenbahnen«; 1814 legte er seinen Plan zum Bau einer Pferdebahn von Nürnberg nach Fürth vor, die schließlich über zwei Jahrzehnte später als erste Dampfeisenbahn Deutschlands eröffnet wurde. Der zum Oberstbergrat aufgestiegene und inzwischen geadelte Josef Ritter von Baader versuchte dann im Jahre 1822 mit seiner Schrift »über ein neues System der fortschaffenden Mechanik« die Eisenbahn in Bayern voranzubringen, und am 4. April 1825 konnte er sogar mit Zuschüssen von König Ludwig I. von Bayern im Schloßgarten zu Nymphenburg seine Eisenbahn praktisch vorführen, ohne

Oben: Englische Karikatur auf die Auswüchse der Railway Mania, des »Eisenbahnfiebers«. Auf der Lokomotive »Speculation« hockt der Teufel. Unzählige Menschen wurden durch Beteiligung an propagierten, jedoch nicht gebauten Eisenbahnen um ihre Ersparnisse gebracht.
Darunter: Spottbild auf die Eisenbahn aus dem Jahre 1835. Während die Postkutsche ungehindert ihren Weg zieht, müssen sich im Vordergrund zahlreiche Helfer und Passagiere bemühen, den Zug voranzubringen.
Rechte Seite: Friedrich List, Nationalökonom und Wirtschaftspolitiker, entwarf als erster ein Netz von Eisenbahnverbindungen in Deutschland (rechts). Obwohl später alle von ihm vorgezeichneten Linien realisiert wurden, schied er aus Verzweiflung über die vermeintliche Erfolglosigkeit seines Bemühens 1846 freiwillig aus dem Leben.

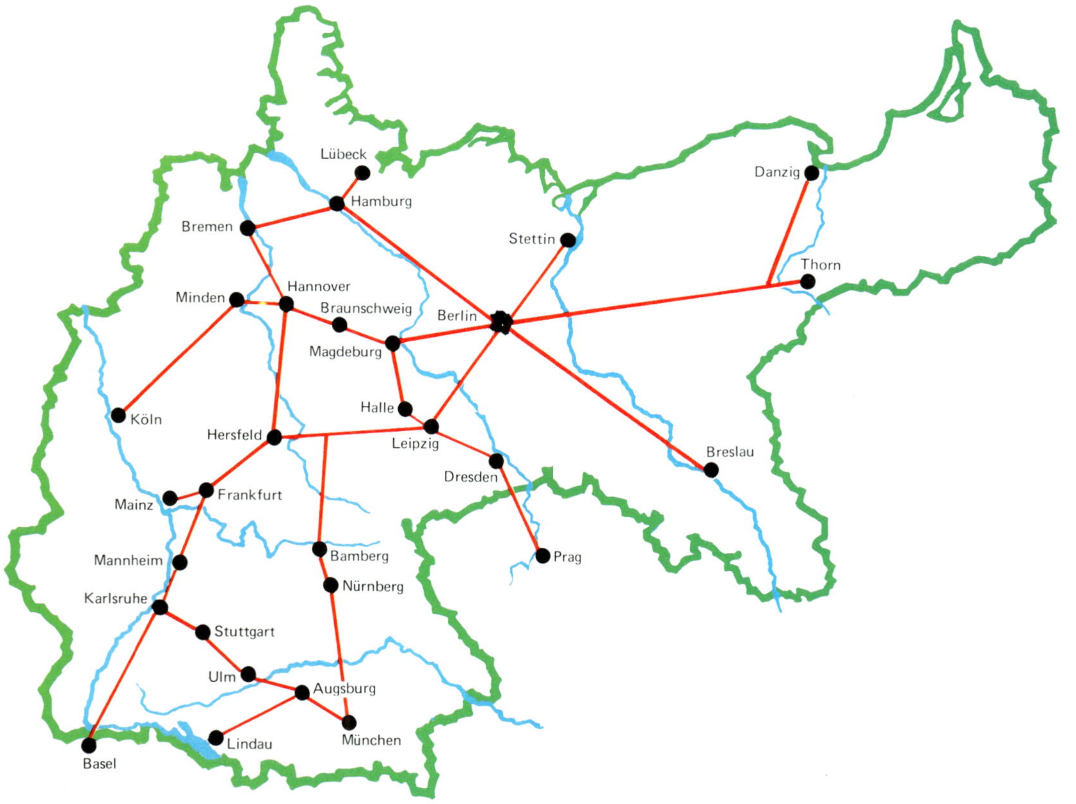

jedoch mit seinen Vorstellungen durchzudringen. Ähnlich ging es in Westfalen dem Fabrikanten und späteren Landtagsabgeordneten Friedrich Harkort, der sich noch vor der Eröffnung der ersten Eisenbahn in England zwischen Stockton und Darlington im Jahre 1825 mit einem Artikel in der Hagener Zeitschrift »Hermann« für den Bau von Eisenbahnen in Deutschland einsetzte. Harkort, der vor allem Bahnverbindungen zwischen Köln und Minden (Westfalen), also zwischen Rhein und Weser durchsetzen wollte, konnte 1833 nur die »deutsche Schlafmützigkeit« beklagen: Erst zwölf Jahre später ist das erste Teilstück der Köln-Mindener Eisenbahn fertig geworden.
Friedrich List war einer der wenigen, der schon im ersten Viertel das gesamte weitere 19. Jahrhundert zu überschauen schien, der nicht nur aus lokaler oder regionaler Sicht naheliegende Projekte vertrat, sondern ein umfassendes Eisenbahnnetz als Mittel zur Einigung des damals aus 36 Teilstaaten gebildeten Deutschland erkannte. Seine Denkweise erfaßte Zusammenhänge, sein publizistisches Talent verstand sie breiten Kreisen verständlich zu machen. List verfocht den Eisenbahngedanken nicht um seiner selbst willen, sondern weil er in dem leistungsfähigen, schnellen und bequemen Verkehrsmittel den Katalysator für das Entstehen eines Deutschlands der nationalen Einheit erblickte und darin die Voraussetzung für wirtschaftlichen Aufschwung und Wohlstand sah. Obwohl aus seiner patriotischen Gesinnung heraus Deutschland den Mittelpunkt seines dynamischen Agierens bilden mußte, hat er auch andernorts der Eisenbahn Wege geebnet. Nachdem er, zuvor Professor in Tübingen und Abgeordneter der württembergischen Kammer, wegen heftiger Auseinandersetzungen mit der einheimischen Bürokratie nach Amerika hatte emigrieren müssen, baute er dort selbst eine Eisenbahnverbindung zwischen einem Kohlevorkommen und dem nächstgelegenen Hafen, gewann dabei wertvolle Erfahrungen, erwarb sich durch seine Beratung über den nutzbringenden Einsatz von Eisenbahnen hohe Verdienste und konnte daraufhin im Schutze der amerikanischen Staatsbürgerschaft und in diplomatischer Mission für die Regierung der Vereinigten Staaten nach Deutschland zurückkehren. Außer Amerika machte sich auch Belgien seine Ratschläge zunutze. In Frankreich dagegen blieben seine Bemühungen, den europäischen Völkern zu weltwirtschaftlicher Bedeutung zu verhelfen, ebenso erfolglos wie in der eigenen Heimat. Im Jahre 1833 erschien seine programmatische Schrift »Über ein sächsisches Eisenbahnsystem als Grundlage eines allgemeinen deutschen Eisenbahnsystems und besonders über die Anlegung einer Eisenbahn von Leipzig nach Dresden«. Zwar gelang Friedrich List in kurzer Zeit die wirtschaftliche und technische Vorbereitung der Leipzig-Dresdner Eisenbahn, eine einflußreiche Position wurde ihm jedoch nicht übertragen.
Als erster hatte er in klarer Voraussicht die vielfältigen Wechselwirkungen zwischen einem leistungsfähigen Eisenbahnnetz und einer blühenden Volkswirtschaft dargestellt: »Der wohlfeile, schnelle, sichere und regelmäßige Transport von Personen und Gütern ist einer der mächtigsten Hebel des Nationalwohlstandes und der Zivilisation...« Seine Überlegungen gingen so weit, daß er mit Zinsersparnissen durch schnelleren Transport, mit rascherem Kapitalumlauf, mit geringeren Verlusten durch die höhere Sicherheit der Eisenbahn, mit Verminderung der Transportkosten als Voraussetzung für die Beförderung von Massenartikeln und damit Steigerung ihres Absatzes oder mit der Schaffung solider Kalkulations- und Dispositionsgrundlagen für den Kaufmann aufgrund der festen Tarife und Fahrpläne von Eisenbahnen argumentierte.
Während auch Friedrich List trotz seiner klaren und überzeugenden Darstellung ein deutsches Eisenbahnsystem nicht zustande zu bringen vermochte und aus Verzweiflung über die Erfolglosigkeit seines Lebenskampfes am 30. November 1846 in Kufstein freiwillig aus dem Leben schied, stand die Eisenbahn ganz im wörtlichen Sinn »hoch im Kurs«. Die unerwarteten Erfolge der ersten Eisenbahnlinien, angefangen von der bald äußerst rentablen Strecke Liverpool-Manchester in England bis zur 1835 eröffneten Ludwigsbahn Nürnberg-Fürth oder der 1839 fertigen Verbindung zwischen Leipzig und Dresden führten zu wilden Spekulationen mit Eisenbahnaktien. Mancher kleine Mann von der Straße opferte seine kargen Ersparnisse für Anteilscheine an Aktiengesellschaften, die

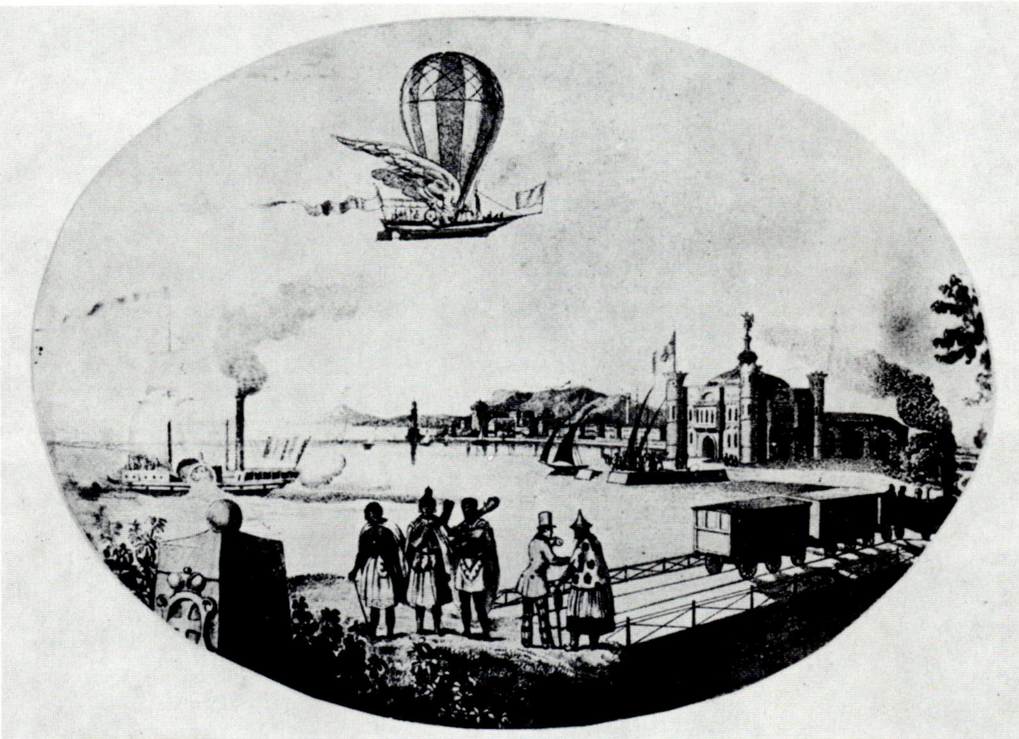

Links: Karikatur aus einer Wiener Zeitung von 1830 mit der Unterschrift »Nichts ist mehr unmöglich«, in der die Entwicklung der modernen Technik in Form eines Dampfschiffes, der Eisenbahn und eines Luftschiffes dargestellt wird
Rechts: Französische Patentee-Lokomotive von 1845 mit der Achsfolge 1A1, eingesetzt auf der Strecke Paris – Le Havre

irgendeinen Bahnbau versprachen. Allein 1835 und 1836 wurden in Amerika, Frankreich, England und Deutschland mehr als zweihundert »Eisenbahn-Unternehmungen auf Aktien« angekündigt, von denen kein einziges verwirklicht wurde. Das 1832 in Amerika ausgebrochene »Eisenbahnfieber« brachte unzählige Menschen um ihr Geld. Sie wurden das Opfer gerissener Schwindler, die kühne Projekte in der Öffentlichkeit so überzeugend und geschickt darzustellen verstanden, daß sich die Aktienkäufer gelegentlich im Gedränge tottrampelten, obwohl für die angekündigte Bahn weder eine Konzession bestand, noch die technische Durchführbarkeit oder gar das zu erwartende Verkehrsaufkommen untersucht worden war.
Während die Überzeugungskraft der »Eisenbahn-Pioniere« jahrzehntelang die politischen Widerstände gegen Eisenbahnen kaum zu überwinden vermochte, hatten offenbar die »einfachen Leute« schnell die künftige Bedeutung des neuen Verkehrsmittels erkannt. Daß sie dabei das Opfer einer frühen Form von Wirtschaftskriminalität wurden, bedeutete für die Entwicklung der Bahnen eine schwere zusätzliche Hypothek. Denn auch die seriösen Vorhaben gerieten dadurch in Mißkredit. Die Aktienkurse der bereits bestehenden Bahnen sanken stark, obwohl die Gewinne der Gesellschaften von Jahr zu Jahr stiegen. Erst Anfang der vierziger Jahre normalisierten sich die Verhältnisse so weit, daß nun einer kontinuierlichen Entwicklung nichts mehr im Wege stand.

Impulse aus England

Nachdem England die Dampfeisenbahn bereits als Selbstverständlichkeit betrachten konnte, brach beinahe zehn Jahre nach Eröffnung der Strecke von Stockton nach Darlington auch auf dem Kontinent das Eisenbahnzeitalter an. Daß die entscheidenden Impulse für die ersten »Dampfwagen« aus England gekommen waren, erscheint aufgrund der damaligen Vorrangstellung des Inselreiches in Technologie und Fabrikation kaum verwunderlich. Immerhin gab es, als Ende 1835 die erste Eisenbahn auf deutschem Boden eröffnet wurde, in England bereits Dampfeisenbahnen mit zusammen 720 Kilometer Streckenlänge.
Die Entwicklung fand ersten Anschluß jedoch nicht im benachbarten Europa, sondern in den Vereinigten Staaten von Amerika. Diesem Land, dem noch hundert Jahre später »unbegrenzte Möglichkeiten« attestiert wurden, fehlte es weder an Phantasie noch an Initiative und Kapital, um erfolgversprechende Neuerungen alsbald und vorurteilslos praktischer Nutzanwendung zuzuführen. So bestanden in Amerika zur Zeit der ersten Bahneröffnung in Deutschland bereits über 1500 Kilometer Eisenbahnstrecken und damit mehr als doppelt so viele wie in England. Die erste Linie verband Baltimore mit dem 24 Kilometer entfernten Ellicots Mills und nahm am 28. Dezember 1829 den Betrieb auf.
Wenngleich auch in den Vereinigten Staaten die ersten Strecken zunächst, zumindest teilweise, mit Pferden betrieben wurden und die Startschwierigkeiten mit den Dampflokomotiven auch dort nicht ausblieben, so hat doch kein anderes Land der Welt so früh eine derart schnelle Ausdehnung seines Eisenbahnnetzes erlebt.
Im Jahre 1840 verfügten die Staaten bereits über 4534 Streckenkilometer, ganz Europa zusammen einschließlich Rußland brachte es nur auf 2925 Kilometer. Amerika konnte sich – wie sollte es anders sein – auch der längsten und der kostspieligsten Eisenbahnstrecke der Welt rühmen: Die längste führte damals von Boston im Staate Massachusetts bis Greensboro im Staate Georgia und erreichte 1670 Kilometer Streckenlänge, wobei noch 260 Kilometer der gesamten Distanz mit Dampfbooten zurückzulegen waren. Als kostspieligste galt die nur wenig über zwölf Kilometer lange, von New York entlang dem Haarlemfluß in die neu entstehenden Vororte führende Strecke. Sie kostete anderthalb Millionen Dollar, also »die deutsche Meile eine Million preußische Thaler«. Schon 1840 fuhren jedoch 900 000 Menschen mit dieser Bahn. Pferde mußten nur im Innenstadtbereich auf etwa vier Kilometer Streckenlänge vorgespannt werden; außerhalb der Stadt dampften Lokomotiven.
In Europa erkannte zuerst Belgien die Bedeutung der Schienenbahnen. Im Jahre 1834 ließ die Regierung von George Stephenson ein Eisenbahnnetz entwerfen. Es ging von Mecheln als Knotenpunkt aus

und sollte nicht nur die großen Städte untereinander, sondern auch mit Frankreich und Deutschland verbinden. Die am 5. Mai 1835 eröffnete erste Teilstrecke von Mecheln nach Brüssel wurde damit gleichzeitig die erste Staatseisenbahn der Welt; denn das Bahnnetz Belgiens wurde nicht nur vom Staat geplant, sondern auch gebaut. Der ersten Strecke folgten bald weitere: Mecheln - Antwerpen am 3. Mai 1836, Mecheln - Termonde am 2. Juni 1837, Mecheln - Löwen am 10. September 1837. Gent war am 29. September des gleichen Jahres erreicht, Lüttich am 1. April 1838, Brügge am 12. August 1838, Ostende am 27. August 1838 und die französische Grenze bei Valenciennes am 3. Mai 1840.

Die erste »Lokomotivbahn« Frankreichs war die am 26. August 1837 fertiggestellte Verbindung von Paris nach St. Germain. Zuvor hatte es bereits seit 1. Oktober 1828 eine Pferdebahn zwischen St. Etienne und Andrézieux gegeben. Die Niederlande, 1830 von Belgien getrennt, kamen erst im Herbst 1839 zu ihrer ersten Eisenbahn: der »Lustbahn« Amsterdam - Haarlem. In Italien fuhr der erste Zug am 3. Oktober 1839 zwischen Neapel und Portici. Alle übrigen europäischen Länder mit Ausnahme Österreichs, Deutschlands und natürlich Englands fanden erst im folgenden Jahrzehnt, teilweise sogar noch später Anschluß an das Eisenbahnnetz, das mit wachsendem Tempo dichter wurde. In der gesamten sonstigen Welt steht neben den Vereinigten Staaten von Amerika lediglich noch Kuba in den ersten Zeilen der Statistik: Dort fuhr bereits 1837 die erste Eisenbahn zwischen Habana (Havanna) und Guanajay, immerhin über eine Strecke von rund fünfzig Kilometern.

Auch der Lokomotivführer wurde importiert

Die bayerische Ludwigsbahn, die am 7. Dezember 1835 zwischen Nürnberg und Fürth eröffnet wurde, gilt als erste Eisenbahn in Deutschland. Der Bahnbau hat jedoch auch hier schon früher begonnen.

Im Jahr 1825 gab es in »Rheinpreußen« bei den Kohlegruben an Ruhr und Saar bereits über sechzig Kilometer Eisenbahnstrecken, die allerdings nur mit Pferden betrieben wurden. Für Lokomotivbetrieb eingerichet war dagegen die Strecke zwischen dem Himmelsfürster Erbstollen in Überruhr und dem Ort Niederbonsfeld im Süden von Essen; sie wurde 1830 eröffnet und diente dem Kohletransport. Weil für Dampfbetrieb die Konzession verweigert wurde, blieb es auch auf dieser Strecke beim Einsatz von Pferden. Im oberschlesischen Kohlerevier bestanden Eisenbahnen ebenfalls lange vor dem Jahr 1835. Dort sollte die 1815 von der Königlichen Eisengießerei in Berlin nach dem Vorbild der englischen Blenkinsop-Maschinen gebaute Dampflokomotive erstmals die Pferdekraft ersetzen. Auch die zwei Jahre später vom gleichen Werk in Berlin gebaute und ins Saarland gelieferte Lokomotive war für diesen Zweck bestimmt. Wenn sich auch zunächst noch unüberwindliche technische Probleme in den Weg stellten und die Versuche scheitern ließen, so zeigten sich auch jetzt – wie zuvor in England – erste Ansätze, Dampfkraft für Transportaufgaben nutzbar zu machen, wiederum in den Kohlerevieren; in Deutschland an der Ruhr, in Oberschlesien und im Saargebiet.
Von diesen frühen Eisenbahnen unterschied sich die Ludwigsbahn in mehrfacher Hinsicht. Zwischen Nürnberg und Fürth gab es weder Kohle oder Erz zu transportieren noch industrielle Produktionsstätten zu verbinden. Hier entstand vielmehr die erste Strecke, die zunächst nur auf Personenverkehr ausgerichtet und zur öffentlichen Benutzung vorgesehen war. Der Einsatz eines Dampfwagens lag von vornherein in der Absicht der Gesellschaft, obwohl für alle Fälle auch die unproblematische Pferdetraktion berücksichtigt blieb. Im ersten Betriebsjahr standen 2364 Fahrten des Dampfwagens rund 6100 Pferdefahrten gegenüber. Bis 1856 bildete der gemischte Lokomotiv- und Pferdebetrieb die Regel; erst 1862 wurden die Fahrten mit Pferdekraft endgültig ein-

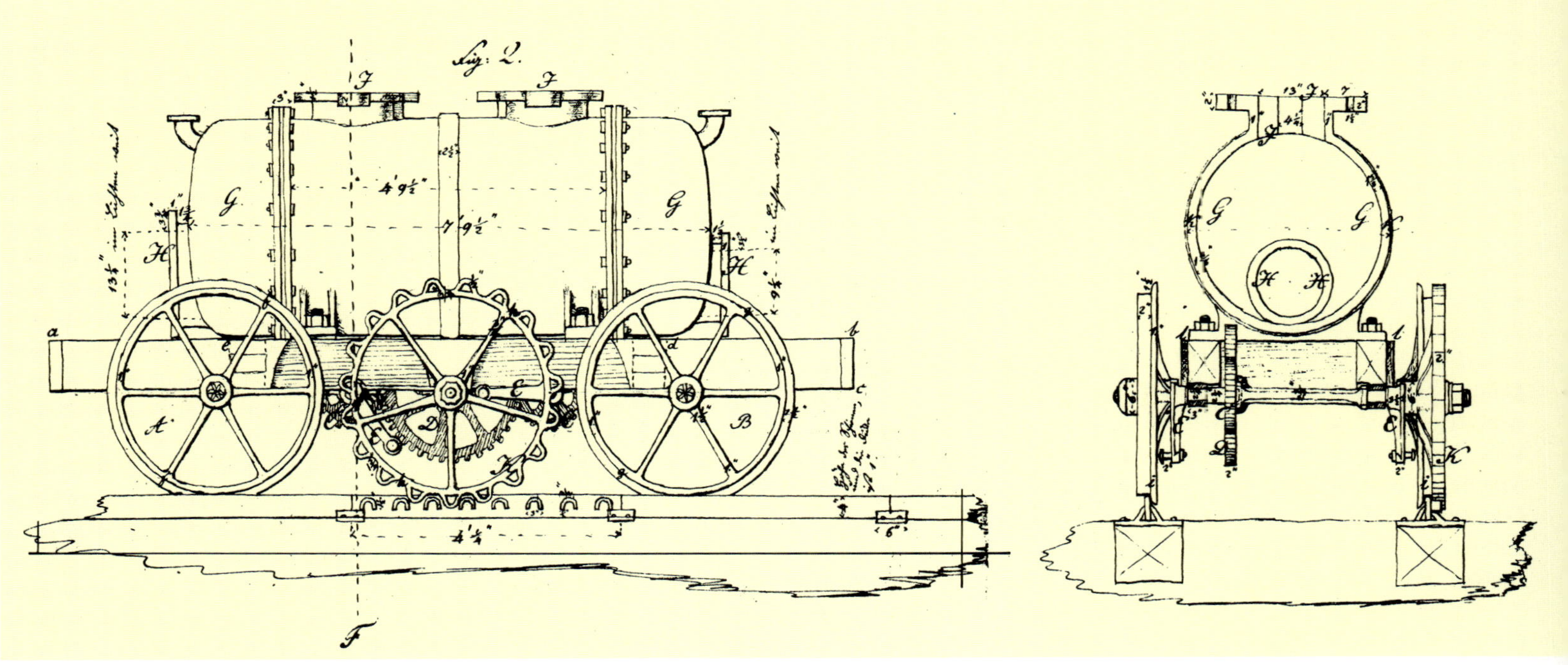

gestellt. Dennoch bedeutete die Eröffnung der nur 6,05 Kilometer langen Ludwigsbahn mit dem ersten erfolgreichen Einsatz einer Lokomotive in Deutschland den entscheidenden Schritt in das Eisenbahnzeitalter. Schon morgens im Dunkeln machte sich Nürnberg zu Pferd, zu Wagen und zu Fuß auf den Weg, um der für neun Uhr angekündigten Eröffnung der Ludwigsbahn auf dem Platz vor dem Spittlertor im damaligen Vorort Gostenhof beizuwohnen. Gegen acht Uhr fehlte kaum noch einer der Aktionäre, der Direktoren der Ludwigsbahn-Gesellschaft und der eingeladenen Ehrengäste aus nah und fern. Im Brennpunkt des Interesses stand verständlicherweise der Dampfwagen, dessen verspätetes Eintreffen aus England die Bahneröffnung mitten im Winter verschuldet hatte. Womöglich fehlte nicht zuletzt deshalb ein Repräsentant des Königshauses; denn ursprünglich hatte die erste Fahrt schon am 25. August stattfinden sollen, am Geburtstag des Königs, dessen Namen die Ludwigsbahn trug.

Nun erlebte eine kaum übersehbare Menschenmenge den »Locomotif«: »Auf den Achsen von Vorder- und Hinterrädern wie ein anderer Wagen ruhend, hat er mitten zwischen diesen zwei größere Räder, und diese sind es, welche von der Maschine eigentlich in Bewegung gesetzt werden. Wie? läßt sich zwar ahnen, aber nicht sehen. Zwischen den Vorderrädern erhebt sich, wie aus einem verschlossenen Rauchfang, eine Säule von ungefähr 15 Fuß Höhe, aus welcher der Dampf sich entladet. Zwischen den Vorder- und Mittelrädern erstreckt sich ein gewaltiger Zylinder nach den Hinterrädern, wo der Herd und Dampfkessel sich befindet, welcher von einem zweiten, vierräderigen, angehängten Wagen aus mit Wasser gespeist wird. Dieser hintere Wagen nämlich, auf welchem der Platz für das Brennmaterial ist, hat auch einen Wasserbehälter, aus welchem Schläuche das Wasser in die Kanäle des eigentlichen Dampfwagens leiten. Außerdem bemerkt man eine Anzahl von Röhren, Hähnen, Schrauben, Ventilen, Federn, die alle wahrzunehmen mehr Zeit erfordert als uns vergönnt war...«, berichtete der Korrespondent des Stuttgarter Morgenblattes.

Die Lokomotive trug den Namen »Adler« und die Fabriknummer 118 der Lokomotivfabrik von Robert Stephenson in Newcastle. Etwas über sieben Meter lang, entwickelte die Maschine etwa vierzig Pferdestärken. Der Eröffnungszug bestand aus neun Wagen, die etwa zweihundert Personen faßten. Nachdem ein Gedenkstein mit der Inschrift »Deutschlands erste Eisenbahn mit Dampfkraft 1835« enthüllt worden war, setzte sich der Zug in Bewegung. Auf der offenen Plattform der Lokomotive standen der Lokomotivführer William Wilson, der zusammen mit der Maschine aus England »importiert« worden war, und als Heizer der Nürnberger Johann Georg Hieronymus. Neun Minuten nach der Abfahrt erreichte der Zug die Endstation an der Neuen Friedrichstraße in Fürth. Seine Durchschnittsgeschwindigkeit lag damit bei vierzig Stundenkilometern. Für den planmäßigen Betrieb reduzierte die Gesellschaft allerdings das Tempo des Dampfwagens, um den Verschleiß zu vermindern; so dauerte die Reise von Nürnberg nach Fürth laut Fahrplan fünfzehn Minuten, bei den Pferdefahrten fünfundzwanzig Minuten.

Mit der Initiative für den Bau der ersten Eisenbahn mit Lokomotivkraft versuchte die Bürgerschaft Nürnbergs, die seit dem Verlust der reichsstädtischen Freiheit im Jahr 1806 rasch schwindende Bedeutung wiederzugewinnen. Mit gleicher Aufgeschlossenheit engagierte sich Fürth. Bevor die beiden Städte mit ihrem Plan an die Öffentlichkeit traten, ließen sie nach geradezu moderner Art das voraussichtliche Verkehrsaufkommen berechnen und eine Art Kosten-Nutzen-Analyse aufstellen. Erst als sich durchaus günstige Prognosen ergaben, konstituierte sich der Verein zu einer Gesellschaft, die nicht nur ihre regionalen Interessen vertrat, sondern mit beachtenswertem Weitblick den Fortschritt »für das ganze Vaterland« im Auge behielt: »Die Erfindung der Eisenbahnen mit Dampfkraft ist für den materiellen Verkehr der Staaten und die Verbindung der Völker von so unberechenbarer Wichtigkeit, als die Erfindung der Buchdruckerkunst für ihren geistigen Verkehr...« hieß es in der Denkschrift vom 14. Mai 1833, mit der die Gründung eines »Aktienvereins« eingeleitet wurde. Erst im Spätherbst war die veranschlagte Bausumme von 132 000 Gulden gezeichnet. Am 18. November beschloß die Aktionärsversammlung die Statuten und beantragte die Konzession, die König Ludwig I. am 19. Februar 1834 unterzeichnete. Die Bauarbeiten konnten erst am 7. März 1835

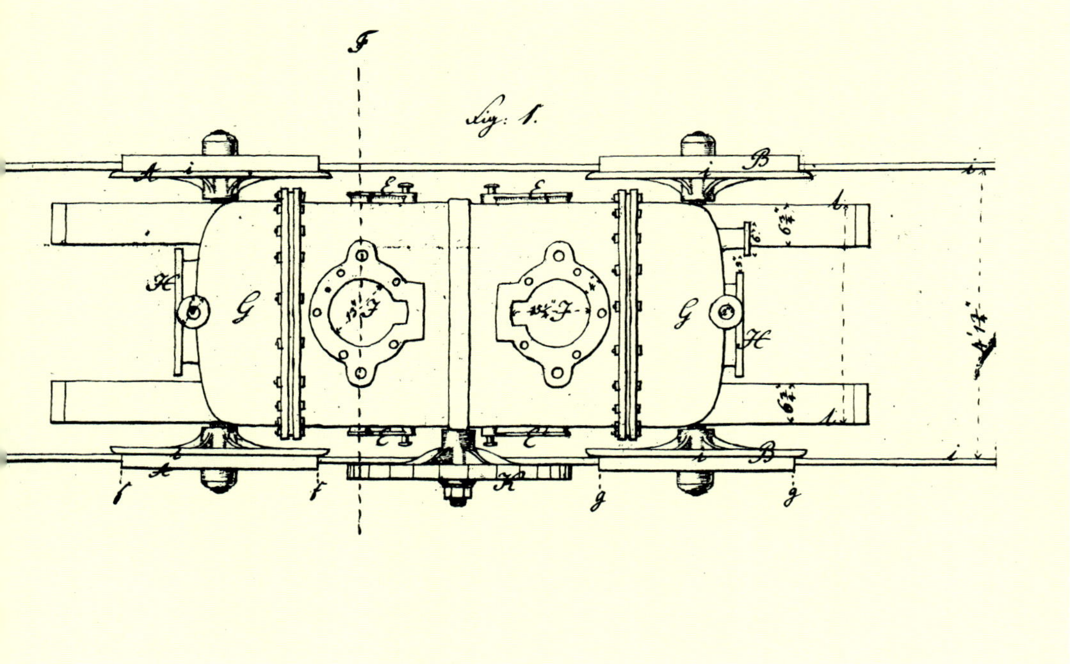

Linke Seite oben außen: Lokomotive des Franzosen Marc Séguin von 1829; der Tender enthielt ein Gebläse, um das Feuer anzufachen.
Linke Seite oben innen: Deutschlands erste Lokomotive nach der Darstellung auf einer gußeisernen Plakette, die zu Neujahr 1816 erschien
Unten: Alte Werkzeichnung der zweiten in Deutschland gebauten Dampflokomotive, angefertigt von Carl Ludwig Althans im Oktober 1817 in Berlin
Nächste Doppelseite: Deutschlands erste Eisenbahn zur Personenbeförderung wurde am 7. Dezember 1835 auf der Strecke Nürnberg – Fürth eingeweiht. Als Lokomotive wurde der »Adler« aus der Lokomotivfabrik von Robert Stephenson importiert. Die Aufnahmen zeigen eine Nachbildung des »Adler« im Verkehrsmuseum Nürnberg.

ADLER
№ 2

ADLER

ROBT STEPHENSON AND COMPY
ENGINEERS
NEWCASTLE UPON TYNE.

Einer der ersten Züge auf der Leipzig–Dresdner Bahn im Jahre 1837

beginnen, weil sich der Grunderwerb über ein Jahr lang hinzog. Unter Leitung des Bauingenieurs Paul Camille von Denis kamen sie jedoch rasch voran, obwohl der zunächst ins Auge gefaßte Eröffnungstermin Ende August auch ohne die verspätete Anlieferung der Dampflokomotive kaum hätte eingehalten werden können. Immerhin entstand in nur neun Monaten Bauzeit eine als sorgfältig angelegt und solide ausgeführt anerkannte Bahn.

Die Trasse war mit genau »20 730 Bayerischen Fuß« vermessen. An eine 11 600 Fuß lange, 1 : 500 geneigte Strecke schloß sich ein völlig ebener Abschnitt mit 9080 Fuß an. Nur am Anfang und am Ende der Strecke waren geringfügige Krümmungen vorhanden, im übrigen verlief die gesamte Linie völlig gerade. Das ebene Gelände setzte dem Bahnbau keinerlei Schwierigkeiten entgegen. Der Boden bestand aus festem Sand, auf dem zur Verlegung des Gleises ein kleiner Damm von einem bis zwei Fuß Höhe aufgeschüttet wurde. Für die Ausführung des Schienenweges diente die Liverpool - Manchester-Eisenbahn als Vorbild. Die Schienen walzte die Eisenhütte von Remy & Konsorten zu Rasselstein bei Neuwied. Auf dem größten Teil der Strecke wurden die Schienen mit gußeisernen Lagern, »Stühle« genannt, auf Sandsteinblöcken befestigt, die in den Boden eingelassen waren und etwa 35 Zentimeter herausragten. Nur auf etwa einem Viertel der Streckenlänge ruhten die Stühle auf Holzblöcken.

Wie die Schienen so entstammten auch die neun Wagen der Ludwigsbahn deutschen Werkstätten. Die Wagnermeister Stahl und Singer in Nürnberg und Hoffmann in Fürth bauten je zwei Wagenkästen, Späth sämtliche Untergestelle dazu, während die Sattlermeister Förderreuther und Striedinger in Nürnberg und Farnbacher in Fürth für die Ausstattung dieser Wagen 2. und 3. Klasse sorgten. Insgesamt wurden drei Wagen 1. Klasse, vier Wagen 2. Klasse und zwei Wagen 3. Klasse beschafft; ihr Preis betrug genau 10 444 Gulden und 44 Kreuzer. Für die Lokomotive mußten einschließlich Tender insgesamt 13 930 Gulden und 2 Kreuzer aufgewendet werden.

Die Gesamtkosten der Ludwigsbahn beliefen sich schließlich auf rund 200 000 Gulden, womit der Voranschlag von 132 000 Gulden erheblich überschritten wurde. Der englische Lokomotivführer Wilson bezog anfangs 1500 Gulden Jahresgehalt, später tausend Gulden, während sich der Direktor mit nur 1200 Gulden begnügen mußte. Die Fahrt von Nürnberg nach Fürth kostete sechs Kreuzer in der 3. Klasse, neun Kreuzer in der 2. und zwölf Kreuzer in der 1. Klasse. Erst 1873 wurde die Guldenwährung mit sechzig Kreuzern durch die Reichsmark zu hundert Pfennigen ersetzt, wobei mit einem Umrechnungsfaktor von 1 : 1,715 gerechnet wurde. Dies ergibt rein rechnerisch für die 2. Klasse einen Fahrpreis von 25,7 Pfennig für die sechs Kilometer lange Strecke, also einen Kilometersatz von nur 4,3 Pfennig. Obwohl im Jahre 1975 dieser Satz nominal bei knapp dem Dreifachen lag, war Reisen mit der ersten Eisenbahn ein teures Vergnügen, weil damals selbst fürstliche Gehälter um einiges hinter den heute üblichen Einkommen zurückblieben.

Die Ludwigsbahn-Gesellschaft hat inzwischen zu existieren aufgehört. Schon am 31. Oktober 1922 fuhren ihre Züge zum letzten Mal. »Gezwungen durch die katastrophale Steigerung der Ausgaben für Kohlen, sonstige Verkehrsmittel, Gehälter und Löhne sind wir nicht mehr in der Lage, den Betrieb weiterzuführen und müssen ihn deshalb am 1. November 1922 stillegen.« Mit dieser knappen Erklärung der Direktion erfüllte sich nach 87 Jahren das Schicksal der ersten Eisenbahn in Deutschland. Dennoch bestand die Gesellschaft, nur noch mit der Grund- und Vermögensverwaltung beschäftigt, bis zum Ende der sechziger Jahre. Regelmäßig konnte sie daraus sogar noch vier Prozent Dividende jährlich ausschütten. Die Trasse der ehemaligen Ludwigsbahn wurde am 1. Juli 1964 an die Städte Nürnberg und Fürth verkauft. Heute benützt die U-Bahn diese Trasse zwischen den beiden Städten. Am 20. Juni 1981 wurde erstmals die Fürther Stadtgrenze erreicht, am 20. März 1983 die City. Durch Beschluß der Gesellschafterversammlung am 13. Dezember 1969 im Rathaus zu Fürth wurde die Auflösung der Gesellschaft beschlossen und damit unter das erste Kapitel deutscher Eisenbahngeschichte endgültig der Schlußstrich gezogen.

Die Leipzig–Dresdner Bahn

Ähnlich wie in England, wo der verhältnismäßig problemlosen Bahn von Stockton nach Darlington sogleich eine durch topographisch schwieriges Gelände geführte und an kühnen Kunstbauten reiche Fernstrecke, die Liverpool - Manchester-Bahn, gefolgt war, so schloß sich auch in Deutschland an die kurze, geradlinige und ebene Ludwigsbahn zwischen Nürnberg und Fürth als nächste eine bereits mehr als hundert Kilometer lange Linie an, die ebenfalls durch einen Tunnel und durch Einschnitte, über Brücken und Dämme führte: die Leipzig - Dresdner Bahn.

Sie verdankt ihre frühe Entstehung im wesentlichen Friedrich List, der 1833 von ihr ausgehend sein Konzept eines einheitlichen deutschen Eisenbahnnetzes entwickelt hatte. Bei Vorbereitung und Verwirklichung des Bahnbaues von Leipzig

nach Dresden ging List so geschickt vor, daß später alle wesentlichen Bahnprojekte nach diesem Vorbild in die Wege geleitet wurden: positive Beeinflussung der öffentlichen Meinung durch Informationsschriften und Artikel in der Presse, öffentliche Versammlung mit Wahl eines Komitees, Kostenvoranschlag und Rentabilitätsberechnung, Verhandlungen mit der Regierung über Genehmigung der vorgesehenen Aktiengesellschaft, über das ausschließliche Privileg, das für den Grunderwerb erforderliche Enteignungsgesetz, über Zinsgarantien und andere wichtige Voraussetzungen für die Realisierung des Vorhabens. Nach diesen grundlegenden Vorbereitungen folgten die Gründung der Aktiengesellschaft, Detailplanung und schließlich Verwirklichung.
Friedrich List erhielt dabei keine Funktion. Die Bauleitung wurde vielmehr Karl Theodor Kunz übertragen, der sich mit den Plänen seit langem befaßt und von 1833 bis 1834 in England und Belgien aufgehalten hatte. Er erfüllte seinen Auftrag zur vollen Zufriedenheit der Bahngesellschaft.
In Leipzig war im Mai 1835 das gesamte vorgesehene Kapital an einem einzigen Tag gezeichnet. Zwei Wochen später standen die Aktien bereits zwanzig Prozent über dem Ausgabekurs. Allerdings stellte sich während des Baues heraus, daß die Voranschläge völlig falsch berechnet waren, so daß eine Verdoppelung des ursprünglichen Aktienkapitals von zwei Millionen Talern erforderlich wurde. Immerhin konnte am 24. April 1837 die erste »Sektion« von Leipzig nach Althen eröffnet werden.
Entsprechend dem Baufortschritt kamen in rascher Folge weitere Teilabschnitte hinzu: von Althen nach dem Gerichshainer Damm am 12. November 1837, von dort bis Machern am 11. Mai 1838, von Dresden nach der »Weintraube« in Niederlößnitz am 19. Juli, von Machern nach Wurzen am 31. Juli, weiter bis Dahlen sowie von Niederlößnitz nach Oberau am 16. September, von Dahlen nach Oschatz am 3. und von Oschatz nach Riesa am 21. November 1838. Der durchgehende Betrieb auf der rund 115 Kilometer langen Strecke zwischen Leipzig und Dresden mit dem ersten Tunnel Deutschlands bei Oberau wurde am 7. April 1839 aufgenommen. Darüber berichtete das Leipziger Tageblatt:
»... als am Nachmittage des siebenten April der Einlaß in die mit Laubgewinden, mit den Sachsen- und Kompagniefarben, und mit den Flaggen, welche die Wappen Leipzigs und Dresdens trugen, festlich geschmückten Räume des Bahnhofs gestattet wurde, so waren auch in einem Nu die beiden Wagenzüge, welche das größere Publikum aufnehmen sollten, gefüllt. Heiterkeit strahlte auf allen Gesichtern, und bald machte sie sich durch laute Fröhlichkeit Platz. So konnte man freilich nicht viel von der Feier vernehmen, welche in dem vorderen Teile des Bahnhofs in Gegenwart der besonders eingeladenen Personen stattfand ...
Mittlerweile hatten die Eingeladenen auf dem mit Flaggen gezierten Festzuge Platz genommen, und nun setzte sich derselbe

KARTE
für die
erste Probefahrt
auf der
LEIPZIG-DRESDNER EISENBAHN
nach Althen und zurück
für den 24. April 1837.

gleich nach zwei Uhr, gezogen von den Lokomotiven Stephenson und Elephant, unter der Leitung Greeners in Bewegung; ihm folgten rasch die beiden anderen Züge ...
Unmittelbar hinter Riesa erreichten die Züge die herrliche Elbbrücke mit ihren elf Pfeilern. Der Eindruck, den dieses treffliche Bauwerk, so wie der bald folgende Viadukt bei Röderau mit seinen 64 Pfeilern machte, ging in laute Ausbrüche der Freude über. Ihn vermochte der Aufenthalt nicht zu schwächen, den ein kleiner Unfall am Salamander, der den zweiten Wagenzug mit sich führte, veranlaßte. Von dem Anhaltepunkt Priestewitz wurde eine Reservemaschine herbeigesandt... Nach einem halben Stündchen stiegen zu beiden Seiten Felsenmassen empor, und die Züge befanden sich vor dem mit Fichtenreis gezierten Eingange des Tunnels bei Oberau. Wer vermag hier genügend den Eindruck zu beschreiben, den dieser großartige Bau mit seiner unterirdischen, 870 Ellen langen, durch eine unzählbare Menge Lämpchen erleuchteten Galerie auf die Reisenden machte. Die hohen Gewölbe hallten von dem alten Gruße Glück auf! wider, mit dem die auf beiden Seiten aufgestellten Bergleute, welche Lichter trugen, begrüßt wurden und grüßten. Gleich nachdem dieser Riesenbau verlassen worden war, zeigten sich links auf den mit vielen Zuschauern besetzten Höhen, die durch die Anlegung des Tunnels hervorgerufenen Häuser mit der Restauration. Rasch eilte man nun hinab in das freundliche Elbetal, und bei der Weintraube wurde zum letzten Mal Halt gemacht, damit sich die Züge zur bevorstehenden Einfahrt in die Residenz sammeln konnten.
Und welcher Empfang stand nun den Ankommenden bevor. Reihen von Equipagen bedeckten fast eine Stunde vor der Stadt die Chaussee. Dicht gedrängte Reihen standen von nun an zu beiden Seiten der Bahn bis an den Bahnhof zu Dresden und in den Umgebungen desselben. Die Hüte wurden geschwenkt, die Frauen wehten mit den Tüchern und unter dem lauten Zuruf der Menge, der fast alles übertäubte, fuhren die Züge durch die Reihen der Kommunalgarde in den Bahnhof ein, wo unter dem allgemeinen Jubel ebenfalls wenig von dem feierlichen Gruße vernommen werden konnte, mit welchem, laut Programm, der Stadtrat und die Stadtverordneten Dresdens die Ankommenden empfangen sollten...«

Deutschland holt auf

Hatten schon die Ludwigsbahn Nürnberg – Fürth und ihr auch finanziell glänzendes Ergebnis einen Wandel in der allgemeinen Einstellung gegenüber Eisenbahnen herbeigeführt, der sich unter anderem in dem starken Interesse an den Aktien der Leipzig – Dresdner Bahn widerspiegelte, so löste die Fertigstellung der ersten längeren Eisenbahnstrecke in Deutschland, mit der die beiden großen sächsischen Städte Leipzig und Dresden »gleichsam in ein Gemeinwesen verschmolzen« wurden, ein ähnliches Eisenbahnfieber aus wie zuvor in England die Liverpool – Manchester-Bahn. Weit mehr Projekte wurden propagiert und ausgeschrieben als wirklich gebaut. Immerhin konnten jedoch in den ersten fünf Jahren der deutschen Eisenbahngeschichte rund 500 Kilometer Bahnlinien fertiggestellt werden:
Berlin – Potsdamer Bahn am 22. September 1838 von Zehlendorf bis Potsdam und am 29. Oktober 1838 von Berlin, Potsdamer Bahnhof, bis Zehlendorf; Braunschweig – Wolfenbüttel am 1. Dezember 1838; Düsseldorf – Erkrath am 20. Dezember 1838; Magdeburg – Leipziger Bahn am 29. Juni 1839 von Magdeburg bis Schönebeck, am 9. September 1839 von Schönebeck bis zur Saale, am 19. Juni 1840 von dort bis Köthen, am 23. Juli von Köthen bis Halle und am 18. August 1840 von Halle bis Leipzig; Rheinische Eisenbahn

Köln - Aachen - Herbesthal am 2. August 1839 von Köln bis Müngersdorf; Taunus-Eisenbahn am 26. September 1839 von Frankfurt (Main) bis Höchst und am 19. Mai 1840 von Höchst bis Wiesbaden; München - Augsburger Bahn am 3. September 1838 von Augsburg bis Spickel, am 1. September 1839 von München bis Lochhausen, am 27. Oktober von Lochhausen bis Olching, am 7. Dezember 1839 von Olching bis Maisach, am 21. Mai 1840 von Maisach bis Nannhofen und am 4. Oktober 1840 Gesamtstrecke München - Augsburg; Mannheim - Heidelberg am 12. September 1840.

Obwohl List schon 1833 ein Hauptstreckennetz für ganz Deutschland skizziert hatte, entstanden die ersten Strecken mehr oder weniger willkürlich unter regionalen Gesichtspunkten. Die deutschen Teilstaaten verfolgten Eigeninteressen und suchten deshalb sogar großräumige Eisenbahnpläne zu verhindern. Seit 1824 hatte Philipp August von Amsberg, Leiter des Braunschweigischen Landstraßenwesens, für »Eisenstraßen« von Braunschweig und Hannover nach den Hansestädten Hamburg und Bremen gekämpft; die Nachbarn Preußen und Hannover verhinderten die Verwirklichung beharrlich; denn ihnen konnte nichts daran gelegen sein, den Erzeugnissen des kleinen Herzogtums Braunschweig Wettbewerbsvorteile zu verschaffen. So baute das Land auf Amsbergs Betreiben im Jahre 1838 eine eigene Bahn, ganz auf Braunschweigischem Territorium und deshalb im Überschwemmungsgebiet der Oker teilweise ungünstig trassiert. Am 8. November 1843 konnte die 44,9 km lange Strecke Braunschweig - Harzburg, deren erster Abschnitt bis Wolfenbüttel schon am 1. Dezember 1838 eröffnet worden war, dem Betrieb übergeben werden. Zwar handelte es sich bei dieser Strecke um die erste Staatseisenbahn in Deutschland, doch auch ihr fehlten wie den zuvor gebauten privaten Bahnen Anschlüsse und Verbindungen, die das Verkehrsaufkommen hätten steigern können. Deutschland fehlte die zentrale Institution, die - etwa wie in Belgien - von Anfang an System in Planung und Bau des Eisenbahnnetzes gebracht hätte. So nahm zwar die Streckenlänge der deutschen Eisenbahnen rasch zu, doch selbst im Jahre 1850, als insgesamt 6044 Streckenkilometer in Betrieb waren, konnte von einem Eisenbahnnetz noch keine Rede sein.

Trotz allen Hindernissen, die einem freizügigen Reiseverkehr und erst recht dem Warenaustausch durch die Kleinstaaterei in den Weg gelegt wurden, erfüllte sich in

Linke Seite oben: Berliner Bahnhof der Berlin – Potsdamer Eisenbahn, 1838
Mitte: Eisenbahnfahrt nach Zehlendorf im Jahre 1844/45
Unten: Ein Zug verläßt den Heidelberger Bahnhof im Jahre 1843.
Rechts: Grenzen innerhalb Deutschlands: Karikatur zur Ausweisung des Dichters Georg Herwegh aus Preußen im Dezember 1842; das Nachbarland Sachsen gibt sich gelassen.

der zweiten Hälfte des 19. Jahrhunderts der prophetische Ausruf, der von dem preußischen Kronprinzen, dem späteren Friedrich Wilhelm IV., überliefert ist: »Diesen Karren, der durch die Welt rollt, hält kein Menschenarm mehr auf.« Ende 1860 umfaßten die deutschen Eisenbahnstrecken immerhin bereits 11 633 Kilometer. Zwangsläufig ergaben sich nun immer mehr Berührungs- und Verknüpfungspunkte zwischen den einzelnen Ländern und Bahngesellschaften. Die rasche Weiterentwicklung der Eisenbahn war in der Tat nicht mehr aufzuhalten. So wuchs die Streckenlänge bis Ende 1870 auf 19 575 Kilometer an. Alle bedeutenderen Städte waren durch Eisenbahnen verbunden, die Industriegebiete erschlossen. Ganz von selbst hatte sich dabei im Laufe der Zeit ein Streckennetz gebildet, in dem keine der von Friedrich List vorgezeichneten Verbindungen fehlte. Auch das in Lists Todesjahr 1846 von Joseph Meyer, dem Gründer des Bibliographischen Instituts, Lexikonverleger und Eisenbahnvorkämpfer, veröffentlichte »Programm eines deutschen Zentralbahnnetzes« erfüllte sich später. Dennoch sind Deutschlands Eisenbahnen bis auf den heutigen Tag geprägt von jenen Einflüssen, Forderungen und Rücksichten, unter denen die Linienführung wichtiger Strecken festgelegt wurde. Nicht nur in Braunschweig mußte sie sich nach dem Verlauf der engen politischen Grenzen richten. Der wegen ihrer zahlreichen Tunnel berühmt gewordenen Schwarzwaldbahn zwischen Offenburg und Villingen hätte es nicht bedurft, wäre die einfachste und damit wirtschaftlichste Trasse nicht ein kurzes Stück über württembergisches Gebiet verlaufen. Die gleiche Bewandtnis hat es mit der kurven- und steigungsreichen Strecke München – Lindau, die sorgsam innerhalb der bayerischen Grenzen trassiert und deshalb über Immenstadt geführt werden mußte. Die Beispiele ließen sich beliebig vermehren.

In besonders tragischer Weise wirkten sich die alten innerdeutschen Ländergrenzen noch ein Jahrhundert später aus: Nach dem Zweiten Weltkrieg wurden sie bei der Aufteilung des Reiches an die Besatzungsmächte wieder zugrunde gelegt. Zwischen der Bundesrepublik Deutschland und der späteren Deutschen Demokratischen Republik bedeutete das Unterbrechung und Stillegung mehrerer Bahnlinien, deren Linienführung ausnahmsweise auf jene Ländergrenzen keine Rücksicht genommen hatte.

In falschen Händen

Am 18. Januar 1871 war in Versailles das deutsche Kaiserreich ausgerufen worden. Die deutschen Länder bildeten einen Bundesstaat, und die neue Reichsverfassung schien die historische Chance zu bieten, auch alle Eisenbahnen in das Eigentum des Reiches zu übernehmen, um damit wenigstens von nun an für kontinuierliche Weiterentwicklung und einheitlichen Betrieb zu sorgen. Daß Bismarck mit diesen Bestrebungen scheiterte, lag keineswegs allein am Widerstand der Länder, die um ihre Souveränität fürchteten, wobei stets Bayern an erster Stelle genannt wird. Mindestens ebenso heftig sträubten sich die teilweise profitablen Privatbahnen, die sich schon damals dessen bedienten, was heute als eine starke Lobby bezeichnet würde.

Dem Krieg von 1870/71 folgte als Begleiterscheinung des enormen wirtschaftlichen Aufschwunges ein ebenso starkes Anwachsen des Verkehrs. Damit gerieten die Eisenbahnen zum zweiten Mal in eine verhängnisvolle Welle der Spekulation. Zu Lasten der Reisenden und der verladenden Wirtschaft lieferten sich insbesondere die Privatgesellschaften einen bisweilen ruinösen Wettbewerb.

Um die »Konjunktur« auszunutzen, wurden durch das Gesamtaufkommen an Verkehr nicht gerechtfertigte Wettbewerbslinien gebaut, die Fahrpläne der Konkurrenz nicht bekanntgegeben, Anschlüsse ganz absichtlich vermieden, fremde Linien bei günstiger Gelegenheit aufgekauft, um sie als Wettbewerber auszuschalten. Unregelmäßigkeiten und Verspätungen gehörten zur Tagesordnung, die Unfälle häuften sich. Zunehmend verstärkte sich damit jedoch auch der Ruf nach dem Staat.

Nur Braunschweig, Baden, Württemberg und Oldenburg haben ihre Eisenbahnen von Anfang an in staatlicher Regie gebaut und betrieben. Bayern baute bereits ab

1843 Staatsbahnen, konzessionierte daneben aber auch private Gesellschaften, deren bedeutendste, die Ostbahn, erst 1875 vom Staat aufgekauft wurde. Preußen litt besonders unter der monopolartigen Beherrschung wichtiger Verkehrslinien durch Privatgesellschaften, die ihren Betrieb verständlicherweise an nichts anderem als dem eigennützigen Interesse ihrer Aktionäre orientierten. So gehörte 1870 nur ein Drittel der preußischen Strecken den Staatsbahnen. Zehn Jahre später umfaßte ihr Netz rund 6200 Kilometer, 3500 Kilometer standen unter Staatsbahnverwaltung, nahezu 10000 Kilometer wurden noch immer von Privatgesellschaften betrieben. Erst 1885 hatte der Staat den weitaus größten Teil der Strecken in der Hand: Sie umfaßten 21624 Kilometer, während die Privatbahnen auf nur noch 1650 Kilometer geschrumpft waren. Überregionale Bedeutung besaß dabei nur noch die Lübeck-Büchener Eisenbahn. Sämtliche Privatbahnen wurden vom Staat bei verhältnismäßig großzügiger Abfindung der Aktionäre aufgekauft, zu Enteignungen kam es nicht.
In Sachsen blieb von den wichtigen Bahnen lediglich die Leipzig-Dresdner lange in privatem Besitz; am 1. Juli 1876 konnte auch sie nach anfänglichen Widerständen in das Staatsbahnnetz einbezogen werden. Mecklenburg-Schwerin verstaatlichte die Hauptlinien und die meisten übrigen Privatbahnen 1889. Als größte und wichtigste Privatbahn Deutschlands galt um diese Zeit die Hessische Ludwigsbahn in Mainz mit über 700 Kilometer Strecke in Preußen, im Großherzogtum Hessen, in Baden und Bayern; erst 1896 gelangte auch diese Gesellschaft in Staatsbesitz, nachdem sich Preußen und Hessen in einem Staatsvertrag auf gemeinsamen Erwerb geeinigt hatten. Gleichzeitig sah das Übereinkommen die Bildung einer preußisch-hessischen Eisenbahn-Gemeinschaft vor, womit Ende 1896 die Preußisch-Hessischen Staatseisenbahnen entstanden.
Am 1. April 1893 bestanden in Deutschland nicht weniger als 26 selbständige Länder mit eigenen Eisenbahnen: Elsaß-Lothringen; die Königreiche Preußen, Bayern, Sachsen und Württemberg; die Großherzogtümer Baden, Hessen, Mecklenburg-Schwerin, Sachsen-Weimar, Mecklenburg-Strelitz und Oldenburg; die Herzogtümer Braunschweig, Sachsen-Meiningen, Sachsen-Altenburg, Sachsen-Coburg-Gotha und Anhalt; die Fürstentümer Schwarzburg-Rudolstadt, Schwarzburg-Sondershausen, Waldeck, Reuß ältere Linie, Reuß jüngere Linie, Schaumburg-Lippe und Lippe sowie die Freien und Hansestädte Bremen, Hamburg und Lübeck. Zusammen verfügten sie über 29037,28 Kilometer Haupt- und 9800,74 Kilometer Nebenbahnen im Besitz oder unter Verwaltung des Staates; in der Hand privater Gesellschaften befanden sich nur noch 2407,02 Kilometer Haupt- und 1569,76 Kilometer Nebenbahnen.
Um die Jahrhundertwende waren die meisten Privatbahnen verstaatlicht und damit der Spekulation entzogen. Zwar unterstanden die Eisenbahnen noch nicht einer zentralen Verwaltung durch das Reich, doch kam es - teils aufgrund der Verfassungsartikel, teils durch freiwillige Vereinbarungen der Länderbahnen - zu einer Annäherung und Vereinheitlichung auf zahlreichen Fachgebieten des technischen wie des kommerziellen Bereiches. Zu Beginn des Ersten Weltkrieges bestanden nur noch acht selbständige Staatseisenbahnen: in Preußen-Hessen, Bayern, Sachsen, Württemberg, Baden, Mecklenburg, Oldenburg und Elsaß-Lothringen. Die Folgen des Krieges erzwangen schließlich 1920 ihren Zusammenschluß und die Gründung der Deutschen Reichsbahn.

Kleinbahnen – kleine Lösung

Obwohl sich das deutsche Eisenbahnnetz nicht planmäßig und systematisch entwickelte, so entstanden doch zwangsläufig zunächst die späteren Hauptlinien. Gleichgültig, ob private Gesellschaften oder der Staat den Bau in die Hand nahmen, Eisenbahnverbindungen wurden dort geschaffen, wo hohe Nachfrage nach Transportleistungen bestand, in erster Linie also zwischen wichtigen Städten mit größerer

Kleinbahnromantik – auch heute noch: Zahlreiche Vereinigungen von Eisenbahnliebhabern haben sie erhalten, obwohl die Kleinbahn zur Befriedigung von Verkehrsbedürfnissen längst ausgedient hat. Hier ein Zug auf der Jagsttalstrecke von Möckmühl nach Dörzbach mit der von Henschel & Sohn 1919 gebauten Lokomotive »Helene«.

Einwohnerzahl, zwischen den Lagerstätten von Bodenschätzen und den verarbeitenden Industrien, zwischen Produktionsstätten und Verbrauchermärkten oder Umschlagplätzen zu anderen Verkehrsmitteln, insbesondere der Schiffahrt.
Nur durch die Auswahl ertragreicher Relationen konnte sich die Eisenbahn überhaupt entwickeln, konnte sie ihre eigenen technischen Mängel im Laufe der Zeit überwinden und sich gegen die vielfältigen äußeren Hemmnisse und Widerstände behaupten. In dieser Phase wäre es undenkbar gewesen, Eisenbahnen dorthin zu führen, wo von vornherein kein nennenswertes Verkehrsaufkommen zu erwarten war. Das zunehmend steilere soziale Gefälle zwischen den erschlossenen und an die »große Welt« angeschlossenen Gebieten und dem »flachen Land« konnte der Staat auf die Dauer jedoch nicht übersehen. Nach dem Aufkauf der mächtigen und lukrativen Privatbahnen und ihrer Unterordnung unter das Gemeinwohl erwuchs dem Staat mit der Erschließung auch dünn besiedelter Regionen eine weitere wesentliche Aufgabe.
Da dort von Anfang an nur mit geringen Erträgen gerechnet werden konnte, mußten auch die Bau- und Betriebskosten so niedrig wie möglich gehalten werden. Wo allein aus lokalem Interesse der Ruf nach einem Bahnanschluß laut wurde, verlangte der Staat fast in allen Ländern angemessene Beteiligung der Interessenten durch kostenlose Überlassung von Grund und Boden, teilweise auch durch Beteiligung an den Erdarbeiten. Außerdem genügten für das schwache Verkehrsaufkommen einfachere Bahnanlagen, geringere Geschwindigkeiten, weniger aufwendige Fahrzeuge. Seit 1878 wurde diesen Umständen auch gesetzlich Rechnung getragen durch Einführung der »Betriebsordnung für die Haupteisenbahnen Deutschlands«, der »Normen für den Bau und die Ausrüstung der Haupteisenbahnen Deutschlands« und der »Bahnordnung für die Bahnen untergeordneter Bedeutung«.
Erst 1892 entstand der Begriff »Nebenbahn«, wobei sich wiederum Abstufungen ergaben. Für normalspurige Nebenbahnen bürgerten sich von Land zu Land unterschiedliche Bezeichnungen ein: Nebenbahn, Eisenbahn untergeordneter Bedeutung, Eisenbahn minderer Ordnung, Eisenbahn zweiter Ordnung, Sekundärbahn, Lokalbahn oder Vizinalbahn; alle waren ihrer Bau- und Betriebsart nach geeignet, auch größeren Verkehr aufzunehmen. Dagegen erhielten Schmalspurbahnen die Bezeichnung Eisenbahn dritter Ordnung, Kleinbahn, Tertiärbahn oder Eisenbahn untergeordnetster Bedeutung. Durch verschiedene Spurweiten kam es wiederum zu Abstufungen. Die Norm bildeten 100 oder 75 Zentimeter, doch bestanden vor allem im Bergbau auch abweichende metrische Maße und darüber hinaus – abgeleitet aus den unterschiedlichen Landesmaßen – zahlreiche ungerade Spurweiten.
Von den im Jahre 1880 in den deutschen Ländern betriebenen 33 700 Kilometer normalspurigen Staats- und Privatbahnen entsprachen rund dreitausend Kilometer der Nebenbahn-Klassifikation. Bis 1910 entstanden dagegen nahezu 22 000 Kilometer Nebenbahnen, während nur noch knapp viertausend Kilometer Hauptbahnen

gebaut wurden. Bis 1920 war diese zweite Phase in der Entwicklung des Streckennetzes weitgehend abgeschlossen; die Länge der normalspurigen Nebenbahnen hatte die der Hauptbahnen in etwa erreicht.
Hätte es schon während dieser Entwicklungsperiode Auto, Omnibus und Lastkraftwagen gegeben, Nebenbahnen wären zumindest in diesem Umfang nie gebaut worden. Denn Voraussetzung für einen wirtschaftlichen Betrieb von Eisenbahnen sind möglichst hohes Fahrgast- oder Frachtaufkommen und möglichst große Reise- beziehungsweise Transportweite. Aus damaliger Sicht bildeten Eisenbahnen mit vereinfachten Betriebsverhältnissen die kleine, jedoch bestmögliche Lösung. Verluste unwirtschaftlicher Nebenlinien ließen sich mit den Gewinnen der rentablen Hauptstrecken ausgleichen. Allerdings nur so lange, wie Alternativen für die Eisenbahn nicht zur Verfügung standen. Als sie durch den wachsenden Straßen- und Luftverkehr ihr faktisches Transportmonopol einbüßte, mußte ihr zwangsläufig aus den Nebenbahnen eine der größten Verlustquellen erwachsen.

Die Folgen des Ersten Weltkrieges

Für das Ende der Kampfhandlungen waren in Nordfrankreich, im Wald von Compiègne, die Weichen gestellt. Am 8. November 1918 begannen bei Réthondes, auf Gleisen, die eigentlich der französischen Eisenbahnartillerie dienten, die Waffenstillstandsverhandlungen. Der deutschen Delegation war der Salonwagen Napoleons III. zur Verfügung gestellt worden, während die Verhandlungen selbst auf dem Nachbargleis in einem ehemaligen Wagon-Lits-Speisewagen stattfanden, der die Nummer 2419 D trug und für den französischen Marschall Ferdinand Foch umgebaut worden war. Dort setzte am 11. November 1918 Matthias Erzberger für das Deutsche Reich seine Unterschrift unter die Waffenstillstandsvereinbarungen, deren für Deutschland überaus harte Bedingungen am 28. Juni 1919 im Vertrag von Versailles festgeschrieben wurden.
Der Verhandlungswagen aus dem Wald von Compiègne, den die Franzosen von 1921 bis 1927 im Hof des Invalidendomes in Paris aufgestellt, dann aber an die Gedenkstätte am Verhandlungsort bei Réthondes zurückgebracht hatten, erlebte am 22. Juni 1940 unter umgekehrten Vorzeichen abermals Waffenstillstandsverhandlungen: Diesmal mußte der französische General und Verkehrsminister Charles Huntzinger nach dem deutschen Einmarsch in Frankreich die diktierten Bedingungen akzeptieren. Zwei Tage später wurde der Wagen nach Berlin abtransportiert, rollte 1944 nach Thüringen weiter und wurde beim Einmarsch der Amerikaner auf dem kleinen Bahnhof Ohrdruf südlich von Gotha von deutschen Soldaten befehlsgemäß in die Luft gesprengt. Seit 11. November 1950, dem 32. Jahrestag des Waffenstillstandes von 1918, steht im Wald von Compiègne eine Nachbildung.
Der Vertrag von Versailles, am 10. Januar 1920 in Kraft getreten, zwang Deutschland zu Gebietsabtretungen von insgesamt 70 579 Quadratkilometern im Osten und

Linke Seite: Wappen der Königlich-Preußischen Eisenbahn-Verwaltung
Rechts: Der Wagen im Wald von Compiègne hat historische Stunden erlebt: 1918 die Kapitulation des Deutschen Reiches, 1940 die französische. In den Wirren gegen Ende des Zweiten Weltkrieges ließen ihn deutsche Soldaten auf einem kleinen Bahnhof in Thüringen in die Luft gehen. In der Gedenkstätte von Compiègne steht heute eine Nachbildung.

Westen. Für die Eisenbahnen waren damit Streckenverluste von 8064 Kilometern verbunden. An Frankreich fielen 2177 Kilometer vor allem in Elsaß-Lothringen und der Pfalz, 154 Kilometer in Eupen, Malmedy und Monschau an Belgien, 254 Kilometer in Schleswig an Dänemark, 4879 Kilometer in Danzig, Ost- und Westpreußen, Posen, Schlesien und Oberschlesien an Polen, 137 Kilometer um Memel an Litauen, 31 Kilometer im Hultschiner Ländchen an die Tschechoslowakei und 432 Kilometer an der Saar unter Völkerbund-Verwaltung.
Die deutschen Kolonien wurden zur Verteilung als Mandatsgebiete ebenfalls dem Völkerbund unterstellt; die Kolonialeisenbahnen waren großenteils schon während des Krieges in die Hand britischer oder französischer Kolonialtruppen gefallen. Beim Rückzug von den Deutschen zerstörte Anlagen wurden je nach Verkehrsbedürfnis wiederhergestellt, zum Teil früheren Planungen entsprechend weitergebaut. Die Betriebsführung übernahmen die Mandatsverwaltungen.
Von den Betriebsmitteln der deutschen Eisenbahn im Reich beanspruchten die Siegermächte mehr als 8000 Lokomotiven, über 13 000 Personen- und 280 000 Güterwagen.
Zur Anpassung an die neuen Grenzen im Osten wurden am 20. Januar 1920 die preußischen Eisenbahndirektionen Danzig, Bromberg und Posen aufgelöst und die deutsch bleibenden Strecken großenteils einer neu gebildeten Eisenbahndirektion Osten mit Sitz in Berlin-Charlottenburg, ab 12. September 1923 in Frankfurt (Oder) unterstellt. Einen Teil der Strecken im Grenzgebiet übernahmen auch die Eisenbahndirektionen Königsberg, Stettin und Breslau sowie die Direktion Kattowitz, die jedoch am 17. Juni 1922 ebenfalls aufgelöst wurde. Die deutsch gebliebenen Strecken ihres Bezirkes gingen an die neu gegründete Eisenbahndirektion in Oppeln. Ostpreußen und das Reichsgebiet standen nur noch über die einzige Transitlinie Schneidemühl - Konitz - Dirschau - Marienburg durch den polnischen Korridor in Verbindung.
Die Weimarer Reichsverfassung vom 11. August 1919 machte dem Reich in Artikel 171 zur Auflage, die dem allgemeinen Verkehr dienenden Eisenbahnen bis zum 1. April 1921 in sein Eigentum zu übernehmen und als einheitliche Verkehrsanstalt zu verwalten. Unter dem Druck der Verhältnisse kam die Gründung der Deutschen Reichsbahn schon ein Jahr früher zustande: Am 31. März 1920 schlossen das Reich und die deutschen Länder mit eigenen Eisenbahnen einen Staatsvertrag über deren Übergang auf das Deutsche Reich mit Wirkung vom 1. April 1920. Vom 6. Juli 1922 an hießen die Eisenbahndirektionen und Generaldirektionen der Staatseisenbahnen einheitlich Reichsbahndirektion. Das Netz der neuen Deutschen Reichsbahn umfaßte 53 559 Kilometer Strecken, davon 34 443 Kilometer in Preußen, 8526 Kilometer in Bayern und der Pfalz, 3370 Kilometer in Sachsen, 2156 Kilometer in Württemberg, 1899 Kilometer in Baden, 1307 Kilometer in Hessen, 1177 Kilometer in Mecklenburg-Schwerin und 681 Kilometer in Oldenburg.
Mit der Begründung, Deutschland habe Reparationsverpflichtungen vorsätzlich nicht termingerecht erfüllt, besetzten französische und belgische Truppen mit rund sechzigtausend Mann ab 11. Januar 1923 das Ruhrgebiet. Die Reichsregierung rief daraufhin zum passiven Widerstand gegen die Okkupanten auf, der vor allem die Eisenbahner in den besetzten Gebieten in eine äußerst schwierige Lage brachte. Einerseits waren sie durch den Diensteid an Weisungen ihrer Verwaltung gebunden und damit dem Reich verpflichtet, andererseits standen sie ohne Rückhalt unter unmittelbarem Zwang seitens der Besatzungsmacht, die den Eisenbahnbetrieb in eigene Regie übernommen hatte. Bei der damaligen Schlüsselstellung der Eisenbahn als Transportmittel für die gesamte Wirtschaft kam der proklamierte passive Widerstand dennoch so gut wie ausschließlich bei der Eisenbahn zur Wirkung. Die Reichsregierung sah sich gezwungen, ihren Aufruf am 28. September 1923 offiziell zurückzuziehen. Die Räumung des Ruhrgebietes durch die Besatzungstruppen erfolgte erst im Sommer 1925.
Auch die schnelle Geldentwertung aufgrund der überzogenen Reparationsforderungen stellten die Eisenbahn vor täglich neue Probleme. So wie von einem Tag zum anderen neue Briefmarken und Geldsorten erschienen, mußten Löhne und Gehälter angepaßt werden. Länder, Städte und private Unternehmen druckten eigenes Notgeld, auch die Deutsche Reichsbahn mußte darauf zurückgreifen. Im Juli 1921 hatte ein Dollar dem Wert einer Goldmark entsprochen; ein Jahr später kostete der Dollar bereits 435 Mark, Ende 1922 sechstausend und im November 1923 den astronomischen Betrag von 4,2 Billionen Mark. Ausgegeben worden waren Banknoten im Nennwert bis zu

Links: Inflation: Hinter astronomischen Beträgen standen keine Werte. Auch die Reichsbahn druckte Notgeld. Im Herbst 1923 holte die Rentenmark den Geldwert wieder auf die Goldbasis zurück.
Rechte Seite: Zwei deutsche Inseln erhielten feste Verbindung mit dem Festland: am 1. Juni 1927 die Nordseeinsel Sylt durch den Hindenburgdamm (oben) zwischen Niebüll und Westerland, am 5. Oktober 1936 die Ostseeinsel Rügen mit dem Damm zwischen Stralsund und Altefähr (unten).

20 Billionen Mark. Mit der Schaffung der Rentenmark am 13. Oktober 1923 sollte der Inflation ein Ende bereitet werden; die neue Papierwährung war in verzinslichen, auf Gold lautenden Rentenbriefen einlösbar. Sie wurde am 30. August 1924 – wieder auf Goldbasis – durch die Reichsmark ersetzt. Ihr Gegenwert entsprach 1 Billion Mark der Inflationswährung.
Die 1920 gegründete Deutsche Reichsbahn war finanziell noch eng mit dem Haushalt des Reiches verflochten geblieben. Erst durch die Notverordnung vom 12. Februar 1924 erhielt sie auch finanzielle Selbständigkeit. Ohne daß es zu einer Konsolidierung hätte kommen können, wurde der am 9. April 1924 von der Londoner Konferenz unter Vorsitz des amerikanischen Bankiers Charles Gates Dawes beschlossene Dawes-Plan wirksam, der für die Erfüllung der deutschen Wiedergutmachungsleistungen neue Richtlinien aufstellte. Im Zusammenhang damit wurde die Deutsche Reichsbahn in ein selbständiges Unternehmen unter ausländischer Aufsicht umgewandelt. Das entsprechende Reichsbahngesetz trat am 30. August 1924 in Kraft.
Die damit neu geschaffene Deutsche Reichsbahn-Gesellschaft war als juristische Person des öffentlichen Rechts politisch, verwaltungsmäßig und finanziell selbständig und erhielt am 11. Oktober 1924 das Betriebsrecht für die Reichseisenbahnen rückwirkend zum Ersten des Monats. Die Sachwerte blieben als Sondervermögen im Besitz des Reiches; sie wurden als Pfand zur Deckung der Reparationsverpflichtungen benützt. Dafür mußten hypothekarisch gesicherte Reparationsschuldverschreibungen in Höhe von elf Milliarden Goldmark ausgegeben werden; für Zins- und Tilgung waren jährlich 660 Millionen Goldmark aufzubringen. Zur Wahrung der Gläubigerrechte unterstand die Gesellschaft ständiger Kontrolle durch einen ausländischen Kommissar. Außerdem erhielten die Gläubigervertreter die Hälfte der achtzehn Verwaltungsratssitze, vier davon nahmen ein Engländer, ein Franzose, ein Italiener und ein Belgier ein.
Diese Situation blieb rund sechs Jahre weitgehend unverändert, bis 1930 der Young-Plan, der die Reparationsschuld erstmals der Höhe nach bezifferte und wiederum neue Jahresleistungen festlegte, auch für die Reichsbahn neue Verhältnisse schaffte. Die nach dem Dawes-Plan ausgegebenen Reparationsschuldverschreibungen wurden aufgehoben, an ihre Stelle trat eine jährliche Reparationsschuld in Höhe des bisherigen Zins- und Tilgungsbetrages von 660 Millionen Mark. Der Betrag war weiterhin von der Deutschen Reichsbahn-Gesellschaft aufzubringen und an die Bank für Internationalen Zahlungsausgleich in Basel zu leisten. Das Reichsbahngesetz wurde zum 13. März 1930 entsprechend novelliert.
Aufgrund des Vertrages von Lausanne, der im Anschluß an internationale Maßnahmen zur Überwindung der Weltwirtschaftskrise zwischen 1929 und 1931 geschlossen wurde, endeten für die Deutsche Reichsbahn-Gesellschaft am 1. Juli 1932 die unmittelbaren Reparationsleistungen.

Reichsbahn wieder beim Reich

Das Streckennetz der Deutschen Reichsbahn-Gesellschaft hatte sich nach den Kriegsverlusten zunächst kaum wieder ausgedehnt. Von 1925 bis 1929 wurden jedoch 150 Kilometer Haupt- und 550 Kilometer Nebenbahnen gebaut. Hervor-

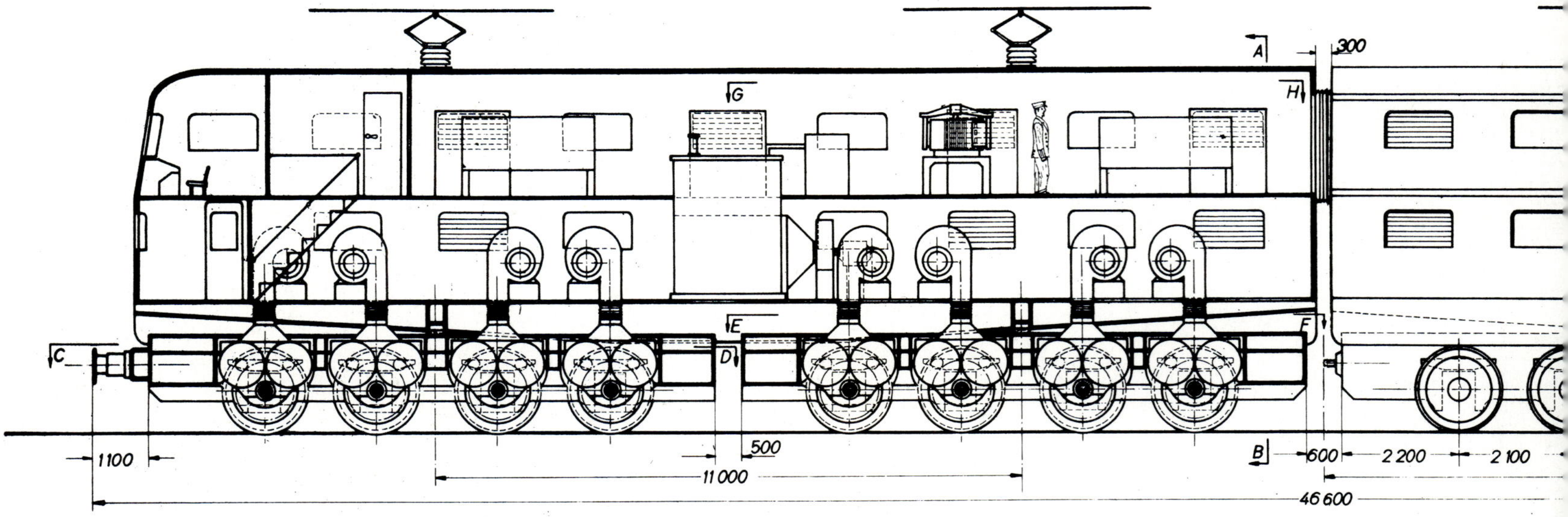

ragendstes Ereignis war dabei die Verbindung der Nordseeinsel Sylt mit dem schleswig-holsteinischen Festland durch den elf Kilometer langen Hindenburgdamm über das Wattenmeer. Der damalige Reichspräsident Paul von Hindenburg eröffnete ihn am 1. Juni 1927. Westerland auf Sylt war damit von Hamburg aus in weniger als fünf Stunden ohne Umsteigen erreichbar.
Wenige Jahre später begann ein weiterer Dammbau: Um die Ostseeinsel Rügen mit dem mecklenburgischen Festland zu verbinden, entstand zwischen Stralsund und Altefähr der Rügendamm. Bei einer Gesamtlänge von rund zweieinhalb Kilometern entfielen auf Dammschüttung nur rund 1800 Meter, die übrigen 700 Meter auf zwei Brücken: Eine von insgesamt drei Öffnungen der Ziegelgrabenbrücke wurde für die Küstenschiffahrt als Klappbrücke ausgeführt, die feste Strelasundbrücke dient als Flutbrücke. Der Eisenbahnbetrieb über den Rügendamm wurde am 5. Oktober 1936 aufgenommen; gleichzeitig stellte die Eisenbahnfähre zwischen Stralsund und Altefähr auf Rügen ihren Betrieb ein. Heute ist ein zweites Gleis geplant.
Die äußerst angespannte Finanzsituation der Reichsbahn führte zu scharfen Rationalisierungsmaßnahmen, die sich Anfang der dreißiger Jahre organisatorisch auch in der Auflösung einer Reihe von Reichsbahndirektionen auswirkten. Als erste wurde am 31. März 1930 die Reichsbahndirektion Würzburg geschlossen; ihre Strecken gingen auf die Bezirke Nürnberg und Augsburg über. Am 1. Oktober 1931 mußte auch Magdeburg auf seine Reichsbahndirektion verzichten; ihr Netz übernahm die Reichsbahndirektion Hannover, nachdem Teile davon schon zuvor an die Bezirke Halle, Berlin, Altona und Hannover angegliedert worden waren. Später wurden die Reichsbahndirektionen Oldenburg am 31. Dezember 1934 und Ludwigshafen am 31. März 1937 aufgelöst. Aufgrund des Großhamburg-Gesetzes verfügte der Reichsverkehrsminister zum 1. April 1937 die Umbenennung der Reichsbahndirektion Altona in Reichsbahndirektion Hamburg.
Neu kam am 1. März 1935 die Reichsbahndirektion Saarbrücken hinzu, während gleichzeitig die Direktion in Trier aufgelöst wurde. Die bereits im Vertrag von Versailles verankerte Volksabstimmung, die 1935 fällig war, hatte am 13. Januar mit 91 Prozent eine überwältigende Mehrheit für die Rückgliederung des Saargebietes an Deutschland ergeben. Nach der Abstimmung beschloß der Völkerbundsrat dem Votum entsprechend am 17. Januar die Rückgabe der Saar. Ihre Eingliederung in das Deutsche Reich erfolgte am 1. März 1935; die Eisenbahnen des Saargebietes mit 405 Kilometer Netzlänge fanden damit Aufnahme bei der Reichsbahn; weitere 39 Kilometer mußten von Frankreich zurückgekauft werden.
Der Staatsvertrag vom 1. April 1920, mit dem die deutschen Ländereisenbahnen zur Reichsbahn zusammengeschlossen worden waren, wurde am 1. April 1934 außer Kraft gesetzt. Damit war der Weg frei für Organisationsänderungen, die bislang von den Ländern blockiert worden waren. Insbesondere wurde die Gruppenverwaltung Bayern aufgelöst. Dafür erhielt München am 1. November 1933 bereits ein Reichsbahn-Zentralamt. Es hatte einen Teil der Aufgaben zu übernehmen, die bis dahin zentral in Berlin gelegen hatten. Dort war schon am 1. April 1907 von den Preußischen Staatseisenbahnen ein Eisenbahn-Zentralamt gegründet worden, das die Direktionen von allgemeinen Geschäftsaufgaben des Wagenausgleiches, der Vorbereitung konstruktiver Entwürfe von Fahrzeugen, Signalanlagen und des Oberbaus sowie von Beschaffungsaufgaben entlasten sollte. Im Jahre 1925 wurde es in Reichsbahn-Zentralamt Berlin umbenannt und in zwölf selbständige Abteilungen gegliedert. Eine Aufteilung in vier selbständige Reichsbahn-Zentralämter für Maschinenbau, für Einkauf, für Bau- und Betriebstechnik sowie für Rechnungswesen erfolgte zum 1. Dezember 1930. Bevor diese vier Berliner Ämter am 1. August 1936 wieder zu einem Reichsbahn-Zentralamt Berlin mit acht Abteilungen vereinigt wurden, ging ein Teil der Aufgaben auf das neue Reichsbahn-Zentralamt München über.
Am 31. Januar 1937 wurde durch einseitige Erklärung Adolf Hitlers die Deutsche Reichsbahn wieder uneingeschränkt der Hoheit des Reiches unterstellt, der Begriff »-Gesellschaft« auch aus ihrer Bezeichnung getilgt. Der Reichsverkehrsminister hatte von diesem Tag an die Reichsbahn als Sondervermögen des Reiches zu verwalten und wurde in Personalunion Generaldirektor. Der Verwaltungsrat behielt als Beirat nur beratende Funktionen. Das Gesetz über die Neuregelung des Verhältnisses der Deutschen Reichsbahn trat am 10. Februar 1937 in Kraft.

Autobahn und Breitspurbahn

Bereits wenige Monate nach der Machtübernahme durch die Nationalsozialisten hatte die Reichsbahn den Bau der geplanten Autobahnen zu übernehmen. Am 27. Juni 1933 trat das Gesetz über die Errichtung der Reichsautobahnen in Kraft, zwei Monate später – am 25. August – wurde die Gesellschaft Reichsautobahn als Zweigunternehmen der Deutschen Reichsbahn-Gesellschaft gegründet. Im Süden von Frankfurt am Main vollzog Adolf

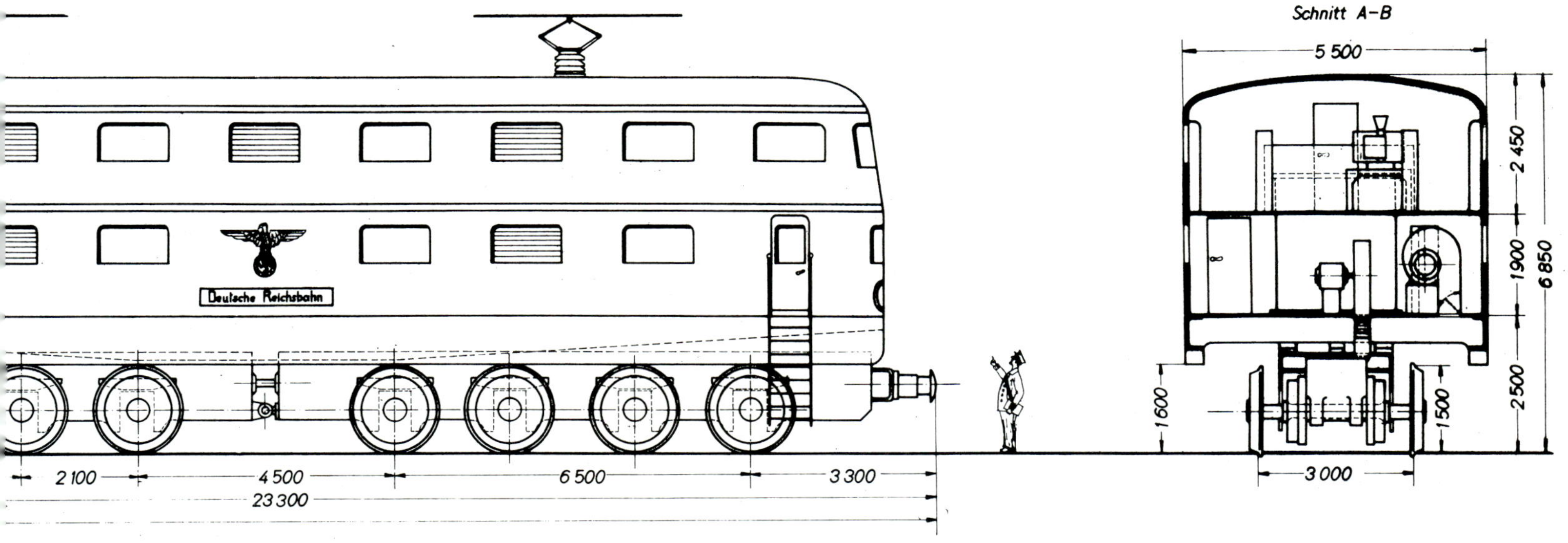

Hitler am 23. September 1933 offiziell den »ersten Spatenstich« für den Autobahnbau, am 19. Mai 1935 eröffnete er als erste die Reichsautobahn Frankfurt – Darmstadt. Geplant war 1934 zunächst ein Grundnetz von 6900 Kilometern; später, vor allem nach dem Anschluß Österreichs und des Sudetenlandes, wurden bis zu 15 000 Kilometer ins Auge gefaßt. Jährlich sollte das Netz um tausend Kilometer wachsen. Tatsächlich konnte bereits am 27. September 1936 der tausendste Kilometer dem Verkehr übergeben werden. Der allerdings noch heute unvollständige Berliner Ring entstand. Ende 1937 wurde der 2000. Kilometer fertig. Der erste große Autobahnring von Berlin nach Westdeutschland, über Stuttgart nach München und zurück nach Berlin war 1939 vollendet. Schon am 1. Juni 1938 war die Reichsautobahn aus der Eisenbahnorganisation wieder ausgegliedert und unmittelbar dem Reich unterstellt worden.

Noch gigantischere, allerdings auch utopische Pläne verfolgte Hitler mit Entwicklung und Bau einer Hochleistungs-Eisenbahn, die das Großdeutsche Reich als höchst leistungsfähige Transportader von West nach Ost hätte durchziehen sollen. Ihre Endpunkte wurden in der Planung unterschiedlich markiert: mit München und Berlin einerseits, Moskau, Charkow und der Türkei im Osten, aber auch mit Marseille und Rostow am Don, ja sogar mit Lissabon und Wladiwostok. Wesentliches Kriterium dieser Hochleistungsbahn sollte ihre außergewöhnliche Spurweite bilden, die zunächst mit vier Metern angesetzt, während der Planung jedoch auf drei Meter reduziert worden war. Trotz der während des Zweiten Weltkrieges sonst stark auf Rüstungsprojekte konzentrierten Planung liefen die Vorarbeiten für die Breitspurbahn weiter, bis sie Ende 1942 zu einem gewissen Abschluß kamen. Unter

Für die in den dreißiger Jahren geplante Breitspur-Fernbahn wurden allein 33 Lokomotiventwürfe für Geschwindigkeiten bis 250 Stundenkilometer erarbeitet, darüber hinaus Triebwagen und zahlreiche Wagentypen bis in Einzelheiten konzipiert. Die Entwürfe der Deutschen Reichsbahn umfaßten zehn Bände mit technischen Zeichnungen und einer Fülle perspektivischer, teilweise sogar farbiger Innendarstellungen, wie vom »Speisesaal in Nußbaum« eines doppelstöckigen Breitspur-Speisewagens (unten).

anderem waren 33 Lokomotivtypen mit allen zur damaligen Zeit erfolgversprechenden Antriebsarten entworfen worden. Bei einer Breite der Fahrzeuge von 5,50 Metern hätte ihre Höhe 6,85 Meter betragen. In den durchwegs doppelstöckigen Schnellzugwagen sollten beiderseits eines Mittelganges von einem Meter Breite Abteile angeordnet werden. Für den Güterverkehr war bereits eine Art Containersystem geplant: Die Breitspurgüterwagen sollten eine Anzahl abnehmbarer Transporteinheiten tragen, die einzeln auch auf Tragwagen der Normalspur zu befördern gewesen wären. Für den Umschlag waren leistungsfähige Krananlagen vorgesehen.
Obwohl 1943 bei der Reichsverkehrsdirektion Kiew bereits eine Planungsgruppe für die Hochleistungsbahn eingerichtet und sogar mit der Vermessung auf damals noch besetztem russischem Gebiet begonnen wurde, zog der Kriegsverlauf unter das Interkontinentalbahn-Projekt wenig später einen Schlußstrich.

Fünf Jahre Expansion

Von 1938 an dehnte sich das Netz der Deutschen Reichsbahn ständig aus. Zunächst wurden drei bedeutende Privatbahngesellschaften »verreichlicht«: am 1. Januar 1938 die Lübeck - Büchener Eisenbahn und die Braunschweigischen Landeseisenbahnen, am 1. August 1938 die Lokalbahn AG in München. Nach dem Anschluß Österreichs übernahm die Deutsche Reichsbahn durch Verordnung vom 17. März 1938 die Österreichischen Bundesbahnen. Aufgrund des am 29. September 1938 geschlossenen Münchner Abkommens, das die Abtretung der sudetendeutschen Gebiete durch die Tschechoslowakei vorsah, ergaben sich weitere Netzerweiterungen: Die sudetendeutschen Strecken gingen durch Verordnung vom 19. Oktober 1938 an die Deutsche Reichsbahn über.
Mit dem Einmarsch deutscher Truppen in Polen am 1. September 1939 begann der Zweite Weltkrieg. Nach der raschen Besetzung Polens richtete die Deutsche Reichsbahn bereits Ende September 1939 für die besetzten Gebiete in Lodz eine Eisenbahndirektion ein, die später als Generaldirektion der Ostbahn ihren Sitz nach Krakau verlegte.
Mit dem Westfeldzug kamen die nach dem Versailler Vertrag an Frankreich und Belgien abgetretenen Gebiete wie Elsaß-Lothringen, Eupen und Malmedy zum

Reich zurück. Ihre Bahnen wurden wenig später wieder in die Verwaltung der angrenzenden Reichsbahndirektionen integriert.
Im Laufe des Jahres 1940 besetzten deutsche Truppen außer Holland, Belgien und Frankreich auch Dänemark und Norwegen, in den beiden folgenden Jahren nahezu ganz Südosteuropa und weite Teile des europäischen Rußland. Während bei den Eisenbahnen der besetzten Länder West- und Nordeuropas die bestehenden Strukturen im wesentlichen erhalten blieben und die Betriebsführung lediglich der Aufsicht und Kontrolle durch Organe des deutschen Wehrmachtstransportwesens unterlag, führten im Osten Reichsbahn und militärische Eisenbahn-Einheiten der deutschen Wehrmacht den Betrieb weitgehend selbst. In Frontnähe oblag er den »grauen« Feldeisenbahnern, im Hinterland den »blauen« Eisenbahnern der Reichsbahn.
Die Generaldirektion der Ostbahn richtete Haupteisenbahndirektionen in Riga (Nord), Minsk (Mitte), Lemberg, später Kiew (Süd) und Poltawa, ab 1942 Dnjepropetrowsk (Ost) ein. Eine weitere Haupteisenbahndirektion kam am 5. September 1942 in Rostow hinzu; sie bestand nur bis Anfang 1943, die übrigen hielten sich bis 1944.
Seine größte Ausdehnung hatte der Betriebs- und Einflußbereich der Deutschen Reichsbahn Ende 1942 erreicht. Das nach dem Versailler Vertrag verbliebene Netz von rund 53 500 Kilometern hatte sich bis dahin auf 161 000 Kilometer ausgedehnt und damit mehr als verdreifacht.
Die Breitspurstrecken Rußlands wurden großenteils unmittelbar nach Einnahme eines Abschnittes von Eisenbahnpionieren auf Normalspur »umgenagelt«.
Mit der Niederlage in Stalingrad (heute Wolgograd) im Winter 1942/43 wendete sich das Blatt im Osten, mit der Landung alliierter Truppen in der Normandie am 6. Juni 1944 auch im Westen. Der Eisenbahnbetrieb auf den Nachschub- und Rückzugslinien litt in zunehmendem Maße unter Partisanenanschlägen. Sie lagen bei 500 innerhalb eines Tages im Sommer 1943 und stiegen auf über 10 000 im Sommer darauf.
Im Westen und im Reichsgebiet wurden die Bahnanlagen, aber auch fahrende Züge immer häufiger aus der Luft angegriffen, vor allem Rangierbahnhöfe und Eisenbahn-Knotenpunkte verwüstet. Trotzdem blieb der Betrieb bis zum Zusammenbruch am 8. Mai 1945, wenn auch unter enormen Opfern und Schwierigkeiten, aufrechterhalten.

Bilanz des Zweiten Weltkrieges

Nach der deutschen Kapitulation am 8. Mai 1945 boten auch und besonders die Eisenbahnen ein Bild der Verwüstung. Das Ausmaß der Schäden ließ sich später zum Teil nur näherungsweise in Zahlen fassen. Als nicht mehr befahrbar galten innerhalb der Grenzen des Reichsgebietes von 1937 rund 6200 Kilometer Gleis, 4119 Eisenbahnbrücken und 75 Tunnel.
Darüber hinaus bedeutete die erneute Niederlage auch weitere Gebietsverluste,

Links: Feldeisenbahner in einem Unterstand zum Schutz vor Partisanenangriffen an der Ostfront
Rechts von oben nach unten:
Überall in Deutschland vom Krieg verwüstete Bahnanlagen: Volltreffer auf die Bahnhofshalle von Wuppertal-Elberfeld
Wie die viergleisige Hohenzollernbrücke in Köln waren sämtliche deutschen Eisenbahnbrücken über den Rhein gesprengt.
Als der Verkehr langsam wieder zu rollen begann, bildeten auch leere Güterzüge – hier von Hamburg ins Ruhrgebiet – eine durchaus willkommene Fahrgelegenheit.

besonders im Osten. Jenseits der Oder-Neiße-Linie fielen Pommern, Schlesien und Oberschlesien, West- und Ostpreußen unter polnische oder sowjetische Verwaltung. Auf Territorium innerhalb der deutschen Grenzen von 1937 übernahmen die Polnischen und die Sowjetischen Staatsbahnen nahezu 10 000 Kilometer ehemals deutsche Strecken, das entspricht etwa 18 Prozent des Reichsbahnnetzes von 1937. Mit dem Einmarsch alliierter Truppen war der Bahnbetrieb überall zum Erliegen gekommen. Die deutsche Wehrmacht hatte Befehl, »... alle militärischen Verkehrsanlagen ... innerhalb des Reichsgebietes, die sich der Feind für die Fortsetzung seines Kampfes irgendwie sofort oder in absehbarer Zeit nutzbar machen kann, zu zerstören«. So fielen zahlreiche bis zuletzt intakte Eisenbahnbrücken und Tunnel einer Taktik der verbrannten Erde auf dem Boden des eigenen Landes zum Opfer, insbesondere alle Brücken über den Rhein und die Weser sowie nahezu sämtliche Donaubrücken.
Nach dem Waffenstillstand beschränkte sich der Zugverkehr deshalb zwangsläufig auf mehr oder weniger isolierte Netzteile, soweit die Strecken befahrbar waren und Fahrzeuge zur Verfügung standen. Mit der ersten behelfsmäßigen Instandsetzung und der Wiederaufnahme des Betriebes hatten Eisenbahner vielfach sofort nach der Besetzung auf eigene Initiative und ohne zentralen Auftrag begonnen. Die anfangs von militärischen Einheiten übernommene Betriebsführung ging bereits im Sommer 1945 nach und nach wieder in deutsche Hände über.

Links: Auch unter polnischer Verwaltung sind in den Gebieten jenseits von Oder und Neiße viele Bilder die gleichen geblieben: Im Bahnhof von Danzig – heute Gdansk – trägt die ehemalige Reichsbahn-Lok der Baureihe 57^{10} heute die Bezeichnung Tw 1–90; der Triebwagen im Hintergrund fuhr einst auf der Berliner S-Bahn.
Nächste Doppelseite: Im Westen verschwanden die Schlagbäume wieder: Nach Rückkehr des Saarlandes dampften die Züge der Bundesbahn ungehindert von der Mosel an die Saar. Hier überquert – vor Elektrifizierung der Strecke – ein Güterzug die Mosel bei Bullay.

Im Potsdamer Abkommen vom 2. August 1945 war für das besetzte Deutschland eine zentrale Verwaltung mit »Staatssekretariaten« vorgesehen. Auch eine gemeinsame und einheitliche Verkehrsverwaltung sollte eingerichtet werden. Ihre Verwirklichung scheiterte jedoch am Widerstand Frankreichs, das in Potsdam nicht vertreten war. So bildeten sich, aufbauend auf den alten Verwaltungsstrukturen der Reichsbahn, nach dem Rückzug der Besatzungstruppen auf die schon am 11. Februar 1945 in Jalta gezogenen Demarkationslinien – im wesentlichen alte deutsche Ländergrenzen – zunächst vier selbständige Bahnbetriebe unter amerikanischer, britischer, französischer und sowjetischer Kontrolle. Die Eigentumslängen dieser Bahnen betrugen am 31. Dezember 1945 in der amerikanischen Zone 13 048 Kilometer, in der britischen 12 679, in der französischen 5606 und in der russischen Zone 13 532 Kilometer. Auch die Reichshauptstadt Berlin wurde unter Beteiligung Frankreichs in vier Sektoren geteilt; das Betriebsrecht auf den Eisenbahnen blieb auch in den Westsektoren bei der Reichsbahn der sowjetischen Besatzungszone und später der DDR.
Als zentrale Zonenbehörden der deutschen Eisenbahnen wurden für das amerikanische Besatzungsgebiet am 19. Juli 1945 die Oberbetriebsleitung United States Zone in Frankfurt (Main) gegründet, am 20. August 1945 die Reichsbahn-Generaldirektion für das britische Besatzungsgebiet in Bielefeld und am 4. Januar 1946 die Oberdirektion der deutschen Eisenbahnen in Speyer für die französische Zone. In der sowjetisch besetzten Zone war der Eisenbahnbetrieb durch »Befehl Nr. 8« vom 11. August 1945 mit Wirkung vom 1. September an die Deutschen zurückgegeben worden. Unter der Zentralverwaltung des Verkehrs, der alle Verkehrsträger der russischen Zone unterstanden, oblag die Leitung des Eisenbahnbetriebes der Hauptverwaltung Deutsche Reichsbahn in Berlin, ab 1. April 1948 in Generaldirektion umbenannt. Seit Gründung der Deutschen Demokratischen Republik am 7. Oktober 1949 ist die Verwaltungsspitze der Reichsbahn in der DDR in das Ministerium für Verkehrswesen in Berlin integriert.

Entstehung der Deutschen Bundesbahn

Die reale Lage in Deutschland entfernte sich von der ursprünglich beabsichtigten einheitlichen Verwaltung auch im Verkehrsbereich immer weiter. Den ersten Zusammenschluß zweier Besatzungszonen brachten Vereinbarungen zwischen den USA und Großbritannien vom 5. September 1946, ihre Gebiete zur Bizone zusammenzuschließen. Mit Wirkung vom 1. Oktober 1946 wurden daraufhin auch die Eisenbahnnetze der amerikanischen und britischen Zone zusammengefaßt und der in Bielefeld eingerichteten Hauptverwaltung der Eisenbahnen unterstellt. Sie verlegte ihren Sitz zum 11. Dezember 1947 nach Offenbach (Main), doch dauerte es bis Ende Juni 1949, bis alle Abteilungen dort zusammengeführt werden konnten. Inzwischen war mit Wirkung vom 12. September 1948 die Bezeichnung in Hauptverwaltung der Deutschen Reichsbahn im Vereinigten Wirtschaftsgebiet geändert worden. Am 1. Oktober 1953 verlegte die Hauptverwaltung ihren Sitz nach Frankfurt (Main).
In der französischen Zone hatte die als Oberdirektion gegründete deutsche Zentralverwaltung der Eisenbahnen nur kurzen Bestand. Sie wurde schon am 13. Juni 1946 wieder aufgelöst und nahm nur noch Aufgaben eines Verbindungsamtes zu den französischen Militärstellen wahr. Die oberste Leitung des Eisenbahnbetriebes übernahm die Militärregierung wieder selbst. Erst am 25. Juni 1947 wurde erneut eine deutsche Verwaltungsspitze für die Eisenbahnen gebildet und, wiederum mit Sitz in Speyer, die Betriebsvereinigung der Südwestdeutschen Eisenbahnen gegründet.
Eine schon zum 15. Oktober 1948 vorgesehene Unterstellung der Eisenbahnen in der französischen Zone unter die Betriebsleitung der Hauptverwaltung der Reichsbahn der Bizone in Offenbach scheiterte noch an alliierten Einsprüchen. Erst das am 23. Mai 1949 in Kraft getretene Grundgesetz der Bundesrepublik Deutschland ebnete den Weg zur Vereinigung aller drei westlichen Besatzungszonen und ihrer Eisenbahnnetze.
Am 7. September 1949 ging ein Fernschreiben an die Dienststellen: »Mit Wirkung vom 7. September 1949 führt die Deutsche Reichsbahn im Vereinigten Wirtschaftsgebiet die Bezeichnung Deutsche Bundesbahn (abgekürzt DB).

Der Name Deutsche Reichsbahn darf auch bei allen Behördenbezeichnungen nicht mehr verwendet werden...« Nach Bildung der ersten Regierung der Bundesrepublik Deutschland faßte ein Erlaß des Bundesministers für Verkehr vom 11. Oktober 1949 die Eisenbahnen der französischen Zone und des bisherigen Vereinigten Wirtschaftsgebietes formell zu einer Einheit zusammen: »Für das Gebiet der Bundesrepublik Deutschland besteht die Deutsche Bundesbahn (abgekürzt DB). Sie untersteht in ihrer Gesamtheit dem Bundesminister für Verkehr...« Dementsprechend führten ab 15. Oktober 1949 auch die Bahnen der französischen Zone die Bezeichnung »Deutsche Bundesbahn – Betriebsverwaltung der Südwestdeutschen Eisenbahnen«.
Der Zusammenschluß der Betriebsnetze und der beiden Verwaltungen in Speyer und Offenbach erforderte allerdings zahlreiche Einzelschritte. Obwohl die Vereinigung durch Verwaltungsabkommen bereits weitgehend vorbereitet war, konnte sie erst mit Inkrafttreten des Bundesbahngesetzes am 18. Dezember 1951 Wirklichkeit werden. Selbst dann blieben, um einen reibungslosen Übergang zu gewährleisten, zunächst noch mehrere getrennte Verwaltungsteile bestehen, bis der Übergang der Geschäfte auf die vorgesehenen Organe der neuen Deutschen Bundesbahn zum 1. Juni 1952 vom Bundesverkehrsminister für vollzogen erklärt wurde.
Damit bestanden in der Bundesrepublik die 16 Bundesbahndirektionen Augsburg, Essen, Frankfurt, Hannover, Hamburg, Karlsruhe, Kassel, Köln, Mainz, München, Münster, Nürnberg, Regensburg, Stuttgart, Trier und Wuppertal. Mit der Straffung des gesamten organisatorischen Gefüges wurden in den siebziger Jahren sechs Direktionen aufgelöst: zuerst am 31. Mai 1971 Augsburg, dann am 30. April 1972, Mainz, am 31. Dezember 1974 Kassel, Münster und Wuppertal sowie zum 31. Mai 1976 Regensburg.
Die kommerziellen Aktivitäten wurden ab 1. Februar 1970 bei der Zentralen Verkaufsleitung (ZVL) in Frankfurt (Main), seit 1. Januar 1978 in Mainz, konzentriert. Zur Lenkung des technischen Betriebs besteht seit 1. Januar 1971 die Zentrale Transportleitung (ZTL) ebenfalls in Mainz. Der Entwicklungs- und Beschaffungsbereich obliegt den beiden Bundesbahn-Zentralämtern in München und Minden (Westfalen); während in München die Aufgaben des früheren Reichsbahn-Zentralamtes weitergeführt wurden, ist das Bundesbahn-Zentralamt Minden indirekt aus dem Reichsbahn-Zentralamt Berlin hervorgegangen, das vor der Besetzung durch sowjetische Truppen nach Westen auswich und seine Tätigkeit nach dem Krieg zunächst in Göttingen wieder aufnahm. Mit Wirkung vom 2. Mai 1950 wurde Minden neuer Amtssitz. Die aus Rationalisierungsgründen zeitweise beabsichtigte Zusammenlegung beider Ämter in München kam nicht zustande.
Ihr Unternehmenssymbol, das DB-Zeichen, entwarf der Münchner Grafiker und Designer Eduard Ege, damals Leiter der Meisterschule für das deutsche Buchdruckerhandwerk; es wurde am 3. Januar 1955 eingeführt.

DB

Die Saar kehrt zum zweiten Mal zurück

Frankreich betrachtete das Saargebiet als französisches Protektorat. Obwohl es zunächst mit der französischen Besatzungszone Deutschlands eine Einheit bildete, begann zwei Jahre nach Kriegsende die wirtschaftliche Loslösung von Deutschland und die Angliederung an Frankreich. Sie wurde bis Ende 1947 schrittweise vollzogen und brachte dem Saargebiet die Frankenwährung, eine Zollgrenze zu Rheinland-Pfalz und damit die Verlegung der deutsch-französischen Wirtschaftsgrenze an den Ostrand des Landes.
Die Eisenbahnen des Saarlandes erhielten im Zuge des wirtschaftlichen Anschlusses an Frankreich mit Wirkung vom 1. April 1947 den Status einer selbständigen Verwaltung unter Leitung der Eisenbahndirektion Saarbrücken. Ihr Streckennetz umfaßte 532 Kilometer. Neun Bahnbetriebswerke mit insgesamt 346 Lokomotiven fielen in das abgetrennte Gebiet.
Die Rechtsverhältnisse wurden erst später in einer Konvention über den Betrieb der Eisenbahnen des Saarlandes geregelt; mit ihrem Inkrafttreten am 5. Januar 1951 erlangten die Saarbahnen eigene Rechtspersönlichkeit und finanzielle Selbständigkeit. Ihnen wurden Verwaltung und Betrieb der Eisenbahnen übertragen, nicht jedoch das Eigentum am Anlagevermögen und den Betriebsmitteln. Insofern ähnelte ihr Status dem der Deutschen Reichsbahn-Gesellschaft nach 1924.
Durch die Bildung eines selbständigen Saarlandes ergaben sich erhebliche Netz- und Organisationsänderungen auch für die Eisenbahnen der französisch besetzten Zone Deutschlands. So wurde für die nicht zum Saarland gehörenden Netzteile im Norden die Reichsbahndirektion Trier wiedergegründet.
Die Volksabstimmung vom 23. Oktober 1955 ergab dann 67,7 Prozent der Stimmen gegen das zwischen der Bundesrepublik und Frankreich ausgehandelte Saarstatut und damit für die Rückgliederung der Saar an Deutschland. Die damit eingeleitete Rückführung der Eisenbahnen des Saarlandes zur Deutschen Bundesbahn erfolgte am 1. Januar 1957. Erst mit dem »Tag X« am 6. Juli 1959 fielen auch die Zoll- und Währungsschranken. Am 1. Januar 1960 wurde die Bundesbahndirektion Trier abermals aufgelöst und mit der Bundesbahndirektion Saarbrücken wiedervereinigt.

Reichsbahn bis heute

Im Jahre 1938 lagen auf dem Gebiet der späteren sowjetischen Besatzungszone rund 13 500 Kilometer Normal- und 500 Kilometer Schmalspurstrecken der Deutschen Reichsbahn. Hinzu kam mit etwa 4500 Kilometern ein hoher Anteil an Privatbahnen, davon ein Drittel Schmalspurstrecken. Insgesamt bestanden demnach auf dem heutigen DDR-Gebiet im Jahre 1938 rund 16 000 Kilometer Normal- und 2000 Kilometer Schmalspurbahnen.
Im Gegensatz zu den drei Westzonen, in denen das Streckennetz weitgehend unangetastet blieb, mußten in der sowjetischen Zone auf den rund 7600 Kilometern zwei- und mehrgleisiger Strecken bis 1950 die zweiten Gleise fast durchweg abgebaut und die gewonnenen Oberbaustoffe im Rahmen der Reparationsforderungen an die Sowjetunion abgeliefert werden. Darüber hinaus wurden rund 2000 Kilometer eingleisige Normalspurstrecken, zum Teil zur Gewinnung von Material für die Instandsetzung wichtigerer Gleise, demontiert.
Auch am Netz der Privat- und Kleinbahnen ging der Gleisabbau nicht vorüber; rund 1500 Kilometer dieses Netzes verschwanden. Freilich handelte es sich vielfach um schon vor dem Krieg unrentable Nebenbahnen, vor allem im dünn besiedelten Norden der DDR. Mit Wirkung vom 1. April 1949 wurden, begründet mit der volkswirtschaftlichen Notwendigkeit angesichts der gegenwärtigen wirtschaftlichen Verhältnisse, alle 103 noch

052 164-9
BULLAYER
12.-14

bestehenden Privat- und Kleinbahnen zur Verwaltung und Betriebsführung der Reichsbahn übertragen, also verstaatlicht. Neu entstanden zunächst in erster Linie Strecken, die aufgrund der Grenzverhältnisse oder aus politischen Gründen für notwendig erachtet wurden. So erhielt das Kaliwerk Unterbreizbach an der thüringisch-hessischen Grenze mit dem ersten Eisenbahnbau der DDR am 30. November 1952 eine neue Verbindung zum Bahnhof Vacha, nachdem die alte Strecke über Philippsthal teilweise auf westdeutschem Gebiet verlief.
Das größte Neubaustreckenprojekt bildete der Berliner Außenring, der den Binnenverkehr der DDR von Strecken in West-Berlin unabhängig macht. Mit dem Bau wurde schon 1950 begonnen. Am 10. Juli 1951 ging der erste Teilabschnitt zwischen Grünau und Ludwigsfelde im Süden Berlins in Betrieb. In zahlreichen Etappen wurde der Ring bis 1957 geschlossen. Besondere Schwierigkeiten waren durch mächtige Faulschlammschichten im Abschnitt Saarmund – Golm aufgetreten, wo der Templiner See bei Potsdam mit einem rund 1300 Meter langen Damm durchquert werden mußte.
Im Jahre 1959 begann dann die Wiederherstellung der abgebauten Strecke Neustrelitz – Waren – Rostock, um der wachsenden Bedeutung der Ostseestadt als Überseehafen Rechnung zu tragen und eine leistungsfähige Verbindung mit dem Binnenland zu schaffen. Am 20. September 1967 konnte diese wichtige Abfuhrstrecke fertiggestellt werden.
Wie in allen Planwirtschaftsländern kommt der Eisenbahn auch in der DDR weit größere Bedeutung zu als in der Bundesrepublik und den westlichen Nachbarstaaten. Der zeitweise auch hier vorhandene Trend zur Stillegung von Klein- und Nebenbahnen hat sich wieder umgekehrt. Aus Energiegründen werden Transporte verstärkt von der Straße zur Bahn zurückverlagert. Von den Schmalspurstrecken sollen jedoch 235 Kilometer als Traditionsbahnen auch in Zukunft erhalten bleiben, womit neben der Verkehrsbedienung auch dem kulturhistorischen Anspruch entsprochen und touristischen Gesichtspunkten Rechnung getragen werden soll.
Während die Reichsbahn der Westzonen ihren Namen im Zusammenhang mit der Gründung der Bundesrepublik änderte, blieb es in der DDR bis heute bei der alten Bezeichnung Deutsche Reichsbahn. Die Reichsbahndirektionen Berlin, Dresden, Erfurt, Halle und Schwerin wurden übernommen, neu die Reichsbahndirektionen Cottbus, Greifswald und Magdeburg gegründet. Die Reichsbahndirektion Wittenberge wurde am 1. Oktober 1945 aufgelöst.
Das Streckennetz der Reichsbahn in der DDR umfaßte Ende 1981 insgesamt 14 241 Kilometer Normal- und Schmalspurstrecken.

West-Ost-Verkehr

Als unmittelbar nach Kriegsende der Eisenbahnverkehr langsam wieder zu rollen begann, richteten sich alle Kräfte auf

Links oben: In der DDR hat die Reichsbahn ihren Namen bis heute beibehalten; Doppelstockwagen gehören vor allem im Nahverkehr zum charakteristischen Erscheinungsbild.
Oben: In Rostock hat sich die DDR ihr eigenes »Tor zur Welt« geschaffen. In großer Zahl gehen von hier aus auch Lokomotiven, Reise- und Güterwagen auf den Exportweg nach Übersee.

die Instandsetzung zerstörter Anlagen und Bauwerke, um getrennte Netzteile wieder zusammenzuschließen. Erst allmählich wirkten sich die Zonengrenzen als neue Hindernisse aus. So kam auf der Strecke über Helmstedt der West-Ost-Verkehr ohne weiteres in Gang, als die Gleise wieder befahrbar waren. Am 4. Juli 1945 fuhr der erste Zug in die russische Zone, am 14. Juli nach Berlin. Schon wenige Wochen später verkehrten bis zu zwölf Züge täglich. Auch an einer Reihe weiterer Übergänge entwickelte sich eine Art kleiner Grenzverkehr, so bei Bebra in Richtung Gerstungen und das Kaligebiet im Werratal sowie von Hof nach Gutenfürst, wo regelmäßig ein Güterzug mit Personenbeförderung verkehrte. Auf anderen Abschnitten der Zonengrenze wurden die Eisenbahnstrecken zum Teil für Transporte der Besatzungstruppen benützt, zum Teil auch unterbrochen. Insgesamt war die Situation uneinheitlich und unübersichtlich. Erst im Herbst kam es im alliierten Kontrollrat zu Beschlüssen über den Eisenbahnverkehr aus den westlichen Besatzungszonen nach Berlin durch das Gebiet der sowjetischen Zone.

Die Durchfahrt von Militär- und Versorgungszügen für die Westsektoren Berlins regelte der Beschluß vom 10. September 1945; der erste Reisezug, ausschließlich für Angehörige der Besatzungsmächte, fuhr am 20. November 1945 von Braunschweig über Helmstedt nach Berlin. Für den zivilen Interzonenverkehr erging ein Kontrollratsbeschluß erst am 14. August 1946. Zunächst erhielten ab September 1946 die Besatzungszüge einen Personenwagen für deutsche Reisende, ab 1. Oktober 1946 verkehrte als erstes und lange Zeit einziges Zugpaar der Fernschnellzug FD 111/112 zwischen Osnabrück und Berlin »nur für Reisende mit Interzonenpaß«.

Die Polarisierung zwischen West und Ost erreichte ihren ersten Höhepunkt mit der Währungsreform in den Westzonen am 21. Juni 1948. Zwei Tage später folgte die Geldumstellung auch in der Ostzone und in Berlin, wobei in den Westsektoren von Berlin die Westmark eingeführt wurde. Im Zusammenhang damit unterbrachen die Sowjets kurz darauf alle Verkehrsverbindungen nach West-Berlin. Auch der Eisenbahnverkehr kam weitgehend zum Erliegen. Erst am 12. Mai 1949 ging die Blockade zu Ende. Tags zuvor hatten in Helmstedt Verhandlungen über die Wiederaufnahme des Eisenbahnverkehrs stattgefunden; das danach geschlossene Helmstedter Abkommen vom 11. Mai 1949 regelte die betrieblichen Einzelheiten. Daraufhin lief der Zugverkehr schon in der Nacht wieder an: Am 12. Mai um 1.23 Uhr verließ ein alliierter Militärzug als erster Helmstedt, wo sich Journalisten aus aller Welt eingefunden hatten. Für die Durchführung des Verkehrs, für die Tarifregelungen, den maschinentechnischen Dienst und weitere Fragen wurde am 3. September 1949 das Offenbacher Abkommen geschlossen, das bis 1972 in Kraft blieb. Wenige Tage nach den Verhandlungen in Offenbach kam es in Klein Machnow bei Berlin zu einem weiteren Abkommen; es brachte am 10. September 1949 nicht nur einen zweiten Zug über Helmstedt nach Berlin, sondern auch die Öffnung der Übergänge Büchen, Bebra und Ludwigsstadt. Am 15. Juli 1954 wurde auch der Übergang Oebisfelde für den Personenverkehr geöffnet. Zwischen Lübeck und Herrnburg, wo sich im Sommer 1947 ein einseitiger »kleiner Grenzverkehr« aus der Ostzone entwickelt hatte, konnte der am 14. Mai 1952 unterbrochene Eisenbahnverkehr erst am 20. März 1960 wieder aufgenommen werden. Noch heute beschränkt sich der Reiseverkehr zwischen West und Ost in Deutschland auf die Übergänge: Lübeck - Herrnburg, Büchen - Schwanheide, Wolfsburg - Oebisfelde, Helmstedt - Marienborn, Bebra - Gerstungen, Ludwigsstadt - Probstzella und Hof - Gutenfürst. Nur für den Güterverkehr geöffnet sind außerdem Walkenried - Ellrich und Heringen - Gerstungen (Kali).

Insgesamt wurde das deutsche Eisenbahnnetz durch die Teilung in West und Ost an 47 Stellen durchschnitten. In zwei Fällen vereinbarten die Alliierten - einmal unter Regierungsbeteiligung, einmal

»ad hoc« im Gelände – Grenzkorrekturen, um einen ungehinderten Eisenbahnverkehr zu gewährleisten:
Die für den amerikanischen Nachschub von Bremerhaven nach Süddeutschland lebenswichtige Nord-Süd-Strecke führte zwischen Eichenberg und Oberrieden auf einer Länge von vier Kilometern durch thüringisches und damit russisch besetztes Gebiet. Nachdem deshalb auf der Werrabrücke bei Oberrieden mehrmals Züge von sowjetischem Militär gestoppt worden waren, erreichte das amerikanische Oberkommando, daß die von der Eisenbahnstrecke durchschnittene Fläche mit den Ortschaften Werleshausen und Neuseesen im Tausch gegen einen hessischen Gebietsteil mit den vier Ortschaften Vatterode, Weidenbach, Sickenberg und Asbach der US-Zone eingegliedert wurde. Die am 17. September 1945 zwischen dem amerikanischen Brigadegeneral Sexton und dem sowjetischen Generalmajor Askalepow als Bevollmächtigten ihrer Regierungen in Wanfried unterzeichnete Vereinbarung trat noch am selben Tag in Kraft. Umgekehrt führte die Bergbahn auf den Brocken, den höchsten Gipfel im Harz, am Haltepunkt Goetheweg etwa 500 Meter über niedersächsisches, also westliches Gebiet. Dort führte eine offenbar ohne Formalitäten zugestandene Gebiets-

abtretung zugunsten der östlichen Seite zur Trennung von Grenz- und Streckenverlauf.
Mehrere Jahre lang lief der Eisenbahnbetrieb nach dem Krieg auf einer Reihe von Strecken, die ebenfalls stellenweise von der Demarkationslinie geschnitten wurden, noch ungehindert teils von westlicher, teils von östlicher Seite aus weiter. Mit der zunehmend schärferen Abgrenzung der DDR gegenüber dem Westen wurden diese Strecken im Mai 1952 durchweg unterbrochen. Auch auf einigen zuvor für den Interzonenverkehr offenen Übergängen kam es später noch zu verschiedenen Sperrungen.
Erst der Verkehrsvertrag zwischen der Bundesrepublik Deutschland und der DDR sowie das im Anschluß daran am 25. September 1972 in Frankfurt (Main) geschlossene Eisenbahngrenzübereinkommen brachten endgültig geregelte Ver-

Links: Moderner Diesel-Schnelltriebzug der DDR, hier noch als »Vindobona« Wien – Berlin
Diese Spalte oben: Die Grenze zwischen Ost- und Westdeutschland schnitt auch 47 Eisenbahnstrecken. Bei Vacha baute die DDR 1952 die erste neue Strecke, um eine direkte Verbindung mit dem Kaliwerk Unterbreizbach herzustellen.
Mitte: Der Verkehr zwischen West und Ost läuft heute reibungslos. An der Grenze wie hier in Helmstedt übergibt der Zugführer der Bundesbahn den Zug dem Kollegen der Reichsbahn.
Unten: Ein Güterzug rollt bei Büchen über die Grenze.

hältnisse. Seither gelten für Verkehr und Betrieb zwischen der Deutschen Bundesbahn und der Reichsbahn in der DDR internationale Normen.

Fahrt mit Defizit

Jahrzehntelang konnten die Eisenbahnen in großem Umfang zur Finanzierung allgemeiner Staatsaufgaben beitragen. Die Deutsche Reichsbahn erwirtschaftete in den Jahren von 1931 bis 1943 Überschüsse von durchschnittlich 245 Millionen Mark im Jahr, und selbst bis zur Währungsreform im Jahre 1948 gab es wie zwischen den Weltkriegen positive Wirtschaftsergebnisse. Doch seither hat die Deutsche Bundesbahn nur noch einmal mit Gewinn abgeschlossen: Im Jahre 1951 erzielte sie 71,7 Millionen Mark Überschuß. Dann ging die Fahrt immer tiefer in die »roten Zahlen«. Mehrmals wurden neutrale Wirtschaftsprüfer, Gutachter und Sachverständigenkommissionen mit der Untersuchung beauftragt, ohne daß aus den Ergebnissen wirksame Konsequenzen gezogen wurden.

Die Bundesbahn hatte Kriegsschäden in Höhe von rund acht Milliarden Mark zu beseitigen. Zur Wiederaufbaufinanzierung wurde ihr jedoch nicht die Hilfe des Bundes als ihres Eigentümers zuteil, vielmehr mußte sie die erforderlichen Mittel immer wieder auf dem Kapitalmarkt beschaffen. Neben dieser kostspieligen Methode belasteten sie zahlreiche Zahlungsverpflichtungen, die mit dem Eisenbahnbetrieb in keinerlei Zusammenhang standen.

Dafür begann bald nach der Währungsreform der Ausbau des Straßennetzes und der Neubau von Autobahnen; allein deren Gesamtlänge wuchs in der Bundesrepublik von 2119 Kilometern im Jahre 1950 auf 7919 Kilometer am 1. Januar 1983. Der Bestand an Kraftfahrzeugen stieg in dieser Zeit von 2,4 Millionen auf rund das Zwölffache; heute entfallen in der Bundesrepublik auf etwa vier Einwohner zwei Motorfahrzeuge. Neben dem Ausbau des Straßennetzes finanzierte der Bund mit Milliardenbeträgen auch Bau und Ausbau der Wasserstraßen. So wurden seit 1950 die Mosel, der Main, die Mittelweser und der Neckar sowie das vorhandene Kanalnetz zu modernen Schiffahrtswegen ausgebaut. Der Rhein-Main-Donau-Kanal ist vom Rhein her bis Nürnberg, der Elbe-Seitenkanal zwischen Elbe und Mittellandkanal vollständig fertiggestellt. Während so von 1950 bis 1982 die Länge

der Autobahnen um 5800 Kilometer und die Länge der schiffbaren Wasserstraßen um etwa 1500 Kilometer zunahm, verringerte sich der Umfang des Betriebsnetzes der Bundesbahn von 30 458 auf 28 213 Kilometer. Hinzu kommt, daß die Straßen- und Wasserstraßennetze auch qualitativ entscheidend verbessert wurden, während der Eisenbahnverkehr nach wie vor auf das lediglich durch technische Hilfsmittel verbesserte Streckennetz aus dem vorigen Jahrhundert angewiesen blieb. Der Bau neuer Bahnlinien beschränkte sich auf die Verlegung der eingleisigen Hauptbahn vom provisorischen Fährhafen Großenbrode Kai nach Puttgarden auf Fehmarn im Zuge der Vogelfluglinie, von Nebenbahnen im Zusammenhang mit dem Bau der Okertalsperre im Harz und der Biggetalsperre im Sauerland, auf den Bau einiger kurzer Verbindungen im Raum Salzgitter sowie auf Nahverkehrsprojekte wie den Münchner S-Bahntunnel oder die Flughafen-Anschlußbahnen in Frankfurt (Main) und Düsseldorf. Eine Leistungssteigerung des Bahnnetzes insgesamt war damit nicht verbunden.

So sah sich die Bundesbahn, während ihre Wettbewerber mit Staatsmitteln intensiv gefördert wurden, nicht nur mit der Finanzierung ihres eigenen Wiederaufbaues, mit den vollen Kosten für Instandhaltung und Erneuerung ihres Fahrweges, mit hohen betriebsfremden Lasten und zahlreichen sozialpolitisch begründeten Tarifauflagen belastet, sondern sie sah sich auch einer immer stärkeren Konkurrenz gegenüber. Die steigenden Fehlbeträge führten zu einer Politik der »Gesundschrumpfung«: Durch Abbau von Strecken, Anlagen, Leistungen und Personal sollten die Kosten gesenkt und so die Einnahmeverluste ausgeglichen werden. Der Leistungsabbau verstärkte jedoch die Abwanderungstendenz von der Schiene auf die anderen Verkehrsträger, die Schrumpfung führte nicht zum erwarteten Erfolg.

Die jahrzehntelange Vernachlässigung der Eisenbahn verminderte zwangsläufig ihre Wettbewerbsfähigkeit, so daß der Anteil der Bahn an den Beförderungsleistungen aller Verkehrsträger ständig zurückging; er sank von 61 Prozent im Jahre 1950 auf weniger als 30 Prozent Anfang 1983. Damit verringerte sich die relative Be-

Begegnung zweier Epochen: 140 Jahre liegen zwischen dem »Adler« aus dem Jahre 1835 und dem elektrischen Schnelltriebzug 403 der Deutschen Bundesbahn.

deutung der Schiene, während ihre Leistungen für die Volkswirtschaft nach wie vor unverzichtbar sind.
Bis in die sechziger Jahre konnte die Bundesbahn trotz der vielfältigen Belastungen und der starken Wettbewerbsverzerrungen bei gleichzeitiger Liberalisierung des Verkehrsmarktes ihre Verluste in Grenzen halten. Dies gelang in erster Linie durch Ersatz von Arbeitskräften durch Automaten oder weniger personalintensive Technik sowie durch wirtschaftlichere Betriebsführung, besonders durch Umstellung von Dampf- auf Elektro- und Dieselbetrieb. Als die Rationalisierungsreserven zunächst erschöpft waren und die Erschließung neuer Einsparungsmöglichkeiten immer höhere Investitionen voraussetzte, konnten die jährlichen Kostensenkungen mit den teilweise inflationär steigenden Personal- und Sachkosten nicht mehr Schritt halten, so daß sich das Defizit rasch erhöhen mußte. Hinzu kommt, daß die in staatlichem Auftrag unter den Selbstkosten erbrachten Leistungen nach wie vor nicht nach den Normen internationalen Rechts abgegolten werden.
Gegenwärtig steht eine Reduzierung der Streckenlänge in bisher ungekanntem Ausmaß auf ein volkswirtschaftlich optimales Netz bevor, dessen Größe noch auf politischer Ebene ausgelotet wird. Die Konzeption sieht eine Konzentration der Schienentransporte auf ein Netz leistungsfähiger Hauptstrecken vor, während die Flächenbedienung dem Omnibus, dem Lastkraftwagen und dem Individualverkehr auf der Straße überlassen werden soll.
Dafür wurden zwischen Hannover und Würzburg sowie zwischen Mannheim und Stuttgart erstmals den Autobahnen vergleichbare Neubaustrecken in Angriff genommen und vorhandene Magistralen ausgebaut.
Neben der Deutschen Bundesbahn bestehen gegenwärtig 171 nichtbundeseigene Eisenbahnen, davon 112 mit öffentlichem Verkehr, die übrigen als Werks- und Industriebahnen. Das Netz ihrer Betriebsstrecken umfaßte am 1. Januar 1983 insgesamt 4190 Kilometer. Insbesondere im Güterverkehr leisten die nichtbundeseigenen Eisenbahnen wichtige Zubringer- und Verteileraufgaben für die Bundesbahn. So rollt etwa jede vierte Gütertonne des öffentlichen Eisenbahnverkehrs über Strecken dieser Bahnen.

Die Entwicklung in Österreich und in der Schweiz

Von der Moldau an die Donau

Oben: Österreichs große Vorkämpfer für die Eisenbahn: Franz Anton Ritter von Gerstner (links) und Franz Xaver Riepl
Linke Seite: Volldampf am Erzberg in der Steiermark: Zahnradstrecke Eisenerz – Vordernberg

Gelegentlich wird die Pferdeeisenbahn von Budweis nach Linz als erste deutsche Eisenbahn genannt, da Böhmen wie auch Oberösterreich zum Deutschen Bund gehörten. Heute gilt die Bahn als erste Strecke Österreichs, wenn auch schon 1810 auf dem Erzberg in der Steiermark eine Grubenbahn bestand, die mit Pferdekraft arbeitete.
Zur Verbindung von Moldau und Donau stand zu Beginn des 19. Jahrhunderts ein Kanal für den Holz- und Salztransport zur Diskussion. Franz Josef Ritter von Gerstner, Professor für Mathematik und Technik in Prag, stellte erstmals in einer wissenschaftlichen Schrift einem Kanalprojekt die Vorteile einer Bahnverbindung gegenüber.
Als rund zehn Jahre später, am 7. September 1824, Kaiser Franz endlich das Privilegium erteilte, übernahm Gerstners Sohn Franz Anton den Bahnbau. Er hatte sich in England eingehend über neueste Baumethoden und den Lokomotivbetrieb informiert. Um den Bau der Strecke finanzieren zu können, gründete er 1825 eine Aktiengesellschaft und begann im August des gleichen Jahres mit dem Bau, nachdem 765 000 Gulden gezeichnet waren. Der erste Abschnitt von Budweis bis Kerschbaum in Oberösterreich konnte am 30. September 1828 eröffnet werden. Als sich jedoch herausstellte, daß die Baukosten den Voranschlag weit übertreffen würden, nahmen die Gegenspieler Gerstners Zuflucht zu einer billigeren und weit weniger soliden Bauweise. Hatte die maximale Neigung bisher 1 : 200 nicht überschritten und der geringste Kurvenradius 200 Meter betragen, wurden jetzt Neigungen von 1 : 46 und Kurvenradien von nur 30 Metern zugelassen. Gerstner kehrte dem Unternehmen daraufhin den Rücken.
Die Gesamtstrecke von Budweis bis Linz war schließlich am 1. August 1832 fertig. Sie wurde später über Wels bis Gmunden am Traunsee verlängert, um das Salz aus dem Salzkammergut gleich an Ort und Stelle auf die Eisenbahn verladen und bis an die schiffbare Moldau transportieren zu können. Am 1. April 1835 nahm die »Pferdebahn Budweis – Linz – Gmunden« ihren durchgehenden Betrieb auf.
Fast zwanzig Jahre später entschloß sich die Gesellschaft zur Anschaffung einer Dampflokomotive. Den Auftrag zum Bau erhielt die Maschinenfabrik Günther in Wiener Neustadt. Während sich die auf den Namen »Linz« getaufte Maschine als durchaus brauchbar erwies, scheiterte die Einführung des Lokomotivbetriebes an der ungünstigen Trassierung der Strecke. Daß beim Bahnbau an der falschen Seite gespart worden war, hatten zwar schon die hohen Betriebskosten spürbar werden lassen. Doch nun zeigte sich mit einem Mal, daß die gesamte Bahn als veraltet gelten mußte. Nur ihr Abbruch blieb übrig. Später wurde sie völlig umgebaut und großenteils neu trassiert. Auf dieser Linie konnte dann im Jahre 1872 der Dampfbetrieb aufgenommen werden.
Keine Schwierigkeiten machte der Dampflokomotiveinsatz dagegen auf dem Teilstück Linz – Gmunden. Dort fuhr die erste Dampflok bis Lambach am 1. Mai 1855, ein Jahr später wurde Gmunden erreicht. Als die Fernstrecke Wien – Linz – Salzburg fertiggestellt war, büßte die zwischen Linz und Wels parallel verlaufende Lokalbahn ihre Bedeutung wieder ein. Im Jahre 1903 wurde sie zwischen Lambach und Gmunden von der ursprünglichen Spurweite der Pferdebahn, die 1106 Millimeter betragen hatte, auf Normalspur umgebaut.

Auf und ab in Österreich

»Oesterreich baut im Stillen das große Gebäude der Staatswohlfahrt aus – und folglich baut's Eisenbahnen mit Kraft und Beständigkeit. In seiner Ferdinands-Nordbahn, welche Europa in der Diagonale von Nordost nach Südwest, durch das Herz der Monarchie führend, durchschneidet, liegt ein großer Weltgedanke. In fünf Jahren werden Ostsee und mittelländisches Meer durch eine fast gerade Bahn von 256 geographischen Meilen länge zusammengeknüpft seyn.« So stellte sich aus deutscher Sicht um die Mitte der vierziger Jahre des 19. Jahrhunderts Österreichs Verhältnis zur Eisenbahn dar.
Ähnlich wie Friedrich List in Deutschland hatte Franz Xaver Riepl, Professor am Polytechnikum in Wien, eine Denkschrift über die »Vorteile und Bedingungen der Anlage eines vollständigen österreichischen Eisenbahnnetzes« verfaßt, die 1836 erschien. Zwar bestanden Hindernisse durch kleinstaatliche Eigeninteressen nicht wie in Deutschland, so daß sich vielversprechende Entwicklungen anbahnten, doch erlitt auch das Eisenbahnwesen schwere Rückschläge durch die außenpolitischen Mißerfolge Österreichs: Die bereits bestehenden Staatsbahnen mußten verkauft werden, um die Staatsverschuldung zu vermindern. Erst 1874 konnten die Folgen Schritt für Schritt rückgängig gemacht werden. Die wachsenden nationalistischen Strömungen im Vielvölkerstaat Österreich-Ungarn führten schließlich zum Verlust bedeutender Landesteile und ihrer Eisen-

bahnen. Unmittelbare Wechselwirkungen zwischen Politik und Eisenbahnentwicklung haben in Österreich ebenso wenig gefehlt wie in Deutschland; lediglich die Auswirkungen unterschieden sich entsprechend den Geschicken der beiden Reiche.

Staatsbahnen seit 1841

Zunächst ging der Eisenbahnbau auch in Österreich auf private Initiativen zurück. Vor allem das Wiener Bankhaus Rothschild, durch den Londoner Zweig der Familie auf die ungewöhnlich hohen Gewinnaussichten hingewiesen, entwickelte vielfältige Aktivitäten. So reiste auf Rothschilds Kosten der damals namhafteste Verfechter des Eisenbahngedankens in Österreich, Franz Xaver Riepl, zweimal nach England, um sich dort eingehend über den Bahnbau zu informieren. Er traf auch mit George Stephenson zusammen, der ihn in der Absicht bestärkte, die geplante Schienenverbindung zwischen Wien und den Kohlegruben Galiziens als »Lokomotivbahn« auszuführen. Am 4. März 1836, nur wenige Monate nachdem in Deutschland die erste Dampfeisenbahn zwischen Nürnberg und Fürth ihren Betrieb aufgenommen hatte, erhielt Rothschild für eine Eisenbahn von Wien nach Krakau und weiter bis Bochnia das »ausschließende Privileg« durch Kaiser Ferdinand, dessen Namen führen zu dürfen »Seine Majestät bewilligte«.
Als erstes Teilstück und zugleich erste Dampfbahn Österreichs wurde am 17. November 1837 die 13,1 Kilometer lange Strecke zwischen Floridsdorf bei Wien und Wagram eröffnet. Nach Fertigstellung der Brücken über Donau und Kaiserwasser konnte sie bereits am 6. Januar 1838 bis Wien verlängert werden und endete dort im Nordbahnhof nahe dem späteren Bahnhof Praterstern, der erst im Sommer 1975 wieder in Wien Nord umbenannt worden ist. Die Verbindung Wien - Brünn, die in Lundenburg von der Hauptlinie nach Krakau abzweigte, stand ab Sommer 1839 zur Verfügung. Ihren Endpunkt Krakau erreichte die Kaiser-Ferdinands-Nordbahn dagegen erst im Sommer 1856. In den ersten fünf Jahren österreichischer Eisenbahngeschichte zwischen 1837 und

Die Eisenbahn über den Semmering fährt durch die Polleroswand. Die erste Gebirgsbahn der Welt, 1854 eröffnet, bedeutete für die damalige Zeit eine gewaltige technische Leistung.

1841 stieg die Streckenlänge von 13 auf rund 350 Kilometer an. Zu diesem Zeitpunkt veranlaßten die unliebsamen Grundstücks- und Aktienspekulationen das »Patent« vom 19. Dezember 1841, das den Erwerb wichtiger Eisenbahnen durch den Staat ermöglichte und den Bau der großen, von Wien zu den Reichsgrenzen führenden Bahnen Wien - Brünn - Prag - sächsische Grenze bei Bodenbach, Wien - Graz - Triest und Wien - Linz - bayerische Grenze bei Salzburg auf Staatskosten verfügte. Aufgrund dieses Gesetzes entstand auch die erste Gebirgsbahn der Welt, die zwischen Gloggnitz in Niederösterreich und Mürzzuschlag in der Steiermark den Semmering überquert. Nachdem die nördliche Zufahrt Wien - Gloggnitz durch die private Wien - Raaber Eisenbahn bereits am 5. Mai 1842, die südliche zwischen Mürzzuschlag und Graz schon unter staatlicher Regie am 21. Oktober 1844 eröffnet worden waren, entzündeten sich heftige Diskussionen an der Frage, wie nun auch das Gebirge überwunden werden könnte. Die Entscheidung fiel schließlich zugunsten einer Eisenbahn mit Dampfbetrieb, für die Carl Ritter von Ghega den Plan entworfen hatte. Im Revolutionsjahr 1848 erteilte die Regierung unter dem Druck der Verhältnisse den Bauauftrag zur Arbeitsbeschaffung. Sechs Jahre später, am 17. Juli 1854, konnte die Semmeringbahn mit ihren 15 Tunneln und 16 teilweise kühnen Steinbogenviadukten eröffnet werden. An ihrer höchstgelegenen Stelle erreicht die 41 Kilometer lange Gebirgsbahn Gloggnitz - Mürzzuschlag im 1428 Meter langen Semmeringtunnel 899 Meter über Normalnull. Heute besteht der Semmeringtunnel aus zwei Röhren mit 1430,0 und 1511,5 Meter Länge. Die neue Röhre entstand zwischen 1949 und 1952 im Zuge der Sanierung des ursprünglich zweigleisigen, durch Gebirgsdruck, Wasserandrang und starke Eisbildung im Winter baufälligen Tunnels aus dem Jahre 1854. Er wurde anschließend mit einer eingleisigen Betonröhre ausgekleidet. Ende 1854 umfaßte Österreichs erstes

Rechts: Im gebirgigen Österreich hatte der Bahnbau ebenso mit Schwierigkeiten zu kämpfen wie später der Bahnbetrieb. Tief eingeschnitten zwischen den Ennstaler und den Eisenerzer Alpen führt die Strecke von Hieflau nach Selzthal.
Unten: Eisenbahnaktien, einst Finanzierungsinstrument der zahlreichen Privatbahn-Gesellschaften, heute begehrtes Sammelobjekt von Liebhabern

Stempelfrei auf Grund der Allerhöchsten Concessions-Urkunde vom 13. Jänner 1890, R. G. B. Nr. 15.
SALZKAMMERGUT-LOCALBAHN.
Mit Allerhöchster Entschliessung Sr. Majestät des Kaisers vom 13. Jänner 1890
auf 90 Jahre concessionirt.
Actien-Capital 1,600.000 Gulden Oesterr. Währ. in 5000 Prioritäts- und 3000 Stamm-Actien
à 200 Gulden Oesterr. Währ.
REICHS-STEMPEL-ABGABE · FÜNF VOM TAUSEND
NUMMER
PRIORITÄTS-ACTIE
1,816.
über
ZWEIHUNDERT 200 GULDEN OE. W.
Diese Prioritäts-Actie gewährt dem Inhaber alle Rechte, welche den Prioritäts-Actionären der Salzkammergut-Localbahn-Actien-Gesellschaft in Gemässheit der Statuten zustehen.
Salzburg, am 9. October 1890.
SALZKAMMERGUT-LOCALBAHN-ACTIEN-GESELLSCHAFT
Salzkammergut-Localbahn-Actien-Gesellschaft.
Buch- und Kunstdruckerei „Steyrermühl", Wien.

Staatsbahnnetz 924 Kilometer und damit 68 Prozent der insgesamt 1355 Eisenbahnkilometer des Landes. Zum gleichen Zeitpunkt begann jedoch sein »Ausverkauf«; zur Sanierung der Staatsfinanzen mußte sich die öffentliche Hand von zahlreichen Objekten trennen und neben Bergwerken, staatlichen Forsten und Domänen auch die Eisenbahnen verkaufen. Französische »Kapitalisten« übernahmen für 170 Millionen französische Franken die nördliche Staatsbahn von Bodenbach nach Brünn und Olmütz, die südöstliche Staatsbahn von Marchegg nach Szolnok und Szegedin sowie eine Reihe weiterer fertiger, im Bau befindlicher oder projektierter Strecken.
Mit Wirkung vom 1. Januar 1855 gingen sie an die neu gegründete »K. k. priv. österreichische Staats-Eisenbahn-Gesellschaft« über, die kurioserweise bis zur Verstaatlichung der ungarischen Eisenbahnlinie im Jahre 1891 die größte Privatbahn der österreichisch-ungarischen Monarchie gewesen ist. Weitere Strecken der ehemaligen Staatsbahn wurden an die Südbahngesellschaft, die Kaiser-Ferdinands-Nordbahn und die Galizische Karl-Ludwig-Bahn verkauft.
Der österreichische Staat hatte bis 1854 über 336 Millionen Gulden in seine Staatseisenbahnen investiert; durch den Verkauf erhielt er davon lediglich 169 Millionen zurück. Im Jahre 1860 besaß er noch genau 13,8 Kilometer selbst betriebene Eisenbahnen: die Anschlußstrecken von Kufstein zur bayerischen und von Bodenbach zur sächsischen Grenze. Um den für die wirtschaftliche und industrielle Entwicklung erforderlichen Eisenbahnbau zu fördern, mußten nun erhebliche Mittel an Zuschüssen oder Garantiezahlungen für die Privatgesellschaften aufgebracht werden. Sie erhielten von 1859 bis 1876 rund 123 Millionen Gulden. Schließlich erreichten diese Zahlungen nahezu fünf Prozent der gesamten Staatsausgaben, so daß bereits 1874 als einziger Ausweg die Rückkehr zum Staatsbahnsystem beschlossen wurde.

Die zweiten »Kaiserlich-königlichen«

Durch Gesetz vom 14. Dezember 1877 leitete Österreich die erneute Verstaatlichung von Privateisenbahnen in die Wege. Schon 1874 hatte der Staat auf eigene Rechnung mit dem Bau einiger kleinerer Linien in Galizien, Böhmen, Dalmatien und Istrien begonnen.
Das neue Gesetz kam zum ersten Mal 1879 zur Anwendung, um die Kronprinz-Rudolf-Bahn mit ihren Strecken von der Donau nach Klagenfurt und über Villach bis Laibach in staatliche Verwaltung zu überführen. Schritt für Schritt erwarb der Staat weitere Strecken und Gesellschaften, so daß in den folgenden fünf Jahren bis 1885 bereits über 5000 Kilometer den seit 1. Juli 1884 so genannten »Kaiserlich-königlichen Staatseisenbahnen« angehörten. Die Überführung der größeren und bedeutenden Privatbahnen in Staatsbesitz dauerte bis 1909 an.
Doch auch der Bahnbau unter staatlicher Lenkung kam erneut in Gang. Zunächst konnte 1880 nach mehreren erfolglosen Initiativen der Bauauftrag für die Arlbergbahn erteilt werden, die nicht nur Tirol und Vorarlberg miteinander verbinden, sondern auch den Anschluß an das Netz der Schweizer Bahnen herstellen sollte.
Der 72 Kilometer lange Abschnitt Innsbruck – Landeck konnte am 1. Juli 1883 eröffnet werden, das anschließende 64 Kilometer lange Teilstück bis Bludenz am 6. September 1884. Es umfaßte zahlreiche Brücken, darunter die fast neunzig Meter hohe Trisanna-Brücke bei Wiesberg, umfangreiche Lawinenschutzbauten und den 10 250 Meter langen Arlbergtunnel zwischen St. Anton und Langen. Ab Bludenz bestand bereits die Vorarlberger Bahn nach Lindau über Feldkirch – Bregenz. Sie war am 24. Oktober 1872 eröffnet worden und durch die knapp 20 Kilometer lange Zweigstrecke Feldkirch – Buchs mit dem Schweizer Netz verbunden.

Nahezu ein Vierteljahrhundert lang kamen die Planungen für eine Reihe noch fehlender Verbindungen kaum voran. Erst nach der Jahrhundertwende regelte ein »Eisenbahnbau- und Investitionsgesetz« die Verwirklichung einiger meist seit langem verfochtener Projekte. Dazu gehörten vor allem die Tauernbahn, heute eine der großen Magistralen Europas, die in Schwarzach-St. Veit von der Strecke Salzburg - Zell am See - Wörgl in südöstlicher Richtung abzweigt, über Bad Gastein und durch den Tauerntunnel zwischen Böckstein und Mallnitz nach Spittal an der Drau führt, wo sie an die Drautalbahn Anschluß nach Villach findet; ferner die Karawankenbahn von Villach und von Klagenfurt nach Rosenbach und durch den Karawankentunnel nach Aßling, dem heute jugoslawischen Jesenice, sowie die Wocheiner Bahn über das damalige Görz nach Triest.
Neben diesen »Hauptbahnen ersten Ranges« entstanden aufgrund des Gesetzes von 1901 auch die Pyhrnbahn von Klaus über Spital am Pyhrn nach Selzthal und die Strecke von Hartberg über den Wechsel nach Aspang als Hauptbahnen zweiten Ranges.
Alle Strecken wurden durch die Staatsbahn gebaut und zwischen 1905 und 1909 fertiggestellt. Zu dieser Zeit war auch die Verstaatlichung der meisten Privatgesellschaften abgeschlossen, das Netz der zweiten Staatseisenbahnen im wesentlichen vollständig.

Die Südbahn

Eisenbahnen schlicht nach der Himmelsrichtung zu benennen, in der sie innerhalb eines Landes verliefen, erleichterte früher offenbar die Verständigung; denn eine Südbahn zum Beispiel gab es Ende des vorigen Jahrhunderts unter anderem in der Schweiz, in Frankreich, in Hannover, in Schottland und in Schweden. Die Südbahn schlechthin bestand indessen in Österreich, wo noch heute mit der Wortverbindung von Bahn und Himmelsrichtung die Vorstellung von den von Wien ausgehenden Fernstrecken assoziiert wird. Sogar die Österreichischen Bundesbahnen sprechen in ihren offiziellen Verlautbarungen noch heute von der Westbahn, wenn sie die Strecke Wien - Linz meinen, oder von der Südbahn über den Semmering nach Graz. Diese Südbahn gehörte zu den ersten Staatsbahnen Österreichs, aber auch zu den ersten, die wieder verkauft wurden.
Als einzige der großen Privatbahngesellschaften blieb die Südbahn bis weit über das Jahr 1909 hinaus selbständig, als die Verstaatlichung der übrigen abgeschlossen war. Auch ihr Streckennetz sicherte ihr eine besondere Stellung.
Als zweite Gebirgsbahn nach dem Semmering entstand in Österreich schon wenige Jahre später als Verbindung von Nord- und Südtirol die Brennerbahn. Daß sie von der Südbahngesellschaft erbaut wurde, deren Stammlinie eigentlich von Wien nach Triest verlief, erklärt sich aus der Entstehung und Zusammensetzung des verhältnismäßig weitläufigen Südbahnnetzes. Abgesehen von Strecken im ungarischen Teil der Monarchie gehörten dazu die Lombardisch-Venetianische und die Central-Italienische Eisenbahngesellschaft, die Kärntner Bahn mit der Strecke Marburg - Klagenfurt - Villach und die Tiroler Linien von Verona über Trient nach Bozen im Süden und von Kufstein nach Innsbruck im Norden. Nach den Plänen von Karl von Etzel verband die Gesellschaft zwischen 1864 und 1867 beide Streckenteile durch die Bahn über den Brennerpaß, die am 24. August 1867 eingleisig eröffnet werden konnte und in den folgenden Jahren abschnittweise zweigleisig ausgebaut wurde. Sie führt ohne Scheiteltunnel in 1362 Meter über Normalnull offen über die Paßhöhe. Im Gegensatz zur Semmeringbahn fehlen größere Viadukte nahezu völlig, doch entstanden hier die ersten Kehrtunnel der Welt. Die Brennerbahn führt durch 27 Tunnel, längster ist der Mühlbacher Tunnel mit 850 Metern.
Die Kärntner Eisenbahn von Marburg über Klagenfurt nach Villach baute die Südbahngesellschaft durch das obere Drau- und das Pustertal weiter bis Franzensfeste. Dort mündet sie in die Brennerbahn ein. Als Österreich 1919 Südtirol an Italien abtreten mußte, fiel die Strecke von der Grenze zwischen Sillian und Innichen bis Franzensfeste ebenfalls an Italien. Heute verkehren Korridorzüge aus dem Kärntner Drautal über den italienischen Streckenteil durchgehend bis Innsbruck und stellen damit die Verbindung mit Nordtirol über den Brenner her.
Von ihrer Gründung am 1. Januar 1858 als »K. k. priv. südliche Staats-Lombardisch-Venetianische und Central-Italienische Eisenbahngesellschaft« an bestand die Südbahn als Privatgesellschaft über 75 Jahre lang. Dabei büßte sie Stück für Stück ihres Netzes ein: 1859 in der Lombardei, 1866 in Venetien und 1919 in Südtirol. Die ungarischen Strecken blieben dagegen von der Verstaatlichung ebenso ausgenommen wie die österreichischen, die erst 1924 von der mittlerweile in Österreichische Bundesbahnen umbenannten Staatsbahn übernommen wurden.

Das größte Kleinbahnnetz

In allen Teilen Österreichs entstanden zur Ergänzung des Hauptstreckennetzes zahlreiche Lokalbahnen. Im Jahre 1910 waren nahezu zweihundert solche Nebenbahnen in Betrieb. Zu ihnen zählten seinerzeit auch die Schmalspurbahnen in Bosnien und der Herzegowina, wo nach mehr als vierhundert Jahren Türkenherrschaft im Jahre 1878 österreichische Truppen einmarschiert waren.
Die Besatzungsmacht hatte sich gezwungen gesehen, vor allem für ihre Nachschubtransporte zunächst geeignete Verkehrswege zu schaffen. Außer der von den Türken verlassenen, über das Baustadium noch nicht hinausgekommenen, teilweise jedoch schon wieder verfallenen Bahnlinie Doberlin - Banja Luka bestanden bis dahin keine Eisenbahnen in Bosnien-Herzegowina. Die große Eile, mit der nun erste Verbindungen geschaffen werden sollten, zwang zu raschem, darum aber auch improvisiertem Handeln. Das renommierte Bauunternehmen Hügel und Sager aus Wien, das neben zahlreichen Bahnbauten und Flußregulierungen soeben für die K. k. private österreichische Staats-Eisenbahn-Gesellschaft die Strecke Wien - Budapest - Temesvar zur rumänischen Grenze bei Orşova am Eisernen Tor verlängert hatte, erhielt den Auftrag, so rasch wie möglich 350 Kilometer westlich eine Bahn von Bosnisch Brod (Slavonski Brod) im Savetal nach Süden in Richtung Sarajevo zu bauen. Die Firma verwendete hierfür kurzerhand ihre zum Streckenbau im Donautal benützte Feldbahn, deren Gleis- und Fahrzeugmaterial zufällig 760 Millimeter Spurweite aufwies.
Trotz gelegentlicher Sabotageakte durch Partisanen und wiederholter heftiger Unwetter holperte schon wenig später die erste Dampflokomotive über diese Feldbahnstrecke. Später entwickelte sich daraus das größte Kleinbahnnetz der Welt mit dieser Spurweite. Sie stammte ursprünglich aus Bayern, wurde jedoch als »Bosnienspur« weltbekannt und als Regelspurweite für Schmalspurbahnen auch in Österreich, Ungarn und Serbien eingeführt.
Die erste Etappe der Feldbahnstrecke führte von Bosnisch Brod über Doboj nach Zepce. Die 145 Kilometer lange Verbindung war bereits im April 1879 fertig und

wurde bis Juni zum 45 Kilometer südlich gelegenen Zenica verlängert. Der Anschluß der Hauptstadt Sarajevo ließ noch bis Anfang der neunziger Jahre auf sich warten. Dagegen wurde schon 1886 eine 67 Kilometer lange Nebenlinie von Doboj nach Siminhan eröffnet. Im Jahre 1891 erhielt Sarajevo Eisenbahnanschluß auch aus dem Süden: Bis dahin war die 1885 begonnene Strecke von Metkovic an der Grenze in Dalmatien über Mostar und Konjic nach Sarajevo fertig. Sie führte zum größten Teil durch das vielfach enge Tal der Nerenta, heute Neretva genannt. Über den Ivansattel wurde sie mit Zahnstange geführt. Eine zweite Zahnstangenstrecke entstand später über den Komarsattel zwischen Donji Vakuf und Travnik. Als die Eisenbahn Sarajevo erreichte, umfaßte das Schmalspurnetz bereits rund sechshundert Kilometer Streckenlänge. Seine vorerst endgültige Ausdehnung er-

Oben: Die Trisannabrücke auf der Arlbergstrecke zwischen Landeck und St. Anton zählt mit über neunzig Meter Höhe zu den bemerkenswertesten Eisenbahnbrücken Österreichs. Die alten Überbauten aus dem Jahre 1884 wurden 1964 durch ein geschweißtes Stahlbogentragwerk ersetzt.

reichte es im wesentlichen noch vor der endgültigen Annexion Bosniens und der Herzegowina durch Österreich im Jahre 1908. Lediglich Waldbahnen zur Holzabfuhr und Heeresfeldbahnen wurden noch gebaut, besonders während des Weltkrieges nach 1914. Bei Übernahme durch das 1918 gegründete Königreich Jugoslawien umfaßten die 760-Millimeter-Bahnen nicht weniger als zweitausend Kilometer Strecken, davon etwa die Hälfte Bahnen des öffentlichen Verkehrs, der Rest Waldbahnen. Auch die Straßenbahn in Sarajevo fuhr auf 760-Millimeter-Schmalspur.
Weiter ausgebaut wurde das Netz nochmals durch das Königreich Jugoslawien. Insbesondere im serbischen Landesteil entstanden neue Linien. Außerdem wurden die zunächst getrennten Strecken des bosnisch-herzegowinischen und des serbischen Netzes über Visegrad – Uzice unter Überwindung teilweise schwieriger topographischer Verhältnisse verbunden. Damit konnten durchgehende Züge von Belgrad nach Sarajevo und weiter bis an die Adriaküste geführt werden. Schließlich erschloß das Schmalspurnetz mehr als die Hälfte Jugoslawiens. Auf den Hauptlinien unterschied sich der Eisenbahnbetrieb kaum von dem auf normalspurigen Hauptbahnen; die Schnellzüge führten sogar Speisewagen und Schlafwagen. Da der gesamte Güterverkehr ebenfalls auf dem Schmalspurnetz ablief, wurden dort mit verhältnismäßig primitiven Mitteln Spitzenleistungen erzielt, die aus heutiger Sicht geradezu unglaublich erscheinen. Andererseits herrschten abseits dieser Magistralen, vor allem auf den altserbischen Nebenlinien, zum Teil auch die viel zitierten »balkanischen Verhältnisse«.
Erst nach dem Zweiten Weltkrieg gingen die jugoslawischen Staatsbahnen daran, wichtige Verbindungen auf Normalspur umzubauen und vielfach über völlig neue Trassen zu führen. Immerhin erfüllten die Schmalspurbahnen trotz ihres immer stärker schrumpfenden Netzes noch bis in die siebziger Jahre wichtige Transportaufgaben. Neben neueren Diesellokomotiven und Triebwagen fuhren bis zuletzt zahlreiche Dampflokomotiven, die teilweise noch aus dem vorigen Jahrhundert stammten. Sie ließen das ehemals bosnisch-herzegowinische Schmalspurbahnnetz zum bevorzugten Reiseziel von Eisenbahnliebhabern aus aller Welt werden. Eine dieser Lokomotiven steht seit Frühjahr 1976 im Deutschen Museum in München.

Auch in Österreich Bundesbahnen

Die K. u. k.-Zeit ging mit dem auch für Österreich unglücklichen Ausgang des Ersten Weltkrieges zu Ende. Die territorialen Verhältnisse änderten sich sogar gravierender als in Deutschland. Am 10. September 1919 schlossen die Alliierten in St. Germain einen eigenen Friedensvertrag mit Österreich. Er trennte Ungarn von Österreich und erzwang außerdem umfangreiche Gebietsabtretungen zugunsten von Italien, Jugoslawien, Polen, Rumänien und vor allem der neuen tschechoslowakischen Republik.
In der jungen Republik Österreich gingen aus den K. u. k.-Staatseisenbahnen nach Ende der Habsburger Monarchie im Jahre 1918 zunächst die Deutsch-österreichischen Staatseisenbahnen hervor, die am 21. Oktober 1919 von den Österreichischen Staatseisenbahnen und mit Wirkung vom

29. Juli 1923 von den Österreichischen Bundesbahnen abgelöst wurden. Am 17. März 1938 trat die Anordnung in Kraft, nach der die Bahnen Österreichs in die Deutsche Reichsbahn eingegliedert wurden.
Ihre Selbständigkeit als Österreichische Bundesbahnen erlangten sie mit Ende des Zweiten Weltkrieges wieder. Ihre neue Generaldirektion bildete die Sektion II im Bundesministerium für Verkehr in Wien. Wie vor 1938 wurden vier Staatseisenbahndirektionen gebildet: in Wien für die russische Zone mit 47 Prozent des gesamten Streckennetzes, in Villach für die englische Zone mit 25 Prozent, in Linz für die amerikanische Zone mit 19 Prozent und in Innsbruck für die französische Zone mit 9 Prozent des Netzes.
Durch den Staatsvertrag vom 15. Mai 1955 konnte sich Österreich von Teilung und Besatzung befreien. Die Streckenlänge verringerte sich bisher durch Stillegungen nur geringfügig. Ende 1982 umfaßte das Netz der Österreichischen Bundesbahnen insgesamt 5759 Kilometer, davon 386 Kilometer Schmalspurbahnen.
Die Österreichischen Bundesbahnen führen auch den Betrieb auf der 8,9 Kilometer langen Eisenbahnstrecke durch das Fürstentum Liechtenstein im Zuge der Hauptstrecke Feldkirch - Buchs (SG).

Links: Schmalspur-Dampflok, von der Lokomotivfabrik Floridsdorf in Wien für die Bergstrecken in Bosnien und der Herzegowina gebaut, in Diensten der Jugoslawischen Staatsbahnen. Die Maschine verfügte über zwei getrennte Triebwerke für Adhäsions- und Zahnradbetrieb. Im Deutschen Museum in München steht seit 1976 eine Lokomotive der gleichen Baureihe.
Unten: Schmalspur-Romantik lange auch noch im neuzeitlichen Österreich. Erst am 1. Dezember 1982 mußte die romantische Lokalbahn durch das Steyrtal von Garsten nach Klaus ihren Betrieb einstellen.

Der französische Bahnhof in Basel, innerhalb der Stadtmauern erbaut, wurde am 11. Dezember 1845 als erster Bahnhof auf Schweizer Boden eingeweiht, obwohl die Züge aus dem Elsaß schon seit 15. Juni 1844 in Basel einfuhren.

Die Spanisch-Brötli-Bahn

Als erste Eisenbahn der Schweiz gilt landläufig die am 9. August 1847 eröffnete Strecke von Zürich nach Baden, die noch heute eher unter ihrem Spitznamen »Spanisch-Brötli-Bahn« bekannt ist. Die Badener verstanden sich nämlich besonders gut darauf, knusprige Brötchen zu backen, und wer es sich leisten konnte, fand jetzt diese Spezialität ofenfrisch auf dem Frühstückstisch.
Genau genommen hatte das Eisenbahnzeitalter jedoch auch in der Schweiz schon früher begonnen. Darauf verweisen noch heute bei Gelegenheit die Baseler; denn bei ihnen war schon drei Jahre früher - am 15. Juni 1844 - der erste Zug eingetroffen. Der Bahnhof im Vorort St. Johann entsprang allerdings nicht schweizerischer Initiative, sondern bildete lediglich den Endpunkt einer französischen Linie, die von Straßburg her die Grenze bei St. Louis überschritt und nur noch 1668 Meter auf eidgenössischem Territorium auslief.
Die damals noch weitgehend selbständigen Kantone hatten sich wenig fortschrittlich gezeigt, als in der Schweiz die Frage diskutiert wurde, ob die Eisenbahn in Basel überhaupt in die Stadt gelassen werden sollte. Für diesen Fall, so gab die Neue Zürcher Zeitung zu bedenken, ziehe eine eidgenössische Stadt französische Uniform an, könne Frankreich mit Leichtigkeit zwanzigtausend Mann nach Basel werfen und sei die Nordwestflanke der Schweiz in höchstem Maße gefährdet. Schließlich wurde in die Ringmauer ein eigenes Eisenbahntor eingefügt, das nachts ebenso verschlossen werden konnte wie alle anderen Stadttore. So kam die erste Eisenbahn der Schweiz eigentlich aus dem Elsaß.
Allerdings wäre die Bahn von Zürich nach Baden trotz allem früher fertig geworden, hätte nicht die Bevölkerung - vor allem im Kanton Aargau - dem schon 1837 eingeleiteten Bau handgreiflichen Widerstand entgegengesetzt. Dadurch geriet die »auf Actiensubscription« gegründete Gesellschaft in Zahlungsschwierigkeiten und mußte aufgeben. Unter anderem kamen auch die Pläne unter den Hammer. Martin Escher-Heß verfolgte sie weiter, nachdem er das gesamte »Paket« ersteigert hatte. Im Sommer 1845 erteilten die Kantone Zürich und Aargau eine neue Konzession. Die Schweizerische Nordbahn wurde gegründet. Wenig später konnte der Bahnbau abermals beginnen. Am 14. April 1847 wurde der erste Schweizer Tunnel durchstochen: Neunzig Meter lang führte er die von Zürich kommende Strecke durch den »Stein« bei Baden.
Für den Betrieb hatte die Bahn, die später

in der Nordostbahn aufging, nicht weniger als vier Dampflokomotiven bestellt. Sie kamen nicht aus England, sondern aus Deutschland: von der Maschinenfabrik Emil Kessler in Karlsruhe. Kein Geringerer als der später ebenfalls berühmte Niklaus Riggenbach, damals in Kesslers Fabrik tätig, brachte die erste Maschine nach Zürich. Sie trug den Namen »Limmat« und die Betriebsnummer 1; Kesslers Werkstätte hatte sie mit der Fabriknummer 78 verlassen. Wenig später traf die Nummer 2 mit Namen »Aare« ein. Dann folgten Nummer 3 und 4, »Rhein« und »Reuss«, beide schon mit zwei gekuppelten Antriebsachsen ausgerüstet. Die Fabriknummern dieser drei Maschinen lauteten auf 79, 80 und 81. Der Fahrzeugpark der Bahn Zürich - Baden umfaßte ferner dreißig Personenwagen, davon zwei reine Stehplatzwagen, ferner einen Kohlenwagen, zwei Viehwagen und vier Gepäckwagen. Mit 140 Ehrengästen unternahm die »Spanisch-Brötli-Bahn« am 7. August 1847 ihre erste offizielle Fahrt von Zürich bis Baden. Zwei Tage später begann der fahrplanmäßige Betrieb.

Zwei Jahrzehnte Diskussionen

Am 17. Juli 1854 wurde in Österreich die Semmeringbahn als erste Gebirgsbahn der Welt eröffnet. Auf nahezu 900 Metern über Normalnull überwand sie die Ostalpen und fügte sich in eine beinahe kontinentale Eisenbahnlinie ein: in die Verbindung von Wien nach Triest. Gegen Ende des gleichen Jahres umfaßten die Eisenbahnnetze Österreich-Ungarns 1912 Kilometer, der deutschen Länder 7973 Kilometer und Großbritanniens sogar 8035 Kilometer. Neun europäische Länder hatten sich die »Kunststraßen« bereits zunutze gemacht, und die Eisenbahntechnik vermochte so hervorragende Einzelleistungen wie die Überquerung der Alpen zu vollbringen.
Da erst zog in der Schweiz die Eröffnung der ersten bedeutenderen Bahnlinie endlich den Schlußstrich unter eine Periode, die in der Eisenbahnfrage - abgesehen von der nur regional bemerkenswerten »Spanisch-Brötli-Bahn« - nichts anderes gebracht hatte als zwei Jahrzehnte lang Diskussionen. Nun fuhr am 19. Dezember 1854, also fünf Monate nach Eröffnung der Semmeringbahn, der erste Zug von Basel nach Liestal. Die rund 15 Kilometer lange Strecke war Bestandteil einer ersten, wenn auch auf den Nordwesten der Eidgenossenschaft begrenzten Netzkonzeption, die Karl von Etzel, der spätere Erbauer der Brennerbahn, entwickelt hatte.
Dieses Netz sollte folgende Linien umfassen: Basel - Liestal - Läufelfingen - Olten, Olten - Aarau - Baden mit Anschluß an die bestehende Strecke nach Zürich, Olten - Luzern, Olten - Herzogenbuchsee - Bern und Herzogenbuchsee - Solothurn - Biel. Die bedeutendsten Städte der nördlichen Schweiz, Bern, Luzern, Zürich, die Kantonshauptstadt Solothurn und Biel sollten in Basel Anschluß an die bereits vorhandenen Strecken nach Frankreich und Baden finden. Olten fiel dabei die Rolle eines Eisenbahnknotens zu - freilich weder zufällig noch kampflos, sondern als Ergebnis eben jener zwanzigjährigen Auseinandersetzungen, wo, wie und durch wen in der Schweiz Eisenbahnen angelegt werden sollten.
Zahlreiche Initiativen und Denkschriften wechselten ab mit Gegenprojekten und Widerständen, so daß Pläne ebenso schnell scheiterten, wie sie entstanden waren. Alle fortschrittliche Dynamik verbrauchte sich in innerer Reibung. Den Hintergrund bildete die politische Konstellation in der Schweiz als einem Staatenbund aus weitgehend freien Kantonen. Schlimmer noch als in Deutschland die Kleinstaaterei behinderten in der Schweiz die »Kantönli«-Interessen jede großräumige Planung.
Nützt oder schadet die Eisenbahn dem Transitverkehr? Rechtfertigt einen Bahnbau eher der Handel im Innern oder die Durchfuhr? Wird die - wie in England und Belgien - schon blühende Industrie durch den neuen Verkehrsweg gefördert oder beeinträchtigt? Läuft die vordringliche Verbindung von Basel direkt nach Zürich und über die Alpenpässe der Ostschweiz

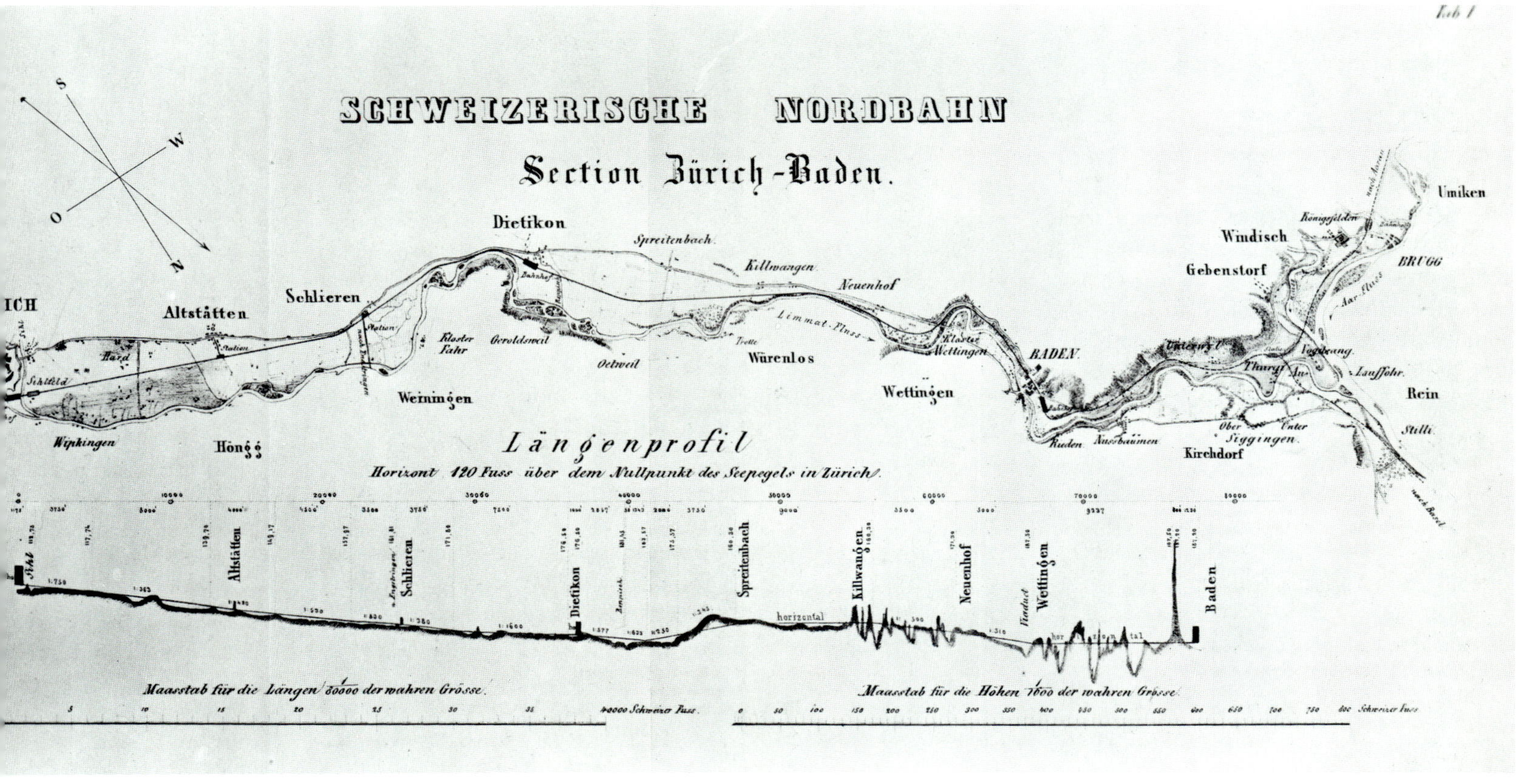

nach Italien oder muß der Linie von Basel über Olten nach Luzern und damit der Zentralschweizer Variante über den Gotthard nach Italien Priorität zuerkannt werden? Um diese Fragen drehten sich die endlosen Diskussionen, aus denen immer wieder Basel und Zürich als Exponenten hervortreten: Basel als Verfechter der Zentralbahnidee im Bund mit den Gotthardkantonen, Zürich als Interessent eines Direktanschlusses an Basel und damit an Frankreich und Baden, gleichzeitig aber auch als Mittler einer Verbindung über die Bündner Pässe im Osten nach Italien.

Ohne grundlegende politische Veränderungen hätte dieser Kampf angesichts der uneingeschränkten Souveränität und Kompetenz der Kantone und ihrer divergierenden Interessen wahrscheinlich niemals in dieser oder jener Richtung entschieden werden können. Inzwischen drohten die in den Nachbarländern rasch wachsenden Eisenbahnen um die Schweiz einen Bogen zu machen und sie damit ihrer alten Funktion als Transitland zwischen Nord und Süd zu berauben. Nach Jahren revolutionärer Unruhe vollzog sich die innere Neuordnung, die am 12. September 1848 in der Verkündigung der Bundesverfassung endete. In der Eisenbahnfrage sah sich der neue Bund sogleich unter Zugzwang, doch mußte zunächst das nötige Instrumentarium geschaffen und über den einzuschlagenden Weg entschieden werden. Für die erste Bundeskompetenz hatte die Verfassung selbst die Weichen gestellt, obwohl die Eisenbahn nicht ausdrücklich genannt war.

Zunächst brachten die Kantone das Ergebnis ihrer inzwischen geleisteten Vorarbeiten ein. Dann bestellte die Schweiz zwei neutrale Gutachter aus England, die ein Schweizer Eisenbahnnetz unter verkehrspolitischen, volkswirtschaftlichen und eisenbahntechnischen Gesichtspunkten entwerfen sollten. Auf Empfehlung des Schweizer Konsuls in London übernahm diese Aufgabe kein Geringerer

Zug der »Spanisch-Brötli-Bahn« mit der betriebsfähigen Dampflokomotive »Limmat«, zum 100jährigen Bestehen der Schweizer Bahnen im Jahre 1947 nachgebaut und zwischen Zürich und Baden zu zahlreichen Sonderfahrten eingesetzt. Heute steht der Zug im Verkehrshaus der Schweiz in Luzern.

Links: Der erste Zug hat den 2495 Meter langen Hauensteintunnel durchfahren; das frohe Ereignis wurde überschattet durch einen Unfall während der Bauzeit, der 63 Menschenleben gefordert hatte.
Rechts: Bei St. Gallen überquert die Bodensee–Toggenburg-Bahn den Sitterviadukt, eine Kombination aus Steinbogen und Fachwerkträger.

als Robert Stephenson, Inhaber der Lokomotivfabrik in Newcastle und Mitglied des britischen Parlaments, zusammen mit seinem Landsmann Henry Swinburne. Die bald darauf vorgelegte Expertise ließ die Bundesverwaltung durch ein Finanzgutachten ergänzen. Dann stand die Entscheidung an, ob der Bahnbau zur Bundesaufgabe erhoben oder privater Initiative überlassen bleiben solle. Nach abermals langen und leidenschaftlichen Debatten in der Bundesversammlung fiel dort die Entscheidung zugunsten der Privatgesellschaften.
Obwohl das Konzessionsrecht der Kantone erhalten blieb, bildete das Eisenbahngesetz von 1852 immerhin eine erste tragfähige Basis für die Entwicklung eines Eisenbahnnetzes auch in der Schweiz.

Die Schweizerbahnen dem Schweizervolk

Die zweite schweizerische Eisenbahnlinie führte also von Basel nach Liestal, war von der neu gegründeten Schweizerischen Centralbahn gebaut worden und lag dem alten Zentralbahnkonzept entsprechend auf dem Weg nach Olten. Nach Eröffnung dieser ersten Etappe Ende 1854 dauerte es an die vier Jahre, bis das bescheidene Netzkonzept im wesentlichen als verwirklicht betrachtet werden konnte: Die Züge fuhren von Basel über Olten bis Biel, über Bern hinaus seit Sommer 1859 bis Thun, bis Luzern und bis Aarau. Den schwierigsten Teil hatte der am 31. Oktober 1857 durchschlagene Hauensteintunnel gebildet; nahezu fünf Jahre waren nötig gewesen, um den 2495 Meter langen Stollen zu bohren; denn ein Brand, der 63 Menschenleben forderte, hatte die Arbeiten erheblich verzögert.
Die Schweizerische Nordostbahn-Gesellschaft, die vor allem Zürichs alte Interessen verfolgte und gleich zu Beginn die Nordbahn mit ihrer Strecke Zürich - Baden übernommen hatte, traf in Aarau auf das Netz der Centralbahn, womit Zürich - wenn auch auf dem Umweg über Olten - den seit langem erstrebten Bahnanschluß mit Basel und damit an Frankreich und Deutschland erhielt. Um die Konzession für die Verbindungslinie zwischen Baden als Endpunkt der Strecke nach Zürich einerseits und Aarau als Anschlußpunkt an das Zentralbahnnetz andererseits hatten beide Gesellschaften heftig gefochten. Nun wurde Aarau - wie Baden im Kanton Aargau gelegen - Gemeinschaftsbahnhof. Die Nordostbahn betrieb im übrigen bereits seit 1855 eine durchgehende Strecke von Zürich über Winterthur und Frauenfeld bis Romanshorn am Bodensee.
Während Centralbahn und Nordostbahn im wesentlichen auf den langjährigen Vorarbeiten Basels und Zürichs aufbauen und damit verhältnismäßig rasch ihr Streckennetz knüpfen konnten, zersplitterten sich die Kräfte im Bodenseegebiet zunächst ebenso wie in der Westschweiz. Aus zahlreichen Bahngründungen, hier in den Kantonen Thurgau, St. Gallen und Appenzell, dort in Genf, Waadt, Fribourg, Neuchâtel und Bern, gingen nach Fusionen, Zusammenbrüchen und Übernahmen finanziell steckengebliebener Gesellschaften die Vereinigten Schweizerbahnen im Osten und - allerdings erst wesentlich später - die Jura-Simplon-Bahn im Westen hervor. Sie entwickelte sich schließlich zur bedeutendsten Privatbahngesellschaft vor Gründung der Schweizerischen Bundesbahnen.
Als sich der Bund im Jahre 1852 für das Privatbahnprinzip entschied, gedachte er den zentralistischen Staatseinfluß nach Möglichkeit auszuschalten. Da die erforderlichen Geldmittel für den Bau der zahlreichen geplanten Bahnen in der Schweiz nicht aufzubringen waren, mußten ausländische Kapitalgeber gesucht und für ein Engagement in der Eidgenossenschaft interessiert werden. Resigniert stellten die Verfechter des Staatsbahngedankens fest, daß anstelle des Staatseinflusses nun ausländischer Kapitaleinfluß die Eisenbahnentwicklung bestimmte. Abgesehen davon, daß ein planmäßiger Netzaufbau unter überregionalen Gesichtspunkten Illusion bleiben mußte, standen nahezu sämtliche Bahnbauten unter dem Druck kritischer Finanzierungsverhältnisse, wobei wie im Ausland die Spekulationen eine besonders üble Rolle spielten.
Je mehr Gesellschaften auf den Plan traten,

je zahlreicher die Einzelstrecken und die Berührungspunkte mit Linien anderer Unternehmen wurden, desto mehr drängten der Mangel an Koordination, die unterschiedlichen Gepflogenheiten und die gegen jede planvolle Zusammenarbeit gerichteten Einzelinteressen in Richtung auf Übernahme zumindest der wichtigsten Bahnen durch den Bund. Unter Anspielung auf die größtenteils ausländischen Kapitalgeber lautete der Wahlspruch: Die Schweizerbahnen dem Schweizervolk!
Genau zwanzig Jahre lang lag die Eisenbahnhoheit in der Hand der 25 einzelnen Kantone, bis das Eisenbahngesetz vom 23. Dezember 1872 diese Kompetenz dem Bund übertrug, ohne allerdings das Privatbahnprinzip anzutasten. Damit war wiederum nur eine »kleine Lösung« möglich; denn gerade die unerwünschten ausländischen Kapitaleinflüsse ließen sich so nicht ausschalten. Andererseits drängte inzwischen ein weiteres Problem zur Lösung: die Frage eines Alpenüberganges in der Schweiz. Nicht weniger als sechs Projekte konkurrierten miteinander, jedes vertreten durch unmittelbar berührte Kantone, Städte, später auch durch den südlichen Nachbarn Italien. Gegen Splügen, Greina, Lukmanier, Grimsel und Simplon fielen die Würfel nach erneuten heftigen Auseinandersetzungen zugunsten des Gotthard, über den später noch ausführlich berichtet wird. Für die Verwirklichung waren wiederum ausländische Geldgeber unerläßlich, so daß auch dieses größte Bauvorhaben in der Eisenbahngeschichte der Schweiz einer Privatgesellschaft übertragen wurde.
Obwohl im Laufe der Jahre zahlreiche kleine Schritte in Richtung auf eine Stärkung der Bundeskompetenz unternommen wurden, fanden die Mißstände im Eisenbahnwesen kein Ende. Nach außen hin mögen sie in vollem Umfang nicht erkennbar gewesen sein; denn als die Bundesregierung durch einen geschickten Schachzug versuchte, die Betriebsführung von Centralbahn und Jura - Simplon-Bahn über den Erwerb der Aktienmehrheit in die Hand zu bekommen, votierte eine klare Volksmehrheit gegen Bundesbahnen. Erst sechs Jahre später glückte ein weiterer Versuch der Bundesregierung: In der erneuten Volksabstimmung vom 20. Februar 1898 sprachen sich die Eidgenossen nun mit ebenso klarer Mehrheit für den Rückkauf der bedeutenden Privatbahnen durch den Bund aus.
Auf diese Weise ging die Betriebsführung der Centralbahn, der Nordostbahn und der Wohlen–Bremgarten-Bahn am 1. Januar 1902 auf die nun entstandenen Schweizerischen Bundesbahnen (SBB) über. Es folgten am 1. Juli 1902 die Vereinigten Schweizerbahnen und die Toggenburgerbahn, am

1. Mai 1903 die Jura-Simplon-Bahn. Die Gotthardbahn konnte aufgrund der Konzessionsdauer frühestens am 1. Mai 1909 unter Bundesregie gebracht werden. Tatsächlich führten die Schweizerischen Bundesbahnen ab 1909 den Betrieb auf der Gotthardbahn zwei Jahre lang noch auf getrennte Rechnung.
Im Jahre 1900 umfaßte das Netz der Schweizerbahnen insgesamt 3091,4 Kilometer Normalspurstrecken, 507,0 Kilometer Schmalspur-, 80,8 Kilometer Zahnrad-, 276,3 Kilometer Tram- und 24,5 Kilometer Standseilbahnen. Die danach von den Schweizerischen Bundesbahnen übernommenen Hauptbahnen stammten zu 398 Kilometer von der Centralbahn, zu 937 Kilometer von der Jura-Simplon-Bahn, zu 771 Kilometer von der Nordostbahn, zu 269 Kilometer von den Vereinigten Schweizerbahnen und zu 273 Kilometer von der Gotthardbahn.

Wege über die Alpen

Seit der Römerzeit bestand zwischen Italien und den nördlichen Provinzen ein System von Wegen und Saumpfaden über die Alpen. Befahrbare Pässe gab es jedoch bis in die Neuzeit nicht; die Wagen mußten zerlegt, von Tragtieren über die Berge gebracht und jenseits der Alpen wieder zusammengebaut werden. Erst Napoleon I. ließ eine Reihe von Paßstraßen anlegen, die auch Fuhrwerke benützen konnten. Trotzdem herrschte über das Gebirge hinweg seit eh und je verhältnismäßig reger Verkehr. Er verhalf den Siedlungen entlang den bedeutenden Handelsstraßen zu Wohlstand und Blüte, während abgelegene Landschaften im Schatten der Prosperität zurückblieben.
Die Erkenntnis dieser Zusammenhänge führte schon vor der Eisenbahnzeit zu mehr oder weniger intensiven Versuchen, Verkehrswege auszubauen und vorhandene Verkehrsströme damit in bestimmte Richtungen zu lenken. Nach der Erfindung von Gleis und Lokomotive konnte es nur eine Frage der Zeit bleiben, bis auch die Eisenbahn in solche Überlegungen einbezogen werden mußte. Angesichts der noch immer enormen technischen Probleme, mit denen das junge Verkehrsmittel allenthalben zu kämpfen hatte, stellte die Semmeringbahn eine überaus kühne Pionierleistung dar, selbst wenn die weniger hohen Pässe der Ostalpen dem Bahnbau an dieser Stelle etwas entgegengekommen sein mögen.
Nach der Semmeringbahn baute Österreich auch die zweite Alpentransversale, die Brennerbahn. Schon 1847 wurde das Projekt in die Baupläne der damals noch bestehenden Staatsbahnen einbezogen; die grundlegenden Veränderungen im Eisenbahnwesen des

Links: Zwei Wochen nach Eröffnung des Mont-Cenis-Tunnels zwischen Frankreich und Italien stellte die Illustrated London News ihren Lesern eine Impression von der Fahrt des ersten Zuges durch die damals längste Tunnelröhre der Welt vor.
Rechts: Die Simplonlinie, eine der bedeutendsten Alpentransversalen, wurde erst 1906 von den Schweizerischen Bundesbahnen fertiggestellt. Hier verläßt ein Schnellzug aus Italien mit einer Lokomotive der Bern-Lötschberg-Simplon-Bahn (BLS) den Simplontunnel in Brig.

Landes führten jedoch zu erheblicher Verzögerung und schließlich zur Verwirklichung des Vorhabens durch die private Südbahn. Immerhin fuhren auch über den Brenner schon 1867 die ersten Züge. Die Schweiz dagegen verlor sich zu dieser Zeit noch in »Richtungskämpfen« für und wider die Projekte Lukmanier, Splügen, Greina, Gotthard, Grimsel oder Simplon. So realisierte noch vor der Schweiz in den Jahren 1857 bis 1870 Italien zusammen mit Frankreich im Zuge der Eisenbahnverbindung Lyon - Chambéry - Turin über den Mont Cenis den dritten Alpenübergang. Mit dem Tunnel unter dem Col de Fréjus wurde die Strecke am 17. September 1871 eröffnet.

Noch im gleichen Jahr konstituierte sich, nachdem in der Schweiz endlich eine Entscheidung gefallen war, die internationale Gotthardbahngesellschaft. Die beiden österreichischen und der französische Alpenübergang drohten in der Schweiz den lebenswichtigen Nord-Süd-Verkehr auszutrocknen, andererseits suchten Italien und das Deutsche Reich eine Verbindung über neutralen Boden. So beteiligten sich an der Finanzierung der Gotthardbahn neben den Schweizer Kantonen und den beiden bedeutenden Privatbahnen, Centralbahn und Nordostbahn, auch Italien mit 45 Millionen und Deutschland mit 20 Millionen Franken. Dafür mußte die Schweiz einen Teil ihrer Tarifautonomie aufgeben. Zwischen Göschenen auf der Nord- und Airolo auf der Südseite des 15 Kilometer langen Tunnels konnte nach fast zehnjähriger Bauzeit am 1. Januar 1882 der Zugverkehr aufgenommen werden. Seit 1. Juni 1882 lief der Verkehr über die Gotthardbahn durchgehend bis an die italienische Grenze bei Chiasso.

Obwohl gleichzeitig mit dem Beschluß, die Gotthardbahn zu bauen, auch dem Konzessionsersuchen für eine Splügenbahn stattgegeben wurde, ist dieses Ostschweizer Projekt erst in neuester Zeit wieder stärker verfochten worden. Dagegen gelang unter Ausnützung französischer Interessen und Geldmittel 1898 der Beginn der Bauarbeiten an dem nahezu 20 Kilometer langen Simplontunnel. Da die Jura-Simplon-Bahn 1903 von den inzwischen ins Leben gerufenen Schweizerischen Bundesbahnen übernommen wurde, fiel ihnen auch die neue Alpenverbindung über das obere Rhônetal zum Lago Maggiore zu. Am 1. Juni 1906 konnte die Simplonlinie von Brig über Iselle nach Domodossola eröffnet werden.

Über den seit der Römerzeit stark frequentierten und von Napoleon ausgebauten Tenda-Paß in den Seealpen begannen 1882 die Bauarbeiten für eine Eisenbahn. Zehn Jahre später war der Scheiteltunnel, durch den die italienisch-französische

Grenze verläuft, fertiggestellt. Der Weiterbau verzögerte sich über Jahrzehnte, so daß die Tenda-Bahn von Turin über Tenda bis Ventimiglia am Mittelmeer durchgehend erst am 30. Oktober 1928 eröffnet werden konnte. Schon 1942 wurden mehrere der großen Brückenbauwerke gesprengt, nach notdürftiger Instandsetzung zum zweiten Mal im Jahre 1944 so nachhaltig, daß der Betrieb zwischen Limone in Piemont und Ventimiglia über den Tenda-Paß bis heute ruht. Der nördliche und der südliche Teil der Bahnlinie liegen in Italien, das mittlere Teilstück zwischen Limone und San Michele in Frankreich. Während auf italienischer Seite die Wiederherstellung der Bahn betrieben wird, zeigte Frankreich daran lange kein Interesse. Inzwischen wurde bekannt, daß die Strecke bis 1978 auch in Frankreich instandgesetzt und durchgehend wiedereröffnet werden soll.

Wiederum mit französischer Unterstützung erhielt 1913 vor allem Bern über die Lötschberglinie eine direkte Zufahrt zum Simplon und damit nach Italien. Die Bern-Lötschberg-Simplon-Bahn (BLS), deren 14,6 Kilometer langer Haupttunnel am 15. Juli 1913 eröffnet wurde, mündet in Brig in die Simplonbahn. Simplon und Lötschberg waren die beiden ersten von Anfang an elektrischen Gebirgsbahnen. Gegenwärtig steht die Entscheidung über den Bau einer weiteren leistungsfähigen Alpenverbindung in der Schweiz an. Nachdem diese Entscheidung bereits für einen Gotthardbasistunnel gefallen schien, hat die Ostschweiz das alte Splügenprojekt mit Geschick wieder in den Vordergrund zu rücken verstanden. In Österreich bestehen, auch gestützt auf den Infrastruktur-Leitplan des Europäischen Eisenbahn-Verbandes (UIC), Pläne für einen Brennerbasistunnel im Zuge der Magistrale München-Verona.

Rechts: Die private Bern-Lötschberg-Simplon-Bahn verbindet die schweizerische Bundeshauptstadt seit 1913 direkt mit Italien. Hier zieht eine Ae 8/8 der BLS einen Kühlwagenzug durch das Kandertal bei Frutigen.
Unten: Noch heute ein unvergeßliches Erlebnis: Fahrt mit Dampf auf das Brienzer Rothorn
Nächste Doppelseite: Eine der kühnsten Bergbahnen der Schweiz: die Gornergratbahn vor dem Matterhorn

Bergbahnen und Gebirgsbahnen

So sehr sich die Schweizer Alpen dem Verkehr als gewaltiges Hindernis entgegenstellen, so arm wäre das kleine Land ohne seine Berge. Sie haben es zum klassischen Fremdenverkehrsland werden lassen, das in vieler Hinsicht aus der Not eine Tugend zu machen verstand. Nach den langen Jahren zögernder Zurückhaltung gegenüber der Eisenbahn folgte, namentlich im letzten Viertel des 19. Jahrhunderts, eine Periode kühner Gipfelstürmerei durch das Massenverkehrsmittel.

Begonnen hatte sie mit dem Bau der beiden Bergbahnen von Vitznau am Vierwaldstätter und von Arth am Zuger See auf die Rigi; die am 21. Mai 1871 eröffnete Strecke bis Rigi-Staffel gilt als erste Zahnradbahn Europas. Die Gipfelstation Rigi-Kulm wurde am 1. Juni 1875 erreicht. Zahlreiche weitere Bergbahnen, schmalspurig mit unterschiedlichen Spurweiten und großenteils mit Zahnstange ausgerüstet, folgten: Pilatus 1889, Monte Generoso 1890, Brienzer Rothorn 1892, Schynige Platte 1893.

Während diese Bergbahnen überwiegend dem Touristenverkehr dienen und ihren Betrieb infolgedessen zum Teil noch heute auf die Sommersaison beschränken, boten die weniger aufwendigen Schmalspurbahnen gerade unter den topographisch schwierigen Verhältnissen im Gebirge eine praktikable Möglichkeit zur Erschließung abgelegener Talschaften und ihrer Verbindung mit entfernteren Regionen. Besonders die Bündner, die jahrzehntelang auf eine große Alpenbahn durch die Ostschweiz gehofft hatten und durch die Entscheidung für die Gotthardbahn endgültig enttäuscht worden waren, ließen diese Chance nicht ungenutzt. Auf Initiative von Fremdenverkehrskreisen konnte zunächst die Strecke Landquart – Klosters – Davos finanziert und gebaut werden; bis Klosters wurde sie am 9. Oktober 1889, auf der gesamten Entfernung von rund fünfzig Kilometern am 21. Juli 1890 in Betrieb genommen. Als zweite Bahn folgte bis 1896 die Strecke von Landquart rheinaufwärts nach Reichenau und weiter scharf südöstlich ins Hinterrheintal einschwenkend bis Thusis.

Als sich der Privatinitiative kein Anreiz für weitere Investitionen in der verkehrsarmen Ostschweiz mehr bot, setzte der Kanton Graubünden in einer Volksabstimmung die Übernahme der bestehenden und den Bau weiterer Bahnen durch den Staat durch; die wenig später gegründete und heute weltbekannte Rhätische Bahn wurde zur Bündner Staatsbahn. Ihr Netz, durchweg meterspurig, erweiterte sich langsam, aber konsequent: bis 1904 nach St. Moritz, 1908 nach Pontresina, 1909 von Davos nach Filisur, 1913 nach Schuls im Unterengadin. Die Stichbahn Chur – Arosa folgte 1914. Schon zwei Jahre zuvor war die Strecke von Reichenau durch das Vorderrheintal bis Disentis fertig geworden. Dort sollte das Netz der Rhätischen Bahn an die kurz nach der Jahrhundertwende projektierte Bahn von Brig über Furka- und Oberalppaß anschließen; das Vorhaben konnte bis 1915 teilweise verwirklicht werden: Am 1. Juli wurde Oberwald, einen Monat später Gletsch erreicht. Durch den Ersten Weltkrieg trat jedoch eine erhebliche Verzögerung ein, und erst am 4. August 1925 kam die durchgehende Verbindung Brig – Andermatt – Disentis und damit der Anschluß an die Rhätische Bahn zustande. Die Furka-Oberalpbahn verbindet, seit 1982 ganzjährig, Wallis und Graubünden, Rhône- und Rheintal. Seit am 25. Juni 1982 der 15 442 Meter lange Furka-Basistunnel eröffnet wurde, führt sie nur noch am Oberalppaß durch hochalpines Gebiet. Schon am 5. Juli 1910 hatte die ebenfalls meterspurige Bernina-Bahn St. Moritz über den 2330 Meter hohen Berninapaß mit Tirano im norditalienischen Veltlin verbunden und damit Graubünden wenig-

stens einen schmalspurigen Bahnanschluß an Italien verschafft.
Ein System von Schmalspurbahnen, die regionale Verkehrsbedürfnisse ebenso zu befriedigen wie dem Tourismus zu dienen hatten, entstand im Berner Oberland. Von Interlaken, zwischen Thuner und Brienzer See gelegen, bauten die Berner Oberland-Bahnen über Zweilütschinen bis 1890 meterspurige Verbindungen nach Lauterbrunnen und Grindelwald. Die Wengernalpbahn setzte sie mit zwei Bergbahnen von achtzig Zentimeter Spurweite wenig später von Lauterbrunnen über Wengen und die Wengernalp sowie von Grindelwald aus auf die Kleine Scheidegg fort, den 2060 Meter hoch gelegenen »Brennpunkt« vor den drei ewig schneebedeckten Gipfeln von Eiger, Mönch und Jungfrau. Beide Zahnradstrecken, die genau genommen eine durchgehende Verbindung von Lauterbrunnen nach Grindelwald über die Kleine Scheidegg bilden, waren 1893 fertig; im gleichen Jahr konnte die ebenfalls mit achtzig Zentimeter Spurweite erbaute Bergbahn von Wilderswil auf die Schynige Platte ihren Betrieb aufnehmen.
Gekrönt wurden die Bahnen im Berner Oberland schließlich durch die 1893 projektierte und in einer Bauzeit von nicht weniger als sechzehn Jahren fertiggestellte Jungfraubahn von der Kleinen Scheidegg auf das Jungfraujoch.

Die höchsten Bahnen Europas

Technische Probleme schien das auslaufende 19. Jahrhundert nicht mehr zu kennen. Dieser Eindruck drängt sich angesichts der zahlreichen Pläne auf, selbst die Viertausender vom Eiger bis zum Matterhorn mit Bahnen zu erschließen. Obwohl die meisten dieser Projekte einfach deshalb nicht verwirklicht wurden, weil sich keine Geldgeber fanden, so entstanden doch in jener Zeit zwei außerordentlich kühne Bergbahnen in der Schweiz, deren Bau auch hundert Jahre später noch als gewaltige Leistung betrachtet werden muß: die Jungfraubahn und die Gornergratbahn.
Adolf Guyer-Zeller, ungekrönter und keineswegs unumstrittener Eisenbahnkönig der Schweiz, versöhnte die ihm zürnenden Eidgenossen mit dem allenthalben imponierenden Projekt einer Bahn auf die Jungfrau, das er gewissermaßen über Nacht mit sicherem Blick entwarf und mit äußerstem persönlichem Engagement vorantrieb. Den Ausgangspunkt verlegte er auf die Kleine Scheidegg und sparte damit die Hälfte des Höhenunterschiedes zwischen Lauterbrunnen und dem Jungfraujoch. In weitem Bogen zog er seine Trasse im Innern des Gebirgsmassivs unter den Gipfeln von Eiger, Mönch und Jungfrau hinauf, womit er sich geschickt gegen unliebsame Konkurrenz absicherte. Die Eröffnung der Bahn plante er in Teilabschnitten, um mit ersten Einnahmen schon die Basis für den Weiterbau zu sichern.
Allen politischen, finanziellen, technischen und menschlichen Problemen zum Trotz wurde die Jungfraubahn verwirklicht. Adolf Guyer-Zeller erlebte nur die Fertigstellung des ersten Abschnittes bis Eigergletscher, wohin die Bahn noch im Freien verläuft; wenige Monate nach Beginn des Tunnelbaues starb er. Seine Söhne und Mitarbeiter trieben das Werk zielstrebig voran: Am 2. August 1899 wurde die nur vorübergehend benutzte Tunnelstation Rotstock in 2520 Meter über Normalnull

eröffnet, entfernt von der Station Kleine Scheidegg »nur« 2900 Meter. Bis Eigergletscher kurz vor dem Tunneleingang fuhren die Züge bereits seit 19. September 1898. Unter enormen Schwierigkeiten ging es Meter um Meter im Fels weiter aufwärts. Nur wenige Meter innerhalb der berüchtigten Eigernordwand wurde am 28. Juni 1903 die Station Eigerwand eröffnet, am 25. Juli 1905 die Station Eismeer und erst sieben Jahre später, am 1. August 1912, Jungfraujoch in 3454 Meter Höhe. Damit war Europas bis heute höchstgelegene Eisenbahnstation erreicht, 9300 Meter entfernt von der Kleinen Scheidegg, rund 7100 Meter vom Eingang in den Tunnel. In einer Felskaverne liegt der Bahnhof geschützt im Innern des Berges, jedoch ebenfalls nur wenige Meter hinter der Felswand.

Ziel von Guyers Plänen war freilich nicht das Joch, sondern der Gipfel der Jungfrau. Der Weltkrieg und die anschließenden Krisenjahre setzten dem Bau zunächst ein Ende, das trotz mehrerer Versuche, ihn wieder in Gang zu bringen, zum Schlußpunkt wurde: Die Jungfraubahn bringt an Tagen mit gutem Wetter bis zu viertausend Menschen auf das Jungfraujoch, und sie wäre zweifellos auch in der Lage, sie über die letzte Etappe zum Gipfel zu befördern. Das Problem liegt indessen beim gefahrlosen Rücktransport, wenn die Menge der unerfahrenen Touristen vom Wettersturz überrascht würde, ganz abgesehen von den ständigen Gefahren derart exponierter Punkte im Hochgebirge. Jungfraujoch wird damit auch in Zukunft Europas höchstgelegene Bahnstation bleiben.

Genau einen Monat, bevor der erste Abschnitt der Jungfraubahn bis Eigergletscher dem Publikum freigegeben wurde, erreichte von Zermatt aus am 20. August 1898 der erste Zug den 3089 Meter hohen Gornergrat zwischen Matterhorn und Monte Rosa. Vom Jungfraubahn-Projekt unterschied sich das der Gornergratbahn nicht nur darin, daß ihm der dynamische und zielstrebige Initiator fehlte; verwirklicht wurde es letzten Endes vor allem durch den Ingenieur Xaver Imfeld, der allerdings mehr durch seine Arbeiten als Topograph bekannt geworden ist. Im Gegensatz zur Jungfraubahn führt die Strecke auf den Gornergrat nicht durch einen langen Tunnel, sondern erklimmt die Höhe weitgehend unter freiem Himmel. Die unscheinbare Aussichtsplattform im Halbrund vor nicht weniger als dreißig Viertausendern zählte von Anfang an zu den beliebtesten Zielen der frühen Touristen, die in immer größerer Zahl Zermatt zum Ziel wählten. Ursprünglich hatte die Gornergratbahn im Gefolge einer Matterhornbahn verwirklicht werden sollen. Bevor sich jedoch Ingenieure und Techniker an dem gewaltigen Felsobelisk hätten messen können, zogen Politiker einen Schlußstrich, indem sie die Verlängerung der Konzession verweigerten. So konnte nur die Gornergratbahn nach mehrfach überarbeiteten Plänen gebaut werden. Beinahe wäre sie die erste elektrische Zahnradbahn der Welt geworden, hätte es nicht die schon 1892 eröffnete, im Vergleich mit den Hochgebirgsbahnen allerdings unbedeutende Salève-Bahn wenige Kilometer von Genf entfernt auf französischer Seite gegeben.

Linke Seite: Kleine Scheidegg - Bahnknotenpunkt in über zweitausend Meter Höhe. Hier begegnen einander die gelb-grünen Züge der Wengernalpbahn von Lauterbrunnen und Grindelwald, während nebenan die gelb-roten der Jungfraubahn ihre »Talstation« erreichen. Oben: Die Bergstation auf dem Jungfraujoch – Europas höchstgelegener Bahnhof

Maßstab 1:15 000 000 — 0 100 200 300 400 500 km

Barentssee
Weißes Meer
Ostsee
Finnischer Meerbusen
Bottnischer Meerbusen
Rigaer Meerbusen
Schwarzes Meer
Asowsches Meer
Kaspisches Meer
Ägäisches Meer
Ionisches Meer
Rotes M.
Persischer Golf
Syrte
FINNLAND
Estnische SSR
Lettische SSR
Litauische SSR
Weißrussische SSR
Ukrainische SSR
Moldauische SSR
Russische SSR
SOWJETUNION
Kasachische SSR
Turkmen. SSR
Usbek. SSR
Grusinische SSR
Armen. SSR
Aserbaidschan. SSR
RUMÄNIEN
BULGARIEN
UNGARN
SLOWAKEI
JUGOSLAWIEN
ALBANIEN
GRIECHENLAND
TÜRKEI
SYRIEN
LIBANON
ZYPERN
JORDANIEN
ISRAEL
IRAK
IRAN
KUWAIT
SAUDI-ARABIEN
ÄGYPTEN
LEBANON
Kreta
Krim
H.-I. Kola
LENINGRAD
MOSKAU
KIEW
WARSCHAU
BUKAREST
Sofia
Belgrad
ISTANBUL
Ankara
BAGDAD
TEHERAN
Damaskus
Beirut
Amman
Jerusalem
KAIRO
ALEXANDRIA
Helsinki
Stockholm
Riga
Minsk
Odessa
Charkow
Wolgograd
Gorki
Kuibyschew
Swerdlowsk
Perm
Ufa
Saratow
Kasan
Tiflis
Baku
Aleppo
Nikosia
Athen
Kasachstan

6009

Das Eisenbahnnetz überzieht Europa

Die ersten Strecken auf dem Kontinent

Von England ausgehend hatte die Eisenbahnentwicklung zwar schon bald auch auf den Kontinent übergegriffen. Sie erfaßte jedoch die europäischen Länder, die sich wiederholt gegenseitig in kriegerische Auseinandersetzungen verwickelten und außerdem im Innern von revolutionären Vorgängen erschüttert wurden, mit sehr unterschiedlicher Intensität und zum Teil erheblicher Verzögerung.
Nur Belgien konnte den Bau eines Eisenbahnnetzes, das König Leopold I. nach einem Gutachten von George Stephenson selbst projektiert hatte, von vornherein auf ein planvolles Konzept gründen. Im übrigen blieben Versuche, Länder durch Eisenbahnen systematisch zu erschließen und dabei aufgrund verkehrsgeographischer und volkswirtschaftlicher Überlegungen konzipierte Netze zugrunde zu legen, durchweg erfolglos. Das gilt für Friedrich List und das Deutsche Reich, für Franz Xaver Riepl und die habsburgische Monarchie in Österreich-Ungarn oder für Robert Stephenson und die Schweiz ebenso wie für die Ideen anderer weitblickender Persönlichkeiten in den meisten übrigen Ländern Europas. Nur anfangs folgte der Bahnbau den Hauptverkehrsströmen, die entsprechende Investitionen am ehesten gerechtfertigt erscheinen ließen. Später geriet er beinahe überall unter den Einfluß der Spekulation und des vielfach ruinösen Wettbewerbs miteinander in Konkurrenz liegender Gesellschaften. Außerdem spielten im Hinblick auf die permanenten außenpolitischen Spannungsverhältnisse bei allen wesentlichen Entscheidungen auch strategische Überlegungen eine bedeutende Rolle.
Die erste mit Dampfkraft betriebene Eisenbahn auf dem Kontinent und zugleich die erste Staatseisenbahn Europas war die am 5. Mai 1835 eröffnete Teilstrecke Mecheln - Brüssel, Bestandteil des ersten geplanten Netzes von Mecheln nach Verviers mit Anschluß von Brüssel, Antwerpen und Ostende.
Als zweite Dampfeisenbahn folgte die deutsche Strecke Nürnberg - Fürth, am 7. Dezember 1835 eröffnet und rund sechs Kilometer lang, als dritte die französische Bahn von Paris nach St. Germain, rund 19 Kilometer lang und am 26. August 1837 in Betrieb genommen. In der Reihenfolge ihrer Streckeneröffnung schlossen sich an:
Rußland, Strecke Petersburg - Zarskoje Selo, 27 Kilometer lang, eröffnet am 30. Oktober 1837;
Österreich, Strecke Floridsdorf - Deutsch-Wagram der Kaiser-Ferdinands-Nordbahn, rund 13 Kilometer lang, eröffnet am 17. November 1837;
Niederlande, Strecke Amsterdam - Haarlem, 17 Kilometer lang, eröffnet am 20. September 1839;
Italien, Strecke Neapel - Portici, 8 Kilometer lang, eröffnet am 3. Oktober 1839;
Dänemark, Strecke Altona - Kiel (bis 1864 dänisch), 106 Kilometer lang, eröffnet am 18. September 1844;
Ungarn, Strecke Pest - Waitzen (Vác), 34 Kilometer lang, eröffnet am 15. Juli 1846;
Schweiz, Strecke Zürich - Baden, 23 Kilometer lang, eröffnet am 9. August 1847;
Spanien, Strecke Barcelona - Mataro, 28 Kilometer lang, eröffnet am 30. Oktober 1848;
Norwegen, Strecke Kristiania (Oslo) - Strømmen, 18 Kilometer lang, eröffnet am 1. Juli 1853;
Schweden, Strecken Malmö - Lund, 17 Kilometer lang, und Göteborg - Jonsered, 15 Kilometer lang, eröffnet am 1. September 1856;
Portugal, Strecke Lissabon - Carregado, 36 Kilometer lang, eröffnet am 28. Oktober 1856;
Rumänien, Strecke Constanta - Cernavoda, 66 Kilometer lang, eröffnet am 4. Oktober 1860;
Griechenland, Strecke Athen - Piräus, 10 Kilometer lang, eröffnet am 18. Februar 1869.
Ende 1840 waren in Europa 2925 Kilometer Eisenbahnstrecken in Betrieb, Ende 1850 mit 23 504 Kilometern nahezu zehnmal so viele, bis Ende 1860 stieg die Kilometerzahl auf 51 862, bis Ende 1870 auf 104 914, bis 1880 auf 168 983 und bis 1890 auf 223 714 Kilometer. Zur Jahrhundertwende (Ende 1899) gab es in Europa insgesamt 278 337 Kilometer Eisenbahnen, Ende 1900 umfaßte das Netz 283 878 Kilometer.

Bekämpft, gefördert, unentbehrlich

So unterschiedlich die Entwicklung der Eisenbahnen von Land zu Land verlaufen ist und so sehr sie von nationalen Faktoren mitbestimmt wurde - im Grunde lassen sich fast überall gleiche Erscheinungen beobachten. Zunächst bekämpften die politisch Verantwortlichen wie die unmittelbar Betroffenen das neue Verkehrsmittel, bis Vorurteile abgebaut, objektive Kenntnisse und Erkenntnisse gewonnen waren. Früher oder später mußte der Staat, obwohl die eigentlichen Aktivitäten in der Regel privater Initiative überlassen blieben, zu direkter oder indirekter Förderung des Bahnbaues übergehen. Schließlich benötigte jedes Land Eisenbahnen, nicht nur als Lebensadern für Handel und Wirtschaft, als Voraussetzung für industrielle Entwicklung, sondern auch für Truppentransporte, Aufmärsche und Nachschubsicherung. Nicht zuletzt diese militärischen Gesichtspunkte veranlaßten in vielen Ländern den Staat, den Eisenbahnen später jene Aufmerksamkeit zuteil werden zu lassen, die ihnen anfangs in der Regel fehlte, als sie für eine gesunde Entwicklung besonders vonnöten gewesen wäre.
England als Mutterland der Eisenbahn hatte infolge seiner Insellage auf strategische Überlegungen noch am wenigsten Rücksicht zu nehmen. Daß sie indessen auch dort nicht fehlten, offenbarte sich deutlich in der Behandlung der Kanaltunnel-Frage, die immerhin bereits seit Napoleon im Raum stand und durch die Entwicklung der Eisenbahn neue Impulse erhielt. Obwohl 1880 ein Versuchsstollen - noch heute zu besichtigen - zwischen Dover und Folkestone rund achthundert Meter weit von der Abbots-Steilküste aus in Richtung Kontinent vorgetrieben worden war, scheiterten bisher alle Versuche, die Verbindung zu realisieren - mindestens bis zum Zweiten Weltkrieg aufgrund von Widerständen der Militärs.
Im übrigen kennzeichnet die weitere Entwicklung der Eisenbahnen in England eine Erscheinung, wie sie auch für Frankreich charakteristisch ist:
In beiden Ländern bildeten sich mehrere große Privatgesellschaften heraus, die auf begrenzte Regionen aufgeteilt den Betrieb führten und im Laufe der Zeit sämtliche oder zumindest die meisten kleinen Bahnen in sich aufnahmen. In England übten diese Funktion folgende elf größeren Gesellschaften aus: London and North Western, Great Western, North Eastern, Midland, Great Eastern, London and South Western, Great Northern, Lancashire and Yorkshire, Manchester, Sheffield and Lincolnshire, London - Brighton and South-Coast sowie die South Eastern. Diese elf »schluckten« insgesamt siebzig

Ein Pullman-Zug der Great Western Railway in England, gezogen von der Lokomotive 6000 »King George V«

kleine Gesellschaften sofort bei ihrer Gründung, bis Ende 1870 erhöhte sich die Zahl auf nicht weniger als 262. Die Netzlänge umfaßte zu dieser Zeit 14143 Kilometer, weitere 10856 Kilometer wurden noch von anderen Gesellschaften betrieben. Im wesentlichen bestimmten jedoch die Namen der »Großen« künftig das Bild der britischen Eisenbahnen.
Während des Ersten Weltkrieges wurden die Eisenbahnen von der Regierung übernommen. Danach hatten sich aufgrund eines Gesetzes aus dem Jahre 1921 abermals 27 größere und 93 kleine Unternehmen zu vier überregionalen Gesellschaften zusammenzuschließen: zur London Midland and Scotish Railway (LMSR), zur London and North Eastern Railway (LNER), zur Great Western Railway (GWR) und zur Southern Railway (SR). Nur wenige lokale Bahnen sowie die elektrifizierten Vorortnetze Londons und Liverpools blieben von diesem Zusammenschluß ausgenommen. Das Netz der vier großen Gesellschaften umfaßte zusammen rund 32000 Kilometer. Wichtige Hauptstrecken der neugebildeten Bahnen überschnitten sich oder liefen parallel, so daß ein neuer Konkurrenzkampf entflammte. Er spornte zwar zu Höchstleistungen im Wettbewerb um die Gunst des Publikums an, vergeudete allerdings auch eine Menge volkswirtschaftlicher Energie. Nach Ausbruch des Zweiten Weltkrieges übernahm am 1. September 1939 erneut der Staat den Eisenbahnbetrieb. Nach Kriegsende 1945 kam es zu der lang erwarteten Vorlage eines Verstaatlichungsgesetzes im britischen Unterhaus; die »Transport Act« vom 6. August 1947 brachte zum 1. Januar 1948 die Bildung der heutigen British Railways (BR), deren Netz zum Jahresende 1981 auf 17538 Kilometer geschrumpft war.
Selbständige Bahnen bestehen seit Teilung der Insel im Jahre 1922 in der Republik *Irland.* Das Transportgesetz von 1944 vereinigte die öffentlichen Eisenbahnunternehmen in der Coras Iompair Eireann (CIE). Ihr Netz besteht im wesentlichen aus Breitspurstrecken mit 1600 Millimeter Spurweite und einer Gesamtlänge von 1987 Kilometern.
In *Frankreich* vereinigten sich schon 1852 die bestehenden 27 Gesellschaften zu sechs großen: Nordbahn, Ostbahn, Paris – Lyon – Mittelmeer-Bahn, Orléansbahn, Südbahn und Westbahn. Für den Bau neuer Linien übernahm der Staat Zinsgarantien. Abgesehen vom Betrieb eines verhältnismäßig kleinen Netzes staatseigener Bahnen (Etat) blieb jedoch der Einfluß des Staates auf Bau und Betrieb der Eisenbahn mehr als ein Jahrhundert lang relativ gering. Ende 1870 betrug die Streckenlänge aller Eisenbahnen in Frankreich 17929 Kilometer; auf die sechs großen Gesellschaften entfielen davon allein 16907 Kilometer. Zu den französischen Eisenbahnen kamen zum Teil ausgedehnte Netze in den Kolonien hinzu, vor allem in Algerien. Das auf Korsika nach einem Gesetz von 1883 entstandene Meterspurnetz betreibt seit 1. Januar 1983 ebenfalls die SNCF. Durch verstärkte staatliche Förderung dehnte sich das Streckennetz vor allem nach 1878 noch erheblich aus, allerdings in erster Linie durch den Bau von Nebenbahnen. Nach mehreren vergeblichen Versuchen, die mächtigen Privatgesellschaften unter staatliche Kontrolle zu bringen, gelang schließlich zum 1. September 1937 die Gründung der Société nationale des chemins de fer français (SNCF), in der die großen Gesellschaften mit zusammen 40700 Kilometer Normal- und 850 Kilometer Schmalspurstrecken seit 1. Januar 1938 nur noch »Regions« bildeten. Seit 1. Januar 1983 sind die SNCF nach Ablauf der Verträge von 1937 endgültig Staatsbahn mit einer Netzlänge von 34384 Kilometern.
Die *Niederlande* begannen mit dem Eisenbahnbau erst, als sich der Handel mit den deutschen Ländern auf die bereits von Bahnen erschlossenen belgischen Häfen zu verlagern drohte. Der Betrieb der Staatsbahnstrecken wurde 1863 einer eigens zu diesem Zweck gegründeten Gesellschaft sowie der Holländischen Eisenbahngesellschaft übertragen. Der Staat behielt damit wesentlichen Einfluß auf Tarif- und Fahrplangestaltung. Ende 1870 gab es in den Niederlanden, wozu damals auch Luxemburg zählte, 1419 Kilometer Eisenbahnen. Neben den beiden großen Gesellschaften besaßen mehrere kleine nur regionale Bedeutung.
Im Jahre 1917 kam es zum Zusammenschluß der niederländischen Eisenbahnen zu einer Interessen- und Betriebsgemeinschaft. Die heutigen Niederländischen Eisenbahnen gehen auf ein Gesetz vom 26. Mai 1937 zurück, mit dem die beiden großen Bahngesellschaften Hollands aufgelöst und in einer Aktiengesellschaft vereinigt wurden; alle Aktien befinden sich in Staatsbesitz. Ende 1981 umfaßte das Streckennetz der Nederlandse Spoorwegen (NS) 2956 Kilometer.
Die Luxemburgischen Eisenbahnen entwickelten sich im wesentlichen aus den Netzen der Wilhelm-Luxemburg-Bahn und der Prinz-Heinrich-Bahn. Beide entstanden als Privatgesellschaften mit staatlicher Unterstützung. Sie wurden zeitweise von der französischen Ostbahn, von der Verwaltung der deutschen Reichseisenbahnen in Elsaß-Lothringen und von den Französischen Eisenbahnen mit betrieben. Während des Zweiten Weltkrieges gehörten sie zur Deutschen Reichsbahn und waren in die Reichsbahndirektion Saarbrücken eingegliedert. Im Jahre 1946 verfügte die luxemburgische Regierung die Zusammenfassung aller Eisenbahnen des Großherzogtums in einer Verwaltung, der Société nationale des chemins de fer luxembourgois (CFL); ihr Netz umfaßte Ende 1981 Strecken mit zusammen 270 Kilometer Länge.
Belgien baute von Anfang an Staatsbahnen. Schon 1840 erreichte ihre Länge 323 Kilometer. Der Aufbau des Netzes ging planmäßig voran, bis es am 15. Oktober 1843 mit Eröffnung der Strecke von Verviers nach Herbesthal an der preußischen Grenze die geplante Ausdehnung von über 900 Kilometern erreichte. Danach erhielten auch Privatunternehmen die Möglichkeit zum Eisenbahnbau. Ende 1870 bestanden in Belgien Strecken mit insgesamt 2997 Kilometer Länge. In den anschließenden zehn Jahren erwarb der Staat die meisten inzwischen entstandenen Privatbahnen, und 1890 besaß Belgien das dichteste Eisenbahnnetz der Welt mit achtzehn Bahnkilometern je hundert Quadratkilometer Landesfläche und insgesamt 5263 Kilometer Streckenlänge. Seit 26. Juli 1926 untersteht das Netz der Société nationale des chemins de fer belges (SNCB). Ende 1981 umfaßte ihr Netz noch 3954 Kilometer.
In *Italien* lagen 1860 insgesamt rund 1800 Kilometer Bahnstrecken, von denen nur 350 dem Staat, der weitaus größte Teil sieben Aktiengesellschaften gehörten. Rund zehn Jahre später, nachdem inzwischen noch 2800 Kilometer in Betrieb genommen worden waren, beschloß der Staat, den Bau von Eisenbahnstrecken künftig selbst zu übernehmen. Gleichzeitig wurde die Alta Italia mit ihrem bedeutendsten Netz von zusammen 3572 Strecken-

Rechts oben: Breitspur auf der »grünen Insel« Irland: Dampfsonderzug bei Cork
Rechts: Schnellzug Paris – Lille – Tourcoing bei Croix-Wasquehal
Nächste Doppelseite: Der Schnellzug Calais – Paris verläßt Boulogne.

242TA102

Links: Charakteristisch für Holland: Windmühlen und die gelben Nahschnellverkehrszüge
Unten: Der Frühzug Vercelli–Pavia kurz vor dem Ziel
Rechts unten: Spanien – lange Zeit Reservat dampfender Oldtimer

kilometern in Staatsbesitz überführt. Das 1879 gesetzlich fixierte Programm für den Bau von 64 neuen Strecken mit 6020 Kilometer Gesamtlänge ließ sich jedoch durch den Staat nicht finanzieren, so daß sich die Regierung gezwungen sah, das Staatsbahnnetz an private Gesellschaften zu verpachten und ihnen den Bau der geplanten Strecken zu übertragen. Die im Westen und im Osten des italienischen Festlandes verlaufenden Strecken wurden in ein Mittelmeer- und ein Adrianetz aufgeteilt, ein drittes Netz bildeten die Bahnen auf Sizilien. Zu diesem Zeitpunkt bestanden in Italien insgesamt 10484 Kilometer Eisenbahnstrecken; auf diesen Umfang hatte sich das Netz, dessen Länge Ende 1870 erst 6134 Kilometer betragen hatte, seit der Wiederherstellung der nationalen Einheit erweitert. Seit 1861 zählten auch die Strecken auf Sardinien zu Italien, im Norden seit 1866 die in Venetien. Abermaligen Zuwachs erhielt das Bahnnetz bei der Angliederung Südtirols an Italien im Jahr 1919.
Schon bald nach der Jahrhundertwende war es zur Verstaatlichung der bedeutenderen Bahnen gekommen. Ein Gesetz vom 22. April 1905 rief die Ferrovie dello Stato (FS) ins Leben, die am 1. Juli 1905 ein Netz von insgesamt 10557 Kilometer Länge übernahm. Der Ausbau schritt rasch weiter fort; Mitte 1906, nach Abschluß des ersten Betriebsjahres, waren bereits mehr als zweitausend Kilometer Strecken hinzugekommen. Daneben bestanden noch 3141 Kilometer Privatbahnen. Zwei bedeutende »Direttissima«-Neubaustrecken wurden 1927 zwischen Rom und Neapel, 1934 zwischen Florenz und Bologna eröffnet. Teile der neuen Direttissima Florenz – Rom gingen ab 1976 in Betrieb. Ende 1981 umfaßte das italienische Staatsbahnnetz 16157 Kilometer.
Auch die kleinste »Staatsbahn« der Welt betreibt die italienische Ferrovie dello Stato nebenbei mit: die Eisenbahn des *Vatikan.* Ihre Entstehung geht auf Artikel 6 des Lateranvertrages vom 11. Februar 1929 zurück, womit sich der italienische Staat verpflichtet hatte, in der Città del Vaticano einen Bahnhof zu bauen und mit der Station Roma-S. Pietro an der Strecke nach Viterbo zu verbinden. Die Anlagen wurden am 2. Oktober 1934 dem Heiligen Stuhl übergeben.
Die Gleislänge auf vatikanischem Gebiet beträgt 862 Meter, die Zufahrt von Roma-S. Pietro 624 Meter; sie führt über einen Steinbogenviadukt von 143 Meter Länge. Ein elektrisch bedienbares, in die alte vatikanische Umfassungsmauer eingelassenes Doppelschiebetor schließt den Bahnhof nach außen hin ab. Er wird so gut wie ausschließlich als Anschluß für die Zuführung von Güterwagen benützt, obwohl auch ein Bahnsteiggleis zur Verfügung steht.
In *Spanien* umfaßte Ende 1870 das Bahnnetz 5475 Kilometer, im benachbarten *Portugal* 714 Kilometer. Während in Spanien die Entwicklung der Eisenbahnen durchweg privaten Gesellschaften überlassen blieb, die allerdings zum Teil staatliche Unterstützung in Anspruch nehmen konnten, lag in Portugal die Betriebsführung auf den Strecken im Norden und im Süden des Landes beim Staat; das dazwischen gelegene Netz betrieb die private Königliche Gesellschaft der portugiesischen Eisenbahnen. Bis Ende 1900 hatten sich die Netzlängen in Spanien auf 13357 Kilometer und in Portugal auf 2376 Kilometer vergrößert. Damit stimmte die Netzdichte in beiden Ländern etwa überein. Mit Ausnahme von Rußland sind Spanien und Portugal die einzigen euro-

päischen Länder, in denen die Regelspurweite nicht der Normalspur von 1435 Millimetern entspricht; schon 1844 war sie durch königliches Dekret auf sechs kastilische Fuß festgelegt worden. Im metrischen System schwanken die korrekten Angaben der spanischen und portugiesischen Breitspur zwischen 1670 und 1672 Millimetern. Eine Reihe ursprünglich mit englischem Kapital und mit europäischer Normalspur erbaute Strecken vor allem in Portugal wurden erst nach und nach auf Breitspur umgebaut.
Von der Jahrhundertwende bis um 1930 teilten sich in 85 Prozent des spanischen Breitspurnetzes mit 16 500 Kilometer Streckenlänge drei große Privatgesellschaften: die Nordbahn mit der Hauptstrecke Madrid - Burgos - Irun, die Madrid - Zaragoza - Alicante-Eisenbahn (MZA) mit der Strecke über Barcelona bis Port Bou sowie dem Netz in Mittelspanien und einem Teil Südspaniens und die Andalusische Eisenbahn, die über Andalusien hinaus den Westen des Landes bis an die Atlantikküste bediente. Daneben bestanden zahlreiche kleine Gesellschaften.
Nach dem Bürgerkrieg von 1937 bis 1939 wurde zur Koordinierung des Wiederaufbaus das gesamte Breitspurnetz einem nationalen Eisenbahnrat unterstellt. Mit Wirkung vom 1. Februar 1941 entstand als Staatsbahn die Red Nacional de los Ferrocarriles Españoles (RENFE). Ein Teil der meterspurigen Kleinbahnen vor allem in Nordspanien blieb unter privater Verwaltung. Ende 1981 umfaßte das Netz der Spanischen Staatsbahnen 13 543 Kilometer.
Zwischen Port Bou und dem dreißig Kilometer südlich gelegenen Figueras entsteht gegenwärtig eine Normalspurstrecke, um die nicht erweiterungsfähigen Umspur- und Umschlaganlagen zwischen dem iberischen Breitspurnetz und dem mitteleuropäischen Normalspurnetz zu entlasten. Der Spurwechsel bei den Güterzügen kann dann in geeigneterem Hinterland erfolgen.
In Portugal kam es erst zum 1. Januar 1947 zur Zusammenfassung aller Bahnen in einer Nationalgesellschaft, der Companhia dos Caminhos de Ferro Portugueses (CP). Ihr Netz umfaßte dabei 2794 Kilometer Breit- und 770 Kilometer Schmalspurstrecken mit Meterspur. Diese Länge ist bis Ende 1981 noch auf insgesamt 3616 Kilometer angewachsen.
Privat wird in Portugal die 28 Kilometer lange Estorilbahn betrieben. Sie führt von Lissabon aus am Nordufer des Tejo über Estoril an die Atlantikküste hinaus bis Cascais. Die Strecke ist zweigleisig, elektrifiziert und modern ausgebaut, unter anderem mit deutschen Signalanlagen in Gleisbildtechnik.
Die erste Eisenbahn *Griechenlands*, von einer britischen Gesellschaft erbaut und 1869 eröffnet, blieb bis über das Jahr 1880 hinaus die einzige Bahnlinie des Landes. Sie war nur zehn Kilometer lang, normalspurig und verband die Hauptstadt Athen mit dem Hafen Piräus. Das später entstandene Streckennetz wurde fast ausschließlich mit Meterspur angelegt. Ende 1900 verfügte Griechenland über insgesamt 972 Kilometer Eisenbahnstrecken. Nachdem die durchgehende Verbindung nach Mitteleuropa hergestellt war, bot sich für den internationalen Verkehr mit dem Nahen und Fernen Osten auch der griechische Hafen Piräus an. Zuvor war dieser Verkehr fast ausschließlich über das süditalienische Brindisi gelaufen. Die Verkürzung der Seereise mußte allerdings mit einem wesentlich längeren und keineswegs unbeschwerlichen Landweg erkauft werden. Für Gütertransporte eignete sich die Verbindung ohnehin kaum, weil die Ladung wegen der schmaleren Spurweite in Griechenland an der Grenze umgeladen werden mußte. Das Meterspurnetz erreichte um 1912 seine endgültige Ausdehnung. An die bestehende Bahn Piräus - Athen schloß die erste normalspurige Fernstrecke Griechenlands an; sie führte nach Larissa an der damaligen Nordgrenze des Landes und wurde zusammen mit zwei Zweiglinien 1909 eröffnet. Damit bestanden in Griechenland erst 441 Kilometer Normalspurstrecken, die mit denen im Norden der Balkanhalbinsel bis 1916 nicht in Verbindung standen. Erst zu diesem Zeitpunkt wurde eine durchgehend befahrbare, normalspurige Eisenbahnverbindung nach Mitteleuropa hergestellt. Durch die Balkankriege und den Ersten Weltkrieg gewann Griechenland insgesamt 897 Kilometer Eisenbahnstrecken hinzu.
Im Jahre 1920 entstand durch Verstaatlichung mehrerer Privatgesellschaften die staatliche Sidirodromi Elleniou Kratous (ΣEK). Der Zweite Weltkrieg hinterließ auch in Griechenland schwere Zerstörungen an den Bahnanlagen. Erst 1951 konnte

Begegnung in Portugal: Meterspurige Dampftenderlok kreuzt mit Dieseltriebwagen in Avenida da Franca.

Links: Erzzug auf dem schwedischen Teil der Strecke Kiruna – Riksgränsen – Narvik bei Vassijaure
Rechts: Das gegenwärtig größte Eisenbahn-Fährschiff der Welt, »Railship I«, in Hanko (Finnland); Ende 1984 soll die noch größere »Railship II« in Dienst gestellt werden. Sie wird wiederum das größte Eisenbahnfährschiff der Welt sein.
Unten: Die Fähranlagen in Hanko; im Vordergrund die Umspuranlage, in der sämtliche Güterwagen, die mit der Fähre ankommen oder nach Deutschland abgehen, ihre Radsätze oder Drehgestelle wechseln müssen.

die durchgehende Verbindung von Mitteleuropa bis Athen wiederhergestellt werden. Zwischen 1955 und 1962 wurden weitere Bahngesellschaften in Thessalien, Nordwestgriechenland und auf dem Peloponnes verstaatlicht. Am 1. Januar 1971 erhielten die Griechischen Staatsbahnen neue Rechtsform und – übersetzt – die Bezeichnung Chemins de fer Helléniques (CH). Ihr Streckennetz umfaßte Ende 1981 insgesamt 2461 Kilometer. Ein 1976 ins Auge gefaßter 15-Jahr-Plan sah neben dem zweigleisigen Ausbau der Strecke Idomeni – Saloniki – Athen eine wesentliche Erweiterung des Netzes durch neue Normalspurstrecken vor. Bis 1983 deutete jedoch nichts auf eine baldige Realisierung dieser Pläne hin.
Auch in *Schweden* begann die Eisenbahnentwicklung erst in der zweiten Hälfte des 19. Jahrhunderts. Ende 1870 hatten die schwedischen Bahnen zusammen 1708 Kilometer Streckenlänge erreicht. Die zahlreichen Privatbahnstrecken übertrafen die Länge des Staatsbahnnetzes gegen Ende des Jahrhunderts um nahezu hundert Prozent. Besondere Bedeutung erlangte die Erzbahn, die den Bottnischen Meerbusen der Ostsee mit dem Ofotfjord am Atlantischen Ozean verbindet. Von Luleå in Schweden führt sie 475 Kilometer weit nach Nordwesten, erreicht bei Riksgränsen die schwedisch-norwegische Grenze und endet im norwegischen Narvik. Vor allem erschließt sie die reichen Eisenerzlager von Gällivare und Kiruna. Die Erzbahn wurde aufgrund eines schwedisch-norwegischen Übereinkommens aus dem Jahre 1877 konzessioniert, allerdings mit fünfjähriger Verzögerung, also erst 1882. Der Betrieb auf dem ersten Teilstück von Luleå bis Boden konnte am 7. Oktober 1887 eröffnet werden. Die Strecke von Boden bis Malmberget/Gällivare folgte am 15. November 1891. Zwischendurch hatte die Privatgesellschaft Konkurs anmelden müssen. Nur durch Verstaatlichung des schwedischen Streckenteils konnte er abgewendet werden. Um die Jahrhundertwende setzten beide Länder die Arbeiten fort, so daß am 15. November 1902 der erste Zug von Gällivare aus Narvik, die damals nördlichste Eisenbahnstation der Welt, erreichte. Oskar II., zu dieser Zeit noch in Personalunion König von Schweden und Norwegen, eröffnete die Erzbahn offiziell am 14. Juli 1903 auf ihrer gesamten Länge. Auf schwedischem Hoheitsgebiet zwischen Luleå und Riksgränsen liegen 433 Kilometer; dieser Abschnitt wird auch als Lapplandbahn bezeichnet. Der 42 Kilometer lange norwegische Abschnitt von der Grenze bis Narvik ist als Ofotenbahn bekannt. Rund 125 Kilometer von Luleå entfernt überschreitet die Lapplandbahn den Polarkreis.
In Norwegen waren Ende 1870 erst 359 Kilometer Eisenbahnstrecken in Betrieb, um die Jahrhundertwende rund 2000 Kilometer. Der Bahnbau ging in Schweden, vor allem aber in Norwegen bis Mitte des 20. Jahrhunderts weiter. Als letzte bedeutende Strecke Schwedens wurde 1935 die Inlandbahn von Östersund nach Gällivare mit einer Länge von rund 770 Kilometern eröffnet. Die Königlich Schwedischen Staatsbahnen – Statens Järnvägar (SJ) – übernahmen im Laufe der Zeit den größten Teil der umfangreichen Privatbahnnetze. So betrug ihre Streckenlänge 1950 insgesamt 15188 Kilometer, davon 2750 Kilometer ehemals private Schmalspurstrecken, während nur noch 1265 Kilometer privat betrieben wurden, davon etwa die Hälfte mit Normalspur. Ende 1981 umfaßte das Netz der Schwedischen Staatsbahnen noch 11340 Kilometer.
Wegen der schwierigen topographischen Verhältnisse und der wirtschaftlichen Lage des bis 1905 von Schweden in Personalunion regierten Landes ging in *Norwegen* der Eisenbahnbau nur langsam voran. Bis 1909 konnte die 492 Kilometer lange, zunächst teilweise schmalspurige Strecke Oslo – Bergen durchgehend auf Normalspur in Betrieb genommen werden. Noch später entstanden die 160 Kilometer lange Dovrebahn von Dombås nach Stören und weiter bis Trondheim, die 1921 fertig wurde, die 603 Kilometer lange Nordlandbahn von Trondheim über Grong nach Bodö, die noch während des Zweiten Weltkrieges bis Lönsdal, dann 1955 bis Bodö gebaut wurde, sowie der zunächst militärisch, später für den Tourismus bedeutsame, 1940 fertiggestellte Abzweig von Myrdal rund zwanzig Kilometer zum Sognefjord. Auch die Südbahn, die Oslo über Kristiansand mit Stavanger verbindet, konnte erst während des Zweiten Weltkrieges vollendet werden. Die Norges Statsbaner (NSB) betrieben Ende 1981 ein Netz, das zu diesem Zeitpunkt 4242 Kilometer Gesamtlänge aufwies.

Geplant ist der Bau einer Strecke von Fauske über Narvik noch rund zweihundert Kilometer weiter bis Tromsø. Das Projekt erhielt in letzter Zeit neuen Auftrieb durch Erdöl- und Erdgasfundstellen vor der norwegischen Nordseeküste, denen der Hafen Tromsø am nächsten liegt.
Dem Königreich *Dänemark* gehörten, als 1844 die Strecke Altona - Neumünster - Kiel eröffnet wurde, auch die Herzogtümer Schleswig und Holstein an. So muß diese im Bewußtsein späterer Generationen nirgends anders als im deutschen Netz eingeordnete Bahnverbindung eigentlich als erste Eisenbahn Dänemarks gelten. Konzessioniert durch die dänische Regierung, wurde sie von der Altona-Kieler Eisenbahngesellschaft erbaut, die zunächst mit der Anlage des Schienenweges zwischen den Handelsplätzen Altona und Kiel eine Verbindung von Nordsee und Ostsee bezweckte. Später entwickelte sie sich zu einer der bedeutendsten Eisenbahngesellschaften des Nordens. Zwanzig Jahre nach Eröffnung der Stammbahn Altona - Kiel endete 1864 die Zugehörigkeit zu Dänemark. Abermals zwanzig Jahre später, im Jahre 1884, verstaatlichte Preußen die Gesellschaft und unterstellte ihre Strecken der Eisenbahndirektion Altona. Auf dem heutigen Staatsgebiet Dänemarks bildete der 31,7 Kilometer lange und am 27. Juni 1847 eröffnete Teilabschnitt Kopenhagen - Roskilde der Strecke nach Korsør die erste Eisenbahn. Schon früh engagierte sich der dänische Staat unmittelbar bei Bau und Betrieb von Eisenbahnen, die Danske Statsbaner (DSB) wurde am 1. September 1867 gegründet. So gab es 1880 in Jütland und auf der Insel Fünen ausschließlich Staatsbahnen; auf Seeland, Lolland und Falster allerdings nur Privatbahnen. Zu dieser Zeit entfielen von den insgesamt etwa 1500 Kilometer Eisenbahnen rund tausend Kilometer auf Staatsbahnstrecken. Die beiden bedeutendsten Privatbahnen, die Seeländischen Eisenbahnen und die Laaland-Falstersche-Eisenbahngesellschaft, wurden von 1882 an streckenweise ebenfalls vom Staat erworben. Ende 1981 umfaßte das Netz der Dänischen Staatsbahn 2015 Kilometer. Zur Verbindung der zahlreichen Inseln spielten neben den Eisenbahnen Schiffslinien eine besondere Rolle.
So entstanden auf der Ostsee gegen Ende des 19. Jahrhunderts die größtenteils noch heute betriebenen Eisenbahn-Fährlinien: 1872 über den Kleinen Belt von Jütland nach der Insel Fünen; 1882 über den Großen Belt von Nyborg auf Fünen nach Korsør auf Seeland; 1892 über den Öresund zwischen dem dänischen Hafen Helsingør auf Seeland und dem schwedischen Hälsingborg; 1892 zwischen Kopenhagen auf Seeland und dem schwedischen Malmö; am 1. Oktober 1903 zwischen Warnemünde in Mecklenburg und Gedser auf der dänischen Insel Falster; und schließlich am 7. Juli 1909 zwischen Saßnitz auf der zu Preußen gehörenden Insel Rügen und dem schwedischen Hafen Trelleborg. Seit 1883 bestand zwischen Stralsund und Altefähr auf Rügen über den Strelasund bis zur Eröffnung des Rügendammes am 5. Oktober 1936 ebenfalls eine Fähre, deren Schiffe anschließend zwischen Swinemünde und Ostswine in der Odermündung weiter Verwendung fanden. Auch die Insel Fehmarn erhielt Bahnanschluß zu Wasser:
Die Fähre über den Fehmarnsund verkehrte von 1905 an bis zur Eröffnung der Fehmarnsundbrücke am 30. April 1963 zwischen Großenbroder Fähre und Fehmarnsund unter Eisenbahnregie.
Eine neue Eisenbahnfährlinie zwischen Lübeck-Travemünde und Hangö verhalf im Frühjahr 1975 *Finnland* zu Bahnanschluß nach Westeuropa. Die Reederei Railship befährt diese Linie mit dem gegenwärtig größten Eisenbahnfährschiff der Welt, ein zweites wurde 1983 in Auftrag gegeben. Zum Übergang auf die finnische Breitspur werden in Hanko die Radsätze oder Drehgestelle gewechselt.

Bahnen in Europas Osten

Internationale Bedeutung erlangten auf dem Balkan als erste die »Orientbahnen«, deren Bau auf dem Berliner Kongreß von

1878 festgelegt wurde. Zwei Hauptverbindungslinien zwischen Mitteleuropa und der damals noch weit nach Westen reichenden Türkei sollten von Budapest über Belgrad nach Nisch (Niš) und von dort aus über Sofia - Philippopel (Plovdiv) - Adrianopel (Edirne) nach Konstantinopel (Istanbul) sowie über Üsküp (Skopje) nach Saloniki (Thessaloniki) und später weiter nach Griechenland führen. In Teilabschnitten wurden die Strecken von Österreich-Ungarn, Serbien, Bulgarien und der Türkei teilweise durch den Staat, zum Teil auch mit Privatkapital vielfach ausländischer Gesellschaften in den achtziger Jahren des 19. Jahrhunderts gebaut. Offiziell erfolgte die feierliche Eröffnung des internationalen Verkehrs auf den Orientbahnen am 1. August 1888.
Durch die Balkankriege und den Ersten Weltkrieg kam es zu zahlreichen Grenzänderungen und zur Bildung neuer Staaten in Ost- und Südosteuropa. Nach dem Zweiten Weltkrieg verlor auch Deutschland zugunsten Polens und der Sowjetunion weitere Gebiete im Osten. Wenig später bildeten die meisten osteuropäischen Staaten mit der Sowjetunion den sogenannten Ostblock. Aufgrund der Planwirtschaft auch im Verkehrswesen wird der Eisenbahn dort nach wie vor ein wesentlich höherer Stellenwert eingeräumt als in westlichen Ländern mit freier Wirtschaftsordnung.
Die Polnischen Staatsbahnen (Polskie Koleje Panstwowe - PKP) gingen 1918, nachdem *Polen* seine Selbständigkeit wiedererlangt hatte, aus russischen, österreichischen und deutschen Netzteilen hervor. Mit den in Besitz genommenen Gebieten fielen an Polen 16 359 Kilometer Eisenbahnstrecken. Bis zur deutschen Besetzung im Jahre 1939 wurden weitere 1743 Kilometer in Betrieb genommen. Nach dem Zweiten Weltkrieg übernahm Polen abermals zahlreiche deutsche Strecken. Der Ausbau des polnischen Eisenbahnnetzes geht auch heute weiter. Bis 1980 sollen nach dem gegenwärtigen Fünfjahrplan insgesamt 2200 Kilometer völlig neu oder zweigleisig ausgebaut werden. Als leistungsfähige Neubaustrecke für hohe Geschwindigkeiten entsteht gegenwärtig die Verbindung Kattowitz (Katowice) - Warschau (Warszawa) - Danzig (Gdansk), die das Land in einem östlich ausgreifenden Bogen von Süden nach Norden bis zur Ostseeküste durchzieht. Eine Teilstrecke zwischen Radzice und Zawierce wurde bereits fertiggestellt, der folgende Abschnitt bis Grodziak Mazowiecki bei Warschau soll in absehbarer Zeit ebenfalls in Betrieb genommen werden können. Außerdem wird vom polnisch-sowjetischen Grenzübergang Hrubieszow in Südpolen über Staszów nach Kattowitz eine 397 Kilometer lange Breitspurstrecke gebaut, um Erz aus Kriwoi Rog in der UdSSR mit Fahrzeugen sowjetischer Spurweite direkt in das Hüttenwerk von Slawkow bei Kattowitz transportieren zu können. Hierfür erhalten bestehende Strecken auf 226 Kilometer Länge zusätzlich ein Breitspurgleis, 171 Kilometer müssen völlig neu gebaut werden. Ende 1981 betrug die Netzlänge der Polnischen Staatsbahnen 24 305 Kilometer.
Die Tschechoslowakischen Staatsbahnen (Československé státni dráhi - CSD) wurden 1919 gegründet und übernahmen auf dem Gebiet der neuen *Tschechoslowakischen Republik* das dort vorhandene Netz der österreichischen und ungarischen Eisenbahnen. Von 1938 bis 1945 waren die Strecken im Sudetenland voll in die Deutsche Reichsbahn integriert, im Protektorat Böhmen und Mähren waren sie der Reichsbahn unterstellt. Ende 1981 wurden in der Tschechoslowakei 13 130 Kilometer Eisenbahnstrecken betrieben.
In *Ungarn* entwickelte sich das Eisenbahnwesen trotz der Doppelmonarchie von Österreich weitgehend unabhängig. Im Jahre 1867 erfolgte die völlige Trennung der beiden Bahnnetze und am 30. Juni 1868 die Gründung der Ungarischen Staatsbahnen, die als Magyar Államvasutak (MÁV) noch heute bestehen, wenn auch mit mehrfach veränderter Struktur. Bis 1870 erweiterte sich das Netz auf 2294 Kilometer, die meisten weiteren Strecken entstanden bis 1886. Das Staatsbahnnetz erweiterte sich auch durch Verstaatlichung zahlreicher Privatbahnen immer wieder. Nach dem Ersten Weltkrieg verlor Ungarn mehrere Teile seines Eisenbahnnetzes an die Tschechoslowakei, an Jugoslawien und Rumänien. Auch bestanden nach 1920 wieder mehr Privatgesellschaften; zu den bedeutenderen zählten vor allem die Südbahn und die Donau-Save-Adria-Bahn. Sie wurden 1932 erneut verstaatlicht. Bis heute selbständig blieb lediglich die Raab-Ödenburg - Ebenfurter Eisenbahn (Györ - Sopron - Ebenfurti-Vasüt), deren grenzüberschreitender Verkehr mit dem in Österreich gelegenen Netzteil selbst in Krisenzeiten stets reibungslos funktionierte. Die Ungarischen Staatsbahnen betrieben Ende 1981 ein Netz mit 7617 Kilometern Gesamtlänge.
Der Vielvölkerstaat *Jugoslawien,* nach dem Ersten Weltkrieg als Königreich der Serben, Kroaten und Slowenen aus der Vereinigung von Serbien, Montenegro und umfangreichen österreichischen Gebieten gegründet, spielt mit seinen ebenen nördlichen Landesteilen für den Verkehr eine historische Mittlerrolle zwischen Mitteleuropa, dem Balkan und dem Nahen Osten. Die südlichen Landesteile zeigten sich dagegen mit ihrer gebirgigen Struktur ausgesprochen verkehrsfeindlich. Noch heute durchzieht die Magistrale von den österreichischen Grenzübergängen über Zagreb (Agram) und Beograd (Belgrad) nach Bulgarien und Griechenland den Norden Jugoslawiens als Hauptverkehrsader in West-Ost-Richtung. Nach Süden an die Adria führen dagegen nur wenige, bis vor einigen Jahren sogar schmalspurige Verbindungen. Anfangs bestanden in Jugoslawien fünf isolierte Netze; sie waren aus Strecken auf ehemals österreichischem, auf ungarischem und auf türkischem Gebiet, aus dem österreichischen Schmalspurnetz in Bosnien und der Herzegowina sowie den Strecken im ehemaligen Königreich Serbien hervorgegangen. Die weitere Entwicklung zielte zunächst auf einen Zusammenschluß der Teilnetze durch entsprechende Verbindungsstrecken ab. Nach Gründung der Volksrepublik Jugoslawien nach dem Zweiten Weltkrieg wurden vor allem die wichtigen Strecken nach Süden auf Normalspur umgebaut und zum Teil völlig neu trassiert. Die 1976 durchgehend in Betrieb genommene, 476 Kilometer lange Neubaustrecke von Belgrad nach Bar gilt als größter und bisher bedeutendster Bahnbau des Landes. Ende 1981 betrieben die Zajednica Jugoslovenskih Železnica (JŽ) ein Netz von 9393 Kilometern. Die geplante Modernisierung wichtiger Hauptstrecken wird vom Finanzrahmen eingeengt und konzentriert sich auf die Strecke Jesenice - Gevgelia als Transitlinie zwischen Mittel- und Südosteuropa sowie auf die Hauptstadt Belgrad.
Mit *Albanien,* dessen Eisenbahnnetz noch völlig isoliert ist, soll eine Verbindung zwischen Titograd an der Strecke Belgrad - Bar und Skutari (Shkoder) hergestellt werden. Die erste Bahnlinie Albaniens war

Rechts: Schnellzug-Dampflok der Tschechoslowakischen Staatsbahnen auf der Moldaubrücke nahe dem Prager Hauptbahnhof

die im Zweiten Weltkrieg von Italien begonnene 45 Kilometer lange Strecke vom Adriahafen Durres (Durazzo) nach Pekinje, die am 7. November 1947 eröffnet wurde. Am 23. Februar 1949 erreichte das Gleis von Durres die Hauptstadt Tirana. Die Strecke Durres - Pekinje ist bis Elbasan verlängert und wird über Ohrid bis Korce weitergebaut. Richtung Jugoslawien ist die Verbindung bis Shkoder fertig und anschließend im Bau, ebenso eine Normalspurstrecke von Fier nach Vlora, wo noch Schmalspurverbindungen bestehen. Zusammen sind die Strecken der Hekurudhaea Shiqiperise (HeS) gegenwärtig rund 400 Kilometer lang.
Bulgariens erste Strecke führte vom Donauhafen Rustschuk (Ruse) nach Warna am Schwarzen Meer. Sie war 225 Kilometer lang und wurde am 7. November 1866 eröffnet. Die bulgarischen Zaren sind wegen ihrer Bahnleidenschaft in die Eisenbahngeschichte eingegangen. Zar Ferdinand, ehedem Prinz Ferdinand von Coburg-Koháry, fuhr als erstes gekröntes Haupt lieber auf der Lokomotive als im Salonwagen, und sein Sohn, Boris III., der bis 1943 lebte, galt auch im Ausland als Eisenbahnexperte von Rang. Häufig stand er im Monteuranzug selbst am Regler der Dampflokomotive seines Sonderzuges. Die Bulgarski Derzani Zeleznici (BDZ) betrieben Anfang der achtziger Jahre ein Streckennetz von 4341 Kilometer Länge. Zwischen Bulgarien und *Rumänien* wurde am 20. Juni 1954 die Donaubrücke zwischen Ruse und Giurgiu eröffnet. Der Ort an der Donau war auch Endpunkt der ersten Eisenbahn Rumäniens gewesen, die von Bukarest dorthin führte und am 1. November 1869 eröffnet wurde. Schon in den achtziger Jahren des 19. Jahrhunderts übernahm der Staat den Betrieb der Eisenbahnen. Durch Gebietsgewinne von Österreich erreichte das rumänische Streckennetz nach dem Ersten Weltkrieg 11131 Kilometer Länge. Die heutige Caile Ferate Române (CFR) betrieb Anfang der achtziger Jahre noch 10506 Kilometer.

Der Zar am Zug

Rußlands erste Eisenbahnstrecke führte von der Metropole Petersburg, dem heutigen Leningrad, zu den rund 25 Kilometer südlich gelegenen kaiserlichen Schlössern bei Zarskoje Selo. Obwohl Zar Nikolaus I. von Eisenbahnen zunächst nichts hielt, ließ er sich offenbar schnell von dem Vorschlag begeistern, eine Bahn zu seiner Sommerresidenz zu legen. Vorgetragen hatte diesen Plan der Österreicher Franz Anton von Gerstner, der nach seiner Abkehr von der Budweis-Linzer Eisenbahn zum wiederholten Mal England und 1834 auch Rußland bereiste. Hoffnungen, die Gerstner auf seine Visite beim Zaren gesetzt hatte, vor allem die auf Konzessionierung einer Bahn von Petersburg nach Moskau, erfüllten sich zwar nicht, aber jene »Lustbahn« nach Zarskoje Selo durfte er bauen. Sie konnte am 30. Oktober 1837 ihren Betrieb aufnehmen, drei Wochen vor der ersten Lokomotivbahn Österreichs zwischen Floridsdorf und Wagram. Ein Jahr später erreichte die Strecke Petersburg - Zarskoje Selo den abermals 25 Kilometer südlich gelegenen Endpunkt Pawlowsk. Um den Bahnhof des beliebten Ausflugsortes etablierten sich bald etliche Vergnügungslokale, die den russischen Finanzminister Kankrin zu der in die russische Eisenbahngeschichte eingegangenen Äußerung veranlaßten, in anderen Ländern verbänden Eisenbahnen Wirtschaftszentren, die erste Bahn Rußlands führe lediglich zu Spelunken. Immerhin änderte Nikolaus I. seine ablehnende Haltung gegenüber Eisenbahnen rasch, zweifellos in erster Linie aufgrund von Erkenntnissen über ihre strategische Bedeutung und weniger deshalb, weil sich die von Gerstner erbaute Bahn von Beginn an als äußerst rentabel erwiesen hatte. Diese Berechnung sollte sich alsbald als richtig erweisen; denn schon die nächste Bahnlinie Rußlands diente kurz nach ihrer Fertigstellung den Truppentransporten zur Niederwerfung des Ungarnaufstandes von 1848. Ursprünglich war die Bahn einer privaten Gesellschaft konzessioniert worden, der jedoch trotz einer staatlichen Zinsgarantie die Beschaffung der nötigen Mittel nicht gelang. So ließ der Zar die innerhalb der damaligen Staatsgrenzen Rußlands gelegene Teilstrecke Warschau - Skernewizy der Warschau - Wiener Bahn auf Staatskosten fertigstellen. Am 1. April 1848 wurde sie vollendet.
Die erste bedeutende Fernverbindung Rußlands stellte dann die Strecke Petersburg - Moskau dar, die Franz Anton von Gerstner schon 1834 vorgeschlagen hatte und deren Bau auf Staatskosten Zar Nikolaus 1842 anordnete. Im darauffolgenden Jahr begannen bereits die Erdarbeiten. Sie wurden mit Nachdruck vorangetrieben und in erster Linie durch ein Heer von Leibeigenen ausgeführt, deren Zahl zeitweise 50000 überschritten haben soll. Trotzdem verzögerte sich die Fertigstellung der rund 650 Kilometer langen Magistrale, weil erhöhte Militärausgaben den staatlichen Eisenbahnbau ebenfalls in Finanzierungsschwierigkeiten gestürzt hatten. Zunächst wurde am 7. Mai 1847 das verhältnismäßig kurze Teilstück von Petersburg nach Kolpino eröffnet. Der erste durchgehende Zug fuhr am 1. November 1851 ab und erreichte am Morgen des folgenden Tages Moskau. Von vornherein war die sorgfältig trassierte Strecke zweigleisig angelegt worden. Selbst im bergigen Gelände blieben die Neigungen auf maximal acht Promille beschränkt. Zahlreiche als besonders gelungen geschilderte Kunstbauten erregten Bewunderung. Zum ersten Mal fand auf dieser Strecke entsprechend der Empfehlung eines zu Rate gezogenen amerikanischen Experten die Spurweite von fünf Fuß Anwendung. Daraus entstand später die russische Breitspur von umgerechnet 1524 Millimetern. Die Bahn nach Zarskoje Selo war sogar mit sechs Fuß, das sind 1829 Millimeter, erbaut worden, während sich auf der Warschau - Wiener Bahn auch die Russen der von Österreich gewählten Spurweite von vier Fuß und achteinhalb Zoll oder 1435 Millimetern angeschlossen hatten. Nach dem Tode von Zar Nikolaus I. erhielt die Eisenbahn von Petersburg nach Moskau den Namen Nikolai-Bahn. Nach der Revolution wurde er in »Oktober-Bahn« geändert. Die Linie hat dessen unbeschadet bis auf den heutigen Tag ihre Bedeutung als Musterstrecke der Sowjetunion behalten. Sie soll auch als erste mit zweihundert Stundenkilometern befahren werden.

Rubel rollen

Den Riesen Rußland betrachteten »westliche« Finanziers mit Argwohn. Die Verhältnisse schienen zu wenig verläßlich für größere Investitionen, so daß sich auch für den Eisenbahnbau unternehmerische Aktivitäten wie in anderen Ländern nicht ins Werk setzen ließen. Dem Staat fehlten die Mittel, ein größeres Bahnnetz aus eigener Kraft zu errichten. Als Ausweg bot die Regierung besondere Anreize, vor allem sogenannte Zinsgarantien, die Geldgebern Gewinn auch dann sicherten, wenn die Bahn keinen abwarf.
Bis zum Krimkrieg 1853-1856 kam kaum ein Projekt über das Planungsstadium hinaus. Wäre schon damals die Eisenbahn nach Sewastopol gefahren, jener Krieg hätte für Rußland einen günstigeren Ausgang genommen. Diese Erkenntnis führte in den Jahren danach zu um so heftigeren Anstrengungen, ein Bahnnetz aufzubauen

Der Leningrader Bahnhof in Moskau

und durch immer großzügigeres Entgegenkommen das notwendige Kapital ins Land zu holen. Endlich gelang mit der französischen Crédit mobilier die Gründung der Großen Russischen Eisenbahngesellschaft, die sich gegen eine fünfprozentige Zinsgarantie und sonstige Zugeständnisse zum Bau von 4300 Kilometer Eisenbahnstrecken bereit fand. Die verfügbaren Mittel waren verbraucht, lange bevor die vereinbarten Strecken fertig wurden, so daß erneut der Staat einspringen mußte. Die Mißstände in den Griff zu bekommen, gelang indessen nicht.

In den sechziger Jahren des 19. Jahrhunderts ergab sich immer dringender auch die Notwendigkeit zum Bau von Verbindungen, für die kein Konsortium zu interessieren war, so daß der Staat von sich aus tätig werden mußte. Bald erwies sich dieser Bahnbau jedoch als derartige Belastung für den Haushalt, daß erneut nach Auswegen gesucht wurde. Es kam zum Verkauf der Staatsbahnstrecken, wiederum zu keineswegs günstigen Konditionen für den Staat. Mit dem Erlös sollte der Bau neuer Strecken finanziert werden. Schließlich blieb jedoch bis über 1880 hinaus die alte Methode, Privatgesellschaften mit Zinsgarantien zu locken, erhalten. Erst 1881 kehrte die Regierung erneut zum Bau von Staatsbahnen zurück und begann danach, wichtige Strecken durch Rückkauf wieder in ihren Besitz zu bringen.

Die vom Staat gewährten Vergünstigungen für Investitionen im Bahnbau hatten auch in Rußland alle Auswüchse wuchern lassen, die der Eisenbahngeschichte in Europa wie in Amerika dunkle Kapitel eingefügt haben. Zur üppigen Spekulation auf sicheren und schnellen Gewinn kamen in Rußland die Manipulationen hinzu, mit denen die staatlichen Geldquellen zum Fließen gebracht werden konnten. Daß dabei nicht nur die damals noch im eigentlichen Sinn so genannten Kapitalisten noch reicher wurden, sondern auch Regierungsmitglieder und Verwaltungsbeamte, läßt sich denken. Besonders übel wirkte sich auch die vielfach minderwertige Ausführung der Arbeiten gegen teures Geld aus; denn dadurch wurde die Betriebssicherheit obendrein beeinträchtigt. Nach etlichen Skandalen fiel endlich die Entscheidung für ein Staatsbahnsystem. Als um die Jahrhundertwende Bilanz gezogen wurde, ergab sich nicht nur, daß der Staat zwar an die neunzig Prozent der bis dahin vorhandenen Eisenbahnen finanziert, aber kaum zehn Prozent unter seinem Einfluß hatte, sondern vor allem, daß die schwierigsten Aufgaben noch ungelöst und von Jahr zu Jahr dringender anstanden.

Die Transsibirische Eisenbahn

Eines der größten Probleme harrte in Form einer aus vielerlei Überlegungen wünschenswert erscheinenden Verbindung des europäischen Rußland mit dem Fernen Osten, mit den Landesteilen an der Küste des Stillen Ozeans, einer Lösung. Schon in den Jahren zwischen 1857 und 1869 tauchten verschiedene Projekte auf, die ungeheueren Weiten Sibiriens mit einer Eisenbahn zu durchqueren. Eine Reihe von Vorschlägen begnügte sich mit Teilstrecken, andere sahen bereits eine durchgehende Bahnlinie vor. In Amerika war schon 1869 die erste transkontinentale Eisenbahn der Welt verwirklicht worden; die Canadian Pacific trieb ihre Ost-West-Linie mit enormer Energie voran, bis 1887 auch dort der erste durchgehende Zug verkehrte.

Besonders das kanadische Projekt gab den Plänen für eine Bahn durch Sibirien starken Auftrieb. Die Aufgeschlossenheit Zar Alexanders III. trug wesentlich dazu bei, daß die Realisierung nicht auf die lange Bank geschoben wurde. Durch Reskript vom 17. März 1891 wurde der Bau der »Sibirischen Eisenbahn« kurzerhand angeordnet, am 19. Mai legte der Zarewitsch, später Nikolaus II., in Wladiwostok den Grundstein für die Ussuri-Eisenbahn, den östlichsten Teil der Gesamtstrecke, und am 10. Februar 1893 übernahm er den Vorsitz des Komitees für den Bau der Sibirischen Eisenbahn.

Die Arbeiten begannen bald nach der Grundsteinlegung 1891. Dabei wurde das Gesamtvorhaben in mehrere Einzelabschnitte aufgeteilt: Westsibirische Eisenbahn von Tscheljabinsk bis an den Ob, Mittelsibirische Eisenbahn vom Ob bis Irkutsk, Baikalsee-Umgehungsbahn von Irkutsk bis an die Südspitze des Sees bei der Station Murinskaja, Transbaikalsche Eisenbahn von Murinskaja bis Sretensk, Amur-Eisenbahn von Sretensk bis Chabarowsk und Ussuri-Eisenbahn von Chabarowsk bis Wladiwostok, unterteilt in eine nördliche und eine südliche Sektion mit der kleinen Station Grafskaja als Mittelpunkt. Die Entfernung war, von Tscheljabinsk an gerechnet, auf 7112 Werst

vermessen, umgerechnet 7588,5 Kilometer. Die Anschlußstrecke im Westen, von Tscheljabinsk über Ufa nach Samara (heute Kuibyschew) an der Wolga, zählte wegen ihrer Zurechnung zum europäischen Teil Rußlands nicht zur Sibirischen Eisenbahn.
An beinahe sämtlichen Abschnitten wurde gleichzeitig gearbeitet, Teilstrecken nahmen den Betrieb auf, sobald sie fertig waren, zuweilen auch bereits vorher »in provisorischer Weise«. Da die südliche Umfahrung des Baikalsees wegen des gebirgigen Landschaftscharakters und der geologischen Verhältnisse auf extreme Schwierigkeiten stieß, wurde der See zunächst mit einer Fährlinie überwunden. Mit zwei aus England beschafften Schiffen konnte der Betrieb im Jahre 1900 aufgenommen werden. Zu diesem Zeitpunkt waren alle westlichen Teilabschnitte fertig und zum Teil seit mehreren Jahren in Benützung. Die östlich an die Baikalfähre anschließende Trans-Baikal-Bahn konnte nach wetterbedingten Verzögerungen im gleichen Jahr ihrer Bestimmung übergeben werden. Auch der Ussuri-Abschnitt im Osten war mit seinen beiden Sektionen durchgehend befahrbar, so daß in der Gesamtverbindung lediglich die Amur-Linie zwischen Sretensk und Chabarowsk zu bauen blieb.
Schon vorher waren jedoch Überlegungen angestellt worden, die Trasse abweichend von der ursprünglichen Planung durch die Mandschurei über Harbin direkt nach Wladiwostok zu führen und damit nicht nur den zu erwartenden gewaltigen technischen Schwierigkeiten im menschenleeren Osten Sibiriens aus dem Weg zu gehen, sondern die Strecke auch um rund sechshundert Kilometer zu verkürzen.
Nicht zuletzt sprachen politische Erwägungen für diese Linienführung, weil sie die russische Einflußsphäre im Osten am wirkungsvollsten auszudehnen geeignet schien. Vertragliche Vereinbarungen mit China über den Bahnbau konnten 1896 geschlossen werden, ein Jahr später begannen die Arbeiten. Durch den Boxeraufstand wurden erhebliche Zerstörungen an bereits fertigen Streckenteilen verursacht, so daß die »Chinesische Ostbahn« erst 1904 endgültig fertiggestellt werden konnte. Im gleichen Jahr gingen auch die außerordentlich schwierigen Bauarbeiten auf der Baikalsee-Umgehungsbahn zu Ende, so daß nunmehr eine durchgehende Schienenverbindung bestand und damit die erste Transsibirische Eisenbahn als vollendet angesehen werden konnte.
Ihre Leistungsfähigkeit reichte freilich bei weitem nicht aus, um die Nachschubtransporte im Krieg gegen Japan 1904/05 im erforderlichen Umfang bewältigen zu können. Die Niederlage Rußlands wurde deshalb zumindest von den geschlagenen Militärs der Eisenbahn angelastet, die »nicht bereit« gewesen sei. Immerhin waren von Harbin in der Mandschurei aus die 1898 von Rußland gepachteten, strategisch wichtigen Häfen Port Arthur und Dairen am Gelben Meer bereits an die Sibirische Eisenbahn angeschlossen. Nach dem Krieg übernahm Japan die eisfreien Häfen und außerdem den größten Teil der Bahnlinie südlich von Tschangtschun. In erster Linie aus strategischen Gründen verwirklichte Rußland daraufhin das ursprüngliche Projekt der Amur-Eisenbahn unter harten Opfern.
Nach Vermessungsarbeiten ab 1906 begann der eigentliche Bahnbau zwei Jahre später. Er dauerte bis 1914, war jedoch erst 1916 endgültig abgeschlossen. Die Trasse umgeht die Mandschurei im Norden und verläuft in einem Abstand zwischen 15 und 130 Kilometern annähernd parallel zur Grenze Chinas. In Chabarowsk schließt sie an die alte Ussuristrecke an, die von hier aus in südlicher Richtung nach Wladiwostok führt.
Unzählige Menschen haben beim Bau der Transsibirischen Eisenbahn ihr Leben gelassen, vor allem Sträflinge, die zwangsweise unter unvorstellbaren Bedingungen ihre Arbeitskraft einsetzen mußten. Allerdings unterscheidet sich dieser Bahnbau darin kaum von anderen, etwa in Nord- oder Südamerika. Noch heute gilt jedoch die Transsibirische Eisenbahn als größtes jemals realisiertes Eisenbahnprojekt der Welt. Die Entfernung von Moskau nach Wladiwostok beträgt gegenwärtig nach zahlreichen größeren und kleineren Veränderungen in der Linienführung 9297 Kilometer.

Von 27 bis 72000

Die Bahn von Zarskoje Selo, Rußlands erste, ging mit 27 Kilometern in die Statistik ein. Mehr als zehn Jahre blieb diese Zahl unverändert. Ende 1850 bestanden in Rußland genau 601 Eisenbahnkilometer, Ende 1860 zwar bereits mehr als doppelt soviel, mit der absoluten Länge von 1589 Kilometern jedoch vergleichsweise wenig gegenüber anderen Ländern. In Deutschland waren zum gleichen Zeitpunkt 11633 Kilometer in Betrieb. Dann allerdings setzte, angefacht vor allem durch die staatliche Förderung,

Links: Gottesdienst vor einer »rollenden Kirche« für die Arbeiter der Transsibirischen Eisenbahn und ihre Angehörigen
Rechte Seite oben: Expreß »Russia« auf der Fahrt durch die Weiten Sibiriens
Rechts: Hölzernes Stationsgebäude aus der Zarenzeit an der Transsibirischen Eisenbahn

КОНТОРА

auch in Rußland eine Periode reger Bautätigkeit ein, die erst nach der Jahrhundertwende wieder nachließ. So wuchs das Streckennetz bis Ende 1870 bereits auf 11 243 Kilometer. Darin enthalten waren rund 450 Kilometer auf dem Gebiet des damaligen Großherzogtums *Finnland,* dessen erste Bahn seit 31. Januar 1862 von Helsingfors (Helsinki) nach Tawastehus (Hämeenlinna) führte. Ihre Länge betrug 108 Kilometer. Am 17. März 1862 wurde sie offiziell eröffnet. Außerdem bestand seit August 1870 die »Finnländische Bahn« von Petersburg nach Helsinki. Völlige Unabhängigkeit gewann Finnland erst 1917. Die Kriege gegen Rußland führten bis 1944 zu Gebietsverlusten mit etwa 20 Prozent des Eisenbahnnetzes. Ende 1982 umfaßte das Netz der Finnischen Staatsbahn (Valtionrautatiet - VR) 6041 Kilometer, durchweg in Breitspur von 1520, bis 1959 von 1524 Millimetern.

Moskau bildete vor hundert Jahren den Mittelpunkt des russischen Netzes; die meisten Strecken liefen sternförmig auf die Stadt zu. Ende 1870 bestanden von hier aus Eisenbahnlinien nach Petersburg im Nordwesten, nach Jaroslawl im Nordosten, nach Nischnij Nowgorod - dem heutigen Gorki - im Osten, nach Woronesch im Südosten, über Charkow nach Rostow im Süden, über Kiew nach Odessa im Südwesten und nach Smolensk im Westen mit Verlängerung schon 1871 über Brest nach Warschau und über Dünaburg nach Riga.

Im folgenden Jahrzehnt entstand die erste Eisenbahnstrecke im asiatischen Teil Rußlands. Sie gehörte zu der unter rein militärischen Gesichtspunkten begonnenen Transkaspischen Eisenbahn, die zunächst von Fort Michailowsk am Ostufer des Kaspischen Meeres ausging und im Verlauf eines Feldzuges gegen die Achal-Turkmenen abschnittsweise nach Osten fortgesetzt wurde. Ende 1880 waren 125 Kilometer fertig. Im europäischen Rußland erreichte die Streckenlänge zu diesem Zeitpunkt 23 857 Kilometer. Zu den bedeutendsten Verbindungen, die neu hergestellt worden waren, gehörten die Bahnlinie auf die Krim von Charkow bis Sewastopol sowie die Transkaukasische Eisenbahn von Poti und Batumi am Schwarzen Meer entlang dem Südrand des Kaukasus nach Tiflis mit Fortsetzung bis Baku am Kaspischen Meer. Auch die Strecke von Rostow nach Wladikawkas (seit 1932 Ordschonikidse) am Nordrand des Kaukasus wurde in diesen Jahren gebaut.

Die Transkaspische Eisenbahn erreichte nach Abschluß des Turkmenen-Feldzuges ihren ersten Endpunkt im Osten, Kisyl-Arwat, 231 Kilometer von Fort Michailowsk entfernt, im Juli 1883. Spannungen mit Afghanistan führten zum beschleunigten Weiterbau, um eine leistungsfähige Aufmarschlinie zu schaffen. So wurden in verhältnismäßig kurzer Zeit Hunderte von Kilometern Gleis unter erheblichen Schwierigkeiten verlegt. Besonders die Durchquerung der Kara-Kum-Wüste und die Überbrückung der verschiedenen Flußarme des Amu-Darja in einem Bereich von über vier Kilometern setzten dem Bahnbau heftig zu. Trotzdem erreichte die Strecke am 7. Juli 1886 die 820 Kilometer vom Kaspischen Meer entfernte Stadt Merw (Mary) und am 13. Dezember des gleichen Jahres bereits das 1050 Kilometer vom Ausgangspunkt entfernte Tschardschou. Die Gesamtstrecke der Transkaspischen Eisenbahn, die schließlich bei Kilometer 1433 in Samarkand endete, wurde am 27. Mai 1888 eröffnet. Im Westen war schon zuvor eine 27 Kilometer lange Anschlußstrecke bis Usun-Ada gebaut worden, wo tieferes Fahrwasser die Anlage eines für größere Schiffe geeigneten Hafens ermöglichte. Hafen und Bahnanschluß konnten am 6. Mai 1886 ihrer Bestimmung übergeben werden. Damit bestanden Ende 1890 in Rußland insgesamt 32 390 Kilometer Eisenbahnstrecken, davon 30 957 Kilometer im europäischen und 1433 Kilometer im asiatischen Teil.

Zur Jahrhundertwende Ende 1899/Anfang 1900 umfaßte das Eisenbahnnetz im europäischen Rußland mit Polen und Finnland 46 442 Kilometer, in den asiatischen Landesteilen einschließlich der Mandschurei 8698 Kilometer. Im Jahre 1900 kamen 2018 Kilometer auf europäischer Seite hinzu, während auf asiatischer keine Änderung eintrat.

Die 1899 als Schmalspurbahn fertiggestellte Strecke von Jaroslawl nach Archangelsk am Weißen Meer mußte wegen des rasch zunehmenden Verkehrs schon vier Jahre später auf die russische Breitspur umgestellt und zweigleisig ausgebaut werden. Nach dem für Rußland ungünstigen Ausgang des Russisch-Japanischen Krieges fiel auch die Entscheidung, auf der Transsibirischen Bahn ein zweites Gleis zu verlegen und damit ihre Leistungsfähigkeit zu stärken. Der Ausbau dauerte schließlich bis 1939.

Im westlichen Teil entstand im Zusammenhang damit zwischen 1909 und 1913 eine neue Verbindung von Omsk nach Tjumen und damit über bestehende Strecken auf direktem Weg bis Petersburg und an die Ostsee. Weit nach Süden griff dagegen die schon 1892 genehmigte, jedoch erst um die Jahrhundertwende begonnene Strecke von Orenburg - heute Tschkalow - am Ural nach Taschkent; sie wurde 1906 eröffnet und wirkte vor allem wirtschaftlich befruchtend auf die erschlossenen und außerdem fester an das Kernland gebundenen Gebiete Südrußlands. Die strategische Bedeutung für den Flankenschutz gegen Englands Präsenz in Indien und Persien trat demgegenüber in den Hintergrund. Im übrigen konzentrierte sich der Streckenbau nach der Jahrhundertwende zunächst auf wichtige Abfuhrstrecken von den Kohlengruben im Donezbecken und auf Verbindungen mit dem Eisenerzgebiet von Kriwoi Rog, der Stahlbasis Rußlands.

Die Zahlenangaben für die folgende Zeit weichen zum Teil erheblich voneinander ab. Nachdem Finnland seine Unabhängigkeit von Rußland zurückgewonnen hatte, wurde auch sein Eisenbahnnetz nunmehr getrennt berechnet. Polen begann in der Eisenbahngeschichte erst 1918 eine selbständige Rolle zu spielen; zuvor hatten sämtliche polnischen Bahnen ebenfalls zu Rußland gezählt. Nach der Jahrhundertwende setzte in größerem Umfang auch der Bau von Bahnen mit schmalerer Spurweite ein, die von den Statistiken teilweise ausgeklammert wurden. Andererseits erfaßten sie den zweigleisigen Ausbau bereits bestehender Linien zuweilen als Netzzuwachs. Außerdem wurden Schmalspurstrecken in einigen Fällen schon wenig später auf die allgemeine Spurweite von 1524 Millimetern verbreitert, was zu weiteren Abweichungen der Zahlenangaben geführt hat. Nach Brockhaus (1968) bestanden in Rußland 1910 Eisenbahnstrecken mit einer Gesamtlänge von 76 250 Kilometern.

Dagegen betrug die Netzlänge der Sowjetunion in den Grenzen von 1937 nach Krieg und Revolution Ende 1920 nur noch 72 000 Kilometer. Die Verringerung resultierte in erster Linie aus der Abtrennung des polnischen Netzes und der Strecken in den übrigen verlorenen Gebieten. Insgesamt büßte Rußland im Ersten Weltkrieg rund 11 000 Kilometer seines Eisenbahnnetzes ein. Während der Kriegsjahre waren andererseits auch zahlreiche Strecken neu gebaut worden, darunter die 1916 fertiggestellte Murmanbahn von Petersburg nach dem eisfreien

Güterzug im finnischen Savonlinna mit einer der letzten holzgefeuerten Dampflokomotiven

Hafen Murmansk an der Barentssee, zu deren Bau vorwiegend deutsche Kriegsgefangene herangezogen wurden. Auch die zur Transsibirischen Eisenbahn gehörende Amurstrecke wurde erst während des Krieges 1916 fertig.

Das bedeutendste Bahnnetz der Welt

Nach der Revolution, dem Machtwechsel und dem Bürgerkrieg fehlten zunächst Mittel und Kräfte, um den Ausbau des Eisenbahnwesens rasch weiter voranzutreiben. Es blieb bei der Fertigstellung von Vorhaben aus der Zarenzeit und beim Bau wichtiger Verbindungslinien von besonderer Bedeutung. Erst zehn Jahre später erhielt mit Beginn der jeweils fünf Jahre umfassenden Planungsperioden ab 1928 auch die Eisenbahn ein neues Konzept. Allerdings erwiesen sich die Ziele immer als wesentlich zu weit gesteckt, da der Aufbau der Schwerindustrie zu Lasten des Verkehrswesens stets Priorität genoß. So konnte nur ein geringer Teil der geplanten Strecken auch wirklich gebaut werden; in keinem Fünfjahrplan bis zum Zweiten Weltkrieg erreichten die Bauleistungen das Ausmaß wie im Zarenreich.
Vor Beginn des ersten Planjahrfünfts im Herbst 1928 bestanden in Rußland 76 837 Kilometer Eisenbahnstrecken, rund 3600 Kilometer waren im Bau. Nach dem Plan sollten vom 1. Oktober 1928 bis Ende September 1933 insgesamt 11 238 Kilometer fertiggestellt werden. In Betrieb genommen wurden jedoch »nur« 5063 Kilometer bei allerdings verkürzter Erfüllungsdauer von nur 4¼ Jahren bis zum 31. Dezember 1932. Nur provisorisch waren noch 1497 Kilometer eröffnet worden, während auf 7065 Streckenkilometern gebaut wurde. Die meisten neuen Strecken des ersten Fünfjahresplanes lagen in Sibirien, im Uralgebiet und in Turkestan. Zu den bedeutendsten gehörten die Turkestan-Sibirien-Bahn, kurz Turksib, von Arys über Alma Ata nach Semipalatinsk mit allein 1442 Kilometer Länge und Anschluß an die Transsibirische Bahn in Nowossibirsk sowie der Anschluß der bis dahin nicht in das Eisenbahnnetz einbezogenen Eisenerzgruben von Magnitogorsk im Ural. Sie bildeten zusammen mit den Kohlegruben von Kusnezk nach dem Donezbecken das zweite bedeutende Kohle-Erz-Kombinat, wobei der Koks für die Hochöfen von Magnitogorsk rund 2500 Kilometer weit herangeschafft werden mußte. Trotz erheblicher Anstrengungen, neue und näher gelegene Kohle- und Erzlagerstätten zu finden und zu erschließen, mußten zunächst lange Transportwege hingenommen und entsprechend aufwendige Eisenbahnverbindungen hergestellt werden.
Im zweiten Planjahrfünft von 1933 bis 1937 wurden die überzogenen Baupläne aufgegeben, um die verfügbaren Mittel auf wesentliche Vorhaben zu konzentrieren. Die Neubauplanung reduzierte sich auf 2819 Kilometer. Die nur provisorisch eröffneten 1497 Kilometer sollten ausgebaut und endgültig in Betrieb genommen, die 7065 Kilometer im Bau befindlichen Strecken vollendet und schließlich noch 1891 Kilometer mit Fertigstellungsterminen nach 1937 in Angriff genommen werden. Schwerpunkte des Bahnbaues lagen im europäischen Rußland, im Ural, in Sibirien, in Kasakstan und im Fernen Osten. Ein großer Teil der neuen Strecken stand wiederum in Zusammenhang mit der Industrieentwicklung im Ural- und Kusnezkgebiet, um die Leistungsfähigkeit der Bahnlinien zu steigern und Transportwege zu verkürzen. Zu dieser Zeit entstand die bisher nördlichste Eisenbahnstrecke der Welt zwischen dem Hafen Dudinka am Jenissei nahe dem nördlichen Polarmeer und den 120 Kilometer im Landesinnern gelegenen Bergwerken von Norilsk, wo neben Kupfer, Platin und Kobalt vor allem Nickel, aber auch Steinkohle gefördert wurde. Zunächst übernahm die Verbindung durch die weglose, sumpfige Tundra eine Schmalspurbahn, die schon 1920 geplant, jedoch erst 1937 realisiert wurde. Gegenwärtig bauen die Sowjetischen Staatsbahnen die Linie aus, wobei die Schienenverbindung elektrifiziert und zu neu entstandenen Gruben über Norilsk hinaus verlängert wird. Auch in der Planperiode von 1933 bis 1937 blieben die Bauleistungen jedoch erheblich hinter den Ansätzen zurück.
Wesentlich stärkere Förderung erfuhr die Eisenbahn erst im dritten Planjahrfünft zwischen 1938 und 1942. In dieser Zeit wurde neben zahlreichen weiteren Strecken die bei Konoscha von der Strecke Moskau-Archangelsk abzweigende Petschorabahn begonnen, die über Kotlas zunächst bis Koschwa führte und nach dem Zweiten Weltkrieg bis in das Industriegebiet von Workuta im Nord-Ural verlängert wurde; die Bahn führt über den Polarkreis hinaus. Bei Ausbruch des Krieges waren die meisten begonnenen Bahnbauten noch unvollendet. Priorität erhielten jetzt Nachschublinien und Ersatzverbindungen für unterbrochene oder abgeschnittene Strecken sowie Anschlüsse an kriegswichtige Rohstoffvorkommen.
Während des Zweiten Weltkrieges wurden in der Sowjetunion auf diese Weise rund siebentausend Kilometer Eisenbahnstrecken neu gebaut, mehr als in allen vorangegangenen Planungsabschnitten. Diese Leistung kann jedoch nicht darüber hinwegtäuschen, daß auch die sowjetischen Eisenbahnen durch den Krieg unvorstellbare Verwüstungen erlitten, so daß die Mittel des ersten Fünfjahresplanes nach dem Krieg, der die Jahre 1946 bis 1950 umfaßte, vorwiegend in den Wiederaufbau flossen.
In den folgenden Fünfjahrplänen stand die Abrundung des Netzes im westlichen Rußland, wo sich noch heute der weitaus größte Teil des Netzes konzentriert, im Vordergrund. Neu gebaut wurden vor allem Strecken zur Erschließung von Erdöl- und Erdgaslagerstätten, so am mittleren und unteren Ob, auf der Halbinsel Mangyschlak am Kaspischen Meer sowie in Westsibirien, wo die rund 700 Kilometer lange Neubaustrecke Tjumen-Tobolsk-Surgut gegenwärtig bis Nishnewartowsk verlängert wird. Am 1. Januar 1956 ging die Transmongolische Bahn von Ulan-Ude an der Transsib nach Ulan-Bator und durch die Wüste Gobi weiter nach Tsining mit Anschluß nach Peking in Betrieb. Sie verkürzte besonders den Weg vom Zentrum Rußlands zu den Großstädten im Osten Chinas gegenüber dem alten Weg über Karymskoje und Harbin. Eine weitere Verbindung, die den Weg von Moskau nach Peking abermals um tausend Kilometer verkürzen könnte, zweigt auf sowjetischer Seite bei Aktogai nordöstlich von Alma Ata von der Turksib ab und folgt der alten Seidenstraße bis zur Grenze bei Druschba. Der weitaus größte Teil dieser transasiatischen Bahn liegt auf chinesischem Gebiet und führt über Urumtschi nach Lantschou in Zentralchina. Nach sowjetischen Angaben fehlen nur wenige Kilometer jenseits der Grenze, um die Verbindung herzustellen. Vermutlich endet die Strecke jedoch in Urumtschi. Mit der Eskalation der Spannungen zwischen den beiden Mächten wurden die Arbeiten an der »Linie der Freundschaft« eingestellt und bisher nicht wieder aufgenommen.
Die wachsenden Transportprobleme, die sich mit der Erschließung Sibiriens auf der Ost-West-Magistrale einstellten, führten zum Bau von Parallel- und Querverbindungen entlang der Transsibirischen Bahn; so entstand unter Einbeziehung zahlreicher derartiger Abschnitte, die schon seit 1911 nach und nach gebaut worden waren, eine durchgehende südsibirische

Brücke über den Ob im Zuge der Neubaustrecke Tjumen – Tobolsk – Surgut in Westsibirien. Bei der Eröffnung im August 1975 galt die Brücke als längste der Sowjetischen Staatsbahnen.

Bahn von Kuibyschew im Westen über Magnitogorsk - Zelinograd - Barnaul - Nowokusnezk - Abakan bis Taischet östlich von Krasnojarsk.
Von dort aus führt das erste Teilstück einer zweiten Fernost-Verbindung über Bratsk bis Ust-Kut. Der Ort ist jetzt Ausgangspunkt der neuen Baikal-Amur-Magistrale, die gegenwärtig auch mit erheblichem propagandistischem Aufwand unter Einsatz von 250 000 Menschen durch die Jugendorganisation der Komsomolzen verwirklicht wird. Als BAM ist sie über die Sowjetunion hinaus zum Begriff geworden. Die 3145 Kilometer lange Neubaustrecke umgeht den Baikalsee im Norden und führt über Tynda nach Komsomolsk am Amur. Bei Sowjetskaja Gawan erreicht sie auf einer bereits bestehenden Bahnlinie die Pazifikküste.
Die Strecke durchschneidet sieben Gebirgszüge mit Höhen von mehr als dreitausend Metern und erfordert rund 3200 Kunstbauten, darunter 142 große und mehrere hundert kleinere Brücken sowie zahlreiche Tunnel. Als bemerkenswertestes Brückenbauwerk gilt die 1200 Meter lange und vierzig Meter hohe Überquerung des Seja-Flusses. Der Sewero-Muisskij-Tunnel als längster der Strecke wird 15 300 Meter lang werden, der Baikaltunnel rund 6000 Meter. Insgesamt sind zur Überwindung der Gebirge vier Scheiteltunnel vorgesehen. Erhebliche Schwierigkeiten bereitet der Bahnbau auch in der Taiga, wo die Trasse weithin auf Dauerfrostboden verlegt werden muß. Die Baikal-Amur-Magistrale verläuft vierhundert bis siebenhundert Kilometer nördlich der Transsibirischen Bahn. Zur Erschließung der »unerschöpflichen« Rohstofflager Sibiriens werden von der Magistrale mehrere Nebenlinien abzweigen. Außer dieser wirtschaftlichen Funktion hat die neue Strecke auch eine von China weiter entfernte Verkehrsverbindung zwischen dem Zentrum der Sowjetunion und ihren fernöstlichen Landesteilen herzustellen; die Transsibirische Eisenbahn als gegenwärtig einzige Verbindung verläuft weithin in nur geringem Abstand entlang der chinesischen Nordgrenze. Das BAM-Projekt ist indessen keineswegs neu.
Es war bereits Bestandteil des zweiten und dritten Fünfjahrplanes in den dreißiger Jahren. Der Fertigstellungstermin ist nun auf den 29. Oktober 1984 festgelegt.
Die riesige Ausdehnung der Sowjetunion schafft um so größere Transportprobleme, je weiter sich die Wirtschaft in die asiatischen Landesteile, vor allem in die Weiten Sibiriens ausdehnt. Selbst im günstigsten Fall, bei Verarbeitung der Rohstoffe im Gewinnungsgebiet, müssen Halbzeuge oder Fertigwaren vielfach Tausende von Kilometern zur Weiterverarbeitung oder zum Verbraucher befördert werden. Die auch in der Sowjetunion zunehmend arbeitsteilige Wirtschaft stellt zur Verbindung der einzelnen Produktionsstufen weitere Anforderungen an das Transportwesen.
So unterliegt das Eisenbahnnetz in der Sowjetunion einer Beanspruchung wie in keinem anderen Land der Welt. Während westliche Bahnen von Jahr zu Jahr mehr Strecken stillegen und abbauen, geht in der Sowjetunion – wie auch in China und Japan – der Bau neuer Linien noch heute unter erheblichen Anstrengungen weiter. Allerdings macht sich auch in der Sowjetunion bereits der Einfluß neuer Verkehrs- und Transportsysteme in Strukturänderungen der Verkehrsanteile bemerkbar. Die Eisenbahn verliert im Güterverkehr zunehmend zugunsten der Seeschiffahrt und der Rohrleitungen, im Personenverkehr durch Auto und Flugzeug. Die absolute Beförderungsleistung der Sowjetischen Staatsbahnen steigt jedoch noch ständig weiter. Mit 3465 Milliarden Tonnenkilometern erreichte sie 1981 rund 53 Prozent der Transportleistungen aller Eisenbahnen der Erde zusammen. Mit einer Netzlänge von über 143 000 Kilometern im Jahr 1983 bilden die sowjetischen Strecken das größte und mit Abstand bedeutendste Schienennetz der Welt.

NORDPOLARMEER
Barents See
Karasee
Laptew-See
Ostsibirische See
BERINGMEER
OCHOTSKISCHES MEER
JAPANISCHES MEER
OZEAN
SOWJETUNION
RSFSR
Kasachische SSR
MONGOLEI
Mongolei
KOREA
NORD-
Spitzbergen (norw.)
Franz-Joseph-Land
Sewernaja Semlja
Nowaja Semlja
Neusibirische I.n
Ljachow-I.n
Wrangel-I.
Sachalin
Kurilen
Aleuten (USA)
Hokkaido
NOWOSSIBIRSK
SWERDLOWSK
TSCHELJABINSK
KUIBYSCHEW
Omsk
Krasnojarsk
Irkutsk
Ulan-Bator
Karaganda
Alma-Ata
TASCHKENT
HARBIN
Tsitsikar
Kirin
FUSCHUN
SCHENJANG
Wladiwostok
Chabarowsk
Jakutsk
Norilsk
Archangelsk
Bratsk
Nowokusnezk
TOKIO
YOKOHAMA

Maßstab 1:25 000 000

0 250 500 750 km

Durch die weite Welt

Asiens erste Eisenbahn begann in Bombay

Indien erhielt als erstes asiatisches Land im Jahre 1852 eine Eisenbahn. Sie wurde am 18. November 1852 durch die Great-Indian-Peninsula-Eisenbahn eröffnet und führte von Bombay nach Thana, rund 35 Kilometer in nördlicher Richtung. Wenig später folgte die Strecke von Kalkutta nach Burdwan. Unter britischem Einfluß entwickelte sich das indische Eisenbahnnetz im Vergleich zu allen übrigen asiatischen Ländern äußerst schnell. Ende 1860 standen bereits 1350 Kilometer in Betrieb, zehn Jahre später 7683 Kilometer, Ende 1880 schon 14 977 Kilometer, nach weiteren zehn Jahren 27 000 Kilometer und zur Jahrhundertwende 36 188 Kilometer, zu denen im Jahre 1900 weitere 2047 hinzukamen. Bis 1910 vergrößerte sich das Netz auf 50 677 Kilometer. Britisch-Indien umfaßte zu dieser Zeit über vier Millionen Quadratkilometer, so daß die Netzdichte trotz der beträchtlichen Streckenlänge weniger als ein Zehntel der deutschen betrug. Neben mehreren anderen sind in Indien vor allem die Spurweiten von einem Meter und von fünf Fuß, sechs Zoll (Breitspur von 1676 Millimetern) vorherrschend.
Das Eisenbahnnetz, dessen Aufbau zeitweise vorwiegend strategische Gesichtspunkte bestimmten, bildet noch heute die tragende Säule des gesamten indischen Verkehrswesens. Mit einer Streckenlänge von 61 240 Kilometern Ende 1981 und mehr als 1,5 Millionen Mitarbeitern stellt die Staatsbahn das größte Unternehmen Indiens dar; sie verfügt über das umfangreichste Streckennetz Asiens. Hohe Investitionsmittel fließen nicht nur in die Modernisierung des Betriebes, sondern auch in den Bau neuer Linien. Allein in den zehn Jahren von 1966 bis 1975 entstanden 1581 Kilometer Strecken, weitere 3046 wurden zweigleisig ausgebaut. Elektrifiziert sind mittlerweile 5345 Kilometer; am 3. August 1976 wurde zwischen der Hafenstadt Kalkutta und der Hauptstadt Delhi die letzte Lücke geschlossen. Auf den Hauptstrecken von Delhi nach Bombay, Madras und Kalkutta sind zum Teil bis zu 130 Stundenkilometer zugelassen. Trotz verstärkter Anstrengungen bei der Umstellung auf elektrischen und Dieselbetrieb wurden 1976 noch 35 Prozent der Reisezüge und knapp 70 Prozent der Güterzüge mit Dampflokomotiven bespannt. Ihre Zahl übertraf auch Ende 1981 mit 7724 den Bestand an 1793 elektrischen und 2368 Dieseltriebfahrzeugen noch immer deutlich.
Berühmt wurde, obwohl im Vergleich zu den Hauptstrecken unbedeutend, die Himalajabahn, die seit 1881 in Siliguri an die Meterspurbahn von Kalkutta anschließt und 87 Kilometer weit auf schmaler Spur von nur zwei Fuß (610 Millimeter) nach Dardschiling führt. In kühner Trassenführung steigt sie aus 120 Meter Höhe über Normalnull auf 2266 Meter und fällt dann wieder auf 2084 Meter nach Dardschiling.
Japans erste Eisenbahn fuhr am 14. Oktober 1872 von Tokio nach der 29 Kilometer südlich gelegenen Hafenstadt Jokohama. Zwei Jahre später folgte die 35 Kilometer lange Verbindung von Kobe nach Osaka. Beide Linien waren vom Staat durch britische Ingenieure und mit britischem Material gebaut worden, wofür die japanische Regierung 1869 auf dem Londoner Geldmarkt eine Anleihe über eine Million Pfund Sterling aufgenommen hatte. Bald ergaben sich jedoch Schwierigkeiten bei der Kapitalbeschaffung für weitere Eisenbahnvorhaben, so daß die Regierung Konzessionen an private Unternehmen vergab. Als erste wurde 1881 mit einem Anlagevermögen von zwanzig Millionen Yen – damals 41 Millionen Mark – die Nippon-Eisenbahn-Gesellschaft gegründet; sie baute die Tohoku-Linie, die Nord- und Mitteljapan zwischen Aomori und Ueno bei Tokio verband und am 1. September 1891 fertiggestellt war.
Zu dieser Zeit gab es bereits fünfzehn Privatgesellschaften mit Konzessionen für Eisenbahnprojekte, für die der Staat in der Regel Zinsbürgschaften übernahm oder Zuschüsse leistete. Die Gesamtlänge der japanischen Eisenbahnen dehnte sich von nur 121 Kilometern Ende 1880 auf 2333 Kilometer Ende 1890 aus. Ende 1900 waren in Japan insgesamt 5892 Kilometer Eisenbahnstrecken in Betrieb; doch vor allem die Privatbahnen lagen stark zersplittert über das Land verteilt, so daß etwa die gleiche Anzahl von Streckenkilometern erforderlich war, um ein systematisch aufgebautes Netz zu schaffen.
Schon seit 1898 hatte dem japanischen Verkehrsministerium fünf Jahre lang ein technischer Berater aus Berlin zur Seite gestanden, um Vorschläge für die Gestaltung des Eisenbahnwesens auszuarbeiten. Das Gutachten empfahl schließlich die Übernahme des Staatseisenbahnsystems nach preußischem Muster. Entsprechende Pläne ließen sich jedoch zunächst nicht durchsetzen; so kam es erst nach dem Russisch-Japanischen Krieg im März 1906 zur Verabschiedung von Gesetzen über die Verstaatlichung der Privateisenbahnen und den Ankauf der koreanischen Eisenbahn Seoul – Pusan. Am 31. März 1906 gab es in Japan 2471 Kilometer Staats- und 5226 Kilometer Privatbahnen. Zu diesem Zeitpunkt kaufte der Staat insgesamt 17 der bedeutendsten Privatbahnen auf, so daß sämtliche wichtigen Strecken des Landes nunmehr vom Staat betrieben wurden.

Linke Seite oben: Von Bombay in die Berge: Zug der Central Railway mit Diesellok auf der schmalspurigen Strecke der ehemaligen Matheran-Dampftram
Links: Die Himalajabahn nach Dardschiling zählt zu den berühmtesten Kleinbahnen der Welt; die »Freiluft-Fahrer« auf der Lokomotive zählen zum Personal. Sie haben vorwiegend die Aufgabe, an steilen Stellen Sand zu streuen, damit die Räder besser greifen.
Rechts: Wo eine Lokomotive nicht zur Stelle ist, übernimmt in Indien rasch ein Elefant den Rangierdienst.
Nächste Doppelseite: Indien hat viele Gesichter. Auf immer mehr Hauptstrecken schreitet die Elektrifizierung voran, arbeiten modernste Signalanlagen. Dennoch dominiert auf Asiens größtem Bahnnetz noch immer die Dampflokomotive, wie vor dem Schnellzug bei der Ausfahrt aus Kalkutta-Howrah.

7060

Die ersten Eisenbahnen Japans lagen durchweg auf der Hauptinsel Hondo. Am 27. Mai 1901 wurde auf ihrem Südteil die erste San-Yo-Linie von Kobe nach Schimonoseki eröffnet; dort schloß sich eine Fährverbindung nach Moji auf Kiuschu an. Mit der Fertigstellung des ersten, 3613 Meter langen Kanmon-Tunnels zwischen Schimonoseki und Moji am 11. Juni 1942 erhielt Kiuschu erstmals direkte Schienenverbindung mit der Hauptinsel. Auch Hokkaido im Norden ist bislang nur durch die Fährlinie Aomori - Hakodate mit Hondo verbunden; sie wurde am 7. März 1908 eröffnet und wird nach der Fertigstellung des 53 850 Meter langen Saikan-Tunnels ebenfalls durch eine feste Verbindung ersetzt werden.
Die lange Zeit längste Strecke führte von Tokio nach Kobe an der Bucht von Osaka. Diese erste Tokaido-Linie, am 1. Juli 1889 vollendet, verband die sechs Großstädte Tokio, Jokohama, Nagoja, Kioto, Osaka und Kobe. Über die rund sechshundert Kilometer lange Verbindung fließen nach wie vor die stärksten Verkehrsströme Japans. Sie führten in den fünfziger Jahren zur Planung einer weiteren Tokaido-Linie, für die völlig neue Maßstäbe gesetzt wurden. Während das übrige Eisenbahnnetz Japans weitgehend in Kapspur mit 1067 Millimeter Spurweite angelegt ist, wurde der neuen Tokaido-Bahn erstmals die europäische Normalspur mit 1435 Millimetern zugrunde gelegt, um hohe Geschwindigkeiten erzielen zu können. Am 20. April 1959 wurde der erste Spatenstich vollzogen und bereits am 1. Oktober 1964 der Verkehr auf der nur noch 515,4 Kilometer langen Schnellverbindung Tokio - Osaka aufgenommen. Die enorm günstige Verkehrsentwicklung auf dieser modernsten Schnellbahn der Welt beflügelte Planung und Bau weiterer »Shinkansen«, wie die neuen Strecken heißen. Am 15. März 1972 wurde als westliche Verlängerung der Tokaido-Linie der 160,9 Kilometer lange Abschnitt Osaka - Okajama als erste Teilstrecke der neuen San-Yo-Linie eröffnet; ihr zweiter Abschnitt von Okajama nach Hakata (Fukuoka) auf Kiuschu mit 392,8 Kilometern folgte am 10. März 1975. Von Omija nördlich Tokios führt die Tohoku-Shinkansen seit 23. Juni 1982 über 465,2 Kilometer bis Morioka, die Joetsu-Linie seit 15. November 1982 über 269,5 Kilometer bis Niigata. Schon im Dezember 1972 hatten die Japanischen Eisenbahnen ein umfangreiches Bauprogramm für Shinkansen vorgelegt; danach sollten bis 1985 rund 6000 Kilometer neu gebaut werden. Nur zwanzig Prozent davon ließen sich realisieren. Auf der Hauptinsel Hondo ist nach wie vor die Linie Tokio - Tojama - Osaka geplant, auf der 1975 durch den 18 713 Meter langen neuen Kanmon-Tunnel mit Hondo verbundenen Südinsel Kiuschu sollen noch zwei Shinkansen von Hakata aus nach Nagasaki und Kagoshima gebaut werden. Die Nordinsel Hokkaido wird Ende der achtziger Jahre durch den Saikan-Tunnel mit Hondo verbunden sein. Offen bleibt, ob die Fortsetzung der Tohoku-Linie über Morioka hinaus bis Sapporo finanzierbar sein wird. Schon zu Anfang des zwanzigsten Jahrhunderts hatten die Japaner, als »Herren Asiens« angesehen, ein leistungsfähiges Bahnnetz über die vier großen Inseln Hondo, Hokkaido, Schikoku und Kiuschu gespannt. Trotz der schmaleren Kapspur werden noch heute auf diesem Netz hohe Betriebsleistungen erreicht. Die Japanischen Eisenbahnen (JNR) in ihrer heutigen Form wurden am 1. Juni 1949 gebildet. Ihr Streckennetz umfaßte Ende 1983 insgesamt 21 387 Kilometer, davon 1804 Kilometer Shinkansen.
Mit Problemen besonderer Art hatte die Eisenbahn in *China* zu kämpfen: Aberglaube und Rückständigkeit, verbunden mit der unnahbar-ablehnenden Haltung der mandschurischen Tsing-Dynastie, ließen bis 1876 keine Eisenbahnbauten zu. Frühere Versuche scheiterten, und selbst

die am 30. Juni 1876 eröffnete, nur 17 Kilometer lange Hafenbahn von Schanghai nach Wusung an der Mündung des Jangtsekiang ins Meer fiel ein Jahr später chinesischem Fanatismus wieder zum Opfer. Nur das Material leistete später auf Formosa noch gute Dienste für die Eisenbahn. Vier Hauptlinien, die von Peking ausgehen sollten, blieben im Planungsstadium stecken, weil die Regierung sich zur Erteilung der Konzessionen nicht entschließen konnte, obwohl Eisenbahnverbindungen zur Landesverteidigung ebenso wichtig gewesen wären wie zur wirtschaftlichen Entwicklung und zur Versorgung der Bevölkerung. Die in den Statistiken von 1880 und 1885 erscheinenden elf Eisenbahnkilometer Chinas gehen auf eine Kohlenbahn zurück, die einem englischen Unternehmer genehmigt worden war. Sie wurde 1880 fertig und diente der Ausbeutung von Kohlevorkommen bei Tangshan östlich von Peking. Acht Jahre später übernahm eine chinesische Gesellschaft die Strecke und verlängerte sie in beiden Richtungen: 37 Kilometer nach Norden bis Jenkwang und 77 Kilometer nach Südwesten bis Tientsin. Nach einer weiteren, neun Kilometer langen Erweiterung von Tangshan östlich bis Kaiping war im Dezember 1889 die erste größere Eisenbahnlinie Chinas mit elf Bahnhöfen fertig. Aus dieser Kernstrecke entwickelten sich später die bedeutenden Verbindungen zur Hauptstadt Peking und nach Norden in Richtung Mandschurei, wo Rußland mit dem Bau der Transsibirischen Eisenbahn und ihrem Abzweig von Harbin nach Port Arthur rege Aktivität entfaltete. Auch die Engländer hatten sich in der Mandschurei zu etablieren verstanden. Sie bauten die ursprünglich nur der Kohleabfuhr von Kaiping dienende Schmalspurbahn zur bedeutenden Nordchinesischen Eisenbahn aus, die 1907 Peking mit Mukden (Schenjang) verband. Im Jahre 1905 waren im Russisch-Japanischen Krieg insgesamt 840 Kilometer des von Rußland angelegten Eisenbahnnetzes in der südlichen Mandschurei an Japan gefallen, besonders die Bahnlinien zu den Häfen Port Arthur und Tantung am Gelben Meer. Diese nun japanischen Strecken der Südmandschurischen Eisenbahn dehnten sich bis 1907 bereits auf mehr als tausend Kilometer aus. Russen, Engländer und Japaner bestimmten mit dem Ziel der wirtschaftlichen Durchdringung Chinas weiterhin das Baugeschehen; die internationale Konkurrenz führte dabei zu einer Art Bauboom und ließ in der Mandschurei bis zum Ersten Weltkrieg rund viertausend Kilometer Eisenbahnstrecken entstehen. Auf russische Linien entfielen trotz der früheren Verluste 43 Prozent, auf die japanischen 31 Prozent und auf britische 25 Prozent. Die Chinesen hatten lediglich eine 29 Kilometer lange Linie in eigener Regie zuwege gebracht und waren so mit kaum einem Prozent beteiligt. Lange Zeit schlugen überhaupt fast alle Versuche der Chinesen fehl, selbst Eisenbahnen zu bauen. Die verhältnismäßig wenigen Bahnlinien des Riesenreiches entstanden weitgehend mit ausländischem Kapital, vorwiegend durch britische oder französisch-belgische Gruppen. Seit 1899 war auch Deutschland am Bahnbau in China beteiligt. Ende 1890 bestanden in ganz China Eisenbahnstrecken mit nur 200 Kilometer Länge, bis zur Jahrhundertwende kamen 446 Kilometer hinzu, und auch bis Ende 1900 blieb die Streckenlänge mit 646 Kilometer noch unverändert. Dann brachte das Jahr 1901 nahezu eine Verdoppelung auf 1236 Kilometer, und 1910 waren immerhin 8627 Kilometer in Betrieb. Den Bau der Strecken hatten

Links: In Japan bestehen seit dem Bau der Tokaido-Linie auf den Bahnhöfen entlang der neuen Strecke zwei Spurweiten: die verbreitete Kapspur mit 1067 Millimetern und – auf dem Bild im Vordergrund – die europäische Normalspur mit 1435 Millimeter Spurweite.
Unten: Tokaido-Expreß auf der Fahrt zwischen Tokio und Osaka durch die charakteristische Landschaft des Küstenstreifens

Links: Die deutsche Eisenbahn in China: Eröffnung der Schantung-Bahn von Tsingtau über Kiautschou nach Tsinanfu am 1. Juni 1904. Ankunft des offiziellen Eröffnungszuges in Tsinanfu
Rechts: Ein Bild aus der Zeit der »Kulturrevolution«: Bahnhof Meng Yuan Che Zhan in der chinesischen Provinz Honan
Rechts unten: Die stärksten dieselhydraulischen Lokomotiven der Welt baute Henschel in Kassel für die Volksrepublik China; die Klasse NY 7, gebaut 1972, leistet 5400 PS.

vorwiegend belgisch-französische Gruppen übernommen. Nahezu sämtliche Versuche der Chinesen, selbst Eisenbahnprojekte zu realisieren, schlugen fehl.

Die Schantung- und die Tientsin–Pukou-Bahn

Nachdem das Deutsche Reich 1898 Kiautschou auf der Halbinsel Schantung als Handels- und Hafenplatz in Pacht genommen und zu deutschem Schutzgebiet erklärt hatte, sicherte es sich auch eine Eisenbahnkonzession Chinas, die einer deutschen Privatgesellschaft übertragen wurde. Am 14. Juni 1899 konstituierte sich in Berlin die Schantung-Eisenbahn-Gesellschaft, und schon am 28. September des gleichen Jahres vollzog Prinz Heinrich von Preußen den ersten Spatenstich für den Bau einer 395 Kilometer langen Normalspurstrecke vom Hafen Tsingtau über Kiautschou und Tschangtien nach Tsinanfu. Auch hier traten, vor allem durch den Boxeraufstand im Jahre 1900, erhebliche Schwierigkeiten auf, die zu Verzögerungen führten. Schließlich konnte die etappenweise schon vorher fertiggestellte und benützte Bahnlinie am 1. Juni 1904 zusammen mit einer 39 Kilometer langen Abzweigstrecke von Tschangtien zu den Kohlevorkommen bei Poschan offiziell ihrer Bestimmung übergeben werden. Die Betriebsdirektion richtete sich in Tsingtau ein, während Berlin der Sitz der Schantung-Eisenbahn-Gesellschaft blieb.
Ein zweites Projekt, das zwar für die Chinesischen Staatseisenbahnen ausgeführt, jedoch mit deutschem Kapital, unter deutscher Leitung und mit deutschem Eisenbahnmaterial verwirklicht wurde, bildete der nördliche Abschnitt der 1115 Kilometer langen Strecke (Peking-) Tientsin-Pukou (-Nanking). Das 457 englische Meilen, also rund 735 Kilometer lange nördliche Teilstück entstand unter deutscher Leitung, den 380 Kilometer umfassenden Südabschnitt bis Pukou am Ufer des Jangtsekiang gegenüber von Nanking bauten die Engländer. Im Frühjahr 1908 berief die Staatseisenbahn den Deutschen Dr.-Ing. Julius Dorpmüller zum Chefingenieur; er hatte erst knapp acht Monate zuvor als technischer Leiter der Schantung-Eisenbahn-Gesellschaft in Tsingtau seinen Auslandsdienst in China als beurlaubter preußischer Regierungsbaumeister angetreten. Am 30. Juni 1908 begannen die Bauarbeiten. Die Strecke berührte Tsinanfu, den Endpunkt der Schantung-Eisenbahn, zu der auch eine Gleisverbindung hergestellt wurde und später vor allem Güterwagen übergingen. Im Oktober 1910 konnte der Betrieb von Tientsin über Tehchouw bis Tsinanfu aufgenommen werden. Als bedeutendstes Bauwerk entstand dabei die rund 1200 Meter lange Brücke über den Gelben Fluß, den Hwangho. Zu diesem Zeitpunkt bestand erstmals die Möglichkeit, von Deutschland aus mit der Eisenbahn nach dem Pachtgebiet von Kiautschou zu reisen: in zwölfeinhalb Tagen von Berlin über Moskau, durch Sibirien und die Mandschurei, unter Benützung von sechs verschiedenen Zügen bei fünfmaligem Umsteigen – in Moskau, in Harbin, in Mukden (heute Schenjang) in Tientsin und schließlich in Tsinanfu. Der Landweg war damit fast dreimal so schnell geworden wie die Fahrt mit dem Dampfschiff.
Nach Ausbruch des Ersten Weltkrieges übernahmen Japaner die Schantung-Eisenbahn, nachdem sie das deutsche Schutzgebiet erobert hatten. Später kaufte China die den Japanern übertragenen Rechte zurück, so daß die ursprünglich deutsche Bahngesellschaft seit 1. Januar 1923 chinesischer Verwaltung untersteht. Die deutsche Betriebsleitung auf der Tientsin-Pukou-Strecke blieb bis 1917 bestehen; nach dem Bau der Bahnlinie hatte Dr.-Ing. Julius Dorpmüller auch die Funktion des Betriebsleiters übernommen. Er erfüllte die Aufgaben mit allgemein anerkanntem Erfolg und erfreute sich bei den Führungskräften wie den Mitarbeitern der chinesischen Bahnverwaltung gleichermaßen hohen Ansehens. Trotzdem blieb ihm, als China 1917 als Gegner Deutschlands in den Krieg eintrat, nur die rasche Flucht, um der drohenden Internierung zu entgehen. Nach zahlreichen Abenteuern auf der Transsibirischen Eisenbahn erreichte er nach Monaten die Grenze Ostpreußens. Dorpmüller wurde später Generaldirektor der Deutschen Reichsbahn und 1937 auch Reichsverkehrsminister.
China fand indessen auch weiterhin keine Periode der Konsolidierung, um Wirtschaft und Verkehrswesen kontinuierlich aufbauen zu können. Zwar gelangten nach dem Ersten Weltkrieg bis 1931 rund

孟塬车站

NY-0013
NY-0012

14 500 Kilometer Eisenbahnstrecken unter chinesische Kontrolle, doch gingen in diesem Jahr mit der Annektion der mandschurischen Provinzen durch Japan 6180 Kilometer wieder verloren. Die Japaner faßten sie mit der von Rußland gekauften Ostchinesischen Bahn zur Nordmandschurischen Staatsbahn von Mandschukuo zusammen, einem formell unabhängigen Staat, der 1934 zum Kaiserreich erhoben, von den Großmächten jedoch nicht anerkannt wurde. Schon 1937 geriet China erneut mit Japan in kriegerische Auseinandersetzungen, die erst 1945 mit dem Zweiten Weltkrieg ein Ende fanden. Kurz zuvor war Moskau in den Krieg gegen Japan eingetreten und umgehend in Mandschukuo einmarschiert. Die Eisenbahnen kamen unter chinesisch-russische Gemeinschaftsverwaltung, bis 1952 die sowjetischen Rechte erloschen. Damit war China auf dem dichtesten Bahnnetz seines Territoriums erstmals Herr im eigenen Lande.

Am 1. Oktober 1949 trat Mao Tse-tung an die Spitze der neuen Volksrepublik China. Von den rund 22 000 Eisenbahnkilometern, einschließlich denen in der Mandschurei, waren kaum zehntausend befahrbar. Zunächst mußten sich deshalb alle Kräfte auf Instandsetzung und Erneuerung zerstörter oder abgewirtschafteter Strecken richten. Bis 1952 wurden jedoch immerhin rund 2500 Kilometer neu gebaut. Mit kräftiger Unterstützung durch die Sowjetunion konnten im ersten Fünfjahrplan von 1953 bis 1957 weitere 5433 Kilometer fertiggestellt werden, wobei es sich jedoch vielfach um Anschlußgleise und Nebenlinien mit nur regionaler Bedeutung handelte. Obwohl die Sowjetunion ihre Wirtschaftshilfe mehr und mehr einstellte, brachte auch der zweite Fünfjahrplan von 1958 bis 1962 abermals über fünftausend Kilometer Neubauleistung. In dieser Periode gelang vor allem der erste Brückenschlag über den Jangtsekiang, der bis dahin die chinesischen Eisenbahnen in ein Nord- und ein Südnetz ohne unmittelbare Verbindung getrennt hatte. Im Herbst 1957 konnte die 1670 Meter lange Doppelstockbrücke bei Wuhan eröffnet werden. Eine zweite Überbrückung des größten chinesischen Stromes folgte 1968 mit der ebenfalls doppelstöckigen Brücke in Nanking, die mit ihrer Gesamtlänge von 6772 Metern als längste Eisenbahnbrücke der Welt gilt. Damit konnten die beiden bedeutendsten Eisenbahnlinien Chinas, die Nord-Süd-Strecken Peking – Wuhan – Kanton und Tientsin – Nanking – Schanghai durchgehend befahren werden; bis dahin hatten Passagiere und Güter mit Fähren und Dschunken über den Jangtsekiang übergesetzt werden müssen.

Die topographisch schwierigste Strecke Chinas verbindet Tschengtu in der Provinz Szetschuan mit Kunming, der Hauptstadt von Jünnan. Sie wurde am 1. Juli 1970 eröffnet und führt bei einer Gesamtlänge von 1085 Kilometern über 653 Brücken und durch 427 Tunnel mit einer Gesamtlänge von mehr als vierhundert Kilometern. Im Norden schließt

sich eine bestehende Magistrale nach dem Industriezentrum von Lantschou an, im Süden die Bahn über die Grenze von Nordvietnam nach Hanoi. Ende 1976 wurde von dort aus auch der durchgehende Eisenbahnverkehr auf der rund 1600 Kilometer langen Verbindung nach Saigon - inzwischen in Ho-Tschi-Minh-Stadt umbenannt - wieder aufgenommen. Zumindest theoretisch besteht damit die Möglichkeit, von Portugal quer durch Europa, die Sowjetunion, die Mongolei und China bis nach Südvietnam zu reisen und so die längste gegenwärtig denkbare Bahnfahrt zu unternehmen.

Die Elektrifizierung der Eisenbahnen Chinas verließ erst Anfang der sechziger Jahre das Versuchsstadium. Mit 25 000 Volt und 50 Hertz wurde als erste eine 91 Kilometer lange Teilstrecke bei Paoki zwischen Tschengtu und Tschengtschou elektrifiziert. Ab 1975 war die 676 Kilometer lange Verbindung von Paoki bis Tschengtu mit 981 Brücken und 304 Tunneln durchgehend elektrifiziert. Weitere Strecken folgten 1980: der 362 Kilometer lange Abschnitt Siangfan - Angkan, der inzwischen bis Tschunking verlängert ist, die 510 Kilometer lange Strecke Paoki - Lantschou und die Verbindung zwischen Shihkiachwang und Taiyuan über Yangchuan mit zusammen 235 Kilometern. Die Gesamtlänge der elektrifizierten Strecken betrug 1983 rund zweitausend, die Streckenlänge insgesamt bereits 54 000 Kilometer. Die geplante, 2213 Kilometer lange Bahn nach Tibet ist 1980 über 835 Kilometer bis Golmo in Betrieb genommen worden und erschließt bedeutende Ölvorkommen. An der Fortsetzung nach Lhasa wird vorerst nicht weiter gebaut; sie stößt in topographisch äußerst schwierigem Gebiet mit Höhen bis zu 4000 Metern auf enorme technische Schwierigkeiten.

Auf *Formosa* (Taiwan) bestehen neben umfangreichen Wald- und Plantagenbahnen rund 1200 Kilometer Strecken mit 1067 Millimeter Spurweite. Darauf sind 1982 auch die 170 Kilometer zwischen Hualien und Taitung umgespurt worden, die zuvor mit nur 760 Millimeter Schmalspur betrieben wor-

Die beiden doppelstöckigen Brücken über den Jangtsekiang bei Wuhan und bei Nanking (Bild) verbinden das nördliche und das südliche Eisenbahnnetz Chinas.

den waren. Die beiden Hauptstrecken der Insel laufen von Taipeh im Norden entlang der West- und Ostküste nach Süden. Dort schließt sie die 98 Kilometer lange, 1982 in Angriff genommene Verbindung Taitung – Fangliao zu einem Oval zusammen.

Zwischen Okzident und Orient

Kleinasien, Bindeglied zwischen Europa, Asien und Afrika, Schauplatz entscheidender Entwicklungen für die gesamte Kulturwelt der Antike, einst bedeutendes Durchgangsland des Handels, verlor schon im Mittelalter seine Rolle als Transitland zwischen Okzident und Orient. Die Verkehrsströme hatten sich auf die Schifffahrtswege verlagert, so daß lange Zeit für Planung und Bau von Eisenbahnen kein Anlaß zu bestehen schien: Das bescheidene Netz, das sich nach 1860 von Smyrna (Izmir) aus entwickelte, erschloß der Hafenstadt an der Ägäis lediglich ein erweitertes Hinterland, hatte also nur regionale Bedeutung. Die erste kleinasiatische Bahn führte von Smyrna aus nach Aidin (Aydin). Die rund 130 Kilometer lange Strecke war 1856 einer englischen Gesellschaft konzessioniert und vier Jahre später fertiggestellt worden.
Wiederum von Smyrna ging die zweite Strecke aus: Sie führte nach dem etwa neunzig Kilometer entfernten Kassaba, wurde ebenfalls von Engländern erbaut und 1866 eröffnet. Beide Bahnen dehnten sich durch mehrere Verlängerungen und eine Reihe von Zweiglinien erheblich aus; Anfang 1893 umfaßte die Aidinbahn insgesamt 521, die Kassababahn 266 Bahnkilometer. Vom Hafen Mersina (Mersin) nach Adana entstand auf englische Initiative eine weitere Strecke, die später über Marasch (Maras) bis zum Euphrat fortgesetzt wurde. Alle drei Bahnen waren in der europäischen Normalspur angelegt.
Von Jaffa (Tel Aviv) wurde am 26. September 1892 die schmalspurige Eisenbahn nach Jerusalem eröffnet. Zu dieser Zeit entstand unter französischer Regie auch eine Reihe weiterer Schmalspurstrecken mit Damaskus als Mittelpunkt. Dabei kam es unbeabsichtigt zur Anwendung der Spurweite von 1050 Millimetern, angeblich weil die eisernen Schwellen fälschlicherweise für diesen Schienenabstand gelocht waren, obwohl Meterspur geplant war. Um durchgehenden Verkehr zu ermöglichen, paßten sich die anderen Bahnen an. Auch die unter deutscher Leitung gebaute Hedschasbahn erhielt 1050 Millimeter Spurweite. Verschiedene Strecken wurden noch während des Ersten Weltkrieges auf 1050 Millimeter umgebaut.

Die Anatolische Eisenbahn

Die wichtigste gegen Ende des 19. Jahrhunderts gebaute Bahnlinie Kleinasiens war die Anatolische Eisenbahn. Ihr erstes Teilstück von Haidar Pascha, einem Stadtteil von Konstantinopel (Istanbul) auf asiatischer Seite des Bosporus, nach Ismid (Izmit) ließ die türkische Regierung errichten; die 91 Kilometer lange Strecke konnte 1870 fertiggestellt werden. Sie wurde zunächst an eine englische Gesellschaft verpachtet. Von Anfang an stand jedoch als fernes Ziel Bagdad und darüber hinaus der Persische Golf auf den Plänen.
Am 4. Oktober 1888 erhielt die Deutsche Bank in Berlin unter Georg von Siemens die Genehmigung, die Bahn von Ismid 485 Kilometer weit über Eskischehir (Eskişehir) nach Angora (Ankara) fortzusetzen. Die Ausführung übernahm die Deutsche Gesellschaft für den Bau der kleinasiatischen Bahnen in Frankfurt (Main); schon am 31. Dezember 1892 konnte die gesamte Strecke in Betrieb genommen werden.
Gegen Zahlung von sechs Millionen Franc hatte die am 21. März 1889 als Société du Chemin de Fer Ottoman d'Anatolie gegründete Anatolische Eisenbahn-Gesellschaft auch die bereits früher gebaute Stammstrecke Haidar Pascha – Ismid übernehmen können. Am 6. Februar 1893 erteilte die Türkei eine Konzession für die Weiterführung der Strecke von Angora nach Kaisarie (Kayseri) und für die Verlängerung über Eskişehir hinaus nach dem 433 Kilometer entfernten Konia (Konya). Sie wurde am 29. Juli 1896 eröffnet.
Damit war die mehr als tausend Kilometer lange Strecke, die noch heute als Anatolische Eisenbahn bezeichnet zu werden pflegt, auf ihrer vollen Länge von Haidar Pascha über Eskischehir hinaus bis Konia in Betrieb. Die Fortsetzung in Richtung auf das alte, noch 2500 Kilometer entfernte Ziel sollte der in Konia anschließenden Bagdadbahn vorbehalten bleiben; am 24. Dezember 1899 erhielt Georg von Siemens hierfür die vorläufige Konzession des Sultans; endgültig wurde sie am 21. Januar 1902 erteilt.

Die Bagdadbahn

Um im Anschluß an die Anatolische Eisenbahn die Verbindung von deren Endpunkt Konia bis Bagdad herzustellen, konstituierte sich am 13. April 1903 in Konstantinopel eine neue Gesellschaft, die jedoch über das Kapital mit der anatolischen eng verflochten war. Den entscheidenden Einfluß übte wiederum die Deutsche Bank aus. Mit großer Tatkraft wurde unverzüglich der erste Bauabschnitt von Konia über Eregli nach Bulgurlu, einem anatolischen Dorf nördlich des Taurusgebirges, in Angriff genommen. Nach weniger als anderthalb Jahren war das rund zweihundert Kilometer lange Teilstück bereits fertig und konnte am 25. Oktober 1904 eröffnet werden. Die deutsche Präsenz im Vorderen Orient stieß jedoch auf wachsendes Mißfallen der Großmächte, das mit England und Frankreich bald auch Rußland teilte.
In der Tat lagen dem Bahnbau mit deutschem Kapital in der *Türkei* primär macht- und wirtschaftspolitische Absichten zugrunde. Kaiser Wilhelm II. hatte sehr zielstrebig damit begonnen, im Zeitalter des Imperialismus auch Deutschland »einen Platz an der Sonne« zu sichern. Durch Stützung des angeschlagenen Osmanischen Reiches suchte er sich nicht nur eines Bundesgenossen gegen die übrigen Großmächte zu versichern, sondern vor allem auch der deutschen Wirtschaft ein lohnendes Tätigkeitsfeld zu erschließen. Schon 1889 hatte das deutsche Kaiserpaar Konstantinopel besucht und damit den Boden bereitet. Wilhelm II. reiste 1898 erneut in den Orient und erklärte sich in Damaskus zum Schutzherrn der mohammedanischen Welt. Vor diesem Hintergrund stand der geplante Eisenbahnbau über die Anatolische Bahn hinaus in Richtung auf Bagdad und weiter über Basra an den Persischen Golf. Eben dorthin strebte

Rechts oben: Türkei – Reservat der Dampfrösser. Den Personenzug mit einem Güterwagen zieht eine Lok der preußischen Gattung G 10 bei Egridir in Anatolien.
Mitte: Von den Vulkan-Lokomotivwerken stammt die Güterzuglok, die bei Kayseri über die Strecke Ankara – Sivas dampft.
Rechts: In der europäischen Türkei begann 1953 die Elektrifizierung mit der Vorortstrecke von Istanbul. Der »Istanbul-Expreß« aus München fährt ein, gezogen von einer in Frankreich gebauten Elektrolok der 50-Hertz-Arbeitsgemeinschaft. Die Signalanlagen sind von Siemens.

auch Rußland, während England dem schnellen Weg nach Indien mißtraute, den schon 1831 der englische Forschungsreisende und spätere General Francis Rawdon Chesney erkundet und für den Bau einer Eisenbahn - natürlich unter britischer Flagge - empfohlen hatte. Druck auf den Sultan hinderte den »kranken Mann am Bosporus« an der konsequenten Fortsetzung seiner auf deutsche Hilfe gegründeten Eisenbahnpolitik. Mehrere Jahre vergingen so ohne wesentlichen Baufortschritt an der Bagdadbahn.

Erst 1909 konnte mit der nächsten Etappe begonnen werden. Sie umfaßte 840 Kilometer Streckenlänge von dem vorläufigen Endpunkt Bulgurlu über die Cilicische Pforte nach Adana und weiter bis Haleb (Aleppo) und el Helif. Die Bauausführung übernahm eine 1909 in Glarus (Schweiz) »für den Bau der Eisenbahnen in der Türkei« gegründete Gesellschaft; an der Finanzierung wurden auch österreichische, schweizerische, französische, italienische, belgische und türkische Gruppen neben der deutschen beteiligt, um den Widerstand der Großmächte zu mindern. Trotzdem ließ Frankreich keine Gelegenheit aus, gegen den Bahnbau unter deutscher Führung zu agitieren. So sah sich das Konsortium, besorgt um seinen Ruf, im Herbst 1910 genötigt, »von Paris verbreitete Gerüchte« zu dementieren, wonach der Weiterbau wegen Geldmangels habe eingestellt werden müssen. Ursache einer vorübergehenden Unterbrechung der Bauarbeiten sei lediglich die große Hitze in der Ebene zwischen Adana und Aleppo gewesen; außerdem seien wegen der Erntezeit die Arbeitslöhne ungewöhnlich gestiegen.

Schon zuvor hatten andere »Schreckensnachrichten« die Investoren in Deutschland von ihrem Engagement abzubringen versucht. So veröffentlichte das in Paris erscheinende »Journal des Transports« eine ausführliche und optimistische Darstellung einer französisch-englischen Wettbewerbslinie gegen die Bagdadbahn. Sie werde von Tripoli am Mittelmeer über Homs auf geradem Weg durch Mesopotamien nach Bagdad führen, damit nur halb so lang sein wie die türkische Bagdadbahn in ihrer vorliegenden Konzeption und obendrein viel weniger kosten. Tripoli erhielt später die Verbindung tatsächlich, allerdings über Aleppo und von dort aus auf der ursprünglichen Trasse der Bagdadbahn. Als Gegenleistung für den Verzicht auf die Fortführung der Linie über Basra hinaus an den Persischen Golf erhielt die Gesellschaft die Konzession für eine Zweigstrecke nach dem Mittelmeerhafen Alexandrette (Iskenderun). Außerdem war die schon bestehende Verbindung von Adana über Tarsus nach Mersina hinzugekauft worden.

Während der fünf Jahre von 1909 bis zum Eintritt der Türkei in den Ersten Weltkrieg entstanden von der Bagdadbahn noch ein längeres westliches Teilstück zwischen Konia und Tel Ebiad mit zwei Lücken im Cilicischen Taurus und im Amanusgebirge sowie ein östliches zwischen Samarra und Bagdad. Während des Krieges versuchten die deutsche und die türkische Heeresleitung, die Strecke als einzige leistungsfähige Nachschublinie zu den Kriegsschauplätzen im Osten der Türkei so schnell wie möglich fertigzustellen. Die beiden Lücken im Gebirge konnten zunächst nur durch Feldbahnen mit 600 Millimeter Spurweite, die ursprünglich beim Bahnbau verwendet worden waren, geschlossen werden. Die normalspurige Verbindung im Amanus durch den nahezu fünftausend Meter langen Bagtsche-Tunnel stand ab 1. August 1917 für Militärtransporte zur Verfügung und wurde am 3. April 1918 für den öffentlichen Verkehr freigegeben. Auf der Taurusstrecke mit einem 3795 Meter langen Scheiteltunnel war vom 9. Oktober 1918 an das Normalspurgleis in Betrieb; wenige Tage später fiel die Bahn in die Hand der Gegner. Nachdem inzwischen auch von Tel Ebiad nach Osten auf Samarra weitergebaut worden war, bestand am Ende des Ersten Weltkrieges eine durchgehende Normalspurverbindung von Istanbul-Haidar Pascha über Konia und Adana bis Nisibin (Nusaybin) mit einem Abzweig von Muslimije nach Aleppo. Zwischen Nisibin und Samarra blieb eine 466 Kilometer lange Lücke bestehen.

Die Engländer bauten während des Ersten Weltkrieges eine meterspurige Verbindung von Basra am Persischen Golf nach Bagdad und von dort bis in das neu erschlossene Ölgebiet von Kirkuk mit einem Abzweig zur persischen Grenze. Die deutsche Bagdadbahn verlängerten sie zwar über das bereits betriebene Teilstück Bagdad - Samarra hinaus bis Tekrit, ließen jedoch die Lücke bis Nisibin bestehen, obwohl die deutschen Pläne ausführungsreif vorlagen und - bevor der Luftverkehr die Entwicklung zu Lande überholte - der Weg von London nach Bombay mit Beseitigung jener Lücke von vierzehn auf nur neun Tage hätte verkürzt werden können.

Die Gründe für die Beibehaltung des alten Zustandes lagen in der wirtschaftlichen Rivalität mit Frankreich, das Syrien als Mandatsgebiet verwaltete. Wäre die Bagdadbahn durchgehend fertiggestellt worden, hätte ein beträchtlicher Teil des Exportes aus dem britisch verwalteten Mesopotamien, dem späteren Irak, den Weg über Syrien und seine Mittelmeerhäfen genommen, während England diesen Verkehr an den alten Weg über Basra und den Persischen Golf zu binden trachtete.

Die westlichen Teile der Bagdadbahn unter französischer Militärverwaltung blieben, soweit sie auf türkischem Gebiet lagen, nach einem 1921 in Ankara geschlossenen Vertrag Eigentum des türkischen Staates. Erst wesentlich später, als die nach Unabhängigkeit strebenden

Zeittafel für den Bau der Bagdadbahn

Streckenabschnitt	Länge km	Eröffnungsdatum
Konia - Bulgurlu	200	25. 10. 1904
Bulgurlu - Ulukischla	38	1. 7. 1911
Ulukischla - Karapunar	53	21. 12. 1912
Karapunar - Dorak (Taurusübergang)	37	9. 10. 1918
Dorak - Yenidsche	18	27. 4. 1912
Yenidsche - Adana[1]	24	
Adana - Toprak-Kale - Mamure[2]	97	27. 4. 1912
Mamure - Islahie (Amanusübergang)	54	1. 8. 1917
Islahie - Radju	46	19. 10. 1915
Radju - Muslimije - Djerablus[3]	188	15. 12. 1912
Djerablus - Tel Ebiad	101	11. 7. 1914
Tel Ebiad - Tuem	62	1. 6. 1915
Tuem - Rasulain	41	23. 7. 1915
Rasulain - Derbizie	61	Febr. 1917
Derbizie - Nisibin	59	30. 6. 1918
Nisibin - Samarra (in Teilstrecken)	466	15. 7. 1940
Samarra - Istabulat	21	7. 10. 1914
Istabulat - Sumike	37	27. 8. 1914
Sumike - Bagdad	61	2. 6. 1914

[1] Dieser Abschnitt liegt im Zuge der Bahn Mersina - Yenidsche - Adana und wurde deshalb nicht zur Bagdadbahn gezählt.

[2] In Toprak-Kale mündet die 59 Kilometer lange Zweiglinie von Alexandrette (Iskenderun) ein; sie wurde am 1. November 1913 eröffnet.

[3] Von Muslimije nach Aleppo wurde eine 15 Kilometer lange Anschlußlinie der Bagdadbahn gebaut und am 15. Dezember 1912 eröffnet. Bei Djerablus führte zunächst eine Behelfsbrücke über den Euphrat; das endgültige Bauwerk wurde am 24. April 1915 eröffnet.

Nachfolgestaaten Syrien und Irak den Einfluß der Mandatsmächte hatten zurückdrängen können, wurde die Bagdadbahn vollendet. Der erste durchgehende Reisezug zwischen Bagdad und Istanbul-Haidar Pascha verkehrte am 17. Juli 1940. Die Bagdadbahn blieb in Betrieb, bis Syrien am 9. April 1982, wie zeitweise schon früher, seinen 82 Kilometer langen Abschnitt bei Nisibin sperrte. Irak und die Türkei planen eine Umgehungsstrecke.

Zwischen Bosporus und Persischem Golf

In den meisten Ländern des Nahen Ostens entwickelte sich eine leidliche Infrastruktur erst, als in Europa die Bahnnetze ihre endgültige Ausdehnung weitgehend bereits erreicht hatten. Wüsten und unwirtliche Gebirge stellten sich der Verkehrserschließung nicht nur in den Weg, sondern ließen dazu überhaupt keine Notwendigkeit erkennen. Die dürftigen Verkehrsströme, die seit altersher über die Karawanenstraßen geflossen waren, konnten zunächst mit geländegängigen Kraftwagen wesentlich wirtschaftlicher bewältigt werden als mit aufwendigen Eisenbahnen, während für rationellen Abtransport des gefundenen Erdöls schon in den dreißiger Jahren die ersten Pipelines sorgten. So blieben vielfach diskutierte Projekte wie die englische Bagdadbahn von Haifa geradewegs durch Transjordanien und die Syrische Wüste nach Bagdad oder die französische Variante von Tripoli nach Bagdad bisher in der Schublade; ihre strategische und wirtschaftliche Bedeutung schwanden im Zeitalter von Luftfahrt und Kraftfahrzeug.
Nach *Afghanistan* hat die Sowjetunion 1982 ihre Strecke von Buchara nach Termes über den Grenzfluß Amu-Darja hinweg verlängert. Im übrigen gehört das Land noch immer zu den wenigen ohne Eisenbahn. Zwar hatte der reformfreudige König Aman Ullah in den zwanziger Jahren mit dem Bahnbau beginnen lassen, war damit jedoch bereits in einem Vorort der Hauptstadt Kabul gewissermaßen steckengeblieben. Denn wegen seiner umwälzenden Reformpläne zwang ihn die islamische Geistlichkeit Anfang 1929 zum Abdanken und schickte ihn ins Exil. Aus jener Zeit stehen noch heute zwei von Henschel gelieferte Schmalspurlokomotiven in Kabul, doch eine Strecke gibt es dazu nicht. Vor dem sowjetischen Einmarsch plante Afghanistan ein modernes, normalspuriges Eisenbahnnetz mit zunächst 1815 Kilometer Länge und Strecken von Kabul aus nach Kandahar und nach Herat, wobei die Linie über Kandahar hinaus bis Chaman an der pakistanischen Grenze fortgeführt werden sollte. Von dort aus besteht bereits eine Breitspurstrecke, die in Quetta in die Hauptbahn von der iranischen Grenze nach Sukkur einmündet und damit Afghanistan Eisenbahnanschluß zum Hafen Karatschi sowie Verbindung mit Indien vermitteln sollte. Zwei weitere Anschlußlinien sollten nach Iran führen und damit einen Schienenweg auch nach Europa sowie einen Zugang zum Hafen Bandar Abbas am Persischen Golf öffnen. Nun ist mit sowjetischer Hilfe eine erste Bahnlinie von der Grenze bis Kabul geplant.
Die *Türkei* hatte 1923 unter Kemal Atatürk ebenfalls ein Bahnbauprogramm entwickelt, das von der Anatolischen und der Bagdadbahn ausgehend vor allem West-Ost-Strecken zur russischen und persischen Grenze vorsah. Während in Afghanistan die Reformpläne scheiterten, verstand Atatürk seinem Land zu entscheidendem Fortschritt zu verhelfen. So entstanden innerhalb weniger Jahre auch 3378 Kilometer neuer Bahnlinien. Am 1. Juni 1927 wurden die Türkischen Staatsbahnen (TCDD) ins Leben gerufen, die nach und nach die wichtigsten Privatgesellschaften übernahmen. Besondere Bedeutung für den internationalen Verkehr erhielt zunächst die Verbindung mit der Sowjetunion über Sivas und Erzurum nach Leninakan und Tiflis. In der europäischen Türkei wurde 1971 zwischen Uzunköprü und Svilengrad eine direkte Verbindung mit Bulgarien fertiggestellt, auf der die Züge über Edirne nach Mittel- und Westeuropa den griechischen Streckenabschnitt über Pythion umfahren können. Wenig später folgte am 27. September 1971 die Eröffnung der ersten durchgehenden Bahnlinie nach dem Iran: Sie war schon 1940 in Angriff genommen worden, erreichte jedoch erst 1964 Tatvan am westlichen Ufer des Vansees, der noch heute durch eine 96 Kilometer lange Fährstrecke überbrückt werden muß. Von Van am östlichen Ufer aus führt die 1971 fertiggestellte Neubaustrecke zum türkischen Grenzbahnhof Kapiköy, findet im iranischen Grenzort Razu Anschluß an die bestehende Strecke nach Kotur und über Täbris nach Teheran. Diese Verbindung gewann rasch starke Bedeutung durch den Nachfrageboom der erdölproduzierenden Länder in den siebziger Jahren, der einen enormen Güterstrom auf die neue Verbindung lenkte und ihre schwache Kapazität rasch erschöpfte, obwohl schließlich vier Eisenbahnfährschiffe über den Vansee verkehrten. Die Central Treaty Organization (CENTO) hat bereits 1972 Pläne ausgearbeitet, eine Strecke am Ufer des Vansees entlangzuführen und damit die Fährstrecke auszuschalten. Seit der Revolution im Iran hat das Projekt wegen des stark zurückgegangenen Verkehrs an Bedeutung verloren. Nach der Überbrückung ist neuerdings eine Untertunnelung des Bosporus für die Eisenbahn geplant, die auch hier nur über eine wenig leistungsfähige Fähre verfügt. Erneut in Planung ist auch eine Neubaustrecke zwischen Istanbul und Ankara, die bei Adapazari die alte Trasse über Eskişehir verlassen und in direkter Linie die Hauptstadt erreichen soll. Ende 1980 bestanden in der Türkei 8193 Kilometer Strecken, davon waren 204 Kilometer elektrifiziert.
Das Eisenbahnnetz im *Iran* entstand aus zunächst nur einer Nord-Süd-Strecke von Bandar e Schah am Kaspischen Meer über Teheran nach Bandar e Shahpur am Persischen Golf; mit dem Bau dieser Transiranischen Bahn hatte Schah Reza Pahlewi, der Vater des letzten Schahs, im Jahre 1928 beginnen lassen. Am 20. Februar 1937 war die 450 Kilometer lange Strecke von Bandar e Schah bis Teheran fertig; der durchgehende Verkehr auf der insgesamt 1392 Kilometer langen Verbindung wurde offiziell am 26. August 1938 eröffnet. Rund zwanzig Jahre später, am 24. April 1958, kam in Djulfa (Dscholfa) die Verbindung mit dem sowjetischen Streckennetz zustande, an der schon seit den dreißiger Jahren gebaut worden war. Das damals in Breitspur mit 1524 Millimetern hergestellte Teilstück von Täbris nach Djulfa wurde später auf Normalspur umgebaut, mit der auch alle übrigen Strecken im Iran ausgeführt wurden. Über Djulfa liefen damals zahlreiche Importe aus Europa, nachdem die Verbindung über die Türkei nicht genügend aufnahmefähig war. Zwei weitere bedeutende Fernlinien, mit deren Bau ebenfalls schon 1938 begonnen worden war, führen vom Knotenpunkt Teheran nach Meschhed im Osten und in Richtung auf Pakistan im Südosten. Während Meschhed schon im April 1957 erreicht wurde, kam die Euro-Asiatische Bahn, die eines Tages eine durchgehende Eisenbahnverbindung zwischen Europa und dem Fernen Osten herstellen sollte, am 23. April 1971 von Sagzi nordöstlich von Isfahan zunächst noch 504 Kilometer bis Sarand, danach jedoch 1978 nur weitere 80 Kilometer bis Kerman voran. So besteht jetzt noch eine etwa fünfhundert Kilometer weite Lücke bis Sahedan, wo eine schon 1919 von

Pakistan aus vorgetriebene Breitspurstrecke mit 1676 Millimeter Spurweite endet. Sie führt 94 Kilometer weit auf iranisches Gebiet. Zur Zeit des Schahs war im Iran neben mehreren tausend Kilometern neuer Strecken zwischen allen wichtigen Städten des Landes auch die Schließung jener Lücke und damit die Verwirklichung der Eisenbahnverbindung von Europa nach Pakistan und Indien vorgesehen. Seit dem Umsturz sind die Pläne jedoch nicht mehr vorangekommen; der Krieg mit dem Irak setzte ebenfalls andere Prioritäten. Lediglich die Umstellung der 145 Kilometer langen Strecke von Djulfa an der sowjetischen Grenze nach Täbris auf elektrischen Betrieb mit 25 000 Volt und 50 Hertz wurde 1982 nach langen Schwierigkeiten noch verwirklicht. Die Streckenlänge Irans betrug 1981 zusammen 4567 Kilometer, davon 4473 Kilometer mit europäischer Normalspur.
Im *Irak* entstand als Ersatz für die alte, noch großenteils parallel verlaufende Meterspurstrecke von Bagdad nach Basra im Schat el Arab eine Normalspurlinie, die einen Zweig nach Umm Kasr am Persischen Golf erhielt und mit Hilfe der DDR modern ausgebaut wurde. Im Anschluß planen der Irak, Kuweit und Saudi-Arabien den Bau einer fünfhundert Kilometer langen Strecke von Umm Kasr über Kuwait bis Dharan. Dort soll sie in die am 1. Januar 1951 eröffnete 580 Kilometer lange Normalspurstrecke vom Hafen Dammam nach Ar Rijad, der Hauptstadt *Saudi-Arabiens,* einmünden. Die Regierung in Ar Rijad hat 1976 mehrere ausländische Planungsgesellschaften mit neuen Machbarkeitsstudien für Eisenbahnverbindungen von Dschidda am Roten Meer nach Mekka, Medina und Ar Rijad beauftragt. Gebaut wurde jedoch nur eine Strecke zur Abkürzung der Verbindung Dammam – Ar Rijad. Der von 1976 bis 1980 laufende Fünfjahrplan des Irak sah den Beginn von vier weiteren Strecken mit zusammen 1700 Kilometer Länge vor. Im Jahr 1981 verfügte das Land dennoch über nur 2884 Kilometer, davon 1351 mit Normalspur. Die Baupläne knüpften an das alte Projekt einer direkten Verbindung zwischen den Mittelmeerhäfen und dem Persischen Golf an und sahen unter anderem eine vierhundert Kilometer lange Normalspurstrecke von Bagdad über Al Haditha nach Dair As Sur in Syrien vor; sie sollte dort an die neue Verbindung zum Hafen Al Ladhakijja am Mittelmeer anschließen. Das Teilstück zwischen Husaiba und Haditha ist seit März 1982 zusammen mit der 155 Kilometer langen Zweiglinie zu den Phosphatgruben von Akashat in Betrieb, die fehlenden hundert Kilometer von Haditha nach Bagdad folgten 1983. Begonnen wurde mit einer 273 Kilometer langen Querverbindung Kirkuk – Baiji – Haditha. Die übrigen großen Pläne wurden durch den Iran-Konflikt verzögert.
Dennoch scheint der Nahe Osten noch vor der Schwelle zum Eisenbahnzeitalter zu stehen. Die Erschließung weiterer Bodenschätze und der davon eines Tages ausgehende Massengutverkehr lassen die Eisenbahn hier als das am besten geeignete Transportmittel erscheinen.

Nach Mekka und Medina

Seit dem Tode des Propheten hungerten, dürsteten und starben einst Unzählige entlang den Pilgerstraßen nach Mekka und Medina, den heiligen Stätten des Islam. Ungeheuer beschwerlich führten die Karawanenstraßen durch die Wüste, ohne daß sich je ein gläubiger Mohammedaner dadurch von seiner Wallfahrt hätte abbringen lassen. Immerhin schien um die Jahrhundertwende die Eisenbahn geeignet, die Reise bequemer, schneller und sicherer zu machen. Sultan Abdul Hamid II. ließ eine Linie von Damaskus aus nach Süden bis Medina und weiter nach Mekka projektieren, wobei freilich dahingestellt bleibt, ob ihm tatsächlich das Schicksal der Pilger am Herzen lag, oder ob er die Eisenbahn in erster Linie als Instrument zur Sicherung des türkischen Machtanspruches ansah. Immerhin gelang es dem Sultan, von opferbereiten Moslems aus der ganzen Welt innerhalb weniger Jahre rund 75 Millionen Goldfranken zu mobilisieren und damit die Finanzierung des lange Zeit überhaupt für undurchführbar gehaltenen Vorhabens sicherzustellen.
Schon 1900 begannen die Vorarbeiten, ein Jahr später trieben nahezu zehntausend Arbeiter, vor allem türkische Soldaten, die Strecke von Damaskus im Norden und später auch von Medina im Süden aus gleichzeitig voran. Neben einheimischen führten vor allem österreichische und italienische Unternehmen die Kunstbauten aus: Genau 1532 solide und zum Teil kunstvolle Brücken wurden über Schluch-

ten und Wasserläufe gespannt, zwei Tunnel gebaut und 96 Bahnhöfe mit massiven Gebäuden errichtet. Besondere Schwierigkeiten bereitete der Mangel an Wasserstellen, die sowohl für die Bauarbeiten als auch zur Versorgung der Arbeitskräfte nötig waren und später nach Inbetriebnahme der Bahn das Kesselspeisewasser für die Lokomotiven zu liefern vermochten. Südlich Amman konnte die Wasserversorgung schließlich nur noch durch Einsatz besonderer Tankwagen aufrechterhalten werden.

Für den Bau der Hedschasbahn, so genannt nach der Küstengebirgslandschaft am Roten Meer mit Mekka, dem Ziel der Eisenbahn, als Hauptstadt, hatte Sultan Abdul Hamid den deutschen Ingenieur Heinrich August Meissner aus Leipzig verpflichtet. Ihm ging bereits ein großer Name voraus, nachdem er zuvor schon im europäischen Teil der Türkei mehrere als besonders schwierig geltende Eisenbahnprojekte geschickt und erfolgreich verwirklicht hatte. Meissner gelang in verhältnismäßig kurzer Zeit auch der Bau der Hedschasbahn, was ihm sogar aus dem Lager der Engländer kaum verhohlene Bewunderung eintrug. Schon 1902 konnten die ersten fünfzig Kilometer eröffnet werden, dreieinhalb Jahre nach Baubeginn, am 22. Juni 1904, fuhr der erste Zug von Damaskus nach Amman über eine Strecke von rund 250 Kilometern. Die größten Schwierigkeiten begannen indessen erst weitere 250 Kilometer südlich bei Maan, wo die Bahn noch lange nicht die Hälfte ihres vorläufigen Zieles Medina hinter sich hatte: Ab hier gab es für Andersgläubige ohne Gefahr kein weiteres Vordringen in Richtung auf die heiligen Stätten, hier begann die Trasse den nördlichen Ausläufer des Hedschas erst zu erreichen, hier mußte sie in das zerklüftete und unwegsame Gelände der Feuersteinwüste emporgeführt werden, wo sie mit 1168 Metern ihren höchsten Punkt zu überwinden hatte. Meissner mußte für die Vermessung dieses noch über achthundert Kilometer langen Teils der Strecke mohammedanische Ingenieure engagieren und konnte selbst an der feierlichen Einweihung, die am 1. September 1908 stattfand, als Christ nicht teilnehmen. Aber von nun an fuhr die Hedschasbahn 1302 Kilometer weit von Damaskus bis Medina.

Heinrich August Meissner baute außerdem von 1903 bis 1905 eine Zweiglinie vom Mittelmeerhafen Haifa bis zur Einmündung in die Hedschasbahn bei Derat, vor allem, um der Hedschasbahn einen von der französischen Linie Beirut–Damaskus unabhängigen Zugang zum Mittelmeer zu sichern. Zwischen 1910 und 1918 beteiligte er sich auch maßgeblich am Bau der Bagdadbahn und einer Reihe weiterer strategisch wichtiger Strecken in der Türkei. Nach dem Ersten Weltkrieg mußte er das Land verlassen, wurde jedoch 1924 erneut berufen und wäre unter Kemal Atatürk Verkehrsminister geworden, wenn er die türkische Staatsbürgerschaft an-

Saudi-Arabien erhielt 1951 mit der 580 Kilometer langen Strecke von der Pier in Dammam am Persischen Golf über Dharan nach Ar Rijad seine erste Eisenbahn.
Links oben: Kesselwagenzüge verkehren zwischen dem Ölzentrum in Dharan und Dammam.
Rechts: Die Reisezüge nach der Hauptstadt Ar Rijad, die täglich einmal in beiden Richtungen verkehren, bieten allen Komfort, einschließlich Klimaanlage auch in der zweiten Klasse.

genommen hätte. Er zog jedoch einen Lehrstuhl an der Technischen Hochschule Istanbul vor und behielt ihn bis zu seinem Tod im Jahre 1940. Das Werk, das ihn in der Fachwelt weithin bekannt gemacht hatte, die Hedschasbahn, blieb jedoch nicht nur unvollendet, sondern fiel größtenteils dem Krieg zum Opfer.

Den Weiterbau von Medina nach Mekka, rund fünfhundert Kilometer an den Südrand des Hedschas, verhinderten weniger strenggläubige Moslems als geschäftstüchtige Beduinen, die von den Pilgerströmen lebten, ihre Kamele vermieteten oder verkauften und auch sonst mit Wasser, Lebensmitteln und anderen Bedarfsgütern schwunghaften Handel trieben. Ihnen hätte die Eisenbahn das Geschäft verdorben, und so mobilisierten sie religiöse Sentiments gegen das Vordringen des modernen Verkehrsmittels auf geheiligten Boden. Immerhin erfüllte die 1908 fertige Strecke von Damaskus bis Medina sieben Jahre lang ihre Aufgabe. Schätzungsweise eine halbe Million Pilger benützten sie während dieser Zeit in jeder Richtung. Daß sie mehr als 1300 Kilometer in zweieinhalb Tagen zurücklegen konnten, bedeutete einen außerordentlichen Fortschritt.

Doch außer friedlichen Wallfahrern beförderte die Bahn auch Kriegsmaterial und türkische Soldaten. Als Nachschublinie mußte ihr trotz der relativ geringen Leistungsfähigkeit hoher strategischer Wert beigemessen werden, so daß sie während der Kämpfe im Vorderen Orient zwangsläufig bevorzugtes Ziel gegnerischer Angriffe wurde. Diese Gegner waren die Alliierten allgemein, als Exponent im besonderen jedoch der beinahe legendäre »Lawrence von Arabien«, an sich englischer Offizier, der jedoch mehr seinen eigenen Krieg führte, den Aufstand der Araber gegen die Türken entfesselte und von 1917 an durch pausenlose Überfälle auf die Hedschasbahn, Sprengung von Brücken und Unterbrechung längerer Gleisabschnitte den Ausgang des Krieges wesentlich mit beeinflußte. Thomas Edward Lawrence schrieb danach »Die sieben Säulen der Weisheit« und vergaß in dieser Schilderung des arabischen Freiheitskampfes kaum ein Detail der blutigen Anschläge auf Bauwerke und Züge, denen Frauen, Kinder und Verwundete ebenso zum Opfer fielen wie Eisenbahner und Soldaten.

Am Ende des Krieges war die Hedschasbahn zwar durchaus nicht völlig zerstört, doch an so vielen Stellen unterbrochen, daß nirgends ein zusammenhängender Abschnitt sinnvoll hätte weiterbetrieben werden können. Unter britischem und französischem Mandat bauten Syrien und Jordanien lediglich die nördliche Teilstrecke von Damaskus bis Maan wieder auf. Der südliche Abschnitt in Saudi-Arabien verfiel, wurde geplündert und zum Teil sogar während des Zweiten Weltkrieges abgebaut, um das Gleisbaumaterial anderweitig einzusetzen.

Obwohl sich Syrien, Jordanien und Saudi-Arabien 1958 darauf geeinigt hatten, auch die 840 Kilometer von Maan bis Medina wiederaufzubauen, sind bisher alle Bemühungen um eine Wiederherstellung der Hedschasbahn auf der Gesamtstrecke Damaskus - Medina gescheitert. In jüngster Zeit wurde jedoch unter Beteiligung der Deutschen Eisenbahn-Consulting eine Zweiglinie von Maan nach Al Akaba gebaut, um die reichen Phosphatvorkommen im Süden Jodaniens besser zu erschließen und für die Ausfuhr eine Verbindung zum Roten Meer herzustellen.

Neu gebaut wurden mit technischer und finanzieller Hilfe der Bundesrepublik Deutschland 5,2 Kilometer Anschlußstrecke zwischen den Phosphatgruben und der alten Hedschasbahnstrecke, 3,0 Kilometer Gleise im Hafen Al Akaba sowie 116,8 Kilometer neue Strecke von Batn-el-Ghul bis Al Akaba. Unterwegs liegen neun Bahnhöfe und Haltepunkte, zwei Tunnel, zwei größere und zwanzig kleinere Brücken. Zwischen El Hassa und Batn-el-Ghul benützt die Bahn das alte Hedschasbahngleis auf einer Länge von 124,0 Kilometern. Die Gesamtlänge der Verbindung von den Gruben bis zum Hafen beträgt somit nahezu 250 Kilometer. Am 6. Oktober 1975 wurde der Verkehr aufgenommen.

Auch die Linie zum Roten Meer hatte bereits Heinrich August Meissner begonnen. Nur eine militärische Intervention der britischen Kriegsflotte veranlaßte 1906 die Türkei zur Aufgabe des Projektes, durch das die Engländer ihre Interessen in Ägypten bedroht sahen und das außerdem eine Umgehung des Sueskanals durch die Eisenbahn bedeutet hätte.

Nach dem Ersten Weltkrieg kam die Hedschasbahn unter zwei getrennte Verwaltungen: der nördliche Teil auf syrischem Gebiet untersteht auch heute noch der Chemins de fer du Hedjaz mit Sitz in Damaskus; der mittlere, jordanische Teil wird von der Hedjaz Jordan Railway in Amman betrieben. Den südlichen, bisher nicht wieder eröffneten Abschnitt nahm Saudi-Arabien in Besitz. Nur zwischen Damaskus und Amman ist die legendäre Pilgerbahn noch in Betrieb. Eine 1981 von dem deutschen Planungsunternehmen Dorsch Consult im Auftrag der Regierungen Syriens, Jordaniens und Saudi Arabiens ausgearbeitete Studie ergab, daß von drei untersuchten Trassenvarianten die der alten Hedschasbahn auch unter heutigen Gesichtspunkten als die beste zu gelten hat. Der im Zusammenhang damit verfolgte Plan, die Bahn nach Umbau auf Normalspur mit neuem Leben zu erfüllen, blieb indessen unverwirklicht. In Syrien ist zwischen Homs und Damaskus am 14. März 1983 eine 194 Kilometer lange, mit sowjetischer Hilfe gebaute Normalspurverbindung eröffnet worden, die in Aleppo Anschluß an die Bagdadbahn findet.

In Jordanien fahren von Amman nach Süden bis Maan nur Güterzüge auf der alten Hedschasbahntrasse. Seit 1975 benützen sie ab El Hassa und seit 1982 schon ab Manzil auch die Züge aus den Phosphatgruben von El Hassa und El Abyad, die in Batn-el-Ghul auf die neue Strecke zum Hafen Akaba übergehen.

Von Afrika durch Asien nach Europa

Während der Kämpfe gegen die Türken im Ersten Weltkrieg hatten die Engländer unter dem Oberbefehl von Edmund Henry Allenby eine normalspurige Eisenbahn von Ägypten über die Halbinsel Sinai in Richtung Palästina vorgetrieben. Die Strecke schloß in Kantara am Sueskanal an die ägyptische Staatsbahn an und führte zunächst bis Gasa; nach dem Waffenstillstand wurde sie zwischen 1918 und 1920 bis Haifa verlängert. Außerdem erhielt die ursprünglich meterspurige Bahn von Jaffa nach Jerusalem, die erst während des Krieges von den Türken auf das etwas abweichende Maß der Hedschasbahn mit 1050 Millimeter umgebaut worden war, nun ebenfalls Normalspur. Damit bestand sowohl von Haifa als auch von Jerusalem aus eine Verbindung nach Ägypten, auf der durchgehende Schlaf- und Speisewagen bis Kantara verkehrten.

Im Zweiten Weltkrieg bauten wiederum britische Truppen unter Leitung südafrikanischer, australischer und neuseeländischer Eisenbahnoffiziere die Strecke nach Norden weiter, erreichten im Herbst 1942 Beirut und schlossen am 20. Dezember 1942 in Aleppo die letzte Lücke zu den Strecken der alten Bagdadbahn, womit - von der Fährlinie über den Bosporus abgesehen - eine durchgehend normal-

spurige Schienenverbindung von Afrika durch die nahöstlichen Länder Asiens nach Europa bestand. Die Strecke erlangte freilich nur auf Teilabschnitten vorwiegend militärische Bedeutung; zu durchgehendem Verkehr kam es nicht.
Schon während der britischen Mandatszeit wandte sich der Freiheitskampf der Araber gegen die Engländer, die ihn ursprünglich selbst angeheizt hatten, um Kräfte gegen die Türken zu mobilisieren. Wie ehedem die Hedschasbahn wurde nun die englische Bahn nach Ägypten bevorzugtes Angriffsziel der Beduinen. Mitte der dreißiger Jahre häuften sich die von Sprengstoffanschlägen verursachten Unterbrechungen der Strecke. Das noch heute ungelöste Palästinaproblem warf mit der beabsichtigten Aufteilung des britischen Mandatsgebietes und der Schaffung eines selbständigen jüdischen Staates schon seine Schatten voraus.
Als am 14. Mai 1948, einen Tag vor Ablauf des britischen Mandats, der Staat *Israel* ausgerufen wurde, kam es sogleich zum offenen Kampf mit den arabischen Nachbarn. Die Eisenbahnen wurden schwer in Mitleidenschaft gezogen und an den Demarkationslinien unterbrochen. Nach dem Waffenstillstand vom 3. Juni 1949 setzten die mit Gründung des Staates entstandenen Israelischen Staatsbahnen die Strecke innerhalb der vorläufigen Grenzen unverzüglich wieder instand.

Die Verbindung von der Hedschasbahn in Jordanien nach Al Akaba am Roten Meer nahm der deutsche Ingenieur Heinrich August Meissner schon kurz nach der Jahrhundertwende in Angriff. Verwirklicht wurde sie indessen erst 1975 unter Federführung der Deutschen Eisenbahn-Consulting. Gelegentlich begegnen einander hier Gegenwart und Vergangenheit, wie auf dieser neuen Brücke über das Wadi Umran.

1 Estnische SSR
2 Lettische SSR
3 Litauische SSR
4 Weißrussische SSR
5 Moldauische SSR
6 Grusinische SSR
7 Armenische SSR
8 Aserbaidschanische SSR
ATLANTISCHER OZEAN
Europäisches Nordmeer
Nordsee
Ostsee
Mittelländisches Meer
Schwarzes Meer
Kaspisches Meer
SOWJETUNION
Russische SFSR
Ukrainische SSR
Kasachische SSR
Usbekische SSR
Turkmenische SSR
ISLAND
NORWEGEN
SCHWEDEN
FINNLAND
DÄNEMARK
GROSSBRITANNIEN UND NORDIRLAND
IRLAND
FRANKREICH
SPANIEN
PORTUGAL
BRD
DDR
POLEN
TSCHECHOSLOWAKEI
ÖSTERREICH
SCHWEIZ
UNGARN
RUMÄNIEN
JUGOSLAWIEN
BULGARIEN
ALBANIEN
GRIECHENLAND
ITALIEN
TÜRKEI
SYRIEN
IRAK
IRAN
LIBANON
ISRAEL
JORDANIEN
ZYPERN
KUWAIT
SAUDI-ARABIEN
OMAN
ÄGYPTEN
LIBYEN
TUNESIEN
ALGERIEN
MAROKKO
Westsahara
MAURETANIEN
AFGHANISTAN
Kanarische I.
Azoren
Madeira (port.)

Maßstab 1 : 25 000 000 — 0 250 500 750 km

Während zwischen Haifa und Hadera der Güterverkehr bereits am 3. Mai wieder aufgenommen worden war, lief der Betrieb auf dem anschließenden Abschnitt von Hadera nach Süden bis Tel Aviv am 7. August 1949 wieder an. Seit 20. September 1949 verkehren zwischen Haifa und Tel Aviv wieder Reisezüge. Zu den Grenzen – im Norden gegen den Libanon bis Bezet und im Süden Richtung Gasa, das zunächst unter ägyptischer Kontrolle blieb, bis Jad Mordekay – lief nur Güterverkehr. Der ägyptische Teil zwischen Gasa und Kantara war am 1. April 1948 von den Engländern an die ägyptische Regierung verkauft worden. Schon im Sechs-Tage-Krieg von 1956 fielen auf der Sinai-Halbinsel rund 350 Kilometer Eisenbahnstrecken in die Hände der Israeli; 93 Kilometer wurden von ihnen auch weiterhin benützt. Nach dem Juni-Krieg von 1967, als Israel erneut auf dem Sinai Stellung bezog, bauten die dort stationierten Truppen das Gleis großenteils ab, um Schienen und Schwellen für ihre Verteidigungsstellungen auf der Baarlev-Linie zu verwenden. Ab 20. Juni 1967 betrieben die Israel Railways (IR) bis zum Rückzug Israels aus dem Gasastreifen im April 1982 Güterverkehr auf dem Südteil der Strecke über Gasa hinaus bis Al Arisch. Heute ist die Küstenstrecke zwischen Bezet an der libanesischen und Ashkelon an der ägyptischen Grenze in Betrieb. Reisezüge fahren vor allem auf dem Teilstück zwischen Haifa und Tel Aviv, aber auch zwischen Tel Aviv und Jerusalem. Nur Güterverkehr läuft über die seit 1959 Stück für Stück fertiggestellte Strecke vom Mittelmeerhafen Ashdod in das Bergbaugebiet von Beerscheba in der Negevwüste. Endpunkt dieser neu gebauten Strecke war 1983 Har Zin, die Fortsetzung bis Hazeva stand bevor. Geplant ist nach wie vor entlang der Grenze zu Jordanien eine über zweihundert Kilometer lange Bahnlinie von Sodom am Toten Meer nach Eilat am Roten Meer über Hazeva. Dort soll sie mit der Strecke durch die Negevwüste ans Mittelmeer verbunden werden. Die Israelischen Staatsbahnen betrieben Ende 1982 Strecken mit zusammen 573 Kilometer Länge. Alle Schmalspurbahnen sind, sofern sie nicht auf Normalspur umgebaut wurden, stillgelegt.
Die Verbindung Afrika – Asien – Europa ist an mehreren Stellen unterbrochen. Der ägyptische Abschnitt ist größtenteils demontiert. In Betrieb ist in Israel das Teilstück Ashkelon – Tel Aviv – Haifa – Bezet. Die anhaltenden Kämpfe im Libanon brachten dort den Eisenbahnverkehr weitgehend zum Erliegen. Eine Erneuerung des Abschnitts Sidon – Beirut ist gleichwohl geplant und 1983 mit französischen Unternehmen bereits vereinbart worden. Bis zum Ausbruch des Bürgerkriegs verkehrten zwischen Beirut und Aleppo auch durchgehende Reisezüge.
Die Staatsbahnen im *Libanon* (CEL) betrieben zuletzt 335 Kilometer Normalspurstrecken sowie die alte Schmalspurbahn Beirut – Damaskus auf dem 82 Kilometer langen libanesischen Teilstück, von dem 32 Kilometer mit Zahnstange des Systems Abt ausgerüstet waren.
Die *Syrische* Staatsbahn (CES) verfügt über 1533 Kilometer Normalspurstrecken und plant eine Reihe weiterer Linien. 1975 wurde die 755 Kilometer lange Neubaustrecke zwischen dem Mittelmeerhafen Al Ladhakijja und Kamischlijja durchgehend in Betrieb genommen, die über Aleppo nach Osten bis Dair As Sur und von dort in nordöstlicher Richtung zu ihrem Endpunkt an der Bagdadbahn zwischen der türkischen und der iranischen Grenze führt. Die in Syrien gelegenen Teile der Hedschasbahn betreibt die private Hedschasbahngesellschaft; dazu gehörte seit 1. September 1960 auch die Bahn Beirut – Damaskus auf syrischer Seite.

Auf den Spuren der Kolonisten

Von allen Erdteilen nützte Afrika die Eisenbahn als letzter. Die Beschaffenheit des unwegsamen Landes, das größtenteils von Wüsten und Steppen, Urwäldern und mächtigem Hochland bedeckt ist, setzte dem Vordringen des Menschen allenthalben Widerstand entgegen, der noch verstärkt wurde durch die nahezu undurchdringliche Vegetation in den tropischen Regionen, durch die Wasserlosigkeit der Wüstengebiete und nicht zuletzt durch eine Tierwelt, die den Menschen in Afrika vielfach auf Schritt und Tritt bedrohte.
Die eingeborene Bevölkerung wäre aufgrund ihres niedrigen Kulturstandes aus sich heraus nirgends in der Lage gewesen, größere technische Unternehmen zu beginnen und durchzuführen. So steht die Entwicklung des Eisenbahnwesens in Afrika in unmittelbarem Zusammenhang mit der Kolonisation und der Behauptung abgegrenzter Interessensphären durch die europäischen Mächte. Dabei diente die Eisenbahn freilich ebenso dem Handel wie der Ausbeute von Bodenschätzen und dem Abtransport der Landesprodukte.
Die Geltung Englands als weitaus bedeutendste Kolonialmacht spiegelt sich deutlich im Umfang der unter britischem Einfluß entstandenen Bahnnetze wider.
In Ägypten, das dem osmanischen Türkenreich angehörte, versuchte England ständig, verstärkten Einfluß zu gewinnen, und förderte deshalb nach Kräften auch das Entstehen neuzeitlicher Verkehrswege. So erhielt Ägypten mit der rund 210 Kilometer langen und im Januar 1856 eröffneten Verbindung von Alexandria am Nildelta nach Kairo die erste Eisenbahn Afrikas. Der zweite Schwerpunkt lag im Süden des Kontinents, wo England bereits die Kapkolonie und Natal unterworfen hatte. Auch dort entstanden verhältnismäßig früh erste Eisenbahnstrecken, die sich mit denen der zunächst noch selbständigen Burenrepubliken Transvaal und Oranje bald zusammenschlossen. Ein weiteres, wenn auch aus nur wenigen Strecken bestehendes Netz bildete sich im englischen Sudan mit Khartum als Mittelpunkt.
Auch Frankreich investierte erhebliche Summen in die Erschließung seiner Afrika-Besitzungen durch die Eisenbahn. Erste Strecken entstanden in Algerien, etwa zehn Jahre danach im benachbarten Tunesien. Um die Jahrhundertwende standen die bereits zusammengewachsenen Netze der beiden französischen Kolonialgebiete den britischen in Süd- und Ostafrika an Länge kaum nach. Regelrechte Eisenbahnnetze entstanden bisher nur in den klimatisch gemäßigten Gebieten des Nordens und im Süden.
Weitere Eisenbahnen drangen jedoch von zahlreichen Hafenplätzen an der West- und Ostküste ins Landesinnere vor. Gelegentlich bildeten Bahnlinien zusammen mit schiffbaren Abschnitten der großen Ströme ein Verkehrssystem, vor allem im belgischen Kongo. Beachtenswerte Erfolge bei der Erschließung Afrikas erzielte Portugal in seinen Besitzungen Angola im Westen und Moçambique im Osten. Über das Gebiet des früher zu Belgisch-Kongo gehörenden Katanga und über Rhodesien wurden die beiden portugiesischen Kolonien – allerdings erst zwischen den Weltkriegen – durch eine Eisenbahn verbunden, die einzige Transafrika-Querbahn, die verwirklicht werden konnte.
In den deutschen Kolonien Deutsch-Ostafrika, Deutsch-Südwestafrika, Togo und Kamerun kam es erst um die Jahrhundertwende zum Bau einiger Schmalspurbahnen. Berlin hatte dem Bahnbau in seinen spät erworbenen afrikanischen Schutzgebieten zunächst kaum Bedeutung beigemessen und privaten Initiativen

Afrikas erste Eisenbahnen fuhren in Ägypten. Obwohl unter britischem Einfluß entstanden, entwickelten sich später auch zur deutschen Eisenbahnindustrie enge Verbindungen, die bis heute fortbestehen. Nach dem Zweiten Weltkrieg exportierten beide deutschen Staaten nach Ägypten; dieser Zug auf der Strecke Kairo – Hilwan wurde in der DDR gebaut.

keine den enormen Schwierigkeiten angemessene Förderung zuteil werden lassen.
Mit den politischen Strukturen Afrikas ändert sich bis in die Gegenwart die Bedeutung bestehender und geplanter Eisenbahnen. Spannungen zwischen den inzwischen fast durchweg selbständigen Ländern können von heute auf morgen Verbindungen unterbrechen, ja zum Bau aufwendiger Umgehungsstrecken führen. Freundschaftliche Beziehungen vermögen dagegen Lücken zu schließen, neue Wege finden und engere Verbindungen schaffen zu helfen. In Afrika hat die Eisenbahn spät Fuß gefaßt, ebenso spät wird sie auch den Höhepunkt ihrer Bedeutung erreichen.

Bahnen am Nil

Die ersten Eisenbahnen Afrikas führten durch das Nildelta. Schon Anfang 1856 konnte hier die auf englische Initiative gebaute Strecke von Alexandria nach Kairo in Betrieb genommen werden. Während des Brückenbaues über den Nil brachte eine Eisenbahnfähre die Wagen über den Strom. Schon ein Jahr später kamen weitere Verbindungen hinzu, vor allem die nach Osten führende Linie von Kairo über Sagasig nach Ismailia und weiter nach Sues. Im Nildelta und um die Oase Al Faijum rund neunzig Kilometer südlich von Kairo entstanden verhältnismäßig umfangreiche Schmalspurnetze, größtenteils mit 750 Millimeter Spurweite. So verfügte *Ägypten* relativ rasch über das erste afrikanische Eisenbahnnetz: Ende 1860 umfaßte es bereits 443 Kilometer Strecken, während im gesamten übrigen Afrika lediglich ein zwölf Kilometer langes Teilstück der ersten südafrikanischen Bahn von Kapstadt in Richtung Wellington fertiggestellt war. Von Kairo am Nil entlang nach Süden drang die Eisenbahn Stück für Stück bis Asjut, später bis Assuan vor.
Ägypten plant die Verlängerung von dort aus nach Wadi Halfa. Die rund vierhundert Kilometer lange Neubaustrecke sollte schon 1980 fertig sein, blieb bisher jedoch unverwirklicht. Sie würde eine Verbindung

mit dem Streckennetz im Sudan herstellen, wobei allerdings die Spurweiten nicht übereinstimmen, so daß kein durchgehender Verkehr möglich wäre.
Weiter südlich entstand das heute zur Republik *Sudan* gehörende Netz um Khartum während der Kämpfe britischer Truppen gegen aufständische Mahdisten. Der später auch in Südafrika als Oberbefehlshaber im Burenkrieg und zu Beginn des Ersten Weltkriegs als Kriegsminister Englands bekannt gewordene Feldmarschall Horatio Herbert Kitchener bediente sich geschickt einiger rasch geschaffener Bahnverbindungen, um sich Nachschubwege zum Nil und zum Roten Meer zu sichern. So baute er bis 1899 durch die Nubische Wüste eine Bahn von Wadi Halfa nach Abu Hamad, mit der er das große Nilviereck abschnitt. Die von Sawakin südlich Port Sudan am Roten Meer nach Atbara am Nil in Angriff genommene Strecke konnte allerdings erst 1905 verwirklicht werden. Nach der entscheidenden Schlacht von Omdurman und dem Sieg über die Aufständischen wurde die Eisenbahn von Abu Hamad zunächst bis Khartum weitergeführt. Endpunkt im Südwesten wurde 1911 Al Obeid. Die Querverbindung von Port Sudan über Kassala und Sannar zu der Strecke nach Al Obeid war 1929 befahrbar. Nach dem Zweiten Weltkrieg kamen mehrere Abschnitte hinzu, so daß die Strecke heute im Westen bei Nyala, im Süden bei Waw endet. Die Sudan Railways planen weitere Anschlußstrecken.
Im Jahr 1982 betrieben die Ägyptischen Staatsbahnen 4321 Kilometer Strecken mit Normalspur von 1435 Millimetern; die ägyptischen Schmalspurlinien unterstehen Privatgesellschaften. Das Eisenbahnnetz im Sudan benützt durchweg Kapspur und umfaßte 1981 nahezu 4800 Kilometer.

Frankreichs Brücke nach Afrika

Auf Algerien, später auch auf Tunesien konzentrierte Frankreich seine Interessen in Nordafrika, bis schließlich mit Marokko eine breite Basis für den Brückenschlag nach dem Kontinent der Kolonien erworben war. So dehnten die im Mutterland tätigen Eisenbahngesellschaften bald ihre Tätigkeit auf Nordafrika aus.

Die erste Strecke in *Algerien* führte von Algier nach Blida und wurde am 15. August 1862 eröffnet. Ende 1870 umfaßte das Algerische Netz bereits Strecken mit 517 Kilometer Gesamtlänge. In *Tunesien* fuhr der erste Zug von der Hauptstadt Tunis nach Goletta (La Goulette) am 1. September 1872.
Bis zur Jahrhundertwende dehnte sich das Netz in Algerien auf 3179 Kilometer aus, das tunesische erreichte 1072 Kilometer Länge, so daß allein in diesen beiden französischen Kolonialgebieten am 1. Januar 1900 zusammen 4251 Kilometer Eisenbahnen betrieben wurden.
Hinzu kamen in den übrigen Besitzungen Frankreichs, vor allem im damaligen Senegambien, zum Teil beachtenswerte Strecken. Dazu gehört die von Dakar über Thiés im Küstenstreifen nach Norden führende Meterspur nach Saint-Louis, die schon 1885 eröffnet worden war, aber auch die 1881 begonnene und 1906 fertiggestellte Strecke von Kayes über Kita nach Bamako, die noch bis Koulikoro verlängert wurde und mit der die schiffbaren Abschnitte des oberen Senegal und des oberen Niger miteinander verbunden wurden. Bis 1924 entstand zwischen Thiés und Kayes eine Verbindung, so daß die Eisenbahn von Dakar aus weit über tausend Kilometer weit ins Landesinnere führt. Heute gehört der westliche Teil zu Senegal, der östliche zu Mali.
Die wiederholt angekündigten Projekte einer Sahara-Eisenbahn zwischen Algerien und dem Niger wurden von der Entwicklung geländegängiger Kraftwagen über-

Naturgewalten bedrohen die Verkehrswege in vielen Teilen der Welt. Wie ihnen der Mensch begegnet, ob mit soliden Konstruktionen, mit vorsorglichen Schutzbauten oder auch nur mit Improvisationstalent, hängt nicht zuletzt von der Mentalität der Völker ab. So bleiben die Überreste der vom Hochwasser hinweggespülten Brücken nicht selten einfach liegen, während eine neue gebaut wird. Der Vorgang kann sich – wie hier in Tunesien – in jedem Frühjahr wiederholen.

623757

holt; eine westliche Trasse war von Oran am Mittelmeer über den Hohen Atlas zur Oase Figuig und von dort durch die Sahara bis Timbuktu ausgearbeitet, eine östliche Variante von Philippeville am Mittelmeer nach Constantine, über den Sahara-Atlas zu den Oasen Biskra und Tuggurt und von dort aus durch die Sahara nach Süden mit Zweiglinien nach Timbuktu und zum Tschadsee. Gebaut wurden auf beiden Routen jedoch nur verhältnismäßig kurze Stichbahnen über den Atlas hinweg bis an den Nordrand der Sahara, wobei die westliche Linie bei Abadla endet, während die östliche auf der geplanten Trasse über die Oase Biskra bis zur Oase Tuggurt führt. Die Pläne wurden inzwischen überarbeitet. Damit sich die Entwicklung nicht auf den Küstenstreifen entlang dem Mittelmeer beschränkt, wird vor allem das Hochland gefördert. Die Nationalgesellschaft der Algerischen Eisenbahnen (SNCFA) wurde 1976 durch eine stärker wirtschaftlich orientierte Nationalgesellschaft für Eisenbahnverkehr (SNTF) abgelöst.

In *Marokko* wurde vor dem Ersten Weltkrieg noch die Strecke Fes - Rabat gebaut, die später nach Casablanca und weiter bis Marrakesch verlängert wurde. Von Algerien aus wurde auch der Anschluß mit den marokkanischen Linien hergestellt, so daß eine durchgehende West-Ost-Verbindung von mehr als zweitausend Kilometer Länge entlang der nordwestlichen Atlantik- und Mittelmeerküste zur Verfügung stand.

In Marokko betreiben den westlichen und den östlichen Teil der Strecke die Marokkanischen Staatsbahnen (ONCFM) von Marrakesch bis Sidi Kacem und von Fes bis zur algerischen Grenze. Das Zwischenstück Sidi Kacem - Fes liegt im Zuge der Tanger-Fes-Eisenbahn (TF), einer französisch-spanischen Gesellschaft mit Sitz in Paris.

In *Mauretanien,* das 1903 französisches Schutzgebiet und 1920 französische Kolonie geworden war, kam die Eisenbahn erst zum Zug, nachdem das Land 1960 bereits seine Unabhängigkeit erlangt hatte. Um die ergiebigen Eisenerzvorkommen in der Westsahara zu erschließen, bauten Franzosen an der Atlantikküste unmittelbar an der Grenze zu Spanisch-Sahara den Erzhafen Port-Étienne aus und legten eine rund 680 Kilometer lange Eisenbahnlinie exakt der schnurgeraden Grenzlinie folgend bis zu den Erzlagerstätten bei Fort-Gouraud und Zouerate durch die wasserlose und glutheiße Sandwüste. Heute bildet diese Eisenbahn die Lebensader Mauretaniens.

Afrikas größtes Eisenbahnnetz

Wie Ägypten im Norden so erhielt die Kapkolonie in Südafrika von den Engländern schon verhältnismäßig früh Eisenbahnen. Von 1860 bis 1863 entstand die erste Verbindung, die von Kapstadt nach Wellington führte, die zweite afrikanische Bahn überhaupt nach den Strecken des ägyptischen Netzes. Bald folgten längere Linien, die von Port Elizabeth und East London am Indischen Ozean in das Hinterland vordrangen. In der benachbarten, ebenfalls britischen Kolonie Natal wurde von der Hafenstadt Durban über die Hauptstadt Pietermaritzburg eine Bahn in den äußersten Norden bis Charlestown geführt.

Zunächst selbständig entwickelten sich die Bahnen in den beiden Burenrepubliken, dem Oranje-Freistaat und der Südafrikanischen Republik, dem Gebiet von Transvaal. Lange Zeit hatten sich die Buren jedem Bahnbau widersetzt, bis sie die Schwächung ihrer Position gegenüber den Annektionsbestrebungen der Engländer erkannten und ihre Einstellung zur Eisenbahn grundlegend änderten. Auch zur Erschließung der inzwischen entdeckten Goldfelder in Transvaal erwiesen sich Schienenwege als nützlich und zweckmäßig. So wurden die von Kapstadt, Port Elizabeth und East London mittlerweile bis in die Oranje-Hauptstadt Bloemfontein vorgetriebenen Bahnlinien endlich nach Norden weitergeführt. Am 1. Januar 1893 konnte die durchgehende Verbindung von den drei Hafenstädten über Bloemfontein nach Johannesburg und weiter bis Pretoria, der Hauptstadt der Südafrikanischen Republik, eröffnet werden. Auch der Bau einer Verbindung mit dem portugiesischen Hafen Lourenço Marques, um die sich seit 1875 Portugal und Transvaal bemüht hatten, kam nun zustande: Eine englische Gesellschaft baute von 1887 bis 1890 das in Moçambique gelegene, 89 Kilometer lange Teilstück von Lourenço Marques an der Delagoa-Bai bis Komati-Poort an der Grenze zur Südafrikanischen Republik. Das auf deren Gebiet gelegene, mit nahezu 475 Kilometern wesentlich längere Teilstück von Pretoria nach Komati-Poort verwirklichte die Niederländisch-Südafrikanische Eisenbahngesellschaft mit Sitz in Amsterdam. Der durchgehende Verkehr auf der insgesamt 564 Kilometer langen Strecke konnte am 8. Juli 1895 aufgenommen werden.

Die Fertigstellung der Delagoa-Bahn bis Lourenço Marques bedeutete einen Meilenstein in der afrikanischen Eisenbahngeschichte: Von Kapstadt und den anderen Häfen an der Südküste des Kontinents bestand nunmehr über die Strecken in der britischen Kapkolonie und im Oranje-Freistaat sowie über die Transvaal-Eisenbahn durch die Südafrikanische Republik eine mehr als zweitausend Kilometer lange Linie, die damals längste durchgehende Eisenbahnverbindung Afrikas. Allerdings rivalisierten die verschiedenen Gesellschaften heftig und erschwerten damit einen reibungslosen Verkehr.

Zur Jahrhundertwende umfaßten die Eisenbahnen der Kapkolonie 3361 Kilometer, in Natal 1185 Kilometer, in der Südafrikanischen Republik (Transvaal) 1935 Kilometer und im Oranje-Freistaat 960 Kilometer. Hinzu kamen weitere 1366 Kilometer in den übrigen süd- und zentralafrikanischen Besitzungen Englands, vor allem die unter großen Schwierigkeiten von Mombasa an der Ostküste über das neu gegründete Nairobi nach Port Florence am Victoriasee gebaute 937 Kilometer lange Ugandabahn, die den vollen Betrieb am 19. Dezember 1901 eröffnen konnte. Mehr als 8800 Kilometer der damals insgesamt 20114 Kilometer langen afrikanischen Bahnen waren somit im Süden des Kontinents vorwiegend unter britischer Flagge entstanden. Demgegenüber blieb die Bedeutung der niederländischen Unternehmungen in den Burenstaaten verhältnismäßig gering.

Das zeigte sich auch während des Burenkrieges, in dem sich zwischen 1899 und 1902 die ursprünglichen niederländischen und teilweise auch deutschen Siedler

Südafrikas Eisenbahnen bilden nicht nur das größte Netz des Kontinents, sie zeigen sich auch von vielen Seiten: Mit Volldampf erklimmt der Güterzug den Lootsbergpaß bei Middelburg (oben), elektrisch rollt der Expreßzug auf der Magistrale bei Durban an der Küste des Indischen Ozeans entlang (unten).

Nächste Doppelseite: Nicht weit entfernt liegt in Natal Südafrikas berühmtes 610-mm-Schmalspurnetz mit Pietermaritzburg als Mittelpunkt. Durch enge Kurven zieht die Ende der zwanziger Jahre von der Hanomag gebaute Garratt-Lokomotive ihren Zug in Richtung Donnybrook.

gegen die Unterwanderung durch die Engländer zur Wehr zu setzen versuchten. Bis zu ihrer endgültigen Niederlage wehrten sich die Buren auch durch zahlreiche Zerstörungen von Bahnanlagen, vor allem im Oranje-Freistaat. Trotzdem konnten sie keine entscheidenden Erfolge erzielen, weil die überlegenen englischen Verbindungen kaum betroffen wurden. Als jedoch 1910 die Kapkolonie Natal, Transvaal und der Oranje-Freistaat zur *Südafrikanischen Union* zusammengeschlossen und damit auch die Eisenbahnen unter einheitliche Verwaltung gestellt wurden, entstand innerhalb kurzer Zeit ein äußerst rentables Netz, das Ende 1910 bereits auf 15 781 Kilometer angewachsen war.

Als der große Vorkämpfer des südafrikanischen Eisenbahnwesens gilt Cecil Rhodes, der zunächst mit Diamantenfunden in Südafrika ein Vermögen erwarb und später als Ministerpräsident der Kapkolonie starken Einfluß auf die Kolonialpolitik und die Ausdehnung des britischen Einflußbereiches in Südafrika nahm. Rhodesien, das Rhodes unterwarf, trug seinen Namen bis zur Umbenennung in Zimbabwe 1980.

Während des Ersten Weltkrieges verbanden die Engländer durch Bau der Strecke Prieska - Kalkfontein ihr Netz in der Südafrikanischen Union mit dem deutschen in Südwestafrika. Danach kamen dessen Strecken ebenfalls unter britische Mandatsverwaltung. Im Jahre 1925 umfaßte das britisch-südafrikanische Eisenbahnnetz mit rund 19 000 Kilometern nahezu ein Drittel aller Bahnen Afrikas. Seine Entwicklung bis in die Gegenwart ist durch ständige Ausdehnung gekennzeichnet, abgesehen von Einbußen in mittlerweile selbständig gewordenen Ländern. Ende 1981 betrieben die South African Transport Services (SATS) 23 564 Streckenkilometer, von denen 7062 Kilometer elektrifiziert waren. Das heutige *Zimbabwe,* dessen Streckennetz 3441 Kilometer umfaßt, erhielt 1974 durch eine rund 110 Kilometer lange Neubaustrecke zwischen Rutenga und Beitbridge in Messina Anschluß an das südafrikanische Netz.

Unten: Heiße Tage in Angola: Wartungsdienst in Caimbambo an der Benguelabahn. Durch die Angriffe von Widerstandskämpfern erlebt sie seit Jahren »heiße Tage« auch im übertragenen Sinn. Rechts: In Zimbabwe, dem früheren Rhodesien, fahren moderne Diesellokomotiven aus England.

Quer durch Afrika

In der portugiesischen Kolonie *Angola* an der südafrikanischen Westküste begann im April 1887 der Bau einer Meterspurbahn von der Hafenstadt San Paolo des Loanda, heute kurz Luanda, ins Landesinnere. Nach einem Jahr Bauzeit waren rund sechzig Kilometer bewältigt, im nächsten Jahr nur vierzig, nach vier Jahren 180 Kilometer. Am 12. Juni 1895 konnte der Betrieb auf dem 303 Kilometer langen Abschnitt bis zum vorläufigen Endpunkt Queto eröffnet werden. Dabei beschäftigte sich die »Königlich-Portugiesische Afrika-Überlandbahn-Gesellschaft« mit großen Plänen: Die Strecke sollte Angola im Westen mit der ebenfalls portugiesischen Kolonie Moçambique im Osten verbinden.
Die Verwirklichung dieses Vorhabens blieb dann allerdings einer anderen Bahn vorbehalten, der Benguelabahn, die von der rund vierhundert Kilometer südlich Luanda ebenfalls an der Atlantikküste gelegenen Stadt Benguela ausgeht. Entlang der Küste besteht in nördlicher Richtung eine Verlängerung bis Lobito. Die Benguelabahn wurde am 28. August 1928 vollendet, führt in west-östlicher Richtung durch Angola und endete zunächst in Munhango, rund siebenhundert Kilometer landeinwärts. Erst 1931 entstand die Verbindung mit Katanga, die bis in die siebziger Jahre für die Kupferausfuhr aus dem oberen Kongo erhebliche Bedeutung behielt. Befreiungsbewegungen gegen die Portugiesen, später Untergrundorganisationen, unterbrachen die Strecke immer wieder. Isoliert wurden dadurch jedoch mehr die auf den Exportweg angewiesenen Länder Sambia und Zaïre, die der Boykott Rhodesiens auch den Zugang zum Indischen Ozean via Lourenço Marques oder Beira kostete.
Die Sprengung der Kasaibrücke bei Dilolo und seit 1975 zahlreiche weitere Sabotageakte unterbrachen die 1349 Kilometer lange Benguelabahn zum Atlantik immer wieder. Zuletzt wurde sie bevorzugtes Angriffsziel der Untergrundorganisation Unita, deren Kämpfer die Bahnanlagen vielfach nachhaltig zerstörten.
Gleichwohl bestand auf dieser Linie von Benguela in Angola über Lubumbashi (Elisabethville) in der Shaba-, früher Katanga-Provinz von Zaïre, weiter über Lusaka in Sambia, an den Victoriafällen nach Rhodesien und entweder über Salisbury nach Beira oder südöstlich nach Lourenço Marques die einzige Eisenbahn-Querverbindung durch Afrika vom Atlantik zum Indischen Ozean.
Eine weitere bedeutende Linie in Zaïre führt von Tenke an der Verbindungsstrecke zur Benguelabahn nach Nordwesten. In Kamina verzweigt sie sich in eine Verbindung nach Kabalo zur dritten Kongo-Umgehungsbahn und die rund 750 Kilometer lange Strecke nach Ilebo am Kasai. Von dort aus planen die Eisenbahnen von *Zaïre* (SCNZ) eine etwa 800 Kilometer lange Verbindung über Bandundu nach Kinshasa und damit an die Strecke nach Matadi an der Kongomündung. Die Öffnung des Landes zum Atlantik sichert dieser Eisenbahn von vornherein besondere Bedeutung.

Kongo mit Bahn und Schiff

Afrikas zweitgrößter Strom eignet sich als Wasserstraße trotz seiner enormen Länge von 4377 Kilometern nur mit Einschränkungen, obwohl er mit seinen Nebenflüssen ein nahezu zehntausend Kilometer umfassendes Netz von Schiffahrtswegen bildet. Wasserfälle und Stromschnellen unterbrechen jedoch allein den Hauptstrom an drei Stellen. Nachdem König Leopold II. von Belgien – als Privatmann – im Kongo riesige Besitzungen erworben und 1881 mit der Ausbeutung ihrer Bodenschätze begonnen hatte, wurden drei Umgehungsbahnen geplant, um das gesamte Land durch eine Kombination von Dampfschiff- und Eisenbahnlinien zu erschließen.
Von der Mündung können größere Schiffe nur etwa 150 Kilometer stromaufwärts bis Matadi gelangen. Zur Umgehung der Livingstonefälle begann die Kongobahn-Gesellschaft 1890 mit dem Bau einer Schmalspurbahn nach Léopoldville, dem heutigen Kinshasa. Am 4. Dezember 1893 konnten nach äußerst schwierigen Bauarbeiten die ersten vierzig Kilometer bis Nkenge dem Verkehr übergeben werden. Im März 1898 erreichte die Eisenbahn das 397 Kilometer entfernte Léopoldville. Die Spurweite betrug zunächst 765 Millimeter. Erst 1921 wurde die Strecke auf Kapspur von 1067 Millimeter umgebaut und dabei teilweise neu trassiert, so daß die Entfernung zwischen Leopoldville und dem Ausgangspunkt Matadi um 25 Kilometer verkürzt werden konnte.
Eine zweite Umgehungsbahn wurde 1908

zwischen Stanleyville - heute Kisangani - und dem rund hundert Kilometer entfernten Ponthierville um die Stanleyfälle herum ihrer Bestimmung übergeben. Eine dritte folgte, rund 355 Kilometer lang, zwischen Kindu und Kongolo im Jahr 1911. Alle drei Umgehungsbahnen liegen Hunderte von Kilometern voneinander entfernt und stehen miteinander nicht in Verbindung. Zur Erschließung der reichen Bodenschätze der Provinz Katanga entstanden dort im Laufe der Jahre die meisten Eisenbahnen des früheren Belgisch-Kongo. Die Strecke Dilolo - Elisabethville (Lubumbashi) bildet einen Teil der West-Ost-Querlinie zwischen Atlantik und Indischem Ozean. Besondere Bedeutung erhielt auch die Fortsetzung der dritten Kongo-Umgehungsbahn über Kongolo hinaus nach Süden bis Kabalo und von hier scharf in östlicher Richtung umschwenkend nach Albertville (heute Kalemie) am Tanganjikasee. Die Strecke war wie eine Reihe anderer unter französischer Beteiligung entstandener Bahnen in Meterspur erbaut worden; im Jahre 1950 wurde sie innerhalb weniger Tage auf Kapspur mit 1067 Millimetern umgebaut. Frankreich baute 1927 in seinem Teil des Kongo die Strecke von Pointe-Noire am Atlantik nach Brazzaville am Kongo. Mit einer Zweiglinie nach Norden umfaßt die Bahn 583 Kilometer. Sie ist in Kapspur erbaut.

Bahnen der deutschen Kolonien

Obwohl deutsche Siedler an der Entdeckung und Erschließung neuer Ländereien »draußen« seit früher Zeit wesentlich beteiligt waren, richtete das Deutsche Reich sein Interesse auf eigenen Kolonialbesitz erst zu einem Zeitpunkt, als die übrigen europäischen Großmächte längst zahlreiche Stützpunkte errichtet und die reichsten und günstigsten Gebiete für sich erworben hatten. Mit den »Schutzerklärungen«, die Bismarck 1884 zunächst für die Handelsniederlassungen des Bremer Kaufmannes Adolf Lüderitz in Südwestafrika, noch im gleichen Jahr auch für deutsche Besitzungen in Togo und Kamerun, im Frühjahr 1885 schließlich für die Ansiedlungen in Ostafrika abgab, übernahm Deutschland Hoheitsfunktionen auf vier Flächen der afrikanischen Landkarte, die bis dahin nur deshalb weiß geblieben waren, weil weder England noch Frankreich, Portugal oder eine andere Kolonialmacht ihren Besitz für erstrebenswert gehalten hatte.

Auch jetzt folgte die deutsche Flagge lediglich dem deutschen Handel, um dessen Schutzbedürfnis zu befriedigen. Machtpolitische Überlegungen spielten dabei keine wesentliche Rolle, so daß auch die Erschließung der Kolonialgebiete durch die Möglichkeiten und Grenzen privater Initiative bestimmt wurde. Staatliche Förderung, etwa zum Bau von Verkehrswegen in das großenteils nur schwer zugängliche Hinterland, blieb anfangs völlig aus und wurde auch später nur in dem Umfang gewährt, der zur Sicherung der Gebiete gegen Aufstände Eingeborener oder Übergriffe anderer Mächte unverzichtbar erschien. Obwohl die deutschen Eisenbahnen in Afrika bei Ausbruch des Ersten Weltkrieges 1914 eine Gesamtlänge von 4398 Kilometern erreicht hatten, blieb ihre Bedeutung im wesentlichen auf regionale Funktionen beschränkt.

Die Tanganjikabahn in *Deutsch-Ostafrika* erlangte als einzige gewisse Geltung, die allerdings nur in Anführungszeichen als »transkontinental« bezeichnet werden kann. Von Daressalam aus führte sie immerhin mehr als 1250 Kilometer weit vom Indischen Ozean bis an das Ostufer des Tanganjikasees, wo Dampfschiffsanschluß nach Albertville am gegenüberliegenden Westufer bestand und damit seit 1915 auch die Möglichkeit, teils mit den drei Kongo-Umgehungsbahnen, teils auf den schiffbaren Abschnitten des Kongo den Atlantik zu erreichen. Insofern bildete die deutsche Tanganjikabahn tatsächlich ein Glied in der ersten Ost-West-Verbindung durch Afrika; die Reise dauerte 1928 auf dieser Route 32 Tage, in der entgegengesetzten Richtung, also kongoaufwärts, 39 Tage.

Am 1. Februar 1905 hatte in Daressalam der Bahnbau begonnen. Die erste, zunächst nur 21 Kilometer lange Teilstrecke bis Pugu konnte am 15. Oktober 1906 ihrer Bestimmung übergeben werden. Die erste größere Etappe war nach zweieinhalb Jahren bewältigt, als die Betriebsspitze am 9. Oktober 1907 bei dem 209 Kilometer vom Ausgangspunkt entfernten Ort Morogoro anlangte. Die Durchführung der Arbeiten oblag ausschließlich der Baugesellschaft Philipp Holzmann & Co, die ihrem Ruf als führendes Bahnbauunternehmen auch hier gerecht wurde und die Strecke trotz aller Schwierigkeiten zügig weiter vorantrieb. So erreichte das Meterspurgleis am 1. Juli 1912 in über 1197 Meter über Normalnull die Stadt Tabora und am 1. Februar 1914 in der Kigomabucht das Ufer des Tanganjikasees. Der durchgehende Betrieb auf der insgesamt 1252,4 Kilometer langen Bahn konnte am 15. März 1914 aufgenommen werden, knapp fünf Monate vor Ausbruch des Ersten Weltkrieges. Bevor sie Ende 1916 von den deutschen Schutztruppen aufgegeben werden mußte, wurden Anlagen und Fahrzeuge so nachhaltig zerstört, daß der Wiederaufbau Monate in Anspruch nahm, wobei die Linienführung teilweise geändert und die Streckenlänge etwas verkürzt wurde. Unter britischer Mandatsverwaltung stieß die bereits von den Deutschen geplante und begonnene Zweiglinie von Tabora aus bis an das Südufer des Victoriasees vor. Von einigen weiteren, später gebauten Zweigbahnen haben zwei ihren Betrieb bereits wieder eingestellt.

Drei Wochen, nachdem 1905 in Daressalam mit dem Bau der Tanganjikabahn begonnen worden war, hatte eine andere, ebenfalls deutsche Baugesellschaft von der rund zweihundert Kilometer nördlich gelegenen Hafenstadt Tanga aus schon 129 Kilometer Strecke ins Landesinnere hergestellt: Lenz & Co. baute dort bereits seit Juni 1893 an einer Bahn mit ebenfalls einem Meter Spurweite, die das für Pflanzungen geeignete Gebiet in den Usambarabergen erschließen und eines Tages bis an den Victoriasee vorstoßen sollte. Dieses Ziel hat sie zwar nie erreicht, führte aber 1912 bis an den Fuß des Kilimandscharo, dessen Hauptgipfel - der höchste Afrikas - 5895 Meter hoch aufragt. Am 16. Oktober 1894 war bereits die erste Teilstrecke der Usambarabahn von Tanga nach dem 14 Kilometer entfernten Pongwe als erste deutsche Kolonialbahnstrecke eröffnet und am 1. April 1896 um weitere 25 Kilometer bis Muhesa verlängert worden. Die Finanzkraft der zunächst privaten Gesellschaft reichte jedoch nicht weiter, so daß schließlich der Staat die Bahn übernahm; daraufhin konnten weitere Teilstrecken gebaut und in Betrieb genommen werden: am 24. Februar 1905 bis Momba in Kilometer 129,0 und am 27. Juli 1909 bis Buiko in Kilometer 174,1. Vorläufiger Endpunkt wurde am 7. Februar 1912 der 351,4 Kilometer von Tanga entfernte Ort Neu Moshi. Die geplante Verlängerung um weitere 86 Kilometer bis Arusha verwirklichte erst 1929 die britische Mandatsverwaltung. Sie stellte auch eine Verbindung mit der im benachbarten Britisch-Ostafrika (Kenia) parallel verlaufenden Ugandabahn her, wodurch sich der Verkehr stärker auf diese Linie und den Hafen Mombasa verlagerte, so daß die Usambarabahn nur noch lokale

Deutschlands Anspruch auf Kolonialbesitz erlosch schon 1918; seine Wertschätzung als Industrienation blieb dagegen in zahlreichen Ländern der Dritten Welt bis heute ungeschmälert. Hier werden im Hafen von Accra moderne dieselelektrische Lokomotiven, von Henschel in Kassel gebaut, für die Eisenbahn von Ghana an Land gesetzt.

Bedeutung behielt. Eine 23,3 Kilometer lange Zweiglinie mit 750 Millimeter Spurweite bestand seit 1904 von der Station Tengeni der Usambarabahn nach Sigi, wo in der Nähe eine landwirtschaftliche Forschungsstation arbeitete.

Deutsch-Südwestafrika bot zunächst von Natur aus so wenig, daß für eine Erschließung durch Eisenbahnen lange kaum Anlaß bestand. Erst als der althergebrachte Ochsenwagenverkehr kurz vor der Jahrhundertwende infolge der Rinderpest zeitweise völlig zum Erliegen kam, ließ die Verwaltung von dem deutschen Hafenplatz Swakopmund aus eine Schmalspurbahn mit 600 Millimeter Spurweite nach der rund 380 Kilometer entfernten und 1654 Meter hoch im Binnenland gelegenen Hauptstadt Windhuk anlegen. Eisenbahntruppen begannen im Herbst 1897 mit den Bauarbeiten und trieben sie unter den gegebenen topographischen und klimatischen Verhältnissen relativ schnell voran, wofür jedoch an vielen Stellen mangelhafte Trassierung in Kauf genommen werden mußte. Die erste, zehn Kilometer von Swakopmund entfernte Station Nonidas konnte bereits am 20. November 1897 eröffnet werden. Ab 1. Oktober 1901 war die insgesamt 382 Kilometer lange Bahn bis Windhuk in Betrieb.

Ihre geringe Leistungsfähigkeit führte dazu, daß zwei Jahre später die Otavi-Minen- und Eisenbahn-Gesellschaft in Berlin zur Erschließung ihrer im Norden gelegenen Kupfervorkommen eine eigene Trasse wählte, die beinahe zweihundert Kilometer weit bis Karibib nahezu parallel verlief, aber wesentlich besser trassiert und solider gebaut wurde, so daß die Staatsbahnstrecke stark an Bedeutung verlor. Sie wurde während des Krieges im Jahre 1915 abgebaut. Die Arbeiten für den Bau der ebenfalls mit 600 Millimeter Spurweite projektierten Otavibahn übernahm die Baugesellschaft Arthur Koppel. Sie begannen im Oktober 1903 in Swakopmund, erlitten jedoch durch die Hereroaufstände anfangs schwere Rückschläge, so daß die erste, 177 Kilometer lange Teilstrecke bis Onguati einschließlich einer 14 Kilometer langen Verbindungsbahn zur Staatsbahn nach Karibib erst am 18. Mai 1905 eröffnet werden konnte. Danach schritten die Bauarbeiten jedoch sehr zügig fort, und seit 12. November 1906 ist die 567 Kilometer lange Strecke als längste Schmalspurbahn der Welt über Otavi bis zu den Kupferminen von Tsumeb voll in Betrieb. Eine andere Gesellschaft baute im folgenden Jahr von Otavi aus noch eine rund neunzig Kilometer lange Zweiglinie nach Grootfontein, die bis auf eine Höhe von 1636 Meter über Normalnull ansteigt.

Das dritte große Eisenbahnprojekt

Deutsch-Südwestafrikas entstand vorwiegend aus militärischen Erfordernissen heraus. Die Strecke beginnt an der rund fünfhundert Kilometer südlich Swakopmund gelegenen Lüderitzbucht und führt in östlicher Richtung ins Hinterland. Am 1. November 1906 erreichte sie nach 140 Kilometern den 1495 Meter über Normalnull gelegenen Ort Aus. Nach kurzer Unterbrechung der Bauarbeiten wurde sie über Seeheim bis Keetmanshoop weitergebaut, das in klimatisch günstiger Lage, 1002 Meter hoch und 366 Kilometer von der Lüderitzbucht entfernt liegt. Am 21. Juni 1908 erreichten die Baukolonnen den Endpunkt.

Zwei Jahre später änderten Diamantenfunde nahe der Lüderitzbucht die Finanzlage des Schutzgebietes mit einem Schlag. Der Wohlstand blieb auch auf die Eisenbahn nicht ohne Auswirkungen: Die Otavibahn wurde daraufhin verstaatlicht, der stark verbesserungsbedürftige Abschnitt Karibib - Windhuk der ersten Staatsbahn auf Kapspur umgebaut und teilweise günstiger geführt, vor allem aber eine Nord-Süd-Bahn zwischen Windhuk und Keetmanshoop neu gebaut. Die Arbeiten für diese Strecke begannen Ende 1910 an beiden Endpunkten gleichzeitig. Am 3. März 1912 konnte die 506 Kilometer lange Verbindung zwischen den beiden nördlichen Bahnen und der Lüderitzbucht-Eisenbahn im Süden dem Verkehr übergeben werden; auf dem Auaspaß erklimmt sie eine Höhe von 1923 Metern.

Schon am 6. Juli 1909 war eine von der Station Seeheim an der Lüderitzbucht-Eisenbahn ausgehende, rund 180 Kilometer lange Zweiglinie nach Kalkfontein fertiggestellt worden, über die während des Krieges im Jahre 1915 der unfreiwillige Anschluß an die Bahnen Südafrikas erfolgte. Die Verbindung diente zunächst dem englischen Nachschub, ebenso die bereits zwei Monate nach Kriegsausbruch angelegte Bahn von der britischen Enklave Walfischbai nach dem nur 37 Kilometer entfernten, von den Deutschen bereits geräumten Hafen Swakopmund. Dort schloß diese Strecke an die Otavibahn an, die zwar auf rund vierzig Kilometer zerstört worden war, von den Engländern nun jedoch sofort bis Karibib auf Kapspur umgebaut wurde. Nur die anschließende Teilstrecke bis zu den Kupfergruben von Tsumeb blieb bis nach dem Zweiten Weltkrieg schmalspurig. Heute betreibt Südafrika die meisten Strecken in dem ehemals deutschen Schutz- und südafrikanischen Mandatsgebiet, das seit 1966 von der UNO als Namibia bezeichnet wird.

In *Togo* entstand zunächst eine 44 Kilometer lange Meterspurbahn von der Hauptstadt Lomé entlang der Küste nach Anecho; die Strecke konnte am 18. Juli 1905 eröffnet werden. Gleichzeitig liefen bereits die Bauarbeiten an der 119 Kilometer langen Inlandbahn Lomé - Palime, die am 27. Januar 1907 dem Betrieb übergeben werden konnte. Schließlich entstand von 1908 an noch die 167 Kilometer lange Hinterlandbahn, die am 1. April 1911 bis Agbonu und am 2. Mai 1913 bis Atakpamé fertiggestellt war. Diese Strecke erhielt durch die französische Mandatsverwaltung 1934 eine 113 Kilometer lange Zweiglinie von Agbonu nach Blita.

In *Kamerun* wurde im Herbst 1906 die Nordbahn von Bonaberi nach Nkongsamba in Angriff genommen. Sie erreichte ihren 160 Kilometer entfernten Endpunkt Anfang April 1911 und wurde am 24. Mai offiziell eingeweiht. Der Bau der von Duala bis Mbalmajo geplanten Mittellandbahn geriet in die Kriegszeit und konnte unter deutscher Leitung nur auf einer Länge von 181 Kilometern bis Njock fertiggestellt werden. Die französische Mandatsverwaltung führte die Strecke über Otele weiter, wich dort jedoch von der ursprünglichen Trasse ab und eröffnete am 15. August 1927 den Betrieb bis Jaunde, 307 Kilometer vom Ausgangspunkt entfernt. Den nur 38 Kilometer langen Restabschnitt auf der deutschen Trasse legten die Franzosen zunächst in 600 Millimeter Spurweite an, bauten ihn jedoch 1933 ebenfalls für Meterspur aus. Nord- und Mittellandbahn erhielten erst am 17. Februar 1955 Verbindung über die Mündung des Kamerunflusses hinweg.

Mitte der sechziger Jahre begannen in Kamerun die Bauarbeiten zur Verlängerung der Mittellandstrecke über Jaunde hinaus zunächst bis Belabo und von dort weiter bis Ngaoundéré. Das erste, 298 Kilometer lange Teilstück wurde am 5. April 1969 fertig, der abermals 332 Kilometer entfernte Endpunkt am 1. Februar 1974 erreicht. Bereits drei Tage später nahm die Staatsbahn (REGIFERCAM) den öffentlichen Verkehr auf der neuen Strecke auf. Als Transkamerunbahn eröffnete sie offiziell Staatspräsident El-Hadj Ahmadou Ahidjo am 10. Dezember 1974. Auch mit

Sambia im Herzen des südlichen Afrika besitzt keinen unmittelbaren Zugang zum Meer. Um so bedeutender sind für den Export der reichen Bodenschätze die Eisenbahnverbindungen im Westen über die Benguelabahn durch Angola zum Atlantik und im Osten über die neue Tan-Sam-Bahn durch Tansania nach Daressalam am Indischen Ozean. Beide waren in den vergangenen Jahren mehr oder weniger andauernd unterbrochen. So rollten die Transporte, allen politischen Gegensätzen zum Trotz, wieder – reibungslos – über Rhodesien, das heutige Zimbabwe. Die Dampflokomotive und dabei wiederum die mächtige Beyer-Garratt spielt nach wie vor eine bedeutende Rolle.

deutscher Entwicklungshilfe werden jetzt die älteren Streckenabschnitte der meterspurigen Bahn zwischen Duala und Jaunde zum Teil neu trassiert und damit der Leistungsfähigkeit des neuen Streckenteils angepaßt.
Neben den durchweg in Meterspur ausgeführten Bahnen Togos und Kameruns bestanden schon früh umfangreiche Plantagenbahnen mit 600 Millimeter Spurweite, vor allem in Kamerun. Die Hauptlinien hatten ausschließlich Erschließungsfunktionen und verbanden die Kakao- und Bananenplantagen des Hinterlandes mit der Küste.

Die Kap – Kairo-Linie

Seit in Afrika Eisenbahnen fahren, spielt - wenn auch bisher gewissermaßen nur im Sandkasten - das Projekt einer Kap - Kairo-Verbindung die große Rolle. Diametral entgegengesetzt lagen die ersten Bahnen auf dem riesigen Kontinent, aber ihre Strecken liefen geradewegs aufeinander zu: am Nil entlang nach Süden und vom Kap der Guten Hoffnung nach Norden. Doch was sich auf der Landkarte mit wenigen Bleistiftstrichen konzipieren ließ, überstieg in der afrikanischen Wirklichkeit bislang die Kräfte von Finanziers und Politikern. Achttausend Kilometer liegen zwischen Kapstadt und Kairo. Wer sie überwinden will, kann heute sein Ziel mühelos und bei allem Komfort in weniger als zwölf Stunden mit dem Jet erreichen. Trotzdem ist das Kap - Kairo-Eisenbahnprojekt noch keineswegs endgültig zu den Akten gelegt. Immerhin bestehen bereits über fünftausend Kilometer Strecke. Die Lücken zu schließen erscheint auch heute weder sinnlos noch unmöglich. Eine Bahnreise zwischen Nord und Süd durch alle Landschaften Afrikas ließe sich zur Touristenattraktion ersten Ranges ausbauen, den heute möglichen Komfort und politische Stabilität in den durchfahrenen Ländern vorausgesetzt. Auch der wirtschaftlichen Erschließung weiter Gebiete Zentralafrikas könnte die Bahn neue Impulse geben.
Heute reicht die ägyptische Strecke von Alexandria am Mittelmeer über Kairo bis Assuan am Nil. Von dort führt eine Lokalbahn noch ein kurzes Stück weiter bis Schallal. Die erste Lücke von rund vierhundert Kilometer Länge besteht von hier bis Wadi Halfa im Norden des Sudan. Ob und wann sie geschlossen wird, ist ungewiß. Über Khartum läßt sich als äußerster Punkt im Südwesten des Landes Waw mit der Bahn erreichen. Die mit etwa zweitausend Kilometern größte Lücke klafft zwischen der Endstation im Sudan und den in Frage kommenden Anschlußstrecken in Uganda oder Zaïre, dem früheren Belgisch-Kongo. Durchgehende Bahnverbindung bis Kapstadt besteht vorerst nur ab Kindu, dem nördlichen Endpunkt der dritten Kongo-Umgehungsbahn, über Lubumbashi (Elisabethville) in Zaïre, Lusaka in Sambia, Bulawayo in Zimbabwe und schließlich Kimberley in der Südafrikanischen Republik.
Mit Ausnahme der ägyptischen Strecke von Alexandria bis Assuan, die europäische Normalspur von 1435 Millimetern aufweist, sind sämtliche übrigen Teilstrecken auf der Kap - Kairo-Route in Kapspur von 1067 Millimeter Spurweite angelegt oder auf dieses Maß umgestellt.

China baut in Afrika

Ein Bauvorhaben, dessen Größenordnung der Vollendung des Kap – Kairo-Projektes kaum nachsteht, hat auf afrikanischem Boden erst in neuester Zeit die Volksrepublik China realisiert: den direkten Eisenbahnanschluß Sambias, des ehemals britischen Protektorats Nordrhodesien, an den Hafen Daressalam am Indischen Ozean. Die Verbindung geht auf Pläne aus dem Jahre 1952 zurück. Im Mai 1948 hatte sich die Kenya & Uganda Railway mit der Tanganyika Railway zusammengeschlossen, womit in den früheren Kolonien Britisch-Ostafrika, Uganda und Deutsch-Ostafrika ein 5895 Kilometer langes Eisenbahnnetz mit der einheitlichen Spurweite von einem Meter entstanden war. Zur Verwaltung und Betriebsführung wurden die East African Railways (EAR) mit Sitz in Nairobi gegründet. Das Projekt der »Tan-Sam-Bahn« sollte die lukrativen Gütertransporte aus *Sambia* auf das Gebiet *Tansanias* und damit auf die Strecken der East African Railways ziehen.
Um Sambia, dem zweitgrößten Kupferproduzenten der Welt, einen günstigeren Weg ans Meer zu öffnen, hätte sich zwar am ehesten der Anschluß an den Hafen Beira am Indischen Ozean angeboten. Doch Beira lag im portugiesischen Moçambique, und der Weg dorthin führte durch Rhodesien. So wurden die alten Pläne der Tan-Sam-Bahn um so aktueller, je mehr sich die politischen Verhältnisse zu den Transitländern zuspitzten und je höher als politischer Faktor die Möglichkeit bewertet wurde, das Territorium Rhodesiens und Moçambiques zu umgehen. Die in Aussicht genommene Finanzierung über die Weltbank scheiterte jedoch, weil das Projekt nach deren Wirtschaftlichkeitsberechnungen keine Rendite erwarten ließ. Daraufhin nahmen Sambia und Tansania das Angebot der Volksrepublik China an, die Strecke zu bauen und das Eisenbahnmaterial zu liefern.
Im Frühjahr 1968 wurde die Trasse, teilweise von den früheren Plänen abweichend, endgültig festgelegt. Ursprünglich sollte die Tan-Sam-Bahn von Daressalam aus zunächst der alten deutschen Tanganjikabahn folgen, in Kilosa auf die von der Mandatsverwaltung gebaute Zweiglinie nach Kidatu überwechseln und von dort aus als Neubaustrecke rund 1800 Kilometer weit nach Südwesten führen, bis sie in Kapiri Mposhi in die bestehende Strecke nach Lusaka hätte einmünden können. Die Chinesen verzichteten jedoch auf die Benützung der in Tansania vorhandenen Abschnitte und wählten von Daressalam aus eine eigene, direkte Trasse. So sparten sie dem späteren Betrieb einen ständigen Umweg und umgingen außerdem das Problem der verschiedenen Spurweiten. Die Tan-Sam-Bahn wurde in Kapspur, der Normalspur Afrikas, angelegt. Damit entspricht die neue Bahnlinie den Merkmalen der Strecken in Sambia sowie seiner Anschlußverbindungen nach Zimbabwe, Südafrika, Zaïre, Angola und Moçambique. Tansania dagegen fährt gemeinsam mit Kenia und Uganda noch auf Meterspur; bei der Ausdehnung des Netzes der East African Railways konnte mit einer kurzfristigen Umspurung nicht gerechnet werden. So hat die Tan-Sam-Bahn in Daressalam nicht nur einen eigenen Bahnhof, sondern auch getrennte Hafenanlagen erhalten. Am 7. Juni 1975 wurde die auf einer Entfernung von 1857 Kilometern neu gebaute Strecke zwischen Daressalam und Kapiri Mpoŝhi fertiggestellt, am 24. Oktober 1975 durchgehend in Betrieb genommen und am 14. Juli 1976 von den Chinesen offiziell übergeben. Am Bau der Bahn waren 35 000 Afrikaner und 15 000 Chinesen beteiligt, davon tausend Ingenieure. Das erste große Entwicklungshilfeprojekt Chinas erlitt indessen bald Schiffbruch. Die Afrikaner erwiesen sich der vielfältigen Probleme als nicht gewachsen, so daß der Verkehr zeitweise eingestellt wurde. Auch das gemeinsame Eisenbahnunternehmen Kenias, Ugandas und Tansanias brach infolge der wachsenden Spannungen zwischen den beteiligten Ländern wieder auseinander: Am 9. Februar 1977 gab die kenyanische Region der EAR die Bildung der selbständigen »Kenya Railways« bekannt.

Bahnen leisten bei der Entwicklung Hilfe

Seit Jahren bemühen sich zahlreiche afrikanische Staaten um den Ausbau ihrer Verkehrswege. Häufig sind dabei nicht mehr genügend leistungsfähige Eisenbahnen aus der Kolonialzeit zu erneuern und völlig neue Strecken zu bauen. Die Finanzierung übernehmen vielfach internationale Organisationen wie die Weltbank oder der Europäische Entwicklungsfonds, zum Teil fließt auch Entwicklungshilfe von Industrieländern unmittelbar ein. Für Planung und Durchführung bieten sich weltweit tätige Beratungsunternehmen wie die Deutsche Eisenbahn-Consulting,

eine gemeinsame Tochter der Deutschen Bundesbahn und der Deutschen Bank, und vergleichbare ausländische Institute als Projektführer an. Vielfach leisten sich aber auch Länder der dritten Welt gegenseitig Hilfe. So hat Indien seine Unterstützung für den Aufbau eines Eisenbahnnetzes in *Libyen* und dessen Anschluß an die Strecken in den Nachbarländern Ägypten und Tunesien seit langem zugesagt. Allerdings gibt es nach wie vor noch keine Eisenbahn in Libyen. Bis 1980 sollte für Erztransporte eine rund 600 Kilometer lange Strecke von Sabha nach Norden zum Mittelmeerhafen Misurata gebaut werden. Die drei Magreb-Staaten Algerien, Marokko und Tunesien arbeiten seit mehreren Jahren in einer Gemeinschaft zusammen, die sich zum Ziel gesetzt hat, Entwicklung und Zusammenarbeit im Eisenbahnwesen der drei Länder zu fördern. Der 1974 in Marrakesch konzipierte Trans-Magreb-Expreß, der von Rabat über Algier bis nach Tunis verkehren und damit die Hauptstädte verbinden sollte, blieb bisher allerdings auf die Verbindung Algier - Tunis beschränkt.
Die meisten neuen Bahnbau-Projekte konzentrieren sich gegenwärtig auf das westliche Äquatorialafrika. In *Gabun* entsteht in drei Teilabschnitten die Transgabun-Eisenbahn, die von Libreville und dem benachbarten neuen Atlantikhafen Owendo aus zunächst 332 Kilometer weit bis Booué führt. Dort schließt sich in südöstlicher Richtung die zweite, 375 Kilometer lange Strecke nach Franceville an. Von Booué wird auch der dritte Abschnitt ausgehen, der 229 Kilometer in nordöstlicher Richtung bis Bélinga führen soll. Er wird die Ausbeutung umfangreicher Eisenerzvorkommen ermöglichen, während auf dem ersten Abschnitt vorwiegend Tropenholz, auf dem zweiten Mangan- und Uranerze aufkommen.
Die drei Teilstrecken sind wiederum in Bauabschnitte unterteilt. Der erste mit 182 Kilometern wurde am 27. Dezember 1978 von Owendo bis Ndjole fertig, der anschließende bis Booué am 18. Januar 1983 eingeweiht. Die Strecke nach Franceville ist 1983 in Angriff genommen worden. Manganerzvorkommen sollen auch in *Obervolta* erschlossen werden. Hierfür soll die von Abidjan an der Elfenbeinküste ausgehende und nach Wagadugu, der Hauptstadt Obervoltas, führende Strecke um rund 340 Kilometer bis Tambao verlängert werden. Allerdings ist mit dem seit langem geplanten Vorhaben bis 1983 noch nicht begonnen worden. Das gilt auch für die neuen Eisenbahnverbindungen, die - ebenfalls vorwiegend für den Erzverkehr - an der *Elfenbeinküste* geplant sind. Sie sollen die Erzlagerstätten um Man mit dem neuen Hafen San Pedro an der Grenze zu Liberia verbinden.
Beinahe ausschließlich dem Erzverkehr dienen die drei Bahnen *Liberias,* von denen die beiden kürzeren in Monrovia, die 270 Kilometer lange Normalspurstrecke der LAMCO in Buchanan am Atlantik enden. Die LAMCO dient dem Erztransport aus den Gruben von Nimba; sie bezog zwischen 1962 und 1970 von Henschel aus der Bundesrepublik Deutschland insgesamt vierzehn dieselelektrische Lokomotiven, die als die schwersten in Europa gebauten Diesellokomotiven mit elektrischer Kraftübertragung galten und in Dreifachtraktion Erzzüge mit 12000 Tonnen Gesamtgewicht befördern.
Nigeria hat zur Modernisierung seines rund 3500 Kilometer umfassenden Bahnnetzes wirtschaftlich-technische Hilfe Indiens in Anspruch genommen. Im früheren französischen *Kongo,* heute Volksrepublik, läuft mit Finanzhilfe mehrerer westlicher Länder und der Weltbank auf einem 88 Kilometer langen Teilstück der Strecke von Pointe Noire nach Brazzaville eine grundlegende Verbesserung der Trasse, wobei zahlreiche Brücken und Tunnel gebaut werden, um Kurven zu strecken und Neigungen abzuflachen. So leisten an vielen Stellen des riesigen afrikanischen Kontinents Eisenbahnen Hilfe bei der Entwicklung, der noch eine lange Zukunft bevorsteht.

Linke Seite: Moçambique, früher portugiesische Besitzung, wurde am 25. Juni 1975 unabhängig und wandte sich mehr und mehr dem sozialistischen Lager zu. Manches Bild aus der Kolonialzeit – hier ein »gemischter« Güter- und Personenzug mit einer 1923 von Baldwin in den USA gebauten Lokomotive im Bahnhof Lourenço Marques – hat sich bislang kaum verändert.
Unten: Auf dem afrikanischen Kontinent kam die Eisenbahn spät zum Zug, um so länger wird sie dort ihre Bedeutung behalten. Die Rauchfahne gilt in Afrika zur Freude und Genugtuung zahlreicher Dampflokomotivfreunde durchaus noch als Symbol des Fortschritts.

1 N.H.
2 Mass.
3 R.I.
4 Conn.
5 N.J.
6 Del.
7 Md.
NORDPOLARMEER
Beringmeer
Beaufortsee
Amundsengolf
Baffin-meer
Davisstraße
Labradorsee
Irmingersee
Dänemarkstraße
Hudsonstraße
Hudson-bai
Golf von Alaska
PAZIFI
ATLANTISCHER OZEAN
Grönland (dän.)
ISLAND
UdSSR
Alaska
Yukonterritor.
Nordwest-territorien
KANADA
British Columbia
Alberta
Saskatchewan
Manitoba
Ontario
Quebec
Neufundland
Neu-braunschweig
Neu-schottland
Baffinland
Victoria I.
Banks I.
Queen Elizabeth Islands
VEREINIGTE STAATEN
Wash.
Oreg.
Id.
Mont.
Wyo.
N.D.
S.D.
Nebr.
Minn.
Wis.
Mich.
Ill.
Ind.
O.
Pa.
N.Y.
Me.
Vt.
Va.
W.Va.
Ia.
Nev.
Colo.
Kans.
Calif.
Ellesmere Island
Axel Heiberg I.
Sverdrup Is
Devon I.
Somerset I.
Southampton I.
Labrador
Beringstraße
Anchorage
Fairbanks
Nome
Juneau
Whitehorse
Dawson
Vancouver
Victoria
Edmonton
Calgary
Saskatoon
Regina
Winnipeg
Churchill
Toronto
MONTREAL
Ottawa
Quebec
Halifax
St. John's
Seattle
Portland
San Francisco
CHICAGO
DETROIT
NEW YORK
PHILADELPHIA
Boston
Washington
Denver
Salt Lake City
Minneapolis
St. Paul

Maßstab 1:25 000 000
0 250 500 750 km

MAY GRA
4

Das Land der unbegrenzten Bahnen

Schon 1797 veröffentlichte der legendäre Oliver Evens, Schmied und Bootsbauer in Philadelphia, einen Artikel über den Wert von Schienenwegen, die ihm nicht nur als Zubringer zu den Kanälen nützlich schienen, sondern die er bereits zu selbständigen Netzen zusammenwachsen sah. Im Jahre 1801 baute er ein erstes Dampfmobil, 1804 ein weiteres, mit dem er nicht nur auf den Straßen von Philadelphia, sondern auch auf den Wasserläufen zum Delaware hin fahren konnte. Seine Ideen von Eisenbahnen nach Pittsburgh und New York fanden freilich damals selbst in Amerika noch keinen Widerhall. Oliver Evans war seiner Zeit um drei Jahrzehnte voraus.
Mehr Erfolg mit seinen Bemühungen, die Eisenbahn populär zu machen, war John Stevens beschieden. Er baute, nachdem zunächst auch auf ihn kaum jemand gehört hatte, auf eigene Faust den ersten Dampfwagen Amerikas, der auf Schienen lief. Stevens hatte zu diesem Zweck eine kreisförmige Gleisanlage mit rund siebenhundert Meter Länge verlegt, auf der er den Beweis dafür zu erbringen gedachte, daß eine Eisenbahn als Alternative für den damals geplanten Kanal von Philadelphia nach Pittsburgh durchaus in Frage käme. Seine 1824 gebaute Lokomotive wurde mit Zahnrad und Zahnstange - in der Mitte des Gleises - angetrieben und durch Spurhalter auf den Schienen geführt, da Spurkranzräder noch nicht bekannt waren.
Das eigentliche Eisenbahnzeitalter begann nach einer Reihe weiterer Anläufe in Amerika erst am 28. Dezember 1829. An diesem Tag wurde die 24 Kilometer lange Strecke von Baltimore nach Ellicots-mills eröffnet. Schon 1840 bestanden in den Vereinigten Staaten, deren Ausdehnung damals mit der heutigen noch nicht zu vergleichen war, bereits 4534 Kilometer Eisenbahnstrecken, um die Hälfte mehr als in ganz Europa. Am 1. Januar 1900 verliefen in Nord- und Südamerika zusammen 392 860 Kilometer Bahnlinien, das waren 12 972 Kilometer mehr als in allen übrigen Erdteilen zusammen.
Amerikas Aufstieg zur Weltmacht beruht zu keinem geringen Teil auf der frühen Einführung, der schnellen Ausdehnung und der weiten Verbreitung der Eisenbahn. Der wirtschaftlichen Entwicklung standen damals jene sprichwörtlichen unbegrenzten Möglichkeiten offen, die sich aus der Erschließung und Nutzung weiter fruchtbarer Flächen, unendlicher Wälder, fischreicher Gewässer, vielfältiger Bodenschätze bei verträglichem Klima und nur geringer Bevölkerungsdichte sowie den günstigen Bedingungen einer freiheitlichen Gesellschaftsordnung ergaben. Damit bestanden für die Eisenbahn völlig andere Verhältnisse als in Europa, wo zwischen Handelsplätzen und Machtzentren seit altersher rege Verkehrsbeziehungen bestanden, die das neue Verkehrsmittel lediglich zu verbessern, zu intensivieren und zu beschleunigen hatte. In Amerika dagegen mußten die Bahnen der Zivilisation erst den Weg bereiten, eilten der kulturellen und wirtschaftlichen Entwicklung weit voraus. Ihre erste Aufgabe bestand darin, Land »wegsam« zu machen und neue Ansiedlungsmöglichkeiten zu schaffen. Verkehr folgte von selbst, durch die Bedürfnisse der Niederlassungen ebenso wie durch ihre Erzeugnisse.
So entstanden in Amerika, dem bevorzugten Ziel europäischer Auswanderer, mit beispiellosem Tempo neue Eisenbahnen und ebenso schnell neue Ortschaften, Städte, Häfen, Bergwerke und Industrieansiedlungen. Vielfach führte ein Gleis als erster Pfad durch Urwald und Steppe. Unbelastet von Vorurteilen und unbehindert durch formale Widerstände breitete sich die Eisenbahn aus. Als Baumaterial diente vorzugsweise das im Überfluß vorhandene Holz, und für die Bauausführung galten schnelle Fertigstellung, geringe Herstellungskosten und einfache Betriebsweise als oberste Richtlinien. Deshalb entwickelten sich viele amerikanische Bahnen auch insofern ganz anders als in Europa.
Abgesehen von vorübergehenden Unterbrechungen meist infolge fremder Einflüsse dehnten sich die Streckennetze ständig aus. In den Vereinigten Staaten waren Ende 1850 bereits 14 515 Kilometer und Ende 1860 mehr als dreimal so viel, nämlich 49 292 Kilometer in Betrieb. Dann erfolgte durch die Kämpfe der Nord- gegen die Südstaaten im Sezessionskrieg von 1861 bis 1865 in den Bauleistungen ein kurzer Stillstand, der jedoch von um so stärkeren Anstrengungen bei der Schaffung neuer Eisenbahnverbindungen abgelöst wurde. So stieg die Netzlänge bis Ende 1870 auf 85 139 Kilometer. Dann bremste die Grangerbewegung, die vor allem für landwirtschaftliche Erzeugnisse ein staatliches Eingreifen in die Tarifgestaltung durchzusetzen versuchte, die schnelle Expansion. Trotzdem wuchs die Streckenlänge bis Ende 1880 auf 150 717 Kilometer. Auch im nächsten Jahrzehnt wechselten Perioden ausgedehnter Bautätigkeit mit Zeiten starker Zurückhaltung ab; mit einer Jahresleistung von 19 000 Kilometern brachte das Jahr 1887 den bis dahin stärksten Zuwachs an neuen Strecken. So umfaßte das Netz in den Vereinigten Staaten Ende 1890 bereits 268 409 Kilometer. Bis zur Jahrhundertwende verminderte sich das Bautempo, vor allem durch die strengeren staatlichen Auflagen und die damit verbundenen Finanzschwierigkeiten zahlreicher Gesellschaften, deutlich.
Die noch immer steigende Bedeutung der Eisenbahnen in Amerika führte jedoch trotz kurzfristiger Rückschläge zu ständig zunehmender Ausdehnung des Streckennetzes. Ende 1900 waren 311 094 Kilometer allein in den Vereinigten Staaten in Betrieb, zehn Jahre später 392 808. Trotz einschneidender Veränderungen im Ersten Weltkrieg und infolge der mittlerweile wachsenden Konkurrenz durch Flugzeug und Kraftwagen erreichte die Streckenlänge 1925 eine Ausdehnung von 420 580 Kilometern. Doch schon vor Eintritt Amerikas in den Zweiten Weltkrieg begannen Streckenstillegungen, und bis 1950 schrumpfte das gewaltige Netz auf 364 300 Kilometer. Diese Länge blieb bis in die sechziger Jahre weitgehend konstant. Wenn neuerdings die Netzausdehnung wieder mit einer wesentlich höheren Zahl, mit 550 400 Kilometern, angegeben wird, so aufgrund veränderter Zurechnungen in der Statistik und kaum durch Bau neuer Strecken. In dieser Zahl sind vor allem die Nahverkehrsnetze eingerechnet.
Den Osten Amerikas überdeckt das Eisenbahnnetz am dichtesten, wobei wiederum das Gebiet südlich der großen Seen einen Schwerpunkt bildet. Chicago galt früher als größtes Eisenbahnzentrum der Welt; heute wird gelegentlich behauptet, die Bahnhöfe seien die ruhigsten Plätze der Sieben-Millionen-Stadt. So früh und so schnell sich die Eisenbahn über Amerika ausgebreitet hat, so rasch ist sie selbst von den neueren Verkehrsmitteln überflügelt worden. Trotzdem will ihr als volkswirtschaftlich in weiten Bereichen optimalem Verkehrsmittel auch Amerika angemessenen Bestand für die Zukunft sichern.

Reminiszenz an die Pionierzeit der Eisenbahn in Amerika: Eine der unzähligen holzgefeuerten Western-Lokomotiven dampft durch das Six-Gun-Land in Florida.

Durch den wilden Westen

Nordamerikas Hauptverkehrsachse liegt in Ost-West-Richtung. Die bedeutendsten Verkehrsströme bildeten sich zwischen dem dicht besiedelten, stark industrialisierten Osten und dem vor allem an Bodenschätzen reichen Westen, dessen Landwirtschaft außerdem die Bevölkerung des Ostens versorgt und in den Häfen einen wesentlichen Teil der Exportgüter stellt. In gleicher Richtung erstrecken sich auch die Linien, die zur Verbindung von Atlantik und Pazifik durch den »wilden Westen« und über die Rocky Mountains geführt wurden.
Ihre Geschichte begann eigentlich schon 1842 mit der Erkundung geeigneter Übergänge über das Felsengebirge durch John Charles Fremont, der als Forschungsreisender ebenso bekannt wurde wie als Offizier und als glückloser Präsidentschaftskandidat der Vereinigten Staaten. Nach genauen Untersuchungen über die technische Durchführbarkeit einer Atlantik - Pazifik-Verbindung durch die Eisenbahn genehmigte Präsident Abraham Lincoln das Projekt am 2. Juli 1862 während des Krieges gegen die Südstaaten. Demnach sollte die Union Pacific Railroad den Bau des Gleises von Osten nach Westen vorantreiben, von Westen nach Osten die Central Pacific. Sie begann schon am 8. Januar 1863 mit dem ersten Spatenstich in Sacramento, auf halbem Weg zwischen San Francisco und der Sierra Nevada. Die Union Pacific legte ihre erste Schwelle am 2. Dezember 1863 bei Omaha am Missouri im Staate Nebraska. Anfangs kamen beide Strecken nur langsam voran, bis gegen Ende des Krieges ein Heer entlassener Soldaten im Verein mit Abenteurern und Sträflingen den Bahnbau übernahm. Die Tagesleistung stieg auf nahezu zwei Kilometer. Doch je weiter die Strecken vordrangen, desto größer wurden die Opfer. Im Osten überfielen Indianer, selbst auf grausame Weise verfolgt, die Camps der Bahnarbeiter, stürmten Bauzüge und verwüsteten die Materiallager. Auf der Westseite des Gebirges kamen Arbeiter im Schneesturm ums Leben, erfroren oder stürzten irgendwo in den Abgrund. Als kaum noch ein Weißer für den Bahnbau zu gewinnen war, verpflichtete die Central Pacific mehr als zehntausend Chinesen, die nicht nur aus San Francisco geholt, sondern überall zwischen Peking, Schanghai und Hongkong angeworben wurden. Sie waren es schließlich, die mit zäher Ausdauer das Gleis bis in 2148 Meter Höhe über die Sierra Nevada legten.
»Jede Schwelle kostet das Leben eines Chinesen«, stand in der Zeitung. Aber der nächste Tag brachte bereits neue Sensationen. Die beiden Gesellschaften suchten mit allen Mitteln ihren Streckenanteil zu vergrößern, überboten sich mit Leistungsprämien für die Arbeiter und trieben die Eisenbahn schließlich mit mehr als sechzehn Kilometern Tagesleistung vorwärts. Daß der Bahnbau von Sacramento bis Omaha die für damalige Verhältnisse unerhörte Summe von neunzig Millionen Dollar gekostet hatte, erfuhr alle Welt. Wie viele Menschenleben er forderte, hat niemand gezählt.
Und schon vergessen schienen die Opfer, als am 10. Mai 1869 nahe dem kleinen Ort Promontory, achtzig Kilometer von Ogden am Großen Salzsee entfernt, die Gleise der Central- und der Union-Pacific zusammentrafen, als der Gouverneur von Kalifornien unter den Augen von tausendfünfhundert Zuschauern den berühmten goldenen Spike, den letzten Schienennagel, einschlug und als ein extra installierter Telegraph die Meldung von der Vollendung des Brückenschlages über den amerikanischen Kontinent unverzüglich in alle Welt drahtete. New York war durch die Eisenbahn über Chicago mit San Francisco verbunden.
In Promontory erinnert heute nur noch ein Gedenkstein an einen der bedeutendsten Tage in der Eisenbahngeschichte Amerikas. Die Strecke wurde schon vor langen Jahren verlegt, um die Linienführung zu verbessern. Seither fährt durch Promontory kein Zug mehr. Die letzte in das Gleis eingefügte Schwelle, die aus poliertem Lorbeerholz bestanden hatte und nach der Zeremonie zusammen mit dem goldenen Nagel sogleich wieder ausgebaut und nach San Francisco zurückgebracht worden war, verbrannte dort beim Erdbeben im Jahre 1906. Die beiden Dampflokomotiven, die einander in Promontory - von Osten und Westen kommend - gegenüberstanden, hatten schon zuvor auf dem Schrottplatz ein unrühmliches Ende genommen. Nur der goldene Spike ist erhalten geblieben und im Stanford-Universitätsmuseum von Palo Alto noch heute zu sehen.
Schneller als die erste Pazifik-Eisenbahn entstanden weitere »Überlandbahnen«, allein acht in den Vereinigten Staaten von Amerika. Ihre Länge differiert zwischen fünf- und sechstausend Kilometern. Vor allem im Osten bestehen zahlreiche Querverbindungen und damit Anschlüsse

Linke Seite: Der Bau der ersten Pazifik-Eisenbahn zählt zu den großen Ereignissen in der Geschichte Amerikas. Schwelle um Schwelle mußte dem Feuerroß der Weg gebahnt werden (oben), bis endlich am 10. Mai 1869 der historische Augenblick gekommen war, da bei Promontory (unten) die von Osten und Westen gleichzeitig vorangetriebenen Gleise verbunden werden konnten.
Rechts: Wenig später vermittelte der Zeichner den Lesern der Illustrated London News einen Eindruck vom Abenteuer der Zugfahrt durch die Schluchten und Canyons des Felsengebirges.

Bilder aus der großen Zeit der amerikanischen Dampflokomotive: Sonderzug der Denver & Rio Grande Railroad am Cumbres-Paß in den San-Juan-Bergen an der Grenze zwischen Colorado und Neu Mexiko
Rechts: Empire State Expreß der New York Central Railroad erreicht Dunkirk im Staate New York.
Nächste Doppelseite: Ausfahrt aus Chicago: Expreß der Chicago, Milwaukee, St. Paul and Pacific Railroad im Jahre 1952

überall hin, während im Westen sämtliche Linien auf Seattle, San Francisco und Los Angeles zulaufen. Aus der Distanz eines Jahrhunderts überstrahlt der Glanz der technischen Leistung die dunklen Seiten. Über Elend und Leid, Grausamkeit und Verbrechen ist das Gras des »wilden Westens« ebenso gewachsen wie über die Gebeine der ungezählten Menschen weißer, roter und gelber Hautfarbe, die ihr Leben im Kampf für und gegen das Feuerroß gelassen haben.
Heute sind die transkontinentalen Routen, auf denen die Bahnreise bis zu achtundvierzig Stunden dauert, in erster Linie für Globetrotter interessant. Der eilige Reisende nimmt selbstverständlich das Flugzeug. Die verheißene Renaissance der Schiene wird sich deshalb weniger auf die weiten Strecken von Ost nach West auswirken als auf Gebiete mit hoher Bevölkerungsdichte, wo sich – wie im Osten der USA – Großstädte in Abständen von wenigen hundert Kilometern aneinanderreihen. Dort kann eine modernisierte Eisenbahn auch in Amerika mit Intercity-Diensten echte Alternativen zum Flugverkehr bieten.

Die Unions, Centrals und Pacifics

Amerika war und ist das klassische Land der privaten Eisenbahn-Gesellschaften. Von Anfang an hatte der Staat alle Aktivitäten zur Schaffung einer leistungsfähigen Infrastruktur in jeder Weise unterstützt. Die Bahngesellschaften erhielten nicht nur starke Rückendeckung durch den Gesetzgeber und weitreichende Konzessionen durch die Verwaltung, sondern in großzügiger Weise Landschenkungen und zum Teil unmittelbare Staatszuschüsse.
Das Ausmaß insbesondere der Landübereignungen richtete sich vielfach nach der Bauleistung, so daß dieses Verfahren besonders zur schnellen Ausdehnung der Streckennetze beitrug; denn der spätere Verkauf von Parzellen entlang den Verkehrslinien sicherte den Gesellschaften hohen Gewinn. Wie auch in anderen Ländern, so führte die staatliche Förderung privater Bauvorhaben schnell zum Mißbrauch, dessen Ausmaß allerdings Amerika zu einem wenig schmeichelhaften Rekord verholfen hat. Die Finanzskandale reichten bis zum Vizepräsidenten der Vereinigten Staaten, doch Macht und Einfluß der Eisenbahn-Gesellschaften reichten auch, die Verantwortlichen vor dem Richter zu bewahren. Obwohl die Imperien der Railway-Companies ihr Monopol – noch während des Ersten Weltkrieges lagen 98 Prozent des Personen- und mehr als drei Viertel des Güterverkehrs auf der Schiene – häufig und in vielfältiger Weise mißbrauchten, scheiterten alle Versuche, ihre Macht durch Verstaatlichung zu brechen. Die Privatgesellschaften behielten immer wieder die Oberhand.
Zu den namhaftesten, deren Aktien auch an deutschen Börsen gehandelt wurden, zählten vor der Jahrhundertwende neben der Canadian Pacific Railway im damaligen Britisch-Nordamerika und der Companhia Estrada de Ferro do Oéste de Minas in Brasilien vor allem folgende Eisenbahn-Gesellschaften in den Vereinigten Staaten: Central Pacific; Chicago, Burlington and Quincy; Chicago Rock Island and Pacific; Denver and Rio Grande; Great Northern; Illinois Central; Kansas Midland; Northern Pacific; Oregon Railway- and Navigation Company; St. Louis, Arkansas and South-

Western; St. Louis and San Francisco; St. Paul, Minneapolis and Manitoba; Southern Pacific und Southern Pacific of California.
Je weiter sich die Streckennetze ausdehnten, desto häufiger und intensiver kamen benachbarte Gesellschaften miteinander in Berührung, was meistens soviel bedeutete wie in Konflikt. Scharfe Konkurrenzkämpfe wurden vor allem auf dem Tarifgebiet ausgetragen. Sie schadeten letzten Endes allen, zerrütteten aber zuerst die Finanzen der schwächeren Gesellschaften. Damit wurden die Weichen für zahlreiche Fusionen gestellt. Dies wiederum führte zur Bildung gewaltiger Monopole, die in der Hand geschäftstüchtiger Privatunternehmer nur dann im Interesse der Allgemeinheit handelten, wenn dieses Interesse mit dem eigenen übereinstimmte. Einzelne Bundesstaaten erließen deshalb zunehmend strenge Bestimmungen, die zwar die Lage selbst einiger bedeutender Gesellschaften verschärften, unter die heftigsten Auswüchse jedoch einen Schlußstrich zogen.
Für zahlreiche Gesellschaften wurde besonders 1893 zum Krisenjahr. Zu diesem Zeitpunkt befanden sich die Eisenbahnen der Vereinigten Staaten im Eigentum von nicht weniger als 1892 Aktiengesellschaften, von denen jedoch nur 752 unabhängig waren.
In den schwarzen Monaten von 1893 standen 74 Eisenbahn-Gesellschaften mit einer Streckenlänge von zusammen 47237 Kilometern und einem Anlagekapital von umgerechnet mehr als sieben Milliarden Goldmark unter Zwangsverwaltung. Darunter fielen Unternehmen mit so klingenden Namen wie Atchison, Topeca and Santa Fé, Union Pacific, Northern Pacific und Philadelphia and Reading.
Die folgende Zeit wird gelegentlich als das Goldene Zeitalter der amerikanischen Eisenbahnen bezeichnet. Sie partizipierten angemessen am allgemeinen Wohlstand, ihre Sicherheit erreichte unter staatlichem Druck hohes Niveau, die »unbegrenzten Möglichkeiten« standen nun auch dem technischen Fortschritt offen.
Tiefgreifende Veränderungen leitete erst der Weltkrieg ein: Am 26. Dezember 1917 stellte die Regierung die Eisenbahnen im Hinblick auf den Kriegszustand unter staatliche Verwaltung. Sie wurde unter dem Druck der öffentlichen Meinung am 1. März 1920 zwar wieder aufgehoben, doch begann sich wenige Jahre später die Konkurrenz von Flugzeugen und Überlandbussen bereits so stark auszuwirken, daß mit dem rückläufigen Eisenbahnverkehr auch die Gewinne der Gesellschaften schrumpften und die Fahrt der amerikanischen Eisenbahnen 1930 erstmals in rote Zahlen führte.
Damals verkehrten in den USA täglich mehr als 20000 Reisezüge. Sie bewältigten 77 Prozent des gesamten Personenverkehrs, nur 15,4 Prozent entfielen auf Überlandbusse, ein geringer Teil auf Auto und Flugzeug. Vierzig Jahre später hatten sich die Verhältnisse ins Gegenteil verkehrt: Nur noch 7,2 Prozent des Personenverkehrs entfielen auf die Eisenbahn, der Bus hatte mit 16 Prozent seinen Anteil nahezu unverändert behalten, der Flugverkehr dagegen 73 Prozent erreicht. Die ständig schwindenden Erträge ließen die Eisenbahnen immer tiefer ins Defizit rollen.

157
157

GRAHAM PAPER CO.
GRAHAM PAPER CO.
157

Die Zahl der Gesellschaften verminderte sich deutlich. Unter dem Druck der wirtschaftlichen Verhältnisse kam es zu zahlreichen Zusammenschlüssen großer Gesellschaften, im Jahre 1968 sogar zur Fusion der beiden alten Konkurrenten Pennsylvania Railroad und New York Central. Damit entstand mit der Pennsylvania New York Central Transportation Company – kurz Penn Central genannt – der größte Eisenbahngigant Amerikas mit einem Anteil von 35 Prozent am gesamten Streckennetz in sechzehn Bundesstaaten der USA und zwei kanadischen Provinzen. Doch auch darin ließ sich der Schlüssel zur Sanierung nicht finden. So bestanden im Jahre 1970 in den USA »nur« noch 387 Eisenbahnen, als eine sensationelle Nachricht durch die Weltpresse ging: »Penn Central mußte Konkurs anmelden.« Amerikas größte Bahngesellschaft war pleite. Nichtsdestoweniger rollen die Räder ihrer Lokomotiven noch heute, ebenso die der mittlerweile weit unter hundert gesunkenen übrigen Bahngesellschaften, die teilweise vor ebenso schwierigen Finanzproblemen stehen. Selbst Amerika kann auch heute auf die Eisenbahn nicht verzichten. Und wie immer, wenn die privatwirtschaftlichen Mechanismen versagen, bleibt nur die Hilfe des Staates.

Comeback mit Amtrak

Am 1. April 1976 begann unter massivem Druck der Regierung in Washington ein Versuch, nach der größten Fusion in der Geschichte der USA den Eisenbahnverkehr zwischen Atlantikküste und Michigansee, zwischen Mississippi und der kanadischen Grenze auf eine neue und zukunftssichere Basis zu stellen. Als zweitgrößtes Eisenbahnunternehmen nach der Burlington Northern, deren Netz rund 36 000 Kilometer umfaßt, wurde die Consolidated Rail Corporation (Conrail) ins Leben gerufen, wobei sich aus den Anteilen von sieben bankrotten Gesellschaften eine Netzlänge von 27 353 Kilometern addierte. In der wiederum privatwirtschaftlich orientierten, wenn auch staatlich gestützten Conrail verschwanden als selbständige Bahnunternehmen die Penn Central, die Central Railroad of New Jersey, Lehigh Valley, Lehigh & Hudson River, Erie Lackawanna, Ann Arbor und die Reading Railroad. Das Defizit dieser Gesellschaften hatte sich zuletzt auf rund eine Million Dollar täglich gesteigert. Die staatliche Starthilfe für Conrail betrug 2,14 Milliarden Dollar. Insgesamt wird das staatliche Engagement bei Conrail mit sieben Milliarden Dollar veranschlagt, die der amerikanische Steuerzahler für den Sanierungsversuch aufzubringen haben wird. Vor allem geht es darum, die total abgewirtschafteten, zum Teil seit der Jahrhundertwende nicht mehr erneuerten Gleis- und Betriebsanlagen zu modernisieren und den heutigen Leistungsanforderungen anzupassen. Die von Jahr zu Jahr ungünstigere Ertragslage hatte die Neigung der Bahngesellschaften zu Investitionen in das Streckennetz immer mehr schwinden lassen. Die Anlagen, aber auch der Fahrzeugpark gerieten dadurch in einen zunehmend desolaten Zustand, der wiederum die Abwanderung von der Schiene nur verstärken konnte. In diesem Teufelskreis wurden die amerikanischen Bahnen in geradezu beispielloser Weise heruntergewirtschaftet, so daß die Betriebssicherheit auf dem Spiel stand und immer mehr Strecken einfach außer Betrieb gesetzt oder nur noch von Güterzügen befahren wurden.

Der Passagierverkehr auf dem umfangreichsten Eisenbahnnetz der Welt schrumpfte so bis 1970 auf nur noch 38 000 Kilometer, weniger als ein Zehntel seiner früheren Ausdehnung. Schon damals hielt der Staat den Zeitpunkt des Eingreifens für gekommen. Anfang 1971 wurde aufgrund eines Kongreßbeschlusses die National Railroad Passenger Corporation (Amtrak) ins Leben gerufen, die am

1. Mai 1971 die Verantwortung für den Personenverkehr zwischen den Großstädten der USA übernahm, wobei die Betriebsführung den Privatgesellschaften blieb, die Betriebsverluste jedoch zum großen Teil auf die Staatskasse umgebucht wurden. Trotz vielfältiger Bemühungen um Modernisierung stieß die Eisenbahn in den USA bei ihrem Comeback mit Amtrak allenthalben auf Probleme, die noch aus dem jahrelang ungebremsten Verfallsprozeß herrührten. Besonders der Oberbau, der obendrein durch die in Amerika üblichen hohen Achslasten extrem langer Güterzüge außerordentlichen Beanspruchungen ausgesetzt ist, bereitet für den Aufbau eines attraktiven Reiseverkehrsnetzes erhebliche Schwierigkeiten. Inzwischen ist der gesamte Wagenpark modernisiert oder neu beschafft worden. Neben 150 der neuesten Amfleet II-Wagen standen 1982 weitere 490 Amfleet-Wagen unterschiedlicher Bauart und 284 Doppelstock-Superliner – durchweg nach 1975 gebaut – zur Verfügung. Nach Versuchen mit amerikanischen und französischen Entwicklungen sind in dem verkehrsintensiven Korridor Boston – New York – Washington elektrische Lokomotiven aus Schweden im Einsatz. Der Fahrzeugpark bestand im wesentlichen aus 1394 Reisezug-, Speise-, Schlaf- und Liegewagen, 110 Triebwagen, 64 elektrischen Lokomotiven und 214 Diesellokomotiven. 1982 bediente Amtrak damit mehr als 500 Verbindungen von Küste zu Küste und Grenze zu Grenze. Täglich verkehrten rund 250 Züge über 23 000 Meilen, die meisten von ihnen auf Strecken von zwanzig Gesellschaften. Amtrak selbst besitzt nur 712 Meilen, vorwiegend im Nordost-Korridor zwischen Boston und Washington. Rund 18 000 Mitarbeiter waren 1982 bei Amtrak beschäftigt.

Links: Dieseltraktion bei der »Pennsylvania«: Der Buffalo Day Expreß überquert den Susa River in Harrisburg.
Unten: Amtrak: ein neuer, nüchterner Name in Amerikas Eisenbahnszene. Der North Coast Hiawatha fährt in $43\frac{1}{2}$ Stunden von Chicago 3586 Kilometer bis Seattle. Hier hält er in Billings im Staate Montana.

Alaska und die Eisenbahn

Zwar wurde Alaska erst am 3. Januar 1959 neunundvierzigster Staat der USA, doch schon am 5. April 1867 hatten die Vereinigten Staaten diesen nordöstlichsten Eckpfeiler des Kontinents für 7200000 Dollar von Rußland gekauft. Zustimmung im amerikanischen Senat fand diese Aktion des Barons Edouard de Stoeckl und des Staatssekretärs William Henry Seward erst, nachdem etliche Senatoren für ihr Votum von Stoeckl bezahlt worden waren. Lange hielten viele den Erwerb des größtenteils von Eis bedeckten, kaum bewohnbaren und damals noch weitgehend unerforschten Landes weit im Norden für nichts anderes als für »Seward's Folly« – für einen Spleen des Politikers Seward. Was sich dann später für die USA als territoriale Erwerbung mit der allergrößten Tragweite erwies, bedeutete für Rußland einen entsprechend ärgerlichen Verlust. Er ging, wenn auch die Zusammenhänge insgesamt differenzierter zu sehen sind, letzten Endes auch auf die überzogene staatliche Förderung von Eisenbahnprojekten in Rußland und den damit getriebenen Mißbrauch zurück, wodurch der Staat zur Behebung der Finanznot und zur Sicherung einer leidlichen Geldwertstabilität immer neue Auswege suchen mußte.
Erst nach der Jahrhundertwende richtete sich in größerem Maß wirtschaftliches Interesse auf Alaska. Goldfunde heizten dieses Interesse zusätzlich an, obwohl auch die Ausbeutung der bereits entdeckten reichen Fischgründe, der ausgedehnten Waldgebiete und der übrigen Bodenschätze lohnend erscheinen mußte. Über die Struktur des Landesinnern lagen nur von Indianern dürftige Beschreibungen vor; lediglich das Gebiet entlang zweier größerer Flüsse konnte als bekannt gelten. Um jedoch umfangreichere wirtschaftliche Aktivitäten entfalten zu können, mußten zunächst geeignete Transportmöglichkeiten geschaffen werden, was zur damaligen Zeit nichts anderes als den Bau von Eisenbahnen bedeuten konnte.
Die Alaska Central Railway Company beabsichtigte, von der klimatisch gemäßigten Südküste aus eine Bahnverbindung nach Fairbanks herzustellen, der bedeutendsten Ansiedlung im Hinterland. Den Ausgangspunkt sollte der um die Jahrhundertwende gegründete, rund 750 Kilometer südlich an der Pazifikküste gelegene Hafenplatz Seward bilden. Bis 1910 waren rund hundert Kilometer der Strecke bereits in Betrieb, auf weiteren fünfzig die Erdarbeiten im Gange. Je weiter sich die Trasse jedoch von der durch warme Meeresströmungen begünstigten Küste entfernte und ins Innere des Landes vordrang, desto größere Schwierigkeiten stellten sich dem Bahnbau entgegen. Trotz hoher Löhne und harten Einsatzes der in den Staaten, in Irland, Schweden und Finnland, ja sogar in Italien und Griechenland angeworbenen Arbeitskräfte sank der Baufortschritt langsam auf den Nullpunkt. Die Regierung der Vereinigten Staaten mußte schließlich, um ihrem Territorium Alaska zu der Eisenbahn nach Fairbanks zu verhelfen, ihr Privatbahnprinzip durchbrechen, so daß die noch heute bedeutendste Strecke des Landes von Seward über Anchorage nach Fairbanks, die das Alaskagebirge in rund achthundert Meter Seehöhe überschreitet, die einzige Staatsbahn der USA darstellt. Erst 1920 stellte der Kongreß hierfür fünfzig Millionen Dollar, 1922 nochmals vier Millionen bereit, so daß die Strecke vollendet und der Betrieb auf der 756 Kilometer langen Linie nach nahezu zwei Jahrzehnten Bauzeit am 15. Juni 1923 aufgenommen werden konnte.
Bald nach der Alaska Central hatte die Copper River and Northwestern Railway mit dem Bau einer Bahn ins Innere Alaskas begonnen. Von der ebenfalls an der Südküste gelegenen Hafenstadt Cordova aus wurde die Strecke zunächst rund zweihundert Kilometer am Copper River entlang, dann scharf in östlicher Richtung abbiegend weitere hundert Kilometer durch das Tal des Chitanaflusses geführt. Eine Zweigstrecke an der Küste erschloß die Kohlevorkommen von Bering. Mehrere kleine Gesellschaften gaben wieder auf. Bis heute in Betrieb blieb nur die Strecke der staatlichen Alaska Railroad nach Fairbanks mit einigen Zweiglinien.

Der Schlafwagen Paris – New York

Weltweite Aufmerksamkeit erregte jahrelang ein spektakuläres Projekt, das schon 1901 zum ersten Mal im Organ der Kaiserlich-russischen technischen Gesellschaft erwähnt wurde und eine Eisenbahnverbindung zwischen Asien und Amerika über Sibirien und Alaska mit Untertunnelung der Beringstraße vorsah. Urheber des Planes war der französische Naturforscher Loicq de Lobel, der sich mehrere Jahre lang in Alaska aufgehalten und amerikanische Geldgeber für sein Vorhaben zu gewinnen verstanden hatte.
Die Strecke sollte bei Kansk östlich Krasnojarsk von der Transsibirischen Eisenbahn abzweigen, rund fünftausend Kilometer durch Sibirien bis zum Kap Deschnjow verlaufen, unter Benützung mehrerer kleiner Inseln in einem 48 Kilometer langen Tunnel die Beringstraße unterqueren und durch das amerikanische Territorium Alaska rund dreieinhalbtausend Kilometer bis ins kanadische Vancouver führen. Dort hätte die Bahnlinie Anschluß an die Canadian Pacific Railway nach Montreal gefunden und damit auch die Verbindung nach New York hergestellt.
Der Schlafwagen Paris – New York beschäftigte immer wieder vor allem die Tagespresse, während die Zeitung des Vereins Deutscher Eisenbahn-Verwaltungen 1906 den Plan » zu den größten Ungeheuerlichkeiten« zählte, »die je amerikanischen Hirnen entsprossen sind«. Die Fachzeitschrift rechnete vor, daß die Bahnfahrt von Berlin über Moskau, durch Sibirien und Alaska, über Vancouver und Montreal nach New York 20557 Kilometer lang sein und 23½ Tage Reisezeit in Anspruch nehmen würde, während die nur 7170 Kilometer lange Route über den Atlantik mit dem Schnellpostdampfer schon damals in 7¼ Tagen zu bewältigen war.
Obwohl das mit dem Projekt beschäftigte amerikanische Syndikat auf die damals in Rußland üblichen Zinsgarantien völlig verzichtete, die veranschlagte Bausumme von einer Milliarde Dollar großenteils in Rußland auszugeben, ausschließlich russische Arbeitskräfte zu beschäftigen und zu günstigen Bedingungen weite Ländereien Sibiriens für russische Kolonisten zu erschließen versprach, ließ sich die russische Regierung nicht zur Erteilung der Konzession bewegen. Der Verkauf Alaskas wurde damals von einer breiten Schicht bereits als staatspolitische Fehlleistung ersten Ranges erkannt und öffentlich beklagt. Daß Amerika schon bis dato mehr als dreihundert Millionen Dollar, nahezu das Fünfzigfache des Kaufpreises, dabei verdient haben sollte, erfüllte die Russen mit tiefem Mißtrauen gegen jedwede Aktivität der als äußerst gerissen geltenden Yankees.
Im Falle des Sibirien – Alaska-Projektes hatten sie sich als Gegenleistung für die Finanzierung einen 24 Werst – umgerechnet 25,6 Kilometer – breiten Landstreifen entlang der Bahnlinie ausbedungen, bei fünftausend Kilometer Streckenlänge immerhin eine Fläche von 153000 Quadratkilometern, größer als England und Wales zusammen oder doppelt so groß wie das Königreich Bayern ...

Die Eisenbahnverbindung Asien - Amerika wurde zu den Akten gelegt. Auch die immerhin denkbare Erschließung der Bodenschätze Nordostsibiriens und Alaskas durch Eisenbahnstrecken und deren Verbindung womöglich durch eine Fährlinie über die Beringstraße wurden nicht weiter verfolgt. Erst in jüngster Zeit wäre es beinahe doch noch zu einem Trans-Alaska-Bahnbau gekommen, nachdem Anfang der siebziger Jahre im arktischen Norden bedeutende Rohölvorkommen festgestellt worden waren.
Zu ihrer Erschließung sollte eine zweitausend Kilometer lange Eisenbahnstrecke von der Prudhoebucht nach Anchorage gebaut werden. Täglich wären 300 000 Tonnen Rohöl mit Güterzügen aus 168 Kesselwagen zu je hundert Tonnen Ladevermögen zu befördern gewesen. Das Projekt wurde jedoch zugunsten einer anfangs aus ökologischen Rücksichten für nicht realisierbar gehaltenen Pipeline wieder aufgegeben.
Noch nicht verwirklicht wurde auch das um 1960 vorbereitete Projekt einer 1122 Kilometer langen normalspurigen Eisenbahnverbindung von Britisch Columbien nach dem Yukonterritorium im Norden Kanadas. Sie sollte bei Fort McLeod von der Strecke Dawson Creek - Prince George abzweigen, im Tal des Peace und des Finlay River nordwärts bis an die Grenze von Yukon und weiter in nordwestlicher Richtung bis zu dessen Hauptstadt Whitehorse führen. In spätestens sechs Jahren hätte die Strecke fertiggestellt sein sollen. Anschließend war ihre Weiterführung über rund 750 Kilometer bis Fairbanks in Alaska geplant.

Kanadas stählerne Klammer

Die Schmalspurbahn von Skagway nach Whitehorse, 179 Kilometer lang mit 914 Millimeter Spurweite, bildet bis heute die einzige Eisenbahnverbindung zwischen dem US-Staat Alaska und dem Nachbarland Kanada. Womöglich wäre das anders, womöglich wäre Alaska überhaupt nicht durch das kanadische Britisch Columbien von den übrigen Vereinigten Staaten getrennt, wäre nicht 1881 die Canadian Pacific Railway gegründet und der Bau

Oben: Denkmal für Kanadas erste Pazifik-Eisenbahn: Lokomotive Nummer 1 »Countess of Dufferin« in Winnipeg
Rechts: Heute rollt jeden Tag der »Canadian« über die 4633 Kilometer lange Strecke von Montreal nach Vancouver, hier bei Banff vor der Kulisse der Rocky Mountains.

einer kanadischen Transkontinentallinie energisch in Angriff genommen worden. Denn jene westlichste kanadische Provinz litt damals in besonderem Maß unter dem Mangel an Verbindungen mit den übrigen Landesteilen, so daß sich Britisch Columbien möglicherweise auf die Seite der USA geschlagen hätte, wären nicht energische Anstrengungen unternommen worden, die Bindungen an Kanada zu festigen. Abgesehen davon wären die kanadischen Frachten sehr bald auf die schon seit 1869 fertige Ost-West-Eisenbahn durch die Vereinigten Staaten abgewandert. Doch die neu gegründete Canadian Pacific Railway enttäuschte die in sie gesetzten Hoffnungen nicht: Schon vier Jahre später war die stählerne Klammer gelegt, die Eisenbahn von Montreal am St.-Lorenz-Strom nach Vancouver, der Hauptstadt Britisch Columbiens am Pazifischen Ozean hergestellt.
Die Gesellschaft hatte freilich fast immer nahe am Ruin operiert. In kaum geringerem Maß als zwei Jahrzehnte zuvor Union und Central Pacific hatte auch sie mit immer neuen, unüberwindlich scheinenden Hindernissen fertigzuwerden: mit Krankheiten und Seuchen, mit Schurken und Halunken, mit Indianern, mit den Felsbarrieren der Rocky Mountains, mit Schneestürmen und meterhohen Verwehungen, mit Mangel an Arbeitskräften und daneben ständig mit dem Problem, laufend weitere Millionen herbeischaffen zu müssen.
Von Winnipeg aus baute die Canadian Pacific gleichzeitig in westlicher und östlicher Richtung. Die stets beinahe leeren Kassen diktierten ein Arbeitstempo, das jenem der ersten Pazifikeisenbahn in den USA kaum nachstand; denn bevor der letzte Penny ausgegeben war, mußte der Schienenweg um möglichst viele Meilen vorangetrieben werden. Zwar ließ die Regierung dem Projekt jede Förderung zuteil werden, doch überstieg der außerordentlich kostspielige Bahnbau Kanadas Kräfte insgesamt.
Das Verdienst, dennoch alle Schwierigkeiten gemeistert zu haben, und dies in denkbar kurzer Zeit, durfte sich das unbeugsame Management der Canadian Pacific anrechnen, allen voran Generaldirektor William van Horne, der mit härtestem persönlichem Einsatz alle Krisen meisterte. So konnte am 5. November 1885 bei Craigellachie der letzte Nagel in einem feierlichen Akt – wie einst bei Promontory – eingeschlagen werden. Allerdings dauerte es noch anderthalb Jahre, bis schließlich am 23. Mai 1887 der erste durchgehende Zug in Vancouver einlief. Denn so viel Zeit war noch nötig gewesen, um die unter dem Diktat der Uhrzeiger durch die Wildnis gelegte Trasse hinreichend auszubauen und einen fahrplanmäßigen Verkehr mit der gebotenen Sicherheit aufnehmen zu können. Besonders ungünstig trassierte Abschnitte wurden zum Teil erst im folgenden Jahrhundert völlig neu angelegt, wobei die Tunnel der Schweizer Gotthardbahn gelegentlich als Vorbild dienten.
Zu den ersten Starthilfen, mit denen die Regierung der Canadian Pacific Railway in den Sattel verholfen hatte, gehörte neben Steuer- und Zollprivilegien die kostenlose Übereignung von rund hunderttausend Quadratkilometern Land entlang der Bahnlinie. Sowenig diese Riesenfläche in den menschenleeren Weiten damals wert schien und sowenig Nutzen sich unmittelbar für die Finanzierung des Bahnbaues daraus ziehen ließ, so unermeßliches Vermögen bedeutete sie später, als die Strecke fertig und das Land durch die Eisenbahn erschlossen war. Darauf errichtete die Canadian Pacific ein Wirtschaftsimperium, dessen Aktivitäten bald weit über den Eisenbahnbetrieb hinausgingen und dem gelegentlich größere Macht als der Regierung nachgesagt wird. Umfangreiche Kohle- und Erdöllager, Gold-, Silber-, Blei- und Zinkvorkommen, riesige Agrarflächen in der kanadischen Kornkammer, Schiffs- und Fluglinien, Banken und Hotels bilden eine breite Basis.
Sehr im Gegensatz zu den Eisenbahnen der USA, deren Passagierverkehr in den Jahren der Vollmotorisierung von den Bahngesellschaften rigoros eingeschränkt worden ist, machte der täglich zwischen Montreal und Vancouver über 4633 Kilometer Distanz verkehrende »Canadian« dem vielseitigen Konzern alle Ehre: er galt lange als komfortabelster Zug der Welt.

Kanadas Staatsbahn

Die erste öffentliche Eisenbahnlinie Kanadas war die Champlain & St. Lawrence Railway, die Laprairie am St.-Lorenz-Strom gegenüber Montreal mit St. John's am südlich gelegenen Champlainsee verband und am 21. Juli 1836 als Güterbahn eröffnet worden war. Sie ging 1856 mit Gründung der kanadischen Grand Trunk-Eisenbahn an diese Gesellschaft über, die damit auch ihre Spurweite von 1676 Millimetern übernahm. Diese Breitspur fand daraufhin in Kanada weite Verbreitung. Die Hauptlinie der Grand Trunk verband zunächst Montreal mit Toronto, dehnte sich jedoch bald bis Chicago in den USA und bis Quebec im Osten Kanadas aus. Nachdem sich die europäische Normalspur auch in Amerika weitgehend durchgesetzt hatte, wurde das gesamte Grand-Trunk-Netz auf 1435 Millimeter umgespurt.
Neben der Canadian Northern Railway und den Canadian Government Railways sowie zahlreichen kleineren Privatnetzen bildete die Grand Trunk die älteste und bedeutendste Gründungsgesellschaft der zwischen 1918 und 1923 entstandenen, staatlichen »Canadian National«. Westlich

Der »Super Continental« der Kanadischen Staatsbahnen verband bis 1979 ebenfalls Montreal und Toronto mit Vancouver. In Capreol wurde er vereinigt und in der Gegenrichtung getrennt; hier stehen die beiden Zugteile abfahrbereit: links nach Toronto, rechts nach Montreal. Heute bedient nur noch der »Canadian« mit Wagen beider Bahngesellschaften die transkontinentale Verbindung zwischen dem Osten und dem Westen Kanadas.

Winnipeg hatte die Grand Trunk Kanadas zweite Transkontinentalstrecke nach dem neuen Hafen Prince Rupert am Pazifik gebaut, die 1915 kurz nach Ausbruch des Ersten Weltkrieges fertig wurde. Sie führte auf weiten Strecken durch erschließungsreifes Land, doch unterbrach der Krieg den Zustrom von Einwanderern, während sich die kriegsbedingte Steigerung des Verkehrsaufkommens auf erschlossene Gebiete beschränkte. Wie für die Grand Trunk ergaben sich auch für zahlreiche andere Gesellschaften schwerwiegende Folgen, die ihre selbständige Existenz als Privatunternehmen beendeten und zur Gründung der Canadian National Railways (CN) als Staatsbahn führten.
Zunächst kam Ende 1918 die Canadian Northern unter die Verwaltung der Canadian Government Railways, die von Anfang an der öffentlichen Hand unterstanden hatten und denen neben Strecken in den Küstenländern Neuschottland und Neubraunschweig vor allem der östliche Teil der zweiten kanadischen Transkontinentalbahn zwischen Winnipeg und der Stadt Quebec mit ihrer Fortsetzung durch die ebenfalls staatliche Interkolonial-Eisenbahn bis Moncton in Neubraunschweig angehörte. Im Frühjahr 1919 nahm die Vereinigung den neuen Namen Canadian National Railways an, der 1920 dann auch die Grand Trunk angegliedert wurde. Im Januar 1923 war der Zusammenschluß rechtlich endgültig vollzogen.
Mit der Canadian National und der Canadian Pacific bestanden danach in Kanada als einzigem Land der Welt zwei große Eisenbahnunternehmen, ein staatliches und ein privates, nebeneinander. Diese Konkurrenz entsprach dem Willen der Öffentlichkeit und fand auch die Billigung des Staates. Vor allem der transkontinentale Verkehr sollte nicht der mächtigen Canadian Pacific allein überlassen bleiben. Mitte der siebziger Jahre versuchte allerdings auch die Regierung in Ottawa, die Wirtschaftlichkeit der Eisenbahnen langfristig zu sichern. So wurde 1977 Via Rail Canada gegründet mit dem Auftrag, den gesamten Fernverkehr auf der Schiene ähnlich wie Amtrak in den USA zu übernehmen.
Ende 1981 umfaßte das Netz der Canadian National 38 454 Kilometer Hauptstrecken mit Normalspur sowie auf Neufundland 1146 Kilometer Schmalspurstrecken mit 1067 Millimeter Spurweite. Die Canadian Pacific betrieb rund 27 000 Kilometer Normalspurstrecken in Kanada und weitere 7580 Kilometer in den USA.
Heute stellt auch die Canadian National einen Riesenkonzern auf breiter Basis dar, der als »Railway« nur noch zum kleineren Teil zutreffend bezeichnet werden kann. Vor allem Schiffslinien und die staatliche Fluggesellschaft Air Canada, Nachrichtenverbindungen und Hotels, Hafenanlagen und Warenhäuser betreibt die Canadian National ebenfalls. Im Eisenbahnnetz des Unternehmens spielt neben der Transkontinentalverbindung noch heute die Magistrale von Quebec über Montreal und Toronto in Richtung Detroit und Chicago die größte Rolle; die Strecke durchläuft das am dichtesten besiedelte und am stärksten industrialisierte Gebiet Kanadas.
Lange Zeit galt das Fahrplanangebot auf dem rund 40 000 Kilometer umfassenden Netz der Canadian National als das beste aller Eisenbahnen Nordamerikas.
Bei der Gründung brachten die meisten Gesellschaften auch mehr oder weniger umfangreiche Schmalspurnetze ein. Das nahezu 450 Kilometer lange Netz mit Kapspur von 1067 Millimeter Spurweite auf der Prince Edward Insel wurde bis 1930 größtenteils auf Normalspur umgebaut; das

erst 1949 von der Canadian National übernommene, rund 1400 Kilometer lange Kapspurnetz auf Neufundland besteht mit 1146 Kilometern im wesentlichen noch heute. Die Entwicklung des Eisenbahnnetzes reicht in Kanada bis in die Gegenwart. Besonders in Alberta wurden in den letzten Jahren und Jahrzehnten mehrere Verbindungen realisiert, vor allem um Rohstoffvorkommen zu erschließen. Von der großen Ost-West-Magistrale der Canadian National zweigt in Edmonton eine Linie nach Norden ab, die sich in McLennan nach Westen wendet, über Grande Prairie und Dawson Creek in die Rocky Mountains führt und schließlich scharf nach Süden schwenkt, um bei Prince George wieder auf die Hauptstrecke zu stoßen. In McLennan zweigt die am weitesten nach Norden vordringende Strecke Kanadas ab, die in Hay River den Großen Sklavensee erreicht und an seinem Südufer entlang noch bis Pine Point führt. Westlich Dawson Creek zweigt ebenfalls eine Strecke nach Norden ab; sie endete zunächst in Fort St. John, wurde jedoch inzwischen bis Fort Nelson verlängert. Im Mai 1969 ging schließlich eine weitere Querverbindung zwischen der Hauptstrecke Edmonton - Prince George und der Nordbahn über McLennan - Dawson Creek in Betrieb; sie zweigt bei Jasper nach Norden ab, führt am Ostrand der Rocky Mountains entlang durch Gebiete mit reichen Kohle- und Erdgasvorkommen und mündet nach 376 Kilometern in Grande Prairie in die Nordbahnstrecke ein. Große Eisenbahnpläne sind auch in Kanada bisher in der Schublade geblieben. 1976 hatten Experten von einem Bahnnetz für zehn Milliarden Dollar gesprochen, das zur Erschließung riesiger Bodenschätze über die kanadische Arktis gespannt werden sollte. Die neue, 129 Kilometer lange Tumbler Ridge-Kohlenbahn der British Columbia Railway wird mit 50 000 Volt und 60 Hertz als erste Bahn Kanadas elektrisch betrieben.

Trans- und Intercontinentale

Amerika steht als »Land der unbegrenzten Möglichkeiten« in der Eisenbahngeschichte nicht nur wegen der weitaus größten Ausdehnung seines Streckennetzes an der Spitze, sondern auch wegen der Vielzahl sonst kaum erreichter technischer Einzelleistungen. Allein den nördlichen Teil des Kontinents durchqueren mehr als zehn Hauptlinien in Ost-West-Richtung und verbinden über eine Distanz von fünf- bis sechstausend Kilometern Atlantik und Pazifik. Die nördlichste dieser »Transkontinentalen« führt in Kanada von Halifax über Quebec - Winnipeg - Edmonton nach Prince Rupert, eine weitere von St. John's an der Fundybai über Montreal - Ottawa und ebenfalls über Winnipeg, wo die beiden kanadischen Transkontinentalstrecken einander berühren, bis Vancouver. In den USA haben die größte Bedeutung im Norden die Northern Pacific, seit 1970 Teil der Burlington Northern, von Duluth am östlichen Endpunkt

der Wasserstraße über die Großen Seen nach Seattle, dann die von Union und Central Pacific gemeinsam gebaute, erste Transkontinentalbahn der Welt zwischen New York und San Francisco über Chicago und den Großen Salzsee, die »Sante Fé« von New York über Kansas City nach Los Angeles, im Süden die Southern Pacific von New Orleans am Golf von Mexiko über El Paso an der mexikanischen Grenze ebenfalls nach Los Angeles.
Die erste Eisenbahn *Kolumbiens* nahm am 28. Januar 1855 zwischen Aspinwall am Atlantik - heute Colon - über die mittelamerikanische Landbrücke nach der 76 Kilometer entfernten Stadt Panama am Pazifik den Betrieb auf. Damit war die kürzeste Transkontinentalverbindung Amerikas hergestellt. *Panama* gehörte bis 1903 zu Kolumbien und erreichte erst danach mit Hilfe der USA Autonomie.
Allerdings ist auch in Amerika durchaus nicht jeder kühne Plan verwirklicht worden, wie etwa das Sibirien-Alaska-Projekt. Auch das 1890 unter Beteiligung zahlreicher mittel- und südamerikanischer Länder tatkräftig in Angriff genommene Vorhaben einer Interkontinental-Eisenbahn von New York nach Buenos Aires blieb unvollständig wie in Afrika die Kap - Kairo-Linie.
Die Panamerikanische Bahn sollte den Kontinent seiner Länge nach von Norden nach Süden durchlaufen, wobei vorhandene Strecken nach Möglichkeit in die Planung einbezogen wurden. Kein Problem ergab sich für eine solche Interkontinentalbahn auf dem Gebiet der Vereinigten Staaten. Von New York bis Laredo oder El Paso im Süden, wo Eisenbahnstrecken die Grenze nach Mexiko passieren, bestanden bereits Verbindungen.
Auch *Mexiko*, dessen erste Bahn 1850 zwischen Veracruz und Medellín fuhr, war schon verhältnismäßig gut durch Eisenbahnen erschlossen, so daß sich die Planungen der Intercontinental Railway auf die mittelamerikanische Landbrücke und die südamerikanischen Länder konzentrieren konnten.
Auf dem Panamerikanischen Kongreß, auf dem die unabhängigen amerikanischen Staaten gemeinsame Angelegenheiten berieten, wurde das Projekt 1890 in Washington eingehend erörtert, wobei auch die Trassenführung in ihren Grundzügen bereits festgelegt werden konnte:
Im Süden Mexikos sollte die Linie nahe der Pazifikküste über die Grenze nach Guatemala führen, das Land auf dem Küstenstreifen durchqueren, über das Gebiet von El Salvador auch Honduras an seinem Südzipfel anschließen, unter Benützung zweier bestehender Bahnen in Nicaragua entlang den Westufern des Managua- und des Nicaraguasees über Corinto und Managua nach Puntarenas in Costa Rica verlaufen. Für die Streckenführung durch Panama bestanden noch unterschiedliche Vorstellungen, während die Trasse auf dem südamerikanischen Festland nach Voruntersuchungen von vier Varianten wieder weitgehend festlag.
Als günstigste war die »Mittelplateaulinie« durch das Tal des Rio Cauca gewählt worden, um mehrere Bergwerksbezirke zu erschließen und bestehende Strecken einbeziehen zu können. Über Medellín sollte die Interkontinentale nach Propayán in Kolumbien führen, weiter nach Quito in Ecuador, über Santa Rosa und Cuzco in Peru, am Titicacasee vorbei nach La Paz in Bolivien und über Oruro auf vier Zweiglinien Chile, Argentinien mit dem Hauptziel Buenos Aires, Paraguay und Brasilien erreichen. Im Norden war von Kolumbien aus auch eine Verbindung mit Venezuela geplant, die in Valencia in die bereits bestehende Strecke nach Caracas einmünden sollte.
Für die Vermessungsarbeiten stellten die Bevollmächtigten der auf dem Kongreß vertretenen Staaten sofort die erforderlichen Mittel zur Verfügung, so daß bereits im folgenden Jahr an drei verschiedenen Stellen mit den Arbeiten begonnen werden konnte. Schon Ende 1892 war die Trasse von der mexikanischen bis an die bolivianische Südgrenze nahezu lückenlos vermessen. Trotzdem blieb die Interkontinentale ein panamerikanischer Wunschtraum. Zwar wurden auf der seinerzeit markierten Linie etliche, wenn auch meist nur kurze Teilstrecken gebaut, wobei fast überall nur die nationalen Interessen und Bedürfnisse der einzelnen Länder maßgebend waren. Problemlos hat dann das Flugzeug die große amerikanische Nord-Süd-Verbindung hergestellt und die Eisenbahnpläne verschwinden lassen.

Kuba unter den Eisenbahn-Pionieren

Die Zuckerinsel Kuba steht unter den ersten Eisenbahnen in der Welt an siebenter Stelle und außerhalb Europas nach den USA an zweiter. Schon 1837 wurde die immerhin 50 Kilometer lange Strecke von Havanna nach Guanajay eröffnet, noch vor den ersten Linien Rußlands, Hollands, Italiens, Dänemarks und der Schweiz.
Kuba stand seit der Entdeckung durch Kolumbus mehr oder weniger unangefochten unter spanischer Herrschaft. Dabei konnte die Kolonie elf Jahre vor dem Mutterland ein derart modernes Verkehrsmittel einsetzen. Zehn Jahre später, noch immer vor Eröffnung der ersten Eisenbahn Spaniens von Barcelona nach Mataro am 30. Oktober 1848, bestand auf Kuba bereits ein zusammenhängendes Streckennetz von über dreihundert Kilometer Länge. Es dehnte sich bis zur Jahrhundertwende auf 1825 Kilometer aus und erreichte 1925 nicht weniger als 5990 Kilometer Gesamtlänge, allerdings einschließlich zahlreicher Plantagenbahnen.
Bis in die Gegenwart hat Kuba einem modernen und leistungsfähigen Eisenbahnverkehr große Bedeutung beigemessen. Die heutigen Staatsbahnen, Ferrocarriles de Cuba (FdeC), gingen am 14. Oktober 1960 aus den verstaatlichten Privatbahnen hervor. Im ersten Fünfjahrplan 1976 bis 1980 wurde die Hauptstrecke Havanna - Santiago de Cuba völlig erneuert. 1982 waren neben zahlreichen Plantagenbahnen 5196 Kilometer Normalspurstrecken in Betrieb.
Die unter britischer Hoheit stehende Nachbarinsel Jamaika erhielt ebenfalls früh eine Eisenbahn: Am 21. November 1845 wurde dort die 25 Kilometer lange Strecke von der Hauptstadt Kingston über Spanishtown nach St. Angil eröffnet. Die Bahnen auf Kuba und Jamaika blieben bis weit in die zweite Hälfte des Jahrhunderts die einzigen auf den Antillen.

Links: Der »Super Continental« auf der Fahrt bei Jasper in Alberta
Rechts: Kuba, das klassische Eisenbahnland, findet heute bei manchem seiner Nachbarn Sympathie eher für seinen politischen Weg. Hier artikuliert sie sich an einem Eisenbahnwagen in Chile zur Zeit der Regierung von Salvador Allende Gossens Anfang der siebziger Jahre.

ATLANTISCHER OZEAN
KARIBISCHES MEER
Golf von Mexiko
PAZ
Große Antillen
Kleine Antillen
BAHAMAS
KUBA
HAVANNA
JAMAIKA
Kingston
HAITI
DOMINIK. REP.
St. Domingo
Hispaniola
Puerto Rico (USA)
San Juan
Jungferninseln (USA, brit.)
BARBADOS
Bridgetown
TRINIDAD U. TOBAGO
Port of Spain
GRENADA
MEXIKO
BELIZE
GUATEMALA
HONDURAS
Tegucigalpa
EL SALVADOR
NICARAGUA
Managua
COSTA RICA
S. José
PANAMA
Panamakanalzone (USA)
VENEZUELA
CARACAS
KOLUMBIEN
BOGOTÁ
ECUADOR
Quito
Guayaquil
GUYANA
Georgetown
Surinam
Paramaribo
Franz. Guayana
Cayenne
BRASILIEN
Amazonas
Pará
Amapá
Maranhão
Ceará
Rio Branco
Acre
PERU
Galápagosinseln (ec.)
Bermudainseln (brit.)
Hamilton
Nördl. Wendekreis
Äquator
Tex.
Okla.
Ark.
Tenn.
N.C.
S.C.
Ga.
Ala.
Miss.
La.
Fla.
HOUSTON
Memphis
Dallas
New Orleans
Atlanta
Jacksonville
Miami
Belém
Fortaleza
Recife
Manaus

Maßstab 1 : 25 000 000

0 250 500 750 km

Die Trans-Anden-Bahnen

Wie Nordamerika die Pazifikbahnen, so durchqueren auch Südamerika in Ost-West-Richtung mehrere transkontinentale Bahnlinien. Sie verbinden in erster Linie Argentinien und Bolivien, aber auch Brasilien mit Chile und damit Atlantik- und Pazifikküste. Entsprechend der geringeren Breite Südamerikas erreichen sie nicht die Streckenlänge der nordamerikanischen Pazifiklinien, müssen aber zur Überwindung der Anden in wesentlich größere Höhen vordringen.
Die erste Transkontinental-Bahn brauchte fünfzig Jahre zur Verwirklichung. Schon 1860 hatte der Nordamerikaner William Wheelwright der Königlichen Geographischen Gesellschaft in London eine Abhandlung vorgelegt und darin die Durchführbarkeit einer Bahnverbindung über die Anden aufgrund bereits erfolgter Vermessungen nachgewiesen. Die Trasse sollte von Rosario am Parana, rund dreihundert Kilometer oberhalb Buenos Aires, Argentinien in nordwestlicher Richtung durchqueren und über den San-Francisco-Paß nach Chile führen. In Copiapó war Anschluß an die Strecke nach Caldera vorgesehen, die Wheelwright als erste Eisenbahn Chiles und zweite Südamerikas bereits 1852 gebaut hatte. Sein Trans-Anden-Projekt blieb zwar unverwirklicht, doch konnte der in jungen Jahren an der La-Plata-Mündung gestrandete Kapitän Wheelwright im Jahre 1870 eine der ersten großen Fernstrecken Argentiniens von Rosario nach Córdoba einweihen.
Erst dreizehn Jahre nach dem Erscheinen von Wheelwrights Denkschrift wurde der erste wesentliche Schritt zum Bau einer Trans-Anden-Bahn vollzogen: Die argentinische Regierung erteilte den Brüdern John und Matthew Clark die Konzession zum Bau einer Strecke von Buenos Aires zur Westgrenze des Landes. Die Fortsetzung zur Küste des Pazifik sollte die chilenische Regierung veranlassen. Als Übergangspunkt über das Gebirge wurde der 3842 Meter hohe Uspallatapaß gewählt,

Südamerikas Transkontinental-Verbindungen sind zwar weniger lang als im Norden des Doppelkontinents, müssen dafür aber in den Anden enorme Höhen überwinden.
Oben: Bahnhof Polvaredas an der 1910 durchgehend fertiggestellten ersten Transkontinental-Bahn Südamerikas von Valparaiso nach Buenos Aires, rund sechzig Kilometer östlich der chilenisch-argentinischen Grenze, die durch den Uspallatatunnel verläuft
Rechts: Beschaulicher Aufenthalt in Oruro auf der Trans-Anden-Bahn von Antofagasta in Chile nach Boliviens Hauptstadt La Paz

der eine nahezu geradlinige Verbindung zwischen Buenos Aires und Valparaiso ermöglichte. Über diesen Paß waren 1817 fünftausend Soldaten unter San Martín und O'Higgins vorgedrungen, um Chiles Unabhängigkeit von Spanien zu erstreiten.
Die Zufahrtsstrecken der Bahn im Flachland sollten von Buenos Aires im Osten 1046 Kilometer weit über Villa Mercedes nach dem 719 Meter hoch gelegenen Mendoza und im Westen von Valparaiso über eine Entfernung von 125 Kilometern nach Santa Rosa de los Andes auf 800 Meter Seehöhe führen. Während die chilenische Flachlandstrecke zwischen diesen beiden Orten bereits seit 1874 in Betrieb war, verzögerte die unsichere politische und wirtschaftliche Lage Argentiniens den Bau auf der Ostseite der Anden. Zunächst wurde bis 1880 nur die 358 Kilometer lange »Argentinische Große Westbahn« von Buenos Aires bis Villa Mercedes gebaut, dann folgten bis 1883 durch die »Buenos Aires and Pacific Railway« der Brüder Clark die restlichen 689 Kilometer bis Mendoza.
Von hier nach dem chilenischen Santa Rosa de los Andes sollte die eigentliche Gebirgsbahn mit Meterspur angelegt werden; die Länge betrug 258 Kilometer, von denen mit 182 Kilometern der weitaus größte Teil auf argentinischem Gebiet gebaut werden mußte. In unmittelbarer Nachbarschaft des 6970 Meter hohen Aconcagua sollte die Bahn durch den Uspallatatunnel unterhalb der Paßhöhe die Anden durchstoßen. Erst als 1886 die Clarksche Gesellschaft unter die Kontrolle der Londoner »Buenos Aires and Valparaiso Transandine Railway Corporation« gelangt war, gingen die Bauarbeiten mit leidlichem Tempo voran. Im Februar 1893

waren von Mendoza aus 92 Kilometer bis Uspallata fertig, im Dezember des gleichen Jahres wurde Punta de Vacas erreicht und um die Jahrhundertwende Puente del Inca, wenige Kilometer vor dem Tunnel. Auf chilenischer Seite war die Bergstrecke bis dahin noch immer erst 27 Kilometer weit fortgeschritten. Auch dort waren die Brüder Clark am Werk, bis die Regierung eingriff und Ende 1903 das in London und New York eingeführte Bauunternehmen William R. Grace & Co. gegen Zusicherung einer fünfprozentigen Zinsgarantie für zwanzig Jahre zur Fortsetzung des Projektes gewinnen konnte. Im Sommer 1906 waren von Santa Rosa de los Andes aus 51 Kilometer, zwei Jahre später auf der schwierigen Andenstrecke weitere 18,5 Kilometer fertig. Wie auch auf dem argentinischen Gebirgsabschnitt hatte die Errichtung zahlreicher Tunnel, schwieriger Felseinschnitte und umfangreicher Schutzbauwerke gegen Steinschlag, Lawinen und Sturzbäche mehr Zeit gekostet als vorgesehen.
Endlich erreichten von den vorgelagerten Stationen aus, von La Calavera auf chilenischer und Las Cuevas auf argentinischer Seite, beide Gleise den ebenfalls unter großen Mühen in 3190 Meter Höhe gebauten Uspallatatunnel. Die Grenze zwischen beiden Ländern verlief quer durch den Tunnel: 1512 Meter gehörten zu Chile, 1949 Meter zu Argentinien. Am 27. November 1909 fiel die letzte trennende Felswand im Innern des Berges.
So konnte schließlich am 2. April 1910 der erste Zug den Tunnel durchfahren, wenngleich die angekündigte feierliche Eröffnung wegen Spannungen zwischen Peru und Ecuador, die auch für Chile Kriegsgefahr signalisierten, abgesagt worden war. Einziger prominenter Fahrgast im ersten Zug blieb damit Argentiniens Gesandter in Santiago, der gerade aus Buenos Aires auf seinen Posten zurückkehrte. Und weil eine Lokomotive noch nicht zur Verfügung stand, mußten Arbeiter die Wagen durch die 3461 Meter lange Röhre schieben.
Damit war Südamerikas erste Transkontinentalbahn zwischen Buenos Aires und Valparaiso über Mendoza, durch den Uspallatatunnel und über Los Andes eröffnet.
Weitere Bahnlinien über die Anden waren zuvor bereits von Antofagasta in Chile über Oruro nach La Paz in Bolivien und nach Salta in Argentinien gebaut worden. Durch Weiterführung der argentinischen Strecke über Salta hinaus nach Tucumán und weiter bis Buenos Aires entstand in dieser Relation später eine zweite Transkontinentalverbindung zwischen Chile und Argentinien. Die Linie Antofagasta – La Paz rückte dagegen erst in neuester Zeit durch Verlängerung bis Santa Cruz und Fortsetzung über die Grenze nach Brasilien zur Pazifik-Atlantik-Verbindung auf: sie führt bis São Paulo und Rio de Janeiro.
Schon 1910 hatte Chile von der Küste auch nach Bolivien eine weitere Strecke bauen lassen; sie führt auf kürzestem Weg von Arica nach La Paz und mündet bei Viacha in die von Antofagasta kommende Bahn ein. Nachdem La Paz neuerdings mit São Paulo und Rio de Janeiro verbunden ist, wurde auch die Bahn von Arica nach La Paz zur kontinentalen West-Ost-Verbindung über Santa Cruz nach Brasilien.
Ein aussichtsreiches Projekt für eine weitere südamerikanische Transkontinentalbahn besteht zwischen der chilenischen Hafenstadt Concepción am Pazifik und dem argentinischen Bahía Blanca am Atlantik. Um diese durchgehend mit Breitspur von 1676 Millimetern vorgesehene, 1230 Kilometer lange Verbindung herzustellen, fehlen lediglich 145 Kilometer über den 1760 Meter hohen Mallin-Chileno-Paß. Die Chilenischen Staatsbahnen erreichten 1965 den gegenwärtigen Endpunkt Lonquimay, 87 Kilometer vor der Grenze, während in Argentinien die bis 1913 gebaute Strecke in Zapala, 58 Kilometer von der Grenze entfernt, endet. Die Planung der Verbindungsstrecke zwischen dem südchilenischen und dem argentinischen Breitspurnetz ist abgeschlossen.
Begeisterung wecken die Andenbahnen in erster Linie bei Eisenbahn-Enthusiasten. Sie sehen bewundernd die gekonnte Streckenführung in hochalpinen Regionen, die kühnen Bauwerke, die historisch interessanten Fahrzeuge und die ganze Romantik des Betriebes, die sich gegen Fahrpläne und Uhrzeiger vielerorts erfolgreich behauptet hat. Nicht weniger als fünfzehn Tage dauert noch heute die Bahnreise von Antofagasta in Chile über Salta in Argentinien, Oruro und Santa Cruz in Bolivien nach São Paulo oder Santos in Brasilien – selbst für abenteuerlustige Touristen oft zu lange. Die Konferenz Lateinamerikanischer Staaten beriet erst kürzlich eine Aktivierung der »Coast to coast«-Verbindung über die bestehenden Strecken, um die Sehenswürdigkeiten, die sie darstellen, wenigstens dem Touristenverkehr nutzbar zu machen. Alle vier Länder, Chile, Bolivien, Argentinien und Brasilien, könnten gleichermaßen davon profitieren. Allerdings waren die politischen Verhältnisse in Südamerika Anfang der achtziger Jahre nicht dazu angetan, den Eisenbahnen besondere Förderung zuteil werden zu lassen.

Auf Trevithicks Spuren

Südamerikas erste Eisenbahn führte vom Hafen Callao in *Peru* dreizehn Kilometer weit zur Hauptstadt Lima und wurde schon 1851 eröffnet. Die Vorgeschichte reicht dort jedoch noch Jahrzehnte weiter zurück in die allerersten Anfänge der Bahntechnik überhaupt.
Als nämlich jener Richard Trevithick, der 1804 auf der englischen Hüttenwerksbahn von Merthyr Tydfil die erste Dampflokomotive der Welt in Gang gesetzt hatte, zwölf Jahre später nach Südamerika ging, hieß sein Ziel Peru. Dorthin hatte er schon 1812 an die Verwaltung der Silbergruben von Cerro de Pasco in der Zentralkordillere acht Dampfpumpen geliefert und erhoffte sich nun weitere Erfolge für seine Hochdruckmaschinen.
Obwohl die Experimente mit Lokomotiven in England keineswegs ganz erfolglos geblieben waren, schien ihm offenbar bei der stationären Anwendung der Dampfmaschine die größere Chance zu liegen, so daß er der Lokomotiventwicklung keine weitere Aufmerksamkeit zuwandte. Trotzdem muß ihm die Eisenbahn als Verkehrsmittel der Zukunft vor Augen gestanden haben; denn auf dem beschwerlichen Weg von der Küste in die 4302 Meter hoch gelegene Silberstadt schwebte ihm bereits der Bau einer Bahn hinunter nach der Hafenstadt Callao vor. Auch über den ausgedehnten Grubenbezirk selbst wollte er – wie dies in England seit langem üblich war – ein Netz von Schienenwegen spannen.
Freilich war die Zeit längst nicht reif für ein Projekt wie die Eisenbahn in eines der höchsten Gebirge der Welt. Immerhin vergingen noch acht Jahre, bis in England die »Locomotion« den ersten Personenzug über die holprige Strecke von Stockton nach Darlington zog. Nichtsdestoweniger kann die später von einem Amerikaner verwirklichte Bahn, die bis heute die höchste der Welt geblieben ist, für sich in Anspruch nehmen, auf Richard Trevithick und seine Pläne aus dem Jahre 1817 zurückzugehen.
Im Unabhängigkeitskrieg Perus gegen die Herrschaft Spaniens gingen nicht nur die frühen Pläne unter. Die Dampfmaschinen Trevithicks in den Bergwerken wurden ein Opfer des Krieges, und ihr Erfinder rettete nichts als das Leben. Nur der Zufall, der ihn in Amerika mit Robert Stephenson zusammentreffen ließ, erlöste ihn aus der Not und ermöglichte ihm die Rückkehr nach England. Trevithick starb dennoch in ärmlichen Verhältnissen am 23. April 1833 in Dartford.
In seinem Plan für den Schienenweg von Callao nach Cerro de Pasco nahm das kleine Stück bis Lima nur einen unbedeutenden Rang ein. Wenn es trotzdem relativ bald verwirklicht wurde, so wegen des regen Verkehrs zwischen Hafen und Stadt, zumal besondere Geländeschwierigkeiten hier noch nicht bestanden. Die Weiterführung in das hoch auf der Kordillere gelegene Bergwerksgebiet beschäftigte zwar immer wieder weitblickende Leute. Und obwohl Peru durch seine gewinnträchtige Guano-Ausfuhr sogar über die finanziellen Mittel verfügt hätte, nahm das Projekt erst Gestalt an, nachdem im Herbst 1868 Oberst Banta Präsident geworden und aus dem benachbarten Chile der Amerikaner Henry Meiggs engagiert worden war, dem damals bereits ein legendärer Ruf als Eisenbahnbauer vorausging.

Die höchste Bahn der Welt

»Punto Ferroviario Mas Alto Del Mundo – 4818 Metros – 15 806 Pies« steht auf einer Tafel nahe der Station Galera in den peruanischen Anden. An dieser Stelle erreicht die Eisenbahn ihren höchsten Punkt in der Welt. Der Schienenweg führt dort in eine Höhe, die den Gipfel des Montblanc als des höchsten Berges in Europa noch um acht Meter übertrifft. Dabei liegt der Ausgangspunkt der Bahn in Callao nur wenige Meter über dem Meeresspiegel und Luftlinie kaum 150 Kilometer entfernt.
Schon die Vermessung begleiteten außergewöhnliche Schwierigkeiten; vielfach mußten sogar die Standpunkte für die Feldmesser aus dem Fels herausgesprengt werden. So konnten die Bauarbeiten nicht vor 1870 beginnen. Doch Henry Meiggs trieb sie geschickt und mit der ihm eigenen Tatkraft voran. Die in europäischer Normalspur angelegte Strecke folgt zunächst weithin dem Tal des Rimac-River: von Lima über Santa Clara zunächst nach La Chosica, von wo sie ab Kilometer 53,7 bis hinauf auf die Wasserscheide zwischen Pazifik und Atlantik ständig steigt. Trotz der enormen Höhendifferenz, die sie zu bewältigen hat, nimmt sie nirgends den Zahnradantrieb zu Hilfe.
In San Bartolome bei Kilometer 75,2 mündet das Gleis in 1495 Meter Höhe zum ersten Mal in eine Spitzkehre. Die Lokomotive schiebt den Zug rückwärts über das folgende Streckenstück bis in die nächste Kehre, aus der die Fahrt dann wieder vorwärts fortgesetzt werden kann. Insgesamt liegen auf der Hauptstrecke Lima – Oroya 13 derartige Anlagen, wie

Links: Die höchste Eisenbahn der Welt führt von Lima nach Oroya in Peru. Sie wurde 1892 fertiggestellt. Den Verrugas-Viadukt hatten Wolkenbrüche schon während der Bauzeit weggerissen; er wurde zwar in Stahl neu und dauerhaft errichtet, doch führt die Bahn noch heute ständigen Kampf gegen die Naturgewalten.
Rechte Seite: Am höchsten Eisenbahnpunkt der Welt steht die Tafel mit der Höhenangabe 4818 Meter. Galera als höchste Bahnstation der Welt mit Reiseverkehr liegt 4781 Meter hoch.

sie in Indien zum ersten Mal und später auf Gebirgsstrecken vielfach angewandt wurden, bevor auf der Schwarzwaldbahn in Deutschland und auf der Schweizer Gotthardbahn die schleifenförmigen Kehrtunnel bessere - wenn auch kostspieligere - Möglichkeiten aufzeigten.
Hinter Surco auf 2027 Meter Höhe begannen für den Bau der Oroya-Bahn die größten Schwierigkeiten. An Matucana vorbei reichte das Gleis 1877 bis nahe an Chicla, 140 Kilometer von Lima entfernt und 3730 Meter hoch gelegen, als Henry Meiggs plötzlich starb. Dann geriet Peru 1879 in den Streit zwischen Chile und Bolivien wegen der Salpeterlager von Atacama, unterlag dabei und wurde obendrein von Machtkämpfen im Innern schwer erschüttert. Der Bahnbau in den Anden stand still. Erst 1890 hatten sich die Verhältnisse so weit normalisiert, daß sich neue Interessen auf das unvollendete Projekt richteten.
Eine englische Gruppe gründete die Peruvian Railways and Development Corporation und erhielt von der Regierung sämtliche Bahnen des Landes »zwecks Regulierung der peruanischen Schuld« mit der Auflage, die Andenbahn bis Oroya zu vollenden. Zu diesem Zweck wurde am 1. Juli 1890 als Tochtergesellschaft die Central Railway of Peru ins Leben gerufen. Bis 1973 führte sie den spanischen Namen Ferrocarril Central de Peru, dann wurde sie nach Ablauf der Konzession mit den Staatsbahnen zu einer neuen nationalen Bahngesellschaft vereinigt, der ENAFER: Empresa nacional de Ferrocarriles del Peru.
Mit der von Henry Meiggs vollendeten Strecke bis Chicla waren die größten Schwierigkeiten bereits überwunden, so daß sich das Gleis in ständiger Steigung rasch weiter in die Anden hinauf vorschob. Nach zwei Jahren fuhren die Züge von Callao schon 154 Kilometer weit bis Casapalca, während an dem 1177 Meter langen Tunnel unter der Wasserscheide zwischen Ticlio und Galera bereits emsig gearbeitet wurde. Dort erreichte die Bahnlinie, 168,3 Kilometer von Callao entfernt, im Tunnel ihren mit 4783 Metern vermessenen Höchstpunkt. Das anschließende Gefälle reichte zunächst 23,2 Kilometer weit bis Yauli und setzte sich dann auf weiteren 27,2 Kilometern bis zur vorläufigen Endstation Oroya in Bahnkilometer 207,75 und auf 3703 Metern über Normalnull fort.
Im September 1892 fuhr zum ersten Mal ein Zug von Callao über die Anden. Ein Jahr später war die peruanische Zentralbahn bis Oroya in Betrieb. Ihren mit 4818 Meter höchsten Punkt erreicht die Bahn allerdings auf einer nur dem Erzverkehr dienenden Nebenlinie in der Nähe von Galera.
Die Kilometerangaben aus der Bauzeit weichen vielfach von den heutigen ab, weil die Strecke, um sie besser gegen Hochwasser, Steinschlag und Bergrutsche zu sichern, im Laufe der Jahre an verschiedenen Stellen völlig neu trassiert worden ist. Dadurch und als Ergebnis genauerer Messungen in späterer Zeit änderten sich auch die Höhenmarken. Die Central Railway of Peru hatte mit den Geländeschwierigkeiten schon bei ihrer Gründung 1890 keine geringe Hypothek übernommen. Die höchste Bahn der Welt erwies sich auch als eine mit außergewöhnlichen Betriebsproblemen. Erst ein Jahr zuvor war nach heftigen Regenfällen und Überschwemmungen im Rimactal der seinerzeit als drittgrößte Eisenbahnbrücke der Welt bekannt gewordene Verrugas-Viadukt in die Tiefe gerissen worden, der oberhalb San Bartolome eine 175 Meter breite Schlucht 84 Meter über der Talsohle mit vier Bogen überspannt hatte. Der Neubau dieser Brücke als Stahlkonstruktion mit nur noch drei Öffnungen gehörte zu einer der ersten Aufgaben der neuen Gesellschaft. Doch seit am 5. Januar 1891 der Viadukt dem Betrieb feierlich wieder übergeben war, ließen vor allem die Wolkenbrüche während der Regenzeit die Schwierigkeiten kaum je abreißen.
Der Bahnbau, an dem zeitweise über fünftausend Chinesen beteiligt waren, soll insgesamt nahezu siebentausend Menschenleben gekostet haben, nicht zuletzt wegen der dünnen Luft in den großen Höhen. Auch die Reisenden haben darunter vielfach zu leiden, so daß jeder Zug gegen die

»Siroche« Sauerstoffbehälter, meist auch Sanitätspersonal und einen Arzt an Bord hat. Dagegen braucht die Zentralbahn in Peru im Gegensatz zu anderen Andenbahnen weder Heizung noch Schneeräumgeräte. Denn bei der geringen Entfernung von nur zwölf Breitengraden vom Äquator liegt die Grenze des ewigen Schnees dort bei etwa fünftausend Metern. Und obwohl die Kesselleistung der Dampflokomotiven erstaunlich günstige Werte erreichte, weil der geringe Luftdruck das nutzbare Druckgefälle des Kessels steigerte, haben inzwischen Diesellokomotiven den Betrieb übernommen.
Die Anschlußstrecke von Oroya nach Cerro de Pasco, das schon Richard Trevithick als Ziel im Auge hatte, führt heute sogar weiter bis Gollarisquisga zur höchsten Kohlengrube der Welt. Eine zweite Anschlußstrecke folgt von Oroya in entgegengesetzter Richtung dem fruchtbaren Jaujatal bis Huancayo, wo sie noch 128 Kilometer weit durch eine Schmalspurbahn mit 914 Millimeter Spurweite bis Huancavelica fortgesetzt wird. Diese Bahn, die zwar die Hochebene nicht verläßt, jedoch trotzdem Höhenunterschiede von mehr als 850 Metern überwindet, bildete mit ihren Dampflokomotiven noch Mitte der siebziger Jahre eine Touristenattraktion in den peruanischen Anden.
Bevor Henry Meiggs mit dem Bau der Oroya-Bahn begonnen hatte, setzte er sich ein Denkmal schon mit der schnellen Vollendung der ebenfalls längst geplanten Eisenbahn von der im Süden Perus gelegenen Hafenstadt Mollendo nach dem 2363 Meter hoch gelegenen Arequipa. Ein halbes Jahr vor der vereinbarten Bauzeit von drei Jahren konnte diese Strecke 1871 eröffnet werden. Ihre Weiterführung bis Puno am Titicacasee – heute auch Endpunkt der Strecke nach Cuzco und der Schiffslinie über den See nach Bolivien – hat Meiggs noch selbst in Angriff genommen. Im Norden baute er die 1872 fertiggestellte Strecke von Chimbote an der Pazifikküste in die Sierra Blanca.
Obwohl Henry Meiggs mit keiner weißen Weste aus den USA nach Chile entschlüpft sein soll, kam er in Südamerika nicht nur wegen seiner technischen Leistungen zu hohem Ansehen. Sehr im Gegensatz zur sonst üblichen Praxis behandelte er jeden Arbeiter ungeachtet seiner Nationalität und Hautfarbe gerecht und mitfühlend. Noch heute genießt er dort Verehrung wie ein Held der Nation.

Gegenüber dem Südpol

Das umfangreichste und dichteste Eisenbahnnetz Südamerikas hat sich in *Argentinien* entwickelt, obwohl dort die erste Strecke mit nur acht Kilometer Länge von Buenos Aires nach Belgrano erst am 1. Dezember 1862 eröffnet wurde. Heute umfaßt das Streckennetz, das im wesentlichen von der Hauptstadt nach Norden, Westen und Süden ausstrahlt, rund 35 000 Kilometer und spannt sich engmaschig mit einem Radius von annähernd siebenhundert Kilometern in großem Bogen von Buenos Aires bis Bahía Blanca, Santa Rosa, San Luis, Córdoba und Santa Fé. Die Spurweite beträgt hier 1676 Millimeter. Im Norden führt eine wichtige Breitspurstrecke weiter bis Tucumán, im Westen die Trans-Anden-Strecke bis Mendoza, wo die meterspurige Gebirgsbahn nach Chile anschließt. Über den Staudamm von Salto Grande erhielt Argentinien am 25. August 1982 auf Breitspur erstmals Verbindung mit Uruguay. Im Norden Argentiniens herrscht dagegen die Meterspur vor. So gibt es innerhalb des Landes vielfach keinen durchgehenden Eisenbahnverkehr. Die Breitspur bietet zwar den höheren Komfort und vor allem die größere Transportkapazität, doch die Meterspurstrecken tragen den internationalen Verkehr, weil die Anschlußstrecken in Chile und Bolivien entsprechend angelegt sind. An eine Umspurung ist deshalb, abgesehen von der finanziellen Seite, nicht zu denken.
Brasilien steht heute mit einer Netzlänge von mehr als 24 000 Kilometern an zweiter Stelle in Südamerika, obgleich sein Bahnnetz im Verhältnis zur enormen Flächenausdehnung des Landes nur als bescheiden zu bezeichnen ist. Lediglich in der Küstenregion führen einige Linien wenige hundert Kilometer ins Hinterland,

während der Nordosten beiderseits des Amazonasdeltas ebenso wie das weithin mit Urwald bedeckte Landesinnere von der Eisenbahn weitgehend unerschlossen geblieben ist.
Die erste Strecke Brasiliens führte über 18 Kilometer von Porta de Maua nach Ruiz da Serra an der Bucht von Rio und wurde am 30. April 1854 eröffnet. Wenig später folgte mit staatlicher Unterstützung die Strecke Recife - Palmares an der Ostspitze des Kontinents; diese Linie nahm am 9. Februar 1858 den Betrieb auf. Unmittelbar danach, am 29. März des gleichen Jahres, war auch der erste Abschnitt der Staatsbahn von Rio de Janeiro nach Itabira, nördlich im Staate Minas Gerais, fertig; sie war damals unter dem Namen Dom-Pedro-II-Bahn bekannt, später kurz als Zentralbahn. Die wichtigsten Hauptstrecken führen heute nach São Paulo und Rio de Janeiro; auch Brasilia, seit 1960 Hauptstadt des Landes, ist mit der Eisenbahn von dort aus erreichbar. Die Mehrzahl der brasilianischen Bahnen fährt auf Meterspur; daneben bestehen 1797 Kilometer Breitspurstrecken mit 1600 Millimeter Spurweite und 202 Kilometer Schmalspurbahnen mit 760 Millimetern.
Chile, viertausend Kilometer lang, aber selbst an der breitesten Stelle kaum vierhundert Kilometer breit, durchzieht in seiner Längsachse die chilenische Hauptbahn von Iquique im Norden, vorbei an Antofagasta, über Copiapó, Valparaiso, Santiago, San Rosendo und Concepción bis Puerto Montt am Corcovadogolf im Süden. Die Strecke folgt dem Längstal zwischen Küstenkordillere und den Anden. Zahlreiche Nebenlinien, die heute ein meterspuriges Nord- und ein breitspuriges, zum Teil elektrifiziertes Südnetz bilden, zweigen beiderseits ab und führen in die Seitentäler und zur Küste. Nach der am 2. Januar 1852 eröffneten Privatbahn Caldera - Copiapó, der ersten Eisenbahn Chiles und der zweiten Südamerikas, entstand als erste Staatsbahn die durch ihre Kunstbauten bekannt gewordene Nordbahnlinie von Valparaiso nach Santiago, die am 14. September 1863 auf der gesamten, 186 Kilometer langen Strecke in Betrieb war, nachdem mehrere Einzelabschnitte schon zuvor eröffnet worden waren. Die nördlichste Strecke Chiles führt jedoch ohne weitere Verbindung mit dem übrigen Landesnetz von Arica nach La Paz in Bolivien.
Insgesamt liegen in Chile 3291 Kilometer Meterspurstrecken, 4257 Kilometer Strecken mit Breitspur von 1676 Millimetern, 247 Kilometer mit europäischer Normalspur und rund 130 Kilometer mit zwei Spurweiten.
In den übrigen südamerikanischen Ländern fuhren die ersten Eisenbahnen in *Paraguay* am 1. Oktober 1863 von Asunción 40 Kilometer bis Itangua, in *Britisch-Guyana* am 1. September 1864 von Georgetown 32 Kilometer nach Mahaica, in *Venezuela* im Februar 1866 von Puerto Cabello nach Palito und in *Uruguay* am 1. Januar 1869 von Montevideo 18 Kilometer nach Las Piedras.
Die 1871 begonnene Bahnverbindung vom Pazifikhafen Guayaquil zur Hauptstadt Quito in *Ecuador* wurde bei einer Gesamtlänge von 965 Kilometern erst 1908 fertig.
In Patagonien, dem südlichsten Teil des südamerikanischen Festlandes, verläuft auf argentinischem Gebiet die südlichste Eisenbahn der Welt. Sie führt, als Schmalspurbahn mit 750 Millimeter Spurweite erst nach dem Zweiten Weltkrieg gebaut und 1951 eröffnet, vom Atlantikhafen Rio Gallegos 285 Kilometer weit nach Westen zu den Kohlegruben von El Turbio, nahe der chilenischen Grenze.
Zum Südpol hält die Eisenbahn jedoch bedeutend größeren Abstand als zum Nordpol. Die argentinische Bahnlinie von Rio Gallegos nach El Turbio liegt auf etwa 52° südlicher Breite und damit noch in erheblicher Entfernung vom Polarkreis.
Im Norden reichen dagegen mehrere Bahnen über den Polarkreis weit hinaus: in der Sowjetunion bis Dudinka am Jenissei auf 69°24′ und bis Murmansk auf 68°56′, in Norwegen bis Narvik auf 68°30′ und in Alaska bis Fairbanks auf 64°30′ nördlicher Breite.

Linke Seite: In der alten Inkastadt Cuzco endet die Normalspur von Mollendo und Puno. Auf nur 914 Millimeter schmaler Spur geht es noch 105 Kilometer weiter bis Chaullay. Rechts: Mancherorts scheint auf Südamerikas Bahnen die Zeit stillzustehen; hier wartet der Zug auf einer Station in Ecuador, bis die Passagiere das Mittagessen eingenommen haben.

Maßstab 1 : 25 000 000 — 0 250 500 750 km

140°
145°
150°
155°
160°
165°
170°
175°
180°
15°
10°
5°
0°
5°
10°
15°
20°
25°
30°
35°
40°
45°
130°
135°
140°
145°
150°
155°
160°
165°
170°
175°
180°
175°
170°
165°
170°
Mikronesien
(USA - Treuhandgebiet)
Karolinen
Marshallinseln
Ralik-gruppe
Ratak-gruppe
PAZIFISCHER OZEAN
Melanesien
Rota
Guam (USA)
Eniwetok
Bikini
Rongelap
Bikar
Utirik
Likiep
Ailuk
Kwajalein
Wotje
Maloelap
Namu
Majuro
Arno
Ailinglapalap
Jaluit
Mili
Yap I.
Ulithi
Sorol
Ngulu
Gaferut
Faraulep
Ifalik
Woleai
Lamotrek
Namonuito
Pulap
Hall I.
Truk I.
Oroluk
Ponape
Mokil
Kusaie
Mortlock I.
Nukuoro
Kapingamarangi
Makin
Abaiang
Tarawa
Maiana
Abemama
Gilbertinseln (brit.)
NAURU
Ocean I. (brit.)
Nonouti
Tabiteuea
Kingsmillgruppe
Onotoa
Arorae
Ellice-Inseln (brit.)
Nanomea
Niutao
Nui
Vaitupu
Nukufetau
Funafuti
Nukulaelae
Ninigo-Gr.
Admiralitäts-I.
Manus
St. Matthias-Gruppe
Neuhannover
Tabar I.
Lihir-Gr.
Tanga I.
Green I.
Bismarck-archipel
Bismarcksee
Neuirland
Rabaul
Neubritannien
Talasea
Karkar I.
Long I.
Umboi
Madang
Supiori
Schouten-I.
Biak
Yapen
K. Perkam
Sarmi
Jayapura
Geelvink B.
Waren
Napan
Irian Jaya
Tanahmerah
Mappi
Okaba
Kolepom
K. Vals
Kola
Wokam
Aru-I.
Aitape
Maprik
Ambunti
PAPUA NEUGUINEA
Lae
Huongolf
Kikori
Kerema
Papuagolf
Daru
Popondetta
Port Moresby
Samarai
Torresstr.
K. York
Trobriand I.
Fergusson I.
Woodlark I.
D'Entrecasteaux-I.
Normanby I.
Louisiade-archipel
Tagula I.
Rossel I.
Nukumanu I.
Ontong Java I.
Buka
Bougainville
Kieta
Choiseul
Salomonen
Vella Lavella
Kolombangara
Rendova
New Georgia
Vangunu
Sta. Isabel
Tulagi
Malaita
Honiara
Guadalcanal
San Cristóbal
Bellona I.
Rennell I.
Santa-Cruz-I. (brit.)
Torres I.
Banks I.
Espiritu Santo
Malekula
Pentecost I.
Ambrim
Epi
Neue Hebriden (brit.-frz.)
Efate
Erromanga
Tana
I. Chesterfield (frz.)
I. Belep
Neukaledonien (frz.)
Ouvéa
Lifou
Thio
Loyalty-I. (frz.)
Maré
Nouméa
I. des Pins
FIDSCHI
Vanua Levu
Lambasa
Viti Levu
Taveuni
Nandi
Ngau
Suva
Kandavu
Lakemba
Korallenmeer
K. Wessel
Wessel I.
Carpentariagolf
Roper River
Wellesley I.
Borroloola
Calvert Hills
Burketown
Normanton
Croydon
Forsayth
Camooweal
Mount Isa
Cloncurry
Hughenden
Elkedra
Moreton
Musgrave
K. Flattery
Cooktown
Cairns
Rutland Plains
Ingham
Townsville
Bowen
Charters Towers
Mackay
Queensland
Winton
Clermont
Marlborough
Rockhampton
Emerald
Longreach
Blackall
Springsure
Tambo
Bundaberg
Maryborough
Fraser I.
Gympie
Birdsville
Charleville
Chinchilla
Quilpie
Wyandra
Toowoomba
Brisbane
Ipswich
Cunnamulla
Goondiwindi
K. Byron
Lismore
Mungindi
Goodooga
Brewarrina
Grafton
Wanaaring
Walgett
Bourke
Armidale
Kempsey
Neusüdwales
Tamworth
Taree
Cobar
Wilcannia
Dubbo
Broken Hill
Cessnock
Newcastle
Bathurst
Orange
Penrith
SYDNEY
Wollongong
Roto
Griffith
Cowra
Goulburn
Canberra
Bundesterrit.
Mildura
Wagga Wagga
Albury
Swan Hill
Shepparton
Horsham
Wangaratta
Victoria
Bombala
Orbost
Bairnsdale
Ballarat
Geelong
MELBOURNE
Mount Gambier
Warrnambool
Südostkap
King I.
Bass-Str.
Flinders I.
Furneauxgruppe
C. Barren I.
Marrawah
Burnie
Latrobe
Launceston
Tasmanien
Queenstown
Hobart
K. Pillar
Südostkap
Rumbalara
Oodnadatta
Eyresee
Marree
Leigh Creek
Tarcoola
Port Augusta
Olary
Peterborough
Penong
Ceduna
Whyalla
Pt. Pirie
Lock
Elliston
Mount Hope
Port Lincoln
Adelaide
Victor Harbor
Känguruh-I.
Encounter B.
Spencergolf
Tasmansee
Norfolk I.
Lord Howe I.
Kermadec-I. (neus.)
Three Kings I.
K. Maria v. Diemen
Nordkap
Whangarei
Nordinsel
Auckland
Hamilton
Plenty B.
Ostkap
Gisborne
New Plymouth
Wangarui
Napier
Hastings
K. Farewell
Palmerston North
Nelson
Blenheim
Masterton
Wellington
Greymouth
Hokitika
Christchurch
Südinsel
Timaru
Kingston
Dunedin
Invercargill
Foveauxstr.
Südwestkap
Stewart I.
NEUSEELAND
Chatham I. (neus.)
Bounty I. (neus.)
Antipodes I. (neus.)
Auckland I. (neus.)
Campbell I. (neus.)
Macquarie I. (austral.)

Im fünften Kontinent

Australien läßt an manchen Stellen Ähnlichkeit mit Afrika erkennen: Im Landesinnern bieten die Sandwüsten kaum Lebensraum, Steilküsten und Gebirge trennen die vielfach nur schmalen Küstenstreifen vom Hinterland und stellen sich der Verkehrserschließung entgegen, der größte Teil der Bevölkerung konzentriert sich auf wenige, klimatisch begünstigte Gebiete entlang der Küste. Weite Landesteile werden sei dem 19. Jahrhundert durch Weidewirtschaft genutzt, während für sonst nur wenig einladende Landstriche verlockende Goldfunde Interesse weckten. Im Gegensatz zu Afrika, das seit Jahrtausenden der Alten Welt zumindest teilweise bekannt und mit ihr verbunden war, bestanden über die Existenz einer »Terra australis incognita«, des »unbekannten Südlandes« bis gegen Ende des 18. Jahrhunderts nur Vermutungen.

Erste fundierte Kenntnisse vermittelte der Engländer James Cook, nachdem er um 1770 Neuseeland umsegelt und die Ostküste Australiens bis zu dessen Nordspitze erkundet hatte. Die Holländer waren zwar schon wesentlich früher an den Küsten des Inselkontinents gelandet, überließen die Kolonisierung jedoch allein den Engländern, die sie im Jahre 1788 mit der Anlandung von 778 Sträflingen und der Gründung Sydneys als erster Ansiedlung begannen. Trotz dieser Vorzeichen entwickelten sich in mehreren Regionen bald blühende Gemeinwesen, deren Entfaltungsmöglichkeiten auch immer neue Auswanderer nach Australien zogen. Die Eisenbahn bildete für die Erschließung und die wirtschaftliche Entwicklung einen entscheidenden Schlüssel, so daß von der Mitte des 19. Jahrhunderts an der Bau von Eisenbahnstrecken auch vom Staat tatkräftig gefördert wurde. Die 1903 vollendete Verbindung von Melbourne über Ballarat nach Mildura am Murray hat, wie viele Bahnbauten in Australien, dem erschlossenen Gebiet erst zu Prosperität verholfen. Durch Bewässerung war um Mildura fruchtbares Land entstanden, das sich mit Hilfe der Eisenbahn zu einem reichen Obstanbaugebiet entwickeln konnte. – Allerdings bildeten die einzelnen Schwerpunkte der Kolonisation mit ihrem Hinterland noch längst kein gemeinsames Staatswesen, sondern selbständige Kolonien unter britischer Flagge. Auch der Eisenbahnbau unterlag damit keinen allgemein verbindlichen Normen. Die zunächst allein wirksame Privatinitiative orientierte sich an den Anforderungen des Verkehrs und den topographischen Gegebenheiten, so daß neben der in England entstandenen europäischen Normalspur vor allem im wohlhabenden Süden Breitspur mit 1600 Millimeter Spurweite, im entlegenen Westen und auf den weiter ins Landesinnere vorstoßenden Strecken meist

Schmalspur mit 1067 Millimetern angewandt wurde. Auch die englische Zwei-Fuß-Spur von nur 610 Millimetern sollte helfen, Baukosten zu sparen.
Im Jahre 1883 kam es am Murrayfluß zum ersten Zusammenschluß zweier Eisenbahnsysteme Australiens: Eine Normalspurstrecke von Neusüdwales stieß auf eine Breitspurlinie an der Grenze zu Victoria. Wer von Melbourne nach Sydney reisen wollte, mußte in Albury umsteigen. Umsteigen wurde später zum sprichwörtlichen Charakteristikum für Eisenbahnreisen in Australien; denn die meisten Versuche scheiterten, wenigstens auf den Magistralen einheitliche Spurweiten zu schaffen. Aber selbst wo sie bestehen, zum Beispiel in der Verbindung von Brisbane im Osten über Sydney nach Perth im Westen, gibt es kaum durchgehende Züge oder Kurswagen. Freilich handelt es sich hier um Entfernungen von rund siebentausend Kilometern, die heute schnell und bequem vom Flugzeug überbrückt werden. Wer dennoch die Eisenbahn bevorzugt, um das Land in seiner faszinierenden Erscheinung zu erleben und dabei den Komfort der australischen Transkontinentalzüge zu genießen, empfindet Umsteigen nicht als lästig, eher als willkommene Abwechslung auf der langen Reise.

Die ersten Bahnen Australiens

Bis sie sich 1901 mit dem Nordterritorium zum Australischen Bund zusammenschlossen, bildeten Neusüdwales, Westaustralien, Südaustralien, Victoria, Queensland und – auf der südlich vorgelagerten Insel – Tasmanien sechs selbständige Kolonien. Die erste Anregung zum Bau einer Eisenbahn ging 1846 von Neusüdwales aus. Doch die erste fertig-

Oben: In Queensland im Osten Australiens rollt dieser Güterzug von Brisbane ins Hinterland. Der Dampfbetrieb ging dort Anfang der siebziger Jahre zu Ende.
Nächste Doppelseite: Auf der zu Australien gehörenden Insel Tasmanien verbindet der »Tasman Limited« die Städte Hobart und Wynyard über Launceston und Burnie.

TASMAN
LIMITED

gestellte Strecke lag in Victoria. Sie führte von Melbourne nach dem vier Kilometer entfernten Hafen Sandridge, wurde am 13. September 1854 eröffnet und glich eher einer Straßenbahn.
Das galt freilich auch für die Bahn in Neusüdwales, die schließlich ein Jahr später fertig und am 26. September 1855 eröffnet wurde. Von Sydney aus lief sie 22 Kilometer weit bis Parramatta, das heute nur noch einen Vorort bildet.
In Südaustralien bestand ebenfalls seit 1854 eine Bahn, die Goolwa mit Port Elliot an der Murray-Mündung verband, jedoch mit Pferden befahren wurde. Die erste Dampfeisenbahn Südaustraliens wurde zwischen der Hauptstadt Adelaide und dem Hafen am 21. April 1856 in Betrieb genommen und im darauffolgenden Jahr vierzig Kilometer weit in nördlicher Richtung bis Gawler verlängert.
Queensland erhielt 1864 seine erste Eisenbahn. Sie führte über nur wenige Kilometer von Ipswich nach Grandchester und bildete den ersten Abschnitt der am 30. Juli 1865 eröffneten Gesamtstrecke von Ipswich nach dem 64 Kilometer entfernten Dalby.
Auf der Insel Tasmanien fuhr der erste Zug am 6. Februar 1870 zwischen Launceston und dem 72 Kilometer westlich gelegenen Deloraine. Bis 1876 war auch die von Launceston nach Süden bis Hobart führende Linie fertig.
Die erste Bahnlinie Westaustraliens verband Jarrahdale und Rockingham, 64 Kilometer lang und 1873 vollendet.
Im Nordterritorium bestand lange Zeit nur eine einzige Strecke. Sie war in den achtziger Jahren von Port Darwin über eine Entfernung von 233 Kilometern nach Süden gebaut worden und hatte 1889 ihren vorläufigen Endpunkt Pine Creek erreicht. Erst 1918 wurde ihre Verlängerung bis Birdum in Angriff genommen und 1929 vollendet. Heute endet die Bahn bereits in Larrimah, die letzten 8 Kilometer wurden stillgelegt.
Von Port Augusta in Südaustralien führte seit 1890 eine Strecke nordwärts nach Marree und durch die Wüste bis Oodnadatta. Sie wurde ebenfalls bis 1929 nach Alice Springs weitergebaut und überschritt auf dem 26. Breitengrad die Grenze zum Nordterritorium, dessen zweite Bahnlinie sie damit geworden war. Am 9. Oktober 1980 fuhr der Eröffnungszug auf einer neuen, 831 Kilometer langen Normalspurstrecke von Tarcoola nach Alice Springs. Sie gilt als größtes Eisenbahnprojekt Australiens nach der Transkontinentalbahn. Die neue Linie ist von Wettereinflüssen weitgehend unabhängig, während die alte Trasse nach den zwar seltenen, aber unerhört ergiebigen Regenfällen im Herzen des fünften Erdteils gelegentlich glatt weggespült wurde, zumal die Gleise streckenweise ohne besonderen Oberbau einfach auf dem Erdboden verlegt waren. Die Neubaustrecke zweigt bei Tarcoola von der Transkontinentalbahn am Rande der Großen Victoria-Wüste in nördlicher Richtung ab und führt weit westlich der alten Bahnlinie nach Alice Springs.
Jahrzehntelang bestanden Pläne, die Endpunkte Birdum und Alice Springs zu verbinden und so eine transkontinentale Nord-Süd-Strecke durch Australien zu schaffen. Gebaut wurde jedoch lediglich eine Telegraphenleitung, die am 21. Oktober 1872 in Betrieb ging und Australien erstmals auch mit Europa verband. Für die Eisenbahn wurde statt der Trasse entlang der Telegraphenlinie später eine östlichere Linienführung vorgeschlagen, um Port Darwin mit Bourke am Darling zu verbinden. Statt der menschenleeren Wüsten wären wirtschaftlich lohnendere Gebiete durchquert und in Queensland wie in Neusüdwales mehrere Verbindungen mit den bestehenden Eisenbahnnetzen im Osten Australiens hergestellt worden. Nun soll die neue Strecke Tarcoola – Alice Springs 1504 Kilometer direkt nach Norden verlängert und die Verbindung mit Port Darwin doch noch hergestellt werden.
Das dichteste Streckennetz entwickelte sich in den bevölkerungsstarken Oststaaten. Die Küstenrandbahn von Brisbane über Sydney, Melbourne und Adelaide bis Port Augusta bildete das Rückgrat dieses Netzes; ihre Längenausdehnung entspricht etwa der Entfernung zwischen Paris und Moskau. Zahlreiche Zweiglinien führten an die Küste und in westlicher Richtung nach dem Landesinnern. Zum Teil überwinden sie das östliche Randgebirge Australiens in ebenso kühner Linienführung wie die Gebirgsbahnen Europas die Alpen.
Nach Entdeckung der Goldfelder Westaustraliens bildete sich dort ein getrenntes Netz, das die Küstenstädte des Südwestens miteinander und mit den Goldbezirken verband. Den östlichsten Endpunkt bildete Kalgoorlie. Lange Zeit hatten der Regierung von Westaustralien die finanziellen Mittel gefehlt, um nach dem Vorbild der übrigen australischen Kolonien den Eisenbahnbau selbst in die Hand zu nehmen. So versuchte sie durch großzügige Landabtretungen private Investoren zu interessieren. Die reichen Goldfunde verhalfen dem Staat jedoch zu unerwarteten Einnahmen und damit zu der Möglichkeit, die wichtigsten Bahnen in Staatsbesitz zu überführen. In den übrigen Kolonien war dies weitgehend schon früher geschehen.
Zur Jahrhundertwende am 1. Januar 1900

bestanden in ganz Australien einschließlich Tasmanien rund 20500 Kilometer Eisenbahnstrecken. Nur wenig mehr als tausend Kilometer entfielen davon auf Privatbahnen, die zudem größtenteils nur der Erschließung von Bodenschätzen, also dem Güterverkehr dienten. Ihre Länge betrug in Neusüdwales 136, in Südaustralien 32, in Queensland 160 und in Tasmanien 173 Kilometer, während in Victoria bereits ausschließlich Staatsbahnen bestanden.

Die längste Gerade der Welt

Über eine Entfernung von mehr als achtzig Kilometern soll ein Zug zu erkennen sein, wenn er durch die Nullarbor-Wüste in Australien heranrollt. Denn dort liegt die längste kurvenlose Eisenbahnstrecke der Welt, über 528 Kilometer lang. Daß sie nicht noch länger ausgefallen ist, wird allein dem Umstand zugeschrieben, daß die Landmesser an Kurven besser verdienten als an Geraden. Beides ist frei-

Auf der 1522 Kilometer langen Strecke von Port Pirie nach Alice Springs hieß es bis 1980 in Marree umsteigen; denn der südliche Teil war bis dahin normal-, der nördliche schmalspurig. Am 9. Oktober 1980 wurde eine völlig neu trassierte Normalspurstrecke von Tarcoola nach Alice Springs eröffnet. Die Diesellok auf der Schmalspurstrecke (oben) zieht einen »gemischten« Zug aus Güter- und Personenwagen. Den normalspurigen Dampfzug (unten) mit zwei Wasserwagen hinter der Lokomotive haben Eisenbahnfreunde für eine Sonderfahrt zusammengestellt.

Links: Eisenbahn-Denkmal in Alice Springs: Der erste Zug der Commonwealth-Railways
Rechts: Die längste Gerade der Welt führt, so heißt es, in Australien durch die Nullarbor-Wüste, mehr als 528 Kilometer ohne Kurve.
Nächste Doppelseite: Die komfortabelsten Züge verkehren seit 1970 auf der nahezu viertausend Kilometer langen Ost-West-Verbindung quer durch Australien von Sydney nach Perth, seit eine durchgehende Verbindung – einheitlich mit Normalspur – hergestellt war. Im Avon-Tal liegen noch Kapspurgleise innerhalb der neuen Normalspurstrecke der Australischen Staatsbahn.

lich nichts anderes als gut erfunden. Mit einem starken Fernrohr wäre der Zug auf so große Entfernung allenfalls zu erahnen, wenn sich der Beobachter mit dem Flugzeug rund fünfhundert Meter in die Luft erheben würde; denn derart stark wirkt sich allein die Wölbung der Erdoberfläche aus. Aber auch die spiegelnde Atmosphäre läßt das unendlich scheinende Gleis schon nach einigen Meilen in einem imaginären Punkt zusammenlaufen. Und daß die anschließenden Kurven auf das Konto der Landmesser gegangen sein könnten, läßt sich auch nur aus der Tatsache folgern, daß natürliche Hindernisse in der vollkommen ebenen Wüste den Ingenieur zum Verlassen der Geraden nicht gezwungen haben können.
Trotz dieser Topographie wäre es ein Trugschluß zu glauben, der Bahnbau durch das absolut ebene Gelände sei ohne Schwierigkeiten vonstatten gegangen. Zwar verlangte die Wüste keinen Brücken- oder Tunnelbau, dafür aber die Bewältigung schwieriger Versorgungsprobleme für die Arbeitskräfte und die Baustellen. Die Strecke führt in der Nullarbor-Wüste über siebenhundert Kilometer lang durch unbewohntes und völlig baumloses Gebiet, in dem auch Wasser nirgends zu finden ist. Kein einziger Fluß durchzieht die Wüste, und die geringen Niederschläge versickern sofort. Dabei schwanken die Temperaturen zwischen fünfzig Grad Celsius im Sommer und unter minus fünfzehn Grad im Winter.
Der Bau der Trans-Australien-Bahn ging auf ein Übereinkommen zurück, das bei der Gründung des Australischen Bundes im Jahre 1901 getroffen worden war und die Verbindung von West- und Ostaustralien durch eine Eisenbahnlinie vorsah. Erst zehn Jahre später konnte der Bau der 1690 Kilometer langen Strecke zwischen Kalgoorlie in Westaustralien durch die Nullarbor-Wüste nach Port Augusta in Südaustralien endgültig vereinbart werden; dabei wurde als Spurweite die europäische Normalspur mit 1435 Millimetern festgelegt.
Die Bauarbeiten begannen am 14. September 1912 zunächst in Port Augusta, dann am 16. November des gleichen Jahres auch am entgegengesetzten Ende der Linie bei Kalgoorlie. Dazwischen lag nicht nur die Nullarbor, der südliche Ausläufer der Großen Victoria-Wüste, sondern auch sonst nur ödes Land, mit spärlicher Vegetation, menschenleer und feindlich. Rund dreitausend Arbeiter legten unter äußersten körperlichen Anstrengungen Meile für Meile Gleis in den Wüstensand, anfangs vielfach ohne Schotterbett. Zur Versorgung der Baustellen benützten die Materialzüge die schon fertigen Gleisabschnitte, außerdem rollten darüber regelmäßig Verpflegungszüge bis an die Arbeitercamps. Als »Tee-mit-Zucker-Züge«, wahre Supermärkte auf Schienen, sind sie in die Eisenbahngeschichte Australiens eingegangen.
Im Oktober 1917 trafen die beiden Gleisbautrupps sich ziemlich genau tausend Kilometer östlich von Kalgoorlie und fünf Jahre nach Baubeginn. Außer den klimatischen Problemen hatte auch der Weltkrieg den Fortgang der Arbeiten verzögert. Nach Fertigstellung der durchgehenden Gleisverbindung konnte der Verkehr jedoch unverzüglich noch im selben Monat aufgenommen werden.
Die neue Normalspurstrecke schloß in Kalgoorlie an das Schmalspurnetz Westaustraliens an, auf der anderen Seite in Port Augusta ebenfalls an einige Schmalspurstrecken, vor allem aber an das Breitspurnetz des Südens mit den wichtigen Städten Adelaide und Melbourne. Damit schloß die Trans-Australien-Bahn 1917 zwar die Lücke zwischen den bislang getrennten Netzen im Westen und Osten des Kontinents, ohne jedoch einen durchgehenden Zugverkehr zu ermöglichen.
Den entscheidenden Schritt hierfür leitete erst 1956 eine Studie der australischen Bundesregierung in die Wege. Sie sah den Bau dreier neuer Normalspurstrecken im Zuge wichtiger Hauptverkehrslinien vor: von Albury an der Grenze zwischen Neusüdwales und Victoria nach Melbourne; in Westaustralien von Perth und seinem Hafen Freemantle nach Kalgoorlie als Anschluß an die Trans-Australien-Bahn; sowie von Broken Hill an der Grenze zwischen Neusüdwales und Südaustralien bis Port Pirie. Bis dorthin war die West-Ost-Magistrale schon am 26. Juli 1937 über Port Augusta hinaus verlängert worden. Zuerst wurde Melbourne mit der geplanten Normalspurstrecke an das bestehende Normalspurnetz in Neusüdwales angeschlossen; sie ging parallel zur ursprünglichen Breitspurtrasse im Januar 1962 in Betrieb, am 16. April 1962 wurde der Personenverkehr aufgenommen. Dann folgte 1968 die westliche Verlängerung der Trans-Australien-Bahn bis an die Küste. Anfang 1970 war schließlich auch die Verbindung im Osten von Port Pirie bis Broken Hill betriebsbereit und damit über das vorhandene Normalspurnetz von Neusüdwales die durchgehende Eisenbahnverbin-

L270

dung von Küste zu Küste über 3961 Kilometer zwischen Sydney und Perth mit einheitlicher Spurweite hergestellt. Am 1. März 1970 wurde der Verkehr in östlicher, einen Tag danach in Westrichtung aufgenommen.
Seither verkehren auf der transkontinentalen Linie die komfortabelsten Züge Australiens: auf der Teilstrecke zwischen Perth und Port Pirie der »Transcontinental«, zwischen Perth und Sydney der »Indian Pacific«. Die Reisedauer liegt bei 65 Stunden, das sind immer noch nahezu drei Tage. Doch immerhin hat das Umsteigen auf dieser bedeutendsten Linie des Kontinents aufgehört.
Adelaide erhielt als letzte der fünf Bundeshauptstädte am 8. Dezember 1982 Normalspuranschluß: die 218 Kilometer lange Strecke von Port Pirie wurde vier Wochen gesperrt und von 1600 auf 1435 Millimeter umgespurt. Am 1. Juli 1975 sind anstelle der Commonwealth-Eisenbahnen die Australischen Staatsbahnen (ANR) gegründet worden. Die Regierung hat eine Standardisierung und Modernisierung des Fahrzeugparks eingeleitet.

Start auf hölzernen Schienen

Als erste Eisenbahn *Neuseelands* gilt die kurze Verbindung von Christchurch nach der nahen Hafenstadt Lyttelton. Ihre ersten beiden Kilometer waren am 1. Dezember 1863 fertiggestellt. Allerdings bestanden schon vorher auf der Südinsel eine Pferdebahn von Nelson in die Berge und eine merkwürdige »Eisenbahn« an der Südspitze der Insel. Von Invercargill führte sie rund zwölf Kilometer schnurgerade ins Hinterland. Ihre Schienen waren, wie das meiste damals in Neuseeland, aus Holz. Immerhin verlief der Versuch der Provinzregierung, den Verkehr ins Landesinnere zu erleichtern und damit zu beleben, nicht ganz erfolglos. Denn von 1864 an bestand auf der »Holzbahn« zwischen Invercargill und Makarewa immerhin ein mehr oder weniger planmäßiger Betrieb. Die im Gegensatz zum Gleis verhältnismäßig stabile Dampflokomotive steuerte ein weiteres Kuriosum bei: Sie wurde durch zwei zusätzliche, waagerecht angeordnete Räderpaare, die sich gegen die Innenflächen der Schienen abstützten, auf dem Gleis geführt, weil ihre Räder nicht mit Spurkränzen versehen waren. Noch bevor Wind und Wetter diese Holzschienen hätten zerstören können, wurden sie ein Raub der Flammen. So wandte sich auch Neuseeland bewährterer Technik zu.
Zunächst entstanden nur auf der Südinsel bedeutendere Strecken. Sie gingen vor allem auf die tatkräftigen Initiativen des Zeitungsverlegers und späteren Ministerpräsidenten Sir Julius Vogel zurück, der nach 1870 die zahlreichen kirchturmpolitischen Widerstände zu überwinden verstand und Neuseeland mit der Schaffung leistungsfähiger Verkehrsverbindungen zum Aufschwung verhalf. Gebaut wurden mehrere kleinere Strecken ins Landesinnere, vor allem aber die Hauptlinie von Invercargill über Dunedin nach Christchurch, die später nach Norden bis Blenheim verlängert wurde. Nördlich davon besteht seit 1960 von Picton eine Eisenbahnfährlinie zur Nordinsel.
Eines der Verdienste von Julius Vogel liegt auch in der Einführung und konsequenten Anwendung einheitlicher Spurweiten. Auf Neuseeland wurde die Kapspur mit 1067 Millimeter Spurweite zur Regelspur. Im Gegensatz zu Australien kennt Neuseeland kein Spurweitenproblem.
An der Westküste entwickelten sich als bedeutendere Hafenplätze Westport und Greymouth. Mehrere Versuche, sie über die Neuseeländischen Alpen hinweg durch eine Bahnlinie mit dem dichter besiedelten und wohlhabenderen Osten zu verbinden, blieben erfolglos, bis 1923 mit Fertigstellung des Otiratunnels die erste Querverbindung durch Neuseeland zwischen Christchurch und Greymouth geschaffen werden konnte. Im Gegensatz zur übrigen Strecke wurde der Tunnel elektrifiziert. Dampflokomotiven brachten die Züge von Anfang an nur bis zum Tunneleingang, während sie von mehreren elektrischen Lokomotiv-Einheiten durch den Berg befördert wurden. Den erforderlichen Strom erzeugten Wasserkräfte in der Umgebung.
Als landschaftlich schönste Bahn Neuseelands gilt die Central-Otago-Railway, die von Dunedin an der Ostküste rund 235 Kilometer weit bis Cromwell im Hochland Otagos führt. Schon 1889 begonnen, konnte die Strecke erst 1921 vollendet werden. Sie verläuft durch enge Schluchten, über kühne Viadukte, durch Tunnel und zahlreiche enge Kurven, so daß sie bisweilen als »Denver & Rio Grande« der südlichen Hemisphäre gerühmt und mit den Andenbahnen verglichen wird, obwohl sie keine großen Höhen zu überwinden hat.
Auf der ursprünglich dicht bewaldeten und nur dünn besiedelten Nordinsel begann der Bahnbau wesentlich später. Erst aufgrund der Initiativen Vogels entstanden auch im Norden bedeutendere Linien. Eine wand sich von Auckland aus hinauf bis Whangarei und weiter in den subtropischen »Hohen Norden« Neuseelands. Von Wellington an der Südspitze ging eine der damals bemerkenswertesten Bahnen der Welt aus:
Zunächst an der Steilküste entlang, die 1855 bei einem Erdbeben entstanden war, führte sie durch das Hutt-Tal in die Berge hinein. Hinter der rund sechshundert Meter hohen, einfach »Summit« genannten Paßhöhe begann der Abschnitt, der für jedermann in Neuseeland ein Begriff war. Rund 5,5 Kilometer der Strecke waren nach dem System des Engländers Fell zur Erhöhung der Haftreibung ausgerüstet: Zwischen den vertikalen Antriebsrädern liefen weitere, die auf eine in Gleismitte verlegte Schiene horizontal wirkten. Das gleiche System war erstmals auf der Strecke über den Mont Cenis zwischen Frankreich und Italien angewandt, nach knapp dreieinhalb Jahren jedoch wieder aufgegeben worden, nachdem im Herbst 1871 der Mont-Cenis-Tunnel fertiggestellt war. Auch in Neuseeland löste ein Tunnel das schwerfällige Fell-System ab, allerdings erst im Oktober 1955, als der rund 8850 Meter lange Rimutaka-Tunnel in Betrieb genommen worden war.
Anfangs ging der gesamte Verkehr über diese Linie, freilich keineswegs reibungslos, so daß später eine Privatgesellschaft, die Wellington & Manawatu Railway Company, westlich des Gebirgskammes und entlang der Tasmansee eine Konkurrenzlinie bis Palmerston North führte. Die nach amerikanischem Standard angelegte und auch mit amerikanischen Fahrzeugen ausgerüstete Bahn arbeitete so erfolgreich, daß sie für Verbesserungen bei zahlreichen anderen Bahnen das Vorbild abgab, allerdings 1907 verstaatlicht wurde. Damit endete die Geschichte der einzigen Privatbahn Neuseelands.
Die Hauptlinie der Nordinsel zwischen Wellington und Auckland wurde erst im November 1908 fertig. Damit war das Eisenbahnnetz Neuseelands jedoch weitgehend vollständig. Gebaut wurden neben

Rechts oben: Vor dem schneebedeckten Mount Ruapehu auf der Nordinsel Neuseelands ziehen zwei Dampflokomotiven einen schweren Güterzug auf der Hauptstrecke Auckland – Wellington. Rechts: Die steile Strecke nördlich von Wellington erhielt nach dem System Fell eine zusätzliche Schiene in Gleismitte, an der seitlich vertikale Antriebsräder der Lokomotiven angriffen.

203

Industriebahnen und anderen kleinen Strecken während des Zweiten Weltkrieges noch die Verlängerung bis Gisborne an der Hawke Bay und 1955 ein Anschluß für die große Papierfabrik von Kawerau an der Plenty Bay.

Unter Palmen

Von Semarang nach Tanggung, das deutsch früher Tangveng geschrieben wurde, führte die erste Eisenbahn auf Java. Nachdem der erste 25 Kilometer lange Abschnitt schon 1864 fertiggestellt war, ging die gesamte 79 Kilometer lange Strecke 1867 in Betrieb. Sie wurde 1873 bis Yogyakarta verlängert und um mehrere Zweiglinien erweitert. Um die Jahrhundertwende verband eine durchgehende Längsmagistrale die ganze Insel von Batavia – heute Jakarta – bis Surabaya.
Die Entwicklung eines Eisenbahnnetzes wurde in der zweiten Hälfte des 19. Jahrhunderts besonders durch die stark anwachsende Agrarproduktion gefördert. So bestand um 1900 bereits mehr als die Hälfte der heutigen Streckenlänge. Vor dem Zweiten Weltkrieg gehörten nahezu fünfzig Prozent des Netzes privaten Gesellschaften. Nach dem Krieg entschloß sich der Staat, alle Bahnen zu übernehmen, pachtete zunächst Teile davon, bis die Verstaatlichung endgültig vollzogen werden konnte.
Zur Normalspur der *Indonesischen* Staatseisenbahnen entwickelte sich die Kapspur mit 1067 Millimeter Spurweite, nachdem während der Besetzung Javas durch die Japaner im Zweiten Weltkrieg die vorhandenden Normalspurstrecken mit 1435 Millimeter Spurweite auf die in Japan übliche Kapspur umgebaut worden waren. Während des Krieges wurden Gleise und Fahrzeuge äußerst stark beansprucht, ohne daß sie entsprechend gepflegt worden wären. Mit erheblichem Aufwand mußten die Bahnen danach wieder in ihrer Leistungsfähigkeit gestärkt werden.
Trotzdem verschwinden die qualmenden, kohlegefeuerten Dampflokomotiven auch unter den Palmen der Sundainseln immer mehr. Zum Teil haben sie auch Diesellokomotiven aus der Bundesrepublik Deutschland abgelöst. Zwischen Java, Madura und Sumatra bestehen heute bahneigene Fährlinien.

Zuckerbahnen

Auf der Zuckerinsel *Kuba,* die seit eh und je die Liste der Rohrzuckerproduzenten in der Welt anführt, bestehen heute etwa doppelt so viele »Plantagenbahnen« unter Verwaltung des Zuckerministeriums wie öffentliche Eisenbahnen unter den »Ferrocarriles Nacionales«. Für den Abtransport des Zuckerrohrs zu den Raffinerien bewähren sich die Schmalspurbahnen bis auf den heutigen Tag.
Auch die *Fidschiinseln* in der Südsee »leben« vom Zucker. Zwar folgen sie in der Statistik der produzierten Mengen

unter »ferner liefen«, bei Berücksichtigung ihrer geringen Fläche rücken sie jedoch auf einen der vorderen Plätze. So finden sie sich auch in Eisenbahnstatistiken, in denen weit bekanntere Länder und Gebiete fehlen oder allenfalls global mit benachbarten zusammen aufgeführt sind. Dabei handelt es sich bei den im wesentlichen zwischen 1882 und 1914 entstandenen Eisenbahnstrecken auf den Fidschiinseln ausschließlich um Plantagenbahnen, die zudem teilweise nur während der Erntezeit verlegt und danach wieder abgebaut werden. Zum Schrecken der Autofahrer überqueren heute hier, morgen dort ohne besondere Warnung die »temporary tracks« die Straße – ein allerdings immer noch geringes Übel gegenüber der unverhofften Konfrontation mit einer nahenden Lokomotive oder einem kreuzenden Zug.
Auf der kleineren der beiden Hauptinseln, auf Vanua Levu, führt die Hauptstrecke von der Stadt Lambasa etwa zehn Kilometer nach Westen und fünfzig nach Osten. Zahlreiche Zweigstrecken laufen in den fruchtbaren Flußtälern entlang in die Berge. Auf Viti Levu, der größten Fidschiinsel, erreicht die Hauptstrecke zwischen Rarawai und Kavanangasau nicht weniger als 465 Kilometer Länge, ebenfalls mit vielen Nebenlinien. Während der Erntezeit werden schätzungsweise an die 250 Kilometer »fliegendes Gleis« in den Plantagen verlegt. Dann herrscht auf den durchweg eingleisigen 610-Millimeter-Schmalspurstrecken äußerst starker Verkehr, wie er auf einem Feldbahnnetz kaum für möglich zu halten ist.
Zahlreiche Güterzüge bringen das frisch geerntete Zuckerrohr zu den Raffinerien, Gegenzüge nehmen die Rückstände der Produktion als Futter- und Düngemittel wieder mit zu den Plantagen, während auf der »Magistrale« von Rarawai zu dem kleinen Hafen Lautoka zwei bis drei Züge täglich mit Fertigprodukten der Zuckerfabriken hinzukommen. Doch nur ein halbes Jahr lang, etwa von Mitte Juni bis Mitte Januar, dauert die Saison und damit die Zeit des starken Verkehrs. Die meisten Linien, die durchweg dem Zuckerkonzern gehören, stellen danach ihren Betrieb völlig ein, auf den Stammlinien fahren nur noch wenige Züge in der Woche. In Australien gebaute Diesellokomotiven bewältigen dann allein die geringen Verkehrsleistungen, während in der Saison auch heute noch die kleinen Dampflokomotiven des charakteristischen »Fidschi-Typs« unentbehrlich scheinen.

Internationale Zusammenarbeit

Auf pragmatische Zusammenarbeit zielte schon die Gründung des Vereins Preußischer Eisenbahn-Verwaltungen am 10. November 1846. Als VDEV dehnte er seinen Einfluß rasch aus: 1848 gehörten ihm bereits 44 deutsche und vier österreichisch-ungarische Bahnen an. Der Export übertrug deutsche Standards auf viele Bahnen im Ausland und stärkte die deutsche Industrie, wogegen sich vor allem die französische erfolglos engagierte. Erst am 21. Oktober 1922 gelang ihrer Initiative die Gründung der Union internationale des chemins de fer (UIC) in Paris. Der starke VDEV bestand fort, änderte am 1. Oktober 1932 seinen Namen in Verein Mitteleuropäischer Eisenbahn-Verwaltungen (VMEV) und existiert de jure noch heute, obwohl seine Tätigkeit durch die Alliierten am 23. Mai 1946 praktisch beendet wurde. Mit Sitz in Belgien besteht seit 1885 die Internationale Eisenbahn-Kongreß-Vereinigung (AICCF). Im Osten arbeiten die Bahnen seit 1. September 1957 in der Organisazija Sodrushestwa Shelesynsch Dorog (OSShD) in Warschau zusammen. Eigene Verbände haben amerikanische, afrikanische und asiatische Bahnen gebildet. Als bedeutendster Zusammenschluß gilt jedoch die UIC mit über 80 Mitgliedern in aller Welt; Frankreichs Einfluß ist dort nach wie vor unverkennbar.

Links: Unter den Palmen Indonesiens genügt ein rostiger Eimer, um den Wasservorrat der Dampflokomotive wieder zu ergänzen. Dieser Vorgang weckt auf der kleinen Station Ponogoro allerdings weit weniger Aufmerksamkeit als der Fotograf, der ihn festhält.
Unten: Wenn der kleine Zug in der Hafenstadt Lautoka auf den Fidschiinseln ankommt, haben ihm die meisten Passagiere schon den Rücken gekehrt; sie sind abgesprungen, als er durch die Hauptstraße zuckelte.
Nächste Doppelseite: Eisenbahn-Briefmarken aus aller Welt – Sammelobjekt und vielleicht sogar Kapitalanlage

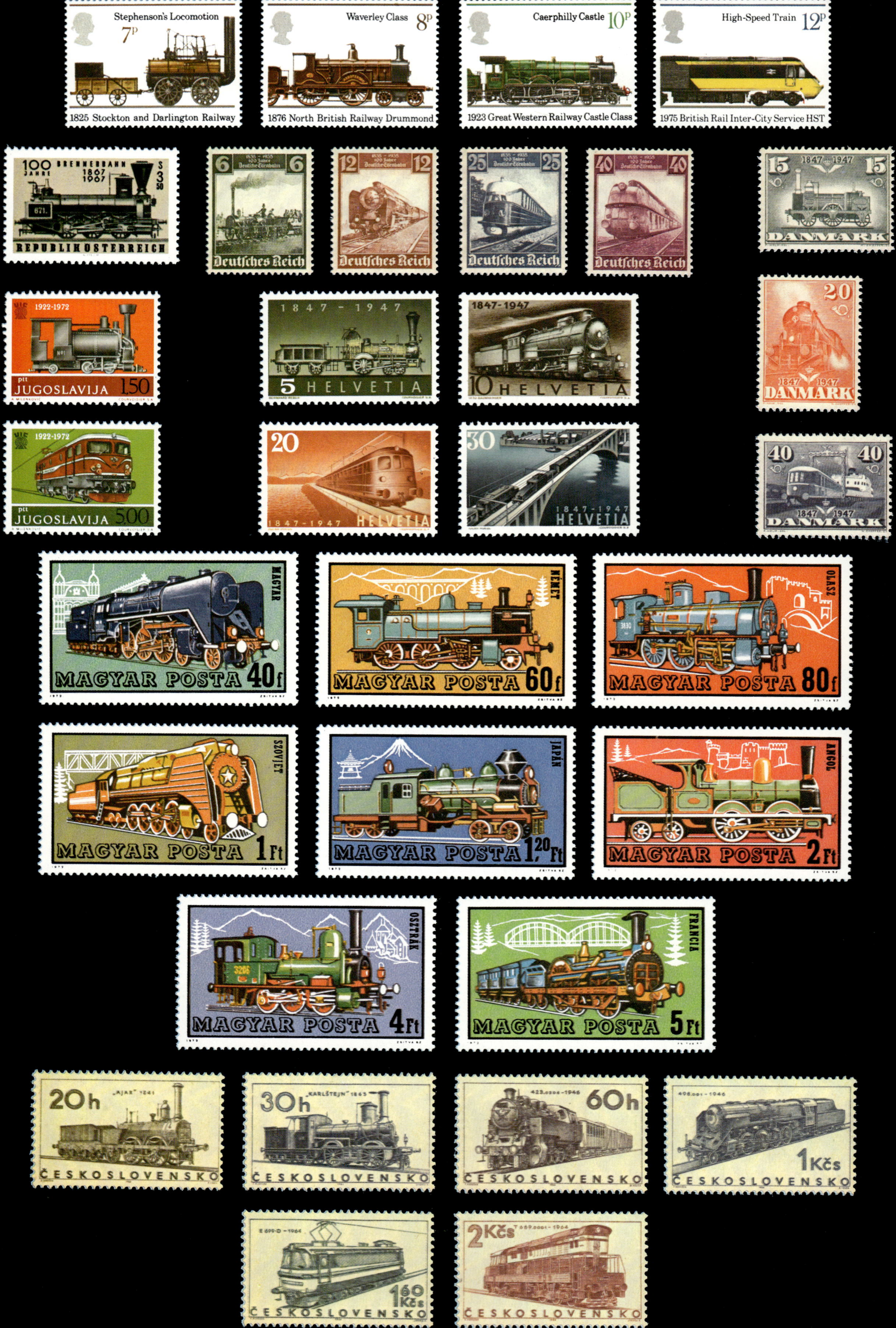
Stephenson's Locomotion 7p
1825 Stockton and Darlington Railway
Waverley Class 8p
1876 North British Railway Drummond
Caerphilly Castle 10p
1923 Great Western Railway Castle Class
High-Speed Train 12p
1975 British Rail Inter-City Service HST
100 JAHRE BRENNERBAHN 1867 1967 S 3 50
REPUBLIK ÖSTERREICH
6 Deutsches Reich
12 Deutsches Reich
25 Deutsches Reich
40 Deutsches Reich
15 1847 1947 15 DANMARK
1922-1972 JUGOSLAVIJA 1.50
1847 - 1947 5 HELVETIA
1847-1947 10 HELVETIA
20 1847 1947 DANMARK
1922-1972 JUGOSLAVIJA 5.00
20 1847-1947 HELVETIA
30 1847-1947 HELVETIA
40 40 1847 1947 DANMARK
MAGYAR
MAGYAR POSTA 40f
NÉMET
MAGYAR POSTA 60f
OLASZ
MAGYAR POSTA 80f
SZOVJET
MAGYAR POSTA 1Ft
JAPÁN
MAGYAR POSTA 1,20Ft
ANGOL
MAGYAR POSTA 2Ft
OSZTRÁK
MAGYAR POSTA 4Ft
FRANCIA
MAGYAR POSTA 5Ft
20h „AJAX" 1841 ČESKOSLOVENSKO
30h „KARLŠTEJN" 1865 ČESKOSLOVENSKO
423.0206-1946 60h ČESKOSLOVENSKO
498.001-1946 1Kčs ČESKOSLOVENSKO
E 699.0-1964 1.60 Kčs ČESKOSLOVENSKO
2Kčs T 669.0001-1964 ČESKOSLOVENSKO

REPUBLIQUE POPULAIRE DU CONGO
POSTES 1973
LOCOMOTIVE SYSTEME GOLWE vers 1935
30F
LOCOMOTIVE DIESEL ELECTRIQUE 1935
40F
75F
85F
LIBERIA
POSTAGE
HISTORICAL RAILWAYS
2c
ENGLAND
3c
HOLLAND
10c
FRANCE
15c
U.S.A.
1800
20c
JAPAN
25c
GERMANY
PARAGUAY
Gs.0.10
TREVITHICK 1804 INGLATERRA
CORREO
Gs. 0.15
BLENKINSOPS 1812
G. STEPHENSON Nº1 - 1925
Gs.0.25
MARC SEGUIN 1829 FRANCIA
Gs.0.30
ADLER 1835 - ALEMANIA
Gs.0.50
Gs. 0.75
Gs. 12.45
1841 - DER MUNCHNER MAFFEI - ALEMANIA
AEREO
Gs. 18.15
USA 1875
Gs. 50.00
MIKADO D - 50 - 1923
1872 - 1972
日本郵便 NIPPON 150 20
日本郵便 NIPPON 7100 20
125 th ANNIVERSARY of the RAILWAY
THE PROJECTOR - 1845
JAMAICA 3c
JAMAICA 15c
ENGINE 102 - 1967
JAMAICA 50c
New Zealand
3c
CLASS "W"
4c
CLASS "X"
5c
CLASS "Ab"
10c
CLASS "Ja"

5
R
1214

Dampf als treibende Kraft

Die Dampflokomotive – Symbol der Eisenbahn

Obwohl sich der Begriff »Eisenbahn« als Bezeichnung für das gesamte komplexe System von seinem charakteristischen Fahrweg ableitet, eben von der »eisernen Bahn«, hat sich doch in erster Linie die Lokomotive – vor allem in der Epoche der Dampfkraft – zum Sinnbild dieses Verkehrsmittels entwickelt. Zwar findet sich in alten Schriften gelegentlich das Wort »Lokomotivbahn«, doch meist nur, um den Gegensatz zur anfangs auf Schienen durchaus üblichen Pferdekraft hervorzuheben.

Seit Maschinen, die allemal ein Mehrfaches an Pferdestärken in sich vereinigten, uneingeschränkt die Fortbewegung der Züge übernommen haben, kennt der Sprachgebrauch nur noch Eisenbahnen. Doch weder Schienen noch Gleise vermochten je die Symbolkraft auszustrahlen, mit der sich die Dampflokomotive bis auf den heutigen Tag im Bewußtsein der Menschen behauptet. Offenbar fehlte der schlichten Fahrbahn, die als fundamentales Element dem Ganzen zwar seine Bezeichnung aufprägen konnte, gewissermaßen die publikumswirksame Komponente.

Sie lag bei der Dampflokomotive in der Faszination ihrer dynamischen Erscheinung, die Stärke und Kraftanstrengung unmittelbar deutlich werden ließ. Den optischen Eindruck verstärkte der akustische: »Helft's mir doch, helft's mir doch – geht schon besser, geht schon besser – brauch' dich nimmer, brauch' dich nimmer . . .« Welches Kind kannte nicht diese Interpretation der Geräusche, mit der die Lokomotive den lebenden Wesen zugeordnet wurde. Ein wenig fühlte ihr sich jeder Beschauer verbunden. Von dem eisernen Band in der Landschaft wird das niemand behaupten.

So kommt es, daß selbst fortschrittliche Menschen das Ende der Dampflokomotive bedauern, daß die letzten Einsatzbereiche Wallfahrtsorten ähneln, daß die sonst so umweltbewußte Gegenwart Rauchwolken aus dem Schornstein einer Dampflokomotive geradezu als Attraktion empfindet. Jeder weiß, daß die Entwicklung längst um viele Schritte weitergegangen ist. Niemand würde auch im Ernst alles das wieder haben wollen, was die Dampflok-Ära sonst noch ausgemacht hat. Alle schätzen als heute selbstverständlich die leistungsfähige, schnelle und saubere Eisenbahn – ohne Dampflokomotive. Und trotzdem: für viele wird sie, auch wenn die letzte ausrangiert ist, als Symbol der Eisenbahn noch lange lebendig bleiben.

Das Lokomotivrennen von Rainhill

Um die geeignetste Lokomotivkonstruktion zu finden, wurden mehrmals in der Geschichte der Eisenbahn regelrechte Wettfahrten ausgeschrieben und veranstaltet. Die erste fand schon am 6. Oktober 1829 auf einem bereits fertiggestellten Abschnitt der Liverpool – Manchester-Eisenbahn in der Nähe von Rainhill statt. Fünfhundert Pfund winkten dem Sieger, wobei die Lokomotiven strengen Bedingungen zu genügen hatten: Sie durften bei zweiachsiger Ausführung nicht mehr als 4,5 Tonnen, bei dreiachsiger nicht mehr als 6 Tonnen wiegen, das Gewicht des Tenders eingeschlossen; der Dampfdruck durfte nicht mehr als fünfzig Pfund auf den Quadratzoll – etwa 3,5 bar – betragen,

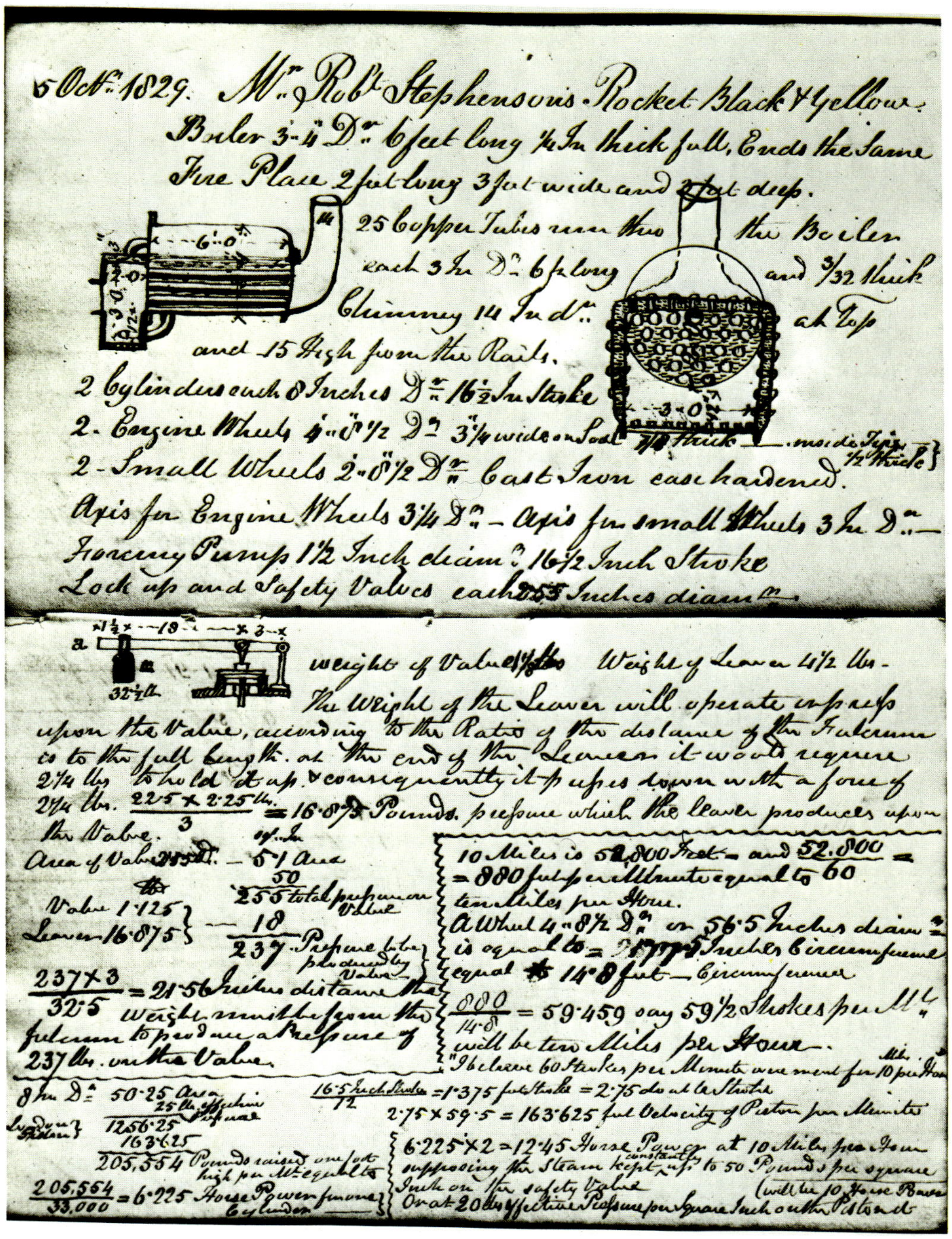
6 Oct. 1829. Mr. Robt. Stephenson's Rocket Black & Yellow.
Boiler 3-4 Dr. 6 feet long ¼ In thick full, Ends the Same
Fire Place 2 feet long 3 feet wide and 2 feet deep.
25 Copper Tubes in the Boiler each 3 In Dr. 6 ft long and 3/32 thick
Chimney 14 In dr. at Top and 15 High from the Rails.
2 Cylinders each 8 Inches Dr. 16½ In Stroke
2 Engine Wheels 4.8½ Dr. 3¼ wide on Sole
2 Small Wheels 2.8½ Dr. Cast Iron case hardened.
Axis for Engine Wheels 3¼ Dr. – Axis for small Wheels 3 In Dr. –
Forcing Pump 1½ Inch diam. 16½ Inch Stroke
Lock up and Safety Valves each 2.5 Inches diam.

The Weight of the Leaver will operate or press upon the Valve, according to the Ratio of the distance of the Fulcrum is to the full length. at the end of the Leaver it would require 2¼ lbs to hold it up & consequently it presses down with a force of 2¼ lbs. 22.5 × 2.25 lbs / 3 = 16.875 Pounds pressure which the leaver produces upon the Valve.

10 Miles is 52.800 feet – and 52.800 / 60 = 880 feet per Minute equal to ten Miles per Hour.
A Wheel 4.8½ Dr. or 56.5 Inches diam. is equal to 177.5 Inches Circumference equal 14.8 feet Circumference
880 / 14.8 = 59.459 say 59½ Strokes per Mile will be ten Miles per Hour.

Links: Beim Kohlefassen in Nevers: eine in Kanada gebaute Mikado-Lokomotive der Französischen Eisenbahnen
Rechts: Notizen über Stephensons »Rocket« beim Lokomotivrennen von Rainhill

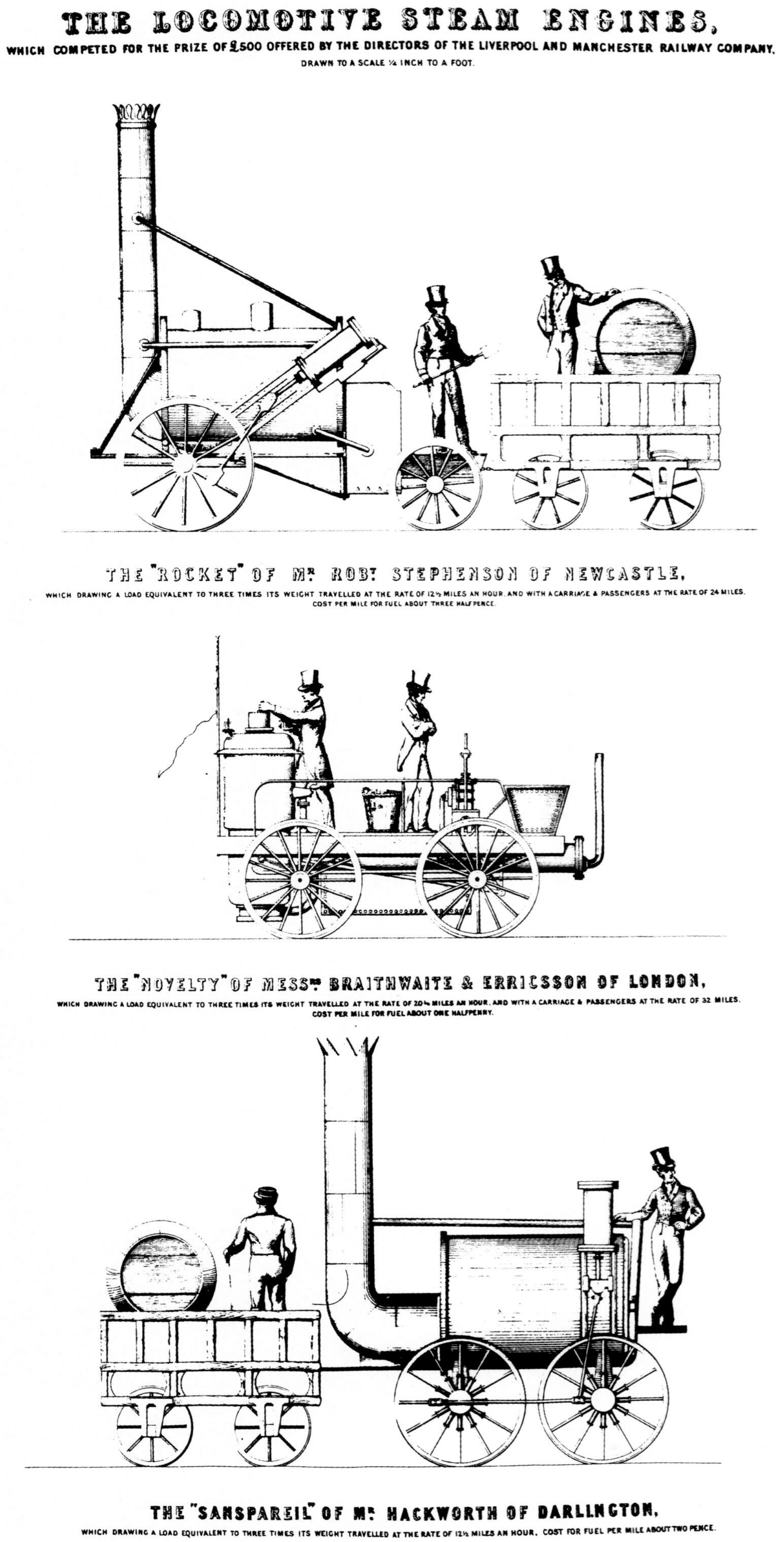

während der Kessel mit dreifachem Druck geprüft werden mußte; mit einer Ladung, die dem dreifachen Eigengewicht entsprach, mußte die Lokomotive insgesamt dreißig Meilen, knapp fünfzig Kilometer, mit zehn Meilen je Stunde, also rund 16 km/h fahren. Schließlich war noch eine Auflage des Staates zu erfüllen, wonach der Rauch von der Lokomotive »verzehrt« werden sollte.

Eine Reihe von Bewerbern gedachte den Preis an sich zu bringen, doch nur wenige ernsthafte Konkurrenten entschieden schließlich das Rennen unter sich. Ein Fahrzeug mit Pferdeantrieb, in dem die Muskelkraft des mitfahrenden Pferdes über ein endloses Band auf die beiden Achsen übertragen wurde, hatten die Preisrichter von vornherein nur als Scherz betrachtet. Zwei Favoriten schieden ebenfalls schon vorher aus: Timothy Burstall, dessen Lokomotive auf dem Transport von Schottland nach Rainhill beschädigt worden war, und Edward Bury, der mit dem Bau seiner Maschine nicht termingerecht fertig wurde.

So blieben schließlich nur drei Lokomotiven für den Wettbewerb übrig: die »Rocket« von Robert Stephenson, dem Sohn George Stephensons, die »Novelty« von John Ericcson und John Braithwaite sowie die »Sanspareil« von Timothy Hackworth.

Die »Sanspareil« stellte eine kleinere, zweiachsige Version der auf der Stockton-Darlington-Bahn eingesetzten »Royal George« dar, die ebenfalls von Hackworth stammte. Sie war in großer Eile zusammengebaut worden und entsprach den Testbedingungen nicht vollständig. So war sie etwas schwerer, außerdem verbrauchte sie enorm viel Brennstoff. Das lag einerseits an der nicht mehr zeitgemäßen Kesselkonstruktion, zum anderen auch daran, daß ein großer Teil der Kohle unverbrannt zum Schornstein hinausgeblasen wurde. Hinzu kamen Undichtigkeiten am Kessel und schließlich ein Zylinderriß. Daß die »Sanspareil« überhaupt fuhr, erschien manchem ein Wunder. Gewiß hätten sich die Mängel in Ruhe beheben lassen, doch hier warfen sie Hackworth aus dem Rennen.

So blieben schließlich noch »Novelty« und »Rocket«. Mit ihrem glänzenden Lack und ihren auf Hochglanz polierten blanken Teilen galten alle Sympathien des Publikums der »Novelty«, einer leichten und durchdachten, jedoch zu wenig erprobten und eher für Straßeneinsatz geeigneten Maschine. Immerhin erreichte sie mehr als dreißig Meilen je Stunde, also nahezu 50 km/h, womit sie bei den Augenzeugen den Anschein des Fliegens erweckte. Doch bald gab es Schwierigkeiten mit dem zu komplizierten Kessel, und »Rocket« blieb als einzige übrig. Obwohl ebenfalls unter Zeitdruck gebaut, kam dieser Maschine die Sorgfalt zustatten, mit der Stephenson junior ans Werk gegangen war. Auch sie, die »Rocket«, konnte einen neu entwickelten Kessel aufweisen, wobei Stephenson zahlreiche dünne Heizrohre statt eines stärkeren vorsah. Die senkrechten Zylinder wurden schräg gestellt, so daß die Räder direkt angetrieben werden konnten. Gewicht und Kosten wurden schließlich auch dadurch gespart, daß nur eine Treibachse verwendet wurde.

Die »Rocket« erfüllte alle Bedingungen. Stephenson drehte auf der letzten Fahrt mächtig auf und erreichte mit der vorgeschriebenen Ladung beinahe die gleiche Geschwindigkeit wie zuvor die »Novelty«. Den Sieg – und den Preis – in der Tasche, holte sich Stephenson einen Wagen voller Menschen und dampfte mit ihnen stolz die nahe gelegene Steigung nach Whiston auf und ab, von der Gutachter zuvor erklärt hatten, niemals werde eine Lokomotive Nutzlasten über diesen Berg befördern können.

Die erfolgreiche »Rocket« setzte zwar den viel zitierten Siegeszug der Dampflokomotive in Bewegung, doch wie viele bahnbrechende Konstruktionen war auch sie bald überholt und für den wachsenden Verkehr zwischen Liverpool und Manchester nicht mehr leistungsfähig genug. Wie die »Sanspareil« ist auch die »Rocket« im Original bis heute erhalten geblieben.

Die erste Lokomotivfabrik der Welt

Richard Trevithick, John Blenkinsop oder William Hedley, deren Namen in der Geschichte des Lokomotivbaues an vorderster Stelle stehen, sahen sich mit ihren Alltagsaufgaben als Techniker oder Ingenieure, als Praktiker und Forscher einer unendlichen Vielfalt von Problemen gegenüber. Ihre Hilfsmittel waren bescheiden, ihren Wissenshorizont begrenzte der Kenntnisstand Anfang des 19. Jahrhunderts. Ihr Vordringen auf das Neuland der Technik setzte zwar ständig voraus, auf tausend Fragen eine Antwort, für tausend Probleme eine Lösung zu finden. Dagegen vermochten sie aus ihrer Sicht die einzelnen Schritte kaum zu werten, ihre Bedeutung für künftige Entwicklungen

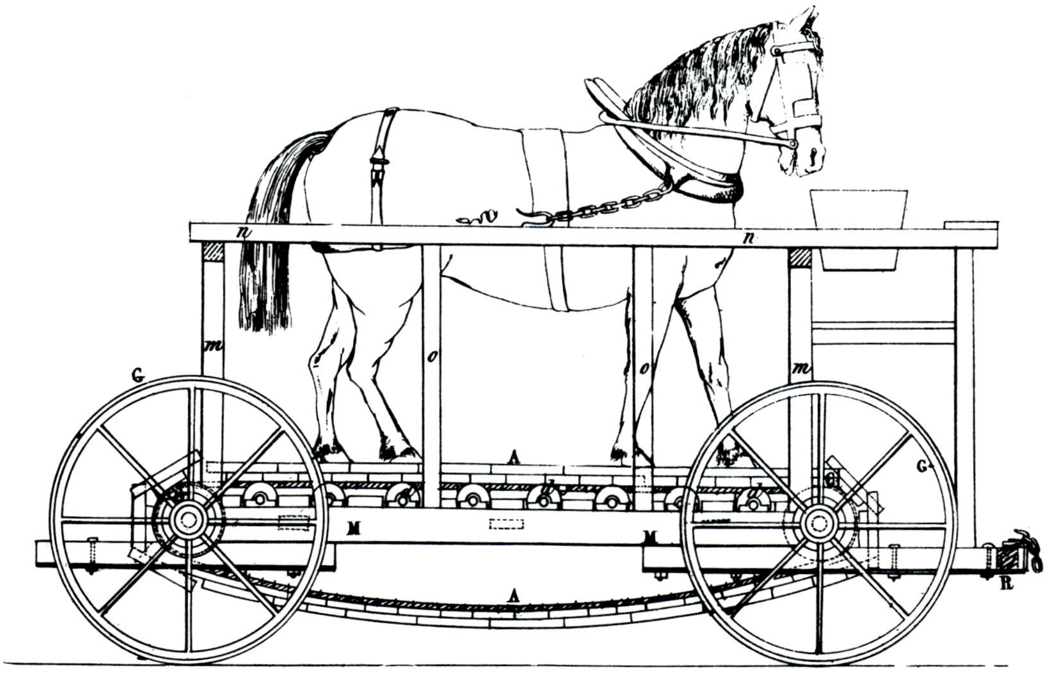

Linke Seite: »Rocket«, »Novelty« und »Sanspareil« – die drei Lokomotiven des Rainhill-Wettbewerbs
Oben: Ernst gemeint oder ein Scherz? Die kuriose Pferdelokomotive wurde in Rainhill schon vor dem Wettbewerb disqualifiziert.
Unten: Vom Dampfwagen zur Rakete – schon 1825 wenigstens in der Karikatur ein nur kurzer Gedankensprung.

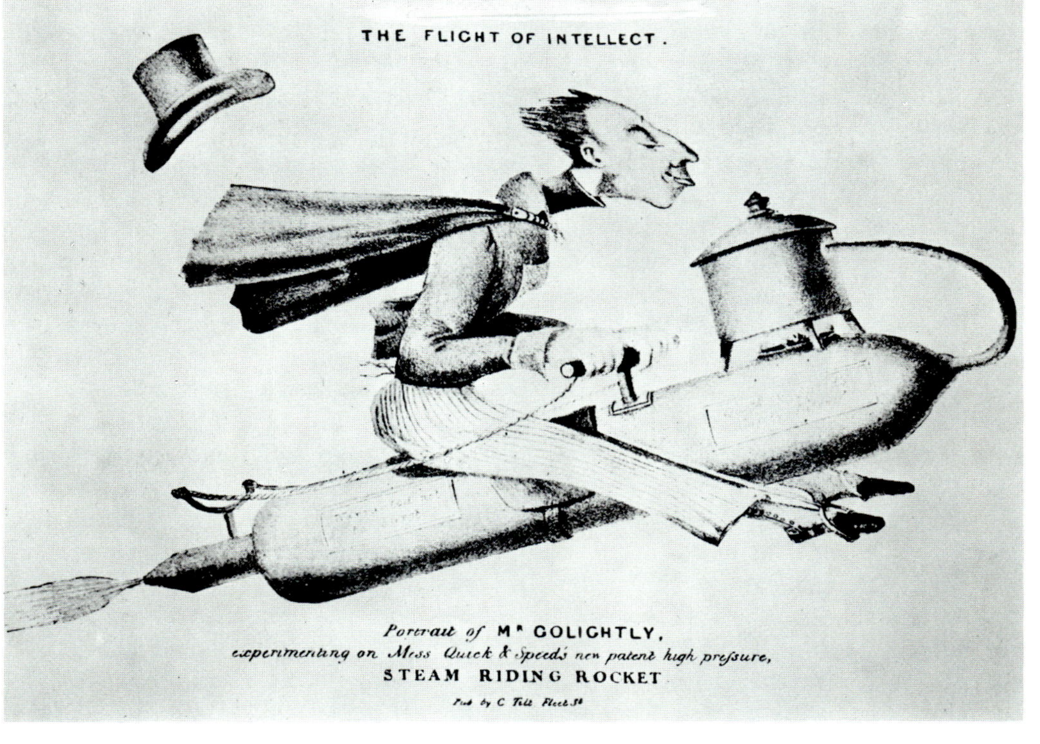

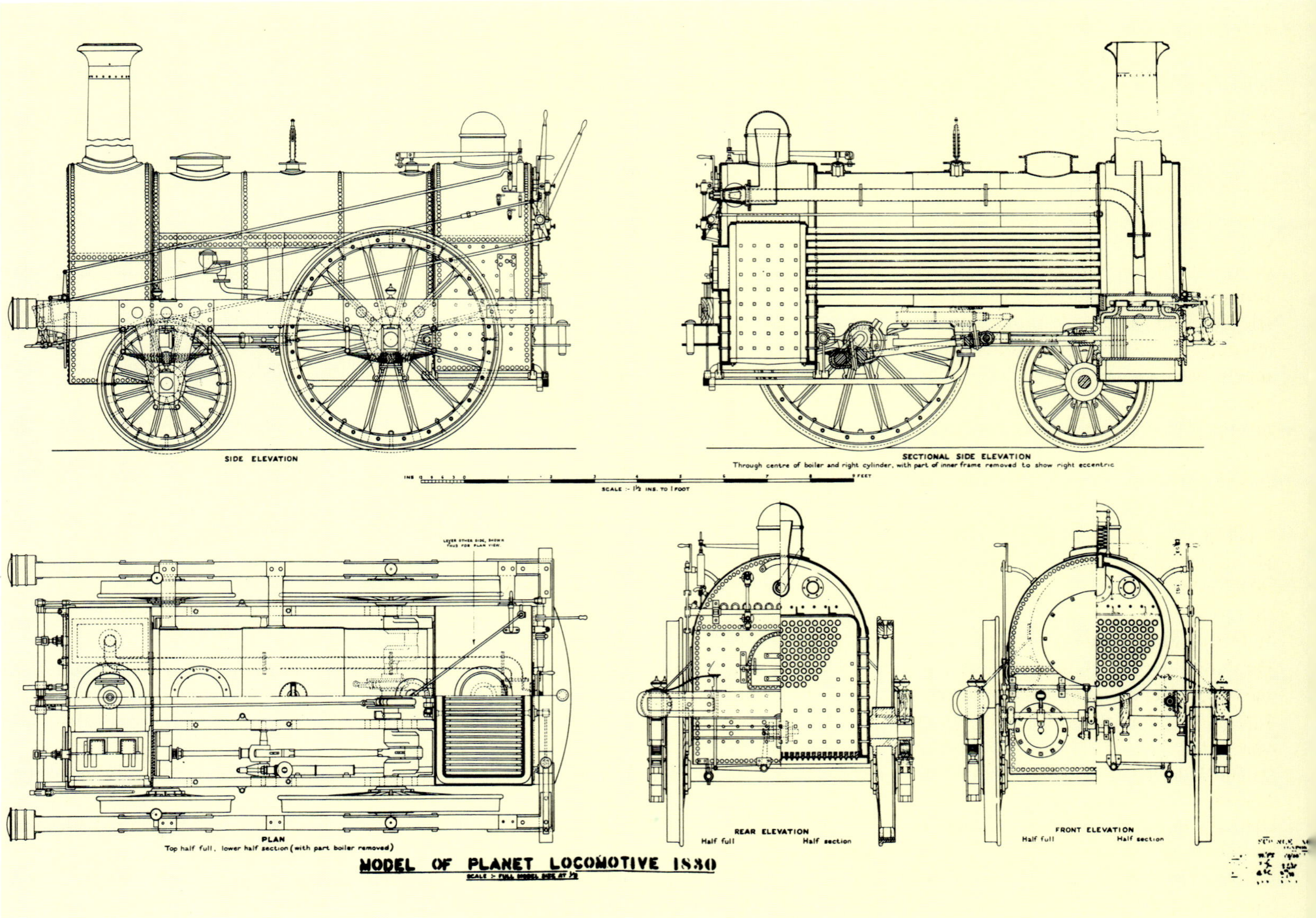

Konstruktionszeichnung von Stephensons »Planet« aus dem Jahre 1830; sie zeigt die Grundzüge der Dampflokomotivkonstruktion, die über ein Jahrhundert lang Gültigkeit behielten.

richtig abzuschätzen. So war etwa Trevithick mit seiner nur vorübergehend als solcher erprobten ersten Lokomotive mancher Konstruktion späterer Jahrzehnte greifbar nahe, ohne dies jedoch erkennen zu können. George Stephenson und vor allem sein talentierter Sohn Robert waren die ersten, die nicht nur Erfahrungen und Kenntnisse, sondern vor allem auch den Überblick erlangten, um die Erfindung der Dampflokomotive in größerem Umfang praktisch und kommerziell nutzen zu können.

George Stephenson war am 8. Juni 1781 in Wylam-on-Tyne als Sohn eines Grubenarbeiters geboren worden, wuchs ohne Schulbildung auf und mußte schon als Kind hart arbeiten. Erst mit 18 Jahren lernte er Lesen und Schreiben, arbeitete sich aber durch seine praktisch-technische Begabung in wenigen Jahren zum technischen Leiter der Grube von Killingworth hoch. Nicht weit entfernt dampften auf der Bahn der Wylam-Grube die Lokomotiven, die William Hedley konstruiert hatte, jener Mann, der mit seinen Versuchen den Nachweis führte, daß die Reibung zwischen Rad und Schiene für den Lokomotivbetrieb ausreicht. Ob Stephenson von sich aus Interesse an diesen Maschinen fand, oder ob er sich im Auftrag seiner Dienstherren damit beschäftigte, mag dahingestellt bleiben. Jedenfalls baute er 1813 seine erste Lokomotive, die zunächst den Namen »Mylord« erhielt, 1814 in Dienst auf der Killingworth-Railway gestellt und ein Jahr später zu Ehren des bei Waterloo gegen Napoleon siegreichen preußischen Feldherrn auf »Blucher« umbenannt wurde. Als Vorbild diente unverkennbar die von Blenkinsop für die Middleton-Grube entwickelte Konstruktion, wobei Stephenson jedoch auf die Kraftübertragung mit Zahnrad und Zahnstange verzichtete. Obwohl die erste Stephenson-Lokomotive in mancher Hinsicht den Hedley-Maschinen wie der »Puffing Billy« nachstand, gelangen Stephenson zahlreiche Verbesserungen vor allem im mechanischen Bereich, womit die Zuverlässigkeit seiner Lokomotiven bedeutend gesteigert werden konnte. Weniger Geschick zeigte er bei seiner Kesselkonstruktion, die gegenüber Hedley und sogar gegenüber Trevithick Mängel aufwies und damit den schwachen Punkt seiner Lokomotiven bildete. Immerhin blieben die Dampflokomotiven auf der Killingworth-Grube ständig im Einsatz, so daß in der näheren und weiteren Umgebung das Interesse an diesen Maschinen rasch stieg, auch wenn sie anfangs gegenüber Zugtieren keinen wirtschaftlichen Vorteil einfahren konnten. Trotzdem erhielt Stephenson einige Aufträge und damit Gelegenheit, konstruktive Verbesserungen zu berücksichtigen und Zuverlässigkeit wie Leistungsfähigkeit seiner Lokomotiven auf ein zunächst

befriedigendes Niveau zu heben. Auch die Wirtschaftlichkeit gegenüber Pferden erreichte damit günstigere Werte. So waren die Voraussetzungen geschaffen, daß sich die Dampflokomotive endgültig durchsetzen konnte. Zufällig oder bewußt trennte sich Stephenson gerade zu diesem für die Geschichte der Eisenbahn bedeutsamen Zeitpunkt von der Killingworth-Grube, um eine eigene Lokomotivfabrik zu gründen. Als Geldgeber beteiligten sich Edward Pease und Michael Longridge, während Stephensons inzwischen fast zwanzigjähriger Sohn Robert die technische Leitung übernehmen sollte: Am 23. Juni 1823 wurde die erste Lokomotivfabrik der Welt gegründet. Ihr Name lautete auf »Robert Stephenson Co.« In der Forth Street zu Newcastle wurde die Werkstatt eingerichtet. Sie erreichte bald Weltgeltung, obwohl sich der Vater vom Lokomotivbau ab- und dem Streckenbau zuwandte, während der Sohn von 1824 bis 1827 nach Südamerika ging.
Dort traf Robert Stephenson den in Not geratenen Richard Trevithick, der 1816 nach Peru gereist war, weil er sich dort Erfolg für seine kompakte Hochdruckdampfmaschine erhoffte. Er geriet jedoch in die Wirren des Krieges mit Spanien und konnte nur sein Leben retten. Robert Stephenson ermöglichte ihm die Rückkehr in die Heimat. Trevithick starb verarmt am 22. April 1833 in Dartford. George Stephenson arbeitete bis zu seinem Tod am 12. August 1848 immer wieder, wenn auch nur neben seinen Aktivitäten beim Bahnbau und als Gutachter, an Konstruktionsverbesserungen für die Lokomotive weiter. Den größeren Ruhm erlangte freilich sein Sohn auf diesem Gebiet. Er konnte nicht nur auf die Grundlagen bauen, die sein Vater gelegt hatte, sondern auch auf eine profunde Schul- und Universitätsausbildung; außerdem begannen zu seiner Zeit bereits auch außerhalb Englands Eisenbahnen zu entstehen, der Lokomotivenbedarf stieg und konnte zunächst nur in England gedeckt werden. Stephensons Fabrik produzierte Lokomotiven in beachtlicher Stückzahl: Die von ihm für die erste deutsche Eisenbahn von Nürnberg nach Fürth 1835 gelieferte Lokomotive »Adler« trug bereits die Fabriknummer 118.
Robert Stephenson überlebte seinen Vater um nur elf Jahre und starb am 12. Oktober 1859 in London. England würdigte seine Leistungen und seine Verdienste mit der höchsten damals möglichen Ehrung: Robert Stephenson wurde in der Westminster-Abtei beigesetzt.

Das Geheimnis des Dampfwagens

Die ersten Lokomotiven stießen bei den Menschen ihrer Zeit nicht zuletzt deshalb auf Mißtrauen und Widerstand, weil niemand ihre unheimliche Kraft zu erklären, ihre Wirkungsweise zu enträtseln vermochte. Das »Stuttgarter Morgenblatt« berichtete von der Eröffnung der ersten deutschen Eisenbahn zwischen Nürnberg und Fürth am 7. Dezember 1835 unter anderem:
»... aber die freudigste und nicht zu erschöpfende Aufmerksamkeit widmete man dem Dampfwagen selbst, an welchem jeder so viel Ungewöhnliches, Rätselhaftes zu bemerken hat, den aber in seiner speziellen Struktur nach äußerem Ansehen, selbst ein Kenner nicht zu enträtseln vermag. Der Wagenlenker ließ die Kraft des Dampfes nach und nach in Wirksamkeit treten. Aus dem Schlot fuhren nun die Dampfwolken in gewaltigen Stößen, die sich mit dem schnaubenden Ausatmen eines riesenhaften antediluvianischen Stieres vergleichen lassen ...
Keiner, der nicht völlig phantasielos ist, möchte ... ohne Staunen beim ersten Anblick des wunderwürdigen Phänomens geblieben sein. Diesem Staunen folgt dann ein ... Gefühl des Triumphes menschlicher Erfindungs- und Geisteskraft über die Elemente ... Und seltsam! Dieses erhebende Gefühl bewirkt dieser Anblick in Hunderten und Tausenden, die kaum ahnen, welche Kenntnisse, Erfahrungen, Experimente, Kombinationen, wie viel Scharfsinn, Genie und - Glück zusammenwirken mußten, um solche Maschine zu ersinnen, zu konstruieren. Für diese bleibt das Ganze ein Wunder, an das sie glauben, weil sie es sahen ...«
Selbst der pfiffigste Mechanikus damaliger Tage konnte hierzulande nichts mit dem geheimnisvollen Gefährt und dessen Beschreibung anfangen. Der fachkundige Maschinist mußte aus England mitkommen, mußte die Lokomotive bedienen und die nötigen Anweisungen zu ihrer Wartung geben. Dabei zeugte der »Adler« durchaus bereits von fortgeschrittener Lokomotivbaukunst.
Stephenson hatte bei dem Lokomotivrennen von Rainhill seinen großen Erfolg mit der »Rocket« errungen. Im Betrieb zeigten sich allerdings bald Mängel. Nachdem jedoch bereits Aufträge über mehrere Maschinen nach dem Vorbild der »Rocket« vorlagen, blieb nur die Verbesserung während der laufenden Produktion. Die heftigen Stöße, die sich bei steigendem Tempo bemerkbar machten, führte Stephenson auf die schräg gestellten Zylinder zurück. Er veränderte sie mehrmals, bis sie nahezu waagerecht standen. Um die Dampferzeugung zu verbessern, war schon zuvor ein Blasrohr eingebaut worden; damit entwich der Dampf aus dem Zylinder nicht unmittelbar ins Freie, sondern wurde in den Schornstein geleitet. Darin hatte - was damals jahrzehntelang in Vergessenheit geraten war - schon Trevithick bei der ersten Dampflokomotive im Jahre 1804 eine günstige Möglichkeit erkannt, der Feuerung zu besserem Zug zu verhelfen und die Glut anzufachen. Nachdem Stephenson mit dem eigentlichen Kessel noch eine Rauchkammer mit Tür zum Reinigen der Heizrohre und am hinteren Ende die Feuerbüchse mit dem Rost fest verbunden hatte, war schon in dieser frühen Entwicklungsphase der Langkessel entstanden - charakteristisches Element aller späteren Dampflokomotiven.
Ende 1830 gab Stephenson die »Rocket«-Konstruktion endgültig auf und begann mit der »Planet« eine neue Type zu bauen. Ihre Zylinder lagen nicht mehr hinten, sondern vorn, wo sie auch bei allen modernen Konstruktionen geblieben sind, zunächst allerdings noch zwischen den Rädern, also innerhalb des Rahmens. Bei einem verstärkten Typ, der als »Samson« bekannt wurde, waren die Räder der beiden Achsen bereits durch Kuppel-

Die »Invicta« von Stephenson aus dem Jahre 1830: mit zwei gekuppelten Achsen und schräg gestellten Außenzylindern keine Lösung von Dauer.

Links: Der Patentee-Typ gehörte zu den erfolgreichen Stephenson-Lokomotiven. Sie wurden von 1834 bis 1850 in großer Zahl gebaut. Auch Deutschlands erste Lokomotive »Adler« gehörte dazu.
Linke Spalte von oben nach unten: Lokomotive von William Chapman aus dem Jahre 1813
Auch deutsche Bahnen kauften Lokomotiven in Amerika: die Leipzig – Dresdner Bahn 1835 bei Gillingham & Winans in Baltimore und die Berlin – Potsdamer Eisenbahn 1839 bei Norris in Philadelphia.
Rechte Seite: Dreiachsige Personenzuglokomotive von Stephenson aus dem Jahre 1846 mit langem Kessel und großen Treibrädern
Nächste Doppelseite: Auch Norris in Philadelphia lieferte eine »Austria« nach Österreich. Dieses Modell wurde schon um 1840 zur »Verkaufsförderung« und zu Ausstellungszwecken angefertigt.

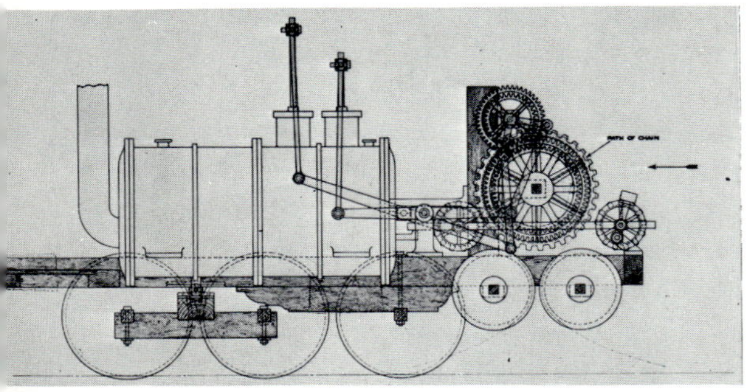

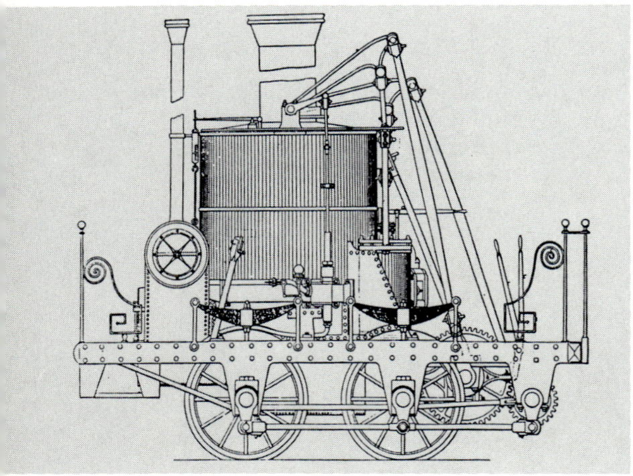

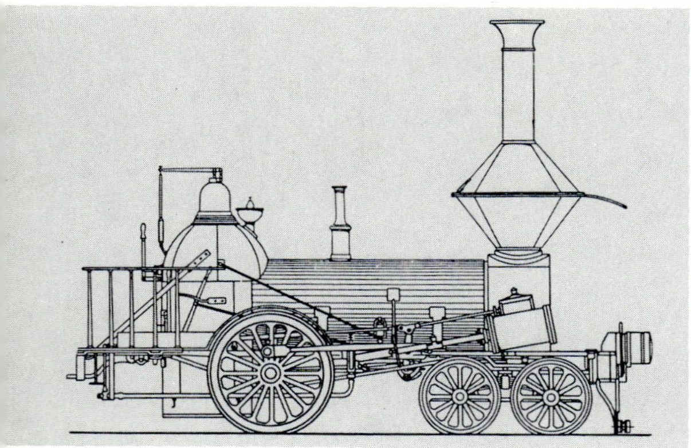

stangen verbunden. Diese beiden Bauarten erwiesen sich als derart erfolgreich, daß die Nachfrage Stephensons Kapazität bald überforderte und seine Lokomotiven von mehreren anderen Herstellern in Lizenz gebaut wurden.
Um die Sicherheit zu erhöhen, aber auch größere und damit leistungsfähigere Kessel auf den Lokomotivrahmen aufsetzen zu können, baute Stephenson im hinteren Teil eine dritte Achse ein. Dadurch verteilte sich das Lokomotivgewicht, die Gleise wurden nicht so stark beansprucht, und die von der stark überhängenden Feuerbüchse ausgelösten Nickbewegungen verschwanden. Das Patent, das Robert Stephenson hierfür erhielt, gab dieser Bauart den Namen »Patentee«. Ihr gehörte auch der Nürnberger »Adler« an.
Freilich dauerte es nicht sonderlich lange, bis die prinzipielle Wirkungsweise der Dampflokomotive kaum noch jemandem Rätsel aufgab: Den Dampf, über dem »Herd« durch das Feuer erzeugt, kann der Lokomotivführer mit Hilfe eines Reglers in die Zylinder strömen lassen. Dabei bewirkt der zur Steuerung gehörende Schieber, daß der Dampf immer abwechselnd einmal von der einen, dann von der anderen Seite in den Zylinder eintritt, so daß sich der Kolben darin hin- und herbewegt. Mit Hilfe von Stangen wird diese Bewegung auf die Räder übertragen. Stephensons Lokomotiven wiesen bereits die wesentlichsten Mermale späterer, ausgereifter Konstruktionen auf. Im Detail dagegen gab es noch viel zu verbessern.

»Know how« aus England und Amerika

Um Verbesserungen an der Lokomotive bemühten sich in der Tat bald zahlreiche Konstrukteure. In England mit Erfolg zunächst Timothy Hackworth, Nachfolger von George Stephenson als Leiter der Stockton-Darlington-Bahn, und Edward Bury, der 1829 in Liverpool eine Lokomotivfertigung in seiner Fabrik aufnahm. Thomas Sharp und Richard Roberts begannen 1834 in Manchester mit dem Lokomotivbau; Sharp, Roberts & Co galten als schärfste Konkurrenz für Robert Stephenson im Ausland und außerdem als erste Lokomotivhersteller, die nicht nur auf zuverlässige Funktion, sondern auch auf gefälliges Aussehen ihrer Maschinen Wert legten. Der Franzose Benoit Paul Emile Clapeyron erfand 1840 eine Steuerung, mit der unter Ausnutzung der Dampfexpansion eine bemerkenswerte Verminderung des Brennstoffbedarfs und damit ein wesentlich sparsamerer Betrieb möglich war. Dieses Prinzip hat dann insbesondere der Elsässer Jean Jacques Meyer weiterentwickelt und verfeinert.
In Amerika ging die Lokomotiventwick-

lung trotz der führenden Stellung Englands frühzeitig eigene Wege, wie auch schon frühzeitig eigene Experimente stattgefunden hatten. John Stevens hatte 1826 im Alter von 77 Jahren Amerikas erste Lokomotive gebaut und auf einem Rundkurs laufen lassen. Die erste in größerer Zahl gebaute, also für den praktischen Betrieb geeignete Maschine war die »Grashoppers«-Bauart, die auf den Uhrmacher Phineas Davis und die von ihm gebaute Lokomotive »York« zurückging. Sie war als Siegerin aus einem Wettbewerb, ähnlich dem von Rainhill in England, hervorgegangen und ähnelte mit ihren senkrechten Zylindern und dem dementsprechend senkrecht angeordneten Gestänge einer Heuschrecke. Die »Columbus« der Leipzig – Dresdner Eisenbahn gehörte zu den »Grashoppers«; sie war von Gillingham & Winans in Baltimore 1835 gebaut worden. Ross Winans, einer der Inhaber, entwickelte neben anderen erfolgreichen Lokomotiven aus den »Heuschrecken« die »Krebse«; durch ihre waagerechte Zylinderanordnung entstand der Eindruck rückwärts gerichteter Bewegung und damit der Name »Crabs«. Zum äußeren Merkmal amerikanischer Lokomotiven entwickelten sich bald die »Cow-catcher«, schneepflugartige Bahnräumer, die Isaac Dripps als technischer Leiter einer Bahn in den Vereinigten Staaten offenbar aus Erfahrung zum Schutz vor Weidevieh und Großwild konzipiert hatte. Aber auch das Drehgestell, zwei dicht aufeinander folgende, in einem beweglichen Rahmen zusammengefaßte Achsen, setzte sich im amerikanischen Lokomotivbau schon sehr frühzeitig durch und prägte das Aussehen der aus den Staaten kommenden Maschinen. Ihre Kurvengängigkeit verhalf ihnen rasch zu Erfolgen gegenüber Lokomotiven mit starrer Vorderachse. Die später weltberühmte Lokomotivfabrik von Mathias Baldwin entwickelte sich zum Exponenten dieser Bauart mit einem vorderen Drehgestell und einer einzelnen Antriebsachse. Erstmals hatte John B. Jervis, amerikanischer Eisenbahningenieur, 1830 das Drehgestell in dieser Form angewandt, wobei er jedoch auf ein englisches Patent zurückgriff, das schon 1812 William Chapman erteilt worden war.

William Norris, einer der erfolgreichsten Lokomotivbauer Amerikas, legte die Zylinder nach außen und ebenso das direkt auf die Räder wirkende Antriebsgestänge; damit waren diese Teile leicht zugänglich, also »wartungsfreundlich« angeordnet. Seiner vor der Feuerbüchse liegenden Treibachse fügte er später eine zweite hinzu. Nach Liste und damit nach einheitlichen Richtlinien baute er serienmäßig vier Typen, womit er auch die ersten Lokomotiv-Normen schuf.

Seine Lokomotiven erwiesen sich selbst in Übersee als äußerst erfolgreich, so daß er vorübergehend sogar ein Zweigwerk in Wien unterhielt. Inzwischen regte sich jedoch in Europa der nationale Unternehmungsgeist mehrerer Länder, so daß dort eigenständige Entwicklungen einsetzten.

AUSTRIA

Frühe Industriespionage

England war zu Beginn des Eisenbahnzeitalters der übrigen Welt in der technischen Entwicklung um Jahrzehnte voraus. Die Monopolstellung des Inselreiches in der Produktion von Industriegütern und die unbegrenzten Möglichkeiten zum Export überallhin konnten freilich nicht lange unangefochten bleiben. Zwar galten etwa George und Robert Stephenson als keineswegs sehr auskunftsfreudige Fabrikanten, vielmehr suchten sie neugierige Besucher möglichst fernzuhalten. Trotzdem verstanden aus dem Ausland anreisende Interessenten immer wieder, unter irgendeinem Vorwand in der Stephensonschen Lokomotivfabrik wie auch in anderen Werken Einlaß zu finden, gelegentlich sogar für längere Zeit dort zu arbeiten und sich dabei nicht nur über die Konstruktionsmerkmale der Lokomotiven genau zu informieren, sondern auch das notwendige »Know how« für den Bau von Lokomotiven im eigenen Land mitzunehmen.
Auf diese frühe Form von »Industriespionage« geht auch der Bau der ersten einsatzfähigen deutschen Lokomotive durch den Dresdener Professor Johann Andreas Schubert zurück. Als Kind ärmster Eltern am 19. August 1808 in Werlesgrün im Vogtland geboren und von Stiefeltern in Leipzig aufgezogen, zeigte er so ausgeprägtes technisches Talent, daß er bereits mit zwanzig Jahren Mathematiklehrer und vier Jahre später Professor am Polytechnikum in Dresden wurde. Auf Kosten des sächsischen Staates reiste er 1834 nach England, sah sich eingehend auf der Liverpool – Manchester-Eisenbahn um und hatte als Wissenschaftler Gelegenheit,

Die von Professor Johann Andreas Schubert in Dresden gebaute »Saxonia« war die erste brauchbare Lokomotive, die in Deutschland und sogar auf dem Kontinent überhaupt gebaut wurde. Das Modell steht im Deutschen Museum in München.

manchen Blick in Fabriken und Werkstätten zu werfen. Aus dem Gedächtnis vermochte er aufzuzeichnen, was er gesehen hatte. So konnte er später der industriellen Entwicklung Sachsens auf vielen Gebieten wertvolle Impulse geben.

In Dresden hatte Schubert schon früher einen Gewerbeverein gegründet; nach seiner Rückkehr aus England betrieb er mit Nachdruck den Aufbau einer Maschinenfabrik. So kam es wenig später zur Gründung der Aktien-Maschinenbau-Gesellschaft in Übigau bei Dresden.

Dort entstand nach Schuberts Plänen als erste die Lokomotive »Saxonia«, die am 7. April 1839 bei Eröffnung der Leipzig-Dresdner Eisenbahn einen Zug mit Ehrengästen zog, unter ihnen auch König Friedrich August II. von Sachsen.

Schubert stand – wie vier Jahre zuvor bei Eröffnung der Nürnberg-Fürther Bahn der Engländer William Wilson – in Frack und Zylinder selbst auf der Plattform der Lokomotive, bediente die Handhebel und durfte nach Ankunft in Dresden die Glückwünsche des Königs entgegennehmen.

Die »Saxonia« lehnte sich eng an englische Vorbilder an, doch versuchte Schubert vor allem Triebwerk und Laufwerk, Konstruktion und Betriebstauglichkeit der Maschine aufgrund eigener Überlegungen zu verbessern. Die Lokomotive besaß zwei gekuppelte Treibachsen und dahinter unter dem Führerstand eine Laufachse. Der lange, schlanke Schornstein endete oben in einem korbähnlichen Funkenfänger. Diese noch als Einzelstück gefertigte, erste Lokomotive deutscher Herkunft bewährte sich durchaus. Sie stand bei der Leipzig-

Dresdner Eisenbahn 18 Jahre lang im Dienst, wobei allerdings mehrfach Änderungen vorgenommen wurden. Erst 1856 schied sie aus.
Die ersten in Österreich und der Schweiz gebauten Lokomotiven treten in der Eisenbahngeschichte weniger markant hervor. In Österreich begründete John Haswell, Ingenieur der englischen Lokomotivfabrik Fairbairn & Cie in Manchester, die Lokomotivfertigung. Er kam 1837 mit dem Auftrag nach Wien, die Werkstätte der Wien - Raaber Eisenbahn einzurichten, aus der später die Maschinenfabrik der Staatseisenbahn-Gesellschaft hervorging. Unter Haswell, der sich in Wien niederließ, wurde 1840 die erste Lokomotive in Österreich gebaut. Sie trug den Namen »Wien« und wurde am 6. Juni 1841 mit der Fabriknummer 1 in Dienst gestellt. Mit den Fabriknummern 2 und 3 folgten unmittelbar darauf »Hietzing« und »Schönbrunn«. Sie waren getreue Nachbildungen amerikanischer Lokomotiven, die zuvor von Norris aus Philadelphia bezogen worden waren. Als charakteristisches Merkmal wiesen sie das zweiachsige Drehgestell vor der Antriebsachse auf.
In der Schweiz begann der Lokomotivbau erst wesentlich später, nachdem sich dort die gesamte Eisenbahnentwicklung im Widerstreit der Interessen bis in die zweite Hälfte des Jahrhunderts hinein verzögert hatte. Dann bezog die Schweiz lange Zeit und in großem Umfang Lokomotiven aus dem Ausland. Escher, Wyss & Co in Zürich lieferten 1856 die ersten Maschinen Schweizer Herkunft für die Nordostbahn und die Vereinigten Schweizer Bahnen. Dabei handelte es sich um den Teilauftrag einer Serie von insgesamt zwanzig Lokomotiven, deren größter Teil bei Maffei in München und Kessler in Karlsruhe bestellt worden war. Escher-Wyss betrieb den Lokomotivbau nur rund zehn Jahre lang. Größere Bedeutung erlangte für die Schweiz anfangs die Werkstätte Olten der Schweizerischen Centralbahn unter Niklaus Riggenbach, die 1856 gegründet wurde und der später nicht nur die Instandhaltung von Fahrzeugen und maschinentechnischen Anlagen oblag, sondern von Fall zu Fall auch deren Neuanfertigung.

Ein blühender Industriezweig

Die rasch wachsenden Eisenbahnnetze ließen den Bedarf an Eisenbahnfahrzeugen schnell steigen. Nachdem sich die Länder

Links von oben nach unten:
Lokomotive »Genf« der Schweizerischen Central-Bahn, gebaut bei Kessler in Karlsruhe 1858
Lokomotive »Brugg«, eine der zwanzig für die Schweizer Nordostbahn und die Vereinigten Schweizer Bahnen ab 1856 von Maffei in München, Kessler in Karlsruhe und Escher, Wyss & Cie. in Zürich gelieferten Maschinen
Lokomotive »Johnsbach« der österreichischen Kronprinz-Rudolfbahn, gebaut von der Schweizerischen Lokomotiv- und Maschinenfabrik Winterthur 1873
Rechts: Lokomotive der Brennerbahn, gebaut im Jahre 1869 von John Haswell, dem Begründer des österreichischen Lokomotivbaues. Die Maschine steht heute als Denkmal in Innsbruck.

des europäischen Kontinents mehr und mehr aus der Abhängigkeit von England zu lösen versuchten, begannen sich zahlreiche Maschinenfabriken auch dem Lokomotivbau zuzuwenden. Manches namhafte, damals gegründete Unternehmen besteht noch heute, andere gaben diesen Zweig früher oder später wieder auf.
In der Schweiz trat die 1871 gegründete Schweizerische Lokomotiv- und Maschinenfabrik Winterthur (SLM) in den Vordergrund, während sich Brown, Boveri & Cie in Baden und die Maschinenfabrik Oerlikon auf den Bau elektrischer Lokomotiven und Triebwagen konzentrierten.
In Österreich-Ungarn entstanden neben der auf die Wien - Raaber Bahn zurückgehenden Maschinenfabrik der Österreichisch-Ungarischen Staatseisenbahn-Gesellschaft in Wien auch die Wiener Lokomotivfabrik in Wien-Floridsdorf sowie in Wiener Neustadt die schon 1842 durch Carl Edler von Prevenhuber gegründete Lokomotivfabrik, die 1867 Georg Sigl übernahm. Krauss & Comp. ließ sich mit einem Zweigwerk in Linz nieder. In Budapest gründeten 1873 die Königlich-Ungarischen Staatsbahnen ihre eigene Maschinenfabrik, in Prag beschäftigte sich die Erste Böhmisch-Mährische Maschinenfabrik mit Lokomotivbau, und in Pilsen bildete er einen wichtigen Betriebszweig der Skoda-Werke.
Daß sich Deutschland zu einem Zentrum des europäischen Lokomotivbaues entwickelte, geht letztlich auf die Eigenstaatlichkeit der deutschen Länder zurück: Jede Staatsbahn wollte ihren Bedarf möglichst innerhalb der eigenen Grenzen decken, vor allem um die Entwicklung beeinflussen zu können. So entstanden namhafte deutsche Lokomotivfabriken in Preußen, Bayern, Sachsen, Baden, Württemberg, Thüringen und Hannover. Wo neue Strecken gebaut werden sollten, wurden auch neue Lokomotiven gebraucht: Ein blühender Industriezweig wuchs. Nach dem Ersten Weltkrieg bestanden in Deutschland 22 größere Lokomotivfabriken, in England 21 neben 15 bahneigenen Werkstätten, in Belgien 19, in Frankreich 12 und vier Bahnwerkstätten, in Rußland zehn, in Österreich-Ungarn sieben, in Schweden sechs, in Italien vier, in der Schweiz und in Norwegen je drei und in Spanien zwei Werke. Die meisten überstanden jedoch nicht die Weltwirtschaftskrise Ende der zwanziger Jahre. In Deutschland blieben von den über zwanzig Lokomotivherstellern nur neun übrig. Die folgende neue Blüte bis zum Zweiten Weltkrieg erwies sich von nur kurzer Dauer. Sie wich einer durch

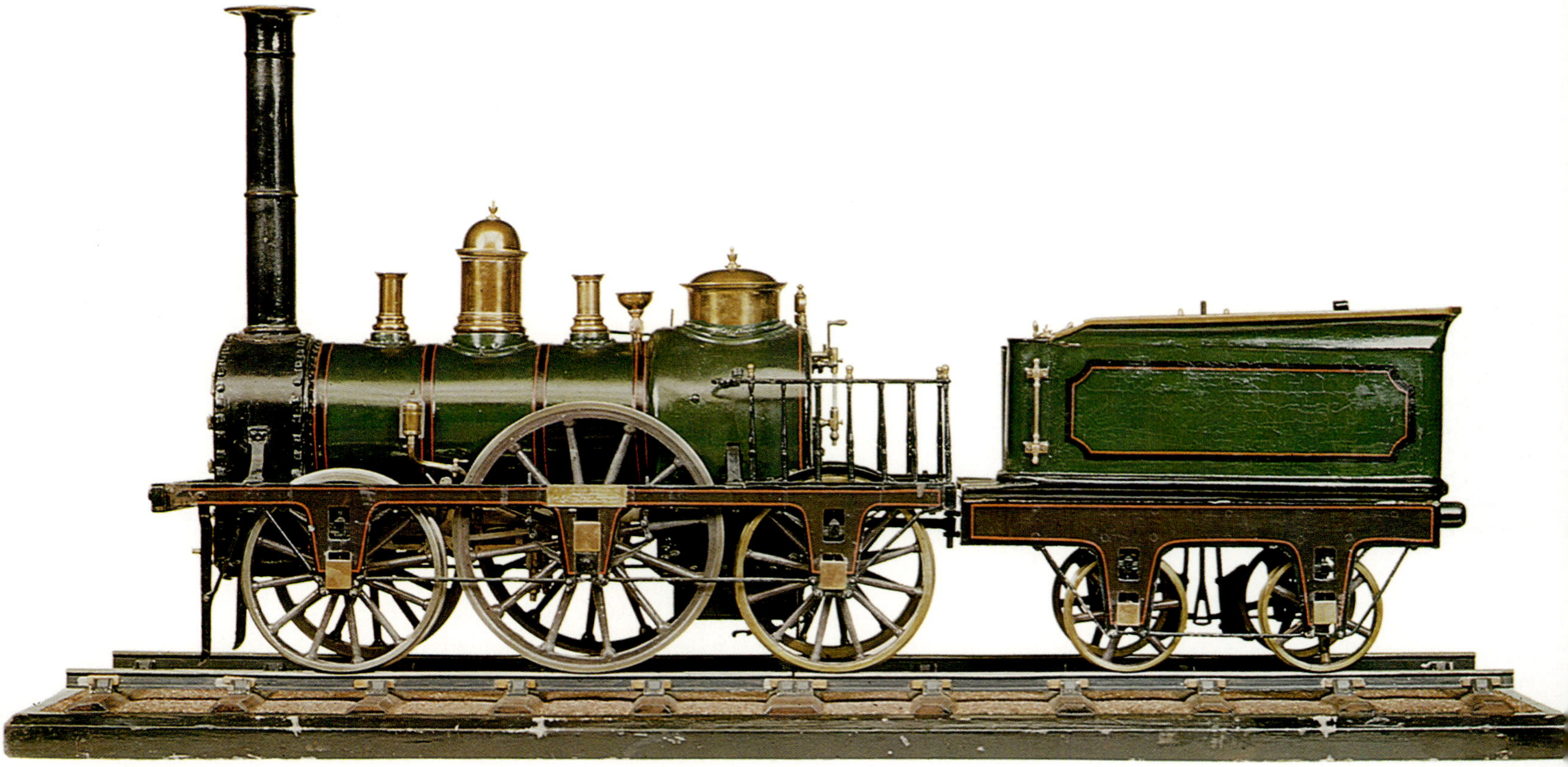

enorme Produktionszahlen von Kriegslokomotiven vorgetäuschten Scheinblüte, bis der Kriegsverlauf erneut das Schicksal auch traditionsreicher Lokomotivbauunternehmen besiegelte. Danach führte die Teilung der Welt in West und Ost zu unterschiedlichen Strukturen selbst in der Lokomotivindustrie.

Im Ostblock besteht heute eine gewisse internationale Arbeitsteilung für Lokomotiven verschiedener Traktionsarten und Leistungsklassen. Auf dem freien Weltmarkt dominiert die amerikanische Diesellokomotive. In den siebziger Jahren entfielen bisher im Durchschnitt etwa fünfzig Prozent des Weltlokomotivexportes auf die USA. In die andere Hälfte teilte sich die einst so zahlreiche Konkurrenz, allerdings überwiegend aus den westeuropäischen Ländern, wo sich eine verhältnismäßig vielfältige Lokomotivindustrie erhalten hat. Darin liegt auch eine der Ursachen dafür, daß die europäischen Eisenbahnen von Land zu Land unterschiedliche Lokomotiven benützen und daß die an sich wünschenswerte Vereinheitlichung selbst auf lange Sicht nicht realisierbar erscheint.

Selbst Borsig geriet »unter die Räder«

In Berlin gründete August Borsig 1837 eine Werkstätte, die bald auch Lokomotiven baute und sich rasch zur bedeutendsten deutschen Lokomotivfabrik der damaligen Zeit entwickelte. Die erste Lokomotive verließ am 24. August 1841 das Werk; neben der Fabriknummer 1 trug sie den Namen »Borsig«. Er galt gewissermaßen als Synonym für den Begriff

Linke Seite: Lokomotivmodelle aus dem Österreichischen Eisenbahnmuseum in Wien: »Vindobona«, gebaut von Robert Stephenson im Jahre 1838. – »Pollau« der Kaiser-Ferdinands-Nordbahn, gebaut von der Wiener Neustädter Lokomotivfabrik 1872. – Nr. 26.08 der K. k. Staatsbahnen, ehemals Nr. 40 der Kaiser-Franz-Josefsbahn, gebaut von der Sigl'schen Lokomotivfabrik 1873. – Nr. 306.04, nicht gebaute Zweizylindervariante der KkStB Nr. 306.01–03 der Lokomotivfabrik der Staatseisenbahn-Gesellschaft, 1908. – Nr. 209.26 der Österreichischen Bundesbahnen, ehemals Nr. 109.26 der Südbahn, gebaut von der Wien-Floridsdorfer Lokomotivfabrik 1913
Rechts: Erstlinge deutscher Lokomotivfabriken: »Borsig« von August Borsig, Berlin, 1841, nach Norris-Vorbild. – »Badenia« von Emil Kessler, Karlsruhe, 1841. – »Landwührden« von Georg Ritter v. Krauss, München, 1866; die im Original erhaltene Lok steht heute im Verkehrsmuseum Nürnberg.

Lokomotive schlechthin, bis auf dem Höhepunkt der Wirtschaftskrise für eine selbständige Zukunft auch dieses Unternehmens keine Aussicht mehr bestand. Der berühmte Name blieb zwar erhalten, als das Unternehmen 1930 als »Borsig Lokomotivwerke GmbH Berlin-Tegel und Hennigsdorf bei Berlin« auf eine neue Basis gestellt wurde. Alle Geschäftsanteile hielt jedoch seit 1931 die Allgemeine Elektricitäts-Gesellschaft (AEG), die selbst bereits seit 1888 sowohl Dampf- als auch elektrische Lokomotiven gebaut hatte. Heute gehört das Werk in Hennigsdorf zum »Kombinat VEB Lokomotivbau-Elektrotechnische Werke ›Hans Beimler‹«, das 1970 auch den bis dahin noch selbständigen »VEB Lokomotivbau ›Karl Marx‹« in Potsdam – früher Orenstein & Koppel, Babelsberg – übernahm. Lokomotiven aus der DDR – heute nur noch in Hennigsdorf gebaut – gehen an die Reichsbahn und haben über den Ostblock hinaus bemerkenswerte Exporterfolge erzielt.
Zur selben Zeit wie Borsig in Berlin hatte Joseph Anton Ritter von Maffei in München mit dem Lokomotivbau begonnen. Mit dem Namen »Der Münchner« ging seine erste Lokomotive im September 1841 an die Bayerische Staatseisenbahn. Einer seiner früheren Mitarbeiter, Georg Ritter von Krauss, gründete 1866 Münchens zweite Lokomotivfabrik, die noch im selben Jahr unter der Fabriknummer 1 die »Landwührden« an die Oldenburgische Staatsbahn lieferte. Auch die Fabrik von Maffei überlebte die Wirtschaftskrise nicht; sie ging 1931 an Krauss & Comp. über. Seither besteht die Krauss-Maffei AG in München-Allach, die heute noch Lokomotiven für ausländische Bahnen, für die

Industrie und für die Deutsche Bundesbahn herstellt.
Zu den ersten deutschen Lokomotivfabriken gehörte auch das 1841 von Emil Kessler in Karlsruhe gegründete Werk. Dort wurde als erste im Dezember 1841 die »Badenia« für die Badische Staatsbahn fertiggestellt. Kessler übernahm 1846 den Aufbau einer eigenen Fabrik für die Württembergische Staatsbahn in Esslingen bei Stuttgart. Die daraus hervorgegangene Maschinenfabrik Esslingen baute Lokomotiven bis 1961, dann wurden ihre Anlagen der Daimler-Benz AG eingegliedert. Sein Karlsruher Werk hatte Kessler 1851 mit Verlust abgeben müssen; es wurde später mit Unterstützung des badischen Staates weitergeführt, der Lokomotivbau 1928 von Krupp übernommen.
In Hannover gründete Georg Egestorff 1835 eine Maschinenfabrik, die 1846 ihre erste Lokomotive »Ernst August« für die Hannoversche Staatsbahn baute. Aus dem Unternehmen ging später die Hanomag hervor, deren Lokomotivbau 1930 Henschel & Sohn in Kassel übernahmen.
Dieses renommierte und alteingesessene Familienunternehmen hatte unter Leitung von Georg Alexander Carl Henschel am 29. Juli 1848 seine erste Lokomotive mit dem Namen »Drache« an die hessische Friedrich-Wilhelms-Nordbahn geliefert. Henschel entwickelte sich zu einer der größten und bedeutendsten Lokomotivfabriken Deutschlands, übernahm 1928 von der R. Wolf AG in Magdeburg-Buckau deren 1916 von Hagans erworbenen Lokomotivbau in Erfurt, 1930 einen Teil der Linke-Hofmann-Werke in Breslau, noch im gleichen Jahr die Lokomotivfertigung der Hanomag, 1961 einen Teil der Diesellokomotivfertigung der Maschinenfabrik Esslingen und 1969 die gesamte Diesellokomotivfertigung von Klöckner-Humboldt-Deutz in Köln. Von 1964 bis 1976 gehörte der Henschel-Lokomotivbau zum Rheinstahl-Konzern, seither zur Thyssen-Gruppe. In den Werkhallen von Henschel in Kassel wurden bisher über 32 000 Lokomotiven gebaut – die weitaus größte Stückzahl, die ein deutsches Unternehmen je erreicht hat.
Auf das Jahr 1858 geht der Lokomotivbau von Linke-Hofmann in Breslau zurück. Er wurde zunächst mit Unterbrechungen bis 1930 betrieben und ging dann zu gleichen

Crampton-Lokomotive »Die Pfalz«. Erste Schnellzuglokomotive der Pfalzbahnen, gebaut von Maffei 1853, vor 1880 ausrangiert. Der Nachbau von 1925 durch das Reichsbahn-Ausbesserungswerk Weiden steht heute in Neustadt an der Weinstraße.

9
10
11
12
12

Lokomotivbau in der Gründerzeit: bei Borsig in Berlin (ganz oben), bei Maffei in der Hirschau bei München (darunter) ...
... und vor 1930 bei den Linke-Hofmann-Werken in Breslau (rechts oben)
Rechts unten: Eine Tenderlok von Orenstein & Koppel, Berlin, noch heute in Betrieb in Huelva, Spanien

Teilen an Krupp und Henschel über. Nach dem Zweiten Weltkrieg kam es in Salzgitter zur Neugründung: Linke-Hofmann-Busch, ein Unternehmen der Salzgitter-Gruppe, baut heute neben Waggons vor allem Triebwagen für ausländische Bahnen und die Deutsche Bundesbahn.
Krupp in Essen, in anderen Bereichen ebenfalls seit dem vorigen Jahrhundert mit dem Eisenbahnwesen eng verbunden, nahm Lokomotiven erst 1919 in das Fertigungsprogramm auf. Durch Übernahme des Lokomotivbaues der Maschinenbau Humboldt AG und der Maschinenbau-Gesellschaft Karlsruhe 1928, der Hohenzollern AG 1929 und eines Teils von Linke-Hofmann in Breslau 1930 dehnte sich der Krupp-Lokomotivbau schnell aus. Er gehört bis heute zu den Lieferanten ausländischer und deutscher Bahnen.
Auch die übrigen noch bestehenden Lokomotivfabriken in der Bundesrepublik Deutschland können zum Teil auf eine lange Unternehmensgeschichte zurückblicken. Arnold Jung in Jungenthal bei Kirchen an der Sieg baut seit 1885 Lokomotiven, Orenstein & Koppel - früher Berlin, heute Dortmund - seit 1892, Gmeinder in Mosbach (Baden) seit 1920 und die Maschinenbau Kiel GmbH (MaK) in Fortsetzung des 1925 begonnenen Lokomotivbaues der Deutschen Werke in Kiel.
Nicht nur die Allgemeine Elektricitäts-Gesellschaft (AEG), sondern auch Brown, Boveri & Cie (BBC) in Mannheim bauten - von 1919 bis 1921 - Dampflokomotiven. Die Siemens-Schuckertwerke in Berlin gehörten von 1879 bis 1935 zu den Herstellern elektrischer Lokomotiven. Heute liefern AEG, BBC und Siemens elektrische Ausrüstungen für Lokomotiven und Triebwagen des In- und Auslands.
Von 1848 bis 1929 baute Lokomotiven auch die Sächsische Maschinenfabrik, vorm. R. Hartmann in Chemnitz, von 1855 bis 1929 die Union-Gießerei in Königsberg, von 1858 bis 1928 die Vulkan-Werke in Stettin, von 1860 bis gegen Ende des Zweiten Weltkrieges Ferdinand Schichau in Elbing, von 1860 bis 1924 die Maschinenbau-Gesellschaft Heilbronn, von 1866 bis 1945 die Berliner Maschinenbau-Actien-Gesellschaft vorm. Schwartzkopff in Berlin, von 1876 bis 1929 die Hohenzollern AG für Lokomotivbau in Düsseldorf-Grafenberg und von 1897 bis 1928 die Maschinenbau-Anstalt Humboldt AG in Köln-Kalk. Darüber hinaus haben noch zahlreiche, meist kleinere Lokomotivhersteller Platz in der deutschen Eisenbahngeschichte.
Starke Lokomotiv-Industrien entwickelten sich frühzeitig auch in anderen europäischen Ländern. Auf das Jahr 1835 geht die belgische Lokomotivfabrik von John Cockerill in Seraing bei Lüttich zurück. In Frankreich wurden 1838 die Werke von Schneider & Cie in Le Creusot und bis 1850 vier weitere gegründet. In Übersee führte schon früher die amerikanische Lokomotiv-Industrie. Doch auch in Australien bestanden zahlreiche Fabriken. Darüber hinaus verfügten lediglich Indien und Japan schon frühzeitig über eine eigene Produktion.

Im Zuge technischen Fortschritts

Einen Angelpunkt bei der Entwicklung der Dampflokomotive bildete stets der Kessel als Energiespeicher und -umwandler. Mit zunehmender Kesselgröße, höherem Dampfdruck und Steigerung der Kesselleistung nahmen auch die Probleme bei Bau und Betrieb der Lokomotivkessel ständig zu. Die Schwierigkeiten lagen vor

Die Zahl der Bahnen mit Dampfbetrieb ist gering geworden.
Links: Auch die Personenzug-Lokomotive Nr. 284 der Portugiesischen Eisenbahnen, gebaut von Henschel in Kassel, hat längst kein Feuer mehr unter dem Kessel.
Oben: Selbst in der Türkei werden Bilder wie dieses von Mersina an der Bagdadbahn immer seltener: Tenderlok von Maffei in München.

allem in der Wahl geeigneter Kesselbaustoffe, in deren Wärme- und Festigkeitsverhalten, beim Korrosionsschutz und in den Verankerungen zwischen Feuerbüchse und Stehkessel als den am stärksten beanspruchten Kesselteilen. Die spezifischen Anforderungen des Eisenbahnbetriebes warfen außerdem zahlreiche Probleme auf, die der Bau stationärer Dampfkessel kaum kannte. Gerade daraus entstanden bis zuletzt immer neue Kesselbauarten für Dampflokomotiven, die keineswegs immer hielten, was sie versprachen. Häufig wurden spezifische Vorteile mit Mängeln in anderer Hinsicht erkauft.
Als Marksteine konstruktiver Verbesserung der Dampfmaschine hatten sich ganz zu Anfang die beidseitige Einwirkung des Dampfes auf den Kolben, die Steigerung des Dampfdruckes und die Ausnutzung der Dampfexpansion erwiesen. Auch das Blasrohr, das den Abdampf in den Schornstein leitet und damit das Feuer um so stärker anfacht, je schwerer die Maschine arbeitet, gehörte schon zu den frühen Erfindungen des Lokomotivbaues. Das gilt nicht weniger für Verbundmaschinen, den Heißdampf und die Vorwärmung des Speisewassers. Manche Erkenntnis geriet allerdings wieder in Vergessenheit, weil die Zeit für ihre allgemeine Anwendung nicht reif war. Die meisten späteren »Erfindungen«, die den Dampflokomotivbau entscheidend beeinflußt haben, gingen auf Grundlagen zurück, die sich in der ersten Phase des Dampfmaschinenbaues lediglich technologisch noch nicht ausnutzen ließen.
Zu den wesentlichen Erfolgen technischer und wirtschaftlicher Weiterentwicklung gehörte zunächst die zweistufige Ausnutzung der Dampfdehnung, die Konstruktion der Verbundmaschine. Der Dampf durchströmt dabei zunächst einen meist kleineren Hochdruckzylinder und gibt seine Energie erst im nachgeschalteten, größeren Niederdruckzylinder vollständig ab. Diese Art der besseren Energieausnutzung – bei stationären Dampfmaschinen und im Schiffsbau schon seit Jahren benützt – wurde 1874 dem Schweizer Anatole Mallet für den Lokomotivbau patentiert. Von den zahlreichen Systemen, die später entwickelt wurden, haben sich nur die von Alfred de Glehn und August von Borries durchsetzen können. Der Vorschlag des Franzosen André Chapelon, dreifache Dampfdehnung in einer Vier- oder Mehrzylinderlokomotive zu nützen, wurde durch die Entwicklung der neuen Antriebsarten überholt.
Möglichst gleichmäßige Kraftübertragung während einer Radumdrehung sollte die Anordnung von mehr als zwei Zylindern bewirken; aus der »Zwillingslokomotive« entstanden mit drei oder vier Zylindern »Drilling« und »Vierling«, wobei zwei Zylinder außen, die anderen mitsamt dem erforderlichen Gestänge innen zwischen den Rädern angeordnet wurden. Bei der Dreizylindermaschine ergab sich das gleichmäßigste Drehmoment, wenn die Kurbeln um 120 Grad versetzt und damit in gleichem Abstand auf der Umlaufbahn angebracht wurden. Francis William Webb kombinierte bei den Lokomotiven der London & North Western-Bahn Verbundwirkung und Dreizylinderbauart durch Anordnung von zwei äußeren Hochdruckzylindern und einem inneren Niederdruckzylinder. Da sie auf zwei verschiedene, nicht durch Kuppelstangen verbundene Radsätze wirkten, konnten sich beim Anfahren diese Antriebsachsen in unter-

schiedlicher Richtung drehen. Bei späteren Drillingsbauarten wurde deshalb meist auf Ausnutzung der zweistufigen Dampfdehnung verzichtet.
Die günstigsten Verhältnisse ergaben sich bei der Vierzylinder-Verbundbauart. Dabei konnten beiderseits je ein Hoch- und ein Niederdruckzylinder so angeordnet werden, daß ihre Kurbeln einen Winkel von 90 Grad zueinander und von 180 Grad gegenüber der anderen Maschinenseite bildeten. Neben dem Franzosen Alfred de Glehn entwickelte vor allem der Geheime Regierungsrat August von Borries aus Hannover die Vierzylinder-Verbundlokomotive zur Anwendungsreife, wobei er alle vier Zylinder auf eine Achse arbeiten ließ und dabei auch einen optimalen Ausgleich der bewegten Massen erreichte. Zu den bemerkenswertesten Vierzylinder-Verbundlokomotiven gehörten die nach der Jahrhundertwende von Anton Hammel und Heinrich Leppla bei Maffei in München entwickelten badischen und bayerischen Lokomotiven bis zur legendären S 3/6.
Die Verwendung von Heißdampf lenkte die Dampflokomotiv-Entwicklung in eine neue Richtung; denn bald erwies sich, daß Zweizylindermaschinen mit Heißdampf den Verbundlokomotiven mit gewöhnlichem Naßdampf deutlich überlegen sind. Bevor der Dampf den Zylindern zugeführt wird, durchströmt er in der Heißdampflokomotive einen Überhitzer, in dem seine Temperatur noch wesentlich über den Sättigungspunkt gewöhnlichen Naßdampfes steigt. Bei der anschließenden Expansion in den Zylindern kommt es auf diese Weise kaum zu Kondensation, so daß geringere Dampfzufuhr gleiche Leistung bewirkt, also der Brennstoffverbrauch verringert wird. Dem deutschen Ingenieur Wilhelm Schmidt gelang um 1900 zusammen mit Robert Garbe, Baurat der Preußischen Staatseisenbahnen, die beste Überhitzer-Konstruktion, die sich rund um die Welt durchsetzen konnte. Durch Neuentwicklung, Verbesserungsversuche, aber auch Umgehung der Patente entstanden in verschiedenen Ländern weitere Überhitzerbauarten. Wie zahlreiche frühere Versuche, so scheiterten jedoch auch nahezu alle späteren, gleich günstige Ergebnisse auf andere Weise zu erzielen. Heißdampf-Zwillingslokomotiven begannen sich um die Jahrhundertwende zunächst in Preußen und Belgien, bald aber ganz allgemein durchzusetzen.
Umstritten blieb dagegen die Nützlichkeit einer Kombination von Vierzylindertriebwerk und Heißdampfanwendung. Spätere Entwicklungen in Frankreich bestätigten zwar, daß damit bei Dampflokomotiven abermals erheblich gesteigerte Leistungen erzielbar gewesen wären. Vielfach bestand jedoch die Befürchtung, den Ersparnissen an Brennstoff werde entsprechend höherer Aufwand für die Instandhaltung einer anspruchsvolleren Technik gegenüberstehen, so daß der Heißdampf-Verbundlokomotive großer Erfolg versagt blieb.
Die Diskussionen über Für und Wider von Heißdampflokomotiven mit einfacher Dampfdehnung oder mit Vierzylinder-Verbundtriebwerken dauern noch heute an, obwohl die Zeit das Problem längst auf einen akademischen Streit reduziert hat; denn beide Bauarten sind inzwischen gleichermaßen aus dem Betrieb verschwunden. Die isolierte Betrachtung der unmittelbaren Vor- und Nachteile führt zu keiner sachgerechten Beurteilung; wo an Brennstoff nicht gespart zu werden brauchte, fiel die Wahl zu Recht auf die weniger anspruchsvolle und damit in der Wartung billigere Maschine mit einfacher Dampfdehnung, so in England oder in Nordamerika. Wo dagegen der Kohleersparnis wirtschaftliche oder wie in der Schweiz essentielle Bedeutung zukam, bildete der höhere Wartungsaufwand der Heißdampf-Verbundlokomotive für deren weite Verbreitung keinerlei Hindernis, wie die Erfahrungen in den süddeutschen Ländern, in Österreich und der Schweiz, aber auch in Frankreich erwiesen haben. Häufig gaben eher bloße Vorurteile der maßgebenden Stellen den Ausschlag.
Nennenswert beigetragen hat zur Steigerung der Leistungsfähigkeit und Wirtschaftlichkeit von Dampflokomotiven später noch die Ausnutzung der im Abdampf enthaltenen Restwärme zum Erhitzen des Kesselspeisewassers. Bekannt wurde als letztes Glied dieser Entwicklung vor allem die 1926 von Attilio Franco in Italien entwickelte und von Piero Crosti später als Franco-Crosti-Vorwärmer verbreitete Konstruktion neben einem 1932 von dem Österreicher Franz Heinl eingeführten System.

Die berühmte bayerische S 3/6; hier die 3634 der Bayerischen Staatseisenbahnen vor ihrer ersten Überführung ins Deutsche Museum in München 1958

Der Semmering-Wettbewerb

Neben der Verbesserung von Wirtschaftlichkeit und Leistungsfähigkeit bildete bei der Entwicklung der Lokomotive ihre Anpassung an besondere Betriebsverhältnisse einen anderen Schwerpunkt. Österreich hat hierbei vor allem am Semmering Pionierarbeit geleistet. Schon 1848 war mit dem Bau dieser ersten Gebirgsbahn der Welt begonnen worden, ohne daß bis dahin eindeutig feststand, ob Lokomotiven die Bergstrecke überhaupt würden bewältigen können. Lange Zeit galten sie nur für Flachlandbetrieb und möglichst gerade

So sahen – technisch nicht immer ganz korrekt – zeitgenössische Illustratoren den Beginn der Eisenbahn mit Dampf auf Österreichs Südbahn: Ein Wettbewerb sollte der Lokomotive »über den Berg helfen«; denn als die Semmeringstrecke als erste Gebirgsbahn der Welt gebaut wurde, gab es noch keine geeigneten Lokomotiven dafür. Um Preis und Lorbeer bewarben sich schließlich vier Maschinen. Die »Bavaria« von Maffei in München (oben) trug den Sieg davon. Doch die »Vindobona« (Mitte) als »Schlußlicht« war die einzige, die – nach konstruktiven Verbesserungen – längere Zeit am Semmering wirklich im Einsatz war. Die »Seraing« (unten) von John Cockerill aus Belgien läßt deutliche Ähnlichkeit mit der späteren Fairlie-Bauart (rechts) erkennen, die sich weit verbreitete; hier die »Earl of Merioneth« der Festiniog-Eisenbahn in Portmadoc.

Trassen als geeignet. Erste tastende Versuche berechtigten allerdings zu der Annahme, daß auch für geneigte und gekrümmte Strecken Lokomotiven gebaut werden könnten. Aufgrund eines Vorschlags der in Stuttgart erscheinenden, durch Karl von Etzel redigierten »Eisenbahnzeitung« ließ die Regierung in Wien nach dem Vorbild von Rainhill einen Wettbewerb ausschreiben und für die beste Konstruktion einer zum Betrieb am Semmering geeigneten Dampflokomotive zwanzigtausend Dukaten aussetzen.
Vier Maschinen nahmen in der Zeit vom 20. August bis 16. September 1851 an den Vergleichsfahrten auf der Semmering-Nordrampe zwischen Payerbach und Abfaltersbach teil: die »Bavaria« von Maffei in München, die »Wiener Neustadt« von Wenzel Günther aus der später Sigl'schen Lokomotivfabrik in Wiener Neustadt, die von Cockerill in Belgien gebaute »Seraing« und schließlich die »Vindobona« von John Haswell aus der bahneigenen Maschinenfabrik in Wien. Den Sieg und damit den ersten Preis errang die »Bavaria«, die drei anderen Lokomotiven wurden zu unterschiedlichen Preisen angekauft. Jeder von ihnen lag zur Lösung der gestellten Aufgabe eine eigene Konzeption zugrunde. Zwar konnte sich keine unmittelbar durchsetzen, doch nahmen auch sie Entwicklungen vorweg, für die lediglich die Zeit noch nicht reif war.
Die siegreiche »Bavaria« lief auf einem zweiachsigen Drehgestell vorn und zwei dahinter fest im Rahmen angeordneten Achsen. Ein dreiachsiger Tender trug die Vorräte an Kohle und Wasser. Kuppelstangen verbanden nicht nur die beiden festen Achsen, deren vordere vom Zylinder angetrieben wurde, sondern auch die zwei Drehgestellachsen und die drei Tenderachsen. Außerdem waren diese drei Achsgruppen noch durch Ketten gekuppelt, so daß alle sieben Achsen von Lokomotive und Tender zur Kraftübertragung ausgenutzt wurden. Auf diese Weise ließ sich die am Berg erforderliche hohe Zugkraft erzielen. Die »Bavaria« zog mehr als 130 Tonnen Last über die Steigungen von 25 ‰ am Semmering. Allerdings rissen die Ketten so häufig, daß darauf verzichtet werden mußte und für die Kraftübertragung nur noch die beiden festen Achsen zur Verfügung standen. In dieser Form genügte die Lokomotive den Anforderungen jedoch nicht, so daß sie bald außer Betrieb gesetzt wurde.
Die »Vindobona«, die als Schlußlicht aus dem Wettbewerb hervorging, stand schließlich nach einem grundlegenden Umbau als einzige längere Zeit hindurch am Semmering im Einsatz. Sie war von Haswell ursprünglich nur dreiachsig konzipiert, wegen ihres hohen Achsdruckes jedoch durch eine vierte Achse ergänzt worden. Um größtmögliche Zugkraft zu erreichen, wurden alle vier Achsen durch Stangen gekuppelt. In dieser Form stellte die »Vindobona« den ersten Vorläufer einer später in großer Zahl gebauten Lokomotivgattung dar. Allerdings verursachten die vier fest im Rahmen gelagerten Achsen auf der kurvenreichen Strecke hohen Verschleiß am Oberbau, so daß die letzte Kuppelachse durch ein ungekuppeltes, zweiachsiges Drehgestell ersetzt werden mußte.
Sowohl die »Seraing« von Cockerill als auch die »Wiener Neustadt« von Günther liefen auf zwei zweiachsigen Drehgestellen, deren Achsen durch zwei getrennte Zylinderpaare angetrieben wurden. Damit konnte guter Kurvenlauf verbunden werden mit hoher Zugkraft durch Antrieb aller Achsen. Die belgische »Seraing« trug einen Doppelkessel mit gemeinsamer Feuerung in der Mitte und je einem Schornstein an beiden Enden. Dort lagen auch – im Inneren der Drehgestellrahmen – die vier Dampfzylinder. Da die zulässigen Achslasten sonst erheblich überschritten worden wären, mußte zusätzlich ein zweiachsiger Tender für die Kohle- und Wasservorräte angehängt werden. Bei der »Wiener Neustadt« lag die Feuerung am Ende, während einander die an den Außenseiten der Drehgestelle angebrachten Dampfzylinder in der Mitte der Lokomotive gegenüberstanden. Sie besaß wie üblich nur einen Schornstein. Kohle und Wasser trug sie seitlich des Kessels und hinter dem Führerstand; damit war sie die erste in Österreich gebaute Tenderlok. Das Hauptproblem beider Maschinen bestand in der Abdichtung der beweglichen Dampfleitungen zwischen Kessel und Zylindern.
Das Konzept der beiden eng verwandten Bauarten führte zwei Jahrzehnte später zu

SCD
196

X4019
4019

den in großer Zahl gebauten Gelenklokomotiven, die unter den Namen des Engländers Robert Francis Fairlie und des Elsässers Jean Jacques Meyer bekannt wurden und vor allem auf kurvenreichen Schmalspurbahnen weite Verbreitung fanden.

Die Lokomotive paßt sich an

Aus den vier am Semmering-Wettbewerb beteiligten Lokomotiven und den mit ihnen gemachten Erfahrungen entwickelte Wilhelm Freiherr von Engerth für die Semmeringbahn die später nach ihm benannten Gebirgslokomotiven. Nur anfangs wurde dabei der an der »Bavaria« gescheiterte Kettentrieb durch ein Zahnradvorgelege ersetzt, um auch die Drehgestellachsen zu kuppeln und für die Kraftübertragung heranzuziehen. Bald zeigte sich jedoch, daß für die damaligen Anforderungen die drei fest im Rahmen gelagerten, gekuppelten Achsen ausreichten. Die ersten Engerth-Lokomotiven wurden nicht in Österreich selbst gebaut, sondern von der Maschinenfabrik Emil Kessler in Esslingen bei Stuttgart und von Cockerill in Seraing geliefert. Die ersten trafen 1853 am Semmering ein. Sie bewährten sich für die damaligen Anforderungen als Gebirgslokomotiven ausgezeichnet und wurden in Österreich und der Schweiz in erheblicher Stückzahl verwendet. In einer Flachlandvariante waren sie auch in Frankreich weit verbreitet. Eine verbesserte Bauart der Gelenklokomotive entwickelten der Schweizer Anatole Mallet und in weitgehend übereinstimmender Form unabhängig von ihm der Deutsche Fritz Rimrott. Bei ihrer Bauart, die unter Mallets Namen bekannt geworden ist, war die hintere der beiden Triebwerksgruppen fest im Lokomotivrahmen gelagert. Bei Ausführung als Verbundlokomotive konnten die Hochdruckzylinder dem starren Triebwerk zugeordnet werden, so daß an den kritischen beweglichen Dampfleitungen nur der wesentlich geringere Druck des Verbinders zwischen Hoch- und Niederdruckteil abzudichten war. Im Jahre 1890 baute Maffei in München unter Anton Hammel für die Gotthardbahn eine sechsachsige Verbund-Tenderlokomotive nach Mallet, die damals stärkste Lokomotive der Welt. Ihre Konstruktion führte später in Amerika zu den riesigen Malletmaschinen, den absolut größten Lokomotiv-Giganten aller Zeiten, wie dem berühmten »Big Boy« der Union Pacific.

Links oben: Eine der kleinsten Mallet-Lokomotiven, für den Vorspanndienst auf der Hauenstein-linie der Schweizerischen Centralbahn.
Links unten: Die größte Dampflokomotive der Welt, die legendäre »Big Boy«, entsprach ebenfalls dem Konstruktionsprinzip von Anatole Mallet. Hier ein »Big Boy« der Union Pacific vor einem Güterzug in Heber Canyon.
Oben: Auch Henschel in Kassel baute Riesenlokomotiven; neben der Garratt-Bauart bildeten Kondenstender eine Spezialität des Unternehmens. Der Aktionsradius von Dampflokomotiven ließ sich damit durch Rückgewinnung von Speisewasser aus dem Abdampf erheblich ausdehnen. Ganz oben eine Kondenstender-Lok.
Nächste Doppelseite: Gelenkiger Gigant – Beyer-Garratt-Lokomotive der Reihe 59, von der die East African Railway (EAR) erst Mitte der fünfziger Jahre 34 Stück in Dienst stellten. Sie gelten als die schwersten Schmalspurlokomotiven der Welt.

A R
5919

Eine später ebenfalls weit verbreitete und zunächst für Schmalspurbahnen in Australien bestimmte Bauart von Gelenklokomotiven schlug nach der Jahrhundertwende der Engländer Herbert William Garratt vor, unter dessen Namen sie bekannt geworden ist, obwohl sie erst nach seinem Tod durch die englische Lokomotivfabrik Beyer-Peacock unter Sam Jackson entwickelt und zum Erfolg geführt wurde. Kessel und Führerstand liegen bei dieser Bauart zwischen zwei weit auseinander gezogenen Drehgestellen, auf denen auch Kohle und Wasser mitgeführt werden. Jedes dieser beiden Gestelle repräsentiert mit bis zu sieben Achsen für sich schon eine leistungsfähige Lokomotive, so daß die Doppelanordnung zu Spitzenleistungen führte. Garratt-Lokomotiven erwiesen sich als gut geeignet für höhere Geschwindigkeiten auch auf schmaler Spur, so daß sie sich nicht nur in Australien, sondern vor allem in Afrika durchsetzten und bis zuletzt behaupteten. Die ersten waren 1909 für die zu Australien gehörende Insel Tasmanien gebaut worden, zwei Jahre später für die Himalajabahn nach Dardschiling. Als schwerste jemals für Schmalspur gebaute Lokomotive gilt die Klasse 59 der East African Railways, eine englische Beyer-Garratt-Maschine. Aber auch die deutschen Henschel-Werke in Kassel bauten derart große Garratt-Lokomotiven, die für Kapspur an die Moçamedes-Bahn in Angola, für die Bahnen in Moçambique und für die Südafrikanischen Eisenbahnen, für Meterspur nach Thailand und an die Brasilianische Nordwestbahn geliefert wurden. Bau und Export dieser Riesenlokomotiven, die an amerikanische Dimensionen heranreichten, endeten bei Henschel erst im Jahre 1958.

Um bei Standardlokomotiven einwandfreien Kurvenlauf zu erreichen, waren anfangs nur die Spurkränze der mittleren Achsen geschwächt oder ganz weggelassen worden. Später entstanden verschiedene Konstruktionen seitenbeweglicher Achsen, die sich beim Durchfahren von Kurven hinreichend nach der Seite verschieben können, um der Krümmung des Gleises zu folgen. Die theoretischen Grundlagen hierfür erarbeitete Richard von Helmholtz als langjähriger Chefkonstrukteur der Lokomotivfabrik Krauss in München; Carl Gölsdorf, Konstrukteur der österreichischen Staatsbahn-Maschinenfabrik, wandte sie erstmals in großem Umfang an.

Schließlich führten zu Sonderformen der Dampflokomotive auch die verschiedenen Arten des Brennstoffes. Steinkohle oder Koks, Braunkohle oder Torf stellen an den Verbrennungsraum andere Forderungen als Holz oder der vor allem in Amerika gebräuchliche Anthrazit. Seine Verbrennung verlangt große Rostflächen, so daß für den Führerstand nur noch auf dem Kessel Platz blieb. Als »Camels« und »Camelbacks« sind diese Lokomotiven ihres merkwürdigen Aussehens wegen bekannt geworden.

Neben festen Brennstoffen wurden auch Kohlenstaub und Mineralöle zur Lokomotivfeuerung verwendet:

Erste Versuche mit Kohlenstaubfeuerung gehen in Amerika auf das Jahr 1904 zurück. Auch Schweden zählt mit Torfstaub zu den Wegbereitern dieser Feuerungsart, bei der ein Staub-Luft-Gemisch in den Verbrennungsraum eingeblasen und ohne Rost verbrannt wird. In den zwanziger Jahren begannen auch in Deutschland Entwicklungsarbeiten mit Kohlenstaubfeuerung. Die damals hier entwickelte Technik wurde in mehreren Ländern eigenen Versuchen zugrunde gelegt. Dabei standen zwei Bauarten gegenüber: AEG und Stug, abgekürzt für Studiengesellschaft für Kohlenstaubfeuerung auf Lokomotiven. Die Deutsche Reichsbahn ließ von 1926 an insgesamt zehn Lokomotiven, vor allem der Baureihen 56 und 58, versuchsweise mit Kohlenstaubfeuerung ausrüsten. Als bemerkenswerteste wurde 1937 die allerdings wenig erfolgreiche, stromlinienverkleidete Schnellzuglok 05 003 mit Kohlenstaubfeuerung und Führerstand an der Spitze in Dienst gestellt. Bereits 1944

wurde die Lokomotive auf Steinkohlefeuerung umgebaut und in konventioneller Weise eingesetzt. Nach dem Zweiten Weltkrieg, als die Reichsbahn in der DDR weitgehend auf die Lokomotivfeuerung mit Braunkohle angewiesen war, erhielt die Kohlenstaubfeuerung dort nochmals neue Impulse. Neben der noch aus den zwanziger Jahren erhaltenen Versuchslokomotive 58 1353, einer als 08 1001 bezeichneten neuen Versuchslokomotive französischer Herkunft und der mit Kohlenstaubfeuerung ausgerüsteten Hochdrucklokomotive H 45 024 wurden in der DDR etwa hundert Dampflokomotiven mit Kohlenstaubfeuerung Bauart Wendler ausgerüstet.
Wo Erdöl vorkam, wurden meist mit Raffinationsrückständen schon frühzeitig auch Lokomotiven gefeuert. In Deutschland begann die Ölfeuerung dagegen erst 1955, als schweres Heizöl zu günstigen Preisen zur Verfügung stand. Zunächst wurde Öl nur zusätzlich zur Kohle verfeuert, um Belastungsspitzen im Betrieb wirtschaftlich abdecken zu können, aber auch, um den Heizer zu entlasten. Später erhielten zahlreiche Lokomotiven, auch in anderen Ländern, Ölhauptfeuerung.
Auch mit elektrischer Energie und mit chemischen Reaktionen sollte Dampf für Lokomotiven erzeugt werden:
In der Schweiz liefen während des Zweiten Weltkrieges die beiden E 3/3-Dampflokomotiven 8521 und 8522 mit Stromabnehmern, die aus der Fahrleitung elektrische Energie entnahmen, um damit Dampf zu erzeugen. Auf diese Weise sollten vorhandene Dampflokomotiven ein-

Anthrazit-Feuerung verlangte große Rostflächen. Für den Führerstand blieb nur Platz »auf dem Rücken des Kamels« – wie es die amerikanische Bezeichnung »Camelback« ausdrückt. Oben eine 2 C Baujahr 1873 der Baltimore & Ohio Railroad.

Links: Dampflokomotive mit Stromabnehmer. Zwei derartige Elektro-Dampflokomotiven rüstete BBC 1942 zur Kohleersparnis mit elektrischen Dampferzeugern aus.
Rechts: Kobelförmige Schornsteinaufsätze wie bei dieser alten Lokomotive der Brennerbahn sollten bei Holzfeuerung den gefährlichen Funkenflug verhindern.
Nächste Doppelseite: Italienische Güterzug-Dampflok der Reihe 743 mit Franco-Crosti-Vorwärmer; charakteristisch sind die weit hinten angeordneten flachen Abzüge.

satzbereit gehalten und die Verhältnisse der Krisenjahre berücksichtigt werden, in denen Kohle nur in geringem Umfang importiert werden konnte, während elektrische Energie aus den Wasserkräften des Landes hinreichend zur Verfügung stand.
Die unter bestimmten Bedingungen erzielbare exotherme Reaktion von Wasserdampf und Natronlauge wurde von Moritz Honigmann, dem Gründer der ersten deutschen Ammoniakfabrik in Grevenberg-Würselen bei Aachen, einer feuerlosen Dampflokomotive zugrunde gelegt, für die ihm 1883 das erste Patent erteilt wurde. Der Abdampf der Lokomotive konnte von der mitgeführten Natronlauge kondensiert werden, die dabei freigesetzte, erhebliche Wärmemenge diente zur Erzeugung frischen Dampfes. Abgesehen davon, daß die Lauge nur kurze Zeit die erforderliche Konzentration behielt, also relativ häufig erneuert werden mußte, scheiterte die »Natron-Lokomotive« vor allem an Korrosionsproblemen der Kessel. Immerhin baute 1886 auch die renommierte amerikanische Lokomotivfabrik Baldwin in Philadelphia eine Dampflokomotive mit »Soda-Motor«.
Die zahlreichen weiteren Sonderbauformen blieben in ihrer Bedeutung und Verbreitung weitgehend auf die Bereiche begrenzt, für deren Gegebenheiten sie entwickelt wurden.

Schornsteine

Kaum ein anderer Teil der Dampflokomotive hat über das rein Funktionale hinaus eine derartige Rolle gespielt wie der Schornstein. Er prägte das charakteristische Aussehen der Lokomotive in besonderem Maße. Seine Form entfernte sich zuweilen weit von der eines allein an Zweckmäßigkeit orientierten Maschinenelementes, sie unterlag Mode und Geschmack.
Die Urform des Lokomotivschornsteins entstammte noch funktionellen Überlegungen: Das ungewöhnlich lange Rohr, das alle Oldtimer kennzeichnet, sollte entsprechend den Erfahrungen mit stationären Feuerungen guten Zug bewirken. Zwar diente schon frühzeitig der Abdampf aus den Zylindern zum Anfachen des Feuers, was aber lediglich als Hilfsmittel, nicht als Ersatz für den langen Schornstein angesehen wurde.
Eine Folge davon erwies sich später als überaus nützlich; da der Schornstein alle übrigen Teile der alten Lokomotiven weit überragte, zwang er beim Bau von Tunneln und Überführungen zu relativ großen Profilen. Sie ermöglichten die Ausnutzung wenigstens dieser vielfach trotzdem zu engen Querschnittsfläche für Entwicklung und Bau leistungsfähigerer Lokomotiven und entsprechend größerer Wagen.
Schon bei den frühesten Konstruktionen läßt sich jedoch der Brauch erkennen, dem Schornstein auch schmückende Elemente aufzusetzen. So trug Stephensons »Rocket« eine vielgezackte Krone, der »Adler« einen trompetenförmigen Aufsatz, eine »Krempe« aus poliertem Messing. Dieses Attribut findet sich in unzähligen Varianten bei alten Dampflokomotiven immer wieder. Der belgische Belpaire-»Vierkanter« mag merkwürdig erscheinen, er ergab jedoch gegenüber einer runden »Esse« den optimalen Querschnitt für den Abzug.
Daß bei modernen Dampflokomotiven der Schornstein oft nur wenig über die Kesselverkleidung emporragte, ließ auf seine wirkliche Länge keine Rückschlüsse zu; denn im allgemeinen reichte das Rohr im Inneren mindestens bis auf die Höhe der Kesselmitte nach unten. Den größten Lokomotivschornstein trug denn auch kein Veteran aus den Anfangsjahren der Eisenbahn, sondern jener amerikanische Lokomotivgigant der Union Pacific, der als »Big Boy« weltbekannt geworden ist. Der eigentliche Schornstein ragte nur 25 Zentimeter über die Rauchkammer hinaus, während die von den Zylindern kommenden Rohre waagerecht unter dem Kessel entlangliefen.
Die vor allem in Amerika, aber auch in Österreich und anderen waldreichen Ländern verbreiteten ausgebauchten oder mit einem kobel-, trichter- oder birnenförmigen

743 005

Aufsatz versehenen Schornsteine sollten verhindern, daß bei Holz- oder Braunkohlenfeuerung Teile der nur leichten Glut mitgerissen und gefährliche Funken ausgestoßen wurden.
Um äußere Form und innere Funktion des Schornsteins in Einklang bringen zu können, entstanden doppelwandige Kamine und zahlreiche Sonderformen mit zwei und mehr Abzugsöffnungen im gleichen Gehäuse. Gegen Ende der Dampflokomotiventwicklung gewannen rein technische Gesichtspunkte dominierenden Einfluß auf die Formgebung, womit Lokomotiven in den Augen der Ästheten vielfach regelrecht »entstellt« wurden. Das galt für Maschinen, die mit dem schmalen und länglichen Giesl-Ejektor ausgerüstet wurden, ganz besonders aber für jene italienischen Lokomotiven, die Franco-Crosti-Vorwärmer und statt ihres ursprünglichen Schornsteins unmittelbar vor dem Führerhaus zwei schräg gestellte, flache Abzüge beiderseits des Kessels erhielten.
So wurde die Beurteilung des äußeren Erscheinungsbildes einer Lokomotive entscheidend vom Schornstein beeinflußt. Die berühmte bayerische S 3/6 zum Beispiel trug eine breite »Krempe« als Kaminabschluß. Sie findet sich auf der über vierzig Jahre später entwickelten, letzten deutschen Schnellzuglokomotive wieder, auf der Baureihe 10, ebenso auf weiteren nach dem Zweiten Weltkrieg neu entstandenen Lokomotiven der Deutschen Bundesbahn. Ein solcher Schornstein gilt bei Liebhabern als nicht weniger begehrtes Souvenir als Nummernschilder, Laternen, eine Rauchkammertür oder ein Reglerhebel ...

Pfeifen

Auch die Akustik der Dampflokomotive füllt ein Kapitel Eisenbahngeschichte. Nicht nur, weil ein geschultes Ohr am Auspuffschlag schon von ferne zu erkennen vermochte, ob ein gewöhnlicher Zwilling, eine Verbundmaschine oder eine Vierzylinderlokomotive nahte. Viel mehr noch unterschied sich der Klang der Pfeifen.
Ganz zu Anfang mußte nach dem Vorbild des Postillons der Lokomotivführer noch selbst ins Horn blasen, bis die Karambolage mit einem Pferdefuhrwerk nach wirksameren akustischen Warnsignalen verlangte. Die bei stationären Dampfanlagen zur Warnung vor Überdruck schon lange gebräuchliche Dampfpfeife wurde den besonderen Bedingungen des Lokomotivbetriebes angepaßt und gehörte wenig später zu den obligatorischen Ausrüstungsteilen jeder Lokomotive.
In Deutschland pfiffen die älteren Bauarten durchweg hell, während die nach 1920 entwickelten Einheitslokomotiven mit Pfeifen für tiefe Töne ausgerüstet wurden. Dagegen erhielten die in den vierziger Jahren gebauten Kriegslokomotiven zum Teil wieder Pfeifen für die früher üblichen höheren Tonlagen.
Das Verhältnis von Länge zu Querschnitt des glockenförmigen Pfeifenkörpers bestimmt die Tonhöhe, während die Tonfülle vom Querschnitt abhängt: Längere Pfeifen geben tiefere, größere Querschnitte vollere Töne.
Vor allem in Amerika wurden Lokomotivpfeifen beinahe zu Musikinstrumenten entwickelt. Auf den Mehrklangpfeifen verstanden die Lokomotivführer ganze Melodien zu spielen. Dabei gab es unendlich viele verschiedene Ausführungen, die sich durchaus auch im Klang unterschieden.

Obwohl anderswo mit Lokomotivpfeifen weniger Aufwand getrieben wurde, ließen sich auch mit einfachen Konstruktionen durch geschickte Handhabung des Pfeifenzuges wenigstens zwei verschiedene Töne und damit ebenfalls markante Signale hervorbringen. So sehr sie sich rund um die Welt unterschieden, so eindeutig ließen sie sich doch einer Lokomotive zuordnen, und faszinierend klangen alle auf ihre Weise.

Darüber hinaus gehörten auch Glocken zu den charakteristischen Attributen der Dampflokomotive. Sie unterschieden sich in Form und Größe, in der Art ihrer Aufhängung, im Klöppelmechanismus und vor allem in der Bedienung. Anfangs wurden sie einfach mit der Hand bedient, direkt oder über einen Seilzug, später mit Dampf aus dem Lokomotivkessel, aber auch mit Preßluft. In Deutschland waren vor allem vor Bahnübergängen bis vor wenigen Jahren gleichzeitige Läute- und Pfeifsignale

Linke Seite: Nützlich in doppelter Hinsicht: Dieser Schornstein einer Lokomotive der Colorado and Southern Railroad fing den Ruß ein und ließ ihn zur Erhöhung der Reibung auf die Schienen rieseln.
Oben: Die Lokomotive mit dem Namen »Samson« der Leicester and Swannington Railway aus dem Jahre 1835 soll als erste mit einer Dampfpfeife ausgerüstet worden sein.
Unten: Die typische Wild-West-Lokomotive Amerikas; neben Pfeife und Glocke trug sie eine riesige Laterne und vor allem den obligaten Cow-catcher, den Kuhfänger, als Bahnräumer.

vorgeschrieben. In der Bundesrepublik entfielen die Läutesignale 1971 durch eine Änderung der Eisenbahn-Signalordnung. Seither kann hier auf Läutewerke an den Triebfahrzeugen verzichtet werden.

»Pacific« oder 2 C 1

Um ihre verschiedenen Lokomotiv-Baureihen zu unterscheiden, bedient sich beinahe jede Eisenbahn eines eigenen Nummernschemas. Trotzdem gibt es Bezeichnungssysteme, die Lokomotivtypen nach einheitlichen Normen klassifizieren und damit Bauart und Verwendungszweck erkennen lassen. Angegeben wird dabei vor allem die Anzahl der Achsen, unterschieden nach Funktion und Anordnung im Laufwerk der Lokomotive: vordere Laufachsen, Treibachsen und hintere Laufachsen. Das deutsche, französische und englische Bezeichnungssystem entsprechen einander trotz unterschiedlicher Darstellungsweise. In Amerika sind dagegen für die häufigsten Achsanordnungen Namensbezeichnungen üblich, die meist vom ersten Einsatzbereich der entsprechenden Lokomotivtype herrühren.
In Deutschland wird die Anzahl der vorderen und hinteren Laufachsen durch ihre Zahl, die der dazwischen angeordneten Treib- und Kuppelachsen durch einen großen Buchstaben gekennzeichnet; eine Schnellzuglokomotive mit zwei vorderen Laufachsen, drei gekuppelten Treibachsen und einer rückwärtigen Laufachse wird als 2 C 1 bezeichnet. Eine Reihe zusätzlicher Zeichen, Ziffern und Buchstaben gibt weitere Einzelheiten der Bauart an.
Das französische System verwendet lediglich anstelle des Buchstabens auch die entsprechende Zahl. Demnach erhält die gleiche Lokomotive in Frankreich das Merkmal 231. Die Engländer zählen statt der Achsen die Räder, so daß die Ziffern der französischen Bezeichnungsweise nur verdoppelt zu werden brauchen. Dabei tritt jedoch zwischen die einzelnen Ziffern noch ein Bindestrich, hier also 4-6-2.
In Amerika heißen Lokomotiven dieser Achsanordnung »Pacifics«.
Die nebenstehende Tabelle stellt die fünf Bezeichnungssysteme für wichtige Bauarten gegenüber:

Die Bezeichnung der Lokomotiven durch Kennworte wird vielfach auch die »alte amerikanische« genannt, die englische als »neue amerikanische«. Darüber hinaus waren und sind für Dampflokomotiven mehrere weitere Bezeichnungssysteme in Gebrauch, die sich jedoch durchwegs auf die Anzahl der Achsen beziehen.
Die heute übliche deutsche Bezeichnungsweise geht auf den Verein Deutscher Eisenbahn-Verwaltungen (V.D.E.V.) zurück und wurde 1908 eingeführt. Unbeschadet dessen benützten die Staatseisenbahnen der deutschen Länder durchwegs ihre eigenen Systeme, bis 1920 die Deutsche Reichsbahn entstand.
Verbreitet war schließlich auch das »alte deutsche« Bezeichnungssystem, das von den Eisenbahnen der Schweiz in modifizierter Form noch heute benützt wird und auch von den Bayerischen Staatseisenbahnen verwendet wurde. Dabei steht hinter einem Bruchstrich die Gesamtzahl der Achsen, darüber die der Treib- und Kuppelachsen; die Achsanordnung ist aus diesem System nicht erkennbar.
Der in den Anfangsjahren des Lokomotivbaues übliche Brauch, ohne Rücksicht auf systematische Unterscheidungsmerkmale jeder Lokomotive einfach einen Namen zu geben, ließ sich nur aufrecht erhalten, solange die Zahl der Lokomotiven einer Bahn überschaubar blieb. In jüngster Zeit nützen die Eisenbahnen einiger Länder die Namensgebung jedoch, um ihre Verbundenheit mit Landesteilen, Städten und Gemeinden zu unterstreichen und damit wirkungsvoll ins Bewußtsein der Öffentlichkeit zu treten. Besonders in der Schweiz tragen die neueren elektrischen Lokomotiven wieder durchweg Namen von Orten und Kantonen, unbeschadet ihrer Einordnung in das alphanumerische Bezeichnungssystem des Landes.

Vom David zum Goliath

Zwei Achsen genügten zum Bau der ersten Lokomotiven. Eine wurde angetrieben, die andere hatte lediglich einen Teil des Gewichtes zu tragen. Nach dem deutschen System entspricht der Achsanordnung solcher Lokomotiven die Bezeichnung 1 A oder A 1, je nachdem, ob die hintere oder die vordere Achse angetrieben wurde.
Schon George Stephenson hatte erkannt, daß die ausnutzbare Zugkraft steigt, wenn die von den Kolben ausgeübten Kräfte auf beide oder mehrere Achsen wirken. So erhielt Stephenson zusammen mit Ralph Dodds schon 1815 ein Patent auf den Antrieb durch Kuppelstangen oder Ketten. Die Lokomotive mit zwei gekuppelten Achsen ergab die Achsanordnung B. Lokomotivachsen stellten indessen in der Anfangszeit der Eisenbahn ein besonders problematisches Maschinenteil dar: Sie brachen häufig. Für jede zweiachsige Lokomotive bedeutete das permanente Unfallgefahr. Außerdem zeigten diese Maschinen bei schnellerer Fahrt schlechte Laufeigenschaften, so daß zur Sicherheit und besseren Gewichtsverteilung bald eine dritte Achse hinzugefügt wurde.
Die erste Lokomotive in Deutschland, die von Stephenson gelieferte Patentee mit dem Namen »Adler«, wies die Achsfolge

Achsanordnung	Deutsche Bezeichng.	Schweizer Bezeichng.	Französ. Bezeichng.	Englische Bezeichng.	Amerikanische Bezeichng.
oo OO	2 B	2/4-gekuppelt	220	4–4–0	American
oo OO o	2 B 1	2/5-	221	4–4–2	Atlantic
o OOO	1 C	3/4-	130	2–6–0	Mogul
o OOO o	1 C 1	3/5-	131	2–6–2	Prairie
oo OOO	2 C	3/5-	230	4–6–0	Tenwheel
oo OOO o	2 C 1	3/6-	231	4–6–2	Pacific
oo OOO oo	2 C 2	3/7-	232	4–6–4	Baltic (Hudson)
o OOOO	1 D	4/5-	140	2–8–0	Consolidation
o OOOO o	1 D 1	4/6-	141	2–8–2	Mikado
oo OOOO o	2 D 1	4/7-	241	4–8–2	Mountain
o OOOOO	1 E	5/6-	150	2–10–0	Decapod
o OOOOO o	1 E 1	5/7-	151	2–10–2	Santa Fé

Rechts: Königliche Namen – stolze Lokomotiven

PRINCESS ELIZABETH

1 A 1 auf. Der Engländer Thomas Russel Crampton entwickelte eine bemerkenswerte Schnellzuglokomotive mit der Achsfolge 2 A, die sich durch gute Laufeigenschaften auszeichnete, schon bei den Probefahrten 120 km/h erreichte und sich vor allem in Deutschland und Frankreich nach 1850 rasch verbreitete. Da zur Kraftübertragung nur eine Achse benützt wurde, reichte die Leistungsfähigkeit der Crampton-Lokomotiven jedoch nicht aus, um ihnen einen längeren Erfolg zu sichern.
Wurden zwei Achsen gekuppelt, ergaben sich die Bauarten 1 B oder B 1. Weltweite Verbreitung fanden Lokomotiven mit drei gekuppelten Achsen, also der Achsfolge C. Den ersten, zunächst gescheiterten Versuch, eine vierte Kuppelachse einzufügen, hatte John Haswell beim Semmering-Wettbewerb an seiner »Vindobona« unternommen; einige Jahre später baute er die »Wien-Raab«, eine verbesserte Lokomotive dieser Gattung, wobei die letzte Achse erstmals seitenbeweglich ausgeführt wurde. Diese Maschine ging nach der Weltausstellung in Paris 1855 an die französische Südbahn. Auch diese Bauart verbreitete sich in großem Ausmaß.
Als neben Drehgestellen auch einzelne Laufachsen beweglich angeordnet und als »Lenkachsen« ausgeführt werden konnten, ließen sich damit nicht nur bessere Laufeigenschaften in Kurven und Geraden erzielen, sondern auch größere und damit leistungsfähigere Lokomotiven bauen. Aus den Bauarten 1 C und 1 D entstanden in Amerika neben 2 D-Lokomotiven schon bald die ersten mit einer Lenkachse und fünf gekuppelten Antriebsachsen, Bauart 1 E. Diese Entwicklung setzte sich von der Jahrhundertwende an auch in Europa fort.
Kleine Lokomotiven wurden abgestellt oder in den Rangierdienst und auf Nebenstrecken verdrängt, für die unterschiedlichen Aufgaben des Reise- und Güterverkehrs auf den Magistralen bald größere, aber auch der Zweckbestimmung immer besser angepaßte Maschinen gebaut. Im Schnellzugdienst setzte sich allgemein die Achsanordnung 2 C 1 durch, für gemischten Verkehr mit Schnellzügen, Personenzügen und leichten Güterzügen besonders die Bauart 2 C, im schweren Güterzugdienst die 1 D und später die 1 E. In Deutschland gab es, von wenigen Ausnahmen abgesehen, keine Lokomotiven mit mehr als fünf gemeinsam gekuppelten Achsen; für noch höhere Anforderungen wurden Doppellokomotiven der Bauart Mallet bevorzugt.
Die größte Lokomotive der Welt mit ungeteiltem Triebwerk baute die russische Lokomotivfabrik Lugansk 1934 für die Beförderung schwerer Kohlenzüge im Donezgebiet: eine elfachsige 2 G 2-Maschine mit sechsachsigem Tender. Mancher »David« soll diesem »Goliath« jedoch weit überlegen gewesen sein.

Stars der Schiene

Überall in der Welt, wo Lokomotiven entwickelt und gebaut wurden, sind immer wieder Bauarten entstanden, die neben der »Handschrift« ihres Konstrukteurs auch erkennen ließen, daß sie für die eine Eisenbahn »maßgeschneidert« waren, auf der sie eingesetzt werden sollten. Dabei haben keineswegs immer objektive Gesichtspunkte die technische Linie bestimmt, ebenso oft waren es »Weltanschauungen« des Lokomotivbaues. So stellt sich die Entwicklung der Dampflokomotive von Trevithick bis zum »Big Boy« als ebenso weites wie schwer systematisch zu gliederndes Feld der Technikgeschichte dar. Eine Reihe von »Stars der Schiene« ragt jedoch glanzvoll aus dem Durchschnitt heraus, ausgezeichnet durch Eleganz der Form, durch Leistung und Stärke, durch imposante Ausmaße, einfach durch Beliebtheit – oder durch Geschwindigkeit.
Als eine der ersten Lokomotiven, die in dieser Hinsicht Ruhm erlangten, gilt die 999 der New York Central Railroad, eine 2 B-Lokomotive mit nahezu 2,2 Meter großen Antriebsrädern, die im Mai 1893 den »Empire State Expreß« zwischen Rochester und Buffalo auf über 180 km/h gebracht haben soll. Das entsprach zum ersten Mal einer dreistelligen Geschwindigkeitsangabe in Meilen pro Stunde und fand entsprechende Beachtung, obwohl am

Wahrheitsgehalt des Berichtes berechtigte Zweifel bestehen. Auch eine Reihe weiterer amerikanischer Dampflokomotiven des späten 19. Jahrhunderts nimmt Rekordruhm für sich in Anspruch, ohne daß er durch gesicherte Beweise gestützt werden könnte.
In Europa soll 1904 die »City of Truro«, ebenfalls eine 2 B-Maschine, im Gefälle auf dem Wellingtondamm westlich von Taunton fünf Postwagen mit 165 Kilometern in der Stunde befördert haben, obwohl auch hier nur 156 Stundenkilometer als wirklich erwiesen gelten können. In dieser Größenordnung lag dann auch der Geschwindigkeitsrekord der bayerischen S 2/6 mit der Nummer 3201, die mit einem 150 Tonnen schweren Zug im Jahre 1907 zwischen München und Augsburg 157 Stundenkilometer erreichte. Diese Maschine, die als »Einzelgängerin« der Achsanordnung 2 B 2 schon Mitte der zwanziger Jahre ausgemustert wurde, gehört zu den markantesten Erscheinungen deutschen Lokomotivbaues. Sie war 1906 unter Anton Hammel von der Lokomotivfabrik Maffei in München unter der Fabriknummer 2519 gebaut worden. Der Durchmesser ihrer Treibräder maß 2,2 Meter, und ihr »Gesicht« prägte erstmals in Deutschland eine windschnittige Vorderfront. Seit 1925 gehört diese Maschine, die von der Deutschen Reichsbahn noch die Nummer 15 001 erhielt, zu den wertvollsten Exponaten des Verkehrsmuseums in Nürnberg.
Die Jahre der äußersten Geschwindigkeitsrekorde von Dampflokomotiven begannen 1934 und dauerten kaum bis zum Ausbruch des Zweiten Weltkrieges. Die London & North Eastern Railway stellte mit der von Sir Nigel Cresley entwickelten 2 C 1-Lokomotive »Flying Scotsman« am 30. November 1934 zwischen Leeds und Kings Cross mit 160 km/h einen neuen Rekord auf. Im Rahmen der Erprobung

Linke Seite: 1904 erreichte die »City of Truro« der Great Western 156 km/h. Die Maschine befindet sich heute in Swindon.
Oben: Die bayerische S 2/6 stellte 1907 zwischen München und Augsburg mit 157 km/h einen deutschen Dampflok-Rekord auf; heute steht sie im Verkehrsmuseum Nürnberg.
Nächste Doppelseite: »Flying Scotsman«, Nr. 4472 der London & North Eastern Railway, Baujahr 1922, fuhr 1934 auf der Strecke Leeds – London-Kings Cross 160 km/h.

L N E R

King's Cross
Euston 2
LCGB

Die schnellste Dampflokomotive der Welt: Am 3. Juli 1938 errang die englische »Mallard« mit nahezu 203 km/h das »Blaue Band« der Schiene.

des damals entwickelten Stromlinienzuges »Silver Jubilee« fanden zahlreiche Versuchsfahrten statt, in deren Verlauf die Lokomotiven »Papyrus« 173,8 km/h, »Silver Link« 181,0 km/h und »Silver Fox« 181,8 km/h erreichten, allerdings unter Ausnützung von Gefälle, jedoch mit zunehmend schweren Zügen.

In Deutschland, wo Lokomotiven seit langer Zeit nur noch nach Nummern unterschieden wurden, hatte am 11. Mai 1936 die stromlinienverkleidete 05 002 mit einem 200-Tonnen-Zug erstmals die Traumgrenze von 200 km/h um geringe vier Zehntel überschritten. Die 2 C 2-Lokomotive stellte diesen neuen Weltrekord für Dampfzüge auf der ebenen Schnellfahrstrecke Hamburg – Berlin zwischen Wittenberge und Nauen auf.

In England blieb die London & North Eastern Railway mit einer Ausnahme unangefochten die »schnellste« der zahlreichen Bahngesellschaften. Am 29. Juni 1937 zog jedoch die ebenfalls stromlinienverkleidete »Coronation« der London Midland & Scottish zwischen Euston und Crewe den »Coronation Scot« mit 183,4 km/h über den im Gefälle liegenden letzten Abschnitt der Strecke. Der bis dahin mit 181,8 km/h von der London & North Eastern gehaltene britische Dampflokomotiv-Rekord war damit gebrochen. Schon am 3. Juli 1938 holte sich die Gesellschaft das »Blaue Band« der Schiene wieder zurück: Mit 126 Meilen pro Stunde, umgerechnet nahezu 203 Stundenkilometern, entwickelte die wiederum von Sir Nigel Cresley konstruierte »Mallard« die absolut höchste Geschwindigkeit, die mit Dampflokomotiven je erreicht worden ist. Allerdings lag die Meßstrecke wiederum im Gefälle. Die 200-Stundenkilometer-Marke erwies sich überall als magische Grenze für die Dampflok. Eine 1942 in Deutschland konzipierte Fünfzylinderlok für 250 Stundenkilometer blieb Entwurf.

Auch in Amerika gab es nicht nur in bezug auf Größe glänzende »Stars der Schiene«, obgleich dort spektakuläre Rekorde weniger gefragt waren als solide Dauerleistungen. Während in Europa und auch sonst auf der Welt nirgends reguläre Fahrpläne dampfgeführter Züge je für 160 Stundenkilometer berechnet wurden, führte in den USA die Chicago, Milwaukee & Pacific Railroad 1935 zwischen Chicago, St. Paul und Minneapolis den stromlinienförmigen »Hiawatha« ein. Er war nach einer sagenhaften Indianergestalt benannt und legte die 410 Meilen bei sechs Zwischenaufenthalten und 58 Langsamfahrstellen in sechseinhalb Stunden zurück. Das bedeutete bei einer durchschnittlichen Geschwindigkeit von über hundert Kilometern in jeder Stunde Spitzentempo von mehr als 160 km/h über weite Strecken. Eine speziell für diesen Zug entwickelte 2 B 1-Lokomotive, die ebenfalls den Namen »Hiawatha« trug,

vollbrachte diese Leistung. Die höchste in den Vereinigten Staaten von einer Dampflokomotive erreichte und nachgewiesene Geschwindigkeit lag bei 125 Meilen je Stunde, das sind wenig mehr als 200 Stundenkilometer.

Stählerne Zugtiere

Rekordlokomotiven und ihre Einzelleistungen begründen freilich nur für den oberflächlichen Betrachter Ruf und Bedeutung des »Eisenbahn-Jahrhunderts«. Dahinter stehen die unzähligen »stählernen Zugtiere«, die zwar nicht über spektakuläre Eigenschaften verfügten, aber in oft jahrzehntelangem Einsatz zuverlässig die Alltagsaufgaben erfüllten. In allen Kontinenten, in nahezu sämtlichen Ländern der Erde hatten sie ihren Platz. Ihren Platz haben sie deshalb auch in der Geschichte der Eisenbahn, gleichgültig ob ihr Einsatzbereich in der Gesamtbetrachtung besonders hervortritt oder nicht.

Selbst die Schweiz als das Land, das als erstes der Welt sein Eisenbahnnetz ganz auf elektrischen Betrieb umstellen konnte, hat – ohne mit Superlativen von sich reden zu machen – glanzvolle Höhepunkte in der Epoche der Dampflokomotive erlebt.

Im Mittelpunkt stand dabei stets der Sankt Gotthard, seit 1882 gewissermaßen Synonym für eine der bedeutendsten europäischen Nord-Süd-Verbindungen über die Alpen hinweg. Nahezu vier Jahrzehnte lang hatten Dampflokomotiven den wachsenden Transitverkehr zu bewältigen.

Maschinen mit anfangs nur drei, dann mit vier gekuppelten Achsen schleppten Züge durch das Reusstal im Norden und die Leventina im Süden hinauf zu dem fünfzehn Kilometer langen Tunnel und brachten sie jenseits behutsam wieder zu Tal.

Alle wesentlichen Entwicklungsphasen der Dampflokomotive erlebte auch diese weltberühmte Gebirgsbahn. Höhepunkt und gleichzeitig frühen Abschluß der Dampflokomotiv-Entwicklung in der Schweiz bildete die in Winterthur gebaute C 5/6, eine schwere und leistungsstarke 1 E-Güterzuglokomotive, von der die letzte 1917 in Dienst gestellt wurde. Seit 1920 läuft der Verkehr über den Gotthard elektrisch.

Wenig später verschwanden die Dampflokomotiven auch von den übrigen Magistralen des Landes in untergeordnete Dienste, wo sie sich bis 1968 hielten, obwohl die Elektrifizierung schon 1960 abgeschlossen war. Die letzte Dampflokomotive für die Schweizerischen Bundesbahnen verließ 1926 die Werkhallen; sie war für die Brünigbahn bestimmt, die einzige Schmalspurstrecke der Bundesbahnen.

Links oben: Weltruf erlangte der Österreicher Carl Gölsdorf mit seinen »stählernen Zugpferden«; die 180.01 wird im Eisenbahnmuseum Wien der Nachwelt erhalten.
Links unten: Mit Volldampf über den Präbichl. Die österreichische Zahnradlok 297.01 schiebt einen Erzzug durch Vordernberg.
Oben: Jahrzehntelang bestimmten Dampflokomotiven auch am Gotthard das Bild. Die Ziffer ⑤ am Führerhaus weist diese C 5/6, von der Schweizerischen Lokomotiv- und Maschinenfabrik Winterthur 1917 gebaut, ebenfalls als Gotthard-Lok aus.
Unten: Letzte Star-Parade im Bahnbetriebswerk Minden (Westfalen): die von der Bundesbahn-Versuchsanstalt für Wärmetechnik noch lange als Bremslokomotiven benützten badischen IV h-Schnellzugloks 18 316 und 18 323, daneben die 45 010, die zur Baureihe der schwersten deutschen Güterzug-Dampflokomotiven gehörte.

Wie vor allem in Deutschland folgte auch in Österreich jede größere Bahngesellschaft in der Lokomotivbeschaffung zunächst ihren eigenen Vorstellungen, so daß gegen Ende des 19. Jahrhunderts eine Vielzahl unterschiedlicher Typen das Bild bestimmte. Wenn sich später dennoch eine klare Linie abzeichnete, so in Österreich weniger aufgrund erzwungener Vereinheitlichung als durch das Wirken des äußerst talentierten Chefkonstrukteurs der K. k. österreichischen Staatsbahn, durch Carl Gölsdorf, der die »typisch österreichische« Lokomotive schuf. Gekennzeichnet durch Vierzylinder-Verbundtriebwerke und hoch angeordnete, konische Kessel, gaben sie ein Vorbild ab, an dem sich auch andere und spätere Entwicklungen orientierten. So gilt die 1911 von Gölsdorf selbst entwickelte 1 F-Güterzuglokomotive als erste brauchbare Maschine der Welt mit sechs gekuppelten Achsen, die 1928 gebaute 1 D 2-Baureihe 214 als damals stärkste Schnellzugdampflok Europas. Für den Betrieb auf der steilen, mit Zahnstange ausgerüsteten Erzbergbahn in der Steiermark besaß Österreich schon 1912 die stärkste Zahnradlokomotive der Welt, die 1938 von zwei neuen Maschinen für diese Strecke abermals übertroffen wurde. Mit der Angliederung an das Deutsche Reich endete in Österreich der eigenständige Lokomotivbau verhältnismäßig früh. Während des Krieges bauten die österreichischen Werke deutsche Einheitslokomotiven, danach noch für kurze Zeit Kriegslokomotiven der Baureihe 42, deren letzte 1952 nach Bulgarien verkauft wurden. Damit schloß nach über hundert Jahren auch in Österreich eine glanzvolle Epoche des Lokomotivbaues.

Hervorragende Leistungen auf diesem Gebiet können – neben den USA und Australien – nahezu sämtliche europäischen Industrieländer vorweisen – England, Frankreich und Italien, insbesondere auch Rußland, wo bis 1956 Dampflokomotiven gebaut und noch 1958 über siebzig Prozent des gewaltigen Verkehrsaufkommens von 36 000 Dampflokomotiven bewältigt wurden.

Altes Eisen zwingt zum Fortschritt

Was die deutschen Länderbahnen im Jahre 1920 in den Lokomotivpark der neu gegründeten Reichseisenbahnen einzubringen hatten, erwies sich zwar als überaus vielfältig, doch als vielfach ungeeignet für den reibungslosen und leistungsfähigen Betrieb. Über 210 verschiedene Bauarten und Untergattungen wurden damals registriert und nach folgendem Grundschema unterschieden:

Hauptgattung	Gattungszeichen	Baureihennummer
Schnellzuglokomotiven	S	01–19
Personenzuglokomotiven	P	20–39
Güterzuglokomotiven	G	40–59
Reisezug-Tenderlokomotiven	St + Pt	60–79
Güterzug-Tenderlokomotiven	Gt	80–96
Zahnradlokomotiven	Z	97
Lokalbahnlokomotiven	L	98
Schmalspurlokomotiven	K	99

Vielfach handelte es sich bei den übernommenen Lokomotiven - im wahrsten Sinne des Wortes - um altes Eisen; denn die neuesten und besten Maschinen beanspruchten nach dem verlorenen Krieg die Siegermächte für sich. Insgesamt rollten damals 8200 deutsche Dampflokomotiven ohne Aussicht auf Rückkehr über die Grenzen.
Um die Eisenbahn, die zu jener Zeit noch weit mehr als heute das Rückgrat der gesamten Wirtschaft bildete, in ihrer Leistungsfähigkeit wieder zu stärken, sollte der Beschaffung neuer Lokomotiven hohe Priorität zuerkannt werden. Obwohl ein Nachbau der bewährtesten Länderbauarten nahegelegen hätte, entschied sich die Reichseisenbahn für Neukonstruktionen nach einheitlichen Richtlinien, wobei alle bis dahin gewonnenen Erkenntnisse berücksichtigt werden konnten. Gerade die Wegnahme der leistungsfähigeren Lokomotiven durch die Siegermächte brachte die Bahn in Zugzwang, wobei sie sich trotz der äußerst ungünstigen wirtschaftlichen Vorzeichen zur Zukunft und zum Fortschritt bekannte. Der Bau normierter Lokomotiven mit möglichst vielen übereinstimmenden Einzelteilen oder ganzen Baugruppen versprach rationelle Fertigung, wirtschaftliche Lagerhaltung und für den Betrieb einfache Instandhaltung.
Obwohl sich die bis zum Zweiten Weltkrieg entwickelten und gebauten Einheitslokomotiven nach dem Programm von 1925 im allgemeinen bewährten, erwiesen sich auch etliche Länderbahn-Baureihen noch für lange Zeit als brauchbar. Manche Länderbahn-Lokomotive hat die Einheitsbaureihe, von der sie eigentlich hätte abgelöst werden sollen, an Lebensdauer weit übertroffen.
Das galt vor allem für die ehemals preußischen Lokomotiven der Baureihen P 8, G 8^1, G 10 und G 12 sowie für die Tenderlokomotiven T 16 und T 18. Auch die bayerische S 3/6, die einzige noch nach dem Zweiten Weltkrieg in größerer Zahl eingesetzte Länderbahn-Schnellzuglokomotive, behauptete sich über Jahrzehnte an hervorragender Stelle; lange Zeit zog sie regelmäßig den »Rheingold«-Expreß. Liebhaber nennen diese Maschine die schönste Dampflok der Welt.

Deutsche Einheitslokomotiven

Der Zwang, rasch Lokomotiven zu bauen, und der Entschluß, hierbei neue Wege zu gehen, führte zu einem Typenschema von Einheitslokomotiven, für das auf der einen Seite die Anforderungen des Betriebes und die bautechnischen Gegebenheiten der Strecken, auf der anderen Seite die neu geschaffenen Lokomotivnormen zugrunde gelegt wurden. Dem Bau der ersten Einheitslokomotiven ging die Entwicklung genormter Einzelbauteile voraus: von Achslagern und Laufradsätzen, von Kolben und Zylindern, Kesselausrüstungen und Einheitskesseln verschiedener Leistungsstufen. Da nach dem Zweiten Weltkrieg abermals eine Reihe von Einheitslokomotiven entwickelt und gebaut wurde, muß zwischen der Einheitslokomotive 1925 und der Einheitslokomotive 1950 unterschieden werden.
Bevor das Bauprogramm anlaufen konnte, beschaffte die Reichseisenbahn als Übergangslösung eine größere Zahl von Lokomotiven der preußischen Gattung P 10, die im neuen Nummernplan als Baureihe 39 eingeordnet war. Diese 1 D 1-Maschine konnte schwere Personenzüge und leichtere Schnellzüge ebenso befördern wie Eilgüterzüge und war damit verhältnismäßig universell einsetzbar. Von 1922

Altes Eisen? – Triebwerk einer preußischen T 3.

26
25
89 7159

064 031

078 062-7

Drei Generationen deutscher Tenderloks: ganz links die preußischen Gattungen T 3 und T 18 (später Baureihe 89 und 78), in der mittleren Reihe die deutschen Einheitsloks der Baureihen 64 und 85 aus der Zeit zwischen den Kriegen und rechts die Baureihen 65 und 82 aus den Jahren nach 1945

bis 1927 wurden insgesamt 260 Lokomotiven dieser Reihe beschafft, bei der zwar die angestrebte Tauschbarkeit von Teilen mit denen anderer Bauarten noch nicht realisiert war, die aber dennoch bereits deutliche Wesenszüge der folgenden Einheitsbaureihen trug.
Als erste entstanden 1925 Schnellzuglokomotiven mit der Achsanordnung 2 C 1, in Zweizylinderausführung als Baureihe 01 und in einer Vierzylindervariante als Baureihe 02. Aufgrund der Betriebserfahrungen entschied sich die Reichsbahn für die einfachere Zweizylinderbauart und ließ später die Lokomotiven der Reihe 02 nach und nach in die Reihe 01 umbauen.
Für den Schnellzugdienst auf Strecken geringerer Belastbarkeit folgte 1930 die etwas leichtere, sonst aber weitgehend gleiche Baureihe 03 mit nur 17,5 Tonnen Achsdruck gegenüber 20 Tonnen bei der Reihe 01. Bis 1937 ließ die Reichsbahn diese Schnellzuglokomotiven unverändert weiterbauen. Dann erhielt zunächst die 01, zwei Jahre später auch die 03 ein Dreizylindertriebwerk und Stromlinienverkleidung zur Verminderung des Luftwiderstandes bei höheren Geschwindigkeiten. Nach dem Zweiten Weltkrieg wurde auch bei den unzerstört gebliebenen Lokomotiven auf diese Verkleidung wieder verzichtet.
Für den Personenzugverkehr auf Strecken geringerer Bedeutung entwickelte die Reichsbahn 1926 die Baureihen 24 und 64, die weitgehend übereinstimmten, wobei jedoch die eine im angehängten Tender größere Vorräte an Kohle und Wasser mitnehmen, sich also in einem größeren Aktionsradius bewegen konnte als die andere, die als Tenderlokomotive ihre Betriebsstoffvorräte in besonderen Behältern selbst mit sich führt. Für schwere Güterzüge auf Nebenstrecken folgte die Baureihe 86, jedoch mit der Achsanordnung 1 D 1 gegenüber der Baureihe 64 mit 1 C 1 und der Baureihe 24 mit 1 C und dreiachsigem Tender.
Ähnlich wie bei den Schnellzuglokomotiven ließ die Reichsbahn schon 1925 und 1926 zwei Varianten einer schweren Güterzuglokomotive mit der Achsanordnung 1 E bauen: die Reihen 43 als Zweizylinder- und die 44 als Dreizylinderbauart. Durchsetzen konnte sich die Baureihe 44. Zehn Jahre später folgte 1936 die Baureihe 41 mit der Achsfolge 1 D 1, eine Lokomotive für Schnellgüterzüge, die jedoch wegen ihrer gelungenen Konstruktion vielfach auch im Reisezugdienst verwendet wurde. Für den schweren Güterzugdienst erschien im gleichen Jahr die Baureihe 45 mit der Achsanordnung 1 E 1, die größte und leistungsstärkste deutsche Güterzugdampflok. Ihre Bedeutung und dementsprechend die gebaute Stückzahl blieben indessen gering gegenüber der Baureihe 50, einer 1 E-Güterzuglokomotive mit nur 15 Tonnen Achsdruck, die 1938 für Strecken mit niedriger Belastbarkeit folgte. Von ihr wurden rund dreitausend Stück gebaut.
Als Tenderlokomotive mit der Achsfolge 2 C 2 für schwerere Personenzüge auf Hauptbahnen sollte die 1928 entstandene Baureihe 62 insbesondere dort eingesetzt werden, wo die Fahrtrichtung häufig gewechselt werden mußte, ohne daß die Lokomotive jedesmal hätte gedreht werden können. Die 1934 und 1936 in kleiner Zahl gebauten 1 B 1-Tenderlokomotiven der Reihe 71 waren für leichte Nebenbahnzüge bestimmt und sollten den Heizer einsparen helfen. Die stromlinienverkleidete Schnellzug-Tenderlok der Baureihe 61 wurde als Einzelfahrzeug 1934 zunächst in Zweizylinderausführung für 160 km/h Höchstgeschwindigkeit gebaut und zusammen mit dem aus vier Wagen bestehenden Henschel-Wegmann-Zug im Schnellverkehr zwischen Dresden und Berlin eingesetzt. Eine zweite Lokomotive dieser Baureihe folgte in modifizierter Form 1939 mit Dreizylindertriebwerk und mit einer dritten rückwärtigen Drehgestellachse als 2 C 3-Maschine. Keine dieser drei Baureihen von Personenzug-Tenderlokomotiven hat größere Bedeutung erlangt; die ehemals preußische T 18, Reichsbahn-Baureihe 78, übertraf sie an Lebensdauer bei weitem.
Ebenfalls keine überregionale Verbreitung fanden die 1932 mit der Achsfolge 1 E 1 gebauten schweren Güterzug-Tenderlokomotiven der Baureihe 84, die auf der kurvenreichen, 1934 auf Normalspur umgebauten Nebenbahn Heidenau – Altenberg in Sachsen eingesetzt wurde, und der Reihe 85, mit der auf der Höllentalbahn im Schwarzwald der Zahnradbetrieb ersetzt werden konnte. Schon 1927 war die Baureihe 87, ebenfalls eine schwere Güterzug-Tenderlokomotive mit der Achsanordnung E, für die besonderen Betriebsverhältnisse des Hamburger Hafens entwickelt worden. Die nötige Beweglichkeit in den engen Kurven erforderte bei diesen Baureihen besondere konstruktive Maßnahmen.
Ausschließlich für Rangierbetrieb bestimmt waren die Baureihen 80 und 81, die eine mit Achsfolge C für leichteren, die andere mit Achsfolge D für schwereren Dienst. Nach 1934 folgte noch die vereinfachte Baureihe 89, ebenfalls mit Achsfolge C für leichte Rangieraufgaben. Auch diese drei Einheitsbauarten blieben ohne größere Verbreitung.

Weltrekord

Entwicklungen im Verkehr, die sich in ihrer ganzen Tragweite erst lange nach dem Zweiten Weltkrieg auswirkten, zeichneten sich bereits in der Glanzzeit der Eisenbahn ab: Durch die Konkurrenz der Straße sah sich die Reichsbahn zu immer höheren Geschwindigkeiten gedrängt, während die Dampflokomotive ihre Position außerdem gegen die immer erfolgreicheren Fahrzeuge mit Verbrennungs- und Elektromotoren zu behaupten hatte.
So kam es zur Entwicklung einer weiteren Schnellzuglokomotive, die in der Ebene mit fünf bis sechs Schnellzugwagen 175 Stundenkilometer Höchstgeschwindigkeit erreichen und damit bei größerem Platzangebot die gleiche Leistung erbringen sollte wie der Dieseltriebwagen, der als »Fliegender Hamburger« damals weltweite Beachtung fand.
Borsig baute 1934 und 1935 zwei Dreizylinderlokomotiven mit völliger Stromlinienverkleidung und Achsanordnung 2 C 2 als Baureihe 05. Alle bewegten Teile dem Auge ganz und gar entzogen, präsentierten sich diese eleganten, weinroten Lokomotiven als »Paradepferde« der Reichsbahn. Bei entsprechenden Anlässen wurden sie immer wieder vorgeführt.
Nachdem mehrere Versuche knapp fehlgeschlagen waren, die »Traumgrenze« von 200 Stundenkilometern zu überschreiten, erreichte die 05 002 bei einer Vorführungsfahrt am 11. Mai 1936 tatsächlich 200,4 km/h und damit den Weltrekord für Dampflokomotiven.
Im Jahre 1937 folgte noch eine dritte Maschine dieser Baureihe, ebenfalls vollkommen stromlinienverkleidet, im Gegensatz zu den beiden anderen jedoch mit Führerstand an der Spitze und mit Kohlenstaubfeuerung.
Durch den Krieg verloren diese hochgezüchteten Maschinen ihren Wirkungsbereich, überstanden jedoch mehr oder weniger brauchbar den Zusammenbruch. Nachdem die Verkleidung entfernt und die dritte Lokomotive den beiden anderen entsprechend umgebaut war, blieben alle drei bei der Bundesbahn noch bis 1958 im Einsatz. Zwei wurden anschließend verschrottet, darunter auch die Weltrekord-Lokomotive 05 002. Dafür bleibt die zu-

Oben: Stromlinienverkleidete Tenderlokomotive 61 001 für den Henschel-Wegmann-Zug, Baujahr 1934
Rechts: Die Schnellzug-Dampflok 05 003 war 1937 zunächst für Kohlenstaubfeuerung eingerichtet und hatte den Führerstand an der Spitze.
Nächste Doppelseite: Die stromlinienverkleidete Schnellzug-Dampflok 05 001 der Deutschen Reichsbahn vor ihrer Überführung ins Verkehrsmuseum Nürnberg im Jahre 1963. Die Schwesterlokomotive 05 002 stellte 1936 mit 200,4 km/h einen Geschwindigkeits-Weltrekord für Dampflokomotiven auf.

erst gebaute 05 001 im Verkehrsmuseum Nürnberg der Nachwelt erhalten. Sie steht in der großen Fahrzeughalle neben der bayerischen S 2/6, die 1907 ebenfalls einen Geschwindigkeitsrekord aufgestellt hatte. Als größte deutsche Schnellzug-Dampflokomotiven baute Krupp 1938 noch zwei Maschinen mit der Achsanordnung 2 D 2 als Baureihe 06. Auch für sie gab es während des Krieges kein adäquates Einsatzgebiet, obwohl sie nur für 140 km/h Höchstgeschwindigkeit bemessen waren. Ihre betrieblichen Leistungen ließen ebenfalls zu wünschen übrig, so daß sie nach dem Krieg nicht wieder in Betrieb genommen wurden.

Hochdruck, Dampfmotoren und Turbinen

Während sich der in seinen Grundlagen schon von Stephenson angegebene Lokomotivkessel, dem jeweiligen Stand der Technik entsprechend verbessert, letztlich bis zum Ende der Dampflokomotiv-Epoche behauptet hat, fehlte es nicht an Versuchen, Wirtschaftlichkeit und Leistungsfähigkeit durch geschickte Ausnutzung theoretischer Möglichkeiten zu steigern. Keiner dieser Versuche führte jedoch zum erhofften Durchbruch, weil die Lokomotive als bewegte Dampfmaschine gegenüber ortsfesten Anlagen erheblichen zusätzlichen Beanspruchungen und aufgrund des gegebenen Raumprofils auch Einschränkungen hinsichtlich ihrer Baugröße unterliegt.
Dampf und damit Brennstoff zu sparen stand zahlreichen Konstrukteuren immer wieder als Ziel vor Augen. Um es zu erreichen, schien eine Erhöhung des Dampfdruckes und damit eine Steigerung des nutzbaren Druckgefälles als vielversprechender Weg. Der übliche Kesseldruck von 12 bis 16 bar wurde bei verschiedenen Versuchslokomotiven bis zu 50 bar gesteigert. In Deutschland benützte die Reichsbahn hierfür entsprechend umgebaute Lokomotiven aus den Baureihen

05 001

17^2, 24 und 44. Außerdem ließ sie 1932 zwei Schnellzuglokomotiven nach dem Betriebsprogramm der Baureihe 03, jedoch als Vierzylindermaschinen und mit Mitteldruckkessel für 25 bar Überdruck bauen. Sie wurden als Baureihe 04 in Dienst gestellt. Der hohe Kesseldruck in Verbindung mit Werkstoffproblemen rief jedoch eine Reihe störender Nebenwirkungen hervor, so daß die Lokomotiven später auf normalen Kesseldruck umgestellt und in die Baureihe 02 eingereiht wurden. Versuche mit gleichermaßen unbefriedigenden Ergebnissen fanden von 1924 bis Anfang der dreißiger Jahre in den Vereinigten Staaten und mit einer zeitlichen Verschiebung von rund fünf Jahren auch in England statt.

Als Sonderkonstruktionen für Hochdruck von 60 und 120 bar Kesselüberdruck folgten 1928 die »Schmidt-Henschel«- und wenig später die »Schwartzkopff-Löffler-Lokomotive«. Die Reichsbahn bezeichnete sie als H 17 206 und H 02 1001. Eine Dampf- und Brennstoffersparnis ließ sich zwar tatsächlich nachweisen, die hohen Drücke waren jedoch bei Lokomotivkesseln nicht sicher zu beherrschen, so daß die Versuche mit Mittel- und Hochdrucklokomotiven in Deutschland nicht fortgesetzt wurden.

Auch von ausländischen Eisenbahnverwaltungen war anfangs vor allem die Bauart Schmidt-Henschel als vielversprechend eingeschätzt worden. Zunächst konnte Henschel selbst im Jahre 1930 eine Lokomotive dieser Bauart exportieren. Sie ging an die Paris-Lyon-Méditerranée-Eisenbahn in Frankreich. Kurz darauf erschien in England in einer Lokomotive der »Royal Scot«-Klasse ein getreuer Nachbau des Schmidt-Henschel-Hoch-

druckteiles: Diese Lokomotive lief auf der London Midland & Scottish Railway. In Amerika stellte die Canadian Pacific Railway Versuche mit dem System Schmidt an. Sie verliefen ebenso wie die anderen nach wenigen Jahren im Sande; die seit 1936 abgestellte Versuchslokomotive der Canadian Pacific wurde 1940 verschrottet.
Auch die Technik des Dampfmotorantriebes versuchten Eisenbahnen mehrerer Länder auf den Lokomotivbau anzuwenden. Schon in einer 1926 von der Lokomotiv- und Maschinenfabrik Winterthur in der Schweiz entwickelten 1 C 1-Lokomotive wurde ein solcher Antrieb versuchsweise eingesetzt, allerdings noch in einfacher Form: Der Dampfmotor arbeitete auf eine Blindwelle, und Stangen übertrugen die Kraft auf die drei gekuppelten Radsätze. Die Lokomotive, mit der die Schweizerischen Bundesbahnen 1928 umfangreiche Versuche unternahmen, war außerdem mit einem Hochdruckkessel für 60 bar ausgerüstet. Sie gehörte zu den bemerkenswertesten Sonderkonstruktionen europäischen Dampflokomotivbaues, vermochte jedoch trotz günstiger Ergebnisse die Entwicklung nicht mehr zu beeinflussen; denn in der Schweiz trat schon damals die Elektrifizierung deutlich in den Vordergrund.
Die Lokomotiv- und Maschinenfabrik Winterthur konnte jedoch bei einer 1942 von der Französischen Nordbahn bestellten Dampfmotorlokomotive auf die früher gemachten Erfahrungen noch einmal zurückgreifen; sie lieferte die Konstruktionsunterlagen für eine von französischen Unternehmen gebaute 2 Co 2-Hochdrucklokomotive mit Einzelachsantrieb. Die 1943 begonnenen Versuche konnten wegen

Linke Seite von oben nach unten:
Mit 120 bar Kesseldruck arbeitete die Schwartzkopff-Löffler-Hochdrucklokomotive H 02 1001.
Die deutschen Dampfturbinen-Loks T 18 1001 von Krupp aus dem Jahre 1923 und T 18 1002 von Krauss-Maffei aus dem Jahre 1926
Vom Krieg überholt, jedoch einst vielversprechend: die von Henschel 1942 gebaute Dampfmotor-Lokomotive 19 1001. Sie wurde nach 1945 nach Amerika gebracht.
Diese Seite ganz oben: Dampfmotor-Lokomotive mit Stangenantrieb und Hochdruckkessel für 60 bar, gebaut von der Schweizerischen Lokomotiv- und Maschinenfabrik Winterthur 1928.
Darunter: Schweizer Dampfturbinen-Lokomotive, System Zoelly, 1922 von Escher-Wyss ausgerüstet
Unten: Dampfmotor-Lokomotive mit Hochdruckkessel, nach Konstruktionsunterlagen der Schweizerischen Lokomotiv- und Maschinenfabrik Winterthur 1942 in Frankreich gebaut

der Kriegsereignisse zunächst nicht abgeschlossen werden. Die inzwischen ins Leben gerufene Französische Nationalbahn (SNCF) setzte sie 1947 fort, ohne daß die günstigen Ergebnisse später noch aufgegriffen worden wären. Auch in England fehlte es nicht an Experimenten mit dem Dampfmotorantrieb. Im Jahre 1937 gingen vier 1 Bo 1-Maschinen nach Ägypten, andere Versuchskonstruktionen erwiesen sich als untauglich und wurden nicht weitergebaut. Allerdings kann England für sich in Anspruch nehmen, die erste und die letzte Dampfmotorlok gebaut zu haben: Schon 1908 hatte die Midland Railway eine solch ungewöhnliche Maschine erprobt, jedoch ohne die Versuchsergebnisse nutzbringend anzuwenden, und im Jahre 1957 ging die letzte Dampfmotorlokomotive an die Irische Eisenbahn. Die 1937 von der Baltimore & Ohio Railroad in den USA geplante Herstellung einer solchen Lokomotive war wegen des Krieges unterblieben.
In Deutschland hatte Henschel mit der 1942 fertiggestellten 1 Do 1-Schnellzuglokomotive 19 1001, die für 175 km/h Höchstgeschwindigkeit ausgelegt war, den Schritt zum Einzelachsantrieb durch Dampfmotoren gewagt. Nach anfänglichen Schwierigkeiten aufgrund eines geringfügigen Fertigungsfehlers zeigte diese ebenfalls stromlinienverkleidete Lokomotive durchaus günstige Eigenschaften. Sie wurde daraufhin Ende April 1943 zunächst noch versuchsweise zwischen Hamburg und Berlin erstmals eingesetzt und wenig später, nachdem wissenschaftliche Untersuchungen infolge der Kriegsereignisse nicht mehr unternommen werden konnten, dem Betrieb übergeben und sofort planmäßig verwendet. Die Amerikaner ließen sie nach Kriegsende zusammen mit einigen anderen deutschen Lokomotiven und Triebwagen in die USA transportieren, doch wurde auch dort aus dieser kostspieligen Aktion kein Nutzen mehr gezogen. Noch 1951 stand die 19 1001 auf einem Abstellgleis im Staate Virginia. Ein Jahr später wurde sie verschrottet. Der Krieg verhinderte auch die Fertigstellung einer von der Lübeck-Büchener-Eisenbahn bei Henschel in Auftrag gegebenen 1 Co 2-Dampfmotorlokomotive mit Einzelachsantrieb; sie sollte aus dem Umbau einer preußischen G 6-Lokomotive hervorgehen, erhielt nach Verstaatlichung der Bahngesellschaft im Jahre 1938 noch die Reichsbahnnummer 77 1001, endete aber nach Kriegsende auf dem Schrottplatz.
Die Dampfturbine als Antriebsaggregat ohne hin- und hergehende Massen und mit günstigem spezifischem Dampfverbrauch beschäftigte immer wieder auch Lokomotivkonstrukteure. Die erste Dampfturbo-Lokomotive wurde schon 1908 in Italien gebaut. Weitere Versuche fanden in England bis in die zwanziger Jahre statt. Zu diesem Zeitpunkt trat wiederum die Schweizerische Lokomotiv- und Maschinenfabrik Winterthur mit einer bemerkenswerten Entwicklung hervor, die in einer Lokomotive der Schweizerischen Bundesbahnen erprobt, wegen der Elektrifizierungspläne jedoch ebenfalls nicht weiter verfolgt wurde. Dagegen stellte in Deutschland im Jahre 1923 zunächst Krupp eine Dampfturbinenlokomotive vor, drei Jahre später auch Maffei. Beide beruhten auf dem Schweizer System und lieferten günstige Betriebsergebnisse. Vor allem zeichneten sie sich durch starke Anzugskraft, ruhigen Lauf auch bei höheren Geschwindigkeiten und Brennstoffersparnis bis nahezu dreißig Prozent aus. Allerdings war für Rangier- und Rückwärtsfahrt eine Hilfsturbine nötig, außerdem erforderte das System eine Reihe zusätzlicher Pumpen und Gebläse, deren Energieverbrauch letzten Endes die Ersparnis wieder verzehrte. Trotzdem liefen die beiden als T 18 1001 und T 18 1002 bei der Reichsbahn eingereihten Turbinenlokomotiven mit der Achsfolge 2 C 1 bis in den Zweiten Weltkrieg hinein.
Eine weitere Möglichkeit, Leistungsfähigkeit und Wirkungsgrad der Dampflokomotive zu steigern, lag in der Ausnutzung des Abdampfes in Verbindung mit einem zusätzlichen Tenderantrieb. In Frankreich fanden erste Versuche mit Triebtendern schon 1843 statt. Die Deutsche Reichsbahn erhielt 1927 von Henschel eine bemerkenswerte Konstruktion, mit der die im Abdampf enthaltene Restwärme mit Hilfe einer im Tender installierten Abdampfturbine für einen weiteren thermischen Prozeß genutzt wurde. Die Turbine arbeitete dabei auf zwei gekuppelte Tenderachsen. Ausgerüstet wurde eine serienmäßige Personenzuglokomotive der Baureihe 38^{10}. Sie lief mit dem Abdampftriebtender als T 38 3255 bis 1937, wurde dann aber trotz an sich guter Betriebsergebnisse wieder in den ursprünglichen Zustand zurückversetzt. Zur serienmäßigen Ausrüstung von Lokomotiven mit derartigen Tendern, wie Henschel vorgesehen hatte, kam es nicht.
In Italien, Frankreich, Schweden und vor allem in den USA gingen die Versuche bis in die fünfziger Jahre, zum Teil mit ebenfalls guten Ergebnissen, weiter. Daß all diese Sonderkonstruktionen nicht bis zur Serienreife entwickelt wurden, hing in erster Linie mit dem Übergang auf Diesel- und elektrischen Betrieb zusammen.

Die größte Lokomotivproduktion aller Zeiten

Während des Zweiten Weltkrieges besann sich die deutsche Führung erst sehr spät auf die Eisenbahn als Transportmittel. Nachdem die verfügbaren Dampflokomotiven bei weitem nicht ausreichten und unter den extremen klimatischen und betrieblichen Verhältnissen des östlichen Kriegsschauplatzes zeitweise fast völlig ausfielen, begann Anfang 1942 unter starkem Zeitdruck die Entwicklung besonderer Kriegslokomotiven, deren Konzeption allen Aspekten der damaligen Krisensituation Rechnung zu tragen hatte. Ein zu diesem Zeitpunkt aufgestelltes Typenprogramm umfaßte insgesamt nur noch dreizehn Bauarten von Schmalspur- und Normalspurlokomotiven für alle vorkommenden Aufgaben.
Im Vordergrund standen für den Einsatz auf Normalspurstrecken zwei Baureihen von Güterzugdampflokomotiven der Achsfolge 1 E. Nachdem die damalige deutsche Wehrmacht auf Konstruktion und Produktion starken Einfluß ausgeübt hatte, kam es innerhalb von nur zweieinhalb Jahren zum Bau von über siebentausend Lokomotiven der Baureihe 52 und der bei gleicher Größe und Achsanordnung leistungsstärkeren Baureihe 42. Zwar hat diese enorme Anstrengung zur Stärkung der Eisenbahn den Ausgang des Krieges nicht entscheidend zu beeinflussen vermocht; in der Eisenbahngeschichte fehlt dem Bau einer derart großen Zahl schwerer Lokomotiven in so kurzer Zeit jedoch jede Parallele.

Die preußische P 8, Reichsbahn-Baureihe 38, eine der in Europa am weitesten verbreiteten Dampflokomotivgattungen, überdauerte nahezu sämtliche modernen Dampfloks.

Auf der Grundlage der 1938 eingeführten Baureihe 50 war zunächst die stark vereinfachte Reihe 52 entstanden. Mit ihr sollten die Fertigung großer Stückzahlen bei geringem Zeitaufwand, die Einsparung vor allem von Buntmetallen, leichtere Instandhaltung und Reparatur durch einheitliche Ausführung sowie gute Betriebseigenschaften unter harten Einsatzbedingungen erreicht werden. Die Fertigung der Baureihe 50 mündete nach und nach in die Reihe 52 ein, auf deren Bau sich alle Lokomotivfabriken einzustellen hatten.
Diese Umstellung erforderte wegen der laufenden Produktion aus früheren Aufträgen zum Teil längere Übergangsfristen, in denen noch nicht vollständig den neuen Konstruktionsmerkmalen entsprechende Lokomotiven die Zusatzbezeichnung »ÜK« als Abkürzung von »Übergangs-Kriegslokomotive« zusätzlich zu ihrer Nummer erhielten. Neben der Baureihe 50 hat es vor allem unter den Baureihen 44 und 86 Lokomotiven mit dem Zusatz ÜK gegeben.
Nach Abschluß der Konstruktionsarbeiten wurde am 5. August 1942 der Bau von zunächst 15 000 Lokomotiven genehmigt, von denen 7000 der Baureihe 52 sofort in Angriff genommen werden und 8000 der Baureihe 42 ein Jahr später folgen sollten. Damit war der größte Lokomotivauftrag in der Geschichte der Eisenbahn erteilt.
Schon sechs Wochen später verließ am Abend des 19. September 1942 die 52 001 als erste Kriegslokomotive die Borsigwerke in Berlin. Vor ihrem eigentlichen Einsatz trat sie eine Rundfahrt über nahezu fünftausend Kilometer an und besuchte alle Lokomotivfabriken, die künftig diese Baureihe herzustellen hatten.
Zunächst löste die Baureihe 52 an der Ostfront die alten preußischen Länderbahnlokomotiven der Reihen 38, 55 und 56 ab. Während des Rückzuges blieben viele teilweise oder völlig zerstört im Osten zurück. Die meisten liefen schließlich in Deutschland selbst und in den österreichischen Teilen des damaligen Reiches, aber auch in Italien, während sie in den ebenfalls von Deutschland besetzten Gebieten Frankreichs, Belgiens, Hollands und Luxemburgs seltener zu sehen waren.
Den Großauftrag unterbrach freilich der Kriegsverlauf. Immerhin wurden von der Baureihe 52 rund 6350 Lokomotiven abgeliefert, womit der erste Teil noch in nahezu voller Höhe als erfüllt gelten konnte. Dagegen kamen von der Baureihe 42 nur knapp 850 Maschinen zum Einsatz, als erste die 42 0001 Ende Juli 1943.
Im großen und ganzen erwiesen sich die Kriegslokomotiven trotz ihrer Sparkonstruktion selbst auf schlechten Gleisen, in engen Kurven und unter rauhen Betriebsbedingungen als brauchbar und verhältnismäßig zuverlässig. So wurde bald nach Kriegsende mit noch vorrätigen Teilen die Produktion fortgesetzt. Insgesamt sind ab Sommer 1945 noch mehr als 350 Lokomotiven der Baureihe 52 und – vorwiegend in Österreich – etwa 90 der Baureihe 42 nachgebaut worden.
Schon während des Krieges hatten deutsche Lokomotivfabriken anstelle eigentlich bestellter Lokomotiven anderer Bauarten, deren Fertigung eingestellt werden mußte, rund 150 Kriegslokomotiven der Baureihe 52 exportiert. Auch von der Nachkriegsfertigung ging ein großer Teil ins Ausland, insbesondere von Österreich nach Luxemburg und Bulgarien. In den fünfziger Jahren liefen nahezu überall in Europa Lokomotiven der beiden Kriegsbaureihen.
Bei der Deutschen Bundesbahn verschwand schon 1956 zunächst die Baureihe 42. Als letzte Lokomotive wurde am 27. März 1956 merkwürdigerweise die als erste gebaute 42 0001 ausrangiert. Allerdings tauchten nach dem erneuten Anschluß des Saarlandes Anfang 1957 nochmals Lokomotiven der Baureihe 42 im Bestand der Bundesbahn auf; die letzte von ihnen wurde im Herbst 1962 ausgemustert. Ein Jahr später strich die Bundesbahn auch die Baureihe 52 aus ihrem Bestand. Bei der Reichsbahn in der DDR wurde ebenfalls zunächst die Baureihe 42 aufgegeben, allerdings erst 1969, während die im östlichen Deutschland in

Links: Eine der beiden Schnellzug-Dampflokomotiven der Baureihe 10, der letzten, die für die Deutsche Bundesbahn entwickelt wurde. Die 10 001 wird im Deutschen Dampflokomotiv-Museum in Neuenmarkt (Oberfranken) erhalten.
Rechts: Die zahlenmäßig stärkste deutsche Nachkriegs-Dampflok war die Baureihe 23.
Nächste Doppelseite: Die letzten kohlegefeuerten Schnellzug-Dampfloks auf der berühmt gewordenen »schiefen Ebene« zwischen Kulmbach und Hof. Bilder wie dieses zogen Liebhaber aus aller Welt an die oberfränkische Strecke.

großer Zahl vorhandenen Lokomotiven der Reihe 52 nach einer Serie von Umbauten und konstruktiven Verbesserungen noch bis in die achtziger Jahre unersetzlich geblieben sind. Auch in Österreich, in mehreren osteuropäischen Ländern und in der Türkei leisteten deutsche Kriegslokomotiven noch ebenso lange friedlichen Dienst.

Die letzte Generation

Obwohl der Zweite Weltkrieg kaum ein Land völlig unberührt ließ, unterbrach er kontinuierliche Entwicklungen keineswegs überall so radikal wie in Deutschland. Hier mußten sich alle Kapazitäten auf die Rüstungswirtschaft konzentrieren, bis der Zusammenbruch den totalen Stillstand herbeiführte. Dieser Ablauf läßt sich deutlich auch im Lokomotivbau erkennen. Die Fertigung der Einheitsbaureihen aus dem Jahr 1925 wurde gestoppt, lange bevor ihr Ziel – die Ablösung der zahlreichen verschiedenen und unwirtschaftlichen Länderbahnlokomotiven – erreicht gewesen wäre. Unter dem Einfluß der Wehrmacht entstand die Kriegslokomotive. Im Mai 1945 schließlich standen alle Räder still. Als sich nach Beseitigung der größten Betriebshindernisse die Verhältnisse zu normalisieren begannen, setzten Eisenbahn und Industrie abermals auf die Dampflokomotive und entwickelten die Einheitsbaureihen des Jahres 1950, obwohl sich andere Länder längst dem Dieselbetrieb und der Elektrifizierung zugewandt hatten. Dort lief der Dampflokomotivbau in gerader Linie aus, sobald genügend andere Lokomotiven zur Verfügung standen. In Deutschland dagegen begann die Entwicklung noch einmal von neuem.

Das Grundprogramm der Deutschen Bundesbahn aus dem Jahre 1950 sah fünf Baureihen neuer Dampflokomotiven vor, bei denen alle inzwischen gewonnenen Erkenntnisse zu berücksichtigen waren.

Die Schnellzuglokomotive der Baureihe 10 sollte die in noch größerer Zahl eingesetzte bayerische S 3/6-Schnellzuglok der Baureihe 18, ferner die Baureihe 39 und die Einheitsschnellzuglokomotiven der Baureihen 01 und 03 ersetzen. Zwei Lokomotiven dieser neuen Konstruktion wurden von Krupp in Essen gebaut, eine mit Ölfeuerung, die andere mit Kohle- und Ölzusatzfeuerung. Obwohl die zweite ebenfalls noch Ölhauptfeuerung erhielt, gab es für diese beiden, zweifellos modernsten deutschen Schnellzugdampflokomotiven bald keine geeignete Verwendungsmöglichkeit mehr, so daß sie die Baureihen, als deren Ersatz sie gedacht waren, nur geringfügig überdauerten. Eine bleibt im Museum der Nachwelt erhalten: Die 10 001 war ursprünglich für das Verkehrsmuseum Berlin vorgesehen, kam dann jedoch ins Deutsche Dampflok-Museum nach Neuenmarkt in Oberfranken.

Die weitaus meisten Lokomotiven der Nachkriegsentwicklungen gehörten der Baureihe 23 an. Sie war bereits im Jahre 1940 entstanden, doch wurden damals nur zwei Probemaschinen gebaut. Sowohl die Deutsche Bundesbahn als auch die Reichsbahn der DDR griffen diese Entwicklung in den fünfziger Jahren wieder auf und beschafften Personenzuglokomotiven auf der Grundlage der ehemaligen Baureihe 23, wobei technische Neuerungen in unterschiedlichem Umfang berücksichtigt wurden. Die neuen Lokomotiven sollten vor allem die preußische Gattung P 8, Baureihe 38, ersetzen. Die letzten Maschinen dieser weit verbreiteten und überall in Europa bewährten Gattung liefen jedoch bei der Deutschen Bundesbahn ebensolange wie die letzte Neubaulokomotive der Baureihe 23 und übertrafen sie damit an Lebensdauer um Jahrzehnte. In der Bundesrepublik wurden zwischen 1950 und 1959 insgesamt 105, in der DDR von 1956 bis zum gleichen Zeitpunkt 113 Lokomotiven der neuen Baureihe 23 hergestellt. Die 23 105 war die letzte Dampflokomotive, die von der Deutschen Bundesbahn fabrikneu in Dienst gestellt wurde.

Außerdem entstanden im westlichen Teil Deutschlands aus dem Grundprogramm von 1950 drei Baureihen von Tenderlokomotiven: die Reihe 65 als Ersatz für die preußischen Gattungen T 14 und T 18 (Baureihen 93 und 78); die Reihe 66 als Ersatz für die Einheitslok der Baureihe 64,

001 169-2

die Länderbahngattungen T 11 und T 12 (Baureihe 74) sowie für die badischen und sächsischen 1 C 1-Tenderlokomotiven, die in der Reihe 75 zusammengefaßt worden waren; die Baureihe 82, die als Güterzugtenderlok das Betriebsprogramm der Baureihen 84, 85, 87, 92, 94 und 95 hätte erfüllen sollen.

Gebaut wurden von der Baureihe 65 achtzehn Stück, von der Reihe 66 nur zwei und von der Reihe 82 immerhin 41 Stück. Alle Einheitslokomotiven dieses Programms erreichten jedoch trotz ihrer modernen Konstruktion bei weitem nicht das Alter einiger Länderbahngattungen, die zum Teil noch liefen, als die Neubaumaschinen der vergleichbaren Baureihe längst verschrottet waren.

In der DDR umfaßte das Neubauprogramm ebenfalls fünf Baureihen, davon jedoch nur zwei Tenderlok-Gattungen. Die Reihe 25, von der lediglich zwei Lokomotiven gebaut wurden, sollte Reisezüge und leichtere Güterzüge befördern. Für den reinen Güterzugdienst wurde die neue Baureihe 50 entwickelt, von der 88 Stück gebaut wurden. Die 50 4088 verließ als letzte in der DDR gebaute Dampflokomotive am 28. Dezember 1960 das Werk in Babelsberg bei Potsdam. Von der Tenderlok-Baureihe 65, die für den Nahschnellverkehr konzipiert war, wurden ebenfalls 88 Stück gebaut. Schließlich kam die Baureihe 83 hinzu, die zur universellen Verwendung auf Nebenbahnen bestimmt war; von ihr wurden nur 27 Stück beschafft.

Die Neubaulokomotiven der Deutschen Reichsbahn in der DDR trugen mit Ausnahme der Baureihe 25 durchweg Ordnungsnummern über 1000 und wurden dementsprechend als Baureihen 23^{10}, 50^{40}, 65^{10} und 83^{10} bezeichnet. Damit waren sie sowohl gegenüber den Neuentwicklungen der Deutschen Bundesbahn als auch gegenüber den Einheitslokomotiven der alten Deutschen Reichsbahn zu unterscheiden.

Neben den Neubauprogrammen spielten Modernisierung und Umbau älterer Lokomotivgattungen im Nachkriegsdeutschland eine große Rolle. Die Bundesbahn ließ nicht nur Einheitslokomotiven, sondern auch die bayerische S 3/6 noch mit neuen Kesseln ausrüsten; in der DDR entstanden durch »Rekonstruktion« weitgehend neue Lokomotiven und damit zum Teil auch neue Baureihen. Während der Dampfbetrieb bei der Bundesbahn 1977 zu Ende gegangen ist, dauerte er bei der Reichsbahn der DDR noch an. Der letzten Dampflokomotiv-Generation war jedoch nirgends die Lebensdauer beschieden wie etlichen Oldtimern aus der Länderbahnzeit, die es ohne weiteres auf ein halbes Jahrhundert hatten bringen können.

Der Grund lag zum Teil in den nur geringen Stückzahlen, die keinen wirtschaftlichen Einsatz mehr ermöglichten, zum Teil aber auch in offensichtlichen Fehlkonstruktionen. Bei der Entwicklung waren mit Recht zahlreiche, vor allem auch von der Industrie propagierte Neuerungen berücksichtigt worden, die sich jedoch keineswegs alle den bewährten Konstruktionen früherer Jahre ebenbürtig oder gar überlegen zeigten.

Im Zusammenhang mit Lokomotiven von Ästhetik zu sprechen, mag im ersten Moment grotesk erscheinen. In der Tat gab es gerade in der Dampflokomotiventwicklung regelrechte Stilformen. Die Lokomotivbauarten ließen sich als schön, als sachlich-neutral, aber auch als häßlich bewerten. Häufig zeigte sich dabei, daß mit technisch geglückten Konstruktionen auch optisch ein gefälliges Erscheinungsbild verbunden war.

Das Ende einer Epoche

Kaum hatte die Dampflokomotive den Höhepunkt ihrer technischen Entwicklung und zahlenmäßigen Verbreitung erreicht, begann ihre Bedeutung zu schwinden. Mehrere Faktoren wirkten dabei zusammen: Leistungsfähige und wirtschaftliche Diesellokomotiven boten allmählich eine echte Alternative, der Wettbewerb mit Kraftwagen und Flugzeug zwang die Eisenbahnen zu scharfer Kalkulation, in der die Dampflokomotive allemal schlecht abschnitt, und der Abbau ihres hohen Personal- und Anlagenbedarfs drängte sich zur Kostensenkung geradezu auf.

Daran änderte auch nichts, daß sich das Problem unter den besonderen Verhältnissen einzelner Länder und aus mancher Situation heraus gelegentlich anders darstellte. So war die sehr frühzeitige Elektrifizierung in der Schweiz weniger durch die verfügbaren Wasserkräfte gefördert worden als durch die Abhängigkeit vom Ausland, nachdem eigene Kohlevorkommen nicht zur Verfügung standen. In einer Reihe kohlereicher afrikanischer Länder dagegen erlebte die Dampflokomotive nach der Energiekrise der siebziger Jahre ein unerwartetes Comeback, weil die Preise für Erdölerzeugnisse derart in die Höhe schnellten, daß der Dampfbetrieb mit Kohle dort trotz aller Nachteile zumindest vorübergehend wieder die wirtschaftlichste Betriebsform darstellte. Auch auf Plantagenbahnen, bei denen Holz, Zuckerrohr oder Rückstände anfallen und als Brennmaterial verwendet werden können, mag für die rasche Abschaffung der Dampflokomotiven nicht unbedingt Anlaß bestehen. In Deutschland kamen während der Ölkrise Mitte der siebziger Jahre sogar einige Dampflokomotiven von Museumsbahnen noch einmal zu Ehren, während die Bundesbahn Lokomotiven mit Kohlefeuerung vom Abstellgleis holte und statt ölgefeuerter einsetzte. Dennoch ist die prophezeite Renaissance der Dampflokomotive bisher ausgeblieben. Doch beschäftigen sich in England und vor allem in den USA Konstrukteure mit einer neuen Generation von Dampflokomotiven; gewisse Chancen verheißen ihr neueste Technik vom zweistufigen Verbrennungsverfahren bis zur mikroprozessorüberwachten Feuerung und zahlreiche heute denkbare Hilfsmittel, vor allem aber die in Amerika gegenüber Öl weitaus günstigeren Energiekosten auf Kohlebasis.

In den Industrieländern Europas zählt die Eisenbahn jedoch ohnehin zu den Großverbrauchern von Kohle: In Kraftwerken wird sie unter optimalen Verhältnissen verfeuert und zur Stromerzeugung für den elektrischen Bahnbetrieb benützt. Die Dampflokomotive hat dagegen weltweit ihre einst überragende Bedeutung verloren. Die schlechte Ausnutzung des Brennstoffes, die beim Dampfbetrieb gegenüber der modernen Dieseltraktion nur zwanzig bis dreißig Prozent erreicht, der relativ geringe Aktionsradius der Dampflokomotiven, ihre begrenzte Leistungsfähigkeit, der für sie erforderliche hohe Aufwand an ortsfesten Wartungsanlagen, ihre kostspielige Zwei-Mann-Bedienung und nicht zuletzt die Beeinträchtigung der Umwelt durch Lärm und Schmutz konnten den Strukturwandel im Zugförderungsdienst nur beschleunigen. Beinahe über Nacht war die Maschine abgeschrieben, die das technische Zeitalter begründet hatte.

Mit den ölgefeuerten Güterzug-Dampflokomotiven der Baureihe 042 ging 1977 die Epoche des Dampfbetriebes bei der Deutschen Bundesbahn zu Ende.

042 097-6
Unt.Bwg.
30.7.69

Kulturgeschichte und Nostalgie

Um die Mitte des 19. Jahrhunderts war in Deutschland die erste Lokomotive – der »Adler« –, nachdem sie ausgedient hatte, unverzüglich zerlegt und bis auf einige noch brauchbare Teile zum Schrott geworfen worden. Später stieß dieser Mangel an Geschichtsbewußtsein allgemein auf Unverständnis. So ließ die Deutsche Reichsbahn 1935 zu ihrer Hundert-Jahr-Feier anhand der erhalten gebliebenen Originalzeichnungen den alten »Adler« neu anfertigen, und die Deutsche Bundesbahn baute 1952 für Ausstellungs- und Museumszwecke sogar noch einen zweiten. Am Ende der Dampflokomotiv-Epoche stellte sich die Frage, ob Ähnliches nicht in weit größerem Ausmaß wiederum im Gange sei, ob nicht abermals historisch Bedeutungsvolles unbedacht der Zerstörung preisgegeben werde.

In der Tat endete manche Lokomotive unter dem Schneidbrenner, die in der Entwicklungsgeschichte einen Meilenstein bedeutet hatte. Immerhin erhob sich jetzt die Forderung, historisch bemerkenswerte Lokomotiven künftigen Generationen zu erhalten, überall um so massiver, je zielstrebiger die Betriebswirtschaft auf Einstellung des Dampfbetriebes hinarbeitete. Nur offenbarte die Beurteilung, ob es sich bei einer nach jahrzehntelangem Gebrauch ausrangierten Dampflokomotive um einen »Schrotthaufen« oder ein erhaltungswürdiges Zeugnis technikgeschichtlicher Entwicklung handele, oft unüberbrückbar gegensätzliche Auffassungen. Die Eisenbahnen, mittlerweile in ständigem Kampf gegen rote Zahlen, neigten zur Bewertung nach dem Schrottpreis – für immaterielle Werte fehlten die Maßstäbe.

Den neuen Zweig der Denkmalspflege ganz in den Bereich privater Initiativen zu verdrängen, würde dem kulturgeschichtlichen Anspruch ebenso wenig gerecht, wie ihn die gegensätzliche Forderung überbewertete, jede Bahn müsse von allen ihren Baureihen mindestens eine Lokomotive restaurieren und der Nachwelt überliefern.

Manche Bahnverwaltung sah sich außerstande, die hohen Kosten für eine museumsgerechte Instandsetzung alter Lokomotiven aufzubringen, ja auch nur auf den Schrotterlös zu verzichten. Die damit ausgelöste Welle privater Aktionen führte zur Aufstellung zahlreicher Lokomotivdenkmäler, zur betriebsfähigen Wiederherstellung ausrangierter Lokomotiven durch Liebhabergruppen, zur Eröffnung von Museumsbahnen, aber nur in wenigen Fällen zu Leistungen von technikgeschichtlicher Bedeutung. Sinnvolle Koordinierung hätte dabei nicht nur Wertvolles erhalten, sondern auch Auswüchse verhindern können.

Eine wieder auf früheren Glanz gebrachte Dampflokomotive mag als Denkmal vor dem Verwaltungsgebäude einer Lokomotivfabrik ihre Berechtigung haben wie im Hof einer Eisenbahnwerkstätte. Wo dagegen das Interesse an einem Dampflokomotivdenkmal erlosch, sobald die Presse darüber und über seinen lokalpolitischen Initiator berichtet hatte, verrosteten die meist nur oberflächlich renovierten Maschinen in kurzer Zeit und brachten nur das Image der Bahn in Mißkredit. Wertvollere Ausrüstungsteile wie Laternen, Fabrik- und Nummernschilder oder Armaturen konnten ohnehin nur dort an den Denkmalslokomotiven bleiben, wo Souvenirjäger keinen Zugang hatten oder jedenfalls ständige Bewachung sichergestellt war. Auf diese Weise im Freien aufgestellte Lokomotiven können deshalb kaum als der Nachwelt erhalten gelten.

Als nicht weniger problematisch erwiesen sich die von privater Seite wieder in Betrieb gesetzten Lokomotiven, die zunächst von der Eisenbahn ausrangiert und in der Regel zum Schrottpreis verkauft worden waren, um nach Durchführung der gesetzlich vorgeschriebenen Untersuchungen vor Sonderzügen von Enthusiasten oder bei Exkursionen in die Romantik vergangener Zeiten wieder aufzutauchen. Allen technischen, betrieblichen und rechtlichen Bedenken zum Trotz rollten immer wieder Züge mit alten Wagen und derartigen Oldtimer-Lokomotiven durch die Lande; denn die Veranstalter bezahlten neben den Fahrpreisen auch erhebliche Summen für Sonder-

Endstation Schrottplatz. Wie hier in England erfüllt sich früher oder später bei allen Bahnen der Welt das Schicksal jener Maschine, mit der die industrielle Revolution einst ins Rollen gekommen war.

leistungen und erreichten damit die erforderlichen Zugeständnisse für den Einsatz ihrer Lokomotiven – ein Geschäft, das nur wenige Bahnen selbst zu machen und damit auch im Griff zu behalten verstanden.
Ebenso wie diese Sonderfahrten auf immer wieder wechselnden Strecken wurden auch die Museumsbahnen, deren Fahrpläne zum Teil sogar in den amtlichen Kursbüchern standen, mehr von der Nostalgiewelle der siebziger Jahre getragen als von dem Bestreben um Erhaltung kulturgeschichtlich relevanter Zeugnisse der Eisenbahnentwicklung. Hierzu bot schon die nur noch geringe Auswahl an entsprechenden Lokomotiven und Wagen kaum noch Möglichkeiten, von den finanziellen Grenzen der Vereinigungen ganz abgesehen. Eine bemerkenswerte Ausnahme bildete Großbritannien, wo Museumsbahnen – besonders in Wales – in außergewöhnlichem Umfang und mit zahlreichen sehenswerten Fahrzeugen betrieben werden. Die Chance, aus dem offensichtlichen Bedürfnis für romantische Oldtimerfahrten auf Museumsstrecken kommerziellen Nutzen zu ziehen, haben ebenfalls nur wenige Eisenbahnen erkannt und ergriffen – am ehesten noch Privatbahnen in bevorzugten Feriengebieten von Touristenländern wie der Schweiz und Österreich.
Auf besondere Erfolge bei Sammlung und Erhaltung eines repräsentativen Querschnitts von Dampflokomotiven können nur wenige nahmhafte Vereinigungen verweisen, wie zum Beispiel das Steamtown-Museum in den USA, die Talyllyn Railway Preservation Society in England, das französische Eisenbahnmuseum in Mulhouse oder die Deutsche Gesellschaft für Eisenbahngeschichte.
Dort wurden planmäßig Fahrzeuge erworben, die einzelne Entwicklungsphasen markieren oder als charakteristisch für bedeutende Einsatzbereiche gelten können, so daß sie einen verhältnismäßig guten Überblick über die erfaßten Gebiete der Entwicklungsgeschichte zulassen.
Guter Wille und Engagement unzähliger Liebhaber führten zwar zur Erhaltung zahlreicher Dampflokomotiven, die vielfach nur geringe Finanzkraft reichte jedoch häufig bloß für kleine und wenig aussagekräftige Maschinen. Nur wer Reisen mit Umwegen nicht scheut, findet die Dampflokomotiv-Epoche auch nach ihrem Abschluß noch interessant und vielfältig repräsentiert.

DB
103 109-5

Elektrische Traktion

Erste elektrische Kraft

Als Ende 1835 Deutschlands erste Eisenbahn von Nürnberg nach Fürth dampfte, hatte genau genommen die Geschichte der elektrischen Bahnen schon begonnen. Im selben Jahr hatte der Amerikaner Thomas Davenport aus Brandon im Staate Vermont ein Wagenmodell mit einem elektrischen Antrieb versehen, der in die Praxis umsetzte, was Michael Faraday vier Jahre zuvor bei seinen Experimenten mit elektromagnetischen Feldern an Induktionserscheinungen entdeckt hatte. Auf einer Ausstellung in Springfield zeigte Davenport sein Fahrzeug, das erste der Welt, das sich elektrisch fortbewegen konnte.
Weitere Versuche folgten durch die Holländer Stratingh & Becker in Groningen und 1836 durch den Italiener Botto in Turin.
Nach diesen elektrisch angetriebenen Wagen baute 1840 Johann Philipp Wagner aus Fischbach in Nassau die erste elektrische Lokomotive. Sie bewegte nicht nur sich selbst, sondern auch noch einen Anhänger von der Größe eines Handwagens mit flotter Schrittgeschwindigkeit - eine Chronik spricht von sieben Stundenkilometern - im Kreis herum, bis nach etwa drei Stunden die galvanischen Elemente und damit die elektrischen Kräfte erschöpft waren. Immerhin erregte das Gefährt, das ohne sichtbaren Antrieb fahren konnte, derartiges Aufsehen, daß der faszinierte Rat der Freien Reichsstadt Frankfurt dem Johann Philipp Wagner für fünfzehn Jahre ein Patent erteilte und die Versammlung des Deutschen Bundes am 22. April 1841 hunderttausend Gulden für die Anfertigung einer wirklich betriebstüchtigen elektrischen Lokomotive aussetzte. Wagner, von Beruf Buchhalter, hatte keine Ahnung von den theoretischen Grundlagen seiner Erfindung. Er konnte sie auch nicht haben; denn selbst anerkannte Fachleute wußten vom Wesen des elektrischen Stromes so gut wie nichts. Dennoch ging Wagner mit Elan ans Werk, baute aufgrund seiner Erfahrungen eine Lokomotive von der geforderten Größe und - brachte sie wider Erwarten nicht zum Laufen. Die verfügbaren Stromquellen hatten die schwere Last nicht in Bewegung zu setzen vermocht, der hohe Preis wurde zurückgezogen, Wagners Leistung beim Bau der ersten elektrischen Lokomotive bald vergessen.
Wenig Glück auf diesem Gebiet hatte auch der Schotte Robert Davidson aus Aberdeen, der 1841 eine merkwürdige elektromagnetische Lokomotive konstruierte. Ihr Antrieb war sehr unmittelbar dem einer Dampflokomotive nachempfunden: Statt des Dampfes bewegten Elektromagnete den Kolben im Zylinder hin und her, Stangen übertrugen wie bei der Dampfmaschine die Kraft auf die Räder. Eine Zeitlang soll die Lokomotive auf der Edingburgh-Glasgower Eisenbahn sogar gefahren sein. Ihr Eigengewicht geben alte Quellen mit fünf Tonnen an, ihre Geschwindigkeit mit sechs Stundenkilometern, mit der sie sechs Tonnen Nutzlast habe ziehen können. Aufgebrachte Lokomotivheizer, die um ihr Brot fürchteten, falls die elektrische Kraft obsiegen sollte, schlugen das Vehikel mit dem Namen »Galvani« eines Tages kurzerhand kaputt.
Eine Reihe weiterer, mehr oder weniger untauglicher Versuche sind von Stöhrer in Leipzig aus dem Jahre 1841, von Little aus dem Jahre 1844, von Farmer und Hall 1851 sowie von Professor Charles Grafton Page bekannt, der ebenfalls 1851 mit Unterstützung des Kongresses der Vereinigten Staaten eine elektrische Lokomotive für die Washington & Baltimore Railroad baute und am 29. April 1851 zwischen Washington und Bladensburg auf einer Distanz von rund neun Kilometern vor Experten der Regierung vorführte. Das Ergebnis scheint nicht sonderlich eindrucksvoll gewesen zu sein, jedenfalls wurden zur Fortsetzung der Versuche keine Gelder mehr bewilligt.
Diese frühen elektrischen Fahrzeuge mußten scheitern, weil zwar der Elektromotor erfunden war, als Stromquelle zunächst aber nur galvanische Elemente zur Verfügung standen. Ihre geringe Kapazität - zumal in der damaligen unvollkommenen Form - konnte für Starkstromanwendungen nicht ausreichen.

Werner Siemens und die erste elektrische Bahn

Schon im Jahre 1837 hatte der Amerikaner Thomas Davenport, der auch den ersten elektrischen Wagen baute, das US-Patent für einen Elektromotor mit elektromagnetischer Erregung erhalten. Ein Generator, mit dem sich dauernd hohe Ströme erzeugen lassen, stellt im Prinzip nichts anderes dar als die Umkehrung eines solchen Motors: Während bei ihm Strom zugeführt wird, um eine Drehbewegung hervorzurufen, erzeugen beim Generator äußere Kräfte - meist Wasser- oder Dampfkraft - diese Drehbewegung, und die Maschine gibt elektrischen Strom ab. Trotz dieser aus heutiger Sicht einfach erscheinenden Zusammenhänge, und obwohl sich damals etliche Gelehrte in verschiedenen Ländern der Welt mit dieser Materie beschäftigten, dauerte der Schritt vom Elektromotor zum Elektrogenerator nahezu drei Jahrzehnte: 1866 konnte Werner Siemens das dynamo-elektrische Prinzip angeben und damit den entscheidenden Schritt zur Begründung der Starkstromtechnik vollziehen.
Während der Akkumulator und der mit Dauermagneten versehene Induktor nur für geringe Leistungen und damit - vereinfacht ausgedrückt - für die Schwachstromtechnik in Frage kamen, ließ die Dynamomaschine nun die Erzeugung von Stromstärken nahezu unbegrenzter Höhe zu. Werner Siemens verband mit seinem Forschergeist zeitlebens das Talent, theoretischen Erkenntnissen alsbald praktische Nutzanwendungen folgen zu lassen, er zeigte aber auch immer wieder ausgeprägtes Interesse an der Einführung der Elektrotechnik im Eisenbahnbetrieb. Das galt für die Nachrichtenübermittlung ebenso wie für die Antriebstechnik.
So ging er 1878 an den Bau einer elektrischen Grubenbahn, die bei Cottbus erstellt werden sollte. Im letzten Moment zerschlug sich der Auftrag jedoch, und die teilweise bereits fertige Lokomotive bot sich als Demonstrationsobjekt für die bevorstehende Berliner Gewerbeausstellung an. Am 31. Mai 1879 führte Werner Siemens auf dem Ausstellungsgelände in Moabit die kleine Bahn selbst vor.
Die erste wirklich brauchbare elektrische Lokomotive der Welt zog einen Zug aus drei offenen Wägelchen mit je sechs Personen über eine rund dreihundert Meter lange Rundbahn. Bis Ende September nahmen nahezu neunzigtausend neugierige Besucher die Gelegenheit wahr, eine Fahrt auf der »Bahn ohne Dampf und Pferde« zu erleben. Die Lokomotive erreichte 2,2 Kilowatt Leistung, umgerechnet also etwa drei Pferdestärken. Ohne Last schaffte sie dreizehn Stundenkilometer, den voll besetzten Zug zog sie etwa halb so schnell. Ein Drahtbesen nahm den Strom von einem zwischen den Schienen hochkant installierten Flacheisen

Symbol für Schnelligkeit, hohe Leistung und zeitgemäßes Design: die elektrische Schnellzuglokomotive 103 der Deutschen Bundesbahn für 200 Stundenkilometer Höchstgeschwindigkeit

ab, über Räder und Schienen floß er zurück. Unbekümmert benützte man trotz der Berührungsgefahr und den nur geringen Abständen bei einer Spurweite von rund 55 Zentimetern 150 Volt Spannung. Die Ausstellung ging jedoch ohne Zwischenfälle zu Ende und brachte Siemens neuen großen Aufmerksamkeitserfolg. Trotzdem reichten seine Popularität und sein Einfluß nicht, um seine 1880 entwickelten Schnellbahnpläne durchzusetzen, die Berlin schon damals Hochbahnen und Untergrundbahnen hätten bringen sollen. Das Unverständnis seiner Zeitgenossen reichte vom Droschkenkutscher über die Hausbesitzer bis zu den Beratern des Kaisers. So zuckelte die kleine Ausstellungsbahn erst noch durch Brüssel, London, Kopenhagen und Moskau, bis die Brauchbarkeit des elektrischen Bahnantriebes auch in größeren Dimensionen demonstriert werden konnte: Werner Siemens baute auf eigene Kosten in Berlin zwischen dem Bahnhof der Anhalter Bahn in Groß Lichterfelde und der knapp zweieinhalb Kilometer entfernten königlichen Kadettenanstalt die erste elektrische Straßenbahn der Welt, die am 16. Mai 1881 den Betrieb aufnahm.

Zur ersten elektrischen Tramway Frankreichs verhalf wenige Monate später die französische Siemens-Niederlassung der Seine-Metropole Paris, wo damals gerade die erste elektrotechnische Weltausstellung stattfand. Schon 1882 folgte in Berlin die zweite elektrische Straßenbahn von Charlottenburg zum »Spandauer Bock«.

Dann ging die elektrische Bahn nach dem ersten mißglückten Anlauf bei Cottbus doch bald unter Tage. Siemens lieferte 1882 die erste elektrische Grubenlokomotive der Welt an die Steinkohlenzeche Zaukerode in Sachsen, wo sie in 260 Meter Tiefe bis 1927 – nicht weniger als 45 Jahre lang – in Betrieb stand. Auch für eine Reihe weiterer Gruben lieferte Siemens kleine elektrische Lokomotiven, so für die Grube Hohenzollern in Beuthen und für das Salzbergwerk Neu-Staßfurt.

Zu den Hauptproblemen gehörte anfangs die Stromübertragung auf das Fahrzeug. Die ursprüngliche Lösung mit einer Mittelschiene konnte schon aus Sicherheitsgründen ebenso wenig beibehalten bleiben wie die Benützung der beiden Schienen als Hin- und Rückleitung. Eine ganze Reihe unterschiedlicher Konstruktionen brachte zunächst keine befriedigenden Ergebnisse. Die noch heute übliche Art, den Fahrdraht mit einem Bügelstromabnehmer zu bestreichen, fand 1889 Walter Reichel, danach langjähriger Chefkonstrukteur für elektrische Lokomotiven bei Siemens; die Schienen dienen dabei als geerdete und damit berührungssichere Rückleitung.

Werner von Siemens, 1888 geadelt, starb vier Jahre später. In Europa schien die Weiterentwicklung der elektrischen Bahnen eine ganze Weile stillzustehen. Mit um so größerem Feuereifer wandte sich Amerika der neuen Betriebsform zu.

Fortschritt in Amerika

Nur ein Jahr, nachdem Berlin die Premiere der ersten elektrischen Bahn erlebt hatte, setzte Thomas Alva Edison in Amerika ebenfalls eine kleine Elektrolokomotive in Gang, die wie die deutsche eher einem zweiachsigen Förderwagen glich, jedoch 65 Stundenkilometer erreicht haben soll. Um einer »echten« Lokomotive zu ähneln, trug sie eine kleine Kessel-Imitation mit großem Scheinwerfer und dahinter einen imposanten Führerstand. Zusammen mit seinem Landsmann Field baute Edison 1883 noch eine weitere elektrische Lokomotive. Sie erhielt den Namen »The

Oben links: Werner von Siemens, Begründer der elektrischen Bahn; Porträt von Franz von Lenbach. Siemens-Museum, München
Links: Die erste elektrische Lokomotive der Welt, 1879 anläßlich einer Gewerbeausstellung von Siemens in Berlin erstmals vorgeführt, blieb im Original erhalten. Sie zählt heute zu den Kostbarkeiten des Deutschen Museums in München.
Rechts: Ähnlich wie die Eisenbahn selbst legte auch die elektrische Traktion frühe Entwicklungsschritte unter Tage zurück.
Die erste elektrische Grubenlokomotive, von Siemens 1882 an die Steinkohlenzeche Zaukerode in Sachsen geliefert, blieb bis 1927 in Betrieb. Heute steht sie im Siemens-Museum in München.

Judge«, der vorgetäuschte »Kessel« – wiederum mit großem Scheinwerfer – ähnelte jetzt mehr einer überdimensionalen Hundehütte, und am hinteren Ende gab es abermals den mächtigen, geschlossenen Führerstand. Vorn war noch der obligate amerikanische Cow-catcher als Bahnräumer hinzugekommen.
Wenig später begann Leo Daft mit dem Bau einer ganzen Serie elektrischer Lokomotiven. Die erste trug den Namen »Ampère«; am 24. November 1883 rollte sie mit einem Personenwagen über die schmalspurige Saratoga and McGregor Railway, um ihre Betriebstüchtigkeit unter Beweis zu stellen. Am Ende der Fahrt entgleiste sie jedoch und ging in die Brüche. Trotzdem wurde Daft nicht müde, weitere elektrische Lokomotiven zu produzieren: Er baute eine »Morse«, eine »Faraday« und eine »Ohm« für die Pferdebahn von Baltimore. Im Jahre 1885 ließ er die »Benjamin Franklin« folgen, eine neun Tonnen schwere Maschine für die New York Elevated, die einen Zug aus acht Wagen mit vierzig Stundenkilometern ziehen konnte. Schließlich baute er noch zwei weitere elektrische Lokomotiven, die er »Volta« und »Pacinotti« nannte. Mit diesem Namen ehrte er den italienischen Ingenieur Pacinotti, der schon 1864 – also vor der Formulierung des dynamoelektrischen Prinzips durch Werner Siemens – in einer Fachzeitschrift über eine elektrische Maschine berichtet hatte, die als Motor wie als Generator arbeiten konnte.
Auch Straßenbahnen und vor allem elektrische Überlandbahnen mit straßenbahnähnlichem Charakter entstanden in Amerika schon bald. Sie fanden derartigen Anklang, daß sie sich wie ein Präriefeuer ausbreiteten: Im Jahre 1884 hatte die Entwicklung begonnen, im folgenden Jahr bestanden bereits drei Bahnen mit 13 Wagen, fünf Jahre später 126 Bahnen mit rund zweitausend Wagen. In die Lieferung von Anlagen und Fahrzeugen teilten sich etwa zur Hälfte die Thomson-Houston-Company und die Sprague-Company. Franklin Julian Sprague, der den einfachen Fahrdraht, Stangenstromabnehmer mit Rolle, Stromrückführung durch die Schienen und eine Mehrfachsteuerung gekuppelter Triebfahrzeuge von nur einem Führerstand erfand, hatte seine erste Straßenbahn in Richmond im Staate Virginia errichtet. Die Aktivitäten der Thomson-Houston-Company griffen bald auch auf das Ausland über; später ging daraus der Weltkonzern General Electric hervor. Die deutsche Niederlassung, damals Union-Electricitäts-Gesellschaft (UEG), stellte 1890 einen Teil der Bremer Pferdestraßenbahn auf elektrischen Betrieb um. Weitere Linien folgten zwei Jahre später. Im übrigen geschah in den achtziger Jahren nur wenig. Am 5. November 1883 hatte die irische Stadt Portrush eine 9,6 Kilometer lange Straßenbahn eröffnet, die erste der Welt, deren Strom mit Wasserkraft erzeugt wurde. Offenbach am Main baute 1884 die 6,7 Kilometer lange Strecke nach Sachsenhausen bei Frankfurt mit einer Oberleitung aus geschlitztem Kupferrohr und darin laufendem Stromabnehmer. Im selben Jahr erhielt auch Österreich seine erste elektrische Straßenbahn; sie fuhr von Mödling im Süden Wiens seit 22. Oktober 1883 zunächst bis Klausen, dann vom 14. Juli 1885 an bis in die Hinterbrühl, einen beliebten Ausflugsort.
England, das klassische Land der Eisenbahn, verdankt seine erste elektrische Bahn dem Sohn eines deutschen Einwanderers: Magnus Volk. Am Strand des damals noch kaum bekannten Seebades Brighton eröffnete er am 4. August 1883 ein vierhundert Meter langes Bähnchen auf sechzig Zentimeter schmaler Spur – die erste für den öffentlichen Verkehr bestimmte elektrische Bahn des Landes. Sie besteht bis auf den heutigen Tag. Allerdings wurde sie 1884 auf rund 1300 Meter verlängert und auf 825 Millimeter Spurweite verbreitert. Seit 1901 fährt sie insgesamt 2,8 Kilometer weit bis Blackrock. Heute gehört sie der Stadt Brighton und erfreut sich in jeder Sommersaison bei den Strandgästen großer Beliebtheit.

Die »Elektrische« wird Mode

Budapest zeigte sich als erste europäische Metropole gegenüber der elektrischen Straßenbahn so aufgeschlossen, daß eine Linie nach der anderen gebaut werden konnte. Dabei gelang es Siemens nach seinen Entwicklungsleistungen, nun erstmals in größerem Umfang auch kommerziellen Nutzen daraus zu ziehen:
»Die von Siemens & Halske erbaute elektrische Stadtbahn (Aktiengesellschaft) hatte Ende 1892 bereits eine Ausdehnung von 11,9 km (meist doppelgleisig). Von den 4 in Betrieb befindlichen Linien wurde die Stationsgassenlinie (2,5 km) am 30. Juli 1889, die Podmaniczkygassenlinie (3,5 km) am 10. September 1889 und die große Ringstraßenlinie bis zur Kerepeserstraße (3 km) am 6. März 1890, bis zur Üllöerstraße (1,3 km) am 7. August 1890, bis zum Borárosplatz (0,8 km) am 5. Juni 1892 eröffnet. Die für Dampfbetrieb eingerichtete Friedhofslinie wird zum elektrischen Betrieb umgebaut; die Königsgassenlinie (2 km) wurde am 22. Juli 1891 eröffnet; weitere sind geplant. 1892 waren 62 Wagen und Maschinen vorhanden; befördert wurden 11 Millionen Personen . . .«
Trotz der grundsätzlich aufgeschlossenen Haltung wagte damals auch in Budapest niemand, sich über die allgemeine Ablehnung von Oberleitungen für die Straßenbahn hinwegzusetzen. Umweltbewußte Bürger sind keineswegs eine neue Erscheinung. So mußte Siemens das Problem der Stromzuführung mit einer geschickten Konstruktion zu lösen versuchen. Sie gelang und wurde als »hervorragendes Beispiel« gewürdigt, obwohl sie nicht nur erheblichen Aufwand erforderte, sondern außerdem auch allerhand Nachteile in Kauf zu nehmen zwang. Die stromführenden Leiter lagen unterirdisch in einem 28 Zentimeter breiten und 33 Zentimeter tiefen Kanal, der mit einem etwa drei Zentimeter breiten Schlitz nach oben geöffnet war. Durch diesen Schlitz griff ein Kontaktarm als Stromabnehmer nach unten und bestrich die beiderseits an den Schachtwänden montierten Stromschienen. Sie waren im Kanal so hoch angebracht, daß sie selbst bei heftigen Regenfällen nicht überflutet werden konnten. Voraussetzung dafür waren allerdings noch obendrein aufwendige Vorkehrungen zur Entwässerung der Schächte. Stromabnehmer und Weichen erwiesen sich als empfindlich und schwer instand zu halten. Bei Schneefall und Frost bereitete auch die Eisbildung erhebliche Schwierigkeiten. Zwar wurde das Schlitzkanalsystem noch in einer Reihe anderer Städte angewandt, in denen ästhetische Gesichtspunkte eine Oberleitung zunächst ausgeschlossen hatten. Auf die Dauer konnten sich jedoch die unterirdischen Stromschienen nicht behaupten. Sie wurden durch den letzten Endes als unvermeidlich hingenommenen Fahrdraht ersetzt.
Günstigere Startbedingungen fand in dieser Hinsicht die Allgemeine Electricitäts-Gesellschaft (AEG). Sie war 1889 aus der Deutschen Edison-Gesellschaft hervorgegangen, wobei gleichzeitig die »Construktion elektrischer Eisenbahnen« als Verkehrsmittel mit Zukunft ins Fertigungsprogramm aufgenommen wurde. Um ins Geschäft zu kommen, kaufte das junge Unternehmen kurzerhand die Deutsche Straßen- und Lokalbahn AG auf und konnte auf diese Weise schon 1890 in Halle an der Saale eine 6,5 Kilometer lange elektrische Straßenbahn bauen. Die

Stadt hatte sich in den Jahren zuvor rasch zu einem aufstrebenden Industriezentrum entwickelt und erlebte andauernd starken Bevölkerungszuwachs. Die alte Pferdestraßenbahn reichte weder mit ihrem Liniennetz noch mit ihrer Kapazität für die steigenden Anforderungen aus, so daß ein unkonventionelles System auch von den äußeren Umständen begünstigt wurde. Halle entschloß sich zur Anwendung der Oberleitung und ließ sich auch durch den hierauf folgenden Entrüstungssturm nicht beirren. Die Bahn übernahm das amerikanische Sprague-System mit einem Fahrdraht, Stromabnehmer mit Stange und Rolle sowie Stromrückführung durch die Schienen. Nachdem sich die Straßenbahn in Halle offensichtlich hervorragend bewährte, legten sich bald weitere Städte, als erste Gera, ebenfalls eine »Elektrische« zu. Sie wurde Mode und gehörte bald auch in Europa zum unverzichtbaren Attribut jeder Großstadt.

Erste elektrische Vollbahnen

Als erste »komplette« elektrische Bahn der Welt, auf der Züge von elektrischen Lokomotiven befördert wurden, Signalanlagen bestanden, Bahnhöfe eingerichtet waren und öffentlicher Verkehr stattfand, gilt die City & South London Railway, die schon am 4. November 1890 zwischen Stockwell und der über fünf Kilometer entfernten Station King William Street als erste U-Bahn der Welt durch den Prinzen von Wales eröffnet wurde. Zweiachsige Lokomotiven, mit 500 Volt Gleichspannung gespeist, zogen die vom Daily Telegraph als Spielzeug apostrophierten Züge dieser »Röhrenbahn« durch den Tunnel. Fünf Jahre später elektrifizierte die Baltimore & Ohio Railroad in den USA einen Teilabschnitt des Hoch- und Untergrundbahnnetzes von Baltimore mit 650 Volt Gleichspannung; das bei dichterer Zugfolge immer unerträglichere Rauchproblem hatte aus der Welt geschafft werden müssen. In Budapest konnte wiederum Siemens die erste Untergrundbahn des Kontinents eröffnen, die zur Jahrtausendfeier Ungarns am 2. Mai 1896 eröffnet wurde. Im Jahre 1900 folgten die ersten Linien in Paris.

In den letzten Jahren vor der Jahrhundertwende begannen auch in Deutschland Überlegungen zum Bau von Hoch- und Untergrundbahnen sowie zur Elektrifizierung von Stadtbahnstrecken in den Großstädten. Die AEG hatte schon 1891 den Bau einer Nord-Süd-U-Bahn in Berlin beantragt, war allerdings wegen der geologischen Verhältnisse bei der Bürokratie auf unüberwindliche Widerstände gestoßen. Lediglich ein Probetunnel konnte unter der Spree zwischen Stralau und Treptow bis 1899 fertiggestellt, die Realisierbarkeit des Projektes damit nachgewiesen werden. Zum Zuge kam die AEG beim U-Bahn-Bau in Berlin jedoch erst 1912 mit der 10,9 Kilometer langen Linie Gesundbrunnen - Neukölln, wobei ein 1,6 Kilometer langes Teilstück im Norden als Hochbahn ausgeführt wurde. Dagegen hatte Siemens schon 1897 den Bau einer Berliner Hochbahnlinie in Angriff nehmen können: Die Verbindungen von der Warschauer Brücke über das Gleisdreieck zum Potsdamer Platz und mit einem Zweig zum Zoologischen Garten gingen am 17. August 1902 in Betrieb und bildeten die Stammstrecken des Berliner U-Bahn-Netzes. Als erstes Teilstück war die Verbindung zwischen Potsdamer Platz und Stralauer Tor schon am 18. Februar 1902 eröffnet worden.

Bei der Preußischen Staatsbahn gingen erste Entwürfe für einen elektrischen Betrieb auf der Hamburger Vorortbahnstrecke Blankenese - Haselbrook bereits auf das Jahr 1894 zurück. Dann trat jedoch der Plan in den Vordergrund, auf der Wannseebahn in Berlin einen elektrischen Versuchsbetrieb einzurichten. Er begann mit einem von Siemens gebauten Probezug am 1. August 1900 im Abschnitt Berlin-Wannseebahnhof - Zehlendorf. Über eine Stromschiene neben dem Gleis wurden 600 Volt Gleichspannung zugeführt. Die Versuche mußten sich allerdings auf die Klärung technischer Fragen beschränken, während sie betrieblich wenig Aufschluß geben konnten, weil der elektrische Probezug nur im Wechsel mit den weiterhin fahrplanmäßig verkehrenden Dampfzügen eingesetzt wurde. Am 1. Juni 1902 endete deshalb dieser Versuchsbetrieb; zu seiner Fortsetzung wurde die 9,2 Kilometer lange Vorortstrecke zwischen dem Potsdamer Ringbahnhof und Lichterfelde Ost ebenfalls mit Gleichspannung elektrifiziert. Zum ersten Mal war damit in Deutschland der Dampfbetrieb auf einer Eisenbahnstrecke vom elektrischen Betrieb abgelöst worden; seit dem 15. Juni 1903 wird die Strecke ununterbrochen elektrisch betrieben.

Außerhalb der Großstädte benützte als erste die Preußische Staatsbahn 1894 in

Die erste Untergrundbahn auf dem europäischen Kontinent ging anläßlich der Jahrtausendfeiern Ungarns am 2. Mai 1896 in Budapest in Betrieb. Ein Teil des alten Tunnels wurde unlängst in ein Museum umgewandelt. Zwei der alten U-Bahn-Züge, Signalanlagen, Tunnelkonstruktionen und zahlreiche Dokumente sind dort nur wenige Meter unter dem Pflaster der Deák-Ferenc-tér zu besichtigen.

BTB
2
E 2E

ihrer Hauptwerkstätte in Potsdam eine kleine elektrische Rangierlokomotive. Zwischen Düsseldorf und Krefeld nahm im gleichen Jahr die erste elektrische Überlandstraßenbahn Preußens den Betrieb auf. Die erste Vollbahnstrecke, die in Deutschland von vornherein für elektrischen Betrieb eingerichtet wurde, gehörte der privaten Lokalbahn AG in München und verband das Städtchen Tettnang in Württemberg mit der rund viereinhalb Kilometer entfernten Bahnstation Meckenbeuren an der Staatsbahnstrecke Ulm – Friedrichshafen. Der elektrische Betrieb wurde dort mit Oberleitung und 750 Volt Fahrdrahtspannung am 4. Dezember 1895 aufgenommen und bis zum 31. Januar 1962 aufrechterhalten.

Alle diese Bahnen fuhren mit Gleichstrom, der sich jedoch für einen elektrischen Bahnbetrieb über größere Entfernungen nur bedingt eignet. Schon vor der Jahrhundertwende begann deshalb die Suche nach dem optimalen Bahnstromsystem.

Mit Drehstrom auf Tempo 210

Während Gleichstrom damals nur mit verhältnismäßig geringen Spannungen zur Verfügung stand, bot der als Drehstrom bezeichnete dreiphasige Wechselstrom die Möglichkeit zur Transformation auf Hochspannung, womit große Übertragungsweiten ohne übermäßige Energieverluste zu erzielen sind. Der Drehstrommotor bestach außerdem durch einfachen Aufbau, hohe Leistung bei leichtem Gewicht, durch geringen Verschleiß und niedrigen Wartungsaufwand.

Nach rund zehnjähriger Entwicklungsarbeit wurde der Drehstrommotor erstmals auf der Trambahn zwischen Lugano und Paradiso im Schweizer Kanton Tessin im Bahnbetrieb erprobt. Charles Eugène Lancelot Brown, Sohn des Gründers der Schweizerischen Lokomotiv- und Maschinenfabrik Winterthur, unternahm 1895 zusammen mit Walter Boveri die ersten Versuchsfahrten mit einem Drehstromwagen. Zwei Jahre später absolvierte die von der Maschinenfabrik Oerlikon gebaute erste Drehstrom-Zahnradlokomotive am 24. November 1897 die Probefahrt auf dem soeben fertiggestellten Teilstück der Gornergratbahn von Zermatt aus rund zwei Kilometer durch die

Drehstromlokomotive der Burgdorf – Thun-Bahn aus dem Jahre 1899, heute im Verkehrshaus der Schweiz in Luzern. Die zweite Lokomotive dieser Bauart steht jetzt im Deutschen Museum in München.

Äußeren Wälder. Dies geschah – wie eine Zeitung anmerkte – zu einer Zeit, da in Berlin noch siebentausend Pferde vor Stadtbahnwagen durch die Straßen trotteten und vom Potsdamer Platz in der Stunde 244 Pferdebahnen nach allen Richtungen hin abgingen. Abermals zwei Jahre später wurde am 21. Juli 1899 die von Brown, Boveri & Cie in Baden bereits zur Betriebseröffnung mit Drehstrom elektrifizierte Bahn von Burgdorf im Emmental nach dem knapp 41 Kilometer entfernten Städtchen Thun am Thuner See ihrer Bestimmung übergeben. Die Fahrdrahtspannung betrug 750 Volt, die Frequenz 40 Hertz. Neben Triebwagen für den Personenverkehr wurden zwei Lokomotiven in Dienst gestellt, die bis 1933 im Einsatz blieben. Beide sind noch heute zu sehen: die eine im Verkehrshaus der Schweiz in Luzern, die andere im Deutschen Museum in München. Werksversuche mit einer Drehstrombahn hatte noch vor den Schweizern Siemens in Berlin unternommen: zunächst 1891 mit 550 Volt und einem provisorisch ausgerüsteten Wagen, dann 1897 mit höheren Spannungen und einer zweiachsigen Lokomotive auf der neu angelegten Versuchsstrecke in Groß Lichterfelde. Dabei wurden über die dreipolige, seitlich angeordnete Fahrleitung bis zu 10 000 Volt zugeführt und Motoren mit Speisespannungen zwischen 650 und 2000 Volt erprobt.
Kurz vor der Jahrhundertwende kam es am 10. Oktober 1899 zur Gründung der »Deutschen Studiengesellschaft für elektrische Schnellbahnen«, an der sich neben der Preußischen Staatsbahn, der AEG und Siemens weitere führende Unternehmen aus Elektrotechnik und Maschinenbau sowie die Deutsche Bank beteiligten. Ein Gleis der Militärbahn Marienfelde – Zossen im Süden von Berlin erhielt wiederum eine dreipolige, seitlich angeordnete Fahrleitung, die mit 10 000 Volt und variabler Frequenz bis zu 50 Hertz gespeist werden konnte. Die AEG und Siemens bauten je einen sechsachsigen Drehstromtriebwagen mit der Achsanordnung (A 1 A) (A 1 A), Siemens stellte außerdem noch eine vierachsige Drehstromlokomotive mit der Achsanordnung (1 A) (A 1) zur Verfügung. Bei den Versuchen, die zwischen 1900 und 1903 stattfanden, erreichte die Lokomotive mit direkt aus der Fahrleitung gespeisten Hochspannungsmotoren bis zu 160,2 km/h. Die beiden Triebwagen stellten im Herbst 1903 mit Geschwindigkeiten von rund 210 km/h den damals sensationellen Geschwindigkeits-Weltrekord auf. Ihre Fahrmotoren wurden über einen Transformator mit geringerer Spannung gespeist. Am 6. Oktober 1903 überschritt zunächst der Siemens-Wagen die 200-Stundenkilometer-Grenze geringfügig. Dann folgten am 23. Oktober Höchstgeschwindigkeiten von 206,7 km/h und am 27. Oktober von 210,2 km/h, die bei weiteren Versuchen anschließend mehrfach erreicht wurden: »... Bei den größten Geschwindigkeiten von 200 bis 210 km/h vollzog sich die Bewegung des Fahrzeuges mit solcher Beständigkeit und Ruhe, daß ein auf den Fensterbord gestelltes volles Wasserglas keinen Tropfen verlor, auch nicht in den auf Überhöhung gebauten

Einen Geschwindigkeits-Weltrekord stellten 1903 auf der Militärbahn Marienfelde – Zossen bei Berlin zwei von der AEG und von Siemens gebaute Drehstromschnelltriebwagen auf. Sie erreichten die für damalige Maßstäbe enorme Geschwindigkeit von über 210 Stundenkilometern.
Rechts: Drei Bügelstromabnehmer übertrugen den Dreiphasenstrom (Drehstrom) von den seitlich neben dem Gleis gespannten Fahrdrähten auf die Versuchsfahrzeuge. Modell im Siemens-Museum, München

Gleiskrümmungen von 2000 Meter Radius. Man hatte das Gefühl absoluter Sicherheit und Ruhe der Fahrt...«, berichtete später Walter Reichel, obwohl besonders aus der Anfangszeit der Versuche auch andere Eindrücke überliefert sind.

Trotz der äußerst aufschlußreichen Versuchsergebnisse und des zweifellos eindrucksvollen Leistungsbeweises für einen elektrischen Bahnbetrieb kam es zu keiner unmittelbaren Nutzanwendung. Eine für Drehstrombetrieb vorgeschlagene Schnellbahn Berlin – Hamburg scheiterte nicht nur an technischen, sondern ebenso aufgrund wirtschaftlicher und politischer Schwierigkeiten.

Bemerkenswerte Erfolge in den Anfangsjahren des elektrischen Bahnbetriebes erzielte auch die ungarische Maschinenfabrik Ganz & Cie in Budapest unter dem Chefkonstrukteur ihrer 1878 gegründeten elektrischen Abteilung, Kálmán Kandó. Er ließ 1899 zunächst eine anderthalb Kilometer lange Versuchsanlage für 3000 Volt Drehstrom mit zweipoliger Fahrleitung anlegen; als dritte Phase dienten die Schienen. Günstige Versuchsergebnisse verhalfen Ganz & Cie zu Aufträgen auf Elektrifizierung zunächst der 1100 Meter langen Anschlußbahn der Munitionsfabrik Wöllersdorf bei Wiener Neustadt, dann aber vor allem der norditalienischen Veltlinbahn von Lecco am Südostende des Comer Sees über Colico nach Sondrio mit einer Zweiglinie von Colico nach Chiavenna. Der Betrieb mit 3000 Volt und 15 Hertz konnte am 4. September 1902 aufgenommen werden. Die beiden Strecken im Veltlin mit zusammen 106,3 Kilometer Länge bildeten die Stammlinien des norditalienischen Drehstromnetzes, das sich in Piemont, Ligurien, im Trentino und in Südtirol als einziges der Welt entwickelte und erst über siebzig Jahre später vom Gleichstrom restlos abgelöst wurde. Nachdem bereits mehrere Bergstrecken, darunter die Mont-Cenis-Bahn, auf italienischer Seite mit Drehstrom von inzwischen 3600 Volt und 16⅔ Hertz betrieben wurden, elektrifizierte die Italienische Staatsbahn noch 1929 auch den südlichen Abschnitt der Brennerbahn von Trient über Bozen bis zur Paßhöhe und die Zweiglinie von Bozen nach Meran mit diesem System.

Als in der Schweiz 1906 die Aufnahme des Betriebes am Simplon durch den mit nahezu zwanzig Kilometern damals längsten Tunnel der Welt bevorstand, übernahm Brown, Boveri & Cie auf eigene Rechnung die Elektrifizierung des rund 22 Kilometer langen Abschnittes Brig – Iselle mit Drehstrom von 3300 Volt und 16⅔ Hertz. Wegen der Streckenneigung und des Scheitelpunktes in Tunnelmitte waren Befürchtungen laut geworden, daß wegen Rauchgasansammlungen ein Dampfbetrieb in diesem Tunnel überhaupt nicht möglich sei. Die Frage erledigte sich von selbst, nachdem am 1. Juni 1906 der Betrieb sofort elektrisch aufgenommen werden konnte. Wegen des Kohlenmangels nach dem Ersten Weltkrieg ließen die Schweizerischen Bundesbahnen später sogar noch das Teilstück Brig – Sitten mit Drehstrom elektrifizieren. Erst am 2. März 1930 wurde zunächst die Tunnelstrecke Brig – Iselle auf Einphasenwechselstrom von 15 000 Volt

Links: Drehstromlokomotive E 431 002 der Italienischen Staatsbahn im Sommer 1972 bei Cassine auf der Strecke Alessandria – Acqui – Savona. Nur in Italien entwickelte sich ein umfangreiches Drehstromnetz, das 1942 mit 1840 Kilometern seine größte Ausdehnung erreichte. Trotz der aufwendigen doppelpoligen Fahrleitung und einer Reihe weiterer Schwächen ging der Drehstrombetrieb in Italien erst im Sommer 1976 zu Ende.
Rechte Seite: Auf der Strecke Seebach – Wettingen in der Schweiz erprobte die Maschinenfabrik Oerlikon auf eigene Kosten Möglichkeiten für Einphasenwechselstrombetrieb. Die erste Lokomotive, die schon am 12. März 1904 auf einem kurzen Versuchsgleis zum ersten Mal vorgeführt wurde, fuhr zunächst mit Gleichstrom. Er wurde von einem rotierenden Umformer an Bord der Lokomotive aus dem über die Fahrleitung zugeführten Wechselstrom von 50 Hertz erzeugt. Schon 1905 wurde die Lokomotive jedoch umgebaut, erhielt Wechselstrommotoren und wurde vom 10. November 1905 an mit Einphasenwechselstrom von 15 Hertz gespeist. Später kam die Lokomotive zur Bodensee – Toggenburg-Bahn und blieb so bis heute erhalten; jetzt steht sie im Verkehrshaus der Schweiz in Luzern.

und 16⅔ Hertz umgestellt, am 15. Mai war nach Umbau des letzten, schon in Italien gelegenen, jedoch von den Schweizerischen Bundesbahnen betriebenen Abschnittes von Iselle bis zum Übergabebahnhof Domodossola die gesamte Simplonlinie auf Schweizer Seite mit dem neuen System ausgerüstet. Das provisorisch für Drehstrombetrieb eingerichtete Teilstück Brig – Sitten, das am 31. Juli 1919 fertiggestellt worden war, befuhren bereits ab 15. Januar 1927 Wechselstromlokomotiven.

In den Vereinigten Staaten ließ die Great Northern Railway im Jahre 1909 unter ähnlichen Verhältnissen wie am Simplon ihre Strecke über die Cascade-Mountains mit einem über vier Kilometer langen Tunnel von General Electric mit Drehstrom von 6600 Volt und 25 Hertz elektrifizieren. Der Drehstrombetrieb blieb bis zur Eröffnung des neuen Cascade-Tunnels am 12. Januar 1929 bestehen und wurde dann von Einphasenwechselstrom 11 500 Volt und 25 Hertz abgelöst. Mit 12 543 Metern Länge ist dieser Tunnel der längste Amerikas.

Zwei schwerwiegende Mängel des Drehstromsystems im Bahnbetrieb begrenzten seine Anwendung damals auf einen verhältnismäßig kurzen Zeitraum, wenn auch einmal damit ausgerüstete Strecken zum Teil erst spät umgebaut worden sind. Drehstrom bedingt eine aufwendige, mindestens zweipolige Fahrleitung, auf den Lokomotiven zwei getrennte Stromabnehmerpaare. Außerdem läßt die Motorkonstruktion nur wenige konstante Drehzahl- und damit Geschwindigkeitsstufen zu. Die Anwendung des Drehstromes bildete deshalb nur eine Zwischenphase auf dem Weg zu einem Bahnstromsystem, das die Vorteile der einfachen Fahrleitung bei Gleichstrom mit denen der Transformierbarkeit von Drehstrom kombinieren konnte.

Langer Weg ins Neuland

Mit ähnlich günstigem Betriebsverhalten wie bei Gleichstrom lassen sich Motoren für Einphasenwechselstrom bauen. Doch vor allem bei schweren Anfahrten mit hohen Motorströmen, wie sie im Bahnbetrieb immer wieder vorkommen, bildeten sich dabei starke Lichtbogen, die schwere Schäden verursachten. »Der Einphasenkommutatormotor feuert!« lautete die allgemeine Feststellung. Sie stand der erfolgreichen Entwicklung des elektrischen Bahnbetriebes zunächst im Wege, weil damit das ansonsten so vorteilhafte System des Einphasenwechselstromes auszuscheiden schien. Die Grenzen von Gleichstrom und Drehstrom hatten sich bereits gezeigt, so daß sich die weitere Entwicklung auf konstruktive Verbesserungen des »feuernden« Motors konzentrierte. Bald nach der Jahrhundertwende konnten neben anderen die beiden Wiener Ingenieure Günter Winter und Friedrich Eichberg bei der Union-Electricitäts-Gesellschaft (UEG), Rudolf Richter bei Siemens und in der Schweiz Hans Behn-Eschenburg bei der Maschinenfabrik Oerlikon Lösungsmöglichkeiten aufzeigen und damit dem Einphasenwechselstrom bei elektrischen Bahnen zum Durchbruch verhelfen.

Als erste begann die UEG 1901 zwischen Niederschöneweide-Johannisthal und Spindlersfeld im Südosten von Berlin mit der Einrichtung eines Versuchsbetriebes über 4,1 Kilometer mit Einphasenwechselstrom von 6000 Volt und 25 Hertz. Die Probefahrten begannen am 14. August 1903. Bis Herbst 1905 bewältigten die beiden vorhandenen Versuchstriebwagen den gesamten öffentlichen Personenverkehr auf dieser Strecke. Nach Abschluß des Versuchsprogramms wurde der elektrische Betrieb jedoch wieder eingestellt.

Inzwischen hatte sich für Siemens im März 1904 Gelegenheit ergeben, auf der 23,7 Kilometer langen Lokalbahn von Murnau über Bad Kohlgrub nach Oberammergau in Oberbayern das Einphasenwechselstromsystem zum ersten Mal betriebsmäßig anzuwenden. Ursprünglich sollte diese Bahn mit Drehstrom elektrifiziert werden; die Arbeiten verzögerten

sich jedoch so lange, daß inzwischen das neue System anwendungsreif wurde. Wenig später begann Siemens im Auftrag der Lokalbahn AG München mit dem Umbau der großenteils bereits fertigen Drehstromfahrleitung. Am 1. Januar 1905 wurde der elektrische Betrieb zunächst mit einem Teil der Züge, am 24. Januar in vollem Umfang aufgenommen. Die Fahrdrahtspannung betrug 5500 Volt bei einer Frequenz von 16 Hertz.
Neben vier Triebwagen, die schon 1919 wieder ausrangiert wurden, beschaffte die Lokalbahn AG für die Strecke Murnau – Oberammergau zwischen 1906 und 1930 insgesamt fünf elektrische Lokomotiven mit der Achsanordnung Bo. Vier von ihnen wurden 1954 umgebaut und weiterhin auf dieser Strecke eingesetzt, die älteste stand bis zum 8. Februar 1983 als Denkmal im Bundesbahn-Ausbesserungswerk München-Freimann. Nach dem Zweiten Weltrieg paßte die Deutsche Bundesbahn die Fahrdrahtspannung auf der schon 1938 verstaatlichten Strecke ihrem übrigen Netz mit 15 000 Volt an. Die beiden 1909 und 1912 gebauten Lokomotiven waren lange die weitaus ältesten im Einsatzbestand der Deutschen Bundesbahn.
Sehr frühzeitig hatte in der Schweiz Emil Huber-Stockar für hochgespannten Wechselstrom im Bahnbetrieb plädiert. Die Maschinenfabrik Oerlikon übernahm 1902 auf eigene Kosten die Ausrüstung der Strecke Seebach – Wettingen für einen Großversuch. Er begann am 16. Januar 1905 zunächst im Abschnitt Seebach – Affoltern. Die erste Lokomotive wurde mit Einphasenwechselstrom von 15 000 Volt und 50 Hertz gespeist, fuhr jedoch mit Gleichstrom, den ein rotierender Umformer auf der Lokomotive erzeugte. Die zweite, die wenig später folgte, war mit Fahrmotoren nach Behn-Eschenburg ausgerüstet und konnte damit bereits mit Wechselstrom direkt gespeist werden. Die Frequenz wurde zu diesem Zweck auf 15 Hertz reduziert. Ab 2. Juni 1906 war auch der Abschnitt Affoltern – Regendorf, ab 1. Dezember 1907 die gesamte Strecke Seebach – Wettingen elektrifiziert. Obwohl die Versuchsergebnisse durchaus Erfolg versprachen, übernahmen die Schweizerischen Bundesbahnen weder Anlagen noch Fahrzeuge, sondern stellten den elektrischen Betrieb nach Abschluß der Versuche am 3. Juli 1909 wieder ein. Immerhin waren wesentliche Grundlagen für die Bahnelektrifizierung damit geschaffen.
In Österreich setzte die UEG das Einphasenwechselstromsystem mit Motoren nach Winter-Eichberg ab 1. August 1904 auf der schmalspurigen Stubaitalbahn Innsbruck – Fulpmes ein, wobei bis 1926 die damals vielfach übliche Industriefrequenz von 42 Hertz benützt wurde. Der dann auf 3000 Volt und 50 Hertz umgestellte Wechselstrombetrieb endete am 2. Juli 1983; seither fährt die Stubaitalbahn als Teil der Innsbrucker Straßenbahn mit 900 Volt Gleichspannung.
Für Wechselstrombahnen erschien die Industriefrequenz erstrebenswert, um Strom aus dem Landesnetz benützen zu können. Die Erscheinung des Feuerns an den

Kommutatorlamellen steht jedoch in direktem Verhältnis zur Frequenz des Wechselstromes. Bei Bahnen mit schweren Betriebsanforderungen ließ sich deshalb eine Verminderung der Periodenzahl nicht umgehen. Sie mußte andererseits hoch genug bleiben, um die Spannung noch problemlos transformieren zu können. Außerdem sollte in den Kraftwerken womöglich mit derselben Turbine ein- und dreiphasiger Wechselstrom erzeugt werden können. Deshalb wurde als Frequenz des Bahnstromes in der Regel ein ganzzahliger Teil der Drehstromfrequenz gewählt. In Frage kamen nur die Hälfte oder ein Drittel, also 25 oder 16⅔ bei Drehstrom von 50 Hertz. Zum Teil wichen die Werte geringfügig ab wie auch die Drehstromfrequenz noch nicht einheitlich auf 50 Hertz festgelegt war.

Einphasenwechselstrom setzt sich durch

In Deutschland hatte Preußen nach den erfolgreichen Versuchen zwischen Niederschöneweide und Spindlersfeld als erstes Land die Zukunft des Einphasenwechselstromes richtig eingeschätzt. Dahinter stand als treibende Kraft Gustav Wittfeld, verantwortlicher Referent im Preußischen Ministerium der öffentlichen Arbeiten. Er engagierte sich leidenschaftlich für den elektrischen Bahnbetrieb und verfocht überzeugt das Wechselstromsystem. Vor dem Wagnis einer endgültigen und weittragenden Entscheidung erschienen zunächst jedoch Versuche auch unter härteren Bedingungen noch erforderlich, zumal von seiten interessierter Bergwerksgesellschaften, die um den Absatz von Lokomotivkohle fürchteten, wie auch von der Dampflokomotiv-Industrie immer neue Argumente gegen die Elektrifizierung vorgetragen wurden.
Bei Oranienburg, nördlich von Berlin, ließ die Preußisch-Hessische Staatsbahn hierfür einen rund 1760 Meter langen Versuchsring anlegen, der mit 6300 Volt und 25 Hertz elektrifiziert wurde. Dort konnten Gleis- und Fahrleitungsanlagen ebenso wie elektrische Triebfahrzeuge im Dauertest erprobt werden. Die Rundbahn stand vom 15. November 1906 an zur Verfügung und wurde bis 1911 benützt. Die dort erwarteten Resultate sollten vor allem als Entscheidungshilfe bei der Systemwahl für die Fernbahnelektrifizierung herangezogen werden.
Inzwischen stellte die Preußisch-Hessische Staatsbahn entsprechend einem schon 1904 gefaßten Beschluß die 26,6 Kilometer lange Vorortbahn Ohlsdorf – Hamburg-Altona – Blankenese auf elektrischen Betrieb um; er wurde mit Einphasenwechselstrom von 6300 Volt und 25 Hertz im Herbst 1907 versuchsweise und ab 29. Januar 1908 in vollem Umfang aufgenommen. Das Stromsystem bewährte sich dabei so gut, daß zeitweise sogar für die Berliner S-Bahn eine Elektrifizierung mit Einphasenwechselstrom ins Auge gefaßt wurde.
Unmittelbar drängte sich jedoch die Einführung des elektrischen Betriebes auf der zwar nur 2,36 Kilometer langen Hafenbahn zwischen Altona Hauptbahnhof und Altona Kai auf, die aber wegen einer Steilrampe und eines längeren Tunnels als betrieblich schwierig galt. Am 1. Mai 1911 erfolgte die Umstellung auf Einphasenwechselstrom von ebenfalls 25 Hertz, wegen des Tunnels jedoch nur

Links: Als erste Einphasenwechselstrom-Lokomotive Deutschlands wurde auf der im Herbst 1904 elektrifizierten Strecke Murnau – Oberammergau die »LAG 1« am 19. Februar 1906 von der Lokalbahn AG München in Dienst gestellt. Die von Siemens und der Katharinenhütte in Rohrbach an der Saar gebaute Lokomotive blieb bis 1954 auf der gleichen Strecke in Betrieb und stand bis 1983 als Denkmal im Bundesbahn-Ausbesserungswerk München-Freimann. Nun soll sie renoviert und ins Deutsche Museum in München aufgenommen werden.
Rechts: Ebenfalls mit Einphasenwechselstrom, jedoch mit der damals vielfach noch üblichen Industriefrequenz von 42 Hertz elektrifizierte die AEG die schmalspurige Stubaitalbahn von Innsbruck nach Fulpmes. Der elektrische Betrieb konnte dort am 1. August 1904 aufgenommen werden. Seit 2. Juli 1983 gehört der technisch eigenständige Betrieb der Stubaitalbahn der Vergangenheit an: sie wurde Bestandteil des Innsbrucker Straßenbahn-Netzes.

3000 Volt Fahrdrahtspannung. Die erste dort eingesetzte elektrische Lokomotive war von der AEG ursprünglich für die Oranienburger Rundbahn gebaut worden. Dort hatte sie bei täglich zwanzigstündigem Dauerbetrieb insgesamt 300 000 Kilometer zurückgelegt; nach einigen Änderungen war sie noch bis 1932 in Hamburg eingesetzt.
Für die Fernbahnelektrifizierung vorgesehen waren zunächst Altona - Kiel als Flachlandstrecke in Verbindung mit der bereits elektrisch betriebenen Hamburger Vorortbahn sowie Euskirchen - Trier als schwierigere Strecke im Mittelgebirge. Beide Vorhaben scheiterten an militärischen Einwänden. So fiel die Wahl auf den Abschnitt Dessau - Bitterfeld in Mitteldeutschland. Unterbrechungen des Eisenbahnverkehrs, die bei elektrischem Betrieb für besonders leicht möglich gehalten wurden, schienen dort wegen der geringeren Verkehrsbedeutung der Strecke und der Umgehungsmöglichkeit über die parallel verlaufende Hauptstrecke Magdeburg - Halle - Leipzig weniger bedenklich. Für eine wirtschaftliche Energieversorgung standen in unmittelbarer Nähe ausgedehnte Braunkohlevorkommen zur Verfügung. Der Betrieb auf der 25,6 Kilometer langen Strecke wurde zunächst mit 10 000 Volt und 15 Hertz am 18. Januar 1911 aufgenommen. Später entwickelte sich hieraus, durch den Weltkrieg verzögert, das mitteldeutsche Netz.
Bei der Planung eines elektrischen Betriebes im Bergland hatte sich das Interesse einer Reihe von Strecken in Schlesien zugewandt, wobei zuerst Lauban - Königszelt und einige Zweiglinien ausgebaut werden sollten. Fertiggestellt und als erste am 1. Juni 1914 in Betrieb genommen wurde die 34,5 Kilometer lange Strecke Nieder Salzbrunn - Fellhammer - Halbstadt, wobei aufgrund inzwischen getroffener Vereinbarungen erstmals 15 000 Volt und 16⅔ Hertz als Stromsystem gewählt wurden. Auch in Schlesien entwickelte sich später ein selbständiges elektrisch betriebenes Streckennetz.
Schon Jahre zuvor hatte Bayern auf Veranlassung von Dr. Dr. Gleichmann ebenfalls die Elektrifizierung einiger Strecken eingeleitet, dabei aber gleichermaßen Verzögerungen durch militärische Einwände erlitten. So wurde als erste in Bayern elektrisch betriebene Staatsbahnstrecke am 28. Oktober 1912 die eben fertiggestellte Mittenwaldbahn von Innsbruck über Seefeld in Tirol und Mittenwald nach Garmisch-Partenkirchen ab der österreichischen Landesgrenze bei Scharnitz bis Garmisch eröffnet. Am 29. Mai 1913 schloß sich der bayerische Abschnitt der Außerfernbahn von Garmisch über Griesen nach Ehrwald und Reutte in Tirol an. Auf beiden Strecken wurde Einphasenwechselstrom mit 15 000 Volt und anfangs 15 Hertz verwandt; die Frequenz wurde wenig später auf 16⅔ Hertz erhöht.
In Baden zeigte sich die Staatsbahn ebenfalls als fortschrittlich. Sie elektrifizierte die Wiesen- und die Wehratalbahn von Basel über Schopfheim nach Zell und von Schopfheim nach Säckingen, wobei ebenfalls Einphasenwechselstrom, jedoch mit nur 10 000 Volt und 15 Hertz gewählt wurde. Die beiden, zusammen 48,4 Kilometer langen Strecken konnten vom 13. September 1913 an elektrisch befahren werden.
Aus dieser zunächst weitgehend selbständigen Entwicklungsarbeit heraus kam

es um die Jahreswende 1912/13 zu einem außerordentlich bedeutsamen »Übereinkommen betreffend die Ausführung elektrischer Zugförderung« zwischen den preußisch-hessischen, den bayerischen und den badischen Staatseisenbahnen, das als gemeinsames Stromsystem Einphasenwechselstrom mit 15 000 Volt und 16⅔ Hertz festlegte. Aufgrund ihrer eigenen Versuchsergebnisse schlossen sich wenig später auch Österreich, Schweden und Norwegen sowie die Schweiz dem Übereinkommen an. Es bildete die Basis für die Entwicklung eines einheitlichen elektrischen Netzes in Mittel- und Nordeuropa.

Drei Inseln

Obwohl elektrischer Zugbetrieb besonders dann günstige Ergebnisse bringt, wenn größere Netze zusammenhängend befahren und damit auch die Lokomotiven intensiv genutzt werden können, erfolgte die Elektrifizierung in Deutschland anfangs nicht unter diesen wirtschaftlichen Aspekten. Zunächst wirkte sich noch einmal die Eigenstaatlichkeit der deutschen Länder aus. Nach Gründung der Deutschen Reichsbahn im Jahre 1920 mußte dort angeknüpft werden, wo die Länderbahnen begonnen hatten. Immerhin gewährleistete das Abkommen über den technischen Standard des Stromsystems wenigstens Übereinstimmung in der Technik. Damit blieb die Möglichkeit offen, die zunächst weit voneinander entfernten Netze später zusammenwachsen zu lassen.
Preußen hatte, abgesehen von den Versuchsstrecken in und um Berlin, in drei verschiedenen Gebieten mit dem Aufbau elektrischer Bahnnetze begonnen: in Altona, in Mitteldeutschland und in Schlesien. Während sich der Betrieb um Hamburg auch später auf die S-Bahn und die Altonaer Hafenbahn beschränkte, sollte er nach den ersten erfolgreichen Versuchen zwischen Dessau und Bitterfeld im mitteldeutschen Raum unverzüglich auf längere Strecken, vor allem auf die Abschnitte Magdeburg - Dessau, Bitterfeld - Leipzig und Leipzig - Halle ausgedehnt werden. Die Arbeiten kamen aber schon kurz nach Ausbruch des Ersten Weltkrieges zum Erliegen, der elektrische Betrieb wurde eingestellt. Das zum großen Teil bereits verbaute Fahrleitungskupfer ging in die Rüstung, und das Bahnkraftwerk Muldenstein lieferte seinen Strom an die Industrie. Erst nach dem Krieg konnte das Netz wieder aufgebaut werden. Am 19. Dezember 1922 wurde der elektrische Betrieb auf den Strecken Zerbst - Bitterfeld - Dessau - Leipzig und Leipzig - Halle zum zweiten Mal aufgenommen. Erst 1934 folgte auch die südliche Magistrale von Leipzig über Köthen nach Magdeburg.
In Schlesien blieb der elektrische Betrieb auch während der Kriegsjahre aufrechterhalten und dehnte sich sogar auf eine Reihe weiterer Streckenabschnitte aus. Die Lokomotiven aus Mitteldeutschland fanden damit weiterhin Verwendung. In den ersten fünf Nachkriegsjahren wurde die Hauptlinie der schlesischen Gebirgsbahn im Westen durchgehend bis Görlitz elektrifiziert, in weiteren fünf Jahren auch im Osten bis Breslau. Mehrere Zweiglinien, die meisten nach Süden in die Sudeten führend, erhielten ebenfalls Anschluß: Ruhbank - Landeshut - Liebau, Hirschberg - Polaun, Lauban - Kohlfurt, Lauban - Marklissa und Hirschberg - Schmiedeberg - Landeshut. Ende 1932 hatte das schlesische Netz seine volle Ausdehnung bereits weitgehend erreicht.
Auch Bayern setzte nach Fertigstellung von Mittenwald- und Außerfernbahn die Elektrifizierung an anderer Stelle fort. Gegen die Einrichtung des elektrischen Betriebes auf Hauptlinien waren auch hier Einwände von militärischer Seite erhoben worden. Nach rund acht Jahren Vorbereitungs- und Bauzeit konnte während des Krieges am 1. August 1916 auf der Strecke Salzburg - Freilassing - Bad Reichenhall - Berchtesgaden der elektrische Zugbetrieb aufgenommen werden. Weitere Strecken folgten erst in den zwanziger Jahren, in erster Linie um München und von dort ins Voralpengebiet. Im Sommer 1927 fuhren die Züge über Kufstein nach Innsbruck, ein Jahr später auch nach Salzburg elektrisch. Damit erhielten zum ersten Mal zwei anfangs getrennte elektrische Betriebe miteinander Verbindung. Mit der rasch fortschreitenden Umstellung wurde schon 1927 Regensburg erreicht, 1933 Stuttgart und 1935 Nürnberg.
Zu diesem Zeitpunkt bestanden in Deutschland neben den S-Bahn-Netzen Berlins und Hamburgs sowie einer Reihe weniger bedeutender Einzelstrecken drei »Inseln«, auf denen innerhalb des Gesamtnetzes der Reichsbahn der Betrieb elektrisch geführt wurde: in Süddeutschland, in Mitteldeutschland und in Schlesien. Dann konzentrierte sich die Elektrifizierung auf die Strecke München - Berlin, womit automatisch der Zusammenschluß des süddeutschen und des mitteldeutschen Netzes verbunden war. Der Ausbau schritt von Nürnberg aus verhältnismäßig rasch nach Norden fort: 1939 bis Saalfeld, 1940 bis Rudolstadt und 1941 bis Weißenfels. Am 2. November 1942 war Leipzig erreicht und damit die Verbindung zum mitteldeutschen Netz hergestellt. Allerdings bedeutete diese letzte Etappe gleichzeitig auch den Schlußstrich unter die Elektrifizierung vor Ende des Zweiten Weltkrieges.
Das mitteldeutsche Netz umfaßte damals nahezu fünfhundert, das schlesische knapp vierhundert und das süddeutsche 1800 Streckenkilometer. In Baden wurden rund hundert Kilometer elektrisch betrieben, weitere 650 Kilometer in den österreichischen Landesteilen des damaligen Reiches. Hinzu kamen noch die Hamburger Strekken, so daß die Deutsche Reichsbahn auf dem Höhepunkt der Entwicklung etwa 3500 Kilometer mit Einphasenwechselstrom befuhr.
Die Teilung Deutschlands brachte das schlesische Netz unter polnische Verwaltung, das mitteldeutsche lag in der sowjetischen Besatzungszone, das süddeutsche unterstand den Amerikanern, und Frankreich kontrollierte die Strecken in Baden. Während die Anlagen in Schlesien bald nach dem Zusammenbruch demontiert wurden, konnte in Mitteldeutschland der elektrische Zugbetrieb 1945 streckenweise wieder aufgenommen werden. Erst 1946 befahlen die Sowjets seine endgültige Einstellung und nahmen die ortsfesten Anlagen, insbesondere das Kraftwerk Muldenstein sowie die meisten elektrischen Lokomotiven als Reparationsleistung in Anspruch. Beim Abbau machten Eisenbahner wesentliche Teile unbrauchbar, ein weiterer Teil ging auf dem anschließenden Transport nach Rußland verloren. An einen erneuten Aufbau in der ursprünglichen Form war deshalb in der Sowjetunion nicht zu denken. Nachdem noch weitere Schäden durch Witterungseinflüsse hinzugekommen waren, wurden die restlichen Ausrüstungsteile und die Lokomotiven im Jahre 1953 an die Reichsbahn in der DDR zurückgegeben. Immerhin bildete dieses Material die Grundlage für die dritte Elektrifizierung der Hauptstrecken im mitteldeutschen Industriegebiet.

Zehntausend Kilometer elektrisch

Auf unzerstörten Strecken kam der elektrische Zugbetrieb auch im westlichen Teil Deutschlands rasch wieder in Gang. Schon am 22. Mai 1945, also nur zwei Wochen nach Kriegsende, fuhren die Züge von München-Pasing nach Augsburg und nach Garmisch-Partenkirchen wie früher elektrisch. Zum Jahresende 1945 waren mehr als zwei Drittel des süddeutschen Netzes wieder in Betrieb. Auch Überlegungen, neue Strecken einzubeziehen, ließen nicht lange auf sich warten. Im April 1948 begann die Elektrifizierung der nahezu hundert Kilometer langen Hauptstrecke Nürnberg - Regensburg, am 15. Mai 1950 konnte der Betrieb aufgenommen werden. Schon 1949 waren eine drei Kilometer lange Verbindungskurve bei Stuttgart-Untertürkheim und die Strecke Stuttgart-Bad Cannstatt - Waiblingen sowie der Abschnitt Blankenese - Sülldorf der Hamburger S-Bahn elektrifiziert worden.

Dennoch ließen sich anfangs nur pessimistische Prognosen für die Zukunft stellen. Die ersten Erfolge konnten kaum darüber hinwegtäuschen, daß einem weiterreichenden Ausbau des elektrischen Netzes nicht nur unmittelbare Schwierigkeiten im Weg standen, sondern daß die allgemeine Situation der Eisenbahn nach den enormen Zerstörungen des Krieges einfach andere Prioritäten setzte. Niemand hätte damals einen Pfennig auf die Voraussage gegeben, der elektrische Betrieb werde sich in den drei westlichen Zonen bald weit über den Umfang des früher von der Deutschen Reichsbahn insgesamt elektrifizierten Netzes hinaus ausdehnen.

In den fünfziger Jahren entwickelte die Bundesbahn ihr Programm, wonach

Oben: Schnellzug mit der preußischen ES 1, Nummer 10 501, auf der Strecke Dessau – Bitterfeld in Mitteldeutschland im Jahre 1911. Bei Versuchsfahrten erreichte die Lokomotive 135 Stundenkilometer.
Mitte: Güterzug mit der preußischen EG »Breslau« 582, der späteren E 91 82, im Bahnhof Gottesberg in Schlesien, 1925
Unten: »Karwendel-Expreß« mit der bayerischen ES 1, Nummer 21 002, der späteren E 16 02, im Bahnhof Mittenwald, 1926

Strecken mit einem jährlichen Energiebedarf von mehr als einer Million Kilowattstunden je Kilometer in Zukunft elektrisch betrieben werden sollten. Dies betraf neben den Anschlüssen des Ruhrgebietes in erster Linie die Nord-Süd-Magistralen beiderseits des Rheins und aus dem süddeutschen Raum über Hannover nach Bremen und Hamburg. Der Realisierung dieses Programms kamen einerseits Interesse und Unterstützung seitens der Bundesländer, andererseits der immer stärkere Zwang zur Rationalisierung und zur Steigerung der Produktivität bei der Bahn selbst zustatten. Die Umstellung auf elektrischen Betrieb half Personal zu sparen, die Energiekosten zu senken, den Aufwand an ortsfesten Wartungsanlagen einzuschränken und die Leistungsfähigkeit der Strecken zu erhöhen.
Daß die Finanzierung des anfangs vielerorts utopisch erscheinenden Programmes trotz der unbefriedigenden Kapitalstruktur Jahr für Jahr sichergestellt werden konnte, gehört zu den wesentlichen Verdiensten von Professor Dr. Heinz Maria Oeftering, der seit 1957 an der Spitze der Bundesbahn gestanden hat. Die Elektrifizierung trug in der folgenden Zeit wesentlich dazu bei, die Bundesbahn trotz ihrer kriegsbedingten Belastungen und der rasch wachsenden Konkurrenz vor stärkerem Absinken in die roten Zahlen zu bewahren.
Ihr erstes großes Kilometer-Jubiläum konnte die Bundesbahn am 4. Juni 1955 begehen: Im Bahnhof Schliengen auf der Rheintallinie Karlsruhe - Basel wurde der 2000. Kilometer erreicht. Nach drei Jahren folgte schon der 3000. Kilometer, am 30. September 1961 in Wächtersbach auf der Strecke Hanau - Fulda der 4000., am 2. Oktober 1963 in Recklinghausen der 5000., am 6. April 1965 auf der Nord-Süd-Strecke zwischen Hannover und Hamburg der 6000., am 20. März 1967 zwischen Gießen und Kassel der 7000., am 24. März 1968 in Buchholz bei Hamburg der 8000., am 10. Mai 1972 in Mettlach an der Saar der 9000., am 26. August 1975 in Villingen im Schwarzwald der 10 000. und schließlich am 27. September 1980 in Emden der 11 000. Kilometer.
Heute werden alle wichtigen Hauptstrecken der Bundesbahn von Süddeutschland bis in die Seehäfen, die Verbindungen mit den Industriezentren an Rhein und Ruhr, Main und Saar, die norddeutsche West-Ost-Magistrale und darüber hinaus zahlreiche Nebenfernstrecken elektrisch befahren. Die weitere Entwicklung wird wesentlich vom Preisverhältnis der Primärenergien bestimmt. Bei stärkerer Verteuerung von Mineralöl kann mit Kohle oder Kernenergie erzeugter Strom den elektrischen Betrieb gegenüber dem Dieselbetrieb auf weiteren Strecken wirtschaftlicher werden lassen.

Neue Aspekte für die Industriefrequenz

Schon Anfang der dreißiger Jahre hatte die Deutsche Reichsbahn erneut die Frage aufgeworfen, inwieweit sich beim fortgeschrittenen Stand der Technik Strom mit Industriefrequenz von 50 Hertz womöglich doch für den elektrischen Bahnbetrieb einsetzen ließe. Im Hintergrund stand die Befürchtung, das kostspielige, getrennte Bahnstromsystem könnte sich eines Tages als überflüssig erweisen, dann aber wegen des Umfangs bereits bestehender Anlagen nicht mehr aus der Welt schaffen lassen.
Diese Überlegungen führten zur Elektrifizierung der von Freiburg im Breisgau nach Neustadt im Schwarzwald führenden Höllentalbahn und der in Titisee abzweigenden Drei-Seen-Bahn nach Seebrugg

Ganz links: Strom mit der Industriefrequenz von 50 Hertz auch der Eisenbahn nutzbar zu machen, lag immer wieder im Bestreben namhafter Konstrukteure. In Deutschland wurde 1936 die Höllentalbahn im Schwarzwald als Versuchsstrecke elektrifiziert.
Links Mitte: Die Reichsbahn der DDR betreibt seit 1965 die Rübelandbahn im Harz mit Einphasenwechselstrom von 25 000 Volt und 50 Hertz.
Rechts: Ungarn zählte zu den Pionieren des Bahnbetriebes mit diesem Stromsystem, das dort auch heute benützt wird. Die ersten Lokomotiven der Baureihe V 43 mit Siliziumgleichrichtern lieferte die 50-Hertz-Arbeitsgemeinschaft von Lokomotivfabriken westeuropäischer Länder. Später wurden sie in Ungarn in Lizenz gebaut.

mit Einphasenwechselstrom von 20 000 Volt und 50 Hertz. Lokomotivbau- und Elektroindustrie erhielten die Möglichkeit, sich durch Entwicklung und Lieferung geeigneter Lokomotiven an den Versuchen zu beteiligen. Am 18. Juni 1936 wurde der Betrieb eröffnet, vier elektrische Lokomotiven mit unterschiedlicher technischer Konzeption standen zur Verfügung, um auf der steilen, ursprünglich zum Teil mit Zahnstange betriebenen Strecke erprobt zu werden.
Unmittelbar nach Kriegsende veranlaßte die französische Besatzungsmacht die Weiterführung der Versuche und den Bau einer fünften Lokomotive nach neuesten Gesichtspunkten. Die französischen Eisenbahnen benützten dann die Höllentalbahn längere Zeit als Experimentierfeld für die Vorbereitung der von ihnen geplanten Elektrifizierung mit Industriefrequenz. Tatsächlich entwickelte sich daraus in Frankreich neben dem bestehenden Gleichstromnetz vor allem in den bis dahin noch mit Dampf betriebenen nördlichen Landesteilen getrennter elektrischer Betrieb mit Einphasenwechselstrom von 25 000 Volt und 50 Hertz.
Auch für die Deutsche Bundesbahn stellte sich vor Beginn des umfangreichen Elektrifizierungsprogramms nach dem Krieg erneut die Frage der Systemwahl. Eingehende Untersuchungen ergaben zum damaligen Zeitpunkt jedoch keine deutliche Überlegenheit des 50-Hertz-Betriebes, so daß auch für die weitere Elektrifizierung das 1912 festgelegte und in Deutschland wie in den übrigen Ländern bewährte System beibehalten blieb.
Die Reichsbahn in der DDR richtete auf der ebenfalls steigungsreichen Strecke Blankenburg - Königshütte im Harz einen eigenen 50-Hertz-Versuchsbetrieb ein. Er wurde am 26. September 1965 aufgenommen. Die fünfzehn hierfür gebauten schweren Güterzuglokomotiven waren zuvor auf der seit 25. Juni 1962 ebenfalls mit 25 000 Volt und 50 Hertz elektrifizierten Strecke Hennigsdorf - Wustermark des nördlichen Berliner Außenrings erprobt worden. Damals angestellte Überlegungen, in der DDR nach dem Vorbild der Sowjetunion und anderer osteuropäischer Länder bei der weiteren Elektrifizierung Industriefrequenz anzuwenden, führten jedoch offenbar zum gleichen Ergebnis wie in der Bundesrepublik. Auf dem Berliner Außenring wurde die Fahrleitung wieder abgebaut; bei der Erweiterung des elektrischen Streckennetzes wird auch in der DDR weiterhin Einphasenwechselstrom mit 15 000 Volt und 16⅔ Hertz benützt.
Die Halbleitertechnik eröffnete der Industriefrequenz allerdings völlig neue Wege, nachdem es möglich war, auf der Lokomotive jeden aus der Fahrleitung entnommenen Wechselstrom wirtschaftlich und technisch sicher in Gleichstrom umzuwandeln und damit zu fahren. Inzwischen wird diese Möglichkeit vor allem in Ländern genutzt, die mit dem Aufbau eines elektrischen Eisenbahnnetzes erst begonnen haben und deshalb in der Systemwahl noch nicht festgelegt waren. Die Länge der mit Einphasenwechselstrom von 25 000 Volt und 50 Hertz betriebenen Strecken wächst, besonders in den Entwicklungsländern, ständig.
Zahlreiche namhafte Lokomotivhersteller in den westeuropäischen Ländern haben sich 1955 zu einer »50-Hertz-Arbeitsgemeinschaft« zusammengeschlossen, um auf dem zunehmend größeren Markt vertreten und leistungsfähig zu sein, obwohl dieses System bei den Bahnen im eigenen Land nicht oder nur in beschränktem Umfang üblich ist.
Langfristige Zusammenarbeit auf dem Gebiet der 50-Hertz-Bahnelektrifizierung

vereinbarten damals die deutschen Unternehmen AEG und Siemens mit Brown, Boveri (BBC) und der Maschinenfabrik Oerlikon in der Schweiz sowie Alsthom und MTE in Frankreich. Die Maschinenfabrik Oerlikon wurde inzwischen von BBC übernommen. In mehr als zwanzigjähriger Kooperation hat die 50-Hertz-Arbeitsgemeinschaft rund 900 Lokomotiven, Triebwagen oder Fahrzeugausrüstungen an Bahnen in Europa, Asien und Afrika geliefert, Strecken elektrifiziert und Stromversorgungsanlagen eingebaut.

Gleichstrom für S-Bahnen

Die meisten Millionenstädte rund um die Welt bedienen sich heute zur Bewältigung ihrer Nahverkehrsprobleme elektrifizierter Schnellbahnnetze. Vom Gesamtnetz der Eisenbahnen eines Landes umfassen sie allerdings nur einen Bruchteil, vielfach werden sie völlig isoliert von den Fernbahnen betrieben und benützen vielfach auch heute Gleichstrom. Von den eigentlichen Stadtschnellbahnen sind die Undergrounds und Metros, die Hoch- und Untergrundbahnen zu unterscheiden, die in der Regel städtischen oder regionalen Verkehrsunternehmen zugeordnet sind.
Die ersten der Welt entstanden zwischen 1890 und 1902 in London, Chicago, Budapest, Paris und Berlin.
Für die Elektrifizierung der Berliner Stadt-, Ring- und Vorortbahn, später kurz S-Bahn genannt, hatte die Union-Elektricitäts-Gesellschaft (UEG) schon 1899 einen Entwurf für Gleichstrom ausgearbeitet. Er blieb in der Schublade, weil die technische Basis noch nicht genügend tragfähig erschien. Auch die 1907 von den Siemens-Schuckert-Werken vorgeschlagene Elektrifizierung mit Einphasenwechselstrom löste erst Jahre später Initiativen für ein Versuchsprogramm aus, das dann infolge des Ersten Weltkrieges unterblieb. Auch diese Verzögerungen gingen zum Teil auf Widerstände zurück, die der Elektrifizierung von einflußreichen Interessengruppen entgegengesetzt wurden. Kurz vor dem Zusammenschluß der Länderbahnen zur Deutschen Reichsbahn leitete das Preußische Ministerium der öffentlichen Arbeiten 1919 die Umstellung auf elektrischen Betrieb noch in die Wege.
Mehrere Gründe hatten den Ausschlag für die Wahl eines Gleichstromsystems mit von unten bestrichener Stromschiene gegeben. Auf der bereits seit 1903 damit betriebenen Versuchsstrecke Potsdamer Ringbahnhof - Lichterfelde Ost lagen langjährige Betriebserfahrungen vor. Zur Energieversorgung der S-Bahn konnte innerhalb der Stadt an vielen Speisepunkten Drehstrom aus dem öffentlichen Netz bezogen und mit stationären Gleichrichtern in Fahrstrom umgewandelt werden. Bei Verwendung von Stromschienen bedurfte es für den elektrischen Betrieb keines vergrößerten Profils wie bei Oberleitungen, dessen Herstellung beim Umfang des Netzes im Bereich der Großstadt mit außergewöhnlichem Aufwand verbunden gewesen wäre. Andererseits kam für die in Bodennähe installierte Stromschiene nur relativ geringe Spannung in Frage. Gewählt wurden 800 Volt. Auch die Fahrzeuge, von denen in S-Bahn-Netzen stets eine große Anzahl benötigt wird, lassen sich bei Gleichstromausrüstung besonders einfach, zweckmäßig und wirtschaftlich bauen.
Am 8. August 1924 eröffnete die Deutsche Reichsbahn den elektrischen S-Bahn-Betrieb vom Stettiner Bahnhof in Berlin nach Bernau, am 4. Oktober 1925 bis Oranienburg und am 16. März 1927 nach Velten in der Mark. Diesen drei Strecken im Norden der Stadt folgten am 11. Juni 1928 die Stadtbahn, die Berlin in Ost-West-Richtung durchquert, und am 6. November 1928 der südliche, am 20. März 1929 der nördliche sowie am 18. April 1929 als letzter Teil der Ringbahn die Verbindung zwischen Halensee und Westend. Nacheinander wurden jetzt die meisten Vorortlinien ebenfalls auf elektrischen Betrieb umgestellt.
Im Zuge des Arbeitsbeschaffungsprogramms von 1933 kam es zum Bau der Nord-Süd-S-Bahn, die vom Stettiner zunächst zum Anhalter Bahnhof und anschließend weiter bis Yorckstraße weitgehend unterirdisch durch die Stadt geführt wurde. Das erste, nördliche Teilstück vom Stettiner Bahnhof bis Unter den

Linden wurde am 28. Juli 1936 eröffnet, der südliche Teil bis Yorckstraße in Abschnitten bis zum 6. November 1939. Von diesem Zeitpunkt an verfügte Berlin über ein in aller Welt als vorbildlich anerkanntes S-Bahn-System mit einer Ringlinie, Durchmesserlinien in Ost-West- und Nord-Süd-Richtung sowie mit Vorortlinien nach allen Richtungen der Umgebung.
Im April 1945 mußte der Betrieb wegen schwerer Zerstörungen durch Luftangriffe und Beschuß völlig eingestellt werden. Das mit Stromschiene ausgerüstete Berliner S-Bahn-Netz umfaßte damals 294,85 Kilometer. Nach dem Waffenstillstand kam der S-Bahn-Verkehr nur zögernd wieder in Gang, wobei zahlreiche Vorortstrecken zunächst nur eingleisig befahrbar gemacht werden konnten. Später wurden dann mehrere Linien über ihre früheren Endpunkte hinaus verlängert. Bis zum Sommer 1961 bestand das Netz, auf rund 350 Kilometer Länge erweitert, in seiner ursprünglichen Form fort. Beim Bau der Mauer durch Berlin wurden jedoch alle über die Sektorengrenze führenden S-Bahn-Strecken unterbrochen mit Ausnahme der Stadtbahn und der Nord-Süd-Linie. Teils aus betrieblichen Gründen, teils um die Westsektoren umfahren zu können, entstanden einige neue Linien und Verbindungen. So wurde ein Teil des bereits fertigen Berliner Außenrings mit Stromschiene elektrifiziert und in das S-Bahnnetz einbezogen. Damit konnten die Züge von Oranienburg über die neue Strecke auf die Bernauer Linie und so in den östlichen Teil der Stadt geführt werden. Der Flughafen Berlin-Schönefeld wurde 1962 durch eine rund sechs Kilometer lange Neubaustrecke von Grünau an die S-Bahn angeschlossen. Den Betrieb führte aufgrund alliierter Vereinbarungen die Reichsbahn der DDR auch im westlichen Teil Berlins. Dort hat die S-Bahn immer mehr an Bedeutung verloren. Nach einem Eisenbahnerstreik wurde ab 28. September 1980 und nach Übernahme der S-Bahn durch den Senat von Berlin (West) ab 9. Januar 1984 der Verkehr auf weiteren Strecken eingestellt. Unter Betriebsführung der Berliner Verkehrsbetriebe (BVG) soll ein Teil des Netzes reaktiviert werden.
Die Elektrifizierung der im wesentlichen aus nur einer Durchgangslinie bestehenden Hamburger S-Bahn war noch in die Pionierjahre des elektrischen Betriebes gefallen. Zwischen Blankenese und Ohlsdorf fuhren seit 1907 Züge mit Einphasenwechselstrom, und 1924 wurde der elektrische Betrieb über Ohlsdorf hinaus bis Poppenbüttel ausgedehnt. Auf dieser Teilstrecke wurden vom 22. April 1940 an die ersten neu entwickelten Gleichstromzüge eingesetzt, nachdem die Deutsche Reichsbahn begonnen hatte, anstelle der veralteten Wechselstromanlagen ein neu-

Linke Seite: Gleichstrom bewährte sich in großem Umfang auf dem S-Bahn-Netz in Berlin, das bis zum Zweiten Weltkrieg als modernstes Schnellbahnnetz der Welt galt. Die Stadtbahn als West-Ost-Verbindung wurde am 11. Juni 1928 auf elektrischen Betrieb umgestellt; um diese Zeit entstand das Bild am Bahnhof Savignyplatz.
Rechts: Als modernste mit Gleichstrom betriebene S-Bahn-Strecke nahm die Deutsche Bundesbahn am 30. Mai 1975 in Hamburg den ersten Teilabschnitt der City-Linie zwischen Hauptbahnhof und Hafen in Betrieb. Seit 19. April 1979 ist die Tunnelverbindung durchgehend bis Altona in Betrieb. Als weitere Gleichstrom-Strecke wurde am 25. September 1983 der erste Abschnitt der Harburger S-Bahn bis Harburg-Rathaus eröffnet.

zeitliches Gleichstromsystem nach Berliner Vorbild aufzubauen. Als Ersatz für die Oberleitung wurden nun auch in Hamburg Stromschienen montiert und mit 1200 Volt gespeist. Wegen der Kriegsereignisse war die Umstellung allerdings nicht zügig durchführbar, so daß noch zehn Jahre nach Kriegsende Oberleitung und Stromschiene gleichzeitig in Betrieb, Wechselstrom- und Gleichstromzüge gemeinsam im Einsatz waren. Der Wechselstrombetrieb konnte erst am 22. Mai 1955 nach Beschaffung der erforderlichen Gleichstromtriebwagen eingestellt werden. Später ist das Netz der Hamburger S-Bahn mehrfach erweitert worden: am 14. Mai 1950 über Blankenese hinaus bis Sülldorf und am 23. Mai 1954 weiter nach Wedel in Holstein; am 1. Juni 1958 nach Bergedorf und weiter am 1. Juni 1969 bis Aumühle; am 22. Februar 1962 zunächst bis Langenfelde, dann am 26. September 1965 bis Elbgaustraße und am 22. September 1967 bis Pinneberg; erstmals unterirdisch auf der City-Linie am 30. Mai 1975 zunächst bis Landungsbrücken, dann am 19. April 1979 durchgehend bis Altona. Erstmals über die Elbe nach Süden führt die S-Bahn seit 25. September 1983 bis Harburg-Rathaus, von wo sie im Sommer 1984 noch bis Neugraben verlängert wird.

Neue Netze auf alten Strecken

Im Gegensatz zu den beiden S-Bahn-Netzen Berlins und Hamburgs, die schon aufgrund des abweichenden Stromsystems selbständige Betriebseinheiten bilden, besteht das 1972 geschaffene S-Bahn-System in München mit einer Gesamtlänge von rund 400 Kilometern durchweg aus Strecken, die voll in das übrige Netz integriert und mit Einphasenwechselstrom von 15 000 Volt und 16⅔ Hertz elektrifiziert sind. Das Kernstück bildet der 4,2 Kilometer lange Tunnel zwischen Haupt- und Ostbahnhof unter der Innenstadt hindurch.
Dieser Tunnel, der als einziges großes Bauwerk für die Münchner S-Bahn neu erstellt werden mußte, verbindet die Teilnetze des Vorortverkehrs, die schon früher im Westen und Osten der Stadt bestanden. Damit konnte bei verhältnismäßig geringem Aufwand an Neubautrassen ein leistungsfähiges S-Bahn-Netz eingerichtet werden, das sich fast ausschließlich auf vorhandene Strecken abstützt. Der Ausbau beschränkte sich im wesentlichen auf eine Modernisierung der Bahnanlagen, auf kreuzungsfreie Einführung der S-Bahn in die mitbenützten Fernstrecken, Erhöhung der Bahnsteige und die Einrichtung selbsttätiger Signalanlagen. Geplant ist die Verlegung getrennter Gleise für die S-Bahn entlang den Hauptstrecken in Richtung Augsburg und Rosenheim, der zweigleisige Ausbau einer Reihe zunächst noch eingleisiger Verbindungen und der Bau einer Anschlußstrecke zum geplanten Großflughafen bei Erding. Die Wolfratshauser Linie ist seit 31. Mai 1981 an der Donnersbergerbrücke mit der Stammstrecke zur Innenstadt verknüpft.
Auch in anderen Ballungsgebieten Deutschlands wurden unter Ausnutzung bestehender Strecken Nahverkehrsnetze geschaffen, die als S-Bahnen betrieben werden. Innerhalb des Wechselstromnetzes der Deutschen Bundesbahn gibt es heute im Rhein-Ruhr- und Rhein-Main-Gebiet, ferner in Stuttgart und neuerdings auch in Köln einen S-Bahn-Verkehr. Er läuft ebenfalls weitgehend auf bestehenden Strecken ab, die jedoch zum Teil durch eigene Gleise für die S-Bahn und durch Ergänzungsstrecken besser an die neue Aufgabe angepaßt und für die intensive Nutzung im starren Fahrplantakt ausgebaut wurden. In Stuttgart und Frankfurt (Main) führt die S-Bahn unterirdisch durch die Innenstadt. Die Tunnelstrecke zur Hauptwache in Frankfurt ist seit 28. Mai 1978, die Verlängerung zur Konstablerwache seit 28. Mai 1983 in Betrieb, an der Verlängerung unter dem Main hindurch nach Sachsenhausen wird gearbeitet. Die Stuttgarter S-Bahn fährt seit 1. Oktober 1978 bis Schwabstraße, ab Herbst 1984 zur Universität und weiter bis Böblingen.
Mit dem Aufbau der S-Bahn Nürnberg ist am 1. Oktober 1983 begonnen worden.
Die Reichsbahn der DDR betreibt auf ähnlicher Basis vor allem in Leipzig ein S-Bahn-Netz mit Einphasenwechselstrom von 15 000 Volt und 16⅔ Hertz, in kleinerem Umfang auch in Dresden.
Das Schnellbahnnetz in Wien, das die Österreichischen Bundesbahnen Anfang 1962 ins Leben gerufen haben, beruht ebenfalls auf Strecken aus früherer Zeit, die lediglich einen Ausbau für die neue Zweckbestimmung erforderten. Die Schnellbahn fährt heute von Liesing im Süden durch die Innenstadt und über die Donau nach Floridsdorf. Dort teilt sie sich in die Zweige über Stockerau nach Hollabrunn und über Leopoldau nach Mistelbach, ein dritter Zweig führt von Leopoldau nach Gänserndorf. Den Stadtkern berührt die Wiener Schnellbahn am

Bahnhof Wien Mitte, früher Landstraße. Die Züge fahren auch auf diesen Strecken mit Oberleitung und Einphasenwechselstrom.
Nachdem die Bevölkerung das in Zürich geplante Schnellbahnsystem am 20. Mai 1973 verworfen hatte, billigte sie mit großer Mehrheit am 29. November 1981 die künftige S-Bahn, deren Tunnel auch dort die Radial- zu Durchmesserlinien werden läßt. In zahlreichen weiteren Großstädten bemühen sich die Eisenbahnen gleichermaßen, unter Ausnutzung vorhandener Anlagen einen leistungsfähigen S-Bahn-Verkehr zu bieten, so zum Beispiel in der Bannmeile von Paris; auch dort sind auf die Stadt zulaufende Strecken im Zentrum bereits miteinander in Verbindung gebracht worden.

Oben links und rechts: Attraktive S-Bahn-Züge der Baureihe 420 – links der erste nach Ankunft in München am 24. Oktober 1969 – sorgten zusammen mit der U-Bahn für reibungslosen Verkehr zur Olympiade 1972 in München. S-Bahn und U-Bahn fahren gleichermaßen auf Normalspur, jedoch mit unterschiedlichen Stromsystemen: die S-Bahn mit 15 000 Volt/$16\frac{2}{3}$ Hertz Wechselspannung, die U-Bahn mit 750 Volt Gleichspannung.
Rechts Mitte und unten: Auch die Reichsbahn der DDR betreibt S-Bahn-Verkehr auf bestehenden Strecken. Wegen der erforderlichen hohen Kapazität werden vielfach Doppelstockzüge eingesetzt. Im elektrifizierten Netz sind sie meist mit Lokomotiven der Baureihe 242 (Mitte) bespannt. Die Anfang der siebziger Jahre entwickelten S-Bahn-Triebzüge 280 (unten) sollten den Komfort im Nahverkehr der Bezirksstädte Leipzig, Dresden, Halle und Magdeburg erhöhen, werden jedoch nicht in Serie gebaut. Die beiden Probezüge sind zu Arbeitsfahrzeugen für die Instandhaltung der Fahrleitung umgebaut.

6010 01

Von Bregenz bis Hegyeshalom

In der Geschichte der elektrischen Bahnen steht Österreich mit an vorderster Stelle: Die Schmalspurbahn in die Hinterbrühl gehörte zu den ersten Europas, das Wöllersdorfer Militärgleis wurde 1902 als erste Drehstrombahn fertiggestellt, und im Stubaital fuhr die erste Einphasenwechselstrombahn mit Industriefrequenz. Schließlich stammten auch die beiden Ingenieure Winter und Eichberg aus Österreich, die um die Jahrhundertwende den Wechselstrom-Bahnmotor anwendungsreif entwickelt hatten. Trotzdem standen die österreichischen Bahnen, von einigen Privatgesellschaften abgesehen, dem elektrischen Betrieb lange ablehnend oder zumindest abwartend gegenüber.
Um so bemerkenswerter erscheinen die Pionierleistungen, die auf Initiative kleinerer Unternehmen zustande kamen und den Mut zur Innovation mit Erfolg belohnten. So wurde die Montafoner Bahn von Bludenz nach Schruns als erste bereits elektrifizierte Normalspurbahn Österreichs am 18. Dezember 1905 eröffnet. Sie fuhr zunächst mit Gleichstrom, wobei die Wasserkräfte der Ill durch bahneigene Maschinen genutzt wurden. Bei der Elektrifizierung der Arlbergstrecke stießen im Bahnhof Bludenz 1925 zwei Stromsysteme aneinander. Die Lokalbahnzüge fuhren innerhalb des Bahnhofs Bludenz mit Hilfsbatterien. Ende der sechziger Jahre gelang der Montafoner Bahn der Aufschwung zur Umstellung und zum Anschluß an das große Netz der Österreichischen Bundesbahnen; er wurde am 6. März 1972 vollzogen.
Auch die Niederösterreichischen Landesbahnen vertrauten der Zukunft des elektrischen Betriebes, als sie ihre 1898 fertiggestellte Strecke von St. Pölten über Mariazell bis zur Endstation Gußwerk elektrifizierten, um die Kapazität der Strecke dem rasch und unerwartet steigenden Verkehrsaufkommen anzupassen. Am 7. Oktober 1911 wurde auf dieser über 91 Kilometer langen Schmalspurbahn mit 760 Millimeter Spurweite der elektrische Betrieb mit Einphasenwechselstrom von 6600 Volt und 25 Hertz aufgenommen. Obwohl die Bahn 1922 an die Österreichischen Bundesbahnen überging und in St. Pölten die mit 15 000 Volt und 16⅔ Hertz elektrifizierte Westbahn berührt, blieb auf der Mariazeller Bahn das anfangs gewählte Stromsystem bis heute unverändert. Allenfalls nach Ablauf der Lebensdauer der noch immer zuverlässig arbeitenden elektrischen Anlagen und Lokomotiven soll eine Umstellung ins Auge gefaßt werden. Die private Preßburger Bahn von Wien donauabwärts bis Preßburg (heute Bratislava) fuhr seit ihrer Eröffnung am 5. Februar 1914 elektrisch; im Bereich beider Städte mit Gleichstrom wie die Straßenbahn, außerhalb zwischen Groß-Schwechat und Engerau mit Einphasenwechselstrom. Beide Stadtstrecken wurden später durch Trambahnlinien ersetzt. Eisenbahnmäßig betrieben wird heute nur noch der ursprüngliche Wechselstromabschnitt bis Wolfsthal vor der Grenze zur Tschechoslowakei.
Die Fernbahn-Elektrifizierung ließ in Österreich noch auf sich warten. Zwar wurde am 28. Oktober 1912 die von Anfang an elektrisch betriebene Karwendelbahn von Innsbruck über Seefeld nach Mittenwald und weiter bis Garmisch eröffnet. An eine Umstellung der Hauptverkehrsadern des Landes, insbesondere der rund 770 Kilometer langen Westbahn von Wien über Linz - Salzburg - Innsbruck und den Arlberg bis Buchs und Bregenz an den Grenzen zur Schweiz und nach Deutschland sowie der Südbahn von Wien über den Semmering nach Italien und Jugoslawien war damals nicht zu denken, wobei die bekannten militärischen Widerstände keine unwesentliche Rolle spielten. Erst nach dem Krieg wandten sich die Staatsbahnen Österreichs unter dem Druck des Kohlenmangels zielstrebig der Elektrifizierung zu. Im Jahre 1919 begannen sie mit der Vorbereitung eines Programms, das am 23. Juli 1920 durch den Nationalrat gesetzlich abgesichert wurde und die Grundlage für den ersten großen Elektrifizierungsabschnitt bildete. Als erste Strecke konnte am 27. April 1924 die 107 Kilometer lange Salzkammergutlinie von Attnang-Puchheim an der Westbahn nach Süden bis Stainach-Irdning im Ennstal auf elektrischen Betrieb umgestellt werden.

Links: Zu den Stars auf Österreichs Schienen zählt der »Transalpin«, der Wien über Zürich mit Basel verbindet. Am Arlberg – das Bild zeigt ihn auf der Westrampe bei Klösterle – geht die Fahrt über die Wasserscheide zwischen Rhein und Donau. Heute fährt der »Transalpin« nicht mehr als Triebwagenzug, sondern von einer Lokomotive gezogen.
Rechts: Wenig westlich zweigt in Bludenz die Montafoner Bahn ab, eine der ersten elektrisch betriebenen Normalspurbahnen des Landes. Sie wurde 1972 vom ursprünglichen Gleichstrom- auf das Wechselstromsystem der Bundesbahnen umgestellt. Im Bahnhof Schruns, dem Endpunkt der Strecke, wartet ein modernisierter Gepäcktriebwagen auf neuen Einsatz.

Als erste Gebirgsbahn des Landes folgte ein Jahr später aufgrund des gleichen Programmes die Arlbergbahn, auf der am 14. Mai 1925 zwischen Innsbruck und Bludenz über eine Entfernung von 136 Kilometern der elektrische Betrieb eröffnet wurde. Bereits Ende 1926 konnte er bis Buchs an der Schweizer Grenze, zwei Monate später bis Bregenz ausgedehnt werden. Gleichzeitig liefen die Elektrifizierungsarbeiten östlich von Innsbruck, so daß sich im Sommer 1927 bei Kufstein beinahe von selbst die Verbindung mit der zum selben Zeitpunkt fertigen deutschen Strecke in Richtung München ergab. Im Frühjahr 1930 spannte sich der Fahrdraht, in Wörgl abzweigend, weiter über Saalfelden - Schwarzach-St. Veit bis Salzburg. Dann kam es unter dem Einfluß politischer Gegenkräfte zum vorübergehenden Stillstand in der Elektrifizierung, wobei der Kohle-Lobby die maßgebliche Rolle zugeschrieben wird. Zwischen 1930 und 1935 schloß sich als Notstandsmaßnahme nur noch die Elektrifizierung der Tauernstrecke ab Schwarzach-St. Veit über Mallnitz bis Spittal am Millstätter See an.

Die Brennerbahn von Innsbruck bis zur italienischen Grenze auf der Paßhöhe war bereits am 6. Oktober 1928 auf elektrischen Betrieb umgestellt worden. Dort trafen damals das österreichische Einphasenwechselstromnetz mit 15 000 Volt und 16⅔ Hertz und das Drehstromnetz der Italienischen Staatsbahn mit 3600 Volt und ebenfalls 16⅔ Hertz zusammen. Da mit derartigen Berührungspunkten unterschiedlicher Netze zunächst kaum Erfahrungen vorlagen, mußten die Österreichischen Bundesbahnen kurz vor der Grenze den Bahnhof Brennersee anlegen. Dampflokomotiven überbrückten die wenigen hundert Meter zur eigentlichen Grenzstation Brennero auf italienischer Seite, bis die Wechselstromfahrleitung schließlich bis dorthin verlängert werden durfte. Im Jahre 1965 löste Gleichstrom mit 3000 Volt den Drehstrombetrieb der Italienischen Staatsbahn am Brenner ab. Heute laufen vor zahlreichen Schnellzügen elektrische Lokomotiven der Deutschen Bundesbahn von München über Innsbruck bis Brennero durch.

Die Westbahn zwischen Salzburg und Wien konnte erst nach dem Zweiten Weltkrieg durchgehend elektrisch befahren werden, nachdem am 19. Dezember 1952 Amstetten - Wien als letztes Teilstück fertiggestellt war. Lediglich der siebzig Kilometer lange erste Abschnitt von Salzburg bis Attnang-Puchheim hatte noch Ende 1940 fertiggestellt werden können.

Genau hundert Jahre nach Eröffnung der Semmeringstrecke begann die Elektrifizierung der Südbahn. Als erste Abschnitte wurden am 29. September 1956 Wien - Gloggnitz und einen Tag später ganz im Süden St. Veit an der Glan - Villach fertig. Von dort aus waren inzwischen bereits die Anschlüsse zu den Grenzbahnhöfen Tarvis in Richtung Italien und Rosenbach nach Jugoslawien hergestellt worden. Die Bergstrecke über den Semmering von Gloggnitz bis Mürzzuschlag ging im Mai 1959 in elektrischen Betrieb, im Herbst 1961 folgte der Abschnitt über den Neumarkter Sattel von St. Veit bis Knittelfeld. Die gesamte Südbahn war 1963 lückenlos elektrifiziert. Seither haben die Österreichischen Bundesbahnen das Netz systematisch ergänzt und im Sommer 1976 auch mit dem ungarischen verbunden. In Hegyeshalom entstand zu diesem Zweck ein Systemwechselbahnhof, da die Ungarische Staatsbahn mit Industriefrequenz von 50 Hertz und einer Fahrdrahtspannung von 25 000 Volt fährt. Seit 24. Mai 1977 steht das österreichische Netz zwischen Spielfeld-Straß und Maribor (Marburg an der Drau) auch mit dem jugoslawischen Gleichstromnetz von 3000 Volt in Verbindung. Das elektrisch betriebene Streckennetz der Österreichischen Bundesbahnen reicht seither von Bregenz an der deutschen Grenze im Westen bis Hegyeshalom an der ungarischen im Osten über eine Entfernung von 850 Kilometern und umfaßte Ende 1983 insgesamt 3073 Kilometer.

Am Traunsee bei Traunkirchen: Die Salzkammergutlinie von Attnang-Puchheim über Bad Ischl nach Stainach-Irdning wird schon seit 1924 elektrisch betrieben.
Nächste Doppelseite: Einer der letzten Trans-Europ-Expreß-Züge, Vierstrom-TEE der Schweizerischen Bundesbahnen, als »Gottardo« am Urner See mit Urirotstock.

Die Schweiz fährt elektrisch

Am 11. Juni 1960 erreichte die Schweiz ein Ziel, dem sich bis heute kein anderes Land der Welt auch nur genähert hat: die vollständige Elektrifizierung des gesamten Staatsbahnnetzes, nachdem die Privatbahnen bereits weitgehend elektrisch betrieben wurden. An diesem Tag ging noch die Strecke von Cadenazzo über die italienische Grenze nach Luino in elektrischen Betrieb. Zwei Wochen zuvor war als letzte rein schweizerische Verbindung Oberglatt - Niederweningen umgestellt worden. »Die Rauchfahne wird eingezogen«, hieß es damals unter Anspielung auf den rußigen Dampfbetrieb, den es künftig bei den Bundesbahnen nirgends mehr geben sollte.
Auch in der Schweiz hatte bei der »Elektrifikation« private Initiative am Anfang gestanden: Der Versuchsbetrieb zwischen Seebach und Wettingen ging zu Lasten der Maschinenfabrik Oerlikon, 1906 richtete Brown, Boveri & Cie auf eigene Kosten im Simplontunnel elektrischen Betrieb mit Drehstrom ein, 1911 nahm die Lötschbergbahn zunächst zwischen Spiez und Frutigen den Versuchsbetrieb mit Einphasenwechselstrom auf und baute bis zum Sommer 1913 die gesamte Lötschberglinie entsprechend aus, während zum gleichen Zeitpunkt die Rhätische Bahn ihre Strecke ins Unterengadin elektrisch eröffnete.
Zu diesem Zeitpunkt waren die Bundesbahnen gerade erst »dem Gedanken der elektrischen Zugförderung nähergetreten«. Veranlassung gab der wachsende Verkehr über den Gotthard, der auch mit schweren Dampflokomotiven nicht mehr ohne aufwendige Verstärkung von Oberbau und Brücken hätte bewältigt werden können. Statt dessen kam nur noch die Elektrifizierung in Frage. Sie wurde im Spätherbst 1913 eingeleitet. Der Ausbruch des Ersten Weltkrieges verzögerte jedoch den Baubeginn bis 1916, und erst unter dem Druck ständig steigender Preise für die obendrein immer knappere Importkohle liefen die Arbeiten an.
Trotz der zeitbedingten Schwierigkeiten war die Nordrampe von Erstfeld nach Göschenen und durch den Tunnel bis Airolo schon am 18. Oktober 1920 betriebsbereit. Die Südrampe von Airolo bis Biasca folgte am 12. Dezember, und am 4. April 1921 war die gesamte Gotthardbahn elektrisch befahrbar. Den Gotthardtunnel hatte der erste elektrische Zug bereits in der Nacht vom 30. Juni zum 1. Juli 1920 passiert. Offiziell wurde der durchgehende Betrieb zwischen Erstfeld und Bellinzona auf 110 Kilometer Streckenlänge am 29. Mai 1921 aufgenommen. Schon 1918 hatte der Verwaltungsrat der Schweizerischen Bundesbahnen beschlossen, alle wichtigen Strekken mit zusammen 1724 Kilometer Länge innerhalb der nächsten dreißig Jahre zu elektrifizieren. Zunächst beschränkte sich der Ausbau jedoch auf die Gotthardbahn, während das übrige Programm immer stärker in Verzug geriet. Eine Änderung trat erst ein, als sich 1923 die Elektrifizierung als geeignetes Mittel zur Bekämpfung der drohenden Arbeitslosigkeit anbot. Das Programm lief daraufhin mit gestrafftem Zeitplan, und bis Ende 1928 gelang unter erheblichen Anstrengungen der Abschluß des ersten, bedeutendsten und umfangreichsten Teiles der Elektrifizierung.
Umgestellt wurden damals der Anschluß Bern - Thun an die Lötschbergbahn, die Zufahrtstrecken zum Gotthard von Chiasso im Süden und von Basel, Zürich und Bern im Norden, die Simplonzufahrt über Lausanne, die von Zürich ausgehenden Hauptstrecken nach Winterthur, über St. Gallen nach Romanshorn und Rorschach am Bodensee, nach Schaffhausen und nach Rapperswil, die Rheintallinie über Sargans nach Chur und zahlreiche Verbindungsstrecken, insgesamt 1681 Kilometer oder 55,3 Prozent des Gesamtnetzes.
Nach Abschluß dieser ersten Phase folgten vier weitere. Die nächste konnte eingeleitet werden, als mit den bereits umgestellten Strecken positive Erfahrungen vorlagen und sich eine günstige Gelegenheit zur Energiegewinnung bot. Zwischen 1929 und 1936 wurden daraufhin nahezu fünfhundert Streckenkilometer elektrifiziert, vorwiegend im Jura und in der Ostschweiz. An erster Stelle stand jedoch die Umstellung des Stromsystems im Simplontunnel, der 1922 durch eine weitere, damals noch mit Drehstrom elektrifizierte Tunnelröhre zwei-

gleisig ausgebaut worden war. Seit 2. März 1930 konnte auch die Simplonstrecke Brig – Iselle mit Einphasenwechselstrom befahren werden.
Die dritte Etappe der Elektrifizierung umfaßte zwischen 1937 und 1940 nur etwa fünfzig Streckenkilometer, für die kein festes Programm bestand. Der Ausbruch des Zweiten Weltkrieges ließ neue Schwierigkeiten in der Kohleversorgung befürchten und förderte die Umstellung auf Energiequellen des Landes. Andererseits machte das Eidgenössische Militärdepartement den Bundesbahnen zur Auflage, weiterhin eine jederzeit verfügbare Betriebsreserve von 175 leistungsfähigen Dampflokomotiven zu unterhalten. Um diese Forderung einigermaßen wirtschaftlich erfüllen zu können, erfolgte die Streckenwahl für den vierten Elektrifizierungsabschnitt auch unter dem Gesichtspunkt noch vertretbarer Dampflokumläufe. Im übrigen wurden Strecken bevorzugt, auf denen hohe Kohleersparnisse oder wirtschaftlicher Fahrzeug- und Personaleinsatz zu erreichen waren. Dieser vierte Abschnitt schloß sich unmittelbar an den vorangegangenen an, wobei in den ersten Kriegsjahren von 1940 bis 1943 abermals 186 Kilometer elektrifiziert werden konnten. Dazu gehörte insbesondere die einzige Schmalspurlinie der Schweizerischen Bundesbahnen, die knapp 75 Kilometer lange Strecke von Luzern über den Brünig nach Meiringen und weiter bis Interlaken.
Während des Krieges erlebte die bei der Deckung des Kohlebedarfs vollkommen vom Ausland abhängige Schweiz in der

Wechselstrombetrieb im Süden und Norden Europas:
Links: Schnellzug mit Lokomotive Ae 3/6[I] Nummer 10 688 der Schweizerischen Bundesbahnen auf der Simplonlinie bei Sion
Unten: Zwei Lokomotiven Baureihe 9 der Norwegischen Staatsbahn vor dem Schneedach am Bahnhof Myrdal zwischen Bergen und Oslo; die Baureihe 9 wird vorwiegend auf der Flåmsbahn von Myrdal nach Flåm eingesetzt und kommt darüber hinaus bis Bergen.

Tat die befürchtete Verknappung und Verteuerung der Kohle, was dem Ausbau des elektrischen Eisenbahnnetzes weiterhin hohe Priorität sicherte. Jetzt kamen in erster Linie Strecken an die Reihe, deren Umstellung mit Rücksicht auf die Dampflokreserve zunächst ausgeklammert werden mußte. Der fünfte Abschnitt schloß Ende 1946 mit Strecken in einem Gesamtumfang von über 370 Kilometern, vorwiegend in der Nordschweiz.
Die letzte Ausbaustufe umfaßte schließlich noch zehn Strecken mit 256 Kilometer Länge. Ihre Elektrifizierung wurde 1946 in Angriff genommen und 1960 beendet. Nur einige unbedeutende Abschnitte von rund 25 Kilometern blieben ohne Fahrdraht, weil entweder ihre Stilllegung bevorstand oder den Betrieb auf Grenzstrecken die benachbarte Bahn mit ihren Lokomotiven führte.

Die hohe Effektivität der Elektrifizierung in der Schweiz läßt sich am Anteil der elektrisch gefahrenen Transportleistungen erkennen. Schon nach der ersten Ausbaustufe 1928 entfielen 80,6 Prozent auf den elektrischen Betrieb. Nach Abschluß der zweiten Phase stieg sein Anteil auf 92,3 Prozent, um sich dann über Jahre hin langsam an den vollen Wert anzunähern. Heute umfaßt das Netz der Schweizerischen Bundesbahnen insgesamt 2941 Kilometer, von denen lediglich die fünfzehn Kilometer zwischen Etzwilen und der deutschen Grenze auf der nur noch von Güterzügen befahrenen Strecke nach Singen nicht elektrifiziert sind.

Erz und weiße Kohle

Für Schweden stellte sich das Problem, schon in den Gründerjahren der elektrischen Zugförderung einen Systementscheid treffen zu müssen, durch die dringend erforderliche Leistungssteigerung der Erzbahn nach Narvik, die bis Riksgränsen auf schwedischem Gebiet verläuft. Ihre Kapazitätsgrenze bei Dampfbetrieb war nahezu erreicht. Gegenüber dem ebenfalls erörterten zweigleisigen Ausbau versprach die Elektrifizierung eine auf die Dauer wirtschaftlichere Lösung, vor allem im Hinblick auf die nutzbaren Wasserkräfte des Landes. Das Erz von Kiruna sollte in Zukunft mit »weißer Kohle« zur Küste transportiert werden.
Die im Jahre 1910 getroffene Entscheidung für Einphasenwechselstrom stützte sich auf Erfahrungen, die schon fünf Jahre lang auf der rund sechs Kilometer langen Strecke Tomteboda - Vårtan bei Stockholm im Versuchsbetrieb gesammelt worden waren. Die Schwedische Staatsbahn hatte dort mit zwei von Westinghouse aus den Vereinigten Staaten und von Siemens aus Deutschland bezogenen Lokomotiven Einphasenwechselstrom mit 25 Hertz bei verschiedenen Fahrdrahtspannungen erprobt.
Aufgrund der Ergebnisse wurden für die Elektrifizierung der 129 Kilometer langen Strecke Kiruna - Riksgränsen 16 000 Volt und 16⅔ Hertz gewählt. Den Auftrag erhielt Siemens unter der Bedingung, den elektrischen Betrieb zunächst auf eigenes Risiko aufzunehmen. Im Jahre 1910 begannen die Arbeiten, ihre Vollendung verzögerte sich durch den Ersten Weltkrieg bis 1915. Im Frühjahr lief der Betrieb in vollem Umfang an, im Herbst ging die gesamte Anlage an die Staatsbahn über. Nachdem sich die Erwartungen auch unter

den extremen klimatischen Bedingungen weit nördlich des Polarkreises in vollem Umfang erfüllten, stand der Ausdehnung des elektrischen Betriebes auf weitere Abschnitte der Erzbahn und das übrige Staatsbahnnetz nichts mehr im Wege.
So wurde 1920 die Erzbahn auch südlich von Kiruna bis Gällivare elektrifiziert und zwei Jahre später der Ostseehafen Luleå am Bottnischen Meerbusen erreicht. Die Ofotenbahn, der 42 Kilometer lange norwegische Streckenabschnitt von Riksgränsen bis Narvik, kam 1923 hinzu. Von nun an konnte die gesamte Nordlandbahn zwischen Luleå im Süden und Narvik, der nördlichsten Eisenbahnstation am Atlantik, durchgehend elektrisch befahren werden.
Schweden räumte der Elektrifizierung seines Staatsbahnnetzes auch weiterhin hohe Priorität ein. Als Trelleborg an der Südspitze des Landes erreicht war, galt die 2171 Kilometer lange Strecke bis Riksgränsen in Lappland als längste zusammenhängend elektrisch betriebene Bahnlinie der Welt. Heute sind mit über siebentausend Kilometern etwa sechzig Prozent des schwedischen Streckennetzes elektrifiziert. Nahezu gleich hoch liegt der Anteil in Norwegen. Dort werden auf einem entsprechend kleineren Netz etwa 2500 Kilometer elektrisch betrieben.
Beide Länder hatten sich wie Deutschland, Österreich und die Schweiz zur Elektrifizierung ihrer Bahnen auf Einphasenwechselstrom festgelegt. Dieses System erschien damals als am besten geeignet und hat diese Beurteilung auch in Norwegen und Schweden durch jahrzehntelange Bewährung gerechtfertigt.
Zwar besteht bis heute zwischen den Netzen auf dem Kontinent und in Skandinavien keine Verbindung. Sie ist indessen durch einen Tunnel unter dem Øresund zwischen Helsingør und Helsingborg oder nach Überbrückung des Großen Belts oder des Fehmarnbelts nach wie vor denkbar. Obwohl jedoch sowohl Deutschland, als auch die skandinavischen Nachbarn Schweden und Norwegen mit 15 000 Volt und 16⅔ Hertz das gleiche Stromsystem verwenden, hat sich Dänemark, das bis dahin noch keine elektrisch betriebenen Fernbahnen besaß, 1981 zur Elektrifizierung mit 25 000 Volt und 50 Hertz entschlossen. Aus heutiger Sicht überwog die Zweckmäßigkeit dieses Systems deutlich den Vorteil eines durchgehenden Lokomotiveinsatzes.

Erbe der Vergangenheit

In zahlreichen Ländern der Welt haben sich die heutigen Eisenbahnnetze erst in späterer Zeit durch Zusammenschluß getrennt gewachsener Privatgesellschaften gebildet. Abgesehen von den Auswirkungen auf die Netzstruktur ergaben sich daraus auch für die Elektrifizierung oft Belastungen von erheblicher Tragweite. Kleine Gesellschaften verzichteten vielfach auf eigene Stromerzeugung und ließen sich von fremden Werken mit der nötigen Energie beliefern. Dabei wählten sie fast immer Gleichstrom, der sich aus dem bezogenen Drehstrom mit stationären Gleichrichtern verhältnismäßig wirtschaftlich erzeugen ließ. Auch Betriebsführung und Fahrzeugkonstruktion warfen in kleinen Netzen bei Gleichstrom die geringsten Probleme auf. Beim Zusammenschluß war dann mit Rücksicht auf die bereits bestehenden Anlagen kaum eine andere Systemwahl mehr möglich.
So mußten die kostspielige Stromversorgung mit zahlreichen Speisestellen, eine aufwendige Fahrleitung und verhältnismäßig hohe Energieverluste in Kauf genommen werden. Immerhin haben auch Gleichstrom-Fernbahnen hohen technischen Standard erreicht, wie in Italien und Belgien, Holland und Frankreich, in mehreren osteuropäischen Ländern, in Japan und Südafrika. Den Geschwindigkeits-Weltrekord von 331 Stundenkilometern, den die Französischen Eisenbahnen 1955 errangen, stellten zwei Gleichstromlokomotiven auf, die im 1500-Volt-Netz mit knapp 25 Prozent Überspannung gespeist wurden.
Frankreich ging jedoch nach umfangreichen Versuchen – zunächst auf der deutschen Höllentalbahn im Schwarzwald, dann auf einer knapp achtzig Kilometer langen Versuchsstrecke zwischen La Roche-sur-Toron und Aix-les-Bains in Savoyen – Anfang der fünfziger Jahre endgültig zum Wechselstrom mit Industriefrequenz über. Die bereits früher elektrifizierten Bahnen, vor allem im Süden des Landes, werden allerdings weiterhin mit Gleichstrom von 1500 Volt betrieben.
Diese Lösung erfordert an den Berührungspunkten beider Netze Systemwechselbahnhöfe mit Trennstellen oder aber Mehrsystemlokomotiven, die für beide Systeme elektrisch ausgerüstet sind und damit ohne weiteres vom einen in das andere Netz übergehen können.
In England beschränkte sich der elektri-

Lokomotiven für Rußland:
Links: Doppellokomotive CS 200 001 für 3000 Volt Gleichspannung, Höchstgeschwindigkeit 200 Stundenkilometer, gebaut 1976 von Skoda in Pilsen, Tschechoslowakei
Rechts: Güterzuglokomotive K 01 für Wechselspannung 25 000 Volt/50 Hertz. Krupp und Siemens lieferten 1961 zwanzig Lokomotiven dieser Bauart mit Siliziumgleichrichtern in die Sowjetunion; sie bewährten sich unter extremen klimatischen Bedingungen bei Temperaturen bis minus fünfzig Grad Celsius.

sche Betrieb im wesentlichen auf die von London ausgehenden Regionalverbindungen der Southern Railway bis Brighton, Eastbourne, Hastings und Portsmouth, die Mitte der dreißiger Jahre mit Gleichstrom 1500 Volt elektrifiziert worden waren. Zwar folgten 1951 in der Ostregion noch weitere Elektrifizierungen mit diesem System, das 1932 vom Transportministerium zur Norm erhoben worden war. Nach Überwindung erheblicher Widerstände schwenkte jedoch auch England zum Einphasenwechselstrom mit Industriefrequenz über, nicht zuletzt aufgrund der Versuchsergebnisse Frankreichs. Als erste Fernbahnen Englands wurden von 1965 an die wichtigen Nord-Süd-Linien von London nach Birmingham, Liverpool und Manchester mit 25 000 Volt und 50 Hertz elektrifiziert. Am 6. Mai 1974 wurde Glasgow erreicht.
Auch in zahlreichen anderen Ländern der Welt liegen die Verhältnisse ähnlich. Ältere Gleichstromstrecken – aus welchen Gründen auch immer entstanden – werden weiterbetrieben, weil ihr Umbau nicht nur völlige Erneuerung der ortsfesten Anlagen, sondern auch Anpassung oder Neubeschaffung der Triebfahrzeuge voraussetzt. Die Vorteile des Wechselstroms überwiegen jedoch so eindeutig, daß bei der Elektrifizierung neuer Strecken sogar unterschiedliche Netze innerhalb eines Landes und die Probleme an ihren Berührungspunkten in Kauf genommen werden.
Gleichstrom benützte anfangs auch die Sowjetunion; als erste wurde am 6. Juli 1926 die Strecke Baku – Sabuntschi – Sucharany mit 1650 Volt Gleichspannung in Betrieb genommen. In größerem Umfang setzte sich der elektrische Betrieb jedoch erst nach 1933 durch, wobei die Spannung bald auf 3000 Volt erhöht wurde. Im Jahre 1958 entstand südlich von Moskau auf dem 137 Kilometer langen Abschnitt Oscherelje – Pawelez eine erste Versuchsstrecke für Einphasenwechselstrom mit 25 000 Volt und 50 Hertz. Die Gleichstromelektrifizierung lief zwar weiter, eine Reihe von Strecken wurde jedoch wenig später bereits mit dem neuen System elektrifiziert, darunter ein Teil der Transsibirischen Bahn östlich Mariinsk.
Die ursprüngliche Absicht, Gleichstromstrecken auf Wechselstrombetrieb umzurüsten, ist nach ungünstigen Erfahrungen wieder aufgegeben worden, da während der langwierigen Umstellungsarbeiten unerträgliche betriebliche Behinderungen zu befürchten wären. Die angestrebte Steigerung der Leistungsfähigkeit soll auf den Gleichstromstrecken nun durch Verdoppelung der Fahrdrahtspannung von 3000 auf 6000 Volt erreicht werden. Bei neuen Elektrifizierungsvorhaben wird durchweg das Wechselstromsystem mit Industriefrequenz benützt. Ein Abschnitt der Strecke Moskau – Brest und später die Baikal-Amur-Magistrale werden über Transformatoren mit 50 000 Volt Gesamtspannung und einer Mittelanzapfung gespeist, die mit den Schienen verbunden ist. So können zwei benachbarte Abschnitte mit je 25 000 Volt versorgt werden, die Speisepunkte jedoch in doppelter Entfernung liegen. Insgesamt betrieb die Sowjetunion 1983 rund 45 700 Kilometer elektrisch.
In Amerika folgten einigen um die Jahrhundertwende mit Gleichstrom elektrifizierten Strecken bald die ersten Wechselstrombahnen, vor allem im Netz der New York, New Haven and Hartford Railway und einiger anderer Gesellschaften, die in Stadtbereichen oder längeren Tunnels das Rauchproblem lösen mußten. Bei Spannungen zwischen 3300 und 11 000 Volt wurden als Frequenz fast durchweg 25 Hertz gewählt. Bis heute spielt der elektrische Betrieb in Amerika jedoch keine nennenswerte Rolle. Gegenwärtig werden in den Vereinigten Staaten nur etwa 1200 Meilen, das sind weniger als zweitausend Kilometer, elektrisch betrieben, obendrein mit sechs verschiedenen Systemen. Neben Gleichstromstrecken mit 1500 Volt bestehen noch immer auch die alten Wechselstromnetze.
Als erste Strecke der Welt wurde im Januar 1974 in den USA die Black Mesa and Lake Powell Electric Railway mit 50 000 Volt Fahrdrahtspannung und 60 Hertz in Betrieb genommen. Die 129 Kilometer lange Bahn verbindet das Kohlebergwerk von Black Mesa mit einem Dampfkraftwerk bei Page in Arizona. Bei der hohen Speisespannung von 50 000 Volt genügte ein einziger Einspeisungspunkt, um selbst bei ungünstigen Verhältnissen eine Mindestspannung von 32 000 Volt am anderen Ende der Strecke aufrechtzuerhalten.
Während die elektrische Anlage ihre Bewährungsprobe bestand, ergaben sich erhebliche Probleme mit dem hohen Achsdruck der Fahrzeuge, der bis zu dreißig Tonnen betrug und innerhalb kurzer Zeit zu schweren Schäden am Oberbau führte.
Die steigenden Kosten für Treibstoffe auf Erdölbasis haben auch in den USA die Haltung gegenüber dem elektrischen

Betrieb verändert. Das US-Verkehrsministerium hat bereits 35 000 Streckenkilometer mit dem Ziel der Mineralölersparnis auf ihre Elektrifizierungswürdigkeit untersuchen lassen.
Auch in Japan bestand aus früherer Zeit ein umfangreiches Gleichstrom-Bahnnetz mit 1500 Volt Fahrdrahtspannung. Als die neue Tokaido-Linie gebaut wurde, fiel die Entscheidung für ein zweites Netz mit Einphasenwechselstrom von 60 Hertz. Konventionelle Strecken werden mit 20 000 Volt, die neuen Schnellbahnen mit 25 000 Volt betrieben, wobei die aus den öffentlichen Netzen bezogene Energie teilweise mit 50 Hertz geliefert und durch Periodenumformer erst auf 60 Hertz gebracht werden muß. Auch zum Schutz vor Störbeeinflussungen und zur Symmetrierung der Drehstrom-Versorgungsnetze waren besondere Vorkehrungen zu treffen. Gegenwärtig mißt das Gleichstromnetz der Japanischen Eisenbahnen 5285, das Wechselstromnetz 5530 Kilometer einschließlich 1985 Kilometer Shinkansen.
Spät genug, um von vornherein die richtige Systemwahl treffen zu können, begann die Volksrepublik China Anfang der sechziger Jahre im Rahmen eines besonderen 15-Jahres-Planes mit der Elektrifizierung. Zu diesem Zeitpunkt war die Anwendung der Industriefrequenz mit Hilfe von Gleichrichterlokomotiven bereits so weit entwickelt, daß in China sogleich Einphasenwechselstrom mit 25 000 Volt und 50 Hertz angewandt wurde.
Im Jahre 1975 waren in aller Welt insgesamt etwa 150 000 Kilometer Eisenbahnstrecken elektrifiziert. Bei einer Gesamtlänge von rund 1 250 000 Kilometern entfielen damit immerhin bereits zwölf Prozent auf den elektrischen Betrieb.

Das Licht kam mit der Eisenbahn

Neben den Problemen von Stromart und Stromzuführung, Motor- und Fahrzeugkonstruktion stellte sich anfangs bei der Projektierung jeder elektrischen Bahn auch die Frage nach der geeigneten Stromquelle. Als Werner Siemens 1879 in Berlin die erste elektrische Lokomotive vorführte, mußte er den nötigen Strom an Ort und Stelle mit einer dampfgetriebenen Dynamomaschine erzeugen lassen. Noch nirgends in der Welt gab es ein Stromnetz, das zur Lieferung elektrischer Energie zur Verfügung gestanden hätte; das erste Elektrizitätswerk wurde – von Edison gebaut – am 1. Oktober 1882 in New York eröffnet, die erste »Centralstation« in Berlin an der Friedrichstraße 1884. Zu diesem Zeitpunkt fuhr die elektrische Straßenbahn zwischen Groß Lichterfelde und der Kadettenanstalt bereits drei Jahre lang. Auch für diese Bahn mußte also der Strom von einer extra zu diesem Zweck aufgestellten Maschine erzeugt werden.
Die Eisenbahnen, die für ihren Betrieb die Elektrizität zu nutzen suchten, haben dann auch bei der Verbreitung des elektrischen Stromes in Industrie und Gewerbe, Handwerk und Haushalten eine besondere Rolle gespielt. So versuchte im Jahre 1895 ein sächsisches Elektrounternehmen mit unterwürfigen Eingaben und öffentlichen Informationsveranstaltungen der schon damals weltbekannten Passionsspielgemeinde Oberammergau in Bayern die Vorzüge elektrischen Lichtes und elektrischer Kraft auseinanderzusetzen, um die Zustimmung zum Bau einer elektrischen Eisenbahn von Murnau nach Oberammergau zu erlangen.
Dieser Vorgang, zu dem es zweifellos viele Parallelen gegeben hat, erscheint für die Geschichte der Eisenbahn weniger deshalb bemerkenswert, weil hier das elektrische Licht gewissermaßen »mit der Eisenbahn« gekommen ist, sondern weil das dafür gebaute Wasserkraftwerk Kammerl an der Ammer bei Saulgrub das erste Elektrizitätswerk der Welt gewesen ist, das Einphasenwechselstrom verminderter Frequenz für den Bahnbetrieb geliefert hat. Das Werk wurde 1899 fertig, brachte dem Ammertal um die Jahrhundertwende den elektrischen Strom und versorgte fünf Jahre später nach Austausch der ursprünglich für Drehstrom vorgesehenen Bahnmaschinen die Lokalbahn Murnau – Bad Kohlgrub – Oberammergau als erste Einphasenwechselstrombahn mit Fahrstrom. Das Werk ist mit den damals installierten Maschinen noch heute in Betrieb und speist Bahnstrom in das Netz der

Deutschen Bundesbahn ein.
Auch andere Lokalbahnen, die damals oder schon früher elektrischen Betrieb einführten, verfügten über ihr eigenes Kraftwerk. In der Regel wurde der Stromerzeuger von einer Wasserturbine angetrieben und lieferte Gleichstrom für die Züge sowie zur Beleuchtung der Betriebsräume und womöglich zur Versorgung einer Reihe fortschrittlicher Abnehmer in der Umgebung. Wo Wasserkraft nicht zur Verfügung stand oder nicht ausreichte, mußte ein Dampferzeuger eingesetzt werden. Eine geschickte Möglichkeit, Belastungsschwankungen auszugleichen, bot eine parallel geschaltete Akkumulatorbatterie, die sich mit überschüssigem Strom automatisch auflud und bei höherem Bedarf die Lastspitzen deckte.
Trotzdem stellte die äußerst ungleichmäßige Belastung der Stromerzeugungsanlagen durch die Eisenbahnen, solange keine größeren Netze bestanden, ein erhebliches Problem dar. Auf Einzellinien waren überhaupt nur zeitweise Züge unterwegs, und ihr Stromverbrauch schwankte obendrein stark während der Anfahrt und in Steigungen oder beim Ausrollen und im Gefälle. Vor allem Dampfkraftanlagen ließen sich nur bei Anschluß bahnfremder Verbraucher einigermaßen wirtschaftlich betreiben. Die Eisenbahn eilte mit ihren elektrischen Betriebsanlagen der allgemeinen Entwicklung damals so weit voraus, daß die Vorstellung bestand, die Bahnkraftwerke könnten den Bedarf der übrigen Abnehmer nebenbei decken.
Während die Elektrifizierung der Eisenbahnen jedoch nur langsam Fortschritte machte, stieg der Verbrauch elektrischer Energie in Stadt und Land derart steil, daß sich die Verhältnisse rasch umkehrten und viele Bahnen ihren Bedarf später aus öffentlichen Netzen deckten.

Eigenständige Stromversorgung

Eigene Energieversorgung und besondere Bahnstromnetze bestehen heute im wesentlichen nur in Ländern, deren Bahnen mit Einphasenwechselstrom der verminderten Frequenz von 16⅔ Hertz fahren. Das bei diesem Stromsystem erforderliche eigene Hochspannungsnetz für die Energieverteilung belastet zwar die Wirtschaftlichkeit des elektrischen Betriebes, verhilft der Eisenbahn aber andererseits zu Unabhängigkeit von der Landesversorgung.
Störungen im öffentlichen Stromnetz übertragen sich in der Regel nicht auf den Bahnbetrieb. Als am 13. April 1976 in weiten Teilen der Bundesrepublik Deutschland und Österreichs für mehrere Stunden die Landesversorgung völlig zusammenbrach, blieb der Zugverkehr unbeeinflußt, die Münchner S-Bahn fuhr als einziges öffentliches Verkehrsmittel der Millionenstadt weiter.
Von Preußen ausgehend begann die Fernbahnelektrifizierung mit diesem System unter Einsatz von Dampfkraftwerken. Ab 1908 lieferte das Kraftwerk Altona Bahnstrom für die Hamburger Vorort- und die Altonaer Hafenbahn, das mit Rohbraunkohle gefeuerte Kraftwerk Muldenstein bei Bitterfeld ab 1911 für die mitteldeutschen Strecken und das mit Steinkohle geringer Qualität betriebene Kraftwerk Mittelsteine ab 1914 für das schlesische Netz. Der sächsische Staat sicherte sich Braunkohlenfelder bei Hirschfelde und Leipzig in der Absicht, sie später zur Stromerzeugung für den elektrischen Betrieb auszubeuten, der 1912 bereits für die Strecke Meißen–Dresden–Pirna in Aussicht genommen war.
Die Möglichkeit, Wasserkräfte für den Betrieb elektrischer Bahnen zu nützen, wurde im kleinen schon um die Jahrhundertwende vielfach praktiziert. Für größere Projekte erschöpfte sie sich dagegen in Studien und Denkschriften. Bayerns Oberste Baubehörde ließ ein Wasserkraftkataster öffentlicher Flüsse ausarbeiten, das auch die zur Bahnstromerzeugung in Frage kommenden Wasserkräfte enthielt und 1903 durch Oskar von Miller veröffentlicht wurde.
Schon seit der Jahrhundertwende beschäftigte der Höhenunterschied von zweihundert Metern zwischen Walchensee und Kochelsee in den bayerischen Alpen die Phantasie mehrerer Ingenieure, die bereits zur damaligen Zeit die Chance für eine wirtschaftliche Energiegewinnung erkannt hatten. Die Bayerische Staatseisenbahn verstand sich einen Teil der Nutzungsrechte am Walchenseewasser zu sichern, obwohl das Kraftwerk erst 1924 realisiert werden konnte.
Viel früher entstand das Kraftwerk Schönberg bei Innsbruck, das die Wasserkraft

Linke Seite: In Amerika zählen elektrische Lokomotiven zu den Seltenheiten. Hier begegnen einander E 15 und E 20 »Little Joe« in Deer Lodge im Staate Montana. Die E 20 wurde 1952 von General Electric für die Sowjetunion gebaut, jedoch nicht ausgeliefert, sondern auf Normalspur umgerüstet und von der Milwaukee Railroad übernommen.
Rechts: Den Geschwindigkeits-Weltrekord auf Schienen errangen mit 331 Stundenkilometern zwei französische Gleichstromlokomotiven auf der Strecke Bordeaux–Dax unabhängig voneinander: die CC 7107 (Bild) am 28. März 1955, die BB 9004 einen Tag später. Am 26. Februar 1981 hat der T.G.V. Nummer 26 diesen Rekord auf 380 km/h hochgeschraubt.

des Ruetzbaches unterhalb von Fulpmes im Stubaital ausnützt und den Strom für den elektrischen Betrieb auf Mittenwald- und Außerfernbahn von Innsbruck über Garmisch-Partenkirchen nach Reutte in Tirol erzeugte; es wurde 1912 fertig und 1983 durch das neue Ruetzwerk ersetzt. Die Bayerische Staatseisenbahn verfügte in den Anfangsjahren lediglich über das kleine Kraftwerk Gartenau, das seit 1908 die Lokalbahn Berchtesgaden - Schellenberg mit Gleichstrom versorgte und an das ein Jahr später auch die Königsseebahn angeschlossen wurde. Als zweites und bedeutenderes Wasserkraftwerk wurde bis 1913 das Saalachwerk in Karlstein bei Bad Reichenhall erbaut; es belieferte die Stadt mit Drehstrom, ebenso die chemische Industrie bei Burghausen und erzeugte im übrigen Einphasenwechselstrom für die ab 1916 elektrisch betriebene Strecke Salzburg - Freilassing - Berchtesgaden.
Von der Möglichkeit, Drehstrommaschinen für die Landesversorgung und Bahnstrommaschinen im gleichen Kraftwerk unterzubringen, wurde später überall Gebrauch gemacht.

Krisenfeste Wasserkräfte

Erst die Engpässe in der Belieferung mit hochwertiger Kohle während des Ersten Weltkrieges und in der Nachkriegszeit gaben zur Nutzung der Wasserkräfte in den Alpenländern die entscheidenden Impulse. Der Bau vielfach seit langem geplanter Kraftwerke wurde unter dem Druck der Verhältnisse nun ebenso wie die Elektrifizierung von Bahnstrecken unverzüglich in die Wege geleitet.
Im Dezember 1918 begannen bei Kochel die Bauarbeiten für das Walchensee-Kraftwerk; am 24. Januar 1924 trieb Wasser aus dem Gebirgssee zum ersten Mal eine Turbine. Das Werk, das damals als leistungsfähigstes Wasserkraftwerk Europas galt und einen Meilenstein in der Elektrotechnik schlechthin darstellte, wurde mit vier Maschinensätzen für die Landesversorgung und vier weiteren für die Bahnstromerzeugung ausgerüstet. Zwischen 1920 und 1928 wurden an der mittleren Isar unterhalb München die Flußkraftwerke Aufkirchen, Eitting und Pfrombach errichtet; auch sie dienen gemeinsam der Landes- und der Bahnstromversorgung. In Pfrombach wurden beide Netze erstmals durch einen Umformer gekuppelt, um bei Bedarf mit Energie aus dem Landesnetz Bahnstrom mit 16⅔ Hertz erzeugen zu können.
Die Österreichischen Bundesbahnen bauten bei Wald am Arlberg das Speicherkraftwerk Spullersee, das die Stromversorgung der auf elektrischen Betrieb umgestellten Arlbergstrecke sicherzustellen hatte. Außerdem wurde das schon 1912 für die Mittenwaldbahn errichtete Kraftwerk Schönberg im Stubaital bei Innsbruck noch erweitert.
Auch die Schweizerischen Bundesbahnen bauten von Anfang an auf eigene Stromerzeugung durch die Wasserkräfte der Alpen. Als erste Bahnkraftwerke entstanden im Zuge der Gotthard-Elektrifizierung das Speicherkraftwerk Ritom im Tessin und das Laufkraftwerk Amsteg im Urner Reusstal. Im Jahre 1919 begann auch in der Westschweiz an der Zufahrt zum Simplon die Erschließung geeigneter Wasserkräfte; bis zum Abschluß der ersten Elektrifizierungsetappe Ende der zwanziger Jahre standen dort die Kraftwerke Barberine und Vernayaz zur Verfügung. Vom Barberine-Stausee bis ins Rhônetal können 1440 Meter Höhendifferenz zur Bahnstromerzeugung ausgenützt werden, wobei das Wasser beide Werke nacheinander durchfließt.
Nach diesen ausschließlich für den Bahnbedarf errichteten Werken entstanden in der Schweiz erst Mitte der dreißiger Jahre die Gemeinschaftsanlagen des Etzelwerkes, das die Wasserkraft der Sihl unter Ableitung in den Zürichsee ausnutzt und je drei Maschinensätze für die Landes- und die Bahnstromversorgung enthält. Eine derartige gemeinschaftlich genutzte Wasserkraftanlage bietet den Vorteil, größere Energiemengen vor ihrer Umwandlung in elektrischen Strom einfach durch Abtretung von Wassermengen austauschen zu können, da jeder Partner im allgemeinen auf die Hälfte des dargebotenen Wassers Anrecht hat. Allerdings setzt die installierte Maschinenleistung diesem praktischen Energietausch Grenzen.
Auch in der Schweiz mußten deshalb wie in Deutschland und im östlichen Teil Österreichs Umformerwerke errichtet werden, um einen Teil des Bahnstroms durch Frequenzumformung indirekt aus dem Landesnetz beziehen zu können. Trotzdem basiert in der Schweiz die Bahnstromversorgung auch heute zu einem hohen Prozentsatz auf Wasserkräften des eigenen Landes.
In Skandinavien sicherte sich die Schwedische Staatsbahn schon 1912 durch Ankauf Wasserkräfte am Motalastrom sowie bei Järleå, Bohnen und Lagaå in Südschweden. Zur Elektrifizierung der Riksgränsenbahn wurde dann in Lappland, rund 150 Kilometer südlich Kiruna, das Porjus-Kraftwerk gebaut. Damit konnte die Erzbahn allein mit Wasserkraft betrieben werden.
Dieser krisensicheren Energieform kommt heute wieder besondere Bedeutung zu. In der Schweiz konzentrieren sich die Bemühungen weiterhin auf eine Leistungssteigerung der Kraftwerksgruppe Barberine-Vernayaz. Die Österreichischen Bundesbahnen haben das Einzugsgebiet des Tauernmoosspeichers und damit die Kapazität ihrer Kraftwerkskette Enzingerboden, Schneiderau und Uttendorf im Stubachtal bis 1974 bereits erheblich erweitert. Der 1929 angelegte Speichersee faßte 21 Millionen Kubikmeter Wasser; die neue Staumauer erhöhte das Stauziel um zwanzig Meter und den Speicherinhalt auf 55 Millionen Kubikmeter. Durch künstliche Beileitungen wurde auch das Wassereinzugsgebiet beträchtlich ausgedehnt. Die gesteigerte Leistungsfähigkeit der Anlage sichert vor allem während der Wintermonate die Lieferung der benötigten Spitzenenergie.
Auch die Deutsche Bundesbahn hat sich in neuerer Zeit weitere Wasserkräfte zunutze gemacht. Über die Donau-Wasserkraft AG bezieht sie Bahnstrom von der 1971 fertiggestellten Kraftwerkskette an der mittleren Donau zwischen Donauwörth und Ingolstadt mit den vier Flußkraftwerken Bergheim, Bittenbrunn, Bertholdsheim und Ingolstadt.
Solange nur einzelne Strecken oder isolierte Netze elektrifiziert waren, mußten zur Deckung der im Bahnbetrieb besonders ausgeprägten Belastungsspitzen vielfach Flußkraftwerke und Speicherwerke gleichzeitig errichtet werden, um über die nötigen Reserven an installierter Leistung und nutzbarer Wasserkraft zu verfügen. Bei steigendem Strombedarf konnten die Maschinen der Speicherwerke zugeschaltet, in Schwachlastzeiten stillgesetzt und damit die Wasserreserven wieder ergänzt werden.
So deckte auf der Arlbergbahn das Kraftwerk Schönberg die Grundlast, während das Staubecken des Kraftwerks Spullersee für Spitzenstrom sorgte. Auf der Gotthardbahn konnte im Sommer das Werk Amsteg den größeren Teil der Belastung übernehmen, während der Ritomspeicher lediglich den Rest beizutragen hatte; im Winter kehrten sich allerdings die Belastungsverhältnisse um, weil dann die Reuss in Amsteg nur wenig Wasser führt. Im bayerischen Netz trugen die nicht speicherfähigen Werke an der mittleren Isar die Grundlast, das Walchenseewerk deckte den Spitzenbedarf. Durch die vielfältige Vermaschung der

Die Elektrifizierung von Eisenbahnstrecken stand anfangs in allen europäischen Ländern in engem Zusammenhang mit der Nutzung von Wasserkräften. Das Walchensee-Kraftwerk in Oberbayern, nach wie vor Deutschlands größtes Wasserkraftwerk, das zur Hälfte Bahnstrom, zur Hälfte Strom für die öffentliche Landesversorgung erzeugt, nützt den Höhenunterschied zwischen Walchensee und Kochelsee aus. Es wurde 1924 in Betrieb gesetzt.

Netze und die Nutzung verschiedener Energiequellen zeigen sich heute die Wechselbeziehungen nicht mehr derart ausgeprägt, obwohl sich an den charakteristischen Funktionen der verschiedenen Wasserkraftwerke nichts geändert hat.

Breite Basis für die Energieversorgung

Nur wenige Länder können – wie die Schweiz – ihren Bedarf mit einheimischen Wasserkräften decken. Je weiter sich vor allem in Deutschland und Österreich die Netze nach Norden ausdehnten, mußten zur Bahnstromversorgung andere Energien herangezogen werden. Die in Dampfkraftwerken verfeuerte Steinkohle nimmt dabei den ersten Rang ein.
Die Deutsche Bundesbahn stützt ihre Bahnstromversorgung inzwischen auf zusätzliche Säulen. Das Kraftwerk Bremen-Mittelsbüren verbrennt zur Dampferzeugung Gichtgas als Abfallprodukt aus dem Hochofenprozeß in der benachbarten Klöcknerhütte. Erstmals im Weihnachtsverkehr 1975 speiste das Pumpspeicherwerk Langenprozelten Energie in das Bahnstromnetz. Dieses Werk im Spessart bei Gemünden (Main) nützt die Höhendifferenz von etwa dreihundert Metern zwischen Unter- und Oberbecken aus, um billigen Überschußstrom aus Schwachlaststunden in Spitzenstrom umzuwandeln und damit zu »veredeln«: Pumpenturbinen fördern bei schwacher Netzbelastung Wasser vom Unter- in das Oberbecken; bei hoher Belastung gewinnen sie mit dem wieder abfließenden Wasser Strom zurück. Der wesentlich höhere Preis für Spitzenstrom wiegt die mit einem solchen Verfahren zwangsläufig verbundenen Verluste auf. Das Pumpspeicherwerk Langenprozelten verfügt über zwei Bahnstrommaschinen mit je etwa 75 Megawatt Leistung. Es wird von der Donau-Wasserkraft AG für die Deutsche Bundesbahn betrieben und ist das erste Werk dieser Art für Bahnstromversorgung. Die Schweizerischen Bundesbahnen nützen verschiedentlich ebenfalls den Pumpbetrieb zur Deckung des Spitzenbedarfs. Die Schweizerischen Bundesbahnen sind ferner am Kernkraftwerk Gösgen-Däniken beteiligt sowie am Bau des Kernkraftwerks Leibstadt und des französischen Werkes Bugey. Da der Energiebedarf hier jedoch noch stärkeren tageszeitlichen Schwankungen unterliegt als bei der Deutschen Bundesbahn, haben sich die Schweizerischen Bundesbahnen mehr der Erzeugung von Drehstrom mit 50 Hertz zugewandt, der über Umformer im erforderlichen Umfang in Bahnstrom umgewandelt, ansonsten jedoch in das Verbundnetz der öffentlichen Energieversorgung abgegeben werden kann.
Seit Sommer 1976 fährt die Deutsche Bundesbahn bereits mit »Atomstrom« aus dem ersten Kernkraftwerk, das auch mit einer Bahnstrommaschine ausgerüstet wurde: Das Gemeinschaftskernkraftwerk Neckarwestheim bei Heilbronn verfügt über eine Drehstrommaschine der Landesversorgung und über einen Bahnstromgenerator mit 150 Megawatt Leistung. Ein gemeinsamer Kernreaktor erzeugt den Dampf für beide Maschinensätze. Auch vom zweiten Block wird die Bundesbahn Strom beziehen, allerdings von keiner eigenen Maschine, sondern über mehrere Umformer. Die nach dem Zweiten Weltkrieg immer wieder diskutierte »Atomlokomotive« kann damit als indirekt realisiert gelten; statt des eigenen, viel zu risikoreichen und nicht hinreichend wirtschaftlichen Reaktors an Bord kann bei dem nun beschrittenen Weg jede konventionelle Elektrolokomotive über den Fahrdraht Strom beziehen, der auf Kernenergie zurückgeht.
Vor allem zur Deckung des Spitzenbedarfes, der sich bei der Eisenbahn regelmäßig während des Berufsverkehrs morgens und nachmittags einstellt, wurden an geeigneten Punkten des Bahnstromnetzes Umformerwerke errichtet. Drehstrommotoren, die aus dem Landesnetz gespeist werden, sind dort mit Einphasen-Generatoren gekuppelt, die Bahnstrom mit 16⅔ Hertz erzeugen. Diese Kupplung zwischen Landes- und Bahnstromversorgung ermöglicht der Eisenbahn jederzeit, auch auf Energie aus dem öffentlichen Verbundnetz zurückzugreifen.
Außerdem stehen die Bahnstromnetze der Deutschen Bundesbahn, der Schweizerischen und der Österreichischen Bundesbahnen miteinander in Verbindung. Zwischen Deutschland und der Schweiz läßt sich auf einer Übertragungsleitung zwischen Haltingen und Muttenz bei Bedarf Energie austauschen, zwischen Deutschland und Österreich auf den beiden Netz-

verbindungen Kochel – Zirl und Traunstein – Steindorf.
Diese vielfältigen Möglichkeiten des Energiebezuges sichern heute dem elektrischen Bahnbetrieb die erforderliche sichere Basis. Ihr kommt um so höhere Bedeutung zu, je mehr der Anteil der mit elektrischer Energie erbrachten Transportleistungen zunimmt. In der Schweiz hat er bereits 1960 hundert Prozent erreicht, in Deutschland liegt er gegenwärtig bei 85, in Österreich bei 92 Prozent.

Die Dampflok stand Pate

Obwohl die Überlegenheit elektrischer Lokomotiven gegenüber der Dampf- wie der Diesellok heute in erster Linie auf der wesentlich höheren Leistungsfähigkeit beruht, begann der Einsatz elektrischer Antriebe gerade in Fahrzeugen, von denen nur relativ geringe Leistung gefordert zu werden brauchte: in Straßenbahnwagen, Lokalbahntriebwagen und Nebenbahnlokomotiven. Für die hier erforderlichen Leistungen ließen sich kleine Fahrmotoren bauen, die auch bei den beengten Raumverhältnissen unmittelbar mit einer Achse verbunden werden konnten und so einen zweckmäßigen und einfachen Einzelachsantrieb ermöglichten. Der an einem Radsatz installierbaren Leistung waren bei den damaligen technologischen Möglichkeiten des Motorenbaues jedoch enge Grenzen gesetzt. Die steigenden Leistungsforderungen zwangen deshalb zum Verlassen dieser an sich bewährten Entwicklungslinie.
Statt kleiner Motoren unmittelbar an den Radsätzen wurden nun einzelne, große und relativ leistungsstarke Motoren vorgesehen. Um sie dort einbauen zu können, wo für den Konstrukteur wie für Betrieb und Werkstatt die günstigsten Möglichkeiten gegeben waren, wurde ein in ähnlicher Form bei den Dampflokomotiven seit langem gebräuchliches Antriebsgestänge zwischengeschaltet. Damit konnten die anfangs noch verhältnismäßig empfindlichen Fahrmotoren ganz in den gefederten Teil der Lokomotive aufgenommen werden. Allerdings muß der Antrieb dann die Relativbewegungen zwischen Motor und Treibachse ausgleichen können, die von der Federung bei Unebenheiten des Gleises, insbesondere durch die Schienenstöße, hervorgerufen werden. Beim Stangenantrieb kann die Kraftübertragung deshalb nur durch eine waagerechte oder

Links und oben: Lange orientierte sich die Kraftübertragung vom Elektromotor zu den Radsätzen am Antrieb der Dampflokomotive. Zu Treib- und Kuppelstangen kam vielfach ein riesiger Motor, der konstruktive Vorteile bot und oft die gesamte Lokomotivleistung in sich vereinte.
Die preußische EG »Halle« 528, später E 71 28, zählte zu den zweimotorigen Elektrolokomotiven mit Stangenantrieb. Sie ist für das künftige Verkehrsmuseum Berlin vorgesehen.

allenfalls wenig geneigte Treibstange erfolgen, deren einwandfreier Lauf von den Vertikalschwingungen der Federung nicht beeinträchtigt wird.
Hohe Leistung bedeutete hohes Motorgewicht und großes Einbauvolumen. Beidem sind im Lokomotivbau Grenzen gesetzt: Das zulässige Höchstgewicht ergibt sich aus der Belastbarkeit von Gleis und Oberbau, das Volumen aus dem Fahrzeugprofil, das wiederum von Spurweite, Gleisabstand, Brückendurchfahrten und Tunnelquerschnitten bestimmt wird. Da die Leistung rotierender Maschinen jedoch auch von ihrer Drehzahl abhängt, zielte die weitere Leistungssteigerung auf möglichst hohe Drehzahlen ab. Hier setzten die dynamischen Kräfte an den äußersten Punkten des rotierenden Teils, also am Ankerumfang, Grenzen. Bei gleicher Umfangsgeschwindigkeit genügt jedoch eine um so geringere Motordrehzahl, je größer der Durchmesser des Motors ausgeführt wird; deshalb wurde später die gesamte Lokomotivleistung vielfach in nur einem Großmotor zusammengefaßt, der die Lokomotive bis an das Dachprofil ausfüllte.

Das von der Dampflokomtive stammende Triebwerk mußte für den Einsatz in elektrischen Lokomotiven vielfach modifiziert werden. Statt der Umsetzung der hin- und hergehenden Kolbenbewegung in Drehbewegung bei der Dampflok mußte hier die Drehbewegung der Motorwelle auf die Antriebsachse übertragen werden. Anfangs traten dabei starke Resonanzerscheinungen auf, die zum Bruch der Stangen führten; durch Schrägstellen der Treibstangen ließen sich die gravierendsten Mängel zwar beseitigen, trotzdem neigten Lokomotiven mit Stangenantrieb zu Schüttelschwingungen, sobald durch Verschleiß die engen Toleranzen der Triebwerksteile nicht mehr eingehalten waren. Um die Laufeigenschaften zu verbessern, wurde eine Vielzahl von Triebwerksanordnungen erprobt. Das Drehmoment wurde anfangs meist von der Motorwelle direkt, später zur Erzielung günstigerer Motordrehzahlen unter Zwischenschaltung von Zahnradgetrieben entweder auf eine Blindwelle in Höhe der Radsätze oder mit nur wenig geneigten Stangen unmittelbar auf einen Radsatz übertragen. Wie bei der Dampflokomotive konnten dabei mehrere oder sämtliche Achsen durch waagerechte Kuppelstangen verbunden werden, um die Haftreibung optimal auszunutzen. Hier lag einer der Vorteile des Stangenantriebes, bei dem auch das Durchdrehen im Gegensatz zum Einzelachsantrieb kaum ein Problem darstellt.
Trotzdem überwogen die Mängel bei weitem die Vorzüge dieser Antriebsart. So mußte auf eine der günstigsten Eigenschaften des Elektromotors, die Arbeit in Form reiner Drehbewegung zu leisten, verzichtet werden. Die Umsetzung der rotierenden in hin- und hergehende und anschließend wieder in rotierende Bewegung bedeutete nicht nur hohen technischen Aufwand, starke Beanspruchung der gesamten Lokomotive durch Schwingungen und unruhigen Lauf, sondern auch starken Verschleiß und großen Ölverbrauch bei hohem Werkstattaufwand zur einwandfreien Erhaltung des Triebwerkes.
Bei Lokomotiven für höhere Geschwindigkeit wurden außerdem noch besondere Maßnahmen zur Erhöhung der Entgleisungssicherheit erforderlich. Denn die selbst bei gutem Massenausgleich unvermeidlichen Unwuchten und die hohen Beanspruchungen der Stangenlager begrenzten die Drehzahl der Antriebsachsen. Um dennoch die geforderten Höchstgeschwindigkeiten zu erzielen, mußten wie

bei Dampflokomotiven Radsätze mit großem Durchmesser verwendet und zur sicheren Führung der Lokomotive in Gleisbogen und Weichen voranlaufende Achsen mit kleinen Rädern vorgesehen werden.
Diese insgesamt ungünstigen Betriebseigenschaften konnten auf die Dauer nicht die endgültige Lösung darstellen, auch wenn Lokomotiven mit Stangenantrieb teilweise auf hohen Entwicklungsstand gebracht wurden und in einer Reihe von Ländern noch heute laufen.

Experimente mit Nebenwirkung

In Preußen begann der Bau von elektrischen Lokomotiven mit Stangenantrieb 1909. Zwei Jahre später erreichte die ES 1-Schnellzuglokomotive 10501 bei Versuchsfahrten zwischen Dessau und Bitterfeld immerhin 135 km/h. Später verlagerten sich die Versuche der Preußischen Staatseisenbahn von Mitteldeutschland mehr auf die schlesische Gebirgsbahn mit ihren schwierigen Betriebsverhältnissen. Gleichzeitig entwickelten die Bayerischen und Badischen Staatseisenbahnen ihre eigenen Lokomotiven, ebenfalls mit Stangenantrieb. Auch die Österreichischen Bahnen beschafften 1912 eine erste Serie für die Mittenwaldbahn.
Nachdem die Vollbahnelektrifizierung zuerst in Deutschland eingesetzt hatte und die Elektroindustrie hier von den Bahnverwaltungen ebenso wie von ihren eigenen Bemühungen um Exporterfolge zu immer neuen Experimenten veranlaßt wurde, erreichte der Bestand an elektrischen Lokomotiven in Deutschland schließlich eine unvergleichliche und äußerst unwirtschaftliche Vielfalt; denn das investierte Kapital konnte nicht kurzerhand abgeschrieben werden, so daß – von wenigen Ausnahmen abgesehen – zahlreiche Lokomotiven lange in Betrieb blieben, obwohl sie den Erwartungen nicht entsprachen.
Nach dem Zusammenschluß der deutschen Länderbahnen zur Reichsbahn im Jahre 1920 begannen deshalb unverzüglich auch für die elektrischen Lokomotiven erste Bemühungen um Vereinheitlichung und Bereinigung der Typenvielfalt, wenngleich Lokomotiven mit Stangenantrieb noch in größerer Zahl weiter beschafft wurden.
Auch in der Schweiz beteiligte sich die Industrie anders als zu Beginn der Dampflokomotiv-Epoche von Anfang an sehr rege am Bau elektrischer Lokomotiven. Da die Elektrifizierung der Hauptbahnen jedoch erst 1917 begann, entstand – ebenso wie in Österreich – kein derart uneinheitlicher Park mehr oder weniger geglückter Versuchslokomotiven. Trotzdem standen auch in der Schweiz bei Abschluß der Elektrifizierung im Jahre 1960 nicht weniger als 34 verschiedene Typen elektrischer Lokomotiven im Einsatz, von denen die meisten älteren ebenfalls mit Stangenantrieb ausgerüstet waren.
In Schweden erreichte diese Antriebsart im Laufe der Zeit derart hohen Standard, daß sich Lokomotiven mit Stangenantrieb nicht nur den enormen Anforderungen des Erzverkehrs auf der Strecke nach Narvik voll gewachsen zeigten, sondern auch bei dem vielfach schwachen und durch die harten klimatischen Bedingungen zusätzlich in Mitleidenschaft gezogenen Oberbau allen Situationen gerecht

Links: Von der bayerischen EP 2 blieb die spätere E 32 27 erhalten; sie soll von der Deutschen Gesellschaft für Eisenbahngeschichte wieder betriebsfähig gemacht werden. Die Aufnahme zeigt sie in Oberbayern noch im Einsatz.
Oben: Die beiden ältesten Lokomotiven der Deutschen Bundesbahn, gebaut 1909 und 1912, vor einem Sonderzug Oberammergau – Garmisch-Partenkirchen im Herbst 1976 bei Oberau im Loisachtal. Seit 1982 ausrangiert, bleiben sie vorerst doch für besondere Anlässe einsatzfähig.

wurden. Noch 1970 beschaffte die Schwedische Staatsbahn fabrikneue Lokomotiven mit Stangenantrieb, und ihr Anteil am Bestand elektrischer Triebfahrzeuge liegt noch heute bei mehr als fünfzig Prozent.
In den meisten übrigen Ländern dagegen gehört diese Antriebsart inzwischen der Vergangenheit an. Bei der Deutschen Bundesbahn wurden am 18. November 1975 als letzte große Stangen-Ellok die 191 099-1 und die 191 100-7 (frühere Baureihe E 91) ausrangiert. Als Rangierlokomotiven liefen noch die Baureihen 160 (E 60) und 163 (E 63); die letzte schied 1983 aus.

Oldtimer – ihrer Zeit voraus

Die erste, mit Starkstrom betriebene Lokomotive der Welt, die Werner Siemens 1879 in Berlin vorstellte, zeigte im Ansatz eine Reihe von Konstruktionsideen, die endgültig erst ein halbes Jahrhundert später im Lokomotivbau durchdrangen und heute zu den Wesenszügen moderner elektrischer Lokomotiven zählen. So übertrug zum Beispiel ein Zahnradgetriebe das Drehmoment des Motors allein mit rotierenden Elementen auf die Räder. Dabei wurden beide Achsen zur Kraftübertragung genutzt. Außerdem war bereits an die für elektrische Lokomotiven charakteristische Symmetrie gedacht, die - im Gegensatz zur Dampflok - zwischen Vorwärts- und Rückwärtsfahrt keine Unterschiede macht.
Freilich lag zwischen den ersten Lösungen und betriebsreifen Ausführungen ein weiter Weg. Dabei bildete der Antrieb mehr und mehr das zentrale Problem. Die enorme Zahl unterschiedlicher Konstruktionen zeigt, daß eine endgültig befriedigende Lösung sehr lange Zeit gesucht und schließlich auf vielen Wegen erreicht worden ist.
Besondere Vorteile schien anfangs der Direktmotor zu bieten, bei dem die Antriebsachse gleichzeitig auch als Motorwelle dient und das Drehmoment ohne Umsetzungen und Verluste unmittelbar übertragen wird. Tatsächlich waren etwa die Versuchstriebwagen, die 1903 zwischen Marienfelde und Zossen die aufsehenerregenden Geschwindigkeitsrekorde mit mehr als 210 km/h erzielten, mit Achsmotoren ausgerüstet. Da für den Einbau solcher Motoren wegen der Abhängigkeit von Raddurchmesser und Spurweite nur sehr wenig Platz zur Verfügung steht, also größere Leistungen nicht installiert werden können, und außerdem der günstige Drehzahlbereich der Motoren nicht mit den im Betrieb normalerweise üblichen Fahrgeschwindigkeiten in Einklang zu bringen ist, verschwand der Direktmotor bald wieder.
Eine andere Möglichkeit, von der im Prinzip schon 1885 zum ersten Mal in Amerika Gebrauch gemacht wurde, bildete der Einzelachsantrieb mit Tatzlagermotoren, wobei zwei Zahnräder die Drehmomente übertragen. Der Motor stützt sich einerseits auf den gefederten Rahmen der Lokomotive oder eines Drehgestells ab, auf der anderen Seite umfaßt er mit zwei tatzenförmigen Lagern die Antriebs-

achse, belastet also, zur Hälfte ungefedert, den Radsatz. Die daraus resultierenden Wechselwirkungen zwischen Motor und Gleis führten nach verbreiteter Ansicht am Oberbau und an den Motoren zu Schäden, die nur bei leichten Motoren und geringen Geschwindigkeiten als vertretbar galten. Hierin lag ein zusätzlicher Grund, weshalb die Entwicklung stärkerer elektrischer Lokomotiven auf den Stangenantrieb auswich. Später wurde jedoch auf den Tatzlagermotor immer wieder zurückgegriffen, weil er immerhin eine praktikable Möglichkeit für den vorteilhaften Einzelachsantrieb darstellte. Dabei wurden sowohl Geschwindigkeiten als auch große Leistungen erreicht, ohne daß die früher befürchteten Folgen ein unvertretbares Ausmaß angenommen hätten. So wurde dieser Antrieb in England auch für leistungsstarke Lokomotiven benützt.
Zunächst beschränkte sich sein Einsatz jedoch im wesentlichen auf die leichten »Motorwagen«, die Lokomotive und Wagen in einem Fahrzeug vereinigen und später kurz »Triebwagen« genannt wurden. Auch die erste Einphasenwechselstrom-Lokomotive, die Siemens 1906 an die Lokalbahn Murnau - Oberammergau lieferte, war mit Tatzlagermotoren und Einzelachsantrieb ausgerüstet; sie blieb nahezu fünfzig Jahre im Einsatz. Ihr folgten 1909 und 1912 zwei weitere Lokomotiven nahezu gleicher Bauart, die nach der Übernahme durch die Deutsche Reichsbahn im Jahre 1938 als E69 02 und E 69 03 eingereiht wurden. Seit 29. Juli 1982 sind beide ausrangiert, gleichwohl aber noch betriebsfähig. Jedenfalls bleiben sie erhalten und können ohne großen Aufwand wieder fahrbereit gemacht werden.

Tatzantrieb – geschmäht und doch erfolgreich

Neben den Triebwagen und den leichten Lokalbahnlokomotiven gab es in Preußen auf der Altonaer Hafenbahn und in Bayern auf der Strecke Freilassing - Berchtesgaden insgesamt sechs leistungsstärkere elektrische Lokomotiven mit Einzelachsantrieb durch Tatzlagermotoren.
Die erste stammte aus dem Jahre 1907, war ursprünglich für die Versuche auf der Oranienburger Rundbahn beschafft und nach deren Abschluß im Jahre 1911 für den Einsatz auf der Hafenbahn umgebaut worden, wo sie bis 1932 verwendet wurde. Als erste Vollbahn-Elektrolokomotive Deutschlands erhielt sie danach einen Platz im Verkehrsmuseum Nürnberg, wurde im Krieg nach Pressig-Rothenkirchen »ausgelagert«, auch dort jedoch von den Kampfhandlungen nicht verschont und so stark beschädigt, daß sie später nur noch verschrottet werden konnte. Zwei weitere Versuchslokomotiven bewährten sich nicht und wurden bereits nach wenigen Jahren ausrangiert. Dagegen zeigte die 1923 folgende vierte Maschine zufriedenstellende Betriebseigenschaften, so daß sie über dreißig Jahre lang auf der Hafenbahn im Einsatz blieb.
In Bayern waren ebenfalls schon vor dem Ersten Weltkrieg zwei elektrische Lokomotiven mit Einzelachsantrieb bestellt worden. Von 1915 an kamen sie auf der Strecke nach Berchtesgaden vorwiegend im Schiebedienst zum Einsatz. Auch sie bewährten sich gut; erst 1937 und 1941 wurden sie ausgemustert. Aus einer von ihnen entstand ein Schneepflug, der in Berchtesgaden noch lange für den Wintereinsatz bereitstand. Diese beiden bayerischen Lokomotiven können mit ihren vier, in zwei Drehgestellen untergebrachten Tatzlagermotoren als frühe Vorläufer der ersten deutschen Einheits-Elektrolokomotive gelten, die anderthalb Jahrzehnte später als Baureihe E 44 konzipiert worden ist und sich vor dem Krieg mit rund 175 Stück zur erfolgreichsten deutschen Elektrolokomotive entwickelte.
Für die aus der Anfangszeit des elektrischen Betriebes stammenden Staatsbahnlokomotiven mit Einzelachsantrieb und Tatzlagermotoren vergab die Deutsche Reichsbahn die gemeinsame Baureihenbezeichnung E 73; die beiden bayerischen Lokomotiven wurden dabei als E 73 01 und E 73 02, die preußischen als E 73 03 und E 73 05 eingeordnet.
Die Preußische Staatseisenbahn hatte schon vor dem Ersten Weltkrieg die Erprobung des Tatzantriebes auch in schweren Güterzuglokomotiven auf der schlesischen Gebirgsbahn geplant. Die Zeitereignisse verzögerten das Vorhaben jedoch bis 1923; insgesamt wurden damals neun sechsachsige Lokomotiven mit Einzelachsantrieb in Dienst gestellt. Sie bestanden aus zwei gelenkig miteinander verbundenen Hälften, von denen jede mit drei Tatzlagermotoren ausgerüstet war. Alle neun Lokomotiven, von der Deutschen Reichsbahn als Baureihe E 92^7 bezeichnet, blieben bis gegen Ende des Zweiten Weltkrieges im Einsatz. Drei wurden bei den Kämpfen zerstört, die übrigen sechs standen bis in die sechziger Jahre in der DDR abgestellt, ohne noch einmal zum Einsatz gekommen zu sein.
Im Jahre 1927 folgten sechs noch schwerere Güterzuglokomotiven mit Tatzantrieb, Baureihe E 95, bei denen vorn und hinten je eine zusätzliche Laufachse angeordnet werden mußte. Drei dieser Lokomotiven wurden bis 1960 von der Reichsbahn der DDR wieder instandgesetzt, die drei anderen blieben abgestellt.
Obwohl inzwischen auch voll abgefederte Einzelachsantriebe zur Verfügung standen, fand der Tatzantrieb vor allem in Deutschland nach 1930 in großem Umfang Anwendung. Er erwies sich, nachdem er im Lokomotivbau zwei Jahrzehnte lang kaum beachtet worden war, vor allem wegen seines einfachen Aufbaues als durchaus brauchbare Konstruktion, nachdem auch kleine Einphasenmotoren hinreichend leistungsstark und betriebssicher gebaut werden konnten und der Einfluß der schlechten Abfederung auf den Oberbau wie auf die Motoren selbst als weniger kritisch erkannt war. So rüstete die Deutsche Reichsbahn ihre zwischen 1930 und 1940 entwickelten und in großer Stückzahl - zum Teil noch nach dem Krieg - gebauten Einheitsbaureihen E 44, E 93 und E 94 mit Tatzantrieb aus. Die E 94 ist fast vollzählig noch heute im Einsatz bei der Bundesbahn als 194, bei der Reichsbahn der DDR als 254.
Sogar bei der Neuentwicklung elektrischer Lokomotiven nach 1945 hat der Tatzlagermotor in beiden Teilen Deutschlands noch eine mehr oder weniger große Rolle gespielt. Während die Reichsbahn der DDR ihr gesamtes Anfang der sechziger Jahre begonnenes Neubauprogramm mit den Baureihen E 11 (211) und E 42 (242) auf diese Art des Antriebs abstützte und bis heute über fünfhundert Lokomotiven der beiden Baureihen in Dienst gestellt hat, beschaffte die Deutsche Bundesbahn lediglich eine Variante der sechsachsigen Güterzuglokomotive E 50 (150) mit Tatzantrieb. In beiden Fällen war die Möglichkeit offengehalten worden, ihn gegen einen voll gefederten Antrieb auszutauschen.

Rechts oben: Schwere Güterzuglokomotive der Baureihe 194 (E 94) auf der Brücke über den Inn bei Rosenheim
Rechts: Ehemals bayerische Schnellzuglokomotive ES 1, Bundesbahn-Baureihe 116 (E 16), bei Prien am Chiemsee

Federstern-Antrieb aus Amerika

Schon bald nach der Jahrhundertwende hatten in Amerika erste Versuche begonnen, für elektrische Lokomotiven Einzelachsantriebe zu bauen, bei denen alle Motorteile gefedert angebracht werden konnten. Ihre praktische Anwendung beschränkte sich allerdings auch dort auf eine verhältnismäßig geringe Zahl von Fahrzeugen, zumal sich zum Teil die Motorkonstruktion selbst als ungeeignet erwies. Der wirklich bahnbrechende Einzelachsantrieb mit vollkommener Abfederung der Motormassen stammt jedoch ebenfalls aus Amerika. Die Westinghouse-Company entwickelte den Federstern-Antrieb, der kurz darauf auch in Europa aufgegriffen und später vielfach variiert wurde.

Die Kraftübertragung erfolgt dabei über die Speichen der Antriebsräder. Dazu dient eine Hohlwelle, die gemeinsam mit dem Motor im Lokomotiv- oder Drehgestellrahmen gefedert eingebaut ist und die Achse des Radsatzes mit genügend großem Abstand umgibt, um sich dem Federspiel entsprechend bewegen zu können. Das kleine, als Ritzel bezeichnete Zahnrad auf der Motorwelle greift in das Großzahnrad auf der Hohlwelle und treibt sie damit in bestimmtem Übersetzungsverhältnis an. Auf der Hohlwelle sind an einem Ende oder beiderseits Mitnehmer angebracht, die von innen zwischen die Speichen der Antriebsräder ragen und seitlich dagegen drücken. Eine vollkommen elastische Kraftübertragung ergibt sich dadurch, daß zwischen Mitnehmer und Speichen Federelemente zwischengeschaltet sind.

Die Schweizerischen Bundesbahnen bestellten 1921 die ersten elektrischen Lokomotiven Ae 3/5 und Be 4/7 mit Westinghouse-Antrieb für die Gotthardstrecke, wobei sich die S.A. des Ateliers de Sécheron (SAAS) besonders für diese Konstruktion einsetzte. Etwa gleichzeitig hatte Jakob Buchli für die Brown, Boveri & Cie AG (BBC) den nach ihm benannten Einzelachsantrieb ohne Hohlwelle, jedoch ebenfalls mit allseitig beweglicher Kupplung zwischen Motor und Radsatz entwickelt. Beide Bauarten bewiesen ihre Eignung, wobei sich der kompliziertere Buchli-Antrieb anfangs im Betrieb besser zu bewähren schien und damit in der Schweiz als Standardtyp für den Einzelachsantrieb bald große Verbreitung fand. Auch in Deutschland wurde er übernommen, als für die ersten elektrifizierten Fernstrecken Bayerns leistungsfähige Schnellzuglokomotiven gebaut werden mußten. Die ab 1926 eingesetzte bayerische Gattung ES 1, die spätere Reichsbahn-Baureihe E 16 (116) hat sich bis in die Gegenwart, vor allem zwischen München und Salzburg, halten können. Seit 1974 wird sie im Deutschen Museum in München von der E 16 07 repräsentiert. Der Buchli-Antrieb stellt höhere Ansprüche an die Wartung und hat sich in Deutschland nicht durchsetzen können.

Hier hatte Walter Kleinow für die All-

gemeine Elektricitäts-Gesellschaft (AEG) den Westinghouse-Antrieb weiterentwickelt. Als »Federtopfantrieb« erschien er 1925 zunächst in einer weiteren Lokomotive für die Hafenbahn in Altona, der E 73 06, wenig später in den von der Deutschen Reichsbahn beschafften Versuchslokomotiven der Baureihe E 21. Dabei bewährte er sich ausgezeichnet und wurde danach serienmäßig in die Baureihe E 17, später in die E 04 und in den dreißiger Jahren auch in die als Spitzenleistung des deutschen Lokomotivbaues allgemein beachtete und auf der Internationalen Ausstellung 1937 in Paris mit einem »Großen Preis« ausgezeichnete E 18 eingebaut. Die aus dieser Baureihe für den geplanten Schnellverkehr zwischen München und Berlin weiterentwickelte E 19, von der in zwei Varianten insgesamt nur vier Stück zu Beginn des Zweiten Weltkrieges in Dienst gestellt wurden, erhielt schließlich ebenfalls einen verstärkten AEG-Federtopfantrieb. Zahlreiche Lokomotiven aller dieser Baureihen sind noch heute im Einsatz.

Nach 1945 stellte sich für die Deutsche Bundesbahn die Frage, ob die bewährten elektrischen Lokomotiven der Vorkriegsentwicklung weitergebaut oder neue Wege beschritten werden sollten. Nach dem Vorbild der für die Bern - Lötschberg - Simplon-Bahn (BLS) in der Schweiz 1943 entwickelten Ae 4/4 und der von den Schweizerischen Bundesbahnen 1946 in weiter verbesserter Ausführung eingesetzten Re 4/4 entstanden die neuen Einheitsbaureihen der Deutschen Bundesbahn: E 10 (110) für den Schnellzugdienst, E 40 (140) für gemischten Reise- und Güterzugeinsatz, E 41 (141) für Nahverkehrszüge und E 50 (150) für den schweren Güterzugdienst. In fünf Probelokomotiven der Reihe E 10 waren zunächst verschiedene, während des in Deutschland kriegsbedingten Stillstandes bei ausländischen Herstellern entstandene Konstruktionen sowie neue deutsche Entwicklungen erprobt worden. Mit Ausnahme eines Teils der Serienlokomotiven E 50, die mit Tatzantrieb ausgerüstet wurden, erhielten alle den von Siemens neu entwickelten Gummiringfederantrieb, eine weiter verbesserte Variante des alten Westinghouse-Prinzips, wobei Gummisegmente statt der Federelemente für eine elastische Verbindung zwischen Motor und Radsatz sorgen. Der Gummiringfederantrieb bewährte sich ausgezeichnet und wurde auch in den meisten nach dem Krieg von den Österreichischen Bundesbahnen neu entwickelten elektrischen Lokomotiven eingesetzt.

Beim Übergang zum Einzelachsantrieb Mitte der zwanziger Jahre hatte Österreich zunächst eigene Wege beschritten; die 1926 in Dienst gestellte Personenzuglokomotive der Reihe 1570 war mit vertikal statt horizontal im Maschinenraum eingebauten Fahrmotoren ausgerüstet; die senkrechte Motorwelle übertrug das Drehmoment über Kegelräder und Gelenke elastisch auf die Antriebsachsen. Mit der Reihe 1670, einer Weiterentwicklung, waren Lokomotiven mit diesem Antrieb noch in den siebziger Jahren eingesetzt. Die gleiche Antriebsart fand auch in Frankreich größere Verbreitung. Eine weitere, eigenwillige Variante stellte der von der Schweizerischen Lokomotiv- und Maschinenfabrik in Winterthur (SLM) entwickelte »Universalantrieb« dar. Dabei wird jede Treibachse von zwei über dem Radsatz axial gegenüberliegenden Motoren über ein Zahnradvorgelege mit Doppelübersetzung angetrieben; eine Kreuzgelenkkupplung zwischen Großzahnrad und Antriebsachse bewirkt die elastische Kraftübertragung. Dieser Antrieb wurde unter anderem in einer der beiden ersten Lokomotiven Ae 8/14 eingesetzt. Später setzten sich jedoch in Österreich wie in der Schweiz modifizierte Federantriebe nach dem Westinghouse-Prinzip durch. Die Österreichischen Bundesbahnen bevorzugten anfangs eine von Sécheron angebotene Variante und übernahmen später den Federtopfantrieb nach Kleinow. Die Schweizer Bahnen gingen vom Buchli-Antrieb mehr und mehr zum ebenfalls von BBC entwickelten Federantrieb über, bei dem die Mitnehmer mit der Treibachse verbunden und die Federtöpfe in das Großzahnrad eingesetzt sind.

In anderen Ländern entstanden zahlreiche weitere Arten von Einzelachsantrieben, von denen besonders der französische Alsthom-Antrieb sowie die von BBC und Sécheron in der Schweiz entwickelten Scheiben- und Lamellenantriebe größere Verbreitung fanden. Für die auf 200 Stundenkilometer Höchstgeschwindigkeit zugeschnittene Schnellzuglokomotive E 03 (103) der Deutschen Bundesbahn wurde der bewährte Antrieb mit Gummisegmenten zum Kardan-Gummiringfederantrieb weiterentwickelt. Das Großzahnrad ist dabei auf die Hohlwelle nicht fest aufgeschrumpft, sondern überträgt das Drehmoment über gummigefederte Gelenkhebel auf die Hohlwelle. Damit werden die erheblichen Stöße, die bei hohen Geschwindigkeiten in vertikaler und horizontaler Richtung vom Gleis her auftreffen, weitgehend abgefangen.

Lokomotiven werden gelenkig

Neben dem Antrieb, einem der wesentlichsten Konstruktionsmerkmale elektrischer Lokomotiven, warf bei der Ausbildung des mechanischen Teils vor allem die Kurvengängigkeit Probleme auf.

Um in Gleisbogen einwandfreien Lauf zu gewährleisten, soll der äußerste Abstand fest im Fahrzeugrahmen gelagerter Radsätze möglichst gering sein. Höhere Leistung ließ sich aber bei gleichem technischem Standard nur in längere Lokomotiven einbauen; denn Höhe und Breite unterliegen den festen Maßen des Profils.

So mußten für die Kurvengängigkeit der Lokomotiven besondere Maßnahmen getroffen werden, die sich anfangs wiederum eng an Dampflokomotivkonstruktionen orientierten. Von der

Für den elektrischen Schnellverkehr zwischen München und Berlin war die E 19 vorgesehen, mit 180 Stundenkilometer Höchstgeschwindigkeit die schnellste elektrische Lokomotive der Deutschen Reichsbahn. Zwei der insgesamt vier Lokomotiven dieser Baureihe sind noch im Einsatz bei der Deutschen Bundesbahn, die beiden anderen wurden 1976 abgestellt. Nächste Doppelseite: Von dem berühmten Schweizer »Krokodil«, der für den schweren Güterzugdienst am Gotthard entwickelten Ce 6/8^{II}, waren zuletzt noch einige als Rangierlokomotiven im Flachland eingesetzt; die 14 253 wurde in ihren ursprünglichen Zustand zurückversetzt und soll auch künftig bei besonderen Anlässen eingesetzt werden.

14253

Spurkranzschwächung bei mittleren Achsen über die Seitenbeweglichkeit einzelner Radsätze, voranlaufende Drehgestelle oder bewegliche Einzelachsen reichten sie bis zur Verbindung der äußersten Lauf- mit der benachbarten Treibachse zu einem Lenkgestell.
Anfangs waren vorwiegend Lokomotiven mit starrem Rahmen gebaut worden. Entweder lag er mit den Achslagern innen zwischen den Rädern, so daß außen für den Stangen- oder auch den Buchli-Antrieb Platz blieb, oder er wurde als Außenrahmen gebaut, um den Raum zwischen den Rädern für Motoren und Antrieb freizuhalten. Um die Längenbegrenzungen umgehen zu können, wurden die Lokomotiven vielfach in der Mitte, später auch in drei Teile geteilt, so daß sie aus mehreren gelenkig miteinander verbundenen Einzelfahrzeugen zu bestehen schienen.
Später wurden Motoren und Antrieb in besonderen Rahmen, sogenannten Drehgestellen angeordnet. Der Hauptrahmen der Lokomotive mit den Aufbauten stützt sich dabei drehbar auf zwei derartige Gestelle ab. Anfangs wurden auch sie mit großen Motoren, Blindwelle und Stangenantrieb gebaut, wie das berühmte Schweizer »Krokodil« der Gattung Ce 6/8, von dem zwischen 1920 und 1927 in drei Teilserien zusammen über fünfzig Stück von den Schweizerischen Bundesbahnen beschafft wurden. Vor den drei Treibachsen jedes Drehgestells läuft dabei eine Laufachse voraus. Die weitere Entwicklung führte dann zu Drehgestellen mit Einzelachsantrieb. Die meisten neuzeitlichen Elektrolokomotiven werden mit Drehgestellen und insgesamt vier oder sechs Achsen ohne zusätzliche Laufachsen gebaut.

Markante Repräsentanten der Entwicklungsgeschichte elektrischer Lokomotiven:
Oben: Ae 4/4 der Bern – Lötschberg – Simplon-Bahn (BLS)
Mitte: Reihe 1670 der Österreichischen Bundesbahnen
Unten: Ae 8/14 Nummer 11 852 der Schweizerischen Bundesbahnen, heute im Verkehrshaus der Schweiz, Luzern

Andere Stromsysteme – andere Lokomotiven

In Europa werden heute auf Fernbahnen im wesentlichen vier Stromsysteme benützt: zwei Gleichstrom- und zwei Wechselstromsysteme. Während sich die Gleichstromsysteme lediglich durch unterschiedliche Fahrdrahtspannung unterscheiden, weichen bei den Wechselstromsystemen Spannung und Frequenz entscheidend voneinander ab.
Die älteren Gleichstromsysteme benützen 1500 Volt Fahrdrahtspannung, später entstandene 3000 Volt. Das spezielle Wechselstromsystem der Bahnen in Deutschland, Österreich und der Schweiz sowie in Norwegen und Schweden benützt bei einer Fahrdrahtspannung von 15 000 Volt die geringe Frequenz von 16⅔ Hertz. In einer Reihe anderer Länder, die erst in späterer Zeit elektrische Netze aufgebaut oder ihr früheres Gleichstromsystem verlassen haben, wird die Industriefrequenz von 50 Hertz bei Fahrdrahtspannungen zwischen 16 000 und 25 000 Volt verwendet. Dabei werden die noch aus früherer Zeit stammenden niedrigen Spannungswerte – in Ungarn 16 000 Volt – auf die Standardspannung von 25 000 Volt erhöht.
Die elektrischen Lokomotiven für die verschiedenen Stromsysteme unterscheiden sich im elektrischen Teil sehr wesentlich voneinander. Sie können deshalb nur mit Strom des Systems gespeist werden, für das sie ausgerüstet sind. In den letzten Jahren wurden allerdings Mehrsystemlokomotiven entwickelt, die über die entsprechende Ausrüstung für zwei oder alle vier Systeme verfügen und zum Übergang in andere Netze umschaltbar sind.
Bei den Standardlokomotiven der einzelnen Systeme geht in der Regel einfache Fahrzeugausrüstung zu Lasten aufwendiger Fahrleitungs- und Energieversorgungsanlagen, umgekehrt bedingt einfache Stromzuführung höheren technischen Aufwand in den Lokomotiven.

Einfache Gleichstromtechnik

Gleichstromlokomotiven stellen an die technische Ausrüstung die geringsten Ansprüche. Die dem Fahrdraht entnommene Spannung kann den Motoren unmittelbar zugeführt werden. Zur Drehzahl- und damit zur Geschwindigkeitsregelung wird diese Spannung in verschiedener Weise reduziert. Dies geschieht zunächst durch Reihen- oder Parallelschaltung der Fahrmotoren, die dabei entweder an geteilter oder an voller Netzspannung liegen. Bei mehreren Fahrmotoren ergibt sich eine noch feinere Abstufung, wenn – wie dies bei einer Lokomotive mit sechs Motoren möglich ist – entweder alle in Reihe, je drei zu zwei Reihen oder je zwei zu drei Reihen verbunden werden. Eine weitere Drehzahlsteigerung im oberen Geschwindigkeitsbereich kann durch Feldschwächung erfolgen, indem ein Teil der Feldwicklung abgeschaltet oder ein Widerstand parallel geschaltet wird. Zusätzlich dienen, vor allem für noch feinstufigere Regelung im Bereich geringer Geschwindigkeiten, Widerstände als Spannungsteiler. Sie setzen allerdings elektrische Energie nutzlos in Wärme um. Das Drehmoment und damit die Zugkraft einer mit Reihenschlußmotoren ausgerüsteten Gleichstromlokomotive ändert sich in Abhängigkeit von der Geschwindigkeit nach einer ähnlichen Charakteristik wie bei Dampflokomotiven. Dieses Verhalten entspricht weitgehend den Anforderungen des Bahnbetriebes: Bei Stillstand und geringen Geschwindigkeiten, also zum Anfahren, bei der Beförderung schwerer Züge und in Steigungen steht hohe Zugkraft zur Verfügung, die dann mit wachsender Geschwindigkeit abnimmt. Die Vorteile der Gleichstromlokomotive liegen also im einfachen Aufbau und im günstigen Betriebsverhalten. Da die elektrische Ausrüstung nur wenig Platz beansprucht, läßt sich bei elektrischen Triebwagen mit Gleichstromausrüstung der Innenraum optimal für die Fahrgastbeförderung nützen.
Anfangs galten in Gleichstromsystemen 1500 Volt Fahrdrahtspannung als Höchstwert, weil die damaligen Isolierstoffe keine höheren Spannungen in den Gleichstrommaschinen zuließen. Bei verhältnismäßig niedriger Spannung bedeutet hohe Leistung zwangsläufig hohen Strom und damit starke Wärmeentwicklung. Diese thermische Belastung erfordert große Leiterquerschnitte, wie sie bei den Fahrleitungen von Gleichstrombahnen deutlich zutage treten. Nachdem die technologischen Möglichkeiten geschaffen waren, um auch 3000 Volt in den Fahrmotoren betriebssicher zu beherrschen, ließen sich mit dem gegenüber den älteren Systemen doppelt so hohen Spannungswert Leistungsfähigkeit und Wirtschaftlichkeit von Gleichstrombahnen deutlich verbessern. Außer in der Sowjetunion wird gegenwärtig vor allem auch in Italien die Möglichkeit untersucht, die Fahrdrahtspannung abermals zu verdoppeln und mit 6000 Volt Gleichspannung zu fahren.

Lösung mit gedrittelter Frequenz

Den wesentlichsten Vorteil der Einphasenwechselstrom-Systeme bildet die Möglichkeit, hohe Fahrdrahtspannung benützen, Leiterquerschnitte und Verluste gering halten und auf der Lokomotive jede gewünschte Motorspannung auf induktivem Weg, also nahezu verlustfrei erzeugen zu können.
Der hierfür in jede Wechselstromlokomotive eingebaute Transformator übernimmt diese Aufgabe. Allein damit wird jedoch die elektrische Ausrüstung bereits aufwendig. Denn über den Transformator fließt die gesamte Lokomotivleistung, so daß er in Fahrzeugen mit mehreren Motoren auch für die mehrfache Motorleistung ausgelegt sein muß. Robuste Ausführung verlangen außerdem die Beanspruchungen im Fahrzeug und die erforderliche Kurzschlußfestigkeit. So belastet der Transformator die Lokomotive mit hohem Gewicht, und schon heute läßt sich absehen, daß die in eine Wechselstromlokomotive installierbare Leistung in Zukunft weniger von den Fahrmotoren als vom Transformator begrenzt sein wird.
Für die Drehzahlregelung der Motoren und damit für die Zugkraft- und Geschwindigkeitsregelung der Lokomotive bietet der Wechselstrom mit dessen Transformierbarkeit einfache und wirtschaftliche Möglichkeiten. Die erforderlichen Teilspannungen können an zahlreichen Anzapfungen des Transformators unmittelbar abgegriffen werden. Damit beim Weiterschalten auf die nächste Fahrstufe keine größeren Zugkraftsprünge entstehen, werden die Spannungsschritte im unteren Geschwindigkeitsbereich besonders fein abgestuft; bei schweren Anfahrten kann damit der Haftwert zwischen Rad und Schiene weitgehend ausgenützt werden, ohne daß einzelne Radsätze durchdrehen. Da sich die Anzapfungen am Transformator nicht beliebig vermehren lassen, wurden durch schaltungstechnische Kunstgriffe immer neue Möglichkeiten gesucht und gefunden, die Zahl der Schaltstufen zu erhöhen.
Zum Abgreifen der jeweils nötigen Motorspannung vom Transformator dient die Steuerung. Der Lokomotivführer mußte sie früher zum Teil unter erheblichem Kraftaufwand mit der Hand betätigen, was nur im Stehen möglich war. In neueren Lokomotiven wurde hierfür ein leicht bedienbares Steuerrad auf dem Führer-

tisch angeordnet, mit dem die Fahrstufen vorgewählt werden, wobei dann eine Nachlaufsteuerung die eigentlichen Schaltelemente automatisch betätigt. Neuerdings dienen für die Auf-Ab-Steuerung vielfach nur noch Kipphebel, die mühelos mit einer Hand bedient werden können. Alle neuzeitlichen Lokomotiven lassen sich im Sitzen bedienen, wobei heute auf eine unter ergonomischen Gesichtspunkten optimale Gestaltung der Führerräume besonders geachtet wird.
Die Schaltelemente der Steuerung sind in Schaltwerken zusammengefaßt, wobei im Laufe der Entwicklung auch hierfür die verschiedensten Konstruktionen von Nockenschaltwerken, Schlittenschaltwerken, elektromagnetischen und elektropneumatischen Schützen sowie Rundschaltwerken und anderen Bauarten benützt wurden. Beim Umschalten von einer auf die nächste Spannungsstufe darf der Motorstrom nicht unterbrochen werden, weil sonst mit starkem Ruck auch die Zugkraft wegbleiben würde; zu allen Schaltwerken gehören deshalb besondere Lastumschalter. Hierfür werden neuerdings auch Thyristoren, steuerbare Halbleiter, eingesetzt. Bauelemente der Leistungselektronik ermöglichen auch ein Umschalten genau im Nulldurchgang des Wechselstromes, so daß derartige Steuerungen heute weitgehend verschleißfrei arbeiten.
Die Transformator-Anzapfungen wurden bei früheren Konstruktionen stets auf der Niederspannungsseite vorgesehen. Dabei fließen über die Kontakte des Schaltwerkes hohe Ströme, die zu Lichtbogenbildung führen und starken Verschleiß an den Kontakten verursachen. Für Lokomotiven höherer Leistung werden deshalb heute Hochspannungssteuerungen benützt, die allerdings einen aufwendigeren Transformator erfordern. Die Spannungsstufen liefert eine besondere Hochspannungswicklung; zwei weitere Wicklungen mit festem Übersetzungsverhältnis transformieren die über das Schaltwerk primärseitig angelegte Hochspannung auf die relativ niedrige Motorspannung. Die Kontakte schalten damit lediglich den Primärstrom, der zu den Spannungen im umgekehrten Verhältnis steht. In den meisten neueren Serienlokomotiven der Deutschen Bundesbahn beträgt er beispielsweise nur ein Dreißigstel der Motorströme.
Der Einphasenwechselstrom-Motor in seiner ausgereiften Bauart zeigt ähnliches, für die Verhältnisse der Eisenbahn günstiges Betriebsverhalten wie der Gleichstrom-Reihenschlußmotor. Anfangs waren jedoch besondere Probleme zu lösen. Durch den periodisch wechselnden Strom werden Induktionsspannungen wirksam, die in den von den Kohlebürsten gerade kurzgeschlossenen Ankerwindungen besonders beim Anfahren hohe Kurzschlußströme hervorrufen, wobei sich starke Lichtbogen ausbilden können, die den Kommutator zerstören. Diese Erscheinungen führten dazu, daß zunächst das Stromsystem als solches für den Bahnbetrieb ungeeignet erschien. Die wesentlichen Vorteile des Einphasenwechselstroms führten jedoch bald zu intensiven Bemühungen, die Mängel auszuschalten. Die induzierten Spannungen konnten durch Verringerung der Wechselstromfrequenz entsprechend vermindert werden. Dabei hat sich mit 16⅔ Hertz genau ein Drittel der sonst üblichen Frequenz von 50 Hertz zur Norm entwickelt. Im übrigen wurden die Schwierigkeiten durch konstruktive Maßnahmen am Motor selbst weitgehend beseitigt: zunächst durch Zwischenschaltung von Widerständen zwischen den Kommutator und die Ankerwicklungen, später durch Einführung von Wendepolen ähnlich wie bei Gleichstrommotoren und durch Phasenverschiebung des Wendefeldes.
Mit dieser technischen Ausrüstung hat sich die Einphasenwechselstromlokomotive zeitweise zum zahlenmäßig am weitesten verbreiteten elektrischen Triebfahrzeug entwickelt.

Ziel: die 50-Hertz-Lokomotive

Das Bahnstromsystem mit der verminderten Frequenz bewährte sich zwar gut und ließ in den fünf Ländern Europas, die es einheitlich anwandten, hohe Leistungsfähigkeit erkennen. Dennoch war es mit einem entscheidenden Mangel behaftet: Es erforderte eigene Energieversorgung und konnte nicht ohne weiteres aus den öffentlichen Stromnetzen gespeist werden. Deshalb stand den Konstrukteuren der Lokomotivbauindustrie wie auch den Eisenbahnen selbst als Ziel immer wieder die Entwicklung von Lokomotiven für Einphasenwechselstrom der Normalfrequenz von 50 Hertz vor Augen.
Bis es in jüngster Zeit gelang, das Ziel tatsächlich in zufriedenstellender Weise zu erreichen, wurden im wesentlichen vier Wege beschritten:
Die erste Lösungsmöglichkeit bestand darin, den Einphasenstrom auf der Lokomotive mit Hilfe rotierender Umformer in Drehstrom zu verwandeln und die Lokomotive mit Drehstrom-Induktionsmotoren auszurüsten;
eine andere Möglichkeit wurde in konstruktiven Verbesserungen und besonderen Bauarten der Fahrmotoren gesucht, um sie mit 50-Hertz-Strom direkt speisen zu können;
zwei weitere Varianten kombinierten mit der Speisung durch Einphasenwechselstrom einen Gleichstromantrieb: Hierfür wurden die für höhere Leistungen damals allein geeigneten Quecksilberdampfgleichrichter eingesetzt und die Lokomotiven mit Gleichstromfahrmotoren ausgerüstet. Eine Alternative bildete die Erzeugung des Gleichstroms durch Motorumformer, wobei der mit Wechselstrom aus der Fahrleitung gespeiste Motor einen Gleichstromgenerator antrieb.
Erst die Halbleitertechnik und die Entwicklung des Siliziumgleichrichters führten schließlich in den sechziger Jahren zu einer auch wirtschaftlich voll befriedigenden Lösung, so daß Lokomotiven für 50 Hertz heute in immer größerer Zahl zum Einsatz kommen.

Die Kandó-Lokomotiven

Die ersten bemerkenswerten Entwicklungen elektrischer Lokomotiven für 50-Hertz-Strom stammen von Kálmán Kandó und der Maschinenfabrik Ganz & Cie in Budapest. Schon während des Ersten Weltkrieges suchte Kandó die wirtschaftlichste Lösung zur Elektrifizierung von Eisenbahnstrecken in der unmittelbaren Benützung von Strom aus dem Landesnetz. Sein System bewies in Ungarn seine Betriebstüchtigkeit, blieb jedoch in der Welt einmalig. Der angestrebte Vorteil mußte mit hohem technischem Aufwand erkauft werden.
Der Einphasenwechselstrom mit 50 Hertz speiste auf der Lokomotive einen rotierenden Phasenumformer mit Hochspannung; er lieferte für die Drehstromfahrmotoren Mehrphasenstrom mit Niederspannung. Zum Anfahren und zum Beschleunigen auf eine höhere Fahrstufe diente ein Flüssigkeitswiderstand im Sekundärkreis der Fahrmotoren. Der rotierende Umformer ermöglichte beim Fahren außerhalb der synchronen Motordrehzahlen auch die Deckung des Blindleistungsbedarfes auf der Lokomotive selbst, während das Netz nur Wirkleistung zu liefern brauchte.
Für die Versuche wurde die Strecke von Budapest-Westbahnhof nach Dunakeszi-

Eine der letzten Kandó-Lokomotiven, V 60 001, neben einer der modernsten elektrischen Lokomotiven, Baureihe V 63 der Ungarischen Staatsbahnen (MÁV), gebaut von Ganz in Budapest

Alag im Norden der Hauptstadt bis 1923 elektrifiziert und während der ersten Monate mit 12 000 Volt und 42 Hertz, dann mit 15 000 Volt und 50 Hertz gespeist.
Die erste Kandó-Lokomotive unternahm dort am 31. Oktober 1923 ihre erste Probefahrt. Die Maschine war mit zwei gleichen Doppelfahrmotoren ausgerüstet; jeder setzte sich aus zwei Einzelmotoren mit unterschiedlicher Polzahl zusammen. Durch Reihen- und Parallelschaltungskombinationen ließen sich insgesamt vier Synchrongeschwindigkeiten erreichen. Aufgrund der Versuchsergebnisse wurde die Lokomotive konstruktiv verbessert, wobei vor allem der Phasenumformer und die Fahrmotoren umgebaut wurden.
Der Phasenumformer lieferte jetzt außer Drei- auch Zwei- und Vierphasenspannung; damit ergaben sich bei ständiger Parallelschaltung der beiden Drehstromfahrmotoren drei verschiedene Geschwindigkeitsbereiche mit synchronen Motordrehzahlen. Die Betriebsergebnisse entsprachen voll den Erwartungen, nachdem die verbesserte Kandó-Lokomotive als V 50 001 im Sommer 1928 wieder in den Versuchsbetrieb gegangen war. In wenigen Monaten legte sie fünfzigtausend Kilometer zurück, wobei sie mit einem 1200-Tonnen-Güterzug täglich zwölf Stunden lang im Dauerversuch erprobt wurde.
Obwohl noch nicht offiziell abgenommen, brachte sie am 6. November 1928 außerplanmäßig einen Schnellzug nach Budapest, dessen Dampflokomotive am Endbahnhof des elektrifizierten Streckenabschnittes entgleist war. Aufgrund der guten Versuchsergebnisse fiel noch im selben Monat die Entscheidung für die Elektrifizierung der Fernstrecke von Budapest in Richtung Wien bis zur österreichischen Grenze bei Hegyeshalom. Zwischen Budapest und Komárom (Komorn) wurde der elektrische Betrieb mit 16 000 Volt und 50 Hertz schon 1932, auf der gesamten Strecke bis Hegyeshalom 1935 aufgenommen.
Bis 1937 lieferte Ganz an die Ungarischen Staatsbahnen (MÁV) insgesamt 32 Umformerlokomotiven der Bauart Kandó, davon 29 Stück als Baureihe V 40 mit vier gekuppelten Achsen und zwei äußeren Laufachsen, die übrigen drei als Baureihe V 60 mit sechs gekuppelten Achsen. Alle waren mit nur einem großen Fahrmotor, Blindwelle und verbessertem Stangenantrieb ausgerüstet. Sie konnten mit vier Synchrongeschwindigkeiten fahren.
Die in den dreißiger Jahren angestrebte Umstellung vom Stangen- auf Einzelachsantrieb zwang zu grundlegenden Änderungen des Systems, da sich die mehrfache Polumschaltung zur Geschwindigkeitsregelung der Lokomotiven an den kleinen Motoren für Einzelachsantrieb aus Platzgründen nicht anwenden ließ. So wurde eine Änderung der Drehstromfrequenz in mehreren Stufen als Alternative ins Auge gefaßt. Die beiden von den MÁV 1939 bestellten Versuchslokomotiven, Baureihe V 44, fielen jedoch den Kampfhandlungen während des Krieges zum Opfer, nachdem lediglich die erste Lokomotive im Jahre 1943 einige Versuchsfahrten unternommen hatte.
Nach dem Krieg entwickelte Ganz in Budapest zunächst eine verbesserte Phasen- und Periodenumformerlokomotive, Baureihe V 55, von der bis 1954 insgesamt zwölf Stück gebaut wurden. Dann verließen die MÁV das Kandó-System endgültig und rüsteten neuere Lokomotiven mit Gleichstromfahrmotoren aus, wobei zunächst Motorumformer, später Siliziumgleichrichter zur Umwandlung des 50-Hertz-Einphasenwechselstroms in Gleichstrom eingesetzt wurden.
Die Kandó-Lokomotiven der Baureihen V 40 und V 60 bewältigten bis in die sechziger Jahre den Betrieb zwischen Budapest und Hegyeshalom und wurden erst ausgemustert, nachdem die leistungsfähigen Siliziumgleichrichter-Lokomotiven in größerer Zahl zur Verfügung standen.
Die V 40 001, die seit 1933 eine Gedenkplakette zu Ehren ihres Erfinders trug, ist der Nachwelt erhalten geblieben. Sie soll, wenn die örtlichen Voraussetzungen dafür geschaffen sind, in Szolnok an der Theiß zusammen mit weiteren historisch bemerkenswerten ungarischen Lokomotiven durch das Verkehrsmuseum Budapest aufgestellt werden.
Auch die V 60 001 ist noch erhalten und gegenwärtig in Budapest abgestellt.

stromerregtem Zwischenläufer und außerdem ein Drehstrom-Asynchronmotor angeordnet. Die verschiedenartigen Motoren konnten für sich allein, aber auch gemeinsam laufen und ergaben in den verschiedenen Schaltkombinationen drei synchrone Geschwindigkeitsstufen. Als Induktionsmotoren arbeiteten sie ohne Kohlebürsten und Kommutator, also im wesentlichen ohne Verschleißteile. Diese Lokomotive stand lange Zeit im Gelände des Deutschen Museums in München und wurde später von der Deutschen Gesellschaft für Eisenbahngeschichte übernommen, die ihre weitere Pflege sicherstellt; einen Radsatz mit Motorgruppe erhielt das Verkehrsmuseum Nürnberg.

50-Hertz-Lokomotiven im Höllental und im Harz

Für die 1936 als Versuchsstrecke mit 20000 Volt und 50 Hertz elektrifizierte Höllentalbahn im Schwarzwald vergab die Deutsche Reichsbahn Aufträge zum Bau von vier Lokomotiven an namhafte deutsche Lokomotivfabriken, wobei die Entwicklung allein den Unternehmen überlassen blieb. Die 50-Hertz-Lokomotiven wurden als Baureihe E 244 in den Bestand der Deutschen Reichsbahn aufgenommen; die Ziffer 2 kennzeichnete dabei das abweichende Stromsystem, während die folgende 44 auf die Verwandtschaft mit der Einheitsbaureihe E 44 im mechanischen Teil hinweist.
Die Lokomotive E 244 01 stammte von der Allgemeinen Elektricitäts-Gesellschaft (AEG). Sie erhielt vier Gleichstrom-Reihenschluß-Fahrmotoren in Tatzlagerbauart. Den zu ihrer Speisung nötigen Gleichstrom lieferte ein gittergesteuerter Quecksilberdampfgleichrichter in Verbindung mit Glättungsdrosseln. Die Lokomotive wurde nach Umstellung der Höllentalbahn auf 15000 Volt und 16⅔ Hertz am 20. Mai 1960 abgestellt und wenig später verschrottet.
Die E 244 11 baute Krauss-Maffei, wobei Brown, Boveri & Cie (BBC) die elektrische Ausrüstung konzipierte und lieferte. Auch diese Versuchslokomotive war mit vier Gleichstrom-Reihenschluß-Fahrmotoren in Tatzlagerbauart ausgerüstet. Sie wurden jedoch von einem ungesteuerten Quecksilberdampfgleichrichter mit welligem Gleichstrom gespeist. Als erste in Deutschland erhielt diese Lokomotive ein Hochspannungs-Stufenschaltwerk mit 28 Dauerfahrstufen und Servomotorantrieb.
Die E 244 21 kam ebenfalls von Krauss-Maffei, die elektrische Ausrüstung stammte jedoch von den Siemens-Schuckert-Werken. Sie hatten die Lösung in der Entwicklung von Einphasenmotoren für Direktspeisung mit 50-Hertz-Strom gesucht. An jedem Radsatz wurden zwei ständig in Reihe geschaltete, 14polige Reihenschlußmotoren eingebaut.
Die E 244 31 lieferte Krupp in Essen, wobei der elektrische Teil in Zusammenarbeit mit Garbe-Lahmeyer ebenfalls von Krupp entwickelt worden war. Die Fahrmotor-Konzeption wich vollkommen von den üblichen Lösungen ab. An jedem Radsatz waren in Tatzlagerbauart ein Einphasen-Induktionsmotor mit gleich-

Nach dem Krieg veranlaßte die französische Besatzungsmacht für weitere Versuche auf der Höllentalbahn den Bau einer fünften 50-Hertz-Lokomotive. Die elektrische Ausrüstung lieferte die AEG, insbesondere die Fahrmotoren auf der Grundlage einer bereits aus dem Jahre 1943 stammenden Neuentwicklung. Den Fahrzeugteil trug die im Krieg beschädigte und in Basel abgestellte E 44 005 bei. Die neue Lokomotive erhielt Wechselstrommotoren für die Speisung unmittelbar mit 50-Hertz-Strom, wobei sämtliche konstruktiven Möglichkeiten zur Unterdrückung der hierbei sonst auftretenden Störerscheinungen ausgeschöpft wurden. Auf jedem Radsatz konnte ein Tandemmotor untergebracht werden; im gleichen Gehäuse liefen dabei mit gemeinsamer Feldwicklung zwei in Reihe geschaltete Anker. Unter Bezug auf die ebenfalls mit 50-Hertz-Motoren ausgerüstete E 244 21 wurde die nachgebaute Lokomotive als E 244 22 bezeichnet. Ihre guten Versuchsergebnisse konnten die Französischen Eisenbahnen später für eigene Aktivitäten bei der Entwicklung weiterer 50-Hertz-Lokomotiven nützen.
Die noch verhältnismäßig einwandfreien Tandemmotoren der E 244 22 benützte das Bundesbahn-Ausbesserungswerk München-Freimann zusammen mit Rahmen und Drehgestellen der E 244 21 zum Bau einer Zweisystemlokomotive für 15000 Volt/16⅔ Hertz und 25000 Volt/50 Hertz. Sie wurde als E 344 01 Ende 1962 in Dienst gestellt und vorwiegend im deutsch-französischen Grenzverkehr zwischen Saarbrücken und Forbach eingesetzt, bis sie 1969 aufgrund größerer Motorschäden ausgemustert und später verschrottet wurde.
Die E 244 11 und 244 22 wurden nach Einstellung des 50-Hertz-Betriebes auf der

Höllentalbahn für den Einsatz im 16⅔-Hertz-Netz umgebaut und als E 44188 und E 44189 wieder eingesetzt.
Die DDR versuchte sich Anfang der sechziger Jahre an der erfolgversprechenden Entwicklung von 50-Hertz-Lokomotiven mit Siliziumgleichrichtern zu beteiligen, nachdem in zahlreichen osteuropäischen Ländern großer Bedarf erkennbar wurde. Der VEB-Lokomotivbau in Hennigsdorf entwickelte daraufhin zunächst zwei sechsachsige Güterzuglokomotiven, für die ein Teil der elektrischen Ausrüstung, insbesondere die Siliziumdioden, aus westlichen Ländern kamen. Nachdem zur Erprobung von 50-Hertz-Lokomotiven am 25. Juni 1962 die Strecke vom Werk Hennigsdorf zum Verschiebebahnhof Wustermark mit 25 000 Volt und 50 Hertz elektrifiziert worden war, richtete die Reichsbahn der DDR bis 1965 auf der teilweise steilen Rübelandbahn im Harz elektrischen Betrieb mit dem gleichen System ein. Hierfür wurden 1965 insgesamt 15 sechsachsige Lokomotiven, Baureihe E 251, mit Siliziumgleichrichtern in Dienst gestellt. Die sechs Tatzlagermotoren werden mit welligem, durch je eine Drossel geglättetem Gleichstrom gespeist. Diese Lokomotiven auf der Rübelandbahn sind heute, von Werksbahnlokomotiven abgesehen, die einzigen in Deutschland, die mit Industriefrequenz betrieben werden.

Linke Seite: Radsatz der 50-Hertz-Versuchslokomotive E 244 31 mit Einphasen-Induktionsmotor und Drehstrom-Asynchronmotor, Verkehrsmuseum Nürnberg
Oben: 50-Hertz-Lokomotive der Französischen Eisenbahnen (SNCF) Baureihe BB 15 000 mit Thyristorsteuerung, umschaltbar für schwere Güterzüge und für Schnellzüge mit Geschwindigkeiten bis zu 180 Stundenkilometer

Frankreich steigt auf 50 Hertz um

Aufgrund der Versuche mit 50-Hertz-Traktion, die unmittelbar nach dem Krieg auf der Höllentalbahn in der französischen Besatzungszone Deutschlands wieder aufgegriffen wurden, elektrifizierten die Französischen Eisenbahnen (SNCF) bis 15. Juni 1950 den Abschnitt Aix-les-Bains - Annecy und bis 10. Mai 1951 das anschließende Teilstück Annecy - La Roche-sur-Foron in Savoyen mit 20 000 Volt und 50 Hertz. Am 15. November 1953 wurde die Spannung auf 25 000 Volt erhöht.
Eine sechsachsige Versuchslokomotive lieferten die Schweizerische Lokomotiv- und Maschinenfabrik Winterthur (SLM) und die Maschinenfabrik Oerlikon. Von 1951 an stand die Lokomotive zur Erprobung zur Verfügung und erhielt die Bezeichnung CC 6051, die später in CC 20 001 geändert wurde. Diese erste 50-Hertz-Lokomotive der SNCF war mit Fahrmotoren für Direktspeisung ausgerüstet, konnte jedoch mit verminderter Leistung auch im Gleichstromnetz mit 1500 Volt verkehren. In Aix-les-Bains war der erste Berührungspunkt des bestehenden französischen Gleichstromnetzes mit dem neuen Wechselstromsystem entstanden, so daß hier nicht nur Vergleichswerte gewonnen, sondern auch Möglichkeiten untersucht werden konnten, elektrische Lokomotiven für beide Systeme auszurüsten.
Die Versuche in Savoyen verliefen derart vielversprechend, daß bereits 1952 die Entscheidung fiel, die mit Güterverkehr stark belegte Magistrale von Valenciennes im nordfranzösischen Kohlerevier bis Thionville, dem lothringischen Diedenhofen im Eisen- und Stahlzentrum Ostfrankreichs, mit 25 000 Volt und Industriefrequenz zu elektrifizieren. Hierfür wurden bis zur Inbetriebnahme der 275 Kilometer langen Strecke im Jahre 1955 zwei vier- und zwei sechsachsige Lokomotiv-Baureihen entwickelt.
Die beiden vierachsigen Varianten BB 12 000 und BB 13 000 waren mit Ignitron-Quecksilberdampfgleichrichtern und Gleichstromfahrmotoren beziehungsweise mit direkt zur Speisung mit 50-Hertz-Strom ausgelegten Fahrmotoren ausgerüstet. Für die sechsachsigen Bauarten CC 14 000 und CC 14 100 wurden rotierende Umformer vorgesehen, die den Einphasenwechselstrom im einen Fall in Drehstrom variabler Frequenz, im anderen in Gleichstrom umwandelten. Von diesen vier Serien wurden erhebliche Stückzahlen beschafft, womit die 50-Hertz-Lokomotive zum ersten Mal größere Bedeutung gewinnen konnte.
Zwei weitere Baureihen vierachsiger 50-Hertz-Lokomotiven, BB 16 000 und BB 16 500, folgten von 1958 an, als auch die großen Verkehrsadern Paris - Lille und Paris - Straßburg mit Industriefrequenz elektrifiziert wurden. Beide Ausführungen waren mit Ignitrons und Gleichstromfahrmotoren ausgerüstet. Eine bemerkenswerte Neuerung bestand darin, daß jedes Drehgestell nur einen Fahrmotor enthielt, der über ein Zahnradvorgelege auf beide Achsen wirkte. Durch Umschaltung auf ein zweites Ritzel ließ sich das

Übersetzungsverhältnis dieses Getriebes vom Lokomotivführer umstellen, so daß diese Lokomotiven und später weitere Baureihen im Güter- wie im Reisezugdienst mit optimalem Fahrverhalten eingesetzt werden konnten. Die BB 16 000 war für 160 km/h, die BB 16 500 für 140 km/h Höchstgeschwindigkeit bemessen.
Frankreich hat sich als erstes Land stark für das Bahnstromsystem mit Industriefrequenz engagiert, die technische Entwicklung vorangetrieben und selbst den Schritt zur Einführung eines zweiten Systems innerhalb des Landes vollzogen.
Nachdem Anfang der sechziger Jahre Halbleitergleichrichter mit hinreichend hoher Belastbarkeit hergestellt werden konnten, um sie wirtschaftlich auch in elektrischen Lokomotiven einzusetzen, stellten sich die Französischen Eisenbahnen und die Elektroindustrie des Landes auf den Bau von 50-Hertz-Lokomotiven mit Siliziumgleichrichtern um.
Aus Europa exportiert die 50-Hertz-Arbeitsgemeinschaft französischer, schweizerischer und deutscher Hersteller Lokomotiven und ortsfeste Anlagen für die 50-Hertz-Traktion in alle Welt.

Kein Erfolg in Amerika

Als Anfang der fünfziger Jahre die Pennsylvania Railroad in den USA zwei Gleichrichterlokomotiven auf ihren mit Einphasenwechselstrom von 11 000 Volt und 25 Hertz elektrifizierten Strecken einsetzte, begeisterte sich die amerikanische Fachwelt an dem Gedanken, durch Kombination eines einfachen Stromversorgungssystems mit einer ebenso einfachen Lokomotivausrüstung den Schlüssel zur wirtschaftlichen Elektrifizierung weiter Strecken in den Vereinigten Staaten gefunden zu haben. Der damals zur Anwendungsreife entwickelte Quecksilberdampfgleichrichter bestach durch die Möglichkeit, die Lokomotivmotoren mit Gleichstrom speisen zu können, ganz unabhängig von der Stromart am Fahrdraht.
Durch Umstellung auf Strom aus den Landesnetzen mit 50 oder 60 Hertz sollten die kostspieligen eigenen Bahnstromsysteme überflüssig, in den Lokomotiven die einfachen und robusten Gleichstromfahrmotoren eingesetzt werden, wie sie sich auch in Diesellokomotiven mit elektrischer Kraftübertragung in großer Zahl bereits bewährt hatten. Nicht nur große Serien und niedrige Herstellungskosten ließen sich damit erwarten, sondern ebenso einfache Instandhaltungskosten und geringer Aufwand für Ersatzteile.
Tatsächlich enthielten die beiden Probelokomotiven – bis auf die Quecksilberdampfgleichrichter – ausschließlich elektrische Bauteile, wie sie in anderen Lokomotiven schon lange in großem Umfang eingesetzt waren. Die Fahrmotoren stimmten mit denen dieselelektrischer Lokomotiven völlig überein. Die neue Technik bewährte sich gut; die beiden Lokomotiven – am 7. November 1951 und am 16. Februar 1952 in Dienst gestellt – hatten bis zum Sommer 1952 zusammen bereits hunderttausend Kilometer im schweren Schnellzugdienst mit guten Betriebsergebnissen zurückgelegt.
Trotzdem blieb die damals prophezeite Elektrifizierungswelle in Amerika aus. Zwar beschaffte die Pennsylvania Railroad Anfang der sechziger Jahre eine Serie von knapp siebzig weiterentwickelten Gleichrichterlokomotiven, und auch andere Gesellschaften, insbesondere die New

Unten: Moderne Wechselstromlokomotive für 25 000 Volt/50 Hertz, gebaut von der 50-Hertz-Arbeitsgemeinschaft für die Türkischen Staatsbahnen (TCDD)
Rechte Seite: »Europa-Lokomotive«, Baureihe 184 (E 410) der Deutschen Bundesbahn, für alle vier Stromsysteme der europäischen Hauptstrecken: Gleichspannung 1500 und 3000 Volt sowie Wechselspannung 15 000 Volt/16⅔ Hertz und 25 000 Volt/50 Hertz. Ihre Möglichkeiten konnte diese Lokomotive jedoch nie wirklich ausspielen; auf die Gleichstromsysteme wurde deshalb später wieder verzichtet.

York, New Haven and Hartford Railway sowie die Virginian Railway, stellten Gleichrichterlokomotiven in geringeren Stückzahlen in Dienst. Die äußerst günstigen Treibstoffpreise der damaligen Zeit und die freizügige, vom Fahrdraht unabhängige Einsatzmöglichkeit ließen jedoch die in Amerika weit verbreitete Diesellokomotive bis heute unangefochten. Erst in neuester Zeit wurden dort unter dem Eindruck der Ölkrise Mitte der siebziger Jahre abermals Überlegungen zur Elektrifizierung weiterer Strecken angestellt.

Elegante Notlösung

Unterschiedliche Stromsysteme europäischer Nachbarländer stoßen heute immer häufiger aneinander, nachdem sich die elektrisch betriebenen Netze der meisten Bahnen weiter ausdehnen und dabei die Landesgrenzen erreichen. Die einfachste Lösung für einen Zusammenschluß von Netzen verschiedenen technischen Standards bildet ein kurzes stromloses Trennstück, das nur wenige Meter lang zu sein braucht. Die Lokomotiven überfahren mit gesenktem Stromabnehmer, also mit Schwung, die Systemgrenze. Werden die Trennstellen etwa in der Mitte eines Grenzbahnhofes angeordnet, läßt sich der Betrieb verhältnismäßig reibungslos durchführen: Rangierlokomotiven – meist mit Dieselantrieb – bringen die angekommenen elektrischen Lokomotiven jeweils unter den Fahrdraht ihres Stromsystems zurück. Eine wegen der erforderlichen Sicherheitsvorkehrungen aufwendigere Lösung stellen umschaltbare Fahrleitungsabschnitte dar. Hierbei sind keine besonderen Rangierlokomotiven nötig. Trotz des durchgehenden Fahrdrahts muß jedoch in beiden Fällen an der Grenze die Lokomotive gewechselt werden.
Die eleganteste Lösung zur Überwindung dieser Trennungslinien stellen deshalb Mehrsystemlokomotiven dar, die für zwei, drei oder alle vier der heute in Europa vorwiegend benützten Bahnstromsysteme elektrisch ausgerüstet sind. Während der Fahrt können diese Lokomotiven entsprechend umgeschaltet werden und im Nachbarland sofort mit voller Leistung weiterfahren.
Frankreich hat bei der Entwicklung derartiger Mehrsystemlokomotiven Pionierarbeit geleistet, nachdem sich die Französischen Eisenbahnen zum Aufbau eines Wechselstromnetzes neben dem bestehenden Gleichstromnetz entschlossen hatten und sich dadurch immer mehr Berührungspunkte auch innerhalb des Landes ergaben. So erwarben die Französischen Eisenbahnen schon frühzeitig zahlreiche Zwei- und Mehrsystemlokomotiven und verfügen heute über den mit Abstand größten Bestand.
Anfang der siebziger Jahre gab es an den französischen Grenzen sowie zwischen den beiden Netzen des Landes rund zwanzig Systemübergänge. Ähnliche Verhältnisse lagen damals auch in der Sowjetunion vor: Dort bestanden 1970 insgesamt 19 Systemtrennstellen zwischen dem älteren Gleichstromnetz und dem später eingeführten Wechselstromsystem. Zweisystemlokomotiven waren in der Sowjetunion jedoch nur auf einem dieser Systemwechselbahnhöfe eingesetzt.
Die Deutsche Bundesbahn beschaffte 1960 für den Einsatz an der Grenze zu Frankreich zunächst drei Zweisystemlokomotiven der Baureihe E 320 (182), zwei Jahre später kam die E 344 01 (183 001) hinzu, die aus Teilen von zwei zuvor auf der Höllentalbahn im 50-Hertz-Versuchsbetrieb eingesetzten Lokomotiven entstanden war. Nach eingehenden Versuchen folgten ab Herbst 1966 vier weitere Zweisystemlokomotiven der neuen Baureihe E 310 (181) und fünf Viersystemlokomotiven der Baureihe E 410 (184). Im Zusammenhang mit der Elektrifizierung

CC-40104
SNCF

der Moselbahn von Koblenz nach Trier und weiter bis Luxemburg und Thionville in Frankreich beschaffte die Deutsche Bundesbahn als größte Serie 25 Zweisystemlokomotiven der weiterentwickelten Baureihe 181^2, die von 1974 an in Dienst gestellt wurden.
Die Österreichischen Bundesbahnen übernahmen 1957 eine Zweisystemlokomotive, um die Industrie des Landes an den damals neuen Entwicklungen teilhaben zu lassen und selbst entsprechende Erfahrungen zu sammeln. Die 1050.01 blieb jedoch ein Einzelstück; sie fährt heute ausschließlich unter 15 000 Volt, 16⅔ Hertz.
Die Schweizerischen Bundesbahnen beschafften etwa zur gleichen Zeit die ersten Zweisystem-Rangierlokomotiven für den Einsatz in Basel und Vallorbe, wo das neuere französische System mit Einphasenwechselstrom von 25 000 Volt und 50 Hertz angrenzt. Diesen Zweisystemlokomotiven Ee $3/3^{II}$ folgten 1962 Viersystem-Rangierlokomotiven Ee $3/3^{IV}$, die auch auf Grenzbahnhöfen zum südfranzösischen Gleichstromnetz mit 1500 Volt und zu Italien mit 3000 Volt eingesetzt werden können. Eine Dreisystemlok Ae $4/6^{III}$ mit der Nummer 10 851 entstand 1961 aus einer ehemaligen Gasturbinenlokomotive und dient vorwiegend für Übergabefahrten im Raum Genf; sie kann in der Schweiz und in den beiden französischen Netzen verkehren. Die bemerkenswertesten Mehrsystemfahrzeuge der Schweiz liefen jedoch als Vierstrom-Triebwagenzüge RAe TEE seit 1. Juli 1961 im Trans-Europ-Expreß-Dienst zwischen Zürich und Mailand sowie zwischen Mailand und Paris, später auch zwischen Zürich und Brüssel sowie in anderen Relationen. Sie können unter allen vier Systemen verkehren und damit im internationalen Dienst vielfältig verwendet werden.
Das Stromsystem der Schweiz stimmt zwar mit dem in Deutschland und Österreich überein. In der Schweiz weicht jedoch die Fahrleitungskonstruktion von der in den beiden anderen Ländern ab, wobei in Deutschland und Österreich die zur gleichmäßigen Abnützung der Stromabnehmer-Schleifstücke erforderliche Abweichung des Fahrdrahtes von der Gleismitte, der sogenannte Zick-Zack, etwa doppelt so groß ist wie in der Schweiz. Deshalb können zwar österreichische Lokomotiven ohne weiteres bis Frankfurt (Main) und München durchlaufen, deutsche bis Wien, Villach, Jesenice und Brennero, im Verkehr mit der Schweiz müssen dagegen zweierlei Stromabnehmer vorhanden sein.
Der Einsatz von Mehrsystemlokomotiven im Ausland beschränkt sich bisher, obwohl alle technischen Voraussetzungen bestehen, auf mehr oder weniger kurze Strecken. Neben administrativen Hindernissen spielt dabei auch die Überlegung eine Rolle, daß die Mehrsystemausrüstung nur bei häufigem Wechsel des Netzes intensiv genutzt wird, während bei längeren Fahrten unter dem gleichen System die technischen Einrichtungen der übrigen nutzlos mitgeschleppt werden.

Stars unter dem Fahrdraht

Die Frage, ob Züge mit Lokomotivbespannung oder Wagen mit eigenem Antrieb – kurz Triebwagen genannt – die vorteilhaftere Lösung darstellen, läßt sich allgemeingültig nicht beantworten. So wird sie in Abständen immer wieder von neuem aufgeworfen. Im Nahverkehr haben sich, vor allem in besonderen S-Bahn- oder U-Bahn-Netzen, Triebwagen rund um die Welt durchgesetzt. Für den Fernverkehr gewannen sie, mit Dieselantrieb ausgerüstet, zeitweise Bedeutung, wie in den dreißiger Jahren im Schnelltriebwagennetz der Deutschen Reichsbahn, aber auch in den ersten Jahren des Trans-Europ-Expreß-Verkehrs. Erst in neuester Zeit spielen auch elektrische Triebwagen im Fernverkehr eine größere Rolle.
In der Schweiz sollte in den dreißiger Jahren ein attraktiver Schnellverkehr eingeführt werden, für den die Schweizerischen Bundesbahnen zwischen 1935 und 1938 sieben einteilige Schnelltriebwagen für 125 und zwei dreiteilige für 150 Stundenkilometer bauen ließen.
Ein Jahr später wurde ein zweiteiliger Triebzug ähnlicher Form in Dienst gestellt, dem 1953 zwei weitere in modernerem Äußeren folgten. Alle drei stehen für Ausflugs- und Gesellschaftsfahrten noch heute im Einsatz. Von den einteiligen »Roten Pfeilen« halten die Schweizerischen Bundesbahnen noch zwei für besondere Anlässe in Reserve, ein dritter fährt als Nahverkehrszug auf der Oensingen-Balsthal-Bahn im Kanton Solothurn, ein vierter steht im ursprünglichen Zustand im Verkehrshaus der Schweiz Luzern.
In Deutschland führte der erfolgversprechende Ausbau des Schnelltriebwagennetzes mit Dieseltriebzügen 1934 auch zur Entwicklung einer Variante für elektrischen Betrieb. Die damals gebauten elektrischen Schnelltriebwagen der Baureihe ET 11 sollten auf der Strecke Berlin – München eingesetzt werden, deren Elektrifizierung im Gange war. Aus den Streckenverhältnissen mit zum Teil erheblichen Steigungen auf den kurvenreichen Mittelgebirgsabschnitten sowie langen Geraden im Flachland ergaben sich die Forderungen nach starken Leistungsreserven und raschem Beschleunigungsvermögen, wie nach der hohen Spitzengeschwindigkeit von 160 Stundenkilometern. Die Zeitereignisse ließen die Elektrifizierung der Strecke von München nach Berlin ebenso unvollendet wie die Pläne für den Schnellverkehr mit elektrischen Triebwagen.
Die drei zwischen 1935 und 1937 in Dienst gestellten zweiteiligen Züge der Baureihe ET 11 überdauerten zwar das Kriegsende, wurden von der Bundesbahn umgebaut und zeitweise als Fernschnelltriebwagen, besonders als »Münchner Kindl« von München über Stuttgart nach Frankfurt (Main), eingesetzt. Das geringe Platzangebot der Triebwagen zwang jedoch schon bald zum Übergang auf Züge mit Lokomotivbespannung, die sich durch zusätzliche Wagen ohne weiteres dem Bedarf anpassen lassen.
Nur einer der Schnelltriebwagen, der noch einige Jahre lang der Bundesbahn-Versuchsanstalt München als Meßzug gedient hatte, ist der Verschrottung entgangen und wurde von der Deutschen Gesellschaft für Eisenbahngeschichte erworben.
Anfang der siebziger Jahre ließ die Deutsche Bundesbahn einen elektrischen Schnelltriebzug – Baureihe 403 – neu entwickeln. Bestellt wurden wiederum drei Einheiten, bestehend aus jeweils vier Wagen.
Zwar galten bis dahin wegen des flexibleren Platzangebotes im Trans-Europ-Expreß- und Fernschnellzugverkehr Züge mit Lokomotivbespannung als die bessere Lösung, doch hatten sich inzwischen neue Gesichtspunkte für den Schnelltriebwagen ergeben. Insbesondere erschien die Möglichkeit von Vorteil, die nötige Antriebsleistung auf sämtliche Achsen des Zuges zu verteilen und so die Achsfahrmasse – den Achsdruck – erheblich zu vermindern. Die damit erreichbare wesentlich geringere Beanspruchung des Oberbaues sollte den Instandhaltungsaufwand an den Gleisen redu-

Französische Viersystemlokomotive, Baureihe CC 40 100

Links: Die elektrischen Schnelltriebwagen ET 11 sollten wie die Lokomotiven E 19 zwischen München und Berlin eingesetzt werden. Nach dem Krieg liefen sie als »Münchner Kindl« zwischen München und Frankfurt (Main) über Stuttgart.
Rechts: Als Symbol der modernen Eisenbahn und als Paradepferd der Deutschen Bundesbahn galt in den siebziger Jahren der elektrische Schnelltriebwagenzug der Baureihe 403; er bediente den Intercity-Verkehr zwischen München und Bremen. Die Aufnahme zeigt ihn bei Gemünden am Main. Heute verkehrt er in den Farben der Lufthansa zwischen den Flughäfen Düsseldorf und Frankfurt (Main).

zieren, aber auch die angestrebte Steigerung der Geschwindigkeit ohne negative Auswirkungen realisieren helfen.
Um das Hemmnis der zahlreichen, vielfach engen Kurven wenigstens zum Teil auszuschalten, wurde die »gleisbogenabhängige Wagenkastensteuerung« entwickelt, die den Aufbau jedes Fahrzeugs beim Einlaufen in Gleisbogen automatisch bis zu einem Maximalwert neigt. Im Zug wirkt sich diese Seitenneigung wie eine zusätzliche Überhöhung des Gleises aus, so daß Kurven erheblich schneller durchfahren werden können, ohne daß die höheren Seitenkräfte im Wageninneren spürbar werden. Am Gleis wachsen sie freilich unvermindert, außerdem setzt erträglicher Fahrkomfort einwandfreien Gleiszustand voraus. So hat sich diese Einrichtung bisher nirgends in größerem Umfang durchgesetzt.
Der seinerzeit nach modernsten Gesichtspunkten konstruierte und ausgestattete elektrische Triebzug 403 galt zwar in der Öffentlichkeit bald als Paradepferd der Deutschen Bundesbahn, konnte aber seine Möglichkeiten im Sinn eines echten Schnellverkehrs ebenso wenig ausspielen wie einst der ET 11. Nach Einführung der 2. Klasse im Intercity-Verkehr wurden die im doppelten Sinn »erstklassigen« Züge zunächst in den Sonderzugverkehr abgeschoben und ab 27. März 1982 an die Deutsche Lufthansa verchartert. In deren Hausfarben Gelb und Blau, aber auch innen neu ausgestattet, fahren sie nun zwischen den Flughäfen Düsseldorf und Frankfurt.
Den größten Erfolg hat innerhalb kurzer Zeit der französische »T.G.V.« – abgekürzt Train à grande vitesse – Zug für hohe Geschwindigkeit, erzielt. Er stellte am 26. Februar 1981 mit 380 km/h einen neuen Geschwindigkeits-Weltrekord auf und fährt seit 27. September 1981 fahrplanmäßig von Paris nach Zielen in Südost-Frankreich. Auch die elektrischen Schnelltriebzüge auf den japanischen Shinkansen erreichen außerordentlich hohe Kilometerleistungen; ihre Geschwindigkeit, ursprünglich mit 210 km/h bemessen, ist bei den neuen auf 250 km/h gesteigert worden.
Mit dem »Pendolino« erhielten die Italienischen Staatsbahnen 1975 von Fiat einen elektrischen Schnelltriebzug, der mit gleisbogenabhängiger Wagenkastensteuerung ausgerüstet und nach ihr benannt war.
Einen ähnlichen Zug lieferte Fiat später auch an die Spanischen Staatsbahnen.
Große Erwartungen knüpften die Britischen Eisenbahnen an ihren »Advanced Passanger Train«, APT, der jedoch den Sprung zur Einsatzreife bisher nicht geschafft hat. Als Stars unter dem Fahrdraht strahlen diese Züge aus der Masse heraus, große Bedeutung haben sie nicht. Nur der TGV und die japanischen Hikaris und Kodomas machen da eine Ausnahme.

Erfolg der Leistungselektronik

Der Gedanke, die zugeführte elektrische Energie in der Lokomotive umzuformen, um zur Stromübertragung und zur Speisung der Fahrmotoren voneinander unabhängige und für sich optimale Systeme anwenden zu können, wurde seit den zwanziger Jahren immer wieder aufgegriffen. Nach den rotierenden Maschinenumformern boten sich dafür Quecksilberdampfgleichrichter an. Später folgten Versuche mit Trockengleichrichtern auf Selen- oder Germaniumbasis. Doch erst die Entwicklung des Siliziumgleichrichters in der zweiten Hälfte der fünfziger Jahre brachte den entscheidenden Durchbruch.

Damals war es in den Siemens-Laboratorien erstmals gelungen, reinstes Silizium als Ausgangsmaterial derartiger Trockengleichrichter hoher Leistungsfähigkeit herzustellen. Vor allem der Anwendung von 50-Hertz-Strom und dem Bau von Mehrsystemfahrzeugen erschloß die Siliziumgleichrichtertechnik neue Wege. Das Leistungsgewicht elektrischer Lokomotiven mit rotierendem Umformer, mit Quecksilbergleichrichter und mit Siliziumgleichrichter verhielt sich etwa wie hundert zu zehn zu eins.

Als erste mit Siliziumgleichrichter ausgerüstete Lokomotive der Welt nahm 1957 die Deutsche Bundesbahn die umgebaute E 80 01 in Erprobung, eine aus dem Jahre 1929 stammende Rangierlokomotive mit Gleichstromfahrmotoren, die auf Gleisen ohne Fahrleitung aus einem Batteriesatz gespeist und im Wechselstromnetz der Bundesbahn über einen Quecksilberdampfgleichrichter mit dem nötigen Gleichstrom versorgt werden konnten. Dieser Gleichrichter war schon Ende der dreißiger Jahre versuchsweise durch einen Selengleichrichter, dann durch den ersten Silizium-Lokomotivgleichrichter ausgetauscht worden.

Aufgrund der Erfahrungen mit dieser Lokomotive beschaffte die Deutsche Bundesbahn Anfang der sechziger Jahre ihre ersten drei Zweisystemlokomotiven. Wenig später lieferte Siemens Siliziumgleichrichter und die übrige elektrische Ausrüstung für eine Serie von zwanzig schweren Güterzuglokomotiven, die Krupp für die Sowjetunion baute. Die neueren 50-Hertz-Lokomotiven der Ungarischen Staatsbahnen (MÁV) sind mit Siliziumgleichrichtern aus der Bundesrepublik Deutschland ausgerüstet. Auch in zahlreichen anderen Ländern der Welt hat sich diese Technik rasch durchgesetzt.

Etwa fünf Jahre nach Einführung des Siliziumgleichrichters im Lokomotivbau

vollzog sich mit dem Thyristor, dem steuerbaren Siliziumgleichrichter, ein weiterer bedeutsamer Entwicklungsschritt. Er wirkte sich auf die Starkstromtechnik ähnlich revolutionierend aus wie zuvor die Erfindung des Transistors auf die Nachrichtentechnik.

Im voll ausgesteuerten Zustand wirken Thyristoren wie einfache Stromventile. Bei Teilaussteuerung sperren sie jedoch zu Beginn jeder Wechselspannungshalbwelle zunächst auch in Durchlaßrichtung, bis sie durch einen äußeren Impuls »gezündet« werden. Je nachdem, ob dieser Zündimpuls während der einzelnen Halbwelle früher oder später eintrifft, läßt der Thyristor einen größeren oder geringeren Teil der anstehenden Wechselspannungs-Halbwelle durch, also mehr oder weniger Energie in den Fahrmotoren wirksam werden. Thyristoren verbinden den Gleichrichter-Effekt in günstiger Weise mit einer stufen- und verlustlosen, außerdem auch weitgehend verschleißfreien Steuerung für Zugkraft und Geschwindigkeit. Eine derartige »Anschnittsteuerung« – die einzelnen Wechselspannungs-Halbwellen werden angeschnitten – ermöglicht auch besonders einfache und gewichtsparende Ausführung des Transformators, da weder Anzapfungen für eine Vielzahl von Spannungsstufen noch ein Stufenschaltwerk erforderlich sind.

Oben: Wechselstromlokomotiven mit Thyristorsteuerung lieferte die schwedische Lokomotivfabrik Allmänna Svenska Elektriska Aktiebolaget (ASEA) in Västeras nicht nur an die Schwedische Staatsbahn, sondern in mehrere west- und osteuropäische Länder und sogar an Amtrak in die USA.
Mitte: Auch die Österreichischen Bundesbahnen kauften ASEA-Lokomotiven bevor sie die Entwicklung einer eigenen Thyristorlokomotive, Reihe 1044, veranlaßten.
Links unten: Auch die modernste Lokomotive der Schweizerischen Bundesbahnen, die Re 4/4^{IV}, fährt mit Thyristorsteuerung.
Rechts: Mit dieser Kombination einer dieselelektrischen Lokomotive DE 2500 und einem umgebauten, mit Stromabnehmer und Transformator ausgerüsteten Wendezug-Steuerwagen wurde einer völlig neuen Generation elektrischer Lokomotiven der Weg bereitet: der für Schnellzüge und für Güterzüge gleichermaßen günstig einsetzbaren Baureihe 120 der Deutschen Bundesbahn, von der seit 1979 zunächst fünf Stück erprobt werden.

Als die Deutsche Bundesbahn ihre Viersystemlokomotiven mit der neuen Thyristorsteuerung ausrüsten ließ, konnte in diese Lokomotiven bei etwa gleicher Dienstmasse ebenso hohe Leistung installiert werden wie früher in eine vergleichbare Lokomotive für nur ein Stromsystem. Da die Anschnittsteuerung auch für einfache Wechselstromfahrzeuge zahlreiche Vorteile versprach, wurde sie von der Deutschen Bundesbahn zunächst für die dreiteiligen S-Bahn-Triebzüge der Baureihe 420 (ET 20) vorgesehen, von denen für die S-Bahn-Netze Münchens, Frankfurts, Stuttgarts und anderer Ballungszentren insgesamt 390 Einheiten beschafft wurden. Neben Vorteilen für die Wagenkonstruktion versprach die Steuerung mit den wartungs- und verschleißfreien Halbleiter-Bauelementen bei dem häufigen Anfahren auf den S-Bahn-Strecken eine wesentliche Senkung der Betriebskosten, außerdem ruckfreies Beschleunigen und Bremsen. Die gleiche Steuerung erhielten danach auch die für 200 km/h bemessenen Schnelltriebwagen der Baureihe 403, von denen drei vierteilige Züge gebaut wurden.
In Lokomotiven hat sich die Thyristorsteuerung nur zögernd einführen können, weil ihre Vorteile dort nicht so ausgeprägt zur Geltung kamen, während sich störende Faktoren stärker als bei den Triebwagen auswirkten. Dem weiträumigen Einsatz von Thyristorlokomotiven standen vor allem die anfangs noch nicht beherrschte Beeinflussung von Signalanlagen und die Störung fernmeldetechnischer Einrichtungen sowie die von der Anschnittsteuerung verursachte Belastung des Netzes mit Blindleistung entgegen.
Als eine der ersten lieferte die schwedische Lokomotivfabrik ASEA Thyristorlokomotiven nicht nur an die Staatsbahn des eigenen Landes, sondern auch an eine Reihe ausländischer Eisenbahnen, darunter sogar Amtrak in den USA.
Die Österreichischen Bundesbahnen, die insgesamt zehn dieser Lokomotiven, Baureihe 1043, ebenfalls von ASEA bezogen hatten, ließen danach von der einheimischen Industrie eine eigene Thyristorlokomotive entwickeln: Zwei Prototypen baute die Simmering-Graz-Pauker AG mit elektrischer Ausrüstung einer Arbeitsgemeinschaft der drei großen Elektrounternehmen Österreichs, der Elin-Union, Brown-Boveri und Siemens. Nach eingehender Erprobung der beiden Lokomotiven 1044.01 und 1044.02 vorwiegend auf der Südbahn über den Semmering, begann die Serienbeschaffung der Baureihe 1044.
Auch in anderen Ländern findet die Thyristortechnik im Lokomotivbau immer mehr Anwendung.

Eine »neue Generation«

Die Leistungselektronik bietet noch eine Reihe weiterer Anwendungsmöglichkeiten bei der Ausrüstung elektrischer Triebfahrzeuge. Unter anderem läßt sich damit auch Gleichspannung stufenlos einstellen, ohne daß hierfür wie in konventionellen Gleichstromfahrzeugen eine Spannungsteilung durch Anfahr- beziehungsweise Bremswiderstände notwendig ist. Derartige Gleichstromsteller, auch Chopper genannt, arbeiten im Gegensatz zur Anfahrsteuerung mit Widerständen verlustfrei und können auf einfache Weise beim Bremsen Energie ins Netz zurückspeisen.
Eine völlig neue Lokomotivgeneration kündigt sich indessen mit den alten Drehstrom-Antriebsmotoren in Verbindung mit der Leistungselektronik an. Mit ihr lassen sich die Vorteile dieser Motoren nützen, ohne daß die Nachteile des Drehstromsystems in Kauf genommen werden müssen. Die künftige Drehstromlokomotive wird dabei über nur einen Fahrdraht entweder aus einem Bahnstromnetz mit Sonderfrequenz wie in Europa mit 16⅔ Hertz, aus den Landesnetzen mit 50 Hertz oder mit Gleichstrom gespeist.
Einphasenwechselstrom wird auf der Lokomotive zunächst gleichgerichtet und

anschließend mit statischen Umrichtern in Drehstrom umgeformt, dessen Spannung und Frequenz sich stufenlos regeln lassen. Damit ändern sich auch Zugkraft und Geschwindigkeit der Lokomotive stufenlos. Nachdem mit der Leistungselektronik eine kontinuierliche Änderung der Frequenz möglich geworden ist, läßt sich das Betriebsverhalten einer Drehstrom-Lokomotive, das bei den alten Steuerungsmethoden durch nur wenige Geschwindigkeitsstufen gekennzeichnet war, einer idealen Kennlinie annähern.

Die neue Lokomotivgeneration verspricht die Eisenbahn einem alten Ziel nahezubringen: für Schnellzüge und für Güterzüge keine unterschiedlichen Lokomotiven mehr zu benötigen, sondern für alle Aufgaben des Streckendienstes ein und dieselbe Lokomotive verwenden zu können. Im Güterzugbetrieb kann eine solche Drehstromlokomotive ihre installierte Leistung voll für die Beförderung schwerer Züge aufbieten. Das Verhalten des Drehstrommotors begünstigt besonders das Anfahren hoher Lasten, weil sich das Durchdrehen der Antriebsräder bei ungünstigen Reibungsverhältnissen unmittelbar verhindern läßt. Vor Reisezügen muß die Lokomotive auch noch die Energie für die elektrische Heizung der Fahrleitung entnehmen, so daß die für den Antrieb verfügbare Leistung entsprechend reduziert wird. Hierbei setzt der Lokomotivtransformator, dessen hohes Gewicht bei der gegenwärtigen Technik keine weitere Vergrößerung zuläßt, die Grenze. Auch im oberen Geschwindigkeitsbereich stehen jedoch weit höhere Leistungsreserven zur Verfügung als bei konventionellen Lokomotiven.

Die trotz ihrer hohen Leistungsfähigkeit kleinen, weitgehend wartungs- und verschleißfreien Drehstrommotoren lassen sich verhältnismäßig leicht bauen. Dadurch vermindert sich das Gesamtgewicht der Drehgestelle, die ungefederten Massen der Lokomotive bleiben gering, womit sich der Verschleiß an Gleis und Weichen wesentlich senken läßt. Auch die Belastung des Netzes durch Blindleistung und die Störung von Signal- und Fernmeldeanlagen durch Oberwellen lassen sich nach den bisher vorliegenden Versuchsergebnissen weitgehend ausschalten.

Die ersten Versuche in der neuen Entwicklungsrichtung waren in Deutschland mit einer von Henschel in Kassel gebauten und von BBC in Mannheim elektrisch ausgerüsteten Diesellokomotive mit elektrischer Kraftübertragung unternommen worden. Mit Hilfe des Dieselmotors wurde der zur Speisung der Drehstrom-Fahrmotoren nötige Strom an Bord erzeugt, wobei Spannung und Frequenz ebenfalls stufenlos geregelt werden konnten. Insgesamt wurden drei derartige Lokomotiven DE 2500 auf eigenes Risiko der beiden Industrieunternehmen gebaut und von der Deutschen Bundesbahn mit den Betriebsnummern 202 002 bis 202 004 eingehend erprobt.

Mit einer dieser Lokomotiven wurde 1974 die Möglichkeit untersucht, den Strom nicht mit Dieselmotor und Generator auf der Lokomotive zu erzeugen, sondern direkt aus der Fahrleitung zu entnehmen. Hierzu war ein Wendezugsteuerwagen mit Stromabnehmer, Transformator, der übrigen Hochspannungsausrüstung sowie den erforderlichen Meßeinrichtungen ausgerüstet und mit der Lokomotive fest gekuppelt worden. Bei diesen Versuchen zeigte sich die grundsätzliche Eignung der neuen Technik bereits in überzeugender Weise, wenn auch zunächst im Bereich geringerer Leistungen, wie sie dem ursprünglich installierten Dieselmotor entsprach. In einer rein elektrischen Lokomotive dieser Technik sollte jeder der vier Fahrmotoren soviel leisten wie die Versuchslokomotive mit ihren ebenfalls vier Fahrmotoren insgesamt.

Der erste Motor dieser Leistungsklasse mit 1,4 Megawatt Dauerleistung hat 1976 auf einem Prüfstand bei BBC in Mannheim die Erwartungen in vollem Umfang bestätigt. Darauf bestellte die Deutsche Bundesbahn zur Erprobung fünf Lokomotiven mit Drehstrom-Antriebstechnik. Sie erhielten die Baureihen-Bezeichnung 120 und sollten mit 160 km/h fahren. In Anpassung an die inzwischen erhöhten Geschwindigkeiten im Intercitynetz wurden später 200 km/h auch für die Baureihe 120 vorgesehen. Als Universallokomotive soll sie jedoch auch vor Güterzügen gleiche Leistung erreichen wie die gegenwärtig stärkste elektrische Güterzuglokomotive der Bundesbahn. Die Schweizerischen Bundesbahnen hatten schon 1973 mit dem entsprechend ausgerüsteten Gepäcktriebwagen Be 4/4 Nummer 12 001 erste Versuche durchgeführt.

Nachdem auch andere Bahnen ähnliche Versuche unternommen hatten, stellten die Französischen Eisenbahnen 1983 mit ihrer 10 004 eine Variante mit selbststeuernden Drehstrom-Synchronmotoren vor.

Bisher führte der erhebliche technische Aufwand der unkonventionellen Drehstromtechnik noch zu einem Preis, der eine Abkehr von den bewährten Techniken zunächst nicht gerechtfertigt erscheinen ließ. Die mittlerweile erzielten Fortschritte in der Technologie haben jedoch dazu geführt, daß die entscheidende Schwelle nun auch in wirtschaftlicher Hinsicht als überschritten gelten kann.

Unten: Lokomotive der Zukunft: Die Baureihe 120 der Deutschen Bundesbahn mit Drehstromantriebstechnik. Sie wurde auch in anderen Ländern bereits mit Erfolg eingesetzt.
Rechte Seite: Doch auch die konventionelle Antriebstechnik bewährt sich noch heute: moderne Wechselstromlokomotive der Baureihe 111 auf der Mittenwaldbahn, wo 1912 die Elektrifizierung des süddeutschen Netzes ihren Ausgang genommen hatte.

DB
218 217-8

Diesel und die Bahn

Oben: Rudolf Diesel
Links: Die Baureihe 218 der Deutschen Bundesbahn zählt mit nur einem Motor und 2500 PS zu den stärksten vierachsigen Diesellokomotiven der Welt. Die 218 217–8 war die einzige mit beige-rotem Anstrich; die folgenden wurden beige-ozeanblau gespritzt.

Diesels Siegeszug fuhr mit Verspätung

Im physikalischen Kabinett der Industrieschule zu Augsburg hatte Rudolf Diesel im Jahre 1872, damals vierzehn Jahre alt, ein »pneumatisches Feuerzeug« entdeckt, in dem ein Zuckerstück zu glimmen begann, wenn der Kolben in einem Glaszylinder kräftig niedergedrückt und die Luft dadurch stark erhitzt wurde. Dieses Experiment, so weiß die Überlieferung, hatte für Diesels Zukunft entscheidende Bedeutung, denn das Prinzip seines Motors beruht letzten Endes auf der Wirkungsweise dieses einfachen Feuerzeugs.
Zwanzig Jahre später, am 28. Februar 1892, meldete der damals für Lindes Eismaschinen in Berlin tätige Kälteingenieur Rudolf Diesel das erste deutsche Hauptpatent auf »Arbeitsverfahren und Ausführungsart für Verbrennungskraftmaschinen« an. Vor allem die Maschinenfabrik Augsburg-Nürnberg (M.A.N.) in Augsburg und Krupp in Essen beteiligten sich später wegweisend an der Entwicklung des Dieselmotors. In England hatte etwa gleichzeitig mit Rudolf Diesel eingehend auch Ackroyd Stuart mit der Verdichtungszündung experimentiert.

Der nach Diesel benannte Motor erwies sich schon beim ersten offiziellen Abnahmetest am 17. Februar 1897 in Augsburg als wirtschaftlichste Wärmekraftmaschine der Welt: Professor Moritz Schröter von der Technischen Hochschule München ermittelte an dem ersten betriebsfähigen Einzylinder-Versuchsmotor bei 154 Umdrehungen in der Minute und 17,8 PS Leistung einen Gesamtwirkungsgrad von 26,2 Prozent. Lokomotiv-Dieselmotoren erreichen heute bis zu 38 Prozent Gesamtwirkungsgrad. Das Funktionsprinzip beruht darauf, daß in den Zylindern Luft hoch komprimiert und dadurch so stark erhitzt wird, daß sich anschließend eingespritztes Schweröl selbst entzündet. Das Wesensmerkmal lag in der Verwendung des Schweröls als Kraftstoff: Es fiel bei der Destillation an, ohne in größeren Mengen abgesetzt werden zu können, und war deshalb billig zu haben.
Die gleichzeitige Umsetzung der chemischen Energie des Kraftstoffes durch Verbrennung in Wärmeenergie und durch Expansion der Verbrennungsgase in mechanische Arbeit lag auch den schon früher konstruierten Verbrennungskraftmaschinen zugrunde, so dem Gasmotor des Franzosen Etienne Lenoir, den ersten wirtschaftlichen Gasmotoren von Nikolaus Otto und Eugen Langen sowie den mit Benzin und anderen flüssigen Betriebsstoffen arbeitenden Verbrennungsmotoren von Nikolaus Otto, Gottlieb Daimler, Wilhelm Maybach und Carl Benz. Da diese Motoren zum Teil lange vor dem Dieselmotor zur Verfügung standen, fuhren auch die ersten »Motorlokomotiven« mit Gas, Petroleum, Benzin oder Benzol. Erst Jahrzehnte später hat der Dieselmotor seine eindeutige Stellung erreicht und damit aus der Verbrennungsmotor-Lokomotive auch im Sprachgebrauch die Diesellokomotive werden lassen. Ihr in Deutschland bis heute übliches Kurzkennzeichen V stammt noch aus der Anfangszeit der Entwicklung.
Der Vorteil, die Antriebsmaschine ohne besondere Vorbereitungen starten und bei längerem Aufenthalt kurzfristig abstellen zu können, ließ den Einsatz von Verbrennungsmotoren auch in Eisenbahnfahrzeugen durchaus zweckmäßig erscheinen. Auf Schwierigkeiten stieß dabei – ähnlich wie bei der Entwicklung elektrischer Lokomotiven – die Kraftübertragung. Zusätzliche Probleme warf jedoch das ungünstige Betriebsverhalten der Verbrennungsmotoren unter den Bedingungen des Eisenbahnbetriebes auf: Sie können unter Last nicht anlaufen, nur in einem schmalen Drehzahlbereich ein hinreichendes Drehmoment abgeben, zur Rückwärtsfahrt ihre Drehrichtung nicht ohne weiteres ändern und über den gesamten Drehzahlbereich nur ein gleichbleibendes Drehmoment erzeugen, während im Bahnbetrieb bei niedrigeren Geschwindigkeiten ein höheres Drehmoment erforderlich ist als bei größeren Geschwindigkeiten.
Der Dieselmotor ist gegenüber anderen Verbrennungsmotoren durch sein verhältnismäßig hohes Gewicht zusätzlich »belastet«. Er konnte sich deshalb im Lokomotivbau, wo das Verhältnis von Gewicht zu Leistung eine ausschlaggebende Rolle spielt, erst um die Mitte des zwanzigsten Jahrhunderts durchsetzen.

Problem Kraftübertragung

Die erste Diesellokomotive mit der hohen Leistung von etwa 1000 PS arbeitete mit »direkter Kraftübertragung«. Das Drehmoment wurde über eine mit der Kurbelwelle des Dieselmotors identische Blindwelle durch Treibstangen auf die Antriebsradsätze übertragen. Da der Dieselmotor unter Last nicht mit eigener Kraft anlaufen kann, wurde zum Anfahren Druckluft in die Zylinder geleitet, bis die zum selbständigen Arbeiten des Dieselmotors erforderliche Drehzahl erreicht war. Beim Übergang von Druckluft- auf Dieselbetrieb traten jedoch Fehlzündungen auf, die zu erheblichen Motorschäden und schließlich zum Scheitern dieser Art von Kraftübertragung führten. Für höhere Leistungen eignete sich der direkte Antrieb nicht. Er ließ sich auch in einer späteren, verbesserten Bauart nicht zufriedenstellend realisieren.
Zwangsläufig wurde die Entwicklung damit auf die mittelbare Kraftübertragung gelenkt. Ein mechanischer Antrieb mit Zahnradvorgelegen verschiedener Übersetzungen, eine Kombination von Diesel- und Dampfmotor, Druckluftübertragung sowie eine Reihe weiterer Möglichkeiten wurden vor allem in Deutschland untersucht, blieben jedoch wegen des wenig befriedigenden Ergebnisses auf Versuchslokomotiven beschränkt.
Am besten bewährte sich trotz etlichen Mängeln der Umweg über die Elektrotechnik, der schon 1892 in den Vereinigten Staaten in Verbindung mit einem kleinen Gasolinmotor erstmals beschritten worden war und 1924 bei der Entwicklung einer zweiten Großdiesellokomotive in Deutschland erneut eingeschlagen wurde. Genau genommen handelte es sich bei dieser

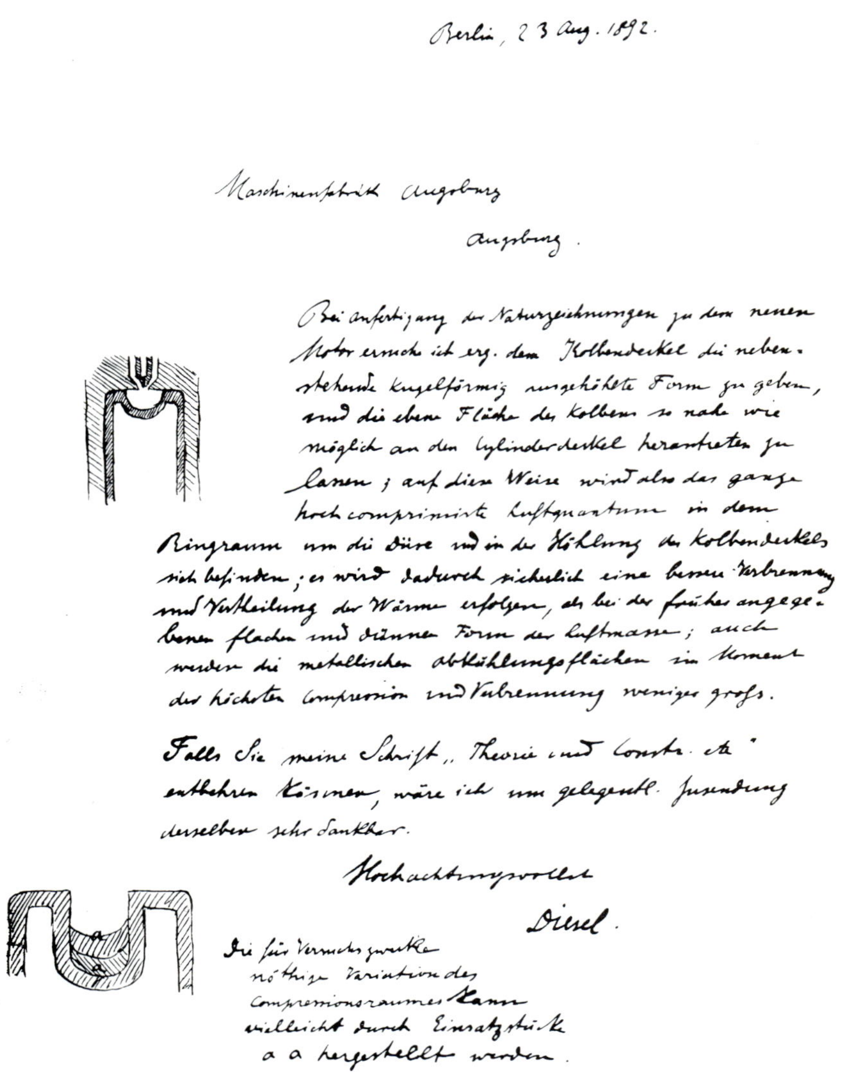
Berlin, 23 Aug. 1892.

Maschinenfabrik Augsburg

Augsburg.

Bei Anfertigung der Naturzeichnungen zu dem neuen Motor ersuche ich ergebenst dem Kolbendeckel die nebenstehende kugelförmig ausgehöhlte Form zu geben, und die ebene Fläche des Kolbens so nahe wie möglich an den Cylinderdeckel herantreten zu lassen; auf diese Weise wird also das ganze hoch comprimirte Luftquantum in dem Ringraum um die Düse und in der Höhlung des Kolbendeckels sich befinden; es wird dadurch sicherlich eine bessere Verbrennung und Vertheilung der Wärme erfolgen, als bei der früher angegebenen flachen und dünnen Form der Luftmasse; auch werden die metallischen Abkühlungsflächen im Moment der höchsten Compression und Verbrennung weniger gross.

Falls Sie meine Schrift „Theorie und Constr. etc" entbehren können, wäre ich um gelegentl. Zusendung derselben sehr dankbar.

Hochachtungsvollst

Diesel.

Die für Versuchszwecke nöthige Variation des Compressionsraumes kann vielleicht durch Einsatzstück a a hergestellt werden.

Konstruktion um eine elektrische Lokomotive, deren Strom jedoch an Bord des Fahrzeugs von einem mit dem Dieselmotor fest gekuppelten Generator erzeugt wurde. Diese »elektrische Kraftübertragung« hat sich vor allem in Nordamerika rasch durchgesetzt und stellt heute die weltweit verbreitetste Antriebsart von Diesellokomotiven dar. Ebenfalls zur Anwendungsreife und zu hoher Vollkommenheit wurde die hydraulische Kraftübertragung entwickelt. Sie beruht auf dem von Professor Hermann Föttinger in Stettin im Prinzip schon 1905 angegebenen Flüssigkeitsgetriebe. Die hydraulische Kraftübertragung wurde erstmals 1935 in Deutschland mit einem Voith-Getriebe verwirklicht, nach dem Zweiten Weltkrieg sowohl in West- wie in Ostdeutschland weiterentwickelt und mit großem Erfolg angewandt. Moderne Flüssigkeitsgetriebe für Diesellokomotiven bestehen meist aus mehreren Drehmomentwandlern, von denen jeder das Moment innerhalb eines bestimmten Bereiches übertragen kann. Die verschieden ausgelegten Wandler werden zum Teil mit Flüssigkeitskupplungen so kombiniert, daß der gesamte Geschwindigkeitsbereich der Lokomotive vom Stillstand bis zur Höchstgeschwindigkeit erfaßt wird.

Die hydraulische Kraftübertragung stellt die eleganteste Antriebsart für Diesellokomotiven dar. Sie bietet ein besonders günstiges Verhältnis von Leistung zu Gewicht. Beim bisherigen Stand des Diesellokomotivbaues läßt sich in eine dieselhydraulische Lokomotive bei gleichen Abmessungen und gleicher Achsfahrmasse die höchste Leistung installieren. Dafür erfordert die diffizilere Technik höheren Wartungsaufwand und qualifiziertere Werkstätten. Bei besonders rauhen Betriebsverhältnissen und in Ländern ohne entsprechende Wartungsmöglichkeiten werden deshalb der ungünstigere Wirkungsgrad und das erheblich höhere »tote« Gewicht dieselelektrischer Lokomotiven auch heute in Kauf genommen.

Dr. Rudolf Diesel »am Zug«

Schon während der Entwicklung seines Motors trug sich Rudolf Diesel mit dem Gedanken, Lokomotiven damit auszurüsten. Rund zehn Jahre später, im Jahre 1906, begann er mit systematischen Überlegungen in dieser Richtung und gründete im Jahr darauf zusammen mit Adolf Klose und der Maschinenfabrik Gebrüder Sulzer in Winterthur die »Gesellschaft für Thermo-Lokomotiven«. Sie entwickelte zunächst eine 1500-PS-Lokomotive und suchte das Kgl. Bayerische Staatsministerium für Verkehrsangelegenheiten zu einem entsprechenden Auftrag zu veranlassen. Noch bevor jedoch darüber entschieden war, bestellten die Preußischen Staatseisenbahnen im Jahre 1909 eine Diesellokomotive mit 1000 PS, die mit der Achsanordnung 2'B2' bei Borsig in Berlin gebaut und von Sulzer mit Motor und Antrieb ausgerüstet wurde.

Im September 1912 konnte diese erste Großdiesellokomotive der Welt fertiggestellt werden. Zunächst unternahm sie mehrere Probefahrten, bei denen sich vor allem das Kühlsystem als änderungsbedürftig erwies. Nach entsprechenden Verbesserungen wurden die Probefahrten im März 1913 fortgesetzt und teilweise auch auf die als schwierig geltende Strecke von Winterthur nach Romanshorn ausgedehnt. Anfang April traf die Diesellokomotive dann in Berlin ein.

Bei den eingehenden Probefahrten in Preußen erwies sich vor allem die Anfahrt mit Druckluft und der anschließende Übergang auf reinen Dieselbetrieb als kritisch. Bei Ausbruch des Ersten Weltkrieges stand die Lokomotive schadhaft abgestellt. Die Kriegsereignisse und die technischen Schwierigkeiten führten zur Einstellung der Versuche. Ende 1920 wurde die erste Diesellok der Welt in Tegel verschrottet, ohne je planmäßig zum Einsatz gekommen zu sein.

Links außen: Brief Rudolf Diesels an die M.A.N. aus dem Jahre 1892; kurz zuvor war das Prinzip des Dieselmotors zum Patent angemeldet worden.
Links innen: Der erste fertigungsreife Dieselmotor der Welt, 1897 von der M.A.N. gebaut, leistete bereits 20 PS bei 172 Umdrehungen in der Minute.
Rechts: Die erste Großdiesellokomotive der Welt, bei Borsig in Berlin für die Preußischen Staatseisenbahnen gebaut, wurde 1912 fertiggestellt. Motor und Antrieb stammten von der Maschinenfabrik Sulzer aus Winterthur

Lange Suche nach dem richtigen Weg

Erst Anfang der zwanziger Jahre erhielt die Entwicklung leistungsstarker Diesellokomotiven neue Impulse. Sie kamen aus Rußland, wo Lenin die Bedeutung der Diesellokomotive offenbar schon damals richtig einschätzte und ihrer Entwicklung deshalb hohen Stellenwert einräumte. Um die nötigen Impulse zu geben, wurde eine Art Wettbewerb ausgeschrieben. Aus dem Lande selbst kam jedoch nur ein Entwurf von Professor J. M. Haekel, der von drei Werken in Leningrad auch tatsächlich verwirklicht wurde. Die zwölfachsige Lokomotive mit der Achsanordnung 1'Co-Do'-Co1' und elektrischer Kraftübertragung wurde von einem 1030-PS-Vickers-Motor angetrieben, der aus einem U-Boot stammte. Die ungewöhnliche Lokomotive konnte im Herbst 1924 dem Betrieb übergeben werden, wies jedoch erhebliche Mängel auf, so daß sie nach etwa zwei Jahren nur noch als stationäre Stromerzeugungsanlage verwendet wurde.
Im Zusammenhang mit der russischen Ausschreibung kam es jedoch auch zur Bestellung von zwei Diesellokomotiven in Deutschland.
Als erste wurde ebenfalls 1924 eine mit elektrischer Kraftübertragung und der Achsanordnung 1'Eo1' von der Maschinenfabrik Esslingen gebaute Lokomotive mit einem 1200-PS-M.A.N.-Motor und elektrischer Ausrüstung von Brown-Boveri (BBC) fertiggestellt. Die Gesamtkonstruktion lag bei der Hohenzollern AG für Lokomotivbau in Düsseldorf. Maßgeblich an der Gesamtleitung beteiligt waren der sowjetische Professor Georg Lomonossow und in beratender Funktion Professor Felix Meineke von der Technischen Hochschule Charlottenburg in Berlin.
Nach eingehenden Prüfstandsuntersuchungen in Esslingen ging die Lokomotive im Spätherbst 1924 nach Rußland ab, zeigte dort bei weiteren Versuchsfahrten ebenfalls beste Ergebnisse und traf zur endgültigen Abnahme am 25. Januar 1925 in Moskau ein. Als erste Diesellokomotive der Welt erreichte sie günstigere Leistungs- und vor allem auch bessere Verbrauchswerte als eine vergleichbare, damals moderne Dampflokomotive. Auch im planmäßigen Einsatz bewährte sie sich ausgezeichnet. Lange blieb sie überhaupt die einzige brauchbare Diesellokomotive hoher Leistung in der Welt. Sie war im Depot Ljublino, zehn Kilometer südöstlich von Moskau, stationiert, wo eine besondere Dieselwerkstätte eingerichtet wurde. Im Frühjahr 1925 unternahm die Lokomotive Probefahrten von Moskau nach Petrowsk und zurück über 4495 Kilometer und anschließend von Moskau über Tiflis nach Eriwan und zurück mit 7436 Kilometern. Bis 1. März 1927 legte sie insgesamt 86000 Kilometer zurück, seit August 1925 im Plandienst.
Die zweite von der Sowjetunion in Deutschland bestellte Diesellokomotive erhielt die Achsanordnung 2'E1', den gleichen 1200-PS-Motor der M.A.N. und ein von Krupp in Essen entworfenes und hergestelltes dreistufiges Zahnradgetriebe für hohe Leistungen. Die Gesamtleitung lag wiederum bei der Hohenzollern AG. Zwar erreichte diese Lokomotive weder die günstigen Werte noch das Betriebsverhalten der zuvor gelieferten dieselelektrischen Lokomotive, trotzdem konnte sie in der Sowjetunion jahrelang planmäßig eingesetzt werden. Beide Maschinen wurden nach einigen Jahren ausrangiert, ohne auf die weitere Entwicklung unmittelbar Einfluß zu gewinnen.
Auch die erste Großdiesellokomotive Amerikas kam aus Deutschland. Sie wurde 1929 mit einem ähnlichen mechanischen Krupp-Getriebe und einem 1450-PS-Dieselmotor von Krupp in Essen gebaut, wobei die Achsanordnung 2'D2' gewählt worden war. Etwa gleichzeitig stellte jedoch die Canadian National Railroad eine Doppellokomotive mit zwei Dieselmotoren von insgesamt 2660 PS in Dienst.

In Italien baute 1926 die Maschinenfabrik Ansaldo SpA in Genua für die Italienische Staatsbahn eine Diesellokomotive mit der Achsanordnung 1'C2'; Junkers hatte den 1100-PS-Motor geliefert. Zum Anfahren standen besondere Zylinder ähnlich wie bei Dampflokomotiven zur Verfügung; sobald etwa zehn Stundenkilometer erreicht waren, konnte der Dieselmotor die nötige Antriebsleistung selbst aufbringen. Eine andere bemerkenswerte Diesellokomotive entstand um diese Zeit auch in England; die traditionsreiche Lokomotivfabrik Kitson & Co in Leeds baute sie mit der Achsanordnung 1'C1' und einem Motor von 1300 PS, der zum Anfahren allein mit Dampf, bei höheren Geschwindigkeiten zur Hälfte mit Dampf, bei der jeweils gegenläufigen Kolbenbewegung mit Dieselkraftstoff angetrieben wurde. Neben dem Motor gehörte ein ebenfalls mit Dieselkraftstoff gefeuerter Dampfkessel zur Ausrüstung der Lokomotive.
Im Jahre 1928 unternahm dann auch die Deutsche Reichsbahn zusammen mit der M.A.N. und der Maschinenfabrik Esslingen einen weiteren Versuch, wobei eine pneumatische Übertragung erprobt werden sollte. Wiederum stammten wesentliche Konstruktionselemente wie Antrieb, Steuerung und Laufwerk von der Dampflokomotive. Der Dieselmotor erzeugte Druckluft, die in Wärmetauschern von den Auspuffgasen des Dieselmotors erhitzt und statt Dampf zur Arbeitsleistung in die Zylinder geleitet wurde. Ende 1929 konnte die Lokomotive mit der Achsfolge 2'C2', einem Dienstgewicht von 125 Tonnen und 80 km/h Höchstgeschwindigkeit als erste Diesellok hoher Leistung an die Deutsche Reichsbahn übergeben werden. Sie erhielt die Nummer V 3201, wurde später jedoch in V 120 001 umbezeichnet. Die ersten drei Ziffern lassen bei dieser Bezeichnungsweise die Leistung erkennen, wobei diese drei Ziffern lediglich mit 10 multipliziert werden müssen. Nach der Abnahmefahrt am 22. November 1929 von Obertürkheim nach Augsburg und zurück ging die Lokomotive an die Versuchsabteilung Grunewald.
Ohne besonderen Erfolg war sie danach einige Jahre bei der Reichsbahndirektion Stuttgart im Einsatz und wurde noch vor dem Zweiten Weltkrieg verschrottet.
Aufgrund mehrjähriger experimenteller Arbeiten stellte die Humboldt-Deutz-Motoren AG im Mai 1933 nochmals eine Diesellokomotive mit direktem Antrieb fertig, die sich zum Teil wieder an die erste, 1912 unter Mitwirkung von Rudolf Diesel entwickelte Lokomotive anlehnte, die wesentlichen Mängel jedoch zu vermeiden suchte. Auch die Achsanordnung 2'B2' stimmte mit dem alten Vorbild überein. Die drei Zylinder des Dieselmotors waren jedoch denen einer Dampflokomotive nachgebildet. Stangen übertrugen die Kolbenbewegung unmittelbar auf den Treib- und den Kuppelradsatz. Zum Anfahren wurde ein Druckluft-Kraftstoff-Gemisch eingespritzt und mit Hilfe von elektrischen Glühkörpern entzündet. Damit konnte die Lokomotive verhältnismäßig hohe Anfahrzugkraft aufbringen und ab etwa 70 bis zur Höchstgeschwindigkeit von 110 km/h in reinem Dieselbetrieb fahren. Trotz guten Versuchsergebnissen bildete freilich auch diese Art des direkten Antriebs keine Lösung von Dauer. Die Lokomotive wurde zwar eine Zeitlang eingesetzt, von der Deutschen Reichsbahn aber nicht übernommen und während des Zweiten Weltkrieges in Köln bei einem Bombenangriff zerstört.
Inzwischen konzentrierte sich das Interesse auf die bis dahin im Betrieb allein bewährte elektrische Kraftübertragung, obwohl damit ungünstiger Wirkungsgrad und hohes Leistungsgewicht in Kauf zu nehmen waren. Vor allem in der Sowjetunion wurden Anfang der dreißiger Jahre mehrere dieselelektrische Lokomotiven in Dienst gestellt, darunter zwei weitere aus Deutschland. Wenig später begann auch in Amerika der Siegeszug der Diesellokomotive auf dieser Grundlage. In beiden Ländern spielte allerdings der Kraftstoffverbrauch keine nennenswerte Rolle. In Deutschland dagegen, wo flüssige Kraftstoffe auch gegenüber Kohle erheblich teurer waren, schied ein Motorantrieb mit spezifisch ungünstigen Verbrauchswerten von vornherein aus. Die einzigen dieselelektrischen Großlokomotiven, von denen zwei bei der Deutschen Bundesbahn als Baureihe V 188 (288) noch bis in die siebziger Jahre liefen, waren für die Wehrmacht während des Zweiten Weltkrieges zu Sonderzwecken der schweren Eisenbahnartillerie beschafft worden.

Rechts oben: Die Maschinenfabrik Esslingen baute zusammen mit der M.A.N. die Diesellokomotive V 3201, später V 120 001, die von der Deutschen Reichsbahn 1929 übernommen und bis zum Zweiten Weltkrieg im Bezirk Stuttgart eingesetzt wurde.
Rechts: Die Baureihe V 188 (288) der Deutschen Bundesbahn entstand nach dem Krieg aus Wehrmachtslokomotiven, die für ein Sonderprojekt schwerster Eisenbahnartillerie entwickelt worden waren. Bis in die siebziger Jahre blieben zwei dieser dieselelektrischen Doppellokomotiven im Bezirk Nürnberg im Einsatz.

Deutsche Reichsbahn
V 3201

288 002-9

Oben: In der Nähe von Glasgow entstand 1930 eine Versuchsanlage für diese propellergetriebene Hängeschnellbahn. Ähnliche Pläne hatte der deutsche Luftschiffbauer Franz Kruckenberg zusammen mit Kurt Stedefeld und Willi Black schon Anfang der zwanziger Jahre entwickelt, jedoch für eine Versuchsstrecke keine Geldgeber gefunden. In der Schweiz beschäftigte sich etwa gleichzeitig auch Kurt Wiesinger, Professor an der Eidgenössischen Technischen Hochschule Zürich, mit einer derartigen Schnellbahn.
Rechts: Franz Kruckenberg konzentrierte seine Aktivitäten später auf die Schiene und schuf den »Schienenzeppelin«, der mit 230 Stundenkilometer am 21. Juni 1931 einen neuen Geschwindigkeits-Weltrekord aufstellte.

Für die Deutsche Reichsbahn konnte eine dieselelektrische Lokomotive keinen Fortschritt bedeuten. Hier wurde deshalb nach immer neuen Wegen gesucht, um eine besser geeignete Kraftübertragung zu finden. Die Lösung war jedoch lange nicht klar erkennbar. So fanden Verbrennungsmotoren zunächst in Kleinlokomotiven und Triebwagen den geeigneteren Anwendungsbereich, auf dem sie einige Bedeutung erlangten. Dabei ließen sich jedenfalls Lösungen verwirklichen, die bei den hohen Leistungen einer Großdiesellokomotive von vornherein ausscheiden mußten. Bevor deshalb 1935 endlich die Richtung eingeschlagen wurde, die nach dem Zweiten Weltkrieg schließlich zum lange erhofften Erfolg leistungsstarker und besonders wirtschaftlicher Diesellokomotiven führte, verhalfen aufsehenerregende Schnelltriebwagen dem Dieselmotor zum eigentlichen Durchbruch im Schienenfahrzeugbau.

Der »Schienenzeppelin«

Während der zwanziger Jahre schien sich ein merkwürdiger Geschwindigkeitsrausch unter Eisenbahnkonstrukteuren auszubreiten. Er resultierte aus der schon damals für die Eisenbahn immer deutlicher spürbaren Konkurrenz des Automobils. Geradezu als Synonym für neue Ideen stand damals der Name Franz Kruckenberg. Zusammen mit Kurt Stedefeld und Willi Black hatte er – durch den Vertrag von Versailles seines früheren Tätigkeitsfeldes im Luftschiffbau beraubt – zunächst eine propellergetriebene Hängeschnellbahn baureif entwickelt. Niemand fand sich jedoch für die Finanzierung einer Versuchsstrecke. So beschlossen die tatkräftigen Konstrukteure, ihre Pläne vorerst auf konventionelle Schienen zu übertragen.
Das Ergebnis war ein mit Unterstützung der Industrie gebauter »Propellerwagen«, der von einer Luftschraube angetrieben

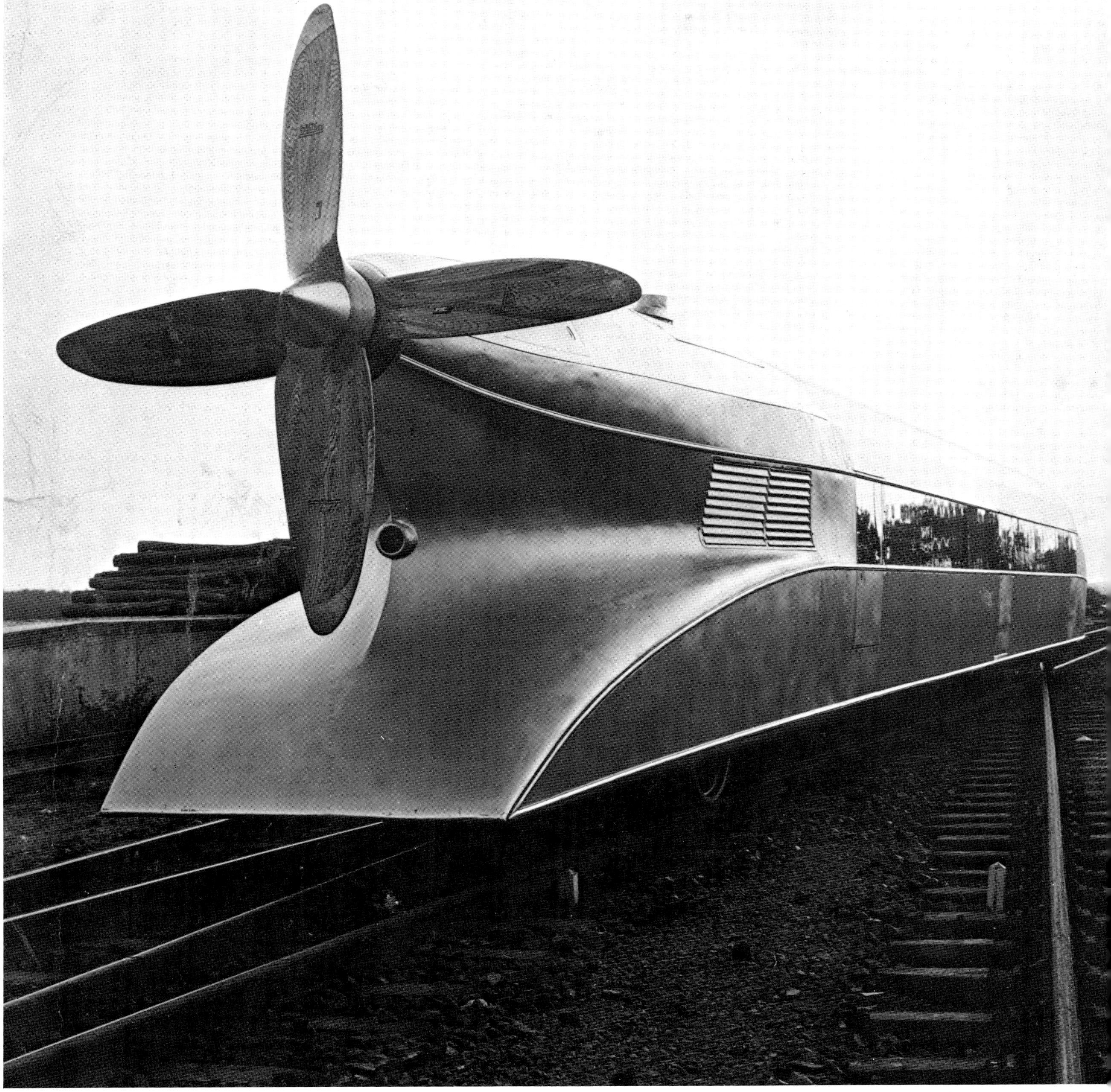

wurde, dafür aber lediglich einen Benzinmotor mit nur 550 PS benötigte. Der Propellerantrieb, der den silbernen Triebwagen bald als »Schienenzeppelin« bekannt und berühmt werden ließ, stellte allerdings durchaus nicht das einzige Novum bei Schienenfahrzeugen dar. Kruckenberg hatte erstmals auch sehr sorgfältig die optimale aerodynamische Form und die Grundlagen für extremen Leichtbau wissenschaftlich untersucht und angewandt.
Trotzdem stieß dieses Fahrzeug bei der Deutschen Reichsbahn auf erheblichen Widerstand. Er beruhte zum Teil auf den durchaus berechtigten Sicherheitsforderungen des Betriebes, zum Teil aber auch auf Emotionen und falschen Vorstellungen. So durfte der Wagen zunächst nur auf einem sonst kaum benützten Gleis in der Heide bei Hannover erprobt werden. Immerhin erreichte er schon dort mehr als 180 Stundenkilometer. Doch erst nachdem Kruckenberg in England eine Versicherung gefunden hatte, die das Risiko zu decken bereit war, ließ die Eisenbahnverwaltung eine Fahrt mit voller Geschwindigkeit auf der Strecke Hamburg - Berlin zu. Sie fand unter starken Sicherheitsvorkehrungen – unter anderem mußten alle Schranken rund eine halbe Stunde vorher geschlossen werden – am 21. Juni 1931 statt. Ausgangspunkt war der Bahnhof Bergedorf außerhalb von Hamburg. Zwischen Karstädt und Wittenberge konnte der Triebwagen seine volle Leistung entwickeln, wobei er 230 Stundenkilometer erreichte und damit einen neuen Geschwindigkeits-Weltrekord aufstellte. Genau 98 Minuten nach dem Start rollte er im Hauptbahnhof von Spandau aus.
Vor der Durchfahrt des Triebwagens hatte einer der maßgebenden Eisenbahnbeamten einige Blatt Zeitungspapier im Gleis auslegen lassen. Sie blieben unerwartet liegen, als der »Schienenzeppelin« mit 180 Stundenkilometern darüber hinwegraste, während sie der nachfolgende Güterzug in die

Luft wirbelte. Damit war, wie Kruckenberg später selbst berichtete, das »bösartige Märchen« entkräftet, wonach gewaltige, von der Luftschraube erzeugte Wirbel den Schotter von den Gleisen schleuderten. Trotzdem blieb diese Art des Antriebes auf das eine Eisenbahnfahrzeug beschränkt, bis in jüngster Zeit der auf Luftkissen schwebende »Aerotrain« des Franzosen Jean Bertin – ebenfalls ohne dauerhaften Erfolg – erneut mit einem Luftschraubenantrieb ausgerüstet wurde. Für den planmäßigen Einsatz bei der Eisenbahn war dieser Antrieb auch damals Anfang der dreißiger Jahre von der Deutschen Reichsbahn kompromißlos abgelehnt worden. Der »Schienenzeppelin« hatte in seiner Funktion als Wegbereiter neuer technischer Konstruktionen allerdings noch längst nicht ausgedient. Ein Jahr nach der Rekordfahrt wurde er umgebaut und erhielt das erste Flüssigkeitsgetriebe nach Professor Föttinger. Dieses erste dieselhydraulische Eisenbahnfahrzeug ging im November 1934 in den Besitz der Deutschen Reichsbahn über und hat dabei auch zur späteren Entwicklung der Diesellokomotive mit hydraulischer Kraftübertragung beigetragen.
Für den Schnellverkehr waren, als Kruckenberg zu seiner Rekordfahrt startete, die Würfel allerdings schon zugunsten eines anderen Projektes gefallen.

Welterfolg des »Fliegenden Hamburgers«

Am 15. Mai begann der Sommerfahrplan des Jahres 1933. Er enthielt zum ersten Mal eine Schnellverbindung zwischen Hamburg und Berlin mit nur 137 Minuten Fahrzeit für die 287 Kilometer lange Strecke. Das bedeutete einen Stundendurchschnitt von mehr als 125 Kilometern. Dafür stand ein aus zwei Wagen bestehender Dieseltriebzug bereit, der schon bei seinen Probefahrten mit Geschwindigkeiten bis zu 175 Stundenkilometern Aufsehen erregt hatte. Als »Fliegender Hamburger« machte er nun Schlagzeilen rund um die Welt. Er begründete nicht nur das erste »Intercity«-Netz in Deutschland, sondern lenkte auch erneut die Aufmerksamkeit der Fachwelt auf den Dieselmotor als Antriebsmaschine. Bald erschienen daraufhin auch in den USA die ersten Schnelltriebwagen.
Zunächst bestritt jedoch allein der »Fliegende Hamburger« einen derart schnellen Städteverkehr. Aus zahlreichen Ländern, selbst aus Japan, reisten Fachleute an, um den von Experten wie vom Publikum gepriesenen Zug in Augenschein zu nehmen. Die bei jeder Fahrt verfügbaren rund hundert Sitzplätze waren meist schon

wochenlang vorher ausgebucht. So brachte der Zug der Deutschen Reichsbahn enormen Erfolg, zumal er sich durch hohe Zuverlässigkeit auszeichnete.
Seine beiden zu einer Einheit gekuppelten Wagen liefen auf insgesamt nur drei Drehgestellen; in der Mitte stützten sie sich auf ein gemeinsames, sogenanntes Jakobsdrehgestell ab, das die beiden elektrischen Antriebsmotoren enthielt, während in den beiden äußeren Drehgestellen je ein 410-PS-Maybach-Dieselmotor mit dem zugehörigen Gleichstromgenerator zur Erzeugung des Fahrstromes eingebaut war. Der Zug stammte von der Waggon- und Maschinenbau AG in Görlitz, die elektrische Ausrüstung von den Siemens-Schuckert-Werken. Elektrische Kraftübertragung schien allein ausreichende Gewähr für die gebotene hohe Zuverlässigkeit des Fahrzeugs zu bieten.
Die elegante äußere Form war ebenfalls nicht zuletzt technisch und physikalisch begründet: Zur Verminderung des Luftwiderstandes vermied die Konstruktion vorstehende oder eingezogene Teile und strebte möglichst glatte Außenflächen an. Der gleichen Zielsetzung entsprach auch die windschnittige Kopfform. Bei der verhältnismäßig hohen Spitzengeschwindigkeit von 160 Stundenkilometern, die auf einem erheblichen Teil der Strecke dauernd eingehalten werden mußte, spielte die Verminderung des Fahrwiderstandes eine wesentliche Rolle. Die Farben Lila und Creme klangen an die seit 1928 eingesetzten Wagen des »Rheingold«-Zuges an und verliehen auch dem »Fliegenden Hamburger« optisch eine besondere Note.
Der eindeutige Erfolg mit diesem ersten Dieselschnelltriebwagen veranlaßte die Deutsche Reichsbahn sehr bald, den eingeschlagenen Weg fortzusetzen und weitere

Links: Das Gesicht des »Fliegenden Hamburgers«, von dem ein Teil im Verkehrsmuseum Nürnberg erhalten ist. Er hatte 1933 das erste Intercity-Netz der Welt begründet und den Bau zahlreicher weiterer Dieselschnelltriebwagen eingeleitet.
Oben: Einer dieser Züge steht heute im Werkmuseum von Linke-Hofmann-Busch in Salzgitter. Von dem ursprünglich dreiteiligen Schnelltriebwagen fehlt lediglich der Mittelwagen. Die Inneneinrichtung ist noch im Original erhalten.

Dieseltriebwagen zu beschaffen. Zunächst folgten 1935 und 1936 dreizehn wiederum zweiteilige Züge, Bauart »Hamburg«, bei deren Konstruktion die Erfahrungen mit dem »Fliegenden Hamburger« bereits verwertet waren. Inzwischen entstand der Plan, ein ganzes Netz derartiger Schnelltriebwagen-Verbindungen aufzubauen. Von allen deutschen Großstädten sollte Berlin in einer Tagesreise erreichbar und auch die Rückkehr noch am gleichen Tage möglich sein. Für die Verbindungen mit Hamburg, Köln und Frankfurt am Main war dieses Vorhaben bereits 1935 realisiert. Ein Jahr später erhielten auch Leipzig, Nürnberg, Stuttgart und München Anschluß an das Schnelltriebwagennetz. Für dessen weiteren Ausbau ließ die Deutsche Reichsbahn dreiteilige, später auch vierteilige Triebzüge entwickeln. Im Sommer 1936 wurde mit den ersten dreiteiligen Zügen, Bauart »Leipzig«, die Verbindung mit Beuthen in Oberschlesien über Breslau aufgenommen. Zu den Olympischen Spielen des Jahres 1936 in Berlin konnte die Deutsche Reichsbahn ein mit Dieseltriebwagen bedientes Netz von Schnellverbindungen bieten, für das in der Welt keine Parallele bestand.
Schon am 17. Februar 1936 war der Erfolg mit einem weiteren Weltrekord gekrönt worden: Zwischen Hamburg und Berlin erreichte einer der dreiteiligen Züge als erstes Serienfahrzeug 205 km/h.
Zwischen Berlin und Köln wurde im Sommer 1938 ein weiterentwickelter dreiteiliger Schnelltriebwagen Bauart »Köln« eingesetzt, von dem insgesamt vierzehn Stück gebaut wurden. Den Höhepunkt der Schnelltriebwagen-Entwicklung bildete schließlich die vierteilige Bauart »Berlin«, die mit zwei Einheiten ebenfalls 1938 zum Einsatz kam; die gesamte Maschinenanlage war in einem der Endwagen zusammengefaßt, während die drei anderen Wagen ohne Antrieb liefen. Genau genommen handelte es sich also um einen Wagenzug mit Diesellokomotive.
Ein weiterer, allerdings von der Linie der übrigen Schnelltriebwagen schon äußerlich deutlich abweichender Dieseltriebzug verwirklichte einen Entwurf von Franz Kruckenberg und enthielt eine Vielzahl neuer Konstruktionsmerkmale. Seine Kopfform mit dem zurückgesetzten, hochgelegten Führerraum lieferte fast zwanzig Jahre später das Vorbild für die Dieseltriebzüge der Deutschen Bundesbahn für den Trans-Europ-Expreß-Verkehr. Außerdem verwirklichte der dreiteilige Schnelltriebwagen den von Kruckenberg verfochtenen Leichtbau, die hydraulische Kraftübertragung sowie neue Gedanken bei der Drehgestellkonstruktion und der Maschinenanlage. Stark beschädigt kam dieser Kruckenberg-Zug nach dem Krieg in das Reichsbahnausbesserungswerk Wittenberge, ließ sich aber nicht mehr instand setzen.
Der Ausbruch des Krieges hatte nicht nur bereits laufende Weiterentwicklungen auf technischem Gebiet, so den Bau der vorgesehenen Schnelltriebwagen-Bauart »München«, sondern auch den Schnellverkehr selbst unterbrochen. Eine Reihe der Triebwagen überdauerte jedoch das Kriegsende und wurde danach zunächst im westlichen Teil Deutschlands instandgesetzt und teilweise umgebaut. Auch der »Fliegende Hamburger« selbst kam wieder zum Einsatz; ein Teilstück steht heute im Verkehrsmuseum Nürnberg, aus Platzgründen konnte nicht der ganze Zug erhalten werden.
Mehrere von der Deutschen Bundesbahn ausrangierte Schnelltriebwagen aus der Vorkriegszeit gingen danach an die Reichsbahn der DDR und leisteten dort weiterhin auch im internationalen Verkehr gute Dienste.

»Units« überrollen Amerika

Die dreißiger Jahre gelten in der Eisenbahngeschichte als das Jahrzehnt des Triebwagens. Technische Fortschritte im Motorenbau eröffneten beinahe von Tag zu Tag neue Möglichkeiten. Allein in Deutschland entstanden während dieser Zeit an die fünfhundert Bauarten von Benzin-, Benzol- und Dieseltriebwagen. Die Stückzahlen blieben dagegen meist auf nur wenige Fahrzeuge beschränkt, worin sich das Streben nach immer besseren Lösungen deutlich widerspiegelt. In nahezu sämtlichen Ländern übernahmen derartige motorisierte Personenwagen Nebendienste im Eisenbahnverkehr.
Impulse für Schnellverbindungen zwischen großen Knotenpunkten gab gleichzeitig der »Fliegende Hamburger« als schnellster Zug der Welt.
Die Ungarischen Staatsbahnen verwirklich-

Rechts: Blick in den Führerstand des »Fliegenden Hamburgers«
Nächste Doppelseite: Canadian National in den Rocky Mountains: Diesel-Units ziehen den »Super Continental« bei Jasper in Alberta vor der mächtigen Kulisse des 3954 Meter hohen Mount Robson. Auch dieser Zug gehört bereits der Vergangenheit an.

6516
6516
CN

ten 1934 den ersten internationalen Städteschnellverkehr mit ihren Dieseltriebwagen der »Arpád«-Klasse. Sie legten die rund 260 Kilometer lange Strecke Budapest-Wien in knapp drei Stunden zurück. Dabei erreichten die vierachsigen Wagen mit mechanischer Kraftübertragung 110 Stundenkilometer Höchstgeschwindigkeit. Ihren Namen trugen sie nach Arpád, einem ungarischen Stammesführer aus dem 9. Jahrhundert.
In den Vereinigten Staaten schien in der Wirtschaftskrise ein Schnellverkehr nach deutschem Muster gut dazu geeignet, dem Reiseverkehr mit der Eisenbahn neuen Auftrieb zu geben. Vor allem zwei Gesellschaften, die Chicago, Burlington & Quincy Railroad und die Union Pacific, gaben stromlinienförmige Dieseltriebzüge in Auftrag. Schon am 26. Mai 1934 konnte der auf den Namen »Pioneer Zephyr« getaufte Burlington-Zug der Öffentlichkeit präsentiert werden. Er faßte 72 Passagiere, war aus gesicktem, rostfreiem Stahl hergestellt und kam von der Edward G. Budd Company in Philadelphia. Bevor er fahrplanmäßig eingesetzt wurde, konnte er auf der Weltausstellung in Chicago besichtigt werden. Im Chicago Museum of Science and Industry ist er noch heute erhalten. Ein Rekord hatte auch diesem Zug erste Publicity eingebracht und für Anreiz zur Benützung gesorgt: Zwischen Chicago und Denver in Colorado erreichte er über die Entfernung von 1637 Kilometern einen Durchschnitt von mehr als 125 Kilometern in der Stunde. Fahrplanmäßig wurde er dann zwischen Kansas City, Omaha und Lincoln in Nebraska eingesetzt. Ein Jahr später erhielten die Boston & Maine und die Main Central einen weiteren Stromlinienzug, der auf den Namen »Flying Yankee« getauft wurde. Auch er blieb erhalten und steht heute in Edaville, rund 65 Kilometer von Boston entfernt. Die »Zephyrs«, in zahlreichen Varianten und auf ebenso vielen verschiedenen Strecken eingesetzt, blieben bis weit nach dem Zweiten Weltkrieg Stars der amerikanischen Eisenbahnen. Der erste Stromlinienzug der Union Pacific kam unter dem Namen »City of Portland« zwischen Chicago und Portland zum Einsatz. Wenig später folgte ein zweiter, sechsteiliger und noch komfortablerer Zug in Leichtbauweise mit Schlafwagen. Auch dieser Zug machte durch hohe Spitzen- und Durchschnittsgeschwindigkeiten während einer Testfahrt von sich reden. Bei einer Entfernung von knapp hundert Kilometern hielt er einen Schnitt von über 165 Stundenkilometern und erreichte in der Spitze mehr als 193 Stundenkilometer. Auf einer Langstreckenfahrt von Los Angeles an der Pazifikküste nach New York am Atlantik legte er 5137 Kilometer in 56 Stunden und 55 Minuten zurück, was einem Stundenschnitt von nahezu 92 Kilometern über die Rocky Mountains hinweg und während einer drei Tage und zwei Nächte dauernden Fahrt entsprach.
Auch in den Vereinigten Staaten übten derartige Erfolge, obwohl es sich um Einzelleistungen ohne unmittelbare Auswirkung auf den Fahrplan handelte, starken Einfluß auf die öffentliche Meinung aus. Der Dieselantrieb rückte in den Mittelpunkt des Interesses. Nachdem inzwischen leichtere und dennoch wesentlich stärkere Dieselmotoren zur Verfügung standen, waren die Weichen für eine neue Entwicklung gestellt. Auch bei elektrischer Kraftübertragung, wie sie in Amerika wegen der robusteren Technik stets bevorzugt wurde, ließen sich jetzt hinreichend hohe Leistungen installieren. Besonders die Electro-Motive-Corporation, ursprünglich zum Bau von Benzintriebwagen gegründet, später von General Motors aufgekauft, aber selbständig weitergeführt, übernahm die Einführung des Dieselmotors im amerikanischen Eisenbahnbetrieb.
Der Schwerpunkt verlagerte sich dabei vom Triebwagen rasch auf Lokomotiven, wobei die berühmten standardisierten Units, zu deutsch Einheiten, eingeführt wurden. Je nach der benötigten Gesamtleistung ließen sie sich in Doppel- oder Mehrfachtraktion einsetzen, wobei jede Unit etwa 1500 PS aufbrachte. Die Fabrikation konnte sich auf Serienfertigung einrichten, die Instandhaltung machte mit der Übereinstimmung der Einzelteile in den Lokomotiven kaum Schwierigkeiten, die Lagerhaltung für Ersatzstücke war denkbar unkompliziert. Zunächst wurden die Units noch in zwei Varianten - mit und ohne Führerraum - gebaut. Später nahmen die Bahngesellschaften im Interesse einer freizügigen Verwendbarkeit die Mehrkosten für die Ausrüstung jeder Unit mit einem Führerstand in Kauf.
Äußerst schnell konnten sich immer leistungsfähigere Diesellokomotiven in den USA durchsetzen. Schon nach rund zehn Jahren, für 1946, wies die Statistik 4441 Einheiten aus. Weitere zehn Jahre später waren es sechsmal so viele, und

Oben: Union Pacific im Tal des Columbia-River im amerikanischen Bundesstaat Oregon. Vier dieselelektrische Units ziehen den »Domeliner«.
Unten: Kesselwagenzug verläßt Hof in Richtung DDR. An der Spitze eine in der Sowjetunion gebaute dieselelektrische V 200 der Reichsbahn in der DDR.

neunzig Prozent des gesamten amerikanischen Eisenbahnverkehrs bestritten schon damals Diesellokomotiven. Sogar elektrifizierte Strecken, in Amerika ohnehin die Ausnahme, wurden auf Dieselbetrieb umgestellt. Das Prinzip der Units mit elektrischer Kraftübertragung ist bis heute in Amerika durch keine Alternative in Frage gestellt worden, wie auch die amerikanische Lokomotivindustrie den Weltmarkt für Diesellokomotiven – von Europa abgesehen – weitgehend konkurrenzlos beherrscht.

Erfolg der Dieselhydraulik

In Deutschland beschränkte sich die elektrische Kraftübertragung im wesentlichen auf die Schnelltriebwagen, die durchweg damit ausgerüstet waren und bei ihrem verhältnismäßig geringen Gewicht ausgezeichnete Leistungen erzielten. Lediglich zwei dreiteilige Züge der Bauart »Leipzig« erhielten 1935 zum Vergleich hydrodynamische Übertragung mit Voith-Strömungsgetrieben. Zu dieser Zeit untersuchte die Deutsche Reichsbahn nach fehlgeschlagenen Versuchen mit direkter und pneumatischer Übertragung nun die Möglichkeiten hydraulischer Kraftübertragung in einer Großdiesellokomotive. Anfangs hatte die Deutsche Reichsbahn diese Lösung ebenso wie die elektrische abgelehnt, nachdem Versuche in einigen Triebwagen wenig aussichtsreich verlaufen waren.
Inzwischen hatte jedoch nicht nur der Motorenbau, sondern auch die Entwicklung der Strömungsgetriebe entscheidende Fort-

Erfolge der hydraulischen Kraftübertragung:
Oben: Die V 16101 mit einem 1400-PS-Dieselmotor der M.A.N. und Voith-Flüssigkeitsgetriebe war die erste dieselhydraulische Lokomotive der Welt mit hoher Leistung. Hier steht sie zur Überführung ins Deutsche Museum in München bereit.
Unten: Die V 200 001 begründete nach dem Zweiten Weltkrieg den hervorragenden Ruf deutscher Diesellokomotiven und eine neue Fertigungslinie im Lokomotivbau.

schritte gemacht. So entstand bei Krauss-Maffei in München die erste dieselhydraulische Lokomotive hoher Leistung mit einem 1400-PS-Motor der M.A.N. und einem Voith-Flüssigkeitsgetriebe. Aus der Kombination eines Drehmomentwandlers und zweier hydraulischer Kupplungen ergaben sich drei Geschwindigkeitsbereiche: bis 48, bis 70 und bis 100 Stundenkilometer. Beim Überschreiten einer dieser Geschwindigkeitsgrenzen schaltete das Getriebe automatisch auf die nächste Stufe. Auch in Steigungen, wenn die Geschwindigkeit zwangsläufig absinkt, wechselte die Getriebeübersetzung von selbst auf die niedrigere Stufe.
Als erste Lokomotive der Welt mit hoher Leistung und hydraulischer Kraftübertragung wurde diese 1'C1'-Lok als V 16101 am 13. Juli 1935 vom Werk an die Deutsche Reichsbahn abgeliefert und zur Jahrhundertfeier der deutschen Eisenbahnen 1935 in Nürnberg gezeigt. Nach eingehenden Versuchsfahrten ging sie schließlich am 11. Dezember 1936 in den Lokomotivbestand der Deutschen Reichsbahn über, in dem sie als V 140 001 bis zum Ausbruch des Zweiten Weltkrieges durchaus zufriedenstellende Ergebnisse lieferte. Im Jahre 1937 hatte sie auch auf der Weltausstellung in Paris große Beachtung gefunden. Wegen Treibstoffmangels mußte sie allerdings schon vor Ausbruch des Krieges im Juni 1939 abgestellt werden. Sie blieb es genau sieben Jahre lang. Obwohl ausgeplündert, wurde sie danach wieder instand gesetzt und von 1947 an noch rund sechs Jahre lang eingesetzt. Dabei diente sie vorwiegend zur Erprobung und Vervollkommnung der hydraulischen Kraftübertragung, deren Brauchbarkeit sie seit ihrem Einsatz eindrucksvoll unter Beweis gestellt hatte. Am 13. Oktober 1953 wurde sie in Frankfurt-Griesheim ausgemustert. Heute nimmt sie einen Ehrenplatz im Deutschen Museum in München ein.
Erst im Sommer 1953 stellte sich auf der Deutschen Verkehrsausstellung in München als serienreife Neuentwicklung die V 200 001 vor. Fünf Jahre später erhielt sie auf der Weltausstellung in Brüssel hohe Auszeichnungen. Sie war mit zwei Dieselmotoren von je 1000 PS ausgerüstet, leistete insgesamt also 2000 PS. Jeder der beiden Motoren wirkte über ein eigenes hydraulisches Getriebe auf ein Drehgestell. Damit verfügte diese Lokomotive über zwei voneinander unabhängige Maschinenanlagen. Später folgten mehr als 130 Serienlokomotiven mit mehrfach erhöhter Leistung, die schließlich insgesamt

2700 PS erreichte. Letzte Erfahrungen für den Bau dieser Lokomotiven waren zuvor noch mit den Diesel-Schnelltriebwagen der Baureihe VT 08 und der leichteren einmotorigen Diesellokomotive V 80 (280) gesammelt worden. Die V 200 (220, 221) blieb jedoch jahrelang Symbol der hohen Leistungsfähigkeit der deutschen Lokomotivbau-Industrie.
Die Reichsbahn der DDR hielt sich im Prinzip auf der gleichen Entwicklungslinie und stellte – allerdings mit zeitlicher Verschiebung um mehr als fünf Jahre – der V 200 ähnliche Diesellokomotiven etwas geringerer Leistung als V 180 (118) in Dienst. Beide Bauarten haben sich bis auf den heutigen Tag bewährt und hohe Kilometerleistungen erreicht.
Krauss-Maffei konnte Ende 1959 für die hydraulische Kraftübertragung ebenso wie für die deutsche Lokomotivindustrie einen aufsehenerregenden Erfolg in den USA erzielen. Gegen die mächtige einheimische Lokomotivindustrie gingen im Oktober 1961 je drei deutsche 4000-PS-Units an die Southern Pacific und an die Denver & Rio Grande Western Railroad. Erstmals seit 1900 hatten amerikanische Bahnen im Ausland Lokomotiven bestellt. Insgesamt wurden seinerzeit 21 dieselhydraulische Lokomotiven, damals die stärksten der Welt, von Krauss-Maffei, zum Teil in Zusammenarbeit mit Krupp, nach den Vereinigten Staaten exportiert. Insgesamt 16 weitere gingen mit Meterspur 1966 und 1968 nach Brasilien, wo sie auf der Vitoria-Minas-Erzbahn eingesetzt wurden. Die extremen, von europäischen Verhältnissen weit entfernten Betriebsbedingungen, Schwierigkeiten mit den unterschiedlichen Maßsystemen, Probleme bei der Ersatzteilversorgung und nicht zuletzt im Emotionalen begründete Sentiments gegen die »Fremdkörper« inmitten eines völlig anders strukturierten Fahrzeugparkes der amerikanischen Bahnen beschieden der Dieselhydraulik in Amerika kein langes Leben.

Der Erfolg der dieselhydraulischen Technologie gipfelte in einem aufsehenerregenden Exporterfolg: Amerikanische Bahnen kauften bei der deutschen Lokomotivindustrie und damit erstmals seit 1900 wieder im Ausland. Hier drei der von Krauss-Maffei gebauten Lokomotiven im Einsatz.

Ersatz für die Dampflok

Nachdem endlich in der hydraulischen Kraftübertragung der Schlüssel zum Bau wirtschaftlicher Diesellokomotiven gefunden war, stand einer raschen und vollständigen Ablösung der Dampflokomotive durch Fahrzeuge mit Dieselantrieb nichts mehr im Wege. In Deutschland trug neben dem Elektrifizierungsprogramm für die Hauptstrecken auch die erfolgreiche Entwicklung der Dieseltechnik im Lokomotivbau wesentlich dazu bei, daß der Bau neuer Dampflokomotiven in den fünfziger Jahren überraschend schnell eingestellt wurde.
Die Deutsche Bundesbahn beschaffte für den leichten Streckendienst die Diesellokomotiv-Baureihen V 100 (211, 212), die in verwandter Ausführung später auch von der Reichsbahn der DDR unter der Bezeichnung V 100 eingesetzt wurde.
Auch bei den neu entwickelten Rangierlokomotiven der Baureihe V 60 bestand eine derartige Verwandtschaft, obwohl es sich in beiden Fällen um getrennte Entwicklungen handelte. Die V 60 (260, 261) der Deutschen Bundesbahn wurde drei-, die der Reichsbahn der DDR (106, 105) vierachsig ausgeführt; beide haben jedoch hydraulische Kraftübertragung über Blindwelle und Kuppelstangen.
Später bezog die Reichsbahn der DDR ihre Diesellokomotiven der oberen Leistungsklassen vorwiegend aus der Sowjetunion. Sie wurden von der Lokomotivfabrik Woroschilowgrad zunächst mit 2000 PS, später mit 3000 PS in großer Stückzahl an die meisten Bahnen in Osteuropa geliefert und in der DDR als V 200 (120) und V 300 (130) eingesetzt. Mit Übernahme dieser sowjetischen Bauarten war für die Reichsbahn der DDR die Notwendigkeit verbunden, doch auf elektrische Kraftübertragung überzuwechseln. Dieser Tausch bedeutete unter anderem erheblich ungünstigeren spezifischen Energieverbrauch, der sich in der Sowjetunion selbst wegen der eigenen Ölvorkommen weitaus weniger auswirkt als in der DDR, die ihren Ölbedarf zum großen Teil durch Importe wiederum aus der Sowjetunion decken muß.
Eine vom VEB-Lokomotivbau »Karl Marx« in Babelsberg bei Potsdam 1964 entwickelte und 1965 auf der Leipziger Frühjahrsmesse vorgestellte V 240 mit zweimal 1200 PS und hydraulischer

Kraftübertragung konnte nicht in Serie gebaut werden. Seither beschränkt sich die Fertigung von Diesellokomotiven in der DDR auf die beiden Baureihen V 60 (106, 105) und V 100 (110) sowie auf kleine Fahrzeuge, während Großdieselloks durchweg eingeführt werden.
Für den schweren Rangierdienst hat die Deutsche Bundesbahn nach der V 60 eine vierachsige Drehgestell-Diesellokomotive, Baureihe V 90 (290, 291) in größerer Zahl vor allem auf stark belasteten Rangierbahnhöfen eingesetzt. Zur Erfüllung von Rangieraufgaben geringeren Umfanges sind rund 1600 Kleinlokomotiven zweier Leistungsklassen auf den gesamten Bundesbahnbereich verteilt.
In der DDR wie in der Bundesrepublik Deutschland kam es, meist aufgrund von Initiativen der Lokomotivindustrie, zum Bau einer Reihe von Probelokomotiven, die größtenteil nur in einem Einzelstück oder allenfalls in kleinen Serien hergestellt wurden.

Eine »Lokomotiv-Familie«

Im Laufe weniger Jahre stellte die Industrie Dieselmotoren von nahezu doppelter Leistung zur Verfügung. Für den Lokomotivbau ergab sich daraus die Möglichkeit, Diesellokomotiven mit nur einem Motor und trotzdem nahezu gleich hoher Antriebsleistung zu bauen, wie sie die V 200 mit zwei Motoren erreichte. Im Jahre 1960 konnte die erste V 160 in Dienst gestellt werden. Sie begründete eine ganze Lokomotiv-Familie.
Nur neun Vorauslokomotiven V 160 unterschieden sich äußerlich von den später gebauten Varianten deutlich; dann wurde die zunächst bauchige Kopfform zugunsten eines kantigen, neuzeitlichen Designs verlassen, das erstmals mit der von Henschel in Kassel entwickelten und gebauten zweimotorigen V 320 (232) zur Geltung gebracht worden war. Vier Jahre nach den ersten Vorauslokomotiven folgten 1964 die ersten Serienlokomotiven V 160 (216); insgesamt wurden von dieser Baureihe 224 Lokomotiven gebaut. Die ersten leisteten mit nur einem Motor bereits 1900 PS.
Um mit dem Verschwinden der Dampflokomotive auch die Dampfheizung aufgeben zu können, mußten die bis dahin auch in Diesellokomotiven üblichen Heizkessel durch elektrische Aggregate ersetzt werden. Sie konnten wegen des relativ hohen Leistungsbedarfes von 400 bis 500 Kilowatt bei langen Zügen nicht von den damals zur Verfügung stehenden Lokomotivmotoren zusätzlich angetrieben werden, weil damit ein Viertel der Leistung hätte abgezweigt werden müssen und der Rest zur Erfüllung der betrieblichen Anforderungen nicht ausgereicht hätte.
Zunächst wurden deshalb Hilfsaggregate eingebaut: in die Baureihe V 162 (217) ein zusätzlicher 500-PS-Motor und in die als Einzelfahrzeug gebaute V 169 (219) eine zusätzliche 900-PS-Gasturbine jeweils neben dem 1900-PS-Fahrdieselmotor. Die Zusatzaggregate können bei schweren Anfahrten, auf Steigungen oder im Sommer, wenn keine Heizung nötig ist, über die Flüssigkeitsgetriebe auch zur Steigerung der Antriebsleistung herangezogen werden.
Erstmals mit einem 2500-PS-Motor erschien danach – allerdings wieder mit Dampfheizkessel – die Baureihe 215, zum ersten Mal für 140 Stundenkilometer Höchstgeschwindigkeit. Sie wurde schließlich von der Baureihe 218 abgelöst, die mit 2500-PS-Motoren und elektrischer Zugheizung noch heute gebaut wird.
Eine weitere bemerkenswerte Variante stellte die Baureihe 210 dar, die zusätzlich zum 2500-PS-Motor eine Gasturbine mit 1150 PS erhielt, also insgesamt über 3650 PS auf vier Achsen verfügte. Von dieser Baureihe wurden nur acht Stück beschafft und vor allem auf der kurven- und steigungsreichen Strecke München – Lindau eingesetzt. Inzwischen sind die Turbinen ausgebaut, die Lokomotiven mit dem Motor allein im Einsatz.
Äußerlich unterscheiden sich die Baureihen 210, 215, 216, 217, 218 und 219 mit Ausnahme der neun Vorauslokomotiven nur in Einzelheiten.

Spanien fährt Talgo

Triebwagen hatten im Schnellverkehr der dreißiger Jahre vor allem in Deutschland große Erfolge erzielt. Auch in anderen Ländern richtete sich das Interesse von Konstrukteuren und Bahnen auf diesen Sektor. Einen Beitrag, der eine Zeitlang sogar Amerika faszinierte, lieferte dazu ein spanischer Erfinder. Im Jahre 1950 kamen bei den Spanischen Staatsbahnen (RENFE) zwei in Amerika gebaute Gelenkzüge zum Einsatz, die dreimal wöchentlich in beiden Richtungen zwischen Madrid und der französischen Grenze bei Irun mit Anschluß nach Paris verkehrten. Sie brachten Spanien bis dahin ungekannten First-Class-Komfort. Ihr Name »Talgo« wurde rasch zum Begriff. Er leitete sich aus den Anfangsbuchstaben von »Tren Articulado Ligero Goicoechea Oriol« ab, wobei die drei ersten Worte »leichter Gelenkzug«

Links außen: Eilzug Köln – Braunschweig bei Neuenbeken mit Diesellok V 160 (216)
Links: Diesel-Rangierlok V 60 (260) in Hof
Rechts: Einer der ersten Talgo-Züge, gebaut 1949 von der Car & Foundry Company in den USA; sie lieferte auch die beiden ersten Talgo-Züge nach Spanien.
Nächste Doppelseite: Talgo der Spanischen Eisenbahnen verläßt Avila.

bedeuten, das vierte den Namen des Erfinders und das letzte den der Familie angibt, die zunächst für die Entwicklung garantiert hatte.
Es handelte sich um Gliederzüge, deren einachsige Wagen sich jeweils auf dem Ende des vorhergehenden abstützen; lediglich der erste Wagen lief auf üblichen Drehgestellen. Diese Bauart von Gelenkzügen wird dem spanischen Armee-Oberst Alejandro Goicoechea zugeschrieben, der sie Anfang 1942 zwischen Madrid und Leganes demonstrierte. Die extrem leichten Wagen wurden von einer Diesellokomotive gezogen, die sich vor allem bei späteren Varianten den Wagen in Farbgebung und Form anpaßte. Damit stellen die Talgo-Züge trotz ihres einheitlichen Erscheinungsbildes keine Triebwagen dar, sondern Wagenzüge mit Lokomotivbespannung. Der Hauptvorteil lag im besonders günstigen Verhältnis von Zuggewicht zu Sitzplatzzahl. Außerdem fuhr der Zug mit besonderen Laufwerken, die einen Übergang zwischen der spanischen Breitspur und der mitteleuropäischen Normalspur möglich machen sollten. Dieser automatische Spurwechsel ist auch tatsächlich verwirklicht worden, allerdings erst zwei Jahrzehnte später mit den neuen Zügen des Catalan-Talgo, für die in Port Bou eine besondere Spurwechselanlage errichtet wurde. Anfangs erlaubte die Talgo-Bauart Rückwärtsfahren nur mit sehr geringer Geschwindigkeit. Die Züge mußten deshalb an jedem Endpunkt in einem Gleisdreieck oder einer Wendeschleife gedreht werden, worin einer der wesentlichsten Mängel des Systems zu sehen war.
Amerikanische Bahngesellschaften interessierten sich als erste für das Konstruktionsprinzip, das in Europa zunächst schon an den kriegsbedingten Materialproblemen scheitern mußte. So baute den ersten Talgo-Zug die American Car & Foundry Company im Jahre 1948 für die Delaware, Lackawanna & Western Railroad. Später erhielt auch die Rock Island Railroad einen Talgo, dessen Schicksal sich allerdings später im Vorortverkehr von Chicago erfüllte. Eine weitere Version mit dem Namen »John Quincy Adams« übernahm die New York, New Haven and Hartford Railroad, wobei das Rückwärtsfahrproblem durch konstruktive Verbesserungen und Einsatz je einer Diesellokomotive an beiden Enden des Zuges gelöst werden konnte. Von dieser Version sind indessen »noch rauhere« Fahreigenschaften überliefert als von den früheren Talgo-Zügen. Sie konnten sich deshalb weder in den USA noch in anderen Ländern durchsetzen. Lediglich Spanien vertraute auf die Zukunft des Talgo-Prinzips und seiner Vorzüge.
Die beiden ersten, 1950 in Spanien eingesetzten Talgo-Züge kamen ebenfalls noch aus den USA. Dort waren sie vom selben Hersteller gebaut worden wie die amerikanischen Varianten. Ein Zug bestand aus einer Diesellokomotive und in der Regel elf Wagen, darunter einem Wagen mit Waschräumen, Klimaanlage und Küche, einem Gepäckwagen und am Schluß des Zuges einem Aussichtswagen. Die Talgos brachten nicht nur wesentlich kürzere Reisezeiten, sondern auch hohen Komfort mit voller Klimatisierung der Wagen.
Von 1960 an stand in Spanien ein dritter Talgo zur Verfügung. Der Erfolg veranlaßte die Spanischen Staatsbahnen Mitte der sechziger Jahre zu einer erheblichen Ausweitung des Talgo-Netzes. Hierfür bestellten sie hundert Einzeleinheiten und zehn dieselhydraulische Lokomotiven, von denen die Hälfte bei Krauss-Maffei in München, die übrigen von Babcock & Wilcox in Bilbao gebaut wurden.
Die neueste Talgo-Entwicklung brachte schließlich am 29. Mai 1969 die Verwirklichung des vollautomatischen Spurwechsels an der Grenze zwischen Spanien und Frankreich. Der »Catalan-Talgo« verbindet täglich Barcelona mit Genf. Dabei rollt er in Port Bou durch eine Spurwechselanlage, in der die beweglich auf den Achsen angeordneten Räder aus ihrer Arretierung gelöst werden und sich von selbst auf die neue Spurweite einstellen. Danach wird die Arretierung wieder wirksam. Lediglich die Lokomotiven bleiben stets im gleichen Netz; für die Normalspurstrecken in Frankreich und auf dem Teilstück bis Genf in der Schweiz verfügen die Spanischen Staatsbahnen über Talgo-Lokomotiven, die ausschließlich im Ausland verkehren können und nur den Catalan-Talgo zwischen Port Bou und Genf befördern. Der gesamte Spurwechsel dauert etwa eine halbe Stunde, während der auch die Zoll- und Paßkontrolle stattfinden. Die neuen Züge können gleichermaßen schnell und sicher vor- und rückwärts fahren.
Bis 22. Mai 1982 fuhr der »Catalan-Talgo« als Trans-Europ-Expreß ausschließlich mit Wagen 1. Klasse. Wie schon früher die innerhalb Spaniens verkehrenden Talgo-Züge so kann seither auch der »Catalan-Talgo« als Intercity gegen Zahlung eines Zuschlags auch mit Fahrkarten 2. Klasse benützt werden. Spanien hat mit den Talgo-Zügen einen selbständigen Weg beschritten. Er führte durchaus zum Erfolg, auch wenn sich keine andere Bahn angeschlossen hat.

VIRGEN DEL ROSARIO

Links: Automatische Spurwechselanlage für die Talgo-Züge in Port Bou an der Grenze zwischen Spanien und Frankreich
Oben: Gliedertriebzug VT 10 501 der Deutschen Bundesbahn, gebaut 1954 von Linke-Hofmann-Busch in Salzgitter, ausgerüstet mit M.A.N.-Motoren

»Senator« und »Komet«

Als in Deutschland nach dem Zweiten Weltkrieg wieder an attraktivere Züge für den Fernverkehr zu denken war, beeinflußte den Neubeginn die – allen Zeitereignissen zum Trotz – in der Erinnerung noch immer gegenwärtige Erfolgswelle des Schnelltriebwagens während der dreißiger Jahre. Einige der damaligen Züge waren erhalten geblieben und nach entsprechender Modernisierung wieder im Einsatz.
Die erste Neuentwicklung wurde dann jedoch vom Blick über die Grenzen geprägt: Beeindruckt von den ersten Talgo-Zügen in Spanien suchte die Deutsche Bundesbahn ebenfalls mit Gliederzügen den verlorenen Anschluß an internationale Maßstäbe wiederzufinden.
Im Jahre 1953 erschienen zur Deutschen Verkehrsausstellung in München zwei siebenteilige Gliedertriebzüge VT 10 501 als Tages- und VT 10 551 als Schlafwagenzug, der später auch achtgliedrig lief.
Die Ähnlichkeit mit den spanischen Talgo-Zügen beschränkte sich auf Äußerlichkeiten, während in Wirklichkeit erneut wegweisende Konstruktionsmerkmale des noch immer aktiven Franz Kruckenberg Pate gestanden hatten. Vor allem die weitgehende Verwendung von Leichtmetall zeigte neue Möglichkeiten für den Bau von Eisenbahnfahrzeugen auf. Der Leichtbau sollte unter anderem zu niedrigen Herstellungskosten führen und damit eine kürzere Lebensdauer rechtfertigen, als sie sonst mit dreißig bis vierzig Jahren für Eisenbahnfahrzeuge in der Regel gefordert wurde. Schon damals schien auf die Dauer unerträglich, daß Auto und Flugzeug stets neuesten Komfort bieten, während dem Reisenden auf der Schiene veraltetes Fahrzeugmaterial, gelegentlich sogar im Fernverkehr, zugemutet wird.
So boten die neuen Gliedertriebzüge jeden für damalige Verhältnisse erdenklichen Komfort. Beide waren voll klimatisiert. Ein echter Vorteil lag auch darin, daß die nur zwölf Meter langen Glieder breiter gebaut werden konnten als gewöhnliche, lange Eisenbahnwagen. Denn im Gegensatz zu ihnen ragen die kurzen Glieder in Kurven nur geringfügig über das Gleis seitlich hinaus. Die zusätzlich nutzbare Breite von dreißig Zentimetern hob beim Tageszug den Behaglichkeitswert deutlich und wirkte sich in den Schlafwagenabteilen des Nachtzuges erst recht günstig aus.
Für den Antrieb waren in jedem Gliedertriebzug vier serienmäßige Lastwagenmotoren von je 210 PS eingebaut. Von dieser Lösung waren wirtschaftliche Vorteile erwartet worden. Doch die Annahme, serienmäßige Lastwagenmotoren müßten sich billiger stellen als Triebwagen-Spezialmotoren, erwies sich als Trugschluß. Um die nötige Antriebsleistung von rund 800 PS für einen Zug aufzubringen, hätte ein moderner 12-Zylinder-Motor ausgereicht, während die vier Lastwagenmotoren insgesamt 32 Zylinder enthielten und damit den Instandhaltungsaufwand stark erhöhten.
Während der Nachtzug mit den schon beim »Fliegenden Hamburger« bewährten Jakobs-Drehgestellen ausgerüstet wurde, erhielt der Tageszug probeweise Einachs-Laufwerke, für die sich theoretisch ebenfalls hohe Wirtschaftlichkeit nachweisen ließ. Ihre Instandhaltung erforderte jedoch um so höheren Aufwand. Die erwarteten Betriebseigenschaften konnten ebenfalls nicht erreicht werden.
Den Tageszug hatte Linke-Hofmann-Busch in Salzgitter gebaut, den von der Deutschen Schlafwagen- und Speisewagen-Gesellschaft (DSG) in Auftrag gegebenen Nachtzug die Waggonfabrik Wegmann in Kassel. Ab Mai 1954 liefen beide Züge als »Senator« und »Komet« im planmäßigen Dienst. Der Nachtzug unternahm auch einige aufsehenerregende Fernfahrten nach Griechenland. Zu den Fahrgästen einer dieser Reisen gehörte der erste deutsche Bundespräsident, Professor Theodor Heuss. Aber auch unangenehme Überraschungen blieben nicht aus.
So mußte der Zug wegen eines Lagerschadens auf der Fahrt nach Athen in der Nähe der jugoslawischen Stadt Zenica einen fünftägigen unplanmäßigen Aufenthalt einlegen. Das Bahnbetriebswerk und ein Hüttenwerk in Zenica verstanden jedoch den Schaden trotz unzulänglicher Mittel einwandfrei zu beheben, so daß der Gliedertriebzug seine Reise fortsetzen, die anschließenden Steigungen über den Thermopylen-Paß anstandslos bewältigen und schließlich wohlbehalten nach Deutschland zurückkehren konnte.

Der markante Kopf des Dieseltriebzuges VT 11 (601). Mit dieser Baureihe nahm die Deutsche Bundesbahn 1957 den Trans-Europ-Expreß-Verkehr auf.

Innerhalb verhältnismäßig kurzer Zeit häuften sich die Schwierigkeiten mit den beiden Gliedertriebzügen derart, daß im Dezember 1956 zunächst der Tageszug, zum Winterfahrplan 1957 auch der Schlafwagenzug aus dem Verkehr gezogen und in aller Stille ausgemustert wurde.

TEE-Start mit Triebwagen

Mitte der fünfziger Jahre gründeten die sieben Staatsbahnen Belgiens, der Niederlande, Frankreichs, Luxemburgs, der Bundesrepublik Deutschland, der Schweiz und Italiens eine gemeinsame Organisation mit dem Ziel, zwischen den Verkehrszentren Westeuropas besonders schnelle und komfortable Reiseverbindungen zu schaffen. Hierfür sollten neue, auch höchsten Ansprüchen entsprechende Züge eingesetzt werden. Mit Ausnahme von Frankreich, Belgien und Luxemburg ließen alle übrigen Bahnen für den geplanten »Trans-Europ-Expreß«-Verkehr Dieseltriebzüge nach den vereinbarten Richtlinien und in einheitlicher äußerer Farbgebung entwickeln.

Die Deutsche Bundesbahn übernahm von den Gliedertriebzügen die Leichtmetallbauweise der Wagen, die Klimaanlagen, den hohen Komfort und eine Reihe konstruktiver Einzelheiten. Im übrigen beschränkte sie sich auf die Verwendung von Bauteilen und Maschinenelementen, die sich im langjährigen Betrieb bereits voll bewährt hatten. Damit sollten nicht nur Fehlschläge wie mit den Gliedertriebzügen vermieden, sondern auch Versuchsausführungen gespart und hohe Zuverlässigkeit für den häufigen Einsatz im Ausland erzielt werden.

Nach diesen Grundsätzen übernahm die Deutsche Bundesbahn acht siebenteilige Dieseltriebzüge VT 11 (601) für den Trans-Europ-Expreß-Verkehr, der zum Sommerfahrplan 1957 aufgenommen wurde. Die Züge erregten mit ihrem eleganten Äußeren beträchtliches Aufsehen; schon der charakteristische Kopf der beiden Endwagen mit der hoch aufgesetzten Führerkanzel, der windschnittigen Form und dem chromglänzenden TEE-Symbol an den Stirnseiten wirkte ebenso gefällig wie imponierend. In Form- und Farbgebung bildeten alle sieben Wagen eine geschlossene Einheit.

Die Maschinenanlagen konzentrierten sich in den beiden Endwagen; jeder enthielt einen 1000-PS-Dieselmotor, so daß für den Antrieb des Zuges insgesamt 2000 PS zur Verfügung standen. Einzelabteile, Küche, Speiseraum, eine Bar und der flugzeugähnliche Großraum mit Liegesitzen teilten sich in die fünf Zwischenwagen. Bei Bedarf konnten bis zu acht derartige Wagen eingestellt werden.
Diese Triebwagen-Baureihe bewährte sich hervorragend, fand bei den Reisenden schnell den erwarteten Anklang und bestritt jahrelang den gesamten TEE-Verkehr der Deutschen Bundesbahn. Auch später, als hierfür mehr und mehr Wagenzüge mit Lokomotivbespannung eingeführt wurden, erfreuten sich die Triebwagen noch immer großer Beliebtheit. So entschloß sich die Deutsche Bundesbahn, in einigen der »Triebköpfe«, wie die Maschinenwagen korrekt bezeichnet werden, den 1000-PS-Dieselmotor gegen eine Gasturbine doppelter Leistung zu tauschen. Damit sollten auch im oberen Geschwindigkeitsbereich genügend Leistungsreserven zur Verfügung stehen, um die von anfangs 140 auf 160 Stundenkilometer hochgesetzte Spitzengeschwindigkeit in angemessener Zeit auch mit dem zehnteiligen Zug erreichen zu können. Bei Versuchsfahrten mit zwei derartigen Gasturbinen-Triebköpfen (Baureihe 602) wurden Geschwindigkeiten von über 200 Stundenkilometern erreicht.
Die Italienische Staatsbahn stellte zur Trans-Europ-Expreß-Premiere des Jahres 1957 einen nur zweiteiligen Dieseltriebzug mit Unterflurmotoren in Dienst, von dem sieben Einheiten mit je zwei Wagen gebaut wurden. Als TEE »Mediolanum« verkehrte ein solcher Zug ab Herbst 1957 zwischen Mailand und München über den Brenner. Beide Wagen enthielten nur Großräume. Speisen und Getränke wurden am Platz serviert. Nach mehrjährigem Einsatz ließen die Fahreigenschaften immer mehr zu wünschen übrig, so daß die Triebwagen vorzeitig zurückgezogen werden mußten. Bis zur Fertigstellung moderner TEE-Wagen für die Italienische Staatsbahn bediente die Deutsche Bundesbahn mit ihren TEE-Dieseltriebzügen auch diese Verbindung.
Die Schweiz und Holland ließen für den TEE-Verkehr gemeinsam insgesamt fünf Dieseltriebzüge bauen. Drei davon über-

nahmen die Niederländischen Eisenbahnen, die restlichen beiden gingen an die Schweizerischen Bundesbahnen. Beide Varianten unterschieden sich nur in wenigen Details und in den Aufschriften. Jeder Zug bestand aus einem Maschinenwagen mit Führerraum und Dienstabteilen sowie drei Anhängewagen ohne Antrieb. Der erste enthielt Einzelabteile, der mittlere Küche und Speiseraum und der letzte – als Steuerwagen ausgeführt – einen Großraum mit Mittelgang sowie am Ende einen Führerraum für die Fahrt in entgegengesetzter Richtung. Als kleine Besonderheit boten die schweizerisch-niederländischen TEE-Triebzüge neben den Toiletten auch zwei Frisierräume. Anfangs fuhren diese Züge zwischen Zürich und Amsterdam sowie Amsterdam und Paris, später einige Zeit auch als TEE »Bavaria« zwischen Zürich und München. Dabei verunglückte einer der beiden Schweizer Züge bei Aitrang; die vier übrigen wurden wenig später aus dem Verkehr genommen und abgestellt.
Erst 1976 gelang ihre Wiederverwendung: Sie wurden nach Kanada verkauft und sind seit ihrer Überführung im Frühjahr 1977 bei der Ontario-Northland-Railroad eingesetzt.
Die Französischen Eisenbahnen gestalteten lediglich die innere Einrichtung und Ausstattung vorhandener Triebwagenzüge entsprechend den TEE-Zielsetzungen um, gingen aber schon wenig später weitgehend auf Wagenzüge mit Lokomotivbespannung über.
Die weitaus höchsten Leistungen aller 1957 für das TEE-Netz in Dienst gestellten Triebwagen erreichten die Dieseltriebzüge der Baureihe 601 der Deutschen Bundesbahn. Die meisten sind noch heute im Einsatz, allerdings nicht mehr im fahrplanmäßigen Verkehr, sondern als »Alpen-See-Expreß« für Ferienfahrten mit den großen Reiseveranstaltern.

Französische Spezialität: Turbotrain

Immer wieder haben auch Schienenfahrzeug-Konstrukteure Turbinen als Antriebsaggregate einzusetzen versucht. So gab es schon in der Frühzeit des elektrischen Bahnbetriebes Lösungsvorschläge für dampf-elektrische Lokomotiven: Aus ihrem Dampfkessel wurde eine Dampfturbine gespeist, die fest mit einem Generator gekuppelt, zur Stromerzeugung für die elektrischen Fahrmotoren diente. Die erste derartige Lokomotive entstand 1909 in den Werkstätten der North British Locomotive Company in Glasgow und wurde nach ihren Konstrukteuren als Reid-Ramsey-Lokomotive bezeichnet. Derartige Dampfturbinen-Lokomotiven mit elektrischer Kraftübertragung blieben jedoch Einzelstücke. In neuerer Zeit konzentrierte sich das Interesse auf die mit Dieselkraftstoff arbeitende Gasturbine, wobei in der Regel modifizierte Hubschrauberturbinen benützt wurden. So hat nicht nur die Deutsche Bundesbahn bei ihren Versuchen mit Gasturbinen in Lokomotiven und Triebwagen durchweg auf Industrieversionen von Luftfahrtturbinen zurückgegriffen, auch die Französischen Eisenbahnen – beim Einsatz von Turbotrains führend in der Welt – haben ihre Triebwagenturbinen aus dem Flugzeugbau abgeleitet.
Der Vorteil der Gasturbine liegt vor allem darin, daß sie aufgrund ihrer hohen Drehzahl entsprechend hohe Leistung bei geringem Gewicht und Einbauvolumen abgeben kann. Andererseits lassen sich wesentliche Eigenschaften der Gasturbine mit den Anforderungen des Eisenbahnbetriebes schwer in Einklang bringen. Vor allem arbeiten Gasturbinen lediglich unter Vollast mit der gebotenen Wirtschaftlichkeit, während gerade Lokomotiven in diesem Leistungsbereich meist nur kurzzeitig betrieben werden können. Vielfach wurde die Gasturbine deshalb als sogenannter Booster zusätzlich zu einem Dieselmotor eingesetzt; dabei wird sie nur dann zugeschaltet, wenn – beim Anfahren und in Steigungen – hohe Leistung erforderlich ist.
Eine andere Lösung sah ein Schnelltriebwagen-Entwurf der Deutschen Bundesbahn

Links: Schweizerisch-niederländische Gemeinschaftsentwicklung eines Trans-Europ-Expreß-Dieseltriebzuges, hier im Einsatz als »L'Etoile du Nord« Amsterdam – Paris. Die Züge wurden 1976 nach Kanada verkauft.
Rechts: Erster französischer Gasturbinenzug (Versuchsfahrzeug)
Rechts unten: Gasturbinenzug (R.T.G.) der dritten Entwicklungsstufe

vor, der allerdings nicht verwirklicht wurde (Baureihe 603): Die installierte Gesamtleistung sollte auf vier Gasturbinen verteilt werden; damit wäre der unwirtschaftliche Teillastbetrieb auf nur eine Turbine beschränkt geblieben, während die anderen entweder unter Vollast gelaufen oder abgeschaltet worden wären.
In besonderem Maße haben sich die Französischen Eisenbahnen dem Einsatz von Turbotrains zugewandt. Die Entwicklung begann 1966 mit der ersten Variante »E.T.G.«, von der im Juli 1968 zehn Einheiten zur Verfügung standen. Außer der Turbine war jeweils auch ein Dieselmotor eingebaut. In der zweiten Entwicklungsstufe wurden die ersten Turbotrains auf der Strecke Paris - Caen - Cherbourg eingesetzt, wobei sie Reisegeschwindigkeiten von 132,7 km/h auf dem ersten Teilstück bis Caen und von 124 km/h auf dem Rest der Strecke erreichten.
Als zweite Generation folgte die »R.T.G.«-Bauart, die bereits für 200 km/h ausgelegt war. Zwei dieser Züge mietete die neue amerikanische Eisenbahn-Betriebsgesellschaft Amtrak und kaufte sie nach eingehender Erprobung. Später bestellte sie zwei Serien von Turbotrains bei der französischen Industrie, wobei ein Teil der Züge in den USA in Lizenz gebaut wurde. Die französischen R.T.G.-Züge kamen auf den Strecken von Lyon nach Straßburg, Nantes und Bordeaux zum Einsatz.

Die vierte Entwicklungsstufe leitete der im Juli 1969 bestellte Prototyp des Gasturbinen-Triebzuges T.G.V. ein (Train à Grande Vitesse = Zug für sehr hohe Geschwindigkeit). Bis zum Frühjahr 1976 legte dieser Versuchszug mehr als 150 Testfahrten mit über 300 km/h zurück. Zunächst sollten nicht weniger als hundert Turbotrains dieser Gattung gebaut werden. Als Einsatzgebiet war vor allem die Verbindung von Paris nach dem Südosten des Landes vorgesehen. Außerdem sollte der größte Teil des Reiseverkehrs auf dem Netz in Südost-Frankreich damit bewältigt werden. Die Französischen Eisenbahnen hatten für ihre Turbotrains von Anfang an elektrische Kraftübertragung gewählt. Die R.T.G.-Züge enthielten anstelle des Dieselmotors der E.T.G.-Bauart jeweils eine weitere Gasturbine. Auch der Prototyp des T.G.V.-Zuges wurde ausschließlich von Gasturbinen angetrieben. Nach eingehenden Überlegungen entschlossen sich die Französischen Eisenbahnen jedoch, die Neubaustrecke Paris - Lyon elektrisch zu betreiben und hierfür eine Variante des T.G.V. für Oberleitungsbetrieb zu entwickeln. Damit wurde auch den Forderungen des Umweltschutzes besser entsprochen, der sich gegen den Bau der neuen Strecke gestellt hatte.
Nach einer Ausschreibung, an der elf Unternehmen der Eisenbahn-Industrie beteiligt wurden, fiel im Frühjahr 1975 die Entscheidung zugunsten der beiden französischen Firmen Société Alsthom und Francorail MTE. Am 12. Februar 1976 folgte dann der größte Auftrag, den die Französischen Eisenbahnen in ihrer Geschichte je vergeben haben: Bis Sommer 1978 wurden nach zwei Probezügen 95 elektrische T.G.V.-Schnelltriebzüge gebaut. Sie bestehen aus je zehn Wagen. Die beiden Endwagen mit den Führerräumen enthalten die technischen Einrichtungen für Einphasenwechselstrom 25 000 Volt/50 Hertz und für Gleichstrom 1500 Volt. Sechs weitere Züge sind zusätzlich für Einphasenwechselstrom 15 000 Volt/16⅔ Hertz ausgerüstet, so daß sie auch in die Schweiz fahren können; seit 22. Januar 1984 verkehren sie zwischen Paris und Lausanne. Jeder Zug wird von zwölf Fahrmotoren über sechs Drehgestelle angetrieben. Die acht klimatisierten Zwischenwagen enthalten 386 Sitzplätze, davon 275 in fünf Wagen 2. Klasse und 111 in drei Wagen 1. Klasse. Speisen und Getränke werden am Platz serviert; die Bar zwischen den beiden Wagenklassen steht allen Fahrgästen zur Verfügung.

Neue Chancen für elektrische Kraftübertragung

Beim Bau von Diesellokomotiven eröffnete die Leistungselektronik neue Möglichkeiten einer wirtschaftlicheren elektrischen Kraftübertragung. Diese Technik wurde nach mehrjähriger Entwicklung erstmals in einer von Henschel in Kassel und Brown, Boveri & Cie (BBC) in Mannheim entwickelten Diesellokomotive der Bauart DE 2500 angewandt. Auf der Hannover-Messe 1971 wurde sie erstmals öffentlich vorgestellt und anschließend von der Deutschen Bundesbahn unter der Betriebsnummer 202 002-2 eingehend erprobt. Später bauten die beiden Unternehmen zwei weitere Lokomotiven gleicher Bauart ebenfalls auf eigene Rechnung. Auch diese Fahrzeuge standen der Deutschen Bundesbahn zur Erprobung zur Verfügung. Dabei erhielten sie die Nummern 202 003-0 und 202 004-8, wurden in Mannheim stationiert und von dort aus vorwiegend auf der Neckartalstrecke im Güterzugdienst eingesetzt. BBC konnte während dieses Einsatzes vor allem die Einzelkomponenten der elektronischen Ausrüstung eingehend testen. Die Deutsche Bundesbahn unternahm mit der ersten Drehstrom-Diesellokomotive, der 202 002-2, auch ihre Versuche zur Speisung einer solchen Lokomotive aus der Wechselstromfahrleitung mit 16⅔ Hertz. Nachdem in Deutschland und einer Reihe anderer Länder der hydraulischen Kraftübertragung beim Bau von Diesellokomotiven lange Zeit eindeutig der Vorzug gegeben worden war, versprach nun die Leistungselektronik dem elektrischen Übertragungsprinzip neue Erfolgschancen. Da sich mit der Elektronik auf relativ einfache Weise Wechselstrom veränderlicher Frequenz erzeugen läßt, konnten in diesen Lokomotiven erstmals die Vorteile von Drehstromfahrmotoren ausgenutzt, ihre Nachteile gleichzeitig umgangen werden. Drehstrommotoren können gegenüber den bis dahin in dieselelektrischen Lokomotiven üblichen Gleichstrommotoren bei gleicher Leistung wesentlich kleiner und leichter gebaut werden. Hinzu kommt, daß die verwendeten Kurzschlußläufermotoren keine Teile enthalten, die raschem Verschleiß unterliegen, so daß sie weitgehend wartungs- und verschleißfrei laufen.
Das gesamte Kraftübertragungssystem arbeitet großenteils kontaktlos. Der vom Dieselmotor angetriebene Generator erzeugt Drehstrom konstanter Frequenz. Halbleitergleichrichter wandeln ihn in Gleichstrom um, aus dem in statischen Umrichtern Drehstrom veränderlicher Frequenz entsteht. Durch die stufenlose Spannungs- und Frequenzregelung lassen sich Zugkraft und Geschwindigkeit des Zuges ebenfalls stufenlos verändern. Die günstigen Einzelwirkungsgrade der elektronischen Baugruppen führen trotz der mehrfachen Energieumwandlung noch immer zu einem günstigen Gesamtwirkungsgrad dieser Übertragungstechnik. Allerdings bleibt der Aufwand nach wie vor hoch, so daß sich die Drehstromtechnik im Diesellokomotivbau erst teilweise durchgesetzt hat. Gebaut wurden außer den drei von der Deutschen Bundesbahn erprobten Lokomotiven DE 2500 vor allem sechs schwere Diesellokomotiven der gleichen Leistungsklasse von 2500 PS für die Schweizerischen Bundesbahnen, Gattung Am 6/6, ebenfalls sechs vom Dieselmotor mit drehstrom-elektrischer Kraftübertragung oder aus einer Fahrleitung mit 600 Volt Gleichspannung betriebene Industrielokomotiven, ferner Streckenlokomotiven für die Dänischen und die Norwegischen Staatsbahnen sowie verschiedene einfache Industrielokomotiven. Die raschen Fortschritte in der Leistungselektronik lassen erwarten, daß die Entwicklungsrichtung von Diesellokomotiven in Zukunft stärker von dieser Technik beeinflußt werden wird.
Die Fahrzeugnummern orientieren sich heute an den Erfordernissen der elektronischen Datenverarbeitung; in Deutschland wurden sechs Stellen mit zusätzlicher Kontrollziffer zur selbsttätigen Fehlererkennung gewählt. Die erste Ziffer gibt die Fahrzeugart an: 0 = Dampf-, 1 (DDR 2) = Elektro-, 2 (DDR 1) = Diesellok, 3 bis 9 Kleinlok, Triebwagen und sonstige Fahrzeuge.

Rechts oben: Frankreichs neuester Gasturbinenzug (T.G.V.) der vierten Bauart erreichte bei zahlreichen Testfahrten mehr als 300 Stundenkilometer.
Rechts: Turbotrains auch in Kanada: Von der Canadian National wurden sie zeitweise zwischen Montreal und Toronto eingesetzt.
Nächste Doppelseite: Die drei von Henschel gebauten und von BBC elektrisch ausgerüsteten dieselelektronischen Lokomotiven DE 2500 mit Drehstromfahrmotoren stellen sich vor.

SNCF

CN
P202

202 002-2

202 004-8

9356
Farringdon Street
Series 2. TO
The Tower of London
THIRD CLASS FARE
9356
LANCASHIRE & YORKSHIRE RAILWAY.
AVAILABLE BETWEEN
BURNLEY BARRACKS
AND
NELSON
EXPIRING
30 NOV 1921
THIRD CLASS
Mr R Green
J6:220 £1:15:3
Date issued From 1:9 Issued By
For conditions of issue see back.
FERROCARRILES NACIONALES DE MEXICO
TAPACHULA
A
MAZATAN
$0.90
ETIQUETAS MARQUI, S.A. MEXICO
08686
7/58 S·R A
تذكرة لعربة النوم
SLEEPING CAR TICKET
Atbara to
00045
CYPRUS GOVERNMENT RLY.
Available on day of issue only
NOT TRANSFERABLE
NICOSIA to
STYLOS
STYLOS STYLOS
3rd. Class
4147
רכבת ישראל
11733
Personenzug
Göppingen
Nürtingen
N.Kl. (B) 0,65 M.
Göppingen(B)-Nürtingen
0397
014
S. E. & C. R.
ONE
DOG
OR ONE CAT.
Accompanied by Passenger
FROM
ELMSTEAD
3D. PAID
For Conditions of conveyance, see back
014
00823
TCDD
ANKARA G. II
ERZURUM
Kuşet ücreti dahil
% 50
TENZİLLİ
SINIF I A
KURUŞ 8455
00823
Han
Schülerrückfahrkarte
Personenzug
Wathlingen
Celle
2.Kl 0,80 DM
12 km
H Nicht übertragbar R
0153
ATLANTIC COAST LINE R.R.CO.
One Passage, Good in Coaches Only
GOLDSBORO, N. C. to
PAISON, N. C.
(VIA SHORT LINE ONLY)
Good only on Trains stopping at Destination Station
Passage must be completed before midnight of the thirtieth day following date stamped on back. Baggage liability limited to wearing apparel not exceeding $100 in value.
9648
A détacher avant le Contrôle
MÉTROPOLITAIN
1ère Classe
A la sortie jeter dans la Boîte
S1798
62038
Toronto, Hamilton & Buffalo R'y Co
COACH CLASS
WELLAND Ont.
— TO —
HAMILTON Ont.
Not Transferable.
Traffic Manager
D-06887
普通急行券
2等 300キロまで
岡山駅から乗車
550円
Exkursionsbillet
Gültig 3 Tage
Kleine Scheidegg
Jungfraujoch
und zurück
Fr. 32.80
(Siehe Rückseite)
Kl. Scheidegg - Jungfraujoch
H Fr. 32.80 R
2161
BARONCOURT
CONFLANS-JARNY
EST
DEMI-PLACE
2e CLASSE
PRIX
466
0073
Commonwealth Railways.
ALICE SPRINGS
TO
RUMBALARA
SECOND CLASS
0821
CHEMIN DE FER FRANCO - ETHIOPIEN
ADDIS ABEBA
NAZARETH
PRIX DE BASE $
Plein Tarif
PRIX PERÇU $
G.V.9
30558
NORTH BORNEO RLY.
Third Class Ordinary Ticket
From JESSELTON
To PAPAR
Jesselton Fare Jesselton
Papar $1-68 $1-68 Papar
6897
25848
Heidelberg Bism.Pl.
Handsch.
Dossenh.
Schriesh.
Leutersh.
Großsachs.
Lützels.
Bf.O.E.G.
Weinheim
100
Rpt
Oberrheinische Eisenbahn Ges. AG
Via MMR, DD & KWV
3RD ORDY. FOREIGN.
LASALGAON
to
PANDHARPUR
GREAT INDIAN PENINSULA RAILWAY
LS TO PVR
098

Reisen mit der Bahn

Reiseverkehr im Wandel der Zeiten

Schon zu biblischer Zeit reisten die Menschen: zu Fuß, im Sattel, im Wagen – zu Wasser mit Segelschiffen. Jahrtausende hindurch hat sich an dieser Art der Fortbewegung so gut wie nichts geändert. Napoleon oder Friedrich dem Großen standen kaum andere Möglichkeiten zur Verfügung als Alexander oder Hannibal. Und die Flotte der Phönizier segelte ebenso schnell wie die Schiffe an der Schwelle zum neunzehnten Jahrhundert.

Handel und Feldzüge bildeten die ältesten Triebfedern zum Verlassen des eigenen Landes. Erst mit zunehmender Zivilisation entstanden neue Motive, Reisen zu unternehmen: Entdeckungsreisen, Forschungsreisen, Pilgerreisen, Studienreisen, Erholungsreisen, Vergnügungsreisen …

Bis in die Neuzeit blieb Reisen Privileg begüterter Kreise. Denn regelmäßige Fahrtmöglichkeiten bildeten die Ausnahme, in der Regel war der Fuhrmann ad hoc zu engagieren und entsprechend zu entlohnen. Ganz abgesehen von der Kostspieligkeit eines solchen Unternehmens verlockten auch die äußeren Umstände kaum zu längeren Ausflügen: schlechte Straßen, unbequeme Fahrzeuge, wenig einladende Herbergen, vielerlei Gefahren am Weg. Die Widerwärtigkeiten und Strapazen schienen bisweilen keine Grenze zu kennen. Selbst als der Staat schon für regelmäßige Verbindungen durch die Post sorgte, konnte von Vergnügen auf Reisen keine Rede sein. Dichter und Schriftsteller haben der Postkutschenzeit manches wenig schmeichelhafte literarische Denkmal gesetzt.

Noch in den dreißiger Jahren des vorigen Jahrhunderts dauerte die nur wenig über zweihundert Kilometer lange Reise von Frankfurt am Main nach Stuttgart vierzig Stunden. Dann löste die Eisenbahn im Verkehr eine Revolution ähnlich der industriellen in der Manufaktur aus.

Die jahrtausendealten Fesseln waren mit einemmal gesprengt. Raum und Zeit ließen sich so gut wie mühelos überwinden.

Daß dem neuen Verkehrsmittel vielfach trotzdem Argwohn und Ablehnung entgegenschlugen, erscheint kaum verwunderlich. Die Mehrzahl der Menschen empfand für Reisen kein Bedürfnis. Wie hätte sie dem Dampfwagen, der Funken ausstieß, Rauch und Ruß verbreitete, der mit seinem »irrsinnigen« Tempo Pferde scheuen ließ, dem für Mensch und Tier unheimliche Gefahren nachgesagt wurden, etwa Sympathie entgegenbringen sollen?

Nur eine schon vor dem Eisenbahnzeitalter »bewegliche« Oberschicht hatte die künftige Bedeutung der Eisenbahn richtig einzuschätzen vermocht. Von ihr gingen, als die technischen Voraussetzungen geschaffen waren, in nahezu sämtlichen zivilisierten Ländern vielfältige Impulse zur Entwicklung des schnellen, bequemen und preiswerten Verkehrsmittels aus.

Als sich die Eisenbahnlinien immer enger zu Netzen verknüpften, Reisen bei hoher persönlicher Sicherheit, geringen Kosten und erträglicher Anstrengung möglich waren, begann sich jene mobile Gesellschaft zu entwickeln, die dann durch Auto und Flugzeug zu ihren bisher ausgeprägtesten Erscheinungsformen herangewachsen ist.

Zunächst freilich galt es mit Vorsicht ans Werk zu gehen. Gerade weil keine breite Basis im Volk zu finden war und Erfahrungswerte nicht vorlagen, mußten die Eisenbahn-Initiatoren ihre Erfolgschancen sorgfältig abtasten.

So gründete sich beispielsweise das Projekt der ersten deutschen Eisenbahn von Nürnberg nach Fürth bereits auf eingehende Verkehrszählungen. Zunächst war der Drechslermeister Johann Muz an der Fürther Landstraße postiert worden, um eines Sonntags zwischen sechs Uhr früh und acht Uhr abends sämtliche Passanten zu zählen, die zu Fuß, zu Roß oder Wagen vorüberkamen. Später differenzierten die Nürnberger diese Zählung, verglichen die stündliche Änderung des Verkehrs und stellten fest, zu welchen Tageszeiten er Spitzenwerte erreichte.

Beinahe überall erwies sich jedoch, daß – war die Eisenbahn erst in Betrieb – ihre Frequenz alle Prognosen weit hinter sich ließ. Schon bei Eröffnung der ersten größeren Bahnlinie der Welt zwischen Liverpool und Manchester im Jahre 1830 gab es Überraschungen. Vor dem Bahnbau waren täglich etwa dreihundert Reisende zwischen den beiden Städten gezählt worden. Die Bahngesellschaft setzte deshalb mehr auf den Güterverkehr, betrachtete die Personenbeförderung als Nebensache und rechnete mit höchstens zweihundert Passagieren täglich in den Zügen. Doch bald nach Eröffnung der Linie erwies sich der Personenverkehr als bei weitem einträglichster und bedeutendster Verkehrszweig. Statt der geschätzten 200 kamen bis zu 1300 Reisende am Tag. Die Verkürzung der Reisezeit von vier Stunden auf nur noch eine bewirkte innerhalb weniger Jahre eine enorme Mobilität der Bevölkerung. Fünf Jahre nach Betriebseröffnung erreichte die Beförderungszahl eine halbe Million, abermals fünf Jahre später lag sie bei 1,2 Millionen und damit höher als bei sämtlichen Postlinien der deutschen Bundesstaaten zusammen. Ähnliche Erfahrungen machte auch die Ludwigseisenbahn zwischen Nürnberg und Fürth. Sie hatte sich zwar von Anfang an auf den Personenverkehr verlegt, den Güterverkehr erst wesentlich später zusätzlich aufgenommen, doch auch ihre Passagierzahlen übertrafen bald die Prognosen. Im ersten Betriebsjahr wurden nahezu 450000 Fahrkarten verkauft.

Über ein Jahrhundert lang behielt die Eisenbahn unangefochten ihre Bedeutung. Von Jahr zu Jahr stiegen – von Krisenzeiten abgesehen – die Fahrgastzahlen. Jeglicher technische Fortschritt im Verkehr bedeutete Fortschritt bei den Eisenbahnen, mehr Bequemlichkeit, kürzere Reisezeiten für die Fahrgäste.

Als durch Motorisierung und Luftverkehr die Inanspruchnahme der Bahnen zu schrumpfen begann, mußten sie erst recht alle Anstrengungen unternehmen, um den Vorteilen der Konkurrenz wie größerer Freizügigkeit und unerreichbarer Schnelligkeit ebenfalls spezifische Vorzüge gegenüberzustellen. Die Geschwindigkeiten der Züge steigerten sich zu Rekordhöhe, der Komfort suchte auch verwöhntesten Ansprüchen gerecht zu werden, besondere Aussichtswagen trugen zur Steigerung des Reisegenusses bei, und allerlei technische Errungenschaften wurden in Eisenbahnwagen installiert: Funktelefon und Filmvorführung, Übertragungsanlagen für Musik und Durchsagen, Klimaanlagen, Schreibmaschinen zur Selbstbedienung oder zum Diktat bei der Zugsekretärin.

Selbst der Sprachgebrauch paßte sich an. Aus »Personenverkehr« wurde »Reiseverkehr«, und niemand wird bei der Eisenbahn heute noch »befördert« oder gar »transportiert«. Aus »abgefertigten Personen« sind umworbene Kunden geworden, um deren Zufriedenheit sich die Eisenbahnen schon aus eigenem Interesse besonders zu bemühen haben. Die Zeiten des Monopols sind vorbei. Auto und Flugzeug warten zum Umsteigen gewissermaßen vor der Tür.

Fahrkarten aus aller Welt: Edmondsons Format hat sich überall durchgesetzt.

Der Bahnhof von Awkside an der Strecke Liverpool–Manchester. Gebäude säumen die Gleise, unmittelbar am Bahnsteig wird der Wasservorrat der Lokomotive ergänzt. Die kleine Station ging durch einen fatalen Unglücksfall in die Eisenbahngeschichte ein. Hier wurde der Parlamentsabgeordnete W. Huskisson bei der Eröffnungsfahrt der Liverpool–Manchester-Bahn vom Zug erfaßt und getötet, wodurch die Gegner der Eisenbahn nochmals Auftrieb erhielten.

Vom Bahn-Hof zum Bahnhof

Die ersten Eisenbahnen fügten sich unmittelbar in den bis dahin von der Postkutsche gesteckten Rahmen ein. Sie gab in vieler Hinsicht das Vorbild ab für Fahrzeuge und Anlagen, für die Abfertigung der Passagiere und die Durchführung des Betriebes. Die Pferde mußten entsprechend ihrer Leistungsfähigkeit im Kutschenverkehr nach gewissen Strecken gewechselt werden. Dies geschah in Relaisstationen, deren Gebäude neben Stallungen und Vorratsräumen auch eine Gastwirtschaft umfaßten und sich um den Post-Hof gruppierten. An dieser Anordnung orientierten sich auch die ersten Bahnanlagen, für die sich analog der Begriff Bahn-Hof einbürgerte. Die Gebäude für den Passagierverkehr, für die Wartung und Reparatur von Lokomotiven und Wagen, die Güterexpedition gruppierten sich zu beiden Seiten entlang den Gleisen. Breite Tore, die für jede Ein- und Ausfahrt eines Zuges geöffnet wurden, schlossen den Hof auch nach den übrigen Seiten hin ab.

Die ersten Bahnhöfe trugen vielfach provisorischen Charakter. Hölzerne Hallen sorgten für leidlichen Schutz der Reisenden vor den Unbilden der Witterung. Schon die rasche Ausweitung des Verkehrs auf bestehenden Linien und der Bau immer neuer Strecken zwangen meist bereits nach kurzer Zeit zum Umbau, zur Erweiterung, zum Neubau von Bahnhöfen. Nur wenige sind aus der Frühzeit der Eisenbahn bis heute erhalten geblieben, am ehesten dort, wo im Zuge der Erweiterung völlig neue Standorte gewählt wurden und die vorhandenen Gebäude an der Stelle des alten Bahnhofes stehen bleiben konnten.

Mit zunehmender Bedeutung der Eisenbahn als Transportmittel wuchsen die Anforderungen, die Verkehr und Betrieb an den Bahnhof stellten; ebenso stieg aber auch das Bedürfnis, den Bauwerken repräsentativen Charakter zu geben, wie er auch sonst bei öffentlichen Gebäuden üblich war.
Für kleinere Orte auf dem Land entstanden Bahnhöfe vielfach nach Einheitsentwürfen, so daß sich die Stationsgebäude entlang mancher Strecke gleichen wie ein Ei dem anderen. Auf die Gebäude der größeren Bahnhöfe richteten die Eisenbahnarchitekten dagegen ihr individuelles Augenmerk. Dabei bildete sich kein typischer Eisenbahnstil aus, wie er sich in den standardisierten kleineren Empfangsgebäuden und Bahnwärterhäusern widerspiegelt und sie selbst dort noch heute als solche erkennen läßt, wo die Gleise längst wieder abgebaut sind.
Die Fassaden der Großstadtbahnhöfe paßten sich weitgehend den Stilformen an, die zur Zeit ihrer Entstehung auch sonst in der Baukunst vorherrschten. So prägten Klassizismus und Romantik, Historismus und Jugendstil bis hin zur modernen Architektur auch die Bahnhofsgebäude. Ihre häufige Erweiterung führte oftmals zum Nebeneinander, ja Durcheinander unterschiedlicher Stilelemente. Zeitweise haben auch landschaftsbezogene Bauweisen das Erscheinungsbild von Bahnhofsgebäuden geprägt, vor allem in den Alpenländern.
Hinter den Fassaden verbargen sich konsequent eingehaltene Stilformen freilich nur zum Teil – noch am deutlichsten erkennbar im Symmetriestreben der zahlreichen Renaissancebauwerke. Hin und wieder obsiegte auch im Bahnhofsbau Formalis-

mus über die betriebliche Zweckmäßigkeit, doch vielfach ließ sich bei genauerem Hinsehen hinter romanischen oder gotischen Bogen doch bereits eine neue technische Linie, der Ansatz zum funktionalen Zweckbau erkennen.
Die in immer größeren Dimensionen erbauten Bahnsteighallen der meisten Großstadtbahnhöfe zählen zu den charakteristischen Bauten des neunzehnten Jahrhunderts. Anfangs wurden sie aus Schmiede- oder Gußeisen in Einzelteilen hergestellt und zusammengefügt. Walzeisen und hochfeste Stähle ermöglichten dann reine Stahlkonstruktionen mit enormen Spannweiten. Billigere Bahnsteigdächer lösten vielfach diese aufwendige Art der Bahnsteigüberdachung ab. Zahlreiche Hallen stehen inzwischen unter Denkmalschutz und werden damit erhalten bleiben.

Sperren, Droschken, Wolkenkratzer...

Besonders auf dem europäischen Kontinent, wo Staatsbahnen überwogen, setzten sich bei der Gestaltung von Bahnhöfen Grundsätze durch, die dem Eisenbahnbetrieb und dem Bürokratismus weitgehend Vorrang einräumten vor dem Publikumsinteresse nach kurzen Fußwegen und bequemem Zugang zu den Zügen.
Der Weg führte in der Regel vom Bahnhofsvorplatz durch die weitläufige Empfangshalle, an den Fahrkartenschaltern vorbei zu den Wartesälen und durch sie hindurch auf die Bahnsteige. Vielfach wurde nach abfahrenden und ankommenden Reisenden ebenso streng getrennt wie nach Passagieren der verschiedenen Wagenklassen, für die entsprechend getrennte Wartesäle vorhanden sein mußten. Die Situation änderte und verschärfte sich noch, als Anfang der neunziger Jahre des vorigen Jahrhunderts zunächst in Preußen Bahnsteigsperren eingeführt wurden.
Die Fahrkarten waren bis dahin während der Fahrt im Zuge kontrolliert worden, wozu die Schaffner auf den Trittbrettern von Abteil zu Abteil balancieren mußten. Dieses gefährliche Verfahren sollte durch die Kontrolle an der Sperre ersetzt werden: »Mit der Einführung des neuen Kontrollverfahrens wird hauptsächlich bezweckt, das Begehen der Wagentrittbretter durch die Schaffner während der Fahrt behufs Vornahme der Kontrolle der Fahrausweise entbehrlich zu machen und so den vielen bedauerlichen Unfällen vorzubeugen, welche dem Zugpersonal durch Abstürzen von den Trittbrettern zustoßen.«
So wurde damals das wenig populäre Vorgehen dem Publikum verständlich gemacht. Trotzdem gab es zahlreiche Auseinandersetzungen zwischen den Reisenden und dem Bahnpersonal, entsprechend viele Beschwerden und kritische Berichte in der Presse. In den meisten Ländern Europas setzte sich die Sperre dennoch durch und blieb – mehr oder weniger heftig bekämpft – bis in die jüngste Zeit erhalten. Lediglich die Schweiz hat, von Sonderfällen abgesehen, nie Bahnsteigsperren gekannt. In den meisten europäischen Ländern wurden sie in der zweiten Hälfte des zwanzigsten Jahrhunderts nach und nach aufgehoben, zunächst bei den Österreichischen Bundesbahnen, bis 1974 bei der Deutschen Bundesbahn.
In England, wo selbst in gleichen Verbindungen lange Zeit hindurch verschiedene

Oben: Der erste Bahnhof in Leipzig, eröffnet am 24. April 1837, Ausgangspunkt der Strecke nach Dresden, der ersten Fernbahn Deutschlands
Links: Bahnhof Kings Cross in London im Jahre 1852 und . . .
rechts: St. Pancras, wie er noch heute besteht, ohne hinter seiner Fassade Bahnanlagen vermuten zu lassen

CRAS
NATIONAL CAR PARKS

Oben: Deutschlands größter Bahnhof: der Leipziger Hauptbahnhof, entstanden 1915 zur Zusammenfassung des Verkehrs von mehreren einzelnen Leipziger Fernbahnhöfen
Rechte Seite oben: Um den Verkehrsgrund in zentraler Lage besser nützen zu können, entstanden in jüngster Zeit zahlreiche Projekte zur Überbauung von Bahnanlagen. In Deutschland wurde bisher allerdings nur in Passau ein Teil des Betriebsgeländes überbaut. Die Bundespost errichtete dort Anlagen für den Paketdienst.
Unten: Großzügig überbaut haben dagegen die Schweizerischen Bundesbahnen Gleise und Bahnsteige des Hauptbahnhofes der Bundeshauptstadt Bern, womit ein neues städtebauliches Zentrum geschaffen wurde.

Bahngesellschaften miteinander in Wettbewerb standen, ergaben sich für die Gestaltung der Bahnhöfe ganz andere Gesichtspunkte. Im Mittelpunkt stand zumindest auf den Konkurrenzlinien jegliches Entgegenkommen gegenüber dem Fahrgast: Zu den Bahnsteigen führten zahlreiche Zugänge, Fahrkarten gab es überall am Weg zu den Zügen, und Droschken und Omnibusse durften bis auf die Bahnsteige fahren, um die Reisenden so nah wie möglich an die Züge zu bringen. Gegenüber diesem am Kunden orientierten Denken trat das Bedürfnis nach repräsentativer Bauweise weit in den Hintergrund. Gleichwohl hatten auch englische Städte eine Reihe von Bahnhofsgebäuden aufzuweisen, deren »künstlerische« Gestaltung nicht hinter vergleichbaren Gebäuden auf dem Kontinent zurückblieb.

In neuester Zeit beginnt sich eine völlig neue Form des Bahnhofsgebäudes abzuzeichnen: ein dem eigentlichen Bahnbetrieb nur noch zum geringen Teil dienender Gebäudekomplex, der die Gleisanlagen teilweise oder völlig überdeckt und damit die Nutzung des höchst wertvollen Bahngeländes in den Großstädten ermöglicht.

Markante Vorbilder bieten die USA und Kanada. Schon kurz nach der Jahrhundertwende begann die damalige New York Central Railroad ihre Gleisanlagen in Manhattan in den Untergrund zu verlegen; nach Abdeckung des Einschnittes entstand über den Gleisen nicht nur 1913 die berühmte Park Avenue, sondern später ein Bauwerk nach dem anderen, zuletzt von 1960 bis 1965 das 240 Meter hohe und 59 Stockwerke umfassende Verwaltungsgebäude der Luftfahrtgesellschaft PANAM unmittelbar über der Grand Central Station, in der Gleisanlagen einander in zwei Ebenen überschneiden. Die Penn Station in New York, Hauptbahnhof der Penn Central Railroad und der Long Island Railroad im Herzen Manhattans, wurde von 1963 bis 1967 mit einem Sport- und Unterhaltungszentrum riesigen Ausmaßes, dem Madison Square Garden Building, überbaut. Auch in Philadelphia hat die Penn Central ihre Gleisanlagen nach Verlegung in den Untergrund überbauen lassen. In Chicago steht ein 40stöckiges Bürohaus über den Gleisen der Illinois Railroad Company. In Kanada begann die Canadian National schon 1943 mit dem Bau eines neuen Hauptbahnhofes in Montreal; bis 1968 wurden die 84 000 Quadratmeter umfassenden Gleisanlagen weitgehend überbaut. Für Toronto plant die Canadian National ein noch umfangreicheres Überbauungsprojekt, das 76 Hektar umfassen soll.

Auch die europäischen Eisenbahnen stehen ähnlichen Lösungen aufgeschlossen gegenüber. Die Schweizerischen Bundesbahnen haben die Gleisanlagen des Hauptbahnhofes von Bern mit einem vielfältig genutzten Bauwerk überdeckt, das am 25. Mai 1974 eingeweiht wurde. In Wien entstand über den Gleisen des Franz-Josefs-Bahnhofes ein ganzes Universitätsviertel. Auch in Deutschland hat es an Hochhausprojekten zur Überbauung von Bahnhofsanlagen nicht gefehlt; so für den Hamburger und den Frankfurter Hauptbahnhof, für den Bahnhof Freiburg (Breisgau), für München Ost und München-Pasing. Verwirklicht wurde bisher allerdings nur der Postbau in Passau, der die Gleise auf einem verhältnismäßig kurzen Stück brückenförmig überspannt.

Von Kopfbahnhöfen und Turmbahnhöfen

In betrieblicher Hinsicht unterscheiden sich Bahnhöfe nicht nur nach Größe, sondern vor allem nach der Gestaltung ihrer Gleisanlagen.

In Großstädten enden sie vielfach in »Kopfbahnhöfen« nahe der Stadtmitte. Jeder ankommende Zug muß in entgegengesetzter Richtung wieder ausfahren. Da anfangs die einzelnen Linien von verschiedenen Gesellschaften erbaut und betrieben wurden, entstanden bisweilen mehrere Bahnhöfe unmittelbar nebeneinander, die erst später zu einem gemeinsamen Hauptbahnhof zusammengefaßt werden konnten. Der anstelle des Dresdener, des Magdeburger und des

Thüringer Bahnhofs im Jahre 1915 fertiggestellte neue Leipziger Hauptbahnhof erhielt ein nahezu dreihundert Meter breites Empfangsgebäude und wird in seinen Dimensionen auch heute von keinem anderen Bahnhof in Deutschland übertroffen.
In zahlreichen Großstädten endeten die Linien aus den verschiedenen Richtungen an der Peripherie in entgegengesetzten Stadtteilen, so in London, Paris, Berlin, Wien oder Budapest. Immerhin bot diese Art der Linienführung den Eisenbahnen die Möglichkeit, auf kürzestem Weg so weit wie möglich an den Stadtkern vorzudringen. Über später gebaute Verbindungsbahnen lassen sich heute die meisten dieser Bahnhöfe aus allen Richtungen erreichen, wenn davon aus Zeit- und Kapazitätsgründen auch nur in relativ geringem Umfang Gebrauch gemacht wird.
In Kopfbahnhöfen gestaltet sich die Betriebsführung besonders schwierig, weil mit der Fahrtrichtung der Züge meist auch die Lokomotive gewechselt werden muß, so daß längere Aufenthaltszeiten unvermeidlich sind. Gelegentlich wurden deshalb in den letzten Jahrzehnten Kopfbahnhöfe durch außerhalb des Stadtzentrums neu angelegte Durchgangsbahnhöfe ersetzt, so in Deutschland am 5. Mai 1955 in Heidelberg, am 1. Oktober 1960 in Braunschweig, am 29. Mai 1969 in Ludwigshafen am Rhein und am 25. September 1969 in Kempten im Allgäu. In jedem dieser Fälle tauschte die Deutsche Bundesbahn allerdings günstigere Bedingungen für ihren eigenen Betrieb und Entgegenkommen gegenüber städtebaulichen Wünschen gegen eine ungünstigere Verkehrslage und weitere Anmarschwege für die Mehrzahl der Reisenden ein. Dementsprechend sank auch jeweils das Verkehrsaufkommen.
An »Durchgangsbahnhöfen«, in denen die Streckengleise durchlaufen, liegen Empfangs- und Betriebsgebäude meist seitlich, gelegentlich auch in »Inselanlage« dazwischen. Meist wurden die Gleise in eine Ebene über Straßenniveau verlegt, um sie kreuzungsfrei durch die Stadt zu führen. Gelegentlich verschwinden sie jedoch auch, wie im Hamburger Hauptbahnhof, im Einschnitt unter dem angrenzenden Gelände.
In einer Reihe von Bahnhöfen liegen auch die Gleise in zwei Ebenen übereinander. Bei paralleler Gleisführung enden – wie zum Beispiel im Dresdener Hauptbahnhof – die ebenerdigen Gleise wie in einem Kopfbahnhof, die hoch gelegenen führen wie in einem Durchgangsbahnhof weiter. Überschneiden sie einander im Winkel, ergibt sich ein »Turmbahnhof«, wobei vielfach innerhalb des Bahnhofsbereiches keine Gleisverbindung zwischen den beiden Ebenen besteht.
Besondere örtliche Verhältnisse führten zu zahlreichen Sonderformen von Bahnhofsanlagen, so zu »Trennungsbahnhöfen« in der Gabelung zweier Strecken oder zu Dreiecksanlagen wie in Ludwigshafen am Rhein, wo der frühere Kopfbahnhof von einem kombinierten Durchgangs- und Turmbahnhof in Dreiecksform abgelöst wurde.

Oben: Der erste Orient-Expreß von Paris nach Giurgiu, bestehend aus zwei Gepäckwagen, zwei Schlafwagen und einem Speisewagen, bespannt mit einer Lokomotive der französischen Ostbahn, im Herbst 1883
Links: Vierbettabteil in den Schlafwagen in Nacht- und Tagesausstattung, dazwischen die Toilette
Rechts: Der Marmara-Expreß mit Wagen aus dem Tauern-Orient und dem Direct-Orient erreicht die Vororte Istanbuls.

Bummelzüge – Luxuszüge

Postkutschen ließen sich nicht aneinander kuppeln. Jede bedurfte eigener Pferde, jede eines eigenen Kutschers. Für die Eisenbahn lag ein besonderer Vorteil auch darin, daß sie eine Zugbildung ermöglichte, daß zahlreiche Wagen von nur einer Lokomotive und ihrer Mannschaft befördert werden konnten. Schon auf der Fahrt des ersten öffentlichen Personenzuges zwischen Stockton und Darlington im Jahre 1825 zeigte sich dieser Fortschritt sehr eindrucksvoll. Der Eröffnungszug bestand aus vierunddreißig Wagen, zu denen noch der Tender der »Locomotion« hinzukam.

Die Geschichte der Eisenbahnzüge begann mit Nahverkehr. Denn die ersten Linien verbanden zunächst nur Nachbarorte. Nachdem die Züge ohnehin mit Leichtigkeit sämtliche bis dahin üblichen Reisezeiten bei weitem unterbieten konnten, bestand zu besonderer Eile keine Veranlassung. Jeder Zug hielt an jeder Station und mußte sich, als das Publikum mit dem Tempo der neuen Zeit vertraut geworden war, als »Bummelzug« apostrophieren lassen. Je weiter sich die Eisenbahnstrecken ausdehnten, desto unangenehmer wurde diese Bummelei. Die Erfindung des Schnellzuges lag in der Luft.

Die Preußischen Staatseisenbahnen vollzogen als erste den entsprechenden Schritt. Am 1. Mai 1851 fuhr von Berlin nach Köln der erste »Schnellzug«. Ein Jahr später ging es um den Anschluß nach Paris; ein zweiter Schnellzug wurde eingelegt – der erste »Kurierzug«. Er bewältigte sechshundert Kilometer in 14½ Stunden. Wenig später, im Jahre 1855, waren auf mehr als der Hälfte aller 28 preußischen Strecken bereits Schnellzüge eingesetzt.

Dann legte Großbritannien den Grundstein zu einer Einrichtung, die bis auf den heutigen Tag zu den profitabelsten aller Eisenbahnen gehört; in England verkehrte der erste schnelle Komfortzug, der einen Namen trug, wenn auch keinen sonderlich klingenden: »Special Scotch Express«. Er fuhr zum ersten Mal im Juni 1862 und entwickelte sich im Laufe der Zeit zu jenem berühmten »Flying Scotsman«, der bis in die Gegenwart als Synonym für große englische Züge gelten darf und seit 115 Jahren genau um 10 Uhr von London-Kings Cross nach Edinburgh abgeht.

Auf dem Kontinent träumte die Gesellschaft lange Zeit von einer durchgehenden Eisenbahnverbindung zwischen Abendland und Orient: hier Paris – dort Konstantinopel, dazwischen Wien, Budapest, Bukarest, Belgrad und Sofia. Städte von Rang und Geltung, Reisewege voller Strapazen. Bis zum Jahre 1883: dann gab es den »Orient-Expreß«, und die Träume konnten Wirklichkeit werden. Am 10. Oktober 1882 war zum ersten Mal ein »train eclair« von Paris nach Wien gefahren, ein »Blitzzug« als Vorläufer des »Orient-Expreß«, der dann ein Jahr später folgte, am 5. Juni 1883, und dessen Name bald als Inbegriff luxuriösen Reisens galt. Daran änderte auch nichts, daß die Passagiere anfangs in Giurgiu südlich von Bukarest ihre samtgepolsterten Abteile verlassen, mit der Fähre ans andere Donauufer übersetzen, von Rustschuk aus mit einem weit weniger komfortablen Zug 222 Kilometer bis Varna fahren und

schließlich zu Wasser mit dem österreichischen Dampfer »Espero« nach Konstantinopel reisen mußten. Vom 1. Juni 1889 an konnte der »Orient-Expreß« endlich in einem Zug von der Seine bis an den Bosporus durchlaufen. In den Nobelwagen gaben sich Regierende und Diplomaten, Spione und Spekulanten, Weltenbummler und Agenten, Adelige und schöne Frauen ein Stelldichein. Obwohl der Glanz des Zuges immer mehr verblaßte und der Zweite Weltkrieg seinen Namen eine ganze Weile auslöschte, hat kaum ein anderer literarischen Ruhm und Film-Ehren in einem Ausmaß erlangt wie der »Orient-Expreß«, der heute zwar noch immer von Paris abfährt, aber als gewöhnlicher und jeglicher Exklusivität entkleideter Schnellzug in Bukarest endet. Die »klassische Trasse« des »Orient-Expreß« führte stets über München - Wien. Bis Sommer 1977 fuhr daneben der »Direkt-Orient« über die rund 420 Kilometer kürzere Strecke durch die Schweiz und den Simplontunnel nach Mailand, Triest und weiter über den Balkan bis Istanbul und Athen. Als »Simplon-Orient-Expreß« 1919 erstmals eingesetzt, hat auch dieser Zug glanzvolle Zeiten erlebt. Nun ist er endgültig in die Historie befördert worden. In den verschiedenen Ländern trugen

Oben: Auf der Transsibirischen Bahn sind heute zwischen Moskau und Karymskoje 6 283 Kilometer elektrifiziert. Der östliche Abschnitt wurde noch lange von den schweren Dampfschnellzugloks der Gattung P 36 befahren, die sich in Petrovskij Sawod vor den Trans-Sibirien-Expreß nach Wladiwostok setzten. Inzwischen sind sie von Dieselloks abgelöst worden.
Links: Vom Plüsch der Zarenzeit – im Bild ein Salonwagen aus dem Jahre 1900 – berichten nur noch die Fremdenführer.
Rechts: Auf dem amerikanischen Kontinent zählten die kanadischen Transkontinentalzüge lange zu den komfortabelsten; rechts ein »Supercontinental« der Canadian National in der Nähe von Jasper in den Rocky Mountains.

die schnelleren Züge zunächst recht unterschiedliche Bezeichnungen: Es gab »Expreßzüge« und »Schnellzüge«, »Kurierzüge« und »Eilzüge«, daneben manchen anderen phantasievollen Begriff vom »Blitzzug« bis zum »Beschleunigten Personenzug«. Im Jahre 1889 beschloß die Internationale Fahrplankonferenz in Interlaken, einheitlich von »Schnellzügen« zu sprechen. Nur der Orient-Expreß machte eine Ausnahme: Er blieb »Expreß«. Zehn Jahre nach seinem Start warteten wiederum die Preußischen Staatseisenbahnen mit einer Neuerung auf: 1893 setzten sie erstmals eine Wagenbauart mit Seitengängen und von Faltenbälgen umgebenen Übergangsbrücken zum anschließenden Wagen ein. Für einen Zug mit derartigen Wagen bürgerte sich, weil man darin durchgehen konnte, der Begriff »D-Zug« ein, der bis heute im Sprachgebrauch erhalten geblieben ist.

Der »Personenzug« dagegen, alt gewohnter Begriff für jene Gattung, die unterwegs auf jeder Station anhielt und im Volksmund deshalb Bummelzug hieß, wurde von der Deutschen Bundesbahn im Jahre 1969 ganz offiziell aus dem Vokabular getilgt. Er heißt seitdem präziser »Nahverkehrszug«.

Die Transkontinentalen

Überall, wo die Eisenbahn weite Strecken zu durchmessen begann, lockte sie mit vielfach unvergleichlichem Luxus wohlhabende Reisende in die Züge. Die Reisezeiten schienen demgegenüber keine große Rolle zu spielen; die Maxime »Zeit ist Geld« fehlte noch unter den Lebensweisheiten. Besonders zeigte sich das auf so abenteuerlichen Strecken wie der Transsibirischen Eisenbahn, die zwar die Fahrzeit für eine Reise in den Fernen Osten entscheidend verkürzte, von attraktiven Reisegeschwindigkeiten trotzdem weit entfernt war. Dafür konnte der »Transsibirien-Expreß« mit außergewöhnlichem Komfort aufwarten. Die beiden berühmtesten Züge trugen indessen offiziell nur Nummern: Eins und in der Gegenrichtung Zwei. Die Namensgebung wird englischen Reisenden zugeschrieben; amtlich hat es einen Transsibirien-Expreß nie gegeben. Eher dagegen den »International«, bisweilen etwas umständlich auch »Internationaler Zug« genannt. Da er ausschließlich über russisches Territorium fuhr, muß wohl das vorwiegend internationale Publikum für diese »halbamtliche« Bezeichnung maßgebend gewesen sein.

Da die Eisenbahn von Moskau nach Tscheljabinsk und durch Sibirien bis Wladiwostok abschnittweise in Betrieb genommen wurde, gibt es für die Züge dieser Linie keine eindeutig fixierten Eröffnungstermine, zumal die durchgehende Verbindung eine Zeitlang noch durch die Schiffsstrecke über den Baikalsee in zwei Etappen geteilt wurde. Von 1907 an konnte die Transsibirische Eisenbahn durchgehend befahren werden. Die Reisegeschwindigkeit lag, die zahlreichen und teilweise längeren Aufenthalte eingerechnet, unter fünfundzwanzig Stundenkilometern.

In seinen Erste-Klasse-Abteilen bot der »International« einen Schreibtisch mit Polstersessel und zusätzlich zur üblichen Einrichtung je eine eigene Toilette. Marmorverkleidete Bäder mit den legendären Porzellanwannen rollten ebenso mit wie eine Bibliothek mit Lesesaal. Innerhalb von fünf Jahren führte sich die Eisenbahnverbindung durch Sibirien ausgezeichnet ein. Cooks Continental Timetable nannte für 1912 Reisezeiten von neun Tagen zwischen Moskau und Wladiwostok, von elf Tagen zwischen Moskau und Tokio sowie von vierzehn Tagen zwischen London und Schanghai.

In der Regel sollen die Fahrpläne zuverlässig eingehalten worden sein.
Neben dem luxuriösen »International« verkehrten auch weniger komfortable Schnellzüge. Heute existiert der verstaubte Pomp nur noch im Repertoire der Fremdenführer. Statt dessen bieten die Züge – Nummer Eins heißt heute »Russia« – zeitgemäßen Komfort mit relativ hohem Standard, dank Elektrifizierung und mehrfach verbesserter Linienführung auch kürzere Reisezeiten.
Zu den ältesten Expreßzügen Amerikas, die einen Namen trugen, gehörte der »Empire State Express« der New York Central Railroad, der seit Oktober 1891 New York mit Buffalo verband. Er machte erstmals im Mai 1893 von sich reden, als es hieß, er habe mit der nagelneuen American-Lokomotive Nummer 999 westlich Batavia die Rekordgeschwindigkeit von 195 Stundenkilometern erreicht. Als zweiter Meilenstein in seiner Geschichte gilt die Einführung komfortabler Wagen aus rostfreiem Stahl, die am 7. Dezember 1941, dem Tag des japanischen Angriffes auf Pearl Harbour, vorgestellt wurden.
Besondere Bedeutung kam auch in Amerika den interkontinentalen Fernzügen zwischen Atlantik- und Pazifikküste zu, wobei sich die verschiedenen Gesellschaften durch immer neue Einfälle Vorteile gegenüber der Konkurrenz zu verschaffen suchten. Auf den beiden kanadischen »Pazifik-Linien« gibt es noch heute einen ähnlichen Wettbewerb zwischen dem »Canadian« der Canadian Pacific und dem »Super Continental« der Canadian National. Beide Züge zählen mit ihren Salon- und Aussichtswagen zu den komfortabelsten Zügen der Welt.
Seinen Höhepunkt hatte der Reiseverkehr auf den Eisenbahnen Amerikas in den späten dreißiger Jahren erreicht. Unter den mit Dampflokomotiven bespannten großen Expreßzügen machte sich neben etlichen anderen besonders der »Hiawatha« der Chicago, Milwaukee, St. Paul & Pacific einen Namen. Der Zug nahm am 29. Mai 1935 den fahrplanmäßigen Dienst zwischen Chicago und St. Paul auf. In dieser Verbindung standen nicht weniger als drei Gesellschaften miteinander in Wettbewerb. Der »Hiawatha«, für den 1936 und 1938 neue, immer komfortablere Wagen eingesetzt wurden, machte jedoch »das Rennen« gegenüber den Star-Zügen der Konkurrenz. Schon am 6. Oktober 1938, vierzig Monate nach seiner Einführung, konnte er den millionsten Fahrgast befördern.
In der Nachkriegszeit verlor der Fernreiseverkehr auf der Schiene in Amerika immer stärker an Bedeutung, zum Teil infolge der Konkurrenz durch Auto, Überlandbus und Flugzeug, zum Teil auch durch einseitige Bevorzugung des profitableren Güterverkehrs von den Gesellschaften bewußt herbeigeführt. Die am 30. April 1971 durch Kongreßbeschluß ins Leben gerufene »American trackage« – kurz Amtrak genannt – bemüht sich seither mit erheb-

lichen Förderungsmitteln des Staates um Wiederbelebung dieses Verkehrszweiges. Zum ersten Mal wird damit ein über die Staaten hin einheitliches System von Reisezügen angeboten, bei dem die beteiligten Gesellschaften lediglich den Betrieb führen. Die »Metroliner« zwischen New York und Washington haben sich bisher den besten Namen gemacht. Zu den Gründungsgesellschaften der Amtrak gehörten die Santa Fé, die Burlington Northern, die Union Pacific, die Seabord Atlantic und die Baltimore & Ohio; abseits blieb vor allem die im Personenverkehr noch bedeutende Southern Pacific.
Zur Spitzenklasse der Komfortzüge in aller Welt zählt seit Oktober 1972 der südafrikanische »Blue train«. Zuvor hatte ein Zug gleichen Namens schon mehr als fünfundzwanzig Jahre lang mit luxuriösen Wagen der vorangegangenen Epoche für eine erstklassige Zugverbindung zwischen Kapstadt und Johannesburg gesorgt.

Gegenüber dem 1946 erstmals eingesetzten älteren »Blue train« mit zwölf Wagen verfügt der neue Zug, von dem zwei Einheiten laufen, über sechzehn Wagen zehn verschiedener Bauarten. Dabei überwiegen Schlafwagen, in denen vier Kategorien von »Standard« über »Semi-Luxe« und »Luxe« bis »Suite« angeboten werden. Jeder der vollklimatisierten Züge bietet 108 Fahrgästen Platz, denen nicht weniger als fünfundzwanzig Mann Personal zur Verfügung stehen.
Als dem »Blue train« ebenbürtig galten früher noch die kanadischen Transkontinentalzüge. Heute sind es höchstens die Australien auf der West-Ost-Magistrale durchquerenden Komfortzüge, insbesondere der »Indian Pacific«, der nach Fertigstellung der durchgehenden Normalspurstrecke im Jahre 1970 erstmals eingesetzt wurde. Anfangs verkehrte er nur zweimal wöchentlich. Aufgrund des unerwartet starken Verkehrsaufkommens mußte die Zahl der Fahrten inzwischen mehrfach erhöht werden. Der gebotene Komfort läßt selbst die viertausend Kilometer lange Eisenbahnfahrt zwischen Sydney und Perth noch immer gegenüber dem Flugzeug und seinen unvergleichlich kürzeren Reisezeiten attraktiv erscheinen.
So bieten heute Bahnen außerhalb Europas den weitaus höchsten Komfort in Eisenbahnzügen. Die Struktur ihres Verkehrs verlangt und ermöglicht derartigen Service, während auf den meisten europäischen Linien in den Zügen der Spitzenklasse der Geschäftsreiseverkehr über Teilstrecken überwiegt und nach luxuriösen, bei dem hohen europäischen Kosten- und Preisniveau entsprechend teuren Zügen offenbar keine hinreichende Nachfrage mehr besteht.
Diese Erfahrung machte letzten Endes auch die Italienische Staatsbahn mit ihrem 1953 eingeführten »Settebello«, dem »Schönen Sieben-Wagen-Zug«, der bald als luxuriösester Zug Europas galt, mit Aussichtskanzeln vorn und hinten unter dem Führerraum. Der hohe Settebello-Zuschlag sorgte für Exklusivität. Inzwischen hat der schlichtere TEE-Komfort den »Settebello« auch auf der Magistrale Mailand - Bologna - Florenz - Rom längst überrundet.

Links: Der »Canadian« der Canadian Pacific überquert die Stony-Creek-Brücke in Britisch Columbien; die Regierung in Ottawa hat eine Koordinierung der beiden kanadischen West-Ost-Verbindungen durchgesetzt, auf denen sich Canadian National und Canadian Pacific noch Ende der siebziger Jahre zu übertreffen suchten.
Zu den komfortabelsten Zügen der Welt zählen heute Südafrikas »Blue train« (unten) auf Kapspur von nur 1067 Millimeter Spurweite und in Australien der »Indian Pacific« (nächste Doppelseite).

4481

Trans-Europ-Expreß

Nach dem Zweiten Weltkrieg sahen sich die europäischen Eisenbahnen, als der zeitbedingte Rückstand aufgeholt war, rasch wachsender Konkurrenz durch Auto und Flugzeug gegenüber. Während der Straßen- und der Luftverkehr steil anstiegen, ließ die Verkehrsentwicklung der meisten Bahnen stark rückläufige Tendenz erkennen. Allein mit passiven Reaktionen, wie mit Verringerung des Zugangebotes entsprechend der geringeren Nachfrage, gedachten sich die Eisenbahnen jedoch nicht zu begnügen; vielmehr fanden sie sich zusammen, um über die Qualität des Angebotes auf die künftige Entwicklung aktiv Einfluß zu nehmen.
Als Ergebnis dieser gemeinsamen Bemühungen konnten im Sommer 1957 die Schweizerischen Bundesbahnen, die Belgischen, Französischen, Luxemburgischen und Niederländischen Eisenbahnen, die Italienische Staatsbahn und die Deutsche Bundesbahn das Trans-Europ-Expreß-Netz präsentieren. Anfangs verkehrten täglich neunzehn TEE-Züge, ausgestattet durchweg mit hohem Komfort wie Klimaanlage, geräumigen Abteilen und Großräumen, gastronomischer Betreuung in Speisewagen oder am Sitzplatz, besten Fahreigenschaften in weitgehend neu entwickelten Zügen sowie kurzen Reisezeiten zwischen den bedeutendsten Städten und Wirtschaftszentren im Herzen Europas. Der französische TEE »Ile de France« erreichte als schnellster TEE-Zug zwischen Paris und Brüssel schon damals 113,5 Stundenkilometer Reisegeschwindigkeit, während im Netz der Deutschen Bundesbahn seinerzeit aufgrund der Kriegsfolgen noch ein Tempolimit von 120 Stundenkilometern bestand. Der TEE »Helvetia« zwischen Hamburg und Zürich kam deshalb als schnellster deutscher auf nur 90,8 Stundenkilometer.
Von den Dieseltriebzügen, die für das TEE-Netz entwickelt und gebaut worden waren, gingen nach Frankreich auch die anderen Bahnen mehr und mehr auf Züge über, die aus modernsten Schnellzugwagen gebildet und von Lokomotiven gezogen wurden. In Deutschland unterstützte die fortschreitende Elektrifizierung diese Tendenz, obwohl sich gerade die deutschen TEE-Dieseltriebzüge als besonders beliebt erwiesen. Heute sind aus dem TEE-Verkehr alle Dieseltriebzüge verschwunden; lediglich die elektrischen Vierstrom-Triebzüge der Schweizerischen Bundesbahnen verkehren noch.
Die Deutsche Bundesbahn brachte zum 30. Mai 1965 einen der renommiertesten europäischen Expreßzüge, der schon auf nahezu vier Jahrzehnte Tradition zurückblicken konnte, in das TEE-Netz ein: den »Rheingold«. Er war 1927 in Prag von der europäischen Fahrplankonferenz als neue komfortable Verbindung zwischen England, Holland, Deutschland und der Schweiz ins Leben gerufen und am 15. Mai 1928 zum ersten Mal eingesetzt worden. Von Hoek van Holland und Amsterdam aus durchmaß er die Niederungen Hollands, erreichte bei Emmerich den Rhein und folgte seinem Lauf 662 Kilometer weit bis Basel; schon ein Jahr später fuhr er bis Zürich und Luzern. Fünf glänzende Wagen in Beige und Violett, von goldenen Linien umrahmt und von silbernen Dächern gekrönt, boten auch im Inneren mehr als jeder andere Zug. In der ersten Klasse gab es schwere Polstersessel mit hohen Rückenlehnen und bequemen Armstützen. Ganz nach Wunsch ließ sich jeder Sessel dorthin rücken, wo man ihn haben wollte. Abteile mit nur zwei oder vier, aber auch Großräume mit acht, zwölf oder sechzehn Plätzen standen zur Auswahl. Auf jedem Fensterbrett verbreitete eine Tischlampe trauten Schein, schwere Vorhänge umrahmten die Fenster, elektrische Ventilatoren sorgten für Kühlung, erstmals kamen die Zollbeamten an den Grenzen in den

fahrenden Zug. Der Krieg unterbrach auch diesen komfortablen Dienst der danach aus kleinen Anfängen - zeitweise sogar mit 3. Klasse - wieder erstand.
Am 27. Mai 1962 erhielt der »Rheingold« neue Wagen, die den Ansprüchen selbst verwöhntester Globetrotter genügen sollten. Diese »Rheingold«-Wagen begründeten den heutigen hohen Standard der deutschen TEE- und Intercity-Wagen. Zu den konventionellen Abteilen kamen flugzeugähnliche Großräume, Speisewagen, Barwagen und vor allem Aussichtswagen, die freien Ausblick in die Landschaft boten und besonders von Touristen mit Vorliebe aufgesucht wurden. Im Sommer 1976 verschwanden diese Aussichtswagen wieder, nachdem sie während ihres nahezu fünfzehnjährigen Einsatzes stark gelitten hatten. Ein Touristikunternehmen nützte die Chance, kaufte die Wagen und setzt sie nun nach Generalüberholung in Sonderzügen ein. Heute verkehrt der TEE »Rheingold« als schnelle Tagesverbindung zwischen Amsterdam und Genf mit Wagen nach Chur und von Hoek van Holland über den Gotthard nach Mailand.
Die Italienische Staatsbahn ließ Anfang der siebziger Jahre ähnlich komfortable Wagen entwickeln, wobei allerhand bemerkenswerte Einfälle verwirklicht wurden: das Kleiderschränkchen hinter jedem Sitzplatz, beliebig verstellbare Jalousetten zwischen den Doppelscheiben, mehrere Variationsmöglichkeiten der Beleuchtung und diverse Extras in der Ausstattung der Toiletten. Vom 21. August 1972 an, kurz vor Beginn der Olympischen Sommerspiele in München, liefen die neuen italienischen Wagen auch im TEE »Mediolanum» zwischen Mailand und München.
Das einst glanzvolle Markenzeichen »Trans-Europ-Expreß« hat nach 1979 stark an Attraktivität verloren. Ursache war die Öffnung der schnellen Züge auch für die 2. Klasse; dieser mit dem TEE-Reglement unvereinbare Schritt führte zu den »Intercity-Zügen« mit 1. und 2. Klasse, bei der Deutschen Bundesbahn seit 27. Mai 1979 unter dem Slogan »Jede Stunde, jede Klasse« zwischen rund 40 großen Städten der Bundesrepublik. Unangefochten blieb in Deutschland lediglich TEE »Rheingold«, der 1983 - wenn auch etwas halbherzig - wieder zum Starzug der Bundesbahn erhoben wurde. Obwohl seit 1984 auch TEE »Mediolanum« zwischen Mailand und München als einer der beiden letzten TEE-Züge Deutschlands als doppelklassiger Intercity fährt, will die Deutsche Bundesbahn den Trans-Europ-Expreß nicht endgültig aufgegeben wissen, sondern im Blick auf ihre Neubaustrecken wieder verstärkt fördern.

Linke Seite: Als berühmtester Vorgänger der Trans-Europ-Expreß-Züge rollte schon 1953 der »Settebello« von Mailand über Bologna und Florenz nach Rom.
Oben: Die Deutsche Bundesbahn brachte 1965 einen berühmten Zug in das TEE-Netz ein, den »Rheingold«, der in den dreißiger Jahren zu den glanzvollsten Zügen Europas gezählt hatte. Die Wagen aus der damaligen Zeit – von Eisenbahnfreunden restauriert – finden auch heute bei Sonderfahrten großen Anklang.
Nächste Doppelseite: Der moderne »Rheingold« fährt auf der ganzen Strecke von der Schweiz bis nach Holland elektrisch, hier vor Burg Stahleck bei Bacharach am Rhein.

Oben: »Auto im Reisezug« gab es schon zur Kutschenzeit. Auf der Berlin-Anhaltischen Eisenbahn konnte 1842 eine gewöhnliche, leichte Equipage für 21¾ Taler von Berlin bis Leipzig mitgenommen werden.
Rechte Seite oben: Autozüge durch die großen Alpentunnel, wie hier durch die Tauern zwischen Böckstein und Mallnitz, sparen heute dem Straßenverkehr beschwerliche Wege über Paßstraßen.
Rechts unten: Doppelstöckig transportieren die Autoreisezüge über Nacht ihre Ladung vielfach mehr als tausend Kilometer weit, während die Fahrer getrost schlafen können.

Auto als Gepäck

Am 19. Juni 1955 verließ ein ungewöhnlicher Zug den Londoner Bahnhof Kings Cross mit Ziel Perth in Schottland. Neben Schlafwagen bestand er aus Flachwagen, auf denen die Autos der Fahrgäste mitfuhren. Dieser Zug begründete einen neuen Service der Eisenbahnen, über den sie sich mit der wachsenden Konkurrenz des Automobils zu arrangieren gedachten. In Wirklichkeit gab es derartigen Verkehr freilich schon mehr als hundert Jahre früher.
Anno 1842 konnten »leichte Equipagen« für 21¾ Taler bei der Berlin-Anhaltischen Eisenbahn von Berlin nach Leipzig im Zug mitgenommen werden. Das »Buch für Winterabende« des Emil Bürger, Techniker des Eisenbahnbaues, brachte 1844 in seinem »Gemeinnützigen Anhang« ganze Tabellen mit Eisenbahntarifen für den »Transport von Fuhrwerk etc.«. So konnte der Reisende für acht Gulden und 15 Kreuzer seinen »Schweren mit Koffern bepackten Reisewagen« von Frankfurt am Main nach Castel verladen, »gewöhnliche viersitzige Kaleschen« für sechs Gulden und 12 Kreuzer und »jedes andere leichte Fuhrwerk« für fünf Gulden und 30 Kreuzer. Zwischen Magdeburg, Cöthen, Halle und Leipzig unterschied sich die Fahrtaxe für Equipagen sogar nach den drei Wagenklassen.
Daß in Deutschland ab 1. April 1930 Autos in Eilgüterzügen befördert wurden und 1938 zum halben Satz des ermäßigten Gepäcktarifs mitgenommen werden konnten, erstaunt demgegenüber wenig. Schon damals, als auf den neuen Autobahnen noch paradiesische Zustände herrschten, muß die »Autofahrt mit der Eisenbahn« manchem noch ungeübten Fahrer bequemer und seinen Preis wert erschienen sein. Ähnliche Überlegungen veranlaßten die Eisenbahnen im Zuge der Motorisierungswelle nach dem Zweiten Weltkrieg, überall dort »Autoreisezüge« einzusetzen, wo starke Verkehrsströme ein entsprechendes Aufkommen erwarten ließen oder wo Hindernisse wie Alpenpässe, aber auch besonders oft »verstopfte« Autobahnen versprachen, genügend viele Autofahrer zur Verladung ihres Wagens auf die Eisenbahn zu veranlassen.
Durch zahlreiche Alpentunnel, zuletzt ab 26. September 1982 an der Furka, richteten die Bahnen Autoverladedienste ein, oft die einzige Möglichkeit, die Alpen mit dem Auto überhaupt zu überqueren; mit dem Ausbau der Straßenverbindungen endeten diese Dienste vielfach wieder: am 1. Juni 1978 am Arlberg, am 5. September 1980 am Gotthard und bereits am 1. Juni 1980 durch den Fréjus-Tunnel. Nach dem Zweiten Weltkrieg hatte so auch die Nordseeinsel Sylt Autoverbindung erhalten, da der Hindenburgdamm nur die Eisenbahn unmittelbar auf die Insel gelangen läßt. Der eigentliche Autoreisezugdienst zielte indessen auf Autoverladung über lange Strecken ab.
Die ersten Autoreisezüge verkehrten deshalb in Nachtverbindungen mit Schlafwagen, in denen sich das Reiseziel über Nacht erreichen und auf diese Weise »ein Tag gewinnen« ließ. Diese Züge legten vielfach mehr als tausend Kilometer auf einer Nachtfahrt zurück, eine Strecke, für die der selbst fahrende Automobilist gut zwei Tage kalkulieren mußte, zumal in der Hauptreisezeit und beim Passieren mehrerer Landesgrenzen. Die zunehmend prekären Straßenverhältnisse führten tatsächlich zu einer stark steigenden Inanspruchnahme des Autoreisezugdienstes. Immer neue Relationen wurden bedient, immer neue Angebote ersonnen. So kam es zur Einführung der Tageszüge, die meist im Binnenverkehr einzelner Länder Fernstrecken überbrücken und sich mit ihren Pauschaltarifen für das Auto und mehrere Personen bald großer Beliebtheit erfreuten.
Mit der Wirtschaftskrise Mitte der siebziger Jahre trat jedoch in Europa ein deutlicher Knick in der bis dahin ungebrochenen Aufwärtstendenz des Autoreisezugverkehrs ein. Seither wurden Verladebahnhöfe, Zugverbindungen und Verkehrszeiten wieder eingeschränkt. Doch zeigen sich auch auf diesem Gebiet erhebliche Unterschiede von Land zu Land, von Kontinent zu Kontinent: In Australien, wo der Autoreisezugdienst erst im März 1973 aufgenommen wurde, nahmen unerwartet viele Touristen und Geschäftsreisende die Möglichkeit wahr, ihr eigenes Auto im Zug mitzunehmen. Der »Gold Coast Motorrail-Express« sowie der »Southern Aurora« zwischen Sydney und Melbourne übertrafen alle Prognosen. Durch Einsatz modernster Schlafwagen sollen die Autofahrer dort auch künftig »an die Schiene gebunden« werden.

DB
M-WZ 452
D-JL 967
51 80 98-80 023-9

VII Berlin–Danzig–Königsberg (Pr.)–Eydtkuhnen

Bei der Benutzung der nachstehenden Züge besteht für Reisende aus dem übrigen Deutschland nach Ostpreußen und umgekehrt kein Paßzwang und keine Zollrevision

⊘ üb. Posen–Thorn s. 56 a. 583. 581
a üb. Marienburg

c auch 18 20 üb. Marienburg
d auch 21 30 üb. Marienburg

a. über Schneidemühl und Posen

9 35	9 47	15 17	19 54	22 1	23 28	0 20	...	Ab **Berlin** Schles. Bf 21. 56 ... An	19 4	5 16	18 52	22 12	...	6 47	7 31	10 30	8 47
10 51	10 1	15 5	20 7	23 5	0 0	...	...	Ab *Frankfurt (Oder)* 56 a. 63 ... An	17 58	6 1	18 44	21 58	...	6 1	6 21	9 52	8 36
↓	11 5	16 23	21 14	↓	0 43	2 14	...	Ab Küstrin Neustadt Hbf. (21) ... An	↑	3 7	17 40	21 2	...	5 6	↑	8 44	7 35
	11 41	16 57	21 54		1 21	3 7	...	Ab Landsberg (Warthe) (21) ... An		2 2	17 5	20 27	...	4 31		7 50	6 59
⊘	13 14	18 17	23 37	⊘	3 0	5 21	...	An **Schneidemühl** (21) ... Ab	⊘	23 30	15 33	18 57	...	3 0	⊘	5 38	5 31
↓	↓	18 45	↓	↓	3 27	↓	...	Ab **Schneidemühl** (581) ... An	↑	21 55	↑	18 4	...	↑	↑	↑	↑
		20 20			6 17		...	Ab *Bromberg* (581) ... Ab		19 47		16 38	...				
16 30		21 9		4 41	7 34		...	Ab *Thorn* (581) ... Ab	12 26	18 13		15 53	...		0 44		
18 22		23 0		6 37	10 29		...	An *Deutsch Eylau* (581) ... Ab	10 23	14 30		13 55	...		22 44		
19 33		0 5		7 51	14 33		...	An *Allenstein* (22) ... Ab	9 20	11 14		12 58	...		21 42		
20 31		...		8 52	16 24		...	An *Korschen* (22) ... Ab	8 17	9 11		...	...		20 43		
21 31	↓	...	↓	9 52	18 26	↓	...	An ***Insterburg*** (22) ... Ab	7 19	7 30	↑	...	...	↑	19 46	↑	↑
↓	13 25	18 23	23 50	↓	3 13	5 41	...	Ab **Schneidemühl** 21. 580 ... An	↑	↑	15 23	18 45	...	2 50	↑	5 14	5 24
	15 53	»	2 39		»	»	...	An Dirschau 21. 580 ... Ab			12 38	»	...	0 12		»	2 37
	c17 4	a23 52	5 45		a 8 8	a12 16	...	An ***Danzig*** *Hbf 580 a* ... Ab			a10 0	a13 40	...	d23 16		a21 30	23 40
	16 16	21 0	3 1		6 6	10 0	...	An Marienburg (Wpr.) 21. 580 .. Ab			12 16	15 55	...	23 50		0 57	2 15
↓	18 20	22 54	5 7	↓	8 15	12 41	...	An **Königsberg** (Pr.) Hbf (21) Ab	↑	↑	10 3	14 3	...	21 36	↑	21 57	23 58
	19 40	...	6 21		9 42	14 35	...	An **Insterburg** (21) Ab			8 47	10 41	...	20 22		19 28	22 50
23 24	20 37	...	7 29	11 11	11 11	15 52	...	An **Eydtkuhnen** (21) Ab	5 49	5 49	7 52	9 24	...	19 19	17 50	17 50	21 20

b. über Stettin und Swinemünde

...	8 35	...	...	...	...	22 30	23 42	...	Ab **Berlin** Stett. Bf 51. 53 ... An	...	21 0	...	...	7 45	...	...	...	...	...
...	9 40	...	...	...	...	0 7	0 55	...	An Angermünde 51. 53 ... Ab	...	19 53	...	...	6 5	...	...	...	...	...
...	↓	...	...	...	...	↓	↓	...	Ab *Angermünde 51* ... An	...	↑	...	...	↑	...	...	...	...	...
...		...	...	...	...			...	Ab *Swinemünde Hafen* (98) . An	...		...	...		...	...	...	...	...
...		...	...	...	...			...	An *Zoppot* (98) . Ab	...		...	...		...	...	...	...	...
...		...	...	...	...			...	An *Pillau* (98) . Ab	...		...	...		...	...	...	...	...
...	↓	...	...	...	...	↓	↓	...	An ***Königsberg*** *(Pr.) Hbf 27* Ab	...	↑	...	...	↑	...	...	...	...	...
...	9 41	...	...	...	...	0 11	0 56	...	Ab Angermünde 53 ... An	...	19 52	...	...	5 50	...	...	...	...	...
...	10 35	...	...	...	...	1 56	↵	...	Ab **Stettin** 53 ... An	...	18 52	...	...	4 11	...	...	...	...	...
...	10 7	...	...	...	...	19 2	...	...	Ab *Kolberg* 16 ... An	...	17 34	...	...	7 25	...	...	...	...	...
...	14 20	...	...	...	...	7 53	—	...	Ab Stolp 16 ... An	...	14 56	...	...	21 47	...	...	...	...	...
...	17 8	...	...	...	...	13 26	↓	...	An **Danzig** Hbf 16 ... Ab	...	12 24	...	...	17 16	...	...	...	...	...
...	18 13	...	...	...	...	15 27	16 25	...	An Marienburg (Wpr.) 580 (21) Ab	...	11 19	...	...	15 10	...	...	...	...	...
...	20 10	...	...	...	...	19 33	18 20	...	An **Königsberg** (Pr.) Hbf (21) Ab	...	9 16	...	...	11 18	...	...	...	...	...
...	22 1	...	...	...	...	22 1	19 40	...	An **Insterburg** (21) Ab	...	7 9	...	...	8 47	...	...	...	...	...
...	23 24	...	...	...	...	23 24	20 37	...	An **Eydtkuhnen** (21) Ab	...	5 49	...	...	7 52	...	...	...	...	...

Fahrplan aus dem Reichskursbuch vom Herbst 1932: Strecke von Berlin nach Ostpreußen und Danzig durch den polnischen Korridor
Rechte Seite: Fahrkarte von York nach Glasgow im Edmondson-Format, jedoch noch mit der Hand geschrieben

Katalog der Bahn: das Kursbuch

Lange bevor an Eisenbahnverkehr zu denken war, begann die Geschichte des Kursbuches. Als ältester Vorläufer gilt das um 1520 in »Oberdeutschland« handschriftlich zusammengestellte Wegeverzeichnis mit Entfernungsangaben für zwölf verschiedene Verbindungen von Antwerpen bis Venedig. Wenig später gab der Straßburger Prediger Kaspar Hedio das von seinem Landsmann Sebastian Brant zusammengestellte Reisebuch heraus, das er selbst als erstes »Kursbuch« bezeichnete. Dieses und eine Reihe ähnlicher Verzeichnisse stellten jedoch eher Reiseführer dar, da ihr Schwergewicht weniger auf den Verbindungen, den Abfahrts- und Ankunftszeiten lag.
Die Fahrpläne als »Angebot« der ersten Eisenbahngesellschaften wurden einfach durch Aushang bekanntgegeben. In England erschien 1842 der erste zusammengefaßte Fahrplan, der die Bezeichnung Kursbuch im heutigen Sinne verdient. Nur zwei Jahre später veröffentlichte in Deutschland die Ludwigs-Süd-Nord-Bahn den ersten gedruckten Fahrplan für Reisende von München nach Hof. Die Eisenbahnen in der Mitte des vorigen Jahrhunderts dampften jedoch unter der Flagge zahlreicher privater Gesellschaften, und weil Privatunternehmen nicht daran denken, Angebot und Preisliste der Konkurrenz zu verbreiten, gab es in Deutschland neunzig Jahre lang kein von den Eisenbahnen gemeinsam herausgegebenes Kursbuch für das Gesamtgebiet des damaligen Deutschen Reiches.
Die Post spielte im regelmäßigen Personenverkehr mit ihren Postkursen gewissermaßen die Rolle des Vorreiters. Sie verfügte längst über eine umfassende Organisation, als manche Bahngesellschaft lediglich danach trachtete, möglichst viele Passagiere in die eigenen Züge zu lenken und möglichst wenig über oftmals bessere Anschlüsse oder kürzere Reisezeiten auf der Parallelstrecke der Konkurrenz verlauten zu lassen. Die Post jedoch, stets auf der Suche nach günstigen Verbindungen zur Beförderung ihrer Briefe und Pakete, nahm die Eisenbahnfahrpläne mit in ihre Verzeichnisse auf und erwies sich dabei als äußerst »verbraucherfreundlich«; denn sie wählte nicht nur die schnellsten Anschlußwege sorgfältig aus, sondern stellte ungeniert auch Wettbewerbslinien dar und brachte Übersichten verschiedener Reisemöglichkeiten in wichtigen Relationen.
Zum selben Zeitpunkt, da auch in Frankreich das erste Kursbuch erschien, veröffentlichte 1845 in Frankfurt am Main der Fürstlich Thurn- und Taxissche Oberpostamtssekretär Hendschel sein 166 Seiten starkes Handbuch mit Abgangs- und Ankunftszeiten von Posten und Eisenbahnen für mehr als fünfhundert Orte mit Entfernungs- und Preisübersicht. Daraus entstand später »Hendschels Telegraph«, ein privates Fahrplanwerk, das sich trotz der Konkurrenz durch die Amtlichen Kursbücher bis 1930 halten konnte. Von der Post wurde 1848 in Berlin ein »Meilenzeiger für Deutschland« veröffentlicht, der neben dreihundert Postkursen schon 56 Eisenbahnlinien enthielt.
Das erste amtliche Werk mit einer vollständigen Zusammenfassung aller Verkehrsverbindungen Deutschlands folgte dann als »Eisenbahn-, Post- und Dampfschiff-Cours-Buch« im Jahre 1850, herausgegeben vom Cours-Bureau des Königl. General-Post-Amts Berlin. Enthalten waren neben den Fahrplantabellen, Tarifen und allgemeinen Hinweisen für Reisende rund zweihundert Eisenbahnfahrpläne Österreichs, der Schweiz, Belgiens, der Niederlande, Frankreichs und Englands, ferner Schiffsfahrpläne für die wichtigsten Ströme, zwischen bedeutenden Küstenorten sowie nach Übersee.
Seit 1872 gibt es regelmäßig internationale Fahrplankonferenzen, auf denen die europäischen Eisenbahnen jährlich oder in größeren Abständen die internationalen Zugverbindungen absprechen und festlegen.
Erste umfangreichere Kursbücher einzelner Bahnverwaltungen erschienen 1889 »für Bayern und die angrenzenden Nachbarstaaten«, zehn Jahre später für Baden. Noch im Jahre 1925 mußte die inzwischen gegründete Deutsche Reichsbahn-Gesellschaft beklagen, daß sie als größtes Eisenbahnunternehmen der Welt bisher kein eigenes Kursbuch herausgeben konnte. Vom Sommer 1926 an erschien dann nach eingehenden Verhandlungen mit der Post das Reichs-Kursbuch unter gemeinsamer Regie mit der Bahn. Vom darauffolgenden Jahr an entstanden nach und nach Reichsbahn-Kursbücher für Nord-, Mittel- und Ostdeutschland, für Westdeutschland, für Südwestdeutschland und für Bayern. Jedes benützte noch seine eigene Schrift, seine Streckeneinteilung und Fahrplannumerierung, wobei die Darstellung der Zugverbindungen oftmals an der Direktionsgrenze aufhörte.
Für eine klare Linie sorgte erst die Kursbuchreform von 1932. Sie brachte Fahrplantabellen, deren Aufbau sich an den Bedürfnissen des Verkehrs orientierte,

einheitliche Numerierung der Tabellen, einheitliche Schrift und genormtes Format. Es ist in Deutschland bis heute beibehalten worden, während die meisten ausländischen Bahnen kleinere Formate bevorzugen.
Zum Sommer 1933 gab die Deutsche Reichsbahn-Gesellschaft zum ersten Mal eine Gesamtausgabe, das »Amtliche Kursbuch für das Reich« heraus, die alle Teilkursbücher enthielt. Ab 1936 erschien diese Gesamtausgabe unter dem Titel »Deutsches Kursbuch« zweimal jährlich zum Fahrplanwechsel. Das letzte galt »vom 3. Juli 1944 an bis auf weiteres«.
Mit dem Ende des Krieges war die Einheitlichkeit auch auf diesem Gebiet erneut vorbei. Die ersten Kursbücher gab es wieder 1946, im Januar für die amerikanische, im Februar für die britische, im März für die französische und schließlich im November auch für die russische Zone. Für die drei westlichen Besatzungszonen erschien im Sommer 1947 wieder eine Gesamtausgabe. Sie erhielt im Herbst 1949 den Titel »Amtliches Kursbuch westliches Deutschland« und im Sommer 1954 »Amtliches Kursbuch der Deutschen Bundesbahn«. Im Sommer 1971 fiel der Zusatz »Amtliches« im Hinblick auf ein neues Selbstverständnis der Bundesbahn als Unternehmen weg.
Nach der Teilung Deutschlands waren die Anfang der dreißiger Jahre festgelegten Nummern der Kursbuchtabellen zunächst beibehalten worden. Nachdem die Reichsbahn der DDR ihre Bezeichnungen neu gegliedert hatte, ging auch die Deutsche Bundesbahn vom Sommer 1972 zu getrennten und den neuen Gegebenheiten angepaßten Systemen über.
Seit März 1873 erschien, von einigen zeitbedingten Unterbrechungen abgesehen, monatlich »Cooks Continental Timetable«, für Bahnreisen in Europa und angrenzenden Staaten über hundert Jahre lang zuverlässiger und stets aktueller Wegweiser für Reisebüros und Reiseveranstalter, Betriebe und Einzelreisende. Seit Januar 1981 erscheint das Cook-Kursbuch »Continental« für West- und Osteuropa sowie Marokko monatlich und »Overseas« für Amerika, Afrika, Asien und Australien alle zwei Monate.
Kursbücher gelten nicht nur als Bestseller, die von vielen Lesern mit Spannung erwartet werden. Auch frühere Jahrgänge stehen »hoch im Kurs«, und für alte Ausgaben lassen sich Liebhaberpreise erzielen, so daß inzwischen von verschiedenen Jahrgängen und Ausgaben Faksimile-Nachdrucke erschienen sind.

Vom Billett zum Ticket

Wer heute mit der Eisenbahn reist, löst selbstverständlich eine Fahrkarte. Das war keineswegs immer so. Wie bei der Postkutsche mußten auch bei den ersten Eisenbahnen die Passagiere vor der Abfahrt ihre Personalien angeben; sie wurden in die Passagierlisten aufgenommen, wenn der Fahrpreis bezahlt war. Diese Liste informierte den Schaffner und legitimierte die Reisenden. Die Stockton & Darlington Railway als erste öffentliche Bahn der Welt mit Personenverkehr handhabte so die Abfertigung ihrer Fahrgäste seit Gründung im Jahre 1825 bis etwa 1830. Bis dahin hatte das neue Verkehrsmittel derartige Mobilität der Menschen ausgelöst, daß sich dieses umständliche Verfahren nicht länger aufrechterhalten ließ.
Von nun an händigte die Bahn jedem Passagier gewissermaßen als Urkunde über

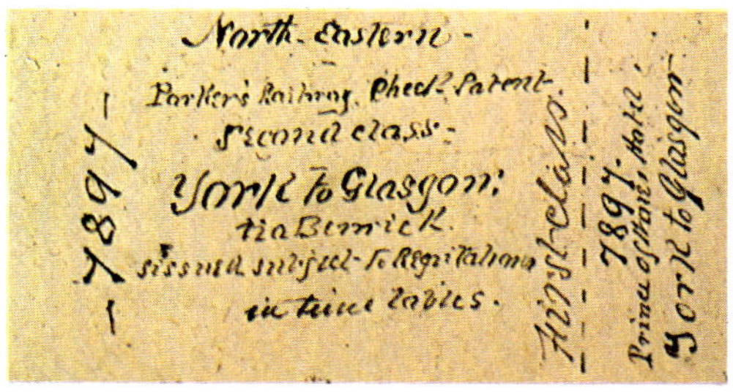

den Beförderungsvertrag ein Billett aus, das als Nachweis für die Bezahlung des Fahrpreises diente und die Berechtigung zur Fahrt dokumentierte. Damit war die Fahrkarte erfunden. Freilich noch keineswegs in der später fast weltweit üblichen Form aus farbigem Karton mit entsprechendem Aufdruck, sondern ganz einfach aus Papier, auf dem der Schalterbeamte Abfahrtzeit, Reiseziel, Fahrpreis und bei manchen Bahnen sogar den Namen eintrug. Hier und da verwendeten Eisenbahngesellschaften auch Metallmarken, die am Ende der Reise wieder eingesammelt, an die Ausgabestelle zurückgesandt und dann erneut verwendet wurden. Auch solche Verfahren nahmen jedoch zu viel Zeit in Anspruch und boten vor allem für die Abrechnung des Fahrgeldes keine hinreichende Kontrollmöglichkeit. Ein Fahrkartenverkäufer in England, der 1836 am Bahnhof Milton in den Dienst der eben eröffneten Newcastle & Carlisle Railway eingetreten war, sann auf Verbesserung: Thomas Edmondson. Sein Name ist bis heute in den meisten Ländern der Welt mit der Geschichte der Fahrkarte untrennbar verbunden.
Zuerst experimentierte Edmondson mit ausgeschriebenen Fahrkarten auf fortlaufend numerierten Kärtchen, dann stellte er mit einer Handpresse gedruckte Fahrkarten auf Vorrat her. Hierzu baute er Fahrkartenschränke mit zahlreichen kleinen Fächern, in denen die Tickets sortiert und griffbereit aufbewahrt werden konnten. Das System erwies sich als ebenso einfach wie zweckmäßig. Die von der Bahngesellschaft gedruckten und an die Bahnhöfe ausgegebenen Fahrkarten erhielten Geldwert. Zur Abrechnung brauchten bei Dienstbeginn und Dienstschluß lediglich die Seriennummern subtrahiert zu werden. Für jede verkaufte, also im Bestand fehlende Fahrkarte mußte der entsprechende Geldbetrag in der Kasse liegen. Der Fahrgast erhielt einen Fahrausweis und gleichzeitig damit die korrekte Quittung über den bezahlten Fahrpreis. Um jede Möglichkeit des Mißbrauchs durch Wiederverwendung auszuschließen, wurden die Fahrkarten am Reiseziel in der Regel eingezogen oder zumindest entwertet.
Edmondson ließ sich von 1839 an mehrere seiner Erfindungen patentieren, darunter auch allerhand Zubehör wie Datumspressen, Fahrkarten-Numerierungsmaschinen und Lochzangen. Bei der Manchester & Leeds Railway konnte er sein System zum ersten Mal in vollem Umfang einsetzen. Innerhalb eines Jahres baute er jedoch eine eigene Fahrkartenfabrik in Manchester auf, druckte auf Bestellung Fahrkarten in großen Mengen und vergab Lizenzen seiner Patente an andere Gesellschaften. Schon 1841 waren Edmondson-Fahrkarten auch in Frankreich bei der Bahn Paris–Rouen in Gebrauch. Ihre weltweite Verbreitung hatte begonnen. Zehn Jahre später benützten die meisten britischen Gesellschaften und zahlreiche Eisenbahnen in anderen Ländern das gleiche System. Überall hatten die Fahrkarten das einheitliche Format von etwa 30 mal 57 Millimetern, lediglich ihre Aufschriften unterschieden sich nach Relationen wie nach Sprachen.
Bei der ersten Eisenbahn in Deutschland gab es schon zu Anfang gedruckte Fahrkarten, allerdings aus Papier, in sieben Farben entsprechend den sieben Tagen der Woche, und mit detailliertem Aufdruck von Wagenklasse, Wagennummer, Zug und Abfahrtszeit. Derartiger Aufwand ließ sich bei ständig wachsendem Verkehr nicht lange beibehalten. So wurden zahlreiche Formen und Arten von Fahrkarten – handgeschriebene wie gedruckte – benützt, bis sich auch in Deutschland das Edmondsonsche System überall durch-

setzte. Auf großen Bahnhöfen, wo Fahrkarten für damals vier Wagenklassen, für verschiedene Zuggattungen und nach einer Vielzahl von Zielen bereitgehalten werden mußten, stieß jedoch auch dieses System auf Grenzen. Einen entscheidenden Schritt bedeutete deshalb die Entwicklung der Schalterdrucker, mit denen nahezu jede vom Reisenden verlangte Fahrkarte sofort gedruckt werden konnte. Die ersten derartigen Maschinen kamen in Deutschland schon kurz nach der Jahrhundertwende zum Einsatz. Damit konnte der umfangreiche Fahrkartenvorrat mit hohem Gegenwert entfallen. Die Maschine lieferte nebenbei einen Abrechnungsstreifen, auf dem die Einzelbeträge der gedruckten Fahrkarten registriert wurden. Auch die zeitraubende Übergabe und Abrechnung bei jedem Dienstwechsel ließ sich damit einsparen. Beibehalten wurden jedoch Pappkarten im Edmondsonschen Format und in den Farben und Farbkombinationen, die zur Unterscheidung nach Wagenklassen und anderen Kriterien bei jeder Bahn üblich waren.
In Deutschland und den meisten übrigen Ländern des europäischen Kontinents gab es entsprechend einem internationalen Abkommen für die erste Klasse gelbe, für die zweite grüne, für die dritte braune und für die vierte Klasse graue Fahrkarten. Sie entfielen mit der vierten Klasse; als auch die dritte aufgehoben wurde, fielen die gelben Karten weg, grüne kennzeichnen seither die 1., braune die 2. Klasse. Besonders aus Automaten werden heute vielfach einheitlich nur weiße Karten ausgegeben, um den Mechanismus einfacher halten zu können. In England gab die Great Eastern Railway eine Zeitlang den Tickets auch nach der Fahrtrichtung unterschiedliche Farben, wodurch besonders auf belebten Vorortlinien die Kontrolle auf geniale Weise erleichtert wurde. Pappfahrkarten in etwas größerem Format sind noch heute für Zeitkarten, Gesellschaftsfahrten und Sonderzüge üblich. Für alle im Fahrkartenschrank fehlenden oder im Schalterdrucker nicht vorgesehenen Relationen müssen Fahrkarten nach wie vor mit der Hand ausgeschrieben werden. Hierzu dienen in der Regel Blocks mit dünnen Kartonvordrucken größeren Formats, wobei im Durchschreibeverfahren Fahrkarte und Abrechnungsbeleg in übereinstimmender Form entstehen.
Die Deutsche Bundesbahn verkauft heute rund 700 000 Fahrkarten täglich. Mit Einführung des »Modernisierten Fahrausweisverkaufs«, kurz Mofa genannt, reduziert sich die Zahl der »Fahrausweis«-Muster von rund 400 auf nur noch acht, von denen alle Bedürfnisse des internationalen und des Binnenverkehrs abgedeckt werden können. Statt der Pappfahrkarten im Edmondsonschen Format gibt es an den mit Mofa-Datenstationen ausgerüsteten Fahrkartenschaltern Fahrausweise vom Computer, in dem auch von der IATA für Flugtickets genormten Format, das im Rahmen der Typisierung unter allen Verkehrsträgern angestrebt wird.
Im Rahmen des Mofa-Projekts hat die Deutsche Bundesbahn bei großen Fahrkartenausgaben die Schalterdrucker bereits durch Datenstationen ersetzt. Fahrkarten für den Nahverkehr bis 60 Kilometer sollen überwiegend aus Automaten verkauft werden. Während vorgedruckte Fahrkarten bereits Geldwert haben, erhalten ihn die zunächst wertlosen Pappen und Vordrucke erst beim Durchlauf durch die Maschine; damit wird auch die Abrechnung wesentlich einfacher.

Ein Mann namens Thomas Cook

Es gibt Menschen, die strafen Fahrkartenschalter mit Verachtung. Sie schwören auf das Reisebüro, auf Bedienung ohne Hast, ohne die Ungeduld der Nachdrängenden im Nacken. Weltmännische Sachkenntnis und umfassenden Buchungsservice nehmen sie gewissermaßen als Zugabe mit; denn die Fahrkarte kostet keinen Pfennig mehr als am Bahnhof. Das älteste Reisebüro der Welt und das renommierteste zugleich umspinnt heute die Erde von London aus mit einem dichten Netz touristischer Fäden: Thomas Cook & Sohn. Seine Gründungsgeschichte hätte in Amerika gespielt haben können:
Ein Mann namens Thomas Cook, als Kind armer Eltern am 22. November 1808 in Melbourne in der englischen Grafschaft Derbyshire geboren, zog gegen Unmäßigkeit im allgemeinen und gegen Alkohol im besonderen zu Felde. Er sorgte sich um das Wohl seiner Mitbürger und verdient, ein wahrer Menschenfreund genannt zu werden. Am 9. Juli 1841, es ist genau überliefert, marschierte er von

Neuzeitlicher Fahrausweis des internationalen Verkehrs, vom Computer hergestellt.

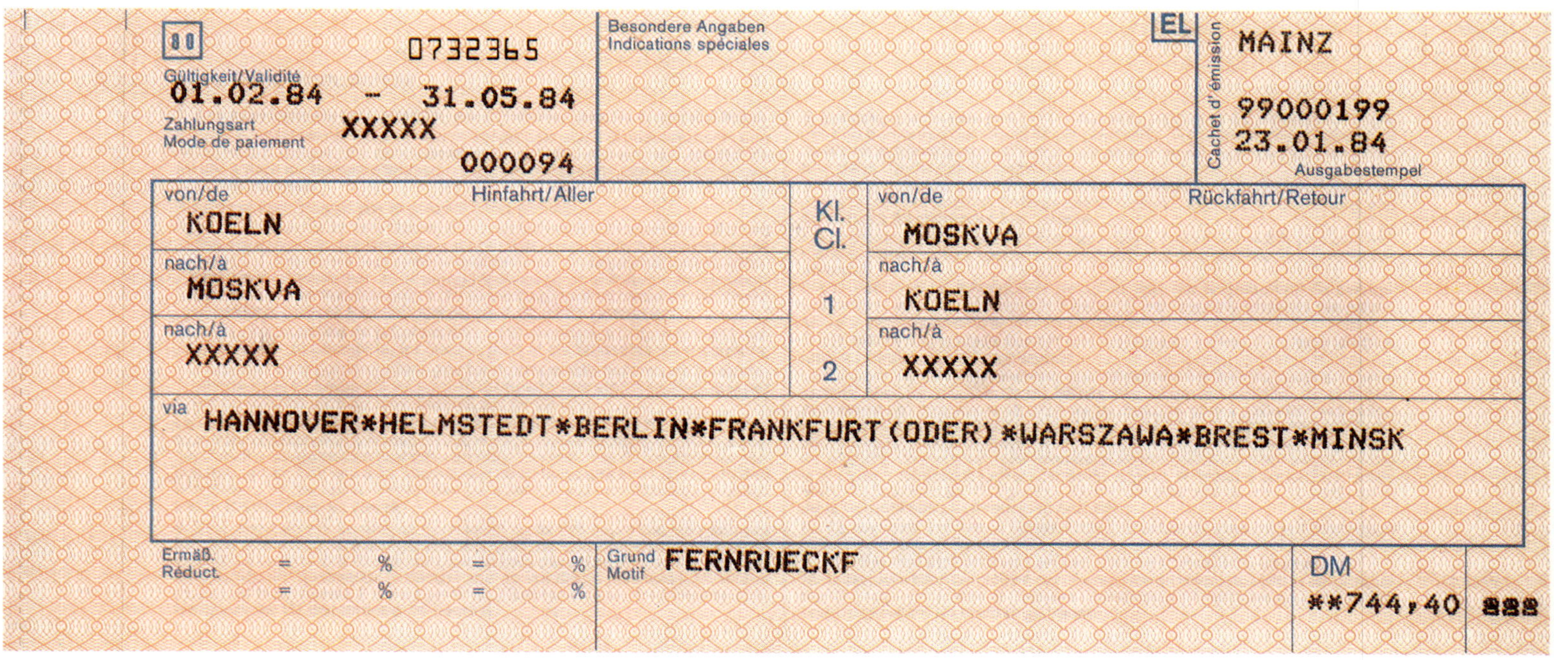
0732365
Gültigkeit/Validité
01.02.84 - 31.05.84
Zahlungsart
Mode de paiement
XXXXX
000094
Besondere Angaben
Indications spéciales
EL
Cachet d'émission
MAINZ
99000199
23.01.84
Ausgabestempel
von/de
Hinfahrt/Aller
KOELN
nach/à
MOSKVA
nach/à
XXXXX
Kl.
Cl.
1
2
von/de
Rückfahrt/Retour
MOSKVA
nach/à
KOELN
nach/à
XXXXX
via
HANNOVER*HELMSTEDT*BERLIN*FRANKFURT(ODER)*WARSZAWA*BREST*MINSK
Ermäß.
Réduct.
= % = %
= % = %
Grund
Motif
FERNRUECKF
DM
**744,40

Personenzug.
DRESDEN-NEUST.
NEUMARKT.
III. Kl. 3 Thlr. 4 Gr.
A.
0487
SUPPLEMENTBILLET
SARGANS
CHUR.
2 Kl. 55Ct.
1580
1144
BRUCK-KIRÁLYHIDA
WIEN Ostbhf.
Szolgálaton kívül utazó katonaszemélyek részére.
Für Militär personen bei Fahrten ausser Dienst.
II. OSZT. (CLASSE)
3·60 K
1144
Nicht übertragbar
Braunsberg Ost.
Tolkemit
Kahlberg
und zurück
Zur Rückfahrt gültig nur am Tage der Hinfahrt
III. Kl. 20,00 M.
H 9719 R
Braunsberg Obf.
Wieck Louisenth.
Wieck Forsthaus
0,30 M.
0406
Personenzug
Wien Südbf. 3
Semmering
4.20
104 km
3
Personenzug
Halbe Preise
Régie des Chemins de fer des Territoires occupés
Regie für die Eisenbahnen der besetzten Gebiete
Coblenz Hptbf.
Cöln Hbf.
IV. Kl. 72/22 km
Bureau No. 4
Prix 2 fr. 90
0116
5875
A Serie AW 7
Wien F.J.B.
Andrä-Wördern
oder umgekehrt
3. Cl. Pers.-Zug
K. 0.62
Die unmarkirte Karte ist zur Fahrt ungiltig.
5875
(Pfalz)
Militärfahrkarte
für Besatzungstruppen
Umwegkarte
zu einer Fahrkarte für die Strecke
Neustadt (Hdt) Hbf
Kaiserslautern Hbf.
oder darüber hinaus
über Hochspeyer direkt
oder umgekehrt zur Fahrt über
Enkenbach
1. Kl. (Reihe 7) 9 km
Ausgabest. K'lautern Hbf. (2)
0000
22.08.95
Nicht übertragbar (s. Tarif)
Personenzug
Danzig hohe Th
Zoppot
Gültig f. d. Tag d. Lösung
Kein Freigepäck
Keine Fahrtunterbrechung
II. Kl. 0,75 M
H. B R.
Danz.h. a Zoppot
6443
Personenzug
Künzelsau
Oehringen
IV. Kl.
25 km
Künzelsau – Öhringen
5731
4196
B
MÖDLING
WIEN
II. Cl. Halb 18 kr. Ganz 36 kr.
MÖDLING
WIEN
4196
Militär-Lokalzug
2 Tage gültig.
Belgrad
Kragujevac
III. Kl. 13,90 Kr.
Kein Freigepäck
Belgrad – Kragujevac
0399 A
0108
Сомбор
Сомбор
0108
HIN- & RÜCKFAHRT.
Darmstadt
Frankfurt
II. Classe 1 fl. 9 kr.
8276
3 ВАЛИЛЫ 3
БѢЛОСТОКЪ С.-З.
Годенъ 1 сутки.
8276
Nicht übertragbar
Lustfahrkarte
für Kinder
Bahnhof Borkum
Groningen
und zurück
M. 5,10
00967
Personenzug.
Hohenstein i. N.
EISERNE HAND
II. Kl. 1,00 M
0008
Giltig für Schnell- und alle fahrplanmässigen Züge 5 Tage.
ZITTAU
GOTHA.
II. Kl. 8 Thlr. 7 Gr.
0032
31. 8. 1923.
Berlin Anh. Bf.
Bahnsteigkarte.
Gültig zum einmaligen Betreten des Bahnsteiges an dem durch die Lochung bezeichneten Kalendertage. Die zwischen 11 und 12 Uhr nachts durchlochten Karten berechtigen zum Verlassen des Bahnsteiges noch am folgenden Tage
Preis siehe Tarif
4091
24.8.06
Norddeutscher Lloyd
Für alle Züge
Bremen
GROHN-VEGESACK
und zurück.
Zur Rückfahrt gültig 45 Tage
Nicht übertragbar
II. Kl. 1,70 M
H. (Siehe Rückseite) R.
Bremen – GR. VEGESK.
0141
Schülermonatskarte
Personenzug
Dingolfing
Landshut (Bay) Hbf
Eigenhändige Unterschrift des Inhabers (Vor- und Familienname mit Tinte oder Tintenstift ausgeschrieben.)
3. Kl 30 km 9.50 RM
Nicht übertragbar
00256
Sonntagsbillet
Vitznau
Rigi-Kulm
und retour.
Siehe Rückseite. Fr. 7.50
6497

Oben: Der Pferdebahnwagen »Hannibal« fuhr von 1841 bis 1872 auf der Pferdebahn Budweis – Linz. Er ist im Original erhalten geblieben und steht heute im Eisenbahnmuseum Wien.
Rechts: Die München – Augsburger Eisenbahn gehörte zu den ersten in Deutschland. Ihre Wagen 3. Klasse waren offen, in der 2. Klasse gab es zwar ein Dach, aber keine Fenster.
Nächste Doppelseite: Die Fahrt mit Dampf stellte sich für die Passagiere oft halb so lustig dar, wie zeitgenössische Darstellungen vermuten lassen. So versetzte ein unerwarteter Funkenregen die Gäste der Eröffnungsfahrt auf der Mohawk & Hudson Railroad im amerikanischen Bundesstaat New York in Panik, nachdem die Lokomotive »De Witt Clinton« mit Holzscheiten statt mit Kohle hatte gefeuert werden müssen.

Market Harborough nach Leicester, 24 Kilometer weit, Zeitung lesend, in Gedanken versunken. Der Bericht von einer Verlängerung der Eisenbahn, die schon geraume Zeit zwischen Derby und Nottingham in Betrieb war, brachte ihn auf die Idee, das neue Verkehrsmittel in den Dienst der Mäßigkeitsbewegung zu stellen.
In Leicester angekommen, verhandelte er mit John Fox Bell, dem Sekretär der Bahn nach Loughborough, wo demnächst ein großes Treffen der Baptisten stattfinden sollte, um durchzusetzen, daß die Eisenbahn zu diesem Zweck einen besonderen Zug abgehen ließe. Auf diese Weise – meinte Cook – werde der Erfolg der Veranstaltung von vornherein gesichert, und die Eisenbahn werde auch auf ihre Kosten kommen. »Ich kenne weder Sie noch Ihren Verein, aber Sie sollen Ihren Zug haben«, lautete Bells Antwort. Und so dampfte am 5. Juli 1841 der erste zu öffentlicher Benutzung ausgeschriebene Extrazug von Leicester nach Loughborough, selbstverständlich zum ermäßigten Fahrpreis von nur einem Schilling pro Person. Nicht weniger als 570 Teilnehmer fuhren mit.
Der unbestreitbare Erfolg dieses Unternehmens änderte den Lebensweg des Thomas Cook grundlegend. Hatte er sich zuvor als Drechsler und Buchbinder verdingt, sann er nun allenthalben auf Verbesserungen und Erleichterungen des Reisens, das zum Vergnügen und damit um seiner selbst willen attraktiv werden sollte. 1845 gründete er in Leicester das erste Reisebüro der Welt, dem unzählige große und kleine gefolgt sind. Längst haben sie ihr Tätigkeitsfeld weit ausgedehnt, vermitteln neben Bahnreisen, Schlafwagenbetten und Platzreservierungen auch Flugtickets und Schiffspassagen, Unterkunft und Pauschalaufenthalt, darüber hinaus alles, was Touristen und Geschäftsleute erwarten, um sich angenehm und sorglos in der Welt bewegen zu können.
Thomas Cook konnte vom Tourismus heutiger Prägung, von der Mobilität der Massen, von Weltreisen in wenigen Tagen nichts ahnen. Immerhin legte er den Grundstein für all das, was sich heute mit dem einen Wort »Reisen« umschreiben läßt. Er war der erste, der – getreu seinen ursprünglichen Zielen – den Menschen unterwegs in den Mittelpunkt seines Denkens und Handelns stellte, der die reine Fortbewegung zum Reisen werden ließ und den Aufenthalt in der Fremde vom Schicksal zum Vergnügen, zur Erholung.

Kutschen auf Schienen

Als hier und da die ersten Eisenbahnstrecken entstanden, warf das neue Verkehrsmittel gerade genügend Probleme auf, als daß bewährte oder zumindest tauglich scheinende Konstruktionen ohne Not preisgegeben worden wären. So zeigte sich bei den ersten Personenwagen unverkennbar, daß die Eisenbahn aus einem Gütertransportsystem hervorgegangen war. Bei Eröffnung der Stockton – Darlington-Eisenbahn liefen, abgesehen von sechs in der Tat mit Kohle beladenen Güterwagen, weitere einundzwanzig Kohlenwagen mit, die für die erste öffentliche Fahrt mit Personen lediglich einfache Holzbänke erhalten hatten. Der einzige Personenwagen stand den Ehrengästen zur Verfügung.
Wo dagegen besondere Personenwagen eingestellt wurden, ließen sie meist deutlich ihre geradlinige Herkunft von den Postkutschen erkennen. Als besonders markantes Beispiel gilt der Pferdebahnwagen »Hannibal«, der von 1841 bis 1872 auf der Pferdebahn Budweis – Linz in Verwendung stand und im Original erhalten geblieben ist. Er steht heute als wertvollstes Exponat aus dem Waggonbau im Österreichischen Eisenbahnmuseum in Wien. Als später die wenigen Plätze eines Kutschwagens nicht mehr ausreichten, wurden mehrere Kutschenaufbauten auf ein verlängertes Untergestell montiert. Wagen dieser Art verbreiteten sich von England aus, wo sie Passagieren 1. Klasse auf der Liverpool – Manchester-Bahn geboten wurden, auch auf dem europäischen Kontinent in zahlreichen Ländern.
Die Ludwigsbahn von Nürnberg nach Fürth benützte sie ebenso wie die Berlin – Potsdamer Eisenbahn, in Österreich die Kaiser-Ferdinands-Nordbahn oder in Frankreich die Eisenbahn von Lyon nach St. Etienne, und selbst in der zweiten Jahrhunderthälfte fanden sie sich noch immer auf einer Vielzahl von Strecken.
Aus diesen »Coupéwagen« entstanden die vor allem in Preußen bis in die Gegenwart benützten Abteilwagen mit nach außen aufschlagenden Seitenwandtüren.
Sowohl in England wie auf dem Konti-

nent mußten die Reisenden, wenn sie keinen höheren Fahrpreis bezahlen wollten oder konnten, mit offenen Wagen vorlieb nehmen. Über Zweckmäßigkeit und Zumutbarkeit solcher Art der Beförderung entbrannten früher oder später allerorts lebhafte Auseinandersetzungen, die 1843 in Belgien sogar zu einer Art Zeitungskrieg zwischen Befürwortern und Gegnern offener Wagen führten. Ihre völlige Abschaffung beabsichtigte freilich weder die eine noch die andere Seite. Vor allem im Sommer erfreuten sich die luftigen Wagen nämlich zumindest bei gutem Wetter doch einiger Beliebtheit: »... indem wir sie theilweise behalten mögten, wünschten wir aber sie immer an dem Ende des Zuges zu sehen, um sie möglichst vor den Sprühfunken der Locomotive zu schützen«, schrieb das »Journal de Liège« und machte sich anschließend zum Anwalt der Minderbemittelten: »Zur Winterszeit jedoch ist es ein Anderes, und es däucht uns der Regierung nicht würdig, dem geringeren Volke bedeckte Waggons zu verweigern, und es so zu zwingen, sich der Char=à=bancs zu bedienen, wenn es nicht den Katarrh und den Schnupfen haben will.«
Obwohl auf später entstandenen Bildern von der Eröffnung der ersten deutschen Eisenbahn zwischen Nürnberg und Fürth ebenfalls offene Wagen zu sehen sind, hat es dort keine gegeben. Nach den bis heute im Verkehrsarchiv Nürnberg erhaltenen Akten der Ludwigseisenbahn standen bei deren Eröffnung sieben von Handwerkern in Nürnberg und Fürth gebaute Wagen zur Verfügung, zwei weitere wurden mit Untergestellen aus England wenig später fertig. Nach dem 4. Bericht des Direktoriums gab es 1836 drei »Glaswagen« mit 16 Plätzen zu zwölf Kronen, vier Wagen mit 16 Plätzen zu neun und 8 Plätzen zu sechs Kronen sowie zwei Wagen mit 24 Plätzen zu sechs Kronen. Dabei entsprachen zwölf Kronen der 1. Klasse, neun der 2. und sechs der 3. Klasse. Alle Wagen hatten, wie der Bericht ausdrücklich unterstreicht, ein Dach und feste Stirnwände. Die 1.-Klasse-Wagen boten Glasfenster, aber selbst in den seitlich offenen Wagen 3. Klasse standen Ledervorhänge zum Schutz gegen die Unbilden des Wetters zur Verfügung.

Vom Holz- zum Leichtbauwagen

Jahrzehntelang gab es für den Wagenbau kaum andere Werkstoffe als Holz. Jedes Fahrzeug bestand aus einem Untergestell mit Längs-, Quer- und Diagonalbalken sowie einem Aufbau aus Kastengerippe, äußerer und innerer Holzverkleidung, Dach und Fußboden.
Um 1860 konnte die Eisenindustrie Walzprofile liefern, die dem Wagenbau neue Möglichkeiten eröffneten. Zunächst wurden die Untergestelle aus Eisenträgern – anfangs noch vielfach mit Holzteilen kombiniert – zusammengeschraubt, später durchweg aus Eisenprofilen genietet.
Im Zug müssen die Wagen nicht nur für die senkrechten Beanspruchungen durch Eigengewicht und Nutzlast ausgelegt sein, sondern auch die in der Längsachse waagerecht angreifenden Zug- und Bremskräfte aufnehmen und übertragen können. Die Stabilität in der Längsrichtung spielte deshalb eine um so größere Rolle, je längere und schwerere Züge gebildet wurden. Schon unter frühen Eisenbahnwagen fanden sich auch durchgehende, bereits mit Federelementen ausgestattete Zugstangen, um das Wagengestell von der Zugkraftübertragung zu entlasten.
Als Kupplung dienten zunächst einfache Ketten. Sie ergaben jedoch lediglich eine lockere Verbindung, die beim Anfahren zu ruckartiger Beanspruchung und damit häufig zum Bruch der Ketten führte. Bei den Badischen Staatsbahnen sollen zeitweise besondere Wächter auf dem Lokomotivtender postiert worden sein, die beim Abreißen eines Zugteils sofort den Lokomotivführer zu verständigen hatten. Ein Ausweg wurde zunächst in Kupplungsstangen mit Ösen und Bolzen gesucht, bis sich die Schraubenkupplung durchsetzte, die in Europa noch heute allgemein üblich ist und in ihren Anfängen bereits auf Erfindungen aus den dreißiger Jahren des 19. Jahrhunderts zurückgeht. In Deutschland wurde sie durch Vereinbarungen der Eisenbahnverwaltungen schon 1850 vorgeschrieben, konstruktiv jedoch erst später entscheidend verbessert und vor allem mehrfach den höheren Anhängelasten angepaßt.
Auch die Stoßkräfte mußten von den Wagen anfangs ungefedert aufgenommen werden. Als »Puffer« dienten zunächst nur die verlängerten Längsbalken des Untergestells, die von einem mit Roßhaar ausgefüllten Lederpolster umgeben wurden, um die Stöße zu dämpfen. Später entstanden Hülsenpuffer, denen zunächst ebenfalls mehr oder weniger elastische Einlagen aus geflochtenem Stroh, Kork, Roßhaar oder Gummi eine gewisse Federwirkung verliehen, bis Stahlfedern, später in speziellen Ausführungen, dafür zur Verfügung standen. Bei zahlreichen Bahnen waren die Puffer in sehr unterschiedlichen Positionen an den Wagen angebracht; als sich die Strecken mehr und mehr zu Netzen verknüpften und immer mehr Wagen auf benachbarte Bahnen übergehen sollten, mußten entweder mehrere Puffer angebracht oder verstell-

Mit zweistöckigen Wagen die Platzzahl zu erhöhen, lag schon immer nahe. Noch heute erfreuen sich solche Wagen in vielen Ländern großer Beliebtheit, während sie anderswo auf Ablehnung stoßen. In Europa hat vor allem Frankreich immer wieder Doppelstockwagen benützt.
Links: Ein »Doppeldecker« der Ostbahn von 1900
Rechts: Ein Nahverkehrszug in der Bannmeile von Paris mit den modernsten Doppelstockwagen, die seit 1975 von den Französischen Eisenbahnen eingesetzt werden
Rechte Seite unten: Die größten Stückzahlen produziert allerdings der Schienenfahrzeugbau der DDR; seine Doppelstockwagen sind – wie hier in Rumänien auf der Strecke Bukarest–Galati – in nahezu sämtlichen osteuropäischen Ländern anzutreffen.

bare Konstruktionen vorgesehen werden.
In Deutschland beendeten die 1850 vom Verein Deutscher Eisenbahn-Verwaltungen ausgearbeiteten »Grundzüge für die Gestaltung der Eisenbahnen Deutschlands« diese kaum länger tragbaren Zustände.
Moderne Puffer sind so konstruiert, daß sie möglichst viel Stoßarbeit aufzunehmen vermögen. Die Pufferteller müssen in Kurven aufeinander abrollen können. Früher stand deshalb einem ebenen Puffer stets ein gewölbter gegenüber. Zur Vereinfachung wurde 1967 international vereinbart, beiderseits gewölbte Puffer, jedoch mit geringerem Radius zu verwenden. Sie werden oben und unten gerade abgeschnitten, damit bei den Reisezugwagen Faltenbälge und Übergangsbrücken von den Puffertellern nicht behindert werden.
Ältere Wagen liefen auf nur zwei Achsen. Als mit zunehmenden Verkehrsanforderungen zunehmend längere Wagen benötigt wurden, erwies sich bald eine dritte Achse in der Mitte unter dem hölzernen Untergestell als notwendig. Sie erhöhte gleichzeitig die Sicherheit bei den anfangs verhältnismäßig häufigen Achsbrüchen. Um einwandfreien Kurvenlauf zu gewährleisten, erhielten die mittleren Achsen seitliches Spiel. Bei größeren Achsabständen wurden auch die äußeren Radsätze in gewissen Grenzen beweglich als »Lenkachsen« ausgeführt, um sowohl die Laufeigenschaften zu verbessern als auch den Radreifenverschleiß zu senken. Die Achslager für die Radsätze wurden in Achshaltern geführt, die an den Längsträgern der Wagen befestigt waren. In Amerika, wo auch Lokomotiven schon in der Pionierzeit mit Drehgestellen ausgerüstet wurden, bürgerten sich ebenso früh auch vierachsige Wagen mit Drehgestellen ein. Sie wurden in Europa vor allem von der Wien-Gloggnitzer Bahn und von den Württembergischen Staatsbahnen übernommen, jedoch nicht konsequent beibehalten. Erst Anfang der neunziger Jahre kam es auch in Europa zur Entwicklung vierachsiger Wagen mit Drehgestellen. Vor allem in England liefen später zahlreiche Reisezugwagen sogar mit dreiachsigen Drehgestellen.
Alle Achslager waren ursprünglich als Gleitlager ausgebildet. Bei mangelhafter Schmierung kam es durch die trockene Reibung zu starker Wärmeentwicklung und zu den berüchtigten »Heißläufern«, die auch eine erhebliche Unfallgefahr darstellten. Trotzdem setzten sich erst nach dem Zweiten Weltkrieg Rollenlager allgemein durch. Bei der Deutschen Reichsbahn waren sie schon seit 1938 in Drehgestell-Reisezugwagen verwendet worden, noch früher in einer Reihe von Großgüterwagen. Seit 1951 beschaffte die Deutsche Bundesbahn nur noch Wagen mit Rollenlagern, die alten Bauarten mit Gleitachslagern gehören weitgehend der Vergangenheit an.
Der Aufbau bildete anfangs einen selbständigen Teil des Wagens. Auch als die Untergestelle bereits aus Eisenprofilen hergestellt wurden, bestanden die Aufbauten noch weitgehend aus Holz. Bei den 1893 in Preußen erstmals gebauten D-Zug-Wagen wurden wegen der besseren Geräuschdämmung sogar wieder Längsträger aus Holz in das Untergestell eingebaut, während die hölzernen Seitenwände erstmals teilweise zu tragenden Elementen durchgebildet wurden.
Als ersten deutschen Ganzstahlwagen erprobten 1909 die Sächsischen Staatsbahnen einen Gepäckwagen, dann stellten die Preußischen Staatsbahnen 1912 den ersten D-Zug-Wagen in Ganzstahlbauweise in Dienst. Diese neue Art des Reisezugwagenbaues setzte sich jedoch erst nach dem Weltkrieg allgemein durch. Mitte der zwanziger Jahre verschwanden die hölzernen Wagen aus dem Fertigungsprogramm der Waggonbauindustrie, allerdings noch lange nicht aus dem Fahrzeugbestand der Eisenbahnen. Bei der Deutschen Bundesbahn wurden die letzten hölzernen Personenzugwagen erst 1963 ausgemustert.
Während in anderen Ländern der Übergang zum stählernen Reisezugwagen auch bei den Aufbauten lediglich Ersatz des Holzes durch Metall bedeutete, versuchten Industrie und Eisenbahn in Deutschland, Untergestell und Aufbau in optimaler Weise zu einer konstruktiven Einheit zu verbinden. Seitenwände und Dächer erhielten dabei weitgehend tragende Funktion, die Stabilität konnte wesentlich erhöht, der Materialbedarf gesenkt werden.
Anfang der dreißiger Jahre begann die Schweißtechnik auch im Waggonbau Anwendung zu finden und die bisher üblichen Nietverbindungen abzulösen. Damit wurde der bis in die Gegenwart immer weitergetriebene Leichtbau eingeleitet, mit dem das Verhältnis von »toter Last« zur »Nutzlast« ständig verbessert werden konnte. Heute liegen dabei Leichtstahl-

und Aluminiumkonstruktionen miteinander im Wettbewerb.
In den meisten Zügen besteht heute die Möglichkeit, vom ersten bis zum letzten Wagen durchzugehen. Fernzüge führen meist Abteilwagen mit Seitengang, wie sie um 1870 von Edmund Heusinger von Waldegg als »Coupéwagen« zum ersten Mal vorgeschlagen wurden. Im Nahverkehr haben sich dagegen Wagen mit Mittelgang durchgesetzt, die als »Intercommunicationswagen« schon in der Frühzeit der Eisenbahn bekannt waren. Besonders in den Komfortzügen der Gegenwart laufen analog zum Flugzeug auch Großraumwagen mit Mittelgang.

Doppelstöckig

Auch der erste Vorläufer des Doppelstockwagens läßt sich in der Pferdekutsche erkennen: Die komfortableren Kutschplätze lagen unten und innen, die luftigen Bockplätze vorn und hinten darüber. So gab es in den dreißiger Jahren des vorigen Jahrhunderts auf der Whitby & Pickering Railway in England derartige Wagen auch auf Schienen, in Frankreich wenig später auf der Pferdebahn von St. Etienne nach Andrézieux.
Auf der französischen Westbahn lief 1879 der erste regelrechte Eisenbahnwagen mit doppelstöckigem Aufbau. Ein Jahr später bestellte die Gesellschaft aufgrund guter Erfahrungen gleich eine ganze Serie. Auf nur einem Untergestell ließen sich damit beinahe doppelt so viele Passagiere befördern wie in herkömmlichen Wagen. Wegen der reizvollen Aussicht erfreuten sich die »Doppeldecker« auch beim Publikum durchaus einiger Beliebtheit. Die Proteste, etwa gegen den Qualm der Dampflokomotiven, der sich besonders in Tunneln auf Augen und Nase legte, galten mehr der seitlich offenen Wagenkonstruktion, bis 1899 eine völlig neue »Generation« von Doppelstockwagen mit Glasfenstern folgte.
Bis heute gehört Frankreich zu den weni-

gen Ländern, die in ihrer Geschichte immer wieder auf den Doppelstockwagen zurückgriffen. Im Jahre 1933 gelang wiederum der Westbahn die beste Konstruktion. Doch im weitaus größten Umfang machen die Französischen Eisenbahnen gerade heute von Doppelstockwagen Gebrauch: seit 1975 wurden nicht weniger als 767 Stück in vier verschiedenen Varianten beschafft. Sie gehören inzwischen längst zum alltäglichen Bild im Vorortverkehr von Paris und fahren dort bis weit hinaus in die Region. Ein Zug mit sieben Doppelstockwagen bietet 2000 Plätze, davon allerdings 1090 Stehplätze.
Auch in Deutschland kamen hier und da schon im vorigen Jahrhundert »Etagenwagen« mit zwei Stockwerken zum Einsatz, so bei der Bahn von Altona nach Kiel und auf der Berliner Stadt- und Vorortbahn. Bei den deutschen Eisenbahnen fand diese Bauweise allerdings nie besonderen Gefallen. Lediglich die Lübeck-Büchener Eisenbahn - auch in anderem Zusammenhang für ihre Aufgeschlossenheit gegenüber interessanten technischen Lösungen bekannt geworden - setzte zusammen mit einer stromlinienverkleideten Dampflokomotive im Jahr 1936 acht Doppelstockwagen ein. Sie kamen mit der Verstaatlichung der Gesellschaft zum Wagenpark der Deutschen Reichsbahn und wurden daraufhin vorwiegend im Städteverkehr zwischen Lübeck und Hamburg verwendet. Vier von ihnen waren hier noch 1977 im Einsatz. Der offensichtliche Erfolg dieser Wagen hatte nach dem Krieg auch die Deutsche Bundesbahn veranlaßt, einige Doppelstockwagen bauen zu lassen. Ihre Zahl blieb allerdings auf nur zwei Varianten mit je drei Wagen begrenzt; die letzten wurden 1976 ausrangiert.
Die Reichsbahn der DDR nützte dagegen die Möglichkeiten der Doppelstockwagen in großem Umfang. Seit 1950 wurden hohe Stückzahlen beschafft und von der Waggonbauindustrie der DDR auch in eine Reihe anderer osteuropäischer Länder geliefert, so nach Polen, Rumänien, Bulgarien und in die Tschechoslowakei. Bis 1977 entstanden in der DDR nahezu 3000 Doppelstockwagen.
Auch in anderen Ländern und Erdteilen haben sie sich bei der Lösung von Nahverkehrsproblemen als hilfreich erwiesen. Schon in den sechziger Jahren des vorigen Jahrhunderts gab es, in erster Linie für die unteren Stände, unvergleichlich enge Doppelstockwagen bei der Bombay, Baroda & Central Railway in Indien. Die South African Railways führten 1926 für den Nahverkehr um Kapstadt doppelstöckige Wagen mit 128 Sitzplätzen 3. Klasse auf Kapspurweite ein. In Australien suchte erst 1965 die New South Wales Government Railway Zuflucht zur doppelstöckigen Beförderung der immer zahlreicheren Pendler im Nahverkehr von Sydney. Und neuerdings sollen auch im Vorortverkehr von Toronto achtzig Doppelstockwagen zum Einsatz kommen, nachdem sie in Montreal schon lange zum gewohnten Bild bei der Canadian Pacific gehören.
In den Vereinigten Staaten spielten sie zunächst bei der Long Island Railroad ab 1932 die größte Rolle. Ende der vierziger Jahre standen dort rund sechzig Stück im Einsatz. Im Frühjahr 1972 rangierte die Gesellschaft diese Wagen jedoch aus und ersetzte sie durch gewöhnliche Nahverkehrswagen. Gerade zu diesem Zeitpunkt begannen andere Bahnen, später auch Amtrak, den Doppelstockwagen als besonders fortschrittlich zu propagieren und in Großstädten wie Chicago und Milwaukee neu einzuführen.
Unumstritten sind die Vorteile des Doppelstockwagens nie gewesen. Er bildete eher eine Notlösung. Durch die beengten Raumverhältnisse leidet der Fahrkomfort, so daß meist nur Nahverkehrseinsatz in Frage kommt. Der zusätzliche Platz in der zweiten Etage geht durch die erforderlichen Treppen zum Teil wieder verloren; gewinnen ließen sich in erster Linie Stehplätze. Außerdem behindert die Doppelstockanordnung den gerade im Nahverkehr besonders wichtigen reibungslosen Fahrgastfluß beim Ein- und Aussteigen. Erstmals werden in Zürich auch auf einer unterirdischen S-Bahn Doppelstockwagen eingesetzt. Selbst die Deutsche Bundesbahn denkt jetzt wieder darüber nach.

Gesellschaftsklassen – Klassen im Zug

Die unterschiedlichen Wagenklassen sind keine Erfindung der Eisenbahn. Schon die Postkutsche kannte sie, und die Klassenunterschiede der Gesellschaft schafften die Grundlagen dafür. In Amerika, wo sich in demokratischem Selbstverständnis alle Bürger mehr oder minder zur Gleichheit bekannten, hat es auch in den Eisenbahnen zunächst keine Wagenklassen gegeben. Wie in Rußland, wo in den Weitstreckenzügen auch heute lediglich nach hart und weich, aber nicht nach Klassen unterschieden wird, führten auch die amerikanischen Bahngesellschaften nach und nach Wagen mit unterschiedlichem Komfort ein, für deren Benützung selbstverständlich auch unterschiedliche Fahrpreise zu bezahlen waren.
Den beiden Postkutschenklassen »Kutschsitz« und »Bocksitz« fügten die Eisenbahnen in Europa bald noch eine dritte Klasse an. Die Innenausstattung und die Unterschiede entwickelten sich dann weitgehend übereinstimmend. Anfangs enthielt das Abteil 1. Klasse sechs Polstersitze mit Armlehnen und Kopfstützen, die 2. Klasse bot acht einfachere Polstersitze in einem Abteil, während in der 3. Klasse zehn Sitzplätze auf Holzbänken genügen mußten.
Als die Industriearbeiter eine isolierte gesellschaftliche Schicht - nach Adel und Geistlichkeit sowie dem bürgerlichen Volk - den »vierten Stand« zu bilden begannen, erschienen bei einer Reihe von Eisenbahnen auch Wagen 4. Klasse. Hierfür wurden in Baden am 1. Mai 1843 Stehwagen eingeführt, die nach einiger Zeit wenigstens einfache Sitzgelegenheiten und nach 1845 auch ein Dach erhielten. Schon 1853 gab Baden die 4. Klasse wieder auf. Sie hielt sich im »freieren« Süddeutschland überhaupt nur kurze Zeit, während sie vor allem in Preußen, aber auch in Ländern außerhalb Deutschlands bis weit ins 20. Jahrhundert hinein beibehalten wurde. Preußen verzichtete darauf erst im Oktober 1928, nachdem im Jahr zuvor die ersten Ganzstahlwagen 4. Klasse in Dienst gestellt worden waren. Ihr Innenraum enthielt nur Holzbänke mit niedrigen Lehnen und an den Seitenwänden hölzerne Gepäckablagen. Schon ein Jahr später wurden die primitiven Bänke entfernt und Abteile nach dem 3.-Klasse-Standard eingebaut. Die Sitzplatzzahl verminderte sich damit von 66 auf 58.
Die Deutsche Reichsbahn beabsichtigte schon damals, auch die 1. Klasse weitgehend aufzugeben und lediglich einer Reihe internationaler Züge vorzubehalten. Im übrigen sollte es nur noch eine Polster- und eine Holzklasse geben. Das Vorhaben, das nicht zuletzt im Hinblick auf rationelleren Wagenbau und Wageneinsatz geplant war, scheiterte jedoch am Widerstand »privilegierter« und damit auch entsprechend einflußreicher Kreise. Erst am 3. Juni 1956 konnte nach langen Verhandlungen im Rahmen des Internationalen Eisenbahn-Verbandes (UIC) die 1. Klasse aufgehoben und das Zwei-Klassen-System eingeführt werden. Nach außen hin fiel allerdings die 3. Klasse weg, deren Ausstattung nun zur Norm für die 2. Klasse aufrückte, während die 1. Klasse etwa dem Standard der früheren zweiten entsprach.

Oben: Variante der 4. Klasse: zurückbleiben oder aufs Dach!
Unten: Der mit dem Nachtschiff übergesetzte Wagons-Lits-Schlafwagenzug »Night Ferry« aus London trifft in Paris ein.

Gleichzeitig wurden die Bemühungen verstärkt, die Lattenbänke der ehemaligen »Holzklasse« durchweg durch Kunststoffpolster zu ersetzen.
Überhaupt konzentrieren sich die Bestrebungen nach höherem Komfort heute besonders auf die 2. Klasse, nachdem die erste bereits über ein Optimum an großen und kleinen Annehmlichkeiten bis hin zur Vollklimatisierung verfügt. Die inzwischen selbstverständlichen Polstersitze der 2. Klasse werden bereits nicht mehr mit Kunstleder, sondern ebenfalls mit Stoff bezogen, statt früher vier gibt es nur noch drei Plätze nebeneinander, die Sitze lassen sich in Liegestellung bringen, Armlehnen und Kopfstützen sind verstellbar, über jedem Platz gibt es ein Leselämpchen. Damit wurden die Klassenunterschiede zumindest in den westlichen Reiseländern bereits weitgehend eingeebnet, gelegentlich sogar »klassenlose« Systeme durchgesetzt, wie bei der Münchner S-Bahn, wo unter dem Druck der öffentlichen Meinung die Wagen 1. Klasse zur Benützung ohne Aufpreis freigegeben werden mußten.

Pullman, Mann und Nagelmackers

Weite Reisen dauern lange, und außerdem machen sie hungrig. Essen, Trinken und Schlafen gehörte wohl seit eh und je zu den bevorzugten Beschäftigungen unterwegs. Ihnen durch besondere Einrich-

tungen entgegenzukommen, verlangte jedoch einen Erfinder.
Amerika fand ihn 1864 in George Mortimer Pullman, der als erster Komfort höher setzte als Beförderung. Nachdem er damals in Chicago seinen ersten Schlafwagen vorgestellt hatte, erntete er zwar zunächst nur den Spott der Eisenbahnexperten, doch schon wenig später den Lohn für seinen zielstrebigen Vorstoß in eine offensichtliche »Marktlücke«: Pullmanwagen rollten bald in immer größerer Zahl nicht nur durch Amerika, sondern durch England, den europäischen Kontinent und zahlreiche andere Länder der Welt. Pullmans Idee zielte auf den Bau luxuriöser Schlaf- und Speisewagen, die er aber nicht zu verkaufen, sondern in Regie seiner eigenen Gesellschaft zu betreiben gedachte. Die Eisenbahnen erhielten Gebühren für die Beförderung seiner Wagen, er lebte von den Zuschlägen, die zahlungskräftige Passagiere für besseren Service auszugeben bereit waren. Pullmans Name ist bis heute untrennbar mit Schlaf- und Speisewagen, in Europa allerdings mehr mit Salon- oder Komfortwagen verbunden.
Hier hatte Anfang der siebziger Jahre der belgische Ingenieur Georges Nagelmackers aus Lüttich die Pullmansche Idee aus Amerika importiert. Im Frühjahr 1872 baute ihm die ehemals Pflugsche Wagenbauanstalt, inzwischen »Actiengesellschaft für Fabrication von Eisenbahnbedarf« in Berlin, die ersten Schlafwagen des europäischen Kontinents. Auch Nagelmackers betrieb seine Wagen, deren er bereits nach kurzer Zeit nahezu sechzig eingesetzt hatte, nach Pullmans Vorbild in eigener Regie. Seine Gesellschaft fusionierte dann mit einer weiteren:
Sie hatte der Amerikaner William d'Alton Mann als »Mann's Railways Sleeping Carriage Co., Ltd« gegründet. Auch ihm sind bedeutende Verdienste um den Komfort auf Schienen zuzuschreiben: »Die Construction des ersten Schlafwagens ließ noch manches zu wünschen übrig. Was an Verbesserungen dafür geschehen konnte und mußte, hat er, gestützt auf langjährige Erfahrungen bei eigener Benutzung der Schlafwagen in den Vereinigten Staaten, zu Stande gebracht...«, heißt es in einem Bericht aus dem Jahre 1874. In Brüssel ging dann aus der Gesellschaft Nagelmackers und Manns am 4. Dezember 1876 die »Compagnie Internationale des Wagons-Lits« (CIWL) hervor. Als »Internationale Schlafwagen- und Touristik-Gesellschaft« (ISTG) besteht sie noch heute.
Nagelmackers Schlafwagen liefen auch als erste in Deutschland: 1872 zunächst von Berlin und Köln nach Ostende, dann in rasch wachsender Zahl zwischen Berlin und Hamburg, Berlin und Eydtkuhnen in Ostpreußen, München und Wien, Köln und Paris, aber auch im Durchlauf von Paris nach Wien. Die meisten Bahnen der deutschen Länder schlossen langfristige Verträge mit der Schlafwagengesellschaft, womit deren Erfolg später auch über Krisenzeiten und die anfangs im internationalen Verkehr noch erheblichen Schwierigkeiten hinweg gesichert werden konnte.
Erhebliche strukturelle Veränderungen hatte der Erste Weltkrieg zur Folge. Die CIWL mußte schwere Verluste an Fahrzeugen und Einschränkungen ihrer Linien hinnehmen. Unmittelbar nach dem Waffenstillstand konnte sie jedoch ihren Betrieb als erste Gesellschaft über die Staatsgrenzen hinweg weiterführen. Damals übernahm sie die Führung des Simplon-Orient-Expreß, 1925 den Arlberg-Orient-Expreß, 1926 den Fleche d'Or (Golden Arrow) mit direkten Wagen zwischen London und Paris über Calais und zahlreiche weitere internationale Expreßzüge. Im Jahre 1928 fusionierte die CIWL mit dem renommierten Reisebüro »Thos. Cook & Co.«, womit sich eine weitere Ausdehnung der Aktivitäten verband.
Bei Ausbruch des Zweiten Weltkrieges verfügte die CIWL über 806 Schlafwagen, 661 Speisewagen, 133 Pullmanwagen und 138 Gepäckwagen, insgesamt über 1738 Fahrzeuge, die in Europa, Nordafrika, Zentralafrika, Ägypten, Syrien, Palästina und in der asiatischen Türkei verkehrten. Über vierhundert Wagen gingen durch Kriegseinwirkung verloren.
Daß sich im Park der CIWL noch lange wahre »Oldtimer« finden ließen, begünstigte die Wiederbelebung zweier Pullmanzüge: »Nostalgie-Orient-Expreß« und »London-Venedig-Expreß«. Die ausgezeichnet restaurierten Wagen finden in diesen Sonderzügen heute wieder großen Anklang.

Von der MITROPA zur DSG

Der Erste Weltkrieg beendete in Deutschland die Tätigkeit der Internationalen Schlafwagengesellschaft vorübergehend. Ihr Vermögen wurde beschlagnahmt und unter Zwangsverwaltung gestellt. Vorwiegend mit deutschem, österreichischem und ungarischem Kapital entstand am 24. November 1916 eine neue Gesellschaft, die »Mitteleuropäische Schlaf- und Speisewagen A.G.«, kurz MITROPA genannt. Sie kaufte oder mietete zunächst Wagen der Internationalen Schlafwagengesellschaft, anderer Unternehmen sowie der Staatsbahnen, bis sie 1923 mit dem Bau eigener Schlafwagen, fünf Jahre später auch eigener Speisewagen beginnen konnte.
Im Speisewagendienst löste die MITROPA ein halbes Dutzend verschiedener Betriebe ab. Schon vor der Jahrhundertwende hatten gerade in Deutschland auch zahlreiche kleine Unternehmen, vorwiegend Bahnhofswirte, eigene Speisewagendienste eingerichtet. Vor allem in Preußen liefen jedoch Speisewagen auch

Links: In Amerika liefen, von George Mortimer Pullman erfunden, schon 1869 geräumige Schlafwagen mit nicht weniger als acht Achsen.
Rechts: Oberst William d'Alton Mann und Georges Nagelmackers vor einem ihrer ersten Schlafwagen

in eigener Regie der Bahngesellschaften. Dieser Zustand hielt sogar nach Gründung der MITROPA noch jahrelang an. Die Preußischen Staatseisenbahnen führten ihre Schlafwagenkurse selbst weiter, woran sich sogar nach dem Zusammenschluß der deutschen Länderbahnen zur Deutschen Reichsbahn zunächst nichts änderte. Erst zehn Jahre später, im Sommer 1926, konnte die MITROPA die bahneigenen Schlafwagenkurse ebenfalls übernehmen.
Am 23. April 1925 grenzten die Internationale Schlafwagengesellschaft und die MITROPA unter Berücksichtigung der im Vertrag von Versailles enthaltenen einschlägigen Bestimmungen ihre Tätigkeitsbereiche vertraglich ab. Die internationale Gesellschaft erhielt alle Transitverbindungen durch Deutschland im Schlafwagen- und Speisewagenverkehr zugestanden, außerdem einen Teil der Verbindungen zwischen Deutschland und dem Ausland. Die MITROPA übernahm den gesamten Binnenverkehr und die Schlafwagen- und Speisewagenkurse nach den Niederlanden, in die skandinavischen Länder und nach Danzig sowie zu bestimmten Zielen in Österreich und der Schweiz. Außerdem konnte die MITROPA die Badeorte Karlsbad, Marienbad und Franzensbad in Böhmen bedienen. Die Dienste der neuen Gesellschaft erwarben sich innerhalb kurzer Zeit durch erstklassigen Standard internationalen Ruf.
Der Zweite Weltkrieg hatte erneut einschneidende Änderungen zur Folge. Zunächst dehnte sich der Wirkungsbereich der MITROPA zwar über nahezu ganz Europa aus, nach dem Zusammenbruch im Jahre 1945 blieb die Gesellschaft mit Sitz in Berlin jedoch nur für das Gebiet der heutigen DDR bestehen. In der Bundesrepublik Deutschland wurde am 25. Januar 1949 als neues Unternehmen, die Deutsche Schlafwagen- und Speisewagen-Gesellschaft, kurz als DSG bekannt, ins Leben gerufen. Sie nahm am 1. April 1950 ihren Dienst auf.
Seit dem 1. Juli 1971 haben die Eisenbahnen der Niederlande, der Schweiz, Luxemburgs, der Bundesrepublik Deutschland, Italiens, Dänemarks, Österreichs, Belgiens und Frankreichs den internationalen Schlafwagenverkehr über einen gemeinsamen Schlafwagen-Pool in eigene Regie übernommen. Damit müssen die Fahrzeuge von den Bahnen und nicht mehr von den Schlafwagengesellschaften gestellt werden. Der Schlafwagen-Service obliegt indessen weiterhin den Gesellschaften.
Die Deutsche Bundesbahn hat die Schlafwagen der DSG nach und nach in ihr Eigentum übernommen. Die Speisewagen waren schon früher in den Wagenpark der Bundesbahn übergegangen.

Ihrer Zeit voraus

Die Schlaf- und Speisewagen durchliefen annähernd die gleiche technische Entwicklung wie die übrigen Reisezugwagen auch. Nur: sie waren stets ihrer Zeit ein wenig voraus. Freilich mußten die Gäste, die sich Komfort und Service dieser Wagen leisten konnten, anfangs auch mit zwei-, später mit dreiachsigen Wagen vorlieb nehmen. Selbst der Orient-Expreß begründete damit seinen legendären Ruf. Erst nach 1881 wurden nur noch vier- und sechsachsige Drehgestellwagen mit entsprechend besseren Fahreigenschaften gebaut.
Als erster Speisewagen lief, von der Internationalen Schlafwagengesellschaft in Dienst gestellt, im Jahre 1880 ein umgebauter Personenwagen der Berlin – Anhaltischen Eisenbahn. Erst drei Jahre später folgte der erste als solcher entwickelte und gebaute Speisewagen mit Küche und Speiseraum. Zuvor hatten sich die Reisenden nahezu ein halbes Jahrhundert lang unterwegs aus stationären Restaurationen größerer Bahnhöfe verpflegen müssen, wofür in den Fahrplänen entsprechend lange Aufenthalte vorgesehen wurden. In einer Reihe von Ländern ohne genügende Bewirtschaftung der Züge sind derartige Aufenthalte noch heute üblich.
Erst als 1893 der D-Zug-Wagen geschaffen wurde, erhielt die Einführung von Speisewagen entscheidende Impulse, weil jetzt die Möglichkeit bestand, während der Fahrt ohne weiteres aus jedem Wagen des Zuges in den Speisewagen zu gelangen.
Stets boten Schlaf- und Speisewagen den Spitzenkomfort ihrer Zeit: Als erste unter anderem Warmwasserheizung, elektrische Beleuchtung, gediegene Innenausstattung, heute beste Laufgüte, hervorragende Geräuschdämmung, volle Klimatisierung und Abteile, die sich mit wenigen Handgriffen in Ein-, Zwei- oder Dreibett-Appartements verwandeln lassen.

Königswagen

Eisenbahnwagen, in denen Kaiser und Könige, Prinzen und Fürsten, Großindustrielle und die Hochfinanz reisten, weckten nicht nur Neugier und Interesse jener, die ihnen unterwegs – leer oder besetzt – begegneten. »Königswagen« haben auch, seit Eisenbahnen fahren, dort ihre besondere Stellung eingenommen. Für ihre Benutzung, ihre Einstellung in Züge, ihre betriebliche Führung »nach Sondervorschrift« galten stets strenge Richtlinien, für ihre äußere und innere Ausstattung ganz andere Maßstäbe als bei Wagen für den Durchschnittsbürger.
Neben der Beförderung dienten die Wagen der Hofzüge stets auch dem Aufenthalt ihrer Benutzer unterwegs. Schon daraus ergaben sich für die Ausgestaltung vielfach besondere Gesichtspunkte. Während bürgerliche Reisende längst gewohnt

waren, ihre Mahlzeiten im Zug einzunehmen, nachts dagegen im Hotel am Reiseziel abzusteigen, pflegten die Hoheiten während eigens eingelegter Sonderaufenthalte in bevorzugten Restaurants zu speisen, die Nächte dagegen im Zug zu verbringen. Deshalb enthielten die meisten »Königswagen« schon frühzeitig Schlafgelegenheiten, lange Zeit jedoch keine Küche. Meist wünschten die Regierenden ihre Staatsgeschäfte auch unterwegs weiterzuführen. So mußten Arbeits-, Empfangs- und Besprechungsräume zur Verfügung stehen. Unterschiede in Aufteilung und Ausstattung ergaben sich zwangsläufig auch daraus, ob die Wagen für den König oder die Königin bestimmt waren.

Selbstverständlich widerspiegelte jeder Hofzug auch die sonst übliche höfische Pracht, und ebenso selbstverständlich durften sich die aristokratischen Fahrgäste stets als erste jeder Errungenschaft technischen Fortschritts erfreuen. Das gilt für den unmittelbaren Komfort durch Beleuchtung, Heizung, sanitäre Einrichtungen wie Waschgelegenheit, Bad und Wasserklosett ebenso wie für besonders gute Fahreigenschaften, Durchgangsmöglichkeit von Wagen zu Wagen oder den Übergang auf andere Spurweiten mit Hilfe tauschbarer Radsätze und für sonstige, mehr technische Finessen der Eisenbahn.

In Deutschland reisten zur Zeit der Kleinstaaten nicht nur die Majestäten Preußens, Bayerns, Sachsens und Württembergs, sondern auch die Großherzöge, Herzöge und Fürsten aus 16 weiteren Ländern in ihren eigenen Staatskarossen auf der Schiene. In zwei Dutzend europäischen und nahezu ebenso vielen außereuropäischen Staaten haben Hofzüge und die entsprechenden Wagen ebenso ihre Geschichte.

Schlösser auf Schienen:
Oben links und Mitte: Salonwagen für Königin Adelaide auf der London & Birmingham Railway 1842
Rechts oben: Sechsachsiger Salonwagen für Königin Victoria auf der London & North Western Railway
Links: Salonwagen der österreichischen Kaiserin Elisabeth und . . .
rechts: des Bayernkönigs Ludwig II.

Wo inzwischen die Königswagen mit den Königen verschwunden sind, haben vielfach nur die Benützer gewechselt. Für die Regierenden stehen auch heute in nahezu jedem Land besondere Eisenbahnwagen bereit, im demokratischen Lager ebenso wie im sozialistischen. An die Stelle verstaubten Prunks aus der Feudalzeit sind vielfach zeitgemäßer Spitzenkomfort und modernste Technik getreten.

Während der dreißiger Jahre trieben in Deutschland Adolf Hitler und Hermann Göring auf ihre Weise Kult mit Sonderzügen und deren Ausstattung. Etliche Wagen dieser Züge überstanden das »Dritte Reich« mehr oder weniger unbeschädigt. Die Deutsche Bundesbahn kam damit zu einem Bestand an Salonwagen, der nach Renovierung und Umbau bald dem Bundespräsidenten und dem Bundeskanzler, dem Bundesverkehrsminister und dem Ersten Präsidenten der Bundesbahn, aber auch hohen Staatsgästen zur Verfügung stand. Daraus resultierte der offiziell zwar diskret verschwiegene, von der Boulevardpresse indessen um so lieber aufgegriffene Tatbestand, daß demokratische Staatsbesucher vom Rang der englischen Königin Elizabeth II. in Görings Duschwagen auf Reisen geschickt wurden. Andererseits mußten sich die Repräsentanten der Bundesrepublik ihrerseits in den polierten Edelholzrahmen der vergangenen Epoche fügen und dabei auf zeitgemäße Annehmlichkeiten häufig verzichten. So hatte der Bundespräsident an heißen Sommertagen, korrekt gekleidet, im hitze-erfüllten Salonwagen auszuharren, während seine untergeordnete Begleitung nebenan in einem der neu gebauten Trans-Europ-Expreß-Wagen die angenehme Kühle der Klimaanlage genießen konnte.

Erst Willy Brandt brachte als Bundeskanzler die Courage auf, den Auftrag zum Bau eines modernen, aber eben auch entsprechend kostspieligen Sonderwagens zu erteilen. Mehrfach verzögerten Änderungswünsche die Fertigstellung. Sie fiel schließlich gerade in jene Zeit, da der ausgeuferte Staatshaushalt durch unpopuläre Sparmaßnahmen eingedämmt werden mußte, paßte demnach nicht in die »politische Landschaft« und veranlaßte Helmut Schmidt als neuen Bundeskanzler zu einem in der Geschichte von Königs- und Regierungswagen beispiellosen Zugeständnis: Die Bundesbahn vermietet den neuen komfortablen Kanzlerwagen, wenn ihn die Bundesregierung nicht benötigt, für Vereins- und Betriebsausflüge, an Hochzeitsgesellschaften oder finanzkräftige Individualisten.

Hermetisch abgeschlossen halten demgegenüber östliche Regime ihre Regierungswagen. Als Willi Stoph, Vorsitzender des Ministerrates der DDR, am 21. Mai 1970 in Kassel mit Bundeskanzler Willy Brandt zusammentraf, reiste er in einem

Oben: Geradezu spartanisch gegenüber dem Prunk der Kaiser und Könige: Salonwagen Otto von Bismarcks.
Unten: Auch heute noch benützen Staatsoberhäupter und Regierungschefs Salonwagen und Sonderzüge. Am 21. Mai 1970 rollte der Regierungssonderzug der DDR mit zwölf Wagen nach Kassel.

Regierungszug an, der aus nicht weniger als zwölf nagelneuen, einheitlich grünen Sonderwagen bestand; den ganzen Tag über hielt der Zug in Kassel-Wilhelmshöhe, fest verschlossen, unsichtbar streng bewacht, sein Inneres durch dichte Gardinen jedem neugierigen Blick entzogen.

Obwohl die Bedeutung der Staatszüge durch das Flugzeug deutlich reduziert worden ist, wird diese Sondernutzung der Eisenbahn noch lange nicht aufhören. Konrad Adenauer reiste im Sonderzug sogar nach Moskau, Nikita Chruschtschow von Moskau nach Wien. Nahezu sämtliche deutschen Bundeskanzler benutzten einen Sonderzug für ihre Wahlreisen. Ein mit Funk, Telefon- und Telexanschlüssen ausgerüsteter Nachrichtenwagen hielt und hält dabei jederzeit die Verbindungen in alle Welt aufrecht. So dominiert bei den heutigen Sonderwagen, ob sie Staatszwecken dienen oder »kommerziell« genutzt werden, nüchterne Sachlichkeit. Ein wenig vom Glanz der »Königswagen« ist dennoch erhalten geblieben: Jedes Eisenbahnmuseum, das auf sich hält, hat zumindest einen davon vorzuweisen. Meist widerspiegelt er Haltung und Lebensart seines Bestellers. Der erhaltene Salonwagen der englischen Königin Victoria ist unverwechselbar gegenüber dem der Kaiserin Elisabeth in Wien. Und im Verkehrsmuseum Nürnberg stehen zwei Wagen aus dem prunkvollen Hofzug des Bayernkönigs Ludwig II. vor dem geradezu spartanischen Salonwagen Otto von Bismarcks.

Vom Fußwärmer zur Klimaanlage

Das reine Vergnügen mag vor 150 Jahren eine Bahnreise zur Winterszeit nicht gewesen sein, selbst für Passagiere der bevorzugten Wagenklassen, die schon ein Dach über dem Kopf in Anspruch nehmen konnten. Von geheizten Zügen war die damalige Zeit noch weit entfernt, und so gehörten zum Handgepäck in erster Linie Pelze und Decken. Noch um 1870 gab es bei drei deutschen Eisenbahngesellschaften ausschließlich ungeheizte Wagen, andere füllten nur in der 1. und 2. Klasse eiserne Fußwärmer mit heißem Sand oder kochendem Wasser. Lediglich die Badische Staatseisenbahn war in den vornehmen Abteilen schon damals zu Kohleöfen übergegangen. Erst in den folgenden zehn Jahren setzte sich die Heizung in der Eisenbahn allgemein durch, womit sich für die Eisenbahn neue technische Probleme verbanden.

Die primitivste Heizungsart bildeten jene eisernen »Kanonenöfen«, die heute vorwiegend in Anekdoten und Karikaturen vorkommen, die jedoch in Deutschland sogar noch nach dem Zweiten Weltkrieg auf Nebenbahnen durchaus üblich waren. Jeder Wagen ließ sich mit dieser Heizung separat erwärmen, unabhängig von der Lokomotive, die auf Lokalbahnen bei »Güterzügen mit Personenbeförderung« häufig zum Rangieren abgekuppelt werden mußte. Daneben existierte lange Zeit vor allem auch in Güterzuggepäckwagen die wenig wirkungsvolle »Preßkohlenheizung«, bei der ein Behälter mit glühenden Briketts von außen her in einen Blechkasten unter den Sitzbänken eingeschoben werden mußte.

Für den Ingenieur hat die Verwendung des auf der Lokomotive erzeugten Dampfes für die Zugheizung gewiß nahegelegen. Doch vermochten die Kessel der damals eingesetzten Lokomotiven gerade den Dampf für die Beförderung des Zuges zu erzeugen, so daß die ersten Dampfheizungen aus einem besonderen Kessel im Gepäckwagen gespeist werden mußten.

Die Entwicklung der Dampfheizung in den Zügen begann mit der einfachen Hochdruckheizung, bei der aus einer durch den Zug geführten Hauptleitung Dampf mit vollem Druck in die Heizkörper strömte. Ihre Oberflächentemperatur erreichte bei vier Atmosphären Druck rund 140 Grad, was nicht nur Gefahren mit sich brachte, sondern auch zu rascher Überheizung der Abteile führte.

Diese Mängel sollte die Niederdruckheizung beseitigen, bei der nahezu völlig entspannter Dampf in die Heizkörper eintrat. Zwar konnten die hohen Temperaturen damit gesenkt und die unangenehme Verbrennung von Staub an den Heizkörpern vermieden werden, doch die Regelbarkeit ließ noch mehr zu wünschen übrig, und die Reisenden hatten überhaupt keine Möglichkeit, die Wärmeentwicklung im Abteil zu beeinflussen. So wurden Hoch- und Niederdruckheizung kombiniert, zunächst allerdings auch deren Nachteile. Erst im Laufe der Zeit gelangen entscheidende Verbesserungen sowie eine zufriedenstellende, selbsttätige Regelbarkeit der Raumtemperatur.

Als besonderes Problem erwies sich der Umstand, daß die Heizleistung im Zug mit zunehmender Entfernung von der Lokomotive immer mehr nachließ, weil sich der Dampf auf seinem Weg durch die Wagen rasch abkühlte. In langen Zügen fror die Heizung in den letzten Wagen bisweilen sogar ein. Hier schafften schließlich besondere Umlaufheizungen Abhilfe. Um den Dampfbedarf für die Zugheizung überhaupt decken zu können, mußten in langen Zügen häufig besondere Heizkesselwagen mitlaufen.

Neue Probleme ergaben sich aus dem Einsatz elektrischer Lokomotiven. Anfangs erhielten sie für die Zugheizung einen Dampferzeuger, weil es billiger erschien, die noch relativ wenigen Lokomotiven damit auszurüsten als zahlreiche Wagen mit elektrischen Heizkörpern. Je weiter sich der elektrische Betrieb jedoch ausdehnte, desto stärker verschob sich dieses Verhältnis. So wurde in Wagen, die hauptsächlich auf elektrifizierten Strecken verkehrten, zusätzlich zur unverzichtbaren Dampfheizung auch ein elektrisches Heizsystem installiert.

Der Aufwand erhöhte sich dadurch so, daß immer wieder nach wirtschaftlicheren Lösungen gesucht wurde. Bewährt haben sich Warmwasser- und Warmluftheizungen, bei denen die Primärwärme – gleichgültig ob durch Dampf oder elektrischen Strom zugeführt – in Wärmetauschern an einen Sekundärkreis abgegeben wird. Er übernimmt den Wärmetransport in die Abteile. Diese Konstruktion ermöglichte auch auf verhältnismäßig einfache Weise eine elektrische Mehrsystemheizung, wie sie etwa bei den vier verschiedenen Stromsystemen für den Bahnbetrieb in Europa erforderlich ist. Reisezugwagen für den internationalen Verkehr müssen heute über elektrische Heizeinrichtungen für Einphasenwechselstrom von 1000 Volt bei 16⅔ Hertz und 1500 Volt bei 50 Hertz

Fußwärmer in der 2. Klasse um 1860

sowie für Gleichstrom von 1500 und 3000 Volt verfügen. Daneben müssen sie nach wie vor mit Dampf heizbar sein.

Hier strebt besonders die Deutsche Bundesbahn eine Änderung an: Mit dem Verschwinden der Dampflokomotive soll auch das zusätzliche Dampfheizungssystem aufgegeben werden. Als neues Problem stellte sich diesem Ziel zunächst die Heizung der von Diesellokomotiven gezogenen Züge entgegen. Denn wie einst die ersten elektrischen Lokomotiven, so hatten auch die für den Reisezugdienst bestimmten Diesellokomotiven für die Zugheizung Dampfkessel erhalten. Die anfangs geringe Motorleistung hätte nicht ausgereicht, einen Generator zur elektrischen Heizung eines längeren Zuges mitzubetreiben. Erste Versuche in dieser Richtung führten deshalb zum Einbau zusätzlicher Antriebsaggregate in Diesellokomotiven, bis so leistungsstarke Dieselmotoren zur Verfügung standen, daß die erforderliche Heizleistung von 400 bis 500 Kilowatt mitgeliefert werden konnte.

Komfort beschränkt sich heute auch in der Eisenbahn nicht mehr nur auf Heizung im Winter, besonders an heißen Sommertagen bedeutet er auch Kühlung. Hierfür werden in Wagen 1. Klasse Klimaanlagen eingebaut, wie sie in Trans-Europ-Expreß- und Intercity-Zügen, aber auch in Fernzügen anderer Erdteile selbstverständlich geworden sind. Klimatisierte Wagen für die 2. Klasse gibt es inzwischen in Belgien, der Bundesrepublik Deutschland, in Frankreich, Italien, Österreich und der Schweiz.

Komfort durch Licht

»Des Königs Majestät halten es der Sicherheit und des Anstandes wegen für wünschenswert, daß die Eisenbahnwagen während der nächtlichen Züge erleuchtet werden.« Mit diesem Erlaß des preußischen Königs Friedrich Wilhelm IV. vom 11. November 1844 sollte es in Preußens Eisenbahnzügen des Nachts »licht werden«. Allerdings dauerte es nahezu zwei Jahre, bis die Reisenden wirklich überall im Lande erleuchtete Eisenbahnabteile vorfanden; die meisten Bahngesellschaften mußten erst durch Androhung von Geldstrafen zum Vollzug des königlichen Befehls gezwungen werden. Am fortschrittlichsten zeigten sich die Sachsen in bezug auf die Beleuchtung ihrer Eisenbahnwagen: Die Leipzig-Dresdner Bahn als erste Fernbahn und zweite Eisenbahn Deutschlands überhaupt bot bereits zur Eröffnung im Jahre 1836 Kerzenlicht. Dagegen erwies sich Amerika als geradezu rückständig: Die erste bekannt gewordene Beleuchtung stammt dort aus dem Jahre 1843 und wurde im Fahrplan der Albany & Buffalo Railroad besonders herausgestellt.
Bei allen älteren Eisenbahnen konnten zunächst nur Kerzen zur Beleuchtung der Wagen dienen. Amerika benützte sie bis 1868 ausschließlich, und noch auf der Pariser Weltausstellung von 1878 zeigten amerikanische Hersteller Wagen mit Kerzenbeleuchtung. Auch in Europa konnte sie sich lange behaupten, am längsten offenbar in Rußland. Auf der Pariser Weltausstellung von 1900 stammte der einzige Eisenbahnwagen, der noch Kerzenbeleuchtung aufwies, von der Moskau-Kasan-Bahn.
Auf das Kerzenlicht folgte besonders bei europäischen Bahnen Ölbeleuchtung. Dabei erlangte Rüböl die größte Bedeutung. In Spanien wurde auch Olivenöl mit geringem Petroleumzusatz verwendet, in Ostindien Rizinusöl. Lediglich in der Schweiz, in Rußland und Amerika hat es keine Pflanzenölbeleuchtung gegeben. Schweres Petroleum führte sich nach den umfangreichen Erdölfunden in Pennsylvania nach 1860 bei amerikanischen Bahnen in großem Umfang ein, während in Deutschland die Benützung des hier üblichen Petroleums mit niedrigerem Flammpunkt wegen der Feuergefahr stets verboten blieb.
Erste Versuche mit Gaslicht begannen in Europa wie auch in den Vereinigten Staaten schon vor 1870. Da für die Wagenbeleuchtung nur in Behältern unter Druck stehendes Gas in Frage kam, erlitten die Bemühungen zur Einführung der Gasbeleuchtung immer wieder Rückschläge. Gase, die sich bei stationärer Anwendung bestens bewährten, kamen für die Wagenbeleuchtung nicht in Frage, weil sich ihre Leuchteigenschaften durch die Kompression zum Teil entscheidend veränderten. So schied zum Beispiel das reichlich verfügbare Steinkohlengas aus diesem Grunde aus. Als geeignet erwiesen sich Fett- oder Ölgase, die besonders in Amerika aus Erdöl gewonnen wurden, später auch Mischgase mit Zusatz von Azetylen. Die Erfindung des Glühstrumpfes ermöglichte schließlich doch noch die Verwendung von Kohlengas. Doch als entscheidender Schritt, der die Gasbeleuchtung erst zu ihrer späteren Bedeutung kommen ließ, gilt die Benützung hoch komprimierter »Preßgase«, deren Verwendung in Eisenbahnwagen durch die Julius Pintsch A.G. technisch gelöst wurde. Erste Versuche fanden damit 1871 bei den Niederschlesisch-Märkischen Bahnen statt. Im Jahre 1916 waren rund 750 000 Gaslampen in Wagen und Lokomotiven in Betrieb. Bei der Deutschen Bundesbahn verschwanden die letzten Personenwagen mit Gasbeleuchtung erst rund vierzig Jahre später im Mai 1955.
Die Entwicklung der Starkstromtechnik, die bald zu elektrischer Beleuchtung öffentlicher Straßen und dann auch von Häusern führte, wirkte sich bald auch auf die Beleuchtung der Eisenbahn aus. Allerdings führten ähnlich wie bei der Gasbeleuchtung die ungünstigen Betriebsbedingungen auch hier immer wieder zu Rückschlägen. So konnte sich, als in den meisten Industrieländern das letzte Dorf längst an elektrische Verteilnetze angeschlossen war, in der Eisenbahn noch immer die Gasbeleuchtung halten.
Zunächst kamen, weil Stromzuführung von außen her ausschied, für die elektrische Wagenbeleuchtung nur Akkumulatoren in Frage. Nicht nur sie selbst erwiesen sich lange als unzulänglich.
Auch die Notwendigkeit, regelmäßig bestimmte Ladestellen anzufahren und damit die freizügige Verwendung der Fahrzeuge stark einzuschränken, förderte die Einführung des elektrischen Lichts in der Eisenbahn nicht. Die anfangs zur Verfügung stehenden Kohlefadenlampen mit hohem Energieverbrauch und geringer Lebensdauer verursachten zusätzliche Schwierigkeiten und stellten die Wirtschaftlichkeit dieser Beleuchtungsart in Frage. Entscheidende Verbesserungen brachte erst die Metallfadenlampe, die bei relativ geringer Stromaufnahme befriedigende Haltbarkeit erreichte, sowie die Verbesserung der Batterien und die Entwicklung von Lichtmaschinen, die während der Fahrt den nötigen Strom erzeugen und gleichzeitig die Batterien wieder aufladen konnten. Derartige Generatoren wurden anfangs bei geschlossen umlaufenden Wagenzügen auf der Lokomotive eingebaut und mit Dampf betrieben. Sie konnten damit auch bei längerem Stillstand genügend Strom liefern. Später erhielt jeder Wagen seine eigene Beleuchtungsanlage mit Lichtmaschine und Speicherbatterie. Zum Antrieb des Stromerzeugers dienten früher Treibriemen, später Tatzlager und Kardanwellen, heute Kegelrad- oder Schneckenradantriebe.
Während der Fahrt speist die Lichtmaschine alle elektrischen Verbraucher im Wagen und lädt gleichzeitig die Batterie. Im Stillstand und bei Geschwindigkeiten bis etwa 30 km/h kommt der Strom aus der Batterie. Die Umschaltung erfolgt durch Fliehkraftregler.
Bei der Deutschen Bundesbahn und bei anderen Bahnen mit hohem technischem Standard werden anstelle der Glühlampen heute fast ausschließlich Leuchtstoffröhren für die Wagenbeleuchtung verwendet. Sie liefern bei gleicher Leistung etwa dreifache Lichtausbeute, blendungsfreies Licht und sorgen für gleichmäßige Raumausleuchtung ohne starke Schattenbereiche. Auch bei Dunkelheit bleibt der Reisekomfort damit in vollem Umfang gewährleistet.

Linke Seite: Lange wurde es mit Sonnenuntergang dunkel in der Eisenbahn.
Oben: Königin Victorias Salonwagen besaß als einer der ersten Petroleumbeleuchtung.

Technik und Verkehr

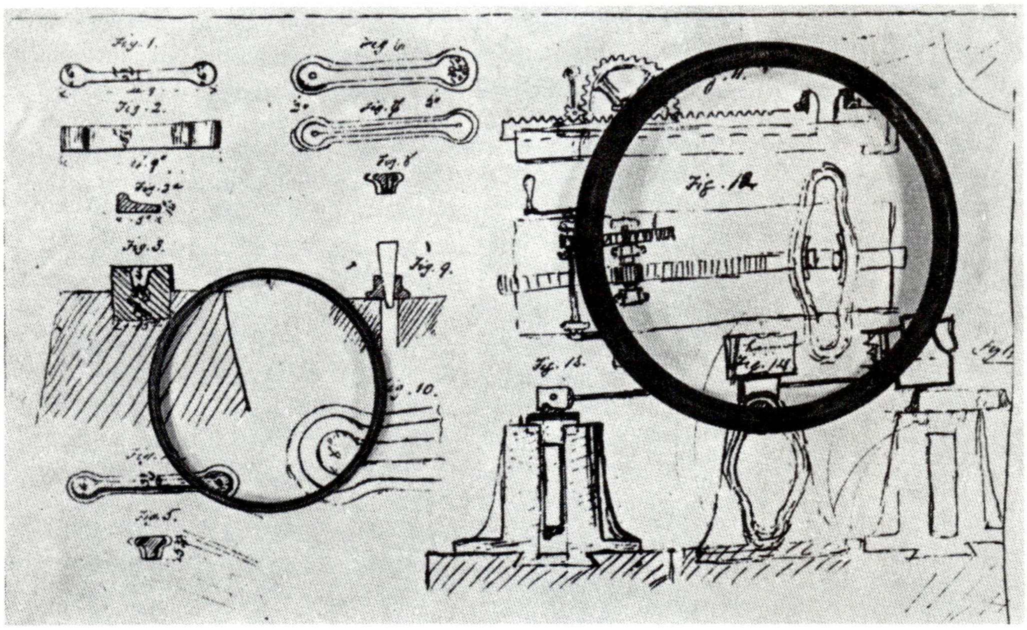

Links: Die Erfindung des nahtlos geschmiedeten Radreifens durch Alfred Krupp bedeutete für die Eisenbahn einen Meilenstein des Fortschritts. Das Unternehmenszeichen von Krupp besteht seit mehr als hundert Jahren aus drei versetzt übereinanderliegenden Ringen, die nahtlose Eisenbahn-Radreifen symbolisieren.
Rechte Seite: Boxpokräder sollten auch mit weniger hochwertigen Stählen hohen Beanspruchungen standhalten; Radformen wie diese gehörten in der letzten Phase des Dampflokomotivbetriebes in vielen Ländern zum gewohnten Bild.

Vom Kutschenrad zum Radsatz

Obwohl beim Bau der ersten Lokomotiven kein anderes Teil seit derart langer Zeit gebräuchlich war wie das Rad, begann mit der Anwendung auf Schienenbahnen doch ein völlig neuer Abschnitt seiner Entwicklungsgeschichte. Noch vor den Lokomotiven waren von Pferden gezogene Eisenbahnwagen entstanden, deren Konstruktion sich unmittelbar aus dem Kutschenbau ableitete. Achsen und Wagenaufbau wurden fest verbunden, die Räder drehten sich um die außen liegenden Achsschenkel. Bei höherem Tempo fehlte dieser Anordnung die nötige Stabilität, die Räder begannen ungleichmäßig zu flattern und sprangen schließlich aus den Schienen. So entstand für Eisenbahnfahrzeuge die im Grundsatz bis heute unveränderte Vereinigung von Rädern und Achse zu starren Radsätzen, die sich in festen Achslagern außerhalb oder – bei Lokomotiven – auch innerhalb der Radscheiben drehen.
Die ältesten Eisenbahnräder bestanden aus einzelnen geschmiedeten Segmenten, die von einem kreisförmig gebogenen und an den Enden verschweißten Reifen zusammengehalten und mit ihm durch Schrauben oder Niete verbunden wurden. Für Lokomotiven waren stets Speichenräder üblich, vor allem an den Treib- und Kuppelachsen; auch ihre Radsterne wurden anfangs aus Segmenten zusammengesetzt, bis sie aus Stahlformguß hergestellt werden konnten. Dabei waren Raddurchmesser von zwei Metern und mehr bei Schnellzuglokomotiven die Regel. Die Beanspruchungen, denen solche Räder bei ständig wachsenden Geschwindigkeiten durch Fliehkraft und Übertragung hoher Antriebsleistungen unterlagen, ließen sich nur mit hochwertigen Stählen beherrschen. Vor allem in Ländern mit Rohstoffschwierigkeiten wurden deshalb Boxpokräder eingeführt, um Speichenbrüche zu vermeiden.
Auch im Wagenbau behauptete sich lange das zusammengesetzte Speichenrad. In einigen Ländern, darunter in Deutschland, verdrängten zunächst Scheibenräder aus Gußeisen diese verhältnismäßig aufwendige, aber unter damaligen Vorzeichen durchaus bewährte Konstruktion. Ein wesentlicher Entwicklungsschritt führte zu Speichenrädern, die nach einem deutschen Patent unter 1500 Tonnen Druck nahtlos aus einem Stück gepreßt werden konnten. Allerdings bestand schon um die Jahrhundertwende die Möglichkeit, Radkörper zu walzen, womit alle anderen Herstellungsverfahren für Wagenräder überholt waren. In verschiedenster Form und Ausführung haben sich Scheibenräder für Wagenradsätze bis heute bewährt.
Die Achsen unterlagen in Eisenbahnwagen ebenfalls ungleich höheren Beanspruchungen als früher in Pferdefuhrwerken, ohne daß zunächst eine geeignete Technologie zur Herstellung genügend starker Achsquerschnitte bekannt gewesen wäre. So wurden einfach mehrere dünne Profile gebündelt und unter dem Dampfhammer verschweißt. Diese Bündelachsen blieben trotz häufiger Brüche bis um 1860 allein in Gebrauch. Erst zu diesem Zeitpunkt begann sich die stählerne Vollachse allgemein durchzusetzen. Der moderne Leichtbau führte zur Verwendung besonders hochwertiger Stähle und zur Einführung verschiedener Arten von Hohlachsen, um Gewicht zu sparen. Besondere Anforderungen stellte die Fertigung der Treibachsen von Dampflokomotiven, die bei Drei- und Vierzylinder-Bauarten zum Anbau der inneren Treibstangen »gekröpft« werden mußten. Erst spätere Erkenntnisse in der Stahlherstellung führten hierbei zu befriedigenden Ergebnissen und schufen damit gleichzeitig die Voraussetzungen für die Entwicklung von Dampflokomotiven für große Zugleistungen und hohe Geschwindigkeit.
Zur Befestigung der Räder auf den Achsen dienten anfangs nur Keile. Sie ermöglichten jedoch keinen exakt runden Lauf, so daß die Räder bei steigender Umdrehungszahl immer heftiger schlugen und sich im Laufe der Zeit lockerten. Erst nach der Mitte des 19. Jahrhunderts gelang das noch heute übliche hydraulische Aufpressen der Räder und damit ihre einwandfreie Verbindung mit der Achse. Radsätze für moderne Triebfahrzeuge mit Elektro- und Dieselantrieb tragen auf den Achsen meist festsitzende Zahnräder oder andere Elemente von Antrieb und Bremseinrichtung.
Zum Radsatz zählen auch die Radreifen, die jede Radscheibe umfassen und mit dem zur Führung im Gleis nötigen Spurkranz versehen sind. Ursprünglich mußten die Radreifen aus geraden Profilen gebogen und an der Berührungsstelle beider Enden verschweißt werden. Alfred Krupp entwickelte um 1850 den nahtlos geschmiedeten Radreifen, den er am 28. Dezember 1852 zum Patent anmeldete. Seit 1855 fertigte auch der Bochumer Verein in großem Umfang nahtlose Rad-

reifen, die dort jedoch aus Gußstahl in Formen gegossen wurden. Das noch heute allgemein übliche Schmiede- und Lochverfahren für die Herstellung nahtloser Radreifen wurde 1856 in England entwickelt.
Erhebliche Probleme warf anfangs die Befestigung des Radreifens auf dem Radkörper auf. Schrauben und Niete konnten weder höheren Fliehkräften standhalten noch auf die Dauer der Scherbeanspruchung beim Durchfahren von Kurven und der Ausdehnung des Reifens infolge Erwärmung beim Bremsen widerstehen. Trotzdem gab es jahrzehntelang keine Alternative. Erst in den siebziger Jahren des vorigen Jahrhunderts war auch hierfür eine nahezu geniale Lösung gefunden. Der damals schon allgemein gebräuchliche nahtlose Radreifen wird dabei auf etwa zweihundert Grad erwärmt, dehnt sich etwas aus und kann in diesem Zustand auf die Felge des Radkörpers aufgezogen werden. Beim Abkühlen schrumpft er so stark, daß der entstehende Auflagedruck festen Sitz gewährleistet.
Allerdings war damit noch nicht die Gefahr ausgeschaltet, daß die Reibungswärme beim Bremsen den Kraftschluß so stark vermindert, daß sich der Radreifen wieder lösen kann. Heute erhält er deshalb an der Außenseite einen Vorsprung, der sich gegen die Felge lehnt, an der Innenseite eine Nut, in die nach dem Aufbringen ein Sprengring eingelegt wird.

Wer fahren will, muß bremsen lernen

Einer der fundamentalsten Vorzüge des Eisenbahnsystems, der geringe Rollwiderstand eiserner Räder auf eiserner Bahn, wirft ebenso fundamentale Probleme auf, wenn die bewegte Masse aus hoher Geschwindigkeit zum Stillstand gebracht werden soll. So enthält die Eisenbahngeschichte ein umfangreiches Kapitel über die Entwicklung der Bremsen und ihrer verschiedenen Systeme.
Die ersten Wagenbremsen der Eisenbahn entsprachen in Bauart und Bedienung exakt denen der Kutschen und Pferdefuhrwerke. Der Fahrzeuglenker zog einen Hebel und preßte damit Holzklötze gegen die Lauf-

flächen der Räder. Neben der nur geringen rollenden Reibung wirkte nun die wesentlich stärkere Reibung zwischen Rad und Bremsklotz der Vorwärtsbewegung des Fahrzeugs entgegen und ließ es nach einem mehr oder weniger langen Bremsweg zum Stehen kommen. Anfangs mag diese Art des Bremsens auch auf den »eisernen Kunststraßen« noch genügt haben; denn bei Pferdebetrieb war vielfach nur ein Wagen, allenfalls ein kurzer Zug zu bremsen. Bei den ersten Dampflokomotiven erhielten nur die Tender, auf denen Kohle und Wasser mitgeführt werden, eine Bremseinrichtung, die Lokomotive selbst blieb ungebremst.
Je mehr Wagen die Lokomotiven zogen und je schneller die Züge fuhren, desto deutlicher zeigte sich die Bedeutung der Bremsen gerade bei der Eisenbahn. Dem Stand der Technik entsprechend beschränkte sich die Weiterentwicklung zunächst auf konstruktive Verbesserungen der bekannten Bremsvorrichtungen: Aus der Hebelbremse wurde die Spindelbremse, durch Übersetzungen und Druckausgleich ihre Wirksamkeit gesteigert. Allerdings pflegte die Leistungsfähigkeit einer Bremse einige Zeit danach beurteilt zu werden, wie leicht sich ihre Wirkung bis zum Blockieren der Räder steigern ließ. Häufig fanden entsprechende Bremsproben statt, bis die Räder durch die Schleifwirkung Ecken bekamen, in der Fachsprache Flachstellen genannt. Als die von ihnen hervorgerufenen Stöße ein Ausmaß annahmen, das die Passagiere in Furcht und Schrecken versetzte, die Wagen erschütterte und die Gleise in Mitleidenschaft zog, wurde das »Feststellen« der Bremse verboten. Bremsschuhe, die sich wie ein Keil vor die Räder schoben, Bremsschlitten, die auf den Schienen entlangschliffen, oder Bremsbänder, die über die rotierenden Achsen oder daran befestigte Walzen gespannt wurden, sollten die Bremsprobleme lösen. Durchgesetzt haben sich jedoch bis heute die Bremsklötze. Neuerdings erhalten vor allem Reisezugwagen auch Scheibenbremsen. Die optimale Bremsverzögerung tritt ein, wenn sich die Räder gerade noch drehen, also noch nicht blockieren.
Robert Stephenson hatte sich bereits 1833 eine Eisenbahnbremse patentieren lassen, die den Dampf der Lokomotive benützte. Das erste britische Patent für eine Druckluftbremse erhielt 1847 Samuel Lister, nachdem 1842 Nasmyth & May bereits eine Saugluftbremse vorgeschlagen hatte. In Deutschland entwickelte die erste einfache Druckluftbremse Johann Brandt, Maschinenmeister der Thüringischen Eisenbahn-

Gesellschaft, um 1850. Jeder Wagen mit Bremseinrichtung erhielt eine kleine, von einer Wagenachse angetriebene Luftpumpe. Damit konnte über einen Schieber Druckluft in Bremszylinder geleitet und die Bremseinrichtung betätigt werden. Brandt meldete dieses Verfahren 1852 zum preußischen Patent an und erhielt es am 12. März 1853 als erstes in Deutschland auf eine Luftdruckbremse.
Die Bedienung der Bremseinrichtung oblag besonderen Bremsern, die anfangs auf dem Bock an den Wagenenden, vor Wind und Wetter ungeschützt, mitfuhren und auf Pfeif- oder Glockensignale des Lokomotivführers ihre Aufgaben versahen. Um 1870 ersetzte den Bock das geschlossene und trotzdem noch reichlich unkomfortable Bremserhaus. Doch es dauerte bis zur Mitte des zwanzigsten Jahrhunderts, bis sich neuzeitliche Bremssysteme bei den Eisenbahnen in aller Welt so weit durchgesetzt hatten, daß auf Bremser in den Zügen endgültig verzichtet werden konnte.
Die Betätigung der Bremse in die Hand des Lokomotivführers zu legen, erschien wohl naheliegend, erwies sich jedoch lange Zeit als schwer realisierbar: »Es liegt auch ohne weiteres auf der Hand, daß der Führer, welcher den Zug leitet und die Schnelligkeit des Zuges regelt, die Gefahr fast ohne Ausnahme am ersten bemerkt, um die gefährliche Geschwindigkeit des Zuges sobald wie möglich verhindern zu können . . .«, hieß es noch 1870 in einem Studienbericht aus England.
Zahlreiche Lösungsmöglichkeiten waren untersucht und erprobt, für brauchbar befunden und doch wieder verworfen worden. Seile bildeten zunächst die einfachste Art, eine Verbindung durch den Zug hindurch oder über die Dächer seiner Wagen hinweg herzustellen, um damit einen Bremsmechanismus an jedem einzelnen Fahrzeug auszulösen. Karl Exter, seit 1845 Maschinenmeister der Bayerischen Staatseisenbahnen, entwickelte eine solche Seilbremse, die in Bayern schon 1847 benutzt wurde, aber noch eines besonderen Bremsers bedurfte. Er hatte anstelle des Lokführers das Seil zu lockern oder zu spannen, was auf Signal in der Regel von einem der Wagen aus geschah. Um Bremskraft auf die Räder auszuüben, wirkten auf die Bremsklötze Gewichte oder Federn ein, aber auch Mechanismen, mit denen die Bewegungsenergie des Zuges zum Bremsen genutzt werden konnte. Hierzu zählte insbesondere die wiederum in Bayern besonders verbreitete und sogar für Schnellzüge benützte Friktionsbremse von Jacob Heberlein, der - zunächst Lokomotivführer - bis 1877 zum Obermaschinenmeister aufrückte.

Wasser oder Luft zum Bremsen?

In England erschienen zwei Systeme »durchgehender« Bremsen, die sich beide vom Lokomotivführer oder zumindest von nur einer Stelle im Zug aus bedienen ließen und die Bremseinrichtungen aller Wagen auslösten: die Wasserbremse von Ezra Miles und Henry Bessemer 1854 sowie die Druckluftbremse von Charles Kendall rund zehn Jahre später.
Bei der Wasserbremse füllte Tenderwasser das durch den Zug laufende und mit den Bremszylindern verbundene Rohrleitungssystem. Darauf konnte der Lokomotivführer durch Betätigung eines Steuerventils den Dampfdruck des Lokomotivkessels wirken lassen, so daß Wasser in die Bremszylinder gedrückt, die Bremse über Gestänge angezogen wurde. Nach Rückstellung des Ventils strömte das überschüssige Wasser in den Tender zurück, während Federn die Bremszylinder entleerten und die Bremse lösten. Wirkung und Zuverlässigkeit dieser Bremse werden als gut beschrieben, mit Ausnahme bei Frost im Winter . . .
»Kendalls pneumatische Bremse« gilt als erste durchgehende, also im ganzen Zug wirkende Druckluftbremse, obwohl der Franzose Antoine Andraud um diese Zeit schon zwei Jahrzehnte lang Druckluft für alle möglichen Zwecke zu nutzen versuchte und dabei auch auf die Anwendung für Eisenbahnbremsen hingewiesen hatte.
Die Luftbremse Kendalls benützte eine Luftpumpe, die von einer Fahrzeugachse über Riemen angetrieben wurde und einen Behälter auf 3,5 Atmosphären auffüllte. Zum Bremsen konnte Druckluft in die durch den Zug geführte Leitung ein-

Linke Seite: Mit Seilzug- und Saugluftbremse ist die aus Sachsen stammende Schmalspurlokomotive 99 604, Bauart Meyer, ausgerüstet. Die Saugluftbremse arbeitete im Gegensatz zu den Druckluftbremsen mit Unterdruck, fand aber nur begrenzte Verbreitung. Die Lokomotive 99 604 kaufte die Deutsche Gesellschaft für Eisenbahngeschichte von der Reichsbahn in der DDR und zeigt sie heute in ihrem Rhein-Neckar-Eisenbahn-Museum in Viernheim bei Heidelberg.
Rechts: Klotzbremsen an einem Güterwagen. Sie stellen die noch heute am weitesten verbreitete Bremsanordnung an Eisenbahnfahrzeugen dar.

gelassen und in den Bremszylindern wirksam werden. Nach Rückstellung des Ventils entwich die Bremsluft ins Freie, Federn stellten die Kolben in den Bremszylindern zurück und lösten damit die Bremse wieder. Daß sich Luftpumpe, Druckbehälter und Bremsventil nicht auf der Lokomotive, sondern in einem besonderen Bremswagen befanden, bedeutete zwar einen erheblichen Mangel, der indessen mit dem Prinzip der Bremse nichts zu tun hatte.
Ihn beseitigte der Amerikaner George Westinghouse mit seiner 1869 patentierten »atmosphärischen Eisenbahnbremse«.
Das hydrostatische und das pneumatische System ließen in ihrer Wirkungsweise enge Verwandtschaft erkennen. Allein die Luft erwies sich als zukunftsbeständiges Medium. Sie dient bis heute bei nahezu sämtlichen Eisenbahnbremsen zur Steuerung wie zur Erzeugung der Bremskraft.

Mehrlösig, selbsttätig, unerschöpfbar...

Diese Systeme erfüllten bereits eine der Hauptforderungen, die auch heute an durchgehende Bremsen gestellt werden: Die Bremskraft ließ sich nicht nur bis zum Höchstwert in beliebigen Stufen steigern, sondern ebenso abgestuft auch wieder vermindern. Hierfür hat sich der Begriff »mehrlösige« Bremse eingebürgert, im Gegensatz zur »einlösigen«, die nicht teilweise, sondern immer nur völlig gelöst werden kann.
Die nicht minder bedeutsame Forderung nach Selbsttätigkeit blieb dagegen noch offen. Als »selbsttätig« wird ein Bremssystem bezeichnet, wenn die Bremswirkung bei Unterbrechung der durchgehenden Luftleitung, also auch beim Abreißen eines Zugteils, oder aber beim Ziehen der Notbremse ohne Zutun des Lokomotivführers von selbst einsetzt und den Zug oder die getrennten Zugteile automatisch zum Stehen bringt.
Die erste selbsttätige Druckluftbremse stellte 1873 wiederum George Westinghouse vor. Außer dem Hauptluftbehälter auf der Lokomotive hatte auch jeder Wagen einen Luftbehälter erhalten, der über die durchgehende Leitung mit fünf Atmosphären Druckluft aufgefüllt wurde. Westinghouse entwickelte hierzu ein Steuerventil, um die Bremsen ansprechen zu lassen und wieder zu lösen. Bei gleichem Druck in der durchgehenden Luftleitung und in den Hilfsluftbehältern der Wagen waren die Bremszylinder entlüftet, die Bremsen gelöst. Senkte der Lokomotivführer den Leitungsdruck ab, ließ die entstehende Druckdifferenz die Ventile umsteuern, Druckluft aus den Hilfsluftbehältern in die Bremszylinder strömen und die Bremsklötze anlegen. Sobald die Leitung wieder mit Druckluft gefüllt wurde, kehrten die Steuerventile in Lösestellung zurück, die Bremszylinder wurden entlüftet, die Bremse löste sich.
Dieses Prinzip liegt auch den neuzeitlichen Druckluftbremsen zugrunde, freilich in vielfach veränderter und verbesserter Technik. Vor allem hatte Westinghouse den Vorteil der selbsttätigen Wirkung seiner »Sicherheitsbremse« gegen die Mehrlösigkeit eingetauscht. Die Steuerventile ließen zwar eine abgestufte Steigerung der Bremskraft zu, aber keine abgestufte Verringerung. Bei jedem Lösevorgang wurde zwangsläufig die Bremswirkung vollständig aufgehoben. Besonders Fahrten über längere Gefällstrecken stellten an Erfahrung und Gefühl des Lokomotivführers hohe Anforderungen.
Außerdem lag bei diesen Systemen stets auch die Gefahr »in der Luft«, daß sich die Bremse erschöpfte. Mußte nämlich nach dem Lösen sofort wieder gebremst werden, reichte vielfach die Zeit nicht aus, um in den Hilfsluftbehältern wieder den vollen Betriebsdruck herzustellen. Um trotzdem gleiche Bremswirkung zu erzielen, mußte bei der folgenden Bremsung der Leitungsdruck um so stärker abgesenkt werden. Bei mehrmaligem, rasch aufeinander folgendem Bremsen und Lösen konnte schließlich der Druck so stark abfallen, daß überhaupt keine Bremswirkung mehr eintrat.
Offenbar ist jedoch diesen Mängeln lange keine sonderliche Bedeutung beigemessen worden. Denn schon Anfang der achtziger Jahre hatten mehrere Konstrukteure, vor allem in Deutschland und Frankreich, selbsttätige und mehrlösige Druckluftbremsen entwickelt. Das System des Amerikaners Jesse Fairfield Carpenter wurde zwar nach eingehenden Versuchen im Jahre 1883 von den Preußischen Staatseisenbahnen für Personenzüge allgemein eingeführt. Als jedoch Westinghouse vier Jahre später sein System durch eine Schnellbremsvorrichtung ergänzt hatte, kehrte Preußen zu diesem nach wie vor einlösigen System zurück. Auch die erste Knorr-Bremse, die in der Wirkungsweise wie in den Bauteilen der von Westinghouse weitgehend entsprach, beseitigte die Mängel nicht. Dennoch zählt heute zu den »klassischen« Forderungen an betriebssichere Bremssysteme, daß sie nicht nur selbsttätig, sondern auch mehrlösig und unerschöpfbar sind.

Probleme im Güterzug

Um die Jahrhundertwende schien es bei der Entwicklung der Bremsen keinen Fortschritt mehr zu geben. Die Probleme hatten sich weitgehend auf den Bereich des Güterzugbetriebes verlagert. Dort wurde nach wie vor mit Handbremse gefahren, nachdem alle Versuche gescheitert waren, die bei Reisezügen durchaus bewährten Druckluftbremsen auch in Güterzügen zu benützen. Dabei waren derart heftige Stöße aufgetreten, daß die Ladungen in Mitleidenschaft gezogen wurden und vielfach sogar die Kupplungen rissen.
Als Ursache dieser zunächst unerklärlichen Erscheinungen erwies sich die verhältnismäßig lange Laufzeit der vom Lokomotivführer an der Spitze des Zuges ausgelösten Druckverminderung bis zum letzten Wagen. Die Bremsen sprachen von vorn nach hinten mit zeitlicher Verzögerung an, so daß die nachfolgenden Wagen auf die bereits bremsenden aufliefen. Dabei wurden die Puffer voll zusammengedrückt, bis sich die Bremswirkung nach hinten zu weiter fortsetzte. Dann addierten sich plötzlich zu den Bremskräften die starken Rückstellkräfte der Pufferfedern, wodurch die äußerst heftigen Stöße und Zerrungen hervorgerufen wurden.
Konstruktive Maßnahmen zur Lösung des Problems gehen bereits auf das Jahr 1903 zurück. Damals entwickelte Georg Knorr eine Einrichtung, die kürzere »Durchschlagszeiten«, also schnelleres Ansprechen der Bremsen auch im hinteren Zugteil, sicherstellte. Wegen der Einlösigkeit wurde diese erste Knorr-Güterzugbremse jedoch nur in geringem Umfang eingesetzt. Aus der Zusammenarbeit mit Bruno Kunze ging die Kunze-Knorr-Bremse als erste selbsttätige, mehrlösige und unerschöpfbare Güterzug-Druckluftbremse hervor, die zwar schon vor dem Ersten Weltkrieg anwendungsreif war, wegen der Zeitereignisse jedoch erst im Januar 1918 von der Preußisch-Hessischen Staatseisenbahn eingeführt werden konnte; sie war damit die erste Bahn Europas, die Güterzüge mit durchgehenden, selbsttätig wirkenden Bremsen beförderte. Wenig später folgten diesem Vorgehen auch die übrigen deutschen Bahnen und setzten damit einen Markstein in der Geschichte des Eisenbahnbetriebes.
Frankreich versuchte mit dem Vertrag von Versailles, Deutschland auch zur Anpassung seiner neuen Güterzugbremse an das rückständige Westinghouse-System zu

Versuchszug aus 71 Wagen im Gesamtgewicht von 820 Tonnen im Gefälle von 33 Promille auf der Strecke Neuhaus am Rennweg – Probstzella im Jahre 1916, mit der damals neuen Kunze-Knorr-Güterzugbremse ausgerüstet

zwingen. Die Bremsenfrage war jedoch inzwischen derart in die Diskussion geraten, daß andere Länder eine Präjudizierung im Sinne Frankreichs verhinderten. Immerhin mußte die Knorr-Bremse AG die Eisenbahnen Belgiens und Frankreichs als Reparationsleistung mit Güterzugbremsen - jedoch der Bauart Westinghouse - ausrüsten. Erst 1926 wurde die Kunze-Knorr-Güterzugbremse Vergleichsuntersuchungen mit der Westinghouse-Bremse in Oberitalien und auf der Gotthardbahn unterzogen. Die Ergebnisse veranlaßten die Eisenbahnen der Niederlande, Norwegens und Schwedens zur Einführung der Kunze-Knorr-Bremse, die als allen 33 gestellten Bedingungen entsprechend anerkannt wurde.

Seit 1933 wurde die zusammen mit Wilhelm Hildebrand entwickelte Hildebrand-Knorr-Güterzugbremse gebaut; sie brachte in Einzelheiten weitere Verbesserungen, vor allem weitgehende Unerschöpfbarkeit. Beide Bremsbauarten hatten sich zunächst an den Bedürfnissen des Güterzugbetriebes orientiert, wurden aber bald auch in modifizierter Ausführung für Personenzüge hergestellt. Hierzu mußten Fahrzeuge, die sich für beide Zugarten eignen sollten, besondere G-P-Wechseleinrichtungen erhalten. Heute sind die meisten Fahrzeuge auf die einzelnen Bremsarten umstellbar.

Ein weiteres Problem bestand in der sehr unterschiedlichen Bremswirkung leerer und beladener Wagen. Auch dadurch wurden im Zug starke Stöße und Zerrungen hervorgerufen. Die weniger stark abgebremsten beladenen Wagen liefen auf die leeren und entsprechend stärker bremsenden auf, wobei wiederum die Kräfte der Pufferfedern ihre Rolle spielten. Hiergegen wurden Umstellvorrichtungen zur Lastabbremsung geschaffen, die heute bei Güterwagen ebenfalls allgemein üblich sind. Ursprünglich wurde damit bei beladenen Wagen ein zusätzlicher Bremszylinder wirksam, spätere Konstruktionen veränderten den Bremsklotzdruck durch verschiedene Übersetzungsverhältnisse der Bremsgestänge. Außerdem wurden automatisch wirkende Einrichtungen entwickelt, die den Bremsklotzdruck selbsttätig dem jeweiligen Wagengewicht anpassen.

Höheres Tempo – bessere Bremsen

Um bei immer höheren Geschwindigkeiten vertretbare Bremswege einhalten zu können, mußte die Bremswirkung in Abhängigkeit von der Fahrgeschwindigkeit gebracht werden. Denn es hatte sich gezeigt, daß zwar der Reibungskoeffizient zwischen Rad und Schiene von der Geschwindigkeit weitgehend unabhängig ist, daß aber die Reibung zwischen Rad und Bremsklotz bei abnehmender Umdrehungszahl stark ansteigt. Bei höherer Geschwindigkeit müssen demnach auch höhere Bremskräfte aufgeboten werden, um die optimale Verzögerung zu erreichen, während mit abnehmender Ge-

schwindigkeit geringere Werte ausreichen. Diese Anpassung nehmen verschiedene Arten von Bremskraftreglern vor, die heute zur selbstverständlichen Ausrüstung schnell fahrender Schienenfahrzeuge gehören.
Reisezugwagen, die mit Geschwindigkeiten über 140 km/h auf Strecken ohne besondere Signaltechnik laufen sollen, erhalten bei der Deutschen Bundesbahn zusätzliche Magnetschienenbremsen. Sie wirken unabhängig von den Bewegungsverhältnissen zwischen Rad und Schiene, so daß damit verhältnismäßig hohe zusätzliche Verzögerungen erzielbar sind. Elektromagnete bewirken starke Anziehungskräfte gegen die Schienen, auf denen auswechselbare Schienenschuhe schleifen. Diese Art der Bremse geht in ihren Grundlagen bereits auf ein Patent aus dem Jahre 1851 zurück. In Deutschland wurde sie bei den Schnelltriebwagen in den dreißiger Jahren erstmals in größerem Umfang praktisch angewandt. Nach dem Zweiten Weltkrieg erhielten auch die leichten Schienenomnibusse zusätzliche Magnetschienenbremsen, um an den auf Nebenbahnen meist zahlreichen schienengleichen Bahnübergängen im Notfall kurze Bremswege einhalten zu können.

Im allgemeinen verwendet die Deutsche Bundesbahn heute KE-Bremsen, Knorr-Bremsen mit Einheitswirkung. Diese Bremsbauart wurde 1953 international zugelassen und hat seither weite Verbreitung gefunden. Sie eignet sich für alle Zugarten in gleicher Weise und arbeitet mit anderen Bauarten, auch ausländischer Bahnen, einwandfrei zusammen. Den vielfältigen Detailproblemen der Bremstechnik stehen entsprechend viele Lösungen gegenüber. So lassen sich alle Anforderungen des Betriebes heute auch bremstechnisch sicher und zuverlässig erfüllen, ohne daß es *die* Patentlösung gäbe.

Triebwerksbremsen

Bei Lokomotiven lassen sich Bremswirkungen auch erzielen, wenn ihr Antrieb gegen die Fahrtrichtung ausgelegt wird. Diese Triebwerksbremsung erfordert jedoch zusätzliche Ausrüstung, ist aber bei allen Arten von Lokomotiven möglich und üblich.
Wenn bei Dampflokomotiven gegen die Fahrtrichtung gesteuert wird, strömt Luft in die Zylinder ein und wird durch die Kolben verdichtet. Besondere Vorkehrungen sind nötig, um dabei die Rauchgase fernzuhalten und die Zylinder zu kühlen, da bei der Kompression der Luft erhebliche Wärmemengen frei werden. Die in Europa verbreitetste Bauart derartiger Gegendruckbremsen stammt von dem Schweizer Niklaus Riggenbach und trägt noch heute seinen Namen.
Die Fahrmotoren elektrischer Lokomotiven arbeiten, wenn sie von der Netzspannung abgeschaltet, jedoch weiterhin magnetisch erregt werden, als Generatoren. Die dabei an ihren Klemmen auftretende Spannung kann auf Bremswiderstände geschaltet werden. Auch hierbei wird die kinetische Energie des fahrenden Zuges in Wärme umgesetzt, die von den Bremswiderständen abgeführt werden muß. Unter bestimmten Voraussetzungen können die im Generatorbetrieb arbeitenden Lokomotivmotoren die Bremsarbeit über den Fahrdraht auch in das Netz zurückspeisen. Von dieser Möglichkeit der Netz-, Nutz- oder Rekuperationsbremse wird besonders dort sinnvoll Gebrauch gemacht, wo längere Bergstrecken zur selben Zeit in beiden Richtungen befahren werden, so daß elektrisch bremsende Lokomotiven einen Teil des Energiebedarfes der gleichzeitig berg-

wärts fahrenden Züge decken können. Diesellokomotiven mit hydraulischer Kraftübertragung können mit Zusatzausrüstung hydro-dynamisch bremsen, wenn an ihr Flüssigkeitsgetriebe eine hydraulische Bremse angebaut ist, in der die kinetische Energie des Zuges in Wärme umgewandelt wird.
Triebwerksbremsen unterliegen so gut wie keinem Verschleiß, helfen also durch Ersparnis an Bremsklötzen wirtschaftlicher zu arbeiten; ihre Wirkung läßt jedoch bei abnehmender Geschwindigkeit nach und reicht nicht bis zum Stillstand.

Projekt für drei Jahrhunderte

Wie zahlreiche technische Einrichtungen der Eisenbahn findet auch die automatische Fahrzeugkupplung ihre Grundlagen bereits in Erfindungen des 19. Jahrhunderts. Amerika, Japan und Rußland führten in der ersten Hälfte des 20. Jahrhunderts automatische Kupplungen ein. Auf europäischer Ebene laufen seit 1927 Bemühungen, die manuelle Schraubenkupplung durch eine zeitgemäße Konstruktion zu ersetzen. Nicht nur zwei Weltkriege haben das Vorhaben verzögert. Obwohl seit Anfang der siebziger Jahre eine technisch ausgereifte Lösung zur Verfügung steht und die Barrieren zwischen West und Ost verhältnismäßig mühelos überwunden wurden, haben wirtschaftliche und politische Faktoren die Realisierung immer wieder verzögert. Heute scheint festzustehen, daß Europa – wenn überhaupt – die automatische Kupplung erst im 21. Jahrhundert erhalten wird.
In den Vereinigten Staaten verlangte ein Gesetz vom 2. März 1893 gleichzeitig mit dem Einbau durchgehender Luftdruckbremsen auch die Einführung einer automatischen Wagenkupplung. Bis zur Jahrhundertwende hatten die amerikanischen Bahngesellschaften ihren Fahrzeugpark entsprechend ausgerüstet. Zwei Jahrzehnte später bereitete sich auch Japan auf die automatische Kupplung vor; dort erfolgte die Umstellung zum 17. Juli 1925 nach langfristigen Vorbereitungen innerhalb von nur drei Tagen. Die Sowjetunion begann 1937 mit dem Übergang von der Schrauben- zur Automatikkupplung. Durch den Zweiten Weltkrieg zog sich die vollständige Umstellung allerdings zwei Jahrzehnte hin; sie galt 1957 als abgeschlossen. Japan hatte die amerikanische Janney-Kupplung übernommen, Rußland entschied sich für die SA-3-Kupplung der Bauart Willison. Beide stimmen in ihren Grundeigenschaften überein: Sie können Zug- und Druckkräfte übertragen und lassen innerhalb der Kupplung horizontale und vertikale Bewegungen zu, stellen also keine starre Verbindung her.
Auch in Deutschland stieß die automatische Kupplung schon vor 1900 auf vielfältiges Interesse. Der Verein Deutscher Eisenbahn-Verwaltungen suchte bereits 1873 mit einem Preisausschreiben geeignete Lösungen. Vor allem die Länderbahnen Württembergs, Bayerns und Preußens unternahmen eigene Versuche mit verschiedenen Bauarten, Bayern besonders mit der amerikanischen Janney-Kupplung. Durchsetzen konnte sich indessen lediglich die Scharfenberg-Kupplung, die auf ein Deutsches Reichspatent für Karl Scharfenberg vom 6. Mai 1903 zurückgeht. Diese Kupplung wurde von der Deutschen Reichsbahn ab 1929 in sämtliche Groß-

Linke Seite: Die Magnetschienenbremse gehört in erster Linie als Zusatzbremse in Fahrzeuge des Schnellverkehrs. Das Bild zeigt die Magnete im Drehgestell eines Schnelltriebwagens der Baureihe 403 der Deutschen Bundesbahn. Aber auch die Schienenomnibusse wurden zusätzlich mit Magnetschienenbremsen ausgerüstet, um kurze Bremswege zu ermöglichen.
Rechts: Ein KE-Ventil, das Herz der modernen Eisenbahnbremsen. Es ist unter jedem Fahrzeug eingebaut, das mit der Knorr-Bremse mit Einheitswirkung ausgerüstet ist.

raumgüterwagen eingebaut, sie wurde ferner bei allen »abgeschlossenen« Betrieben eingeführt, so bei der S-Bahn in Berlin und Hamburg und bei den sächsischen Schmalspurbahnen. Bis in die Gegenwart hat die Scharfenberg-Kupplung bei S- und U-Bahnen, bei Straßenbahnen und Industriebahnen ihre Stellung erfolgreich behaupten und ausbauen können. Auch die Deutsche Bundesbahn hat diese Kupplung für ihre S-Bahn-Triebzüge in München, Stuttgart und im Rhein-Main-Gebiet übernommen.

Internationale Bemühungen um eine automatische Kupplung begannen in Europa erstmals mit der Berufung einer Kommission durch den eben fünf Jahre alten Internationalen Eisenbahn-Verband (UIC) im Jahre 1927. Zu den stärksten Verfechtern zählte schon damals die Internationale Transportarbeiter-Föderation, die damit den Bemühungen der Gewerkschaften in den einzelnen Ländern Nachdruck zu verleihen bestrebt war. Von der als bedächtig apostrophierten Arbeitsweise der UIC wurde jedenfalls schon damals nicht viel erwartet, aber auch die Haltung der Deutschen Reichsbahn blieb nicht ohne Kritik. Als sich Albert Thomas, Direktor des Internationalen Arbeitsamtes in Genf, zur Verhütung der zahlreichen Kupplungsunfälle für die Einführung der automatischen Kupplung bei allen Eisenbahnen einsetzte, reagierte die Deutsche Reichsbahn mit Wirtschaftlichkeitsberechnungen. Danach waren bereits um 1930 für die damals 750 000 Fahrzeuge Investitionskosten von nahezu 1,5 Milliarden Reichsmark veranschlagt, die Personalersparnis errechnete sich zu nur 1200 »Köpfen«. Der Zweite Weltkrieg unterbrach jeden weiteren Fortschritt auf diesem Sektor. Erst 1960 konnte eine neue Runde beginnen.

Technisch gelöst – politisch blockiert

Der Internationale Eisenbahn-Verband (UIC) mit Sitz in Paris nahm im Jahre 1960 mit einer Ausschreibung an hundert Unternehmen seine Aktivitäten um Verwirklichung der selbsttätigen Kupplung wieder auf. Von nur dreizehn eingereichten Vorschlägen, darunter drei aus der Bundesrepublik Deutschland, entsprach keiner den strengen Forderungen in allen Punkten, so daß einige Bedingungen aus dem Lastenheft gestrichen und bis 1961 neue Angebote eingeholt wurden. Als Erschwernis trat jedoch wenig später die wünschenswerte und trotz des damals »Kalten Krieges« möglich erscheinenden Abstimmung mit dem europäischen Osten hinzu. Die Organisation für die Zusammenarbeit der Eisenbahnen (OSShD) mit Sitz in Warschau, der neben der Sowjetunion und den osteuropäischen Staaten auch China und Korea angehören, hatte sich seit 1955 ebenfalls mit dem Problem befaßt. So kam es Anfang 1962 in Moskau zur Festlegung gemeinsamer technischer Bedingungen für eine gesamteuropäische Mittelpufferkupplung:

einheitliche Bauart für Lokomotiven, Güterwagen, Reisezugwagen und alle anderen Fahrzeuge, die auf bahneigenen Strecken zugelassen sind;

Links: Die automatische Kupplung, seit Jahrzehnten eines der heißesten Themen bei den europäischen Eisenbahnen, ist technisch ausgereift und für besondere Aufgaben auch bereits im Einsatz. So im schweren Erzverkehr der Deutschen Bundesbahn, wo die konventionelle Schraubenkupplung bei den hohen Anhängelasten von mehr als 5300 Tonnen die auftretenden Zugkräfte bei weitem nicht übertragen könnte.
Rechts: In der Schweiz wurden die »Swiss-Expreß«-Intercity-Züge mit der automatischen Kupplung der Zukunft ausgerüstet. Unter den übrigen, nach wie vor mit der alten Kupplung ausgerüsteten Fahrzeugen stellen sich diesen Zügen und ihren Lokomotiven jedoch häufig Schwierigkeiten entgegen, so daß die automatische Mittelpufferkupplung dort womöglich bald wieder verschwindet.

Kuppelbarkeit mit der sowjetischen SA-3-Kupplung;
sichere Verbindung bei allen Geschwindigkeiten zwischen 1 und 15 km/h;
leichtes und gefahrloses Entkuppeln der Fahrzeuge im Zug;
sichere selbsttätige Verbindung der Kupplung in Gleisbogen bis 135 Meter Radius;
seitlicher Greifbereich von 220 Millimetern beiderseits der Gleismitte;
sichere Verbindung bei Höhendifferenzen bis 140 Millimeter;
Zugfestigkeit 150 Tonnen, Druckfestigkeit 200 Tonnen;
einfache, robuste und billige Bauart;
Temperatur- und Witterungseinflüsse dürfen die Wirkungsweise nicht beeinträchtigen;
selbsttätiges Mitkuppeln zweier Luftleitungen und Öffnen der Luftabsperrhähne, Möglichkeit zur selbsttätigen Verbindung elektrischer Leitungen, Schutz der Verbindungsstellen vor Verschmutzung im ungekuppelten Zustand.
Als besonders schwierig erwies sich die Forderung nach Kuppelbarkeit mit der alten russischen SA-3-Bauart, weil es sich dabei um eine nicht starre Kupplung handelt, während die automatische Verbindung von Bremsluft- und elektrischen Leitungen eine starre Bauform voraussetzt. Dennoch konnten in einer von politischen Gegensätzen weitgehend freigehaltenen und insofern beispielhaften Zusammenarbeit zwischen West und Ost im Laufe der folgenden zehn Jahre alle wesentlichen technischen Probleme gelöst werden. Zwar entwickelte der Osten unter Federführung der Reichsbahn in der DDR die »Intermat«-Bauart, der Westen dagegen den »Unicupler«, beide Konstruktionen arbeiten jedoch – wie gegenseitige und gemeinsame Versuchsfahrten unter extremen betrieblichen und klimatischen Bedingungen erwiesen – einwandfrei zusammen. Auch Detailfragen, besonders im Zusammenhang mit der Kupplung für Reisezüge, wurden in den folgenden Jahren geklärt und konstruktiv einwandfrei gelöst.
Der westliche Terminplan für die Einführung der neuen Kupplung sah ursprünglich – damals noch unter der Prämisse der technischen Realisierbarkeit – Ostern 1976 vor. Eingehende Studien hatten ergeben, daß während der Osterfeiertage vor allem im Güterverkehr die Verkehrsleistungen am stärksten absinken, so daß sich diese Tage zur »Simultanumstellung« anboten. Die auf Vorrat gefertigten Kupplungen sollten in einer groß angelegten Umbauaktion innerhalb weniger Tage in die bereits entsprechend vorbereiteten Fahrzeuge eingebaut werden. Nach dem Stichtag sollten im internationalen Verkehr nur noch Wagen mit der neuen Kupplung zugelassen sein, während im nationalen Bereich jede Bahn Übergangsfristen von einigen Jahren zugebilligt erhalten sollte. Durch Zwischenstücke wird dabei die Verbindung alter und neuer Kupplungen ermöglicht. Die Dauer dieser Übergangsfristen wirkt sich jedoch ebenfalls international aus, weil die bisher zur Übertragung der Druckkräfte im Zug nötigen Seitenpuffer in allen Ländern so lange nicht eingespart werden können, bis nicht alle Fahrzeuge die für Zug- und

Druckübertragung geeignete Mittelpufferkupplung erhalten haben.
Ende der sechziger Jahre deuteten sich erstmals stärkere politische Einflüsse in der bis dahin weitgehend auf den technischen Sektor beschränkten Kupplungsfrage an. Die französischen Entwürfe waren zwar bei der Konstruktion des Unicuplers durchaus berücksichtigt worden, doch stark in das deutsche Konzept der Knorr-Bremse AG eingeflossen. Das später deutlich nachlassende französische Interesse an der automatischen Kupplung wird auch damit in Zusammenhang gebracht. Wohlverhalten in der Kupplungsfrage wurde indessen auch mit Entgegenkommen auf ganz anderen Gebieten gekuppelt. So sollen die Niederlande und Italien ihre Zustimmung zeitweise von günstigen Seehafentarifen der Nachbarbahnen abhängig gemacht haben. Aus anderer Richtung ertönte der Kassandraruf, das Zwanzig-Milliarden-Projekt werde zur größten Fehlinvestition aller Zeiten, weil die Bahn in weiterer Zukunft ohnehin nur noch mit Ganzzügen konkurrenzfähig sein werde und sich Rangierarbeit damit ganz von selbst erübrige. Das große europäische Vorhaben scheiterte schließlich an vielen kleinen Horizonten nationaler und wirtschaftlicher Einzelinteressen.
Zwar hielt Louis Armand, Generalsekretär der UIC und zuvor Generaldirektor der Französischen Eisenbahnen, als großer Europäer vor der Verkehrsministerkonferenz (CEMT) am 11. Dezember 1968 eine beschwörende Rede, in der er die Dringlichkeit einer politischen Entscheidung über die nötige staatliche Finanzhilfe für die Bahnen der beteiligten Länder unterstrich. Und tatsächlich beschlossen die Minister am 11. Juni 1970 in Florenz einstimmig die Einführung der automatischen Eisenbahnkupplung, wenn auch zu einem auf 1979 verschobenen Termin. Die Terminfrage hing jedoch ohnehin in der Luft, weil sich die östliche Seite dazu noch nie verbindlich geäußert hatte. Nach langen Verhandlungen kam es endlich am 16. Mai 1972 in Köln zu einem Kompromiß zwischen UIC und OSShD. Demnach sollte die Einführung Ostern 1981 beginnen und spätestens 1985, womöglich jedoch früher, abgeschlossen sein. Diesen Zeitplan akzeptierten am 16. Juni 1973 in Den Haag auch die in der CEMT vertretenen Verkehrsminister ausdrücklich, wobei sie sich erneut zu ihrem Beschluß von Florenz bekannten, die automatische Kupplung einzuführen.
Doch nur vier Tage später mußte die UIC,

die seit 1927 auf diese Einführung hingearbeitet hatte, ihre Schwäche offenbaren. Vor allem die Französischen Eisenbahnen, denen eine gewisse Hegemonie innerhalb des Verbandes nachgesagt wird, verweigerten ihre Zustimmung zu der nicht nur zwischen West und Ost, sondern auch auf politischer Ebene abgestimmten Terminierung. Der Osten, bis dahin gerade von der UIC zu möglichst kurzfristiger Umstellung gedrängt, sah sich nicht nur einem unverläßlichen Partner gegenüber, er sah auch eigene langfristige Wirtschaftsplanungen gefährdet. Damit wurde vollends politisiert, was zwar mit staatlicher Finanzhilfe, aber verantwortlich von den Eisenbahnen selbst hatte verwirklicht werden sollen. Die osteuropäischen sowie einige westliche Bahnen verlangten daraufhin bindende Verträge auf Regierungsebene. Konkrete Terminpläne bestehen seither nicht mehr; in diesem Jahrtausend ist die allgemeine Einführung kaum noch denkbar.
Die Deutsche Bundesbahn, stets einer der stärksten Befürworter der automatischen Kupplung, hat ihre seit Jahren laufenden Vorbereitungen weitgehend wieder eingestellt. Lediglich fabrikneue Fahrzeuge, die voraussichtlich über das Jahr 2000 hinaus im Einsatz bleiben werden, erhalten weiterhin die Grundausrüstung für einen reibungslosen Übergang auf die Mittelpufferkupplung. In geringem Umfang laufen indessen bereits entsprechend ausgerüstete Fahrzeuge auf deutschen Strecken: Ab Sommer 1976 erhielten die Automatikkupplung sechs elektrische Güterzuglokomotiven der Baureihe 151 und 180 Privatgüterwagen für Erzzüge bis zu 5300 Bruttotonnen. Derart schwere Züge fahren von Hamburg und mit etwas geringerer Last auch von Nordenham an der Unterweser zu den Hüttenwerken von Salzgitter und Peine. Zuglasten dieser Größenordnung sind mit der Mittelpufferkupplung möglich. Dabei ergab sich die bemerkenswerte Tatsache, daß die Eisenbahn mit der Binnenschiffahrt auf dem etwa gleichzeitig fertiggestellten Elbe-Seitenkanal erfolgreich in Wettbewerb treten konnte.
Die Iranische Staatsbahn stellt weiter auf automatische Kupplung um; die Ausrüstung liefert die Knorr-Bremse GmbH in München. Auch die UIC hat ausdrücklich ihre Absicht bekräftigt, das Projekt später doch noch zu verwirklichen.

Fortschrittliche Waggons

Die ersten Güterwagen unterschieden sich lediglich im Aufbau und seiner Ausstattung von Wagen für die Personenbeförderung. Untergestelle, Material und Bauweise stimmten indessen weitgehend überein. Auch die Entwicklung beider Wagenarten lief lange parallel, bis die Anforderungen des Reiseverkehrs so stark stiegen,

daß sich Personen- und Güterwagenbau zwangsläufig trennen mußten. Auf die Entwicklung von Waggons für den Güterverkehr wurden keine nennenswerten Kapazitäten verwendet, so daß sie sich jahrzehntelang als große Kisten auf Rädern darstellten.
Anfangs trugen sie kaum mehr als sechzig bis achtzig Zentner, wogen selbst jedoch weit über hundert. Um zwanzig Tonnen zu transportieren, waren demnach mindestens fünf Wagen mit einem Leergewicht von zusammen 25 bis 30 Tonnen nötig.
Hundert Jahre später hatte sich dieses Verhältnis endlich umgekehrt. Ein einziger Waggon vermochte jetzt dieses Ladegewicht aufzunehmen, sein Eigengewicht hatte sich demgegenüber auf die Hälfte, in einzelnen Fällen sogar auf nur ein Drittel reduziert. Darin widerspiegelten sich die Fortschritte im Waggonbau durch Übergang von Holz auf Eisen, von Eisen auf hochfeste Stähle, von verschraubten zu genieteten und schließlich zu geschweißten Konstruktionen, von der konventionellen Bauweise zum modernen Leichtbau in Stahl und Aluminium.
Zu den Hauptproblemen des Güterwagenbaues zählten die Bremsen. Als in Preußen 1918 mit der Kunze-Knorr-Bremse die erste durchgehende Luftdruckbremse für Güterzüge eingeführt wurde, zählte die Eisenbahngeschichte bereits rund hundert Jahre. Kaum ein Jahrzehnt zuvor waren die bis dahin offenen Bremsersitze wenigstens durch geschlossene Bremserhäuschen ersetzt worden.
Auch die Achslager gaben den Eisenbahnen bis in die neueste Zeit Probleme auf. Bei alten Bauarten bestand das Gehäuse aus zwei Teilen. Die obere Hälfte enthielt – unmittelbar eingegossen oder in besonderen Einsätzen – eine Lagermetallfüllung. Damit stützte sich das Fahrzeug auf den Achsschenkeln ab. Das Unterteil, meist angeschraubt oder von besonderen Klammern gehalten, diente als Schmiermittelbehälter. Nur bei den ältesten Ausführungen tropfte das Öl durch Dochte von oben auf die Achsschenkel, später wurde es allgemein von unten durch Schmierpolster angesaugt, die ihrerseits durch Federn von unten gegen die Achsschenkel gedrückt wurden. Um die Gefahr des Ölverlustes durch den Spalt zwischen den beiden Hälften auszuschalten, wurden später vorwiegend Gehäuse aus einem Stück verwendet. Immer wieder kam es jedoch zu heißgelaufenen Achslagern, weil die Schmiermittel den Anforderungen nicht genügten oder die Schmierung selbst nicht einwandfrei funktionierte. So erhielten ab 1950 immer mehr Güterwagen Wälzlager anstelle der herkömmlichen Gleitlager. Damit war auch eine der wesentlichsten Voraussetzungen dafür geschaffen, die Geschwindigkeit der Güterzüge weiter zu steigern. Sie beträgt heute in Europa für Schnell- und Durchgangsgüterzüge allgemein 100 km/h, in Ausnahmefällen mit besonderen Wagen 120 km/h, in Frankreich neuerdings sogar 140 km/h.
In neuerer Zeit ergab sich die Notwendigkeit, hochwertige und bruchgefährdete Güter vor zu heftigen Rangierstößen zu schützen. Sie gefährden vor allem Ladungen, die nicht lückenlos die gesamte Länge der Ladefläche ausfüllen. Von der Deutschen Bundesbahn wurde in zahlreichen Schiebewandwagen vorwiegend das Daberkow-System eingeführt. Den Laderaum unterteilen dabei Luftsäcke in mehrere Einzelzellen; nach Beladung des Wagens lassen sich die Säcke aufblasen und füllen damit alle Zwischenräume aus. Stöße werden von den Luftpolstern aufgefangen, Verschiebungen und damit Beschädigungen des Transportgutes weitgehend vermieden. Vor allem Flachwagen und Tragwagen für Container erhielten auch besondere Stoßverzehreinrichtungen. Auf die Puffer wirkende Stöße werden dabei durch zwischengeschaltete Dämpfungselemente von der Ladefläche weitgehend ferngehalten.

Güterwagen kommen dem Kunden entgegen

Zu den »klassischen« Güterwagen zählen die gedeckten und die offenen Wagen, Verschlagwagen für Vieh- und Drehschemelwagen für Langholztransporte, zum Teil auch Topf- oder Kesselwagen für flüssige Güter. Besondere Schwertransportwagen wurden zur Beförderung großer Einzellasten eingesetzt. Dazu gehörten bis in den Zweiten Weltkrieg auch schwere und schwerste Kanonen, die als Eisenbahngeschütze meist fest mit den Wagen verbunden wurden. Dabei stellte die Eisenbahn ihre Güterwagen zunächst in erster Linie auf Bahnhöfen zur Be- und Entladung bereit, entweder an der Ladestraße, die Pferdefuhrwerken oder Lastautos zugänglich war, oder an besonderen Rampen, um auf gleicher Höhe die Ladefläche der Wagen durch Seiten- oder Stirnwandtüren zu erreichen.
Noch heute bilden der gedeckte und der offene Wagen die Standardtypen für universelle Verwendung, wobei die Bauarten internationalen Normen unterliegen.
Gedeckte Wagen werden für alle nässeempfindlichen Waren, für verpackte Stückgüter, für lebende Tiere, für Obst und Gemüse, aber auch für internationale Transporte verwendet, für die der Laderaum zollamtlich verschließbar sein muß.
Offene Wagen dienen zum Transport von Massengut in loser Schüttung, wie Kohle, Briketts, Erze, Steine und Erden, aber auch von landwirtschaftlichen Produkten wie Zuckerrüben und Kartoffeln.
Je mehr die Transportanlagen mit den erforderlichen Be- und Entladeeinrichtungen in die Produktionsabläufe der Industrie integriert wurden, desto stärker mußten sich die Verkehrsträger neuen

Linke Seite: Schwerer Erzzug, mit der automatischen Kupplung ausgerüstet, auf dem Weg nach Salzgitter
Rechts: Im vorigen Jahrhundert faßte ein Erzwagen 300 Zentner; die Ladung von etwa sieben solchen Wagen verschwindet heute in einem einzigen sechsachsigen Selbstentladewagen.

Wandel im Güterwagenpark:
Oben: Güterzüge mit den »klassischen« gedeckten Wagen werden seltener, während die Zahl der Spezialwagen wächst.
Linke Reihe von oben nach unten: Edelstahlkesselwagen für Säuren und andere aggressive chemische Lösungsmittel; zweiachsiger Schiebewandwagen mit Transportschutzeinrichtung; vierachsiger Schwenkdachwagen für nässeempfindliches Schüttgut; Flachwagen, beladen mit Brückenträgern für eine Krananlage
Nächste Doppelseite: Für den Transport fabrikneuer Autos, die meist in geschlossenen Zügen vom Werk zur Auslieferung oder zum Export in die Seehäfen rollen, werden Doppelstockwagen eingesetzt.

Situationen anpassen. Die Eisenbahn, wegen der Bindung ihrer Fahrzeuge an Gleise zunächst im Nachteil gegenüber dem wendigeren Lastwagen, verstand sich durch Förderung günstig gestalteter Privatgleisanschlüsse, insbesondere aber durch Entwicklung von Spezialgüterwagen ebenfalls anzupassen. Der Güterverkehr auf der Schiene entwickelte sich in allen Industrieländern mehr und mehr zu einem Verkehr von »Haus zu Haus«, von Gleisanschluß zu Gleisanschluß.
Daß die Eisenbahn mit ihren Güterwagen den Kunden entgegenkommen muß, hatte die Deutsche Reichsbahn schon vor dem Zweiten Weltkrieg erkannt. Neben Kühlwagen für verderbliche Lebensmittel, Kübelwagen mit verschiedenen Bauarten von Einzelbehältern oder Wagen mit Stirnwanddrehtüren standen schon damals in Deutschland die Selbstentladewagen im Vordergrund. Mit ihnen sollte der Entladevorgang rationalisiert werden, um dem Kunden Lohnkosten sparen zu helfen und den eigenen Fahrzeugpark durch kürzere Stand- und Umlaufzeiten besser ausnützen zu können.
Die Tendenz zum Spezialwagen hat sich später noch wesentlich verstärkt, wobei freilich möglichst vielseitige Verwendbarkeit der Wagen trotzdem gewährleistet sein soll. Auch heute bilden rationelle Be- und Entladung einen dominierenden Faktor. Allerdings sind dabei zahlreiche unterschiedliche Anforderungen der einzelnen Branchen zu berücksichtigen. Moderne Güterwagen müssen zumindest mit Gabelstaplern und anderen Flurfördermitteln befahrbar sein. Vielfach sind große Öffnungen erforderlich, um sperrige Güter mühelos laden zu können; hierfür lassen sich bei bestimmten Wagenbauarten ganze Seitenwände verschieben. Zur Be- und Entladung von oben stehen Wagen mit öffnungsfähigem Dach zur Verfügung. Beim neuesten »Ganzwandwagen« können die Seitenwände samt Dach über beide Wagenhälften hinweggeschoben werden.

Nach wie vor spielen Selbstentladewagen für Schüttgüter eine besondere Rolle. Kohle und Koks lassen sich aus solchen Wagen durch Knopfdruck in wenigen Augenblicken in Tiefbunker entladen, von wo aus in der Regel Förderbänder an die Verbrauchsstellen führen. Von Entladung ins Gleis oder seitlich an den Gleiskörper machen vorwiegend die Eisenbahnen selbst zum Beschottern des Oberbaues Gebrauch. Für Erztransporte laufen vier-, neuerdings auch sechsachsige Selbstentladewagen, deren Entladung ebenfalls durch die Schwerkraft des Ladegutes in Tiefbunker erfolgt. Ähnliche Wagen in gedeckter Bauart stehen zur Beförderung nässeempfindlicher Güter, unter anderem für Getreidetransporte, zur Verfügung. Muldenkippwagen nehmen spezifisch schwere Schüttgüter in fünf getrennten und für sich kippbaren Lademulden auf, die hoch genug gelagert sind, um ihre Ladung direkt auf Lastwagen kippen zu können.
Staubförmige und feinkörnige Güter werden vielfach in Behälterwagen für Druckluftentladung transportiert. Sie erlauben staubfreie Entladung in Silos, wobei sich mit Schlauchleitungen auch größere Entfernungen und Höhenunterschiede überbrücken lassen. Wagen dieser Bauart dienen vorwiegend der Beförderung von Zement, Quarzsand, Soda oder Granulaten; für Lebensmitteltransporte, insbesondere von Zucker, Gries, Mehl oder Salz, stehen Wagen dieser Bauart mit besonderer Innenauskleidung zur Verfügung.
Kühlwagen sind gegen äußere Temperatureinflüsse besonders sorgfältig isoliert. Sie wurden früher vorwiegend mit Wassereis, zum Teil in Verbindung mit Salzen, gefüllt. Heute sind bei den meisten Bahnen derartige Kältemischungen nicht mehr zugelassen, dafür steht das wesentlich tiefer gefrorene Trockeneis zur Verfügung, das unter Druck aus Kohlendioxid hergestellt wird und beim Verdampfen keine Feuchtigkeit oder andere Rückstände hinterläßt. Moderne Universalkühlwagen halten bei Wassereiskühlung eine Temperatur von + 4° zehn Tage lang, mit Trockeneis − 10° vier bis fünf Tage lang und mit starker Trockeneisfüllung − 18° drei bis vier Tage lang. Besondere Kühlwagen mit Zinkblechauskleidung dienen der Beförderung von Frischfisch. Auch Bananen werden von den Häfen vielfach in Spezialwagen ins Binnenland abgefahren, wobei vor allem während Frostperioden gleichmäßige Wärme von einigen Grad über Null zuverlässig eingehalten

werden muß. In neuerer Zeit laufen auch Maschinenkühlwagen mit eigener Kälteerzeugungsanlage; sie lassen sich selbst bei großen Transportweiten in die heute üblichen Tiefkühlketten zuverlässig einfügen. Den internationalen Kühlverkehr auf der Schiene betreibt in Europa seit 1949 die Interfrigo, ein hierauf spezialisiertes Gemeinschaftsunternehmen von insgesamt 23 west- und osteuropäischen Eisenbahnen. Die Aktivitäten der Interfrigo strahlen auch nach Asien und Afrika aus.

Flachwagen, zu denen seitliche Rungen gehören, stellen noch heute eine vielseitig verwendete Wagenbauart für Transporte dar, bei denen Witterungseinflüsse keine Rolle spielen. Kleinere Flachwagen werden ohne Rungen für Schüttgüter wie Steine und Erden, aber auch für industrielle Halbzeuge, Maschinen und Fahrzeuge verwendet. Mit den einsteck- oder aufklappbaren Rungen können Güter mit großem Volumen wie Hölzer aller Art, Heu, Stroh, Torfballen, Rohre oder Fachwerkkonstruktionen befördert werden.

In vier- oder sechsachsiger Ausführung eignen sich Flachwagen für schwere und lange Erzeugnisse der Eisen- und Stahlindustrie, für Langholz, Fertigteile aus Beton und anderen Werkstoffen. Zur Beförderung schwerer Blechrollen aus den Walzwerken, sogenannter Coils, wird die Ladefläche der hierfür eingesetzten Flachwagen mit höckerförmigen Ladegestellen ausgerüstet, zwischen denen die Coils festliegen, so daß ihre Verladung keinen besonderen Aufwand erfordert. Die Deutsche Bundesbahn hat für diesen Zweck neuerdings auch gedeckte Wagen mit teleskopartig ineinanderschiebbaren Hauben eingesetzt, um Coils den Wünschen der Industrie entsprechend auch vor Feuchtigkeit geschützt transportieren zu können.

Während in der Zeit des Monopols der Verkehr zwangsläufig zur Eisenbahn kommen mußte, zwang die Konkurrenz des Lastwagens die Bahnen immer stärker, sich um Erhaltung ihres Verkehrsanteils zu bemühen und auf Kundenwünsche einzugehen. So beschaffen die Bahnen nun von sich aus in immer größerem Umfang Spezialgüterwagen, um sich den Gegebenheiten von Industrie und Wirtschaft anpassen zu können. Ursprünglich waren Entwicklung, Beschaffung und Einsatz derartiger Spezialwagen den Kunden selbst überlassen worden. Heute gilt dies nur für Wagen, die lediglich einzelnen Unternehmen für ihre besonderen Zwecke dienen, für Bier- und Weinwagen, vor allem aber für Kesselwagen zum Transport von Mineralölprodukten und Chemikalien. Eine Reihe von Gesellschaften beschäftigt sich mit der Vermietung von Spezialwagen, insbesondere von Kesselwagen. Für den Verkehr mit Spanien und Portugal hält die Transfesa in Madrid über viertausend gedeckte Wagen, Schiebewandwagen, Kühlwagen und Flachwagen bereit, die an der französisch-spanischen Grenze in Cerbere oder Hendaye durch Radsatzwechsel auf Breit- oder Normalspur umgesetzt werden können.

Nationalität spielt keine Rolle

In Europa stießen die Eisenbahnen anfangs schon nach kurzer Fahrt an die nächste Landesgrenze. Auch als es gelungen war, die Schienen trotzdem miteinander zu verbinden, fuhren die Züge durchaus nicht überall ins Nachbarland weiter. Die Reisenden konnten umsteigen, die Güter jedoch mußten umgeladen werden. Dieses Umladen erschwerte den Verkehr außerordentlich und bereitete auch den Bahnen selbst erhebliche Schwierigkeiten. Sie versuchten deshalb bald, die Hindernisse für den durchgehenden Zugverkehr aus der Welt zu schaffen. Als endlich Kupplungen, Puffer und die übrigen technischen Ausrüstungen paßten, galt es ein noch schwierigeres Problem zu lösen: die zahlreichen Bahnen auch rechtlich festzulegen.

Zunächst wurden meist nur zweiseitige Vereinbarungen zwischen Nachbarbahnen geschlossen. In der Schweiz kam es 1885 zu einem Übereinkommen, wonach jede Bahn zwar Eigentümerin ihrer Wagen blieb, alle Wagen des »Verbandsparkes« jedoch von allen Bahnhöfen des »Verbandsnetzes« aus in beliebiger Richtung beladen werden durften. Das Abkommen,

das endgültig am 1. April 1887 in Kraft trat, regelte auch die gegenseitigen Entschädigungen für die fremde Benutzung sowie Haftplichtfragen. Seit 1950 besteht in der Schweiz der Schweizerische Güterwagen-Verband (S.G.V.), dem die Güterwagen-Vereinigung Schweizerischer Privatbahnen und die Schweizerischen Bundesbahnen angehören.
In Deutschland konnte erst 1909 mit der Gründung des Deutschen Staatsbahnwagen-Verbandes das erste umfassende Abkommen dieser Art geschlossen werden; es sollte ». . . durch freie Verwendung der Güterwagen den Verkehr fördern, sowie den Betrieb und die Abrechnung verbilligen«. Auch Vereinheitlichung und Normung der Wagen wurden durch die Vereinbarungen über freizügige Verwendbarkeit günstig beeinflußt.
Der Abschluß eines internationalen Güterwagenabkommens gelang erst nach dem Ersten Weltkrieg mit dem 1921 getroffenen »Regolamento Internazionale Veicoli« (RIV), mit dem »Übereinkommen über die gegenseitige Benützung der Güterwagen im internationalen Verkehr«. Es legt die Grundsätze fest, denen jeder ins Ausland übergehende Wagen zu entsprechen hat. Die Aufschrift RIV legitimiert ihn als solchen. Außerdem können bestimmte Wagenbauarten, die nicht alle Voraussetzungen des RIV erfüllen, durch Einzelvereinbarungen von Bahnen für ihren Bereich zugelassen werden. Im Binnenverkehr unterliegen die Güterwagen lediglich den Bestimmungen des eigenen Landes.
Um die kostspielige Rückführung leerer Wagen nach jedem Lauf ins Ausland zu vermeiden, gründeten 1951 zunächst die Deutsche Bundesbahn und die Französischen Eisenbahnen eine Güterwagengemeinschaft, in die sie einen Teil ihrer offenen und gedeckten Güterwagen in Regelbauart einbrachten. Diese Gemeinschaft wurde 1953 auf die Dänische und die Italienische Staatsbahn, die Niederländischen, Belgischen und Luxemburgischen Eisenbahnen, die Österreichischen und Schweizerischen Bundesbahnen ausgedehnt. Nach diesem EUROP-Übereinkommen dürfen die einbezogenen Wagen, die mit RIV-EUROP gekennzeichnet sind, wie eigene Wagen verwendet werden. Die gleichen Bahnen mit Ausnahme der Österreichischen Bundesbahnen haben 1967 das POOL-Übereinkommen geschlossen, das eine ähnliche Regelung für Flachwagen mit Rungen vorsieht. Es soll in das EUROP-Übereinkommen münden. Wagen dieser Vereinbarung tragen die Aufschrift RIV-POOL. Seit 1972 sind in den gemeinsamen Güterwagenpark weitere vier Bauarten – gedeckte Großraumgüterwagen, offene Selbstentladewagen, Wagen mit öffnungsfähigem Dach und Drehgestell-Flachwagen – einbezogen worden. Damit stieg die Zahl der gemeinsam genutzten Güterwagen um weitere 70 000 auf 310 000. Ein Zentralbüro in Bern sichert täglich den erforderlichen Wagenausgleich, wobei Leerfahrten möglichst vermieden werden sollen.
Auch die osteuropäischen Bahnen haben einen ähnlichen »gemeinsamen Wagenpark« geschaffen. Er wurde 1964 als »Obschtschij Park Wagonow« (OPW) von den Staatsbahnen der Sowjetunion, Polens, der Tschechoslowakei, Ungarns, Rumäniens, Bulgariens sowie von der Reichsbahn der DDR mit rund 100 000 Wagen gebildet. Sie tragen die Aufschrift RIV-OPW; die Leitstelle hat ihren Sitz in Prag. Ende 1972 hatte sich der OPW-Park auf rund 230 000 Güterwagen ausgedehnt.
Neben technischen Voraussetzungen müssen die Güterwagen beim Übergang ins Ausland auch Bedingungen hinsichtlich Achslast, Meterlast und Lademaß erfüllen. Achs- und Meterlast bestimmen die Streckenklasse, wobei jedes Land eine Normalstreckenklasse festgelegt hat. Das Lademaß wird von der Umgrenzungslinie bestimmt, über die der Wagen und seine Ladung seitlich und in der Höhe nicht hinausragen darf. Das Lademaß der deutschen Eisenbahnen gilt auch in Bulgarien, Griechenland, Rumänien, Polen, Ungarn, der Tschechoslowakei, Jugoslawien, Österreich, Dänemark, den Niederlanden und Luxemburg. Für die übrigen Länder ist das internationale Lademaß verbindlich. Im Fährbootverkehr mit England muß ein besonderes Lademaß mit kleineren Werten eingehalten werden. Hierfür zugelassene Wagen sind durch einen Anker gekennzeichnet.

Links: Die blauen Maschinenkühlwagen der Interfrigo, einer auf Kühltransporte spezialisierten Tochtergesellschaft der europäischen Bahnen, gewährleisten eine ununterbrochene Tiefkühlkette bis zu entferntesten Zielen. Hier nimmt ein Fährschiff auf dem Vansee in der asiatischen Türkei Interfrigo-Wagen aus Deutschland auf dem Weg nach Teheran an Bord.
Rechts: Besondere konstruktive Vorkehrungen erfordert der Transport schwerer Walzwerkerzeugnisse; die Blechrollen können in Längsrichtung Kräfte ausüben, die ihr Eigengewicht bis zum Vierfachen übertreffen.

Oben: Vorrichtung zum Übersetzen von Equipagen auf die Schiene, 1844 – eigentlich ein Vorläufer der Autoreisezüge, aber auch die erste Form der »rollenden Landstraße«.
Unten: In Kansas City werden die schwersten Sattelanhänger mit starkem Arm scheinbar mühelos auf den Trailer-Train geliftet.
Rechte Seite: Doch auch Eisenbahnwagen können ihren Fahrweg wechseln: Anfang der dreißiger Jahre konstruierte dafür Johann Culemeyer den noch heute gebräuchlichen Straßenroller. Bei der Deutschen Bundesbahn wird er in absehbarer Zeit aus dem kommerziellen Einsatz verschwinden.

Die »rollende Landstraße«

Nahezu jedes Auto, das heute neu zum Verkehr zugelassen wird, hat seine erste längere Fahrt bereits hinter sich: eine Fahrt mit der Eisenbahn. Zum Spezialwagenpark der meisten Länder mit eigener Automobilindustrie gehören seit den fünfziger Jahren Doppelstockwagen für Kraftfahrzeuge. Auch diese Wagen sind mit allen erforderlichen Hilfsmitteln für rasche und unkomplizierte Be- und Entladung ausgestattet; ihre Konstruktion ermöglicht von einer Kopframpe aus ohne zusätzliche Hilfsmittel ein Befahren der oberen wie der unteren Ladefläche. Alle Automobilfabriken verfügen heute über entsprechende Verladeanlagen. Die meist vom Fließband unmittelbar verladenen Autos verlassen das Werk in geschlossenen Zügen. Für den umfangreichen Eisenbahnverkehr der Autoindustrie verfügen die meisten Werke über eigene Bahnhöfe.
Zu den ältesten Formen von Güterwagen zählten auch einfache Flachwagen für die Beförderung von Equipagen, die gut situierte Reisende mitnahmen, nicht nur weil sie sich diesen Luxus leisten konnten, sondern weil ihnen bis ans Ziel zunächst nur auf Etappen die Eisenbahn zur Verfügung stand, so daß sie die Fahrt zwischendurch immer wieder auf der

Straße fortsetzen mußten. Diese Art der Beförderung von Straßenfahrzeugen mag zwar eher als Vorstufe der heutigen Autoreisezüge gelten. Immerhin bildete sie schon zu Beginn des Eisenbahnzeitalters eine Art »rollende Landstraße«. Heute verbindet sich dieser Begriff mit einer besonderen Form des Bahntransportes von Lastkraftwagen.
Ihre Verladung auf gewöhnliche Flachwagen ist in Europa wegen der Überschreitung des zulässigen Umgrenzungsprofils höchstens auf einzelnen Strecken möglich, allgemein jedoch nicht zugelassen. Die Voraussetzung dafür, Lastwagen selbst mit Anhänger in allen für den Straßenverkehr zugelassenen Größen trotzdem mit der Eisenbahn befördern zu können, schufen Niederflurwagen mit extrem kleinen Rädern. Diese zunächst von der österreichischen Simmering-Graz-Pauker AG, später auch von Talbot in Aachen gebauten Wagen ermöglichten einen »Roll-on-Roll-off-Verkehr« für Lastkraftwagen auf der Schiene und schufen damit die »Rollende Landstraße«. Sie bietet sich überall dort an, wo die Straßenverhältnisse keine ungehinderte Fahrt mit eigener Kraft gewährleisten, etwa über die Alpen hinweg oder im Winter bei Nebel, Schnee und Straßenglätte oder zur Hauptreisezeit auf stark belasteten Autobahnen.
Die unvermeidliche Mitnahme erheblichen toten Gewichtes läßt den Bahntransport vollständiger Straßenlastzüge nicht unproblematisch erscheinen. Um diesen Nachteil zu umgehen, gibt es in zahlreichen Verbindungen »Huckepack-Verkehr« mit Wechselaufbauten von Lastkraftwagen und mit Sattelanhängern. Hierbei braucht der Straßenverkehrsunternehmer Zugmaschinen und Fahrer nur am Ausgangspunkt und am Zielort der Bahnverladung bereitzuhalten. Das Transportgut wird beim Absender in den Lastwagen eingeladen, der gesamte Lastwagenaufbau im Umschlagbahnhof vom Kran auf den Eisenbahnwagen umgesetzt, über die Fernstrecke auf der Schiene befördert, am Zielbahnhof auf ein bereitstehendes Straßenfahrwerk gehoben und dem Empfänger im Nahverkehr auf der Straße zugestellt.
Dieser kombinierte Schiene-Straße-Verkehr soll die spezifischen Vorteile beider Verkehrsträger nützen und zur Entlastung der Fernstraßen beitragen. Seine Inanspruchnahme hängt allerdings in erheblichem Maße von den Bedingungen ab, zu denen der Spediteur davon Gebrauch machen kann. Diese Bedingungen stellt indessen nicht die Eisenbahn allein, bei ihrer Festlegung spielen verkehrs- und wirtschaftspolitische Gesichtspunkte des Staates die entscheidende Rolle. So hat der Huckepack-Verkehr in manchen Ländern wie in der Bundesrepublik Deutschland stark zugenommen. Im Verhältnis zum gesamten Transportaufkommen blieb seine Rolle nach wie vor gering. In Österreich scheiterte er zunächst völlig; die 1969 gegründete »Hucketrans« wurde nach sieben Jahren wieder aufgelöst. Am 1. Juni 1983 startete mit Gründung der »Kombiverkehr GmbH« ein neuer Versuch.
Unter besonderen Verhältnissen bewährt er sich dagegen sogar in Übersee seit langem ausgezeichnet. So etwa in Australien, wo die Piggyback-Züge Lastkraftwagen von Port Augusta durch die Wüste mehr als 1200 Kilometer weit bis Alice Springs ins Innere des Kontinents mitnehmen.
Auch das umgekehrte Verfahren, Eisenbahnwagen auf geeignete Straßenfahrwerke zu ziehen und damit Empfängern ohne Anschlußgleis zuzuführen, praktizieren zahlreiche Bahnen noch heute. Die Entwicklung dieser Technik geht auf den Deutschen Johann Culemeyer zurück. Am 27. April 1933 war sie auf dem Anhalter Güterbahnhof in Berlin erstmals der Öffentlichkeit vorgeführt und seit 22. Februar 1936 in Berlin planmäßig angewandt worden. Die Deutsche Bundesbahn schränkt den Straßenzustelldienst von Güterwagen mehr und mehr ein; seine völlige Einstellung ist abzusehen, weil die immer höheren Zustellkosten nicht mehr gedeckt werden können.

Zukunft in »großen Kisten«

Von 1965 an überstürzten sich in Europa Meldungen aus Amerika über Tatsachen, Erwartungen und Probleme des Containerverkehrs. Sie gipfelten in der Prognose, der Güterwagen konventioneller Prägung könne bald abgeschrieben werden; denn die Zukunft liege allein in den riesigen Behältern, die sich freizügig mit Schiff, Bahn und Lastwagen transportieren und leicht von einem Verkehrsmittel auf das andere umschlagen lassen, die damit selbst nach Übersee perfekten Haus-Haus-Verkehr ermöglichen und auch den Eisenbahn-Güterverkehr revolutionieren würden.
Überlegungen in dieser Richtung waren indessen für Europa wie für Amerika nicht neu. Erste Versuche mit »Containern« hatte es schon im Frühjahr 1921 bei der New York Central gegeben, und 1927 begann in England vor allem die London Midland & Scottish Railway in einen solchen Verkehr einzusteigen. Die Anregung, international einheitliche Container zu entwickeln, stammte indessen vom Präsidenten des Königlichen Automobilklubs in Italien, Silvio Crespi. Sie führte 1930 zu einem Preisausschreiben, an dessen Durchführung sich auch der Internationale Eisenbahn-Verband (UIC) beteiligte. Sechs Vorschläge wurden preisgekrönt, darunter drei deutsche.
Die meisten europäischen Bahnen bevorzugten schon damals eine nur für Kranumschlag oder Hubkarren geeignete Bauart. Die Container der Deutschen Reichsbahn – im Jahre 1933 gab es knapp zweihundert Stück – wurden dagegen mit eigenem »Fahruntergestell« ausgerüstet, mit dem sie teils direkt auf der Straße weiterbefördert, teils »auf eigenen Rädern vom Eisenbahnwagen auf das Auto« gerollt werden konnten.
Die damaligen Container waren freilich in Größe und Tragfähigkeit mit den heutigen nicht vergleichbar. Besonders in Europa erwiesen sich kleinere Einheiten als zweckmäßiger. Später fanden sie als »pa-Behälter«, abgekürzt für »porteur amenagé«, weite Verbreitung. Sie entsprachen den Bedürfnissen der Kunden besser und konnten von nur einem Mann mit der Ausrüstung des Zustellfahrzeugs mühelos zwischen Schienen- und Straßenfahrzeug umgesetzt werden. Ähnlich den Spezialgüterwagen wurden auch Spezialbehälter in verwandten Bauarten eingeführt. Sie haben sich bis heute in großer Zahl bewährt.
Der Container heutiger Prägung entstand in den USA während des Koreakrieges, als dringend neue Transportkapazitäten gebraucht wurden. Die Einführung des Systems erfolgte mit erheblichen staatlichen Mitteln allein unter militärischen Gesichtspunkten. Erst später begann es auch auf den zivilen Überseeverkehr auszustrahlen. Dabei spielten die erheblichen Rationalisierungsmöglichkeiten im Seehafenumschlag wie überhaupt in einer durchgehenden Transportkette von Kontinent zu Kontinent die dominierende Rolle.
Container bieten auch der Ladung optimalen Schutz, sie braucht unterwegs nirgends umgeschlagen zu werden. Außerdem sind erhebliche Einsparungen bei den Verpackungen möglich.
Die europäischen Eisenbahnen nahmen die Ankündigungen aus Amerika aufmerksam, aber ohne überstürzte Reaktionen zur Kenntnis; in der Tat blieb die Containerflut zunächst deutlich hinter den Voraussagen zurück, so daß die erste Phase mit den vorhandenen Umschlags- und Beförderungskapazitäten bewältigt werden konnte. In einer zweiten Phase entstanden dann besondere Einrichtungen für den Containerverkehr, vor allem leistungsfähige Terminals mit modernen Krananlagen, Abstellplätzen, Gleis- und Straßenanschlüssen. Von diesen Umschlagplätzen, den Nahtstellen zwischen Schiene und Straße, erfolgt die Zustellung im

Nahbereich, während die Ferntransporte auf der Schiene zu- oder ablaufen. Die gleichen Umschlagplätze dienen heute dem Huckepackverkehr mit Wechselaufbauten von Lastkraftwagen sowie mit Sattelanhängern. Auch mobile Umschlaggeräte stehen zur Verfügung, um Container überall absetzen und wieder aufnehmen zu können; sie dienen der Flexibilität und als »Feuerwehr«, wenn an einer örtlichen Krananlage Störungen auftreten. Für den Schienentransport von Containern wurden besondere Tragwagen, zum Teil mit Transportschutzeinrichtung, entwickelt und gebaut.

Die Container selbst unterliegen im freizügigen Verkehr den Normen der International Organization for Standardization (ISO). Die überwiegende Mehrzahl mißt 20 oder 40 Fuß in der Länge. Von der Deutschen Bundesbahn wurden gleich lange, jedoch in Breite und Höhe etwas größere Binnencontainer eingesetzt, die eine raumfüllende Beladung mit den in Europa in großem Umfang verwendeten Paletten gestatten; sie dienen der Zusammenfassung von Stückgütern oder einheitlichen Kleinpackungen zu größeren, mechanisch manipulierbaren Ladungseinheiten. So hat sich nicht nur der in Amerika entwickelte Großcontainer auch in Europa durchgesetzt, er wurde hier sogar weiterentwickelt und speziellen Bedürfnissen angepaßt.

Als erster Zusammenschluß europäischer Eisenbahnen zur Koordinierung des Containerverkehrs entstand am 1. Februar 1967 die Organisation Internationale des chemins de fer pour les transcontainers (TRANSCOFER), aus der am 5. Dezember 1967 die von elf Bahnen als gemeinsame Tochtergesellschaft für internationale Containerdienste gegründete INTERCONTAINER mit Sitz in Brüssel und Generaldirektion in Basel hervorging. Heute gehören die Bahnen von vierundzwanzig Staaten dieser Gesellschaft an. Mit dem Containerverkehr im Binnenland wurden vielfach ebenfalls Tochtergesellschaften beauftragt, für den Bereich der Deutschen Bundesbahn die TRANSFRACHT.

Während Container ursprünglich nur im Überseeverkehr benutzt, also allenfalls von und zu den Seehäfen über Land transportiert wurden, spielen sie heute auch im Binnenverkehr einzelner Länder und im internationalen Verkehr über »trockene Grenzen« eine bedeutende Rolle. Ein außergewöhnlicher Verkehr hat sich über die »sibirische Landbrücke« zwischen Europa und Japan entwickelt; die Container laufen dabei aus den westeuropäischen Ländern auf der Schiene in die Sowjetunion und über die transsibirische Bahn zum Hafen Nachodka, von wo aus sie nur noch eine relativ kurze Seestrecke nach Japan zurückzulegen haben. Am Containerverkehr zwischen Europa und Ostasien hatte dieser, von der Schifffahrt gefürchtete Weg 1982 nur zehn Prozent Anteil. Er wird allerdings nach Fertigstellung der Baikal-Amur-Strecke steigen.

Transportsystem mit Zukunft: Container. Freightliner-Terminal der Britischen Eisenbahnen in Willesden mit leistungsfähigem Portalkran (links) und Containerbahnhof in Bremen (unten)

Fässer, Kisten und Paletten

Von Anfang an waren im Güterverkehr, auch bei der Eisenbahn, zwei Transportarten zu unterscheiden. In England überwog zunächst die Beförderung ganzer Wagenladungen – meist mit Kohle – von Bergwerken zu den Häfen. In Deutschland dagegen begann der Eisenbahngüterverkehr mit Stückgut. Die beiden Fäßchen Bier, die der Nürnberger Brauer Georg Lederer vom 11. Juli 1836 an jeden Morgen um 7 Uhr mit ausdrücklicher Genehmigung des Direktoriums auf dem Tender der Lokomotive »Adler« an den Bahnhofswirt von Fürth expedieren durfte, sind in die Geschichte der Eisenbahn eingegangen. Der Stückgutverkehr erforderte stets Handarbeit in besonderem Umfang. Jede Kiste, jeder Sack und jedes Faß mußte nicht nur ein- und ausgeladen, sondern ebenfalls mit Muskelkraft unterwegs auch mehr oder weniger oft umgeladen werden, um schließlich den Empfänger zu erreichen. Durch Einführung der Palette zur Zusammenfassung kleiner Einzelsendungen sowie durch Einsatz von Gabelstaplern, Hubwagen und anderen mechanisierten Ladehilfen ließen sich zwar in den letzten Jahrzehnten auch auf diesem Gebiet rationellere Arbeitsmethoden erzielen. Trotzdem blieb der Stückgutverkehr der Eisenbahnen personalintensiv, geriet mit dem steilen Ansteigen der Personalkosten mehr und mehr ins Defizit und wurde in den meisten europäischen Ländern in unterschiedlichem Umfang auf die Straße verlagert.

Dabei haben die Eisenbahnen entweder Tochtergesellschaften oder private Speditionen mit der Flächenbedienung beauftragt und führen nur noch den Verkehr zwischen Knotenpunkten mit entsprechend hohem Frachtaufkommen auf der Schiene durch. Die Deutsche Bundesbahn konzentrierte ihren Stückgutverkehr von nahezu sechstausend Stückgutbahnhöfen nach dem Krieg auf zunächst tausend im Jahre 1970 und schließlich auf nur noch vierhundert im Sommer 1976. Zuvor war gegen vielseitigen Druck die Entscheidung für die grundsätzliche Beibehaltung dieses Dienstzweiges bei weiterer Verminderung seines Schienenanteils gefallen.

Ganzzüge am wirtschaftlichsten

Wesentlich besser als die Stückgutbeförderung entspricht dem Wesen der Eisenbahn der Transport schwerer oder voluminöser Ladungen, die allein einen Waggon auslasten. Wo hohes Frachtaufkommen auch noch die Bildung von Ganzzügen erlaubt, kann die Eisenbahn ihre Möglichkeit voll zur Geltung bringen und mehrere tausend Tonnen »in einem Zug« vom Versand- zum Zielort befördern. Auch volkswirtschaftlich bildet diese Transportart ein Optimum. Das gilt für die Bahnen in aller Welt, wobei sich jedoch die Dimensionen vielfach unterscheiden.

Im Oktober 1966 beförderte die Pennsylvania Railroad zwischen Morrisville und dem rund vierhundert Kilometer entfernten Altoona in den USA einen Zug, der aus 299 mit Erz beladenen Güterwagen, einem Mannschaftswagen und acht Diesellokomotiven bestand. Drei von ihnen liefen an der Spitze, die übrigen fünf hinter dem zweiten Drittel des Zuges; sie wurden über Funk von der vordersten Lokomotive aus ferngesteuert. Zur Beförderung des 28 800 Tonnen schweren Zuges standen insgesamt etwa 17 360 Kilowatt oder umgerechnet 23 590 PS zur Verfügung. Diese »eiserne Schlange« bedeutete auch für das an Superlativen reiche Amerika einen Rekord, wobei allerdings die Publicity den praktischen Nutzen weit übertraf.

Während jedoch in Amerika kilometerlange Ganzzüge mit zehntausend Tonnen Bruttolast zum Alltag gehören und auch in anderen Erdteilen auf einzelnen Linien meist zwischen Lagerstätten von Bodenschätzen und Häfen oder Hüttenwerken schwere Züge verkehren, bilden in Europa schon drei- bis viertausend Tonnen Zuglast die Ausnahme. Dabei spielt die verhältnismäßig geringe Belastbarkeit der alten Schraubenkupplung eine wesentliche Rolle. Mit der erheblich stärkeren Mittelpufferkupplung ausgerüstet, fuhr im Herbst 1976 zum ersten Mal ein Erzzug zwischen Nordenham an der Unterweser und den Stahlwerken von Peine und Salzgitter; mit

Links: Schon in der Frühzeit erforderte der Stückguttransport bei den Eisenbahnen erheblichen Aufwand. Im Güterschuppen der Great Western Railway in Bristol dienten schon 1842 zahlreiche Flaschenzüge als mechanische Hilfsmittel zur Erleichterung des Umschlags.
Rechte Seite: Zum »Sortieren« der Güterwagen in den Rangierbahnhöfen dienen »Eselsrücken«, von denen die Wagen von selbst abrollen; elektronisch gesteuerte Gleisbremsen (im Vordergrund) sorgen heute für genau bemessene Auslaufgeschwindigkeit.

über 5300 Tonnen Bruttolast sollen diese schweren Ganzzüge besonders wirtschaftlichen Erztransport ermöglichen.

»Bunte Züge« auf dem »Eselsrücken«

Im Gegensatz zu Ganzzügen, die ohne Zwischenbehandlung bis ans Ziel durchlaufen, müssen Wagen mit Einzelladung unterwegs oft mehrmals umrangiert werden. Auch bei stark flächenhaftem Wagenaufkommen lassen sich so wenigstens zwischen Knotenpunkten ausgelastete Züge bilden, während in der Fläche nur Sammlung und Verteilung zu erfolgen brauchen. Von Knoten zu Knoten laufen »bunte Züge«, in denen Wagen mit unterschiedlichen Bestimmungsbahnhöfen in bunter Reihenfolge zu ihrem vorerst gemeinsamen Ziel rollen: zum nächsten Rangierbahnhof.
Hier werden die von überall her eintreffenden Güterzüge aufgelöst, werden neue gebildet, die wiederum nur Wagen gleicher Ziele oder Richtungen enthalten. Zum »Sortieren« wurden schon im vorigen Jahrhundert »Eselsrücken« angelegt, um künstliches Gefälle zu schaffen. Eine Rangierlokomotive drückt die angekommenen Züge langsam über den Berg, von dessen Scheitelpunkt an die entkuppelten Wagen von selbst weiterrollen. Am Fuß des Berges verzweigt sich das Gleis in eine Harfe mit zahlreichen Richtungsgleisen. Jedem von ihnen ist ein bestimmtes Ziel zugeordnet. Wenn die Weichen vor jedem abrollenden Wagen entsprechend gestellt werden, erreicht er gewissermaßen ganz von selbst das Richtungsgleis, das seinem Bestimmungsort entspricht. Die dort gesammelten Wagen werden wieder zu einem Zug gekuppelt, der entweder direkt von hier aus abfährt oder erst in eine besondere Ausfahrgruppe vorgezogen wird, um die Richtungsgleise schnell für den weiteren Ablaufbetrieb freizubekommen.
Neben diesen Flachbahnhöfen, bei denen lediglich der Ablaufberg ein kurzes künstliches Gefälle aufweist, wurden anfangs »steigende Ausziehgleise«, später auch große Gefällebahnhöfe angelegt, bei denen ein Teil oder die gesamte Anlage geringe Neigung erhielt, um auf Lokomotiven zum Abdrücken verzichten zu können. Den ersten Bahnhof dieser Art in Deutschland erhielt Dresden-Friedrichstadt. Heute wird jedoch allgemein der Ablaufberg bevorzugt.

Der Teufel im Detail

Die im Prinzip genial einfache Sortiermethode enthält allerdings im Detail eine Fülle von Problemen, denen zum Teil erst in neuester Zeit mit elektronischen Hilfsmitteln beizukommen war.
Schon Höhe und Profil des Ablaufberges spielen eine wesentliche Rolle. Am Berg sollen die Wagen möglichst rasch ablaufen, weil davon die Kapazität der gesamten Anlage abhängt. Andererseits

muß genügend Zeit bleiben, um für den folgenden Ablauf die Weichen zu stellen, außerdem darf es in den Richtungsgleisen keinen zu heftigen Aufprall auf bereits zum Stehen gekommene oder vorauslaufende Wagen geben.
Am Fuß des Ablaufberges wurden deshalb Gleisbremsen eingebaut, mit denen jeder Wagen auf eine Auslaufgeschwindigkeit abgebremst werden kann, die ihn im Richtungsgleis gerade so weit wie nötig weiterrollen läßt. Von den verschiedenen Bauformen der Gleisbremsen haben sich für diesen Zweck Balkenbremsen durchgesetzt, in denen die Räder zwischen zwei Bremsbalken laufen, die beiderseits gegen die Radscheibe drücken und damit ihre Bremswirkung erzielen.
Doch schon werden neue Probleme erkennbar: Die Laufeigenschaften der Wagen differieren stark, beladene Wagen rollen erheblich besser als leere, die Richtungsgleise sind meist unterschiedlich gefüllt, so daß der eine Wagen weit, der andere nur ein kurzes Stück zu rollen hat, die Witterung wirkt sich aus, insbesondere der Wind, und etliche kaum oder überhaupt nicht erfaßbare Einflüsse machen sich bemerkbar. Die Steuerung der Bremsen stellte an Überblick, Erfahrung und Geschicklichkeit des Bedieners hohe Anforderungen. Erst nach dem Zweiten Weltkrieg stand eine Halbautomatik zur Verfügung, bei der sich die Bremskraft automatisch einstellte, nachdem vor der Bremse Wagengewicht und Geschwindigkeit mit Dehnungsmeßstreifen beziehungsweise Radar ermittelt und von der Bremsensteuerung ausgewertet worden waren. Der Bediener brauchte von nun an nur noch durch Tastendruck die Bremse auszulösen, wenn er die richtige Auslaufgeschwindigkeit für erreicht hielt. In zahlreichen Rangierbahnhöfen sind heute derartige Gleisbremsensteuerungen im Einsatz.
Diese Art der Abbremsung genügt jedoch nur zur groben Anpassung der Geschwindigkeit. Um die Wagen in den Richtungsgleisen im richtigen Moment anzuhalten, um harte Aufstöße zu vermeiden, mußten anfangs Bremser neben den Wagen herlaufen, einen Knüppel als Hebel ansetzen und gegen ein Rad drücken. Nicht nur wegen ihrer unsicheren Wirkung ließ diese Art des Bremsens sehr zu wünschen übrig: »Man gebe beim Gebrauch des Pfahles genau acht, damit er nicht unterhalb, sondern stets oberhalb des Radreifens eingelegt wird. Kommt er unterhalb desselben in die Speichen der Räder, so wird er mit der

Radumdrehung herum- und auf seinen Führer geschleudert, so daß derselbe durch die Wucht des Schlages entweder unter den Wagen geworfen wird, oder in Gefahr schwebt, durch den Pfahl, über den er dann keine Macht mehr hat, mit großer Gewalt an die Weichteile des Körpers geschlagen zu werden . . .«, heißt es in einer deutschen »Instruction für die Anwendung des Knittels« aus den siebziger Jahren des vorigen Jahrhunderts. Später wurden auf den meisten Rangierbahnhöfen die noch heute üblichen Hemmschuhe zum Anhalten der Wagen benutzt. Sie müssen von Hemmschuhlegern mit Augenmaß und Geschicklichkeit an der richtigen Stelle auf die Schiene gelegt werden und erzeugen durch die Reibung zwischen Hemmschuh und Schiene erhebliche Bremsverzögerung. Auch dieses Verfahren ist indessen nicht ungefährlich und erfordert hohen Personalaufwand.
Die modernste Technik, in Deutschland erstmals in den Rangierbahnhöfen Seelze bei Hannover und Mannheim angewandt, sieht zweierlei Gleisbremsen hintereinander vor. Die Balkenbremsen verzögern jeden Wagen so, daß er ziemlich exakt mit einheitlich festgelegter Geschwindigkeit den Anfang seines Richtungsgleises erreicht. Hier durchlaufen die Wagen eine weitere Bremse, in der sie durch den hohen Rollwiderstand einer Gummilauffläche auf Schrittgeschwindigkeit abgebremst werden. Dann schließt sich eine Weiterführungseinrichtung an, in der kleine Mitnehmer, von Seilen im Gleis entlangbewegt, gegen die Räder drücken und so jeden Wagen langsam weiterfördern, bis er sanft an die übrigen anstößt.

Die zahlreichen Weichen am Fuß des Ablaufberges bildeten ein Problem für sich. Anfangs mußten sie über Seilzüge mit der Hand gestellt werden. Abgesehen von der hohen körperlichen Anstrengung für das Bedienungspersonal ließen sich damit nur mäßige Bergleistungen erzielen und häufige Fehlläufe nicht vermeiden. Entlastung von der Muskelarbeit brachten die elektro-mechanischen Ablaufstellwerke mit zwar handbedienten Stellorganen, aber elektrisch angetriebenen Weichen. Auch hier kam es erst in den fünfziger Jahren dieses Jahrhunderts mit der automatischen Ablaufsteuerung zu entscheidenden Fortschritten: Die einzelnen Abläufe konnten vorher der Reihe nach durch Tastendruck auf dem Gleisbildstelltisch eingespeichert werden, jeder Wagen löste dann für den folgenden die Umstellung der Weichen aus. Später erfolgte die Eingabe über Lochstreifen. In den modernsten Anlagen übernehmen Computer die meisten Funktionen. Der Ablaufsteuerrechner für Weichen und Gleisbremsen erhält die erforderlichen Daten durch einen besonderen Betriebssteuerrechner, in den die Wagendaten eingegeben werden.
Um diese Daten und vor allem die Ziele der aufeinanderfolgenden Wagen feststellen und dementsprechnd die Automatik programmieren zu können, ist noch heute ein aufwendiges und äußerst unwirtschaftliches Verfahren nötig. Ein »Aufschreiber« muß am Zug entlanggehen und die erforderlichen Angaben Wagen für Wagen aufnehmen. Der auf diese Weise entstehende Rangierzettel dient wie früher als Unterlage für den Ablaufbetrieb. Heute werden die Daten allerdings zum

Oben: Die computergesteuerte Eisenbahn ist in einer Reihe von Rangierbahnhöfen schon Wirklichkeit geworden, so bei der Deutschen Bundesbahn in Seelze bei Hannover, in Mannheim und in Maschen bei Hamburg, in der Schweiz neuerdings in Basel-Muttenz (im Bild).
Linke Seite: Zur unmittelbaren Eingabe von Daten, die noch im Gelände des Rangierbahnhofes »manuell« erfaßt werden müssen, dienen tragbare Datenstationen, die über Funk direkt mit dem Computer korrespondieren können.

Teil auch über Telefon, Sprechfunk oder bereits über tragbare Datenstationen an das Stellwerk beziehungsweise den Prozeßrechner direkt übermittelt. Die Zukunft wird weitere Automation auch dieser Arbeitsgänge bringen.

Für den Ablaufbetrieb von erheblicher Bedeutung ist schließlich die optimale Abdrückgeschwindigkeit. Um möglichst hohe Leistungen zu erzielen, sollen die Wagen rasch nacheinander ablaufen. Andererseits muß die Zwischenzeit ausreichen, um die Weichen sicher umstellen zu können. Anfangs signalisierte der am Ablaufberg stationierte Bergmeister mit Flügelsignalen »Langsam abdrücken«, »Mäßig schnell abdrücken« oder »Halt«. Später ersetzten Lichtsignale die Flügel. Zahlreiche Versuche zielten darauf ab, dem Lokomotivführer die nötigen Informationen zu übermitteln, um ihm unmittelbar die Wahl der richtigen Geschwindigkeit zu ermöglichen. Hierzu dienten unter anderem ferngesteuerte Zählwerke, die anzeigten, wie viele Wagen bereits abgelaufen waren; der Lokomotivführer erhielt eine Abschrift des Rangierzettels und hatte damit allein das Abdrücktempo zu bestimmen. Auch Fernsprechverbindungen zum Bergmeister wurden benützt, wobei Schleifkontakte an einer Freileitung die damals unverzichtbare Drahtverbindung zwischen fahrender Lokomotive und ortsfester Anlage herstellten. Erst der UKW-Funk brachte in den dreißiger Jahren bessere Lösungen. Nach dem Krieg wurde Rangierfunk auf Ultrakurzwelle in großem Umfang eingeführt und auch zur Verbindung von Bergmeister und Abdrücklokomotive benützt. Die erste unmittelbar über Funk steuerbare Abdrücklokomotive – die E 91 99 – erhielt im Sommer 1956 der Rangierbahnhof München Ost, später folgten Diesellokomotiven im Rangierbahnhof Mannheim, danach auch in Kornwestheim bei Stuttgart, Seelze bei Hannover und Maschen bei Hamburg. Dabei kann der Bergmeister mit einem Drehknopf die Geschwindigkeit unmittelbar regeln. In Zukunft soll auch die Steuerung der Abdrücklokomotiven vom Computer übernommen werden.

Für die Vollautomatisierung des Betriebes in den großen Rangierbahnhöfen wird dann in Europa nur noch die automatische Kupplung fehlen.

Nördlicher Teil des Nord-Süd-Systems im Rangierbahnhof Maschen bei Hamburg mit der Einfahrgruppe in der Mitte, Ablaufberg und Gleisbremsen sowie im Vordergrund Verzweigung der beiden Berggleise zur Gleisharfe mit 48 Richtungsgleisen

Vom Fahrweg der Eisenbahn

Die Basis der Eisenbahn bildet das Gleis, so unscheinbar es in ihrem Erscheinungsbild hinter Lokomotiven, Zügen und Bahnhöfen zurücktreten mag. Durch die Jahrtausende liefen Fahrzeuge in steinernen Spurrillen oder auf hölzernen Schienen bis schließlich um die Mitte des 18. Jahrhunderts die ersten »eisernen Bahnen« entstanden. Richard Reynolds machte 1767 aus der Not eine Tugend, indem er in England vorübergehend nicht absetzbares Roheisen zu Schienenplatten von einem Yard Länge gießen und damit die häufig beschädigten hölzernen Schienen belegen ließ. Damit begann, vom Werkgelände der Colebrook-Dale-Eisenhütte in der westenglischen Grafschaft Shropshire ausgehend, die Geschichte des eigentlichen Eisenbahngleises. Nach mehr als zweihundert Jahren hat sie noch längst keinen Abschluß gefunden.

Diese lange Entwicklung ließ aus dem anfangs recht holprigen Schienenweg ein wissenschaftlich durchdrungenes, hoch entwickeltes Gebilde der Technik entstehen, das bei Geschwindigkeiten von zweihundert Stundenkilometern und mehr sowie bei Achslasten von zwanzig Tonnen bis zum nahezu Doppelten jeder statischen und dynamischen Beanspruchung standhalten muß, das sich über möglichst lange Zeiträume möglichst wenig verändern soll und das im übrigen in Herstellung und Erhaltung auch der Wirtschaftlichkeit voll Rechnung zu tragen hat.

Dabei muß das Gleis, bestehend aus Schienen und Schwellen, der Doppelfunktion des Tragens und Führens gerecht werden. Die Last der Fahrzeuge muß von den Schienen über Schwellen und Bettung auf den tragfähigen Untergrund übertragen werden, außerdem müssen die Schienen den anlaufenden Spurkränzen der Räder sicheren Halt bieten und damit jede Achse im Gleis führen.

Als Gleisbettung dient in der Regel eine Schicht aus grobem Schotter. Er läßt Niederschlagswasser rasch ablaufen und hält das Gleis trocken, außerdem verteilt er die Verkehrslast gleichmäßig auf den Untergrund. Vielfach wird unter der eigentlichen Bettung noch eine Sandschicht eingebaut, die verhindern soll, daß weiches Erdreich von unten her den Schotter durchsetzt. Schienen, Schwellen und Bettung bilden den Oberbau. Er liegt, von wenigen Ausnahmen in Tunneln oder an Arbeitsgruben abgesehen, ohne feste Verankerung mit dem Boden auf dem Planum, der Grenzfläche zwischen Oberbau und Unterbau.

Den Unterbau stellt die mit Dämmen, Anschnitten am Hang und Einschnitten dem Gelände angepaßte Trasse dar. Nur im Flachland kann sie durchweg zu ebener Erde verlegt werden. Im Hügelland und erst recht im Gebirge erfordert ihre Herstellung vielfach umfangreiche Erdbewegungen, Sprengungen im Fels und zahlreiche Kunstbauten: Durchlässe, Brücken, Viadukte, Tunnel, Lawinengalerien, Stützmauern unterhalb und Futtermauern oberhalb des Gleises. Die Gesamtheit der Bahnanlage bildet den Bahnkörper, gelegentlich wird aber auch der Unterbau allein so genannt.

Die ersten Eisenbahnstrecken genügten in ihrer Trassierung oft nur den geringen Anforderungen der damaligen Zeit. Bald mußten Kurven gestreckt, Brücken verstärkt, vielfach völlig neue Linienführungen gefunden werden. Andererseits bewältigen zahlreiche Strecken in weitgehend unveränderter Trassierung heute ein Vielfaches des ursprünglichen Verkehrs, so daß sich Weitblick und Großzügigkeit der damaligen Planer noch heute bezahlt machen.

Um Höhenunterschiede zu überwinden, braucht die Eisenbahn verhältnismäßig lange Wege, die im Gebirge künstlich geschaffen werden müssen.
Links: Das Foto aus dem Jahre 1903 zeigt die Streckenführung der Yukon-Eisenbahn über den Weißen Paß an der Grenze zwischen Kanada und Alaska.
Rechts: Kurven und zahlreiche Kunstbauten bei Morez im französischen Jura

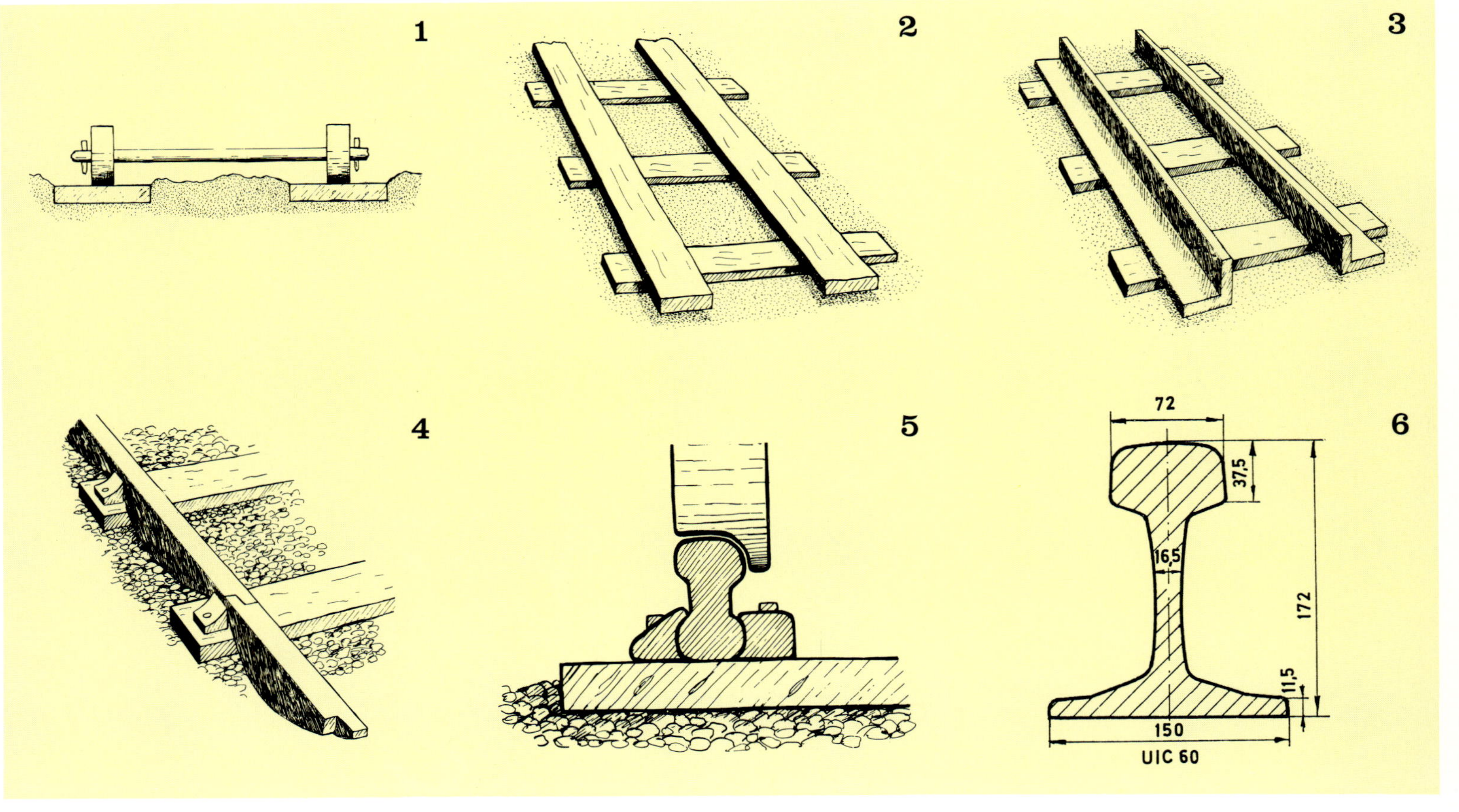

Neue Strecken werden, sofern sie vor allem dem Reiseverkehr dienen, mit möglichst geringen Neigungen und großen Krümmungsradien angelegt, um hohe Geschwindigkeiten zu ermöglichen. Auf Güterbahnen ist dagegen eine möglichst große Belastbarkeit der Strecke und ihrer Bauwerke maßgebend.
Derartige Forderungen stellen sich allerdings nur in Ländern und auf Strecken mit hohem technischem Standard. Daneben finden sich rund um die Welt noch heute sämtliche Abstufungen an Oberbau bis hin zu geradezu abenteuerlichen Gleisen, die freilich auf ihre Weise die Sicherheit des Rad-Schiene-Systems ebenfalls eindrucksvoll demonstrieren.

Schmaler Kopf, breiter Fuß ...

Die ersten Eisenbahnschienen, die auf Querschwellen freitragend verlegt wurden, stellte 1789 der Engländer William Jessop aus Gußeisen her. Sie waren rund neunzig Zentimeter lang und reichten nur von einer Schwelle zur nächsten. Dazwischen verstärkten sie sich nach unten fischbauchförmig, um dem Momentverlauf Rechnung zu tragen. Bei Loughborough wurde das erste Gleis mit diesen Fischbauchschienen verlegt.
Sie behaupteten sich in verschiedenen Formen jahrzehntelang. Die ersten hatten pilzförmigen Querschnitt und setzten Räder mit Spurkränzen voraus. Solche Räder gab es schon damals, allerdings aus Holz und aus einer größeren und einer kleineren Scheibe zusammengesetzt. Der Umfang der kleineren diente als Lauffläche, der darüber hinausragende Teil der größeren als Spurkranz. Fischbauchschienen wurden auch mit Winkelprofil hergestellt; die hochstehenden Schenkel konnten einfache Wagenräder ohne Spurkranz auf dem Gleis führen.
Das spröde Gußeisen erwies sich als Schienenwerkstoff wegen seiner Schlagempfindlichkeit als denkbar schlecht geeignet. Doch erst 1820 gelang es John Berkinshaw, die ersten Schienen aus Schmiedeeisen zu walzen, immerhin mit der für damalige Verhältnisse enormen Länge von fünfzehn englischen Fuß, mehr als viereinhalb Metern. Wegen der günstigeren Materialeigenschaften konnte auf die Fischbauchform verzichtet und ein glattes Walzprofil gewählt werden.
Zur Schienenbefestigung setzten sich in England schon frühzeitig »Stühle« durch, auf die Unterlage montierte Halter mit oben offener Nut, in der die Schiene mit Keilen aus Holz oder Gußeisen festgespannt, aber auch verhältnismäßig leicht wieder gelöst und ausgewechselt werden konnte. Robert Stephenson entwickelte aus dem pilzförmigen Querschnitt die Doppelkopfschiene mit gleichem Profil für Kopf und Fuß. Nach Abnutzung der Lauffläche sollte einfaches Umdrehen eine erneute Verwendung ermöglichen. Allerdings zeigte sich, daß die Kanten der Stühle im Laufe der Zeit tiefe Einkerbungen an der Unterseite der Schienen verursachten. Als Lauffläche eignete sie sich damit kaum noch, die Wiederverwendung schied aus.
Auf der ersten deutschen Eisenbahnstrecke von Nürnberg nach Fürth wurden nach englischem Vorbild Pilzkopfschienen mit Stühlen aus Gußeisen verwendet. Wegen des hohen Einfuhrzolls, den der bayerische Staat für Importschienen aus England erhob, walzte die Eisenhütte von Remy & Konsorten in Rasselstein bei Neuwied unter erheblichen Schwierigkeiten erstmals entsprechende Profile mit 4,4 Meter Länge. Auch auf der zweiten Bahnlinie Deutschlands von Leipzig nach Dresden lagen vorübergehend Pilzkopfschienen mit Stühlen. Zuvor waren dort Holzbohlen mit Flachschienen nach amerikanischem Vorbild verwendet worden, die sich jedoch nicht bewährten.
Als auch die Pilzkopfschienen keine besseren Ergebnisse brachten, griff Karl Theodor Kunz, der Erbauer der Bahn, zu einer völlig neuen Art von Schienen,

Links: Vom Holzweg zur Hochleistungsschiene: Die älteste Form künstlich angelegter Gleise bildeten Hölzer oder Steinquader in ausgefahrenen Wagenrillen (1); Querhölzer verhinderten das Einsinken in weichen Boden und sorgten für gleichmäßige Spurweite (2); eiserne Winkelschienen boten gegenüber Holz wesentlich längere Haltbarkeit und zusätzlich sichere Führung der Räder (3); zur Zeit der ersten Dampflokomotiven entstanden die gußeisernen Fischbauchschienen (4); von Robert Stephenson stammt die symmetrische Doppelkopfschiene (5); heute liegt auf stark belasteten Magistralen die Einheitsschiene UIC 60 mit einem Gewicht von 60 Kilogramm je Meter.
Rechts: Fischbauchschiene im Detail, im Deutschen Museum in München

die er mit ihrem breiten Fuß direkt auf die Unterlagen auflegte.
Diese Breitfußschiene, die Kunz erstmals in Deutschland einführte, hatte um 1830 der Amerikaner Robert L. Stevens entwickelt. Ihr gerundeter Kopf diente wie üblich als Lauffläche, unterhalb des schmalen Steges schloß sich jedoch eine breite Auflagefläche an. Dieses Profil, die Grundform moderner Schienen, ververbesserte später der Engländer Charles Vignoles, so daß noch heute vielfach von Vignoles-Schienen gesprochen wird, obwohl sie Robert Stevens erfunden hat.
Die kurzen Schienenstücke stießen zunächst ohne gegenseitige Verbindung stumpf oder bei keilförmiger Ausbildung ihrer Enden überlappt aneinander. Einen wesentlichen Fortschritt brachte die von W. Bridges Adams in England erstmals 1847 versuchte Verbindung mit flachen Laschen. Sie wurde schon ein Jahr später von der Köln-Mindener und der Hannoverschen Eisenbahn eingeführt. Die Schienenprofile paßten sich an, erhielten zwischen Kopf und Fuß einen geraden Steg und damit eine »Laschenkammer«, in der sich das Verbindungselement günstig unterbringen ließ. Einen weiteren Meilenstein in der Entwicklung der Eisenbahnschienen bildete der Übergang von Schmiedeeisen zu Stahl. Die ersten Stahlschienen verlegte die Midland Railway bei Derby in England im Jahre 1857. An besonders stark beanspruchten Stellen, an denen die Schienen zuvor alle drei Monate hatten ausgewechselt werden müssen, sollen Stahlschienen anschließend eine Lebensdauer von sechzehn Jahren erreicht haben.
Für die Gestaltung der Schienenquerschnitte bestanden indessen keinerlei einheitliche Richtlinien. Im Bereich des Vereins Deutscher Eisenbahn-Verwaltungen waren 1868 nicht weniger als 75 verschiedene Profile zu finden. Sie beruhten zwar alle auf der Breitfußschiene von Stevens und Vignoles, unterschieden sich in ihrer Form jedoch mehr oder weniger deutlich. Erst mit der Verstaatlichung vor allem der preußischen Bahnen ließ sich eine gewisse Vereinheitlichung herbeiführen. Bis zur Jahrhundertwende führte sie zu nur noch zwei Regelprofilen: einem preußischen und einem süddeutschen. Nach Zusammenfassung der Länderbahnen zur Deutschen Reichsbahn entstand schließlich ein Einheitsquerschnitt auf der Grundlage des süddeutschen Profils.
In England hielt sich, obwohl alle Welt fast ausschließlich Breitfußschienen benützte, bis nach dem Zweiten Weltkrieg ein Doppelkopfprofil mit Stuhlbefestigung. Dieses Relikt aus dem vorigen Jahrhundert hatte sich bis Mitte der dreißiger Jahre völlig unangefochten in England erhalten, bis zunächst die London Midland & Scottish Railway, wenig später auch die London & North Eastern Railway Versuche mit Breitfußschienen zu unternehmen begannen. Doch erst in den fünfziger Jahren hatte sich schließlich auch in England, wo sie eigentlich herkam, die Breitfußschiene ebenfalls durchgesetzt.
Mit dem technologischen Fortschritt in der Stahlindustrie konnten immer schwerere und längere Schienen gewalzt werden. Ihr Metergewicht erreichte in Deutschland bis zum Zweiten Weltkrieg 49 bis 54 Kilogramm für hoch belastete Strecken. Heute wird als schwerstes europäisches Standardprofil die UIC-60-Schiene mit 60 Kilogramm je Meter verwendet. Das noch um zehn Kilogramm schwerere Profil UIC 70 ist bisher nicht gewalzt worden. Als schwerste Regelschiene der Welt gilt die der Pennsylvania Railroad in den USA mit einem Metergewicht von 77 Kilogramm. Die Schienen der ersten deutschen Eisenbahn im Jahre 1835 wogen 12 Kilogramm je Meter.
Ein besonderes Kapitel bildet die Schienenlänge. Sie reicht von anfangs nur einem Yard, etwas über neunzig Zentimeter, bis unendlich in der heutigen Zeit. Noch Ende der dreißiger Jahre galten Schienen mit sechzig Meter Länge, wie sie die Deutsche Reichsbahn damals verlegt hatte, als Ver-

Links: Schienenschleifzug in Aktion: Er beseitigt Riffel auf der Schienenoberfläche und korrigiert gleichzeitig das Schienenprofil. Rechts: Für Schnellfahrstrecken erproben die Eisenbahnen völlig neue Oberbauformen mit verschiedenen Betonkonstruktionen. Das Bild zeigt einen Versuchsabschnitt der Britischen Eisenbahnen.

such mit ungewissem Ergebnis. Die Reduzierung der großen Zahl von Stoßlücken zwischen den kurzen Schienen versprach jedoch geringeren Verschleiß an Gleisen und Fahrzeugen. Später wurden mehr und mehr Schienen nach dem Einbau lückenlos verschweißt. Dabei verschwanden die Stoßlücken als Schwachstellen im Gleis, die stets besonders hohen Instandhaltungsaufwand erfordert hatten und an denen sich Materialschäden konzentrierten. Gleichzeitig verschwand auch das bis dahin charakteristische Fahrgeräusch der Eisenbahn.

Zuvor hatten Ausdehnungsfugen in mehr oder weniger großen Abständen als unbedingt erforderlich gegolten, um den Schienen bei starker Erwärmung die Möglichkeit zur Längenausdehnung zu geben. Der moderne Oberbau stellt jedoch ein in sich derart festes Gebilde dar, daß selbst bei Temperaturschwankungen zwischen −30° im Winter und +60° im Sommer keine merklichen Längenänderungen auftreten können. Dafür entstehen allerdings entsprechend hohe Zug- und Druckspannungen, die aber – einwandfreien Oberbauzustand vorausgesetzt – sicher aufgenommen werden. Früher bildeten unkontrollierbare Längenänderungen häufig die Ursache für Gleisverwerfungen und Zugentgleisungen.

Bei der Deutschen Bundesbahn sind heute nahezu sämtliche Strecken- und durchgehenden Bahnhofsgleise lückenlos verschweißt; sie steht damit an erster Stelle in der Welt.

Die Säulen des Gleises

Die Funktion des Tragens und Führens erfüllen im Gleis nur vordergründig die Schienen. Ihre »tragenden Säulen« liegen darunter, als Einzelstützen, als Längs- oder Querschwellen, als Kombination von beiden. Dieses Schienenfundament unterlag in den anderthalb Jahrhunderten Eisenbahn- und Gleisbaugeschichte keinen geringeren Wandlungen als die Schiene selbst.

Die erste deutsche Eisenbahn zwischen Nürnberg und Fürth benützte zur Schienenbefestigung Einzelstützen. Es waren Steinquader beachtlicher Dimension, auf denen mit Dübeln und Nägeln die gußeisernen Stühle angebracht und damit die Schienen befestigt waren. Um die Blöcke genau einrichten und in ihrer Lage halten zu können, umgab sie eine Packung Schotter. Querblöcke sorgten in gewissen Abständen für Einhaltung des Schienenabstandes. Bald zeigte sich, daß die Einzelstützen der Belastung ungleichmäßig nachgaben, zum Teil nach unten, zum Teil nach der Seite auswichen und damit das sorgfältig verlegte Gleis nicht lange in einwandfreiem Zustand zu halten vermochten. Ähnliche Erfahrungen ergaben sich auch mit hölzernen Einzelstützen. Trotzdem erschienen, als nach der Jahrhundertwende erste Versuche mit Eisenbetonschwellen unternommen wurden, die Einzelstützen erneut, allerdings paarweise mit einem mehr oder weniger biegesteifen Steg verbunden. So ließe sich diese Art der Unterlage auch als besondere Form der Querschwelle ansehen. Nach dem Zweiten Weltkrieg machten derartige Betonschwellen, vor allem in Frankreich, noch einmal von sich reden, ohne sich allerdings allgemein durchsetzen zu können. In Indien werden dagegen noch heute Einzelstützen und Spurstangen zur Sicherung des Schienenabstandes vielfach angewandt.

Längsschwellen, wie sie in der Anfangszeit der Eisenbahn noch häufig vorkamen, beruhten großenteils auf der irrtümlichen Annahme, bei Unterstützung der Schienen auf ihrer gesamten Länge würde ein schwächeres Schienenprofil ausreichen und damit Eisen gespart werden können. Der Betrieb lehrte jedoch, daß bei der Entwässerung Schwierigkeiten auftreten, daß sich die Spur nicht zuverlässig halten läßt und daß schon nach kurzer Zeit eine sichere Gleislage nicht mehr zu gewährleisten ist. Kombinationen von Längs- und Querschwellen ergaben zwar eine stabile, aber zu aufwendige Unterlage, die ebenfalls die Entwässerung beeinträchtigte. Querhölzer hatten schon zu einer Zeit, als von der »eisernen Bahn« noch keine Rede war, für festen Halt der roh behauenen Balken gesorgt, die damals zur Spurführung dienten. Erst in den siebziger Jahren des vorigen Jahrhunderts wurden jedoch die als Alternative in zahlreichen Varianten erprobten Konstruktionen zugunsten der Querschwelle aufgegeben, nachdem sie sich als zweckmäßigste Grundlage für ein hoch belast-

bares und stabiles Gleis erwiesen hatte. Noch heute wird die Querschwelle in unterschiedlichen Formen überall in der Welt verwendet.
Neuerdings finden allerdings intensive Versuche mit neuen Oberbauformen statt, wobei die Schienen ohne Schotterbett auf Betonplatten verlegt oder die Zwischenräume zwischen den Schwellen mit Beton ausgegossen werden. Die nötige Elastizität wird mit Gummizwischenlagen unter den Schienen erreicht. Vor allem bei hohen Geschwindigkeiten verspricht dieses Gleis längere Lebensdauer bei Einhaltung geringer Toleranzen.

Holz, Eisen und Beton

Schon 1910 sahen sich amerikanische Bahngesellschaften veranlaßt, im Ausland und zum Teil sogar in Übersee nach Schwellenholz Ausschau zu halten, nachdem in den Vereinigten Staaten der Raubbau früherer Jahrzehnte keinen weiteren Einschlag im erforderlichen Ausmaß zuließ. Die Pennsylvania Railroad gedachte das für ihre Schwellen erforderliche Holz durch Anpflanzung auf bahneigenem Grund selbst zu erzeugen, »...was jedoch durch das langsame Wachstum der hierfür geeigneten Holzarten erschwert wird«, wie das Zentralblatt der Bauverwaltung anmerkte. Trotzdem haben sich bis heute stets genügend geeignete Stämme gefunden, um nicht nur in Amerika, auch in den anderen Erdteilen und insbesondere in Europa der Holzschwelle ihre Existenz zu sichern.
Holz bildete nicht nur den urpsrünglichen, sondern auch den mengenmäßig bedeutendsten Rohstoff für die Schwellenherstellung. Die »weißen Flächen« auf der Landkarte, zu deren Erschließung Eisenbahnen früher angelegt wurden, erwiesen sich in der Regel als grün, von dichten Wäldern bedeckt, so daß Hölzer für den Bahnbau in Hülle und Fülle zur Verfügung standen. Ihre Lebensdauer begrenzten allerdings sehr stark die Witterungseinflüsse, in den Tropen auch Termiten und andere Schädlinge. Erst um die Jahrhundertwende standen Imprägnierungsverfahren zur Verfügung, die bei den klimatischen Verhältnissen in Mitteleuropa eine Lebensdauer von dreißig bis vierzig Jahren gewährleisteten, während ohne Imprägnierung Buchenschwellen unter vergleichbaren Verhältnissen schon nach drei Jahren unbrauchbar werden. Bei der Deutschen Bundesbahn überwiegt heute die Buche bei der Holzschwellenbeschaffung eindeutig gegenüber anderen Holzarten; für Weichenschwellen wird allerdings Eiche bevorzugt.
Noch heute erweisen sich Holzschwellen technisch und wirtschaftlich als durchaus konkurrenzfähig. Von 1951 bis 1971 hat die Deutsche Bundesbahn nahezu 32 Millionen Holzschwellen eingebaut, denen nur rund zwanzig Millionen Betonschwellen gegenüberstanden. Für Weichen werden durchweg Schwellen unterschiedlicher Länge benötigt. Außerdem müssen zur Schienenbefestigung bei Holzschwellen Bohrungen vorgesehen, bei Stahlschwellen Unterlagplatten aufgeschweißt werden, wobei sich die Bemaßung ebenfalls von Schwelle zu Schwelle ändert. Dennoch werden aus Preis- und Rohstoffgründen neuerdings auch Weichen auf Betonschwellen erprobt.
Die Stahlschwelle trat im Gleisbau neben der Holzschwelle schon frühzeitig in Erscheinung. Nicht nur in Regionen, in denen Holz wegen der aggressiven Umwelteinflüsse keinen geeigneten Werkstoff abgab, bot die Stahlschwelle eine zwar kostspielige, sonst aber durchaus vorteilhafte Alternative. Die Lebensdauer erreicht vielfach sechzig Jahre, und bei der Deutschen Bundesbahn liegen noch heute in rund einem Viertel aller Gleise Stahlschwellen, obwohl seit 1939 keine neuen mehr beschafft werden. Die Schweizerischen Bundesbahnen haben dagegen 1976 zum ersten Mal Stahlschwellen aus inländischer Produktion bezogen. Für Schnellfahrgleise gilt die Stahlschwelle als zu leicht; hierfür eignen sich wegen ihres hohen Gewichtes Betonschwellen am besten. Sie haben sich in neuerer Zeit mehr und mehr durchsetzen können. Die Französischen Eisenbahnen entschieden sich 1976 als erste für ausschließliche Verwendung von Betonschwellen.
Die frühen Versuche in den USA und in den zwanziger Jahren auch in Deutschland brachten dieser Schwellenart zunächst keinen Erfolg, weil sich die damals angewandte Eisenbewehrung den hohen Beanspruchungen, vor allem in schnell

befahrenen Gleisen, nicht gewachsen zeigte. Außerdem konnte die Betonschwelle im Preis nicht konkurrieren, so daß Holzschwellen immer noch billiger aus afrikanischen oder asiatischen Ländern importiert werden konnten, wenn der einheimische Markt nicht zur Deckung des Bedarfes ausreichte.
Erst die Spannbetonbauweise brachte nach dem Zweiten Weltkrieg den entscheidenden Durchbruch. Seither hat die Betonschwelle bei nahezu sämtlichen Eisenbahnen der Welt Verbreitung gefunden. Lediglich in den USA konnte sie sich trotz zahlreicher Versuche nicht durchsetzen; eine 2400 Meter lange, mit staatlichen Mitteln in Kansas von der »Santa Fé« errichtete Erprobungsstrecke wurde nach vierjährigem Betrieb wieder aufgegeben. Schwierigkeiten bereitete bei der in Amerika üblichen hohen Achsfahrmasse vor allem die Schienenbefestigung.
In zahlreichen Ländern werden heute Spannbetonschwellen nach Lizenzen deutscher Unternehmen hergestellt, die an der technischen Entwicklung entscheidenden Anteil hatten. Die größte Betonschwellenfabrik der Welt baute 1977 das britische Unternehmen Dow-Mac-Concrete bei Bagdad im Irak für eine Jahresproduktion von 750 000 Betonschwellen. Ein zweites Werk für jährlich 500 000 Schwellen übergab Dow-Mac im Irak am 18. Juni 1983 seiner Bestimmung. Gegenwärtig liegen weltweit über hundert Millionen Betonschwellen, davon etwa ein Viertel allein bei der Deutschen Bundesbahn, die von allen Bahnen der Welt die bisher größte Stückzahl eingebaut hat.
Als wesentlichste Vorteile der Spannbetonschwelle gelten ihre lange Lebensdauer, ihr hohes Gewicht, ihre geringen Fertigungstoleranzen, der vom Rohstoff her keinen starken Schwankungen unterworfene Preis und die in unbegrenzter Zahl mögliche Herstellung.
Nachdem alle drei Werkstoffe die Anforderungen weitgehend erfüllen, spielen bei der Beschaffung neuer Schwellen heute fast ausschließlich wirtschaftliche Gesichtspunkte die ausschlaggebende Rolle. Neue Stahlschwellen verlegte die Deutsche Bundesbahn 1983 erstmals nach vierzig Jahren. Im Krieg war die Produktion wegen Materialmangels eingestellt worden.
Die Beschaffung von Holzschwellen unterliegt den Einflüssen verhältnismäßig stark schwankender Rohstoffpreise. Während jedoch nach dem Zweiten Weltkrieg die Forstwirtschaft vor dem Raubbau an den deutschen Wäldern warnte und nach der Betonschwelle rief, um den Holzeinschlag für die Schwellenherstellung zu drosseln, sucht ihr Interessenverband heute den Marktanteil der Holzschwelle energisch gegen die Betonschwellenkonkurrenz zu verteidigen.

Von einem Gleis aufs andere

In den Bergwerken, in denen sich hölzerne Bahnen als Vorläufer der eisernen entwickelten, konnten die Grubenwagen schon im 16. Jahrhundert einander ausweichen. Hierfür lagen an bestimmten Stellen hölzerne Vorrichtungen, mit deren Hilfe die Wagen von einem Gleis auf das benachbarte *wechseln* konnten. Der Begriff »Wechsel« war hierfür vor allem in Süddeutschland lange gebräuchlich, bis sich die Bezeichnung »Weiche« allgemein durchsetzte.
Weichen leiten ganze Züge ohne Unterbrechung der Fahrt von einem Gleis in ein anderes über. Für einzelne Fahrzeuge eignen sich hierzu auch Drehscheiben und Schiebebühnen, auf denen sie allerdings anhalten müssen. In Kopfbahnhöfen endeten früher die Gleise vielfach nicht vor Prellböcken, sondern an Drehscheiben. Die Lokomotive eines angekommenen Zuges konnte damit sogleich auf ein freies Nebengleis geleitet werden und so um den am Bahnsteig stehenbleibenden Zug herumfahren. Allerdings mußte auf derartige Einrichtungen bald verzichtet werden, weil sie zuviel Platz in Anspruch nahmen und den Zugang des Publikums zu den Zügen behinderten. Jedes Bahnbetriebswerk, Depot oder Heizhaus besaß indessen zur Dampflokomotivzeit minde-

Links: Drehscheiben mitten im Bahnhof gehörten anfangs zum gewohnten Bild der Eisenbahn, wie etwa in der Endstation der Berlin – Potsdamer Bahn.
Rechte Seite: Weichen werden heute im Werk vorgefertigt, meist probeweise in der Richthalle aufgelegt und erst dann zum Transport auf die Gleisbaustelle verladen.

stens eine Drehscheibe, auf der die Lokomotiven auch gewendet werden konnten. Das Bedürfnis hierzu ergab sich aus der Eigenschaft der Dampflokomotiven, ihre volle Geschwindigkeit in der Regel nur vorwärts erreichen zu können; vor jedem Wechsel der Fahrtrichtung mußten sie deshalb gedreht werden. Eine weitere Möglichkeit, Fahrzeuge von einem Gleis auf ein anderes zu bringen, bieten Schiebebühnen. Die parallelen Gleise werden dabei von einer Art Graben unterbrochen, den die Schiebebühne überbrückt. Sie kann sich quer zu den Gleisen bewegen, das Fahrzeug aus einem Gleis aufnehmen, seitlich verschieben und in ein anderes Gleis entlassen. In modernen Werkstätten werden Schiebebühnen allgemein bevorzugt.

In der Frühzeit der »eisernen Bahnen« bewerkstelligten Schleppweichen den Übergang auf ein anderes Gleis. Dabei mußte an der Verzweigungsstelle das gesamte Gleis verschwenkt und an den durchgehenden oder abzweigenden Strang angeschlossen werden. Einem von beiden fehlte damit immer die Schienenverbindung, so daß ein irrtümliches Befahren des unterbrochenen Gleises zwangsläufig zur Entgleisung führte.

Als erste baute in Deutschland die Hannoversche Staatseisenbahn 1853 eine Zungenweiche ein, wie sie im Prinzip noch heute üblich ist. Zugespitzte, bewegliche »Zungenschienen« legen sich so an die außen laufenden »Backenschienen« an, daß die Spurkränze der Räder entweder geradeaus oder auf den abzweigenden Strang geleitet werden. Eine Schiene des geraden muß stets eine des abzweigenden Gleises kreuzen; um die Spurkränze durchzulassen, bedarf es einer Lücke im Gleis. An dieser Stelle werden innerhalb der benachbarten Schiene Radlenker angebracht, die den Spurkranz eines Rades führen, während das andere die Lücke durchläuft. Die beiden Zungenschienen enden dort nicht stumpf, sondern werden abgekantet und als »Flügelschienen« noch ein Stück parallel zum »Herzstück« weitergeführt, das die beiden kreuzenden und spitz zusammenlaufenden Schienen bilden.

Konstruktive Verbesserungen an den Weichen betrafen vor allem die Durchbildung der Lücke an den kreuzenden Schienen, die Ausführung der Herzstücke und der beweglichen Zungen, der Stellvorrichtungen und der Verschlüsse, von denen die Zungen während des Befahrens zuverlässig in ihrer Lage gehalten werden müssen. Dabei war stets die Forderung

nach angemessener Geschwindigkeit in der Weiche und nach sicherer, möglichst stoßfreier Überleitung mit dem technischen Aufwand in Einklang zu bringen.

Weichenzungen können sowohl aus gewöhnlichen Schienen als auch aus einem materialsparenden Sonderprofil hergestellt werden. Die Beweglichkeit läßt sich durch Gelenke herbeiführen, aber auch allein durch die Elastizität des Materials. Einer langen Entwicklung unterlagen die Herzstücke, deren Spitze durch das Überspringen der Räder hohen Beanspruchungen ausgesetzt ist. Früher wurden Herzstücke aus entsprechend bearbeiteten Schienen zusammengesetzt und verschraubt. Moderne Verfahren arbeiten mit Schweißverbindungen, wobei die Laufflächen gleichzeitig gehärtet werden. Aus einem Stück bestehen die gegossenen oder geschmiedeten Blockherzstücke, die vor allem in den USA verbreitet sind, wobei besonders hochwertige Manganstähle verwendet werden. Neuerdings kommen in stark belasteten oder mit hohen Geschwindigkeiten befahrenen Gleisen vielfach Weichen mit beweglicher Herzstückspitze zum Einsatz. Hierbei wechseln beim Umstellen nicht nur die Zungen ihre Lage, sondern auch das Herzstück; dadurch schließt sich die Lücke zwischen den beiden kreuzenden Schienen, und die Spurkränze werden in der Weiche lückenlos geführt. Dadurch läßt sich nicht nur die Sicherheit vervollkommnen, sondern auch der Verschleiß an Flügelschienen und Herzstücken weitgehend ausschalten.

Die Deutsche Bundesbahn erprobt zur Zeit vier 94 Meter lange Weichen aus Schienenprofilen UIC 60, die im abzweigenden Gleis bei 2500 Meter Bogenhalbmesser mit 130 Stundenkilometern befahrbar sind. Auf der französischen Neubaustrecke Paris – Lyon liegen Schnellfahrweichen, die sogar 220 Stundenkilometer bei der Fahrt durch den abzweigenden Strang zulassen.

Überlegungen der Deutschen Bundesbahn, Weichen mit Radien bis zu 7000 Metern zu bauen, um auch die Ablenkung mit voller Geschwindigkeit durchfahren zu

Oben: Gleisbau auf der Eisenbahnlinie Termes – Jawan im Süden der Sowjetunion
Rechte Seite: Schnellumbauzüge der Deutschen Bundesbahn tragen das alte Gleis ab, korrigieren das Planum und verlegen das neue Gleis »in einem Zug«.

können, sind wieder aufgegeben worden. Konventionelle Konstruktionen hätten sich hierfür nicht mehr ohne weiteres ausführen lassen. Die Überlegungen hatten sich deshalb unter anderem auch auf eine Rückkehr zum Prinzip der Schleppweichen gerichtet, wie sie in der Frühzeit der Eisenbahn benützt worden sind.
Außer geraden Weichen werden seit den dreißiger Jahren auch Bogenweichen verlegt, bei denen nicht nur das abzweigende, sondern auch das durchgehende Gleis im Bogen liegt. Wo zwei Gleise einander schneiden, werden Kreuzungen verwendet. Sollen dabei Übergangsmöglichkeiten zwischen den kreuzenden Gleisen bestehen, sind Kreuzungsweichen erforderlich. Damit lassen sich beide Gleise geradeaus befahren, einfache Kreuzungsweichen auch mit einseitiger, doppelte mit beidseitiger Abzweigmöglichkeit.

Gleisbau am laufenden Band

Anfangs erforderte der Oberbau ständige Instandsetzung, weil sich die Gleislage unter den Belastungen des Betriebes immer wieder rasch veränderte. Um die Strecke überhaupt in befahrbarem Zustand zu erhalten, waren andauernd Ausbesserungsarbeiten notwendig. So bestand nach geraumer Zeit jeder Abschnitt mehr oder weniger aus Flickwerk, das sich, wenn schon nicht auf die Sicherheit, so doch auf den Fahrkomfort deutlich auswirkte. Erst nachdem sich die konstruktive Durchbildung des Oberbaues den speziellen Anforderungen so weit angepaßt hatte, daß die Gleise längere Zeit ohne Nacharbeit liegen konnten, waren die Voraussetzungen für eine rationellere Oberbauerhaltung gegeben. Eine planmäßige Oberbauwirtschaft begann erst in den zwanziger Jahren. Damals wurde damit begonnen, jeden Streckenabschnitt in bestimmten Zeitabständen »durchzuarbeiten«, also vor Auftreten deutlicher Verschleißerscheinungen in der gesamten Länge wieder in einen Zustand zu versetzen, der dann möglichst einwandfrei bis zur nächsten planmäßigen Durcharbeitung erhalten bleibt.
Bis um die Jahrhundertwende hatte das Handwerkszeug der Oberbauarbeiter fast ausschließlich aus Stopfhacke, Schottergabel und Schraubenschlüssel bestanden. Dann wurden die ersten handbedienten Arbeitshilfen entwickelt und hier und da eingeführt. Nach dem Ersten Weltkrieg begann dann der Einsatz von Kränen zum Abladen von Schienen und Schwellen, aber auch von ersten »kraftbetriebenen« Gleisbaugeräten und -maschinen. Krupp entwickelte damals den ersten Kraftstopfer, um das bis dahin manuelle Unterstopfen und Verdichten des Schotters unter den Schwellen zu mechanisieren. Motorsägen erleichterten das Zertrennen von Schienen, Bohrmaschinen die Herstellung der erforderlichen Bohrungen an Schienen und Schwellen, Schraubmaschinen das Lösen oder Festziehen von Schrauben, Schotterwalzen das Planieren und Verdichten größerer Bettungsflächen.
In bedeutenderem Umfang konnte sich die Mechanisierung der Oberbauarbeiten jedoch erst nach dem Zweiten Weltkrieg durchsetzen. Dabei wurden nicht nur Maschinen konstruktiv verbessert und höhere Leistungen erreicht, sondern für immer mehr Arbeitsgänge Maschinen entwickelt, die Arbeitsverfahren weitgehend auf den Maschineneinsatz ausgerichtet. Damit ließ sich die erforderliche Bauzeit kürzen, die Zahl der Arbeitskräfte vermindern und die körperliche Schwerarbeit weitgehend abschaffen. So bewältigte eine aus zwanzig Mann bestehende Arbeitsrotte beim Stopfen von Hand täglich nur hundert Meter; mit dem ersten Krupp-Kraftstopfer ließ sich diese Arbeitsleistung bereits verdoppeln. Die Mitte der fünfziger Jahre zur Verfügung stehenden Stopfmaschinen erreichten die gleiche Leistung in einer Stunde.
Um drei Kilometer abgefahrenes Gleis völlig zu erneuern, arbeiteten einst zweihundert Mann fünf Wochen lang. Moderne Schnellumbauzüge schaffen die gleiche Umbauleistung heute in zwei achtstündigen Arbeitsschichten, wobei sie außerdem noch mit etwa fünfzehn Prozent der Arbeitskräfte auskommen. Diese Schnellumbauzüge, von der österreichischen Maschinenfabrik Plasser

& Theurer entwickelt, haben im Gleisbau zu weit überdurchschnittlichen Produktivitätssteigerungen geführt und bilden auf stark befahrenen Hauptstrecken die letzte Möglichkeit, umfangreichere Gleiserneuerungen überhaupt durchführen zu können. Wochenlange Gleissperrungen, wie sie früher in Kauf genommen werden mußten, würden den Betrieb heute weit über den eigentlichen Baustellenbereich hinaus in unerträglicher Weise beeinträchtigen. Gerade die hohe Belastung der Gleise führt aber zu rascherem Verschleiß und erfordert noch häufiger als früher Korrekturen und Erneuerungen.
Die Einführung eines Taktverfahrens nach dem Vorbild industrieller Fließbandfertigung wies Ende der sechziger Jahre den Weg zur Lösung der Probleme, indem die bis dahin zur Verfügung stehenden Spezialmaschinen zur Mechanisierung einzelner Arbeitsgänge in einen Umbauzug integriert wurden, der vorn das abgefahrene Gleis abtrug und hinter sich ein völlig neues Gleis zurückließ. Die Deutsche Bundesbahn verfügt heute über fünf Schnellumbauzüge; einer davon wird von einem privaten Gleisbauunternehmen eingesetzt.
Mit diesen Schnellumbauzügen führt die Deutsche Bundesbahn größere Oberbauarbeiten auf den Hauptstrecken nach langfristiger und sorgfältiger Vorplanung durch. Alle arbeiten nach dem gleichen Prinzip: Abbau des alten Gleises, Vorbereitung des Schotterbettes und Verlegung des neuen Gleises »in einem Zug«. Vom üblichen Fließband unterscheidet sich die Arbeitsweise der Umbauzüge lediglich dadurch, daß hier nicht das Produkt über das Band läuft, sondern umgekehrt die Arbeitsmaschinen über das ortsgebundene »Produkt«, nämlich über das Gleis, hinwegwandern. Abbauteil, Schotterplanierfräse und Verlegeteil verfügen über je einen eigenen Dieselmotor für ihren Vortrieb. So bewegt sich der Umbauzug mit eigener Kraft und einer durchschnittlichen Geschwindigkeit von fünf Zentimetern je Sekunde über die Strecke. Er nimmt die verbrauchten Oberbaustoffe mit und lädt die neuen gleich so ab, daß dabei gewissermaßen der Rohbau des Gleises bereits entsteht und anschließend nur noch Montage und genaue Ausrichtung erforderlich sind. Hinter sich läßt der Umbauzug das fertige Gleis zurück, das in Höhen- und Seitenlage nur noch millimetergenau gerichtet zu werden braucht. Maschinell erhält auch das Schotterbett seine Form, ebenfalls maschinell werden neuerdings die in 120 Meter Länge angelieferten und eingebauten Schienen lückenlos verschweißt. Die Jahresleistung eines solchen Zuges – der moderne SUZ 500 hat 5 Millionen Mark gekostet – liegt aufgrund der organisatorischen und betrieblichen Bedingungen bei 100 Kilometern im Jahr. Die früheren Schnellumbauzüge SUZ 350 erreichten zwar bis zu 250 Kilometer Jahresleistung, erforderten aber lange Gleissperrungen, die heute kaum noch möglich sind. Da in erster Linie der Personalaufwand die Kosten beeinflußt, läßt die Personalstatistik den Rationalisierungserfolg besonders deutlich erkennen: Während die Deutsche Bundesbahn 1958 noch über 41 000 Kräfte im Gleisbau beschäftigte, sank ihre Zahl mit zunehmender Mechanisierung auf nur noch 12 750 im Jahr 1983. Die Österreichischen Bundesbahnen setzen seit 1975 ebenfalls einen Schnellumbauzug ein. Den bisher leistungsfähigsten, »Puscal II«, haben seit Juni 1983 die Schweizerischen Bundesbahnen in Betrieb.

Winterdienst mit Knopfdruck

Unter dem Zwang, kostspielige Arbeitskräfte durch moderne Technik zu ersetzen, mußten die Eisenbahnen auch im Kampf gegen den Winter zu einer völlig neuen Strategie übergehen. Vorbei sind die Zeiten, in denen ein Heer von Schneeräumern mit Schaufel und Besen ausrückte, um betriebswichtige Anlagen freizuschaufeln und vor allem die beweglichen Weichenteile funktionsfähig zu halten. Heute wird dort dem Winter buchstäblich eingeheizt, indem die empfindlichen Teile angewärmt werden, solange es schneit.

Allein die Deutsche Bundesbahn verfügte im Winter 1983/84 über rund 45 000 heizbare Weichen, wobei Elektrizität, Propangas, Warmwasser oder Dampf die nötige Energie liefern. Im elektrisch betriebenen Streckennetz werden elektrische Weichenheizungen bevorzugt, wofür die Energie über eigene Transformatoren dem Fahrleitungsnetz entnommen werden kann.

In kleineren Anlagen und auf Strecken ohne Fahrdraht hat sich die unmittelbare Propangasheizung bewährt. Aber auch regelrechte Zentralheizungen mit Warmwasserkreislauf werden eingebaut. Aus einem unscheinbaren Blechschrank neben den Gleisen pumpt die mit Gas oder Heizöl betriebene Zentrale warmes Wasser zu den kritischen Stellen der Weichen, während das abgekühlte Wasser zur Zentrale zurückströmt. Am 10. November 1972 nahmen die Schweizerischen Bundesbahnen im Personenbahnhof Biel die erste Erdgas-Weichenheizung in Betrieb, an die 79 Weichen angeschlossen wurden. Zur Speisung diente Erdgas aus Holland, das einer in der Nähe vorbeiführenden Ferngasleitung zwischen Neuenburg und Bern entnommen werden konnte.

Um auf nicht rund um die Uhr besetzten Strecken die Weichenheizung dennoch rechtzeitig in Gang setzen zu können, wurden Schneefühler entwickelt, die bei Temperaturen um oder unter dem Gefrierpunkt sowie gleichzeitig einsetzendem Niederschlag die Anlage automatisch einschalten.

Bei starkem Schneefall und hoher Schneelage reicht die Weichenheizung allerdings nicht aus, zumal jeder vorbeifahrende Zug zuviel Flugschnee zwischen die Weichenzungen fegt, als daß ihn die Heizung in kurzer Zeit abtauen könnte. Der Schnee muß deshalb möglichst bald zur Seite geräumt werden. Hierfür stehen an den Brennpunkten winterlicher Unbilden leistungsstarke Schneepflüge und Schneeschleudern bereit, die entweder von einer Lokomotive geschoben werden oder mit eigenem Antrieb allein zur Räumung von Strecken- und Bahnhofsgleisen ausrücken können.

Früher zählten die »Klima«-Schneepflüge zu den verbreitetsten Schneeräumfahrzeugen bei der Eisenbahn, wobei ihre Bezeichnung nichts mit Klima im Sinne von Witterung zu tun hat, sondern schlicht auf den österreichischen Konstrukteur dieses Namens zurückgeht. Vielfach wurden ausrangierte Dampflok-Tender oder alte elektrische Lokomotiven wegen ihres hohen Gewichts zu derartigen Schneepflügen umgebaut. Dabei verbreitern hydraulisch oder pneumatisch ausfahrbare Seitenräumer die Spur, eine absenkbare Pflugschar beseitigt den Schnee zwischen den Schienen bis dicht über die Schwellen. Heute werden die Klima-Schneepflüge mehr und mehr von leichteren, doch nicht minder effektiven Konstruktionen abgelöst.

Gefürchtet ist an kalten Wintertagen besonders der stürmische Wind, der innerhalb weniger Stunden selbst metertiefe Einschnitte randvoll mit Flugschnee zu füllen vermag. Hier helfen nur noch Hochleistungs-Schneeschleudern, die bis zu drei Meter tiefen Pulverschnee und mehr als anderthalb Meter Naßschnee beiseite räumen können. Je nach Beschaffenheit des Schnees lassen sich dabei Wurfweiten bis zu fünfzig Meter erreichen, so daß bei der Schneeräumung in Bahnhöfen nicht andere Gleise verschüttet werden. Die letzte Gotthard-»Rotary«, eine der früher zahlreichen Dampfschneeschleudern, steht seit 1982 im Verkehrshaus der Schweiz in Luzern. Moderne Schneeräumfahrzeuge baut die Maschinenfabrik Beilhack in Rosenheim; die Deutsche Bundesbahn setzt nach wie vor mit Lokomotivkraft geschobene Schneepflüge und -schleudern ein, während an die europäischen Nachbarbahnen mehr und mehr selbstfahrende geliefert werden.

Auf schneereichen, windausgesetzten Gebirgsstrecken macht besonders der Flugschnee dem regelmäßigen Eisenbahnbetrieb zu schaffen. Hochleistungs-Schneeschleudern auf der Strecke Grindelwald – Kleine Scheidegg der Wengernalpbahn können drei Meter tiefen Pulverschnee bis zu fünfzig Meter weit schleudern. Im Bildhintergrund die Eigernordwand.

23

Bergauf – bergab

Seil-Züge

Der Engländer John Blenkinsop erhielt 1811 ein Patent auf sein System, mit dem Dampflokomotiven ihre Kraft ohne Rücksicht auf die Reibungsverhältnisse zwischen Rädern und Schienen voll entwickeln können. Der Antrieb erfolgte dabei nicht über eine der Fahrzeugachsen, sondern über ein seitlich an der Maschine bis ins Gleis hinunterreichendes Zahnrad, das in eine außen an der Schiene angegossene Zahnreihe eingriff. Auf der Middleton-Grube bei Leeds wurde die erste Lokomotive nach diesem System eingesetzt. Obwohl die Gleise nur geringe Achsdrücke zuließen, so daß die übertragbaren Zugkräfte normalerweise sehr gering gewesen wären, konnte nun mit Hilfe des Zahnradantriebes die volle Leistung der Lokomotive ausgenützt werden. Allerdings erwies sich das Zahnsystem selbst als Quelle neuer Unzulänglichkeiten. Ein Jahrzehnt später, als höhere Achslasten möglich waren, um genügend große Zugkräfte auf ebener Strecke ohne weiteres allein mit der Reibung zwischen Rad und Schiene zu erzielen, mußte sich Blenkinsops System unter die Episoden der Technikgeschichte einreihen lassen.

Allerdings stellte sich das Problem von neuem, als die Eisenbahn größere Steigungen zu überwinden hatte. Auf dem europäischen Kontinent wurden häufig englische Experten zu Rate gezogen, weil ihre Erfahrung auf günstige Lösungen hoffen ließ. Das Vertrauen erwies sich indessen nicht immer als nutzbringend; denn selbst berühmte Engländer wie Robert Stephenson wiesen oft den geraden, in diesem Fall jedoch nicht den günstigsten Weg.

So entstand aufgrund eines Stephenson-Gutachtens von 1837 auf der am 20. Dezember 1838 eröffneten Strecke Düsseldorf – Wuppertal zwischen Erkrath und Hochdahl eine Steilrampe, auf der die Bahn 81 Meter Höhenunterschied in kaum drei Kilometern schnurgerader Linie überwinden muß. Zunächst wurden die Züge, wie dies in der Anfangszeit der Eisenbahn vielfach üblich war, von einer stationären Dampfmaschine am Seil den Berg hinaufgezogen. Zwischen Erkrath und Hochdahl wurde dieses Verfahren schon 1842 von einem noch bemerkenswerteren abgelöst. An dem Seil, das nun oben am Scheitelpunkt der Strecke über eine Umlenkrolle lief, zog ein gleichzeitig talwärts fahrender Zug, später nur noch eine schwere Hilfslokomotive die Züge auf dem Nachbargleis bergauf. Zu diesem Zweck war auf

Linke Seite: Die steilste Eisenbahn der Welt führt in der Schweiz von Alpnachstad am Vierwaldstätter See auf den 2122 Meter hohen Pilatus. Auf einer Länge von nur 3800 Metern überwindet sie 1615 Meter Höhenunterschied. Schleppweichen, wie sie das Bild zeigt, waren in der Frühzeit der Eisenbahn allgemein gebräuchlich.
Oben: John Blenkinsop benützte für seine Lokomotiven auch im Flachland Zahnrad und Zahnstange, weil er glaubte, nur so größere Lasten auf der »eisernen Bahn« fortbewegen zu können.
Darunter: Seile spielten in der Anfangszeit der Eisenbahn sogar auf Hauptbahnen zur Überwindung größerer Höhenunterschiede eine wichtige Rolle. Der Seilbetrieb zwischen Erkrath und Hochdahl auf der Strecke Düsseldorf – Wuppertal konnte erst 1926 aufgegeben werden.

Oben: Mit dieser Lokomotive für die Vitznau-Rigi-Bahn beginnt die Firmengeschichte der Schweizerischen Lokomotiv- und Maschinenfabrik Winterthur. Die 1873 unter Fabriknummer 1 gebaute Lokomotive erhielt bereits die Betriebsnummer 7; denn Niklaus Riggenbach – Erbauer der Rigibahn – hatte für sie schon in den Werkstätten der Centralbahn in Olten Zahnradlokomotiven gebaut.
Unten: Die höchste Zahnradbahn der Welt auf den 4301 Meter hohen Pike's Peak im amerikanischen Bundesstaat Colorado fuhr bis 1938 nur mit Dampflokomotiven. Eine davon steht heute im Eisenbahn-Museum von Colorado in Denver.

der Steilstrecke beim zweigleisigen Ausbau der Bahnlinie Düsseldorf–Elberfeld 1864 ein drittes Gleis verlegt worden. Bis Januar 1926 blieb das sonderbare Verfahren beibehalten, seither wird die Strecke im reinen Reibungsbetrieb befahren. Die Voraussetzungen hierzu hatte nach zahlreichen vergeblichen Versuchen erst die Einführung der Kunze-Knorr-Güterzugbremse geschaffen.

Zur Überwindung größerer Neigungen erwiesen sich besonders auf stärker befahrenen Strecken Zahnsysteme als besser geeignet. Schon 1847 war in den USA zwischen Madison und Indianapolis zum ersten Mal eine Fernstrecke teilweise für Zahnradbetrieb eingerichtet worden. Später zeigte sich allerdings, daß mit der Reibung zwischen Rad und Schiene, also im reinen Reibungs- oder Adhäsionsbetrieb, auch auf der Schiene erhebliche Steigungen zu bewältigen sind. In Deutschland galten für die Trassierung 25‰ auf Haupt- und 40‰ auf Nebenbahnen als zulässig. In anderen Ländern finden sich jedoch auch Steilstrecken mit mehr als 70‰. Die Straßenbahn von Lausanne als steilste der Welt fuhr mit elektrischen Triebwagen sogar in 127‰ ohne Zahnrad. Mit zunehmender Steigung sinkt freilich die mögliche Nutzlast immer mehr, so daß besonders bei Lokomotivbetrieb und größerem Verkehrsaufkommen zunächst auf Zahnradhilfe vielfach nicht verzichtet werden konnte. Erst mit dem Einsatz schwerer und besonders leistungsstarker Lokomotiven konnte die Adhäsion voll ausgenutzt und auch auf Gebirgsbahnen der Zahnradbetrieb mehr und mehr eingestellt werden.

Im Netz der Deutschen Bundesbahn gilt das für die Höllentalbahn im Schwarzwald, die Hunsrückstrecke von Boppard am Rhein in Richtung Simmern, die Bahn von Wallau über Gönnern nach Dillenburg und die Murgtalbahn zwischen Freudenstadt und Klosterreichenbach. Die übrigen früheren Zahnradstrecken wurden stillgelegt. Bei der Reichsbahn in der DDR gehört der Zahnradbetrieb ebenso wie bei der Deutschen Bundesbahn schon seit Jahren der Vergangenheit an. Auf der nach dem Zweiten Weltkrieg elektrifizierten Rübelandbahn von Blankenburg im Harz nach Tanne wurde Reibungsbetrieb eingeführt, ebenso auf den Strecken Schleusingen–Suhl und Schleusingen–Ilmenau im Thüringer Wald.

Noch heute teils mit Reibungs-, teils mit Zahnradbetrieb befahren werden vor allem Schmalspurbahnen in der Schweiz, darunter die Brüniglinie der Schweizerischen Bundesbahnen. Auf Normalspur gab es noch bis 1978 Zahnradbetrieb auf der Erzbergbahn in Österreich und bis 1984 zwischen Paola und Cosenza in Süditalien.

Auch auf den Andenbahnen in Südamerika spielt der Zahnradbetrieb noch eine bedeutende Rolle.

Zahn um Zahn bergan

Bergbahnen, die Touristen auf viel besuchte Gipfel bringen, kommen nur selten ohne Zahnrad aus; denn die Höhenunterschiede zwingen zu Steigungen, die für Reibungsbetrieb allemal zu groß sind. Seit eh und je ist die Schweiz das Land der Bergbahnen. Die Statistik des Jahres 1900 nennt insgesamt achtundachtzig, von denen nur drei mit Zahnradsystemen ausgerüstet waren, die nicht auf Schweizer Konstrukteure zurückgehen.
Dennoch gehörte die erste Bergbahn der Welt Amerika: Sylvester Marsh baute sie 1869 auf den sechstausend Fuß (1917 Meter) hohen Mount Washington, einen berühmten Aussichtsgipfel in den Weißen Bergen im US-Staat New Hampshire. Hierfür erfand Marsh ein einfaches Zahnstangensystem, das aus zwei Winkeleisen und dazwischen eingenieteten Rundstäben bestand. Die Bahn – nach amerikanischem Brauch zunächst mit billigen Mitteln durch die Wälder geschlagen und in die Felsen gesprengt – überwand die damals als äußerst wagemutig angesehene Steigung von mehr als 300‰ und erwies sich vom

Eine Bergbahnfahrt mit Dampf läßt sich im Berner Oberland noch heute erleben. Von Wilderswil dampft während der Hochsaison und auf besondere Bestellung dieser Oldtimer-Zug der Berner-Oberland-Bahnen (BOB) auf die Schynige Platte.
Unten: Die einzige Meterspurstrecke der Schweizerischen Bundesbahnen führt von Luzern über den Brünigpaß nach Meiringen und weiter bis Interlaken. Auf der Paßstrecke wird sie im Zahnradbetrieb befahren. Doch schon zur Dampfzeit konnten die Lokomotiven durchgehend am Zug bleiben; sie verfügten neben ihrem Adhäsionsantrieb über ein besonderes Zahnradtriebwerk.

ersten Tag an als großartige Touristenattraktion. Die Mount-Washington-Bahn besteht noch heute und wird zur Freude der Besucher auch noch mit Dampflokomotiven aus der Pionierzeit betrieben.
Auch die höchste Bergbahn der Welt fährt in Nordamerika: die Manitou and Pike's Peak Railway, eine nur während der Sommersaison betriebene Touristenbahn von Manitou Springs im Bundesstaat Colorado zur Gipfelstation Pike's Peak, 4301 Meter hoch am Ostrand der Rocky Mountains. Die rund 14 Kilometer lange Strecke weist Neigungen bis zu 250 Promille auf, ist mit Abtscher Zahnstange ausgerüstet und wurde 1891 eröffnet. Zunächst kamen Dampflokomotiven zum Einsatz, 1938 erstmals ein Triebwagen mit Benzinmotor, dann ab 1939 Diesellokomotiven mit elektrischer Kraftübertragung. Um den ständig wachsenden Touristenverkehr bewältigen zu können, beschaffte die Bahn ab 1960 dieselelektrische Zahnradtriebwagen von der Schweizerischen Lokomotiv- und Maschinenfabrik Winterthur mit BBC-Ausrüstung; Wagen dieser Bauart wurden 1963 und 1968 in Dienst gestellt. Dann folgten, wiederum aus Winterthur, 1976 und 1983 dieselhydraulische Triebwagen, die dank der hydraulischen Kraftübertragung vierzig Sitzplätze mehr enthalten.
Als Niklaus Riggenbach, Maschinenmeister der Schweizerischen Centralbahn in Olten, die erste Bergbahn Europas auf die – oder den – Rigi plante, mag ihm die Mount-Washington-Bahn vor Augen gestanden haben; denn während ihres Baues hatte er sich in Amerika auf-

Links oben: Die wichtigsten Zahnstangensysteme (von links nach rechts): Leiterzahnstange von Riggenbach, liegende Doppelzahnstange nach Locher, Strub-Zahnstange und Lamellen-Zahnstange von Abt
Links Mitte: So greifen Zahnrad und Zahnstange beim Abt-System ineinander.
Links unten: Zahnradtriebwerk eines Dampftriebwagens der Pilatusbahn mit liegender Doppelzahnstange
Rechts: Die Jungfraubahn vor Mönch und Eigergletscher um die Jahrhundertwende mit dem ersten Rowanzug. Seine Lokomotive, die erste elektrische Zahnradlok der Schweiz, steht heute im Verkehrshaus der Schweiz. Ein Rowanzug wird noch regelmäßig eingesetzt. Sein zur Lokomotive gehörender Wagen läuft nur hinten auf eigenen Rädern, auf der anderen Seite stützt er sich auf die Lokomotive, spart damit Eigengewicht und erhöht Achs- und Zahnraddruck der Lok. Das Zahnstangensystem von Strub ging aus einem Wettbewerb der Jungfraubahn hervor, von der es noch heute benützt wird.

RESTAURANT

4

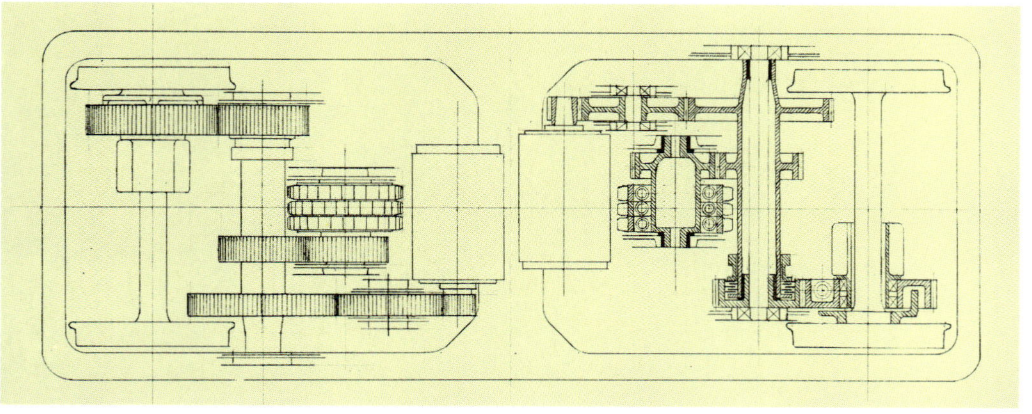

Links: Brasiliens berühmte Corcovadobahn mit Riggenbach-Zahnstange. Die Lokomotive der Schweizerischen Lokomotiv- und Maschinenfabrik Winterthur stammt aus dem Jahre 1909.
Oben: Schematische Darstellung des kombinierten Zahnrad- und Adhäsionstriebwerkes im Drehgestell einer elektrischen Lokomotive der chilenischen Transandenbahn
Rechts: Zahnrad dieser Lokomotive, aus drei versetzten Segmenten zusammengesetzt, für dreilamellige Abt-Zahnstange
Nächste Doppelseite: Zwischen Eibsee und Riffelriß unterwegs zur Zugspitze, Deutschlands höchstem Gipfel. Von Garmisch-Partenkirchen aus fährt seit 1930 die Bayerische Zugspitzbahn zum Schneefernerhaus, ab Grainau-Badersee auf Zahnstange, System Riggenbach.

gehalten. Seine Beschäftigung mit dem Zahnstangenproblem ging jedoch bereits Jahre zurück, und schon 1863 hatte er ein französisches Patent dafür erhalten. Seine Leiterzahnstange ähnelte der von Marsh in Amerika, jedoch benützte Riggenbach statt der Winkeleisen U-Profile und statt der Rundstäbe trapezförmige Zähne, womit sich ein sichererer Zahneingriff gewährleisten ließ. Die Bahn von Vitznau auf die Rigi war im Frühjahr 1871 fertig und wurde am 21. Mai bis Staffelhöhe in Betrieb genommen, zwei Jahre später bis zur Bergstation Rigi-Kulm. Eine zweite Rigibahn folgte bereits am 3. Juni 1875 von Arth-Goldau aus. In Deutschland wurde vor allem die am 8. Juli 1930 eröffnete Bayerische Zugspitzbahn von Garmisch-Partenkirchen zum Schneefernerhaus auf der Bergstrecke ab Grainau-Badersee mit Riggenbach-Zahnstange ausgerüstet.
Ein ebenfalls weit verbreitetes Zahnstangensystem entwickelte Riggenbachs langjähriger Mitarbeiter Roman Abt, der zuletzt auch dem Verwaltungsrat der Maschinenfabrik Winterthur angehörte. Die Abt-Zahnstange besteht aus zwei oder sogar drei gezahnten Flacheisen, die der Länge nach etwas versetzt miteinander verbunden sind. Die Lokomotivzahnräder setzen sich entsprechend aus schmalen und in der Verzahnung ebenso versetzten Zahnscheiben zusammen. Dadurch werden gleichmäßigere Kraftübertragung und ruhigerer Lauf erreicht. Die erste Bahn mit dieser Lamellen-Zahnstange war die Strecke von Blankenburg über Elbingerode nach Tanne im Harz. Als besonderer Vorteil des Abt-Systems galt die Möglichkeit, Reibungs- und Zahnradbetrieb günstig miteinander zu kombinieren. In der Schweiz erhielten die Bahn nach Zermatt, die Monte-Generoso-Bahn, die Brienz-Rothorn-Bahn, die Gornergratbahn und die Furka-Oberalpbahn Abt-Zahnstange, in Österreich Schafberg- und Schneebergbahn sowie die Strecke Vordernberg–Eisenerz, in Frankreich die erste elektrische Bergbahn der Welt auf den Monte Salève bei Genf. Auch die Zahnstangenstrecken Bosniens und der Herzegowina im heutigen Jugoslawien waren mit Abt-Zahnstange ausgerüstet, ebenso einige der Andenbahnen in Südamerika.
Bedeutung erlangte schließlich das System von Emil Strub, der als eidgenössischer Bergbahninspektor die bekannten Mängel der übrigen Systeme geschickt zu vermeiden wußte. Die Strub-Zahnstange besteht aus einem Stück und ähnelt einer Schiene mit Zähnen anstatt der glatten Lauffläche. Dieses Keilkopf-System entstand 1898 und ging aus einem Wettbewerb der Jungfraubahn mit dem ersten Preis hervor. Bis heute nützt es die höchste Bergbahn Europas mit Erfolg. In Deutschland wurde die am 25. Mai 1912 eröffnete Wendelsteinbahn von Brannenburg auf den Wendelstein auf den steileren Abschnitten mit Strub-Zahnstange ausgerüstet, die flacheren werden im Reibungsbetrieb befahren.
Als steilste Bergbahn der Welt gilt mit 480 ‰ die Pilatusbahn in der Schweiz. Einmalig ist auch ihr von Eduard Locher entwickeltes Zahnradsystem geblieben. Die Lokomotive verfügt über zwei horizontale Zahnräder, die in eine liegende Doppelzahnstange von beiden Seiten her eingreifen und auch unter außergewöhnlichen Umständen nicht auf die Zahnstange aufsteigen können. Genau diese Gefahr wurde dem System von Kaspar Wetli zum Verhängnis. Er hatte für die nur 50‰ aufweisende Bahn von Wädenswil nach Einsiedeln ein schrägverzahntes Gestänge und in der Lokomotive eine waagerechte Schnecke vorgesehen. Bei der Probefahrt schob sich die Schnecke über die Zähne hinweg, die Lokomotive raste in die Tiefe. Die Bahn wurde dann im Reibungsbetrieb ohne weitere Zwischenfälle befahren.
Jene Statistik aus dem Jahre 1900 läßt Niklaus Riggenbach und Roman Abt als die großen Pioniere der Zahnrad-Bergbahnen erkennen; von den 88 aufgeführten Bahnen benützten 43 das System Riggenbach und 40 das von Abt. Lediglich Strub brachte noch genügend wirkliche Verbesserungen, um sich damit später ebenfalls behaupten zu können.

TIP TOP
MT. WASHINGTON
COG RAILWAY
8

Brücken und Tunnel

Vom Rundholz zum Spannbeton

Jahrtausende hindurch wurden Brücken nach Gefühl, Augenmaß und Erfahrung gebaut. Geringe Weiten überbrückten Baumstämme, in tropischen Ländern Bambus- oder Lianengeflecht. An breiteren Hindernissen entstanden schon in vorchristlicher Zeit massive Bogenbrücken aus Stein, wie sie die Römer auch als Aquädukte errichteten. Die Eisenbahn stellte den Brückenbau vor völlig neue Probleme: Ihr Betrieb verursachte wesentlich höhere Beanspruchungen als alle früheren Verkehrsmittel, nicht allein durch das größere Gewicht ganzer Züge, sondern vor allem durch die dynamischen Kräfte, die beim Beschleunigen und Bremsen auf die Fahrbahn und damit auf die Brücke übertragen wurden. Aber auch rein zahlenmäßig forderte die Eisenbahn mehr, weil nicht nur Wasserläufe und andere Verkehrswege, sondern häufig auch Geländevertiefungen bis zu ganzen Tälern zu überbrücken waren. Der Straßenbau konnte derartige Hindernisse mit größeren Steigungen und scharfen Kurven einfach umgehen oder sich dem Geländeverlauf anpassen. Dem Eisenbahningenieur blieben dagegen im Bergland nur kühne Kunstbauten, um bei Einhaltung der zulässigen Neigung und der erforderlichen Kurvenradien die Strecke im vorgesehenen Verlauf trassieren zu können.
Erst die hohen, nicht mehr abschätzbaren Belastungen durch die Eisenbahn ließen im Brückenbau genaue statische Berechnungen unbedingt erforderlich erscheinen. Danach wurden die Bauwerke dimensioniert. Die alten Steinbrücken hätten fast durchweg ein Mehrfaches an Belastung tragen können, als der damalige Verkehr verlangte. Vielfach haben sie auch bis in die Gegenwart allen Anforderungen entsprochen. Dagegen mußten zahlreiche berechnete Brücken längst verstärkt oder völlig ersetzt werden, einfach deshalb, weil bei der Berechnung die rasch wachsenden Lokomotiv- und Zuggewichte nicht vorauszusehen waren und die Belastung deshalb zu niedrig angenommen worden war.
Die meisten alten Eisenbahnbrücken trugen auf steinernen Pfeilern hölzerne Überbauten. Wo Holz in Überfluß zur Verfügung stand, wie beim Bahnbau in Amerika und in anderen waldreichen Regionen, wurden vielfach auch die Pfeiler – oft bis zu schwindelnder Höhe – aus Rundhölzern zusammengezimmert. In den europäischen Alpenländern überwogen dagegen kühne Steinviadukte mit unterschiedlichen Bogenformen. Die erste Eisenbrücke der Welt entstand schon 1779 in England – aus Gußeisen. Dieser Werkstoff hält zwar hohen Druckbelastungen stand, eignet sich aber wegen seiner Sprödigkeit und der nur geringen Belastbarkeit auf Zug denkbar schlecht für Eisenbahnbrücken. Dennoch bestanden, in Deutschland erstmals 1840 in Baden, die ersten eisernen Eisenbahnbrücken aus Guß. Für größere Spannweiten kam erst das zähe, kohlenstoffarme und nach heutiger Definition als Stahl bezeichnete Schmiedeeisen in Frage. Im Brückenbau wurde es zunächst als Schweißeisen, später als Flußeisen verwendet, wobei allein das Herstellungsverfahren die Materialeigenschaften wesentlich verbesserte. Die ersten großen Eisenbrücken wurden um die Mitte des 19. Jahrhunderts aus Schweißeisen erbaut. Erst in den neunziger Jahren führte seine unterschiedliche, stark von der Walzrichtung abhängige Zugfestigkeit zu neuen Versuchen, günstigere Eigenschaften zu erzielen. Nachdem bei Flußeisen in jeder Richtung annähernd gleiche Festigkeit hatte nachgewiesen werden können, begann um die Jahrhundertwende das Schweißeisen rasch aus dem Brückenbau zu verschwinden.
Neue Erkenntnisse in der Metallurgie führten später zu zahlreichen hochwertigen Stählen mit höherer Festigkeit, die auch für Brückenkonstruktionen neue Möglichkeiten eröffneten. Werkstoffersparnis, größerer Dimensionierungsspielraum und leichtere Montage standen jedoch häufig in keinem Verhältnis zu den höheren Kosten, so daß Eisenbahnbrücken aus Sonderstählen die Ausnahme bildeten. Heute bestehen bei der Deutschen Bundesbahn die meisten eisernen Brückenbauwerke aus dem Regelbaustahl St 37, der sich durch Zähigkeit, gute Schweißbarkeit und als Massenbaustahl auch durch Preiswürdigkeit auszeichnet. Neuerdings werden auch Stähle mit etwa gleichen Eigenschaften und höherer Festigkeit eingesetzt. Während die Brückenteile früher fast ausschließlich miteinander vernietet wurden, bildet diese Art der Verbindung heute die Ausnahme. Die neueren Stahlbrücken sind in der Regel in Schweißkonstruktion ausgeführt.
Die Verbreitung des Stahls hat freilich den Bau massiver Brücken aus Stein keineswegs zu beenden vermocht. Schon gegen Ende des 19. Jahrhunderts trat als Baustoff zu Natursteinquadern und Ziegelmauerwerk der Beton hinzu, zunächst noch unbewehrt und damit Zugbeanspruchungen noch wenig gewachsen. Eisenbewehrungen erlaubten geringere Abmessungen und größere Spannweiten. Doch erst die Spannbetonbauweise mit vorgespannten Stahleinlagen führte in den beiden letzten Jahrzehnten zu den heutigen Möglichkeiten des Massivbrückenbaues, die sich in einer Vielzahl ebenso eleganter wie imposanter Brückenbauwerke widerspiegeln.

Meisterwerke aus Stein

Die ersten Eisenbahnbrücken der Welt wurden für Englands Kohlen- und Werkbahnen gebaut, lange bevor das Dampflokomotiv-Zeitalter anbrach. Steinerne Bogen, massiv und dauerhaft, nach uralter Handwerkskunst errichtet, trugen die Pferdebahnen über Hindernisse im Gelände hinweg. Von den noch heute erhaltenen Viadukten aus damaliger Zeit gilt der Causey-Tanfield-Arch bei Consett in der Grafschaft Durham als der bedeutendste; er stammt aus dem Jahre 1727, seine Spannweite mißt über dreißig Meter.
Natursteinquader gaben für steinerne Brücken das bevorzugte Baumaterial ab. Wo Bruchstein nicht zur Verfügung stand, brachten die Brückenbauer auch mit Ziegeln imposante Bauwerke zustande. Der Mittelbogen des Ballochmyle-Viaduktes in der südschottischen Grafschaft Ayshire, 1850 von der Glasgow & South Western Railway errichtet, wird mit seiner Spannweite von über 55 Metern als größter gemauerter Brückenbogen der Welt angesehen.
Die größte steinerne Eisenbahnbrücke der Welt schlechthin steht in Deutschland. Vier Bogenreihen mußten um die Mitte des 19. Jahrhunderts aufeinandergesetzt werden, um die Eisenbahnstrecke Leipzig – Hof bei Netzschkau über das Göltzschtal zu führen. Nicht weniger als 74 Entwürfe waren auf ein Preisausschreiben eingegangen, von dem sich die Bahngesellschaft eine Lösung der Aufgabe versprochen hatte, das Tal in rund achtzig Meter Höhe zu überbrücken. Keiner der Vor-

Die erste Zahnradbahn der Welt baute Sylvester Marsh 1869 auf den 1917 Meter hohen Mount Washington. Noch heute fahren die Züge zur Freude der Touristen mit historischen Dampfloks. Auch die einfachen Holzbrücken erinnern an die Gründerzeit.

schläge entsprach voll den Bedingungen, so daß die technische Prüfungskommission schließlich einen eigenen Entwurf ausarbeitete. Am 31. Mai 1846 begannen die Bauarbeiten. Sie dauerten fünf Jahre. Die Pfeilersockel, die Grundsteine der Bogen, die Gewölbe der obersten Bogenreihe sowie die Fahrbahnplatten wurden aus Granit hergestellt, alle übrigen Teile des Bauwerkes aus Ziegeln gemauert. Am 15. Juli 1851 konnte die 78 Meter hohe und 574 Meter lange Göltzschtalbrücke ihrer Bestimmung übergeben und damit der durchgehende Zugbetrieb zwischen Leipzig und Hof aufgenommen werden. Das noch im ursprünglichen Zustand erhaltene Bauwerk hat sich bisher allen Belastungen gewachsen gezeigt. Schwierigkeiten bereitet in erster Linie die Abdichtung des Mauerwerkes gegen eindringende Feuchtigkeit. Die Granitplatten der Fahrbahn wurden 1930 durch Stahlbeton ersetzt; im übrigen hat die Reichsbahn der DDR an dem Meisterwerk aus Stein inzwischen nötige Sanierungsarbeiten ausführen lassen.

Die Moldaubrücke in Prag, 1848 fertiggestellt, galt damals als größte Eisenbahnbrücke Mitteleuropas; allerdings blieb ihr dieses Attribut nur wenige Jahre. Immerhin bis um die Jahrhundertwende war die Pruthbrücke bei Jaremtscha südlich von Stanislau mit 65 Meter Spannweite die steinerne Eisenbahnbrücke mit dem weitesten Bogen.

Lange bevor die Schweizer ihre Brückenbaukunst unter Beweis stellen konnten, entstanden in Österreich die bis heute in ihrer alten Form erhaltenen Viadukte der Semmeringbahn, der 1854 eröffneten ersten Gebirgsbahn der Welt. Zahlreiche hohe Steinbogen aus Ziegelmauerwerk reihen sich aneinander, zum Teil in doppelter Reihe übereinander, wie beim Kalte-Rinne-Viadukt, dem mit 46 Metern höchsten der insgesamt sechzehn großen Semmeringviadukte.

Rechts: Steinbogenviadukt über die Enz bei Bietigheim
Nächste Doppelseite: Zeitgenössische Chromo-Lithographie vom Bau des Kalte-Rinne-Viaduktes auf der Semmeringbahn, der ersten Gebirgsbahn der Welt

Zahlreiche markante Steinbogenbrücken gehören zum charakteristischen Erscheinungsbild der Schweizer Bahnen. Architektonisches Können und handwerkliches Geschick vermochten diese Brücken derart in die Landschaft zu integrieren, daß sie und damit die Eisenbahn dort nicht als störend empfunden, sondern als großartige technische Leistung anerkannt werden. Auf sämtlichen Gebirgsbahnen der Schweiz finden sich bemerkenswerte Viadukte. Berühmtheit genießt der Landwasserviadukt der Rhätischen Bahn, der im Bogen zwischen zwei Tunneln liegt und die Strecke Davos - Filisur in 88 Meter Höhe über die Landwasser führt.
Die größte Steinbogen-Spannweite weist mit 85 Metern der aus Kalksandsteinquadern erbaute, 1906 fertiggestellte Isonzo-Viadukt bei Salcano an der Wocheiner Bahn auf; sie führt durch das ehemals österreichische Krain, das seit 1918 zur jugoslawischen Republik Slowenien gehört.

Holzträger und Blechtunnel

Die erste Eisenbahnbrücke Deutschlands, 1839 ihrer Bestimmung übergeben, führte die Leipzig - Dresdner Bahn bei Riesa über die Elbe. Sandsteinpfeiler, auf Pfählen gegründet, trugen Überbauten aus Holz mit flacher Bogenform. Holzverschalungen umgaben jedoch die Balkenkonstruktion der Tragwerke von allen Seiten und verliehen so dem Bauwerk das Aussehen einer Brücke, die durchaus in der heutigen Zeit hätte entstanden sein können. Die meisten hölzernen Eisenbahnbrücken mußten allein wegen ihrer zu geringen Belastbarkeit bald durch steinerne oder eiserne ersetzt werden. Nur bei Not- und Kriegsbrücken fand Holz auch später häufiger Verwendung. In Amerika hielten sich noch die Trestle Works, charakteristische Gerüstbrücken aus Holz, deren Konstruktion vielfach übernommen wurde, als Eisengerüste die hölzernen ablösten. Die längste Eisenbahnbrücke und gleichzeitig die längste Holzbrücke der Welt baute 1906 die Southern Pacific mit 31000 Meter Länge über den Großen Salzsee. Sie wurde inzwischen durch einen Damm ersetzt.
Robert Stephensons Name steht auch in der Geschichte des Brückenbaues an hervorragender Stelle. Eines der bemerkenswertesten Bauwerke des vielseitigen Eisenbahningenieurs, das er zusammen mit William Fairbairn errichtete, war die Britanniabrücke über die Menaistraße zwischen dem englischen Festland von Nordwales und der Insel Anglesey. Ihr Konstruktionsprinzip einer Röhrenbrücke findet sich nur in der Anfangszeit der Eisenbahn in der britischen Einflußsphäre. Das Tragwerk, bereits aus Stahl hergestellt, setzte sich aus massiven Seitenwänden und zellenförmigen, aus einer Art quadratischer Röhren zusammengesetzten Ober- und Untergurten zusammen. Damit ergab sich ein Blechtunnel, in dessen Innerem das Gleis verlief. Auf der doppelgleisigen Britanniabrücke lagen zwei derartige Kastenbalken nebeneinander. Das rund 460 Meter lange Bauwerk wurde 1850 vollendet. Der mittlere der drei Pfeiler ruhte auf dem im Wasser emporragenden Britanniafelsen. Rund 120 Jahre lang erfüllte die Brücke ihren Zweck, bis 1970 einige Jungen auf der nächtlichen Suche nach Vogelnestern mit offenem Licht die Holzverkleidung der Brücke in Brand setzten und damit Stephensons Werk zugrunde richteten. Der Menaiübergang wurde mit modernen Stahlüberbauten eingleisig wiederhergestellt; die alten gemauerten Pfeiler konnten wieder verwendet werden.
Schon drei Jahre vor der Britanniabrücke war nur wenig nordöstlich bei der kleinen Hafenstadt Conwy eine ähnliche Röhrenbrücke errichtet worden. Auf einer Länge von 121 Metern überspannte sie die Conwymündung. Als größte Röhrenbrücke galt die Victoriabrücke bei Montreal in Kanada, die mit insgesamt 25 Öffnungen und einer Gesamtlänge von 1850 Metern über den St.-Lorenz-Strom führte.

Hängebrücken, Bogen- und Balkenbrücken

Als Baumaterial für Eisenbahnbrücken fand Stahl die weiteste Verbreitung. In Deutschland gibt es etwa doppelt so viele stählerne wie steinerne Eisenbahnbrücken, wobei Brücken mit Tragwerken aus Stahl auf Pfeilern aus Stein oder Beton den Stahlbrücken zugerechnet werden. Die Kräfte, die durch das Eigengewicht der Tragwerke und die Betriebslast auftreten, wirken in verschiedener Weise auf Pfeiler

Der Landwasserviadukt der Rhätischen Bahn bei Filisur

Oben: Die Britanniabrücke über die Menaistraße zwischen Nordwales und der Insel Anglesey. Die Blechtunnelbrücke wurde von Robert Stephenson zusammen mit William Fairbairn von 1845 bis 1850 errichtet. Oben die Einfahrt auf der englischen Landseite, unten eine Gesamtansicht.
Rechts oben: Modell der Eisenbahn-Hängebrücke über den Donaukanal in Wien

und Widerlager: bei Balkenbrücken nur senkrecht nach unten, bei Bogenbrücken als Druckkräfte schräg nach außen und bei Hängebrücken als Zugkräfte in den Tragseilen nach innen.

Hängebrücken, eine der ältesten und mit primitivsten Mitteln herstellbaren Brückenformen, eignen sich für Eisenbahnübergänge nur unter besonderen konstruktiven Vorkehrungen, weil einfache Aufhängungen die Fahrbahn nicht genügend stabil halten und bei den Beanspruchungen durch den Bahnbetrieb kritische Schwingungen entstehen würden. Hängebrücken wurden deshalb für Eisenbahnen nur selten verwendet. Eine der bedeutendsten führte der aus Deutschland stammende Brückenbauer Johann August Röbling unterhalb der berühmten Wasserfälle über den Niagara an der Grenze zwischen den USA und Kanada. Die elf Meter breite und 240 Meter lange Hängebrücke mit Versteifungsträgern aus Holz trug die New York Central Railroad in 75 Meter Höhe über die tosenden Wasser. Im Jahre 1852 wurde mit dem Bau begonnen, 1855 war er beendet. Bis 1897 fuhren Züge über die Brücke. Der gleiche Konstrukteur entwarf die berühmte East-River-Brücke

zwischen New York und Brooklyn. Sein Sohn Washington W. Röbling vollendete sie 1878 nach dem Tode des Vaters. Die Eisenbahnzüge wurden an Drahtseilen über die Brücke gezogen. Eine kleinere Eisenbahn-Hängebrücke führte mit 83 Meter Spannweite in Wien über den Donaukanal; für die nötige Stabilität sorgte ein Strebenwerk zwischen zwei übereinander angeordneten Ketten.
Die Japanischen Eisenbahnen planen eine Hängebrücke mit bis zu 1500 Meter Spannweite über die Seto-Inland-See zwischen den Inseln Hondo und Schikoku.
An einer *Bogenbrücke* begann die Verwendung von Eisen im Brückenbau allgemein: Als erste eiserne Brücke der Welt gilt die 1779 von Abraham Darby in England erbaute Buildwasbrücke über den Severn bei Coalbrookdale, deren Bogen nach Art eines Gewölbes aus gußeisernen Segmenten zusammengesetzt wurde. Eisenbahn-Bogenbrücken entstanden jedoch erst wesentlich später, als geeignete Stähle dafür zur Verfügung standen. Eine Ausnahme machten lediglich kleine Unterführungen und ausschließlich auf Druck beanspruchte Einzelteile, für die anfangs Gußeisen verwendet wurde. Als erste stählerne Eisenbahnbogenbrücke der Welt gilt die 1854 von Niklaus Riggenbach über die Aare bei Olten gebaute Brücke, die rund 100 Jahre lang befahren wurde. Die Ausmaße steigerten sich rasch. Bei St. Louis im amerikanischen Bundesstaat Missouri wurde von 1868 bis 1874 der Mississippi mit drei Bogen von jeweils mehr als 150 Meter Spannweite überquert; die Eisenbahn benützte die doppelstöckige Brücke in der unteren, die Straße auf der oberen Ebene. In Frankreich zählen der von Alexandre Gustave Eiffel erbaute Garabit-Viadukt, dessen großer Mittelbogen bei 165 Meter Spannweite die Bahn 122 Meter hoch über die Talsohle trägt, sowie der weiter südlich gelegene Viaur-Viadukt zu den einzigartigen Bogenbrücken. Auch der Maria-Pia-Viadukt über den Douro bei Porto in Portugal, 1877 fertiggestellt, wurde von Eiffel konstruiert. Den Sambesi als Grenzfluß zwischen Sambia und Rhodesien überquert eine 150 Meter weit gespannte Bogenbrücke unterhalb der Viktoria-Wasserfälle in mehr als 120 Meter Höhe. Auf dieser Brücke fand am 25. und 26. August 1975 in einem Salonwagen die Verfassungskonferenz zwischen Rhodesiens Premier Ian Smith und einer Delegation der Nationalisten statt. Als größte Stahlbogenbrücke der Welt gilt die 1931 fertiggestellte Hafenbrücke von Sydney in Australien. Sie trug zunächst vier Gleise, zwei wurden jedoch inzwischen wieder zugunsten des Straßenverkehrs abgebaut.
In Deutschland war die erste große Eisenbahn-Bogenbrücke die am 3. Juni 1864 eröffnete Pfaffendorfer Rheinbrücke zwischen Koblenz und Ehrenbreitstein. Sie überschritt den Strom mit drei Öffnungen von je 96,7 Meter Stützweite. Die in Koblenz durch die Stadt führende Bahn wurde jedoch schon 1879 mit Fertigstellung der Horchheimer Rheinbrücke weitgehend außer Betrieb gesetzt, obwohl sie bis 1914 in Ausnahmefällen noch benützt wurde; vorwiegend diente die Brücke jedoch dem Straßenverkehr. Die heutige Eisenbahnverbindung zwischen linker und rechter Rheinstrecke bei Horchheim südlich Koblenz überquert den Strom an der gleichen Stelle, an der 55 vor Christus der römische Feldherr Julius Cäsar die erste feste Rheinbrücke überhaupt errichten ließ.
Zwischen 1876 und 1879 entstand hier für die damalige Berlin – Metzer Eisenbahn als »Kronprinzenbrücke« eine stählerne

Bogenbrücke mit zwei Öffnungen und beiderseits anschließenden Steinbogenbrücken. In den letzten Tagen des Zweiten Weltkrieges wurde das Bauwerk, wie auch alle übrigen zwanzig Eisenbahnbrücken über den Rhein, zerstört und zunächst nur behelfsmäßig instand gesetzt. Beim endgültigen Wiederaufbau, der 1962 abgeschlossen war, wurde der Überbau als durchlaufender Hohlkastenbalken über zwei Felder ausgeführt; er stellte damals die weitest gestützte vollwandige Trägerkonstruktion in Deutschland dar. Einen Parabelbogen von 170 Meter Stützweite kombiniert Deutschlands höchste Eisenbahnbrücke, zwischen 1894 und 1897 erbaut, mit anschließenden Gerüstbrücken: Die 465 Meter lange, am 3. Juli 1897 eröffnete Müngstener Brücke, ursprünglich »Kaiser-Wilhelm-Brücke« genannt, führt zwischen Solingen und Remscheid in 107 Meter Höhe über das Tal der Wupper. Eine moderne und besonders markante Bogenbrücke entstand von 1959 bis 1963 im Zuge der Vogelfluglinie zwischen dem schleswig-holsteinischen Festland und der Ostseeinsel Fehmarn. Das Bauwerk überquert in 23 Meter Höhe den Fehmarnsund mit einer 240 Meter breiten Schiffahrtsöffnung, über der sich der Brückenbogen spannt, sowie daran anschließend mit fünf landseitigen und zwei inselseitigen Öffnungen von je 102 Meter Länge. Die am 30. April 1963 eingeweihte Fehmarnsundbrücke ersetzte die seit 1905 bestehende Eisenbahnfährverbindung zwischen Großenbroder Fähre und Fehmarnsund.

Balkenbrücken stellen die zahlenmäßig stärkste Gruppe unter den stählernen Eisenbahnbrücken. Die Form der Balken reicht dabei vom einfachen, massiven Träger – anfangs aus zwei gegeneinander gestellten Eisenbahnschienen zusammengenietet – über die Röhrenträger der Blechtunnelbrücken bis zu verschiedenartigen Gitter- und Fachwerkträgern. Ihre Gestalt entspricht keineswegs nur der Balkenform im landläufigen Sinn, sondern zeigt ebenfalls zahlreiche Bogenformen, wobei jedoch die Stahlkonstruktion in ihrer Gesamtheit einen oder mehrere Träger bildet und alle Gewichtskräfte senkrecht auf Pfeiler und Widerlager übertragen werden.

Gitterträger mit parallelen Gurten und engmaschiger Wandgliederung finden sich in Irland bereits bei der 1845 erbauten, 43 Meter langen Eisenbahnbrücke über den Royal Canal in Dublin auf der Bahnlinie nach Drogheda.

In Deutschland folgte zunächst die am 31. Mai 1853 eröffnete Kinzigbrücke bei Offenburg mit 62,8 Meter Stützweite, wenig später die 1850 begonnene und am 12. Oktober 1857 eröffnete Eisenbahnbrücke über die Weichsel bei Dirschau mit sechs Öffnungen von je 130,9 Meter Stützweite sowie die gleichzeitig fertiggestellte Nogatbrücke bei Marienburg mit zwei Öffnungen von je 101,4 Meter Stützweite. Am 15. Oktober 1859 wurde die Dombrücke über den Rhein in Köln mit vier Öffnungen von je 99 Metern und am 11. Mai 1861 die Rheinbrücke bei Kehl mit drei Öffnungen von je 60 Metern für den Eisenbahnbetrieb freigegeben. Zum Teil wurden diese Brücken schon vor Jahrzehnten erneuert; so entstand anstelle der Kölner Dombrücke die am 25. März 1911 eröffnete Hohenzollernbrücke. Am Ende des Zweiten Weltkrieges waren im Streckennetz der Deutschen Reichsbahn sämtliche 21 Brücken über den Rhein, alle 11 Weser- und 12 Donaubrücken zwischen Ulm und Passau zerstört. Beim Wiederaufbau wurden die alten Brückentragwerke teilweise gehoben und wiederverwendet. Eine Reihe zerstörter Brücken ist jedoch in neuzeitlicher Form wiederaufgebaut worden.
Als längste Gitterbrücke der Welt galt zu ihrer Zeit die Brücke über den Firth of Tay bei Dundee in Schottland. Sie wurde 1878 eröffnet und war mit 89 Öffnungen 3250 Meter lang. Am 29. Dezember 1879 fegte sie ein Orkan mitsamt einem Nachtschnellzug von den Pfeilern. Erst 1897 war sie, diesmal mit 85 Öffnungen, 3286 Meter Länge und erneut mit Gitterträgern wieder aufgebaut. An Länge wurde sie 1934 von der 3677 Meter messenden Eisenbahn-

Links außen: Noch vor dem berühmten Turm in Paris konstruierte Alexandre Gustave Eiffel mehrere bemerkenswerte Eisenbahnbrücken, darunter den Maria-Pia-Viadukt über den Douro bei Porto in Portugal.
Mitte: Deutschlands höchste Eisenbahnbrücke ist die 1897 dem Verkehr übergebene Kaiser-Wilhelm-Brücke, die in 107 Meter Höhe bei Müngsten die Wupper überspannt.
Oben: Höchste Eisenbahnbrücke Europas wurde 1976 die 198 Meter hohe Brücke über die Mala-Rijeka-Schlucht in Montenegro. Sie liegt im Zuge der jugoslawischen Neubaustrecke Belgrad – Bar.

brücke über die Mündung des Sambesi in Moçambique übertroffen, die vierzig Öffnungen aufweist.
Eine der höchsten Eisenbahnbrücken Europas, der 113 Meter hohe Fades-Viadukt über die Sioule im Norden des Massif Central in Frankreich, trägt auf Granitpfeilern ebenfalls Gitterbalken. Am 30. Mai 1976 wurde auf der jugoslawischen Neubaustrecke Belgrad - Bar die 198 Meter hohe Mala-Rijeka-Brücke in Montenegro in Betrieb genommen, eine von vier Stahlbetonpfeilern getragene Fachwerkbrücke und nunmehr die höchste Eisenbahnbrücke Europas.
Bogenförmige Träger erhielt als eine der ersten die 1859 fertiggestellte, 139 Meter lange Royal-Albert-Brücke über die Tamarmündung bei Saltash in England. Sie wurde von Isambard Kingdom Brunel erbaut, der als Chefingenieur der Great Western Railway die Breitspur von sieben Fuß verfocht und zu den großen Brückenbauern der frühen Eisenbahnzeit zählt. Noch heute fahren die Züge der Western Region von Plymouth im äußersten Südwesten Englands hinüber nach Cornwall auf der nahezu 120 Jahre alten Brücke. Ihre aus Stahlröhren gebildeten Ober- und Untergurte fügen sich linsenförmig zu zwei gegenläufigen Parabelbogen zusammen, die mit Stäben verbunden sind. Die eingleisige Fahrbahn hängt in der Bogenkonstruktion. Lange Zeit repräsentierte die 1868 fertiggestellte Lekbrücke bei Culemborg südlich von Utrecht in den Niederlanden mit einer 150 Meter breiten Stromöffnung die größte mit Parabelträgern erreichte Spannweite. Danach wurden bei zahlreichen Eisenbahnbrücken - vorwiegend zur Verminderung des Materialaufwandes - besondere Bogenträger verschiedener Konstrukteure angewandt; zu den bekanntesten zählen Pauli, Schwedler und Lohse. Paulitrager erhielten die Großhesseloher Eisenbahnbrücke über die Isar bei München, die Rheinbrücke bei Mainz mit vier Öffnungen von je 105,2 Meter Stützweite sowie ab 1857 zahlreiche Brücken in Bayern, Schwedlerträger mehrere große Brücken über Elbe und Weser, Lohseträger die Norder- und Süderelbebrücken zwischen Harburg und Hamburg. Beide wurden in den zwanziger Jahren durch Zweigelenkbogen und Zugband ersetzt. Die Elbebrücken waren am 15. Oktober 1872 erstmals befahren worden. Die Strecke Harburg - Hamburg - Hannoverscher Bahnhof wurde von der Köln-Mindener Eisenbahn-Gesellschaft am 1. Dezember 1872 eröffnet. Während die Brücke über die Norderelbe nach gründlicher Sanierung im Zustand von 1927 erhalten bleibt, wurde die Süderelbebrücke zwischen 1975 und 1977 durch zwei doppelgleisige Mittelträgerbrücken ersetzt, eine dritte ist 1979 für die S-Bahn nach Harburg noch hinzugekommen.
Die Gestaltung von Brücken mit Vollwandträgern ist durch Einführung der Schweißung im Stahlbau nachhaltig beeinflußt worden. Geschlossene Kastenträger mit glatten Außenflächen und ohne sichtbare Streben führen zu zeitgemäßen Formen und einem insgesamt ansprechenden, modernen Erscheinungsbild.

Stählerne Wunder

Eine Sonderform bilden die stählernen Ausleger- oder Kragträgerbrücken, in England und Amerika Cantilever-Bridges genannt. Sie gehen auf den bayerischen Ingenieur Johann Gottfried Heinrich Gerber zurück, der 1866 auf den nach ihm benannten Gerberträger »mit freischwebenden Stützen« ein Patent erhielt. Die auf den Pfeilern gleichgewichtig aufliegenden Stahlkonstruktionen kragen nach beiden Seiten aus; auf zwei einander zugewandten Brückenteilen dieser Art stützt sich das Verbindungsteil gelenkig ab. Durch Wärmedehnung und geringfügige Pfeilersetzungen entstehende Spannungen können damit weitgehend eliminiert werden.
Die beiden ersten Brücken nach diesem System führten 1867 bei Bamberg über die Regnitz und bei Haßfurt über den Main. Später wurde Gerbers Konstruktionsprinzip vor allem in England und Amerika bei einer Reihe imposanter Cantilever-Brücken angewandt. Die erste, als Weltwunder bestaunt, war die zweigleisige Eisenbahnbrücke über den Firth of Forth, nordwestlich von Edinburgh in Schottland. Ihr Hauptmerkmal sind die drei über hundert Meter hohen rautenförmigen Auslegerkonstruktionen. Sie kragen mit 207 Metern ungewöhnlich weit aus und ergeben mit den nur 107 Meter langen, geradezu klein erscheinenden Verbindungs-

Rechts: Brücke über den Fehmarnsund auf der Vogelfluglinie, der auch von den Zugvögeln gewählten, direkten Route zwischen Kontinent und Skandinavien
Nächste Doppelseite: Ein stählernes Weltwunder: die 1890 eröffnete Eisenbahnbrücke über den Firth of Forth nordwestlich von Edinburgh in Schottland

teilen zwei 521 Meter breite Hauptöffnungen. Uferwärts stellen Gegengewichte das Gleichgewicht der gesamten Konstruktion her. Der Mittelpfeiler wurde auf der kleinen Insel Inch Garvie gegründet, die beiden anderen bis zu 27 Meter tief im Wasser. Für die Schiffahrt bleibt bei höchstem Pegelstand eine Durchfahrtshöhe von nahezu 46 Metern. Die vier Eckpfosten der Pfeilertürme bestehen aus Stahlrohren von 3,6 Meter Durchmesser, die durch Kreuzverbindungen versteift sind. Auch die Untergurte und die übrigen Hauptglieder der Kragarme haben Kreisquerschnitt, lediglich die auf Zug beanspruchten Teile Kastenquerschnitt mit Gitterwänden. Die Verbindungsteile wurden als Parabelträger ausgeführt, landseitig schließen sich Brücken mit Gitterträgern an. Die gewaltige Forth-Brücke war am 9. Dezember 1889 fertig. Der erste Zug passierte sie am 23. Januar 1890. Erst am 4. März dieses Jahres folgte die feierliche Eröffnung durch den Prinzen von Wales.

Zehn Jahre später begann die Canadian National Railroad mit dem Bau einer noch weiter gespannten Auslegerbrücke über den St.-Lorenz-Strom bei Quebec. Die Hauptöffnung zwischen den beiden Rautenkonstruktionen war mit 549 Metern projektiert. Zwei schwere Zwischenfälle verzögerten die Fertigstellung des Bauwerkes bis 1917. Zunächst knickte am 27. August 1907 ein Stab des Auslegerträgers, dann am 11. September 1916 beim Einschwimmen des Verbindungsteils ein tragendes Element der Hilfskonstruktion, so daß der 195 Meter lange und fünftausend Tonnen schwere Bogenträger in die Fluten stürzte und versank.

Durch den Ausbau des Kaiser-Wilhelm-Kanals zur Großschiffahrtsstraße zwischen Nord- und Ostsee ergab sich die Notwendigkeit, die bestehenden eingleisigen Drehbrücken bei Rendsburg zu ersetzen. Die

zwischen 1911 und 1913 erbaute feste Brücke mußte, um seegehenden Schiffen die Durchfahrt zu ermöglichen, eine lichte Höhe von 42 Metern erhalten. Dies wiederum erforderte Anfahrtsrampen von mehr als vier Kilometer Länge. Die am 1. Oktober 1913 dem Verkehr übergebene Rendsburger Eisenbahn-Hochbrücke wurde damit die längste Eisenbahnbrücke Deutschlands und ist es bis heute geblieben. Das gesamte Bauwerk erstreckt sich mit der Schleife auf der Nord- und den Dämmen auf der Südseite des Kanals über 4700 Meter; die Länge der Stahlkonstruktion beträgt 2485 Meter. Der Hauptteil des insgesamt 140 Meter langen Mittelstücks über dem Kanal ist beweglich eingehängt. Die beiden 69 Meter hohen Pylonen ruhen auf Pfeilern mit 17 Meter tiefen Fundamenten. Eine zweite, bedeutende Eisenbahn-Hochbrücke über den Nord-Ostsee-Kanal wurde am 1. Juni 1920 bei Hochdonn auf der Strecke Hamburg – Husum (– Westerland) in Betrieb genommen. Ähnliche Verhältnisse lagen beim Bau der nach einem früheren Gouverneur von Louisiana benannten Huey-P.-Long-Brücke in den USA vor: Um oberhalb New Orleans den Mississippi kurz vor der Mündung zu überqueren, ergab sich ein

Oben: Die Eisenbahn-Hochbrücke über den Nord-Ostsee-Kanal bei Rendsburg
Nächste Doppelseite: Eine weitere Hochbrücke führt die Eisenbahn bei Hochdonn über den Nord-Ostsee-Kanal. Lange Anfahrtsrampen sind erforderlich, um die nötige Durchfahrtshöhe für die Schiffahrt zu erreichen, ohne die zulässige Neigung für die Eisenbahnstrecke zu überschreiten.

PAUL KOCK
GETREIDE

6777 Meter langes Bauwerk, wobei auch dort der Schiffahrt eine lichte Durchfahrtshöhe von über vierzig Metern gewährleistet werden mußte und die Auffahrtsrampen nicht stärker als 12,5 ‰ – immerhin doppelt so stark wie bei der deutschen Hochbrücke – geneigt werden durften. Das Mittelteil des Bauwerkes über dem Strom besteht aus einer Auslegerkonstruktion mit vier Öffnungen. Die Brücke wurde 1935 eröffnet.

Etwa zur gleichen Zeit baute Dänemark die rund 3200 Meter lange Storstrømbrücke zwischen den dänischen Ostseeinseln Seeland und Masnedø. Sie besteht aus drei Hauptöffnungen über der Schiffahrtsrinne und 47 Seitenöffnungen, deren stählerne Vollwandbalken mit Gerbergelenken abwechselnd als Krag- und als Einhängeträger ausgebildet sind. Das Bauwerk wurde am 26. September 1937 eröffnet und verbindet zusammen mit der kleineren Brücke über den Masnedsund die beiden großen Inseln Seeland und Falster durch Schiene und Straße. Heute liegt die Storstrømbrücke im Zuge der Vogelfluglinie und hat damit auch für den internationalen Verkehr hohe Bedeutung. Ende 1976 erteilte die dänische Regierung Planungsauftrag für den seit 1947 diskutierten Brückenschlag über den Großen Belt zwischen den Inseln Fünen und Seeland. Damit hätte, da der Kleine Belt zwischen Jütland und der Insel Fünen schon seit 1935 überbrückt ist, Dänemarks Hauptstadt Kopenhagen auf der Insel Seeland mit dem Kontinent erstmals Landverbindung erhalten. Die rund zwanzig Kilometer lange Brücke sollte zwischen Korsør auf Seeland und der kleinen Insel Sprogø in der Mitte des Belt eine Höhe erreichen, die großen Schiffen in der östlichen Rinne die Passage ermöglicht hätte. Im westlichen Teil nach Nyborg auf Fünen sollte die Brücke nur etwa dreißig Meter über dem Wasserspiegel verlaufen. Aufgrund starker ökologischer Widerstände verschob die dänische Regierung 1978 den Brückenbau auf unbestimmte Zeit; seither ist das alte Projekt eines Tunnels unter dem Belt wieder in den Vordergrund gerückt.

Neue Formen aus Beton

Eleganz in unterschiedlichsten Formen zeichnet die meisten Brücken aus, die in neuerer Zeit aus Stahlbeton erbaut worden sind. Dabei geht die Kunst dieser Art des Brückenbaus bereits auf den Anfang des Jahrhunderts zurück.

Als erste große Betonbogenbrücke der Welt mit Stahlarmierung gilt der 1914 in

der Schweiz fertiggestellte Viadukt über die Plessur bei Langwies. Ein kühn geschwungener, 96 Meter weit gespannter Bogen trägt auf einer Länge von 287 Metern die Strecke Chur – Arosa der Rhätischen Bahn 62 Meter hoch über den Fluß. Auch Frankreich verweist auf Leistungen von Weltrang beim Stahlbetonbau von Eisenbahnbrücken. So galt die Rhônebrücke südlich Lyon auf der Strecke nach Avignon und weiter ans Mittelmeer mit ihrem 124 Meter weit gespannten Bogen als längste Stahlbeton-Eisenbahnbrücke der Welt mit aufgehängter Fahrbahn. Die Deutsche Bundesbahn baute 1983 im Zuge der Neubaustrecke Hannover – Würzburg die mit 135 Metern am weitesten gespannte Eisenbahnbrücke der Welt aus Spannbeton bei Gemünden über den Main. In der Schweiz wurde zwischen 1937 und 1941 mit der 1100 Meter langen Lorrainebrücke über die Aare in Bern ein bedeutendes Bauwerk aus Stahlbeton geschaffen: die größte viergleisige Eisenbahnbrücke Europas. Die Spannweite ihres als Stahlbeton-Hohlkasten ausgeführten Hauptbogens beträgt 150 Meter.

Zwei bemerkenswerte Doppelstockbrücken entstanden in Deutschland beim Bau der Biggetalsperre im Sauerland: Sie führen über den vom Wasser der Talsperre überfluteten Teil des Lister- und Dummicketales und sind in Spannbetonbauweise ausgeführt. Für die in der unteren Etage verlaufende Eisenbahnstrecke wurden jedoch Tragwerke aus Stahl in die gabelförmigen Betonpfeiler eingelegt. Die beiden 314 und 220 Meter langen Brücken wurden am 31. Mai 1964 dem Betrieb übergeben. Die längsten Doppelstockbrücken der Welt führen in China bei Wuhan und Nanking über den Jangtsekiang.

Links oben: Auf der ersten großen Betonbogenbrücke mit Stahlarmierung überquert die Strecke Chur – Arosa der Rhätischen Bahn die Plessur bei Langwies.
Oben: Auf Jugoslawiens neu gebauter Strecke von Belgrad nach Bar liegen 206 Betonbrücken verschiedenster Art, zum Teil imposante Bogenbrücken, die ganze Täler überspannen.
Darunter: Kühne Stahlbeton-Bogenbrücken wie die Pfaffenberg-Zwenberg-Brücke entstanden auch auf der österreichischen Tauernstrecke, um die Linienführung zu verbessern.

Die Spannbetonbauweise erlebte seit den fünfziger Jahren überall in der Welt eine stürmische Entwicklung. Zunächst wurde sie auf kürzere und mittlere Spannweiten angewandt, bald jedoch auch bei massiven Bogenbrücken völlig neuer Dimensionen. Als gegenwärtig größte Eisenbahnbogenbrücke der Welt aus Spannbeton gilt die im Sommer 1971 von den Österreichischen Bundesbahnen in Betrieb genommene Pfaffenberg-Zwenberg-Brücke auf der Strecke Salzburg - Villach. Sie entstand im Zuge des zweigleisigen Ausbaues der Tauernstrecke und liegt auf der Südrampe zwischen Penk und Obervellach in rund tausend Meter Höhe über Normalnull. Die Spannweite ihres Bogens erreicht 200 Meter; damit trägt die Brücke in 120 Meter Höhe einen begradigten Abschnitt der Strecke auf 377 Meter Länge über ein tief eingeschnittenes Seitental.

In Japan wurde für Brücken in besonders gefährdeten Erdbebenzonen eine aseismische Brückenbautechnik entwickelt. Neuerdings werden dort größere Brücken mit hohen Pfeilern oder auf ungünstigem Untergrund mit elektronischen Datenverarbeitungsanlagen auf die Reaktion jedes Bauteils unter Erdbebenstößen verschiedener Intensität überprüft. Als Musterbeispiel gilt die Katsuragawa-Brücke auf der Chuo-Strecke.

Auf der Gotthardbahn wurde 1983 anstelle der alten eisernen Rohrbachbrücken eine 88,5 Meter lange zweigleisige Spannbetonbrücke mit tunnelförmigem Querschnitt erbaut; sie führt die doppelspurige Bahn jetzt allseits umschlossen über die stark lawinengefährdete Rohrbachschlucht.

Bei kleineren Brückenbauwerken lassen sich heute vorteilhaft Betonbrücken aus Fertigteilen verwenden. Vor allem zur Beseitigung von Bahnübergängen steht ein ganzes Programm für derartige Brücken zur Verfügung. Dabei kann die Tragfähigkeit zwischen 30 und 60 Tonnen betragen und die Stützweite nach einem Rastersystem variiert werden.

Schon wesentlich früher und in erheblichem Umfang wurden Betonbrücken aus vorgefertigten Teilen in der Sowjetunion, in den USA und in England eingesetzt.

Bewegliche Brücken

Nicht alle Brücken ruhen unverrückbar auf Pfeilern und Widerlagern. Wo sich Wasserstraßen und Landverkehrswege kreuzen, bieten bewegliche Brücken gegenüber genügend hohen, festen Brücken mit langen Anfahrtsrampen oft einen Kompromiß, den die Wirtschaftlichkeit immer

rechtfertigt, wenn die Verkehrsströme nicht zu stark sind. Der Art ihrer Bewegung nach sind vier Systeme zu unterscheiden: Drehbrücken, die sich um eine senkrechte Achse drehen; Klappbrücken, die um eine waagerechte Achse kippen; Hubbrücken, bei denen ein Teil des Überbaues gehoben wird, und Schiebebrücken, die sich in waagerechter Richtung zurückfahren lassen.

Drehbrücken schienen ursprünglich für die Belastungen durch Eisenbahnbetrieb am geeignetsten. Im Netz der Deutschen Bundesbahn bestehen noch heute Drehbrücken über den Ems-Jade-Kanal bei Sande, über die Eider bei Friedrichstadt, über die Hunte bei Elsfleth sowie im Mannheimer Industriehafen; sie wurden als die ältesten beweglichen Eisenbahnbrücken zwischen 1886 und 1903 erbaut. In den Niederlanden folgte 1907 für die Eisenbahnstrecke Amsterdam – Zaandam Europas größte Drehbrücke über den Nordseekanal, die Zufahrt zum Hafen von Amsterdam. Am 28. Mai 1983 übernahm ein Tunnel die Aufgabe der hinderlichen Drehbrücke, die sogleich verschrottet wurde. Bedeutendere Eisenbahn-Drehbrücken entstanden in Deutschland 1925 über den Pregel in Königsberg und 1930 an der Nordschleuse in Bremerhaven. Diese Brücke dient Schiene und Straße; sie weist zwei unterschiedlich lange Arme auf, um den Drehpfeiler möglichst weit zur Seite stellen und damit ein genügend breites Fahrwasser freihalten zu können.

Zwei große Eisenbahn-Drehbrücken wurden in den fünfziger Jahren errichtet: 1953 in Ägypten bei Al Mansura im Nildelta und 1955 in Frankreich bei Caronte über den Schiffahrtsweg vom Mittelmeer

Die Drehbrücke über den Sueskanal bei Al Ferdan in Ägypten ist die größte Eisenbahn-Drehbrücke der Welt. Bei einer Gesamtlänge von 317 Metern entfallen allein auf das drehbare Mittelteil 167 Meter. Die Brücke wurde von Krupp-Stahlbau, Rheinhausen, erbaut und 1965 dem Verkehr übergeben. Bei den Kämpfen mit Israel erlitt sie schon wenige Jahre später schwere Schäden. Rechts das gesamte Bauwerk, links oben Brücke für die Eisenbahn verbunden, unten für die Schiffahrt geöffnet.

Oben: Als größte Hubbrücke der Welt gilt die 1973 eröffnete Kattwykbrücke im Süden des Hamburger Hafens: links frei für Eisenbahn und Straßenverkehr, rechts gehoben für die Schiffahrt. Unten: Drehbrücke über die Zufahrt vom Mittelmeer zum Etang de Berre nördlich von Marseille

zum Etang de Berre nördlich von Marseille. Die bisher größte Drehbrücke überquert seit 1965 den Sueskanal bei Al Ferdan; bei einer Gesamtlänge von 317 Metern ist das drehbare Mittelteil 167 Meter lang. Diese größte Drehbrücke der Welt führt Schiene und Straße über den Kanal. Sie wurde von dem deutschen Unternehmen Krupp-Stahlbau, Rheinhausen, erbaut.

Klappbrücken, in Form der Zugbrücken über Festungsgräben schon bei mittelalterlichen Burgen gebräuchlich, stellen die ältere Form der beweglichen Brücken dar. Sie eignen sich jedoch nur für kleinere Öffnungen. In Deutschland entstanden Eisenbahn-Klappbrücken 1907 über den Küstenkanal bei Friesoythe auf der heute zum Teil stillgelegten Strecke Cloppenburg-Ocholt, 1910 über die Husumer Au in Husum und im gleichen Jahr über die Stör in Itzehoe. Die drei größten Klappbrücken wurden 1924 über die Schlei bei Lindaunis, 1950 über die Ems bei Weener und 1954 über die Hunte in Oldenburg erbaut. Mit nahezu dreißig Metern liegen diese Brücken an der Grenze der mit Stahlkonstruktionen möglichen Länge, wobei die zur Herstellung des Gleichgewichtes nötigen Gegengewichte eine wesentliche Rolle spielen. Um größere Ausmaße zu erreichen, wurden vor allem in den USA, in England und den Niederlanden in neuerer Zeit Klappbrücken aus Aluminium hergestellt.

Breitere Durchfahrtsöffnungen und damit größere Brückenlängen ergeben sich bei *Hubbrücken.* Die erste in Deutschland wurde erst 1933 in Magdeburg eröffnet

und blieb mit 90 Metern lange Zeit auch die längste. Inzwischen wird sie jedoch von der am 21. März 1973 eröffneten Kattwykbrücke über den Schiffahrtsweg Süderelbe – Köhlbrand im Hamburger Hafengebiet übertroffen; dieses Bauwerk gilt mit 46 Meter Hubhöhe und einer lichten Durchfahrtshöhe von nahezu 54 Metern als größte Hubbrücke der Welt. Die Länge ihres beweglichen Mittelteiles beträgt 106 Meter. Darin wird sie allerdings von zwei amerikanischen Hubbrücken mit nahezu 170 Meter Länge erheblich übertroffen: von der 1936 errichteten über den Cape-Cod-Kanal in Massachusetts und der über den Arthur Kill bei Elizabeth im Staate New York aus dem Jahre 1959.
Zu den Hubbrücken zählen auch die Fährbrücken, die zur Verbindung der Gleise an Land mit denen an Deck von Fährschiffen erforderlich sind.
In der Regel werden bewegliche Brücken als Stahlkonstruktion ausgeführt. In England entstand 1960 über den Swale River bei Kingsferry in Kent zum ersten Mal eine Eisenbahn-Straßen-Hubbrücke aus Stahlbeton.
Schiebebrücken haben für Eisenbahnen nirgends Bedeutung erlangt.
Bewegliche Eisenbahnbrücken sind schließlich im weitesten Sinn auch die Eisenbahn-*Schiffsbrücken.* Sie werden nicht von fest gegründeten Pfeilern, sondern von Pontons getragen, die dicht nebeneinander schwimmen und von Ankern festgehalten werden. Um Wasserfahrzeugen die Durchfahrt zu ermöglichen, können Teile der Schiffsbrücke ausgeschwommen werden. Die erste Eisenbahn-Schiffsbrücke der Welt wurde 1865 über den Rhein bei Maxau westlich von Karlsruhe eröffnet; der Güterzugdienst begann am 8. Mai, der Personenzugverkehr am 1. Juli 1865. Eine weitere Eisenbahn-Schiffsbrücke entstand später bei Speyer. Beide blieben jahrzehntelang in Betrieb; erst am 3. April 1938 wurden sie durch feste Brücken ersetzt.

Fahrt durch Fels

Eisenbahntunnel unterscheiden sich in erster Linie nach ihrer Lage: im Gebirge, im Untergrund von Großstädten oder unter Wasser. S-Bahn- und U-Bahn-Tunnel werden häufig in offener Bauweise errichtet und nach Fertigstellung abgedeckt, teils aber auch in bergmännischem Vortrieb aufgefahren. Unterwassertunnel führen unter Flüssen, Kanälen oder Meerengen hindurch. Die übrigen Tunnel lassen sich unter die Gebirgstunnel einordnen: Nasen- oder Sporntunnel kürzen den Weg an vorspringenden Bergrücken ab, wenn die Strecke einem gewundenen Flußtal folgt. Kamm- oder Scheiteltunnel liegen im Höhenbereich von Gebirgen, Basistunnel durchstoßen sie am Fuß und sind zwangsläufig länger, bedürfen dafür aber keiner langen Anfahrtsrampen mit den dort meist notwendigen umfangreichen Kunstbauten. Kehrtunnel dienen dazu, die Bahn im Gelände auf die erforderliche Höhe zu heben, was im Gebirge vielfach künstliche Längenentwicklung erfordert und im Innern des Berges am einfachsten möglich ist, wobei die Trasse im Tunnel spiralförmig verläuft. Hangtunnel und Galerien dienen dem Schutz der Bahn gegen Steinschlag und Lawinen in ausgesetzter Hanglage.
Jedem Tunnelbau gehen sorgfältige geologische Untersuchungen über die Beschaffenheit der zu durchfahrenden Schichten voraus. Nach den Ergebnissen kann sich sowohl der Trassenverlauf als auch die Art des Vortriebes, der Sicherung aufgefahrener Abschnitte und des Innenausbaus richten.
Um die für Eisenbahntunnel erforderlichen verhältnismäßig großen Profile freizulegen, wurde früher in der Regel zunächst ein kleinerer Richtstollen auf der Sohle oder im First des künftigen Tunnels vorgetrieben und danach auf das endgültige Profil erweitert. Hierfür entwickelten sich unterschiedliche Verfahren, nach dem Land der ersten Anwendung als englisches, deutsches oder österreichisches Tunnelbauverfahren bezeichnet. Bei nur geringer Überdeckung der Tunnelröhre wurden meist, um die Bauarbeiten zu beschleunigen, von oben her Schächte abgeteuft und so in Höhe des künftigen Tunnels neue Angriffspunkte geschaffen. Der erste Eisenbahntunnel Deutschlands bei Oberau auf der Leipzig – Dresdner Bahn wurde zwischen 1837 und 1839 mit vier derartigen Schächten in Angriff genommen, so daß an acht Punkten gleichzeitig gearbeitet werden konnte. Dennoch dauerte der Bau bei nur 512 Meter Tunnellänge über zwei Jahre. In der Schweiz wurde in ähnlicher Weise später der erste Hauensteintunnel erbaut. Heute herrscht

vielfach der Vollausbruch vor, bei dem mit Vortriebsmaschinen sogleich die gesamte Röhre aufgefahren wird.
Wie im Bergbau mußten die Sprenglöcher zunächst noch mit Fäustel und Meißel geschlagen werden. Zur Sprengung selbst stand nur Schwarzpulver zur Verfügung. Doch die Technologie entwickelte sich auch auf diesem Gebiet sprunghaft weiter. So war für den Mont-Cenis-Tunnel zwischen Frankreich und Italien ursprünglich eine Bauzeit von 25 Jahren veranschlagt. Die Einführung brisanter Sprengmittel, der elektrischen Zündung und der mit Druckluft arbeitenden Gesteinsbohrer ermöglichten eine Verkürzung auf 14 Jahre.
In standfestem Gebirge treten im allgemeinen keine besonderen Schwierigkeiten auf. Doch schon in der Frühzeit des Eisenbahnbaues hatte die Erfahrung gelehrt, daß »solider Fels« die Ausnahme bildet. So mußten die Tunnelbauer die Erkenntnis gewinnen, daß »... ein durch gebreches Gebirge, noch mehr aber durch Flugsand und lockeres Gerölle geführter Tunnel, besonders wenn er sehr tief liegt, in welchem Falle die lockere Decke über demselben ungeheuern Druck äußert, und wenn Quellen in demselben sich vorfinden ... oft die Wahl einer sonst vortrefflichen Bahntrace verwerflich macht ...« Bei zahlreichen kleinen Tunneln traten derartige Probleme ebenso auf wie bei den bedeutenden und langen, aus deren Baugeschichte zahlreiche Einzelheiten überliefert sind. Unrühmlich bekannt geworden ist in dieser Hinsicht vor allem der Lötschbergtunnel in der Schweiz, in dessen Richtstollen 25 Mann von einbrechenden Wasser-, Schlamm- und Geröllmassen ums Leben kamen. Auch im Simplon ergaben sich erhebliche Probleme durch angeschnittene heiße Quellen und äußerst starken Gebirgsdruck.
Zum Durchfahren von Sandschichten unter Wasser wurde bereits 1883 ein Gefrierverfahren entwickelt, bei dem zunächst ein Rohrsystem vorgestreckt wird, in dem ein Kältemittel zirkuliert. Es läßt die umgebende Sandschicht rasch gefrieren und verwandelt sie damit in eine widerstandsfähige Masse, die wie Fels gebrochen werden kann.
Um die aufgefahrenen Hohlräume sofort gegen Einsturz zu sichern, werden in druckreichem Gebirge verschiedene Arten hölzerner Abstützungen angewandt und ebenfalls ihrem Herkunftsland entsprechend als deutsches, österreichisches, belgisches oder englisches System bezeichnet. Mineure sprechen noch heute von »Zimmerung«, obwohl seit langem auch Eisenkonstruktionen und andere Verfahren gebräuchlich sind.
Für die endgültige Auskleidung der Tunnelröhre wurde früher Stein bevorzugt. In standfestem Gebirge konnte auf besonderen Ausbau auch verzichtet werden. Heute spielt hierbei der Spritzbeton mit Stahlarmierung eine hervorragende Rolle. Beim Schildvortrieb drücken hydraulische Pressen den »Brustschild«, einen mit Schneiden besetzten Stahlzylinder vom Durchmesser des späteren Tunnels, gegen das Gebirge, das unmittelbar danach im Schutz der Schildröhre abgetragen werden kann. Anschließend wird das Tunnelprofil sofort mit Stahl- oder Gußeisentübbings - aus Segmenten zusammengesetzten Ringen vom Durchmesser des Tunnelquerschnittes - ausgesteift und ausbetoniert. Bei Unterwassertunneln muß der Vortriebsschild gegen die Tunnelröhre abgedichtet und der Arbeitsraum zum Schutz gegen eindringendes Wasser unter Überdruck gehalten werden. Mit Vortriebsmaschinen werden heute vielfach auch Tunnelröhren für unterirdische Schnellbahnen im Bereich bebauter Stadtgebiete aufgefahren. Hier hat dieses bergmännische Verfahren gegenüber offenen Bauweisen den Vorteil, daß der Verkehr an der Oberfläche nicht oder nur geringfügig beeinträchtigt wird.

Ohne Tunnel keine Eisenbahn

Ähnlich wie dem Brückenbau hat die Ausdehnung der Eisenbahnnetze auch dem Tunnelbau starke Impulse vermittelt. Dabei verstanden sich schon Ägypter, Perser und Römer auf die »Durchfahrung« hinderlicher Bergrücken, um Wasser abzuleiten oder Straßenverbindungen abzukürzen. So führte in teilweise über

Links: Schmale Nasentunnel im Birstal bei Moutier an der Strecke Basel – Biel
Rechts: Gußeisen- oder Stahltübbings dienen zur Aussteifung des Tunnelprofils.

Oben links: Rechteckiger Vortriebsschild mit drei Arbeitsebenen, von Marc Isambard Brunel zum Bau des ersten Themsetunnels eingesetzt
Oben rechts: Der zweite Themsetunnel wurde bereits mit einem runden Schild aufgefahren und mit Gußeisentübbings ausgesteift. Doch die erste Röhren-Untergrundbahn fuhr nicht lange; nach Fertigstellung der nahen Tower Bridge war der Tunnel nur noch von Fußgängern zu benutzen.
Unten: Auch die erste noch heute benützte Tunnelröhre unter der Themse wurde im Schildvortrieb erbaut. Die City and South London Railway ließ sie 1890 von James Henry Greathead erbauen.
Rechte Seite: Portal des 1846 fertiggestellten Shugborough-Tunnels der Trenttalbahn in England. Solch martialisches Gepräge erhielten Tunnelportale auch auf dem Kontinent vielfach.

120 Meter Tiefe ein 5640 Meter langer Stollen durch den Monte Salviano in den Abruzzen; Kaiser Claudius hatte ihn zwischen 44 und 54 nach Christus anlegen lassen, um das Wasser des Fucinus-Sees abzuleiten, dem der natürliche Abfluß fehlte und der deshalb häufig das Umland überschwemmte. Ein römischer Straßentunnel ist bei Neapel erhalten und als Grotta di Posillippo bekannt.
Wie der Eisenbahn selbst, so begegneten die Menschen anfangs ihren Tunneln erst recht mit Furcht, Mißtrauen und Ablehnung. Angeblich sollte die Fahrt durch die Eiseskälte des Gewölbes Influenza und Schwindsucht hervorrufen. Doch schon um 1845 war in Joseph Meyers »Großem Conversations-Lexikon für die gebildeten Stände« nachzulesen: »... Die frühern Vorurth. gegen Tunnels, wegen ihres schädlichen Einflusses auf die Gesundheit ec. sind übrigens überall geschwunden und gehören in das Reich des absoluten Irrthums.«
So gehörten die Tunnel, eben noch gemieden und abgelehnt, bald zur Eisenbahn wie Räder und Schienen. Es soll sogar Landesherren gegeben haben, denen eine

Eisenbahn ohne Tunnel als halbe Sache und damit nicht förderungswürdig erschien, so daß – um dieser Ansicht Rechnung zu tragen – eben ein Tunnel gebaut werden mußte. Baden bei Wien soll auf diese Weise zum ersten Eisenbahntunnel Österreichs und Kaiser Franz zu seinem Willen gekommen sein. Auch der erste deutsche Tunnel bei Oberau in Sachsen steht in dem Verdacht, weniger auf topographischen Zwang als auf Wünsche des jungen Sachsenkönigs Friedrich-August II. zurückzugehen.
Ob Tatsache oder Anekdote bleibt dahingestellt. In der Tat wurde der Tunnel zwischen Leipzig und Dresden 1934 ohne große Probleme »aufgeschlitzt« und in einen schlichten Einschnitt umgewandelt. Das enge Tunnelprofil hatte den erheblich angewachsenen Verkehr immer stärker behindert. Obwohl noch beide Gleise im Tunnel lagen, konnte wegen der größer gewordenen Fahrzeugprofile immer nur ein Zug den Tunnel passieren. Auf die Dauer hätte dieser Engpaß nicht bestehen bleiben können. Ein Denkmal aus einer alten Portalsäule erinnert noch an Deutschlands ersten Eisenbahntunnel.

Engländer als »bahnbrechende« Tunnelbauer

Bei der Projektierung der ersten Eisenbahnen galten nicht nur Steigungen, sondern auch Kurven als problematisch. Demgegenüber bildete ein Tunnelbau zwar höheren finanziellen Aufwand, technisch aber nichts Besonderes; denn unter Tage Stollen voranzutreiben, gehörte seit Jahrhunderten zu den Fertigkeiten der Bergleute. Während die Amerikaner auch später lieber Umwege und größere Neigungen in Kauf nahmen, um möglichst billig zu bauen und den Gewinn nicht aufs Spiel zu setzen, scheuten die Engländer vor kühnen und entsprechend kostspieligen Tunnelbauten nicht zurück.
Schon gegen Ende des 18. Jahrhunderts wagten sie sich an eine Untertunnelung der Themse. Damals war ein Straßentunnel vorgeschlagen und auch sogleich in Angriff genommen worden. Wegen der immerhin erwarteten Schwierigkeiten wurde der als Bergingenieur und später als Dampflokomotiv-Pionier bekannte Richard Trevithick gerufen, der mit einer Gruppe von Bergleuten aus Cornwall einen Richtstollen von Rotherhithe zum gegenüberliegenden Themseufer vortrieb. Doch 1808 lief der Stollen voll Wasser, und das Unternehmen ruhte, bis Sir Marc Isambard Brunel, der Vater von Isambard Kingdom Brunel, den Schildvortrieb erfand und 1825 den Tunnelbau unter der Themse erneut in Angriff nahm. Das Vorhaben erwies sich dennoch als außerordentlich schwierig und konnte nur unter unsagbaren Mühen bis 1843 zum erfolgreichen Abschluß gebracht werden. Inzwischen verliefen die ursprünglich vorgesehenen Straßenverbindungen an anderer Stelle, so daß der Tunnel zunächst nur einen Fußweg aufnahm und als Kuriosität bestaunt werden konnte. Erst 1865 übernahm ihn die East London Railway und bezog ihn in das Londoner Untergrundbahnnetz ein.
Zwischen 1868 und 1870 wurde mit einem von Peter William Barlow verbesserten Schild ein weiterer Tunnel unter der Themse zwischen Tower Hill und Vine Street aufgefahren und mit Gußeisentübbings ausgesteift. Die 1870 eröffnete erste Londoner Röhrenbahn führte durch diesen Tunnel.

Überhaupt erwiesen sich die Engländer als Pioniere des Tunnelbaues. Aus dem Jahre 1809 stammt der Bullotunnel in Wales, der mit seiner Länge von neunhundert Metern zwar nicht von Anfang an, aber immerhin später von Gleisen einer Eisenbahn durchlaufen worden sein soll.
Der erste in direktem Zusammenhang mit der Eisenbahn erbaute Tunnel der Welt findet sich ebenfalls auf der britischen Insel. Er entstand unter der Bauleitung von George Stephenson zwischen 1827 und 1830 im Stadtgebiet von Liverpool für die Eisenbahn nach Manchester, die damals gebaut wurde. Auch diesen Tunnel gruben Bergleute, die mit Stephenson von der Killingworth-Grube nach Liverpool gekommen waren.
Trotz solcher »bahnbrechenden« Leistungen im Tunnelbau hat sich später die Schweiz zum klassischen Land der Tunnel entwickelt: Lange Zeit konnte sie die sechs längsten Tunnel der Welt für sich beanspruchen.

Die ersten Alpentunnel

Die längsten und vor allem die berühmtesten Alpentunnel liegen in der Schweiz. Besonders der Tunnel unter dem St. Gotthard, an Länge vom schweizerisch-italienischen Simplon zwar längst übertroffen, darf noch heute als der allgemein bekannteste Alpentunnel gelten. Den Österreichern indessen gebührt das Verdienst, den ersten Scheiteltunnel im Gebirge gebaut und damit die Eisenbahn zum ersten Mal über die Alpen geführt zu haben: »Tief, viele hundert Fuß unter uns, da wir noch auf der Höhe des Semmering stehen, wühlt und drängt es durch die Felsgestelle. Die Bahn überschreitet in einem Tunnel die Wasserscheide des Gebirges. Dieser Tunnel, obgleich nur 800 Fuß lang, ist vielleicht der tiefste, welcher auf Eisenbahnen gefunden wird. Es war von großer Bedeutung, dem Berge damit wenigstens einen Theil seiner Höhe abzugewinnen. Die Arbeiten, an die Herren Klein in Accord vergeben, mögen im Sommer gegen 3000 bis 4000 Hände bewegt haben. Das Riesenwerk ist auf drei Punkten angegriffen, an den beiden Enden und dann in der Mitte von oben herab vermittels eines Schachtes. Es war unvermeidlich, in solcher Tiefe auf starke Quellen zu stoßen. Mehrere Dampfmaschinen sind

Zeitgenössische Chromo-Lithographie vom Bau an der Polleroswand auf der Semmeringbahn

aufgestellt, um das Wasser auszuschöpfen. In den Tunnels gibt es keine Feierstunde. Tag und Nacht geht die Arbeit fort. Aber dafür fördert sie auch; über zwei Drittheile sind vollkommen in ihren Wölbungen hergestellt, und mit Anfang nächsten Jahres wird dieses so großartige Werk fertig stehen.« – Diese zeitgenössische Schilderung aus dem Jahre 1850 unterschätzte freilich Länge und Überdeckung des Tunnels ebenso wie die Schwierigkeiten des Bahnbaues: Erst am 17. Juli 1854 konnte die Semmeringbahn durchgehend eröffnet werden. Der Tunnel erreichte 1428 Meter Länge, sein Kulminationspunkt liegt auf 897 Metern über Normalnull und damit nur 83 Meter unter der Paßhöhe.

Noch konnten sich die Schweizer nicht einigen, auf welcher Route in ihrem Land die Alpenkette untertunnelt werden sollte, da ließ ein bis dahin beispielloses Projekt aufhorchen, mit dem das Herzogtum Savoyen im Norden und das Fürstentum Piemont im Süden der Hochgebirgskette, beide dem Königreich Sardinien angehörend, enger verknüpft und die Warenströme auf den neuen Weg über sardinisches Hoheitsgebiet gelenkt werden sollten. Am 31. August 1857 begannen im Gebiet des Mont Cenis die Preßluftbohrer zu arbeiten. Erst ihr Einsatz ließ das Werk in den Bereich des Möglichen rücken; denn mit den zuvor verfügbaren Mitteln hätte der Bau Jahrzehnte in Anspruch genommen. Die neuen, luftbetriebenen Bohrmaschinen hatte Germano Sommeiller entwickelt und eingeführt, der zuvor bereits nördlich von Genua im Ligurischen Apennin eine Bahn über den freilich nur 472 Meter hohen Giovi-Paß gebaut hatte. Nun brach er zusammen mit Severino Grattoni und Sebastiano Grandis den Mont-Cenis-Tunnel auf. Drei Jahre nach Baubeginn trat Sardinien nach dem Sieg über Österreich Savoyen an das verbündete Frankreich ab. Damit verschob sich die italienisch-französische Staatsgrenze von Culoz zur Mitte des Mont-Cenis-Tunnels. In die Kosten von nahezu 75 Millionen französischen Francs teilten sich daraufhin beide Länder. Am 24. Dezember 1870 konnten die mit hoher Genauigkeit unter dem 2528 Meter hohen Col de Fréjus aufeinander zu getriebenen Stollen durchstochen werden. Der südliche Tunneleingang bei Bardonecchia liegt 1269 Meter, der nördliche bei Modane 1130 Meter und der Scheitelpunkt im Tunnel 1295 Meter über Normalnull. Der Betrieb auf der Strecke Paris – Lyon – Mont Cenis – Turin wurde am 17. September 1871 eröffnet. Die Tunnelröhre, deren Länge sich durch Bergrutsche am Nordportal bei Modane mehrfach änderte, betrug zunächst 12 200 Meter; durch Umfahrung der Abrutschstelle verlängerte sie sich später bis zu 13 623 Metern. Gegen Ende des Zweiten Weltkrieges sprengten deutsche Truppen rund hundert Meter am Tunneleingang auf französischer Seite. Der Wiederaufbau dauerte von Mai 1945 bis August 1946.

Während der Bauzeit des Tunnels war eine Schmalspurbahn mit 1100 Millimeter Spurweite von St. Michel de Maurienne in Savoyen 77 Kilometer weit bis Susa in Piemont nach dem System Fell erbaut und am 23. Mai 1868 eröffnet worden. Sie erwies sich nach Aufnahme des durchgehenden Betriebes durch den Tunnel als wirtschaftlich nicht lebensfähig und stellte ihren gesamten Verkehr schon am 1. November 1871 wieder ein. Nachdem diese erste Eisenbahnverbindung über den Mont Cenis geführt hatte, behielt schließlich auch der Tunnel zwischen Modane und Bardonecchia unter dem Col de Fréjus den Namen jenes Passes, obwohl er nahezu 25 Kilometer entfernt liegt.

Der Tunnel des Jahrhunderts

Als die Kantone Uri und Tessin zwischen 1820 und 1830 die Poststraße von Flüelen über den Sankt-Gotthard-Paß nach Bellinzona ausgebaut hatten, bildete sie die wichtigste und verkehrsreichste Verbindung über die Schweizer Alpen. Noch ungleich größere Bedeutung erlangte diese Route, als die Eisenbahn hier 1882 den Verkehr übernahm und nicht nur die Schweizer Kantone im Norden und Süden des Gebirges miteinander, sondern ganz Mitteleuropa auf geradem Wege mit Italien verband.

Diese internationale Bedeutung hatte sich bereits an der starken ausländischen Beteiligung an dem Bauvorhaben der Gotthardbahn erkennen lassen. Zwar bestand seit 1863 bereits eine Gotthard-Vereinigung, die von fünfzehn Kantonen und den beiden bedeutendsten Bahngesellschaften der Schweiz, Centralbahn und Nordostbahn, ins Leben gerufen worden war. Als dann am 15. September 1869 in Bern unter Vorsitz des Schweizer Bundespräsidenten Emil Welti die Gotthard-Konferenz zusammentrat, waren jedoch außer der Schweiz auch der Norddeutsche Bund, Württemberg, Baden und Italien zugegen. Als Ergebnis kam zunächst ein Staatsvertrag zwischen der Schweiz und Italien zustande, dem sich am 28. Oktober 1871 auch das Deutsche Reich anschloß. Er legte bereits die Linienführung der Hauptstrecke und der Zufahrtslinien mit zusammen 266 Kilometer Länge, die maximale Steigung mit 25 bis 26 Promille, den engsten Kurvenradius auf 300 Meter sowie für den großen Tunnel zwischen Göschenen und Airolo eine Länge von 14,9 Kilometern bei einer größten Höhenlage von 1162,5 Metern über Normalnull fest.

Zur Durchführung des Projektes konstituierte sich am 6. Dezember 1871 in Luzern die Gotthardbahn-Gesellschaft. Ihr Präsident wurde Alfred Escher aus Zürich. Der Schweizer Bundesrat übernahm die Oberaufsicht über den Bau. Am 2. April 1872 ernannte die Gesellschaft den badischen Baudirektor Robert Gerwig zum Oberingenieur. Die Baukosten für die Bahn wurden auf insgesamt 185 Millionen Schweizer Franken berechnet. Davon waren 100 Millionen durch die Gotthardbahn-Gesellschaft aufzubringen, 85 Millionen durch zinsfreie »Beihilfen« der beteiligten Länder. Die Schweiz übernahm 20 Millionen, Italien 45 Millionen. Auch Deutschland hatte 20 Millionen Franken beizutragen, wovon Preußen 1,5 Millionen, die Bergisch-Märkische, die Rheinische und die Köln-Mindener Eisenbahngesellschaft je eine Million, die Hessische Ludwigsbahn und die Pfalzbahnen zusammen zwei Millionen, Baden und die Reichseisenbahnen je 2 717 000 und das Deutsche Reich 8 066 000 Franken aufzubringen hatten.

Fünf Jahre später stand allerdings fest, daß die Kostenvoranschläge bei weitem zu niedrig angesetzt waren. Zur Sicherstellung des Unternehmens beschloß deshalb die Gotthard-Konferenz am 4. Juni 1877 in Luzern, nicht nur den Bau einiger Zufahrtsstrecken aufzuschieben, sondern auch an der Trassierung zu sparen. So mußte die Bahn zunächst eingleisig bleiben, an einigen Stellen wurden 27 Promille Neigung zugelassen, der kleinste Kurvenradius auf 280 Meter vermindert. Damit sollte der auf 120 Millionen Franken geschätzte Kapitalmehrbedarf zunächst auf 40 Millionen reduziert werden, ohne den Anspruch der Gotthardbahn auf den Rang einer »Welthandelsstraße« preiszugeben. Deutschland und Italien stellten je zehn, die Schweiz acht Millionen zur Verfügung, den Rest hatte die Gesellschaft zu beschaffen. Hierüber wurde am 12. März 1878 ein Nachtragsvertrag geschlossen.

Der Bau des Gotthardtunnels war am 5. April 1872 öffentlich ausgeschrieben

worden. Sieben Angebote gingen ein. Den Zuschlag erhielt am 7. August 1872 der Genfer Bauunternehmer Louis Favre, der bereits am Mont Cenis dabei war und den Bau des Jahrhunderttunnels für 55 854 600 Schweizer Franken auf eigene Gefahr bei einer Bauzeit von nur acht Jahren angeboten hatte.
Inzwischen waren die Vorarbeiten in Göschenen und Airolo in Regie der Gotthardbahn-Gesellschaft am 4. Juni 1872 bereits angelaufen. Am 1. Oktober folgte der offizielle »erste Spatenstich« auf der Nordseite des Sankt Gotthard. Richtstollen wurden von beiden Seiten gleichzeitig vorgetrieben, wobei im Norden der anstehende Granit mit weicheren Kalkeinlagerungen einen gleichmäßigeren Vortrieb ermöglichte als auf der Tessiner Seite, wo zunächst starke Wassereinbrüche den Baufortschritt hemmten und dann äußerst hartes Gestein mit massiven Quarzbänken durchfahren werden mußte.
Nachdem sich Robert Gerwig wegen Meinungsverschiedenheiten mit der Direktion von seiner Aufgabe zurückgezogen hatte, übernahm Wilhelm Konrad Hellwag, ebenfalls ein Deutscher, die technische Oberleitung. Er schuf 1876 die grundlegenden Pläne für den Bahnbau, geriet jedoch ebenfalls mit der Verwaltung in Konflikt und wurde Ende 1878 von dem Schweizer Gustave Briedel aus Biel abgelöst. Einen schweren Schlag bedeutete der plötzliche Tod Louis Favres, der noch

Oben: Beim Bau des Gotthardtunnels bewährten sich die weiterentwickelten Sommeiller-Bohrmaschinen, die schon am Mont Cenis benützt worden waren. Die Bohrer arbeiteten mit Preßluft.
Mitte: Sie wurde von Lokomotiven herangebracht, die selbst mit Preßluft fuhren und auch den Ausbruch abtransportierten.
Rechts: Ein Bild des kurz zuvor verstorbenen Bauleiters Louis Favre wechselte nach dem Durchstich des Gotthardtunnels am 29. Februar 1880 als erstes vom einen in den anderen Richtstollen.
Nächste Doppelseite: Zwei kleine Dampflokomotiven eröffneten am 1. Januar 1882 einen ersten, provisorischen Verkehr für Dienstgut und Post durch den Gotthardtunnel. Eine davon steht heute im Verkehrshaus der Schweiz in Luzern.

11
REV Ge. 23.5.57

vor dem Durchstich der Richtstollen am 19. Juli 1879 im Tunnel einem Herzschlag erlag. An seine Stelle trat Edouard Bossi. Am 29. Februar 1880 fiel endlich der letzte trennende Fels. Die Mannschaften, die einander entgegengearbeitet hatten, konnten sich die Hand reichen. Als erstes schoben sie ein Bild des toten Favre durch die schmale Öffnung. Sie hatten ihn nicht vergessen. Die Ungenauigkeit beim Zusammentreffen der beiden Stollen betrug nur fünf Zentimeter in der Höhe und 32 Zentimeter in der Breite. Der Scheitelpunkt lag 1151 Meter über Normalnull. Vom 1. Januar 1882 an lief durch den mit 15 002 Metern nunmehr längsten Tunnel der Welt zunächst ein provisorischer Dienstgut- und Postverkehr mit zwei kleinen Dampflokomotiven, von denen eine heute im Verkehrshaus der Schweiz in Luzern zu sehen ist. Der durchgehende Eisenbahnbetrieb wurde am 1. Juni 1882 aufgenommen, nachdem vom 22. bis 25. Mai in Mailand und Luzern glanzvolle Eröffnungsfeiern stattgefunden hatten.
Eine bedeutende Rolle spielten die Verteidigungsvorkehrungen des Verkehrsweges. Drei Jahre nach Vollendung des Tunnels waren in den Felsen rund um den Sankt Gotthard umfangreiche Festungswerke fertiggestellt. Neben Geschützbatterien gehörte zum Verteidigungssystem auch eine durch elektrische Fernsteuerung auslösbare Steinlawine aus riesigen Felsblöcken, die den südlichen Tunneleingang unverzüglich hätte blockieren können, ohne die Bahnanlagen nachhaltig zu zerstören. Auch heute bestünde für einen Aggressor kaum eine Chance, den Tunnel betriebsfähig in die Hand zu bekommen.
Die Baukosten des Gotthardtunnels wurden mit über elf Millionen Franken um nahezu 17 Prozent, die Bauzeit schließlich um anderthalb Jahre überschritten. Doch die neue Verbindung entwickelte sich rasch zu einem einträglichen Unternehmen, das jährlich ansehnliche Dividenden abwarf. Die Konzession der Gotthardbahn-Gesellschaft lief am 30. April 1909 aus; zu diesem Zeitpunkt übernahmen die Schweizerischen Bundesbahnen den Betrieb.
Der – von Krisenzeiten abgesehen – immer wieder steigende Verkehr machte die Gotthardstrecke bis heute zu einer permanenten Baustelle. Seit 18. Oktober 1920 ist der Tunnel elektrifiziert. Inzwischen wurden auch die letzten Abschnitte zweigleisig ausgebaut. Von Göschenen führt ein ebenfalls doppelgleisiger Nebentunnel, der nach rund achtzig Metern in den Haupttunnel einmündet, die Autozüge in den Berg. In Tunnelmitte liegt eine vollautomatische Ausweichstelle, an der bei Bauarbeiten Überleitmöglichkeit von einem Gleis auf das andere besteht. Im übrigen sind die Tunnelgleise in zwölf Abschnitte eingeteilt; vollautomatische Signalanlagen gewährleisten dichteste Zugfolge in diesem Engpaß. An Spitzentagen fahren in jeder Richtung bis zu 170 Züge über den Gotthard. Im Tunnel kamen vor Einstellung des Autotransits noch bis zu 200 Autozüge hinzu. Durch gleiche Geschwindigkeit von Schnell- und Güterzügen auf der Tunnelstrecke konnte die Streckenkapazität optimal genutzt werden.
Für künftigen Verkehrszuwachs auf dieser nach wie vor bedeutendsten Alpentransversalen der Schweiz ist seit Anfang der

Links: So sah der Zeichner der Illustrated London News die Ankunft des ersten Zuges in Airolo am Südportal des Gotthardtunnels.
Oben: Nordportal des Gotthardtunnels bei Göschenen. Ursprünglich bestand nur die rechte Öffnung. Die linke kam erst 1961 hinzu, als die Gleise für die Autozüge rund achtzig Meter innerhalb des Berges von der Hauptstrecke abgezweigt wurden. Nach Fertigstellung des Gotthard-Straßentunnels wurde hier die Autoverladung am 5. September 1980 eingestellt.

sechziger Jahre ein Basistunnel im Gespräch. Bei einer Gesamtlänge von 46 Kilometern sollte er das Gotthardmassiv zwischen Amsteg im Norden und Giornico im Süden mit einer Scheitelhöhe von nur 555 Metern über Normalnull und maximal sieben Promille Neigung unterfahren.
Die Zunahme des Straßenverkehrs, nicht zuletzt durch den inzwischen fertigen Gotthard-Straßentunnel, aber auch die gesamte Wirtschafts- und Verkehrsentwicklung haben den Plan wieder in die Ferne gedrängt, zumal dem Gotthard-Basis-Projekt durch die von der Ostschweiz energisch verfochtene Splügen-Variante starke Konkurrenz erwachsen ist.

Simplon und Lötschberg

Nach Vollendung der Mont-Cenis- und der Gotthardbahn hätten die Verkehrsbedürfnisse im französisch-schweizerisch-italienischen Alpenraum eigentlich befriedigt sein müssen. Von Paris bestand über Lyon und durch den Mont-Cenis-Tunnel Verbindung mit Turin, Florenz und Rom, während sich für den Verkehr aus der Zentralschweiz, aus Deutschland und seinen Nachbarstaaten im Westen und Norden die Gotthardbahn anbot. Bestrebungen, zwischen beiden Linien einen weiteren Alpenübergang zu schaffen, entsprangen zunächst nur Regionalinteressen der Westschweiz und insbesondere der seit dem Mittelalter vom Durchgangsverkehr über die Alpen isolierten Kantone Waadt und Wallis. Erst großräumige politische Veränderungen wie die Gründung des Königreichs Italien 1861, die Abtretung von Savoyen an Frankreich und damit dessen Einfluß auf den Mont-Cenis-Verkehr führten zu Verhältnissen, die einem Tunnel im Simplongebiet Aussicht auf Erfolg versprachen.
Frankreich begünstigte am Mont Cenis seinen Hafen Marseille gegenüber dem italienischen Genua, so daß sich in Italien zunehmend gemeinsame Interessen mit der Westschweiz fanden. Nachdem Italien den Bau der Zufahrtstrecke von Domodossola nach Iselle de Trasquera für den Fall zugesichert hatte, daß der Schweiz die Finanzierung des Tunnels durch den Simplon gelingen sollte, waren die politischen Barrieren überwunden.
Auf Schweizer Seite hatte nach langwierigen Auseinandersetzungen über die Trassenführung der Bahn entlang dem Süd- oder Nordufer des Genfer Sees sowie über die Untertunnelung des Mont Blanc, des Großen Sankt Bernhard oder des Simplon, nach Konkursen und Fusionen von Bahngesellschaften die Strecke von Lausanne durch das Rhônetal aufwärts 1878 Brig erreicht. Vor dem Gebirgsmassiv kamen die Arbeiten für längere Zeit zum Stillstand. Technische Probleme schienen für den geplanten Basistunnel kaum noch zu bestehen. Zu lösen blieb indessen die Frage der Finanzierung. Hierfür bildete sich durch eine erneute Fusion die mächtige Jura-Simplon-Bahn, der die Beschaffung der Geldmittel durch Subventionen der Schweiz und Italiens sowie Anleihen der Westschweizer Kantone tatsächlich gelang. Am 25. November 1895 vereinbarten die Schweiz und Italien den Bau des Simplontunnels in einem Staatsvertrag. Für die Ausführung wurde ein kosten-

günstiges Verfahren gewählt: Statt von vornherein einen doppelgleisigen Tunnel mit entsprechend großem Profil vorzusehen, begnügte sich die Jura-Simplon-Bahn zunächst mit einer eingleisigen Röhre und trieb im Abstand von 17 Metern von der Tunnelachse lediglich einen Materialstollen vor, der später für das zweite Gleis aufgefahren werden sollte. Die Arbeiten erwiesen sich als unerwartet schwierig. Auf der Südseite legten heiße und kalte Quellen den Bau durch erhebliche Wassereinbrüche zeitweise lahm, der Gebirgsdruck stieg an verschiedenen Stellen so stark, daß die Zimmerung zersplitterte und selbst eiserne Verstärkungen verbogen wurden. Achteinhalb Kilometer vom nördlichen Tunneleingang entfernt stiegen die Temperaturen im Berg bis zu 53° Celsius, so daß nur mit kostspieligen Vorkehrungen zur künstlichen Bewetterung weitergebaut werden konnte.
Die hohen Temperaturen bringen besonders im Simplontunnel noch heute eigene Probleme mit sich. Dort herrschen auch im Winter ständig 30 bis 32° Wärme, verbunden mit hoher Luftfeuchtigkeit, obwohl in der Regel Wind mit etwa zehn Stundenkilometer Geschwindigkeit von Süden nach Norden durch den Tunnel bläst. Wenn die Außentemperatur in Brig unter – 5° Celsius sinkt, dürfen in den Tunnel keine Triebfahrzeuge einfahren, die zuvor längere Zeit im Freien gestanden haben, weil sonst durch Kondenswasserbildung erhebliche Schäden an empfindlichen Teilen der elektrischen Ausrüstung auftreten können.
Während der Bauzeit am Simplon war die Jura-Simplon-Bahn an die neu gegründeten Schweizerischen Bundesbahnen übergegangen. Der Durchstich der ersten Röhre war am 24. Februar 1905 früh um 7.20 Uhr nach rund siebenjähriger Bauzeit erfolgt. Am 1. Juni 1906 konnte der 19 803 Meter lange Simplontunnel eröffnet werden, wobei sofort der elektrische Betrieb - damals mit Drehstrom von 3300 Volt und 16⅔ Hertz - aufgenommen wurde. Die zweite, westliche Tunnelröhre mit 19 823 Meter Länge war erst am 16. Oktober 1922 fertig. Der Drehstrombetrieb auf der Tunnelstrecke Brig-Iselle endete am 2. März 1930; seither wird auch im Simplon mit Einphasenwechselstrom von 15 000 Volt und 16⅔ Hertz gefahren.
In der Mitte des Simplontunnels liegt, ähnlich wie im Gotthard, eine ferngesteuerte Überleitstelle, die beide Tunnelröhren verbindet. In jeder sind signaltechnisch gesicherte Fahrten in beiden Richtungen möglich. Die Einteilung in fünf Selbstblockabschnitte läßt eine Zugfolge von drei bis vier Minuten zu.
Von allen Eisenbahnübergängen über die Alpen liegt der Simplontunnel mit nur 896 Metern bei Brig und 705 Metern bei Iselle am niedrigsten; außerdem bildet er die kürzeste Verbindung zwischen Paris und Mailand: Sie ist 91 Kilometer kürzer als über den Mont Cenis und 81 Kilometer kürzer als über den Gotthard. Der Simplontunnel blieb längster Eisenbahntunnel der Welt, bis sieben Jahrzehnte später am 15. November 1982 in Japan der 22 228 Meter lange Daishimizu-Tunnel zwischen Omiya und Niigata eröffnet wurde.
Die Berner Alpenbahn, als einzige überregionale Gesellschaft bis heute selbständig, suchte von der Schweizer Bundeshauptstadt die unmittelbare Verbindung mit dem Simplontunnel über den Lötschberg. Ihre Initialen »BLS« stehen für Bern-Lötschberg-Simplon. Auch für diese Linie gaben kriegsbedingte Grenzverschiebungen den entscheidenden Impuls. Frankreich hatte 1871 das Elsaß an Preußen verloren und damit die linksrheinische Bahnverbindung zwischen Belfort und Basel über Mülhausen. So kam es über eine finanzielle Beteiligung am Lötschberg zu einem raschen Gesinnungswandel: Frankreich hatte sie ursprünglich glatt abgelehnt, trat dann jedoch als Geldgeber auf und engagierte sich auch bei der Ausführung des Tunnelprojektes. Sie begann im Oktober 1906 und wurde von zwei Katastrophen überschattet, die sie erheblich verzögerten. Am 29. Februar 1908 riß eine gewaltige Staublawine an der Südseite des Tunnels das Holzgebäude der Bauleitung mit zwölf Menschen in die Tiefe, weitere 25 fanden im Tunnel den Tod, als am 24. Juli 1908 früh zwischen zwei und drei Uhr nach einer Sprengung ungeheure Schlamm- und Geröllmassen einbrachen. Zu dem Unglück kam es bei Unterfahrung des Gasterntales, das sich im Laufe der Jahrtausende hoch mit Geschiebe aufgefüllt hatte. Die Mächtigkeit dieser Schicht war in dem maßgeblichen geologischen Gutachten stark unterschätzt worden. So schnitt der schon 2675 Meter lange Richtstollen unerwartet diese lockere und wasserführende Schicht an.
Bis Klarheit über das weitere Vorgehen ge-

Links außen: Südportal des Simplontunnels bei Iselle kurz vor Fertigstellung.
Links: Grenzmarkierung zwischen der Schweiz und Italien im Simplontunnel.
Rechts: Am 25. Juni 1982 fuhr der Eröffnungszug durch den 15442 Meter langen Furka-Basistunnel, den längsten Schmalspurtunnel der Welt, zwischen Realp im Kanton Uri und Oberwald im Wallis. Auf diesem weitgehend wintersicheren Weg vermittelt die Furka-Oberalp-Bahn seither eine ganzjährige Ost-West-Verbindung im Schweizer Alpenraum, auf der auch Kraftfahrzeuge befördert werden.

wonnen werden konnte, mußten die Arbeiten für mehrere Monate unterbrochen werden. Nahezu anderthalb Kilometer des nördlichen Richtstollens wurden aufgegeben. Die neu festgelegte, rund achthundert Meter längere Trasse wich bergseitig aus, so daß der Tunnel nun in sicherer Tiefe die gefährliche Rinne des Gasterntales unterfahren konnte. Am 31. März 1911 erfolgte der Durchschlag des Richtstollens. Zwei weitere Jahre nahmen die Erweiterung auf doppelgleisiges Profil und die Ausmauerung in Anspruch. Der Eröffnungszug rollte schließlich am 15. Juli 1913 durch den 14612 Meter langen Lötschbergtunnel.
Für den Anschluß Frankreichs an die neue Linie entstand im Schweizer Jura zwischen Grenchen und Münster ein weiterer bemerkenswerter Tunnel mit 8578 Meter Länge. Allerdings verlor diese Verbindung durch den Grenchenbergtunnel ihre internationale Bedeutung wieder, nachdem der Erste Weltkrieg erneut territoriale Veränderungen an der deutsch-französischen Grenze herbeigeführt hatte.

Die Schweiz – das Land der Tunnel

Neben den großen Alpentunneln zählt das Schweizer Eisenbahnnetz rund sechshundert, zum Teil mehrere tausend Meter lange Tunnel. Insgesamt fahren die Schweizer Bahnen auf mehr als dreihundert Kilometern unterirdisch.
Immerhin lief auch die »Spanisch-Brötli-Bahn«, im Jahre 1847 als erste des Landes eröffnet, bereits durch einen Tunnel: den 90 Meter langen Schloßbergtunnel im »Stein« zu Baden. Die Topographie der Schweiz ließ, vom flacheren Norden abgesehen, kaum einen Streckenbau zu, der nicht auch Tunnel erfordert hätte. Zu den ersten und bedeutenderen zählte der alte Hauensteintunnel zwischen Läufelfingen und Olten, der schon 1857 vollendet wurde und die Centralbahn auf einer Länge von 2495 Metern durch den Jura führt. Seit dem 8. Januar 1916 erspart der mit 8135 Metern mehr als dreimal so lange Hauenstein-Basistunnel zwischen Tecknau und Olten den beiderseitigen Anstieg; sein höchster Punkt liegt bei 452 Metern über Normalnull und damit etwa 110 Meter tiefer als der alte Tunnel, der gleichwohl noch heute für den Lokalverkehr benützt wird.
Bereits im vorigen Jahrhundert bauten die Bahnen der Schweiz mehrere Tunnel mit einer Länge von dreitausend Metern und mehr, darunter als zweiten Jura-Durchstich zwischen Basel und der Zentralschweiz den 3259 Meter langen Bötzbergtunnel. Zu den längsten des Landes zählen – abgesehen von Bergbahntunneln – der 5865 Meter lange Albulatunnel auf der Rhätischen Bahn und bei den Schweizerischen Bundesbahnen der mit 8603 Metern noch immer zu den längsten der Welt zählende Rickentunnel.
In jüngster Zeit haben die Schweizerischen Bundesbahnen ihre Tunnelbau-Tradition mit dem 4920 Meter langen Heitersbergtunnel fortgesetzt; er verkürzt die stark befahrene Linie Zürich - Brugg seit 27. Mai 1975 um acht Kilometer.
Die Furka-Oberalpbahn begann 1973 mit einem neuen Alpentunnel, der zwischen Realp und Oberwald auf einer Länge von 15442 Metern bis zu 1500 Meter tief unter der Furka hindurchführt. Er hat erstmals eine ganzjährig benützbare Verbindung zwischen der Zentralschweiz und dem oberen Wallis geschaffen. Nach mehrjähriger Verzögerung durch außerordentliche geologische Probleme und entsprechend hohe Kostenüberschreitungen wurde der Furka-Basistunnel am 25. Juni 1982 eingeweiht. Er ist eingleisig mit erweitertem Meterspurprofil, hat zwei Kreuzungsstellen und gilt als längster Schmalspurtunnel der Welt. Die Tunnelstrecke steigt von 1550 Metern über Normalnull hinter Realp mit maximal 3,1 Promille bis zum Scheitelpunkt und fällt dann mit bis zu 17,5 Promille zum Portal vor Oberwald auf 1390 Metern.

Arlberg, Tauern, Karawanken

Auch in Österreich stellte sich der Ausdehnung des Eisenbahnnetzes an zahlreichen Stellen das Gebirge entgegen. Nachdem für die Bahn über den Semmering zum ersten Mal ein Scheiteltunnel gebaut und der Brennerpaß auf offener Trasse überquert worden war, begann 1880 die Untertunnelung des Arlbergs im Zuge der Westbahn zwischen Innsbruck und Bludenz. Der erste Spatenstich erfolgte auf der Ostrampe bei St. Anton am 14. Juni 1880. Zum Bohren der Sprenglöcher wurden auf beiden Seiten unterschiedliche Maschinensysteme benützt, eines

mit hydraulischem, das andere mit pneumatischem Antrieb. Dieser Wettbewerb führte zu verhältnismäßig kurzen Bauzeiten: Am 13. November 1883 wurde der Tunnel durchstochen, offiziell erst sechs Tage später am Namenstag der Kaiserin Elisabeth. Ein Jahr später, am 20. September 1884, fand in Anwesenheit des Kaisers die feierliche Eröffnung statt, am folgenden Tag wurde der allgemeine Personenverkehr durch den 10250 Meter langen und im Scheitelpunkt 1310 Meter hoch gelegenen Arlbergtunnel eröffnet.
Erst nach der Jahrhundertwende entstanden in Österreich drei weitere große Alpentunnel. Als erster war am 19. Juli 1906 der 6339 Meter lange Wocheiner Tunnel durch den Kolarücken der Julischen Alpen zwischen Aßling und Görz fertig. Nur wenige Monate später folgte am 30. September der Karawankentunnel zwischen Rosenbach und Aßling. Er blieb seit 1945 eingleisig und stellte mit seiner Länge von 7976 Metern auf der Hauptbahn nach Südosteuropa einen empfindlichen Engpaß dar. Seit 1918 verläuft durch den Tunnel, 4373 Meter vom österreichischen Portal entfernt, die Grenze zu Jugoslawien; Aßling heißt seither Jeseniče. Mitte der siebziger Jahre verständigten sich die Österreichischen Bundesbahnen und die Jugoslawischen Staatsbahnen, das zweite Gleis im Karawankentunnel wieder zu verlegen. Nach umfassender Sanierung des Tunnels wurde der zweigleisige Betrieb am 22. Mai 1979 aufgenommen.
Als letzter wurde schließlich der 8551 Meter lange Tauerntunnel zwischen Böckstein und Mallnitz vollendet; er wurde am 5. Juli 1909 eingeweiht und zusammen mit der Strecke Badgastein - Spittal - Millstättersee zwei Tage später in Betrieb genommen.
Insgesamt liegen im Netz der Österreichischen Bundesbahnen 267 Tunnel mit 98721 Meter Gesamtlänge.

Tunnel in Deutschland

Für das Gebiet des Deutschen Reiches weist die Statistik des Jahres 1910 insgesamt 639 Eisenbahntunnel aus. Dreißig Jahre später, im Jahre 1940, lagen im Netz der Deutschen Reichsbahn 835 Tunnel mit zusammen 323666 Meter Länge. Zahlreiche Privatbahnen waren in den Jahren zuvor verstaatlicht, die Bahnen angrenzender Staaten nach deren Angliederung an das Reich ebenfalls von der Deutschen Reichsbahn übernommen worden. Nur 625 Tunnel mit 236 Kilometer Gesamtlänge lagen im »Altreich«. Heute unterhält die Deutsche Bundesbahn 505 Tunnel mit zusammen 192,5 Kilometer Länge, die Reichsbahn in der DDR 68 Tunnel mit 17,5 Kilometer Gesamtlänge. Keiner der deutschen Tunnel erreicht jedoch nur annähernd fünftausend Meter Länge, die gegenwärtig bereits von sechzig Tunneln in der Welt überschritten wird.
Deutschlands längster Tunnel durchstößt den Höhenrücken, um den die Mosel zwischen Cochem und Eller in einer weiten, nach Südosten ausgreifenden Schleife herumfließt. Als Kaiser-Wilhelm-Tunnel wurde er am 15. Mai 1879 eröffnet. Seine Länge beträgt 4203 Meter, der Scheitelpunkt liegt auf 99 Meter über Normalnull. Um die Rauchgase der Dampflokomotiven abzuziehen, war am Ostportal bei Cochem eine Turboentlüftungsanlage installiert. Am 20. Juli 1972 wurde der Dampfbetrieb wegen des Beginns der Elektrifizierungsarbeiten im Tunnel eingestellt und der gesamte Verkehr mit Diesellokomotiven und -triebwagen bewältigt. Um für den Fahrdraht die nötige Höhe zu schaffen, mußte zunächst das eine, später das zweite Gleis abgesenkt werden. Eingleisig wurde der elektrische Zugbetrieb im Cochemer Tunnel am 7. Dezember 1973 aufgenommen; das zweite Gleis war ab 19. August 1974 ebenfalls elektrisch befahrbar.
Als zweitlängster deutscher Tunnel entstand kurz vor dem Ersten Weltkrieg auf der Hauptstrecke Berlin - Frankfurt (Main) der Distelrasentunnel bei Schlüchtern. Die Bahn hatte dort von Frankfurt her die Wasserscheide zwischen Main und Fulda zu überwinden. Dazu führte sie ursprünglich von Schlüchtern aus in großem Bogen und mit mäßiger Steigung am Landrücken hinauf zum Bahnhof Elm. Dort mußte die Lokomotive ans andere Ende des Zuges rangiert und die Fahrt in entgegengesetzter Richtung fortgesetzt werden, bis auf weiterer Steigung schließlich die Höhe erklommen und die ursprüngliche Richtung nach Fulda hin wieder erreicht war. Zur Überwindung des Höhenunterschiedes von 350 Metern erschien diese »Spitzkehre« zunächst nicht vermeidbar. Als der Verkehr so stark stieg, daß Abhilfe geschaffen werden mußte, fiel die Entscheidung für den Bau eines Tunnels. Nachdem die 3575 Meter lange Röhre durch den Distelrasenberg zwischen Schlüchtern und Flieden am 1. Mai 1914 eröffnet worden war, hatten die Züge 38 Meter Höhe weniger zu überwinden und sparten nahezu sieben Kilometer Umweg. Die Fahrzeit der Schnellzüge wurde über 15 Minuten kürzer.
Länger als Schlüchterner- und Distelrasentunnel sind heute mit 5830 Metern der am 19. April 1979 durchgehend in Betrieb genommene Tunnel der Hamburger City-S-Bahn und der am 28. April 1972 eröffnete, seit 28. Mai planmäßig befahrene Münchner S-Bahn-Tunnel. Einen 8790 Meter langen Tunnel erhält die Stuttgarter S-Bahn im Herbst 1984 unter der Innenstadt hindurch. Insgesamt 77 Tunnel mit zum Teil erheblicher Länge entstehen auf den Neubaustrecken der Bundesbahn, davon 62 zwischen Hannover und Würzburg, die übrigen zwischen Mannheim und Stuttgart. Längster Tunnel Deutschlands wird damit der am 17. Dezember 1982 angeschlagene Landrückentunnel südlich von Fulda mit 10748 Metern.
Nach dem am 9. Oktober 1939 durchgehend eröffneten 5800 Meter langen Tunnel der Berliner Nord - Süd-S-Bahn ist der Brandleitetunnel bei Oberhof in Thüringen der längste im östlichen Deutschland.
Er wurde 1881 in Angriff genommen und am 1. August 1884 offiziell eröffnet. Mit 3039 Meter Länge führt er rund 240 Meter unter dem Kamm des Thüringer Waldes hindurch. Der internationale Verkehr zwischen Berlin und Zürich über Erfurt, Würzburg und Stuttgart wurde zwar im Jahre 1945 unterbrochen, doch kommt der Strecke als Verkehrsader für den Süden der DDR auch heute große Bedeutung zu.

Bemerkenswerte Tunnel in Europa

Die Italienische Staatsbahn betreibt nicht weniger als sechzehn Tunnel von über fünftausend Meter Länge. Damit besitzt Italien nach der Schweiz die meisten langen Eisenbahntunnel in Europa. Einige der bemerkenswertesten entstanden erst in diesem Jahrhundert aus dem Bestreben heraus, Gebirgsstrecken besonders im Apennin durch Direktverbindungen zu entlasten und den Eisenbahnverkehr auf den Magistralen zu beschleunigen.
Italiens bedeutendster Tunnel, der bis 1982 noch zweitlängste der Welt, führt mit 18519 Meter Länge zwischen Bologna und Florenz durch den Apennin. Er bildet einen Teil der unter Benito Mussolini Anfang der dreißiger Jahre gebauten »Direttissima« zwischen den beiden Städten. Die alte Strecke über Pistoia führte mit Neigungen von mehr als zwanzig Promille auf kurvenreicher Trasse über eine Scheitelhöhe von über sechshundert Metern. Die neue Linie dagegen erreichte lediglich 325 Meter über Normal-

Nach jahrzehntelanger Pause hat für den Tunnelbau in Deutschland Anfang der achtziger Jahre eine neue Epoche begonnen: Die Neubaustrecken Hannover – Würzburg und Mannheim – Stuttgart werden durch mehr als achtzig Tunnel führen. Die geplanten hohen Geschwindigkeiten erfordern große Querschnitte. Hier das Lehrgerüst vor dem Südportal des Einmalberg-Tunnels bei Gmünden am Main, der am 22. Mai 1981 als erster angeschlagen wurde.

null, verkürzte die Entfernung zwischen Bologna und Florenz um nahezu 35 Kilometer und verringerte die Reisezeit auf weniger als die Hälfte. Eine weitere »Direttissima« wurde damals zwischen Rom und Neapel gebaut. Beide Strecken erforderten zahlreiche, zum Teil lange Tunnelbauten.

Beim Bau des großen Apennintunnels traten neben Wasser auch Gase aus, die mehrmals zu Explosionen führten und Brände verursachten, ohne allerdings die Bauausführung wesentlich zu verzögern. Die Arbeiten wurden von beiden Endpunkten aus sowie über zwei auf die Tunneltrasse abgeteufte Stollen vorgetrieben, um die Bauzeit zu verkürzen. Am 21. April 1934 konnte der Apennintunnel eröffnet werden. Im Inneren liegt die Ausweichstelle Precedenze mit zwei Ausweichgleisen von je etwa 450 Meter Länge; sie wurde ursprünglich durch Personal im Tunnel bedient, nach dem Zweiten Weltkrieg für Fernsteuerung eingerichtet.

Unmittelbar nach dem Apennintunnel wurde am 22. April 1934 der 7135 Meter lange Monte-Adone-Tunnel auf der gleichen Strecke in Betrieb genommen.

Mit der neuen »Direttissima« Rom – Florenz, die Mitte der siebziger Jahre gebaut wurde, erhielt die Italienische Staatsbahn abermals mehrere Tunnel von bedeutender Länge: S. Donato: 10 954 Meter, Orte: 9317 Meter, Castiglione: 7390 Meter und S. Oreste: 5719 Meter. Insgesamt liegen auf dieser Strecke dreißig Tunnel mit zusammen 76 800 Meter Länge.

In Norwegen ging der Ausbau des Eisenbahnnetzes noch während des Zweiten Weltkrieges weiter. Unter deutscher Besatzung wurde auch die Südlandbahn von Lunde über Kristiansand nach Stavanger fertiggestellt, wobei zwischen Flekkefjord und Stavanger bereits eine Schmalspurbahn bestand, die zum Teil benützt und auf Normalspur umgebaut wurde. Zwischen Kristiansand und Stavanger entstanden auch drei Tunnel von bemerkenswerter Länge: Kvineshei: 9062 Meter, Haegebostad: 8473 Meter und Gyland: 5716 Meter. Alle drei wurden am 17. Dezember 1943 provisorisch in Betrieb genommen. Der planmäßige Betrieb auf der Strecke begann am 1. März 1944. Vom 1. Mai jenes Jahres an bestand dann eine durchgehende Normalspurverbindung zwischen Oslo und Stavanger über Kristiansand.

Europas tunnelreichste Strecke

Serbien strebte schon gegen Ende des vorigen Jahrhunderts mit einer »Transbalkanischen Eisenbahn« zu einem Ausgang nach dem Adriatischen Meer. Erst nach dem Ersten Weltkrieg konnte der Plan ernsthaft ins Auge gefaßt werden, wobei sich in den dreißiger Jahren eine Verwirklichung mit amerikanischer Finanzhilfe abzeichnete, doch die Zeitereignisse ließen das Projekt erneut scheitern. Erst am 20. August 1951 fiel die endgültige Entscheidung für den Bau der Eisenbahnstrecke von Belgrad über Valjevo – Titovo Užice – Bijelo Polje – Titograd nach Bar. Bei einer Gesamtlänge von 476 Kilometern führt diese Neubaustrecke, die am 28. Mai 1976 von Staatspräsident Josip Broz Tito eröffnet wurde, durch 254 Tunnel. Ihre Länge beträgt insgesamt 114 437 Meter, so daß nahezu ein Viertel der gesamten Strecke in Tunneln verläuft.

Südlich von Titograd überquert die Trasse das westliche Ende des Skutari-Sees und durchstößt dann das Sozina-Massiv, um bei Sutomore, wenige Kilometer vor Bar, die Adriaküste zu erreichen. Hier wurde der mit 6171 Metern längste Tunnel der Strecke gebaut; die Arbeiten begannen im September 1953, erreichten mit dem Durchstich Ende Februar 1958 ihren Höhepunkt und wurden im Februar des folgenden Jahres abgeschlossen; der Streckenabschnitt Titograd – Bar wurde daraufhin bereits Ende 1959 eröffnet.

Der 6139 Meter lange Zlatibor-Tunnel als zweitlängster der Strecke wurde im Mai 1970 fertiggestellt. Von den zahlreichen Tunneln der Strecke erreichen nur weitere sechs Längen von über tausend Meter: Trebešica: 5122 Meter, Goleš: 4949 Meter, Ostrovica: 3827 Meter, Mojkovac: 3243 Meter, Mili: 2258 Meter und Sopotnica: 1942 Meter.

Die meisten übrigen Tunnel sind nur kurz, reihen sich aber vielfach unmittelbar aneinander, so daß die Strecke oft nur für einige Meter den Berg verläßt, um dazwischen eine Schlucht zu überqueren.

Bleibt England ewig Insel?

Älter als die Eisenbahn ist das Projekt, England durch einen Tunnel mit dem Festland zu verbinden. Schon 1750 veröffentlichte die Universität Amiens eine Ausschreibung für Vorschläge zum Bau eines Kanaltunnels. Napoleon interessierte sich – 1802 von seinem Ingenieur Mathieu damit vertraut gemacht – für das Projekt, wobei freilich nur an die Durchfahrt von Pferdefuhrwerken – aber mit Lafetten und anderem Kriegsgerät – gedacht war. Im Jahre 1857 arbeitete der Franzose Thomé de Gamond ein weiteres Tunnelprojekt aus. Bis dahin gründete sich die ins Auge gefaßte Verbindung allerdings weitgehend auf Spekulationen und konnte damit als Utopie abgetan werden.

Erst 1865 gelang es Lord Hawkshan, das Problem wissenschaftlich anzugehen, die geologische Beschaffenheit des Untergrundes durch Probebohrungen zu untersuchen und damit einen ersten Nachweis für die Realisierbarkeit zu führen. In der zweiten Hälfte des 19. Jahrhunderts kam es beiderseits des Kanals zur Gründung von Gesellschaften, die sich den Bau des Tunnels unter dem Ärmelkanal zum Ziel gesetzt hatten: auf britischer Seite die »Channel Tunnel Company« und in Frankreich die »Association pour le Construction d'un tunnel sous-marin entre la France et l'Angleterre«, hinter der die französische Nordbahn als Hauptaktionär stand. Die beantragte Konzession wurde ihr 1875 unter der Auflage erteilt, vor Beginn der Arbeiten die Durchführbarkeit des Projektes sicher nachzuweisen. Daraufhin ließ die Gesellschaft westlich von Sangatte Probebohrungen niederbringen und einen 1840 Meter langen Erkundungsstollen vortreiben. Ähnlich ging die eng-

Links: Die 1976 durchgehend eröffnete Neubaustrecke zwischen dem aufstrebenden Adriahafen Bar und Belgrad ist Europas tunnelreichste Bahnlinie. Die 254 Tunnel haben eine Gesamtlänge von 114 437 Metern.
Rechts oben: Beaumont-Bohrmaschine für die Herstellung der ersten Probestollen eines Kanaltunnels in den achtziger Jahren des vorigen Jahrhunderts
Rechts: Der alte Traum von einer Verbindung zwischen England und dem Kontinent ließ allerlei phantasievolle Pläne entstehen, etwa das Projekt einer Unterwasser-Eisenbahn des Franzosen Dr. Lacomme aus dem Jahre 1875.

lische Gesellschaft vor. Sie bohrte zwischen Folkestone und Dover einen Stollen mit 2,15 Meter Durchmesser. Er wurde mit einer Vortriebsmaschine aufgefahren, die trotz ihrer geringen Antriebsleistung von nur 15 PS ausgezeichnete Ergebnisse erzielte. Die Stollen aus der damaligen Zeit werden noch heute als Touristenattraktion gezeigt.
Die wachsende Rivalität zwischen England und Frankreich vor allem im Kolonialbereich hatte die Widerstände gegen die Tunnelverbindung rasch wachsen lassen; England gedachte nicht im Ernst, seine »splendid isolation« aufzugeben. 1883 mußten die Forschungsarbeiten auf Weisung des Parlaments eingestellt werden.
Nach dem Ersten Weltkrieg versuchte Albert Sartiaux, Chefingenieur und später Direktor der Nordbahn, die veränderte Lage zu nützen und das Projekt wieder in Gang zu bringen. Die britische Regierung hielt indessen nach Konsultationen mit dem Verteidigungsrat an ihrer Ablehnung fest: Militärische Überlegungen stünden jeder festen Verbindung zwischen der Insel und dem Festland entgegen. Auch Winston Churchill schloß sich dieser Haltung an. Insgesamt beschäftigte sich das britische Unterhaus 1907, 1914, 1924, 1930, 1939 und 1947 mit dem Kanaltunnel-Projekt, um es jedesmal von neuem abzulehnen.
Im Frühjahr 1924 wurde zwischen Zeebrügge in Holland und dem englischen Hafen Harwich ein »Fährbootverkehr« zunächst mit Güterwagen besonderer Bauart aufgenommen. Damit bestand erstmals die Möglichkeit, Wagenladungen ohne Umschlag zwischen dem Kontinent und Großbritannien zu befördern. Ab 1. Mai 1924 war auch Deutschland an diesen Fährbootverkehr angeschlossen.
Nach dem Zweiten Weltkrieg ergriff Louis Armand, später Generaldirektor der Französischen Eisenbahnen und Präsident des Internationalen Eisenbahn-Verbandes (UIC) in Paris, eine neue Initiative. Er traf mit Churchill zusammen und erwirkte, nachdem die britische Regierung 1955 ihren militärisch begründeten Widerstand aufgegeben hatte, die Gründung einer neuen Interessengruppe, der »Groupement d'études du tunnel sous la Manche«, die im Einvernehmen mit den Französischen und Britischen Eisenbahnen arbeitete und sowohl neue technisch-geologische wie wirtschaftliche Untersuchungen durchführte.
Damals hatte der Kraftfahrzeugverkehr bereits eine Bedeutung erlangt, die seine Berücksichtigung bei dem Projekt zwingend erforderlich machte. Die erneute Diskussion der Tunnelverbindung führte, als die Gruppe eben ihr Projekt eines Eisenbahntunnels abschloß, zu Alternativvorschlägen für einen von dem Ingenieur André Basdevant ausgearbeiteten kombinierten Bahn-Straße-Tunnel sowie für ein Brückenprojekt der »Société d'Etudes du pont sur la Manche«, die damit ebenfalls an Pläne aus dem vorigen Jahrhundert anknüpfte. Die Brücke wurde wegen der Gefährlichkeit ihrer 150 Pfeiler im Fahrwasser des internationalen Großschiffahrtsweges abgelehnt, auch der kombinierte Schiene-Straße-Tunnel warf wegen der auftretenden Entlüftungsprobleme unlösbare Schwierigkeiten auf, so daß die Entscheidung zugunsten eines großzügig dimensionierten Eisenbahntunnels fiel, in dem auch Autoreisezüge in dichter Folge verkehren sollten. Ein vierter Vorschlag für einen vorgefertigten und auf den Meeresgrund abgesenkten Tunnel wurde nicht weiterverfolgt, nachdem ein gebohrter Tunnel deutliche Vorteile versprach.
Zwischen 1964 und 1965 wurden auf Beschluß der britischen und der französischen Regierung von Forschungsschiffen und Bohrinseln aus nochmals geologische Untersuchungen durchgeführt. Die Ergebnisse bestätigten frühere Erkenntnisse. Fünf dicke Bände umfaßt die umfangreichste Wissenssammlung, die bisher jemals für ein Tunnelbauvorhaben angelegt worden ist. Besondere technische Schwierigkeiten für den Bau waren indessen nicht zu erkennen.
Die Planung für das rund 52 Kilometer lange Bauwerk, das 36 Meter unter dem Meeresboden liegen sollte, sah in dreißig Meter Abstand voneinander zwei parallele Tunnelröhren mit Kreisprofil und 6,85 Meter Durchmesser vor. Dazwischen war ein Sicherheitsstollen von 4,50 Meter Durchmesser geplant, der beim Bau gleichzeitig als Erkundungsstollen dienen sollte. Als maximale Neigung der Strecke wurden 10 Promille, für die Kurvenradien mindestens 4000 Meter zugrunde gelegt, was Höchstgeschwindigkeiten von 200 km/h gestatten würde. Aufgrund von Versuchen in der Schweiz, die mit 120 Stunden-

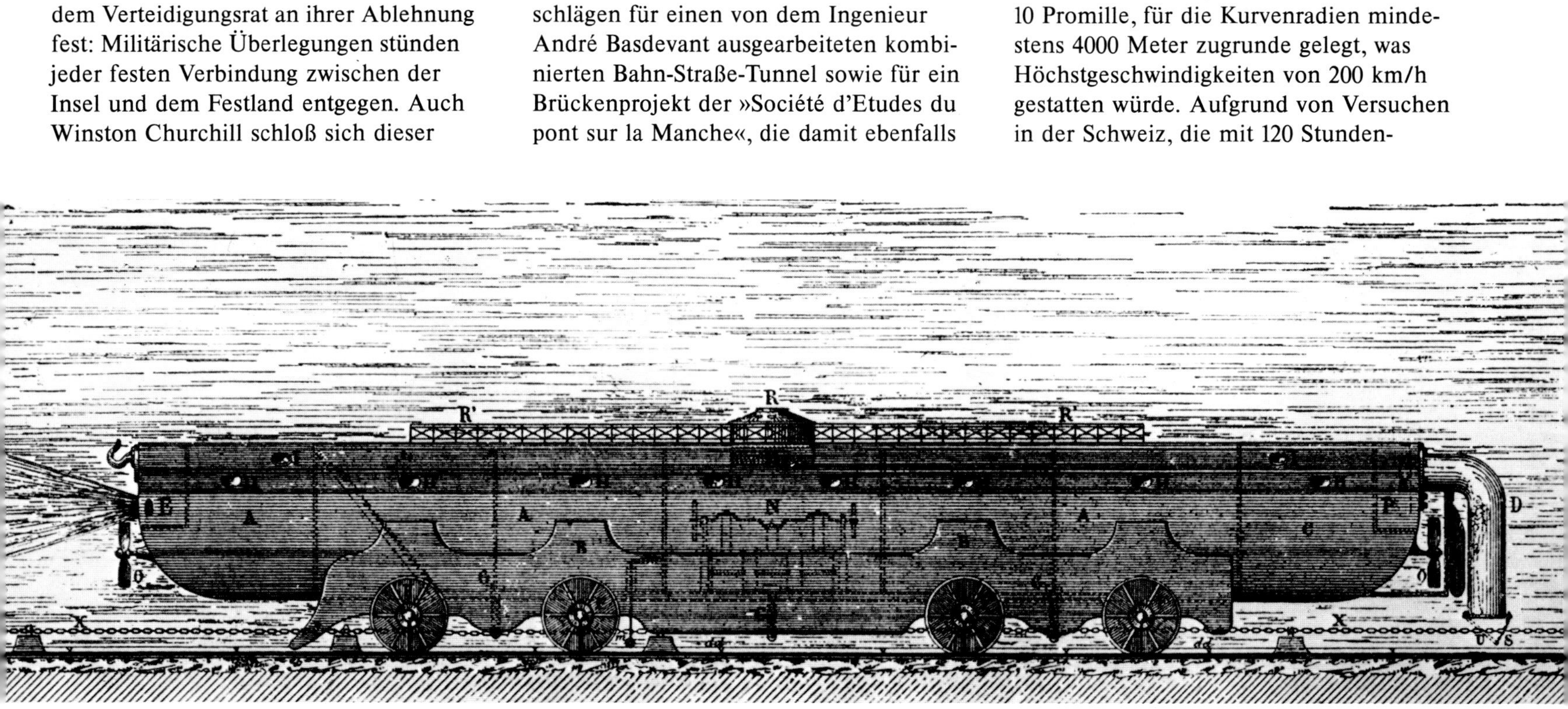

Nichts als eine Touristenattraktion ist bisher bei den zahlreichen Bemühungen um eine Tunnelverbindung zwischen England und Frankreich entstanden. Oben der Eingang, unten der Tunnelkopf des Versuchsstollens im Abbots-Cliff zwischen Dover und Folkstone aus der Zeit um 1880

kilometern im Simplontunnel stattfanden, wurden zur Verminderung des Luftwiderstandes alle 250 Meter Querstollen mit 4,50 Meter Durchmesser vorgesehen. Abgesehen von der leichteren Begehbarkeit beider Tunnelröhren sollte dadurch der Luftausgleich erleichtert und so der Energiebedarf der Triebfahrzeuge möglichst gering gehalten werden.

Die Trasse wurde durch homogene und wasserundurchlässige Schichten geführt. Dadurch ergaben sich im Trassenverlauf mehrere Richtungsänderungen. Die Überdeckung zwischen Tunnel und Meeresgrund sollte 35 Meter nirgends unterschreiten. Für den Einsatz vollmechanisierter Vortriebsmaschinen und damit für eine rationelle Bauweise versprach die anstehende Blaukreide günstige Voraussetzungen.

Auf englischer Seite sollte der Tunnel an einem Hügel hinter der Steilküste von Folkestone beginnen, zunächst parallel zur Küste verlaufen und die Stadt Dover unterfahren, dann unter dem Hafen der Stadt zum Meer hin abbiegen und zunächst in südöstlicher, dann in nahezu östlicher Richtung auf die französische Küste zuführen. Bei Sangatte sollte das Festland erreicht werden, wobei sich die beiden Röhren einander bis zu anderthalb Kilometer entfernten, um schließlich nach 52 000 beziehungsweise 52 812 Metern bei der Ortschaft Coquelles zu münden.

Am 20. Oktober 1972 wurde gleichzeitig in Paris und London das erste Abkommen zwischen den beiden Ländern unterzeichnet, nachdem die Regierungen bereits im Jahr zuvor den Bau des Tunnels im Grundsatz beschlossen hatten. Die Gesamtkosten wurden damals auf sechs Milliarden französische Franc geschätzt. Der Terminplan sah vor, bis Juli 1973 die Planung zu beenden und einen durch die Parlamente zu ratifizierenden Vertrag zu schließen; bis Februar 1975 sollten die Vorbereitungsarbeiten abgeschlossen, bis 1980 der Tunnel und sämtliche Verkehrsanlagen fertiggestellt sein. Der Vertrag wurde im November 1973 von den Regierungschefs beider Länder tatsächlich unterzeichnet und vom französischen Parlament termingerecht ratifiziert. Auch das Londoner Unterhaus billigte im November 1974 die Fortführung des Ratifizierungsverfahrens. Trotzdem entschied sich die britische Regierung am 20. Januar 1975 einseitig für einen Rückzug aus dem Vorhaben. Ausschlaggebend waren die desolaten Staatsfinanzen, obgleich der größte Teil der erforderlichen Investitionen mit Privatkapital gedeckt worden wäre.

So hat Großbritannien, obgleich nicht mehr mit strategischen Überlegungen begründet, den Anschluß an das Festland abermals verhindert.

Inzwischen sind immer wieder Initiativen für das Projekt gestartet und Vorschläge auch für einfachere und billigere Lösungen unterbreitet worden, darunter auch für eine Hängebrücke. Allerdings befürchten selbst Optimisten, England werde noch lange, wenn nicht für immer Insel bleiben.

Der längste Tunnel der Welt entsteht in Japan

Nach siebenjährigen Vorarbeiten, der Anlage von Probetunneln, Arbeits- und Lagerstollen begann im Oktober 1971 zwischen der japanischen Hauptinsel Honda und der großen Nordinsel Hokkaido der Bau des Saikantunnels, der 53 850 Meter und damit nahezu dreimal so lang werden wird wie der früher längste Eisenbahntunnel der Welt durch den Simplon in der Schweiz. Auf einer Länge von 23 300 Metern liegt er unter Wasser. Die Tunnelverbindung führt von Tappi auf Hondo unter der Meerenge von Tsugaru hindurch nach Joshioka auf Hokkaido. Von 1981 an sollten die Shinkansen-Züge bereits durch den Tunnel fahren und die Reisezeit zwischen Tokio und Sapporo von 17 ½ auf sechs Stunden verkürzen. Doch am 27. Januar 1983 konnte erst der Pilotstollen durchschlagen werden; mit der Fertigstellung des Haupttunnels ist frühestens 1986 zu rechnen, wobei zunehmend auch Finanzprobleme die Realisierung der alten Pläne in Frage stellen.

Schon beim Bau des 1975 fertiggestellten neuen Kanmontunnels zwischen den beiden Inseln Hondo und Kiuschu hatte das Forschungsinstitut der Japanischen Eisenbahnen eine unkonventionelle Abbaumethode erprobt, da der Tunnelbau unter Wasser wegen der verwitterten Gesteinsschichten und der geologischen Verwerfungen äußerste Vorsicht gebot und Sprengungen ausschloß. Das neue, nur einen Meter lange Abbaugerät enthält einen durch Öldruck bewegten Kolben, der in einem Zylinder Wasser unter 7000 Atmosphären Druck setzt, so daß es aus einer Düse mit Überschallgeschwindigkeit austritt. Von einem derartigen Strahl getroffenes Gestein wird ohne nennenswerte Erschütterung zertrümmert. Der Bau des 18 560 Meter langen Kanmontunnels hatte ebenfalls 1971 begonnen, um die zunächst von Tokio nach Osaka gebaute und später bis Okajama verlängerte Tokaido-Linie nach Fukuoka weiterzuführen. In nur vier Jahren konnte dieser bisher längste Unterwassertunnel der Welt im Frühjahr 1975 vollendet werden.
Auf der gleichen Strecke war schon im März 1972 der 16 250 Meter lange Rokkotunnel fertiggestellt worden, damals nach Simplon und Apennin der drittlängste Eisenbahntunnel überhaupt.
Längster der Welt ist mit Eröffnung der Joetsu-Linie (Tokio-) Omiya – Niigata am 15. November 1982 der 22 228 Meter lange Daishimizu-Tunnel geworden; er wird jedoch nach Fertigstellung des Saikan-Tunnels diesen Platz wieder verlieren.

Oben: Nach diesem Vorschlag zur technischen Ausführung des Kanaltunnels sollten vorgefertigte Tunnelabschnitte in einen im Meeresgrund ausgehobenen Graben abgesenkt werden.
Unten: Der schließlich genehmigte Plan sah zwei getrennte, mindestens 35 Meter unter dem Meeresboden gebohrte Tunnelröhren mit einem dazwischenliegenden Sicherheitsstollen und Querverbindungen vor. Indes zog sich Großbritannien 1975 aus wirtschaftlichen Gründen von dem Vorhaben zurück.

Pläne und Projekte

Zu jenen Projekten, deren schwierige Problemstellung immer neue Lösungsversuche herausforderte, zählt die Untertunnelung der Straße von Gibraltar, womit erstmals eine direkte Schienenverbindung zwischen Europa und Afrika entstehen würde. Von den Kosten abgesehen liegt die Problematik in den geologischen Verhältnissen; an der schmalsten Stelle, an der die Meerenge nur vierzehn Kilometer breit ist, beträgt die Wassertiefe etwa 900 Meter. Eine Eisenbahn könnte diesen Höhenunterschied nur auf undiskutabel langen Rampen bewältigen. In verhältnismäßig geringer Entfernung verringert sich die Wassertiefe auf rund 500 Meter; bei Führung der Trasse in diesem Bereich würde sich jedoch ein 32 Kilometer langer Tunnel ergeben. Im November 1982 befaßten sich über dreihundert Experten in Madrid mit dem Projekt. Auch eine Überbrückung der Meerenge wird diskutiert; für diese Lösung hat sich auch eine UNO-Studie ausgesprochen.
Realistischere Projekte liegen für den europäischen Norden vor: Die Untertunnelung des Øresunds zwischen dem dänischen Helsingør und dem schwedischen Helsingborg wurde bereits mehrfach beschlossen, ebensooft allerdings auf später verschoben. Nachdem eine Zeitlang im Bereich der westlichen Ostsee ein ganzes »Paket« von Tunnel- und Brückenbauvorhaben verfochten wurde, um die skandinavischen Länder sowie die großen dänischen Inseln untereinander und mit dem Festland zu verbinden, hat gegenwärtig nur der von Schweden wieder ins Gespräch gebrachte Tunnel unter dem Øresund Aussicht auf Verwirklichung.
Der Infrastruktur-Leitplan der europäischen Eisenbahnen, der leistungsfähige Magistralen auch für die Zukunft sicherstellen soll und hierfür nötige Netzergänzungen schon heute aufzeigt, schließt auch eine Reihe neuer und langer Tunnel ein. Die Verwirklichung hängt allerdings von den Finanzierungsmöglichkeiten der betroffenen Länder und vom Stellenwert ab, den sie ihren Eisenbahnen für die Zukunft beimessen.
In der Sowjetunion bestehen Pläne für einen Eisenbahntunnel durch die Hauptkette des Kaukasus, der für sich in Anspruch nimmt, längster Tunnel der Erde zu werden. Er soll die Transkaukasische Bahn auf kürzestem Wege aus den zentralen Gebieten der UdSSR nach Armenien, Aserbeidschan und Georgien führen.

K. Württemb Eisenbahnen
Casse
Eingang

Zeit und Signale

Die Zeit regiert

Linke Seite: Reiseplanung anno dazumal. Ölgemälde von Julius Fehr im Stadtmuseum München
Oben: Ab 15. Mai 1927 konnte es auf deutschen Bahnhöfen »13 schlagen«: Zu diesem Zeitpunkt wurde anstelle der Vormittag-Nachmittag-Unterscheidung die 24-Stunden-Zählung eingeführt. Auf dem polnischen Bahnhof Bialosliwie orientieren sich die Reisenden noch heute an einer solchen Uhr.

Von Anfang an hat die Zeit in der Geschichte der Eisenbahn in verschiedenster Weise eine überragende Rolle gespielt. Fahrzeiten und Reisedauer wurden durch das neue Verkehrsmittel entscheidend gekürzt, in jedem Fahrplan bildet die Zeit das ordnende Element für den Verkehrsablauf, einheitliche Zeitrechnungen schufen die Voraussetzung für einen zügigen Verkehr über die zahlreichen Landesgrenzen hinweg, genaue Zeit ist die Grundlage für die Einhaltung jedes Fahrplanes, und schließlich bildete die Zeit in der ersten Phase des Bahnbetriebes auch den wichtigsten Sicherheitsfaktor.
Mehr als ein halbes Jahrhundert lang mußten sich die Eisenbahnen auf dem europäischen Kontinent mit einem Wirrwarr verschiedener Zeiten abfinden, während in den Vereinigten Staaten von Amerika bereits seit 1884 und in Japan seit 1. Januar 1888 nach Zonenzeit gerechnet wurde. Allein in den USA hatten zuvor etwa 75 verschiedene Zeiten der Fahrplanberechnung bei den Eisenbahnen zugrunde gelegt werden müssen. Für die Verkehrsknotenpunkte galten entweder eigene Ortszeiten oder die nationale Landeszeit, die sich meist nach der Ortszeit der Hauptstadt richtete. In der Türkei begann der neue Tag mit Sonnenuntergang; die Fahrpläne mußten sich also beinahe täglich anpassen, die Uhren ebensooft nachgestellt werden. Für Konstantinopel zeigte eine Normaluhr in der Nähe der Galatabrücke in Stambul die richtige Zeit an.
Die Eisenbahn hatte das Bestehen zahlreicher unterschiedlicher Zeiten erstmals als Mangel empfinden lassen, als immer längere Tagesreisen möglich und dabei ständige Korrekturen der Uhren notwendig wurden. Schließlich erwies sich das Zeitproblem mehr und mehr auch als Sicherheitsrisiko, weil es Mißverständnisse geradezu herausforderte und einen Zugführer zwang, etwa zwischen Ulm und Straßburg viermal die Uhr neu zu stellen, so daß auch keine Berechnung der Fahrzeiten aufgrund eines Vergleichs von Abfahrt- und Ankunftzeit zweier Stationen erfolgen konnte.
Am heftigsten wehrte sich die Wissenschaft gegen die astronomisch unkorrekte Normalzeit. So konstatierte die Zeitung des Vereins Deutscher Eisenbahn-Verwaltungen in Berlin am 21. März 1891: »Bei einer einfachen Frage des praktischen Lebens ist der gelehrte Astronom nicht die maassgebende Autorität. Man braucht uns nicht für Verächter der Wissenschaft zu halten, wenn wir das, was der Gelehrte wissenschaftlich für falsch erklärt, doch ausüben, weil es praktisch ist. Die Bedürfnisse des täglichen Lebens sind nicht immer die der Studirstube, einseitige Interessen vertreten wir nicht, denn die Welt am Ende des neunzehnten Jahrhunderts steht unter dem Zeichen des Verkehrs.«
Mehrere Bahnen hatten dem unerträglichen Durcheinander von Zeiten schon zwischen 1874 und 1890 auf eigene Faust ein Ende bereitet, indem sie für den internen Gebrauch Einheitszeit benützten. Die Fahrpläne für das Publikum mußten den Gepflogenheiten des öffentlichen Lebens entsprechend jedoch zum Teil bis 1893 die Ortszeiten angeben.
Auf Initiative der Ungarischen Staatseisenbahnen beschäftigte sich der Verein Deutscher Eisenbahn-Verwaltungen 1890 in Dresden mit der Frage einheitlicher Mitteleuropäischer Zeit auf der Grundlage der in Nordamerika bereits bewährten Zonenzeit, mit der die Zeitberechnung auf der gesamten Erde nach 24 um je eine volle Stunde verschobenen Zeitzonen erfolgen sollte. Als Ausgangslinie war der Meridian von Greenwich festgelegt worden. Gemäß dem ungarischen Antrag wurde beschlossen, die Mitteleuropäische Zeit vom Beginn des folgenden Sommerfahrplans am 1. Juni 1891 an zunächst im internen Eisenbahndienst verbindlich einzuführen. England und Schweden rechneten bereits seit 1. Januar 1888 allgemein nach der neuen Zonenzeit. Österreich-Ungarn führte für den »äußeren« Eisenbahndienst, also in den Fahrplänen für das Publikum, am 1. Juni 1891, Bayern, Württemberg, Baden und Elsaß-Lothringen am 1. April 1892 und die norddeutschen Bahnen mit Preußen, Sachsen und Hessen am 1. April 1893 die Mitteleuropäische Zeit (MEZ) ein.
Durch Reichsgesetz vom 12. März 1893 ist diese Zeitrechnung auch für das gesamte bürgerliche Leben angeordnet worden; seither ist als gesetzliche Zeit in Deutschland die mittlere Sonnenzeit des 15. Längengrades östlich von Greenwich definiert. Dieser Meridian liegt etwa sechs Zeitminuten östlich von Berlin auf der Linie Stargard - Sorau - Görlitz - Gmünd (Niederösterreich). Für das damalige Deutsche Reich ergaben sich Zeitverschiebungen gegenüber der vorher gültigen Ortszeit von 31 Minuten an der Ost- und 36 Minuten an der Westgrenze.
Jahrzehnte später kam es erneut zu heftigen Auseinandersetzungen über die Zeit, als vor allem Bahn und Post die

24-Stunden-Zählung einzuführen gedachten. Bis dahin war auf die zwölfte Stunde stets wieder eine erste gefolgt, mittags ebenso wie um Mitternacht. Daß es »dreizehn schlagen« könnte, hatte immer als Inbegriff des Unmöglichen gegolten.
In den Fahrplänen wurden die Minuten unterstrichen, wenn sich die Zeitangabe auf die zweite Tageshälfte beziehen sollte. Diese Unterscheidungsweise gab indessen immer wieder zu Verwechslungen Anlaß und bedurfte dringend einer Änderung.
Während die Einführung der Einheitszeit im Jahre 1893 mit einmaligem Umstellen der Uhren als erledigt betrachtet werden konnte, besteht bei der Stundenzählung noch heute in der Umgangssprache die alte Gepflogenheit neben der amtlichen 24-Stunden-Zählung, die bei der Deutschen Reichsbahn, der Reichspost und der Wehrmacht am 15. Mai 1927 um null Uhr eingeführt wurde. Gerade über der Null erhitzten sich jedoch die Gemüter.
Unlogisch erschien, daß mit 0 Uhr und 24 Uhr praktisch der gleiche Moment bezeichnet werden sollte. Das Argument, es könne eine Stunde Null nicht geben, weil seit Erschaffung der Welt die Zeit nicht stillstehe, war dagegen weit aus dem Philosophischen hergeholt. Mit einer salomonischen Deutung beendete schließlich die Deutsche Reichsbahn die Diskussionen: »... Die Abfahrtzeit genau um Mitternacht wird mit 0.00 Uhr, die Ankunftzeit genau um Mitternacht mit 24.00 Uhr bezeichnet... Die Kennzeichnung durch Unterstreichen der Minutenziffern fällt damit fort.«
In England blieb die alte Regelung noch Jahrzehnte erhalten; erst ab Sommer 1964 galt auch für die Britischen Eisenbahnen einheitlich die 24-Stunden-Zählung.
Eine mehr technische Aufgabe erwuchs aus der Forderung, die allgemein verbindliche Zeit in jedem Moment genau zu ermitteln und auf allen Bahnhöfen übereinstimmend anzuzeigen. So verfügte die Deutsche Reichsbahn bereits in den dreißiger Jahren in Berlin über eine eigene Zeitdienststelle, der jeden Morgen genau um 4.00 Uhr von der Sternwarte Potsdam-Babelsberg die Mitteleuropäische Zeit exakt übermittelt wurde. Vier Stunden später ging dann von der bahneigenen Zeitdienststelle über das Diensttelegraphennetz das Zeitzeichen »MEZ« an alle angeschlossenen Reichsbahndienststellen zwischen Königsberg und Karlsruhe. Die Uhren wurden daraufhin meist manuell nachgeregelt. Auf sämtlichen Bahnhöfen in Berlin erfolgte jedoch die Regulierung bereits automatisch.
Die Deutsche Bundesbahn bezieht, auch für die Österreichischen Bundesbahnen, die von einer Caesiumuhr gelieferte Normalzeit vom Zeitsender DCF 77 in Mainflingen bei Frankfurt am Main. Derartige Uhren benützen hochkonstante, von Umweltfaktoren unbeeinflußbare Vorgänge im Inneren von Atomen zur Zeitmessung.
Der Zeitsender von Mainflingen wird von der Deutschen Bundespost betrieben und von der Physikalisch-Technischen Bundesanstalt in Braunschweig gesteuert. Die Zeitzentrale der Bundesbahn in Hamburg empfängt die Signale dieses Senders über Funk und steuert danach die nachgeordneten Anlagen über Fernschreibleitungen.
Die Uhrensteuerzentrale der Bundesbahn in Hamburg erhält die Zeit auf Hundertstelsekunden genau; von dort werden die Hauptuhren in den drei Großnetzknoten Essen, Frankfurt (Main) und Nürnberg auf drei Hundertstel-, in den übrigen sieben Städten mit Sitz einer Bundesbahndirektion auf acht Hundertstelsekunden genau gesteuert. Die Uhren-Hierarchie setzt sich bis in den entlegensten Bahnhof fort. Mit rund 40 000 Uhren verfügt die Deutsche Bundesbahn über eine der größten und genauesten Zeitdienstanlagen Europas.
Zu jeder vollen Minute liefert die übergeordnete Uhr einen Impuls an die nachgeordneten. Eine Regeleinrichtung vergleicht jeweils, ob der Impuls eintrifft, bevor oder nachdem der eigene Uhrzeiger die volle Minute erreicht hat; danach wird das Uhrwerk elektromagnetisch um eine Winzigkeit beschleunigt oder verzögert, bis sich der Vorgang umkehrt. So pendelt der Gang des Uhrwerkes wie ein Waagebalken ständig um die absolut genaue Zeit.
Unabhängig von der übrigen Uhrensteuerung läuft dagegen der Sekundenzeiger in den Bahnhofsuhren. Er wird von

Links außen: Ballonsignal und Bahnwärter um 1850; die unterschiedliche Position des Korbes am Mast entsprach den verschiedenen Signalbegriffen.
Links: Optischer Telegraph und Läutewerk vor einem Wärterhaus der Berlin – Görlitzer Eisenbahn 1862
Rechts: Läutewerk, entwickelt von Werner Siemens im Jahre 1847. Siemens-Museum, München
Rechts außen: Jahrzehntelang dienten Läutewerke zur akustischen Zugmeldung, wie hier noch vor wenigen Jahren an einem Schrankenposten bei Herleshausen an der Strecke Gerstungen – Wartha – Eisenach. Die Schweizer Bahnen benützen Läutewerke noch heute.

einem kleinen, in der Uhr selbst eingebauten Synchronmotor mit Hilfe der relativ konstanten Frequenz des Wechselstromnetzes gesteuert. Dabei ist er so eingerichtet, daß er den Weg über das Zifferblatt bereits nach rund 58 Sekunden vollendet hat; auf der vollen Minute wird er die restliche Zeit über angehalten, bis der Minutenzeiger weitergesprungen ist. So läßt sich die Sekundenanzeige zahlreicher Uhren auch in größeren Netzen auf einfache Weise synchronisieren.
Ursprünglich bildete die Zeit auch den entscheidenden Sicherheitsfaktor im Ablauf des Zugbetriebes. Um mit einiger Wahrscheinlichkeit auszuschließen, daß ein Zug den vorausgefahrenen einholt, mußten bei der Zugfolge stets bestimmte Zeitintervalle eingehalten werden. Mit dem raschen Anwachsen des Verkehrs erschienen jedoch bald technische Sicherungsmaßnahmen erforderlich, womit der Zeitabstand durch einen Raumabstand ersetzt wurde.

Die Anfänge der Signaltechnik

Die Gefahren, die eine nur zeitlich geregelte Zugfolge mit sich brachte, erhöhte nicht gerade die Sympathien für das junge Verkehrsmittel Eisenbahn. Verhältnismäßig oft blieb eine Lokomotive auf der Strecke liegen, entgleiste ein Wagen oder gab es aus anderen Gründen unvorhersehbaren Aufenthalt unterwegs. Nicht immer konnte der folgende, nach einiger Zeit auf die Fahrt geschickte Zug rechtzeitig zum Stehen gebracht werden. Die Forderung nach geeigneten Sicherungsvorkehrungen wuchs mit der Ausdehnung des Verkehrs.
Den ersten und zugleich den entscheidenden Schritt für die Zugsicherung bildete der Übergang zum Raumabstand: Jede Strecke wurde in Abschnitte eingeteilt, die meist von einem Bahnhof bis zum nächsten reichten. In jedem dieser Abschnitte durfte sich immer nur *ein* Zug befinden. Erst wenn er die nächste Station erreicht hatte, durfte der nächste folgen. Dieses Prinzip ist bis heute Grundlage des Eisenbahnsicherungswesens geblieben. Zunächst mußten jedoch zwischen den benachbarten Stationen geeignete Verständigungsmöglichkeiten geschaffen werden. Dazu dienten zunächst hohe Semaphore mit Signalballons, -körben oder -flügeln, die sich auf einige Entfernung noch erkennen ließen; bei größeren Distanzen wurden die Zeichen durch die Bahnwärter entlang der Strecke wiederholt. Ballonsignale wurden 1832 auf der Newcastle & Frenchtown Railroad in Nordamerika erstmals angewandt. Je nach Position des Balles oben oder unten am Mast bedeutete das Signal »Fahrt« oder »Halt«.
Zur elektromagnetisch gesteuerten Auslösung von Läutewerken auf Zwischen- und Nachbarstationen wurde die Elektrotechnik erstmals dem Eisenbahnbetrieb nutzbar gemacht. Werner Siemens entwickelte 1847 derartige Läutewerke, die in Deutschland mehr als hundert Jahre lang benützt wurden, um eine bevorstehende Zugfahrt den beteiligten Betriebsstellen anzukündigen. Üblich war eine bestimmte Anzahl Glockenschläge, meist fünf in der einen, zweimal fünf in der anderen Richtung. In der Schweiz werden noch heute Läutewerke benützt, während bei der Deutschen Bundesbahn die entsprechenden Signale über den Streckenfernsprecher übermittelt, die fernmündlich erfolgenden Zugmeldungen von Magnettongeräten aufgezeichnet und für einige Zeit gespeichert werden.
Auch der von Samuel Morse 1837 in Amerika erfundene Telegraph fand bei den Eisenbahnen rasche Verbreitung; in Deutschland benützten ihn 1849 als erste die Hannoverschen Staatseisenbahnen. Bis über die Mitte des zwanzigsten Jahrhunderts hinaus beruhten die Zugmeldeverfahren bei den meisten Eisenbahnen, auch in Deutschland, noch auf telegraphischer Verständigung der benachbarten Betriebsstellen mit Hilfe von Morseapparaten. Ziffern und Buchstaben wurden dabei durch die Punkt-Strich-Kombinationen des Morsealphabetes auf einem Streifen in der sendenden und der empfangenden Stelle aufgezeichnet.

Als kurzlebiger erwiesen sich andere Geräte, die mit Hilfe des elektrischen Stromes zur Nachrichtenübermittlung dienen sollten, so auch der erstmals 1843 von William Fardely aus Mannheim auf den Rheinischen Eisenbahnen und ein Jahr später auf der Taunusbahn zwischen Frankfurt am Main und Höchst eingeführte Zeigertelegraph. Bei der Anhaltischen Bahn ging zwischen Berlin und Potsdam am 6. Juli 1847 der erste Bahntelegraph in Betrieb. Er war von Werner Siemens entwickelt worden, der später den Zeigertelegraphen wesentlich verbesserte und 1856 ein Patent dafür erhielt. Sein Hauptmangel bestand darin, daß die übertragenen Nachrichten nicht selbsttätig aufgezeichnet wurden, sondern Buchstabe für Buchstabe mit der Hand niedergeschrieben werden mußten. Hier bildeten der 1855 erfundene Hughesschreiber und später der Hellschreiber einen entscheidenden Fortschritt. Diese Geräte druckten bereits Klartext auf einen Streifen, der nur in passende Längen zerschnitten und zeilenweise auf den Telegrammvordruck aufgeklebt zu werden brauchte. Derartige Streifenschreiber werden bei zahlreichen Bahnen noch heute für die innerbetriebliche Nachrichtenübermittlung benützt. Daneben brachte die Einführung des Spring- oder Blattschreibers wesentliche Erleichterungen sowie eine Beschleunigung der Nachrichtenübertragung auf 300 Zeichen in der Minute; diese Geräte können wie Schreibmaschinen bedient werden.

Die Aufgeschlossenheit der Eisenbahn für den technischen Fortschritt auf allen Gebieten wird auch an der raschen Einführung des Telefons deutlich. Am 14. Februar 1876 hatte der Amerikaner Alexander Graham Bell in Washington seinen elektromagnetischen Fernhörer zum Patent angemeldet, und Besucher der Weltausstellung in Philadelphia konnten schon wenig später zum ersten Mal über zwei dünne Drähte »fernsprechen«. Die kleine Sensation machte Schlagzeilen rund um die Welt und erreichte in Berlin auch den damaligen deutschen Generalpostmeister Heinrich von Stephan, der umgehend zwei Bell-Apparate aus Amerika kommen ließ und Siemens den Auftrag zum Nachbau erteilte. Nur zwei Jahre

Oben: Zeigertelegraph von Werner Siemens aus dem Jahre 1856. Siemens-Museum, München
Unten: Weitaus größere Verbreitung fand der Telegraph von Samuel Morse, den auch die Deutsche Bundesbahn noch in den fünfziger Jahren zur Zugmeldung benützte. Siemens-Museum, München

nach Bells Erfindung und noch vier Jahre bevor in Berlin das erste öffentliche Fernsprechamt mit 48 Teilnehmern eingeschaltet wurde, hatten sich bereits die Niederschlesisch-Märkischen Eisenbahnen und die Magdeburg-Halberstädter Eisenbahn die Erfindung zunutze gemacht.
Die Eisenbahnen in Deutschland erwiesen sich auch bei der Weiterentwicklung der Fernsprechtechnik als fortschrittlich. In Preußen wurde 1902 der Streckenfernsprecher eingeführt, ein Jahr später bestand in Erfurt bereits das erste Direktionsfernsprechnetz mit Ortsbatterie-Klappenschränken. In Karlsruhe nahmen die Badischen Staatsbahnen 1912 die erste Bahn-Selbstanschluß-Anlage – bis heute kurz »Basa« genannt – in Betrieb; dreihundert Teilnehmer konnten angeschlossen und durch Selbstwahl erreicht werden. Vier Jahre später kam zu dieser Anlage bereits die automatische Fernwahl im Bahnnetz hinzu.
Um 1930 setzte, nachdem brauchbare Fernmeldekabel für größere Reichweiten zur Verfügung standen, ein lebhafter Ausbau der Basa-Telefonie ein. Schon 1927 war von der Deutschen Reichsbahn in Würzburg als erster der Welt ein vollautomatischer Verstärker in Betrieb genommen worden; jedes Dienstgespräch etwa zwischen München und Berlin lief seither ohne Mitwirkung einer Handvermittlung über den Würzburger Verstärker, so daß einwandfreie Verständigung der Basa-Gespräche trotz der großen Entfernung gewährleistet war.
Um die Leitungen besser ausnutzen zu können, wurde bei der Eisenbahn schon 1931 zum ersten Mal die Trägerfrequenztechnik angewandt. Während des Zweiten Weltkrieges erreichte dann das Basa-Netz der Deutschen Reichsbahn seine größte Ausdehnung. Zeitweise ließen sich im Bahnnetz selbstgewählte Gespräche von Rostow am Don bis nach Paris und Bordeaux führen. Auch heute sind die europäischen Eisenbahnen mit ihren betriebsinternen Fernsprechnetzen so verbunden, daß Gespräche über zahlreiche Staatsgrenzen hinweg ohne Inanspruchnahme einer Handvermittlung gewählt werden können.
Die in großem Umfang erst in jüngster Zeit geschaffene Möglichkeit, aus dem Fernsprechnetz der Post zu Nebenstellen großer Teilnehmer durchzuwählen, gab es bei der Eisenbahn erstmals schon 1928, als die Fernsprechanlage der Reichsbahndirektion Karlsruhe entsprechend ausgerüstet worden war.
Obwohl gerade die sehr frühzeitige Einführung nachrichtentechnischer Neuerungen und der ständige Zwang zur Sparsamkeit dazu geführt haben, daß sich manche Bahn heute mit alter, zum Teil sogar veralteter Technik behelfen muß, fehlen auch in den bahneigenen Fernmeldenetzen modernste Vermittlungs- und Übertragungseinrichtungen nicht. So werden immer mehr Ferngespräche über Richtfunk drahtlos übertragen, Leitungen und Funkkanäle vielfach ausgenutzt, wobei in neuester Zeit auch die Datenübertragung zu zentralen elektronischen Großrechenanlagen eine Ausweitung der Aufgaben mit sich brachte.
Als neueste nachrichtentechnische Entwicklung führen gegenwärtig mehrere europäische Eisenbahnen den von AEG-Telefunken zusammen mit der Deutschen Bundesbahn entwickelten Zugbahnfunk ein. Er muß aus Sicherheitsgründen unvergleichlich höheren Anforderungen entsprechen als die seit langer Zeit üblichen Funkeinrichtungen bei Polizei, Feuerwehr, Sanitätsdienst und Taxiunternehmen. Insbesondere muß jeder Zug durch Wahl seiner Kennummer selektiv gerufen werden können, ohne daß die übrigen Züge im gleichen Sendebereich mithören, die Lokomotivführer gestört werden und die Gefahr von Mißverständnissen über betriebliche Anweisungen entsteht. Bei der Deutschen Bundesbahn sind bereits die wichtigsten Hauptstrecken und die dort eingesetzten Lokomotiven mit Zugbahnfunk ausgerüstet. Damit besteht lückenlose Verbindung zwischen den ortsfesten Betriebsstellen und den fahrenden Zügen unterwegs. Ende 1983 waren über 15 000 Kilometer sowie rund 9000 Lokomotiven und Triebwagen mit Zugbahnfunk ausgerüstet. Das entspricht dem Teil des Netzes, das mit großer Wahrscheinlichkeit auch künftig erhalten bleibt. Für die gleiche Technik haben sich bisher auch die Bahnen Österreichs, Jugoslawiens, Englands und Spaniens entschieden.
Im Gegensatz zu diesem innerdienstlichen »Zugbahnfunk« steht der »Zugpostfunk« in den deutschen Trans-Europ-Expreß- und Intercity-Zügen dem Publikum für Gespräche mit dem öffentlichen Fernsprechnetz der Post zur Verfügung. Bis 23. Mai 1982, als die Bundesbahn ihre »Zugsekretariate« aufgab, vermittelte die Zugsekretärin alle Gespräche, seit 1978 durch Selbstwahl. Am 19. Mai 1980 wurde der erste Münz-Funkfernsprecher vorgestellt, der seit März 1983 zum Standard der TEE- und IC-Züge gehört. Ein Telefondienst war von der Deutschen Reichsbahn erstmals am 7. Januar 1926 in den D-Zügen zwischen Hamburg und Berlin eingeführt worden. Nach dem Zweiten Weltkrieg nahm ihn die Deutsche Bundesbahn am 1. Oktober 1955 in den Fernschnelltriebwagen 31 und 32 »Rhein-Main« zwischen Frankfurt (Main) und Dortmund wieder auf.

Die Sprache der Signale

Mit der Funkverbindung zwischen den ortsfesten Betriebsstellen und den fahrenden Zügen besteht nach mehr als 150 Jahren Eisenbahnbetrieb jetzt erstmals eine unmittelbare Verständigungsmöglichkeit zwischen dem Strecken- und dem Zugpersonal. Trotzdem werden dem Lokomotivführer die für seine Fahrweise maßgebenden Informationen nach wie vor fast ausschließlich durch eine Zeichensprache von Signalen entlang der Strecke übermittelt. Der Begriff »Signal« erscheint in Deutschland zum ersten Mal in der Eisenbahn-Signalordnung vom 5. Juli 1892. Zuvor war im gleichen Sinn immer von Telegraphen die Rede. Nach dem »Bahnpolizeireglement für die Eisenbahnen Deutschlands« vom 4. Januar 1875 mußten die Bahnhöfe gegen die freie Strecke durch »Bahnhofabschluß-Telegraphen« – Einfahrsignale – abgeschlossen gehalten und durften nur für die Einfahrt der Züge geöffnet werden. Als Ausfahrsignale wurden »Perron-Telegraphen« um 1880 auf Hauptbahnen allgemein eingeführt.
Hauptsignale können mindestens die Begriffe »Halt« und Fahrt« zeigen, wobei sich die zur Anzeige benützten Signalmittel wie auch die Zeichen selbst von Land zu Land unterscheiden. Bei den älteren, mechanischen Signalen bedeutet in der Regel ein schräg nach oben oder unten gerichteter Flügel – bei Nacht ein grünes Licht – »Fahrt«, während ein waagerechter Flügel – bei Nacht ein rotes Licht – »Halt« anzeigt. Zu grünen und roten kommen gelbe, bei manchen Bahnen auch weiße und blaue Lichtpunkte hinzu; ferner wird außer dauernd leuchtendem auch blinkendes Licht verwendet. Damit lassen sich die »Fahrt«-Begriffe modifizieren und mit dem Signalsystem vor allem Aussagen über die im folgenden Streckenabschnitt zulässigen Geschwindigkeiten verbinden. Wegen der langen Bremswege von Eisenbahnzügen müssen die Begriffe der Hauptsignale schon im Bremswegabstand vorher durch Vorsignale angekündigt werden. Ein Vorsignal in Warnstellung bedeutet »Halt erwarten«. Um am »Halt« zeigenden Hauptsignal zum Stehen zu kommen, muß der Lokomotivführer eines mit voller

DB
01128

Geschwindigkeit fahrenden Zuges den Bremsvorgang spätestens am Vorsignal einleiten. Als Vorsignale wurden bis zur Einführung von Lichtsignalen vorwiegend runde oder eckige Scheiben benützt, die sich waagerecht stellen oder zusammenklappen, wenn das zugehörige Hauptsignal auf »Fahrt« gezogen wird. Am Vorsignal bedeutet in den meisten Ländern gelbes Licht »Halt erwarten«, grünes Licht »Fahrt erwarten«. In Schweden kündigt grünes Blinklicht ein Hauptsignal in Haltstellung an, während »Fahrt erwarten« dort durch ein weißes Blinklicht signalisiert wird. Ähnliche Signalisierung mit weißem und grünem Licht benützten die Bayerischen Staatseisenbahnen bis 1921. Grünlicht als Warnsignal war zunehmend als bedenklich angesehen worden. Mechanische Flügel- und Scheibensignale sind in allen älteren Anlagen nach wie vor weit verbreitet; neu werden dagegen heute fast nur noch Lichtsignale eingebaut. Sie zeigen auch bei Tag die gleichen farbigen Lichtzeichen wie die Formsignale bei Nacht.

Ein großer Teil der Eisenbahnsignale drückt unveränderlich stets denselben Begriff aus und besteht dafür lediglich aus feststehenden Tafeln oder Scheiben: Langsamfahrsignale vor Baustellen oder vor Gleisabschnitten, die dauernd mit verminderter Geschwindigkeit befahren werden müssen, ferner Läute- und Pfeiftafeln, Signale für elektrische Triebfahrzeuge sowie zahlreiche Nebensignale. In der Signalordnung jeder Bahn werden auch die Spitzenbeleuchtung der Lokomotiven und die Kennzeichnung des letzten Wagens durch Schlußscheiben oder Schlußlampen, die Pfeifsignale der Lokomotiven und die mit der Trillerpfeife gegebenen Signale des Rangierpersonals genau festgelegt. In älteren Anlagen wird noch die Stellung der Weichen durch nachts beleuchtete Weichenlaternen angezeigt, um vom Stellwerk aus die Prüfung des Fahrweges durch Augenschein zu ermöglichen; in neuzeitlichen Anlagen erfolgt die Fahrwegprüfung durch technische Einrichtungen selbsttätig, so daß die Weichensignale mehr und mehr verschwinden. Besondere oder zusätzliche Signale gelten für Rangierfahrten, soweit nicht Zug- und Rangierfahrten – wie vor allem in den angelsächsischen Ländern – sicherungstechnisch gleich durchgeführt werden.

Zum Anhalten von Zügen im Notfall wurden schon frühzeitig die verschiedensten und zum Teil kuriose Signalmittel eingeführt. Neben rotem Licht, Haltscheiben oder Signalflaggen dienen hierzu noch heute Knallkapseln, die auf den Schienen befestigt werden. Der Lokomotivführer kann den Knall der Explosionen nicht überhören; dieser Knall signalisiert »Gefahr« und verlangt sofortige Schnellbremsung. Knallsignale wurden schon 1840 in England von August Chevalier vorgeschlagen und zunächst nur von der London – Birmingham-Railway aufgegriffen. Sie hatten vor allem Berechtigung, als noch im Zeitabstand gefahren wurde und liegengebliebene oder langsam fahrende Züge von rückwärts nicht signaltechnisch gesichert waren. Damals bildete das Knallsignal ein wirksames Mittel, einen Zug zu warnen, wenn der vorhergehende unterwegs liegengeblieben war. Bei der Deutschen Bundesbahn ist das Knallsignal erst 1983 stillschweigend abgeschafft worden. Die wichtigsten Eisenbahnsignale ähneln einander bei aller Verschiedenheit im Detail doch in nahezu sämtlichen Ländern der Welt. Dabei geht die Grundform der Flügelsignale auf die bei der englischen Marine des 19. Jahrhunderts üblichen »Telegraphen« zurück.

Linke Seite: »Ausfahrt frei« aus dem Bahnhof Kulmbach für den D-Zug nach Hof. Hier fuhren die letzten mit Kohle gefeuerten Schnellzug-Dampflokomotiven der Deutschen Bundesbahn.
Oben: Noch gehören Flügelsignale zum alltäglichen Bild der Eisenbahn. In modernen Stellwerksanlagen treten jedoch Lichtsignale an ihre Stelle. Bis zur Inbetriebnahme kennzeichnet sie ein weißes Kreuz als noch nicht gültig.
Rechts: »Fahrt« und »Fahrt erwarten« zeigen diese beiden Formsignale der Schweizerischen Bundesbahnen an: unter dem schräg nach oben gerichteten Flügel des Hauptsignals die waagerecht gestellte Scheibe des Vorsignals.
Nächste Doppelseite: Lichterspiel der Signale

Vom Wärtersignal zum Gleisbildstellwerk

Die Signale wurden anfangs an Ort und Stelle durch Bahnwärter mit der Hand bedient. Die Wärter hatten sich über bevorstehende Zugfahrten untereinander

Oben: Auch unscheinbare Lichter können Signalbedeutung haben: Die drei Lampen an der Lokomotive kennzeichnen die Spitze des Zuges bei Nacht. Im Vordergrund eine Weichenlaterne.
Rechte Seite oben: Die frühere Stellwerkstechnik erforderte in größeren Bahnhöfen zahlreiche oft nur kleine Stellwerke – wie dieses inzwischen abgerissene in Stuttgart-Zuffenhausen –, damit die Wärter ihren Stellbezirk stets überblicken konnten.
Unten: Mechanisches Stellwerk in Bad Oeynhausen aus dem Jahre 1913

zu verständigen und die Signale entsprechend zu stellen. Als sich die Bahnhofsanlagen immer mehr ausdehnten, erschien eine räumliche Zusammenfassung der Stellhebel für Weichen und Signale unumgänglich, um den Betriebsablauf zu beschleunigen, aber auch die Gefahr von Mißverständnissen zu vermindern und damit die Sicherheit zu erhöhen. Wirkliche Sicherheit ließ sich freilich erst erreichen, als fehlerhafte Signalbedienung mit technischen Mitteln verhindert werden konnte.

Den ersten bekannten Versuch in dieser Richtung unternahm 1841 der Engländer Charles Hutton Gregory auf der London and Croydon Railway. Er brachte die Stellvorrichtung zweier unmittelbar benachbarter Signale, die nicht gleichzeitig gezogen werden durften, in wechselseitige Abhängigkeit. Ebenfalls in England verband Atkinson 1852 bei der Manchester, Sheffield & Lincolnshire Railway erstmals eine Weiche mit dem daneben stehenden Signal, so daß ein bestimmtes Signalbild nur bei entsprechender Weichenstellung gezeigt werden konnte. Das erste Stellwerk baute der Franzose Vignier von der Ouest schon 1855 auf der französischen Westbahn ein. Dennoch wird meist der Engländer John Saxby als Erfinder des Stellwerkes bezeichnet; er erhielt im Jahre 1856 ein Patent auf seine Vorrichtung, Weichen- und Signalhebel durch Verschlüsse in gegenseitige Abhängigkeit zu bringen, so daß Fahrtsignale nur bei richtiger Stellung aller Weichenhebel gestellt werden konnten. In ausgedehnteren Anlagen wurden die Stelleinrichtungen für Weichen und Signale in »Zentralapparate« zusammengefaßt, wobei die Verbindung zu den Weichen durch Rohrgestänge, zu den Signalen durch Drahtzüge erfolgte. Hierbei wurden umfangreichere und kompliziertere Abhängigkeiten erforderlich; das erste Verschlußsystem für eine solche Anlage entwarf 1859 Austin Chambers.

Während in England, Amerika und Frankreich Zug- und Rangierfahrten gleich behandelt und dementsprechend auch die Stellwerke gebaut wurden, entfernte sich die Entwicklungslinie in Deutschland um 1870 von dieser Richtung, da die deutschen Eisenbahnen nur die Zugfahrten signaltechnisch sicherten und den Rangierbetrieb frei ablaufen ließen. Voraussetzung hierfür waren besondere konstruktive Vorkehrungen an den Weichen, um bei Rangierfehlern eine Beschädigung der Verschlüsse zu vermeiden. Während in England die Weichen über Gestänge gestellt werden, setzte sich in Deutschland schon sehr bald ein Doppeldrahtzug durch, der Übereinstimmung zwischen der Lage der Stellhebel und der Drahtzugantriebe gewährleistet. Signale werden in England noch heute durch einen einfachen Draht auf »Fahrt« gezogen; bei Drahtbruch fällt der Signalflügel zwar ohne besondere Einrichtung von selbst in die Haltstellung zurück, dieser Sicherheits- und Betriebsvorteil setzt aber Vorkehrungen voraus, damit nicht auch Unbefugte das Signal durch Ziehen am Draht stellen können. Hierzu dienen die Verschlußschieber an jedem Weichenantrieb, die verhindern, daß ein Signal bei falsch gestellter Weiche auf »Fahrt« gezogen werden kann. Die Verbindung der Verschlußschieber mit den Weichenantrieben ergab in England ein über den gesamten Bahnhofsbereich ausgedehntes Verschlußregister. Das deutsche System konnte dagegen von Übereinstimmung zwischen Hebelstellung und Außenanlage ausgehen. Damit ließen sich die Verschlußeinrichtungen im Stellwerk zusammenfassen und einfachere, übersichtlichere und größere Stellwerke bauen, während ihre Zahl auch in großen Bahnhöfen geringer bleiben konnte. So wurde die Entwicklung der Signaltechnik in Deutschland in eine andere Richtung gelenkt.

Zunächst hatten die Bahngesellschaften ihren Bedarf an Nachrichten- und Signaleinrichtungen in eigenen Werkstätten gedeckt. Zwischen 1860 und 1870 expandierte der Signalbau zu industriellen Dimensionen. Zuerst begann in England John Saxby, der zusammen mit seinem Kollegen John Stinson Farmer das wenige Jahre später bereits weltbekannte Unternehmen Saxby & Farmer gegründet hatte, mit der Fertigung von Stellwerken. Dabei verbesserte er mehrfach die Verschlußabhängigkeiten und lieferte 1860 das erste Stellwerk mit einem Verschlußregister. Stellwerke nach Saxby & Farmer wurden in zahlreichen Ländern der Welt in Lizenz gebaut, bis sich – wie in Deutschland um 1870 – eigenständige Unternehmen

diesem Gebiet zuwandten und bei der Lösung der Aufgaben zum Teil andere Wege gingen.
Dem ersten Stellwerk in Deutschland, von den Braunschweigischen Eisenbahnen für den Bahnhof Börßum in Auftrag gegeben und 1868 von der Köllnischen Maschinenbauanstalt in Bayenthal gebaut, lagen noch Lizenzen von Saxby & Farmer zugrunde. Auch das erste Stellwerk Amerikas, das 1870 in Betrieb ging, stammte von dem englischen Unternehmen, dessen Anlagen in Amerika weite Verbreitung fanden und dort von zahlreichen Herstellern ebenfalls in Lizenz gebaut wurden.
Die starke Ausdehnung der Eisenbahnnetze ließ den Signalbau rasch aufblühen; in Deutschland bestanden 1900 nicht weniger als zwanzig Signalbauanstalten, die durchweg ihre eigenen Konstruktionen lieferten. Die deutschen Länderbahnen drängten jedoch seit 1907 vor allem auf Betreiben Preußens auf Vereinheitlichung; die ersten sechs Einheitsstellwerke konnten 1911 in Auftrag gegeben werden. Unter Berücksichtigung der damit gewonnenen Erfahrungen wurde nach dem Ersten Weltkrieg eine endgültige Einheitsbauart für mechanische Stellwerke festgelegt. Für den Export baute die deutsche Signalindustrie eine Bauart, die je nach Bedarf für das englische oder das deutsche Verschlußsystem ausgelegt werden konnte. Im Laufe der Zeit mußten die Stellwerke immer neuen Forderungen des Betriebes folgen, die zwar durch ausgeklügelte Mechanik ebenfalls erfüllt wurden, jedoch den Einsatz fremder Kraft nahelegten. Obwohl die mechanische Stellwerkstechnik seit mehreren Jahrzehnten überholt ist, haben sich bis heute in aller Welt zahlreiche Stellwerke dieser Bauformen im Betrieb erhalten. Zur Ablösung der Muskelkraft hatte zunächst die Schwerkraft von Gewichten gedient; damit konnten Signale, ähnlich wie die Läutewerke durch einen elektrischen Impuls ausgelöst, sogar ferngesteuert werden. Um 1870 wurden derartige Uhrwerkantriebe in Österreich, später auch in der Schweiz und sogar in Amerika benützt.
Das erste regelrechte Kraftstellwerk entwickelte die deutsche Signalbauanstalt Schnabel & Henning in Bruchsal 1870. Mit den auch in mechanischen Anlagen üblichen Hebeln wurden Schieber bewegt, die in einem wassergefüllten Rohrsystem die entsprechenden Leitungen unter Druck setzten und damit Weichen und Signale hydraulisch steuerten. Die Anlage wurde 1873 auf der Weltausstellung in Wien gezeigt. Auf dem Lehrter Bahnhof in

Berlin war von 1881 bis 1885 ein hydraulisches Stellwerk in Betrieb, bewährte sich jedoch nicht. In Ländern wie Italien, Spanien, Südfrankreich, Indien und Südafrika, in denen die Frostgefahr keine gravierende Rolle spielt, fanden Druckwasserstellwerke größere Verbreitung. Auch die von George Westinghouse in den USA 1881 gegründete Union Switch and Signal Company begann ihre Fertigung mit zwei hydraulischen Stellwerken. Druckluft benützte das erste amerikanische Kraftstellwerk, das schon 1876 in Mantua bei Philadelphia im amerikanischen Bundesstaat Pennsylvania in Betrieb ging. Der Bahnhof Düsseldorf-Bilk erhielt 1900 von Scheidt & Bachmann ein Druckluftstellwerk. Wegen der geringen Reichweite der pneumatischen Steuerung wurde Druckluft dann meist nur noch zum Stellen der Weichen und Signale benützt, während die Steuerung elektrisch erfolgte. Das erste dieser elektropneumatischen Stellwerke baute Westinghouse in den USA 1891 ein. Dort, aber auch in England und Frankreich sowie einer Reihe anderer Länder, konnte sich diese Technik durchsetzen, während in Deutschland Carl Frischen im Berliner Signalwerk von Siemens & Halske die Entwicklung zum elektrischen Stellwerk lenkte. Werner Siemens selbst hatte in das Nachrichten- und Sicherungswesen der Eisenbahn einige fundamentale Erfindungen eingebracht: den elektromagnetischen Zeigertelegraphen, den Magnetinduktor und das elektromagnetisch gesteuerte Läutewerk. Unter Carl Frischen entstanden bei Siemens & Halske Schienendurchbiegungskontakte für zuggesteuerte Schaltvorgänge, isolierte Schienen zur Gleisfreimeldung, elektrische Signalflügelkupplungen und Weichenriegel, unter Frischens Nachfolger Robert Pfeil ab 1892 auch elektrische Weichen- und Signalantriebe. Damit waren die wichtigsten Schaltelemente und Steuerorgane für das elektrische Stellwerk geschaffen. Das erste war bereits 1891 auf der Internationalen Elektrotechnischen Ausstellung in Frankfurt gezeigt worden. In Betrieb ging 1894 die erste größere Anlage auf dem damals österreichischen Bahnhof Prerau der Kaiser-Ferdinands-Nordbahn, wobei zunächst auch parallele Entwicklungen der Wiener Siemens-Niederlassung zugrunde lagen, die bereits

Links oben: Ein altes englisches Flügelsignal
Links: Am englischen Weichenantrieb sind neben den Gestängen zu den Weichenzungen die Verschlußschieber erkennbar.
Rechts: Mechanisches Stellwerk in England

Hs

1892 zum Einbau einiger elektrischer Weichenantriebe auf dem Wiener Westbahnhof geführt hatten. Das erste in Berlin entwickelte Stellwerk dieser Technik lieferte Siemens & Halske 1896 für den Bahnhof Berlin-Westend. Während Weichen und Signale elektrisch gesteuert und gestellt wurden, blieb das Verschlußregister zur Herstellung der Sicherheitsabhängigkeiten den Forderungen der Eisenbahnen entsprechend mechanisch, so daß diese heute noch weit verbreitete Bauform als die elektromechanische bezeichnet wurde. Die ersten Anlagen erhielten Untertürkheim bei Stuttgart, Dresden und München sowie Bahnhöfe im Ausland.

Dabei lagen die Schalter in drei Reihen übereinander auf der Vorderseite eines schrankähnlichen Kastens. In der 1901 eingeführten nächsten Entwicklungsstufe wurden sie in *einer* Reihe auf einer horizontalen Platte angeordnet. Diese Einreihen-Bauform erreichte über eine Zwischenstufe von 1907 bereits fünf Jahre später derart weitgehende Vollkommenheit, daß sie 1943 mit nur geringfügigen Änderungen zur Einheitsbauform E 43 erklärt wurde. Da sich bei größeren Stellwerken die Bedienungsorgane nicht mehr in einer Reihe unterbringen ließen, wurden in ähnlicher Form Zwei-, Drei-, Vier-, Fünf- und in einer Sonderausführung für die Niederländischen Eisenbahnen sogar Siebenreihenstellwerke gebaut. Insgesamt bewährte sich diese Technik, mit der statt schwerer Hebel nur noch kleine Schalter zu bedienen waren, ausgezeichnet, so daß sie im In- und Ausland weite Verbreitung fand. Zum Teil wurde sie auch mit dem englischen Verschlußsystem kombiniert; damit lieferte die AEG, die 1902 den Stellwerksbau in ihr Fertigungsprogramm aufgenommen hatte, eine umfangreiche Anlage nach Oslo. Auch Narvik erhielt eine Stellwerksanlage von der AEG.

Mehrere englische Unternehmen und die amerikanische General Railway Signal Company entwickelten, obwohl Versuche in den USA bereits 1888, in Frankreich sogar 1887 begonnen hatten, erst nach der Jahrhundertwende in größerem Umfang elektrische Stellwerke. Analog zu den mechanischen Anlagen dieser Länder weichen sie von den deutschen ab.

Die Folgen des Ersten Weltkrieges und die Wirtschaftskrise der zwanziger Jahre überlebten die meisten kleineren Signalbauanstalten in Deutschland nicht. Neben Siemens & Halske und der AEG bauten zunächst noch Max Jüdel in Braunschweig als eines der ältesten Unternehmen sowie Orenstein & Koppel weiterhin Stellwerke. AEG und Jüdel gründeten mit Siemens 1928 die Vereinigten Eisenbahn-Signalwerke (VES), die 1943 ganz zur Siemens & Halske AG zurückkehrten. Vor allem Bahnübergangssicherungen bauen noch heute Scheidt & Bachmann sowie Pintsch, wo 1943 der Signalbau von Orenstein & Koppel fortgeführt worden war.

Nach dem Zweiten Weltkrieg nahm im westlichen Deutschland zunächst nur Siemens mit seinem Werk in Braunschweig den Signalbau wieder auf. Dann schaltete sich 1949 die C. Lorenz AG - seit 1958 Standard Elektrik Lorenz AG - in Entwicklung und Bau einer völlig neuen Stellwerkstechnik ein, der Gleisbild- oder Dr-Technik, so genannt nach Drucktasten, mit denen innerhalb eines schematisch dargestellten Gleisbildes alle Bedienungsvorgänge ausgelöst werden.

Tastendruck genügt

Heute bauen die meisten Eisenbahnen nur noch Stellwerke ein, bei denen nicht nur die Steuerung der Stellvorgänge sowie das Umstellen der Weichen und Signale selbst, sondern auch die gesamte Sicherungstechnik elektrisch aufgebaut ist. Besondere Sicherheitsschaltungen ersetzen mit elektrischen Schaltmitteln, vorwiegend Relais, die früher für unentbehrlich gehaltenen mechanischen Verschlußregister. Die Bedienung erfolgt von mosaikartig zusammengesetzten Gleisbildstelltischen oder -stelltafeln aus, auf denen die Gleisanlagen des Stell- und Überwachungsbereiches schematisch wiedergegeben sind. Entsprechend dem Betriebszustand wird dieses Gleisbild mehrfarbig ausgeleuchtet. In der Regel leuchten freie Gleisabschnitte gelb, belegte rot, »Halt«-Signale ebenfalls rot, »Fahrt«-Signale grün; die Stellung der Weichen läßt sich an der Ausleuchtung des geraden oder des abzweigenden Teiles erkennen. Den Symbolen der Weichen, Signale, Gleissperren und Fahrstraßen sind als Bedienungsorgane kleine Drucktasten zugeordnet. Sämtliche Stellvorgänge werden durch Druck auf die entsprechenden Tasten gesteuert.

Mit nur einer Bedienungshandlung kann eine einzelne Weiche gestellt, ebenso aber die Einstellung einer ganzen Fahrstraße eingeleitet werden: Alle Weichen stellen sich dann selbsttätig in die richtige Lage, der Flankenschutz wird hergestellt, die Fahrstraße festgelegt und schließlich das Signal auf »Fahrt« gestellt. Die Auflösung erfolgt durch den Zug selbst. Sobald eine Teilstrecke - vielfach nur eine einzelne Weiche - geräumt ist, wird sie bereits frei und für die Einstellung einer neuen Fahrstraße verfügbar. Da innerhalb festgelegter Fahrstraßen grundsätzlich keine Weiche umgestellt werden kann und bei früheren Anlagen die Auflösung erst erfolgt, wenn der Zug die Fahrstraße in ihrer gesamten Länge durchfahren hat, brachte die neue Stellwerkstechnik auch eine wesentliche Kapazitätssteigerung der Gleisanlagen. Anteil daran hat in erheblichem Umfang auch die Zentralisierung der Bedienungseinrichtungen. Früher mußte durch Augenschein geprüft werden, ob die für eine Zugfahrt vorgesehenen Gleise wirklich frei sind. Jeder Stellwerksbezirk konnte also nur so groß sein, daß er mit dem Auge noch zu überblicken war. In großen Bahnhöfen erforderte dies zahlreiche, aus Sicherheitsgründen in technischer Abhängigkeit voneinander stehende Stellwerke. An der Einstellung der Fahrstraßen hatten demnach meist mehrere Stellwerke mitzuwirken, was den Betriebsablauf vielfach hemmte. Nachdem es bei der neuen Technik des Blickes aus dem Fenster kaum noch bedarf, sondern die Überwachung allein über die Ausleuchtung des Gleisbildtisches erfolgt, sind der Ausdehnung von Stell- und Überwachungsbereichen kaum noch Grenzen gesetzt.

Seither erhalten immer mehr Großstadtbahnhöfe Zentralstellwerke, von denen aus der gesamte Betriebsablauf im Zusammenhang erfaßt und damit wesentlich wirkungsvoller gesteuert werden kann. Durch Einsparung der vielen Einzelstellwerke und ihres Bedienungspersonals ließen sich hohe Rationalisierungserfolge verbinden. Voraussetzung für die Realisierung einer derartigen, bereits in hohem Maß auto-

Überwachung und Steuerung des Betriebes konzentrieren sich in modernen Anlagen auf den Gleisbildstelltisch. Die farbige Ausleuchtung des Gleisplanes gibt jederzeit den Betriebszustand wieder. Durch Druck auf die innerhalb und am Rande des Gleisbildes angeordneten Tasten werden ganze Fahrstraßen gestellt. Die elektrischen Steuereinrichtungen verhindern jedoch automatisch den Vollzug jedes Kommandos, solange nicht sämtliche sicherungstechnischen Voraussetzungen erfüllt sind. Außerdem müssen stets zwei sinngemäß zusammengehörende Tasten gleichzeitig bedient werden.

Elektronischer Achszähler

matisierten Signaltechnik bildete die selbsttätige Gleisfreimeldung. Der Gleisstromkreis als eines ihrer Grundprinzipien geht bereits auf das Jahr 1872 und den Amerikaner William Robinson zurück. Die beiden Schienen eines Streckenabschnittes werden dabei gegeneinander und gegen Erde isoliert; eine am Ende des Abschnittes an beide Schienen gelegte Spannung läßt am Anfang des Abschnittes ein Relais anziehen. Sobald ein Fahrzeug in den Abschnitt einfährt, schließen seine Radsätze die als Leitung benützten Schienen kurz und lassen das Relais abfallen. Damit läßt sich vollkommen selbsttätig überwachen, ob ein Abschnitt frei oder belegt ist. Jedem Gleisabschnitt eines Bahnhofes wird ein eigenes Gleisrelais zugeordnet, so daß für den Betriebszustand der gesamten Anlage ein in technische Kriterien umgesetztes Bild entsteht. Es wird sowohl zur entsprechenden Ausleuchtung des Gleisbildtisches benützt als auch zur Herstellung aller für die Sicherheit erforderlichen Abhängigkeiten und Ausschlüsse. In den letzten Jahren wurden für die selbsttätige Gleisfreimeldung mehr und mehr auch elektromechanische und elektronische Achszähler eingesetzt; mit ihnen wird die Zahl der in einen Abschnitt ein- und daraus wieder ausfahrenden Achsen verglichen. Beträgt die Differenz Null, wird der Abschnitt freigemeldet, bleibt ein Rest, ist die Strecke noch belegt. Vollelektrische Stellwerke gab es in Deutschland zunächst auf einigen Rangierbahnhöfen, wo Ablaufstellwerke ein günstiges Versuchsfeld abseits vom Personenverkehr versprachen. Die erste Anlage entstand 1915 in Herne. Den ersten Gleisbildtisch mit kleinen aufgesetzten Hebeln baute die AEG 1923 für das Ablaufstellwerk Grünstraße der August-Thyssen-Hütte in Hamborn. Dann folgten 1925 das Ablaufstellwerk Hamm-Verschiebebahnhof West (Hvw) in Hamm (Westfalen) und ein weiteres in Oberhausen-Osterfeld Süd. Schon 1924 hatte die AEG mit diesem Tischhebelwerk mit Schaltspeicher auf der Eisenbahnausstellung in Seddin bei Berlin bei der internationalen Fachwelt großes Aufsehen erregt. In Wien baute Siemens & Halske 1925 die erste Anlage mit elektrischen Verschlüssen auch für Personenverkehrsgleise, ab 1929 für die S-Bahn in Hamburg. In Schweden stellte L. M. Ericsson 1926 das erste vollelektrische Stellwerk fertig, 1929 ging das erste Englands auf einem Londoner Bahnhof in Betrieb, im gleichen Jahr auch in den USA auf der Station Blue Island in Illinois und 1930 in Linndale, Ohio. Dabei erfolgte die Bedienung noch durch verschiedene Hebelsysteme, die zum Teil in die Bedienungstische integriert waren. Die mechanischen Verschlußregister waren durchweg von elektrischen Abhängigkeiten abgelöst worden. In Deutschland ergeben sich ab 1933 weitere Anwendungen im mitteldeutschen Braunkohlerevier.

Ähnlich wie früher bei den elektromechanischen Anlagen vollzog sich auch beim Gleisbildstellwerk die Entwicklung stufenweise und setzte sich schließlich aus einer Vielzahl mehr oder weniger selbständiger Komponenten zusammen. Die erste Gleistafel wurde in England schon 1905 auf der Station Mill Hill Park, in Deutschland 1913 auf der Hamburger Hochbahn eingebaut. Selbsttätige Gleisfreimeldeanlagen waren erstmals schon 1913 im Leipziger Hauptbahnhof eingebaut und im Zusammenhang mit der automatischen Streckensicherung 1919 in Berlin auf der S-Bahn-Strecke von Berlin-Potsdamer Vortbahnhof nach Yorckstraße erprobt worden. Die Einstellung einer ganzen Fahrstraße durch nur eine Bedienungshandlung war bereits bei einem in Frankreich kurz nach der Jahrhundertwende entwickelten elektromechanischen Stellwerk der Bauart Aster möglich gewesen; das erste rein elektrische Stellwerk baute hiermit die Siemens & General Electric Railway Signal Company 1933 für den englischen Bahnhof Thirsk; weitere folgten in Amerika. Diese Art der Bedienung eignete sich allerdings nicht ohne weiteres für deutsche Verhältnisse, weil hier zum Rangieren auch Weichen einzeln stellbar sein müssen. Die in Verbindung mit elektrischen Stellwerken heute ausschließlich benützten Lichtsignale wurden in Amerika schon 1905 zum ersten Mal eingesetzt. In Deutschland blieben sie lange Zeit auf die U- und S-Bahnen in Berlin und Hamburg beschränkt. Ihre

Einführung auch auf Fernbahnen wurde durch die Sichtbehinderungen ausgelöst, die von den Fahrleitungsmasten elektrifizierter Strecken ausgingen. Die ersten »Lichttagessignale« erprobte die Deutsche Reichsbahn 1925 auf der schlesischen Gebirgsbahn zwischen Ruhbank und Dittersdorf. Auf Betreiben der AEG wurden »Nurlichtsignale« Ende der zwanziger Jahre in Norwegen, Österreich und Italien eingebaut. Die beiden ersten unmittelbaren Vorläufer heutiger Gleisbildstellwerke waren noch während des Zweiten Weltkrieges entwickelt worden. Sie sollten auf den Bahnhöfen Berlin-Hermsdorf und Birkenwerder eingebaut werden; die Zeitereignisse zwangen jedoch zur Einstellung der Arbeiten. Kriegsbedingt kamen deshalb in Deutschland Gleisbildstellwerke erst Ende der vierziger Jahre zum Zug. Die Deutsche Bundesbahn nahm das erste am 12. Oktober 1948 in Düsseldorf-Derendorf in Betrieb; am 19. Januar 1950 folgte Landshut (Bayern), dann Wiesbaden und in den folgenden Jahren ein Stellwerk nach dem anderen. Ende 1983 waren allein bei der Deutschen Bundesbahn rund 1600 Anlagen in Betrieb, die von der Siemens AG und von der Standard Elektrik Lorenz AG gebaut wurden. Die Reichsbahn der DDR erhält Signalanlagen vom Werk für Signal- und Sicherungstechnik Berlin, aus der Sowjetunion und aus eigener Fertigung. In der Schweiz baut heute Integra in Wallisellen bei Zürich eigene Gleisbildstellwerke. Darüber hinaus bestehen weitere Fertigungen durch eigenständige Signalbauunternehmen in mehreren europäischen Ländern, vor allem in England, ferner in den USA, in Australien und im Ostblock.

Sicher ist sicher

Bei der Entwicklung der neuzeitlichen Stellwerke haben neben betrieblichen Verbesserungen, Erleichterungen für das Personal, Rationalisierung und Modernisierung vor allem Sicherheitsüberlegungen im Mittelpunkt gestanden. Nachdem das Mißtrauen gegenüber der elektrischen Sicherungstechnik überwunden war, zeigte sich, daß gerade sie die Sicherheit erheblich zu steigern vermochte. Das gesamte System ist so angelegt, daß sich Störungen stets nach der sicheren Seite hin auswirken, daß also ein Signal womöglich »Halt« zeigt, obwohl es »Fahrt« zeigen sollte, womit aber höchstens eine Verzögerung im Betrieb, jedoch keine Gefahr verbunden sein kann.
Grundsätzlich müssen, um einen Stellvorgang auszulösen, immer zwei sinngemäß zusammengehörende Tasten des Gleisbildtisches gedrückt werden. Entweder die Taste im Gleisbild und die zugehörige Gruppentaste außerhalb oder »Start-« und »Zieltaste« am Anfang und Ende des Fahrwegs im Gleisbild.
Die Anlage prüft zunächst, ob der geforderte Stellvorgang ausgeführt werden darf und läßt ihn nur ablaufen, wenn alle Voraussetzungen im Sinne der Sicherheit erfüllt sind. Das gilt ebenso, wenn der Stellvorgang nicht durch Tastendruck, sondern durch Wahl der entsprechenden Codenummer auf den heute vielfach verwendeten Nummernstellpulten eingeleitet wurde. Insbesondere kann kein Fahrweg in oder über ein bereits belegtes Gleis ein- und keine Weiche in einem festgelegten Fahrweg umgestellt werden.
Im allgemeinen versorgen die öffentlichen Stromnetze auch die Signalanlagen mit elektrischer Energie. Um bei Stromausfall keine Sicherheitslücke entstehen zu lassen, ist bei der Deutschen Bundesbahn jedes Gleisbildstellwerk mit einer Notstromanlage ausgerüstet. Zunächst übernehmen Stromerzeuger, die aus einer Batterieanlage gespeist werden, die Versorgung der verschiedenen Verbraucher wie Signallampen, Weichenantriebe, Gleisstromkreise und Stellwerkseinrichtungen. Die Umschaltung auf die Notstromversorgung erfolgt so schnell, daß die Signale ihre Stellung zuverlässig beibehalten. Meist reicht die Kapazität der Batterieanlage aus, um die Unterbrechung in der normalen Stromversorgung zu überbrücken. Für längere Störungen ist in großen Stellwerken ein Dieselaggregat fest eingebaut, zu kleineren Anlagen werden bei Bedarf transportable Stromerzeuger angefahren.
In den Lichtsignalen verwendet die Deutsche Bundesbahn Glühlampen mit Doppelwendel; sollte der Hauptfaden durchbrennen, übernimmt der Nebenfaden seine Funktion, wobei gleichzeitig im Stellwerk eine Störungsmeldung ausgelöst wird. Zum Teil ist darüber hinaus in Hauptsignalen sogar ein zweiter Rot-Lichtpunkt vorgesehen, der als »Notrot« das »Halt«-Signal auch bei außergewöhnlichen Störungen aufrechterhält. Im übrigen muß jeder Zug vor einem erloschenen Lichtsignal zunächst wie vor »Halt«-Signalen anhalten.
Die Sicherheitsmaßnahmen setzen sich im Aufbau der Gleisbildstellwerke bis ins Detail fort. Bei Störungen wirkt sich der baukastenartige Aufbau mit standardisierten, meist steckbaren Baugruppen besonders günstig aus. Zur Behebung der Störung braucht nur die fehlerhafte Gruppe herausgezogen und eine Ersatzgruppe eingesteckt zu werden.
Auch in den elektrischen Stellwerken blieb die Mechanik in Form von Relais ausschlaggebend für die Sicherheit. Erst 1983 fiel die Entscheidung, elektronische Stellwerke mit signaltechnisch sicheren Mikroprozessorsystemen auch bei der Deutschen Bundesbahn zu erproben, wie sie die Berliner U-Bahn und der Gemeinschaftsbetrieb Eisenbahn und Häfen in Duisburg bereits eingesetzt und die Niederländischen Eisenbahnen für den Bahnhof Hilversum bestellt haben. Für die Bundesbahn werden Siemens in Murnau und Standard Elektrik Lorenz in Garmisch-Partenkirchen erste Anlagen zur Erprobung bauen.

Der Streckenblock

Das Grundprinzip, wonach sich in jedem Streckenabschnitt nur ein Zug befinden darf, konnte sich anfangs nur auf Zuverlässigkeit der Bahnwärter stützen. Nadeltelegraphen, zuerst von George Wheatstone angegeben, dann von William Fothergil Cooke den Erfordernissen der Eisenbahn angepaßt und für den Bahnbetrieb von Edwin Clarke weiterentwickelt, gaben dem jeweils benachbarten Posten lediglich Informationen wie »Strecke frei« oder »Zug anhalten«, ohne die Signalgebung selbst zu beeinflussen.
Erst Carl Frischen, ursprünglich Telegraphendirektor der Hannoverschen Staatseisenbahnen und später einer der engsten und profiliertesten Mitarbeiter von Werner Siemens, benützte dessen 1856 erfundenen Wechselstrominduktor für ein Blocksystem, das 1870 anwendungsreif entwickelt war und 1871 auf der Strecke Berlin - Potsdam - Magdeburg zum ersten Mal eingeführt wurde. Dabei liegen die Signalhebel benachbarter Blockstellen unter dem Verschluß elektromagnetischer Schlösser, sogenannter Blockfelder, die sich nur von der anderen Blockstelle wieder freigeben lassen. Bereits im ersten Jahr wurden bei den Preußischen Staatseisenbahnen rund 160 Blockfelder eingebaut.
Nach Durchfahrt eines Zuges am ersten Blocksignal muß dessen Wärter durch Drücken einer Blocktaste und gleichzeitiges Drehen am Kurbelinduktor »vorblocken«. Damit wird sein Signalhebel durch eine Riegelstange blockiert, das Signal läßt sich nicht erneut auf »Fahrt« stellen. Gleichzeitig wird das Signal der folgenden Blockstelle freigegeben, was für

den Wärter dort als Auftrag gilt, sein Signal auf »Fahrt« zu stellen. Ist der Zug auch dort vorbeigefahren, blockt der Wärter zurück und gibt damit das Signal der rückliegenden Blockstelle für den folgenden Zug wieder frei. Um zu verhindern, daß diese Rückblockung vorzeitig erfolgt, wurde später die Mitwirkung des Zuges vorgesehen; nach Verlassen des Abschnittes löst er über einen Schienenkontakt eine elektrische Streckentastensperre aus, die das Rückblocken bis dahin verhindert.

Erste Erfindungen und Patente für selbsttätige Zugdeckungseinrichtungen liegen weit vor der Einführung des handbedienten Streckenblockes. Nach einem englischen Patent vom 21. Dezember 1841 hatten bereits A. Bain und Th. Wright die Idee zu einer »elektrisch selbsttätigen« Zugdeckungsvorrichtung angegeben. Im Jahre 1853 wurde die erste derartige Blocksignalanordnung von Fernando Castro auf der neuerbauten spanischen Strecke Madrid – Aranjuez erprobt, allerdings ohne Erfolg. Auch in Amerika zielten Überlegungen und Versuche auf eine Automatisierung der Streckensicherung ab. Die entscheidende Grundlage dafür bot allerdings erst die Erfindung des Gleisstromkreises durch William Robinson im Jahre 1872, weil damit auch automatisch überwacht werden konnte, ob der gesamte Zug die Strecke geräumt hat. Da die Energieversorgung aus Batterien zunächst noch erhebliche Schwierigkeiten bereitete, kam es erst 1885 zur Einführung des selbsttätigen Streckenblockes in Amerika; bis 1893 führten ihn zehn Bahngesellschaften ein, und für das Jahr 1911 weist die Statistik bereits 30 000 Kilometer Eisenbahnstrecken in Amerika aus, die mit Selbstblock gesichert waren.

In Europa baute Siemens den ersten Selbstblock 1896 für die Budapester Untergrundbahn und 1898 für die Wuppertaler Schwebebahn. Dann folgten 1913 die Hamburger Hochbahn mit dem Abschnitt Barmbeck – Dehnheide und wenig später die Berliner U-Bahn mit der von Westinghouse ausgerüsteten Teilstrecke Wittenbergplatz – Spittelmarkt. Mit den ausgezeichneten Erfahrungen, die sie in den zwanziger Jahren sammeln konnten, leisteten die U-Bahnen Berlins und Hamburgs für die Einführung des Selbstblockes Pionierarbeit, wobei ihnen allerdings die verhältnismäßig einfachen Betriebsverhältnisse entgegenkamen.

Die Selbstblocksignale, damals schon nach kurzer Zeit in Form von Lichtsignalen ausgeführt, zeigten in Grundstellung grünes Licht, also »Fahrt«. Der in einen Blockabschnitt einfahrende Zug überbrückte mit seinen Achsen die beiden Schienen, unterbach damit den Stromfluß zum Gleisrelais und steuerte so die Signalanzeige auf rotes Licht, also »Halt«, um. Damit war für diesen Zug Rückendeckung so lange gewährleistet, bis er den Abschnitt geräumt hatte und der Strom durch die Schienen das Gleisrelais wieder anziehen ließ. Sofern das folgende Blocksignal inzwischen auf »Halt« geschaltet und damit die Sicherung des Zuges übernommen hatte, konnte das vorherige in die »Fahrt«-Stellung zurückkehren, der nächste Zug folgen.

Damit ließ sich nicht nur die Zugfolgezeit auf ein Minimum verkürzen, sondern auch ein reibungsloser Betriebsablauf gewährleisten. In Amerika wurde zur Stromeinsparung die Signalbeleuchtung vielfach erst bei Annäherung eines Zuges selbsttätig eingeschaltet. Außerdem war zur Vereinfachung des Betriebsablaufes bei Störungen die Weiterfahrt an »Halt« zeigenden oder erloschenen Selbstblocksignalen mit Schrittgeschwindigkeit zugelassen. Dieser »permissive Haltbegriff« widersprach deutschen Prinzipien und trug einen nicht geringen Teil dazu bei, daß der Selbstblock in Deutschland jahrzehntelang zumindest für Fernbahnen abgelehnt wurde. Als die Einführung nicht mehr zu umgehen war, behielt der »Halt«-Begriff zunächst weiter seine absolute Bedeutung; für Störungsfälle wurde ein Ersatzsignal geschaffen, das die zuständige Betriebsstelle ohne jede Sicherungsabhängigkeit bedienen kann, dessen Benützung jedoch registriert und kontrolliert wird. Erst die Eisenbahn-Signal-Ordnung von 1959 brachte gewisse Vereinfachungen. An besonders gekennzeichneten Signalen darf seither bei Störungen auf Weisung des Zugführers auf Sicht weitergefahren werden, wenn von einem gestörten Signal aus keine Verständigung mit dem Fahrdienstleiter möglich ist.

Die Deutsche Reichsbahn unternahm erste Versuche mit Selbstblock 1927 auf der Berliner S-Bahn; zunächst hatte dort die Vorortstrecke vom Potsdamer Bahnhof nach Lichterfelde Ost eine Selbstblockanlage erhalten, dann folgte 1929 der bedeutendere Abschnitt zwischen dem Schlesischen Bahnhof – heute Ostbahn-

Links: Blockfeld mit Kurbelinduktor um 1870
Rechts: Blockkasten mit vier Feldern aus dem Jahre 1890

hof - und Charlottenburg über die Stadtbahn. Eine weiterentwickelte, zweite Bauform wurde auf der Berliner S-Bahn zwischen Schlachtensee und Zehlendorf erprobt. Zur Olympiade 1936 begann die Ausrüstung des Berliner S-Bahn-Netzes, wenig später auch die der Hamburger S-Bahn mit Selbstblock.
In zahlreichen anderen europäischen Ländern bestanden die Vorbehalte gegen den Selbstblock auf Fernbahnen nicht wie in Deutschland, so daß dort - etwa in der Schweiz - schon in den dreißiger Jahren zahlreiche Strecken mit der automatischen Streckensicherung ausgerüstet wurden. Bei der Deutschen Reichsbahn kam es zunächst lediglich zu Studien über eine mögliche Automatisierung der Signalanlagen für einige Strecken, so Troisdorf - Neuwied, Heidenau - Altenberg und Berlin - Jüterbog. Erste Versuchsanlagen wurden während des Zweiten Weltkrieges auf der Berliner Fernbahn im Abschnitt Schlesischer Bahnhof - Rummelsburg sowie in Thüringen auf der Strecke Nordhausen - Sangerhausen - Blankenheim eingebaut, nach Kriegsende jedoch wieder demontiert.
Entscheidende Impulse für die moderne Signaltechnik waren von Albert Dobmaier ausgegangen, der schon bei der Deutschen Reichsbahn dafür eingetreten war und nach dem Krieg als Referent der Bundesbahn-Hauptverwaltung die Entwicklung mit großem Erfolg in die neue Richtung lenkte. Erste Fernbahn-Selbstblockstrecken konnten ab 1950 zwischen Bietigheim und Ludwigsburg sowie zur Lösung besonderer betrieblicher Aufgaben, insbesondere zur Entspannung der Situation in Engpässen, in Köln, zwischen Esslingen und Plochingen und auf der Bergstrecke zwischen Bebra und Cornberg in Betrieb genommen werden.
Im Laufe der Jahre wurde die Blocktechnik weiter verbessert, wobei rationellere Lösungen durch immer weitergehende Anwendung des Baukastensystems angestrebt und erreicht wurden. Die früher bei Selbstblocksignalen übliche Grundstellung »Fahrt« wurde geändert; bei den neueren Bauformen zeigen auch die Selbstblocksignale im allgemeinen »Halt« und werden erst bei Annäherung eines Zuges selbsttätig auf »Fahrt« gestellt, wenn die Voraussetzungen dafür gegeben sind.
Von jeher bestanden zwischen der Entwicklung der Blocktechnik und der Stellwerkstechnik enge Beziehungen. Die gleichen handbedienten Blockwerke, die zur Streckensicherung dienten, wurden auch benützt, um in größeren Bahnhöfen die verschiedenen Stellwerke untereinander in Abhängigkeit zu bringen. Die letzte Entwicklungsstufe des Selbstblockes, bei der Deutschen Bundesbahn als »Zentralblock« eingeführt, brachte eine völlige Integration der Blockanlagen in die Stellwerkstechnik. Während früher die Schalteinrichtungen in besonderen Schaltkästen oder Schalthäusern in der Nähe der Selbstblocksignale auf der Strecke installiert wurden, sind sie beim Zentralblock im Stellwerk des angrenzenden Bahnhofs untergebracht. Zentralblock setzt jedoch auch dort neueste Stellwerksbauformen in Spurplantechnik voraus.

Signalanlagen – ferngesteuert

Ein Fernsteuerstellwerk, von dem aus Weichen und Signale einer ganzen Strecke zentral bedient werden können, wurde zum ersten Mal 1927 von der New York Central Railroad in den USA für die 51 Kilometer lange Strecke Toledo - Berwick gebaut. In Europa beschritt Frankreich 1933 mit der nach amerikanischem Vorbild ausgerüsteten Strecke von Paris nach Le Havre erstmals diesen Weg. Erst 1949 folgte eine weitere Fernsteueranlage für die 27 Kilometer lange Strecke Dyon - Blaisy - Bas, die gleichzeitig mit Gleiswechselbetrieb ausgerüstet wurde. In Deutschland gab es vor dem Zweiten Weltkrieg nur eine von Siemens & Halske entwickelte und gebaute Fernsteueranlage auf der Grube Theodor bei Bitterfeld im mitteldeutschen Braunkohlerevier.
Die erste Fernsteueranlage der Deutschen Bundesbahn wurde 1951 in Bebra für die 12,2 Kilometer lange Bergstrecke nach Cornberg in Betrieb genommen. Ähnlich wie bei der kurz zuvor in Frankreich eingerichteten Strecke galt es, die Leistungsfähigkeit eines betrieblichen Engpasses mit signaltechnischen Mitteln zu steigern, um den kostspieligen Bau weiterer Streckengleise zu sparen. Der zweigleisige Abschnitt Bebra - Cornberg liegt im Zuge der seit der Teilung Deutschlands äußerst stark belasteten Nord-Süd-Strecke München/Frankfurt - Hamburg/Bremen; bei Neigungen bis zu 12,5 Promille sind etwa 110 Meter Höhenunterschied über die Wasserscheide zwischen Fulda und Werra zu überwinden. Zur Zeit des Dampfbetriebes ergaben sich für gleiche Zuggattungen bis zu dreißig Prozent Fahrzeitdifferenz zwischen Berg- und Talrichtung. Durch die Fernsteueranlage in Verbindung mit Selbstblock und drei auf der Strecke eingerichteten Überleitstellen konnten die in Talrichtung wesentlich größeren Zugpausen für Bergfahrten auf beiden Gleisen und für »fliegende Überholungen« langsamer durch schnelle Züge genutzt werden.
Die Planung von Fernsteueranlagen größeren Ausmaßes hatte schon vorher begonnen, brachte jedoch so umfangreiche Fertigungs- und Montagearbeiten mit sich, daß der Betrieb erst später anlaufen konnte. Das erste Streckenstellwerk installierte Siemens & Halske in Lourenço Marques im damaligen Portugiesisch Ostafrika, dem heutigen Moçambique, für die 88 Kilometer lange Strecke über Maschava - Moamba - Ressano-Garçia nach der Grenze zu Südafrika. Die Anlage, die im September 1951 in Betrieb ging, mußte 1975 abgeschaltet werden, weil dem neuen Staat kein qualifiziertes Unterhaltungspersonal mehr zur Verfügung stand.
Dagegen arbeitet das am 1. Oktober 1952 in Betrieb genommene erste große »Linienstellwerk« der Deutschen Bundesbahn in Nürnberg noch heute einwandfrei, obwohl es - wie Lourenço Marques - auf der ersten Entwicklungsstufe der modernen Signaltechnik aufbaute, wobei Drehwähler für die Fernsteuerung benützt wurden. Von der in einem alten Luftschutzbunker am Nürnberger Hauptbahnhof eingerichteten Zentrale aus kann der Linienfahrdienstleiter den Betrieb auf der zweigleisigen Hauptstrecke nach Regensburg anhand der ausgeleuchteten Fernsteuerstelltafel überwachen und fernsteuern. Die Stellwerke der Unterwegsbahnhöfe lassen sich von der Zentrale aus auf »Durchgangsbetrieb«, »Ortsbetrieb« zum Rangieren sowie auf einige besondere Betriebsarten schalten.
In weiterentwickelter Technik wurde teilweise im Herbst 1957, dann abschnittweise eine Fernsteueranlage von der privaten Trafikaktiebolaget Grängesberg - Oxelösund - Järnvägar (TGOJ) für die rund 300 Kilometer lange Strecke von Ludvika nach dem Ostseehafen Oxelösund in Betrieb genommen. Dorthin befördert die Bahn vor allem Erz aus dem Gebiet um Ludvika, weist aber auch regen Reiseverkehr zum Teil mit Zügen der Schwedischen Staatsbahn auf. Die Fernsteuerzentrale wurde in Skogstorp, etwa in der Mitte der Strecke, eingerichtet.
Fünf umfangreiche Fernsteueranlagen mit deutscher Technik haben nach 1960 die Südafrikanischen Eisenbahnen (SATS) eingesetzt. Zwischen Johannesburg und Kapstadt richtete sie drei Fernsteuerabschnitte ein: zwischen Houtkop und Potchefstroom, zwischen Potchefstroom und Klerksdorp sowie zwischen Klerks-

dorp und Kimberley. Damit ist nahezu ein Viertel der etwa 1600 Kilometer langen Strecke mit elektronischer Fernsteuerung ausgerüstet; sie umfaßt den nördlichen Teil der Strecke von Johannesburg bis Kimberley. Dort zweigt eine 270 Kilometer lange Strecke in das Manganerzgebiet von Postmasburg ab, die ebenfalls mit Fernsteuerung betrieben wird. Schließlich ging im Juli 1975 in Durban eine Betriebssteuerzentrale in Betrieb, von der aus auf der stark befahrenen Strecke nach Süden der gesamte Betrieb über eine Entfernung von etwa achtzig Kilometern gesteuert und überwacht wird. Die ersten zwanzig Kilometer sind sechsgleisig, die folgenden zehn Kilometer viergleisig ausgebaut; am Ende des anschließenden rund fünfzig Kilometer langen zweigleisigen Abschnittes verzweigt sich die Magistrale in mehrere ebenfalls zweigleisige Strecken.
Wegen des äußerst dichten Verkehrs mit Zugfolgen von 120 Sekunden während der Hauptverkehrszeiten wurde die Fernsteueranlage in Durban zusätzlich auch mit automatischer Zuglenkung ausgerüstet.
Die erste Fernsteuerung einer eingleisigen Hauptbahn in Deutschland wurde in den Jahren 1966/67 in mehreren Teilabschnitten auf der 84,6 Kilometer langen Strecke Bad Schwartau - Puttgarden im Zuge der Vogelfluglinie ausgeführt. Diese Anlage trug vor allem der Tatsache Rechnung, daß auf der Strecke auch nachts zahlreiche internationale Reisezüge verkehren, während der örtliche Verkehr äußerst gering ist, so daß im Interesse einer möglichst rationellen Betriebsführung das örtliche Personal von den meisten der 19 Zwischenbahnhöfe zurückgezogen werden sollte. Auch diese Anlage arbeitet seither ohne Unterbrechung. Eine ähnliche Fernsteueranlage für die rund 70 Kilometer lange Strecke Pieksämäki - Mikkeli in Finnland, die in Nord-Süd-Richtung die Fels- und Seenplatte des Landes durchquert, baute Siemens & Halske im Jahre 1962 für die Finnische Staatsbahn. Das Streckenstellwerk wurde im Bahnhof Pieksämäki installiert.
Alle diese Anlagen waren in der Bundesrepublik Deutschland von Siemens entwickelt und gebaut worden. Die Reichsbahn der DDR rüstete 1970 die eingleisige und stark belastete Strecke zum Ostseehafen Rostock mit einem in der DDR entwickelten Fernsteuersystem aus.
Von der Fernsteuerzentrale in Rostock aus wird der 81,5 Kilometer lange Abschnitt Rostock-Überseehafen - Waren (Müritz) mit 14 Zwischenbahnhöfen ferngesteuert. Auch hier konnte durch die Signaltechnik der Bau eines weiteren Gleises vorerst gespart werden, obwohl der Seehafenverkehr mit Rostock weiter steigt.
Neben der linienförmigen Fernsteuerung wurde auch ein System für Knotenpunkte entwickelt. Am 11. August 1957 erhielt der Großraum Frankfurt (Main) das erste Zentralstellwerk, das vielfach auch als Flächenstellwerk bezeichnet wurde, weil es sämtliche Zulaufstrecken zum Frankfurter Hauptpersonenbahnhof mit 74 Gleiskilometern umfaßte und die zentrale Überwachung und Fernsteuerung von 22 Bahnhöfen im angrenzenden Umland ermöglichte. Zum ersten Mal wurde hier auch - in Verbindung mit Selbstblock - Selbststellbetrieb eingeführt, wobei in den Stellbereich einfahrende Züge nach vorgegebenem Programm ihre Fahrwegsicherung selbsttätig aufbauen, festlegen und wieder auflösen.
Ein Versuch mit drahtloser Übertragung von Führerstandsignalen durch Funk begann auf der 40 Kilometer langen Strecke Malsfeld - Treysa im Jahre 1955; alle Signale wurden dort vom Bahnhof Homberg aus über Funk ausgestrahlt und auf den Triebfahrzeugen angezeigt. Es blieb bei der Versuchsanlage.
Auf dem Weg zur rechnergesteuerten Betriebsführung hat die Deutsche Bundesbahn erste Versuche mit Computersteuerung von Signalanlagen im Rahmen ihres Versuchsprogrammes »Kybernetische Insel« in Hannover unternommen, wobei die elektronischen Rechenanlagen anfangs nur »beratende« Funktion für die Fahr-

dienstleiter ausübten, Ende 1973 jedoch die selbsttätige Fernsteuerung der zwischen 28 und 47 Kilometer entfernten Bahnhöfe Poggenhagen, Neustadt am Rübenberge, Hagen (Han) und Linsburg übernahmen. Dabei erhielt der Rechner neben den operativen erstmals auch dispositive Aufgaben. Während die Versuche auf der »kybernetischen Insel« 1976 endeten, blieb dieser Teil bis heute in Betrieb. Für den Großraum München wurde 1972 eine Bezirkssteuerzentrale eingerichtet. Heute wird die Strecke München - Pasing - Tutzing versuchsweise rechnergesteuert. Neben diesen von Siemens ausgeführten Anlagen baute Standard Elektrik Lorenz in Saarbrücken eine Betriebssteuerzentrale für die Strecke nach Homburg (Saar). Die Mikroprozessortechnik öffnet auch der Steuerung von Signalanlagen neue Perspektiven und beeinflußt damit deren weitere Entwicklungsrichtung.

Die in anderen Ländern, auch in Übersee, schon früher benützten Fernsteueranlagen einfacher Technik dienten in erster Linie zur Betriebsführung ohne Personal auf Strecken in unbewohnten oder nur dünn besiedelten Gebieten.

Die meisten mit Fernsteuerung betriebenen Strecken besitzt Zimbabwe; von mehreren mit englischer Technik ausgerüsteten Zentralen aus lassen sich 99 Prozent des Netzes fernsteuern.

Linke Seite: Die Eisenbahngeschichte hat unter Tage begonnen, die Eisenbahntechnik hat auch dort nahezu sämtliche Entwicklungsstufen durchlaufen: Gleisbildstellwerk auf der Sohle 5 der Zeche »Minister Stein« in Dortmund zur Steuerung des Wagenumlaufes zwischen Abbauort und Förderschacht.

Diese Seite: Letzte Entwicklungsstufe der Signaltechnik: Betriebssteuerzentralen, auf elektronischer Datenverarbeitung aufbauend. Die Betriebssteuerzentrale Saarbrücken (oben) bietet dem Disponenten mit der »Bahnhofslupe« (unten) ständigen Überblick über die Betriebssituation sämtlicher Zwischenstationen von Homburg (Saar) bis Saarbrücken Hbf. auf dem Farbmonitor.

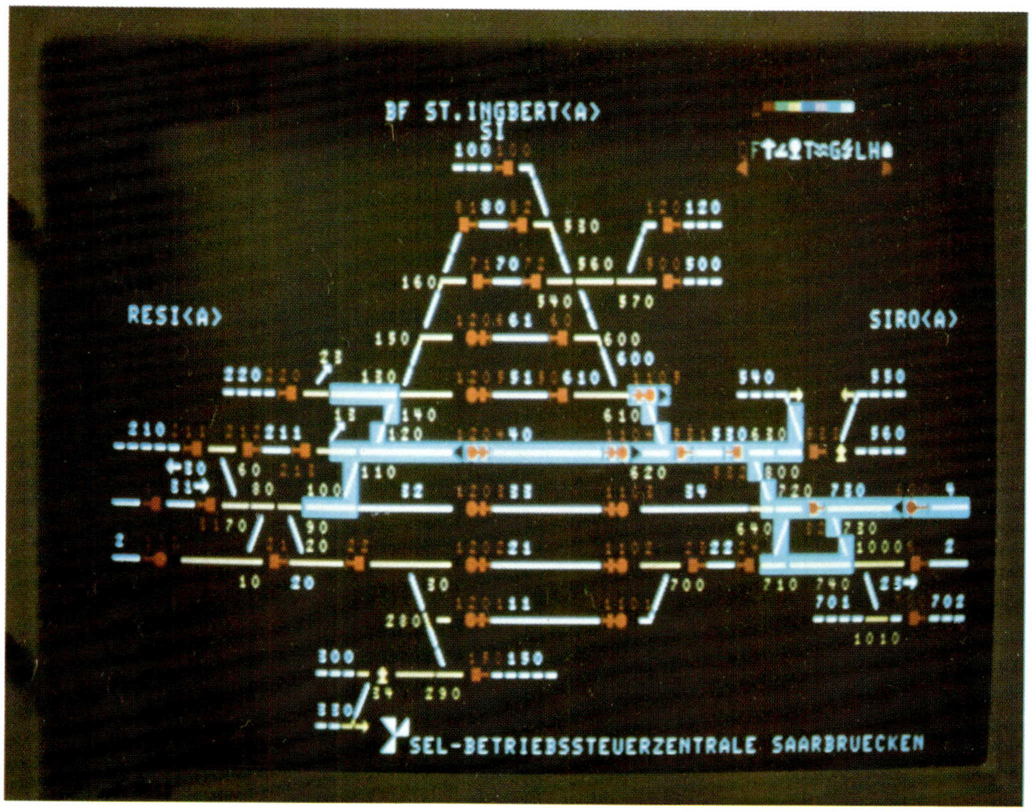

Zugbeeinflussung schließt Sicherheitslücke

Das gesamte Sicherungssystem der Eisenbahn baut auf Signalgebung auf: »Fahrt«-Signale setzen voraus, daß der folgende Streckenabschnitt frei ist, während vor jedem besetzten Abschnitt stets »Halt« signalisiert werden muß. Die Blocksicherung gewährleistet, daß diese Grundsätze nicht nur durch Paragraphen von Dienstvorschriften Geltung erlangen, sondern daß sie durch technische Einrichtungen zwangsläufig erfüllt werden. Zunächst steht und fällt ein solches Sicherungssystem allerdings mit der Zuverlässigkeit des Lokomotivpersonals, das die Signalbegriffe rechtzeitig und richtig erfassen und in die entsprechenden Bedienungshandlungen umsetzen muß. Tatsächlich haben, besonders in Deutschland, mehrere Unfälle dazu geführt, daß diese Sicherheitslücke geschlossen wurde.
Die Schwierigkeit lag darin, abhängig von der Stellung der ortsfesten Signale auf den fahrenden Zug einzuwirken, um entweder Warnsignale oder unmittelbar die Bremse auszulösen, falls der Zug ohne entsprechende Reaktion des Lokführers an Warn- oder Haltsignalen vorbeifahren sollte. Versuche in dieser Richtung liefen schon im vorigen Jahrhundert. In Preußen wurde 1886 auf der Strecke Berlin - Stettin - Stargard eine erste Zugbeeinflussung erprobt. Unmittelbare Einwirkung auf die Bremse gab es noch nicht; dem Lokomotivführer wurde lediglich durch ein akustisches oder optisches Zeichen die Annäherung an ein Signal angekündigt, unabhängig von dessen Stellung.
Die planmäßige Entwicklung von Zugbeeinflussungseinrichtungen begann in Deutschland 1907; sie wurde durch den Ersten Weltkrieg unterbrochen, aber auch danach nur zögernd weiterbetrieben. Erst ein schweres Zugunglück, das sich am 13. Januar 1925 im Bahnhof Herne ereignete und nicht das einzige blieb, dem als Ursache Mißachtung eines Haltsignals zugrunde lag, erhielt die technische Entwicklung den nötigen Nachdruck.
Die einfachste Lösung schienen mechanische Anschläge und Fahrsperren, die bei Warn- oder Haltstellung des Signals nahe ans Gleis heranreichen, einen Schaltarm am Fahrzeug treffen und damit die Beeinflussung auslösen. Besonders nach Unfällen häuften sich bei der Deutschen Reichsbahn Lösungsvorschläge, deren Zahl in die Tausende ging. Nur wenige erfüllten freilich die gestellten Bedingungen; jeder erfolgversprechenden Idee wurde nachgegangen, so daß in den zwanziger Jahren zahlreiche Varianten untersucht wurden.
Die erste in größerem Umfang versuchsweise eingebaute mechanische Fahrsperre ging auf den Holländer van Braam und das Jahr 1906 zurück; sie war erstmals in Frankreich erprobt worden. Ein umklappbarer Anschlag berührte, wenn das Signal auf »Halt« stand, Taster an der Lokomotive und löste beim Vorbeifahren eine Zwangsbremsung aus. Versuche mit diesem System liefen in Deutschland bis 1928; damals waren schließlich 26 Lokomotiven und 252 Beeinflussungsstellen auf 820 Kilometer Strecke damit ausgerüstet. Mit einem Glasrohrsystem, das in ähnlicher Form schon 1889 in Amerika erfunden worden war, liefen bei der Deutschen Reichsbahn 1927 Versuche an; ausgerüstet wurden 98 Lokomotiven und etwa 500 Beeinflussungspunkte. Das Glasrohr wurde bei der Berührung mit dem Streckenanschlag zertrümmert, so daß Druckluft aus dem Bremssystem entweichen konnte und damit eine Schnellbremsung ausgelöst wurde. Die Mechanik erwies sich jedoch als ungeeignet bei höheren Geschwindigkeiten, weil der heftige Anschlag zu Beschädigung oder zumindest zu hohem Verschleiß führte. Lediglich bei U- und S-Bahnen sind mechanische Fahrsperren zum Teil noch heute in Gebrauch, unter anderem auf der S-Bahn in Berlin.
Die weiteren Versuche konzentrierten sich deshalb auf Systeme, die eine Beeinflussung ohne Berührung ermöglichten. Das »Nautophon« benützte zur Übertragung Schallwellen, schied jedoch nicht wegen Umweltbeeinträchtigung aus, sondern wegen der erforderlichen Stromversorgung auf der Strecke. In größerem Umfang und von 1927 an über einen Zeitraum von rund acht Jahren wurde die von Dr.-Ing. Wolfgang Bäseler zusammen mit Carl Zeiss, Jena, entwickelte Optische Zugsicherung - »Opsi« - erprobt, die Lichtstrahlen zur Einwirkung auf die Fahrzeugeinrichtung benützte. Die besten Ergebnisse lieferten jedoch induktive Mehrfrequenz-Resonanzsysteme, auf denen die weitere Entwicklung in den dreißiger Jahren aufbaute. Die erste Übertragungseinrichtung eines solchen Systems mit hoher Frequenz hatte Telefunken schon 1920 vorgeschlagen. Nach einem Wechselstrom-Induktionssystem mit einer festen Frequenz erschienen 1928 die ersten Resonanzbauarten von den Vereinigten Eisenbahn-Signalwerken (VES) als Indusi und von der C. Lorenz AG als Indulor. Beide arbeiteten mit anderen Frequenzen, bis die Deutsche Reichsbahn engere Richtlinien erließ und eine Einheitsbauart durchsetzte, die im Prinzip noch heute bei der Deutschen Bundesbahn üblich ist und 1964 auch von den Österreichischen Bundesbahnen übernommen wurde: die Induktive Zugsicherung, Indusi, nach dem Dreifrequenz-Resonanzsystem.
Entscheidende Vorteile des *Resonanz*systems liegen darin, daß die ortsfesten Einrichtungen auf der Strecke keine eigene Energiequelle benötigen, daß sie sehr einfach und weitgehend wartungsfrei gebaut werden können und daß Witterungseinflüsse ihre Wirksamkeit nicht beeinträchtigen. Die *Dreifrequenz*bauform, die mit drei verschiedenen, einander überlagerten Wechselstromfrequenzen arbeitet, ermöglicht außerdem drei verschiedene Beeinflussungen, so daß auch drei unterschiedliche Schaltvorgänge ausgelöst werden können. Außer absoluten Zwangsbremsungen wurden so auch Wachsamkeits- und Geschwindigkeitskontrollen möglich, die erst bei unvorschriftsmäßiger Fahrweise zur Zwangsbremsung führen.
An jeder Beeinflussungsstelle ist außen neben der in Fahrtrichtung rechten Schiene ein Gleismagnet verlegt. Das Triebfahrzeug trägt in entsprechender Position einen Fahrzeugmagneten, der an den Beeinflussungspunkten im Abstand von 10 bis 16 Zentimetern über den Gleismagneten hinwegstreicht. Ein Generator auf der Lokomotive liefert ständig Wechselstrom der drei Frequenzen 500, 1000 und 2000 Hertz, die vom Fahrzeugmagneten nach unten abgestrahlt werden. Die Gleismagnete sind je nach ihrer Aufgabe auf eine dieser Frequenzen abgestimmt. Sobald der Fahrzeugmagnet über einen wirksamen Gleismagneten gelangt, tritt durch Resonanzwirkung im entsprechenden Fahrzeugstromkreis eine starke Senkung des Betriebsstromes ein, so daß ein elektrisches Schaltelement »abfällt« und die gewünschte Beeinflussung auslöst. Um die Gleismagnete von der Signalstellung abhängig zu machen, genügt ein zum Gleismagneten parallel geschalteter Kontakt.
Bei »Halt«-Stellung des Signals ist dieser Kontakt geöffnet, der Resonanzkreis des Gleismagneten wirksam; sobald das Signal auf »Fahrt« wechselt, schließt sich der Kontakt und verschiebt damit die Resonanzfrequenz, so daß keine Beeinflussung stattfindet.
Das Betriebsprogramm sieht an Vorsignalen in Warnstellung und bei der

Ankündigung von Langsamfahrstellen eine Beeinflussung des 1000-Hertz-Kreises vor. Der Lokomotivführer muß innerhalb von vier Sekunden eine »Wachsamkeitstaste« betätigen, sonst erfolgt Zwangsbremsung. Anschließend muß die Geschwindigkeit innerhalb zwanzig Sekunden unter einen bestimmten, von der Zuggattung abhängigen Wert vermindert werden, andernfalls tritt nach Ablauf dieser Zeit die Zwangsbremsung ein. Vor Hauptsignalen an besonderen Gefahrenpunkten löst ein 500-Hertz-Magnet eine weitere Geschwindigkeitsprüfung aus, wobei Zwangsbremsung erfolgt, wenn das wiederum von der Zugart abhängige Limit überschritten wird. Am »Halt« zeigenden Hauptsignal führt die Beeinflussung des 2000-Hertz-Kreises zu sofortiger Schnellbremsung.
Die Indusi ist bis in die Gegenwart mehrfach verbessert und den Fortschritten in der Elektrotechnik angepaßt worden. Geschwindigkeitsprüfabschnitte, die mit drei unmittelbar aufeinander folgenden Gleismagneten arbeiten, ermöglichen genaue und differenzierte Geschwindigkeitsprüfungen an Langsamfahrstellen. Neuerdings kann durch einen Zusatz zur Fahrzeugeinrichtung auch eine kontinuierliche Bremswegüberwachung erfolgen, um zu verhindern, daß nach an sich vorschriftsmäßiger Bedienung der Indusi die Geschwindigkeit unzulässig wieder gesteigert wird.
Erste Versuche mit der induktiven Dreifrequenz-Resonanzbauart liefen von 1931 bis 1934, dann begann ihre allgemeine Einführung bei der Deutschen Reichsbahn. Bis 1944 waren 870 Lokomotiven und Triebwagen sowie rund 6700 Kilometer Strecke ausgerüstet. Im Krieg wurde die Zugbeeinflussung außer Betrieb gesetzt. Danach ordnete zunächst die britische Besatzungsmacht im Jahre 1947 die Wiederinbetriebnahme an, soweit noch intakte Einrichtungen zur Verfügung standen. Mit 108 Lokomotiven konnte die Indusi daraufhin auf 1180 Kilometer Streckenlänge wieder wirksam geschaltet werden. Erst 1952 waren auch in den beiden anderen westlichen Besatzungszonen die noch vorhandenen Zugbeeinflussungsanlagen wieder betriebsbereit: 444 Triebfahrzeuge befuhren damit rund 3600 Kilometer Strecken. Von 1955 an erhielten dann laufend neue Strecken und Fahrzeuge, vor allem sämtliche neu beschafften Lokomotiven und Triebwagen, Indusi. Heute ist diese Sicherungseinrichtung bei der Deutschen Bundesbahn, von wenigen Nebenstrecken abgesehen, überall vorhanden. Die Reichsbahn der DDR hat

Gleis- und Fahrzeugmagnet der Induktiven Zugsicherung (Indusi); eine Beeinflussung zur Überwachung der Fahrweise erfolgt nur vor Halt- und Langsamfahrsignalen. Bei Fahrtstellung des Signals ist der Gleismagnet wirkungslos.

kürzlich ebenfalls begonnen, wieder Indusi einzuführen.
Die Schweizerischen Bundesbahnen entschieden sich für ein von der Signum AG in Wallisellen entwickeltes Gleichstrom-Induktionssystem. Es beschränkte sich auf eine Beeinflussungsart, nämlich die Wachsamkeitskontrolle an Vorsignalen in Warnstellung. Dabei macht im Gegensatz zur deutschen Indusi ein akustisches Signal den Lokomotivführer auf die erfolgte Beeinflussung aufmerksam. Wenn die Bedienung der Wachsamkeitstaste dennoch ausbleibt, wird der Fahrstrom abgeschaltet und Schnellbremsung ausgelöst. Sie kann aber, ebenfalls im Gegensatz zur Indusi, durch nachträgliche Betätigung der Wachsamkeitstaste wieder aufgelöst werden.
Die Übertragungseinrichtung benötigt an Gleis und Fahrzeug je zwei Magnete. Der über Gleismitte an der Lokomotive angebrachte Magnet wird aus Batterien ständig erregt. Trifft er auf einen wirksam geschalteten Gleismagneten, induziert er dort einen Stromstoß. Dieser wird über eine Kabelverbindung an den zweiten Gleismagneten weitergegeben, der außen an der in Fahrtrichtung linken Schiene liegt. Wiederum durch Induktion überträgt sich dieser Stromstoß auf den zweiten Fahrzeugmagneten. Dadurch spricht ein elektrisches Schaltelement auf der Lokomotive an und löst die gewünschte Beeinflussung aus.
Erste Versuche begannen in der Schweiz 1927 und dauerten bis 1933. Die Einführung des Signum-Systems erfolgte dann vor allem unter dem Gesichtspunkt größtmöglicher Zuverlässigkeit bei relativ geringen Investitionskosten und der Möglichkeit, später weitere Funktionen hinzuzufügen. Unmittelbarer Anlaß für die Einführung war in der Schweiz die Umstellung auf elektrischen Zugbetrieb, der nur noch einen Mann auf der Lokomotive erforderte. Eine zusätzliche technische Sicherungseinrichtung schien jedoch Voraussetzung dafür, diese Rationalisierungsmöglichkeit zu nutzen.
Andere Länder gingen beim Einsatz von Zugbeeinflussungseinrichtungen eigene Wege, wobei vielfach die spezifischen

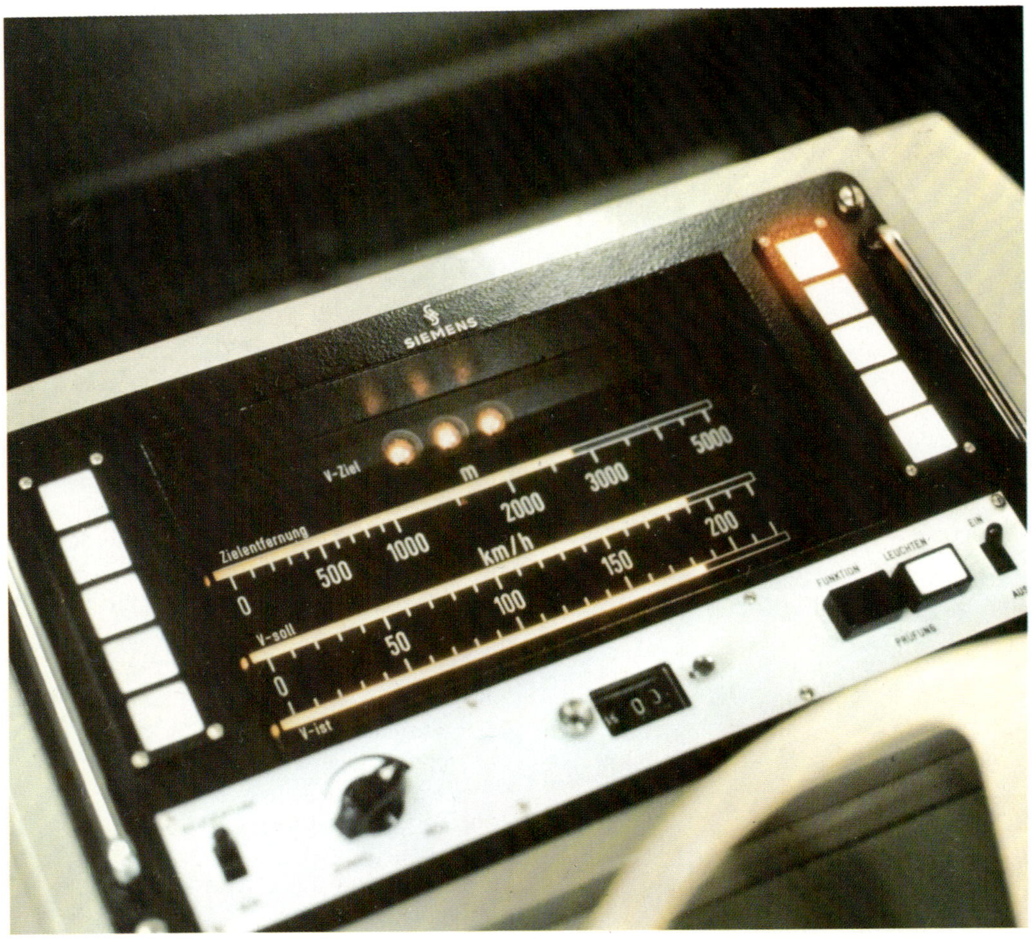

Betriebsverhältnisse der Bahnen den Ausschlag für die Systemwahl gaben. Allgemein setzte in den zwanziger Jahren großes Interesse für die Zugbeeinflussung ein. In Frankreich erließ der Minister für Öffentliche Arbeiten schon 1919 eine Verordnung, wonach die Eisenbahnverwaltungen für die Zugbeeinflussung ein einheitliches System zu wählen hätten und die Einführung von Führerstandsignalen zu beschleunigen war. Bis 1933 wurden damit 8800 Lokomotiven und 17000 Kilometer Strecken ausgerüstet. In England befaßte sich erst ab 1929 ein Ausschuß mit der Zugbeeinflussung bei den zahlreichen eigenständigen Bahngesellschaften, die in dieser Frage sehr unterschiedliche Positionen bezogen hatten. Als eine der aufgeschlossensten hatte die Great Western Railway bis 1933 über 2500 Lokomotiven mit Zugbeeinflussung in Betrieb.
In den Vereinigten Staaten machte das amerikanische Bundesverkehrsamt 1922 insgesamt 47 Eisenbahngesellschaften gesetzlich zur Auflage, bis zum 1. Januar 1925 selbsttätige Zugbeeinflussungen zur Erprobung einzuführen. Bis 1932 sind dann in Nordamerika über 30000 Streckenkilometer und 9243 Triebfahrzeuge entsprechend ausgerüstet worden, davon 7900 Kilometer auf freiwilliger Grundlage, der Rest durch behördliche Auflagen.

Linienzugbeeinflussung

Als die Deutsche Bundesbahn 1965 zur Internationalen Verkehrsausstellung in München auf der Strecke nach Augsburg erstmals in der Welt einen fahrplanmäßigen Schnellverkehr mit 200 Stundenkilometern demonstrierte, war die Schnellfahrstrecke zuvor mit Linienzugbeeinflussung, einem zusätzlichen Sicherungssystem, ausgerüstet worden. Denn Züge mit mehr als 160 Stundenkilometer Geschwindigkeit können nicht mehr innerhalb des normalen Bremsweges zwischen Vor- und Hauptsignal zum Stehen gebracht werden.

Die Linienzugbeeinflussung läßt den Lokomotivführer mit Hilfe eines Zusatzgerätes im Führerpult (oben) unabhängig von den wirklichen Sichtverhältnissen bis zu fünf Kilometer »vorausblicken«. Diese Sicherungseinrichtung gilt in Deutschland als Voraussetzung für Geschwindigkeiten über 160 bis 200 Stundenkilometer. Der Informationsaustausch zwischen dem fahrenden Zug und der ortsfesten Steuerzentrale erfolgt über Linienleiter im Gleis (unten).

Nur die schnellen Triebfahrzeuge erhalten die Ausrüstung für die Linienzugbeeinflussung, während sich die übrigen Züge nach den ortsfesten Signalen richten.
Auch die Linienzugbeeinflussung baut auf diesen Streckensignalen auf, doch werden auf den schnellen Lokomotiven und Triebwagen aus den Signalstellungen mehrerer aufeinander folgender Abschnitte von einem Bordcomputer genaue Geschwindigkeitsvorgaben für einen Streckenbereich bis zu fünf Kilometern errechnet.
Nach den Geräten in Magnetkern-Transistor-Technik folgte 1984 eine zweite »Generation« in Mikrocomputer-Technik.
Die Übertragung der erforderlichen Informationen auf das Fahrzeug ermöglichen Linienleiter, einadrige Kabel im Gleis, die als Antenne wirken, versuchsweise auch Funkverbindungen. Die Fahrzeuge senden ihrerseits Informationen, vor allem genaue Positionsmeldungen. Diese Daten sowie die Informationen über die Stellung der Signale werden vom Rechner der ortsfesten Steuerstelle verarbeitet, und die daraus resultierenden Informationen zum Zug übertragen, dort ausgewertet und angezeigt.
Auf dem Anzeigegerät erscheint bandförmig neben der im Moment gefahrenen Istgeschwindigkeit die vom Bordrechner ermittelte Sollgeschwindigkeit. In Ziffern wird außerdem der Geschwindigkeitswert, auf den sich der Lokomotivführer im weiteren Streckenverlauf bis zu 5000 Meter einzustellen hat, angegeben. Ein drittes Band zeigt, wenn die Angabe eine Geschwindigkeitsänderung beinhaltet, die Entfernung an, nach der diese Änderung wirksam wird. Kann die Geschwindigkeit über fünf Kilometer hinaus unverändert bleiben, wird als Höchstentfernung 5000 Meter angezeigt. Der Lokomotivführer erhält damit über diese Strecke »elektrische Sicht«.
Die erste Linienzugbeeinflussung der Deutschen Bundesbahn war schon 1964 zwischen Bamberg und Forchheim in Oberfranken erprobt worden. Nach mehreren technischen Änderungen und Verbesserungen erfolgte die Ausrüstung mehrerer Strecken des Intercity-Netzes für den Dauerversuchsbetrieb.
Andere Länder benützen für ähnliche Sicherungssysteme statt besonderer Linienleiter die Schienen zur Informationsübertragung. Dabei müssen allerdings kürzere Übertragungsweiten und ein schmaleres Informationsspektrum in Kauf genommen werden. Zur Signalübertragung und -anzeige auf dem Führerstand, wie sie in Amerika seit langem weit verbreitet sind, genügen ebenfalls die Fahrschienen.
Auch Linienzugbeeinflussungen sind keine Erfindung der Gegenwart, wenngleich erst die heutige Technik ausgereifte Konstruktionen ermöglicht. Erste Ansätze waren schon 1861 in Italien auf der Strecke Florenz – Arezzo vorhanden. Eine ins Gleis gelegte dritte Schiene diente als Leiter eines elektrischen Stromes, der bei gefährlicher Annäherung an den vorausfahrenden Zug Warnsignale auf der Lokomotive auslösen sollte. In Spanien, Frankreich, aber auch in Preußen liefen ähnliche Versuche, allerdings ohne dauerhaften Erfolg. In Deutschland wurde in den dreißiger Jahren ein derartiges System erstmals anwendungsreif entwickelt und sowohl bei der Berliner wie der Hamburger Hochbahn erprobt. Auch heute benützt eine Reihe von U- und S-Bahnen moderne Linienzugbeeinflussungen, um bei Bedarf die Zugfolge verringern und auf »elektrische Sicht« fahren zu können.
Wegen der verhältnismäßig hohen Betriebskosten hatte die Deutsche Reichsbahn von der Einführung eines solchen Systems auf Fernbahnen abgesehen, zumal ihre vorhandenen Sicherungseinrichtungen den Anforderungen weitgehend genügten.
Beim damaligen Entwicklungsstand waren auch in Deutschland noch die Schienen zur Informationsübertragung vorgesehen. Als besonders vorteilhaft galt dabei, daß auch Schäden am Gleis sofort erkannt werden konnten, zum Beispiel Schienenbrüche, Zerstörung des Gleises nach Unwettern oder bei Brückenschäden.
Versuchsweise wurden 1970 bei der Deutschen Bundesbahn Züge über Linienzugbeeinflussung vollautomatisch gesteuert.

Kein Zug fährt führerlos

Während Dampflokomotiven regelmäßig mit Lokomotivführer und Heizer besetzt waren, bedurften die elektrischen wie später auch die Diesellokomotiven nur noch eines Mannes auf dem Führerstand. Dabei hing die sichere Führung des Zuges allein von diesem Mann ab, während zuvor im Notfall noch der Heizer einspringen und den Zug zum Halten bringen konnte. Die »einmännige« Besetzung von Triebfahrzeugen führte zur Entwicklung einer weiteren technischen Sicherungseinrichtung, die den Zug selbsttätig anhalten kann, falls der Lokführer ausfallen sollte.
So selten diese Einrichtung in Tätigkeit zu treten braucht, so bedeutungsvoll kann sie im Ernstfall sein. Am 18. Januar 1966 blieb der aus Bremerhaven kommende Schnellzug »Senator« kurz vor Wiesbaden auf freier Strecke stehen; das Zugpersonal fand den Lokführer tot auf der Lokomotive, er war einem Herzinfarkt erlegen. Trotzdem hatte der vollbesetzte Zug keine zweihundert Meter führerlos zurückgelegt, bis er durch die Sicherheitsfahrschaltung, kurz »Sifa«, gestoppt wurde.
Die Zweckbestimmung hatte ihr schon bei Einführung die ein wenig makabre Bezeichnung »Totmanneinrichtung« eingebracht, während die Bedienungstaste bald »Totmannknopf« hieß. Ihn mußte der Lokführer während der Fahrt ständig drücken. Beim Loslassen federte der Knopf nach oben zurück und löste den Schaltvorgang aus, der ein in die Bremsluftleitung eingefügtes Ventil öffnete, so daß die Druckluft entweichen konnte und die Bremsen des Zuges anlegten. Allerdings fanden findige Lokführer bald Wege, die Einrichtung lahmzulegen, um der lästigen Bedienung zu entgehen. Außerdem mußte dieses System wirkungslos bleiben, falls der Lokführer ohnmächtig oder tot vornüber sank und mit seinem Körpergewicht den Knopf belastete.
Die Deutsche Bundesbahn hat die Sifa deshalb zunächst durch ein Zeitglied ergänzt und die Bedienungsanweisung geändert. Der Knopf, heute allgemein auch ein Fußkontakt, mußte zwar weiterhin gedrückt, innerhalb von sechzig Sekunden jedoch mindestens einmal kurz losgelassen werden. Ununterbrochenes Drücken über mehr als diesen Zeitraum löste nun ebenfalls Zwangsbremsung aus.
Anfang der siebziger Jahre hat die Deutsche Bundesbahn das Intervall halbiert, so daß Taste oder Fußkontakt heute innerhalb von dreißig Sekunden einmal kurz losgelassen werden müssen.
Die erste Sifa-Bauform arbeitete wegabhängig. Nach 75 Meter Fahrtstrecke ertönte beim Ausbleiben einer vorgesehenen Bedienungshandlung zunächst eine Hupe, nach weiteren 75 Metern trat die Zwangsbremsung ein. Bei schnellen Zügen ergaben sich damit jedoch zu kurze Bedienungs- und Ansprechzeiten, so daß die wegabhängige Auslösung durch eine zeitabhängige ersetzt wurde. Die Hupe ertönt dabei nach 2,5 Sekunden, die Zwangsbremsung wird nach weiteren 2,5 Sekunden ausgelöst. Bei langsameren Fahrzeugen leiten andere Sifa-Bauformen nach 6 Sekunden eine Zwangsbremsung ein.
Ein Druckwächter in der Hauptbremsleitung schaltet bei Zwangsbremsungen durch Sifa, Indusi oder andere Einrich-

Schon zur Postkutschenzeit: Bahnschranken sichern die Gleisübergänge.

tungen, ferner auch beim Abreißen eines Zugteiles oder beim Ziehen der Notbremse im Zug selbsttätig die Antriebskraft der Lokomotive ab.
Heute ist eine Sicherheitsfahrschaltung bei der Deutschen Bundesbahn allgemein und zumindest bei neueren Fahrzeugen, die von nur einem Mann allein gefahren werden können, fast überall verbindlich vorgeschrieben und in den meisten Ländern eingeführt.

Hypothek aus der Postkutschenzeit

In Mitteleuropa sind zahlreiche Bahnübergänge durch Baken und Warnkreuze optisch gesichert, außerdem akustisch durch Läutewerke und obendrein durch Schranken, die den Zugang zum Gleis auch noch mechanisch abriegeln. Von Amerika erzählt eine Story, dort warne den Autofahrer allenfalls ein Schild: »Hier pflegt gegen zwei Uhr der ›Silberne Pfeil‹ durchzufahren, ob du mit deinem Auto gerade auf den Gleisen bist oder nicht.« Auf einen einfachen Nenner gebracht: In Amerika war man gewohnt, mit Gefahren zu leben und sich entsprechend zu verhalten, während man in der Alten Welt darauf vertraute, beschützt zu werden: von Bahnbeamten mit sprichwörtlicher Zuverlässigkeit und später von immer aufwendigeren Sicherungssystemen.
Schon 1873 begann in Deutschland Carl Stahmer in Oesede bei Osnabrück mit der industriellen Fertigung von Bahnschranken. Zuvor waren sie von den Bahnen in eigener Werkstatt gebaut oder bei kleinen Betrieben in Auftrag gegeben worden. In den folgenden Jahrzehnten verwandten zahlreiche Konstrukteure und Unternehmen eine Menge Scharfsinn auf die Sicherung des Straßenverkehrs an Bahnübergängen. Von den Zügen selbsttätig eingeschaltete akustische Warnsignale gab es erstmals 1896; sie orientierten sich an den damaligen Verkehrsteilnehmern: Pferdefuhrwerken und Fußgängern.
Doch 1910 traten bereits die Kraftfahrer auf den Plan: Der »Kaiserliche Automobilclub« beantragte bei der Preußischen Staatseisenbahn-Verwaltung, besondere Warnungstafeln 200 Meter vor unübersichtlichen Übergängen aufzustellen und nachts durch helle Signallaternen zu erleuchten. Die »Deutsche Eisenbahn-Beamten-Zeitung« entgegnete zwar, es sei nicht einzusehen, daß die Eisenbahnen »lediglich behufs Warnung der nachts in unvernünftigem Tempo fahrenden Automobilisten« kostspielige Tafeln beschaffen sollen. Doch eigene Aufmerksamkeit als entscheidender Sicherheitsfaktor galt schon damals in Deutschland wenig.
Die Gefahr, daß Schranken bei der Durchfahrt von Zügen offen bleiben oder ge-

schlossene Schranken zu früh wieder geöffnet werden, führte wohl zur Entwicklung immer neuer technischer Hilfsmittel gegen Versagen des Schrankenwärters, nur selten jedoch zur Beseitigung der Bahnübergänge selbst. Der Vorschlag, zuggesteuerte Lichtsignale zur Sicherung zu benützen, kam vom Allgemeinen Deutschen Automobil-Club (ADAC). Die Vereinigten Eisenbahn-Signalwerke (VES) entwickelten daraufhin 1928 eine erste Warnlichteinrichtung und bauten zwei Versuchsanlagen auf Privatbahnen bei Pegau südlich von Leipzig und im Thüringer Wald. Wiederum im Benehmen mit dem ADAC nahm 1929 auch die Deutsche Reichsbahn am Bahnhof Friedersdorf ihre erste Warnlichtanlage in Betrieb. Bis 1934 waren hundert eingebaut, 1935 ordnete der Reichsverkehrsminister den Bau von weiteren hundert an, ab 1938 gab es eine für die Hersteller bindende Einheitsbauform, und 1939 wurden nochmals hundert Anlagen bestellt.

Die Warnlichtanlagen enthielten, von den allerersten Versuchsausführungen abgesehen, ein weißes und ein rotes Licht nebeneinander. Das weiße blinkte 45mal in der Minute und signalisierte lediglich die Betriebsbereitschaft der Anlage, bei Annäherung eines Zuges erlosch es, während gleichzeitig das rote Licht mit doppelter Frequenz, also 90mal in der Minute zu blinken begann. Seit 1951 wurden nur noch Anlagen mit rotem Blinklicht eingebaut und damals zur Unterscheidung als Blinklichtanlagen bezeichnet. Bei Annäherung eines Zuges blinkt das rote Licht 60mal in der Minute, sonst bleibt es dunkel.

Weitere Erhöhung der Sicherheit brachten 1952 die ersten Lokführer-Überwachungssignale, an denen der Lokomotivführer bei Annährung an einen Bahnübergang erkennen kann, ob die Blinklichtanlage arbeitet; bei Störungen kann der Zug damit noch vor dem Übergang zum Halten gebracht werden. Von 1953 an wurden auch Überwachungseinrichtungen auf benachbarten Bahnhöfen eingebaut, um Blinklichtanlagen fernüberwachen zu können.

Einen weiteren Schritt bildeten die Halbschranken, die ebenfalls 1953 zum ersten Mal versuchsweise zur Ergänzung von Blinklichtanlagen auf Straßen und Bahnstrecken mit stärkerem Verkehr eingesetzt wurden. Sie sperren lediglich die rechte Fahrbahnhälfte und damit die Zufahrt zum Bahnübergang, während die Ausfahrt frei bleibt. Neuerdings werden immer mehr ältere Blinklichtanlagen durch Halbschranken nachträglich ergänzt.

Da zahlreiche Bahnübergänge nur als Feldwege über Gleise führen, hat die Deutsche Bundesbahn nach dem Zweiten Weltkrieg »Anrufschranken« entwickelt, die über Wechselsprechanlagen mit der nächsten, oft außer Sichtweite gelegenen Betriebsstelle verbunden sind und nur »auf Anruf« geöffnet werden, wenn sich kein Zug nähert. Heute bestehen rund zweitausend Anlagen. Mit ihnen wurden zahlreiche Bahnwärter auf freier Strecke eingespart. Bei Landshut hat die Bundesbahn 1982 erstmals Schranken mit »Selbstbedienung« eingerichtet; sie lassen sich durch Knopfdruck öffnen, wenn kein Zug kommt.

Zur Einsparung von Schrankenposten werden mit Erfolg auch Fernsehanlagen eingesetzt. Bei entsprechenden örtlichen Verhältnissen wird damit die vorgeschriebene Sicht, die der Schrankenwärter auf Bahnübergänge mit stärkerem Verkehr haben muß, durch Monitore entfernteren Betriebsstellen vermittelt, auf denen ohnehin Personal eingesetzt ist. Der zusätzliche Schrankenposten unmittelbar am Übergang kann damit eingespart werden.

Die kritischste Art der Bahnübergangssicherung stellt die Handbedienung von Schranken dar, solange sie unabhängig von der Signalbedienung für die Züge erfolgt. Zwar wurden auch zahlreiche technische Einrichtungen entwickelt und installiert, die den Wärter an das rechtzeitige Schließen der Schranken erinnern oder vor verfrühtem Öffnen warnen. Dennoch läßt sich menschliches Versagen damit nicht vollkommen ausschließen. Deshalb sollen Bahnübergänge, die sich auch künftig nicht anders sichern lassen, bei der Deutschen Bundesbahn in die Signalabhängigkeit einbezogen werden.

Signale für Züge lassen sich dann erst auf »Fahrt« stellen, wenn die Schranken geschlossen und verriegelt sind; umgekehrt kann die Schranke nicht mehr geöffnet werden, solange das Signal für einen Zug auf »Fahrt« steht. An rund 1600 Schranken bestand 1983 diese Abhängigkeit bereits. Bis 1987 sollen zunächst zweitausend weitere folgen.

Obwohl an diesen Bahnübergängen kein Unfall durch Versagen des Schrankenwärters mehr möglich ist, stellt auch diese optimale technische Sicherung nur eine Notlösung dar; denn von zehn Unfällen an Bahnübergängen trifft nur an einem die Schuld den Schrankenwärter. Täglich werden dagegen im Durchschnitt vier geschlossene Schranken von Autofahrern durchbrochen. Die einzig vollkommene Lösung des Bahnübergangsproblems stellt deshalb der Bau von Brücken dar. Planmäßig wurde damit in Deutschland erst nach dem Zweiten Weltkrieg begonnen, wobei in erster Linie die immer längeren Autoschlangen vor geschlossenen Bahnschranken den Anlaß gaben.

Am 1. Januar 1983 lagen im Streckennetz der Deutschen Bundesbahn noch 23 864 Bahnübergänge; davon waren mit handbedienten Schranken 6376 Übergänge und mit Blinklicht oder Ampeln 5197, davon wiederum 2607 noch zusätzlich mit Halbschranken gesichert.

Die kritische Finanzlage hat das zeitweise hohe Bautempo von Unterführungen in den achtziger Jahren deutlich abgebremst. So standen 1974 zur Beseitigung von Bahnübergängen durch Brücken 240 Millionen Mark zur Verfügung, 1983 nur noch 100 Millionen, mit denen etwa achtzig Bauwerke errichtet wurden. Bei gleichem Bautempo würden noch etwa 75 Jahre vergehen, bis wenigstens die Übergänge mit regelmäßigem Kraftfahrzeugverkehr verschwunden sind.

Eine müßige Frage bleibt, ob das Problem der Bahnübergänge mit den Eisenbahnen entstanden ist oder mit dem Anwachsen des Straßenverkehrs, der die Kreuzungspunkte erst zu kritischen Punkten hat werden lassen. Das Erbe der Postkutschenzeit wird jedoch überall bis weit ins nächste Jahrtausend hinein fortwirken.

In Amerika, dessen Eisenbahnen keineswegs in jeder Hinsicht beispielgebend waren, wurde der Hebel schon Jahrzehnte früher als in Deutschland an wirkungsvoller Stelle angesetzt. So beseitigten die amerikanischen Bahngesellschaften nach einer Statistik des Bureau of the Census in Washington schon 1907 allein in den Städten mit mehr als 30 000 Einwohnern 184 Bahnübergänge durch Unter- oder Überführungen. Damals gab es in diesen Städten insgesamt 13 718 Bahnübergänge, 1754 allein in Chicago, 817 in Denver, 443 in Philadelphia und 355 in New York.

Nicht alle Bahnen fahren rechts

Europas Autofahrer, von den Engländern abgesehen, sind an Rechtsverkehr gewöhnt. Bei den Eisenbahnen bestehen so eindeutige Regeln nicht. Zwar haben die deutschen Bahnen bereits im vorigen Jahrhundert Rechtsverkehr eingeführt, doch schon in Österreich weicht die Regelung deutlich ab: Auf einer Reihe von Strecken wird dort links gefahren, auf anderen rechts. Die Schweiz dagegen

fährt durchweg auf dem linken Gleis. Auch in zahlreichen anderen Ländern ist allgemein Linksverkehr üblich.
Genaue Ursachen dafür lassen sich kaum noch ergründen. Irgendwann haben sich die unterschiedlichen Regelungen unter allen möglichen Einflüssen ergeben. Gerade das Geheimnisvolle an der Entstehung der Fahrordnungen hat Wissenschaftler schon vor langer Zeit zur Suche nach Erklärungen veranlaßt, wobei die Vergangenheit jeglichen Verkehrs bis weit ins Altertum zurück durchleuchtet wurde. Dabei kam zwar zutage, daß es bereits für die römischen Legionen eine Art »Straßenverkehrsordnung« gegeben hat und daß zur Zeit der Kreuzzüge die päpstliche Obrigkeit den Verkehr zwischen Abend- und Morgenland reglementierte. Hinweise auf einen generellen Links- oder Rechtsverkehr haben sich jedoch nicht finden lassen.
Feststehen dürfte, daß die Fahrordnung auf den ersten zweigleisigen Eisenbahnstrecken weitgehend von den entsprechenden Regelungen im Straßenverkehr beeinflußt wurde. Nachdem in England Linksverkehr üblich war, überwiegt bis auf den heutigen Tag im Einflußbereich Großbritanniens dieser Linksverkehr auch bei den Eisenbahnen.
Daß die Züge in Deutschland rechts fahren, geht auf das Bahnpolizei-Reglement von 1875 zurück, das Rechtsfahren verbindlich vorschrieb. Auf etwa einem Achtel der damals bestehenden Strecken pflegten die Züge das linke Gleis zu benützen. Die betroffenen Bahnen nahmen wegen der hohen Umstellungskosten die zugebilligten Übergangsfristen zum Teil bis zum letzten Termin in Anspruch, so daß die Umstellung auf Rechtsverkehr erst Ende der achtziger Jahre vollzogen war. Die Leipzig-Dresdner Bahn fuhr in den ersten Betriebsjahren links. Ebenso hielten es die Hannoverschen und die Badischen Staatseisenbahnen. Erst 1866 stellte sich Hannover um, nachdem es preußisch geworden war, Baden erst im Sommer 1888. Damit bestand, von wenigen regionalen Ausnahmen abgesehen, einheitlich im Deutschen Reich Rechtsverkehr. Seither hat sich daran nichts mehr geändert; heute ist maßgebend hierfür die Eisenbahn-Bau- und Betriebsordnung vom 8. Mai 1967, in deren § 38 es heißt: »Auf zweigleisigen Bahnen ist rechts zu fahren ...«
In anderen Ländern ging die Tendenz von Anfang an stärker zum Linksverkehr, obwohl es eigentlich zur Zeit der Dampflokomotive nahe gelegen hätte, allgemein rechts zu fahren. Denn zweifellos fällt es den meisten Menschen leichter, von rechts nach links zu schaufeln, so daß im Führerstand einer Dampflok der Heizer seinen Platz zweckmäßigerweise auf der linken Seite erhält. Von dort kann er das Feuer am leichtesten mit Kohle beschicken. Für den Lokomotivführer bleibt dann zwangsläufig der Platz auf der rechten Seite. Dies wiederum legt die Aufstellung der Signale rechts vom Gleis nahe, um sie möglichst gut ins Blickfeld des Lokomotivführers zu rücken. Schließlich ergibt sich aus diesen Überlegungen ganz von selbst die Rechtsfahrordnung; denn bei Fahrten auf dem linken Gleis verdeckt jeder Gegenzug die rechts stehenden Signale.
Trotzdem waren traditionelle Bindungen, später im Verein mit der Scheu vor hohen Umstellungskosten, stark genug, um in zahlreichen Ländern der Welt den Linksverkehr beizubehalten. So mußten in Frankreich die Heizer den rechten Platz auf dem Führerstand einnehmen und das Feuer linkshändig beschicken. Auch die deutschen Dampflokomotiven, die nach dem Ersten Weltkrieg Frankreich überlassen werden mußten, wurden auf Linkssteuerung umgebaut.
Für die erste doppelspurige Strecke der Schweiz, die 1859 von der Schweizerischen Centralbahn im Zuge der ersten Hauensteinlinie zwischen Basel und Olten eröffnet wurde, legte Artikel 20 der »Allgemeinen Bestimmungen des Betriebes« fest, daß bei Doppelgleisen die Züge stets das in Fahrtrichtung rechte Gleis zu benutzen haben. Zugrunde lag die konkrete Überlegung, daß auf der 26-Promille-Neigung der Hauenstein-Nordrampe zwischen Läufelfingen und Sissach die talwärts fahrenden Züge die Hangseite benützen sollten und nicht das Gleis unmittelbar über dem Abgrund.
Die Schweizerische Centralbahn suchte als einzige ihren Rechtsbetrieb beizubehalten, während die zunächst nur in Aarau angrenzende Nordostbahn von Anfang an nach englischem Vorbild links fuhr. Als die Nordostbahn mit dem zweigleisigen Ausbau der Strecke Stein-Säckingen-Pratteln (-Basel) einen neuen Berührungspunkt mit der Centralbahn erhielt, erzwang das Eisenbahn-Departement auch auf der Hauensteinstrecke die Umstellung auf Linksbetrieb. Sie wurde mit einem Kostenaufwand von 193 000 Franken zum 1. Juni 1895 vollzogen. Damit war in der Schweiz Linksbetrieb zur Regel geworden. Nach Gründung der Schweizerischen Bundesbahnen trat deren Generaldirektion energisch für eine erneute Umstellung ein, nachdem zuvor bereits die maschinentechnische Sektion des Schweizerischen Eisenbahnverbandes das Rechtsfahren als Neuerung von großer Bedeutung empfohlen hatte und die Lokomotivführer-Vereinigung ebenfalls Rechtsverkehr verlangte. Die Umstellungskosten wurden jedoch mit 2,5 Millionen Franken veranschlagt, so daß die Frage zunächst nicht weiter verfolgt wurde. Später erübrigte sich eine Änderung, weil nach der immer weiter fortschreitenden Elektrifizierung keine Sichtbeschränkungen auf den Lokomotiven mehr bestanden.
In Österreich gab es schon in früher Zeit Links- und Rechtsverkehr nebeneinander. Während des Ersten Weltkrieges wurde eine Vereinheitlichung angeordnet, wobei Linksfahren zur Regel werden sollte. Nach dem Ende der Monarchie kehrte jedoch schon 1919 Vorarlberg wieder zum Rechtsverkehr zurück. Diese Tendenz setzte sich vor allem nach der Angliederung an das Deutsche Reich auch in anderen Landesteilen fort. Schon 1930 hatte sich im größten Teil Tirols und des Landes Salzburg auf den zweigleisigen Strecken Rechtsverkehr durchgesetzt; 1935 folgten Osttirol und Kärnten, am 1. Juni 1938 die restlichen Teile Salzburgs, das südliche Burgenland, Oberösterreich und die Steiermark. Auf den noch verbliebenen Strecken in Niederösterreich mit Wien und im nördlichen Burgenland wurde am 19. September 1938 Rechtsverkehr eingeführt. Wie im Ersten Weltkrieg kein konsequenter Umbau auf Linksverkehr erfolgt war, so kam es auch zwischen 1938 und 1945 nur im Zuge ohnehin nötiger Umbauten auf den Hauptstrecken zu Änderungen der Gleis- und Signalanlagen; zum Teil fuhren die Züge rechts, obwohl die Signale nach wie vor links standen. Nach dem Krieg wurde auf den für Linksbetrieb eingerichteten Strecken wieder einheitlich links, auf den übrigen rechts gefahren. Heute verfügen die Österreichischen Bundesbahnen über 1470 Kilometer doppelgleisige Strecken, von denen 625 links und 845 rechts befahren werden. Allgemein geht die Tendenz in Österreich zum Rechtsverkehr, obwohl bei der Schließung noch eingleisiger Lücken in links befahrenen zweigleisigen Strecken auch der neue Teil links befahren werden muß, weil ein Wechsel des Gleises auf Zwischenabschnitten zu unerträglichen betrieblichen Schwierigkeiten führen würde. Wenn auch einheitliche Regelungen, gleichgültig ob sie Rechts- oder Linksverkehr

In Großbritannien fährt auch die Eisenbahn links. Güterzug auf der Strecke Blackburn – Long Meg in Schottland

vorsehen, der Sicherheit gewiß dienlich sind, gibt es heute für kostspielige Änderungen keinerlei Veranlassung mehr, weil die vorn liegenden Führerräume moderner Lokomotiven freie Sicht auf die Strecke gewährleisten. Auf stark belasteten Streckenabschnitten wird durch Einrichtung von Gleiswechselbetrieb die feste Fahrordnung ohnehin immer mehr aufgegeben. Dort können die Züge signaltechnisch gesichert beide Streckengleise in beiden Richtungen benützen.

Fahrordnung in den Mitgliedsländern des Internationalen Eisenbahn-Verbandes und einer Reihe anderer wichtiger Länder:

Rechtsverkehr
Bulgarien (BDZ)
Dänemark (DSB)
Deutschland (DB und DR)
Finnland (VR)
Griechenland (CH)
Kanada (CN und CP)
Niederlande (NS)
Norwegen (NSB)
Polen (PKP)
Rumänien (CFR)
Sowjetunion (SZD)
Tschechoslowakei (CSD)
Türkei (TCDD)
Ungarn (MAV)

Linksverkehr
Algerien (SNTF)
Belgien (SNCB)
Großbritannien (BR)
Frankreich (SNCF)
Indien (INDE)
Irland (CIE)
Italien (FS)
Japan (JNR)
Marokko (ONCFM und TF)
Portugal (CP)
Schweden (SJ)
Schweiz (SBB)
Südafrika (SAR)
Tunesien (SNCFT)

Rechts- und Linksverkehr nebeneinander
Äthiopien (CFE)
China (KZD)
Irak (IRR)
Iran (RAI)
Israel (IR)
Kongo (BCK und OTRACO)
Libanon (CEL)
Luxemburg (CFL)
Nigeria (RAN)
Österreich (ÖBB)
Spanien (RENFE)
Syrien (CFS)
USA

N6
南

Die Bahn von morgen

Auf dem Weg zur automatischen Bahn

Noch wird der Betrieb selbst bei den fortschrittlichsten Eisenbahnen der Welt weitgehend von Menschen gesteuert, gewissermaßen »mit der Hand«. Alle Automatisierung beschränkt sich noch auf Teilgebiete, wie auch der Einsatz elektronischer Datenverarbeitungsanlagen - von administrativen und technisch-wissenschaftlichen Anwendungen ausgehend - erst nach und nach weitere Bereiche erfaßt hat. Für die Eisenbahnen vor allem der Industrieländer, in denen menschliche Arbeitskraft ständiger Teuerung unterliegt, bedeutet Ablösung manueller Tätigkeiten durch Automaten geradezu eine Lebensfrage. Zwar wird dieses Ziel mit konventioneller Technik beinahe überall schon seit den fünfziger Jahren verfolgt, wobei vor allem der Übergang vom Dampfbetrieb zum elektrischen oder Dieselbetrieb sowie die Automatisierung und Zentralisierung der Signalanlagen zu erheblichen Personaleinsparungen geführt haben. Die Deutsche Bundesbahn hat von 1958, dem Jahr ihres mit 516 000 höchsten Personalbestands, bis Ende 1982 über 200 000 Dienstkräfte eingespart. Für die Zukunft verspricht wirkungsvolle Rationalisierung auf technischem Gebiet vor allem die Elektronik: mit Hilfe von elektronischen Datenverarbeitungsanlagen lassen sich zahlreiche Arbeitsabläufe schneller, vorteilhafter, mit weniger Aufwand und zu geringeren Kosten durchführen als bisher. Überlegungen zur technischen Gestaltung einer »computergesteuerten« Eisenbahn gehen bis in die sechziger Jahre zurück. Bei der Deutschen Bundesbahn begann 1975 der Aufbau einer Integrierten Transportsteuerung (ITS) mit sehr weit gespanntem Anforderungsprofil und etwa fünfzig Anwendungen in der ersten Ausbaustufe. Sie sollte die zentrale Frachtberechnung und -abrechnung im Güterverkehr, ein Fahrzeug-Informations- und Vormeldesystem zur Laufverfolgung und Vormeldung aller Güterwagen, Personenwagen, Lokomotiven und Triebwagen, sowie die Zuglaufüberwachung für wichtige Züge auf Hauptstrecken im ganzen Netz umfassen. Während bis heute die grundlegenden Daten für die Arbeit der Rangierbahnhöfe bei jedem Zug an Ort und Stelle manuell erfaßt, aufbereitet und verarbeitet werden müssen, sollen sie künftig überall und jederzeit aus dem Rechnersystem abrufbar sein. Unveränderliche Daten wie die Merkmale der Güterwagen werden aus einer zentralen Fahrzeugdatei kommen, alle variablen nur einmal zu Beginn jedes Transportvorgangs erfaßt und dann bis zur vollständigen Erledigung immer verfügbar gehalten. Nach dem ursprünglichen Konzept sollte dasselbe System Güter auf dem günstigsten Weg ans Ziel führen, Frachtkosten ermitteln, alle Transporte abrechnen und statistisch auswerten, darüber hinaus aber auch auf den Betriebsablauf unmittelbar Einfluß nehmen und über die Stellwerke den Fahrweg und über Linienleiter die Züge steuern. Während der Realisierungsphase zeigte sich, daß trotz zweimaliger Umplanung des gesamten Systems die umfassende Aufgabenstellung in der vorgesehenen Weise nicht bewältigt werden konnte. Hinzu kam, daß sich während der langen Realisierungszeit die dem Konzept zugrunde liegenden Rahmenbedingungen zum Teil grundlegend verändert hatten. So war der Personalbestand seit 1974 um rund 100 000 Mitarbeiter gesunken, die Zahl der Rangierbahnhöfe hatte sich etwa halbiert, und im Betrieb waren neue Strukturen, wie durch das Knotenpunktsystem im Wagenladungsverkehr, entstanden. In dieser Situation mußte die Deutsche Bundesbahn Anfang der achtziger Jahre die Entwicklung in eine neue Richtung lenken. Dabei galt es, die bereits beschaffte Hardware möglichst weitgehend zu nützen, neuen Erkenntnissen und Anforderungen an das System Rechnung zu tragen, vor allem aber Wege zu finden, die gesteckten Ziele zu erreichen. Hierfür wurde die ursprünglich alle Fachbereiche integrierende Konzeption verlassen. Die neue Transportsteuerung besteht aus Einzelsystemen, die über Informations-Schnittstellen miteinander verbunden werden können, aber nicht mehr funktional voneinander abhängen. Zentraler Anwendungsbereich einer solchen Steuerung bleibt bei der Deutschen Bundesbahn wie schon im ursprünglichen Konzept das Fahrzeug-Informations- und Vormeldesystem. Die zur Behandlung der Güterzüge nötigen Unterlagen brauchen damit nicht mehr auf jedem Rangierbahnhof von Neuem aufgestellt zu werden, sondern entstehen aus den im Transportsteuersystem verfügbaren Daten. Dagegen entfallen nach dem neuen Konzept alle operativen Steueraufgaben, etwa die Einwirkung auf die Signal- und Stellwerkstechnik. Am 3. Mai begann damit der erste Pilotbetrieb mit ausgewählten Zügen des Massengutverkehrs. Am 29. Mai 1983 entstand auf einem etwa Bayern und Württemberg umfassenden Inselbereich ein regional flächendeckendes System mit allen vorgesehenen Funktionen. Als nächstes steht nun die bundesweite Einführung des Fahrzeug-Informations- und Vormeldesystems bevor. Mit ihrer Integrierten Transportsteuerung hatte sich die Deutsche Bundesbahn auf völliges Neuland begeben. Keine andere Bahn der Welt war in ihren Automatisierungsbestrebungen so weit gegangen, alle Transportvorgänge von einem einzigen technischen System steuern zu lassen. Das Projekt hat teures Lehrgeld gekostet, ist aber keineswegs aufgegeben. In Einzelprojekte aufgeteilt wird es zielstrebig weiterverfolgt.

Die Zukunft hat schon begonnen

Was die Eisenbahn vor allem in dicht besiedelten und stark industrialisierten Gebieten zu leisten vermag, haben in jüngster Zeit die japanischen Shinkansen und der französische TGV wieder deutlich werden lassen. Aus der ersten Strecke von Tokio nach Osaka sind inzwischen nahezu zweitausend Kilometer neue Schnellbahnen geworden, und in Frankreich ist nach dem Erfolg der Linie Paris - Lyon als zweite Neubaustrecke die TGV-Atlantique in die Wege geleitet. Sogar in den USA bestehen Pläne für neue schnelle Eisenbahnverbindungen. Der mancherorts schon abgeschriebenen Eisenbahn sind damit in aller Welt neue Funktionen für die Lösung der Verkehrsprobleme von heute und morgen zugewachsen.
Seit den zwanziger Jahren waren in den meisten Industrieländern neue Eisenbahnstrecken kaum noch gebaut worden. Vor allem in Mitteleuropa zeigten sich die Bahnen jedoch flexibel genug, um den vernachlässigten Ausbau ihrer Infrastruktur durch Einsatz immer neuer technischer Hilfsmittel zu kompensieren und die Kapazität längst nicht mehr zeitgemäßer Strecken den steigenden Anforderungen immer wieder anzupassen.
Um so schwerer fiel vor allem dem inzwischen vom Auto geprägten Westen die Einsicht, daß eine den Anforderungen der Zukunft gewachsene Eisenbahn nicht mit den kurven- und steigungsreichen Strecken aus dem vorigen Jahrhundert auszukommen vermag, sondern ebenfalls den Autobahnen vergleichbare, schnelle und

Die Zukunft der Eisenbahn begann in Japan. Aus der Tokaido-Linie zwischen Tokio und Osaka entwickelten sich nahezu zweitausend Kilometer »Shinkansen«, unter neuzeitlichen Gesichtspunkten geplante und gebaute Strecken für schnelle Züge und hohe Passagierzahlen.

leistungsfähige Verkehrswege benötigt. Für Europa hat der Internationale Eisenbahn-Verband (UIC) im Jahre 1973 einen Infrastruktur-Leitplan aufgestellt, der ein Netz von rund 40 000 Kilometer Gesamtlänge umfaßt, das für die Zukunft auf hohen technischen und betrieblichen Stand gebracht werden und von Lissabon bis Helsinki, von Glasgow bis Istanbul reichen soll. Der Leitplan ist 1981 aktualisiert worden. Zugrunde liegen im wesentlichen die nationalen Planungen der einzelnen europäischen Bahnen. In das Konzept wurden auch die Pläne der Deutschen Bundesbahn integriert.
Sie sahen im Zuge der Hauptverkehrsströme eine Reihe von Neubau- und Ausbaustrecken vor, in die bis 1985 nahezu 18 Milliarden Mark investiert werden sollten. Zur Fertigstellung bis 1990 waren drei Neubaustrecken vorgesehen:
Hannover - Göttingen - Kassel - Gemünden (Main) - Würzburg, Mannheim - Stuttgart und Köln - Groß Gerau bei Frankfurt (Main). Wie die zunächst ebenfalls neu geplanten Strecken Aschaffenburg - Gemünden und Stuttgart - Ulm - Augsburg wurde auch die Neubaustrecke Köln - Groß Gerau auf unbestimmte Zeit verschoben. Aussicht auf Verwirklichung hat vorerst nur noch eine neue Strecke von Rastatt südlich Karlsruhe durch das Rheintal bis Basel. Daneben sieht der Bundesverkehrswegeplan '80 insgesamt 13 Ausbaustrecken vor; umgehend in Angriff genommen wurden Hamburg - Bremen - Münster (Westfalen), Hamburg - Hannover, Braunschweig - Hannover - Bielefeld - Dortmund, Gießen - Friedberg, Frankfurt (Main) - Mannheim und Würzburg - Nürnberg - Augsburg.
Die Neubaustrecken der Deutschen Bundesbahn werden für mindestens 250 km/h Höchstgeschwindigkeit trassiert, doch sollen sie in der ersten Betriebsphase nach 1991 mit höchstens 200 km/h befahren werden. Auch auf den Ausbaustrecken sollen möglichst lange, zusammenhängende Abschnitte für 200 Stundenkilometer entstehen, was vielfach eine Begradigung von Kurven, stärkeren Oberbau, zusätzliche Signalanlagen und die Beseitigung noch vorhandener Bahnübergänge voraussetzt.
Die Baukosten sollte - ähnlich wie für neue Bundesfernstraßen und Bundeswasserstraßen - der Bund als Eigentümer der Bundesbahn tragen. Die Verwirklichung der Pläne hängt damit immer wieder von der Bereitstellung der erforderlichen Mittel ab. Zwar bestehen Bekenntnisse hierzu seitens der verantwortlichen Politiker, doch erfordert die Größenordnung des Finanzbedarfes eine stärkere und keineswegs unproblematische Verschiebung der Investitionsschwerpunkte von der Straße zur Schiene. Immerhin hat sich das Auto in den vergangenen Jahrzehnten nicht nur zu einer verkehrs- und gesellschaftspolitisch relevanten Größe entwickelt, sondern auch zu einem Wirtschaftsfaktor erster Ordnung, der sich nicht mehr ohne empfindliche Reaktionen der gesamten Wirtschaft beschneiden läßt. Hinzu kommt, daß vor Baubeginn Raumordnungs- und Planfeststellungsverfahren durchgeführt werden müssen, wobei die Planung zunächst mehr mit übergeordneten Gesichtspunkten, dann mit den Einzelinteressen der unmittelbar betroffenen Grundbesitzer und Anlieger in Einklang zu bringen ist. Zum Teil heftige Widerstände durch Bürgerinitiativen führten zu jahrelangen Verzögerungen infolge zahlreicher Gerichtsverfahren. Dabei trat die Tatsache völlig in den Hintergrund, daß zur Bewältigung künftiger Verkehrsaufgaben eine neue Eisenbahnstrecke das weitaus geringste Übel darstellt. Für die Bahn sprechen Umweltfreundlichkeit durch Nutzung elektrischer und damit

sauberer Antriebsenergie, verhältnismäßig geringe Geräuschemission, die sich durch konstruktive Maßnahmen an künftigen Fahrzeugen noch wesentlich vermindern läßt, größte Sicherheit aller Verkehrsträger und hohe Leistungsfähigkeit bei geringem spezifischem Energie-, Flächen- und Personalbedarf.
Die Neubaustrecke Mannheim - Stuttgart, mit deren Bau offiziell am 20. August 1976 in Mannheim begonnen wurde, sollte schon 1985 fertig sein, wird jedoch frühestens 1991 in Betrieb gehen können. Schon am 10. August 1973 war bei Laatzen südlich von Hannover der erste Rammschlag für die Neubaustrecke Hannover - Würzburg vollzogen worden. Erst im Sommer 1976 fiel jedoch die politische Entscheidung über die Trassenführung zwischen Hannover und Kassel; statt der ursprünglich vorgesehenen geraden Strecke durch das Wesertal und über Holzminden gaben Strukturpolitik und Raumordnung schließlich den Ausschlag für die längere Strecke entlang dem Leinetal und über Göttingen. Im Sommer 1983 waren im Südabschnitt zwischen Fulda und Würzburg mehr als hundert Kilometer bereits im Bau. Für die geplante neue Verbindung Köln - Groß Gerau, deren ursprünglich vorgesehene Trasse durch den Westerwald von Bürgerinitiativen zu Fall gebracht wurde, laufen noch Untersuchungen über Alternativlösungen. Inzwischen sind auch in einer Reihe anderer Länder erste Neubaustrecken in Planung, im Bau oder sogar bereits in Betrieb. Fertiggestellt ist die allerdings nicht für hohe Geschwindigkeiten trassierte Neubaustrecke Belgrad - Bar in Jugoslawien, der im Februar 1977 offiziell eröffnete Abschnitt Settebagni bei Rom - Città della Pieve mit einer Länge von 122 Kilometern im Zuge der Neubaustrecke Rom - Florenz sowie in Polen das im November 1974 eröffnete 143 Kilometer lange Teilstück Zawierce - Radzice auf der Strecke Kattowitz - Warschau. Die italienische wie auch die polnische Strecke sind für mindestens 250 km/h trassiert, ohne daß die Züge auch nur annähernd so schnell fahren. In Italien waren noch 1983 nur 180 km/h zugelassen. Abgesehen von den neuen Strecken in Japan hat vor allem die 427 Kilometer lange, seit 27. September 1981 im Südteil, ab 26. September 1983 durchgehend befahrene französische Neubaustrecke Paris - Lyon wieder allgemeines Interesse auf die Eisenbahn gelenkt. Die T.G.V.-Züge beförderten in den ersten 18 Monaten zehn Millionen Fahrgäste und ließen den Stellenwert der Schiene wieder deutlich steigen.

Die Geheimnisse von Rad und Schiene

Die Geschwindigkeit hat sich in der Geschichte der Eisenbahn oft als Medaille mit zwei Seiten erwiesen. Besonders in England und Amerika ließen spektakuläre Wettfahrten zwischen den Zügen rivalisierender Bahngesellschaften rasch die Publikumswirksamkeit erkennen, die von hohem Tempo ausging. Andererseits lag auf der Hand, daß die Sicherheit als das übergeordnete Wesensmerkmal der Eisenbahn gewissermaßen in umgekehrtem Verhältnis zur Geschwindigkeit steht.
So stellten zwar, ohne daß im Einzelfall die Sicherheit ernstlich aufs Spiel gesetzt wurde, Versuchsfahrzeuge mehrfach Geschwindigkeits-Weltrekorde auf. Die Umsetzung derartigen Tempos in den fahrplanmäßigen Zugverkehr ist indessen bis heute nicht oder nur in Einzelfällen gelungen. Die im Versuch schon 1903 zwischen Marienfelde und Zossen bei Berlin mehrmals erreichte Marke von 210 km/h bildet bisher die äußerste Grenze planmäßiger Schnellfahrten. Auch die Tokaido-Bahn in Japan war anfangs für 210 km/h projektiert, die späteren »Shinkansen« wurden für 250 km/h trassiert.
Schon die Konkurrenz mit Auto und Flugzeug hatte die Eisenbahn einem gewissen Zwang ausgesetzt, sich mit den Fragen höherer Geschwindigkeit ernsthaft auseinanderzusetzen. Wie sich zeigte, warf bereits die Steigerung der Geschwindigkeit von 160 auf 200 km/h zahlreiche Probleme auf, zumal in Ländern, in denen hierfür keine neuen und allein von Schnellzügen befahrenen Strecken zur Verfügung standen, sondern lediglich die alten Trassen, die außerdem in ständigem Wechsel sowohl dem schnellen Reise- als auch dem schweren Güterverkehr zu dienen hatten.
Als Anfang der siebziger Jahre Luftkissen- und Magnetschwebefahrzeuge die Lücke zwischen Eisenbahn und Flugzeug zu beanspruchen begannen, stellte sich zwangsläufig die Frage, ob und von welchem Punkt an überhaupt eine neue Technologie erforderlich ist, um einen in weiter Zukunft womöglich wünschenswerten spurgebundenen Schnellverkehr mit 300, 400 oder vielleicht 500 Stundenkilometern zu verwirklichen. Dabei erwies sich das seit anderthalb Jahrhunderten bewährte Rad-Schiene-System in vieler Hinsicht als geheimnisvoll. Über die theoretischen und die wirklichen Wechselwirkungen zwischen Rad und Schiene, vor allem in höheren

Linke Seite: Die schnellsten Züge der Welt fahren in Frankreich zwischen Paris und Lyon. Mit 270 km/h Höchstgeschwindigkeit bewältigen sie die 427 Kilometer auf neu gebauter Strecke in rund zwei Stunden. Hier stehen zwei der elektrischen T.G.V.-Triebzüge in der Gare de Lyon in Paris zur Fahrt bereit.
Unten: Einige Teile dieses Zukunftsnetzes entstehen bereits oder sind inzwischen schon realisiert. So die »Direttissima« zwischen Rom und Florenz, deren 122 Kilometer langer Abschnitt Settebagni - Città della Pieve am 24. Februar 1977 offiziell eröffnet wurde. Das Luftbild zeigt die Querung des Pagliatales mit aufgeständerter Trasse.

Geschwindigkeitsbereichen, aber auch über zahlreiche Randprobleme war keine sichere Aussage möglich. So erhielt die wissenschaftliche Durchleuchtung des Rad-Schiene-Systems erst mit dem Auftreten unkonventioneller Technologien im spurgeführten Verkehr entscheidende Impulse. In der Bundesrepublik Deutschland, wo besonders die Magnetschwebetechnik im weltweiten Wettbewerb am weitesten vorangekommen war, mußte der Ermittlung von Vergleichsgrößen für das Rad-Schiene-System besondere Bedeutung beigemessen werden, um einen in jeder Hinsicht abgesicherten Systementscheid treffen und die Nützlichkeit von Forschungsinvestitionen auf diesem Gebiet abschätzen zu können.

In München-Freimann wurde daraufhin ein Rollprüfstand errichtet, auf dem sich Geschwindigkeiten bis 500 km/h unter genau definierten und reproduzierbaren Bedingungen simulieren, sämtliche von der Fahrbahn ausgehenden Einflußgrößen nachbilden und Einzelradsätze und Laufwerke ebenso untersuchen lassen wie vollständige Fahrzeuge. Theoretische Überlegungen können so auf dem Prüfstand durch Messungen und deren Auswertung auf elektronischen Datenverarbeitungsanlagen bestätigt oder korrigiert werden. Freilich kann ein Prüfstand keinen völligen Ersatz für eine Versuchsstrecke bieten, auf der sich die gewonnenen Erkenntnisse schließlich unter Betriebsbedingungen überprüfen, abrunden und womöglich bis zur Einsatzreife eines Schnellbahnsystems risikolos anwenden lassen.

Eine derartige Versuchsanlage war zunächst im Donauried zwischen Dillingen und Wertingen nördlich von Augsburg geplant. Dort forderte das Vorhaben jedoch bei den Grundeigentümern wie beim Naturschutz heftigen Widerstand heraus. Trotzdem wurde das Raumordnungsverfahren im April 1976 positiv abgeschlossen. Schon am 30. Januar war ein Gesetz – als »Lex Donauried» apostrophiert – in Kraft getreten, das der Bundestag am 27. November 1975 verabschiedet hatte, um das anstehende Planfeststellungsverfahren rechtlich abzusichern und den zügigen Bau der Anlage zu gewährleisten. Geplant war zu diesem Zeitpunkt eine 57 Kilometer lange Strecke für Rad-Schiene- und parallel dazu für Magnetschwebetechnik. Ungeachtet des bereits weit fortgeschrittenen Verfahrens ließ die Bundesregierung das Projekt Donauried 1978 fallen, vor allem wegen der inzwischen aussichtslos scheinenden Finanzierung. Statt dessen wurden billigere und schneller realisierbare Lösungen gesucht. Die Entscheidung fiel zugunsten getrennter Versuchsanlagen für Magnetschwebe- und Rad-Schiene-Technik im Emsland.

Zur Internationalen Verkehrsausstellung 1979 wurde in Hamburg eine 908 Meter lange Demonstrationsstrecke errichtet. Sie war vom 8. Juni bis 31. Juli in Betrieb, wurde danach wieder abgebaut, später aber bei Thyssen-Henschel in Kassel zum Teil erneut aufgestellt.

Die vom Bund finanzierte Magnetbahn-Versuchsanlage im Emsland liegt südlich von Papenburg zwischen Dörpen und Lathen. Ihr erster Abschnitt, 20,6 Kilometer lang, mit der Nordschleife und dem Versuchszentrum, ist seit 7. Juli 1983 in Betrieb. Für den zweiten mit 10,9 Kilometern und der Südschleife fehlt noch das Geld.

Als Versuchsanlage für Rad-Schiene-Technik sollte der 22,7 Kilometer lange, kurvenlose Abschnitt Rheine – Freren der ehemaligen Fernstrecke Oberhausen – Wilhelmshaven für 350 km/h ausgebaut werden. Die Streichung der Fördermittel des Bundes führte 1981 zur Einstellung der Arbeiten.

Gegenwärtig gibt es in Europa außer einer Versuchsanlage bei Scerbinka in der Nähe von Moskau nur den Versuchsring von Velim im Elberied, rund fünfzig Kilometer östlich von Prag. Er besteht aus einer 13 300 Meter langen Strecke für Geschwindigkeiten bis etwa 200 km/h, enthält innerhalb des großen Ovals noch einen 3900 Meter langen kleineren Versuchsring für Komponentenerprobung und wurde 1963 vom Institut für Verkehrsforschung der Tschechoslowakei in Betrieb genommen. Vor allem die osteuropäischen Eisenbahnen benützen diese Anlage mit.

In den USA betreibt der Amerikanische Eisenbahn-Verband eine Versuchsanlage beim Testzentrum Pueblo im Bundesstaat Colorado. Auf dieser Anlage erreichte ein auf Schienen rollendes Versuchsfahrzeug, allerdings mit Hilfe eines Strahltriebwerkes, am 14. August 1974 den absoluten Geschwindigkeits-Weltrekord für Schienenfahrzeuge mit 410 km/h. Vorschläge, die deutsche Erprobung auf diese Anlage zu verlegen und damit auf den Bau einer eigenen Versuchsstrecke zu verzichten, erwiesen sich als unrealistisch.

Für die Rad-Schiene-Versuche, die nun auf einer Betriebsstrecke der Bundesbahn stattfinden müssen, baut die deutsche Eisenbahnindustrie bis 1985 mit Förderung durch den Bund einen Versuchszug aus zwei

Triebköpfen und zwei Mittelwagen für 300 km/h. Mit zahlreichen neu entwickelten Komponenten soll daraus bis Anfang der neunziger Jahre der Zug der Zukunft entstehen, besonders für die Neubaustrecken. Während das Vorhaben zur Erforschung der Grenzen des Rad-Schiene-Systems bereits lief und Geschwindigkeiten von 500 km/h auf dem Prüfstand und von 400 km/h auf der Versuchsstrecke ins Auge gefaßt waren, galt im Betrieb für die Züge der Deutschen Bundesbahn noch immer das seit Jahren bestehende Tempolimit von 160 km/h, obwohl hier schon 1965 anläßlich der Internationalen Verkehrsausstellung in München erstmals in der Welt fahrplanmäßige Züge mit 200 km/h vorgeführt worden waren. Erst ab 28. Mai 1978 durften Intercity-Züge auf geeigneten Abschnitten mit Tempo 200 fahren. Vor allem Frankreich hatte diese Geschwindigkeit schon viel früher für den fahrplanmäßigen Verkehr zugelassen. In Deutschland waren strenge Auflagen zu erfüllen. Schwer schien aber auch der Nachweis der Wirtschaftlichkeit: Höhere Geschwindigkeit verlangt exaktere Gleislage ebenswo wie geringere Toleranzen an den Laufwerken, bei planmäßigem Schnellverkehr also intensivere Wartung von Fahrweg und Fahrzeug. Nur wenn damit verbundene höhere Kosten durch zusätzlichen Verkehr, also höhere Einnahmen mindestens aufgewogen werden, läßt sich die Steigerung des Tempos auch wirtschaftlich vertreten. Zweifel in dieser Richtung haben besonders eindeutig die Erfolge der japanischen und französischen Schnellbahnen beseitigt. Die Kenntnis der technischen Grenzen des Rad-Schiene-Systems erscheint heute eher wegen der Vergleichsmöglichkeiten mit der Magnetschwebetechnik erforderlich. Die wirtschaftlich sinnvolle Geschwindigkeitsgrenze wird für beide Systeme deutlich unter dem technisch Machbaren liegen, denn im Bereich hoher Geschwindigkeiten wachsen die Kosten überproportional zum Tempo. Mit der dritten Potenz der Geschwindigkeit steigt infolge des Luftwiderstandes vor allem die erforderliche Antriebsleistung und damit der Energiebedarf. Dieser Tatsache läßt sich sorglos allenfalls im Blick auf den Fusionsreaktor und seine »grenzenlosen« Energien entgegensehen.

Linke Seite: Außer der UdSSR verfügt in Europa nur die Tschechoslowakei über eine besondere Versuchsanlage für Eisenbahnen. Das Bild zeigt Leistungsmessungen an einer elektrischen Skoda-Lokomotive auf dem Versuchsring von Velim bei Prag.
Oben: Mit staatlichen Mitteln wurde auch in Amerika ein Versuchszentrum für spurgebundene Verkehrssysteme in Pueblo geschaffen. Hier erreichte dieses Garrett-Versuchsfahrzeug mit 410 km/h den absoluten Geschwindigkeitsrekord für Rad-Schiene-Technik.
Unten: Die Erforschung der Rad-Schiene-Technik konzentriert sich auf den Rollprüfstand in München-Freimann, auf dem jede Gleisbeschaffenheit bei Geschwindigkeiten bis zu 500 km/h simuliert werden können.

Zwischen Himmel und Schiene

Der Eisenbahn in ihrer heutigen Erscheinungsform ist bei etwa fünfhundert Kilometern eine Entfernungsgrenze gesetzt, über die hinaus eilige Reisende mit Vorteil das Flugzeug benützen. Für Strecken unter tausend Kilometern wird es jedoch keine Flugverbindungen mehr geben, wenn der Verkehr über einen gewissen Umfang hinaus wächst, weil dann der verfügbare Luftraum allein von interkontinentalen, internationalen und anderen Weitstreckenflügen belegt wäre. Die »Lücke«, die sich zwischen den beiden Verkehrsmitteln Bahn und Flugzeug auftut, gab Anlaß zur Entwicklung der Technologie für den zwar spurgebundenen, aber ganz erheblich schnelleren Verkehr zu Lande.

Diese neue Technologie kombiniert gewissermaßen den freien Flug mit der festen Fahrbahnführung: »Berührungsfreie Fahrtechnik« soll ohne die Problematik der Reibung zwischen Antriebsrad und Fahrbahn, ohne Verschleiß, ohne Rollgeräusche, umweltfreundlich und sicher Geschwindigkeiten bis fünfhundert Stundenkilometern ermöglichen. Dazu müssen die Fahrzeuge von geeigneten Kräften in einen Schwebezustand versetzt, also nach unten und seitlich in mehr oder weniger großem Abstand zur Fahrbahn gehalten werden. Hierfür eignen sich Luftkissen, die durch Druckluft zwischen Fahrbahn und Fahrzeug hergestellt werden, aber auch magnetische Kräfte, die das Fahrzeug entweder gegen seine Schwerkraft zur Fahrbahn hin anziehen oder umgekehrt nach oben abstoßen.

Unabhängig von einem derartigen Trag- und Führsystem muß auch der Vortrieb, also die Fortbewegung, berührungsfrei möglich sein. Am einfachsten lassen sich dazu Luftschrauben oder Strahltriebwerke verwenden. Als umweltfreundliche, aber wesentlich schwerer realisierbare Alternative kommen elektrische Wanderfeldmotoren in Frage. Diese »linearen Induktionsmotoren«, kurz auch Linearmotoren (LIM) genannt, lassen sich als aufgeschnittene Drehstrommotoren denken, wobei der sonst zylinderförmige Stator zu einer ebenen Fläche abgewickelt ist. Das durch den dreiphasigen Wechselstrom hervorgerufene Drehfeld, das in einem gewöhnlichen Drehstrom-Induktionsmotor den Läufer zum Rotieren bringt, erhält beim Linearmotor die Form eines Wanderfeldes, das statt der drehenden eine geradlinige Vortriebskraft erzeugt.

Die Drehfeldwicklung kann in das Schwebefahrzeug eingebaut werden; in der Trasse genügt dann eine passive Reaktionsschiene, an der sich das Fahrzeug gewissermaßen entlangzieht. Im Gegensatz zu dieser *Kurzstator*-Variante kann die mit Drehstrom gespeiste Wicklung auch in die Fahrbahn eingebaut werden; ein solcher *Langstator*-Motor erzeugt ein über die Strecke hinlaufendes Wanderfeld, von dem das Fahrzeug mit seinen Bordmagneten mitgenommen wird.

Sowohl die Schwebetechnik mit Luftkissen und Magnetkräften als auch der Vortrieb durch Linearmotoren wurden theoretisch schon gegen Ende des vorigen oder zu Beginn des zwanzigsten Jahrhunderts angegeben. So meldete John Thomas Williams aus Mount Vernon bei New York schon 1886 einen linearen Induktionsmotor zum Patent an, der Engländer Elihu Thomson wies um 1890 die Möglichkeit »elektroinduktiver Abstoßung« nach. Dieses Thomsonsche Phänomen lag dann auch der ersten »magnetisch schwebenden Eisenbahn« zugrunde, die 1914 in Paris und London der Franzose Emile Bachelet vorführte, wobei er eine Geschwindigkeit von 500 km/h bereits als unschwer erreichbar bezeichnete. Die Fachwelt bestätigte zwar, daß die Experimente auf wissenschaftlich-elektrotechnisch richtigen Grundgedanken beruhen, tat sie aber als technische Spielerei ab.

Grundlegende Arbeiten zur Magnetfeld-Fahrtechnik mit geregelten Elektromagneten unternahm dann Anfang der dreißiger Jahre Hermann Kemper in Hannover. Er erhielt eine Reihe von Patenten und verwirklichte seine Gedanken erstmals 1935 mit einem Versuchsmodell, bei dem eine Last von 210 Kilogramm über einem geregelten Elektromagneten in der Schwebe gehalten wurde. Mit einer umfangreichen Denkschrift über »Die elektromagnetische Schwebebahn« zeigte Kemper 1936 Möglichkeiten einer praktischen Anwendung dieser Technologie auf. Seine Arbeiten konnten zunächst in der Aerodynamischen Versuchsanstalt in Göttingen fortgesetzt werden, fanden dann aber 1943 infolge der Kriegsverhältnisse ein vorerst erfolgloses Ende.

Chancen zur wirtschaftlichen Realisierung der damals aufgezeigten Möglichkeiten bot erst die Elektronik, die leistungsfähige Datenverarbeitungsanlagen als Hilfsmittel zur Vertiefung der technisch-wissenschaftlichen Grundlagen zur Verfügung stellte, gleichzeitig aber auch der Regeltechnik Wege zur Lösung der praktischen Probleme öffnete.

Luftkissentechnik – endgültig begraben?

Ohne technologisch riskantes Neuland betreten zu müssen, hoffte der Franzose Jean Bertin eine Schnellbahn mit Luftkissen und Flugzeugantrieben verwirklichen zu können. Bei Arbeiten an Schalldämpfern für Luftfahrzeuge war Bertins Chefkonstrukteur Louis Duthion 1957 auf das bereits hundert Jahre alte Luftkissenprinzip gestoßen, das auch für die Entwicklung von Landverkehrsmitteln völlig neue Perspektiven eröffnete. Dem französischen Luftfahrtunternehmen gelang bis 1960 die Lösung der letzten noch offenen Probleme der Luftkissenanwendung, vor allem eine wirtschaftlich vertretbare Erzeugung der für das Trag- und Führungssystem nötigen Druckluft sowie ein weitgehender Ausgleich der Unebenheiten und Ungenauigkeiten in der Trasse.

Bertin ging davon aus, daß mit seinem System ein zukunftsträchtiges Konzept ohne enorme Investitionskosten beinahe mit handelsüblichen Elementen realisierbar sein würde: mit serienmäßigen Motoren und Propellertriebwerken sowie mit nur geringfügig modifizierten Fahrzeugen aus dem Angebot der Industrie.

In der Tat gelang ihm in verhältnismäßig kurzer Zeit der Bau mehrerer Versuchsfahrzeuge, mit deren Erfolgen er weltweit Aufsehen erregte.

Die zur Anwendungsreife weiterentwickelte Luftkissentechnik konnte erstmals mit einem drei Tonnen schweren Versuchsträger erprobt werden, der am 7. Januar 1962 seine Testfahrten aufnahm. Auf der ersten größeren, zunächst drei Kilometer langen, später auf 6,7 Kilometer erweiterten Versuchsstrecke bei Gometz-la-Ville im Südwesten von Paris kam dann Ende 1965 der »Aerotrain experimental 01« im Maßstab 1:2 zum Einsatz, der für Geschwindigkeiten bis zu 200 km/h konzipiert war, später aber 345 km/h erreichte. Auf der Versuchsstrecke legte er mehr als 25 000 Kilometer zurück und beförderte bei den Testfahrten über sechstausend Personen. Als »Aerotrain experimental 02« folgte 1967 ein zweites Versuchsfahrzeug für den Bereich von 300 bis 400 km/h. Auch damit wurden noch höhere Geschwindigkeiten erreicht, so am 22. Januar 1969, als der Aerotrain 02 mit 422 km/h einen neuen Weltrekord für spurgebundene Fahrzeuge aufstellte.

Die offensichtlichen Erfolge Bertins drängten zu ersten Anwendungen. Ein Renommierprojekt bildete die von der Beratenden

Der Aerotrain, geraume Zeit Symbol einer neuen Verkehrstechnologie, vermochte sich keinen dauerhaften Erfolg zu sichern. Der Propellerantrieb konnte in einer umweltbewußten Zeit keine Lösung darstellen, während die Luftkissentechnik bald den magnetischen Trag- und Führungssystemen unterlag. Immerhin hält der Aerotrain »Orleans« mit 428 Stundenkilometern den Geschwindigkeits-Weltrekord spurgeführter Fahrzeuge.

Versammlung des Europarates vorgeschlagene 800 Kilometer lange Europole-Schnellbahn, mit der die Zentren der Europäischen Gemeinschaft verbunden werden sollten. Als erster Bauabschnitt war die Strecke von Luxemburg über Metz nach Straßburg und weiter bis Basel vorgesehen, danach sollte die Schnellbahn im Norden über Lüttich nach Brüssel und im Süden über Bern nach Genf verlängert werden. Bei einer Geschwindigkeit von 400 km/h wären nur noch 35 Minuten für eine Reise von Brüssel nach Luxemburg oder von Luxemburg nach Straßburg nötig gewesen. Als Fernverbindung innerhalb Frankreichs war die Strecke von Paris nach Orleans für eine Luftkissenbahn ins Auge gefaßt. Als erster Bauabschnitt entstand in der Nähe von Orleans ein 18,5 Kilometer langes Teilstück, das zunächst als anwendungsorientierte Versuchsstrecke dienen und später in die geplante Verbindung nach Paris eingebunden werden sollte. Der Abschnitt war aus Spannbeton-Fertigteilen in aufgeständerter Bauweise mit etwa fünf Meter lichter Höhe und zwanzig Meter Pfeilerabstand errichtet worden. Von September 1969 an stand er für Testfahrten mit dem neuen Versuchsfahrzeug Interurbain 250–80 »Orleans« zur Verfügung. Dieses 26 Meter lange und 20 Tonnen schwere Fahrzeug bot 80 Personen Platz und entsprach damit etwa den wirklichen Größenverhältnissen der vorgesehenen Schnellbahn. Eine Gasturbine erzeugte die Luftkissen; die angesaugte Außenluft wurde in zwei Kammern unter das Fahrzeug gedrückt. Eine Reihe von vier Luftkissen wirkte auf die horizontale Ebene der Betonfahrbahn, eine weitere auf die beiden Seiten der in der Mitte der Fahrbahn T-förmig nach oben stehenden Vertikalwand. Die Gebläseleistung war so bemessen, daß der für den Schwebezustand des Fahrzeugs erforderliche Druck hergestellt und die unter den flexiblen Kunststoffschürzen der Kammern entweichende Luft ständig nachgespeist werden konnte.
Als Antrieb diente ein ummantelter Propeller mit verstellbaren Flügeln, den zwei Gasturbinen mit je 960 Kilowatt Start- und 500 Kilowatt Dauerleistung antrieben. Die Höchstgeschwindigkeit sollte 300 km/h betragen, während die Trasse für 400 km/h ausgelegt war, zunächst aber mit nur 250 km/h betrieben werden sollte. Die ersten Betriebsversuche begannen im September 1969. Am 5. März 1974 stellte der Aerotrain »Orleans« mit 428 km/h einen neuen Weltrekord auf.
In England liefen seit 1967 Versuche mit Luftkissentechnik, nachdem dort Sir Christopher Cockerill das Luftkissenprinzip ebenfalls »wiederentdeckt« hatte. Vickers lieferte am 2. August 1971 das erste Versuchsfahrzeug RTV 31 an die Tracked Hovercraft Ltd. ab. Nach Ausrüstung mit einem einseitigen Linearmotor und der erforderlichen Meßtechnik, die nahezu den gesamten Fahrgastraum ausfüllte, begannen im Dezember 1971 erste Tests. Hierfür stand eine 4,8 Kilometer lange Strecke im Versuchsgelände von Earith bei Cambridge zur Verfügung, die zunächst auf acht, später auf dreizehn Kilometer verlängert werden sollte, um die mögliche Höchstgeschwindigkeit von anfangs 240 km/h bis etwa 385 km/h zu steigern. Das voll von der britischen Regierung getragene Vorhaben wurde jedoch, als die zunächst bewilligten fünf Millionen Pfund Sterling aufgebraucht waren, im Februar 1973 mit der Begründung abgebrochen, daß für ein derartiges Verkehrssystem zusätzlich zu dem dichten Eisenbahnnetz Englands überhaupt kein Bedarf bestehe.
Auch in Frankreich wurde es bald still um die Luftkissentechnik. Weder die Fernverbindung Paris – Orleans wurde realisiert noch die Nahverkehrslinie zwischen dem Pariser Stadtteil La Défense und der Trabantenstadt Cergy, die erstmals mit der Kurzstreckenvariante »Suburbain« an die Hauptstadt angeschlossen werden sollte. Die Impulsantriebe mit Propellern oder Strahltriebwerken stießen trotz aller Schalldämmungsmaßnahmen auf wachsendes Unverständnis einer umweltbewußten Bevölkerung, die Versuche mit Linearmotoren brachten nicht den erhofften Erfolg.
In Deutschland untersuchte Krauss-Maffei mit dem im September 1972 einsatzbereiten Versuchsfahrzeug »Transrapid 03« auf der werkseigenen Versuchsanlage in München-Allach auch die Luftkissentechnik, um Vergleichsuntersuchungen mit dem Magnetschwebefahrzeug »Transrapid 02« durchführen zu können. Dabei zeigte sich auch, daß die Luftkissentechnik wesentlich höheren Energieaufwand erfordert als das magnetische Trag- und Führungssystem des Vergleichsfahrzeugs.
Am 21. Dezember 1975 starb Jean Bertin, bis zuletzt überzeugter Verfechter seiner Luftkissen-Idee. Sie wurde mit ihm begraben. Aus heutiger Sicht für immer.

Erstes Schweben mit Magneten

In Deutschland lösten die französischen Aktivitäten mit dem auf Luftkissentechnik aufbauenden, in den sechziger Jahren immerhin sehr erfolgversprechenden Verkehrssystem zunächst keine erkennbaren Reaktionen aus. Erst gegen Ende des Jahrzehnts, als der starke Konjunkturaufschwung in Verbindung mit deutlichen Widerständen gegen weiterhin uneingeschränktes Wachstum des Individualverkehrs zu äußerst optimistischen Prognosen für den Schienenverkehr führte, schien nicht nur die Mobilisierung aller Kapazitätsreserven der konventionellen Eisenbahn, sondern auch die Beschäftigung mit einem neuen Schnellverkehrssystem geboten. So kam es zur Gründung einer Hochleistungsschnellbahn- (HSB-) Studiengesellschaft, der die Deutsche Bundesbahn, Messerschmitt-Bölkow-Blohm und die Strabag-Bau AG angehörten, sowie zum Zusammenschluß namhafter auf dem Gebiet der Verkehrstechnik engagierter Unternehmen wie AEG-Telefunken, BBC, Krauss-Maffei, Krupp, MaK, M.A.N., Messerschmitt-Bölkow-Blohm, Rheinstahl-Henschel, Siemens und Strabag, zunächst im Birlinghovener Kreis, später in der am 27. Mai 1971 gegründeten Gesellschaft für Bahntechnische Innovationen (GBI).
Im Auftrag des Bundesministers für Verkehr sowie des damaligen Bundesministers für Bildung und Wissenschaft wurden zunächst mehrere Studien erarbeitet, insbesondere die HSB-Studie, die am 22. Dezember 1971 dem Bundesverkehrsminister übergeben wurde und die Wirtschaftlichkeit einer neuen Schnellbahn positiv beurteilte. Über die Frage des Systems war noch keine Aussage möglich. Obwohl sich der spätere Mißerfolg der Luftkissentechnik damals noch nicht unmittelbar absehen ließ, konzentrierten sich Forschung und Entwicklung in der Bundesrepublik Deutschland von vornherein auf die magnetische Schwebetechnik. Nach Labor- und Prüfstandversuchen stellte am 6. Mai 1971 Messerschmitt-Bölkow-Blohm in Ottobrunn bei München das erste Prinzipfahrzeug der Welt mit magnetischem Trag- und Führungssystem sowie Linearmotorantrieb vor. Es wog 5,8 Tonnen und war für 90 km/h ausgelegt. Zur Verfügung stand eine nur 660 Meter lange, gerade Versuchsstrecke innerhalb des Werkgeländes. Da wegen der Geländeverhältnisse keine Verlängerung möglich war, mußte 1972, nachdem die Möglichkeiten des ersten

Fahrzeugs voll ausgeschöpft waren, ein Raketenmeßschlitten eingesetzt werden. Dabei beschleunigte eine Heißwasserrakete eine unbemannte Meßplattform, mit der einzelne Komponenten des Systems bei Geschwindigkeiten bis zu 225 km/h auf der nach wie vor nur 660 Meter langen Fahrbahn untersucht werden konnten.
Schon am 11. Oktober 1971 demonstrierte Krauss-Maffei, nur acht Monate nach Beginn eigener Entwicklungen auf diesem Gebiet, in München-Allach das Versuchsfahrzeug »Transrapid 02« auf einer 930 Meter langen Teststrecke, die bereits eine Kurve mit 800 Meter Radius aufwies. Das 11,3 Tonnen schwere Fahrzeug erreichte später 164 km/h. Nach den Vergleichsfahrten mit der Luftkissen-Version »Transrapid 03« auf der gleichen Fahrbahn begann Krauss-Maffei unmittelbar neben der ersten eine neue Versuchsstrecke zu bauen. Sie sollte Geschwindigkeiten bis 250 km/h ermöglichen und wurde in aufgeständerter Bauweise mit Kurven verschiedener Radien errichtet. Um bereits Alternativen für die Fahrwegkonstruktion untersuchen zu können, kamen Betonfertigteile verschiedener Konstruktionsprinzipien sowie Stahlkonstruktionen zur Anwendung. Als weiteres Versuchsfahrzeug wurde der »Transrapid 04« gebaut.
Noch bevor jedoch die Erprobung begonnen hatte, gründeten Anfang 1974 Messerschmitt-Bölkow-Blohm und Krauss-Maffei auf Veranlassung des Bundesforschungsministeriums die Arbeitsgemeinschaft »Transrapid-ems«, in der sie ihre bis dahin getrennten Entwicklungsarbeiten gemeinsam fortsetzten.

Mit »Komet« zur Traumgrenze

Die von der Arbeitsgemeinschaft »Transrapid-ems« verfolgte Schwebetechnik beruht auf magnetischer Anziehung. Die Elektromagnete am Fahrzeug greifen unter die Fahrbahn und üben auf die darunter angebrachten Ankerschienen anziehende Kräfte aus. Damit hebt sich das Fahrzeug 10 bis 20 Millimeter über die Fahrbahn nach oben. Die Magnetkräfte werden ständig so geregelt, daß sie mit der Schwerkraft des Fahrzeugs und den während der Fahrt auftretenden dynamischen Kräften im Gleichgewicht bleiben. Sensoren messen die Abstände zwischen den Fahrzeugmagneten und den Reaktionsschienen; die elektronische Auswertung regelt die Magnete so, daß jede Verringerung des Abstandes eine Verminderung, jede Vergrößerung des Abstandes eine Verstärkung der Magnetkraft bewirkt. So wird das Fahrzeug allein mit Hilfe der Regeltechnik in der Schwebe gehalten.
Auf der von Krauss-Maffei errichteten Versuchsstrecke in München-Allach begannen im Frühjahr 1975 die Testfahrten mit dem »Transrapid 04« als bis dahin größtem Magnetschwebe-Personenfahrzeug mit Linearbetrieb. Am 21. November 1977 stellte das 17,5 Tonnen schwere, 15 Meter lange und 3,4 Meter breite Fahrzeug mit 253,2 km/h, der höchsten bisher mit Linearmotor und Magnetschwebetechnik erreichten Geschwindigkeit, einen neuen Rekord auf.
Um den Erkenntnisstand auch auf höhere Geschwindigkeitsbereiche zu erweitern, galt es zu improvisieren. Die Errichtung einer allen Beteiligten zur Verfügung

Links: Das erste Magnetschwebefahrzeug der Welt präsentierte am 6. Mai 1971 Messerschmitt-Bölkow-Blohm auf einer 660 Meter langen Versuchsstrecke in Ottobrunn bei München. Mit diesem Prinzipfahrzeug wurde die Entwicklung der unkonventionellen Verkehrstechnologien in eine neue Richtung gelenkt.
Unten: Auf einer rund 2400 Meter langen Teststrecke bei Krauss-Maffei in München-Allach erreichte der »Transrapid 04« als bereits für Personenbeförderung geeignetes Magnetschwebefahrzeug über zweihundert Stundenkilometer mit Linearmotorantrieb. Die Versuchsstrecke wurde nach Abschluß der Tests wieder abgebaut.

stehenden Versuchsanlage, deren Bau im Donauried der damalige Bundesverkehrsminister Georg Leber beim Besuch seines amerikanischen Kollegen John Allan Volpe am 26. Oktober 1971 in München erstmals angekündigt hatte, ließ auf sich warten. Messerschmitt-Bölkow-Blohm wich auf eine eigene Teststrecke am Rande des Flughafens Manching bei Ingolstadt aus, nachdem die Anlage auf dem Grasbrunner Geräumt im Höhenkirchener Forst südöstlich von München und auf dem werkseigenen Gelände in Lampoldshausen bei Heilbronn nicht hatte realisiert werden können. Der »Lineare Hochgeschwindigkeitsprüfstand« bei Manching sollte die »Traumgrenze« von zunächst 400 Stundenkilometern erreichen helfen, obwohl auch dort nur 1300 Meter Länge für die Trasse zur Verfügung standen.
Zur Untersuchung speziell der im hohen Geschwindigkeitsbereich auftretenden Probleme entstand der *Ko*mponenten*meßt*räger »Komet«. Auf nur 300 Metern mußte er seine volle Geschwindigkeit erreichen, weitere 300 Meter standen als eigentliche Meßstrecke zur Verfügung, während der übrige Teil der Trasse als Bremsstrecke und Sicherheitsreserve erforderlich war. Die hohe Beschleunigung lieferte der wiederum mit Heißwassertriebwerken bestückte Schubschlitten »Daniel«. Sobald die Versuchsgeschwindigkeit erreicht war, trennte er sich vom eigentlichen Meßfahrzeug und

Links: Um die wesentlichen Komponenten der elektromagnetischen Schwebetechnik im oberen Geschwindigkeitsbereich auch ohne große Versuchsanlage testen zu können, baute die Arbeitsgemeinschaft »Transrapid-ems«, in der sich Messerschmitt-Bölkow-Blohm und Krauss-Maffei zusammengeschlossen hatten, den Komponentenmeßträger »Komet«. Er wurde auf einer nur 1300 Meter langen Strecke in Manching bei Ingolstadt bis auf 401,3 Stundenkilometer beschleunigt. Rechts: Die drei Elektrounternehmen AEG, BBC und Siemens wandten sich dem elektrodynamischen Schwebeprinzip zu und errichteten in Erlangen eine kreisförmige Versuchsanlage, auf der auch Dauerversuche möglich waren. Der Erlanger Erprobungs-Träger »EET 01« konnte im Frühjahr 1976 erstmals zum Schweben gebracht werden und erreichte dabei 140 Stundenkilometer. Auch diese Versuchsanlage ist inzwischen wieder abgebaut worden.

blieb zurück, während der »Komet« magnetisch getragen und geführt, jedoch ohne weiteren Antrieb die Meßstrecke durchlief. Sämtliche relevanten Meßdaten wurden über eine Telemetrieanlage zur ortsfesten Meßwarte übertragen. Am 19. Februar 1976 erreichte der »Komet« 401,3 km/h. Seinen Rekord stellte später das Testfahrzeug ML-500 der Japanischen Staatseisenbahnen ein, das am 21. Dezember 1979 auf der Magnetbahn-Versuchsanlage von Miyazaki ebenfalls unbemannt 517 km/h fuhr.
Auf der Manchinger Teststrecke wurde nachgewiesen, daß die Magnetschwebetechnik mit geregelten Elektromagneten auch im oberen Geschwindigkeitsbereich einwandfrei funktioniert. Für die übrigen wesentlichen Systemkomponenten konnte dieser Nachweis ebenfalls geführt werden. Mit einem von der M.A.N. gebauten Notlauf-Komponententräger wurden die Probleme beim Aufsetzen eines Schwebefahrzeugs auf die Fahrbahn mit hoher Geschwindigkeit untersucht. Das aus den Ergebnissen abgeleitete Notlaufsystem bewies bereits seine Funktionstüchtigkeit, so daß die auftretenden Beanspruchungen beim störungsbedingten Aufsetzen eines Schwebefahrzeugs auf die Fahrbahn als beherrscht gelten.
Dennoch konnten bisher auf den verschiedenen Versuchsanlagen nur Komponenten erprobt und weiterentwickelt werden. Ihr Zusammenwirken in einem anwendungsnahen Fahrzeug unter Betriebsbedingungen wird sich erst auf einer hinreichend langen und entsprechend ausgebauten Versuchsanlage prüfen und abschließend beurteilen lassen, wie sie nun im Emsland zur Verfügung steht. Sie läßt 400 km/h zu, der erste Abschnitt 300 km/h. Das zweiteilige Versuchsfahrzeug »Transrapid 06« bietet 192 Personen Sitzplätze. Auf der Verkehrsausstellung 1979 in Hamburg fuhr »Transrapid 05« mit 68 Personen 75 km/h.

Alternativen

Während sich die Arbeitsgemeinschaft »Transrapid-ems« wie zuvor die beiden Unternehmen Messerschmitt-Bölkow-Blohm und Krauss-Maffei weiterhin mit der elektromagnetischen Schwebetechnik (EMS) befaßt, arbeiteten die drei großen Elektrounternehmen AEG, BBC und Siemens in einer Anfang 1972 gebildeten gemeinsamen Projektgruppe an der Entwicklung und Erprobung des elektrodynamischen Schwebeprinzips (EDS). Krupp in Essen untersuchte als dritte Möglichkeit das permanentmagnetische Schweben (PMS).
Die abstoßenden Kräfte gleichnamiger Pole von Dauermagneten zur Abstützung eines Schwebefahrzeugs zu benützen, schien zwar besonders verlockend, weil damit keinerlei Energiezufuhr für die Schwebefunktion nötig, völlige Wartungsfreiheit geboten und absolute Sicherheit für die Aufrechterhaltung des Schwebezustandes gewährleistet wäre. Allerdings ergaben sich nicht nur bei der Herstellung genügend starker Dauermagnete zur Beförderung einer angemessenen Nutzlast erhebliche Schwierigkeiten, sondern auch infolge des nicht beeinflußbaren Schwingungsverhaltens und durch den physikalischen Tatbestand, daß bei Abstützung mit Dauermagneten nicht auch die Seitenführung permanentmagnetisch möglich ist. Krupp unternahm Laboruntersuchungen mit neuesten Magnetwerkstoffen, unter anderem an einer sechs Meter langen aufgeständerten Experimentierfahrbahn mit einem Hängefahrzeug von einem Meter Länge und einer Tonne Gewicht, wobei mit gesinterten Bariumferrit-Magneten 10 Millimeter Schwebehöhe erzielt wurde. Für ein Schnellverkehrssystem erwies sich das PMS-System jedoch als wenig erfolgversprechend, so daß es als erstes aus dem Systemwettbewerb ausschied.
In Erlangen begannen die Elektrounternehmen AEG, BBC und Siemens im Herbst 1972 mit dem Bau einer 880 Meter langen kreisförmigen Versuchsstrecke zur Untersuchung der EDS-Technik. In nur wenigen Monaten wurde der aus sechs Meter langen vorgefertigten Betonelementen zusammengesetzte Fahrweg mit 45 Grad nach innen geneigter Fahrbahn vollendet. Sie ließ Geschwindigkeiten bis über 200 km/h zu und eignete sich im Gegensatz zu den geraden Teststrecken auch für Dauerversuche.
Als Testfahrzeug für die elektrodynamische Schwebetechnik traf am 26. Oktober 1973 der bei der M.A.N. in Nürnberg gebaute Erlanger Erprobungs-Träger »EET 01« auf der Versuchsanlage ein. Sein Fahrwerk enthielt 16 Trag- und Führungsräder, die nicht nur während der Erprobung anderer

Komponenten das Fahrzeug zu tragen und zu führen hatten, sondern auch beim Schwebebetrieb während der Start- und Landephase erforderlich waren.
Elektrodynamische Schwebefahrzeuge können nicht im Stand abheben. Die für den Schwebezustand erforderliche abstoßende Magnetkraft setzt eine Bewegung des Fahrzeugs voraus. Diese zunächst nachteilig erscheinende Eigenschaft läßt sich vorteilhaft nützen, wenn das zum Anfahren und Anhalten nötige Räderwerk dem konventioneller Eisenbahnfahrzeuge entspricht. Dann kann die vorhandene Infrastruktur der Eisenbahn mit benützt werden, so daß die Schnellbahnfahrzeuge auch in die Hauptbahnhöfe einfahren können, ohne daß in diesen meist dicht bebauten Stadtbereichen zusätzlicher Platz benötigt oder wesentliche zusätzliche Ausrüstung erforderlich wird. Allerdings sind gerade die Zulaufstrecken zu Großstadtbahnhöfen schon heute stark belastet, so daß sie schwerlich in größerem Umfang zusätzlichen Verkehr aufnehmen könnten.
Bei der elektrodynamischen Technik stellt sich ein stabiler Schwebezustand mit verhältnismäßig großen Abständen bis zu 300 Millimetern zwischen Fahrzeug und Fahrbahn ein. Die hierfür nötigen äußerst starken Kräfte setzen entsprechend starke Magnetfelder und damit hohe elektrische Ströme voraus. Um sie erzeugen und vor allem dauernd aufrecht erhalten zu können, benützt diese Technik das physikalische Phänomen der Supraleitfähigkeit, wonach bestimmte Materialien bei extremer Abkühlung nahe an den absoluten Nullpunkt von minus 273 Grad Celsius ihren elektrischen Widerstand verlieren. Das bedeutet, daß in supraleitenden Spulen Ströme nach einmaliger Energiezufuhr in unverminderter Stärke und zeitlich nahezu unbegrenzt weiterfließen. Derartige Spulen wirken dann wie starke Dauermagnete. Voraussetzung ist freilich, daß sie stets auf die nötige tiefe Temperatur gekühlt werden. Hierzu dient flüssiges Helium mit einer Temperatur von 4,5 Kelvin, das sind etwa − 268,5 Grad Celsius. Ursprünglich war daran gedacht, das für eine Schwebefahrt von zwei bis drei Stunden – etwa zwischen München und Hamburg – erforderliche Kühlmittel mitzunehmen, so daß für das Trag- und Führungssystem unterwegs keine Energie benötigt worden wäre. Später wurde jedoch ein Bordkryosystem entwickelt, das Kälteverluste ständig ausgleichen und verdampftes Helium wieder verflüssigen konnte.
Der Erlanger Erprobungs-Träger »EET 01« erreichte am 6. Februar 1975 als erstes allein von einem Linearmotor angetriebenes Fahrzeug der Welt eine Geschwindigkeit von 230 km/h, allerdings noch mit einem Räderfahrwerk. Am 7. März 1976 hob der Erprobungsträger erstmals von der Fahrbahn ab, erreichte mit seinen supraleitenden Magneten etwa 100 Millimeter Schwebehöhe und legte so rund dreitausend Meter zurück.
Nach zahlreichen Versuchsreihen auch mit Komponenten anderer Systeme wurde der Rundkurs 1980 wieder abgebrochen.

»Zweigleisig« in die Zukunft?

Die deutsche Industrie konnte sich im Lauf der Zeit bei der Entwicklung der Magnetschwebetechnik einen weltweiten Vorsprung sichern. Ihn zu erhalten bemüht sich auch die deutsche Bundesregierung, die seit 1971 Vorhaben auf diesem Gebiet mit Haushaltsmitteln des Bundesministers für Forschung und Technologie fördert.
Zunächst sollten die Vorteile der elektromagnetischen wie der elektrodynamischen Schwebetechnik mit anwendungsnahen Fahrzeugen auf der Versuchsanlage für Verkehrstechniken des Bundes im Donauried ausgelotet werden, um die endgültige Systemwahl auf möglichst gesicherte Erkenntnisse gründen zu können. Die Verzögerung beim Bau dieser Anlage zwang jedoch zu einem anderen Vorgehen. Die wesentlichen Komponenten der Systeme mußten für sich allein untersucht, ihre Wechselwirkungen zum Teil hypothetisch ermittelt, zum Teil durch Versuche auf den zur Verfügung stehenden werkseigenen Anlagen analysiert werden.
Ende 1977 fiel im Rahmen eines Systementscheids die Wahl endgültig auf die elektro-magnetische Schwebetechnik, die elektro-dynamische Variante schied damit aus.
Noch offen blieb dagegen die Frage des Vortriebs. Hier ging die getrennte Entwicklung einer Kurzstator- und zweier Langstator-Varianten weiter. Eine davon wurde von Thyssen-Henschel in Kassel auf

Links: Die deutsche Industrie konnte Anfang der siebziger Jahre auf dem Gebiet der Magnetschwebetechnik weltweiten Entwicklungsvorsprung erreichen. Inzwischen bemüht sich vor allem Japan um technologischen Anschluß. Dabei untersuchen die Japanischen Staatseisenbahnen (JNR) das elektrodynamische, die Fluggesellschaft Japan Air Lines (JAL) das elektromagnetische Schwebesystem auf getrennten Versuchsanlagen. Das JAL-Testfahrzeug 01 für ein »High Speed Service Transportation System« (HSST) läßt seine Verwandtschaft zur Luftfahrt deutlich erkennen.
Rechts: Erste Ausfahrt des Magnetschwebezugs »Transrapid 06« auf der Versuchsanlage im Emsland am 27. Oktober 1983.

einer eigenen kurzen Versuchsstrecke untersucht, die andere auf dem Rundkurs der drei Elektrounternehmen AEG, BBC und Siemens in Erlangen.
Während in deutsch-französischer Kooperation seit 1981 eine neue Kurzstator-Entwicklung verfolgt wird, ist die Versuchsanlage im Emsland mit einem synchronen Langstator-Linearmotor ausgerüstet. Seine Drehstromwicklungen sind in den Fahrweg integriert, der auf Stützen etwa fünf Meter über dem Boden verläuft. Auf 20,5 Kilometern besteht er aus Beton-Fertigteilen, auf 5,1 Kilometern aus Stahl. Die Anfang 1984 beginnenden Versuche sollen nun die Einsatzreife des Systems unter praxisnahen Verhältnissen unter Beweis stellen.
Während als erste Anwendung ursprünglich eine C- oder 8-förmige Schnellbahn zwischen Nord- und Süddeutschland mit Anbindung der wichtigsten Großstädte und Ballungszentren ins Auge gefaßt war, besteht inzwischen kaum noch Zweifel daran, daß ein neues Fernverkehrssystem mit unkonventioneller Technologie höchstens auf europäischer Ebene oder unter den besonderen Bedingungen anderer Kontinente realisiert werden kann. Chancen für eine erste Magnetschwebe-Schnellbahn mit deutscher Technik bestehen in den USA für eine neue Verbindung Los Angeles – Las Vegas. Die erste Magnetbahn der Welt erhielt indessen 1983 Birmingham in England: Die Kabinen verbinden den Bahnhof mit dem 620 Meter entfernten Air-Terminal. Nach Versuchen mit Luftkissentechnik und verschiedenen Linearmotoren auf ihrem Versuchsgelände bei Pueblo sind auch die USA im Rahmen des deutsch-amerikanischen Abkommens zur Entwicklung fortgeschrittener Landverkehrssysteme auf die Linie der Magnetschwebetechnik eingeschwenkt. Dafür haben sie eigene Versuche in der Bundesrepublik auf der Teststrecke bei Manching unternommen. Selbst die Sowjetunion hat mehrmals durch Besuche von Expertenkommissionen ihr Interesse an der Magnetschwebetechnik zum Ausdruck gebracht und ihre Kooperationsbereitschaft mit den deutschen Unternehmen unterstrichen.
Eigene Forschungsarbeiten laufen vor allem in Japan. Die Staatsbahnen beschäftigen sich seit 1962 mit der elektro-dynamischen Schwebetechnik und bauten zwei Testfahrzeuge, eines mit supraleitenden Spulen und Bordkryosystem. Auf der 1977 fertiggestellten, sieben Kilometer langen Versuchsstrecke von Miyazaki stellte 1979 ein neues Testfahrzeug den Geschwindigkeitsrekord von 517 km/h auf. Die Fluggesellschaft Japan Air Lines (JAL) verfolgt die elektro-magnetische Version und baute dafür 1975 zwei Fahrzeuge. Ins Auge gefaßt war zunächst ein Anschluß des neuen Großflughafens Narita an die Hauptstadt Tokio. Nach längerer Pause in den Aktivitäten will JAL eine neue Demonstrationsanlage 1985 auf einer Exportschau in Tsukuba und 1986 auf der Weltausstellung in Vancouver vorführen.
An dieser Stelle überschreitet die Geschichte der Eisenbahn die Schwelle zur Zukunft. Ob die Züge dabei weiterhin allein auf Schienen rollen, oder ob sie das Rad als eine der ältesten Errungenschaften der Menschheit verlassen werden, um sich schwebend weiterzubewegen, läßt sich auch nach anderthalb Jahrzehnten Entwicklung unkonventioneller Technologien kaum voraussehen. Denn die Fortschritte der Technik wachsen von Jahr zu Jahr, aber mehr denn je wird in Zukunft auch nicht mehr alles verwirklicht werden, wozu die Technik Möglichkeiten bietet. Und gerade in jüngster Zeit hat auch die konventionelle Eisenbahn eindrucksvolle Leistungsbeweise geliefert.
Eines indessen scheint festzustehen: Selbst wenn sich die Bahn der Zukunft vom festen Boden loslöst, wird sie damit dem spurgebundenen Verkehr zu Lande allenfalls eine neue Variante hinzufügen. Das konventionelle Rad-Schiene-System bietet Vorteile und enthält Reserven genug, um sich in wichtigen Bereichen des Verkehrs eine Schlüsselfunktion auch in Zukunft zu erhalten.

Nachwort des Verfassers

Die Bearbeitung eines derart umfangreichen Stoffes, wie ihn der anspruchsvolle Titel »Geschichte der Eisenbahn« umreißt, bedeutet für nur einen Autor eine äußerst problematische Aufgabe. Selbst die unmittelbare berufliche Verbindung, technische Vorbildung und langjährige Beschäftigung mit der Materie gewährleisten allein noch nicht die vom Leser erwartete Korrektheit der Darstellung. Das vielschichtige Bild der Eisenbahngeschichte setzt sich aus einer unendlichen Vielzahl von Ereignissen und Begebenheiten, von Entwicklungen und Zuständen zusammen. Die Sammlung dieser Mosaiksteinchen, ihre Einordnung und Wertung, vor allem aber ihre sachlich richtige Beschreibung erfordern ständige Rückgriffe auf die Literatur; denn die Eisenbahngeschichte reicht weit über 150 Jahre zurück, und selbst aus der jüngeren Vergangenheit lassen sich die wenigsten Vorgänge anhand von Originaldokumenten verfolgen. Um dennoch ein Höchstmaß an Zuverlässigkeit zu erreichen, stützen sich die Aussagen nach Möglichkeit auf mehrere, mindestens zwei voneinander unabhängige Quellen. Dennoch wird die Bearbeitung des vielfältigen und komplexen Themas durch nur einen Autor allein dadurch legitimiert, daß trotz des stattlichen Umfanges von rund 550 Buchseiten nur ein Überblick gegeben werden konnte und ein dem speziellen Experten vorbehaltenes Eindringen in die Tiefen der Materie von vornherein ausschied. Dem allgemeinen Leserinteresse entsprechend mußten auch Schwerpunkte gesetzt, Randgebiete ausgeklammert werden, so Personal-, Sozial- und Organisationsfragen, Tarifentwicklung und Eisenbahnrecht ebenso wie etwa die zahlreichen mehr kuriosen Systeme von Einschienen und Hängebahnen.

Allen, die an der Ausarbeitung, Korrektur und Gestaltung des Werkes Anteil hatten, gilt der Dank von Verlag und Verfasser.

Ralf Roman Rossberg

Literaturhinweise

Neben umfangreichem Archivmaterial des Verfassers wurden bei der Bearbeitung vor allem frühere und heutige Fachzeitschriften der betreffenden Bereiche und die Standardwerke der Eisenbahnliteratur berücksichtigt. Die folgende Zusammenstellung von Buch- und Zeitschriftentiteln soll dem interessierten Leser die Erschließung weitergehender Informationsquellen erleichtern. Die Angaben sind deshalb bewußt nicht nach Verfassernamen, sondern nach Sachgebieten und Titeln geordnet. Die Hinweise erheben keinen Anspruch auf Vollständigkeit.

Allgemeine Eisenbahngeschichte

Hundert Jahre deutsche Eisenbahnen, herausgegeben vom Reichsverkehrsministerium, 1935 und 1938 (1. und 2. Aufl.)

Hundert Jahre deutsche Eisenbahner, Konkordia-Verlag, Leipzig 1935

Hundert Jahre Schweizer Bahnen, herausgegeben vom Eidgenössischen Amt für Verkehr der Schweiz, Verlag Huber & Co, Frauenfeld 1947

Die Geheimnisse der Eisenbahn, Verlag für Wissenschaft, Technik und Industrie, Basel 1945 und 1955 (1. und 2. Aufl.)

Geschichte der Eisenbahnen der österreichisch-ungarischen Monarchie, herausgegeben vom Österreichischen Eisenbahn-Beamtenverein

Die k. u. k. privilegierten Eisenbahnen 1828–1918, von Richard Heinersdorff, Verlag Fritz Molden, Wien 1975

Die Welt der Eisenbahn, von C. Hamilton Ellis, Franckh-Verlag, Stuttgart 1972

Uns gehören die Schienenwege, herausgegeben vom Ministerium für Verkehrswesen der DDR, Transpress Verlag, Berlin (Ost) 1960

Vom Dampf zu Diesel und Strom, Sonnenberg-Verlag, Wiesbaden 1960

Deutsche Eisenbahn-Geschichte, von Karl Ottmann und Hans Joachim Ritzau, Verlag Zeit und Eisenbahn, Landsberg (Lech) 1975

Deutsche Eisenbahn-Geschichte II Sachsen, von Johann Ferdinand Ulbricht und Hans Joachim Ritzau, Verlag Zeit und Eisenbahn, Landsberg (Lech) 1977

Eisenbahn und Eisenbahner, 1920–1951, mehrere Autoren, Redactor GmbH, 6 Bände, Frankfurt (Main) 1968–1974

Jahrbuch des Eisenbahnwesens, Hestra-Verlag, Darmstadt 1949/50 ff

Jahrbuch für Eisenbahn-Geschichte, herausgegeben von der Deutschen Gesellschaft für Eisenbahngeschichte, Karlsruhe, Rösler und Zimmer Verlag, Augsburg 1968 ff

Eisenbahn-Jahrbuch, Transpress-Verlag, Berlin (Ost) 1963 ff

Die Deutsche Reichsbahn im Ostfeldzug, von Hans Pottgiesser, Motorbuch-Verlag, Stuttgart 1975

Die Eisenbahn im Machtbereich der Achsenmächte während des Zweiten Weltkrieges, von Eugen Kreidler, Musterschmidt-Verlag, Göttingen 1975

Geschichte der russischen Eisenbahnen, von J. N. Westwood, Orell Füssli Verlag, Zürich 1966

Geschichte der Deutschen Eisenbahnen, von Berthold Stumpf, Verlagsanstalt Hüthig und Dreyer, Mainz 1960 (3. Aufl.)

Die Eisenbahn einst und jetzt, von Otto Wehde-Textor, GdED-Verlag, Frankfurt (Main) 1954

DB – Eine Welt auf Schienen, von Ossig, Röver und Kalb, Verkehrswissenschaftliche Lehrmittelgesellschaft, Frankfurt (Main) 1971

Wir fahren immer – Geschichte der deutschen Eisenbahnen, von Schaerfenberg, Verkehrswissenschaftliche Lehrmittelgesellschaft, Frankfurt (Main) 1968

Tempo 200 – Eisenbahn heute, von Ralf Roman Rossberg, Franckh-Verlag, Stuttgart 1971

Lebenserinnerungen von Werner von Siemens, Prestel-Verlag, München 1966 (17. Aufl.)

Carl Friedrich von Siemens – Ein großer Unternehmer, von Georg Siemens, Verlag Karl Alber, Freiburg (Breisgau) 1960

Berlins Weg zur Elektropolis, von Sigfrid von Weiher, Stapp Verlag, Berlin 1974

Weg und Wirken der Siemens-Werke im Fortschritt der Elektrotechnik 1847–1972, von Sigfrid von Weiher und Herbert Goetzeler, 8. Beiheft der »Tradition«, Göttingen 1972

Brockhaus' Konversations-Lexikon, 14., vollständig neubearbeitete Auflage, F. A. Brockhaus, Leipzig 1893–1897

Brockhaus Enzyklopädie, 17., völlig neu bearbeitete Auflage des Großen Brockhaus, F. A. Brockhaus, Wiesbaden 1966–1976

Das große Conversations-Lexikon für die gebildeten Stände, herausgegeben von Joseph Meyer, Bibliographisches Institut, Hildburghausen 1839–1855 (1. Aufl. des »Großen Meyer«)

Meyers Enzyklopädisches Lexikon in 25 Bänden, Bibliographisches Institut, Mannheim 1971–1979

Das Bibliographische Institut, von Heinz Sarkowski, Bibliographisches Institut, Mannheim 1976

Pioniere des Eisenbahnwesens, herausgegeben von Erhard Born, Carl Röhrig Verlag, Darmstadt 1961

Erlebnis Eisenbahn, von Werner Walz, Motorbuch-Verlag, Stuttgart 1977

20 000 Schriftquellen zur Eisenbahn-Kunde, von Dr.-Ing. Kurt Ewald, herausgegeben von Henschel & Sohn, Kassel 1941

Die Bahn, Literaturverzeichnis zum Schienenverkehr 1800 bis 1975, von G. H. Metzeltin, Deutsche Gesellschaft für Eisenbahngeschichte, Karlsruhe 1977

Strecken- und Netzentwicklung

Über ein sächsisches Eisenbahn-System als Grundlage eines allgemeinen deutschen Eisenbahn-Systems, von Friedrich List, Verlag Philipp Reclam jun., Leipzig 1897

Die Württembergischen Staatseisenbahnen, von Albert Mühl und Kurt Seidel, Konrad Theiss Verlag, Stuttgart 1970

Die Königlich Bayerischen Staatseisenbahnen, von Günther Scheingraber, Franckh-Verlag, Stuttgart 1975

Endstation 1920, von Bernhard Ücker, Süddeutscher Verlag, München 1972

Localbahn A.G. München, von Hermann Bürnheim, Verlag Wolfgang Zeunert, 1974

Die Königlich Preußischen Staatseisenbahnen, von Albert Sauter, Franckh-Verlag, Stuttgart 1974

Die Königlich Sächsischen Staatseisenbahnen, von Karl Ernst Maedel, Franckh-Verlag, Stuttgart 1977

Schmalspurig durch Österreich, von Krobot, Slezak und Sternhart, Verlag Slezak, Wien 1975 (2. Aufl.)

100 Jahre Brennerbahn, Festschrift der ÖBB, 1967

Die Gotthardbahn, von Franz Marti und Walter Trüb, Orell Füssli Verlag, Zürich 1976 (3. Aufl.)

Simplon Lötschberg, von Franz Marti und Walter Trüb, Orell Füssli Verlag, Zürich 1969

Die Rhätische Bahn, von Franz Marti und Walter Trüb, Orell Füssli Verlag, Zürich 1972

Bahnen der Voralpen, von Franz Marti und Walter Trüb, Orell Füssli Verlag, Zürich 1975

Bahnen im Jura, von Franz Marti und Walter Trüb, Orell Füssli Verlag, Zürich 1971

Vitznau-Rigi, von Hans Staffelbach, Orell Füssli Verlag, Zürich 1972

Gornergrat retour, von Verena Gurtner, Orell Füssli Verlag, Zürich 1973

Jungfrau Express, von Verena Gurtner, Orell Füssli Verlag, Zürich 1971

Pilatus via Luzern, von Verena Gurtner, Orell Füssli Verlag, Zürich 1975

Die Spurweiten der Eisenbahnen, von G. H. Metzeltin, Deutsche Gesellschaft für Eisenbahngeschichte, Karlsruhe 1971

Die modernen Eisenbahnen Europas, von Fred Anderson Weder, Lexicon Editiones, Zürich 1954

Railway Directory & Yearbook, IPC Transport Press Ltd., London 1978 (84. Aufl.)

Jane's World Railways, herausgegeben von Paul Goldsack, Jane's Yearbooks, London 1978 (18. Aufl.)

Geschäftsberichte und Statistische Jahrbücher der Eisenbahnverwaltungen

Die Eisenbahnen der ehemaligen deutschen Schutzgebiete Afrikas und ihre Fahrzeuge, von Helmut Schroeter, Verkehrswissenschaftliche Lehrmittelgesellschaft, Frankfurt (Main) 1961

Die Hedschas- und die Bagdadbahn, von Herbert Pönicke, VDI-Verlag, Düsseldorf 1958

Schlachten des Weltkrieges 1914–1918, Band 5 »Jildirim«, bearbeitet von Dr. Steuber, Verlag von Gerhard Stalling, Oldenburg 1922

Die sieben Säulen der Weisheit, von Thomas Edward Lawrence, Paul List Verlag, München 1936

Die Türkischen Eisenbahnen und ihre Dampflokomotiven, von Benno Bickel, Herausgeber Dipl.-Ing. Gustav Röhr, Krefeld 1976

Die Strecke von Beograd nach Bar, Festschrift zur Eröffnung, Ekonomska politika, Belgrad 1976

Japanese National Railways, Facts & Figures, jährliche statistische Übersicht, Tokio 1976

Maos stählerne Transportlinien – Das Eisenbahnwesen der Volksrepublik China, von

Joachim Petersen, Rösler + Zimmer Verlag, Augsburg 1977
Durch Berge und über Flüsse - Die Eisenbahnlinie Tschengdu - Kunming, Verlag für fremdsprachige Literatur, Peking 1976

Dampflokomotiven

Handbuch des Dampflokomotivbaues, von Martin Igel, Verlag M. Krayn, Berlin 1923
Leitfaden für den Dampflokomotivdienst, von Leopold Niederstrasser, Verkehrswissenschaftliche Lehrmittelgesellschaft, Frankfurt (Main) 1954
Henschel-Lokomotiv-Taschenbuch, VDI-Verlag, Düsseldorf 1960
Dampflokomotiv-Kunde, Eisenbahn-Lehrbücherei der DB, Josef Keller Verlag, Starnberg 1957
Die Lokomotive, von J. Alexander, Chr. Adolff, Altona-Ottensen 1927
Krupp-Taschenbuch für den Lokomotivingenieur, Verlag W. Girardet, Essen 1944
Die Dampflokomotive im Betrieb, Eisenbahn-Lehrbücherei der DB, Josef Keller Verlag, Starnberg 1958
Betriebsmaschinentechnische Anlagen für Dampflokomotiven, Eisenbahn-Lehrbücherei der DB, Josef Keller Verlag, Starnberg 1957
Dampflok-Archiv, von Klaus Gerlach, Transpress-Verlag, Berlin 1968
Die Entwicklung der Lokomotive, von Helmholtz und Staby, Verlag R. Oldenbourg, München 1930
Lokomotiven vor 125 Jahren, Text von Hanns K. Stockklausner, Birkhäuser Verlag, Basel 1965
Die Welt der Dampflokomotive, von Gustav Reder, Orell Füssli Verlag, Zürich 1974
Taschenbuch Deutsche Dampflokomotiven, von Horst J. Obermayer, Franckh-Verlag, Stuttgart 1969
Verzeichnis der deutschen Lokomotiven von 1923 bis 1965, von Griebl-Schadow, Verlag Slezak, Wien 1967
Lokomotivverzeichnis der Deutschen Reichsbahn, DB und DR, von Oskar Pieper, herausgegeben von Gustav Röhr, Krefeld, mehrere Bände, jedoch unvollendet
Die Dampflokzeit, von Karl Ernst Maedel, Franckh-Verlag, Stuttgart 1968
Unvergessene Dampflokomotiven, von Karl Ernst Maedel, Franckh-Verlag, Stuttgart 1966
Liebe alte Bimmelbahn, von Karl Ernst Maedel, Franckh-Verlag, Stuttgart 1967
Giganten der Schiene, von Karl Ernst Maedel, Franckh-Verlag, Stuttgart 1962
Geliebte Dampflok, von Karl Ernst Maedel, Franckh-Verlag, Stuttgart 1964
Dampf überm Schienenstrang, von Karl Ernst Maedel, Franckh-Verlag, Stuttgart 1970
Dampflokomotiven, geliebt und unvergessen, von Karl Ernst Maedel, Franckh-Verlag, Stuttgart 1975
Sternstunden der Dampflok, von Karl Grieder, Orell Füssli Verlag, Zürich 1975
Ungewöhnliche Dampflokomotiven, von Rolf Ostendorf, Motorbuch-Verlag, Stuttgart 1975
Dampflokomotiven und ihre Bauteile, von Franz Flury, Alba-Verlag, Düsseldorf 1976
Lokomotivbau und Dampftechnik, von Wolfgang Stoffels, Birkhäuser-Verlag, Basel 1976
Schnellzug-Dampflokomotiven der deutschen Länderbahnen 1907-1922, von Theodor Düring, Franckh-Verlag, Stuttgart 1972
S 3/6, Star unter den Dampflokomotiven, von Hoecherl, Kronawitter und Tausche, Franckh-Verlag, Stuttgart 1970
S 10^1, von Karl Ernst Maedel, Franckh-Verlag, Stuttgart 1972
50 Jahre Einheitslokomotiven, von Alfred B. Gottwaldt, Franckh-Verlag, Stuttgart 1975
1C1, von Wolfgang Messerschmidt, Franckh-Verlag, Stuttgart 1966
Kohlenstaub-Lokomotiven, von Kurt Pierson, Franckh-Verlag, Stuttgart 1967
Deutsche Kriegslokomotiven 1939-1945, von Alfred B. Gottwaldt, Franckh-Verlag, Stuttgart 1973 (2. Aufl.)
Geschichte der deutschen Kriegslokomotiven, von Helmut Griebl und Hannsjürgen Wenzel, Verlag Slezak, Wien 1971
Lokomotiven ziehen in den Krieg, von Hannsjürgen Wenzel, Verlag Josef Otto Slezak, Wien 1977
Dampfturbinenlokomotiven, von Rolf Ostendorf, Franckh-Verlag, Stuttgart 1971
Dampftriebwagen, von Rolf Ostendorf, Motorbuch-Verlag, Stuttgart 1977
Adieu Dampflok, von Jean-Michel Hartmann, Franckh-Verlag, Stuttgart 1966
Dampflokomotiven der Welt, von Ron Ziel und Mike Eagleson, Franckh-Verlag, Stuttgart 1975
Dampf-Lokomotiven, von Max Baumann, Gloria Verlag, Spreitenbach (Schweiz) 1969
Auf den Spuren des Feuerrosses, von Max Baumann, Gloria Verlag, Spreitenbach (Schweiz) 1972
Lokomotiven und Triebwagen der Welt, von Anton von Hornstein, Werner Classen Verlag, Zürich 1972
Englische Dampflokomotiven, von O. S. Nock, Orell Füssli Verlag, Zürich 1966
Taschenbuch deutsche Dampflokomotiven, von Horst J. Obermayer, Franckh-Verlag, Stuttgart 1969
Taschenbuch deutsche Schmalspur-Dampflokomotiven, von Horst J. Obermayer, Franckh-Verlag, Stuttgart 1971
Dampflokomotiven, von J. M. Mehltretter, Motorbuch-Verlag, Stuttgart 1974
Die letzten Dampflokomotiven der Deutschen Reichsbahn, von Max Delie, Verlag Eisenbahn-Kurier, Wuppertal 1975
Schiene, Dampf und Kamera, von Hans Müller, Motorbuch-Verlag, Stuttgart 1976
Der Dampfbetrieb der Schweizerischen Eisenbahnen, von Alfred Moser, Birkhäuser-Verlag, Basel 1967
Dampflokomotiven in England, von G. Freeman Allen, Franckh-Verlag, Stuttgart 1977
Französische Dampflokomotiven des 20. Jahrhunderts, von B. Rogers, Franckh-Verlag, Stuttgart 1974
Frankreichs letzte Dampflokomotiven, von Hans Bosshard, Orell Füssli Verlag, Zürich 1976
Geschichte der italienischen Dampflokomotiven, von Wolfgang Messerschmidt, Franckh-Verlag, Stuttgart 1968
Die Dampflokomotiven Jugoslawiens, Verlag Slezak, Wien 1971
Die letzten Dampflokomotiven der Polnischen Staatsbahnen, von A. Askanas, Verlag Eisenbahn-Kurier, Wuppertal 1976
Dampflokomotiven in Mittel- und Osteuropa, von Harald Navé, Franckh-Verlag, Stuttgart 1977
Die deutschen Museums- und Denkmallokomotiven, von J. Michael Mehltretter, Motorbuch Verlag, Stuttgart 1977
Die Lokomotive, von G. H. Metzeltin, Deutsche Gesellschaft für Eisenbahngeschichte, Karlsruhe 1971

Elektrische Lokomotiven

Archiv elektrischer Lokomotiven, von Bäzold und Fiebig, Transpress-Verlag, Berlin (Ost) 1966
Elektrische Lokomotiven, von Ernst Joachim, Alba-Verlag, Düsseldorf 1973
Die elektrischen Einheitslokomotiven der Deutschen Bundesbahn, von Anton Joachimsthaler, Verlag der Gewerkschaft deutscher Lokführer, Frankfurt (Main) 1977 (4. Aufl.)
Lokomotivverzeichnis der Deutschen Reichsbahn, DB und DR, Elektrische Lokomotiven, von Fr. Schadow, herausgegeben von Gustav Röhr, Krefeld 1972
Die Geschichte der elektrischen Lokomotive, von G. Haut, Birkhäuser-Verlag, Basel 1972
Taschenbuch deutsche Elektrolokomotiven, von Horst J. Obermayer, Franckh-Verlag, Stuttgart 1970
Elektrische Vollbahn-Lokomotiven, herausgegeben von der AEG, Berlin 1930
Elektrische Triebfahrzeuge, von Karl Sachs, herausgegeben vom Schweizerischen Elektrotechnischen Verein, Kommissionsverlag Huber & Co, Frauenfeld 1953
Elektrische Vollbahnlokomotiven, von Karl Sachs, Verlag Julius Springer, Berlin 1928
Der elektrische Zugbetrieb der Deutschen Reichsbahn, von Wilhelm Wechmann, Rom-Verlag, Berlin 1924
Elektrische Anlagen - Triebfahrzeuge der Schweizerischen Bundesbahnen, Schweizerische Technische Zeitschrift, 1929
Elektrische Bahnen, herausgegeben von der Siemens & Halske AG und der Siemens-Schuckertwerke AG, Verlag Walter de Gruyter, Berlin 1929
Ortsfeste Anlagen der elektrischen Zugförderung, von Heinz-Herbert Schaefer, Eisenbahn-Lehrbücherei der DB, Josef Keller Verlag, Starnberg 1967 (2. Aufl.)
Die Lokalbahn Murnau - Oberammergau, Urzelle des elektrischen Bahnbetriebes, von Ralf Roman Rossberg, Franckh-Verlag, Stuttgart 1970

Diesellokomotiven

Deutsche Dieseltriebfahrzeuge gestern und heute, von Heinz Kunicki, Transpress-Verlag, Berlin (Ost) 1966
Handbuch der Dieseltriebfahrzeuge der Deutschen Bundesbahn, Verlag der Gewerkschaft deutscher Lokführer, Frankfurt (Main) 1975 (3. Aufl.)
Brennkraft-Triebfahrzeuge, von Kurt Heinz, Eisenbahn-Lehrbücherei der DB, Josef Keller Verlag, Starnberg 1972
Leitfaden Diesel-Triebfahrzeuge, mehrere Autoren, Transpress-Verlag, Berlin (Ost) 1967
Strecken-Diesellokomotiven, mehrere Autoren, Transpress-Verlag, Berlin (Ost) 1973
Rangier-Diesellokomotiven, von Lothar Reinhardt, Transpress-Verlag, Berlin (Ost) 1972
Leichtmetall-Gliedertriebzüge, mehrere Auto-

ren, Röhrig-Verlag, Darmstadt, und Georg Siemens Verlagsbuchhandlung, Berlin 1953
30 Jahre Gasturbinenlokomotive, von Wolfgang Stoffels, Selbstverlag, 1964
Taschenbuch deutsche Diesellokomotiven, von Horst J. Obermayer, Franckh-Verlag, Stuttgart 1972
Schienen-Zeppelin, von Alfred B. Gottwaldt, Rösler und Zimmer Verlag, Augsburg 1972

Triebfahrzeuge zusammengefaßt

Lokomotiven und Wagen der deutschen Eisenbahnen, von Erhard Born, Verlagsanstalt Hüthig und Dreyer, Mainz 1967 (3. Aufl.)
Die Lokomotiven der Deutschen Bundesbahn, von J. M. Mehltretter, Motorbuch-Verlag, Stuttgart 1973
Die Lokomotiven der Republik Österreich, Verlag Slezak, Wien 1973 (2. Aufl.)
Die Lokomotiven der Schweiz, Normalspur-Triebfahrzeuge, von Peter Willen, Orell Füssli Verlag, Zürich 1975 (3. Aufl.)
Die elektrischen und Diesel-Triebfahrzeuge der Schweizerischen Bundesbahnen, von Claude Jeanmaire, Verlag Eisenbahn, Basel 1970
Geschichte der italienischen Elektro- und Diesellokomotiven, von Wolfgang Messerschmidt, Orell Füssli Verlag, Zürich 1969
Le matériel moteur de la S.N.C.F., von Jacques Deferance, herausgegeben von »La Vie du Rail«, Paris 1976
Ungarische Lokomotiven und Triebwagen, herausgegeben von Mihály Kubinzsky, Birkhäuser-Verlag, Basel 1975
Triebwagen-Archiv, von Rainer Zschech, Transpress-Verlag, Berlin (Ost) 1966
Taschenbuch deutsche Triebwagen, von Horst J. Obermayer, Franckh-Verlag, Stuttgart 1973
Schienenfahrzeuge des 20. Jahrhunderts, Triebwagen, herausgegeben von der M.A.N., Bruckmann Verlag, München 1953

Züge, Wagen

Große Expreßzüge Europas, von George Behrend, Orell Füssli Verlag, Zürich 1967
Komfort auf Schienen - Schlafwagen, Speisewagen, Salonwagen der europäischen Eisenbahnen, von Fritz Stöckl und Claude Jeanmaire, Verlag für Eisenbahn- und Straßenbahnliteratur, Basel 1970
Orient-Express, von Werner Sölch, Alba Buchverlag, Düsseldorf 1974
Rheingold, von Friedhelm Ernst, Alba Buchverlag, Düsseldorf 1977
Der Rheingold-Express, von Alfred B. Gottwald und Eduard Bündgen, Motorbuch Verlag, Stuttgart 1977
Trans-Europ-Express, von Fritz Stöckl, Rösler + Zimmer Verlag, Augsburg 1971
Schlaf- und Speisewagen der Eisenbahn, von Walther Brandt, Franckh-Verlag, Stuttgart 1968
Die blauen Schlaf- und Speisewagen, mehrere Autoren, Alba Buchverlag, Düsseldorf 1976
Geschichte der Eisenbahnreise, von Wolfgang Schievelbusch, Carl Hanser Verlag, München 1977
Reisen anno dazumal, von Rudolf W. Lang, Südwest Verlag, München 1971
Die Geschichte der 4. Klasse und ihrer Fahrzeuge (D-Wagen), von Paul Dost, Verlag Werner Böttcher, Dortmund 1968
Einmal Dritter Pasewalk? – Psychologische Soziologie der Wagenklassen, von Paul Dost, Herausgeber Dipl.-Ing. Gustav Röhr, Krefeld 1977

Industrie

Borsig, ein Name geht um die Welt, von Kurt Pierson, Rembrandt Verlag, Berlin 1973
Lokomotiven aus Berlin, von Kurt Pierson, Motorbuch Verlag, Stuttgart 1977
Henschel-Dampflokomotiven für die deutschen Privat- und Kleinbahnen, Verlag Werner Böttcher, Dortmund 1967
100 Jahre deutsche Eisenbahnen - 125 Jahre Henschel, Henschel Hefte 5, 1935
125 Jahre Henschel-Lokomotiven, Rheinstahl AG, Kassel 1973
Ein Leben für die Lokomotive, von Richard Roosen, Franckh-Verlag, Stuttgart 1976
Arn. Jung Lokomotivfabrik GmbH Jungenthal bei Kirchen a. d. Sieg, Roland Volz Verlag, Velbert 1975
125 Jahre Krauss-Maffei, München 1962
In München mit Lokomotiven leben, Krauss-Maffei AG, München 1965
Krauss-Lokomotiven mit vollständigen Lieferlisten, von Bernhard Schmeiser, Verlag Josef Otto Slezak, Wien 1977
Krupp und die Vereinigten Staaten von Nordamerika 1837-1976, zusammengestellt von Heinz-Joachim Weiße, Essen 1976
120 Jahre Linke-Hofmann-Busch, drei Bände, Texte von W. Höck und O. Putze, Linke-Hofmann-Busch, Salzgitter-Watenstedt 1959
Die Märkische Lokomotivfabrik - Beginn des Lokomotivbaues Orenstein & Koppel, von Kurt Pierson, Verlag Werner Böttcher, Dortmund 1971
MaK 100 Jahre Werk Friedrichsort, Text von Peter Buss, MaK Maschinenbau Kiel GmbH, Kiel 1965
Von Lok zu Lok - Esslingen und der Lokomotivbau für die Bahnen der Welt, von Wolfgang Messerschmidt, Franckh-Verlag, Stuttgart 1969
Alles für die Lok - Vom Werdegang der Lokomotiven, von Wolfgang Messerschmidt, Franckh-Verlag, Stuttgart 1971
50 Jahre Scharfenbergkupplung, Salzgitter 1971
75 Jahre Schwartzkopff, herausgegeben von der Berliner Maschinenbau AG, vormals L. Schwartzkopff, Berlin 1927
Geschichte der Waggonfabrik L. Steinfurt GmbH in Königsberg, von Adolf Störiko, Deutsche Gesellschaft für Eisenbahngeschichte, Karlsruhe 1976
Eisenbahnwagen- und Maschinenfabrik Van der Zypen & Charlier GmbH Köln-Deutz, herausgegeben 1922, Nachdruck durch Dipl.-Ing. Gustav Röhr, Krefeld 1976
Taschenbuch deutsche Lokomotivfabriken, von Wolfgang Messerschmidt, Franckh-Verlag, Stuttgart 1977
100 Jahre Verbände der deutschen Waggonindustrie, 1877 bis 1977, Text von Adolf Störiko, Verband der Waggonindustrie, Frankfurt (Main) 1977
Verkehrstechnik, bearbeitet von Bruno Schweder, AEG, Berlin 1963
Die Entwicklung der Starkstromtechnik bei den Siemens-Schuckertwerken, zum 50jährigen Jubiläum, Berlin/Erlangen 1953
Siemens-Zeitschrift - Bahntechnik 45 (1971) Beiheft Bahntechnik
Das Haus Siemens und die Eisenbahnsignaltechnik, 125 Jahre Eisenbahnsignaltechnik, 1847-1972, Siemens AG, Braunschweig 1972
ASB - Eine neuartige Autoschienenbahn für die Bundesrepublik Deutschland, Arbeitsgemeinschaft Bölkow GmbH, Strabag Bau AG und Deutsche Bundesbahn, München 1968
Entwicklung eines Schnelltransportsystems, Messerschmitt-Bölkow-Blohm, München 1971
Elektrodynamisches Schweben - Erlanger Erprobungsstrecke, Projektgruppe Magnetschwebebahn, Erlangen 1975
Elektrodynamisches Schweben, Projektgruppe Magnetschwebebahn, Erlangen 1977
Transrapid ems - Anwendung der elektromagnetischen Schwebetechnik in Schnellbahnen, Transrapid ems, München 1977

Bahnanlagen

Bahnhöfe Europas, von Mihály Kubinszky, Franckh-Verlag, Stuttgart 1969
Bahnhof Heidelberg, herausgegeben von der Bundesbahndirektion Karlsruhe, 1955
Hauptbahnhof Braunschweig, Verlag Georg Westermann, Braunschweig 1960
Neuer Hauptbahnhof Ludwigshafen, herausgegeben vom Presseamt der Stadt Ludwigshafen, 1969
Die Geschichte des Münchner Hauptbahnhofes, von Wolfgang Süß, Tellus-Verlag, Essen 1954
Eisenbahnbau, von Otto Blum, Carl Winter Verlag, Heidelberg 1946
Oberbautechnik, Oberbauwirtschaft, von Gerhard Schramm, Otto Elsner Verlagsgesellschaft, Darmstadt 1960
Klöckner und die Geschichte des Oberbaues, von Hans-Heinrich Niebaum, 1969 (2. Aufl.)
Ingenieurbauten der Deutschen Reichsbahn, Verkehrswissenschaftliche Lehrmittelgesellschaft, Berlin 1928
Eisenbahn-Sicherungsanlagen, von Arnold Buddenberg, Fachverlag Schiele & Schön, Berlin 1950
Signalbuch der Deutschen Bundesbahn, gültig vom 15. Dezember 1959 an
Die Signale der deutschen Eisenbahnen, von Hans-Joachim Spieth, Alba-Verlag, Düsseldorf o. J.
Eisenbahn-Sicherungstechnik, mehrere Autoren, Transpress-Verlag, Berlin (Ost) 1974 (2. Aufl.)
Bergbahnen, von O. Ammann und C. v. Gruenewaldt, Verlag Julius Springer, Berlin 1930
Zahnradbahnen der Welt, von Walter Hefti, mit Nachtragsband, Birkhäuser-Verlag, Basel 1971 und 1976
Zahnradbahnen in aller Welt, von Wolfgang Messerschmidt, Franckh-Verlag, Stuttgart 1972
Zahnradbahnen in Bayern, von Siegfried Bufe, Fachbuchverlag Bufe, München 1977
Schienenseilbahnen in aller Welt, von Walter Hefti, Birkhäuser Verlag, Basel 1975.
Fernschnellbahn und Verkehrshaus, von Franz Kruckenberg, Verlag Brausdruck, Heidelberg 1959

Zeitschriften
(Erscheinen zum Teil eingestellt)

Archiv für Eisenbahntechnik, Darmstadt
Briefe zur Verkehrspolitik, Bonn

Die Bundesbahn, Frankfurt (Main)
DB-Pressedienst, Frankfurt (Main)
DET - Die Eisenbahntechnik, Berlin (Ost)
Eisenbahn, Wien
Eisenbahn-Amateur, Zürich
Der Eisenbahn-Ingenieur, Frankfurt (Main)
Eisenbahn-Kurier, Wuppertal
Eisenbahn-Magazin, Düsseldorf
Eisenbahnpraxis, Berlin (Ost)
Eisenbahntechnik, Wien
Eisenbahntechnische Praxis, Frankfurt (Main)
Eisenbahntechnische Rundschau, ETR, Darmstadt
Elektrische Bahnen, München
Elektrotechnische Zeitschrift, ETZ, Berlin
Fahrt frei, Berlin (Ost)
Glasers Annalen, Berlin
Internationales Verkehrswesen, Frankfurt (Main)
International Railway Journal, IRJ, New York
Japanese Railway Engeneering, Tokio
Lok-Magazin, Stuttgart
Die Lokomotive, Wien/Bielefeld
Lokomotivtechnik, Frankfurt (Main)
Modern Railroads, Chicago;
Modern Railways, Shepperton (England)
ÖBB-Journal, Wien
Organ für die Fortschritte des Eisenbahnwesens, Wiesbaden / München / Berlin
Railway Gazette, London
Die Reichsbahn, Berlin
SBB-Nachrichtenblatt, Bern
Schienen der Welt, Brüssel
Schienenfahrzeuge, Berlin (Ost)
Schienenfahrzeug-Report, Berlin (Ost)
Signal und Draht, Frankfurt (Main)
Signal und Schiene, Berlin (Ost)
Verkehr und Technik, Bielefeld
Verkehrstechnische Woche, Berlin
Verkehrstechnik, Berlin
La Vie du rail, Paris
Zeitschrift des Vereins deutscher Eisenbahnverwaltungen, Berlin
Zeitschrift des Vereins mitteleuropäischer Eisenbahnverwaltungen, Berlin

Bildquellen

ACF Industries Inc. 341
John Adams 232
AEG-Telefunken 420
Ian Allan Library 29 u., 170, 329
C. J. Allen 245 (2)
V. C. K. Allen 88
Société Alsthom 312
Archiv für Kunst und Geschichte 12 u., 152 o.
Bahnen der Jungfrau-Region 84/85, 434/435
D. Banerje 113
R. Bastin 231, 254/255, 521
J. R. Batts 490 (2)
Erich Baumann 260, 500/501
BBC Mannheim 319, 352/353
Bellingrodt 278, 437 u.
Bergbau-Museum Bochum 13, 14
Bern - Lötschberg - Simplon-Bahn 306 o.
Bibliographisches Institut 86/87, 110/111, 130/131, 146/147, 166/167, 174/175
British Transport Films 429
British Transport Museum (B. Sharpe) 24/25 (3), 26, 29 o., 229 o., 358 u., 390 o. (2), 418, 454 u., 475
W. R. G. van den Broek 80/81
Burlington Northern Inc. 414 u.
Canadian National Railways 164, 334/335, 365
Canadian Pacific Railway 161 u., 366
J. L. Champion 80, 436
Channel Tunnel Company 489 o., 491 (2)
M. Chapman 236/237
C. & O. / B. & O. Railroad Co. 222/223
Commonwealth Railways 184/185
Compagnie Internationale des Wagons-Lits 362 o., 362 u., 364 u., 389
Conway Picture Library 140
P. J. Cooper 126
D. Cross 187 (2), 189 u.
Deutsche Bundesbahn 51 (3), 198 u. (2), 246/247, 252, 257, 276 l., 313, 320, 321, 322, 325, 338 u., 346/347, 372/373, 375 u., 378, 407, 408/409, 410/411, 428, 430, 518
Deutsche Eisenbahn Consulting 399
Deutsche Luftbild KG 47 o., 417, 422/423, 464/465
Deutsche Reichsbahn, Dierksmeier 49 u.
Deutsches Museum 396
dpa 119 o., 120/121, 152 u.
J. C. Dunn 183
East African Railways Corp. 220/221
Edito Service 199, 200/201
Hans Eigner 361 o.
A. H. Ellis 288/289 u.
M. J. Esau 2, 394
Französische Staatsbahnen 33, 293, 311, 314, 349 (2), 385 o., 425, 470 u.
Helmut Först 406, 408 o., 408 u., 413, 431, 433
Jochen Fust 205
C. J. Gammell 71, 101, 123 u., 188/189 o., 456 l.
V. Goldberg 154, 161 o.
Karl Großmann 171 (2)
Gerd Hedler 45
Erhardt Hehl 36/37 (3), 42/43, 44, 134/135, 202/203, 233, 240/241, 242 o. l., 262 (2), 263, 268, 269, 272, 296, 310, 332/333, 381, 391 u., 392 o., 427, 440 M., 440 u., 448/449, 470 o., 471, 495 l.
Historia-Photo 12 o., 15 (2), 16 M., 20 l. o., 27 (2), 30 o., 31, 34 o. l., 34 o. r., 39, 40 u., 195 u., 207 o., 210 (3), 213 (3) 393, 414 o.
Historisches Museum Basel 72
D. J. Holwell 105 (2), 364 o.
Hans Huber 82/83, 452/453, 466
J. Hunt 147
D. Huntriss 91 o., 136 o.
Illustrated London News 78, 153, 388, 454 l. o., 482, 489 u.
Interfrigo 412
Italienische Staatsbahn 370, 525
B. Jackson 351 u.
Japanische Botschaft London 116/117, 117
J. M. Jarvis 155, 156/157, 292
Jugoslawische Staatsbahnen 457 r., 467 r. o., 488 (2)
G. M. Kichenside 84
L. King 62, 92/93, 94, 192, 226/227, 371, 385 u., 387 u.
Knorr-Bremse GmbH 403, 404, 405
F. Kölbl 444/445
I. Krause 213, 359, 416
Krauss-Maffei AG 339, 529
Johann B. Kronawitter 214/215
Fried. Krupp GmbH 468/469 (3)
R. Kuttinen 99 (2)
La Vie du Rail (Y. Broncard) 351 o.
Franz Lazi 10/11
Linke, Hofmann, Busch 211 o., 331, 345
London Transport Executive 28 o. 474 (3)
Maschinenfabrik Oerlikon/BBC 304/305
Messerschmitt-Bölkow-Blohm 530
Gerd Neumann 52, 493
Novosti Press Agency 103, 109, 432
Österreichische Bundesbahnen 282, 284/285, 375 o.
Österreichisches Eisenbahnmuseum Wien 379
Österreichisches Eisenbahnmuseum Wien (Konrad Pfeiffer) 63 (2), 64/65, 380 l., 450/451, 476/477
A. G. Orchard 212
T. B. Owen 114/115, 123 o. 123 M., 146
Patentes Talgo S.A. 344
Konrad Pfeiffer 69, 206 (5), 238 l. (2), 273, 283, 306 M., 318 M., 390 u., 437 o., 455, 467 r. u.
Picturepoint 9, 150, 225, 522
M. Pope 217, 397
P. R. Pratt 173
R. M. Quinn 165, 168, 172
Radio Times Hulton Picture Library 104
Railways of Australia 368/369
B. A. Reeves 234/235, 505
Rhodesia Railways 141
Ringier Verlag 472
Jean-Claude Roca 384
Ralf Roman Rossberg 59 (3), 60/61, 238/239 u., 265, 280, 281 o., 295, 297, 298, 306 u., 318 u., 330 l., 338 o., 360, 392 u., 402, 485, 487, 495 r., 499 o., 502, 524, 527 u., 533
Sammlung Rossberg 302, 327 o., 441, 527 o., 534
E. S. Russell 348
Lichtbildarchiv Saarberg 34/35 u.
Helmut Säuberlich 456/457 M.
Günther Schmidt 398
Schmidt-Lux 279
C. L. Schmitt 458/459, 462/463
M. C. G. Schrader 176/177, 180/181 u.
Claus J. Schulze 270, 299, 301 (2)
Schwedische Staatsbahnen 98
Schweizerische Bundesbahnen 79, 286/287, 288 o. 361 u., 499 u.
Schweizerische Lokomotiv- und Maschinenfabrik Winterthur 204, 239 o., 442, 443 (2)
Karl Schwenold 208/209, 327 u., 415
Science Museum London 16 o., 19, 20 o. r., 20 u., 22 l., 193, 194, 195 o., 196, 198 o. (2), 229 u., 356/357
Uwe Seils 129
Shelbourne Collection 354
Hermann E. Sieger 190/191
Siemens AG 275 o., 291, 419, 421, 496 (2), 503 u., 506, 510 (2), 512, 515, 516 o.
Skoda 290, 526
J. B. Snell 21, 70/71
South African Railways 136 u., 367 u.
Spanische Staatsbahnen 342/343
Standard Elektrik Lorenz AG 503 o., 508, 513 (2), 516 u.

Register der Baureihen und Fahrzeugnummern

Halbfette Seitenzahlen verweisen auf Bildlegenden. Fahrzeugnamen findet man im Namen- und Sachregister.

Deutschland

Namen- und Sachregister